妈妈是 Mom is a guide for her daughter to grow
女儿成长的引路人

送给母亲的养女宝典

女儿不懂 妈妈要说

冯美华 唐菁◎编著

Nüer Budong Mama Yaoshuo

妈妈是
女儿成长的引路人

《女儿不懂,妈妈要说》

希望能成为所有妈妈送给青春期女儿们的一份贴心“礼物”，希望女孩们在母亲的精心呵护下能够健康、快乐地度过青春期的每一天，走向美好的未来。

云南省林业厅　编

云南湿地

主　　编　杨　岚　李　恒
执行主编　杨晓君

中国林业出版社

图书在版编目(CIP)数据

云南湿地/杨岚,李恒主编. —北京:中国林业出版社,2009. 11

ISBN 978-7-5038-5460-6

Ⅰ. 云…

Ⅱ. ①杨…②李…

Ⅲ. 沼泽化地-概况-云南省

Ⅳ. P942. 740. 78

Ⅳ. Q968. 225. 5-62

中国版本图书馆 CIP 数据核字（2009）第 196060 号

内容提要

《云南湿地》由云南省林业厅在全省湿地资源调查的基础上，组织省内相关学科专家编撰而成，是建国60周年以来，对云南湿地较为系统全面调查研究的成果，是一部兼有湿地志性质的专著。该书具有较高的学术和应用价值，可供从事地理学、动物学、植物学、生态学、生态旅游等学科研究人员，以及林业、农业、环境、水资源、国土等方面的工作者、自然保护管理人员和大专院校师生参考应用。

出　版：中国林业出版社（100009　北京西城区德内大街刘海胡同7号）

网　址：www. cfph. com. cn

E-mail：cfphz@ public. bta. net. cn　　**电话**：（010）83225764

发　行：新华书店北京发行所

印　刷：三河市祥达印装厂

版　次：2010年2月第1版

印　次：2010年2月第1次

开　本：880mm×1230mm　1/16

印　张：39

彩　插：16

字　数：1260千字

定　价：195. 00元

编辑委员会

编写组

编写分工

中国科学院昆明动物研究所

杨　岚： 撰写第一章 绪论；第十二章湿地脊椎动物：湿地鸟类以及各湿地的湿地鸟类。负责全书的修改、统稿和审定工作。

杨晓君： 撰写第三章国际重要湿地；第四章国家重要湖泊湿地：会泽黑颈鹤栖息地；第五章云南重要湖泊湿地：剑湖；第十二章湿地脊椎动物：概论、湿地鸟类；以及各湿地的湿地鸟类。负责全书的修改、统稿和审定工作。

陈小勇： 撰写第十二章湿地脊椎动物：湿地鱼类；以及审定各湿地的鱼类。

饶定齐： 撰写第十二章湿地脊椎动物：湿地两栖类、湿地爬行类；以及审定各湿地的两栖类和爬行类。

王应祥： 撰写第十二章湿地脊椎动物：湿地哺乳类，以及审定各湿地的哺乳类。

刘鲁明： 参加云南湿地鸟类名录的编写和 2006 ~ 2007 年度滇西北水禽调查。

刘　强： 参加主要湿地鸟类名录的编写和 2006 ~ 2007 年度湿地水禽调查。

伍和启： 参加滇东北各湿地鸟类名录的编写和 2006 ~ 2007 年度滇东北水禽调查。

中国科学院昆明植物研究所

李　恒： 撰写第五章云南重要湖泊湿地：北海；第十章云南湿地植物。负责各湿地植物的修改和定稿。

纪运恒： 撰写第三章国际重要湖泊湿地：碧塔海、拉市海；第四章国家重要湖泊湿地：抚仙湖、泸沽湖；第五章云南重要湖泊湿地：星云湖。

李　嵘： 撰写第四章国家重要湖泊湿地：滇池、异龙湖；第五章云南重要湖泊湿地：杞麓湖、北海以及剑湖植物；第十章云南湿地植物。

云南省水文水资源局

伍立群： 撰写第二章云南湿地概况；第六章云南其他湖泊湿地；第七章河流湿地：西南诸河；第八章其他湿地：大型水库；负责各湿地水文及水资源数据的修改和审定。

李学辉： 撰写第七章河流湿地：长江、珠江；第八章其他湿地：主要水库、龙潭和瀑布、冰川、城市湿地；负责第二、六、七、八章的校稿和修改；负责各湿地水文数据的收集和校对。

王　超： 参加第八章其他湿地：大型水库；第八章的校稿。

王红鹰： 参加第八章其他湿地：龙潭和瀑布。

杨坪宏： 参加第八章其他湿地：冰川。

朱远高： 负责前言、第八章的校稿。

云南省林业厅

陈荣贵：撰写第十三章湿地资源管理：云南湿地资源评价；第十四章湿地资源保护与合理利用：对湿地保护与合理利用的认识、云南湿地资源利用中存在的主要问题及其原因。

钟明川：撰写第十三章湿地资源管理：云南湿地资源管理现状及对策；负责全书编写、组织和协调。

蒋柱檀：撰写第四章国家重要湖泊湿地：洱海、程海；第五章云南重要湖泊湿地：阳宗海、北海；第十章云南湿地植物。

云南省林业调查规划院

刘德隅：撰写第十三章湿地资源管理：湿地管理理念、民族文化与湿地；负责全书的统稿及行文的校定和修改。

李德明：第十三章湿地资源管理部分资料整理及全书文字校对。

王　钰：撰写第十四章湿地资源保护与合理利用：湿地自然保护区。

云南大学

王忠泽：撰写第九章湿地浮游生物，以及审定各重点湿地的浮游生物。

昆明医学院

张迺光：撰写第十一章湿地无脊椎动物，以及审定各重点湿地的无脊椎动物。

序

湿地与森林、海洋被称为全球三大自然生态系统。湿地生态系统，是国家生态安全的重要组成部分和经济社会可持续发展的重要基础。由于对湿地所具有的生态价值、生物多样性价值认识不足，世界许多国家都曾经历过或正面临因不合理利用湿地资源，使湿地生态系统和生物多样性受到严重威胁的情况。当前，由于人口的增长和经济的快速发展，我国也面临着天然湿地数量减少、质量下降的生态问题，从而影响到经济社会的可持续发展。党中央、国务院高度重视湿地保护工作，2003 年国务院批准《全国湿地保护工程规划》，2004 年，下发了《关于加强湿地保护管理的通知》。2006 年，国家发改委批准了《全国湿地保护工程实施规划（2005 ~ 2010 年)》，启动了湿地保护工程。云南省的国际重要湿地、部分湿地自然保护区和国家高原湿地研究中心被纳入实施规划。

云南地处青藏高原与长江中下游平原及中南半岛的过渡地带，是长江、珠江等六大江河的上游或发源地。云南高原湿地的形成、分布、类型和特点，有着独特的地域性，在全球湿地生态和湿地生物多样性保护中具有重要的地位和影响。特别是高原沼泽、沼泽化草甸是我国湿地中的特殊类型，分布于滇东北乌蒙山系和滇西北的横断山区的湿地，不仅生物多样性丰富，具有重要的科学研究价值，而且这些湿地起着重要的“水塔”作用，为近 10 亿人口提供水源，有着极为重要的生态保护价值。

为保护重要的高原湿地生态系统，早在 20 世纪 80 年代初期，云南省就建立了碧塔海、纳帕海、泸沽湖等一批湿地保护区，开展高原湿地保护。20 世纪 90 年代后，以减少流域水土流失、改善流域水质为目标，持续开展了长江流域、珠江流域、澜沧江流域和南汀河防护林体系建设；近年来，云南省加大力度开展以滇池为重点的九大高原湖泊水污染综合防治，将九大高原湖泊作为生态保护与建设重点。通过近 50 年的努力，云南省湿地保护取得了一些成绩，但面临的形势依然十分严峻，没有专门的管理法规、管理机构不健全，以及不合理利用湿地资源的情况依然制约着湿地的有效保护和科学合理利用。

为加强云南湿地的保护和可持续利用工作，摸清湿地资源状况，有针对性地制订湿地保护策略，2001 年，中国科学院昆明动物研究所历经 5 年，牵头完成省林业厅委托的云南省湿地资源普查工作。2003 ~ 2004 年，中国科学院昆明植物研究所和昆明动物研究所在原湿地资源调查的基础上，对部分高原沼泽湿地进行了补充调查。省委省政府对湿地保护和湿地资源的合理利用高度重视，提出了新的要求。为了对湿地资源有一个较为全面的了解，省林业厅在湿地资源调查的基础上，组成了《云南湿地》专著编写组，由中国科学院昆明动物研究所、昆明植物研究所及云南省水文水资源局、云南省林业调查规划院、云南大学、昆明医学院的专家共同承担编写任务，经过多年的努力，完成了《云南湿地》一书。

《云南湿地》的完成，是非常值得高兴的事情，该书弥补了云南省的一项空白，将为各级政府开展湿地保护和合理利用湿地资源提供决策依据，为科研部门提供研究基础数据，为社会提供认识湿地、了解湿地知识的平台。湿地，对于维护生态平衡，改善生态状况，促进人与自然和谐，建设生态文明，实现经济社会可持续发展，具有十分重要的地位。我们也深知，湿地的保护和资源的合理利用是一项十分艰巨的任务，需要全社会的支持、各部门的通力合作，以及强有力的科技支撑。《云南湿地》就是各部门、各学科专家共同努力的结晶，出版之际，以此为序，共贺开启云南湿地保护与合理利用新的篇章。

云南省政协 副主席 

2009 年 11 月

序 二

非常高兴地得知《云南湿地》专著付梓即将面世的喜讯，特表示热忱的祝贺。

云南省林业厅组织省内多学科专家，在全省湿地调查的基础上，经过3年多的努力，编撰而成的这部巨著，是对云南湿地较为全面系统的调查研究成果，将对科学研究、经济建设等提供基础信息，具有较高的学术和应用价值。

云南地处祖国西南边陲，北靠青藏高原，南接中南半岛，低纬度高海拔的自然地理环境，使云南的湿地不仅类型多样且具有高原的地域特征；湖泊湿地星罗棋布，分布在海拔1000米以上的高原面上，多是断陷和冰蚀性质的淡水湖，数量多但面积小，且为相互间没有水道相通的孤立湿地，生物多样性丰富，特有物种比例高；河流湿地皆为国内或国际大江河的上游或发源地，集水区狭长，河谷深切，河岸陡峻，水流湍急，水量季节性变化明显；沼泽湿地除湖滩地带外都零星散布在海拔3000米以上的亚高山地带，类型单一，且多为森林或灌草丛所包围。湿地是云南特殊自然环境的重要组成部分。

湿地与森林、草原被视为陆地上三大生态系统，有着“地球之肾”的称誉。湿地生态系统是国家或地区生态安全体系中的重要生命支撑系统。随着人口持续增长，社会经济迅猛发展，在人们生活水平日益提高的同时，生态环境的逐渐恶化，促使人们的生态保护意识不断提升，湿地的作用也引起了广泛的关注。云南湿地有着滇池因污染严重而成为全国重点治理湖泊的历史教训；也有着洱海因保护管理成效较好而成为全国的一面旗帜；另有元阳梯田人工湿地传统合理利用的样板。更可喜的是，我国作为国际《湿地公约》的缔约国，已于2000年制定并实施《中国湿地保护行动计划》，2005年由国家林业局牵头有关部委和中国科学院联合编制的《全国湿地保护工程实施规划》，已经国务院批准实施。云南省也于2007年按照国务院《关于加强湿地保护管理的通知》，组织编制了《云南湿地保护工程规划》，并经省人民政府批准实施，本人荣幸地应邀主持了该规划的专家评审。我期望《云南湿地》一书的出版，将会对云南省的湿地保护、管理和研究工作起到积极的推动作用，故因之为序。

中国科学院院士、中国科学院昆明动物研究所 所长

2009年11月

前 言

湿地是重要的国土战略资源。湿地生态系统是国家或地区生态安全体系中不可或缺的生命支撑系统。

在联合国环境规划署（UNEP）、世界自然资源保护联盟（IUCN）和世界自然基金会（WWF）制订的《世界自然保护大纲》中，将湿地与森林、海洋一起，并称为全球三大生态系统。湿地生态系统强大的生态服务功能和多种效益，有着“地球之肾”、“天然水库”、“生物超市”等美誉。同时，湿地与社会发展、民族文化有着密切的关系。自1971年2月，36个国家在伊朗的拉姆萨尔小镇召开并签署了《关于特别是作为水禽栖息地的国际重要湿地公约》(简称《湿地公约》）后，湿地的保护与合理利用，已逐渐引起了世界各国的关注。尤其是近年来，各地湿地面积丧失和质量下降的速度加快，湿地的保护与合理利用，已成为21世纪世界生态建设的重点问题。

我国于1992年正式加入了国际湿地保护组织，签署了《湿地公约》，并将湿地保护与合理利用列入《中国21世纪议程》和《中国生物多样性保护行动计划》中的优先领域。为认真履行《湿地公约》和改善我国湿地状况，林业部牵头，联合有关部委和中国科学院等16个单位，编制了《中国湿地保护行动计划》。1994年，林业部召开了“中国湿地研讨会”，1995年部署在全国范围内开展湿地资源调查工作。云南省林业厅1995年8月，委托中国科学院昆明动物研究所承担云南湿地资源调查。依据国家林业局制订的《中国湿地调查纲要》和《全国湿地资源调查与监测技术规程（试行)》的要求，历时5年完成了调查工作，编写了《云南湿地资源调查报告》，于2001年5月8日，由云南省林业厅主持，聘请有关专家评审予以验收。2003年底，省林业厅在原湿地资源调查工作的基础之上，又组织了部分专业和湿地的补充调查。2005年省林业厅又委托相关专家开展云南湿地的生态功能与区划研究。

云南省地处祖国西南边陲，自然湿地的高原地理特点显著，人工湿地民族文化底蕴丰厚，同时，湿地类型多样，生物多样性丰富，并拥有“哈尼梯田”等一批合理利用湿地的范例。迄2007年，全省已建有内陆湿地类型的各级自然保护区18处，其中，国家级湿地自然保护区3处，省级湿地自然保护区8处，州、市、县级湿地自然保护区7处。其中有4处湿地被列入国际重要湿地名录，11处湿地被列入国家重要湿地名录。

为了全面总结云南省湿地资源调查研究的成果，对《云南湿地资源调查报告》进行补充和修改，更为全面地展示云南湿地类型的丰富性和湿地生物资源的多样性，为全省湿地的保护与合理利用提供一部较为翔实、全面的云南湿地的基础资料，云南省林业厅从2003年开始，邀请有关湿地科研、教学单位与管理部门的专家学者组成《云南湿地》专著的编写班子。

云南省林业厅野生动植物保护管理办公室作为《云南湿地》专著的编写工作办公室，统筹编写工作。委托中国科学院昆明动物研究所原“云南湿地资源调查项目组”的负责人、鸟类学家、长期从事云南湿地水禽调查研究的杨岚研究员和杨晓君副研究员承担主持《云南湿地》专著的编写工作；邀请昆明植物研究所的植物学家、长期从事云南湿地植物调查研究的李恒研究员，云南省水文水资源局副局长、总工程师、长期从事水资源研究的伍立群正高级工程师，云南省林业调查规划院长期从事自然保护区的规划设计和管理研究的刘德隅正高级工程师，原云南省林业厅动植物保护管理办公室主任、长期从事野生动植物及自然保护区管理工作的陈荣贵高级工程师担任主编、执行主编和副主编。云南省林业厅动植物保护管理处副处长钟明川，具体负责《云南湿地》专著编写的组织协调工作。还邀请了云南大学生命科学学院从事云南浮游生物调查研究的王宗泽教授、昆明医学院从事云南无脊椎动物调查研究的张迺光教授和中国科学院昆明动物研究所哺乳动物专家王应祥研究员、两栖和爬行动物博士饶定齐副研究员、鱼类学博士陈小勇副研究员、鸟类学研究生刘鲁明、刘强、伍和启，中国科学院昆明植物研究所的李嵘博士、纪运恒博士和研究生蒋柱檀，云南省林业调查规划院的李德明高级工程师、王钰高级工程师，以及云南省水文水资源局的李学辉工程师、王超工程师，朱远高、王红鹰、杨坪宏等高级工程师参加有关章节的编写或提供有关的数据资料。为此，本书所组成的科学研究与管理、老中青相结合的《云南湿地》专著的编写班子，在云南省具有一定的代表性和权威性。参编人员通力协作，历时4年编写完成了《云南湿地》一书。

《云南湿地》全书共分5篇14章，其内容梗概按篇、章简介如下：

第一篇 总论。第一章绪论，引述了国内外有关文献所记载的湿地的概念、定义、类型、功能、效益及其保护意义等资料，更进一步加深和提高了对湿地的理解和认识；参照国际重要湿地和中国湿地类型的分类系统，根据云南省境内所有湿地的实际情况，提出了云南湿地的分类系统。第二章云南湿地概况，论述了云南省的自然地理概况、气候和水文特征及云南的湿地类型及分布，并列出由云南省水文水资源局审定公示的有关云南主要江河水系、主要湖泊、大型和中型水库等湿地的最新的水文特征值数据统计表。

第二篇 云南高原湖泊沼泽湿地。为本书的主体部分，分云南的国际重要湖泊湿地、云南的国家重要湖泊湿地、云南省重要湖泊湿地和其他湖泊沼泽湿地等4章。为了与《亚洲湿地名录》（Scott, D. A. 1988）和《中国湿地》（陆健健，1990）编写的格式和内容相衔接，以便国际交流，每个重要湖泊湿地的编写内容都包含了湿地名称、地理位置和海拔、面积、类型、自然地理概况、气候环境、生物多样性的特点及其变迁、经济和社会价值、干扰和威胁、保护与研究状况等内容。根据以往的调查研究所积累的资料情况，有的湖泊还增加了地质形成及其历史变迁、人为影响的历史情况、水环境状况等内容。对于尚未列为重要湿地的湖泊沼泽湿地，简要记录其地理区位、自然概况，气候、水文、植物、动物和保护状况等，根据已有资料的详细程度进行编写，不强求一致。

第三篇 云南河流和其他湿地。其中第七章主要论述云南境内的六大流域，即云南境内的长江、珠江、红河、澜沧江、怒江和伊洛瓦底江流域。对每一流域都进行其自然地理特征和水文特征的概述，并分述其主要支流的自然地理特征和水文特征；第八章记述了云南的大、中型水库人工湿地的基本概况、水利功能及其水文特征等，还记述了云南省境内的现代冰川以及部分龙潭和瀑布等天然特殊湿地的分布状况及其自然地理特征。

第四篇 云南湿地生物。按湿地生物的各分类阶元由低等至高等的分类顺序分章节排列：即浮游生物（浮游植物—淡水藻类和浮游动物）、湿地植物（挺水植物群落及沼泽植被、漂浮植物群落、浮叶植物群落、沉水植物群落等）、湿地无脊椎动物（淡水海绵动物、腔肠动物、扁形动物、环节动物、软体动物和水生节肢动物等门类）、湿地脊椎动物（鱼类、两栖类、湿地爬行类、湿地鸟类、湿地哺乳类）等共分为4章记述，每一个门类都记述了在云南省境内的分布状况、特有类群、应用价值、经济意义，对寄生致病性无脊椎动物，还记述了中间宿主、感染途径等，并列出了在云南省境内分布的各门类名录。有些门类的资料属首次系统整理发表，如浮游生物和无脊椎动物，其中尚有许多未定种，有待进一步深入调查研究。

第五篇 云南湿地资源管理与保护利用。依据国内外有关的文献及针对云南省的实际，阐述了湿地管理的理念、云南湿地资源的评价和云南湿地资源管理现状及对策，并在民族文化与湿地一节中，记述了云南省众多民族习俗对湿地和水的崇拜及其利用而形成的传统独特文化现象。第十四章湿地资源保护与合理利用，阐述了对湿地资源的保护与合理开发利用的认识和云南湿地资源利用中存在的主要问题及其原因，为今后如何做好云南湿地资源的保护管理及合理开发利用提出了指导性的意见。

在《云南湿地》即将完稿付印之际，我们代表编辑委员会，向在编写过程中给予关怀和支持的云南省政协领导，云南省林业厅领导，中国科学院昆明动物研究所、中国科学院昆明植物研究所、云南省林业调查规划院、云南省水文水资源局、云南大学生命科学学院、昆明医学院以及云南省发改委、云南省财政厅、云南省水利厅等单位的领导，表示衷心感谢。并借此向曾参加过云南湿地调查或给予本书编写帮助的同志致以诚挚的敬意。

因本书由多学科、多部门的专业人员集体编写而成，书中所采用资料在时间上有前有后，在内容上有繁有简，所用统计数据、专业术语、名称、名词和物种的拉丁学名等各专业有贯用的表述形式，则由各专业的参编专家确定，不求统一。为此，本书出现某些不协调的问题实难避免，衷心希望读者提出宝贵意见，以期共同关心和努力促进云南省湿地保护与合理利用的可持续发展。

主编

2009 年 5 月于昆明

Foreword

Wetlands are important national land reserve resource. Wetland ecosystem is a crucial supporting system at national and regional ecological security.

In the *World Natural Conservation Outline* developed by UNEP, IUCN and WWF, wetlands, forest and ocean all together are regarded as the three largest ecosystem on the earth. Wetlands enjoy a high reputation "Kidney of the Earth, natural reservoir or biological supermarket" as their ecosystem has powerful ecological services or functions and benefits they delivered. They have thus a close relationship with social development and ethnic cultures. After the signature of the Convention on Wetlands of International Importance especially as Waterfowl Habitat (Hereinafter referred to as Ramsar Convention) in Ramsar, Iran in1971, the wetlands conservation and wise use has aroused a common concern all over the world, especially in recent years, since the acclearating of shrinking wetlands and decreasing quality, the conservation and sustainable use of wetlands have become a priority in the ecological improvement across the world in this century.

China officially joined in and signed the Ramsar Convention in 1992. Hereafter, Chinese government has always put the wetlands conservation and wise use as a priority and it has been listed into *China* 21th *Agenda* and *China Biodiversity Conservation Action Plan*. We have effectively implemented the Ramsar Convention and improved wetlands conservation. Under the leading effort of the former Ministry of Forestry, some public institutions from related ministeries or commissions and Chinese Academy of Sciences (CAS) worked together fromulating the China Wetlands Conservation Action Plan. In 1994, the former Ministry of Forestry initiated "National workshop on wetlands" and national wetlands inventory in 1995. Yunnan Forestry Department entrusted with Kunming Zoological Institute, CAS in responsible for Yunnan wetlands resources inventory. In terms of the National Wetlands Inventory Outline and the requirements by the Technical Guidelines on Wetlands Resources Inventory outline (for trial implementation) developed by the State Forestry Administration, the field survey has lasted for five years and the completion report were delivered. Yunnan Forestry Department sponsored a meeting on May 8th, 2001 and invited related experts to review and approved the completion report. By the end of 2003, an additional survey was further conducted by Yunnan Forestry Department based on the previous findings, especially marsh resources. In 2005, Yunnan Forestry Department once again entrusted with relevant experts to conduct more extensive researches on wetlands ecological functional zones.

Yunnan is located at the southwestern frontier area of this country and has a remarkable feature of high plateau natural wetlands. Its artificial wetlands have deeply emboded ethnic minority culture and wetlands types were diversified and supported a rich biodiversity, especially it has a lot of oustanding examples of the rational use of the wetlands such as cultivated " Hani terraces. By 2008, eighteen wetlands has been designated as nature reserves at all levels in the whole province, including three as national nature reserves, eight as provincial and seven as prefecture or city or county ones. Furthermore, some four sites has been listed as Ramsar International Importance and twelve has been listed China's important wetlands sites.

To overall summarize the findings of the wetlands resources inventory in Yunnan Province, it has been made some revision and modification efforts for the report so as to fully display rich wetlands types and wetlands biodiversity, which can provide a detailed, reliable baseline information for the conservation and sustainable use purpose for wetlands. Starting from 2003, Yunnan Forestry Department established a expertise working team for compilation of a monography on " Yunnan Wetlands", the participants including related experts on wetlands research, universities and management sectors.

Wildlife and Plant Conservation Office, Yunnan Forestry Department served as a coordinator in responsible for overall consideration of the compilation work. Prof Yang Lan, Associate Professor Yang Xiaojun from Kunming Zoological Institute, CAS were entrusted with responsible for presiding the compilation efforts of the monography of " Yunnan Wetlands". Both of experts are very professional in avian and waterbirds survey. Professor Li Heng, Kunming Botany Institute, who has long been engaged in the wetlands vegetation survey in Yunnan. Mr. Wu Liqun, Deputy Director and chief engineer comes from Provincial Hydrology Resources Bureau, who is working on water resources management, Mr. Liu Deyu, senior engineer of Yunnan Institute on Forestry Planning and Inventory, who is responsible for nature reserves planning and management. Mr. Chen Ronggui, former Director of Wildlife & Wild Plant Conservation Office, Yunnan Forestry Department was appointed as the editor in – chief and Zhong Mingchuan served as the executing editor responsible for routine work. Other experts also invited to involve in editing including Prof Wang Zongze from Life Science College, Yunnan University, Professor Zhang Naiguang from Kunming Medical College, who works on invertebrates, Professor Wang Yingxiang from Kunming Zoological Institute, Associate Professor Rao Dingqi working on the amphibians and reptiles, Fish expert Dr. Chen Xiaoyong, Liu Luming, Liu Qiang and Wu Heqi postgraduate students on avian, Dr. Li Rong from Kunming Plant Institute and some senior engineers Li Xuehui, Wang Chao, Wang Hongying from Yunnan Water and Hydrological Bureau also involved in the editing or provided some data or information. Since different disciples and sectors participated in compilation effort of the "Yunnan Wetlands", it would utmostly guarantee this book being of reliable and keep its characteristics. With a common endeavor, this book has now through four years process made its debut.

The "Yunnan Wetlands" is divided into five chapters and fourteen sections. The brief summarized as below:

Chapter 1. There are two sections in this chapter: Section 1. Brief introduction elaborates national and international wetlands definitions, category, functions, benefits and conservation, which help people better understand wetlands. Based on the Ramsar Convention and China's classification on wetlands and taking Yunnan situations into account, the wetlands classification system has been established; Section 2 briefly states wetlands in Yunnan, mainly introduces natural geography, climate, hydrology and wetlands distribution and category. Some major rivers systems, lakes and reservoirs and the latest data and tables on hydrology are included in this chapter, the source of information from the Yunnan Hydrology and Water Resources Bureau.

Chapter 2. Yunnan Plateau lakes and marshes. This chapter is the main part of this book including Ramsar Sites and Yunnan national lakes, Yunnan provincial important lakes and other marshes respectively. In order to corresponds well to format and contents from A Directory of Asian Wetlands by Scott D. A and China's wetlands by Lu Jianjian, each lake includes wetlands name, geographic location, elevation, size, types of wetlands, natural geographical brief, climate, biodiversity and their historical changes, social and economic values, human disturbances and threats, conservation and researches etc. For some lakes, in terms of information collected during previous surveys, some information eg landform, historical changes, human impacts and the conditions of water environment have been added. For those lakes that have not been listed as important wetlands, brief introductions have been given such as geographical location, natural brief, climate, hydrology, plants, animals and conservation based on the existing information on hand but not being impeded to keep consistent with other sections.

Chapter 3. Yunnan rivers and wetlands. In section 7, six rivers catchments have been mainly stated, they are: Yangtze River, Pearl River, Honghe River, Mekong River, Nujiang River and Irrawaddyjiang. Detailed elaboration on natural geography and hydrological characters has been made to each catchment and their contributories. In section 8, big or medium size reservoirs and some artificial wetlands in Yunnan have been described in hydrological functions and features. Some distribution and natural geographical features of modern glaciers, ponds and water falls and natural wetlands within Yunnan province have also been documented.

Chapter 4. Yunnan wetlands biology. In terms of from low to higher grades of the unit classification of the wetlands biology, each section are prioritized in classification order: plankton (phytoplankton – freshwater algae and plankton animal) – aquatic plants (emergent aquatic plant communities – marsh vegetation – floating plant community – floating leaved plant community – submerged plant community), aquatic invertebrate (freshwater porifera – coelenterate – platyheminth – annelids – mollusks and aquatic arthropod), wetlands vertebrata (fish – amphibian – reptile – waterbirds and mammals). The divided four sections have recorded each vertebrate, their hosts and infection means are also described. Each phylum has been listed into each category.

However some information in phylum is firstly collated for publishing, eg plankton and invertebrate. Some of species have not been identified yet, all of them need further surveys and researches.

Chapter 5. Yunnan wetlands resources conservation and wise use. Taking national and international literatures review and Yunnan situations as references, this chapter illuminates wetland management approaches, evaluation of Yunnan wetlands resources and proposed management strategies. In the section of Minorities and Wetlands, described in detail indigenous customs have a strong admiration on wetlands and water, which developed typical traditional cultures. In section 14 – wetlands resources conservation and wise use, clearly indicates recognition of wetlands resources conservation and wise use and key issues or causes of existed in wetlands resources use. It provided constructive guidances in wetlands resources conservation and wise use.

At the occasion of this book to be published, on behalf of the editing committee, we greatly and heartily appreciated their support and concerns given by Yunnan Political Consultative Committee, Yunnan Forestry Department, Kunming Zoological Institute, Kunming Plant Institute, CAS, Yunnan Hydrology and Water Resources Bureau, Life Science College of Yunnan University, Kunming Medical College as well as Yunnan Development Reform Committee, Yunnan Finance Department and Yuanna Water Resources Department. We want to take this opportunity to thank those who involved in Yunnan Wetlands Inventory and those who have ever given technical support for our honest acknowledgement.

Considering this book covering many disciplines, multi – disciplines and cross sectors participation, it will be published. However, some data or information quoted are based on different time or periods, some contents simple or complicated, all the statistical data applied professional terms, name or scientific name are commonly used and reviewed by each leading professional. Some of them are well consistent. But we still believe that some inappropriate points and even issues can hardly be avioded. Thus any comments and recommendations are greatly appreciated since it would help improve wetlands conservation and sustainable use of these valuable ecological resouces.

Editor in chief
2009. 11

目 录

第二篇 云南高原湖泊沼泽湿地

第四篇 云南湿地生物多样性

第九章 云南的湿地浮游生物

第五篇 云南湿地资源管理与保护利用

第一篇

总论

第一章

绪　论

第一节　湿地的概念和定义

什么是湿地？顾名思义，湿地是陆地上存在有水的区域，是处于陆地和海洋水体生态系统之间的过渡地带。湿地的特征是从海洋水体到陆地的逐渐变化，并兼有陆生和水生两种生态系统的某些特征，故难以提出较为准确的定义。世界各国和地区由于国情和学科研究目的不同，以及人们认识上的差异，因而尚没有一个公认的统一的湿地定义。《A Directory of Asian Wetlands》（Scott, D. A. 1989）、《A Status Overview of Asian Wetlands》（Scott，D. A. & C. M. Poole，1989）、《中国湿地研究》（陈宜瑜，1995）、《中国湿地研究和保护》（郎惠卿、林鹏、陆健健，1998）、《中国湿地保护行动计划》（国家林业局等，2000）、《湿地管理与研究方法》（国家林业局野生动植物保护司，2001）等文献记述了有关学者提出的湿地定义，引述如下。

1　《湿地公约》中的湿地定义

1971 年，国际湿地保护组织在伊朗的拉姆萨尔召开了国际湿地保护会议，制定了《关于特别是作为水禽栖息地的国际重要湿地公约》，简称为《湿地公约》或“拉姆萨尔（Ramsar）公约”。公约中关于湿地的定义，可以说是一个无所不包的定义，也是为所有加入湿地公约的国家所接受的一种定义。公约第 1 条第 1 款表述湿地定义的内容是：“本公约适用的湿地，是指不问其为天然或人工，长久或暂时性的沼泽地、湿原、泥炭地或水域地带，水体无论是静止的或流动的，或为淡水、半咸水或咸水，包括低潮时水深不超过 6m 的水域”；第 2 款表述了水禽的定义：“本公约适用的水禽，是指生态学上依存于湿地的鸟类。”

这个定义，对海洋和海岸湿地规定了低潮时水深不超过 6m 的水位。但是对内陆湖泊湿地的水域，没有做出水深的规定，也没有植被条件的阐述。所有季节性或常年积水的地段，包括沼泽地、湿原、泥炭地、湿草甸、湖泊、河流其及泛洪平原、河口三角洲、滩涂、珊瑚礁、红树林及其低潮时水位不超过 6m 的海岸带等自然湿地和水库、池塘、水田及稻田等人工湿地，均属湿地的范畴，而特别强调了对作为水禽栖息地的湿地的保护。

《湿地公约》的签订，是各缔约国认识到人类和环境是相互依存的；考虑到湿地的基本生态学功能是调节水分循环和维持湿地特有的动植物，特别是水禽的栖息地；确信湿地在经济上、文化上、科学上以及娱乐上都是具有巨大经济价值的资源，湿地的散失将不可复得；希望湿地的被侵占和散失，无论是现在或将来都能得到阻止；认识到水禽在其季节性迁徙的途程中能够超越国界，因而认为水禽是国际性资源；确信湿地及其动植物的保护，由于有远见的国内政策与协调的国际行动相结合是能够得以保证的。所以，《湿地公约》的签订，是在各缔约国充分认识到保护和合理利用湿地的重要性和迫切性的基础之上，共同达成的一个重要的政府间国际性的公约。

2　有关国家的湿地定义

2.1　美国和印度的湿地定义

在 20 世纪 50 年代，美国渔业和野生动物保护组织非常关注湿地损失及其对渔业和野生动物的影响，发起了美国第一次的湿地详查，并根据调查结果出版了《美国的湿地》报告集，通常称为39号通告。该书的湿地定义为：被浅水和有时为暂时性或间歇性积水所覆盖的低地。浅湖或浅塘通常生长有挺水植物作为显著特征。但河流、水库和深水湖泊等稳定的水体不包括在内。这一定义已多年被湿地科学家和管理者所引用。他们提及的一些湿地名称也在文献中经常被应用，如腐泥沼泽或称矿质沼泽（marsh）、灌丛沼泽或称木本沼泽（swamp）、芦苇沼泽（reed swamp）、苔藓泥炭沼泽（bog）（即以大气降水补给为主的高位贫营养沼泽地）、湿草甸（wet meadow）、滨河泛滥地（bottom land）。另外，还有mire一词是泛指有泥炭积累的湿地生态系统，fen是指接受周围地下水或地表水径流补给的低位富营养沼泽地。

美国鱼类和野生动物保护协会的科学家经多年考察研究，又在1979年发表的《美国的湿地和深水栖息地分类》一书中提出了新的湿地定义："湿地是指陆地生态系统和水域生态系统之间的转换区，其地下水位通常达到或接近地表，或者处于浅水淹没状态，至少具有下列一个或几个属性：①至少是周期性的以水生植物为优势；②基底以排水不良的水成土为主；③基底若不是自然发生的土壤（土体结构不明显），也被水淹没，或在每年生长季内部分时间被水淹没。"在说明中还指出湖泊与湿地的区别，以低水位时水深2m为界。这一概念包含了对植物、水文和土壤的描述，主要在科研中应用。美国的一些州也将这一定义作为立法的依据。这和39号通告一样均为美国的湿地分类和湿地调查所应用。

印度接受了美国的这一湿地定义，作为其官方的湿地概念，进行湿地的调查和管理。

2.2 加拿大的湿地定义

加拿大国家湿地工作组在其对北方泥炭地（peatlands）的研究中，定义湿地为："系指水淹或地下水位接近地表，或浸润时间足够长，从而促进土壤的湿成和水成过程，并以水成土壤、水生植被和适应潮湿环境的生物活动为标志的土地。"这一定义也强调了水分、土壤、水生植被和水生生物活动等条件。1987年8月，在加拿大埃德蒙顿（Edmonton）的国际湿地与泥炭地研讨会上，加拿大学者提出的湿地定义是："湿地是一种土地类型，其主要标志是土壤过湿、地表积水（水深小于2m，有时含盐量较高等）、土壤为泥炭土或潜育化沼泽土，生长水生植物。"值得注意的是，《湿地公约》仅规定了海洋和海岸湿地的水深，对内陆水域的积水深度没有规定，而这一定义中提出了地表积水深度小于2m的指标。

2.3 英国学者的湿地定义

英国学者J. W. Lloyd等定义湿地为"一个地面受水浸润的地区，具有自由水面。通常是四季积水，但也可以在有限的时间内没有积水。自然湿地的主要控制因子是气候、地形和地质。人工湿地还有其他控制因子。"

2.4 日本学者的湿地定义

日本学者井一（Tatsuichi Tsujii，1993）认为"湿地的主要特征，首先是潮湿，其次是地下水位高，第三，至少在一年的一段时间内土壤处于水饱和状态。"

英国学者和日本学者的这两种定义，均强调水分和土壤的条件，而忽略了植被状况，有一定的片面性。

美国著名的湿地学家、第四届国际湿地会议主席W. J. Mitch等人在其所著的《湿地》（Wetlands）一书中系统地对湿地概念进行了评述。他们认为由于认识上的差异和目的的不同，使用不同的湿地定义强调不同的内容。如湿地科学家强调全面而严密的定义，便于进行湿地分类和调查；而湿地经营者则关心管理条例的制定，以阻止或控制湿地的人为改变，因此需要准确而有法律效力的定义。他们在综合各种湿地定义的内含之后，认为湿地的定义应包含3个内容：①湿地明显的标志是水的存在；②湿地有不同于其他地区的独特土壤；③生长着适应多水环境的水生生物。

3 中国的湿地定义

中国研究湿地的学者，以往多关注于美国的湿地定义，而明确提出定义的很少见。佟凤勤、刘兴土、赵魁义等对湿地的定义："湿地是指陆地上常年或季节性积水（水深2m以内，积水期达4个月以上）和过湿的土地，并与其生长、栖息的生物种群构成的独特生态系统"（王宪礼、肖笃宁，1995）；陆健健（1998）参照《湿地公约》及美国、加拿大和英国等国家的湿地定义，根据中国的实际情况，定义我国的湿地为："陆缘为含60%以上的湿生植被区，水缘为海平面以下6m的水陆缓冲区。包括内陆与外流江河流域中自然的或人工的，咸水的或淡水的所有富水区域（枯水期水深2m以上的区域除外）；不论区域内的水是流动的还是静止的，间歇的还是永久的。"可见，佟凤勤、刘兴土和赵魁义等人的湿地定义强调了构成湿地的三要素，即水的存在、过湿的土壤和生物群落之间的关系，但是对于湿地的有效管理会造成一定的困难；而陆健健提出的湿地定义所涵盖的内容基本与国际湿地公约的湿地定义相符，但是在文字表述上有一定的费解之处，在实际操作上也有一定的困难。

我国政府于1992年7月31日正式加入国际湿地保护组织，并签署了《湿地公约》。自此，我国政府和人民负有履行该公约的义务。联合国环境与发展大会之后，我国制定了《中国21世纪议程》，并将湿地的保护与合理利用列为议程的优先项目。多年来，在各级政府的支持下，全国林业系统、环境保护系统和中国科学院为保护湿地付出了极大的努力，做了许多很有成效的工作。1994年林业部召开了"94中国湿地研讨会"，部署了全国的湿地调查工作。为了与《湿地公约》的湿地名录相衔接，全国湿地调查以《湿地公约》的定义为依据开展了中国湿地的调查工作，并以国家林业局牵头，联合有关的各部、委、办、局和中国科学院等16个单位编制了《中国湿地保护行动计划》，于2000年9月由中国林业出版社正式出版发行。在《中国湿地保护行动计划》中所表述的湿地定义也与《湿地公约》的定义相一致。

孟宪民等（2001）在《湿地管理与研究方法》中记述："对湿地的定义问题，中国湿地学者认为：湿地是地球表层的一种水域和陆地之间过渡的地理综合体，它具有3个互相关联、互相制约的基本特征：①有喜湿生物栖息活动；②地表常年或季节积水；③土层严重潜育化。"并指出，"这种狭义的湿地定义强调生物、土壤和水文的彼此作用，强调三大因子的同时存在，即湿生或水生植被、水成土壤以及季节性或常年淹水。那些枯水期水深超过2m，水下或水面已无植物生长的明水面和大型江河的主河道则不算作湿地。这种狭义的湿地定义符合湿地处于水陆过渡带的特殊地位，反映了湿地生境多样性的典型特征。按此定义，一个水体可能只有一部分因有挺水植物生长才算作湿地，而开阔水体则因不具备如上特征而隔离于湿地之外。因为沿岸地带和开阔水体紧密联系在一起，如果彼此人为地隔离开来，就会在管理上出现许多难以解决的问题。比如说，只保护有水生植物生长的沿岸地带，而不保护临近的水体，那么，水体污染或过量取水也会直接干扰湿地的保护效果。"

所以，认为《湿地公约》中的湿地定义是一个广义的湿地定义，广义的湿地定义便于鉴定湿地的界限，有利于管理工作的实施。《湿地公约》不仅为了保护湿地，而且特别强调保护作为水禽栖息地的重要湿地。因此，湿地的保护管理部门和政府的职能部门较为强调湿地的广义定义。

4 云南湿地的定义

《云南湿地》中，对湿地定义的理解以《湿地公约》对湿地定义为准则，以此来鉴定云南省境内的湿地范畴。所以，云南湿地的定义为："在全省境内，不论是季节性的或永久性的，不论是高山岭脊或中、低山地及丘陵宽谷盆地和平原中，所有的湖泊、江河、溪流、沼泽及高山湿草甸等自然湿地和水库、坝塘、水田等人工湿地，均应列入云南湿地的范畴"。

由于云南省地处中国的西南边疆，无海岸线，属内陆高原山地省区。按境内的地形地貌而言，滇中和滇东地区属云贵高原；滇西北地区属横断山脉的高山峡谷区；滇西和滇西南地区属横断山脉南延的中、低山地及开阔的宽谷盆地区域。山地高原约占全省总面积的94%，地势从西北部逐渐向东南部呈阶梯状倾斜。海拔高差悬殊极大，西北部特别高耸，最高点为梅里雪山的卡格博峰，海拔达6740m；

东南部最为低下，最低点为南溪河与元江的汇合处，海拔仅76.4m。境内山峦起伏，江河纵横，高原湖泊及水库坝塘星罗棋布。又因地处低纬度地带，境内气候多样，大部分地区属南亚热带气候，干湿两季分明，雨量充沛；高山岭脊地带终年积雪，现代冰川发育良好。地处国际河流伊洛瓦底江、萨尔温江、湄公河、红河和国内第二大河长江及第三大河珠江等水系的上游。所以，对云南湿地的保护与合理利用的研究有重要的国际和国内意义。

第二节　湿地类型与分布

1　湿地的分类系统

由于研究湿地分类的目的和观念的不同，世界各国的湿地分类系统必然也是各种各样的。据黄进良、蔡述明（1995）记述 Cowardin 等人提出的湿地分类系统，根据水生植被、水成土壤、水淹程度与频率（或土壤水分饱和度）等几项指标，将美国的湿地划分为：系（system）、亚系（subsystem）、类（class）、亚类（subclass）和优势型（dominance type）等分类阶元。系，处于湿地分类系统的最高等级，是指具有相同水文、地貌、化学或生物特征的湿地的综合体。海岸地区的湿地划分为海洋湿地（marine）和河口湿地（estuarine）两个系，内陆地区的湿地包括河流湿地（riverine）、湖泊湿地（lacustrine）和沼泽湿地（palustrine）等3个系。系可细分为若干个亚系。类，是从占优势的动植物生命形态（life form）或底质的自然特征（肉眼能分辨）的角度来描述湿地外貌。一般根据底质组成，淹没特征或植被生命形态来划分湿地的类。每一个类也可细分为不同的亚类。优势型，是根据湿地中占优势的动植物形态来区分命名的，是湿地分类形态的最低层次。当亚类根据生命形态划分时，以动植物优势种或优势种群来命名优势型湿地；当亚类是根据底质划分时，则不考虑生命形态，只根据主要的植物或者大的无脊椎动物来命名湿地的优势型。

《湿地公约》的湿地定义已被世界各缔约国所接受。我国是《湿地公约》的缔约国之一，林业部1995年布置在全国范围内所开展的湿地调查工作，也是依据《湿地公约》的湿地定义所进行的。所以，我国的湿地分类系统也将遵循《湿地公约》的湿地名录分类体系。2001年，国家林业局野生动植物保护司编的《湿地管理与研究方法》中，关于湿地分类一节中认为与广义湿地定义相协调，主张采纳《湿地公约》所制定湿地名录的湿地分类系统。依据1990年在蒙特利尔召开的《湿地公约》缔约国第4届成员国大会上制定的国际重要湿地的分类和《湿地管理与研究方法》（2001）引列如表1－1。

表1－1　国际重要湿地的分类

湿地系统	湿地类	湿地型	公约指定代码	说 明
天然湿地	海洋或海岸湿地	浅海水域	A	低潮时水位在6m以内水域，包括海湾和海峡
		海草床	B	潮下藻类、海草、热带海草植物生长区
		珊瑚礁	C	珊瑚礁及其临近水域
		岩石海岸	D	海岸岛礁与海边峭壁
		沙滩、砾石与卵石滩	E	滨海沙洲、沙岛、沙丘及丘间沼泽
		河口水域	F	河口水域和河口三角洲水域
		滩涂	G	潮间带泥滩、沙滩和海岸其他淡水沼泽
		盐沼	H	滨海盐沼、盐化草甸
		红树林沼泽	I	海岸咸、淡水森林沼泽
		咸水、碱水泻湖	J	有通道与海水相连的咸水、碱水泻湖
		海岸淡水泻湖	K	淡水三角洲泻湖
		海滨岩溶洞穴水系	Zk（a）	滨海岩溶洞穴

（续）

湿地系统	湿地类	湿地型	公约指定代码	说明
	内陆湿地	内陆三角洲	L	内陆河流三角洲
		河流	M	河流、支流、溪流、瀑布
		时令河	N	季节性、间歇性、不规则性小河、小溪
		湖泊	O	面积大于 $8hm^2$ 淡水湖泊，包括大型牛轭湖
		时令湖	P	季节性、间歇性淡水湖，面积大于 $8hm^2$
		盐湖	Q	咸水、半咸水、碱水湖
		时令盐湖	R	季节、间歇性咸水、半咸水湖及其浅滩
		内陆盐沼	Sp	内陆盐沼及泡沼
		时令碱、咸水盐沼	Ss	季节性盐沼及泡沼
		淡水草本沼泽	Tp	草本沼泽及面积小于 $8hm^2$ 生长植物的泡沼
		泛滥地	Ts	季节性泛洪地、湿草甸和面积小于 $8hm^2$ 的泡沼
		草本泥炭地	U	藓类泥炭地和草本泥炭地。污林泥炭地不在此列
		高山湿地	Va	高山草甸、融雪形成的暂时水域
		苔原湿地	Vt	高山苔原、融雪形成的暂时水域
		灌丛湿地	W	灌丛为主的淡水沼泽，无泥炭积累
		淡水森林沼泽	Xf	淡水森林沼泽、季节性泛滥森林沼泽
		森林泥炭地	Xp	森林泥炭地
		淡水泉	Y	淡水泉及绿洲
		地热湿地	Zg	温泉
		内陆岩溶洞穴水系	Zk（b）	地下溶洞水系
人工湿地		鱼虾养殖塘	1	鱼虾养殖池塘
		水塘	2	农用池塘、储水池塘，面积小于 $8hm^2$
		灌溉地	3	灌溉渠系与稻田
		农用洪泛湿地	4	季节性泛滥农用地，包括集约管护和放牧草地
		盐田	5	采盐场
		蓄水区	6	水库、拦河坝、堤坝形成的大于 $8hm^2$ 的储水区
		采掘区	7	积水取土坑、采矿地
		污水处理场	8	污水场、处理池和氧化塘等
		运河、排水渠	9	输水渠系统
		地下输水系统	Zk（c）	人工管护的岩溶洞穴水系统

表 1－2　中国境内的湿地类型

湿地类型编码	湿地类型名称
01	浅海湾及海峡（低潮时水深在 6m 以内）
02	河口、三角洲
03	小型岛屿
04	岩石海滩、峭壁
05	沙质海滩
06	潮滩、泥滩
07	红树林沼泽海滨
08	海滨微咸水及咸水湖泊和沼泽
09	盐场
10	鱼塘、虾塘
11	河、溪（流速慢的）
12	河、溪（流速快的）
13	河滩沼泽地
14	淡水湖泊及相邻的沼泽地
15	沼泽地及小型淡水池塘（$8hm^2$ 以内）
16	内陆水系盐湖及相邻的咸水沼泽
17	水库（人工湖）
18	季节性淹水草甸、草地
19	稻田
20	水浇田、灌溉农田
21	沼泽树林，暂时性淹水林
22	泥炭沼泽地

《湿地公约》湿地名录的分类系统，将全世界的湿地划分为天然湿地和人工湿地两个大系统。天然湿地系统之下，又分为海洋或海岸湿地和内陆湿地两个大类。海洋或海岸湿地大类之下，又分为 12 个湿地型；内陆湿地大类之下，又划分有 20 个湿地型。在人工湿地系统之下，划分有 10 个湿地型。从表 1－1 中可以看出，《湿地公约》关于湿地名录的分类系统与《湿地公约》的湿地定义相一致，是一个无所不包的广义的湿地分类系统。可见这个国际湿地分类系统充分体现了保护湿地生态系统的多样性和保护水禽的栖息地。

陆健健（1990）以德里克·斯科特（Derek A. Scott）1989 年出版的“亚洲湿地名录”（英文版《A Directory of Asian Wetlands》）的中国部分为框架，做了大量的修改和补充，编辑出版了《中国湿地》，按《湿地公约》的湿地定义，将中国境内的湿地划分为 22 个湿地类型（表 1－2）。

陆健健（1998）在《中国湿地研究和保护》中发表“一个新的中国湿地分类系统”一文，将中国的自然湿地划分为3个大系统，8个子系统，31个类型。认为人工湿地的分类较为简单，分为4个类型。

系统一：河口滨海湿地

子系统1：潮下带湿地

型1. 基岩质滨海湿地

型2. 淤泥质（河口）滨海湿地

型3. 生物礁滨海湿地

型4. 藻床滨海湿地

子系统2：潮间带和沙洲离岛湿地

型5：滩涂湿地

亚型1. 海草和芦苇潮滩湿地（又称：草本植物潮滩湿地）

亚型2. 红树林潮滩湿地（又称：灌木潮滩湿地）

亚型3. 高盐碱潮滩湿地

型6. 泥沙质滩涂湿地

型7. 岩基海岸湿地

型8. 离岛湿地

型9. 沙洲湿地

系统二：湖泊河流湿地

子系统3：潮汐河湿地

型10. 江河洲岛湿地

型11. 潮汐河流湿地

子系统4：外流终年河湿地

型12. 终年河河源湿地

型13. 高位终年河湿地

型14. 低位终年河和洪泛区（泻洪区）

子系统5：内陆终年河湿地

型15. 终年河道湿地

型16. 河滩湿地

子系统6：间歇河湿地

型17. 外流间歇河湿地

型18. 内陆间歇河湿地

子系统7：浅水湖泊湿地

型19. 浅淡水湖泊

型20. 浅微咸水和咸水湖泊

型21. 季节性湖泊

型22. 淤塞性水库

子系统8：湖滩湿地

型23. 深水湖湖滩

型34. 湖滨湿草地

系统三：沼泽湿地

型25. 漂浮状苔草沼泽

型26. 丛生状苔草沼泽

型27. 片状苔草沼泽

型 28. 芦苇沼泽

型 29. 灌木林沼泽

型 30. 乔木林沼泽

型 31. 苔藓地衣沼泽

附：人工湿地

型 1. 水生植物种植田（稻田、甘蔗田、水生蔬菜田和其他经济水生植物田等）

型 2. 水生动物养殖池塘（鱼、虾、蟹、贝类等养殖池塘）

型 3. 人工蓄水池、水库

型 4. 盐田

根据《湿地公约》的湿地名录分类系统，结合云南省境内湿地的分布情况，编制出云南湿地的分类系统，列示如下：

云南湿地的分类系统

湿地系统（system）I：天然湿地

湿地类（class）1：内陆淡水天然湿地

湿地型（type）（各个湿地型之后括号内的英语字母为《湿地公约》分类指定代码）：

型 1. 河流（M），干流及其支流、溪流、瀑布。

型 2. 时令河（N），季节性、间歇性、不规则性小河和小溪。

型 3. 湖泊（O），面积大于 $8hm^2$ 淡水湖泊，包括大型牛轭湖。

型 4. 时令湖（P），季节性、间歇性淡水湖，面积大于 $8hm^2$。

型 5. 淡水草本沼泽（Tp），草本沼泽及面积小于 $8hm^2$ 生长植物的泡沼。

型 6. 泛滥地（Ts），季节性洪泛地，湿草甸和面积小于 $8hm^2$ 的泡沼。

型 7. 草本泥炭地（U），苔藓类泥炭地和草本类泥炭地。

型 8. 高山湿地（Va），高山草甸、融雪形成的暂时水域。

型 9. 苔原湿地（Vt），高山苔原、融雪形成的暂时水域。

型 10. 灌丛湿地（W），灌丛为主的淡水沼泽，主要分布于山区排水不畅的洼地，无泥炭积累。

型 11. 淡水森林沼泽（Xf），淡水森林沼泽，主要是山地水库中被水淹的森林。

型 12. 淡水泉（Y），淡水泉，分布较广而面积较小。

型 13. 地热湿地（Zg），温泉。

型 14. 内陆岩溶洞穴水系 Zk（b），地下溶洞水系。

型 15. 冰川

型 16. 内陆盐沼（R），分布于山间溪流、水沟边缘凹地中间歇性咸水、半咸水湖及其浅滩。

湿地系统（system）II：人工湿地

湿地类（class）2：内陆淡水人工湿地

湿地型（type）（各个湿地型之后括号内的数码为《湿地公约》分类指定代码）：

型 1. 鱼虾养殖塘（1），鱼虾养殖池塘。

型 2. 水塘（2），农用池塘、储水池塘，面积小于 $8hm^2$。

型 3. 灌溉地（3），灌溉渠系与稻田及其他水生作物种植区。

型 4. 农用洪泛湿地（4），季节性泛滥农地，包括集约管护和放牧的草地。

型 5. 蓄水区（6），水库、拦河坝、堤坝形成的大于 $8hm^2$ 的蓄水区。

型 6. 采掘区（7），积水取土坑、采矿地。

型 7. 污水处理场（8），污水场、处理池和氧化塘等。

型 8. 排水渠（9），输水渠系。

型 9. 地下输水系统 Zk（c），包括人工管护的岩溶洞穴水系等。

2 全球主要湿地的分布状况

据有关资料的统计，全世界约有湿地 $8.56 \times 10^8 hm^2$，其中加拿大的湿地面积最大，约有 $1.27 \times 10^8 hm^2$；其次是俄罗斯，有 $8300 \times 10^4 hm^2$；中国居于第 3 位，约有天然湿地和人工湿地 $6300 \times 10^4 hm^2$（赵魁义、刘兴土，1995）。王宪礼、肖笃宁（1995）记述，全世界共有湿地 $8.558 \times 10^6 km^2$，占陆地总面积的 6.4%，其中亚热带地区湿地所占陆地面积的比例为最高，占 29.3%，寒温带占 13.4%，寒带占 11%，热带占 10.9%。全世界湿地的分布状况见表 1－3。

表 1－3 世界湿地分布状况（依王宪礼等，1995 译自 Mitsch，1986）

地　带	湿 度	面积（$\times 10^3 km^2$）	占陆地面积（%）
北　极	湿润半湿润	200	2.5
寒　带	湿润半湿润	2558	11.0
亚寒带	湿润	539	7.3
	半湿润	342	4.2
	干旱	136	1.9
亚热带	湿润	1077	17.2
	半湿润	629	7.6
	干旱	439	4.5
热　带	湿润	2317	8.7
	半湿润	221	1.4
	干旱	100	0.8
合　计		8558	6.4

据 Derek A. Scott and Colin M. Poole（1989）在《亚洲湿地现状总论》中记述：由亚洲湿地名录涵盖的地区范围内，常年耕作的水稻田除外，估计约有湿地 120 百万 hm^2。其中 80% 的湿地恰好存在于印度尼西亚、中国、印度、新几内亚、孟加拉国、缅甸和越南 7 个国家。亚洲湿地名录所包括的是 947 个最重要湿地的信息；其中有 216 个湿地在南亚（印度次大陆），373 个湿地在东南亚（包括缅甸、菲律宾和新几内亚），358 个湿地在东亚（中国、日本和朝鲜半岛）。这些湿地的总面积大约为 73.4 百万 hm^2（$734\ 000 km^2$）。详见表 1－4。

表 1－4 亚洲各国或地区的保护湿地占湿地总面积的百分比　　（面积单位：hm^2）

国家或地区	湿地地点数	湿地总面积	应保护湿地面积	已被保护湿地的总面积	占应保护湿地面积（%）	占已被保护湿地的总面积（%）
孟加拉国	12	6 770 000	615 000	35 500	9	<1
不丹	5	8500	6500	500	77	6
文莱	3	138 000	14 500	14 500	11	11
缅甸	18	5 490 000	24 800	4020	<1	<1
中国	192	16 300 000	2 050 000	2 000 000	13	12
中国香港	3	11 900	11 900	409	100	3
印度	93	5 470 000	1 620 000	1 530 000	30	28
印度尼西亚	137	8 780 000	3 030 000	29 000 000	35	33
日本	85	475 000	195 000	77 000	41	16
柬埔寨	4	3 650 000	2000	2000	<1	<1
韩国	15	322 000	12 500	12 500	4	4
朝鲜	21	107 000	13 100	5830	12	5
老挝	4	222 000	0	0	0	0

（续）

国家或地区	湿地地点数	湿地总面积	应保护湿地面积	已被保护湿地的总面积	占应保护湿地面积（%）	占已被保护湿地的总面积（%）
马来西亚	37	3 120 000	1 660 000	6350	53	<1
蒙古	30	1 550 000	5000	0	<1	0
尼泊尔	17	35 600	27 500	26 100	77	73
巴基斯坦	48	858 000	521 000	138 000	61	16
新几内亚	33	10 100 000	600 000	600 000	6	6
菲律宾	63	1 410 000	94 200	76 100	7	5
新加坡	7	220	95	15	43	7
斯里兰卡	41	274 000	82 500	76 600	30	28
中国台湾	12	8400	7800	746	93	9
泰国	42	2 510 000	191 000	41 000	8	2
越南	25	5 810 000	69 800	49 500	1	<1
总计	947	73 420 000	10 854 000	7 597 000	14.8	10.3

3 中国的湿地类型与分布

据《中国湿地》（陆健健，1990）记述：中国湿地的分布情况，全国大约有 $2500\times10^4hm^2$ 湿地，包括 $1100\times10^4hm^2$ 沼泽，$1200\times10^4hm^2$ 湖泊（自然的及人工的）和 $210\times10^4hm^2$ 滩涂、盐沼地。在全国的湿地中，大约有 $2000\times10^4hm^2$ 为淡水湿地，占湿地总面积的 80%；面积为 $100hm^2$ 以上的湖泊有 2350 个，池塘、水库和水电站水坝等湿地大小计有86 000个，10 $000hm^2$ 以上的自然湖泊计有 130 个，大多数位于青藏高原及长江中下游一带地区。

中国最大的淡水沼泽湿地，位于东北部的黑龙江、吉林、辽宁和内蒙古的东北部。仅三江平原地区就有 $112\times10^4hm^2$ 的淡水沼泽湿地，以及内蒙古大戈壁沙漠南缘内陆干旱地区的达来湖、查干湖和安固里湖等咸水湖和盐沼湿地，是雁鸭类、鹤类、鸻鹬类和鸥类等水禽的重要繁殖地。

华东平原的黄河和长江流域一带分布有中国最大的淡水湖泊湿地，湖泊总面积约为 $220\times10^4hm^2$。包括湖南省的洞庭湖、湖北省的江汉湖群、江西省的鄱阳湖、安徽省西南部的升金湖和中部的巢湖及江苏省的太湖、洪泽湖和高邮湖等一系列湖泊，这些湖泊周围有大面积的沼泽湿地，是许多珍稀水禽的重要越冬栖息地，白鹤、白头鹤和蓑羽鹤等种类有较大的种群在此越冬。在长江中下游地区生存有我国特有的珍稀水生哺乳动物白鳍豚和珍稀爬行动物扬子鳄。

杭州湾以北为滩涂湿地，我国除辽东和山东半岛是岩石滩之外，其余均为沙质和淤泥海滩，是中国沿海沼泽滩涂湿地的主要分布区域。杭州湾以南海滩主要是岩石性的，我国只有福建的闽江口和珠江口三角洲地带为泥沙质海滩。我国沿海的红树林主要分布于福建中部以南的沿海滩涂和南海岛屿周围，这一带沿海滩涂地区吸引了大量的鹭科鸟类在此营巢繁殖，也是鸻鹬类和鸥类迁徙的驿站。

云贵高原和川西高原的河流湿地是我国长江、珠江等大江大河的上游和源头；湖泊湿地的面积一般较小而分散，多为地质构造形成的断层陷落湖；沼泽湿地的面积一般也较小而分散，最大的沼泽湿地是四川省西北部红原县境内的若尔盖高原沼泽湿地，海拔 3275m，面积 $30\times10^4hm^2$。云贵高原和川西高原的湿地是世界珍稀濒危鸟类、我国 I 级重点保护野生动物黑颈鹤的重要繁殖地和越冬地，也是其他多种水禽的重要繁殖地和越冬栖息地。

新疆塔里木盆地东部的罗布泊（面积 $125\times10^4hm^2$），过去曾是中国西北部最大的沼泽湿地。但由于被沙漠所包围，已几乎全部干涸；另外，塔里木盆地的博斯腾湖和若羌湖，吐鲁番盆地的艾丁湖和准噶尔盆地的玛纳斯湖等也是新疆沙漠化地区的重要湿地，湖泊都处于沙化过程之中，湿地逐渐干涸而退缩。

天山海拔 2400m 以上的巴音布鲁克湖沼地区和阿尔泰中部的喀纳斯湖和阿尔泰南端，额尔齐斯河上游流域的一系列小型湖泊，是大天鹅等水禽的重要繁殖区。

青藏高原海拔在 4000 ~ 5500m 之间的高原面上，散布有无数大小不等的湖泊和沼泽。这些湖泊和沼泽是我国黄河和长江的发源地；也是澜沧江（从云南流出国境称湄公河）、怒江（从云南流出国境称萨尔温江）以及雅鲁藏布江（从西藏东南部流出国境称印度河、恒河、布垃马普特拉河）等国际重要大江、大河的发源地和上游。这些湿地也是斑头雁、黑颈鹤等水禽的重要繁殖地。

从 1995 年至现在，组织了首次全国性湿地调查。经调查，全国湿地共有 $3848\times10^4hm^2$，其中自然湿地 $3620\times10^4hm^2$（可分为沼泽湿地 $1370\times10^4hm^2$，近海与海岸湿地 $594\times10^4hm^2$，河流湿地 $821\times10^4hm^2$，湖泊湿地 $835\times10^4hm^2$），40% 的自然湿地已纳入保护区范围（赵学敏，2004）。

第三节 湿地的功能、效益及其保护意义

1 湿地在自然生态系统中的地位

湿地与森林、海洋并称为全球三大生态系统。湿地具有保持水源、净化水质、蓄洪防旱、调节气候和维护水生生物多样性等重要的生态功能，在维护自然生态系统平衡的过程中起着极为重要的作用。健康的湿地生态系统，是国家生态安全体系的重要组成部分，也是经济社会可持续发展的重要基础。保护湿地，对维护生态平衡，改善人居生态环境，实现人与自然和谐相处，促进经济社会可持续发展，具有十分重要的意义。

湿地的功能与湿地类型有着密切的关系，湿地的水文动力条件和水化学性质，是决定湿地类型和维持湿地发育过程的首要因素。因此，不同类型的湿地在自然生态系统中有着不同的功能和作用。

1.1 沼泽类型湿地的功能

由于沼泽湿地分布较广泛，沼泽类型多种多样。但就其起源和形成而论，“任何一种类型的沼泽都发生和赋存于水陆交界和相互作用的地带或地段”（黄锡畴，1995）。所以，沼泽湿地生态系统具有陆地生态系统和水生生态系统的两重性。在各种湿地类型中，沼泽湿地的功能最为卓著。

1.1.1 高山和高原沼泽湿地的“天然水塔”功能

高山和高原沼泽湿地位于高山、亚高山的岭脊或高原面上地势较低洼地带，长期接纳雨水及冰雪融水，高寒山地常有冻土层存在，水分不易渗透到地下，因而地表过湿，形成特殊的湿草甸、苔原和冰浸湖等高山、高原沼泽湿地。高山、高原沼泽湿地的积水下泻为溪流，由溪流汇集成小河，由小河汇集成大江大河。所以，高山和高原沼泽湿地为江河直接提供水源，是江河的源头，起到天然“水塔”的功能和作用。

1.1.2 维持水生生物多样性的功能

江河流域的滩涂沼泽和淡水湖泊周边的浅水沼泽湿地，由于水流缓慢，沉积的腐质物丰厚，水生植物种类繁多，是两栖类、鱼类、虾、蟹和水生昆虫等多种水生无脊椎动物产卵和抚育幼苗的场所；也是水禽产卵育雏和主要的越冬栖息地及觅食区域。例如我国最大的咸水湖——青海湖，是斑头雁、棕头鸥和鸬鹚等水禽的繁殖栖息地；贵州威宁草海、云南昭通大山包等沼泽湿地是世界珍稀鸟类黑颈鹤的越冬栖息地；水生爬行类和哺乳类也多栖息于江河流域和湖泊边缘的沼泽湿地。所以，江河流域的滩涂沼泽和湖泊周边的浅水沼泽湿地，是水生生物多样性最为丰富的地区，也是最富有生产力的区域。

1.1.3 净化水质污染物的功能

江河流域的滩涂沼泽和淡水湖泊周边的浅水沼泽地带，是最先接纳径流等自然过程所带来的从农

田中所排放的富含农药、化肥的污水或富含城市工业污染物的废水及居民区生活废水的区域。该地带由于水流缓慢、水生植物和微生物种类繁多，有毒物质进入该地带，通过湿地的生物和化学过程，使有毒物质降解和转化，具有净化水质的功能。汞在湿地生态系统中的积累及其效应已经引起人们的关注，沼泽湿地能够吸收大气沉降和径流输入的汞（邵志国等，2004）。湿地中的底泥是湿地生态系统的主要环境要素之一，是底栖生物的栖息地和水生植被生长的重要场所，是湿地中营养物质的重要蓄积库，在沉淀和释放污染物方面起着重要作用。所以，沼泽湿地被称为“地球之肾”。

1.2 河流湖泊和水库类型湿地的功能

河流、湖泊和水库类型湿地的主要功能是流水和蓄水，随地形地貌的起伏、沟谷的大小和宽窄，水流从高处流向低处，从小溪、小沟流入湖泊、水库、大江、大河，再由大江、大河流入海洋，起到浇灌和孕育自然界生物多样性以及防旱排涝的作用。

1.3 海岸型湿地的功能

沿海滩涂和海岸潮汐地带，统称为“海岸型湿地”，海潮的涨落、间歇性覆水和落干是这类湿地发育过程中经常发生的规律性变化。所以，在热带和温带地区的海岸带分布着与之相适应的如招潮蟹（Uca）、沙蚕（Nereis）等特殊的生物群落。我国江苏盐城丹顶鹤越冬栖息地自然保护区，就是这类型湿地的代表。在热带和亚热带的海滨，红树林湿地是一种特殊的自然景观。红树林的叶和花果随海潮的涨落，为近海食物链提供了丰富的有机物，林下的水生动物十分丰富，是多种水禽的繁殖地或越冬栖息地，如香港米埔沼泽地及深圳湾。红树林还具有强大的防风和抵御海风侵袭的功能，素有海岸“绿色长城”之誉。

2 湿地与人类生存、繁衍和发展的关系

河流、湖泊和沼泽等类型湿地，与人类的繁衍、生存和发展有着密切的关系，大致可分为 7 个方面。

2.1 为人类提供饮用水

水是人类生存不可缺少的生态要素，饮水是动物体生命活动新陈代谢所必需的。自古以来，人类都较为集中地定居在河流、湖泊和沼泽湿地周围地区。因为在原始社会时期，较为方便地获得饮用水，是人类定居地首选的因素；另外，湿地边缘的水草繁茂，容易捕猎到大型食草类动物和鱼虾等动物性食物，也容易采集到可食用的植物，这是人类在原始社会时期比较重要的定居条件。

2.2 为人类提供工、农业生产用水

随着人类社会生产力的发展，农业生产的出现，灌溉用水成了制约人类生存和发展的重要因素。为了抗旱、排涝、防洪、发展种植业和渔业等农业生产，人类挖掘沟渠、修建水库、坝塘和水田等人工湿地，以满足日益发展的农业生产和人类生活的需要。在工农业生产步入高度发展的今天，沼泽、河流、湖泊和水库在输水、储水和供水方面仍然发挥着巨大的效益。

2.3 为人类提供丰富的动植物产品

江河、湖泊和沼泽湿地中自然生产的鱼、虾、蟹、螺、贝等许多水生动物种类是可供人类食用的美味佳肴，为了满足日益增长的人类食用量的需要，人们将水塘、水田和水库等人工湿地用来养殖鱼、虾、蟹等水生动物。许多近海河流是海产鱼类繁殖洄游的场所。湿地还可为人类提供植物性食物，除天然的多种水生植物之外，如水稻、莲藕、菱角等是常用的人工种植的水生植物性食物。此外，湿地还可生产许多药用动植物和工业原材料。如芦苇是编制芦苇制品和造纸的主要原料，湿地动植物资源的开发利用还间接带动了加工业的发展；中国鱼产量和水稻产量都居世界第一位；中国的农业、渔业、

牧业和许多农副业生产在相当程度上要依赖于湿地提供的自然资源。

2.4 为人类提供矿物资源

许多江、河、湖泊和沼泽湿地中有各种矿砂和盐类资源，如我国著名的长江上游的金沙江，就以出产金沙而得名。青藏高原和蒙新地区的咸水湖和盐湖，分布相对集中，盐的种类齐全，储量极大。盐湖中不仅赋存大量的食盐、芒硝、天然碱、石膏等普通盐类，而且还富集着硼、锂等多种元素。一些重要的油田大都分布于湿地区域，湿地的地下油汽资源的开发利用，在国民经济中的意义重大。

2.5 为人类提供能源和水运

湿地为人类提供着多种能源，在湿地周围经济发展相对落后的地区，至今还砍取沼泽湿地中的芦苇和柴草、挖取泥炭作为生产和生活的燃料，提供热能。水力发电是现代较为发达的、有巨大开发前景的清洁能源。水力发电在中国电力供应中占有重要的地位，我国的水能蕴藏量占世界第一位，达 6.8×10^{8} kW（国家林业局等，2000）；我国沿海许多河口港湾，蕴藏着巨大的潮汐能。河流和大型湖泊湿地有着重要的水运价值，沿江河及湖泊流域地区经济能够较快速地发展，很大程度上是受益于水能和水运。

2.6 湿地的观光与旅游资源价值

俗话说“有山有水好风光”，绿树成荫、鸟语花香、涓涓流水、幽静清澈的山间溪谷，汹涌澎湃、气势磅礴、一泻千里的大江大河，微波荡漾、岸边垂柳、芦花飘飞的湖泊等湿地，是“游山玩水”、旅游休闲度假的好去处。所以，湿地具有自然观光、旅游、娱乐等美学方面的功能，世界各国的旅游度假风景区，大多分布在湿地区域，湿地是发展观光旅游业的好资源。我国的杭州西湖、无锡太湖、武汉东湖、昆明滇池、大理洱海等湖泊湿地都是著名的风景旅游胜地，除可创造直接的经济效益外，还具有重要的文化价值。尤其是城市中的河流、湖泊等水域，对美化环境、调节气候、为居民提供休闲空间方面有着重要的社会效益。

2.7 湿地的教育和科研价值

湿地生态系统对人类的生存、繁衍和社会发展有着密切关系，多种多样的湿地动植物群落和濒危物种等，在生态学研究中都具有重要地位，如何持续保护及合理利用湿地自然资源是当今生态生物学、社会经济学和环境保护等科学研究领域的重大课题。湿地为教育和科研提供了研究对象、研究材料和实验基地。一些湿地中沉积和保留了过去和现代生物及地理等方面的演化信息，在研究环境变迁和演化及古地理学方面有着重要的科研和教育价值。湖泊和沼泽湿地是观赏鹤类、鹳类、雁鸭类和鸥类等水禽的好场所，为宣传保护鸟类起到了很好的科普教育作用。

3 保护湿地的重要意义

湿地在自然生态系统中的地位十分重要，对维护自然生态系统的平衡起着重要作用。湿地为人类的生存、繁衍和持续发展提供着必不可少的条件。所以，保护自然湿地是一项重要的利在当代、功在千秋的公益事业。因此，保护湿地人人有责，全人类都应该重视、行动起来，尽量减少对湿地的污染和破坏。各级人民政府都很重视中国湿地的保护工作，做好湿地的保护管理工作是政府的职能，也是全民的义务和责任。

第二章 云南湿地概况

云南省境内的地形、地貌及气候类型比较复杂，因而湿地的类型及其分布情况也十分丰富多样。近几十年来，随着云南经济社会的发展、人口的增加，各种湿地在云南省的经济社会建设和人民生活方面做出了巨大的贡献。但是，由于开发利用不当，如围湖造田等，许多湿地遭到了破坏，致使湿地生态系统变得十分脆弱。

第一节 云南自然地理概述

云南省地处中国西南边陲，地理位置为东经97°31′39″~106°11′47″，北纬21°08′32″~29°15′08″，跨越10个经度和9个纬度带，北回归线横穿其间。全省东西最大横距865km，南北最大纵距990km。土地面积38.32×10^4km^2（第二次全国水资源综合规划采用面积），占全国陆地总面积的4.1%，居全国第八位。云南省属内陆边疆省份，西北紧靠西藏，北与四川相连，东与贵州、广西毗邻，西面及西南和缅甸接壤，南面与老挝及越南相邻。东南部离北部湾约440km，西南部距孟加拉湾约600km。

自古以来云南就是中国通向东南亚的门户，战略位置非常重要，同时由于地形地貌复杂、气候多样，动植物资源十分丰富，有“动物王国”和“植物王国”之美称。

1 地形地貌

云南省位于青藏高原东南缘，是典型的以山地为主的山区省份，有明显的地域性。全省土地面积的84%是山地，10%是高原，坝子（盆地、河谷）面积仅占6%，面积在1km^2以上的坝子有1442个，大于5km^2的有553个，大于100km^2的有49个。全省地势由西北向东南呈阶梯状倾斜，海拔高差悬殊。滇西北德钦县与西藏交界处怒山山脉的梅里雪山卡格博峰，海拔高达6740m，为省内最高点；最低点处于最南端与越南接壤的河口县境内南溪河与红河的交汇点，海拔仅76.4m，高差达6663.6m，从东南到西北平均每千米海拔升高6m，形成高纬度同高海拔相结合，低纬度与低海拔相一致的特点。

云岭、苍山、哀牢山呈西北—东南向纵贯云南中部，将云南省分成东西两部截然不同的地貌景观，西部为横断山地峡谷区，东部为滇东高原盆地区。横断山地峡谷区，以保山至大理为界分成南北两部分。北部，为世界著名的三江并流区，是青藏高原南延部分，在东西80km水平距离内，依次分布有高黎贡山、怒江、怒山、澜沧江、云岭、长江，山川相互挟持，呈南北向紧密排列，江水奔腾南下，山峰海拔高程在4000m以上，往北越高，不少山峰高度在5000m以上，是云南省纬度偏北且地势最高耸的部分；区内地势北高南低，谷坡陡峭，怒江、澜沧江、长江三江的河谷都为下切极深的巨大峡谷，其间分水岭高峻，多为雄伟的雪山，山地海拔一般在3000~4000m以上，海拔超过6000m以上的山峰十余座，海拔在5000m以上的山峰有118座，4000~5000m的山峰近800座，最高峰海拔6740m，这些分布在德钦、中甸、丽江一带的极高山、高山，由于有怒江、长江、澜沧江等江河深切，谷陡险峻，形成幽深峡谷，高差悬殊之大，为世界少见。南部，横断山余脉顺着地势从滇西北方向以山脉为骨架呈掌状分布，地势逐渐下降，到西南部国境一带，地势渐趋和缓，河谷开阔，怒江、澜沧江、元江及其支流相间排列于群山之中，同样具有山高谷深，山川并列的特点。

滇东高原盆地区，是云南高原的主体部分，地面波状起伏，山岭短小，走向多变，平均海拔在2000m左右，以乌蒙山和五莲峰山两大山脉为主体构成西南高、东北低的倾斜地形，两山之间保存波状起伏的高原面，其上分布有一些断陷盆地；以南为滇东岩溶高原，经过长期侵蚀，成为广阔肥沃的坝子，并广泛分布着石灰岩地层，发育着各种类型的岩溶地貌，地下水较为丰富。

云南地层除太古界地层尚未发现外，从下元古界至第四系皆有出露。地层发育完整程度不一，岩相变化大，类型多样，古地理环境复杂。在漫长的地质历史时期中，既有稳定的地块出现，又有多处活动构造存在。组成云南地壳的岩石，以沉积岩分布面积最大，岩浆活动频繁。有规模不一的侵入，也有强度不一的喷溢。变质岩可分区域变质岩与混合岩两大类，是在吕梁期、晋宁期、加里东期、华力西期、印支期、燕山期6个主要变质时期，经受埋深变质、区域低温动力变质与区域动力热流变质等作用形成的。云南大地构造，处于特提斯—喜马拉雅构造与濒太平洋构造的复合部位。在漫长的地史发育中，曾经历了曲折复杂的演化过程。在时间上，表现为多阶段、多旋回发展的特点；在空间上，西部曾经是古特提斯地槽系的组成部分，受上古代—中生代多条深大断裂的长期活动，控制了这一区域地壳的演化和发展，后期又受喜马拉雅和青藏高原抬升的影响，地震时有发生，是一个活动带。东部是一个稳定的地台，中部在晋宁运动后转变为地台。

2 水文气候

2.1 气候特征

云南省南近海洋，背靠大陆，受东南、西南、高原季风影响，降水充沛，水资源丰富。由于地势南北高差巨大，加上与低纬度低海拔，高纬度高海拔相结合，扩大了整个云南的气候变幅，由南至北有北热带、南亚热带、中亚热带、北亚热带、暖温带、温带、寒温带等7个性质的气候带。气候带的变化包括了我国海南省至黑龙江省的所有气候带，是全国气候带的缩影。云南省气候要素受地形的影响而复杂多变，“一山有四季，十里不同天”是云南山地气候的生动描述。山下由于焚风增温效应，温高、雨少、蒸发量大；山顶寒冷、雨多、湿度大。气候的立体变化十分明显，就一个较大的山体而言，其降水、气温、湿度、积温、蒸发量等气象要素随海拔高程的不同有显著差别，由河谷到山顶，一般高度上升100m，气温下降0.6℃左右，垂直变化突出，立体气候明显。

云南省境内，南部属北热带气候类型，“长夏无冬、一雨成秋”；中部广大地区海拔1500～2000m地带的年温差较小，有“四季如春、一雨成冬”之说；西北部与东北部的高寒山区，长冬无夏、春秋较短。全省年平均气温在4.7～23.7℃之间，最热月平均气温19～22℃，最冷月平均气温6～8℃，年温差一般为10～15℃，日温差可达12～20℃。自北向南，全省各地区的活动积温644.7～8687℃。各地霜期长短不一致，南部海拔1000m以下地带，全年无霜；北部的昭通市和迪庆州的高海拔地区无霜期210～220天。

不同气候影响，干湿季节分明。气候特征主要表现为干季和湿季交替，冬季半年因受来自印度、巴基斯坦北部的干暖气流控制，天气晴朗，干燥、风速大、蒸发量大，春季和初夏蒸发量是同期降水量的10倍以上，因而形成干季；5～10月受东南、西南暖湿气流的影响，处于暖湿气流向北输送的通道上，湿度大，降水多，蒸发量由冬春季的极大值转变为夏季的极小值，同期降水量显著增加并超过蒸发量，形成湿季。

2.2 降水特征

云南河川径流主要由降水补给，降水特性基本决定了水资源的特性。云南省降水受山脉、河谷特殊地形的影响，空间分布极为不均。多年平均降水量为1278.8mm，变化范围一般在300～4000mm之间，降水地区差异较大，其一般规律是南多北少，西多东少，降水量最多的地区是西部大盈江中缅边境一带高程大于2000m的山区，多年平均降水量不低于4000mm；降水量最少的是金沙江河谷的奔子栏一带，多年平均降水量仅为300mm。年降水量地区分布大致由北部、中部、向东部、东南部和西南部递增，可分为北部少雨区、红河河谷上游少雨区和西北部少雨区及西南部多雨区、南部多雨区、西北部多雨区和东部多雨区等。

降水干湿季节分明，5 ~ 10 月为湿季，集中了全年降水量的 80% ~ 90%，尤其 7 ~ 9 月更为集中；11 ~ 翌年 4 月为干季，降水量十分稀少，仅有年降水的 10% ~ 20%。降水的年际变化不大，变差系数 Cv 值变化在 0.15 ~ 0.32 之间。

3 水资源

云南水资源的补给来源主要为降水，由于河流切割较深，大部分地下水经由天然露头渲泄，且以泉水为主要排泄方式，河川径流量包括了地表水和地下水两部分，通过水循环逐年得到更新。省境内多年平均降水总量为 $4900 \times 10^8 m^3$，折合降水深 1278.8mm；多年平均自产水资源量 $2210 \times 10^8 m^3$，折合径流深 576.7mm，占降水量的 45.1%。

3.1 水资源地域分布

云南水资源的地区分布由于受地形地貌及气候因素的影响，分布不均；西部水多，东部水少，南部水多，北部水少，不同地域水资源量悬殊甚大，南北相差达 100 多倍。由于山脉与河谷相间出现，地形起伏、高差悬殊，水资源地域分布极为不均，并呈现出明显的高低相间的特点，由西向东可划分为 3 个多水带、2 个中水带和 1 个少水带，各带之间既有明显的界线，又有插花性的交错分布。

3.1.1 多水带

西部多水带：位于高黎贡山、碧罗雪山一带，控制面积较大，成片分布，以西部国境线一带最多，高黎贡山顶部每平方千米产水量可达 $300 \times 10^4 m^3$。

中部多水带：位于无量山、哀牢山南段和中越、中老国境线一带，北部分布不连续，南部成片，以中越边境的金平县最多，每平方千米产水量达 $300 \times 10^4 m^3$。

东部多水带：位于滇东北的高山地区，分布面积小且零散，以云南和四川交界一带最多，每平方千米产水量为 $160 \times 10^4 m^3$。

多水带特点：分布在国境线及省周边一带，分布在三江并流的江河密集区，分布在远离坝区和城镇的偏僻山区，出境水量较多。这些地区水量较大、人烟稀少，湿地破坏较轻，是森林及林间空地沼泽、河流沼泽以及河滨沼泽较发育的地区。

3.1.2 中水带

西部中水带：高黎贡山以东至无量山西部，主要分布在云南省澜沧江流域，每平方千米产水量为 $(30 \sim 50) \times 10^4 m^3$；

东部中水带：主要分布在滇东高原面上，每平方千米产水量为 $(20 \sim 40) \times 10^4 m^3$。

中水带的特点：西部中水带地形复杂，山高坡陡，不利于沼泽的发育，只是在一些洼地并常年有水的地方发育有沼泽。东部中水带岩溶地貌发育，流域不闭合，径流不能被当地截获利用，地表径流小，地面严重缺水，水资源不能满足社会发展的需求；该地区地表存水能力差，地表湿地较少发育，但地下水极为丰富，出露泉水多，地下水湿地较为发育。

3.1.3 少水带

少水地带从云南西北部的金沙江和澜沧江河谷延伸到红河流域南部的河谷地区，斜卧云南中部，分布较为集中，金沙江、元江河谷为两个著名的少水区，每平方千米产水量仅 $(2.5 \sim 10) \times 10^4 m^3$。

少水带特点：分布在云南主要工农业生产的平坝区和城镇，地多水少，水的供需矛盾十分突出，水资源与社会经济发展极不匹配；这些地区天然湿地中河流和湖泊占的比重较大，沼泽很少发育，但人工湿地较多，为云南水利化程度较高的地区。

3.2 水资源年内变化

云南水资源受降水季节变化的影响，年内分配极为不均，干湿季节分明，各月径流量相差较大。

3.2.1 旱季

旱季一般始于每年 11 月，到翌年 4 月结束，气候晴朗、干燥、少雨，径流主要靠地下水和河网调蓄量的退水补给，多年平均 11 月至翌年 4 月水量占年水量的 15% ~28%，农业生产用水量最大的 4 ~ 5 月，水量仅占年水量的 9% ~14%。水资源时间分布与农业生产的需求不一致。各地区的干旱具有持续时间长，春旱和夏初连旱特别严重，甚至出现冬春夏三季连旱；旱灾频次高，60% 的县春旱发生频次几乎为 100%；范围大，干旱区约占全省面积的 80%。人们为了满足生产生活的需要，这段时期湿地被过度利用，造成水量被大量引用，水面面积减少，湿地生态环境遭到破坏。

3.2.2 汛期

汛期径流主要由降雨形成，5 ~10 月径流量占年径流的 72% ~85%，连续 4 个月径流占年径流的 65% ~70%，容易形成频次高、破坏性大的洪涝灾害。在水资源量中，2/3 左右是洪水径流量，使汛期径流成为过境水而不能利用。某些湿地（沼泽）具有储蓄或调节水量的功能，这时是恢复湿地、体现湿地功能的最好时期。

3.3 水质与水环境

云南天然河流的水质总体状况较好，可满足各种用水户用水功能的要求，但局部污染依然严重。目前在全省 71 条河流的 92 个监测河段中，符合地表水Ⅰ类水质河长占 18.98%，Ⅱ类占 17.71%，Ⅲ类占43.61%，Ⅳ类占5.17%，Ⅴ类占4.37%，超Ⅴ类占10.15%。全省九大湖泊中，水质达到Ⅰ~Ⅲ类标准的湖泊有 4 个，5 个湖泊水污染严重。其中，泸沽湖水质为Ⅰ类，抚仙湖大部分为Ⅰ类、局部为Ⅱ类，洱海大部分为Ⅱ类、局部为Ⅲ类，阳宗海为Ⅲ类，程海、星云湖为Ⅳ类，异龙湖、杞麓湖、滇池为Ⅴ类或超Ⅴ类。随着工农业污染物、城镇人口生活污水的增加，各湖泊均有水体富营养化的趋势；九大高原湖泊中富营养化从大到小依次是滇池、异龙湖、杞麓湖、星云湖、程海、洱海、阳宗海、抚仙湖、泸沽湖。

3.4 水能资源

云南水能资源十分丰富，境内的长江、珠江、红河、澜沧江、怒江和伊洛瓦底江六大流域的水能资源理论蕴藏量为10 364 $\times 10^4$kW，年发电量 9079 $\times 10^8$kW · h，占全国水能资源的 15.3%，居全国第三位；全省水能可开发量为 9400 $\times 10^4$kW，年发电量 3944.5 $\times 10^8$kW · h，占全国水能可开发量的 20.5%，居全国第二位。这些水能资源主要蕴藏在金沙江、澜沧江和怒江三大水系，占全省的 82.5%，其中金沙江占 38.9%。

4 土壤

全省的土壤类型多样，主要有砖红壤、赤红壤、红壤、黄壤、黄棕壤、棕壤、燥红土、石灰岩土、棕色针叶林土、山地草甸土和水稻土等。滇南和滇西南的低海拔热带地区主要分布有赤红壤、砖红壤、红壤；湿热山地为黄壤，田坝区内以水稻土为主；滇中主要为红壤，一些较高海拔的地区为黄壤和棕壤；滇西北及高山地带以暗棕壤、棕色针叶林土和草甸土为主。土壤类型的分布情况与气候的垂直地带性分布有密切关系。

5 土地资源特点及利用现状

云南土地面积 38.32 $\times 10^4$km^2，居全国第八位。按 2000 年年末人口计算，人均占有土地面积 13.7 亩*，高于全国同期人均占有土地面积的水平。省内山地多，平地少。坡度小于 8°（相对平坦）的土地仅占全省土地总面积的 8.9%，坡度在 8° ~15°的土地占 13.7%，15° ~25°的土地占 37.4%，25° ~35°的土地占 28.7%，大于 35°的陡峭土地占 11.3%。土地资源类型多，地域组合复杂，立体性特征显著，分布较散，使得省内土地利用分布具有十分明显的山原特点，土地利用类型丰富多样，并且人地比例、土地开发利用程度、后备资源的分布有显著的地域差异。全省现有耕地 9632.4 万亩，其中水田

* 1 亩 = 1/15hm^2，下同。

占总耕地面积的21.8%，望天田占2.9%，水浇地占0.71%，旱地占74.06%，菜地占0.53%。

6 动、植物概况

云南植物资源丰富，在全国约30 000种高等植物中，云南有274科2076属17 000多种，占全国高等植物总数的62.9%，有“植物王国”之称（新编云南省情，1996）。植被大体可分为热带雨林和季雨林区，亚热带常绿阔叶林区，亚高山针叶林区3种森林植被区。热带雨林和季雨林主要分布于滇南和滇西南地区的低纬度、低海拔地带，与热带型气候区域相一致；亚热带常绿阔叶林区分布在省内的广大地区；亚高山针叶林主要分布在北部高纬度及高海拔地带。目前除滇南和滇西南的热带雨林和季雨林及滇西北的亚高山针叶林尚保存有一定面积的天然植被之外，大部地区的原始植被已遭到不同程度的破坏，而多被次生松林所替代。

动物种类十分丰富，区系成分以东洋区种类为主。哺乳类计有300种，隶属11目38科，占全国哺乳动物种数的50.25%；鸟类计有850余种，隶属20目69科，约占全国鸟类种数的64%；爬行类计有152种，隶属3目12科，占全国爬行类种数的39%；两栖类计有112种，隶属3目12科，占全国两栖类种数的38%；淡水鱼类432种，隶属9目27科，占全国淡水鱼类种数的42.2%。无脊椎动物的种类也很丰富，但迄今尚未见有总结性的报道。

第二节 云南湿地类型及分布

云南湿地类型多、数量大、分布广、区域差异显著、生物多样性丰富。根据“云南湿地的分类系统”划分，云南湿地系统分类可分为内陆淡水天然湿地和内陆淡水人工湿地。内陆淡水天然湿地主要包括河流、湖泊、淡水草本沼泽及高山湿地等；内陆淡水人工湿地主要包括水库、坝塘、灌溉水田、蓄水区及引（排）水渠等。天然湿地中，集水面积100km^{2}以上的河流有908条，各大小湖泊的水面面积约1164km^2，沼泽湿地的面积297.6km^2，冰川湿地总面积84.88km^2；人工湿地中，库塘年总蓄水量约59×10^{8}m^3，水田面积约9080km^2，以及大量的引（排）水沟渠。

1 河流湿地

云南的河流众多，南北走向的山脉地形孕育了六大流域，即长江、珠江、红河、澜沧江、怒江和伊洛瓦底江。这六大河流均为入海河流的上中游，其中汇入太平洋的河流有长江、珠江、红河、澜沧江（出境后称湄公河）；汇入印度洋的河流有怒江（出境后称萨尔温江）、伊洛瓦底江。除长江和珠江水系外，其余4条均属国际河流，属西南诸河。近年来，云南省国际河流湿地生物多样性保护已成为国际社会关注的热点。省境内河流湿地集水面积在100km^{2}以上的河流有908条，在1000km^{2}以上的有108条，有47条省际河流和37条国际河流。云南省境内河流湿地水文特征见表2－1。

表2－1 云南境内流域干流的水文特征*

流域	集水面积（km^2）	流域面积占总面积（%）	干流长度（km）	河道平均坡度（%）	年均产水量（×10^{8}m^3）	备注
长江	109 061	28.5	1560	0.129	424.1	
珠江	58 683	15.3	677	0.223	229.0	
西南诸河	215 466	56.2	2612	—	1557	
合计	383 210	—	4849		2210.1	

* 本表数据采用云南省水资源综合规划成果（2004年）。

1.1 长江流域

长江流域在云南境内的流域面积为10.91×10^{4}km^2，占全省面积的28.5%，在六大流域中面积最大，也是水资源开发利用的热点地区。该流域地处滇北，西隔云岭与澜沧江流域相邻，南与红河流域相连，东南隔乌蒙山与珠江流域为界，北望四川省西南部，东部与四川、贵州接壤；省内流域东西横跨7个地（州、市）、47个县（市、区）。集水面积在100km^2以上的各级支流有297条，其中省际河流有30条，有滇池、程海、泸沽湖等3个高原湖泊。按面积划分，10 000km^2以上的河流有4条（即金沙江及其支流普渡河、横江、牛栏江），5000～10 000km^2的有1条，1000～5000km^2的有28条，500～1000km^2的有25条，100～500km^2的有240条。长江流域集水面积在100km^2以上河流的干流总长度约11 870km。

1.2 珠江流域

珠江流域在云南内的面积为5.87×10^4km^2，占全省面积的15.3%，其中南盘江是珠江的上游干流，发源于云南省曲靖市马雄山南麓，源地高程为2444m。

流域内地势西北高、东南低，由滇东高原岩溶湖盆区和滇东南岩溶山原区两种地貌类型组成，岩溶地貌发育。流域内干支流呈扇形分布，形如密树枝状，集水面积在100km^2以上的各级支流有121条，省际河流有15条；主要高原湖泊有抚仙湖、杞麓湖、异龙湖、星云湖、阳宗海等。按面积划分，10 000km^2以上的河流有珠江主源南盘江，5000～10 000km^2的河流有4条，1000～5000km^2的有13条，500～1000km^2的有11条，100～500km^2的有93条。珠江流域集水面积在100km^2以上河流的干流总长度约5270km。

1.3 西南诸河

西南诸河是指位于我国西南部地区的国际河流，在云南境内指红河、澜沧江、怒江和伊洛瓦底江4条国际河流。

1.3.1 红河流域

红河是中越国际河流，发源于云南省大理巍山县永建乡六摩村与大理市团结乡梧栖村交界的山岭，源地高程2640m。

红河流域位于云南中部及东南部，北与金沙江流域毗邻，东接珠江流域，西部以云岭南延余脉无量山和澜沧江流域相隔，南部与越南接壤。流域地形以红河为界，东北部为滇东高原区，地形起伏和缓，西部为云岭南延余脉，分成无量山和哀牢山两支，由于河流的侵蚀、切割，山地及高原边缘地带为山谷相间、地表破碎的中山地形；南部为滇东南岩溶高原的一部分，地表广布石灰岩，为云南岩溶地貌最发育的地区之一。流域内主要干支流呈扇形分布，省境内面积在100km^2以上的各级支流共有172条，其中国际河流13条。按面积划分，10 000km^2以上的河流2条，即红河干流和李仙江，5000～10 000km^2的有3条，1000～5000km^2的有15条，500～1000km^2的有14条，100～500km^2的有139条。红河流域集水面积在100km^2以上河流的干流总长度约8060km。

1.3.2 澜沧江流域

澜沧江是中缅国际河流，发源青海省唐古拉山北麓，在云南德钦县佛山乡流入省境，入境处高2248m。

境内澜沧江流域西部与怒江流域为邻，东部分别与金沙江、红河接壤，纵贯云南西部，先后流经迪庆、怒江、大理、保山、临沧、思茅和西双版纳7个地（州、市），在西双版纳州勐腊县南腊河口出境，出境处高程480m，天然落差1768m。出境后名为湄公河，流经缅甸、老挝、泰国、柬埔寨和越南5国，在越南南部汇入太平洋。流域纵贯境内，呈南北向奔流于滇西横断山脉的云岭与怒山之间，东西两岸为高山峡谷地形，河流湍急，水力资源丰富；支流分布呈羽状，源短流急，东西向注入。宽谷盆地主要分布在下游的西双版纳州，此河段有威远江、南班河、南腊河等较大的支流汇入，并穿过滇南较大的坝子允景洪坝。主要干支流呈扇形分布。澜沧江流域省境内集水面积在100km^2以上的各级支流有197条，其中国际河流7条；主要的高原湖泊有洱海。按面积划分，10 000km^2以上的河流有2条，即澜沧江干流和黑惠江，5000～10 000km^2的有3条，1000～5000km^2的有18条，500～1000km^2

的有 18 条，100 ~ 500km² 的有 157 条。澜沧江流域集水面积在 100km² 以上河流的干流总长度约 9030km。

1.3.3 怒江流域

怒江是中缅国际河流，发源于我国西藏境内，在云南贡山县丙中洛乡流入省境，入境处高程 1680m。

省境内怒江干流先后流经贡山、福贡、泸水、保山、施甸、龙陵、镇康、潞西等县（市），在勐波罗河汇口以上呈北—南流向，以下折向西南流，在潞西市中山乡橄榄坡以南流入邻国缅甸，出境处高程 528m，进入缅甸后称萨尔温江，最后注入印度洋安达曼海。省境内河长 618km，落差 1152m，平均比降 0.131%。

云南境内流域北部属横断山纵谷区，自西向东，高黎贡山、怒江、怒山（碧罗雪山）、澜沧江、云岭、金沙江大致成南北向相间排列，形成了高山峡谷相间的地貌形态，干流入云南后奔流于高黎贡山和怒山之间，狭窄陡峻，山高谷深，水流湍急。从入云南境内至六库向阳桥，穿行于高山峡谷之中，比降大，河谷断面多呈“V”形，两岸山峰高程均在 3000m 以上，河网不发育。支流短小顺直，流程短，落差大，多在 2400 ~ 3000m 之间，每千米落差达 53 ~ 188m，平均比降在 5% ~ 13% 之间，在干流两侧对称分布，形状如羽毛，多为高黎贡山和怒山的融雪溪流，这种干流与支流的排列方式为怒江流域所特有。流域南部为深切割的中山宽谷区，高黎贡山、怒山南延，山川的延伸方向由南北向渐变为西北—东南向或东北—西南向，山地和河流的间距相对逐渐加大，形成上紧下疏的帚状地形，河谷逐渐开阔，沿江有狭窄的河谷台地和坝子分布。云南境内集水面积在 100km² 以上的各级支流共有 76 条，其中国际河流有 6 条。按面积划分，10 000km² 以上的河流有 1 条，即怒江干流，5000 ~ 10 000km² 的河流 2 条，1000 ~ 5000km² 的有 5 条，500 ~ 1000km² 的有 9 条，100 ~ 500km² 的有 60 条。怒江流域集水面积在 100km² 以上河流的干流总长度约 3190km。

流域内的主要支流南汀河、南滚河及界河南卡江等河流，直接出境在缅甸汇入萨尔温江，最后注入印度洋安达曼海。

1.3.4 伊洛瓦底江流域

伊洛瓦底江是中缅国际河流，发源于我国西藏境内，在云南西北部贡山县流入省境，境内称独龙江，流出国境后一段仍称独龙江，在缅甸与南塔迈河汇合后称恩梅开江，再南流与迈立开江汇合后称伊洛瓦底江，在缅甸首都仰光附近入安达曼海。在省内跨怒江、保山、德宏 3 个地（州）、9 个县（市）。其主要支流有大盈江、瑞丽江等。

云南境内的流域位于高黎贡山西侧，北高南低，逐渐向南倾斜至国境，流域内最高点位于流域西北角与西藏的界山，海拔高程约 4969m，最低点位于盈江县昔马乡穆雷江与界河拉沙河交汇处，海拔高程仅 210m。主要干支流呈扇形分布。省境内集水面积在 100km² 以上的各级支流共有 39 条，其中国际河流 7 条。按面积划分，5000 ~ 10 000km² 的河流有 2 条，1000 ~ 5000km² 的有 4 条，500 ~ 1000km² 的有 3 条，100 ~ 500km² 的有 31 条。伊洛瓦底江流域集水面积在 100km² 以上河流的干流总长度约 6430km。

2 湖泊湿地

云南是全国断陷湖盆集中分布的地区。这些湖泊大多为晚新生代断裂陷落形成，形态大小不一，也有一些由地质构造岩溶和构造侵蚀所形成的湖泊，所有湖泊均属淡水湖泊。全省湖泊水面面积大于 1km² 的有 37 个，主要分布在海拔 1200 ~ 2000m 之间，是西南地区淡水湖泊最多的省份。各湖泊水面总面积 1164km²，约占全省面积的 0.28%；集水面积约10 000km²，约占全省面积的 2.6%，湖泊总储水量约 $300 \times 10^8 m^3$（云南百科全书，1999；云南省水资源调查评价专题报告，2004）。

湖泊周围地区历来是云南经济较最发达的富庶区，随着人类活动影响加剧和自然变化影响，这些湖泊面临水位降低、水面面积缩小、水质严重污染的威胁。在小型湖泊中，有的湖泊无永久性充足的水源补给，水面面积大小的季节性变化十分明显，将其归列为季节性淡水湖泊，在滇西北的高山地带，较平坦的山脊和低凹处，冬春季冰雪覆盖，夏秋季节也常形成小面积的沼泽湿地和湖泊。湖泊大体分布在元江河谷以东及云岭山脉以南，除永胜程海和宁蒗泸沽湖之外，多在高原区内。其中按分布的地理区位及自然条件差异和资源利用、生态治理的区域特点，可分为滇中湖群、滇西湖群、滇东湖群和滇南湖群。云南主要湖泊的水文特征值统计见表2－2，表2－3。

表2－2 云南重点湖泊基本数据

湖名	滇池	洱海	抚仙湖	阳宗海	星云湖	杞麓湖	异龙湖	程海	泸沽湖
经度（E）	102°37′～102°48′	100°05′～100°17′	102°49′～102°58′	102°59′～103°02′	102°45′～102°48′	102°43′～102°49′	102°28′～102°38′	100°38′～100°41′	100°45′～100°51′
纬度（N）	24°40′～25°02′	25°35′～25°58′	24°21′～24°38′	24°51′～24°58′	24°17′～24°23′	24°08′～24°12′	23°38′～23°42′	26°27′～26°38′	27°41′～27°45′
集水面积（km^2）	2920	2565	680	192	378	359	326	316	247.8
平均湖长（km）	40.4	42.5	31.5	12.7	10.5	10.4	6.55	19.0	9.5
平均湖宽（km）	7.0	6.3	6.78	2.5	3.8	3.5	2.75	4.3	5.2
湖岸长（km）	163.2	116.9	88.2	32.3	36.3	63.9	86.0	45.1	44
最大水深（m）	10.0	20.9	155.2	29.7	9.5	6.8	3.7	35.0	93.5
平均水深（m）	4.4	10.5	90.1	20.0	5.91	4.0	2.9	25.7	40.3
湖面面积（km^2）	309	249.4	212.5	30.0	34.2	37.3	34.0	76.9	51.3
总容水量（$\times10^8m^3$）	15.6	28.8	191.4	6.04	2.02	1.68	1.16	19.5	20.72
水面高程（m）	1887.4	1965.7	1722	1770.75	1722.5	1797.25	1414.2	1501	2690.8
成 因	断陷湖盆	断陷湖盆	断陷湖盆	岩溶构造	断陷湖盆	断陷湖盆	溶岩构造	断陷湖盆	断陷湖盆

表2－3 其他湖泊基本数据

湖名	地名	所属水系	湖面面积（km^2）	总容水量（$\times10^4m^3$）
纳帕海	中甸	金沙江	2.0	
碧塔海	中甸	金沙江	1.59	3180
属都海	中甸	金沙江	5.0	
拉市海	丽江	金沙江	19.2	1140
文 海	丽江	金沙江	1.6	
文笔海	丽江	金沙江	1.25	765
龙海子	丽江	金沙江	1.4	
天池*	云龙	澜沧江	1.19	190
剑 湖	剑川	澜沧江	6.23	1688
此碧湖*	洱源	澜沧江	7.83	9322
西 湖	洱源	澜沧江	3.30	593
海西海*	洱源	澜沧江	4.33	6185
北 海	腾冲	伊洛瓦底江	0.46	138.1
青 海	腾冲	伊洛瓦底江	0.15	40.0
清水海*	寻甸	金沙江	7.2	11760

（续）

湖名	地名	所属水系	湖面面积（km^2）	总容水量（$\times 10^4 m^3$）
三角海*	开远	南盘江	3.33	2700
长桥海*	蒙自	南盘江	11.32	4488
大屯海*	蒙自、个旧	南盘江	12.0	4470
普者黑	丘北	南盘江	10.8	2400
月湖*	石林	南盘江	2.8	1100
赤瑞湖	石屏	南盘江	1.0	75
老乌海	文山	元江	0.5	1500
差黑海	砚山	元江	3.44	4287

* 大屯海、长桥海、清水海、浑水海、ch碧湖、海西海等以前为天然湖泊，现在已经成为水库，为人工湿地。表格中空白处为无资料。

云贵高原湖区是我国五大湖区之一，该湖区绝大多数湖泊均集中在云南省（蓝红林，2002）。但由于大面积的围湖造田和水库的兴建，使湖泊面积极大缩小，湖泊数目锐减。据20世纪50年代初地形图统计，水面在5km^2以上的云南高原湖泊约有46个（杨文龙，1994）。到70年代中期，水面面积在1km^2以上的湖泊仅剩30余个，有20多个天然湖泊过早消亡（蓝红林，2002）。

滇池、洱海、抚仙湖、程海、泸沽湖、杞麓湖、星云湖、异龙湖、阳宗海为云南的九大湖泊，湖面面积均在30km^2以上。其中又以滇池水面积最大（309km^2），抚仙湖最深（最大水深155.2m）、容积最大（$191.4\times10^8 m^3$）。湖泊分属金沙江、珠江、红河、澜沧江四大水系。按湖泊密集的地理位置可分滇中、滇西、滇南和滇东四大湖群。滇中湖群有滇池、阳宗海、抚仙湖、清水海等；滇西湖群有洱海、程海、泸沽湖、纳帕海等；滇南湖群有异龙湖、大屯海、长桥海等；滇东湖群有者海、长湖、迤丽海等。云南湖泊大多分布在海拔1280～3266m的高原面上。

云南高原湖泊以其自身独特性质而不同于国内其他湖泊。它不同于青藏高原和蒙新地区的内陆型咸水湖和盐湖，多为外流型淡水湖；不同于东部的河迹湖和泻湖以及东北平原的火山堰塞湖，多为高原石灰岩、砂岩的构造湖，碳酸盐地层的溶蚀对湖盆的形成起辅助作用，湖泊相对较深（陶文东，1999）。

云南高原湖泊由上游河流、降雨及地下水补给。多位于盆地之中，河流源径流短，汇水面积小，各湖的补给系数介于4～10之间。受高原气候影响，湖面蒸发常高于湖面降水。多数湖泊仅有一条出口河流，少数湖泊因水位逐年下降，地表已无出水口而靠暗河或潜流排泄。湖泊的最高水位一般出现在9～12月间，最低水位出现于汛期的5～6月份，水位的年际变化基本与年降雨量的丰、平、枯一致或稍滞后。

与长江中下游的大型浅水湖泊相比，云南高原湖泊有更丰富的水生生物多样性，动植物区系成分更为复杂，不乏特有物种。例如，云南有土著鱼类432种，占全国淡水鱼类总种数（1023种）的42.2%，显示云南是我国淡水鱼类多样性最为丰富的省份之一（陈银瑞、杨君兴等，1998）。我国淡水水生植物区系组成具有很大的一致性，但云南高原湖泊也有其特有的水生植物成分，如海菜花为云南高原湖泊的特有种类（李恒，1980，1987a；1987b）。与长江中下游的大型浅水湖相比，这里的群落类型多样。群落分布区类型计有6个，兼有世界广布、旧世界热带分布、北温带分布、东亚分布和北极高山分布。此外，高山水韭、浮叶水马齿群落等仅为横断山区亚高山和高山地带所特有。根据湖泊群落组成、结构和生态环境的差异，可以划分出5个湖泊植被带，即Ⅰ山地亚热带、Ⅱ山地暖温带、Ⅲ高山寒温带、Ⅳ高山寒带和Ⅴ极高山冰雪带（李恒，1987b）。

以湖泊为依托发展起来的城市湖区经济，在云南省社会经济发展中占有显要地位（表2－4）。湖区是云南省粮食主产区，汇集了全省70%的大中型企业（陶文东，1999）。云南省目前拥有一座大城市（昆明）、一座中等城市（个旧）和8座小城市，其中昆明和个旧都比邻湖泊。据1987年资料统计，分布在滇池流域的大、中型企业竟占了全省总数的43%（杨文龙，1994）。目前，如果将全省湖泊、水库地区的产值计算在内，湖区工业产值和农业产值将分别占全省对应总产值的60%和50%（杨文龙，1994）。因此，云南的城市经济在某种意义上成为湖区经济的代名词。

表2-4 各湖区工农业产值占全省工农业总产值的比例（自杨文龙，1994）

湖泊名称	滇池	洱海	抚仙湖	清水海	程海	阳宗海	星云湖	杞麓湖	长桥海	异龙湖	个旧湖、大屯海	合计
湖区工业产值占全省工业总产值比例（100%）	43	4.6	0.25	0.16	0.21	0.85	0.29	0.84			5.14	55.3
湖区工农业产值占全省工农业总产值比例（100%）	30.3	6.4	0.3	0.44	0.47		0.48	0.79	0.82	1.3	3.5	45.13

但由于湖区工农业生产的发展以及人口增长，使资源需求量迅速增加。长期以来对资源的不合理开发，特别是围湖造田、放水发电，以及对水生生物的过度捕捞，大量农业及生活废污水的排放，造成了湖泊水位下降，湖面缩小，水体污染严重，生物资源锐减，湖泊的生态环境遭到了巨大破坏，加速了湖泊的老化和消亡，丧失了湖泊应有的功能。部分区域甚至面临资源枯竭的危险，严重制约了当地经济的发展（蓝红林，2002）。

由于云南天然湖泊众多，目前对云南高原湖泊的研究主要集中在对社会经济发展最为重要的九大湖泊，对其他湖泊，尤其是小型湖泊的研究尚属空白，仍需做细致深入的调查研究工作。以下对云南九大重点湖泊和研究工作积累较多的碧塔海自然保护区（省级）做着重阐述。

2.1 永久性淡水湖泊

2.1.1 滇中湖群

含昆明市的滇池，宜良、呈贡、澄江三县交界处的阳宗海，澄江、江川、华宁等县交界处的抚仙湖，江川县的星云湖，通海县的杞麓湖，寻甸县的青水海（东湖）。

2.1.2 滇西湖群

含大理市的洱海，宁蒗县与四川盐源县交界处的泸沽湖，剑川县的剑湖，洱源县的茈碧湖、西湖、海西海，永胜县的程海，丽江的文海、拉市海，中甸县的碧塔海。

（注：拉市海在丽江市丽江县。湿地类型：20世纪80年代以前为季节性淡水湖泊，面积0.5～0.9km^2。经查，80年代时，在拉市海的漏水口修了一大坝，现为一个有一定水位的高原人工湖泊）。

2.1.3 滇东湖群

含会泽县的者海，宣威县的迤谷海、鹰窝海、响宗海、关营海，泸西县的无浪海等。

2.1.4 滇南湖群

含石屏县的异龙湖，蒙自县的长桥海，蒙自与个旧两县交界的大屯海，开远县的三角海，文山县的老乌海，砚山县的差黑海、海子边等。

2.2 季节性淡水湖泊

2.2.1 滇西湖群

含中甸县的纳帕海、属都海，祥云县的青海，鹤庆县的草海（母屯海）等。

2.2.2 滇东湖群

含路南县的月湖、长湖等。

2.3 湖泊水质现状

新中国建立以后，云南湖泊资源的开发蒸蒸日上。无论是开发利用的规模和速度，还是开发利用的方式和类型，都是过去任何历史时期无法比拟的。从湖区的大规模治理和水利建设，到湖泊滩地围垦；从湖泊围网养殖，到湖泊资源的综合利用等，人们从湖泊中获取了大量的资源。然而，过度利用和盲目开发，加上自然环境的影响，使湖泊及其流域系统发生着巨大的变化，环境污染加重、生态系统日趋脆弱、灾害损失剧增。滇池流域人口过度密集和经济快速发展，不仅导致流域人口、资源、环境、发展问题日益突出和生存环境质量不断下降，而且还导致湖泊生态环境的急剧恶化，严重影响了社会经济的可持续发展和社会安定。

据统计（云南省水资源调查评价专题报告，2004），九大湖泊水质现状情况为：程海水质全湖为超Ⅴ类，主要污染物为 pH 值、氟化物；滇池草海和外海北部水域水质为超Ⅴ类，其他水域水质为Ⅳ～Ⅴ类，主要污染物都是高锰酸盐指数、氨氮、五日生化需氧量；泸沽湖水质最好，为Ⅰ类；阳宗海水质为Ⅱ类；异龙湖水质为Ⅳ类，主要污染物为高锰酸盐指数；杞麓湖水质为Ⅳ类，主要污染物是高锰酸盐指数、氨氮、五日生化需氧量；星云湖湖心区水质为Ⅲ类，岸边区为Ⅳ类，主要污染物为高锰酸盐指数、五日生化需氧量；抚仙湖靠近禄充水域水质为Ⅰ类，其他水域为Ⅱ类；洱海全湖水质为Ⅱ类。湖泊水体富营养化评价情况：程海、泸沽湖、抚仙湖、阳宗海、洱海为中营养；滇池、异龙湖、杞麓湖、星云湖为富营养。

3 沼泽

总起来看云南属于沼泽较少的省份，沼泽类型主要为淡水泥炭沼泽、芦苇沼泽、苔草沼泽、针叶林—藓类沼泽，以及部分泥炭藓沼泽，沼泽主要分布在湖滨和河谷一带。云南的主要沼泽地有洱源西湖、川滇交界的泸沽湖、香格里拉的纳帕海及腾冲的火山堰塞湖盆等。由于人类活动，许多沼泽已垦为农田，天然沼泽日益减少。

3.1 湖滨沼泽湿地

云南境内许多高原湖泊边缘均具有浅水地带，形成沼泽湿地，俗称草海。根据孙广友（1988）等的资料记述，有宁蒗县和四川盐源县交界处的泸沽湖草海、中甸县纳帕海、洱源县西湖和茈碧湖、腾冲县北海（火山堰塞湖）、昆明市滇池草海等。

3.2 高山沼泽湿地

云南西北部的高山地带，由于冰雪溶蚀，地表积水或过湿，形成零星分散的、小面积的沼泽湿地。

4 冰川湿地

冰川是积雪经变质形成并能运动的冰体，山地冰川在高原湿地中有特殊意义，它被称为固体水库，是高原湿地重要的水源提供者。依据冰川的形态特征，云南的冰川分为山谷冰川、冰斗冰川和悬冰川 3 种形态类型。根据冰川发育的水热条件和冰种物理特征，云南的冰川属于季风海洋性现代冰川。

云南的冰川分布在滇西北横断山脉地区，总面积 84.88km^2，主要在梅里雪山、玉龙雪山、哈巴雪山、高黎贡山以及云岭等山脉上，分布面积占全省冰川面积的 98.6%。

云南冰川分布在澜沧江、长江、怒江三大流域。其中，澜沧江流域有 21 条冰川，冰川面积 68.13km^2，占全省的 80.3%；冰储量 5.8468km^3，折合储水量 52.04×10^8m^3，占全省冰储量的 92.02%，是云南省冰川面积最大，冰储量、冰川储水量最多的流域。长江流域有 28 条冰川，冰川面积 14.70km^2，占全省的 17.3%；冰储量 0.5435km^3，折合储水量 4.131×10^8m^3，占全省冰储量的 7.21%，是云南冰川条数最多的流域。怒江流域有 8 条冰川，冰川面积 2.05km^2，占全省的 2.4%，冰储量 0.0494km^3，折合储水量 0.4397m^3，占全省冰储量的 0.77%。

5 人工湿地

5.1 水库湿地

新中国成立以来，云南各族人民经过50余年的不懈努力，兴水利、除水害，水利事业取得了很大成就；水利建设在防洪、抗旱、灌溉、供水、发电、改善生态环境等方面发挥了巨大的综合效益，为经济社会的发展发挥了重要的作用。到2003年底，全省已建成各种蓄水工程51 375件，其中总库容在$1.0\times10^8m^3$以上的大型水库4件（不含大型水电站水库），总库容在$0.11\times10^8\sim1.01\times10^8m^3$的中型水库159件，大、中型水库合计总库容$62.91\times10^8m^3$，兴利库容$44.31\times10^8m^3$；建成库容在$0.0011\times10^8\sim0.11\times10^8m^3$的小型水库5132件，总库容$33.01\times10^8m^3$，兴利库容$27.11\times10^8m^3$（《云南省水利水电统计年鉴》，2003年）。大型人工湿地有昆明的松华坝水库和柴石滩水库、曲靖的独木水库以及昭通的渔洞水库，都具有防洪、灌溉、供水、发电等多种功能。

各大型水库的基本情况统计见表2-5。

表2-5 云南省大型水库基本情况统计

序号	水库名称	类型	所在地市	集水面积（km^2）	水面面积（km^2）
1	松华坝	大（二）型	昆明市	593.0	3.629
2	柴石滩	大（二）型	昆明市	4656	4.659
3	独木	大（二）型	曲靖市	196.0	3.752
4	渔洞	大（二）型	昭通市	709.0	20.75

2003年末，云南蓄水工程蓄水总量为$54.11\times10^8m^3$，占水资源总量的2.45%（与多年平均径流量$2210\times10^8m^3$相比）。在各种规模的蓄水工程中，5件大型水库蓄水总量为$7.471\times10^8m^3$，占全省总蓄水量的13.8%，中型水库占39.7%，小型水库占39.7%，数量众多的坝塘只占6.8%。蓄水以中小型水库为主。

蓄水工程主要分布在红河以东水资源短缺的高原地区，在流域分区中，长江、珠江流域的蓄水工程总件数35 225件，总库容$70.71\times10^8m^3$，占全省总库容的70.0%；大中型水库105件，总库容$47.51\times10^8m^3$，占全省大中型水库总库容的75.5%；小型水库3223件，总库容$19.51\times10^8m^3$，占全省小型水库总库容的59.1%。详见表2-6。

表2-6 云南省长江、珠江以及西南诸河蓄水工程统计

流域	大中型水库			小型水库		坝塘		合计	
	件数	总库容（$\times10^8m^3$）	兴利库容（$\times10^8m^3$）	件数	总库容（$\times10^8m^3$）	件数	总库容（$\times10^8m^3$）	件数	总库容（$\times10^8m^3$）
长江	59	24.26	18.98	1890	11.28	26 942	2.45	28 891	37.99
珠江	46	23.26	13.53	1333	8.25	4955	1.21	6 334	32.72
西南诸河	59	15.38	11.8	1909	13.48	14 182	1.63	16 150	30.49
合计	164	62.9	44.31	5132	33.01	46 079	5.29	51 375	101.2

5.2 坝塘湿地

云南94%的地区是山区，地形坡度大，地表（地下）径流形成后，很快就过境而流失；修建小坝塘对提高高山地区的水资源利用能发挥较好的作用。因此，根据各地实际需要，到2003年底，云南已建成库容在$100\times10^4m^3$以下的小坝塘46 079件，总库容达$52\ 924\times10^4m^3$。其中，长江流域有小坝塘26 942件，总库容$24\ 514\times10^4m^3$；珠江流域有小坝塘4955件，总库容$12\ 114\times10^4m^3$；西南诸河（红河、澜沧江、怒江、伊洛瓦底江流域）有小坝塘 14 182件，总库容 16 297 $\times 10^4 m^3$（《云南省水利水电统计年鉴》，2003 年）。各县（市、区）小坝塘基本情况见表 2 -7。

表 2 -7　2003 年云南省各县（市、区）坝塘情况统计

州（市）	序号	县（市、区）	件数	总库容（$\times 10^4 m^3$）	州（市）	序号	县（市、区）	件数	总库容（$\times 10^4 m^3$）
昆明市	1	官渡区	110	198	文山州	66	文山县	144	514
	2	西山区	398	829		67	砚山县	210	732
	3	东川区	3	3		68	西畴县	33	53
	4	呈贡县	105	216		69	麻栗坡县	13	34
	5	晋宁县	215	561		70	马关县	41	129
	6	富民县	202	231		71	丘北县	105	317
	7	宜良县	447	885		72	广南县	42	130
	8	石林县	130	359		73	富宁县	53	190
	9	嵩明县	181	467	思茅市	74	思茅县	76	316
	10	禄劝县	849	700		75	普洱县	60	190
	11	寻甸县	148	392		76	墨江县	64	147
	12	安宁市	340	595		77	景东县	41	61
曲靖市	13	市辖区	—	—		78	景谷县	65	210
	14	麒麟区	165	442		79	镇沅县	25	60
	15	马龙县	329	1384		80	江城县	2	3
	16	陆良县	350	1075		81	孟连县	6	22
	17	师宗县	104	351		82	澜沧县	22	120
	18	罗平县	81	388		83	西盟县	—	—
	19	富源县	101	383	西双版纳州	84	景洪县	46	174
	20	会泽县	19	45		85	勐海县	115	348
	21	沾益县	341	1092		86	勐腊县	4	32
	22	宣威市	380	488	大理州	87	大理市	132	234
玉溪市	23	红塔区	170	510		88	漾濞县	83	36
	24	江川县	303	730		89	祥云县	2300	2749
	25	澄江县	39	106		90	宾川县	743	1065
	26	通海县	103	229		91	弥渡县	624	1014
	27	华宁县	177	289		92	南涧县	216	153
	28	易门县	153	472		93	巍山县	2316	1177
	29	峨山县	286	704		94	永平县	154	186
	30	新平县	427	964		95	云龙县	194	144
	31	元江县	169	267		96	洱源县	146	192
昭通市	32	昭阳区	590	439		97	剑川县	394	256
	33	鲁甸县	20	65		98	鹤庆县	266	222
	34	巧家县	43	66	保山市	99	隆阳区	272	507
	35	盐津县	156	128		100	施甸县	143	499
	36	大关县	1	6		101	腾冲县	210	285
	37	永善县	60	100		102	龙陵县	144	100
	38	绥江县	12	30		103	昌宁县	1353	154

（续）

州（市）	序号	县市区	件数	总库容（$\times 10^4 m^3$）	州（市）	序号	县市区	件数	总库容（$\times 10^4 m^3$）
昭通市	39	镇雄县	14	19	德宏州	104	瑞丽市	1	8
	40	彝良县	95	128		105	潞西市	70	200
	41	威信县	243	76		106	梁河县	28	24
	42	水富县	1290	382		107	盈江县	8	61
楚雄市	43	楚雄市	4989	4634		108	陇川县	62	180
	44	双柏县	1861	1650	丽江市	109	丽江县	791	406
	45	牟定县	1722	1369		110	永胜县	531	362
	46	南华县	2298	1586		111	华坪县	2217	51
	47	姚安县	1379	854		112	宁蒗县	266	39
	48	大姚县	830	807	怒江州	113	泸水县	—	—
	49	永仁县	425	1263		114	福贡县	—	—
	50	元谋县	1558	1313		115	贡山县	—	—
	51	武定县	854	720		116	兰坪县	42	21
	52	禄丰县	2106	2429	迪庆州	117	中甸县	52	4
红河州	53	个旧市	45	140		118	德钦县	298	12
	54	开远市	159	234		119	维西县	68	1
	55	蒙自县	39	81	临沧市	120	临翔区	12	75
	56	屏边县	13	7		121	凤庆县	136	188
	57	建水县	811	1105		122	云县	577	142
	58	石屏县	740	1042		123	永德县	140	83
	59	弥勒县	454	1507		124	镇康县	11	21
	60	泸西县	109	460		125	双江县	9	57
	61	元阳县	10	18		126	耿马县	29	98
	62	红河县	84	56		127	沧源县	34	101
	63	金平县	—	—	全省合计			46 079	52 924
	64	绿春县	5	21					
	65	河口县	—	—					

5.3 水田湿地

云南省在 $1527 \times 10^3 hm^2$ 的有效灌溉面积中，水田面积为 $908 \times 10^3 hm^2$。其中，长江流域为 $234 \times 10^3 hm^2$；珠江流域为 $185 \times 10^3 hm^2$；西南诸河（红河、澜沧江、怒江、伊洛瓦底江流域）为 $488 \times 10^3 hm^2$（《云南省水利水电统计年鉴》，2003 年）。各县（市、区）水田有效灌溉面积基本情况见表 2－8。

表2-8 各县（市、区）水田面积基本情况统计

州（市）	序号	县（市）	水田面积（$\times10^3hm^2$）	州（市）	序号	县（市）	水田面积（$\times10^3hm^2$）
昆明市	1	官渡区	4.59	文山州	65	文山县	7.6
	2	西山区	3.2		66	砚山县	13.33
	3	东川区	3.53		67	西畴县	2.29
	4	呈贡县	3.06		68	麻栗坡县	1.96
	5	晋宁县	10.01		69	马关县	3.37
	6	富民县	3.42		70	丘北县	7.8
	7	宜良县	11.13		71	广南县	17.08
	8	石林县	4.7		72	富宁县	7.77
	9	嵩明县	10.63	普洱市	73	思茅县	4.35
	10	禄劝县	5.7		74	宁洱县	6.95
	11	寻甸县	9.6		75	墨江县	8.04
	12	安宁市	4.67		76	景东县	9.64
曲靖市	13	麒麟区	10.78		77	景谷县	13.44
	14	马龙县	6.21		78	镇沅县	8.75
	15	陆良县	13.7		79	江城县	4.12
	16	师宗县	6.2		80	孟连县	4.77
	17	罗平县	6.45		81	澜沧县	19.47
	18	富源县	3.51		82	西盟县	4.05
	19	会泽县	6.24	西双版纳州	83	景洪县	14.37
	20	沾益县	8.48		84	勐海县	17.8
	21	宣威市	6.44		85	勐腊县	9.68
玉溪市	22	红塔区	6.58	大理州	86	大理市	9.8
	23	江川县	6.25		87	漾濞县	2.09
	24	澄江县	4.15		88	祥云县	10.41
	25	通海县	7.34		89	宾川县	13.63
	26	华宁县	4.02		90	弥渡县	7.62
	27	易门县	3.65		91	南涧县	1.28
	28	峨山县	5.08		92	巍山县	9.01
	29	新平县	6.67		93	永平县	3.79
	30	元江县	3.94		94	云龙县	4.24
昭通市	31	昭阳区	7.18		95	洱源县	11.73
	32	鲁甸县	4.01		96	剑川县	8.75
	33	巧家县	3.35		97	鹤庆县	10.04
	34	盐津县	3.92	保山市	98	隆阳区	20.3
	35	大关县	2.21		99	施甸县	6.37
	36	永善县	3.79		100	腾冲县	23.07
	37	绥江县	2.84		101	龙陵县	9.11
	38	镇雄县	1.99		102	昌宁县	8.92
	39	彝良县	2.22	德宏州	103	瑞丽市	6.85
	40	威信县	2.77		104	潞西市	13.83
	41	水富县	2.49		105	梁河县	5.91

（续）

州（市）	序号	县（市）	水田面积（$\times10^3hm^2$）	州（市）	序号	县（市）	水田面积（$\times10^3hm^2$）
楚雄市	42	楚雄市	11.51	德宏州	106	盈江县	14.21
	43	双柏县	5.73		107	陇川县	10.96
	44	牟定县	8.35	丽江市	108	丽江县	10
	45	南华县	6		109	永胜县	14.28
	46	姚安县	7.84		110	华坪县	4.45
	47	大姚县	6.91		111	宁蒗县	2.73
	48	永仁县	3.26	怒江州	112	泸水县	3.16
	49	元谋县	7.48		113	福贡县	1.3
	50	武定县	7.6		114	贡山县	0.3
	51	禄丰县	13.43		115	兰坪县	2.69
红河州	52	个旧市	3.74	迪庆州	116	中甸县	2.08
	53	开远市	4.31		117	德钦县	0.15
	54	蒙自县	6.66		118	维西县	2.12
	55	屏边县	3.82	临沧市	119	临翔区	8.95
	56	建水县	14.87		120	凤庆县	11.69
	57	石屏县	9.74		121	云县	10.18
	58	弥勒县	13.59		122	永德县	11.15
	59	泸西县	11.17		123	镇康县	4.57
	60	元阳县	11.07		124	双江县	5.95
	61	红河县	0.78		125	耿马县	8.8
	62	金平县	10.94		126	沧源县	5.39
	63	绿春县	3.43	全省合计			907.6
	64	河口县	0.15				

第三节 云南湿地分布规律和特点

1 河流湿地

河流湿地一般是指河道、河道边滩、冲淤积扇、河边沼泽以及牛轭湖等。云南的河流大多是六大流域的源头或上游，具有明显的山区性特征，河流岸坡陡峭，河床落差极大，形成河流在高山峡谷间奔驰，水流湍急，多瀑布和险滩等。除地势开阔地区和较大支流的汇口处外，河岸两旁很少有沼泽等湿地发育；河流流经较大的平坝区时，由于水流减慢，河岸边以及河床中常出现沙洲等冲、淤积扇，易形成河漫滩等湿地。各河流流域的水资源量不同，也影响着河流湿地的发育；水量多，河流切割深，水面面积大。

由于受区域地质构造和地貌发育的影响，云南的河流分布有明显的地区差异。在云南西北部，由于受南北向大断裂的控制，怒江、澜沧江、金沙江三江并列南下，各江之间分水岭狭窄，两条大江之间最窄处的水平距离不足20km，干流下切很深，两侧支流短促，与主干流形成羽状水系；在北纬25°30′以南，随着构造线散开，各大河流向东、向东南和西南散开，支流成树枝状。云南东部和中部高原是珠江和红河的发源地，水系多呈格子状或树枝状。云南东部和东南部的喀斯特地区，地表河流常转入地下暗河，因此常缺少地表湿地；但这些地区地下湿地较为发育，地下暗河可绵延几十千米，并发育有较大的溶洞以及地下湖泊。

云南河流湿地的水量补给主要来源于大气降水，由于受高山、深谷等特殊地形的影响，降水的空间分布极为不均，因此河流湿地的水文分布规律较复杂。河流水量的一般规律是南多北少，西多东少，且水量的季节分明；在云南一般以 5 ~ 10 月为湿季，这段时间集中了全年降水量的 80% ~ 90%；11 月至翌年 4 月为干季，降水量较稀少，仅有年降水的 10% ~ 20%。最新的《云南省水资源调查评价》成果表明，省境内多年平均河川径流量 $2210 \times 10^8 m^3$，折合径流深 576. 7mm，占降水量的 45. 1%。

河流湿地与其他湿地联系紧密，在水量上，它与湖泊、沼泽、地下水等联系紧密，相互补充。水的流动不断地冲刷或淤积地表，形成独特的湿地地貌，并且溶解自然界中营养物质，从而促进河流湿地生物的生长繁殖。云南山区河流坡降大，一般以侵蚀为主，因此这些地区的河流湿地主要是河道以及支流汇口处的冲淤积扇。在平缓地区的河流湿地会出现平原河滩、较大的河流沙洲以及伴生的洼地沼泽等，湿地发育程度较好、生物种类也比较丰富。

人类对河流湿地的影响主要表现在兴修水利工程。在河流干道上修建水坝，这会改变河流的水文特性，使水文周期失去天然性；水坝蓄水使上游地区水面变宽、淹没面积增加，改变了原有湿地的结构以及湿地内的生物种类；而河流下游的湿地由于水坝对河流水量的调节，使水坝下游河道水量丧失了自然特性，洪水季节水位涨幅小、枯水季节水量又增加，这不利于原来河流岸边的水生和湿生生物的生长，将使原伴生的河流湿地逐渐衰亡。此外，为防洪而在河流两岸修建人工河堤（城市上游最常见），牢固的河堤占据了原有湿地的位置，并缩窄河道，使水流加快，河流两岸的原生湿地将消失，河道本身规模也会减小。

综上所述，云南河流湿地具有以下特点：

（1）国际河流多。除长江和珠江外，其余 4 大流域均为国际性河流，因此湿地保护工作不容忽视。

（2）境内主要是上游河段，落差大、水流急、河槽深切。河床为基岩或砾石，除平缓地区、河口以及支流的湖泊地区以外，河流的伴生湿地很少。

（3）河流集水区狭长。跨地区、跨国界、跨气候带，自然条件复杂，生物种类多样性丰富。

（4）山高坡陡，河流落差大，水流湍急，干流地区基本不发育湖泊等湿地。

（5）河流湿地以降水、地下水和冰雪融水为补给，枯期水量较小，汛期水量较大；河流的水量、含沙量以及透明度的季节性变化大。

（6）人类对区域水资源的管理和再分配对河流湿地的影响较大。

（7）由于高山地形的影响，虽然浮游生物和鱼类丰富，但固着生长的水生植物不多。

2 湖泊湿地

云南的湖泊为高原淡水湖泊，多为半封闭型湖泊；湖泊面积一般较小，且较分散，多处于海拔 1280 ~ 3266m 的高原面上，在断裂陷落的基础上经溶蚀、流水侵蚀或冰川侵蚀等外力作用影响之下形成。省内较大湖泊的长轴方向多与构造线一致（北—南向或西北—东南向），湖岸平直陡峭，湖水较深，湖滨平原狭窄，如抚仙湖、洱海、程海等。在石灰岩分布区的湖泊多以喀斯特等外力作用为主形成，湖盆平浅，湖水不深，湖面积较小，湖泊略呈圆形或不规则形状。

云南湖泊水量主要由降水及周围河流和地下水补给。由于湖泊多位于盆地之中，距河流源地较近，汇水面积小，入湖径流少，各湖的补给系数介于 4 ~ 10 之间。受高原气候影响，湖面蒸发常高于湖面降水。多数湖泊仅有一条天然出水河流，少数湖泊因水位逐年下降，地表已无出水口，而靠暗河或潜流排泄。湖泊的最高水位一般出现在 9 ~ 12 月间，最低水位出现在汛前的 5 ~ 6 月份，水位的年际变化基本与年降水量的丰、平、枯一致或稍滞后。湖水含盐量不高，湖深水清，风景秀丽，对提供附近城镇工农业用水、生活用水起着举足轻重的作用；不少湖泊已辟为省内重要的旅游景点。

湖泊湿地经过几亿年的形成演变时期，具有良好的发育程度，结构也比较完整。湖泊湿地属静水（相对）系统，根据湖泊形态可分为断陷型和溶蚀型，根据湖水的营养成分可分为富营养、中营养和贫营养型。断陷型湖泊湖岸较陡，湖岸湿地类型单一，如抚仙湖等湖泊；溶蚀型湖泊的湖水较浅，湖岸多沼泽湿地，生物多样性丰富。由于湖泊特殊的地形情况，湿地生态系统由湖心向湖岸呈环状分布，一般可分为水生生物带、过渡带和湿生生物带（陆地）。云南湖泊周围大都具有较大规模的平坦地形，是社会经济比较发达的地区，因此湖泊湿地在形成发展过程中受人类的影响比较严重，各湖泊都存在围垦、侵占的现象。近年来由于人类活动频繁，干扰较大，加剧了湖泊的消退。很多天然湖泊面临水位降低、面积缩小，甚至消失的威胁，有不少湖泊已向沼泽化发展。

云南的湖泊湿地具有以下特点：

（1）湖泊数量众多，湖泊资源丰富。

（2）受断层作用，多数为断层陷落湖和冰碛湖，是全国断陷湖盆集中分布的地区。

（3）分布海拔高，盐分含量低，有些湖泊经过演变已不直接与入海河流相通，属内陆湖性质。

（4）大多数湖泊平均深度在 20m 以下，属浅水型湖泊。

（5）是我国西部水禽迁徙的重要栖息地和越冬地，在保护水禽上起重要作用。

（6）湖泊周围地区经济比较发达、富庶，人类活动影响甚大。

3 沼泽

云南的沼泽湿地主要有两种类型：一种为湖泊、水库及河流边缘浅滩湿地以及湖泊、河流退化形成的沼泽湿地，其分布不但与湖泊和河流的分布密切相关，而且与汛期和枯水期有明显的联系。在汛期，这些沼泽大多被水淹没，在外形上不能显示出明显的沼泽特征。但在枯水期，则明显地表现出沼泽特征。这些沼泽地通常是湿地野生动物的重要栖息地和植物的生长地，也是当地居民渔猎和放牧的场所之一。另一种是亚高山沼泽湿地，这些高山台地上的亚高山沼泽化草甸湿地主要分布于滇西北和滇东北的亚高山中上部海拔 3000 ~ 4000m 的高原面上低洼的排水不畅地带，属亚高山和冻原湿地类型。这些沼泽类型单一，面积小而且分散。由于气候条件恶劣，冰雪覆盖期长，生态环境单一的限制，野生动植物的种类相对贫乏，但有一部分沼泽地也是当地居民放牧的场所之一。

湖滨沼泽多发育在中东部地区。这些地区水资源量相对较多，地势平坦，由于地形条件，易积水成湖；在湖泊与河流（入流和出流处）的交汇处形成冲积扇，这些地区湖水较浅、湖流较小，有利于营养物质的沉积和水生生物的繁殖，如洱海西部、滇池北部等地区湖滨沼泽较为发育。山地沼泽主要发育在云南西部地区，这些地区水资源量丰富，在林间低洼潮湿地多发育泥炭藓类沼泽。

4 冰川

4.1 冰川的分布规律

云南西北部位于三江并流纵谷区，是青藏高原南延部分，分布着高黎贡山、怒山、云岭等山脉，山地高度多在 4000m 左右，不少山峰高度在 5000m 以上，是云南省纬度最偏北、地势最高耸的部分。这些分布在德钦、中甸、丽江一带的极高山、高山，谷陡险峻，山脊终年积雪，为冰川发育创造了条件。

云南冰川主要分布在滇西北海拔 3200m 以上的高山上，由于地形高耸，山高谷深，在漫长的地质历史演变过程中，内力和外力的作用孕育了复杂的地貌类型，在独特的自然地理条件下，发育成典型的山岳冰川地貌。云南省共有 57 条冰川，冰川总面积为 84.88km^2，冰川总冰储量为 6.4397km^3。云南的冰川主要分布在高黎贡山、怒山、云岭等山脉的哈巴雪山、玉龙雪山、梅里雪山、格宗雪山等山脉的 26 座山峰上。

省境内的 57 条冰川中值高度（把冰川面积等分成相等的两部分的等高线高度）在 4140 ~ 5200m 之间；冰舌末端高度在 2660 ~ 5040m 之间；最高高度（雪粒盆后壁冰雪覆盖的最高峰顶）在 4240 ~ 6740m 之间。冰川分布海拔高度悬殊较大，最高高度与冰舌末端高度最大相差 4080m。梅里雪山卡瓦博格峰下的明永冰川，冰舌海拔为 2660m，深入森林地带，是世界同一纬度上海拔最低的山岳冰川。由于山岳冰川的寒冷风化和侵蚀作用，使所在地的山峰棱角分明，山脊呈“刃”状，山谷呈“斗”

状，在白雪和冰川覆盖下具有极高的观赏价值。

4.2 冰川的储量以及变化情况

山地冰川流域的冰储量取决于该流域的冰川总面积和冰川平均厚度。云南省冰川总冰储量为 $64.39\times10^8m^3$，约占全国冰储量的 0.115%。其中长江流域冰储量为 $4.884\times10^8m^3$，澜沧江流域冰储量为 $58.47\times10^8m^3$，怒江流域冰储量为 $0.494\times10^8m^3$。

根据 20 世纪 90 年代以来对部分冰川的观测资料，云南的冰川总的变化趋势是在退缩，冰舌末端海拔在升高。冰川后退的原因归纳起来有两种观点，一种观点为温室效应导致的全球气候变暖；另一种观点是旅游开发等人类活动导致了冰川的消融。冰川是一个巨大的淡水储备库，其融水是河川径流的重要补给源，冰川被称为高山"固体水库"，每年降水以固体存入，是稳定的水资源，对河川径流起到重要的调节作用。

5 人工湿地

人工湿地包括水库、坝塘、水田以及引水沟渠。由于社会经济的发展，人类改善自然的能力加强，人工湿地的数量逐年增加。至 2003 年，云南的大、中、小型水库有 4921 座，其中大、中型水库主要分布在坝区、城镇和工业区附近，特别是滇中、滇东北和滇西少水的粮食、经济作物主产区。小型水库遍布全省各地，特别是耕地零散、居住分散的广大山区。这些水库在为农业生产服务的同时，也是城镇居民生活用水和工业用水的水源地。不少水库具有防汛、灌溉、供水以及发电等多种功能。大多数水库依山谷筑坝修建，由山溪河流补给水量，所以具有水源充足、水质优良的特点。

云南省的坝塘有46 079件，坝塘蓄水量小，但经济、方便，对当地农业和副业的发展起到了很大作用，也是野生动植物生息繁衍的有利场所。因用于农副业的发展，动植物种类皆为经济类型，如食用鱼类，莲、藕等经济植物等。

云南省的水田面积有 $9080km^2$，主要分布在平坝地区和河谷开阔地。云南有主要坝区 49 个，其中有名的 8 大平坝分别是陆良坝、昆明坝、洱源盆地、昭鲁坝、曲靖坝、固东坝、嵩明坝、平远街等；坝区内土地肥沃，农业发达，是水田分布的主要地区。为了增加耕地的灌溉面积，各地区都修砌了大量的引水灌溉渠道。据统计，2003 年底云南省共有引水工程 185 919 件。这些水田、引水沟渠为季节性蓄水（过水），在有水季节，它增加了土壤的含水量，促进了区域内湿地群落的发展。

人工湿地是人类科学技术文明的结晶，为人类的生存和发展做出了很大贡献，但同时又是人类破坏天然湿地的有力证据。人工湿地的形成，改变了湿地最主要的影响因子——水的分布，进而影响区域的小气候，影响湿地的水文周期。每年的 3 ~6 月份是人工湿地最为活跃的时期，这段时间里天然湿地处于少水季节，却是农业灌溉季节，人工湿地经过汛期的储备，水量较为丰富，为农业生产提供了充足的水源。但是对于天然湿地的发展和湿地生物的多样性来说，却产生着负面影响。例如，为了防洪和灌溉的需要，在湖泊出水口疏通河道，这会使湖泊湿地面积减少，程海、异龙湖等就是受此类影响较严重的湖泊湿地。

第二篇

云南高原湖泊沼泽湿地

第三章 云南的国际重要湖泊湿地

根据《国际重要湿地名录地鉴定标准》〔Criteria for Identifying Wetlands of International Importance。录自《湿地科学》2004 2（1）：41〕。经由第四届和第六届湿地公约（拉姆萨尔，伊朗，1971）缔约国大会通过，以指导公约2.1条款“拉姆萨尔湿地”的实施。根据议案4.2的附件（瑞士蒙特利尔，1990）和决议VI.2的附件（澳大利亚布里斯班，1996），具有下列任意一项或多项指标的湿地可被确认为具有国际重要意义的湿地：

1. 代表性或典型性湿地的指标：（a）能很好地代表所在生物地理区域的基本特征并处在自然或接近自然的状态；或（b）能很好地代表一个以上生物地理区域的一般特征并处在自然或接近自然的状态；或（c）在某个主要的特别是处在跨国区域上的流域或海洋生态系统中，能在水文、生物或生态作用方面很好地代表湿地所具有的自然功能；或（d）是所处生物地理区域上稀有和特殊的特定湿地类型的代表。

2. 基于植物和动物的一般指标：（a）是一些稀有、易危和濒危植物或动物种或亚种的具有可评估价值的集合地，或（b）是上述任意一种或亚种的具有可评估价值的个体集中分布地；或（c）因其植物或动物栖息地正处于其生物周期的关键阶段具有特殊的价值；或（d）因拥有一种或多种原产植物或动物物种或群落而具有特殊的价值。基于水禽的特定指标（a）正常状况下维持了20 000只水禽；或（b）正常地维持着特殊类别的水禽或湿地价值、生产力或多样性之指示水禽的大批个体数量；或（c）若种群数据可获知，正常地维持某一水禽物种或亚种之1%的个体数量。

3. 基于鱼类的特定指标：（a）维持代表了湿地效益和/或价值的一定数量原产鱼类的亚种、种或科，或其生活期的一定阶段，或其物种相互作用的一部分/或种群数量，因而能对全球的生物多样性做出贡献；或（b）无论是否在该湿地区域上或以外的区域，是某些鱼类及其产卵地、生长地和/或鱼群洄游线路的重要食物来源的依靠。

在云南省的高原湿地中，目前经申报于2004年12月被湿地国际确认的国际重要湿地有：迪庆州香格里拉县的碧塔海湿地、纳帕海湿地，丽江市玉龙县的拉市海湿地，昭通市昭阳区的大山包湿地。

第一节 碧塔海湿地

1 地理位置和海拔

碧塔海湿地位于云南省迪庆藏族自治州境内，地处香格里拉县城东部，距离县城约30km。北纬27°46′~27°57′，东经99°54′~100°08′。湖面海拔3568m。

2 面积

碧塔海湿地面积1984.64hm^2，东西长3km，南北宽约0.7km，水域面积159hm^2。湖水补给稳定，湖面变化较小，水位较为恒定。

3 类型

高原淡水湖泊。

4 自然地理概况

碧塔海地处青藏高原东南缘横断山脉三江纵谷区东部，为镶嵌于横断山系高山峡谷区断陷盆地中的高原沼泽湿地，地质构造上属滇西地槽褶皱系，古生界印支地槽褶皱带，中甸剑川岩相带，在东部出口处分布有少量石灰岩，其他为大量分布的砂岩、板岩、千枚岩以及玄武岩，以及第四系冲积、洪积、冰碛、湖积、坡积和残积物等。碧塔海的主要土壤类型为沼泽土和泥炭土，由于冷凉气候及厌氧条件下有机物质难于分解，形成的沼泽土和泥炭土有机质含量较高。

碧塔海被山地完全包围，湖周为茂密的原始森林，湖盆东西长 3.0km，南北宽 0.8km，是一个封闭状的高原湖泊湿地生态系统。

5 地质形成

碧塔海为天然起源。是冰川作用、侵蚀、堆积等多种作用形成的高原补偿性湖盆负向地貌形态，其在中甸高原强烈抬升过程中，差异抬升或相对下降或经溶蚀下陷而形成洼地雏形，之后冰川作用改造洼地并沉积大量冰碛物或冰水堆积物，冰川消退后，经流水作用改造而成。

6 气候环境

碧塔海气候为西部型季风气候。受南北向排列山地和大气环流的影响，全年盛行南风和南偏西风；年平均降水量约 1000mm。干湿季分明，11 月至翌年 5 月为明显干季，晴天多，光照充足，日照时数为 1505.7 小时，占全年日照时数的 69%，但该季几乎为积雪期，降水量占全年降水量的 10% ~20%；5 ~11 月为明显湿季，阴雨天多，降水相对丰富，约占全年降水量的 80% ~90%，日照时数仅 684.9 小时，约占全年日照时数的 31%。具明显的高原气候特征，太阳辐射强，年日照时数平均 2180.3 小时。气温年较差小，日较差大，长冬无夏，春秋短，年均温 3.3℃，极端最低气温 -27.4℃，极端最高气温 25.6℃，≥10℃年积温 1529.8℃，持续期 122 天。虽具高原气候特征，但由于湖泊和湖周森林的调节，气候与同海拔相比较为温暖湿润。碧塔海湿地保护区内海拔相对高差 979m，立体气候明显，具有山地温带和山地寒温带两种主要气候类型。

7 湖泊水文地理

碧塔海属金沙江水系。湖水补给的主要来源为降雨和降雪，大量降水形成于 6 月初，湖区多年平均降水量为 1000mm，为湖水水量补充的重要来源，湖水的另一来源是湖西岸流入湖中的泉水。碧塔海平均年产水量为 $1.08\times10^7 m^3$，湖水补给稳定，湖面积变化较小，其湖水出口位于湖东部，是一条小河，蓄积的湖水缓慢释放后沿小河东流出 500m 余之后，落入地下溶洞，经地下河潜流后流入洛吉河，再经尼汝河汇入金沙江。

8 水环境状况

碧塔海是保存较完整的封闭型高原淡水湖泊，承接着冰雪融水和降雨后的径流，由于湖周围大多为茂密的森林，平缓的谷地则为草甸或沼泽化草甸，所以地表径流携带入湖的泥沙不多，湖水常年较为清澈，其中 4 ~5 月湖水透明度最高，进入夏秋季节，随降水量的增加，湖周围的森林和草甸中的有机物进入湖中，湖水的透明度也随之下降。该湿地生态系统人为干扰较小，基本保持了原始状态。

9 生物多样性的特点及其变迁

9.1 浮游动物

根据 1993 年 6 月调查，碧塔海有浮游动物 37 种，个体数量 1265 个/L，其中原生动物 15 种、数量 525 个/L，轮虫 11 种、数量 275 个/L，枝角类 4 种、数量 150 个/L，剑水蚤 1 种、数量 0 个/L，镖水蚤 1

种、数量207.5个/L，猛水蚤1种、数量0个/L，无节幼体、数量107.5个/L，其他浮游动物3种、数量0个/L。其中螺形龟甲轮虫、长刺溞、西南荡镖水蚤为各类群的优势种。其中桡足类可能因高山缺氧，血红素特多，鲜红的颜色很耀眼。浮游动物种类少，数量少，肉足虫类较多，是云南高原湖泊很难见的情景。

9.2 湿地植物

根据尹五元（2002）调查，碧塔海种子植物共记录有21科38种（表3-1），种类比较丰富，但没有自己的特有种。碧塔海的湿地植被可划分为沼泽植被型组和浅水湿地植物群落两个群落。

表3-1 碧塔海湿地植物

科　名	种　名	生活型
苹科 Marsileaceae	田字苹 *Marsilea quadrifolia*	浮叶
毛茛科 Rununculaceae	水毛茛 *Batrachium bungei*	沉水
	抽葶驴蹄草 *Caltha scaposa*	湿剩
金鱼藻科 Ceratophyllaceae	金鱼藻 *Ceratophyllum demersum*	沉水
杉叶藻科 Hippuridaceae	杉叶藻 *Hippuris vulgaris*	沉水
小二仙草科 Halorrhagaceae	穗状狐尾藻 *Myriophyllum spicatum*	沉水
水马齿科 Callitrichaceae	水马齿 *Callitriche stagnolis*	湿生
蓼科 Polygonaceae	辣蓼 *Polygonum hydropiper*	挺水
	尼泊尔蓼 *P. nepalense*	湿生
	草血竭 *P. paleaceum*	湿生
千屈菜科 Lythraceae	圆叶节节菜 *Rotala rotundifolia*	湿生
柳叶菜科 Onagraceae	柳叶菜 *Epilobium hirsutum*	湿生
蔷薇科 Rosaceae	拱枝绣线菊 *Spireaea arcuata*	沼生灌木
杨柳科 Salicaceae	奇花柳 *Salix atopantha*	沼生灌木
	腹毛柳 *S. delavayana*	沼生灌木
	华西柳 *S. occidentali - sinensis*	沼生灌木
伞形科 Umbelliferae	水芹 *Oenanthe javanica*	湿生
玄参科 Scrophulariaceae	斑唇马先蒿 *Pedicularis longiflora* var. *tubiformis*	湿生
报春花科 Premulaceae	锡金报春 *Primula sikkimensis*	湿生
睡菜科 Menyanthaceae	荇菜 *Nymphoides peltatum*	挺水
眼子菜科 Potamogetonaceae	菹草 *Potamogeton crispus*	沉水
	亮叶眼子菜 *P. lucens*	沉水
	微齿眼子菜 *P. maackianus*	沉水
	马来眼子菜 *P. malainus*	沉水
	红线草 *P. pectinatus*	沉水
	穿叶眼子菜 *P. perfoliatus*	沉水
	鸭子草 *P. tepperi*	沉水
香蒲科 Typhaceae	香蒲 *Typha angustifolia*	挺水
浮萍科 Lemnaceae	浮萍 *Lemna minor*	漂浮
	品萍 *L. trisulca*	漂浮
	紫萍 *Spirodela polyrhiza*	漂浮
灯心草科 Juncaceae	葱状灯心草 *Juncus allioides*	湿生
莎草科 Cyperaceae	刘氏荸荠 *Eleocharis liouana*	湿生
	水葱 *Schoenoplectus tabermaemontani*	挺水
禾本科 Poaceae	沿沟草 *Catabrosa aquatica*	湿生
	卵花水甜茅 *Glyceria tonglensis*	湿生
	疏花早熟禾 *Poa chalarantha*	湿生
	芦苇 *Phragmites auroleuca*	湿生

9.2.1 沼泽植被型组

（1）灌丛植被型沼泽　灌丛沼泽植被型系指在地表过湿或积水的地段上，以喜湿的灌木为主所组成的沼泽植物群落。

华西柳灌丛沼泽：主要出现在宽阔的河漫滩地和湖边平缓的沼泽地。群落上层以华西柳为优势种，盖度30%～40%，伴生植物还有奇花柳 *Salix atopantha*、腹毛柳 *S. delavayana*、拱枝绣线菊 *Spireaea arcuata* 等。草本植物发达，盖度几达90%，种类组成较复杂，优势成分不明显，常见的有禾草多种、莎草多种、西南鸢尾 *Iris bulleyana*、尼泊尔蓼 *Polygonum nepalense*、椭圆叶花锚 *Halenia elliptica* 等。

（2）草丛沼泽　草丛沼泽植被主要分布在湖滨草甸，也常见于吉利古、米里淌等山间低洼处的草甸，还见于溪流两岸。

华扁穗草沼泽：以华扁穗草为优势，主要分布于亚高山山地的近水湿地上。群落外貌整齐，总盖度80%左右。植物种类组成比较简单，优势度最大的为华扁穗草，其次为锡金报春 *Primula sikkimensis*、抽葶驴蹄草 *Caltha scaposa* 等。

发草沼泽：分布在碧塔海的湖岸沼泽化草甸中。群落外貌比较整齐，总盖度80%～90%，上层常以发草为优势种，高20～30cm，伴生的植物还有锡金柳叶菜 *Epilobium sikkimense*。下层高10～15cm，以矮地榆 *Sanguisorba filiformis* 为优势，伴生植物有粗齿堇菜 *Viola urophylla* 和走茎灯心草 *Juncus amplifolius* 等。

卵花水甜茅沼泽：广布于湖边湿地及草甸溪流中。群落外貌绿色，盖度70%～90%，优势种为卵花水甜茅，分盖度60%～70%，常组成单优群落。无明显的分层现象，常见的伴生种有杉叶藻 *Hippuris vulgaris*、辣蓼、尼泊尔蓼等。

矮地榆沼泽：以矮地榆为优势。是亚高山地区沼泽化草甸中一个分布普遍的类型。群落外貌呈现一片油绿色，总盖度达100%，上层高15～20cm，盖度不大。下层高15cm以下，为群落主要层，盖度在85%以上。组成群落的种类比较简单，其中数量和盖度最大的为矮地榆和1种嵩草，其他的伴生植物还有头花蓼 *Polygonum capitatum*、短腺小米草 *Euphrasia regelii*、矮泽芹 *Chamaesium paradoxum* 等。

马先蒿沼泽：主要分布在湖滨、河漫滩、洪积扇潜水溢出带，为高原特有的湿地植被。群落盖度70%～90%。以斑唇马先蒿 *Pedicularis longiflora* var. *tubiformis* 为建群种，草丛高25cm左右，分盖度40%～60%。伴生植物主要有草血竭 *Polygonum paleaceum*、川滇毛 *Ranunculus potaninii* 等。

狭叶香蒲沼泽：主要分布于湖西沿岸浅水地带。群落外貌绿色，高2～3m，整齐茂密。总盖度90%左右。香蒲占绝对优势。下层多为湿生挺水植物，有三棱草 *Scirpus* spp.、双穗雀稗 *Paspalum distichum*、辣蓼等。

辣蓼沼泽：广布于碧塔海的湖滨、河漫滩低洼地以及浅水沟渠，在纳帕海周围的水淹荒地上有大面积分布。群落总盖度多在60%以下，优势种为辣蓼，伴生种有小黑三棱 *Sparganium simplex*、疏花早熟禾等。

杉叶藻沼泽：分布于海拔2700～3300m的沼泽水塘、湖滨、溪流两旁，源头积水洼地。群落外貌暗绿色，总盖度30%～40%，优势种为杉叶藻，植株高20～60cm，上部露出水面。

9.2.2 浅水湿地植物群落

（1）浮叶植物群落　组成本植被类型的植物叶片浮于水面，根固着于水底的泥土中，因此，结构组成状况比较固定。

荇菜群落：分布于湖湾和沟渠中。群落总盖度80%～100%，优势种为荇菜。浮水层除荇菜外，还有鸭子草 *Potamogetom tepperi*，浅水处有田字萍 *Marsilea quadrifolia* 等。沉水层以狐尾藻 *Myriophyllum spicatum* 较为常见，其他有金鱼藻、黑藻 *Hydrilla verticillata* 等。

（2）沉水植物群落　本类型主要组成成分都是沉水植物，以根系固着于泥土中，茎叶沉于水面以下。

狐尾藻群落：主要分布于保护区的湖泊中，成带状分布，水深4m以内。群落总盖度常在80%以下，上层层冠与水面平齐，盖度30%～70%；优势种为狐尾藻，伴生种有穿叶眼子菜 *Potamogeton perfoliatus*、亮叶眼子菜 *P. lucens*、菹草等。第二层深沉于水下，主要为红线草 *P. pectinatu*、黑藻、金鱼藻等。

亮叶眼子菜群落：主要分布于碧塔海和属都湖水深 1～4m 深的水域内，沿湖岸呈环带状分布。总盖度多为 70%～90%。上层临近水面，优势种亮叶眼子菜，枝梢叶片密集，多在接近水面时倾伏，形成直径 30～100cm 的块状覆盖，以长 3～4cm 的淡绿色穗状花序挺立水上。伴生种有狐尾藻、穿叶眼子菜等。

篦齿眼子菜群落：主要分布于碧塔海西北部水深 1～8m 的沿岸水域以及纳帕海北部湖底，成团状或集成小片分布。优势种蓖齿眼子菜多分枝，茎长叶细，相互交织集成大片，深沉于水下，与之伴生的是金鱼藻、黑藻、红线草等。

水毛茛群落：主要分布在碧塔海的浅水区域以及山谷溪流和草甸中水沟等流动的水域环境中，沿溪流和水沟两侧形成密集的群落。群落外貌嫩绿色或绿色，以水毛茛为优势种，植株高 10～20cm，常组成单优群落。

9.3 湿地脊椎动物

9.3.1 鱼类

碧塔海仅分布有中甸叶须鱼 *Ptychobarbus chungtienensis chungtienensis* 一种鱼类，该种也分布于香格里拉的小中甸河、那亚河、纳帕海、属都海。碧塔海中没有其他土著种，也没有外来种，这种现象在云南高原湖泊中是绝无仅有的，表明了碧塔海湿地在地理和生境上的隔离，以及较为封闭原始和脆弱的生态环境。中甸叶须鱼隶属于鲤科裂腹鱼亚科，在区系成分上属于青藏高原类群。

9.3.2 两栖爬行类

碧塔海两栖类包括山溪鲵 *Batrachuperus pinchonii*、疣刺齿蟾 *Oreolalax rugosus*、乡城齿蟾 *Oreolalax xiangchengensis*、胸腺齿突蟾 *Scutiger glandulatus*、华西蟾蜍 *Bufo andrewsi*、西藏蟾蜍 *Bufo tibetanus*、昭觉林蛙 *Rana chaochiaoensis*、胫腺蛙 *Rana shuchinae*、腹斑倭蛙 *Nanorana ventripunctata*、金江湍蛙 *Nanorana jinjiangensis*。

碧塔海湿地爬行类尚无记录。

9.3.3 鸟类

根据杨晓君、杨岚（2006）关于湿地鸟类的定义，碧塔海记录有湿地鸟类 6 目 9 科 18 种，包括小䴙䴘 *Podiceps ruficollis*、赤膀鸭 *Anas strepera*、斑嘴鸭 *Anas poecilorhyncha*、绿头鸭 *Anas platyrhynchos*、绿翅鸭 *Anas crecca*、普通秋沙鸭 *Mergus merganser*、白眼潜鸭 *Aythya nyroca*、凤头潜鸭 *Aythya fuligula*、黑颈鹤 *Grus nigricollis*、针尾沙锥 *Capella megala*、红脚鹬 *Tringa totanus*、丘鹬 *Scolopax rusticola*、凤头麦鸡 *Vanellus vanellus*、普通翠鸟 *Alcedo atthis*、白鹡鸰 *Motacilla alba*、红尾水鸲 *Rhyacornis fuliginosus*、白顶溪鸲 *Chaimarrornis leucocephalus*、紫啸鸫 *Myiophoneus caeruleus* 等。在这些种类中，小䴙䴘、普通翠鸟、白鹡鸰、红尾水鸲、白顶溪鸲、紫啸鸫为留鸟，其余的种类均为冬候鸟或旅鸟。

黑颈鹤为青藏高原特有鸟类，属国家 I 级重点保护鸟类，据调查，每年均有数十只黑颈鹤来本地越冬，这些越冬个体均应属黑颈鹤的中部越冬种群，估计中部越冬种群数量仅 300 多只，因此，保护该地区的黑颈鹤，对保护黑颈鹤的中部越冬种群具有极其重要的意义。

9.3.4 哺乳类

碧塔海湿地哺乳动物有：

水獭 *Lutra lutra*、喜马拉雅水鼩 *Chimarrogale himalayicus*、蹼足鼩 *Nectogale elegans*；湖周有青鼬 *Martes flavigula*、黄鼬 *Mustela sibirica*、斑灵狸 *Prionodon paricolor*、豹猫 *Prionailurus bengalensis* 等活动，其中水獭、斑灵狸为国家Ⅱ级重点保护野生动物。

在湖区及其附近湿地上空捕食昆虫的蝙蝠有暗褐菊头蝠 *Rhinolophus ferrumequinum*、间型菊头蝠 *Rhinolophus affinis*、丽江菊头蝠 *Rhinolophus osgoodi*、大足鼠耳蝠 *Myotis ricketti*、喜山鼠耳蝠 *Myotis muri-*

cola、山地鼠耳蝠 *Myotis montivagus*、西南鼠耳蝠 *Myotis altarium* 和亚洲长翼蝠 *Miniopterus fuliginosus* 等 15 种。

10 经济和社会价值

碧塔海是云南省面积大于 $1km^2$ 湖泊中海拔最高的湖泊，由于海拔位置较高，湖面冬季结冰，湖中沉水植物达到了它们海拔高度上生存的极限，碧塔海也是原始和特化的中甸叶须鱼的生存繁殖地，因而在湖沼学研究上具有科学价值。

碧塔海周围尚无居民区。外围居民主要是藏族和彝族，以农牧业为生。由于气候寒冷，粮食作物产量低，牲畜出栏率低。碧塔海以其秀丽的景色、多彩的生物资源和民族文化，吸引了大量的外地游客前来欣赏，旅游收入改善了保护区周边社区居民的生活，促进了当地的经济和社会发展，使保护区的景观资源得到了有效的开发利用。

11 干扰和威胁

碧塔海内没有固定的居民区，仅有少量牧民在该湿地附近放牧。因此，自然景观还保持得比较完整。目前的威胁和干扰主要来自于旅游业发展所带来的负面影响，如对土壤、植被已经产生了明显的影响（王金亮等，2004）。从而对入湖水流的水质也相应产生了一定的不良影响。

12 保护与研究状况

1984 年，云南省人民政府批准碧塔海建立为以高原湖泊生境和生物多样性为主要保护对象的湿地类型自然保护区。2004 年 12 月，被湿地国际批准为国际重要湿地。建立有碧塔海自然保护区管理所。保护状况良好。建立保护区时云南省林业厅曾组织过有关考察，中国科学院昆明动物研究所开展过越冬水禽调查。2000 年以后发表的研究报告有：碧塔海的湿地生态系统和景观（尹五元，2002；李石华、王金亮，2005）、植物（尹五元，2002；尹五元、杜凡，2004）、土壤（贝荣塔、陈慧泉，2003）、保护区管理（元正东，2005）、旅游的影响（陈飙、杨桂华，2004；李晖，2005；肖朝霞、杨桂华，2005；肖朝霞、杨桂华，2004；杨桂华、文传浩，2002；王平、王金亮，2001；王金亮、王平，2004；王跃华、杨桂华，2000；钟林生、陈劲松，2000；王跃华、钟林生，2000；杨桂华、钟林生，2000）等。

13 入选国际重要湿地的依据（引自碧塔海国际重要湿地申报表）

碧塔海作为青藏高原的重要汇水区，承接着冰雪融水和降雨后的径流，在有效防止和控制洪水方面发挥着重要作用；

碧塔海属长江上游的金沙江水系，一年中湖面变化较小，湖水补给稳定，蓄积的湖水缓慢释放，从 500m 外的落水洞泻入地下河，再汇入金沙江，因而对长江中下游的水量均衡起着重要作用；

碧塔海蓄积的湖水对其下岩浆岩含水层的补给有着重要意义；

碧塔海出水口与地下河流相连，形成了地下水文、泉水系统的组成部分，并支持地面湿地；

碧塔海湿地对区域性气候调节和稳定具有重要的水文影响，表现为具有碳沉积的泥炭系统；

碧塔海是一保存较完整的高山高原淡水湖泊，人为干扰较小，其湿地生态系统和湖周的森林生态系统基本保持了原始状态，对维持湖泊的高水质标准起主要作用。

碧塔海是狭域分布的特有种中甸叶须鱼的生存繁殖地。因此，碧塔海对这一极度濒危的国家 I 级重点保护鱼类的繁衍具有关键作用；同时，碧塔海湿地对受威胁的生态群落有极大保护价值。

该湿地具有如下特点：

碧塔海在生命史的不同阶段支持着有显著数量的中甸叶须鱼这一特有物种。

碧塔海具有横断山生物地理区，由水毛茛 *Batrachium bungei*、中甸乌头 *Aconitum piepunense* 等特有物种组成的“五花草甸”特定群落。

碧塔海湿地环境对以香格里拉县（原中甸县）作为分布下限的极高山分布物种杉叶藻 *Hippuris vulgaris* 群落的生存具有至关重要的作用。

碧塔海位于生物多样性的热点地区，该地区是我国植物三大特有中心的新特有中心区域。

碧塔海位于越冬候鸟迁徙线路上，是许多珍稀濒危越冬候鸟重要的停歇地和越冬地；最重要的是碧塔海为高原特有鹤类黑颈鹤的重要越冬栖息地。

碧塔海湿地的特征是鱼类区系具有很高的特有属性；同时碧塔海支持着中甸叶须鱼种群的基本生态过程。

第二节　纳帕海湿地

1　地理位置和海拔

纳帕海湿地位于云南省迪庆藏族自治州，香格里拉县境内，地处香格里拉县城北端，距县城 8km。北纬 27°47′～27°55′，东经 99°35′～99°40′。平均海拔 3260m。

2　面积

纳帕海湖面丰水时面积 31.25km^2，水深可达 4～5m，枯水时沼泽化，水深 0.5～2.5m。盆地总面积 90km^2，其中近 1/2 为草甸和耕地。

3　类型

高原淡水季节性湖泊。“纳帕海”藏语之意为沼泽性湖泊。

4　自然地理概况

纳帕海地处青藏高原东南缘横断山脉三江并流纵谷区东部，为镶嵌于横断山系高山峡谷区断陷盆地中的高原沼泽湿地，地质构造上属滇西地槽褶皱系、古生界印支地槽褶皱带、中甸剑川岩相带，分布有从寒武纪到三叠纪各时代的石灰岩，以及大量的冰碛物及河流相沉积物，第四系冲积、洪积、冰碛、湖积、坡积残积物等。

其地貌形态较为复杂，具有冰川地貌、流水地貌、湖成地貌、喀斯特地貌和构造地貌等类型及其组合特征，四周山岭环绕，从湖盆中心至湖岸边生长着大量的水生和陆生植被，湖滨分布有较大面积的沼泽草甸，周围山上生长着硬叶常绿阔叶林和云冷杉针叶林以及灌丛。湖盆发育在石灰岩母质的中甸高原上，湖盆一侧为中甸主断裂带，另一侧具有宽阔的浅水带，呈簸箕形，南北长 12km，东西宽 6km，受喀斯特作用的强烈影响，纳帕海湖盆底部被蚀穿形成落水洞。

5　地质形成及历史变迁

纳帕海属天然起源。为早期冰雪侵蚀作用形成，伴有断陷与喀斯特作用的季节性高原湖泊。在中甸高原强烈抬升过程中，差异抬升或相对下降或经溶蚀下陷而形成洼地雏形，之后冰川作用改造洼地并沉积大量冰碛物或冰水堆积物，冰川消退后，经流水作用改造而形成高原湖盆负向地貌形态。

6　人为影响和历史地理

近年来纳帕海水量减少，尤其是 20 世纪 70 年代末为扩大牧场而增大落水洞口排放湖水，扩大牧场，使湖水和沼泽面积缩小。目前雨季时明水面已较小，沼泽面积增大，有的地方已草甸化。旱季则几乎完全裸露。除湖水水量减少外，近年来纳帕海湖水透明度明显降低，湖水显著受到来自县城污水的污染。

纳帕海及其附近地区是由被抬升的高原面和上部的山地、古河谷和凹陷盆地等地貌组成，目前高原面顶部虽较完整，湖泊及其湿地生态环境也较稳定，但随着地壳的不断抬升，使得周边的河流不断向上源侵蚀，从而改变高原面的地貌特征，这个过程也可使地下水位下降，湖泊中的水不断流失，从而改变湿地生态环境的性质。这种自然变化的过程通常较为缓慢，人为的毁林、排水和开垦、过度放牧等可使该过程加速。

7 气候环境

纳帕海位于多雨区与少雨区的过渡地带，年均降水量619.9mm，属寒温带高原季风气候区西部型季风气候。受南北向排列的山地和大气环流的影响，全年盛行南风和南偏西风；干湿季分明，11月至翌年5月为干季，5～11月为湿季。纳帕海虽位于中亚热带水平气候带内，但由于地处青藏高原的东南延伸部分，而具明显的高原气候特征，太阳辐射强，年日照时数平均2180.3小时。年平均气温5.4℃，最热月7月，均温13.2℃；最冷月1月，均温－3.7℃；极端最高气温24.5℃，极端最低气温－25.4℃，≥10℃积温1387.8℃，无霜期为125天；气温年较差小，日较差大，长冬无夏，春秋短，气温年较差17.0℃，日较差平均可达20℃。

8 湖泊水文地理

纳帕海属金沙江水系，集水面积660km^2，湖的东、西、北三面为高山，南部与大中甸盆地相接，湖盆南北长10km，东西宽2.3km，最宽处为4.2km。湖水主要依靠降雨、四周山地的溪流、湖两侧沿断裂带上涌的泉水、冰雪融水补给，有纳赤河、旺赤河、共比河、青龙潭4条小河以及数条泉水注入湖内。湖区年均产水量$2.57\times10^4m^3$，湖水从西北角的9个落水洞泄入地下河，潜流10km后在汤姆堆复出流入削麦河，最后流入金沙江。

受西南季风影响，6月初形成大量降水，但由于石灰岩漏水，8月后湖水退落，10月前后由于秋季季风退缩再次产生降雨，湖水再次上涨使湖面积增大，并于11月后退落。湖水退落后湖面大幅度缩小，湖底暴露成为大片浅水沼泽和沼泽草甸。纳帕海的主要土壤类型为沼泽土和泥炭土，属偏碱性土壤（pH8.02），土壤有机质含量平均85.30$g\cdot kg^{-1}$，全氮含量平均2.71$g\cdot kg^{-1}$，水解氮含量平均324.76$mg\cdot kg^{-1}$，速效磷含量3.7～5.7$mg\cdot kg^{-1}$，速效钾含量平均124.81$mg\cdot kg^{-1}$，属于较肥沃的土壤。

9 水环境状况

据2001年10月12日实测记述，纳帕海水深约1～5m，湖水较浑浊，透明度较小，湖水呈黄绿色；水面有较多浮水植物和生物垃圾漂浮物；水下可见较多沉水植物。湖水已受到一定程度的污染。污染主要来自香格里拉县城，县城污水通过青龙潭排入纳帕海。

10 生物多样性的特点及其变迁

10.1 浮游动物

1993年6月调查时为茫茫一片湿生水草的沼泽，草丛下水深15cm左右。浮游动物36种，个体数量2840个/L。其中原生动物16种，数量2400个/L；轮虫6种，数量400个/L；枝角类1种，剑水蚤1种，数量很少，无镖水蚤，无猛水蚤，无节幼体数量40个/L；其他浮游动物11种，数量为零。浮游动物种类少，比碧塔海、属都海少；但数量比碧塔海、属都海多。由于水浅、草多，小型的其他浮游动物种数比碧塔海、属都海多。原生动物中肉足虫类多于纤毛虫类。轮虫中有喜清水性、冷水性、比较少见的薄片鳞冠轮虫。浮游动物组成不是典型湖泊或水库的组成，而是与浅水、多草、较清洁沼泽相适应的组成。

10.2 湿地植物

据《云南自然保护区》（云南省林业调查规划院，1989）记述：纳帕海的植被根据水温条件的差异划分为草甸、沼泽和水生植被3种类型。

草甸植被：主要为蒿草沼泽化草甸，分布于山麓浅水带及沼泽地边缘，可细分为蒿草、鹅绒委陵菜草甸和蒿草、灯心草、针蔺草甸2类。

沼泽植被：是以杉叶藻、针蔺为主的杂草类沼泽，分布在盆地底部、曲流两侧低洼积水区域。

水生植被：主要分布在湖盆底部积水区域，可分为浮水植物、沉水植物两大群落类型，此外还有少量挺水植物群落。挺水植物群落类型主要有水葱、狭叶香蒲、茭草3个群落；浮水植物群落类型仅有鸭子草 *Potamogeton tepperi* 群落；沉水植物群落类型包括有穗状狐尾藻 *Myripophyllum spicatum*、水毛茛、篦齿眼子菜 *Potamogeton maackianus*、角果藻 *Zannichellia palustris* 4个群落。

肖德荣等（2006）对纳帕海湿地2005年8月的水生植物群落与1981年6月的水生植物群落相比较，结果发现纳帕海的湿地植物群落类型发生了较大变化。挺水植物类型除杉叶藻群落 Com. *Hippuris vulgaris*、华扁穗草—无翅苔草群落 Com. *Blysmus sinocompressus* - *Carex pleistogyna* 外，新出现了茭草群落 Com. *Zizania caduciflora*、水葱群落 Com. *Scirpus tabernaemontani*、水蓼群落 Com. *Polygonum hydropiper* 和刘氏荸荠群落 Com. *Eleocharis liouana*，但原有的黑三棱群落 Com. *Spargarium* spp. 、刘氏荸荠—北水苦荬群落 Com. *Eleocharis liouana* - *Veronica anagollis* - *aquatica* 消失。浮叶类型增加了荇菜群落 Com. *Nymphoides peltatum*。沉水类型由扇叶水毛茛群落、红线草群落、丝草群落演化为穗状狐尾藻群落 Com. *Myriophyllum spicatum*、马来眼子菜群落 Com. *P. malainus* 和金鱼藻群落 Com. *Ceratophyllum demersum*。漂浮植物青萍群落消失，在湿地东部人口密集地带的泉眼、静水沟区域出现了小面积的满江红群落 Com. *Azollo imbricata*。耐污、喜富营养类群如水葱群落、茭草群落、穗状狐尾藻群落、满江红群落等大量出现；群落总数由24年前的9个增至当前的12个，其中挺水植物群落增加2个，浮叶植物群落增加1个，挺水植物群落增幅最大。由东向西、由南向北，纳帕海水生植物群落分布大致呈现出浮叶群落、挺水群落、沉水群落斑块状依次配置的水平格局规律。挺水植物群落分布面积最大，达528.42hm²，其次是沉水植物群落，分布面积为362.50hm²，浮叶植物群落分布面积最小，为70.23hm²。随沉水群落、浮叶群落向挺水群落的演替，群落伴生种数量增加，优势种优势度减小，层次类型改变，群落结构变得更为复杂。

纳帕海湿地重要植物区系当数杉叶藻群落。杉叶藻和小黑三棱为纳帕海湿地具有特别重要意义的植物物种。杉叶藻为极高山的地理成分，最耐寒的挺水群落，属平原湖泊所不具有的北极—高山类型，其以本带为分布的基带而向高山分布；小黑三棱为不见于其中下游湖泊的北温带分布型，且为古老的物种（白垩纪地层中可找到黑三棱花粉），由于其分布的边缘性，生境极为脆弱，它们数量的减少或消失意味着高原湖泊湿地的萎缩与退化。

10.3 湿地脊椎动物

10.3.1 鱼类

根据高礼存等（1990），纳帕海记录有鱼类4种：短须裂腹鱼 *Schizothorax wangchiachii*、中甸叶须鱼、麦穗鱼 *Pseudorasbora parva*、泥鳅 *Misgurnus anguillicaudatus*，其中麦穗鱼应该是外来种。鱼类区系组成十分简单，仅有2种成分，即以裂腹鱼属和叶须鱼属为代表的青藏高原类群和泥鳅为代表的老第三纪类群。

10.3.2 两栖爬行类

纳帕海共记录两栖类2目5科13种，包括山溪鲵、疣刺齿蟾、乡城齿蟾、胸腺齿突蟾、贡山齿突蟾 *Scutiger gongshanensis*、华西蟾蜍、西藏蟾蜍、贡山雨蛙 *Hyla gongshanensis*、昭觉林蛙、胫腺蛙、腹斑倭蛙、金江湍蛙。

爬行类记录有1目2亚目5科11种，但均不属于湿地爬行类。

10.3.3 鸟类

根据杨晓君、杨岚（2006）关于云南湿地鸟类的定义，纳帕海自然保护区内记录有湿地鸟类9目12科41种，其中水禽6目8科35种，非水禽3目4科6种，包括小䴙䴘、凤头䴙䴘 *Podiceps cristatus*、普通鸬鹚 *Phalacrocorax carbo*、大白鹭 *Egretta alba*、中白鹭 *Egretta intermedia*、牛背鹭 *Bubulcus ibis*、苍鹭 *Ardea cinerea*、黑鹳 *Ciconia nigra*、白琵鹭 *Platalea leucorodia*、灰雁 *Anser anser*、斑头雁 *Anser indicus*、大天鹅 *Cygnus cygnus*、赤麻鸭 *Tadorna ferruginea*、赤膀鸭、赤颈鸭 *Anas penelope*、斑嘴鸭、绿头鸭、针尾鸭 *Anas acuta*、绿翅鸭、琵嘴鸭 *Anas clypeata*、普通秋沙鸭、赤嘴潜鸭 *Netta rufina*、白眼潜鸭、凤头潜鸭、白尾海雕 *Haliaeetus albicilla*、灰鹤 *Grus grus*、黑颈鹤 *Grus nigricollis*、针尾沙锥、红脚鹬、白腰草鹬 *Tringa ochropus*、丘鹬、凤头麦鸡、灰头麦鸡 *Vanellus cinereus*、金斑鸻 *Pluvialis dominica*、红嘴鸥 *Larus ridibundus*、棕头鸥 *Larus brunnicephalus*、普通翠鸟、白鹡鸰、红尾水鸲、白顶溪鸲、紫啸鸫等种类。在这些种类中，小䴙䴘、普通翠鸟、白鹡鸰、红尾水鸲、白顶溪鸲、紫啸鸫为留鸟，其余的种类均为冬候鸟或旅鸟。说明纳帕海湿地鸟类中，候鸟占有非常重要的位置，其中还包括国家Ⅰ级重点保护鸟类黑颈鹤和黑鹳2种；Ⅱ级重点保护鸟类有白琵鹭、大天鹅、灰鹤等3种。杨岚等（1988）根据1983年12月的观察统计认为：灰雁、斑头雁、赤麻鸭和黑颈鹤为当地的优势种，黑鹳为当地的稀有种。

杨晓君、文贤继等2000年1月20日在纳帕海进行调查，记录到：斑头雁226只，黑颈鹤38只，凤头麦鸡80只，为当地的优势种；赤麻鸭13只，绿头鸭6只，为常见种；针尾鸭2只，白尾海雕1只，为稀有种。

2007年2月22日刘强、刘鲁明、王凯等在纳帕海调查时，记录的种类和数量为：斑头雁842只，绿头鸭466只，绿翅鸭438只，赤麻鸭267只，赤颈鸭247只，凤头麦鸡235只，黑颈鹤114只，为优势种；赤膀鸭87只，针尾鸭33只，斑嘴鸭26只，普通秋沙鸭13只，为常见种；灰鹤9只，黑鹳6只，大白鹭4只，琵嘴鸭1只，为稀有种。多次调查的结果说明，该地越冬水禽的物种组成结构有一定的变化。而两个冬季的连续观察结果也表明该地黑颈鹤等水禽的种类和数量组成还具有明显的月变化，该地区可能不仅仅是越冬水禽的越冬地，同时也可能是一个重要的水禽迁徙途中的停歇地。

纳帕海是黑颈鹤中部越冬种群最主要的越冬地。吴至康等（1994）根据在纳帕海回收到的1只在青海隆宝滩环志的黑颈鹤，推测中部种群夏季在青海省南部繁殖，秋季由青海玉树县的隆宝滩沿通天河、金沙江河谷及雀儿山、沙鲁里山，经四川西北部的石渠、甘孜、理塘南下，最后到达滇西北横断山脉的湖泊越冬。另外，沿这条迁徙路线，历史上曾有人在理塘、甘孜见到黑颈鹤（李凤山等，2006），从而验证了这条迁徙路线的存在。与东部和西部种群相比，中部种群的黑颈鹤种群数量最少，估计约有300只（李凤山等，2006）。

纳帕海越冬黑颈鹤种群数量的最早记录为吕宗宝（1983）在1980年11月记录的65只，随后杨岚（1990）在1983年12月记录的数字为62只，在1984年保护区建立时监测为61只，1985年上升到74只，以后的数量呈稳定增长趋势，特别是从1997年的97只增加到1998年的108只，到1999年则增至235只，在2002年、2003年、2004年分别达到281只、244只、229只（赵建林、余红忠，2005；杨芳，2005）。刘强、王凯在2004～2005年以及2006～2007年的冬季调查期间，2004～2005年最高统计值为281只（2005年1月25日），2005～2006年最高统计值为320只和315只（2005年11月7日和2007年3月20日）。观察中发现，纳帕海越冬黑颈鹤的种群数量具有明显的变动规律，整个越冬期可以明显分为3个时期，即迁来期（10月至11月初）、稳定期（11月中下旬至翌年3月中旬）、迁离期（3月下旬至5月初）。迁来期是黑颈鹤从繁殖地迁来的时期，这个时期内黑颈鹤数量不断增长，至11月上旬迁徙完毕，随后进入一个相对稳定的时期。进入3月下旬，黑颈鹤开始集群并陆续离开纳帕海飞往繁殖地，越冬种群数量开始不断下降，集中迁徙大约持续20天，至5月上旬迁徙完毕。越冬期间与在西藏、云南昭通大山包、贵州威宁草海越冬的黑颈鹤相比，纳帕海越冬黑颈鹤的栖息地选择具有一定的特殊性，对浅水沼泽地的利用比例最大。因此，保护浅水沼泽地和维持良好的自然生态环境，对保护黑颈鹤在该地区的越冬种群至关重要。

10.3.4 哺乳类

纳帕海湿地的哺乳动物仅有9种。其中，在湿地水域中有灰腹水鼩 *Chimarrogale styani* 和蹼足鼩 *Nectogale elegans* 2种；湖周活动的有青鼬、黄鼬、斑灵狸和豹猫等4种，其中斑灵狸为国家Ⅱ级重点保护野生动物。在湖区及其附近湿地上空捕食昆虫的蝙蝠有：间型菊头蝠、喜山鼠耳蝠、山地鼠耳蝠、西南鼠耳蝠和南蝠 *Ia io* 等5种。

11 经济和社会价值

纳帕海以杉叶藻、针蔺为主的草本沼泽和以蒿草为主沼泽化草甸是青藏高原地区典型的植物群落类型，也是它们地理分布的东南边缘。此外，一些水生植物及其群落如芦苇、水葱、篦齿眼子菜、茭草、角果藻、鸭子草在这里达到了其分布海拔高度的上限，因此，纳帕海在湖沼学研究上具有一定的科学研究价值。

纳帕海沼泽宽广，食物资源丰富，又处于候鸟南北迁飞的通道上，因此是越冬水禽的重要停歇地和越冬地，也是黑颈鹤中部越冬种群最主要的越冬地，对黑颈鹤等珍稀濒危物种的保护具有不可替代的作用。

纳帕海周边的居民主要为藏族，主要以种植业和畜牧业为生，由于土地少，产量低，粮食不能完全自给。纳帕海秀丽的自然景观和浓郁的藏族文化，吸引了大量来香格里拉旅游的游客，近年开展的观光和观鸟生态旅游为当地带来了较大的经济利益。

12 干扰和威胁

20世纪50年代曾出现全面围湖造田，70年代曾扩大湖水排放，再加上气候变化，以致出现沼泽面积不断缩小的趋势，湖内水量减少。纳帕海盆地是香格里拉县重要的农、牧业基地，在利用土地时，应进行科学规划，使沼泽、草场、农田、森林四大生态系统形成合理结构，才能充分发挥生态效益和取得很好的经济效益。旅游、生活和农业生产带来的污染，尤其是排放湖水，扩大农田和牧场，对湿地产生了很大的威胁。近年来当地不断开展的旅游活动也给当地的环境带来了非常大的压力。

13 保护与研究状况

纳帕海湿地已建为省级自然保护区。建立有纳帕海自然保护区管理所。建立保护区时，云南省林业厅对纳帕海湿地曾组织过有关考察，中国科学院昆明动物研究所分别开展过越冬水禽调查，鸟类组自2004年开始对该地区的越冬黑颈鹤进行了2个越冬期的连续观察研究。2000年以后，有关纳帕海湿地研究工作发表的论文包括：生态环境变化（田昆、莫剑锋，2004；田昆、陆梅，2004；殷勇、方念乔，2001、2002）、土壤（常凤来、田昆，2005；莫剑锋、田昆，2004；田昆、常凤来，2004；陆梅、田昆，2004）、植物（肖德荣、田昆，2006；刘占红、谢曼平，2004）、保护管理（唐春梅，2005）、黑颈鹤（刘强等，2006；赵建林、余国忠，2006）等。

14 入选国际重要湿地的依据（引自纳帕海国际重要湿地申报表）

纳帕海湿地为青藏高原金沙江流域（长江上游）的重要湿地，在承接冰雪融水、保持水土和控制洪水方面发挥着重要作用；

纳帕海湿地季节性积水从湖底落水洞漏走，潜流逾10km后露出地面流入金沙江，对长江中下游的水量均衡和水位调节有着重要作用；

纳帕海为喀斯特湿地，出水口与地下河相连，形成了地下水、泉水系统的组成部分，并与地表流水及冰雪融水和地表出露的泉水一起共同支持着这一湿地，维持着该湿地生态系统的平衡；

纳帕海湿地为季节性淹没的天然湿草地自然漫滩系统；

纳帕海湿地对区域性气候调节和稳定具有重要的水文影响，表现为具有碳沉积的泥炭系统。

纳帕海在生命史的不同阶段支持着珍稀濒危鸟类、国家Ⅰ级重点保护动物黑颈鹤、黑鹳、白尾海雕；国家Ⅱ级重点保护动物白琵鹭、大天鹅以及中日协定保护的赤麻鸭等重要水禽的生存；

纳帕海湿地为极高山分布种杉叶藻 *Hippuris vulgaris* 群落分布的下限，该群落分布面积已明显下降；

纳帕海湿地处于我国植物三大特有中心的新特有中心区域，是生物多样性的热点地区并具有较多的特有物种；

纳帕海湿地包含了区域内生境多样，由草甸、沼泽、水面和湖周森林构成。

纳帕海位于冬候鸟由北向南迁徙的线路上，是许多珍稀濒危越冬候鸟的重要停歇地和越冬地；赤麻鸭、绿头鸭、斑头雁、针尾鸭等雁鸭类的数量统计数据：2001 年55 000只，2002 年64 000只，2003 年70 000只，与云南省其他高原湖泊湿地相比，这几种雁鸭类在纳帕海越冬的种群数量是比较多的。最重要的是纳帕海为高原特有鹤类、国家Ⅰ级重点保护动物黑颈鹤的重要越冬栖息地，已被云南省政府定为“黑颈鹤越冬栖息地自然保护区”。

纳帕海湿地符合国际重要湿地标准，因为该湿地定期（越冬）栖息着世界 15 种鹤类中惟一在我国青藏高原繁殖的黑颈鹤这一物种种群 1% 以上的个体（据记载，世界上分布的黑颈鹤总数约 6000 余只，在我国境内越冬的种群数量约占 96%，据近年来的调查资料统计，在纳帕海湿地越冬黑颈鹤的种群数量约为 200 只，占该物种个体数量总数的 3%）。

第三节　拉市海湿地

1　地理位置和海拔

拉市海湿地位于云南省西北部丽江市玉龙（原称丽江）纳西族自治县境内。距丽江县城 8km。北纬 26°52′~26°54′，东经 100°06′~100°09′。最高海拔 3100m，最低海拔 2440. 75m。

2　面积

拉市海湿地的面积达 1443. 46hm^2。最大水深为 7. 5m，平均水深为 4. 55m，常年相应水域面为 933. 4hm^2。

3　类型

原为季节性淡水湖泊，目前已成为水库型湖泊。

4　自然地理概况

从构造上看，拉市海湿地所处的地区属于滇西北大地槽的一部分，中生代燕山运动时隆起成陆，经长期的剥蚀夷平作用，至中新世成为准平原。后受东西方向的强烈应力挤压岩层，不但形成挤压皱褶带，而且沿南北方向发生了一些很大的断层；以后在这种力的作用下，引起相当规模的地壳上升，呈南北走向的横断山脉就此诞生。同时，北面及南、西南组主要构造走向的老断裂带上相继发生了许多新的交切断裂，致使原属统一的准平原分割为相对高差在 100 ~ 150m 的拉市坝。拉市海就是在上述地质基础上，在继承性断裂构造活动引起地壳不断下降，不断接受冰川、河流、湖泊——沼泽沉积物堆积下形成的断陷盆地中滋生的湖泊。受岩性构造等因素的影响，拉市海湿地的地貌表现为具有一定特殊性的微地貌组合。径流区最高海拔阿才雄吉谷山为 3830m，最低点海拔为 2436. 2m。

5　气候环境

拉市海湿地自然保护区属低纬高原气候区，属暖温带气候，年均温 11. 8℃，最热月 7 月均温 18℃，最冷月 1 月均温 3. 9℃，≥10℃活动积温 3470℃，霜期 160 天。拉市海干湿季分明，11 月至翌年 5 月为明显干季，5 ~ 10 月为明显湿季，降雨集中在 6 ~ 9 月，年平均湿度 63%；年日照时数 2500 ~

2750 小时；年降水量 900～1200mm。水面蒸发以 4～6 月最盛，占全年蒸发量 1200mm 的 33%，陆面蒸发500～600mm。

6 湖泊水文地理

拉市海属金沙江水系，拉市海水量主要依靠降雨时的地表径流及大小山溪河流 20 余条流水补给。拉市海集水面积 265.6km^2，年平均产水量 7680 × 10^{4}m^3，湖底高程为 2436.2m，常年水位高程在 2440.5m，常年相应水域面积 933.4hm^2。冰封雪盖的玉龙雪山似一座巨大的天然水库，夏秋季节，冰雪融化后经美泉河、海南河、均良河、海东河等流入拉市海湿地。建坝以前湖水从指云寺前的落水洞泄入地下河再汇入金沙江，丰水年份水面抬高，淹没面积很大，干旱年份整个湖水几乎干涸。目前由于建有水坝，旱季仍保持较高的水位。

7 水环境状况

目前，拉市海水体尚属清洁水，水体清澈，水质良好，污染较轻。据丽江市水文监测站资料，其水质属国家 II 类水标准，水体污染较轻，重金属含量低于国家标准，pH7.80，DO 5.34mg/L，COD 2.26mg/L，BOD_5 2.74mg/L，As 0.007mg/L，Pb 0.04mg/L，Cd 0.0018mg/L，Tp 0.013mg/L，并且没有检测到 Cr、Hg、CN 和挥发酚。

8 生物多样性的特点及其变迁

8.1 植物多样性

拉市海是一个季节性很强的湖泊，湖水涨落较大，给湿生植物创造了有利的生存环境，使湿地内分布有较多的水生、湿生植物，构成湿地生态系统丰富的植物资源。据初步考察统计（云南省林业调查规划院大理分院，1998），湿地植物有 24 科 36 属 44 种。按生活型分，有湿生植物 21 种，占总数的 47.7%；沉水植物 11 种，占 25.0%；挺水植物 7 种，占 15.9%；浮水植物（包括漂浮、悬浮和浮叶植物）5 种，占 11.4%；其中，沉水植物海菜花属国家Ⅲ级保护植物。

表 3－2 拉市海湿地植物（资料来源：杨彪，2003）

科 名	种 名	生活型
木贼科 Equisetaceae	节节草 *Equisetum ramosissimum*	湿生
槐叶苹科 Salviniaceae	槐叶苹 *Salvinia natas*	漂浮
满江红科 Azollaceae	满江红 *Azolla imbricata*	漂浮
毛茛科 Rununculaceae	水毛茛 *Batrachium bungei*	沉水
金鱼藻科 Ceratophyllaceae	金鱼藻 *Ceratophyllum demersum*	沉水
蓼科 Polygonaceae	两栖蓼 *Polygonatum amphibium*	湿生
	酸模叶蓼 *P. lapathifolium*	湿生
	辣蓼 *P. hydropiper*	挺水
	皱叶酸模 *Rumex crispus*	湿生
千屈菜科 Lythraceae	圆叶节节菜 *Ratala rotundifolia*	湿生
柳叶菜科 Onagraceae	柳兰 *Chamaemerion angustifolim*	湿生
	柳叶菜 *Epilobium hirsutum*	湿生
小二仙草科 Halorrhagaceae	穗状狐尾藻 *Myriophyllum spicatum*	沉水
水马齿科 Callitrichaceae	水马齿 *Callitriche stagnolis*	湿生
伞形科 Umbelliferae	水芹 *Oenanthe javanica*	湿生
狸藻科 Lentibulariaceae	黄花狸藻 *Utricularia aurea*	沉水
	条纹挖耳草 *U. striatula*	湿生

（续）

科　名	种　　名	生活型
唇形科 Labiate	薄荷 *Mentha haplocalyx*	湿生
水鳖科 Hydrochritaceae	黑藻 *Hydrilla verticillata*	沉水
	海菜花 *Ottelia acuminata*	沉水
水麦冬科 Juncaginaceae	水麦冬 *Triglochin palustre*	湿生
眼子菜科 Potamogetonaceae	菹草 *Potamogeton crispus*	沉水
	鸭子草 *P. tepperi*	浮水
	篦齿眼子菜 *P. maackianus*	沉水
	竹叶眼子菜 *P. molaianus*	沉水
	红丝线 *P. pectinatus*	沉水
鸭跖草科 Commelinaceae	饭包草 *Commelina benghulensis*	湿生
雨久花科 Pontederiaceae	鸭舌草 *Monochoria vaginalis*	挺水
天南星科 Araceae	菖蒲 *Acorus calumus*	挺水
浮萍科 Lemnaceae	品萍 *Lemna trisulca*	漂浮
	紫萍 *Spirodela polyrrhiza*	漂浮
灯心草科 Juncaceae	葱状灯心草 *Juncus allioides*	湿生
	雅灯心草 *J. concinnus*	湿生
莎草科 Cyperaceae	针蔺 *Eleocharis valleculosa*	挺水
	两歧飘拂草 *Fimbristylis dichotoma*	湿生
	水莎草 *Juncellus serotinus*	湿生
	水葱 *Schoenoplectus tabermaemontani*	挺水
禾本科 Poaceae	狗牙根 *Cynodon dactylon*	湿生
	稗子 *Echinochloa crusgalli*	挺水
	李氏禾 *Leeusia hexandra*	挺水
	芦苇 *Phragmites auroleuca*	湿生
	白顶早熟禾 *Poa acroleuca*	湿生
	棒头草 *Polypogan fugax*	湿生

8.2 湿地植被

根据《中国湿地植被》的植被分类原则、单位和系统，拉市海高原湿地植被可划分为 2 个植被型组，4 个植被型，11 个群系（赵玉堂，2003）。

8.2.1 草丛沼泽

狗牙根群系：分布于拉市海湖泊的东南部和北部临湖一带，文笔水库西南一带，面积小，主要是滩涂或农地演变而来。土壤含沙量较多。群落盖度 70% ~90%，平均高 10cm，外貌夏秋季节深绿色，冬春季节黄绿色。伴生种类主要有耐湿的蒿属植物、辣蓼、水莎草、两歧飘拂草、白顶早熟禾、棒头草等。

菖蒲群系：分布于拉市海均良村、美乐村前一带水沟里。水深在 30cm 左右，底质为黑灰色的厚层湖泥。群落的主要种类扎根于水底泥土中，植物体上部或叶挺出水面，当干季水位下降时，植株大部分都露出在大气中。群落外貌，夏季葱绿色，冬季和早春变为黄绿色。群落盖度 60% ~70%，高 80 ~100cm。上层只有菖蒲 1 种，生长成密丛状。下层优势不太明显，主要有辣蓼、两栖蓼、柳叶菜和满江红等，少数地段的水下还有金鱼藻和穗状狐尾藻等沉水植物伴生。

葱状灯心草群系：分布于拉市海湖的西部坝堤一带及湖周围弯弯曲曲的小沟边，文海的沼泽地带，分布的面积较小。群落外貌深绿色。群落结构可分2层。上层盖度30%～40%，高40～60cm。种类除葱状灯心草外，还有苔草、薄荷、翦股颖和辣蓼等喜湿种类。下层盖度30%，高5～10cm。种类有小麦冬、棒头草、饭包草、鸭舌草和柳叶菜等。

辣蓼群系：分布于湖滨洼地、沟渠及水深30cm以内的湖区。群落盖度50%～60%。外貌灰绿色，到了秋天，辣蓼茎叶多变红，粉红色的穗状花序点缀其间，构成群落的季相。伴生种类因地而异，沟渠主要有稗子、鸭子草、针蔺和灯心草等，在湖泊则有水葱、水芹、水毛茛和穗状狐尾藻等。

8.2.2 湿地浅水植物

（1）漂浮植物

满江红群系：分布于池塘、水田和湖湾等地。本群系的植物均漂浮在水面，根也悬浮于水中，所以大都能随水漂流或风浪漂移。群落盖度80%～100%。秋冬季节，满江红叶片变为红色，与黄绿色的槐叶萍镶嵌分布，构成致密华丽的水面“地毯”。池塘、水田里槐叶萍相对较多，群落较固定，不易被风吹散。伴生种类有紫萍等。湖湾里槐叶萍较少，易被风吹散，随波逐流，较不稳定。伴生种类有金鱼藻、黑藻和穗状狐尾藻等沉水植物。满江红与蓝藻共生，能从空气中吸收并积聚大量的氮，是很好的绿肥。

（2）浮叶植物

鸭子草群系：分布于水田、水沟、池塘和水深2m以内的湖泊。鸭子草生命力极强，冬季以无性繁殖体“鸡爪菜”在泥内越冬，夏季迅速萌发枝叶。它是根状匍匐茎，分枝极多，繁殖迅速，根固着于水底泥土中，部分叶片沉于水下，大部分浮于水面，浮水叶紧密相连或相叠，形成盖度达70%～90%单优群落。稗、水葱和六蕊稻草挺在水面上，构成群落的上层。水面有紫萍和满江红伴生。

（3）沉水植物

菹草群系：分布于拉市海打鱼村一带。该区域基质为深厚的淤泥。群落盖度变化大。春夏季节，菹草发育进入旺盛期，分枝繁茂，成丛生长，盖度60%～80%，这时群落外貌亮绿色，有一支支粉红色的花穗挺出水面，给水景添色不少。秋冬季节，菹草凋萎，群落盖度降到10%～20%。伴生种类有金鱼藻和穗状狐尾藻等。

微齿眼子菜群系：分布于拉市海湖北部均良村和湖西坝堤一带，水深1.15～4m，面积较少。群落盖度80%。伴生种类有金鱼藻、菹草、竹叶眼子菜和穗状狐尾藻等。

竹叶眼子菜群系：成带状和片状分布于拉市海湖东部以及文笔水库的中间。水深2～3m，群落盖度60%～80%。沉水上层基本上由竹叶眼子菜组成。植株上层接近水面，常顺上层湖流弯曲随波起伏。下层种类有黑藻、金鱼藻和篦齿眼子菜等。

海菜花群系：该群落集中分布在拉市海东北部，美泉村入水口一带。水深2～4m，水质清洁，湖床泥质。群落盖度变化也很大，夏秋季节40%～60%，冬春季节20%～40%。5～10月份，开花季节，白色的花朵漂浮在水面，繁星点点，是美丽的高原淡水观赏植物。其他种类有黑藻、金鱼藻、穗状狐尾藻、菹草和竹叶眼子菜等。海菜花，当地俗名称“砍白”，其花亭是老乡所喜爱的美味蔬菜。

穗状狐尾藻群系：分布在拉市海和文笔水库大部分湖面及其他较大的池塘和较深的水沟。穗状狐尾藻适应性强，能适应不同的基质、不同的水质，即使是枯水季节，暴露在近岸湖滨滩地上，也能生存生长，因而它是一种先锋沉水植物。近年来，湖周围农田大量使用化肥，加快了它的发展，使它成为拉市海和文笔水库最主要的沉水植物群落。群落盖度70%～90%，其上层伴生种类有竹叶眼子菜、菹草和微齿眼子菜等。上层层冠与水面平齐，夏秋季节，穗状狐尾藻黄红色穗状花序立于水上，在拉市海中还偶尔散生几朵白色的海菜花花朵，构成该群落的外貌景观。第二层沉于水下，种类有金鱼藻、黑藻、篦齿眼子菜和海菜花等。

8.3 湿地脊椎动物

8.3.1 鱼类

据高礼存等（1990）记录，拉市海鱼类仅有麦穗鱼 *Pseudorasbora parva*、鲫 *Carassius auratus auratus*、泥鳅 *Misgurnus anguillicaudatus*、黄鳝 *Monopterus albus* 等 4 种。陈小勇等（2003）的调查表明，拉市海自然保护区（含文海、文笔水库和吉子水库）的鱼类共有 25 种，隶属 5 目 10 科 21 属。其中土著鱼种 7 种：鲫、杞麓鲤 *Cyprinus chilia*、小裂腹鱼 *Schizothorax parvus*、秀丽高原鳅 *Triplophysa venusta*、泥鳅、黄鳝、中华青鳉 *Oryzias sinensis*；引入 18 种。现存 22 种，濒危或灭绝 3 种。拉市海有鱼类 20 种，其中土著鱼有 4 种，引入 16 种；现存 15 种，灭绝 5 种（其中有一度繁盛的土著种小裂腹鱼，现已绝灭）。文笔水库有鱼类 22 种。土著种 7 种，引入种 15 种；现存种 18 种，灭绝种 4 种（其中有一度繁盛的土著种杞麓鲤、小裂腹鱼和秀丽高原鳅，现已绝灭）。文海有鱼类 4 种，全部都是引入种。吉子水库有鱼类 7 种，土著鱼仅有鲫 1 种，其余 6 种为引入种。保护区内 2 个湖泊和 2 个水库的鱼类区系组成有如下共性：区系组成简单，土著种的数量和种类较少，外来引入种占优势，无凶猛鱼类。人为因素决定了各湖泊中引入种的种类差异。拉市海的鱼类区系以鲫属、鲤属、泥鳅属、黄鳝属和青鳉属等广布的老第三纪类群为主要成分；兼以少量裂腹鱼属和高原鳅属等青藏高原类群；地处金沙江水系，但缺乏东亚类群成分，说明拉市海在晚近地质历史时期中环境较为稳定而封闭，未受到可沿金沙江水系扩散的东亚类群成分的入侵。

拉市海的土著种秀丽高原鳅已经濒临灭绝，小裂腹鱼已经绝迹，土著的鲫已经被引入的高背鲫所取代。鲤、四大家鱼（青鱼 *Mylopharyngodon piceus*、草鱼 *Ctenopharyngodon idella*、鲢 *Hypophthalmichthys molitrix*、鳙 *Hypophthalmichthys nobilis*）、团头鲂 *Megalobrama amblycephala*、鳜 *Siniperca chuatsi*、池沼公鱼 *Hypomesus olidus*、太湖新银鱼 *Neosalanx taihuensis*、虹鳟鱼 *Oncorhynchus mykiss* 等经济鱼类曾先后被引入拉市海，但现在仅有少量鲤鱼、草鱼、鳙、团头鲂、鳜、虹鳟鱼等，其他经济鱼类已经绝迹。高背鲫、麦穗鱼等小型野杂鱼逐渐成为主体。文笔水库鱼类组成的变化与拉市海较为相似：除了小裂腹鱼、秀丽高原鳅已经绝迹外，土著种杞麓鲤也已绝迹。大型经济鱼类数量减少，麦穗鱼及棒花鱼 *Abbottina rivularus* 等小型野杂鱼成为主体，池沼公鱼尚存在一定数量。吉子水库的鱼类组成基本没有变化。

8.3.2 两栖爬行类

拉市海目前记录有红瘰疣螈 *Tylototeiton verrucosus*、华西蟾蜍、昭觉林蛙、双团棘胸蛙 *Paa yunnanensis*、多疣狭口蛙和棕网腹链蛇 *Amhiesma johanni*、颈槽游蛇 *Rabdophis nuchalis*、竹叶青 *Trimeresurus stejnegeri* 等两栖类和爬行类动物。

8.3.3 鸟类

根据杨晓君、杨岚（2006）关于湿地鸟类的定义，拉市海湿地的湿地鸟类共有 10 目 14 科 66 种，包括小䴙䴘、凤头䴙䴘、普通鸬鹚、苍鹭、池鹭 *Ardeola bacchus*、大白鹭、白鹭 *Egretta garzetta*、中白鹭、牛背鹭、黑冠夜鹭 *Nycticorax nycticorax*、黄斑苇鳽 *Ixobrychus sinensis*、黑鹳、灰雁、豆雁 *Anser fabalis*、斑头雁、大天鹅、赤麻鸭、翘鼻麻鸭 *Tadorna tadorna*、针尾鸭、绿翅鸭、花脸鸭 *Anas formosa*、罗纹鸭 *Anas falcata*、绿头鸭、斑嘴鸭、赤膀鸭、赤颈鸭、琵嘴鸭、赤嘴潜鸭、红头潜鸭 *Aythya ferina*、白眼潜鸭、凤头潜鸭、鸳鸯 *Aix galericulata*、鹊鸭 *Bucephala clangula*、斑头秋沙鸭 *Mergus albellus*、中华秋沙鸭 *Mergus squamatus*、普通秋沙鸭、白尾海雕、鹗 *Pandion haliaetus*、灰鹤、黑颈鹤、白头鹤 *Grus monacha*、白胸苦恶鸟 *Amaurornis phoenicurus*、黑水鸡（红骨顶）*Gallinula chloropus*、骨顶鸡（白骨顶）*Fulica atra*、凤头麦鸡、灰头麦鸡、金斑鸻、金眶鸻 *Charadrius dubius*、环颈鸻 *Charadrius alexandrinus*、白腰杓鹬 *Numenius arquata*、鹤鹬 *Tringa erythropus*、红脚鹬 *Tringa totanus*、青脚鹬 *Tringa nebularia*、黑翅长脚鹬 *Himantopus himantopus*、白腰草鹬 *Tringa ochropus*、矶鹬 *Tringa hypoleucos*、红颈瓣蹼鹬 *Phalaropus lobatus*、渔鸥 *Larus ichthyaetus*、红嘴鸥、棕头鸥、银鸥 *Larus argentatus*、白胸翡翠 *Halcyon smyrnen-*

sis、普通翠鸟、红尾水鸲、白顶溪鸲、紫啸鸫等。在记录的湿地鸟类中冬候鸟有41种，占总数的62.1%；留鸟有6种，占9.1%；夏候鸟2种，占3%；其余的为旅鸟或偶见鸟。说明拉市海的湿地鸟类有明显的季节变化，其居留成分以冬候鸟为主，旅鸟和偶见鸟类次之。

在拉市海记录的湿地鸟类中属国家Ⅰ级重点保护鸟类的有：中华秋沙鸭、黑颈鹤、白头鹤、黑鹳4种；属国家Ⅱ级重点保护鸟类的有：大天鹅、鹗、白尾海雕、灰鹤4种。

杨岚等（1988）的调查结果表明：1984年冬季拉市海以赤麻鸭、灰鹤、凤头麦鸡为优势种，苍鹭、普通秋沙鸭、黑颈鹤为常见种，黑鹳、绿翅鸭、斑嘴鸭为稀有种。中国科学院昆明动物研究所等单位1997年按同样的野外调查和统计方法，结果显示骨顶鸡（白骨顶）、赤颈鸭、绿翅鸭、绿头鸭、赤麻鸭、斑嘴鸭、白眼潜鸭、赤嘴潜鸭为优势种，小䴙䴘、凤头䴙䴘、普通鸬鹚、灰鹤、凤头麦鸡为常见种，黑鹳、苍鹭、大白鹭、豆雁、大天鹅、针尾鸭、罗纹鸭、环颈鸻、矶鹬、渔鸥、红嘴鸥等为稀有种。

2007年2月27日，刘强、刘鲁明、王凯等观察记录结果为：白骨顶24 800只、赤膀鸭9200只、赤颈鸭3600只、赤嘴潜鸭600只、绿翅鸭470只、赤麻鸭450只、灰雁220只、斑头雁200只、绿头鸭140只，为优势种；琵嘴鸭44只、罗纹鸭42只、普通鸬鹚40只、凤头䴙䴘33只、斑嘴鸭20只、普通秋沙鸭12只、针尾鸭12只，为常见种；凤头潜鸭9只、白眼潜鸭7只、灰鹤6只、小䴙䴘3只、苍鹭2只、矶鹬1只，为稀有种。水禽的物种组成和数量发生很大变化，物种多样性明显增加。

1999年10月至2000年4月中国科学院昆明动物研究所鸟类组硕士研究生权锐昌，对拉市海的越冬水禽物种及其数量进行了调查，共记录水禽52种，其中34种为冬候鸟，17种为过境的旅鸟，仅有小䴙䴘1种为留鸟。11月份是水禽物种数最多的月份，3月中下旬和4月初出现第2个高峰；而种群数量最大的峰值则出现在3月中旬，次高峰出现在11月中旬。观察结果表明，由于拉市海地处横断山区的金沙江河谷流域区，不仅是越冬水禽的重要越冬栖息地，同时也是水禽的重要迁徙停歇地。

8.3.4 哺乳类

拉市海湿地的哺乳类动物共有14种。其中水域种类有喜马拉雅水鼩、蹼足鼩2种；湖周活动的有青鼬、黄鼬、小灵猫 *Viverricula indica*、食蟹獴 *Herpestes urva*、豹猫5种，其中小灵猫为国家Ⅱ级重点保护野生动物。在湖区及其附近湿地上空捕食昆虫的蝙蝠有：丽江菊头蝠、皮氏菊头蝠 *Rhinolophus pearsoni*、大马蹄蝠 *Hipposideros armiger*、大足鼠耳蝠、山地鼠耳蝠、西南鼠耳蝠、东亚伏翼 *Pipistrellus abramus*、南蝠、亚洲长翼蝠等9种。

9 经济和社会价值

拉市海湿地自然保护区是云南省建立的第一个以湿地命名的自然保护区，以保护高原湿地野生动物、迁徙水鸟、湿地湿生和水生植物组成的群落生态系统。拉市海是丽江拉市海高原湿地省级自然保护区的核心区，每年有数以万计的水禽在此停歇或越冬栖息，其中有国家Ⅰ级重点保护野生动物黑鹳、黑颈鹤，Ⅱ级重点保护野生动物灰鹤等，也有大量的赤麻鸭、绿头鸭、斑嘴鸭等具有重要价值的水禽。另外，白头鹤、中华秋沙鸭、鸳鸯、大天鹅等也有发现的记录，是众多越冬水禽的越冬地和迁徙停歇地，对保护珍稀水禽有重要的社会价值。

拉市海湿地周边地区人口密度大，主要从事捕鱼、种植和畜牧业，拉市海是农业生产用水的重要保证，同时也是世界文化遗产地——丽江古城工农业生产和居民生活用水的重要水源之一，具有较高的社会、经济和生态价值。

10 干扰和威胁

周围的农业生产和居民的生活对湖区产生较大的影响，主要表现在渔业生产和农业生产对水环境、鱼类和水禽的影响上。该湖泊在建坝以前湖水从指云寺前的落水洞泄入地下河再汇入金沙江，丰水年份水面抬高，淹没面积很大，干旱年份整个湖水几乎干涸，有非常明显的年份和季节变化。但水坝建成之后，年份和季节的落差变化较小，旱季仍保持较高的水位。保护区及其周边地区人口密度大，其经济收入来源主要是传统的捕鱼业、种植业和畜牧业。这对湿地保护区均有很大的依赖性，人鸟争食的现象突出。旅游业带来的负面影响已有显露，大量前来旅游观光的游客对水禽的栖息有一定的干扰。自然保护区建立之前常有当地居民猎杀水禽，挖沟排水，将湖泊周围沼泽滩地开垦为农业耕作地等情况时有发生。近几年设立了湖管站，控制了湖面的水位，尤其是保护区管理所建立以后，采取了一些相应的保护措施，制止了猎杀水禽和破坏生境情况的发生。

11 保护与研究状况

1984 年 12 月，中国科学院昆明动物研究所在拉市海湿地开展过越冬水禽调查。1997 年 3 月和 1997 年 11 ~ 12 月，中国科学院昆明动物研究所及云南省林业厅野生动植物保护管理委员会办公室，对玉龙（原丽江）拉市海及其周围湿地进行水禽资源调查，并根据考察结果提出了建立自然保护区的建议（李纯等，2000）。1998 年 6 月，云南省人民政府批准建立拉市海高原湿地自然保护区，保护高原湿地野生动物、迁徙水鸟、湿地湿生和水生植物组成的群落生态系统，在拉市海建立了自然保护区管理所。1999 年 7 月，由玉龙（原丽江）县人大常委会通过了《云南丽江拉市海高原湿地省级自然保护区管理办法》。建立保护区时云南省林业厅曾组织过有关综合性考察，1999 年得到美国大自然保护协会的资助，对玉龙（原丽江）拉市海及其他地区动植物进行调查研究及开展保护意识的宣传教育，中国科学院昆明动物研究所再次对其鸟类资源进行了详细调查，并在该地进行了一年的水禽观察。此后，多家单位连续在该地开展研究工作，发表的论文包括：湿地生态系统和保护（赵玉堂，2003；茶枝义，2004；戴雨芡、白仙富，2006）、生物（杨彪，2003）；鸟类（李纯等，2000；赵慧，2001；Rui - Chang Quan et al，2001、2002a、b；赵力生，2003；刘宁、李德品，2004；彭贵鸿、黄庭发，2004、2005；刘宁、彭贵鸿，2005；和淑春、谢志荣，2006）；鱼类（陈小勇、杨君兴，2003；谢卓艺，2005）；保护管理（王德斌，1999）；旅游开发（张忠华，2005；侯蕊玲，2006）。

12 入选国际重要湿地的依据（引自拉市海国际重要湿地申报表）

拉市海为云南西北部高原金沙江流域的汇水区，湿地的出水口与金沙江相连，在保持水土和控制洪水方面发挥着重要作用；并对长江中下游的水量均衡和水位调节有着重要作用。

拉市海湿地在生命史的不同阶段支持着国家Ⅰ级重点保护的濒危动物中华秋沙鸭、黑鹳、黑颈鹤；Ⅱ级保护动物灰鹤、大天鹅以及青藏高原特有种斑头雁 *Anser indicus* 等重要水禽的生存。

拉市海湿地具有云贵高原特有的海菜花 *Ottelia acuminata* 群落。但分布面积已明显减少。

拉市海湿地位于生物多样性的热点地区且种类丰富，该地区是我国植物三大特有中心的新特有中心区域。

拉市海位于候鸟迁徙线路上，是许多珍稀濒危越冬候鸟重要的停歇地和越冬地。

2001 ~ 2002 年越冬期，在拉市海湿地的越冬水禽有 59 种，约 85 000 只；2002 ~ 2003 年越冬期越冬的水禽 67 种，92 000 只；2003 ~ 2004 年越冬期越冬水禽 76 种，种群约为 86 000 只。重要种群以雁鸭类为主，有绿翅鸭、白骨顶、凤头潜鸭等。

第四节 大山包湿地

1 地理位置和海拔

大山包湿地位于云南省昭通市昭阳区的大山包乡，距离昭通市昭阳市区 79km。地理位置为北纬 27°18′ ~ 27°29′，东经 103°15′ ~ 103°24′。大山包集水区域平均海拔 3200m，最高海拔 3364m，最低海拔 2210m，面积 3150hm^2。

2 面积

跳墩河水库湿地面积 2.3km^2，大海子水库 0.69km^2。

3 类型

亚高山沼泽草甸、人工湿地水库和山坡耕作地。

4 自然地理概况

大山包湿地地处五莲峰山系，海拔多在 3000～3200m，最高点课车梁子 3364m，最低点在半坡村，2210m。东依滇东北山原，西隔金沙江深切峡谷与四川的大凉山相望，西坡临金沙江，坡体陡峭，山地东北部起伏较和缓。保护区内地势相对平缓，山体浑圆，坡度平缓，山丘相对高差 50～100m，谷地为亚高山沼泽化草甸，地势平坦开阔。由于下层紫红色凝灰岩的阻隔作用，下渗的水在地势低洼之处形成潜水，或者以山泉形式流出，在高原面上大小不等的山区、丘陵之间冲积成的相对平缓、排水不畅而又比较开阔的低矮平地，形成高山沼泽地，这些湿地面积与范围随水位季节性变动而变化，冬季水位下降，浅水区面积增加，海子周围为已开垦的耕地、草场、草甸和沼泽地。

大山包湿地的主要土壤类型为泥炭土和沼泽土。有机质含量丰富，平均达 20%，全氮含量约 2%，土壤碱性（pH8.2），但速效养分含量较低。土壤类型从高海拔至低海拔分别为①亚高山草甸土（局部沼泽土）（3000m 以上）：土层薄，石砾含量高，肥力低，B 层发育不全，一般由 A 层直接过渡到 C、D 层。在草甸下部和水库周围有部分沼泽土，是古湖沼泥炭物发育而成，表层腐殖化，以下各层泥炭化或潜育化，形成黑色泥炭层或灰色潜育层，土壤有机质含量很高。②棕壤（2800～3000m）：土层厚度不一，有一定肥力。③黄棕壤（2200～2800m）：在保护区范围内是一种过渡性土壤，土壤较深厚肥沃。

5 地质形成及历史变迁

大山包湿地为天然起源。第三纪初为准平原的一部分，后地壳抬升，金沙江及支流横江、牛栏江强烈切割形成高中山地貌，但山顶部保存较平缓的残余高原面。人工湿地中的水库为人工起源。

6 人为影响和历史地理

大山包一带原生植被主要为亚高山针叶林，目前现存的森林植被基本上是人工营造的华山松 *Pinus armandii* 林，大面积的是次生性灌草丛和旱地，近年来也营造了相当面积的人工草场。同时，居住在湿地周围的群众传统上是以泥炭（海垡）、荞麦草、燕麦草等作为燃料，由于荞麦草、燕麦草是冬天牲畜的主要饲料，故采挖泥炭（海垡）成为其主要的燃料，大量的采挖泥炭（海垡），也对高山沼泽草甸造成极大的破坏。在高山沼泽地带修建水库后，在高山沼泽地带也形成了水库等新的湿地，部分改变了其景观和生态环境。

7 气候环境

大山包湿地属温凉性高原季风气候，冬寒夏凉，气温低，雪凌大，霜期长，雾淞、雨淞多，冬季风大，蒸发量大。冷冻持续时间长。年平均气温为 6.2℃，极端最低温度 -16.8℃，1 月平均气温 -1℃，7 月平均气温 12.7℃，≥10℃的活动积温 798℃。日照长，光照充足，年日照时数 2200～2300 小时。无霜期年平均为 123 天，最短年只有 84 天。年降水量 1165mm，雨量分布不均，降水集中，冰雹次数多，暴雨较多，5～10 月为雨季，降水量占全年降水量的 88%，年蒸发量 1851.0mm；年均积雪日数 34.6 天。

8 湖泊水文地理

保护区内羊窝河自南向北穿境而过，由于地下凝灰岩的阻隔作用，下渗的水在地势低洼之处形成潜水，或者以山泉形式流出。因此，境内多处发育有大片沼泽。同时，大小泉眼遍布保护区全境，流量在 10 ~ 1000mL/s 之间。在山坡上随地分布的泉眼发育的湿地，少则十多平方米或几十平方米，多则上千平方米，但集中成片，面积较大的湿地主要在跳墩河、大海子、勒力寨、秦家海子、燕麦地等地。其中以跳墩河和大海子面积最大，跳墩河水库库容量约 $1500 \times 10^4 m^3$，水面 $3.3km^2$，径流区面积 $17.7km^2$。

保护区内湿地水深由于受地下水的调节，全年水深均在 0.8 ~ 3m 之间，一年四季从不干枯，全年水深水位较恒定。

9 水环境状况

库区水体无污染，水质优良，经云南省水环境监测部门抽样化验，保护区内水质优良，水温 6.0℃，pH8.2，无农药及生产、生活污水之污染，可供人、畜饮用，达国家 I 类水标准。

10 生物多样性的特点及其变迁

10.1 浮游生物

经 2004 年 8 月初步调查，海尾村跳墩河水库内浮游植物有：蓝藻门小颤藻；裸藻门囊裸藻；绿藻门的鼓藻、英克斯四棘鼓藻、双角盘星藻、小腔星藻、链丝藻；硅藻门绒毛平板藻、粗壮双菱藻、美丽双菱藻、美丽双壁藻、美丽星杆藻、线形舟形藻、小环藻、桥弯藻、羽纹藻（此外尚有未定名的小型硅藻多种），合计藻类计有 4 门 16 种。浮游动物有：原生动物辐射变形虫，轮虫类螺形龟甲轮虫，枝角类象鼻溞，合计 3 类 3 种。浮游动植物总共 19 种。浮游生物很少，硅藻占绝对优势，绿藻中鼓藻比例大，其他藻类很少见，浮游动物只有 3 种，个体也很少见，这些说明大山包水质较好。

10.2 湿地植被

据《云南大山包黑颈鹤自然保护区科学考察报告》资料，云南大山包自然保护区内仅有亚高山沼泽化草甸一种湿地植被，是带有一定原生性的自然植被，也是目前保护区内面积比较大的原生植被类型，分属亚高山莎草沼泽化草甸和亚高山杂类草沼泽化草甸两个群系组。

10.2.1 亚高山莎草沼泽化草甸

包括针蔺、小婆婆纳沼泽化草甸，牛毛毡沼泽化草甸，水莎草沼泽化草甸 3 个群系。各群系下仅记录有相应的一个群丛。

针蔺、小婆婆纳沼泽化草甸：分布面积较大的一种草甸类型，群落组成中以针蔺占优势。土壤为黑色草甸土，土壤中泥炭沉积丰富，是过去当地居民挖“海堡”的主要地方。在调查中，主要种类已基本进入枯叶期，常有 5cm 左右的苔藓层。群落高度 10 ~ 20cm，盖度 90% ~ 100%。主要种类有针蔺 *Eleocharis valleculosa*、小婆婆纳 *Veronica serpyllifolia*、扇叶毛茛 *Ranunculus felixii*、细花千里光 *Senecio graciliflorus*、密穗马先蒿 *Pedicularis densispica*、夏枯草 *Prunella vulgaris* 等。

牛毛毡沼泽化草甸：是滇西北和滇东北草甸中一种比较常见的类型，在保护区大海子和跳墩河的湖岸湿地上有零星的分布，通常与以针蔺为优势的草甸交错分布。土壤为黑色草甸土，土壤水分饱和，有苔藓层，厚 5cm 左右。牛毛毡植株矮小，高约 5cm，但柳叶菜、水辣蓼、马先蒿等的植株可达 15cm 以上。群落盖度 100%。主要种类有牛毛毡 *Eleocharis yokoscensis*、夏枯草、车前 *Plantago depressa*、圆叶节节菜 *Rotala rotundifolia*、扇叶毛茛、早熟禾 *Poa annua*、水湿柳叶菜 *Epilobium palustre*、针蔺、多花地杨梅 *Luzula multiflora* 等。

水莎草沼泽化草甸：在积水的洼地有水莎草为优势的沼泽化草甸分布，群落处在有常流水的洼地，水莎草成丛生长。莎草植株高大，根茎部浸没在水中。群落盖度 60% ~ 70%，群落高度 0.8 ~ 1.0m。土壤浸没在水中，处于厌氧状态。主要种类有水莎草 *Juncellus serotinus*、针蔺、扇叶毛茛、野灯心草 *Juncus setchuensis*、多花杨梅、圆叶节节菜等。此类型分布面积较小，往往只在有溪流的地方分布。样

地记录于燕麦地附近一条溪流的沟口。群落受到放牧的影响。

10.2.2 亚高山杂类草沼泽化草甸

包括早熟禾、多花地杨梅沼泽化草甸，水辣蓼沼泽化草甸，燕子花、针蔺沼泽化草甸3个群系，各群系下仅记录有对应的一个群丛。

早熟禾、多花地杨梅沼泽化草甸：早熟禾和多花地杨梅适应于浅水淹没或半淹没的湖岸生境，是水体岸边的一种植被群落类型。多见于大海子和跳墩河周围湖岸1~2m的范围，往往沿岸和流入湖中的溪流呈条带状分布。群落处在长年水淹或半水淹的环境中，是保护区内湿生群落类型的代表之一。群落高度10~30cm，盖度50%~100%。主要种类有早熟禾、多花地杨梅、针蔺、夏枯草、车前、扇叶毛茛等。

水辣蓼沼泽化草甸：分布于水体的浅水区，以水辣蓼构成单优群落，如燕麦地下方水库的浅水区，调查时个体已枯萎，群落中不见其他植物，群落高30cm，盖度80%。

燕子花、针蔺沼泽化草甸：群落高度近1m，盖度80%~100%，局部分布在有溪流的湿地上，面积较少。主要种类有燕子花、针蔺、夏枯草、扇叶毛茛、早熟禾、棒头草 *Polypogon fugax*、水湿柳叶菜、圆叶节节菜、细花千里光、海仙报春 *Primula poissoni* 等。

10.3 湿地脊椎动物

10.3.1 鱼类

大山包地区鱼类资源比较贫乏，没有采集到原生鱼类，仅在大海子水库和跳墩河水库里面放养了一些引进养殖的种类，例如有池沼公鱼 *Hypomesus olidus*、鲫、鲤、麦穗鱼、泥鳅等。

10.3.2 两栖爬行类

大山包由于地处高海拔地区，气候寒冷，两栖类和爬行类数量和种类十分稀少，两栖类动物仅分布有大蹼铃蟾 *Bombina maxima*、华西蟾蜍、华西雨蛙 *Hyla annenctans*、昭觉林蛙、多疣狭口蛙 *Kaloulap verrucosa*。爬行类动物有环纹华游蛇 *Sinonatrix aequifasciata*、山烙铁头 *Ovophis monticola*、竹叶青、红脖颈槽蛇 *Rhabdophis subminiatus* 等。

10.3.3 鸟类

大山包自然保护区内的鸟类资源没有专门的调查，李凤山等（2005）1994年12月27日在大山包自然保护区的大海子，观察到黑颈鹤124只、普通秋沙鸭16只、赤麻鸭18只、绿翅鸭12只、绿头鸭74只、灰鹤2只；在跳墩河观察到黑颈鹤71只、斑头雁12只、赤麻鸭2只、普通秋沙鸭4只、绿翅鸭9只。伍和启在2005~2006年冬季，孔德军在2006~2007年冬季共记录湿地鸟类10目12科48种，包括有小鸊鷉、凤头鸊鷉、普通鸬鹚、苍鹭、池鹭、大白鹭、白鹭、中白鹭、斑头雁、赤麻鸭、翘鼻麻鸭、针尾鸭、绿翅鸭、绿头鸭、斑嘴鸭、赤膀鸭、赤颈鸭、罗纹鸭、琵嘴鸭、赤嘴潜鸭、红头潜鸭、白眼潜鸭、凤头潜鸭、斑背潜鸭 *Aythya marila*、鹊鸭、普通秋沙鸭、灰鹤、黑颈鹤、白胸苦恶鸟、骨顶鸡（白骨顶）、灰头麦鸡、凤头麦鸡、金眶鸻、长嘴鸻 *Charadrius placidus*、黑翅长脚鹬、白腰杓鹬、青脚鹬、红脚鹬、白腰草鹬、矶鹬、针尾沙锥 *Capella stenura*、丘鹬 *Scolopax rusticola*、海鸥 *Larus canus*、渔鸥、红嘴鸥、棕头鸥、普通翠鸟、红尾水鸲等湿地鸟类，这些湿地鸟类绝大多数为冬候鸟或旅鸟，由于大山包明水水域面积小而且分散，气候较为寒冷，因此在此越冬的水禽数量较少。

大山包国家级自然保护区，是以保护国家I级重点保护野生动物黑颈鹤，及其越冬栖息地为主要保护目的的国家级自然保护区。目前在大山包越冬的黑颈鹤已经由1990年的200余只增加到2004年1月的1186只（钟兴耀、道美标，2006），约占世界黑颈鹤总数的1/5，是云贵高原黑颈鹤越冬种群最多的湿地保护区。

吴至康等（1993，1994）利用环志手段对我国的黑颈鹤开展了到目前为止较为系统的迁徙研究。研究结果认为，黑颈鹤有3个明显的越冬区域，有3条迁徙路线，其中东部种群往返于四川若尔盖与贵州威宁之间；在若尔盖繁殖的黑颈鹤，秋季沿邛崃山脉、岷江流域南下，经雅安、荥经、乐山、宜宾到达云贵高原东北部乌蒙山区的湖泊越冬。黑颈鹤在繁殖地川北若尔盖湿地生活 170 天左右，在乌蒙山越冬地草海居留 150 多天，一年往返迁徙途中需 40 天左右。其中有 2 只在若尔盖环志的黑颈鹤在威宁草海回收，在雅安和附近的荥经采集到 2 只标本（Schafer，1939；李德浩，1986），证实了该迁徙路线的存在。贵州的威宁，云南的昭通、会泽等均在乌蒙山脉，属同一越冬区域，因此，推测昭通大山包湿地的黑颈鹤也来自于四川若尔盖地区。2005～2006 年中国科学院昆明动物研究所、国际鹤类基金会、中国鸟类环志中心、大山包自然保护区管理局等单位，在大山包开展了我国首次卫星跟踪黑颈鹤研究，结果发现，每年春初在云南东北部大山包地区越冬的黑颈鹤，沿云贵高原向青藏高原的过渡地带、青藏高原东缘向四川盆地过渡的高山峡谷地带飞行，即从乌蒙山脉上的昭通，经过四川凉山州的金阳、美姑、甘洛，进入雅安市的石棉、汉源、天全，北上沿邛崃山脉到达若尔盖湿地繁殖，繁殖区包括四川和甘肃交界的整个若尔盖湿地。黑颈鹤秋季的迁徙路线是由若尔盖湿地起飞，沿邛崃山脉、大渡河南下，经过雅安、汉源，进入凉山州到达云贵高原乌蒙山脉的云南昭通大山包湿地和贵州威宁草海等越冬地越冬。经观察，在草海越冬的黑颈鹤的迁徙过程中，在大山包也有停留，说明大山包自然保护区不仅是黑颈鹤的重要越冬地，也是在贵州威宁草海和云南会泽等地越冬的黑颈鹤的重要迁徙停歇地。

10.3.4 哺乳类

分布在大山包湿地的哺乳动物计有 10 种。其中，喜马拉雅水鼩是该地区惟一水栖的湿地哺乳动物；在湿地附近捕食湿地动物（鱼类、两栖类或涉禽）的有黄鼬和豹猫两种；在湿地上空捕食昆虫的蝙蝠有：暗褐菊头蝠、中华菊头蝠 *Rhinolophus sinensis*、大足鼠耳蝠、山地鼠耳蝠、西南鼠耳蝠、东亚伏翼和亚洲长翼蝠等 7 种。

11 经济和社会价值

大山包湿地栖息的黑颈鹤越冬种群数量，约占全世界黑颈鹤总数的 1/5 以上，同时也是黑颈鹤东部种群最重要的越冬地和迁徙停歇地，在黑颈鹤的迁徙及越冬栖息地的研究中占有重要地位。因此，该湿地在保护黑颈鹤种群方面具有不可替代的重要性。

大山包是滇东北五莲峰山脉的主峰，山体上部高原面保存完整，有广阔的亚高山草甸，春季山花烂漫，夏季绿草如茵，秋季金色遍染，冬季银装素裹。适合开展季节性的旅游，包括观光旅游、观鹤科普旅游及休闲旅游。保护区内亚高山沼泽化草甸中的泥炭沼泽，有着较高的科研、保护与利用价值，现存的保存完好的湿地可作为湿地生态修复的参照，将对湿地退化研究及湿地恢复研究起积极作用。

12 干扰和威胁

①保护区内缺柴少煤，当地群众以泥炭、草根为燃料，对湿地破坏严重。②由于黑颈鹤数量增加，而且相对集中，对当地群众的冬季作物破坏较大，人鸟争食矛盾突出。③由于过去对湿地不合理的开垦和过牧，造成不同程度的水土流失。④在沼泽湿地上开沟排水开垦耕地，致使湿地面积急剧减少。⑤当地居民有放养牲畜的习惯，过度的放牧影响湿地植被的更新和恢复，对湿地造成了一定的破坏。

13 保护与研究状况

1994 年 6 月，云南省人民政府批准建立大山包省级自然保护区，2003 年经国务院批准晋升为国家级自然保护区。主要保护黑颈鹤及其越冬栖息地和高原沼泽、草甸湿地生态系统，设立有保护区管理局。中国科学院昆明动物研究所、云南省环境保护局、云南省环境科学研究所、云南大学等单位对该地的鹤类资源进行过多次调查。该地还成立了中国昭通黑颈鹤保护志愿者协会，对黑颈鹤进行保护。中国科学院昆明动物研究所已连续多年在该地开展了黑颈鹤的研究工作。2000 年以后发表的有关论文有：植物（钟兴耀、李恒，2005）；黑颈鹤（王有辉、唐国俊，1990；胡健生、钟兴耀，2002；钟兴耀、道美标，2005；道美标、钟兴耀，2005；刘宁、邝粉良，2006；杨晓君等，2006），保护管理（道美标，1999）。

14 入选国际重要湿地的依据（引自大山包国际重要湿地申报表）

大山包自然保护区属自然生态系统类别，高原湿地生态系统类型，主要保护对象为黑颈鹤及其越冬栖息地亚高山沼泽化草甸高原湿地生态环境。

黑颈鹤是中国国家Ⅰ级重点保护野生动物，是世界上15种鹤类中惟一在我国青藏高原繁殖的珍稀濒危鹤类。1994年，被世界自然保护联盟（IUCN）列为易危（V）物种。1995年，濒危野生动植物种国际贸易公约（CITES）将其列为附录Ⅰ级。1996年，被中华人民共和国濒危物种科学委员会收入《中国濒危动物红皮书》。属全球性易危物种，种群数量稀少，分布区域狭小。

大山包湿地包含显著数量的特有物种。据2000年1月8日调查，观测到黑颈鹤732只，其中成年鹤402只（占总数54.92%）、亚成年鹤305只（占总数的41.6%）、孤老鹤25只（占总数的3.41%），这一种群结构表明是一支趋向兴旺的自然种群，每年在大山包越冬时间为每年的10月至翌年4月，约176~202天。2002年，在大山包湿地越冬的黑颈鹤数量已达到930只；2003年增至1051只；2004年达1176只。

大山包湿地位于越冬候鸟的迁徙线路上，是许多珍稀濒危越冬候鸟重要的停歇地和越冬地。

中国国家Ⅰ级重点保护动物黑颈鹤属全球易危物种，大山包自然保护区是中国已知的黑颈鹤越冬栖息地中，单位面积个体数量最多的区域。世界上分布的黑颈鹤总数约6000余只，我国约占96%，而大山包湿地黑颈鹤的种群数量不断增加，由保护区建立初期（1990年）的350只左右逐年增加至2004年的1176只（约占该物种种群个体的19.6%），最多时达1300余只。

第四章

云南的国家重要湖泊湿地

1992年，我国加入《湿地公约》后，国务院决定履行公约的工作由林业部组织协调，为此，林业部牵头，由国务院17个部、委、局共同参与编制完成了《中国湿地保护行动计划》。国家林业局等（2000）根据湿地功能和效益的重要性，认为凡符合下列任一标准，被视为具有国家重要意义的湿地：

（1）一个生物地理区湿地类型的典型代表或特有类型湿地。

（2）面积≥10 000hm^2 的单块湿地或多块湿地复合体并具有重要生态学或水文学作用的湿地系统。

（3）具有濒危或渐危保护物种的湿地。

（4）具有中国特有植物或动物种分布的湿地。

（5）20 000只以上水鸟渡过其生活史重要阶段的湿地，或者一种或一亚种水鸟总数的1%终生或生活史的某一阶段栖息的湿地。

（6）是动物生活史特殊阶段赖以生存的生境。

（7）具有显著的历史或文化意义的湿地。

根据以上标准，《中国湿地保护行动计划》中，将云南省内的滇池、抚仙湖、异龙湖、洱海、程海、泸沽湖、碧塔海、纳帕海、丽江拉市海、昭通大山包、会泽黑颈鹤越冬栖息地等列入《中国重要湿地名录》。其中中甸碧塔海、纳帕海，丽江拉市海，昭通大山包4个湿地现已列入国际重要湿地名录；滇池、洱海、抚仙湖、异龙湖、程海、泸沽湖等属中国国家重要湿地。

第一节 滇 池

1 地理位置和海拔

滇池位于昆明盆地的西南部，东经102°37′～102°48′，北纬24°40′～25°02′之间。湖面平均海拔1886.5m。

2 面积

滇池湖面面积309km^2，平均湖水深4.3m。

3 类型

高原永久性淡水湖泊、周围湖滨沼泽、水稻田。

4 自然地理概况

滇池隶属金沙江水系，处于金沙江、元江、南盘江三大水系的分水岭地带。滇池是我国西南部众多的高原淡水湖泊中，云贵高原上面积最大的内陆湖。滇池是构造断陷湖，在水位高程1887.4m时，湖面面积为309km^2，湖水总容量1.56×10^{9}m^3；在水位高程1885.0m时，湖面面积为298.4km^2，湖水总容量为1.20×10^{9}m^3；在水位高程为1884.5m时，湖面面积为288.0km^2，湖水总容量为1.097×10^{9}m^3。湖泊流域集水面积为2920.0km^2。湖长40.4km，平均湖宽7.0km，最宽处为12.5km，湖岸线长150.0km，最大水深10.0m，平均水深4.4m。湖泊年平均水资源量为5.4×10^{8}m^3，湖面年平均降水量为2.667×10^8m^3，年平均出湖径流量为4.172×10^8m^3，湖面年平均蒸发量为3.970×10^8m^3。

滇池盆地是云南高原上的一个典型的山间盆地。整个盆地的轮廓大致为半圆形，作近似南北走向。盆地的西缘大致平直，而盆地北、东、南侧的边缘大致为连续的半圆弧弯曲。位于盆地内最低部分的滇池湖面，其形状与整个盆地的轮廓颇为相似，为长轴作近似南北走向伸延的弯月形。不过滇池并非恰居于盆地的中央，而是紧倚于西侧并略为偏南（杨一光、杨桂华，1985a）。

滇池盆地的地理范围包括了周围的山地低丘、盆地内部的低阶台地、冲积、湖积平原、三角洲和湖泊本身等。滇池盆地是云南高原上面积最大的一个山间盆地。从空间配置关系来看，它们大致呈半个同心圆的结构形式，滇池倚于盆地内地势最低的部分，其北、东、南侧都为平坝环绕，再外侧又环绕低丘和山地，向盆地外缘地势逐级增高，层状地貌的形态颇为明显（杨一光、杨桂华，1985a）。

滇池为整个盆地内河流汇注的场所。汇入滇池的河流共20余条，其中，从北面来的有海源河、西白沙河、盘龙江；东北面来的有东白沙河、宝象河；东面来的有马料河、呈贡大河、洛龙河、梁王河；东南来的有柴河；南来的有昆阳大河，西南来的有古城大河等。整体看，这些河流大致成为一个向心式的水系，不过滇池西岸因湖身紧迫山地，无较大的入湖河流。入湖河流中以盘龙江最为重要。盘龙江的上源，一支为源出自嵩明梁王山黄龙潭的牧羊河，另一支为源于白邑村的冷水河，汇口以下称为盘龙江，从松华坝谷口进入“坝子”。盘龙江全长达108km，其积水面积约为850km^2，约占整个滇池流域总面积的30%，在入湖诸河中居于突出地位。其余如宝象河、柴河、昆阳大河、呈贡大河、西白沙河等流域面积也都在100km^2以上。滇池通过螳螂川（下游称普渡河）流入金沙江（杨一光、杨桂华，1985a）。

这些河流都发源于盆地周围的广大山地，在各河上游，河谷多为峡谷形态，比降较大，水流较急，进入滇池盆地之后多形成宽广的谷地，冲积平原发展，河床比降骤减，水流迂缓，堆积颇盛，河曲发达。如盘龙江自松华坝以下，即多曲流，在园通山以北的小菜园、马村一带，曲流也很发达。在冲积平原的两侧，河流阶地颇为发达，各河流的下游，三角洲都发育较好，滇池坝子地势最为低平的滨湖平原，即是由各河下游的三角洲相互连接而成。其中以盘龙江下游的三角洲面积最大。这些三角洲上，水系多作辐射状分流入湖。上述各河流构成的三角洲，彼此连接组成了滇池绝大部分的湖岸，滇池湖岸约90%属沉积砂岸。而只有西岸约占总长10%的湖岸属侵蚀崖岸，北起高峣，南到海口的范围，湖岸基本上都属崖岸，仅其间从灰湾到白鱼口一段为崖岸与山麓堆积或小冲积扇相间，并形成一些伸入湖中的岬角，如花猫嘴便是其一。海口以南至中邑村之间，古城河冲积平原与昆阳（晋宁）之间，也都有岬角伸向湖心。滇池东岸很少有侵蚀崖岸（杨一光、杨桂华，1985a）。

滇池北端有著名的海埂，为天然形成的离岸砂堤。昆明的海埂位于盘龙江三角洲的西南端，长约3.5km，作东西向延伸，其东端稍宽，与三角洲相连，西端伸入滇池，将滇池水面分割为北侧的草海和南侧的“外海”（即滇池主体），草海与外海之间自然沟通。草海的面积原约22km^2，20世纪60年代末，有“围海造田”之举，经过围湖填土，使草海水面仅存1/3。盘龙江和宝象河的三角洲，天然湖岸十分曲折，鸟足状三角洲伸向湖中，天然的湖湾则又为三角洲所包围而成为“内塘”，如五甲塘、金太塘、东西亮塘等，与草海或外海天然沟通（杨一光、杨桂华，1985a）。

5 地质形成及历史变迁

滇池属于断陷湖盆。滇池盆地地质构造较为复杂，岩层多样，并非单纯为软弱岩层分布的范围，而且也缺乏形成较深侵蚀盆地的外营力条件。盆地底部的老地层中，灰岩分布较多，包括石炭系和二叠系的灰岩及泥盆系和寒武系的一些灰岩，由于这些灰岩的分布，古夷平面上的岩溶地貌颇为发育，这是云南高原上最为常见的，一般属于岩溶高原面的形态，而盆地底部非可溶性岩类的分布也很广。盆地内部堆积的上第三系和第四系的湖沼和河流相的沉积层十分深厚，其厚度达数百米，这也为断陷构造成因提供了更为充实的证据。滇池盆地的东西两侧都有断层的发育，以西侧的断陷对于湖盆地貌发育的控制作用最为明显。这一盆地西侧的断层，为从北面的寻甸马街附近向南延伸的大断层的一部分，在滇池盆地的西侧，这一断层线北起海源寺，南到白鱼口，长达50km，它切过一连串的向斜与背斜交替的波状褶曲带。这一断层线西侧的山地、断崖、悬谷以及山边线颇为齐一的三角形山足面连续不断，形成一列高出现今滇池湖面达300～600m的山地，并构成了滇池颇为平直的西侧崖带（杨一光、杨桂华，1985b）。

滇池的产生和西山大断层息息相关。远在燕山运动时期就成为陆地。经燕山运动隆起、褶皱、断裂所形成的地貌雏形，又经后来长期夷平作用，达到准平原状态。老第三纪时老构造复活，地壳运动又趋强烈，此后又经历了长期的夷平作用。当中新世晚期到上新世时（相当于1200万年前左右），地壳又发生一次强烈运动，对我国影响很大，称为茅山运动。此时滇池区域，在老构造运动的基础上，产生西山长达数十千米的大断裂，对滇池形成有着决定性的影响。上新世以后的构造运动，对滇池的形成演变也起了不小的作用。云南是新构造运动强烈隆起的地区之一。自中新世、上新世以来，云南高原面上升不下2km。如果没有后期的构造运动，滇池就失去高原湖泊的性质。滇池附近河流普遍有三四级阶地和许多裂点，喀斯特洞穴也呈不同高度的成层分布（如花红洞地下暗河在最低一层发育），地震频繁，温泉众多，都说明了新构造运动是很强烈的。新构造运动总的趋势是上升，不过相对静止和相对下降还是有的。如滇池中第三纪、第四纪的沉积物厚达三四百米。滇池的形成就是这样长期经过内力以间隙性不等量上升、断裂、褶皱为主，外力以流水侵蚀沉积为主的内外营力相互斗争中，在形成过程和破坏过程的矛盾斗争中演变而来（杨一光、杨桂华，1985b；于希贤，1999）。

古滇池曾经是一个范围很广、湖水很深的大湖。现在在滇池附近百米以上的高地里，还可以找到古滇池所遗留下来的湖相堆积阶地和磨密蚀阶地，以及湖相化石等。今天的滇池和昆明市，全在昔日古滇池之底。滇池在地质历史上，古湖面曾达到高出现在湖面100m甚至曾经达到150m左右。古湖面曾经高出现今湖面的根据主要为在滇池盆地范围内，断续分布有海拔约2030～2060m的台地或丘岗，其顶部都颇为平坦。这一层次的台地和丘岗的顶面，在不同的地点切过下寒武系砂页岩层，震旦系的硅灰岩层和石灰二迭系的灰岩层等不同年代的地层和不同的地质构造，具有剥蚀面的性质。这一剥蚀面的分布，见于盆地边缘与山地（多为海拔2200m左右的山地）之间。这个剥蚀面的年代较为古老，其上有极为深厚的红色风化壳发育，这使得盆地边缘这一系列红色的台地和丘岗的分布颇为引人注目。它的形成，据推测可能为古滇池的磨蚀平台。滇池盆地范围以内，滇池周围广泛分布有湖相沉积，其分布高度，可以达到高出现今湖面达80～90m。这种湖积层以灰色、深灰色的黏土岩，粉砂岩为主，并夹有炭质黏土岩和褐煤，也有砂砾岩。一般认为其形成年代为上新世。盆地范围内的周围有一级海拔约为1950～1970m的低丘，其顶部平缓而分布颇为普遍，构成了盆地内的层状地貌的一个十分明显的层次。这一级地形的范围和高度，与古湖沼沉积的分布基本吻合。另有一些地点，分布着许多海拔约为1950～1970m的平顶的低丘，其形态和高程与上述的湖积台地相似，但是它们主要直接由老的岩层所构成，而顶部没有明显的湖沼或河流相沉积物覆盖层的存在，这些古老岩层的年代和岩性则各地不同，以滇池东侧及东南侧的呈贡和晋城之间，以及晋城以西与滇池之间，这一类低丘为数较多而最为引人注目。应当认为，这众多的低丘，其分布或较集中或较分散，它们都顶部平整而其高度也大致相同，处于同一个平面附近，这不可能出于偶然，显然是与当时滇池的水面所支配的剥蚀和营造作用有关。即长期保持的高出现在湖面100m左右的古湖面的支配之下，同时进行着堆积和剥蚀过程，在堆积了很厚的湖积层的同时，浪蚀作用对于崖岸及湖中的岛屿进行削平作用，现在所见到的这些岩石低丘实为磨蚀平台的残留部分，而湖积物所构成的低丘的分布，则当然是反映了当时湖泊的范围和湖积物堆积的范围。这一类岩石组成的低丘比较集中分布在滇池盆地的东南侧，则可能由于当时滇池这一带湖岸曾具有“沉降岸”的性质，是以崖岸为主，并有若干岛屿散布湖中。在高出现在湖面100m左右的古湖面以下，遗迹比较明显的滇池的另一古湖面，约高于现在滇池湖面将近10m。滇池湖岸的一些石灰岩崖10m左右有成形的洞穴保存，这一洞穴带的最初形成，当与浪蚀作用和以当时湖面为基准的溶蚀过程有关，显然说明当时湖面在高出现在将近10m的位置上维持了比较长的时间。汇入滇池的各主要河流，其河床在高出现在湖面将近10m以上的河段，河曲颇为发达，而约在这一高程以下，却不见河曲的发展，河岸较为平直地伸向滇池。这种现象，用暂时的基准面即滇池湖面的位置的变化来加以解释当然较为妥当，亦即滇池水面曾在高出现在水面近 10m 的位置上有较长期维持，这以后，经过一个较快的降落时期，当湖面作较快的下降时，各大河流的下游即沿着三角洲的斜面伸延。这一现象，在滇池东侧的盘龙江、宝象河、马料河、捞鱼河等都是存在的。如上所述，滇池在地质历史上曾经拥有比现在大得多的范围。在湖面高于现今湖面 100m 左右的时期，滇池面积曾达到 1000km^2 左右，约为现在湖面积的 3.5 倍；在湖面高于现今湖面近 10m 的时期，滇池的面积约近 600km^2，约为现在湖面积的近 2 倍。高出现湖面约 100m 的古湖面维持时间很长，主要是在上新世，而高出现在湖面近 10m 的古湖面的时期，应为新石器时代开始之前不久的晚更新世。在这个漫长的时期内，滇池发展的总趋势为湖泊的水体逐渐缩小，湖泊的面积逐渐收缩，湖泊的水位逐渐下降，湖深也随之逐渐变浅（杨一光、杨桂华，1985b；程致远、梁卓成、林瑞芬等，1990；于银亭、李培泉等，1996；项亮，1997；吴艳宏、吴瑞金、薛滨等，1998；于希贤，1999；周建民、田升平、夏学蕙等，2002）。

6 人为影响和滇池的历史地理

近年来，在滇池周围陆续发现的新石器时代的文化遗址较多，根据对这些遗址的研究，方国瑜推测当时的滇池水位在海拔 1888m 上下。这个高程较现在的滇池平均水位约高 3m，较高出现在湖面近 10m 的古湖面（推测它约为 1895m）约低 5m。方国瑜的推测主要根据是螺蛳壳堆这种人为遗址的分布。又据历史记载，战国晚期的滇池，为“池方三百里，旁平地，肥饶数十里”和“耕田有邑聚”的记载，那时滇池周围已有平坦肥沃的广阔的平原，村落散布其间，那么，湖面与湖滨平原兼具的基本格局早已存在，没有发生大变化。13 世纪中叶的滇池水位与新石器时代出入不大，其中，可以考证的 12 世纪后期的滇池水位约为 1889m，官渡新石器时代遗留的螺蛳堆的分布，说明当时地处滇池之滨，而在 12 世纪后期，这里仍然是滇池边上的一个重要渡口。8 世纪中到 12 世纪中叶，当时南诏国和后来的大理国所建立的拓东城和鄯阐城，它的城址较之其后的元代所建的中庆城和明代所建的云南府城的位置更为偏南，所处的地势也还更低一些。经过较为周密规划的拓东城，在这样的地点建立并维持数百年，说明当时滇池水位仍维持在海拔 1888 ~ 1889m，而不会更高。有的学者对滇池的水位估计得要高一些，从滇池的自然地理条件来看，在自然状态之下，滇池在汛期和枯水期间的水位季节变化是比较大的，在某些丰水年汛期内滇池水位在短期内达到甚至超过 1890m 还是可能的。所以，从新石器时代直到 12 世纪中叶，处于自然状态下的滇池水位，较长期稳定在 1888 ~ 1889m 之间的推测比较可信。其间由于气候的冷、暖、干、湿的波动而水位可能有所升降，但这一情况至少表明，约 1 万年的这样一段时间内，滇池的自然干缩过程并不是很明显的（杨一光、杨桂华，1985b；于希贤，1999）。

人为影响使滇池发生的变化远较滇池自然演变更为明显。13 世纪 70 年代的元代，曾有过大规模降低滇池水位的工程；挖深滇池出口的海口到石龙坝（循环裂点）的河段约达 3m，使湖水大量排放，湖面水位显著下跌。这以后，明代和清代在滇池一带进行的水利工程比较多，据记载，直接疏浚海口河宣泄湖水的大工程，明代为 6 次，清代为 8 次。清道光十六年（1836 年），在海口修筑屡丰闸，以闸代坝，可以启闭，当时主要用途是以后的岁修和调节流量。至此，这个面积达数百平方千米的湖泊的惟一出水口，就开始处于人为调控之下。对滇池水位作人为调节，疏浚出口以降低水位，始于元代，而明、清两代疏浚工程相当频繁，有自然方面的原因，也有社会方面的原因。自然方面的原因主要为唐宋以后，元、明、清代滇池周围一带气候较为多雨而冷湿，入湖水量较多而蒸发量较少，滇池水位常常是比较高的，达到 1888m 左右。汛期湖水上涨，仍然弥漫无际，淹没环湖农田，而且盘龙江等河道，由于湖水的顶托，宣泄不畅，加上河床泥沙的自然淤积，以致常生水患，直接威胁昆明城。昆明城的位置，在元、明两代都逐渐向高处迁移，对滇池出口一再加以疏浚以求降低水位，但终不能一劳永逸。若干年后，由于海口河床的自然淤积，又需再疏浚。除了气候的多雨冷湿之外，湖底的自然淤填过程一直在进行，在一定的水量平衡之下，淤填过程也将引起湖面的上升。历史上疏浚滇池出口的目的，主要是防止水患，而不在于涸湖造田。由于元代以来多次疏通海口河的结果，湖面有所下降，出露农田据估计在 10×10^4 亩以上，这些农田主要分布在湖滨的三角洲地带。由于地势平缓，湖面有所下降，湖岸就后退很远。随着人口的增殖，湖滨农田的开辟，疏浚海口就成了保护这些农田所必须经常进行的措施。进入18世纪初以来，本区气候脱离了湿冷时期而进入干暖时期，滇池水位又逐渐有所下降，19世纪滇池水面收缩到与现在相似的状况（杨一光、杨桂华，1985b；于希贤，1999）。

7 气候环境

滇池具有“四季如春”和“干湿季分明”的云南高原中部的典型气候特征。

“干湿季分明”强有力地制约本区生态环境特点之一的水分条件，存在着明显的季节性悬殊。干季包括每年的11月到翌年4～5月的时期，持续长达半年以上，这时本区的上空经常为来自西南亚内陆干燥而温暖的西风所控制；湿季包括每年5～6月至10月的时期，持续亦将近半年。在干季时期内控制本区上空的西风为热带大陆气团（TC），禀性干暖，使这时期内本地区经常晴朗和干燥，湿季盛行的东南和西南暖气流，属于赤道气团和热带海洋气团（Tm），水汽含量很丰富，在其影响下形成了多阴雨天气、降水充足的时期。这两类气团的物理性质差别很大，所以，两大季节的盛行风向虽然并无截然的转换，气候的季节差异却很明显，而且干、湿季之间的转换通常都很急骤，使两者之间的对比显得更为鲜明。干季的平均降水量仅为年降水量的10%～20%，而其余的80%～90%都集中在雨季（杨一光、杨桂华，1985a）。

“四季如春”，是对滇池一带气温特点的形象概括。这里年平均温近15℃，而年温差颇小，不过12℃左右，夏无酷暑，冬无严寒，终年舒适宜人。滇池地域一年中干、湿、冷、暖的变化虽然和缓，仍然有明显的季节差异。一年中气温最低的12月及翌年1～2月多为日丽风和的天气，最冷月的均温仍在8℃左右。不过，当北方强冷空气流侵入时，气温骤降，阴冷雨雪的天气可持续数日，最低气温曾有降至-8℃左右的记录。通常进入2月气温即见回升，自2月中旬气温节节升高日趋暖热，一直到4月底以至5月上、中旬，出现一年中的最高气温。这段时间内，经常晴朗少云，干燥多风，日射强烈，昼夜温差大，蒸发力强和降水稀少，这是本区春季的特点。6、7、8月的各月平均气温与5月大致相平，只略有升降，月年均最高常为7月，都不超过20℃。滇池一带因深处云南高原腹地，一般要在5月下旬才进入雨季。一旦雨季开始，雨量骤然增加，6、7、8月为雨量最多的时期，6月份平均雨量高出5月1倍以上，这3个月的每月雨量，常达150～200mm，超过整个干季的累计雨量，而这3个月的累计雨量，约占年总雨量的60%，每月平均雨日在20天左右，3个月共占全年雨日总数的将近一半。雨量充足，阴雨日数多，气温不高，使这个时期成为多雨、湿润和凉爽的独特夏季。每年到了9月，雨量已渐为减少而气温的下降也渐为明显，每年的9～10月仍然多雨但更为凉爽。一般在10月下旬已进入干季，西来的干暖气团已控制本区上空，天气湿润晴爽，为一个美好的季节。滇池周围各地的雨季开始时期在云南各地中属于偏迟，而各年雨季开始的迟早也不同，最早到5月上旬，最迟至6月中旬，雨季结束的早迟各年也有出入。此外，雨量的年际变化相当显著，据昆明的记录，年雨量最多达1302.8mm，最少仅为717.9mm。这对湖泊水文的影响亦不可低估。本地区气温的年际变化一般较小，不过往往在大气环流异常的情况下，出现罕见的天气，给人以深刻印象，如雨季开始特迟或雨量特别突出偏少，届时气温明显偏高，而雨季来临偏早，雨量较常年明显偏多，则“夏凉”也就更为突出。冬令时节各年的冷暖不同，这与各年北来冷空气的影响程度的差别又有很密切的关系（杨一光、杨桂华，1985a）。

8 湖泊水文地理

前已述及，滇池的入湖河流较多，它们都发源于同一高原山间盆地周围的群山之中，成为一个向心式的水系从各方汇入滇池。这些河流都从外到内依次穿过环湖的各个地貌层次，所以这些河流的河床纵剖面特点及河谷形态，相互都较为类似。滇池周围，包括整个滇池的流域范围之内，各地间气候的差别不甚明显，植被状况也相差不多。所以，总的来说，影响湖泊水文自然地理因素的特点颇为鲜明和单纯（杨一光、杨桂华，1985a）。

滇池流域土地面积为$25.58\times10^4hm^2$，总耕地面积$3.24\times10^4hm^2$；滇池流域现有松华坝、宝象河、大河、柴河、果林、横冲、松茂、双龙等大型水库1座、中型水库7座、小（一）型水库22座、小

（二）型水库79座，年蓄水量约$5\times10^8m^3$。位于昆明市上游的大（二）型水库——松华坝，年均径流量约$2\times10^8m^3$，每年可向昆明市供水约$1\times10^8m^3$。流域内还建有约160余座引、提水工程（引水流量在$0.3m^3/s$及其以上），年提（引）水约$3.5\times10^8m^3$，为农田用水和周边企事业单位用水。滇池流域现有耕地40 796hm^2，由于农业生产节水措施不完善，每年农业灌溉用水$1.4678\times10^8m^3$，耗水$0.888\times10^8m^3$。昆明市地区现有自来水厂6座，年供水能力（2～2.5）$\times10^8m^3$。全流域年需水量$9.658\times10^8m^3$，年供水量$8.59\times10^8m^3$，缺水量为$1.068\times10^8m^3$。

滇池流域多年平均径流深为187.9mm。加之水资源时空分布不均而人口集中，整个滇池普遍呈资源性缺水和水质性缺水状况。以2000年人口计，滇池流域人均占有水资源量仅213m^3，比1990年减少了约90m^3，仅占全省人均占有量的3.5%，处于全国极低水平。滇池流域每年需水量$8.59\times10^8m^3$，而水资源量仅有$5.4\times10^8m^3$，靠城市污水和农田回归水直接或间接排入滇池后多次循环使用来弥补。区域内水利工程较多，水资源开发利用程度较高，水资源经重复利用，利用率已高达159%，本区水量已不能满足区域经济社会发展，由此可见滇池流域产水量不丰富，水资源十分贫乏。

在流域的自然地理特点影响之下，由于干、湿季差别明显的气候条件，湖水的收入集中于雨季期内，这时有大量的径流和湖面降水进入湖内，其中，每年6～10月为河流丰水期，约占年径流总量的80%，而这个时期的降水量也占年降水量的80%左右。干季期内，入湖径流很少，降水稀少，但这时期的湖面蒸发却最为强烈，加以湖水从出水口继续外排，为持续达半年以上的支大于收的时期。在天然状态下，滇池水位的季节变化应当是比较大的，现今滇池的水位季节变化并不大，主要原因是滇池出口的湖水量已在人为调控之下，而且入湖的上游，已建成为数众多的中、小型水库，它们对径流量作季节性的调节作用也颇重要。工农业生产和生活用水量的增加，对湖泊水文有一定的影响，而且较为复杂，但都尚难以准确估计（杨一光、杨桂华，1985a）。

9 水环境状况

滇池位于昆明市西南面，是全国13个重点保护水系之一，属重碳酸盐型湖。由于滇池是昆明市区的主要水源，也是受纳生产、生活排泄“废水”的惟一水体，随着工农业生产的发展，城市规模的不断扩大，大量的城市污水及工农业废水排入滇池，促使水质变化，过去水草繁茂、清澈如镜的滇池已不复存在，取而代之的是浑浊灰暗，“水华”遍布的湖水。由于滇池水体富营养化程度的增加，使湖内水生生物大量减少和灭绝，湖体也变小、变浅。有关资料记载，2000年进入滇池的污水量$2.4\times10^8m^3$，其中生活污水$1.81\times10^8m^3$，占污水总量的75%。主要污染物为高锰酸盐（COD_{mn}）、总磷（T－P）、总氮（T－N）。2000年进入滇池的化学需氧量41 950t、总氮10 850t、总磷1320t。“九五”期间滇池草海及外海水质均为劣于V类，未达到保护目标要求。滇池水质污染导致严重的生态失衡，大量物种消亡，外海每年蓝藻水华爆发，造成生态环境恶化，影响了昆明的饮用水安全（吴泽宇、邱云生，2001；段泽华、龚涛，2002）。

根据1997年滇池湖体不同水区12个样点（草海中心、灰湾西、灰湾东、观音山西、观音山中、观音山东、白鱼口、海口西、断桥、西山中、西苑、滇池南）水质监测资料结果看，每个水区各指标的平均值与最大值之间相差都比较大，说明滇池水体的污染状况在一年中随季节波动较大，通常各指标的最大值大多出现在5～8月，也就是说，滇池水体在夏季污染最严重（郝晓蕾、杨常亮等，1998）。各项监测结果分析如下：

透明度。整个滇池水体水的透明度为0.18～0.80 m，以观音山西和白鱼口的透明度最高，其平均值为0.52m；海口西次之，其平均值为0.51m；草海中心的透明度最低，其平均值为0.35m，最小值为0.18m。

pH值为7.09～9.21。滇池水质在自然状态下略为偏碱性，pH值一般在8左右，但断桥水区由于受排污影响，水质多呈中性，其平均值为7.8。

溶解氧为0.43～12.56mg/L。断桥水区的溶解氧较低，平均值为2.40mg/L，小于国家水质标准规定的4mg/L，说明大多数水生生物已无法在其中生存，水质较差。

COD_{mn}为2.55～23.89mg/L，以西苑最高，其平均值为11.10mg/L，最大值23.89mg/L，超标5.97倍，草海中心次之，其平均值为10.72mg/L，最大值19.75mg/L，海口西 COD_{mn} 值最低，平均值为5.14mg/L。

BOD_5 为2.04～36.38mg/L，草海中心、灰湾东、断桥、西山中、西苑、滇池南超标，其中以断桥最高，平均值为19.28mg/L，超标2.2倍，草海中心次之，平均值为17.91mg/L，超标2.0倍，最大值36.38mg/L，超标5.06倍。其余各水区 BOD_5 正常，以海口西最低，其平均值为4.14mg/L。

氨氮为0.09～13.44mg/L，以断桥水区最高，平均值为7.43mg/L，最大值13.44mg/L，超标2.36倍，草海中心次之，平均值为1.57mg/L。

非离子氨为0.01～5.11mg/L，以断桥最高，平均值为0.71mg/L，超标2.6倍，最大值5.11mg/L，超标24.55倍，其次是草海中心和西苑，平均值分别为0.27mg/L和0.24mg/L。其余各水区均符合国家地面水标准。

有害物质指标挥发酚、氰化钠、砷、汞、六价铬、铅、镉、氟化钠均符合国家地面水标准，其中挥发酚、氰化钠的总检出率均低于10%，汞的检出率为2%，六价铬在各水区都未检出。

总磷为0.08～2.47mg/L，以断桥最高，其平均值为1.28mg/L，最大值为2.47mg/L，超标11.35倍，草海中心次之，其平均值为0.85mg/L，最大值为1.86mg/L，超标8.3倍。其余水区除观音山中、观音山东、白鱼口、海口西外均超标。

总氮为1.11～22.71mg/L，以断桥最高，其平均值12.6mg/L，最大值为22.71mg/L，超标10.36倍，其次是草海中心，其平均值为5.68mg/L，最大值为8.56mg/L，超标3.28倍。此外，灰湾西、灰湾东、西山中、西苑水区也超标。

根据滇池水体中存在的主要污染物，选用 BOD_5、非离子氨、氰化物、砷、铅、镉、氟化物、总磷等8种物质作为水质评价的参数，以我国地面水环境质量标准（GB3838－88）Ⅳ类（我国地面水的基本要求）作为评价标准，采用水质综合污染指数（WOI，Water Qullity Index）对1997年度滇池水体水质状况进行综合评价，评价结果见表4－1（郝晓蕾、杨常亮等，1998；孟裕芳，1999）。

表4－1 滇池1997年各水区水质评价结果

水区	水质综合污染指数	等级	评价
草海中心	2.32	6级	严重污染
灰湾西	0.71	4级	中污染
灰湾东	0.72	4级	中污染
观音山西	0.68	3级	轻污染
观音山中	0.64	3级	轻污染
观音山东	0.63	3级	轻污染
白鱼口	0.64	3级	轻污染
海口西	0.63	3级	轻污染
断桥	3.49	6级	严重污染
西山中	0.92	4级	中污染
西苑	1.77	5级	重污染
滇池南	0.69	3级	轻污染

从滇池各水区的评价结果可以看出，由于不同水区的污染源及流入水区的河流流量及纳污量大小较为悬殊，因此各水区污染程度差异也很大。污染最为严重的是草海中心和断桥水区，西苑水区次之。这3个水区位于滇池北部，靠近昆明市区，水区周围工厂、农田、居民密度大，其废水直接排入滇池，同时市区内的工厂废水、生活污水也通过大观河、盘龙江等河流排入滇池，使这3个水区的有毒物质明显高于其他水区，有机物质含量很高，富营养化程度严重，水质受到严重污染。其余9个水区位于滇池南部，远离市区，工厂废水和生活污水的量相对较少。此外，由于滇池南部湖面宽，湖水深，水

体稀释自净能力较强，因而水质属轻污染级和中污染级。

滇池污染治理工作已经进行了 20 多年，各级政府实施了 60 余个治理项目，投资了几十亿元人民币，但现在滇池污染总体上仍然呈恶化趋势。据中国科学院南京湖泊研究所在海埂的基地测量，2000 年 1 月滇池北部的水质透明度为 1.2m，两年后已下降到 0.4m。从滇池历年主要营养物含量及营养程度（表4－2）均可以看出滇池水质恶化仍在继续（强继红，2002；柘元蒙，2002；李益敏、彭永岸等，2003）。

表 4－2 滇池历年主要营养物含量及营养程度

年份	外海						草海					
	TN	氨－N	TP	COD_{mn}	BOD_5	DO	TN	氨－N	TP	COD_{mn}	BOD_5	DO
1982	0.19	0.16	0.088	7.02	3.22	7.59	1.34	1.29	0.24	11.33	10.07	6.04
1988	1.16	0.108	0.095	6.50	3.28	7.72	7.51	3.33	0.80	14.12	12.83	4.93
1990	1.14	0.10	0.11	7.91	4.13	8.00	8.70	0.63	0.50	18.25	20.32	5.00
1995	1.65	0.085	0.19	5.39	3.29	7.20	7.86	0.53	0.58	10.00	9.50	4.51
1996	1.80	0.17	0.19	6.42	3.67	7.70	5.10	0.91	0.61	9.52	14.54	7.50
1997	1.95	0.362	0.22	6.29	5.00	8.00	7.78	3.29	0.91	10.31	17.51	4.90
1998	1.96	0.36	0.29	6.10	6.03	8.23	7.56	3.62	0.55	7.51	13.43	6.10
1999	2.13	0.18	0.33	6.75	6.08	7.79	8.20	4.22	0.61	7.02	9.14	5.37
2000	1.98	0.26	0.28	6.71	5.47	8.98	11.89	6.21	1.00	12.50	15.38	6.11

滇池污染分为点源污染、面源污染与内源污染 3 个方面。滇池流域污染源负荷以点源为主，包括工业污染源和生活污染源。由表 4－3 看出，点发生源排入滇池的污水量虽然只占进入滇池总污水量的 32%，但 TN、TP、BOD 和 COD 的负荷量却分别占了滇池相应纳污总量的 68.6%、55.1%、90.1% 和 88.3%。可见，致使滇池有机污染和富营养化主要是由点发生源输入的结果（杨文龙、杜鹃等，1993；彭永岸、朱彤，2003）。

表 4－3 滇池外环境污染源主要污染物输出负荷

发生源	输送污水		TN		TP		BOD		COD	
	污水量（$\times 10^4$t/年）	占入湖总污水（%）	输入湖量（t/年）	占入湖总量（%）	输入湖量（t/年）	占入湖总量（%）	输入湖量（t/年）	占入湖总量（%）	输入湖量（t/年）	占入湖总量（%）
点发生源	13 533	32	3234	68.6	251.1	55.1	8253	90.1	18 438	88.3
非点发生源	28 100	68	1479	31.4	204.7	44.9	908	9.9	2 440	11.7
总量	41 633	100	4713	100	455.8	100	9161	100	20 878	100

滇池的面源污染最严重的是农村可利用固体废物和农田化肥流失产生的污染（戴丽、郭慧光等，2002）。由于滇池沿岸农业的科技含量不高，一部分农作物吸收不了的化肥进入滇池，再加之城乡结合部、滇池沿岸的农村生活垃圾、农作物秸秆、人畜粪便形成固体废弃物倒入滇池以及水土流失等因素，面源污染对滇池水污染的分担率每年都在增加（吴德玲、钱彪等，1992；潘学礼、李芸，2000）。

流域污染还有来自水体底部污泥的内源污染，这种污染是在水体还清以后，多年沉积在水体底部污泥中的污染物又会释放出来，再次污染水体。由于滇池水流缓慢，出水口在其西南部海口，而滇池重污水在北部，北部污水流到出水口需 3～4 年时间，如此缓慢的时间，使得大量有害物质沉积到湖底，再次污染滇池。滇池已有大量沉积物沉积到湖底，1998 年 5 月起，滇池草海经过近 1 年的疏挖，清除底泥约 $4.00\times10^6m^3$（安琪、李发荣，2002），并占用大片土地来堆放挖出的底泥，附近村民将它晒干后做燃料使用（杨健强，2001；张体伟，2001）。

10 生物多样性的特点及其变迁

10.1 水生植物

10.1.1 水生植物的种类组成及其变化

历年来对滇池水生维管束植物的调查表明（黎尚豪、俞敏娟等，1963；李恒，1980；曲仲湘、李恒，1983；李恒，1985a；余国营、刘永定等，2000），20 世纪 50 年代滇池有水生维管束植物 28 科 37 属 46 种；70 年代有 22 科 26 属 33 种；90 年代有 12 科 18 属 22 种。有资料记录的种类如表 4－4。

表 4－4 滇池维管束植物

科 名	名 称	1957 年	1977 年	1997 年	生活型
苹科 Marsileaceae	田字苹 *Marsilea quadrifolia*	+	+		浮叶
	槐叶苹 *Salvinia natans*	+	+	+	飘浮
满江红科 Azollaceae	满江红 *Azolla imbricata*	+	+	+	飘浮
水蕨科 Ceratopteridaceae	水蕨 *Ceratophyllum demersum*	+			沉水
毛茛科 Rununculaceae	水毛茛 *Batrachium bungei*	+			沉水
	石龙芮 *Ranunculus sceleratus*	+	+		挺水
金鱼藻科 Ceratophyllaceae	金鱼藻 *Ceratophyllum demersum*	+		+	沉水
睡莲科 Nymphacaceae	莲 *Nelumbo rucifera*	+	+		挺水栽培
蓼科 Polygonaceae	两栖蓼 *Polygonum amphybium*	+	+	+	浮叶
小二仙草科 Haloragidaceae	狐尾藻 *Myriophyllum spicatum*	+	+	+	沉水
	轮叶狐尾藻 *Myriophyllum verticillatum*	+	+		沉水
苋科 Amarunthaceae	水花生 *Atternanthera philoxeroides*	+	+	+	挺水归化
菱科 Trapaceae	野菱 *Trapa natans*	+		+	浮叶栽培
凤仙花科 Balsaminaceae	水凤仙 *Impatiens uliginosa*	+	+		湿生
千屈菜科 Lythraceae	圆叶节节菜 *Rotala rotundifolia*	+			湿生
伞形科 Umbelliferae	水芹 *Oenanthe javanica*			+	湿生浮岛
睡菜科 Menyanthaceae	荇菜 *Nymphoides peltata*	+	+		浮叶
	睡菜 *Menyanthes trifoliata*	+			湿生浮岛
玄参科 Scrophulariaceae	石龙尾 *Limnophylla sessiliflora*	+	+		沉水鱼塘
	水苦荬 *Veronica anagalis－aquatica*		+		挺水湖沟
狸藻科 Lentibulariaceae	黄花狸藻 *Utricularia aurea*	+			沉水
水鳖科 Hydrocharitaceae	水筛 *Blyxa* sp.	+			沉水
	黑藻 *Hydrilla verticillata*	+	+	+	沉水
	水膏药 *Hydrocharis dubia*	+	+		浮叶
	海菜花 *Ottelia acuminata*	+			沉水
	苦菜 *Vallisneria gigantea*	+	+	+	沉水
眼子菜科 Potamogetonaceae	菹草 *Potamogeton crispus*	+	+	+	沉水
	亮叶眼子菜 *P. lucens*	+	+		沉水
	微齿眼子菜 *P. maackianus*	+		+	沉水
	马来眼子菜 *P. malainus*	+	+	+	沉水
	红线草 *P. pectinatus*	+	+	+	沉水

（续）

科 名	名 称	1957 年	1977 年	1997 年	生活型
	丝草 *Potamogeton pusilus*	+	+		沉水
	鸭子草 *Potamogeton tepperi*	+	+		浮叶
	穿叶眼子菜 *Potamogeton perfoliatus*	+	+	+	沉水
茨藻科 Najadaceae	大茨藻 *Najas marina*	+	+	+	沉水
	水茨藻 *Najas minor*	+			沉水
谷精草科 Eriocaulaceae	滇谷精草 *Eriocaulon schochianum*	+			湿生
雨久花科 Pontederiaceae	水葫芦 *Eichhornia crassipes*	+	+	+	飘浮归化
菖蒲科	菖蒲 *Acorus calamus*	+	+		挺水
浮萍科 Lemnaceae	浮萍 *Lemna minor*	+	+	+	飘浮
	紫萍 *Spirodela polyrhiza*	+	+		飘浮
灯心草科 Juncaceae	水灯心草 *Juncus bufolius*	+			湿生
莎草科 Cyperaceae	碎米莎草 *Cyperus iria*	+			湿生
	水葱 *Scirpus validus*	+	+		挺水
禾本科 Poaceae	芦苇 *Phragmitis communis*	+	+	+	挺水
	菰（茭草）*Zizania caduciflora*	+	+	+	挺水
	双穗雀稗 *Paspolum paspaloides*			+	湿生杂草
	稗 *Echinochloa crusgalli*			+	湿生杂草

从表 4－4 可以看出历年滇池水生植物的一些变化特征（李恒，1985a，1985b；赵晟、吴学灿等，1999；余国营、刘永定等，2000）：

部分水生植物区系成分灭绝：据 20 世纪 50 年代观察，滇池至少有脆轮藻 *Chara fragilis* 等 8 种轮藻科植物，至 70 年代末，在湖体中全然不见；蕨类植物中的水蕨 *Ceratopteris thalictroides*，被子植物中的水毛茛 *Batrachium bungei*、睡菜 *Menyanthus trifoliata*、微齿眼子菜 *Potamogeton maackianus*、马来眼子菜 *Potamogeton malainus*、亮叶眼子菜 *Potamogeton lucens* 等近 20 余年来都不能在滇池生长。举世闻名的海菜花 *Ottelia acuminata*，曾长期形成繁茂的海菜花群落，铺满草海。虽然在云贵高原不少湖、潭中仍可看到成片的海菜花，80 年代以来，多已渺无迹影。

植物居群的密度下降：湖泊区系所固有的沉水植物，目前在滇池普遍存在的仅有狐尾草 *Myriophyllum spicatum*、菹草 *Potamogeton crispus*、苦草 *Vallisneria gigantea*、红线草 *Potamogeton pectinatus* 等少数几种水草，在滇池的过去或其他自然条件相近的水体中，狐尾草、菹草常保持每平方米 3～5 丛的水平，可形成 80% 以上的盖度，苦草多为深水（2～4m）中的单优或单种群落，盖度可达 90%，但在滇池的广大植被地带，这些水草都非常稀疏，居群盖度均在 60% 以下，通常每平方米仅有狐尾草或菹草 1～2 丛，而且分枝不多，红线草虽属广生态幅植物，可在水质条件较差的浅水中出现，为数也非常有限，特别是草海部分，原来是百草繁茂的沼泽化水域，70 年代末水草种类大量减少，居群疏落，当前，几乎全境成了不毛之地的荒芜水体。这意味着滇池不但水草种类大量减少，生物产量也大大下降。

一些外来植物迅速发展：原产巴西的挺水植物（也是湿生植物）水花生 *Atternanthera philoxeroides*，50 年代引入云南，现已归化，在滇池的一些污水河沟和浅水湖滨成了生活力旺盛的新兴水生植物群落，有的在人工清除下仍能不断蔓延。南美原产的水葫芦 *Eichhornia crassipes* 在一些风浪不大的湖湾也以强劲的飘浮群落出现。此外，滇池原有的种类，如荇菜 *Nymphoides peltata*，人工栽培的茭草 *Zizania caduciflora* 等仍能正常生长。

耐污能力强的植物得到大发展：在水生植物物种逐步衰退，分布面积日益缩小的同时，某些耐污能力强的物种得到了相应的大发展。如水葫芦、水花生、红线草等原来均不占优势的物种均形成单优势群落，其生物量、分布面积及频度均占绝对优势，且发展势头迅猛，如不及时控制将有布满全湖的

可能。能够生存在污染生态环境中的植物必然是生存竞争中的强者。作为水生植物，其生存的秘诀之一就是能把水中的毒物吸收并储存于体内，而且不妨碍或者促进自己的生长发育，如狐尾草富集氟的量为水体含氟量的217.9倍；水葫芦对砷有量大的富集能力，竟达水体砷量的34 482倍，其富集的铬为水体中的2248倍，镉为1571倍，茭草也能富集大量的砷和氟。作为初级生产者，这些富集能力强的水生植物有的是猪饲料（水葫芦），有的是蔬菜（茭草），有的是鱼饵（红线草等）。它们往往直接或间接地把污染水体中的毒物转移到人体，这是另一个值得注意的问题。

浮游植物异常增殖，蓝藻水华大面积发生：1988年以前，滇池草海的叶绿素含量为12.24mg/m^3，细胞数量达1643×10^{4}个/L；滇池外海的叶绿素含量为6.16mg/m^3，细胞数量为834×10^{4}个/L。10年之后滇池草海的叶绿素含量和细胞数量分别增加了11.34和12.83倍，滇池外海的叶绿素含量和细胞数量增加更多，分别增加了17.9倍和35.53倍。

10.1.2 水生植物群落的分布及其演替动态

将滇池20世纪50年代到80年代的资料进行对比（黎尚豪、俞敏娟等，1963；曲仲湘、李恒，1983）（表4-5、表4-6）。不难看到，在半个世纪中，滇池水生植被的分布及群落演替发生了巨大变化，其主要变化特征可归纳如下（李恒，1980；赵晟、吴学灿、夏峰，1999；余国营、刘永定等，2000）。

水生植物群落面积大为减少：滇池近百年来已处于“老年型”湖泊状况，20世纪70年代以前，湖水清澈见底，湖底水草丰富，覆盖度达100%，外海平均透明度2m以上，水草种类多样，覆盖度约90%。但70年代中期以后，随着人为活动的加剧，湖水日益富营养化，湖泊水质迅速发生变化，导致部分物种消失，群落结构简化，分布深度逐步变浅。到90年代，水生植被面积占全湖面积的1.8%，而且其分布在草海和外海也极不均衡，草海中水生植被分布面积较大，在60%以上；外海内水生植被较少，主要分布在沿岸带，覆盖面积占不到外海面积的1%。

水生植被的群落结构简化，多为单优群落，伴生种类极少：滇池的挺水植物群落所占面积较小，约占水生植被总面积的2%，分布较广的是喜旱莲子草 *Atternanthera philoxeroides* 群落，在草海和外海分布较均匀，多生长于岸边或扎根于水葫芦形成的浮岛上，呈飘浮状。芦苇 *Phragmitis communis* 和菰 *Zizania caduciflora* 多分布在湖湾处，面积不大。

表4-5 滇池草海水生植物群落主要组成和演替动态

群落类型	1950s	1960s	1970s	1980s	1990s
挺水植物群落					
芦苇 *Phragmitis communis* 群落	Y (1.1)	Y (1.2)	Y (0.2)	Y	Y
茭草 *Zizania caduciflora* 群落	Y (1.1)	Y (1.1)	Y (0.3)	Y	Y
水葱 *Scirpus validus* 群落	Y (1.7)	Y (1.2)	Y (0.1)		
菖蒲 *Acorus calamus* 群落	Y (1.1)	Y (0.1)	Y (0.01)		
稗 *Echinochloa crusgalli* 群落	Y (1.1)	Y (0.6)	Y (0.01)		
漂浮植物群落					
浮萍 *Lemna minor* 群落	Y (1.1)	Y (0.4)	Y (0.004)	Y (0.001)	
满江红 *Azolla imbricata* 群落			Y (0.2)	Y (0.001)	Y (0.01)
水葫芦 *Eichhornia crassipes* 群落			Y (1.2)	Y (18.6)	Y (57.6)
浮叶植物群落					
荇菜 *Nymphoides peltata* 群落	Y (4.3)	Y (1)	Y (0.02)		
沉水植物群落					
海菜花 *Ottelia acuminata* 群落	Y (40.4)	Y (46.9)			
苦草 *Vallisneria gigantea* 群落	Y (14.2)	Y (19.4)	Y (6.9)		
轮藻 *Chara vulgaris* 群落	Y (17.1)	Y (16.2)			

（续）

群落类型	1950s	1960s	1970s	1980s	1990s
金鱼藻 *Ceratophyllum demersum* 群落	Y（2.8）	Y（2.5）	Y（0.02）		
狐尾藻 *Myriophyllum spicatum* 群落	Y（9.1）	Y（14.1）	Y（2.1）	Y（1.4）	Y（14.1）
马来眼子菜 *Potamogeton malainus* 群落		Y（7.1）	Y（3.4）		
微齿眼子菜 *Potamogeton maackianus* 群落	Y（3.4）	Y（4.8）	Y（3.5）		
红线草 *Potamogeton pectinatus* 群落			Y（10.4）	Y（10.1）	Y（15.3）
菹草 *Potamogeton crispus* 群落	Y（1.1）	Y（2.5）	Y（1.39）	Y（0.01）	

注：Y 表示存在，括号内的数值为该群落占水生植被总分布面积的百分数。

滇池的飘浮植物群落所占面积较大，约占全湖水生植被面积的70%，尤其是草海，水葫芦形成单优群落，覆盖了大半个草海，也带来了一系列不良影响，外海也有大面积分布，主要集中在海埂、海口、白鱼门、观音山等河口和湖湾处。满江红 *Azolla imbricata* 群落也有一定的覆盖面积。

滇池的根生浮叶植物群落极少，目前发现的仅有菱 *Trapa bicornis* 的零星分布，尚未形成群落的规模。

滇池沉水植物群落严重退化。现分布最广的沉水植物是红线草、狐尾草和苦草。红线草已形成单优群落，草海和外海均有分布，狐尾草和苦草群落仅在外海观察到，且分布面积较小。

表4-6 滇池外海水生植物群落主要组成和演替动态

群落类型	1950s	1960s	1970s	1980s	1990s
挺水植物群落					
芦苇 *Phraqmitis communis* 群落	Y（1.1）	Y（1.2）			
茭草 *Zizania caduciflora* 群落	Y（1.1）	Y（1.1）			
水葱 *Scirpus validus* 群落	Y（1.7）	Y（1.2）			
菖蒲 *Acorus calamus* 群落	Y（1.1）	Y（0.1）			
稗 *Echinochloa crusgalli* 群落	Y（1.1）	Y（0.6）			
漂浮植物群落					
浮萍 *Lemna minor* 群落	Y（1.1）	Y（0.4）			
满江红 *Azolla imbricata* 群落			Y（0.02）	Y（0.001）	Y（0.1）
水葫芦 *Eichhornia crassipes* 群落			Y（1.2）	Y（18.6）	Y（94.6）
浮叶植物群落					
莕菜 *Nymphoides peltata* 群落	Y（4.3）	Y（1）			
沉水植物群落					
海菜花 *Ottelia acuminata* 群落	Y（40.4）	Y（46.9）			
苦草 *Vallisneria gigantea* 群落	Y（14.2）	Y（19.4）	Y（6.9）		
轮藻 *Chara vulgaris* 群落	Y（17.1）	Y（16.2）			
金鱼藻 *Ceratophyllum demersum* 群落	Y（2.8）	Y（2.5）			
狐尾藻 *Myriophyllum spicatum* 群落	Y（9.1）	Y（14.1）	Y（2.0）	Y（1.4）	
马来眼子菜 *Potamogeton malainus* 群落		Y（7.1）	Y（4.1）		
微齿眼子菜 *Potamogeton maackianus* 群落	Y（3.4）	Y（4.8）	Y（3.5）		
红线草 *Potamogeton pectinatus* 群落			Y（10.4）	Y（10.1）	Y（5.3）
菹草 *Potamogeton crispus* 群落	Y（1.1）	Y（2.5）	Y（1.39）	Y（0.01）	

注：Y 表示存在，括号内的数值为该群落占水生植被总分布面积的百分数。

群落多样性降低：据记载，20世纪50年代滇池的水生植物群落类型多样，有轮藻 *Chara fragilis* 群落，海菜花 *Ottelia acuminata* 群落、苦草 *Vallisneria gigantea* 群落、狐尾藻 *Myriophyllum spicatum* 群落、

马来眼子菜 *Potamogeton malainus* 群落、菖蒲 *Acorus calamus* 群落、水葱 *Scirpus validus* 群落、稗 *Echinochloa crusgalli* 群落、芦苇 *Phragmitis communis* 群落、菹草 + 狐尾藻 + 黑藻 + 金鱼藻 + 狸 *Potamogeton crispus* + *Myriophyllum spicatum* + *Ceratophyllum demersum* + *Utricularia aurea* 群落、双稗雀稗 + 荇菜 *Paspalum distichum* + *Nymphoides peltata* 群落、菖蒲 + 两栖蓼 *Acorus calamus* + *Polygonum amphybium* 群落、水葱 + 沼针蔺 *Scirpus validus* + *Eleocharis acicularis* 群落、茭草群落、满江红 + 浮萍 + 槐叶萍 *Azolla imbricata* + *Lemna minor* + *Salvinia natans* 等主要群落类型。70 年代后，海菜花群落消失，随之轮藻群落消失，菖蒲群落、水葱群落因围垦与湖岸修砌也相继消失；苦草群落、马来眼子菜群落、菹草 + 狐尾藻群落也逐步消失；而耐污的红线草 *Potamogeton pectinatus* 群落有所发展，水葫芦 *Eichhornia crassipes* 群落逐渐成为优势种。到了 90 年代，滇池草海中的沉水植物只剩下局部分布的红线草群落；飘浮植物水葫芦已成为绝对优势群落，生物量极大，喜旱莲子草 *Atternanthera philoixoides*、蓼 *Polygonum hydropiper*、水芹 *Oenanthe javanica*、满江红、浮萍 *Lemna minor* 等零星地分布于水葫芦群落内。外海中水生植物群落消失的速度缓于草海，目前尚存在狐尾藻、苦草、各种眼子菜 *Potamogeton* spp. 等组成的种类较为复杂的群落类型。

水生植物群落的自然演替规律完全被破坏：滇池东岸由于湖岸平缓，人为干扰较大，水生植物分布很少，沉水植被分布多集中在西岸的湖湾处，如观音山、白渔口、海口、昆阳等处。不同生活型的植物都仅分布在沿岸带浅水处，见不到自岸边至湖心由挺水植物、飘浮植物、浮叶植物和沉水植物递次分布的层次或生活型带。据资料记录，20 世纪 50 年代滇池西岸（西山）的演替顺序是：菹草 *Potamogeton crispus* 群落→狐尾藻 *Myriophyllum spicatum* 群落→红线草 *Potamogeton pectinatus* 群落→满江红 *Azolla imbricata* 群落→紫背萍 *Spirodera polyrhiza* 群落→槐叶萍 *Salvinia natans* 群落→菖蒲 *Acorus calamus* 群落→两栖蓼 *Polygonum amphybium* 群落，由于物源较少（指流域地表径流所带的泥沙），又被西山所隔，沿岸带大型挺水植物不发达；现在（灰弯）的演替顺序是苦草群落→大茨藻 *Najas marina* 群落→狐尾藻 *Myriophyllum spicatum* 群落→水葫芦 *Eichhornia crassipes* 群落→满江红 *Azolla imbricata* 群落。50 年代滇池东岸的演替顺序是：马来眼子菜群落→海菜花 *Ottelia acuminata* 群落→芦苇 *Phragmitis communis* 群落，芦苇群落在东岸占有很重要的地位。现存的植物群落已处于濒临灭绝的状态。

10.1.3 水生植物与水生生态环境的相互关系

滇池水生植被的演替过程和该过程中滇池水体水质变化的比较（表 4－7），可知滇池水生植被的变化在很大程度上决定于滇池水质的变化，二者有很显著的相关性（李恒，1985a；赵晟、吴学灿、夏峰，1999；余国营、刘永定等，2000）。

溶解氧的减少限制了植物的呼吸作用：滇池接纳了皮革、造纸、印染、木材加工等企业的有机性污水和昆明全市的生活污水，大量耗氧物质进入水体，消耗了水中的溶解氧，造成了水中的缺氧状态。1958 年滇池中溶解氧均在 7mg/L 以上，1970～1975 年草海部分已有 16% 的水样降至 4mg/L 以下，最低不到 1mg/L，1980 年以来，草海的溶解氧又继续下降，造成了缺氧状态，直接限制了植物呼吸作用的进行，严重地段可使植物（特别是沉水植物）窒息死亡。

湖水浑浊妨碍光合作用的进行：湖水的清浊一般以透明度来衡量，透明度大小又是水体吸收太阳光能多少的标志，沉水植物是靠水体吸收太阳光能来进行光合作用。滇池，特别是草海部分，由于随生产、生活废水进入的耗氧物质长期在水中悬浮，日益增加的煤灰、尘沙等无机物质的倾入，加上湖泊浮游生物数量的激增，水体日益浑浊，50 年代草海最大透明度在 2m 以上（水深仅 2m，见底），1977 年 4 月底观测透明度在 40～60cm 之间，1983 年 4 月观测透明度只有 20～40cm。由于光能不足，水草纷纷向浅水湖滨带迁移，使滇池水深 1.5～2m 以上的地方没有水草，是全湖植被面积大大缩小的重要生态因素。同时，水中悬浮物易附着在沉水植物的叶片上，产生的遮蔽作用对水生植被隐退的影响也很大（Sand－Jensen & Borum，1984）。

表 4－7 50 年来滇池水体水质变化趋势*

水质指标	区域	1960 年以前	1970～1978 年	1978～1988 年	1988～1997 年
溶解氧（mg/L）	草海	7.8	5.6～0.22	4.4～1.88	1.9～1.64
	外海	7.8	7.6	7.4	4.8～0.71
透明度（m）	草海	2～4	0.6～0.23	0.4～0.12	0.2～0.14
	外海	2～4	2～0.35	1.6～0.21	1.4～0.68
TN（mg/L）	草海	0.46	0.78	2.06～0.58	7.14～2.44
	外海	0.46	0.34～0.06	0.87～0.51	1.2～0.62
TP（mg/L）	草海	0.13	0.3～0.11	0.37～0.05	0.58～0.14
	外海	0.13	0.13～0.05	0.14～0.07	0.18～0.16
Pb（mg/L）	草海		0	0.06	0.16～0.03
	外海		0	0	0
Cd（mg/L）	草海		0	0.08～0.04	0.02～0.01
	外海		0	0	0
As（mg/L）	草海		0.02～0.01	0.08～0.02	0.04～0.02
	外海		0	0	0
Chla（mg/m^3）	草海			12.24～3.66	138.9～82.3
	外海			6.16～0.83	110.4～31.3
细胞数量（$\times 10^4$ 个/L）	草海			1643～256	21082～3233
	外海			834～148	29633～4348

* 1988 年以前资料由昆明市环境监测站提供。

湖泊富营养化程度增加，为一些耐污的挺水植物和飘浮植物的生长繁殖创造了有利条件：滇池在自然发展过程中，早已进入了富营养化阶段，近期污染更加剧了这一过程。有些挺水植物或飘浮植物（茭草、水葫芦、荇菜等）本身有富集有毒物质的功能，其光合作用和呼吸作用在大气中进行，不受水体缺氧、浑浊的限制，根系可以利用水土中肥力，因而获得了比沉水植物优越得多的生活条件。水葫芦、荇菜草鱼都不吃，在自然条件适宜（水浅，流速小的湖湾）的地方，它们得到了空前的繁盛，茭草也就成了农民乐于经营的水生栽培植物。此外，富营养化水体浮游植物生产力提高，养分循环加快，湖泊沉积物稳定性下降，不利于沉水植物扎根，厌氧菌及化能合成菌的代谢产物（有机酸和碳化物等）对水草根系有毒害作用，同时也影响沉水植物的种子萌芽。

有毒污染物对滇池水生植被演替的直接影响不可低估：滇池接纳的污水种类多，成分复杂。据调查，主要的污染物除 N、P 有机物外，还包括 F、Cd、As、Pb、Cu、Zn 等无机毒物，它们严重干扰植物必需组分的合成和生理代谢过程，从而影响植物正常的生长发育过程（Phillipes，1978；林德辉、李存信等，1983；孙赛初、王焕校等，1985；杨红玉、王焕校，1985）。

草鱼放养量过大，直接导致许多饵料植物的减少和灭绝：滇池原有的海菜花、黑藻 *Hydrilla verticillata*、轮藻 *Chara fragilis*、苦草等沉水植物都是草鱼喜食的水草。1957 年起，水产部门开始向滇池投放草鱼，生物群落结构受到严重的破坏。在上述诸因素的影响下，滇池水草产量本已不高，又加上草鱼的浩劫，供求关系全然失调。一些种类如海菜花、微齿眼子菜等迅速在滇池灭绝，留下的几乎都是草鱼忌食或厌食的植物（如狐尾藻、水葫芦等），大海部分污染并不严重的地段成了水草不毛之域，与草鱼的放养有直接关系。

10.2 浮游生物

10.2.1 藻类植物种类及变化

藻类植物是一类种类多、分布广的低等植物，是水体中最重要的初级生产者，它们不仅是水中氧气的供给者，而且是浮游动物、虾类、鱼类的适宜食物。化学分析表明，藻类植物中的蛋白质、脂肪、灰分的含量几乎与好的牧草一样。并且由于其细胞壁较薄（有些鞭毛藻类根本就没有细胞壁），细胞又易破碎成柔软的碎片，极易被水生动物消化吸收，因此，对于水生动物是一种胜于肉眼可见的水生维管束植物的优质饵料。藻类植物的种类、数量及分布状况直接影响着水产养殖业的发展，同时指示着水体污染和富营养化状态。

（1）种类组成及特点　根据钱澄宇等 1982～1983 年对滇池浮游藻类的调查研究，计有 205 个种及变种，隶属于 8 门 21 目 39 科 81 属。其中，绿藻门的属种最多，达 32 属 90 种，占全湖总种数的 43.7%；其次为硅藻门，有 19 属 48 种，占 23.4%；再次为蓝藻门，有 19 属 45 种，占 21.5%。这 3 门藻类共计 70 属 183 种，占 88.6%。其余 5 个门，则种数较少。裸藻门 4 属 11 种，占 5.4%；甲藻门 4 属 7 种，占 3.4%；金藻门 1 属 2 种，占 1%；隐藻门、黄藻门各为 1 属 1 种，各占 0.5%（钱澄宇、邓新晏等，1985）。它们的种类组成有如下一些特点：

在 205 个种及变种藻类中，绝大多数为湖泊中的浮游种类和近岸种类，仅少数例外。如纤细桥弯藻 *Cymbella gracis* 和近线形菱形藻 *Nitzschia sublinearis* 为山溪种类；线形双菱藻 *Surirella linearis* 具有地方特点，其藻体细胞（长 145～172μm，宽 32.5～40μm）较其他产地的同种大得多（长 20～125μm，宽 9～25μm）。

浮游藻类中，绿藻门、硅藻门、蓝藻门在种类及数量上均占优势。尤其突出的是绿球藻目的种类多达 19 属 66 种，占绿藻门种数的 73%，占全湖浮游藻类总种数的 1/3；滇池中浮游藻类主要类群为栅藻属 *Scenedesmus*、盘星藻属 *Pediastrum*、直链藻属 *Melosira*、微囊藻属 *Microcystis*、双菱藻属 *Surirella* 等。其中，富营养湖泊的指示种颗粒直链藻 *Melosira granulata*、端毛双菱藻 *Surirella capronii*、单角盘星藻具孔变种 *Pediastrum simplex* var. *duodenarium*、小颤藻 *Oscillatoria tenuis*、单角盘星藻 *Pediastrum simplex*、二角盘星藻具孔变种 *Pediastrum duptex* var. *clathratum*、短棘盘星藻 *Pediastrum borynum*、四尾栅藻 *Scenedesmus guadricauda*、意大利直链藻 *Melosira italica*、线形菱形藻 *Nitzschia linearis*、线形双菱藻 *Surirella linearis*、铜绿微囊藻 *Microcystis aeruginosa* 及葡萄藻 *Botryococus braunii* 等不仅分布广，而且目测数量较大，是滇池中的主要种类。

滇池中的蓝藻门种类较多，其中大量出现的微囊藻属 *Microcystis*，鱼腥藻属 *Anabaena*、水华束丝藻 *Aphanizomenon flos－aquae*、小颤藻等，均是富营养湖泊的典型种类，在夏季或气温、水温较高的情况下，这些种类大量繁殖，在湖边形成水华。

滇池湖区藻类种类及分布有差异，由于不同湖区，以及同一湖区的不同水域，沿岸状况、水深、水质状况等不同所致。草海湖区的种类、数量均较少，且某一优势种突出。如适宜生长在有机质丰富、水体肥沃条件的裸藻门；有腐生性营养的素衣藻属 *Polytoma*、衣藻属 *Lobomonas*、实球藻属 *Pandorina*；富营养型湖泊的指示属卵形藻属 *Cocconeis*、纤维藻属 *Ankis*、十字藻属 *Crucigenia*、微芒藻属 *Micractinium*、胶网藻属 *Dictyosphaerium*、星球藻属 *Asterocapsa* 等等，反映出草海湖区有机质含量较高，水质状况较劣。这与草海沿岸集中了大量工厂，滇池工业废水的 90% 直接注入草海湖区，加之围海造田，草海水域面积急剧缩小等原因直接有关。外海湖区浮游藻类的种类丰富，数量大，占优势的主要种类也多，单种不突出，如飞燕角甲藻 *Ceratium hirundinella*、美丽隐球藻 *Aphanocapsa pulchra*、湖生卵囊藻 *Oocystis lacustis*、湖沼圆筛藻 *Coscinodiscus lacustris*、转板藻 *Mougeatia* sp. 等。

（2）变化　以现状与滇池过去浮游藻类种类及轮藻作比较，可看出下述变化。

种类组成发生了变化：有些过去有的种类，现在没有或极少，如轮藻、短角角甲藻 *Ceratium cornutum*，后者在 1957 年采到，为中国首次发现，现在却极少。有些过去没有见到的种类，现在又发现，如束丝藻属 *Aphanizomenon*、念珠藻属 *Nostoc* 等等。另外，有些在过去种类很多，现在种类数以及个体数已急剧减少。最显著的是鼓藻目 DESMIDIALES 植物，在 1957 年的调查中，鼓藻目是仅次于单角盘星藻属 *Pediastrum* 而居第二位的主要种类。在 1964 年的调查中，尚有 6 属 23 种。而现在，鼓藻目仅有 3 属 7 种，已不再是滇池中的主要种类。值得注意的是，裂鼓藻属 *Euastrum* 是偏生于酸性环境，在富营养的水域几乎完全没有，在不洁的水中则完全没有。它的消失，足以说明近 40 多年来滇池水质所起

的变化。

主要种类的组成成分也发生了变化。1957 年调查中最突出的主要种类单角盘星藻属和最普遍存在的飞燕角甲藻，粗壮双菱藻 *Surirella robusta* 现已退缩到外海中，草海中双菱藻已见不到，而且端毛双菱藻 *Surirella capronii* 已取代了粗壮双菱藻，成为主要种类。当年极普遍的点状平列藻 *Merismopedia punctata* 现无法见到，鼓藻目种类也从较多变为较少。而现在颗粒直链藻 *Melosira granulata*、小颤藻等成了主要种类。

10.2.2 浮游动物种类及变化

浮游动物包括原生动物、轮虫、枝角类和桡足类。据王忠泽 1982～1983 年对滇池的调查研究，滇池共有浮游动物 171 种，其中原生动物 62 种 27 科，轮虫 52 种 11 科，枝角类 35 种 6 科，桡足类 22 种 3 目，其他淡水线虫等微型小型动物 6 种（王忠泽，1985）。彭琼英 1994 年调查，滇池有浮游动物 4 类 37 科 52 属，其中原生动物 17 科 23 属，轮虫 9 科 14 属，枝角类 5 科 8 属，桡足类 3 科 7 属，其种类组成有如下特点（彭琼英，1995）：

外海浮游动物的平均数量：31 038 个/L。其中原生动物数量最多，占 75.15%；轮虫也较多，占 22.72%，枝角类、桡足类数量较少，只占平均总数量的 1.35% 和 0.30%，浮游动物生物量较高，外海平均达 20.36mg/L，其中轮虫占 41.55%，枝角类占 41.35%，桡足类 8.55%，而原生动物只占 6.34%。

全年优势和常见类群：是原生动物的累枝虫属、单核太阳虫属、栉毛虫属；轮虫的三肢轮虫属、聚花轮虫属、龟甲轮虫属、晶囊轮虫属；枝角类的象鼻溞属、溞属、秀体溞属、低额溞属、盘肠溞属；桡足类的真剑水蚤属、温剑水蚤属、中镖水蚤属和荡镖水蚤属等。这些优势类群和常见类群，大多数是富营养型水体的代表种类，是鱼类的优良饵料，也是发展滇池鱼业的饵料基础。

3 月份（春季）：滇池的浮游动物数量最多，达到54 069个/L。其中主要是原生动物，其数量达 44 645个/L，占 82.56%；轮虫次之，有9008 个/L，占 16.66%。原生动物不仅数量多，而且种类也很多。3 月份浮游动物的平均生物量为 18.97mg/L。其中轮虫生物量最高，占 56.93%，其次为枝角类，占 24.78%。3 月份的优势种群是象鼻溞属、三肢轮虫属、聚花轮虫属、龟甲轮虫属、累枝虫属等；常见的有砂壳虫属、单核太阳虫属、栉毛虫属、似铃壳虫属、晶囊轮虫属、盘肠溞属、溞属、真剑水蚤属和温剑水蚤属。

7 月份（夏季）：滇池浮游动物的数量 35071 个/L。其中原生动物占 72.3%，轮虫占 24.7%。生物量全年最高，达 28.14mg/L。其中枝角类增加较多，达 41.9%，轮虫占 37.0%。7 月份的优势种群是：象鼻溞属、低额水溞属、溞属、秀体溞属、盘畅溞属、真剑水蚤属；常见属有龟甲轮虫属、晶囊轮虫属、三肢轮虫属、聚花轮虫属、栉毛虫属等。

10 月份（秋季）：滇池浮游动物的数量22 051个/L。原生动物下降为 69.04%，轮虫占 26.48%，枝角类数量有所增加。生物量 24.94mg/L。枝角类上升到全年最高值。10 月份的优势种群是象鼻溞属、盘肠溞属、溞属、秀体溞属、温剑水蚤属、荡镖水蚤属等；常见属有太阳虫属、栉毛虫属、累枝虫属、龟甲轮虫属、晶囊轮虫属、三肢轮虫属、低额溞属等。

12 月份（冬季）：滇池浮游动物的数量12 964个/L。各类数量皆大为下降，为高峰 3 月数量的 24%，其中原生动物降为 8075 个/L，仅为高峰值 18%，生物量 9.38mg/L。浮游动物数量和生物量均为全年最低值，这与水温为全年最低有很大关系。12 月份的优势类群有盘肠溞属、中镖水溞属、温剑水溞属等；常见属有象鼻溞属、溞属、龟甲轮虫属、聚花轮虫属、太阳虫属、栉毛虫属等。

用滇池近期与以往资料做比较，可看出下述变化（黎尚豪、俞敏娟等，1963；王忠泽，1985；彭琼英，1995；王丽珍、徐小清等，2002；王丽珍、刘永定等，2004）：

数量变化：1957 年滇池浮游动物平均数量是 1920 个/L，1982 年为19 302个/L，1994 年为31 038 个/L。1994 年的个体数量是 1957 年的 16 倍，是 1982 年的 1.6 倍，数量越来越高。

种类变化：滇池浮游动物历史上有文献记载的共 47 科 95 属，其中原生动物 27 科 32 属，轮虫 11 科 29 属，枝角类 6 科 19 属，桡足类 3 科 15 属。1994 年调查只见到 37 科 52 属，其中原生动物 17 科

23 属，轮虫 9 科 14 属，枝角类 5 科 8 属，桡足类 3 科 7 属，此数据的属和科分别占文献记载的属和科的 55% 和 79%，与历史记载的种类相比少了 43 属 10 科。滇池浮游动物的数量和种类同以往资料相比，数量增高、种类减少，与滇池水体的污染及富营养化程度逐年加深有关。

10.3 无脊椎动物

10.3.1 无脊椎动物的种类组成及其变化情况

根据现有资料统计（张玺，1948；张玺、齐钟彦，1949；沈嘉瑞，1949；刘月英，1979，1980，1981；张迺光、吴天生，1983；张迺光、李长江，1983；王丽珍，1985；王丽珍、刘永定等，2003），滇池计有大型无脊椎动物 123 种，隶属 34 科 58 属。其中海绵动物 8 种、腔肠动物 4 种、扁形动物 2 种、线形动物 2 种、环节动物 9 种、软体动物 73 种、节肢动物 39 种。

从历年的调查资料可以看出，滇池无脊椎动物的种类组成发生了较大变化。张玺等（1948，1949）曾报道无脊椎动物 51 种，其中海绵动物 Spongia、腔肠动物 Coelenterata 共 6 种，在以后的调查和报道中均未发现记载，属滇池中已消亡种类。软体动物的方格短沟蜷（乌狮）*Semisulcospira cancellata* 过去报道在滇池中有很大的群体数量，但到 20 世纪 80 年代初期只采到螺壳，也属于绝迹的种类。过去报道的觿螺科 Hydrobiidae 共有 7 种，80 年代时只采到 1 种。黑螺科 Melaniidae 曾报道过 10 种，现在也只能采到 3 种。此外，有 28 种是滇池新记录，其中有些种类如细足米虾 *Caridina nilotica - gracilipes*、卵形沼梭 *Haliplus ovalis* 等，可能是滇池原有种类；另有一些如折叠萝卜螺 *Radxi plicatula* 在我国苏、浙、闽、粤等省广泛分布，在滇池的分布，可能是渔业引种带入。

滇池广泛分布的种类有中华圆田螺 *Cipangopaludina cathayensis*、苏氏尾鳃蚓 *Branchiura sowerbyi*、中国圆田螺 *Cipangopaludina chinensis*、螺蛳 *Margarya melanioides*、椭圆萝卜螺 *Radix swinhoei*、耳萝卜螺 *Radix auricularia*、大脐圆扁螺 *Hippeutis umbilicalis*、日本沼虾 *Macrobrachium nipponense*、羽摇蚊 *Tendipes plumosus*、卵形沼梭 *Haliplus ovalis*、水黾 *Gerris* sp.、小头水甲 *Haliplus acuminatus* 等 12 种。其中日本沼虾、中国圆田螺、中华圆田螺、螺蛳、羽摇蚊、卵形沼梭 6 种不仅分布广泛，而且种群数量大，构成湖中的优势种群。

10.3.2 无脊椎动物的分布与水生生态环境的关系

水生无脊椎动物的分布与生态环境及水生植物的关系甚为密切。由于滇池的不同水域、生态环境及水生植物各有差异。因此，水生无脊椎动物的种类与分布在滇池的不同水域也有所不同。据王丽珍（1985）记述的概况如下：

沿岸浅水区：在沿岸浅水区，水生植物丰富，无脊椎动物种类繁多，根据生态环境差异将浅水区分为内海（草海）和外海两类。

草海沿岸浅水区水色呈黄绿色，底质淤泥或沙底。水生植物种类主要有狐尾藻、茭草、马来眼子菜、水葫芦以及芦苇等。在该区获得无脊椎动物 47 种，以水蚯蚓、椎实螺科 Lymnaeidae、虾类以及水生昆虫为主，长螺蛳 *Margarya elongata*、细足米虾 *Caridina nilotica - gracilipes* 只在该区获得。但软体动物的种类和数量相对较少，尤其蚌科 Unionidae 和蚬科 Corbiculidae 两大类群的种类只有背角无齿蚌 *Anodonta woodiana* 1 种。

外海沿岸浅水区水色绿黄色，底质沙底或淤泥。水生植物主要有狐尾藻、茭草、苦草、红线草等。该区获得无脊椎动物 54 种，一些不常见种类牟氏螺蛳 *Margarga monodi*、纹沼螺 *Parafossarulus striatulus*、蚌及蚬等软体动物在该区有分布。蛭类的数量和种类较多。

湖中深水区：深水区无论草海或外海均无水生植物。在该区分布的种类有水蚯蚓、摇蚊幼虫、软体动物等，均为一些底栖生活的种类。据报道，20 世纪 60 年代水生植被占湖面 90% 以上，水生植物生长深度达水深 4m，到 70 年代在 2m 以上深水区基本没有水生植物生长，植被面积大大缩小，仅占湖面 20% 弱，植物退向浅水区，随着植物群落的变化，即改变了水生无脊椎动物的生活环境。大部分依赖水生植物生活的无脊椎动物也集中在浅水区。而形成深水区动物种类少，只有底栖在泥沙中的种类生存的状况。

10.4 脊椎动物

10.4.1 鱼类

（1）鱼类的多样性及其变化情况 滇池流域共记录有鱼类65种，土著鱼类29种，隶属于5目15科（亚科）23属，其中10种为滇池特有鱼类：多鳞白鱼 *Anabarilius polylepis*、银白鱼 *Anabarilius alburnops*、云南鲴 *Xenocypris yunnanensis*、长身鱊 *Acheilognathus elongatus*、滇池金线鲃 *Sinocyclocheilus grahami*、小鲤 *Cyprinus micristius*、异色云南鳅 *Yunnanilus discoloris*、滇池球鳔鳅 *Sphaerophysa dianchiensis*、昆明鲇 *Silurus mento*、金氏鉠 *Liobagrus kingi*、中华倒刺鲃 *Spinibarbus sinensis*、昆明裂腹鱼 *Schizothorax grahami*、昆明高原鳅 *Triplophysa grahami*、中臀拟鲿 *Pseudobagrus medianalis*、黑尾鉠 *Liobagrus nigricauda* 等15种为滇池—金沙江水系特有种；云南光唇鱼 *Acrossocheilus yunnanensis*、云南盘鮈 *Discogobio yunnanensis*、细头鳅 *Paralepidocephalus yui*、黑斑云南鳅 *Yunnanilus nigromaculatus*、侧纹云南鳅 *Yunnanilus pleurotaenia*、杞麓鲤等6种为云贵高原特有种；鲫、泥鳅、黄鳝、横纹南鳅 *Schistura fasciolata*、红尾副鳅 *Paracobitis variegatus variegatus*、中华青鳉、乌鳢 *Channa argus argus* 等7种为广布种。自20世纪50年代以来，由于环境污染、引种不慎、围湖造田、酷渔滥捕等众多因素的影响，滇池土著鱼类资源急剧减少，一些种类甚至绝迹。银白鱼、云南鲴、滇池金线鲃、中鲤、昆明鲇、中臀拟鲿、金氏鉠等7种滇池特有鱼类已经被列入了《中国濒危动物红皮书·鱼类》，其中滇池金线鲃被列为国家Ⅱ级重点保护野生动物。

滇池鱼类区系主要由4种区系成分组成，其中以鱊属、倒刺鲃属、光唇鱼属、鲤属、鲫属、鲇属、拟鲿属、青鳉属、黄鳝属、鳢属为代表的老第三纪类群为主要成分；以白鱼属、金线鲃属、云南鳅属、盘鮈属、球鳔鳅属、细头鳅属为代表的云贵高原特有类群次之；兼有少量以鲴属、鉠属为代表的东亚类群和以裂腹鱼属和高原鳅属为代表的青藏高原类群成分。说明滇池鱼类区系在较古老的老第三纪类群的基础上，曾广泛地受到多次其他区系成分的入侵，目前的分布格局是各个区系成分相互制约从而达到平衡的结果。

根据不同研究者关于滇池土著鱼类的研究结果（成庆泰，1958；黎尚豪、俞敏娟等，1963；张静芳、杨泉等，1987；褚新洛、陈银瑞，1989a，1989b；高礼存、庄大栋等，1990；陈景星、陈银瑞等，1994；杨君兴、陈银瑞，1994，1995；李维贤，2001；陈自明等，2001），可以看出滇池土著鱼类自20世纪60年代以来，无论在种类还是种群数量上均发生了急剧的变化，具体表现在以下方面。

在种类上：滇池土著鱼类由20世纪60年代记录的26种减少到11种（陈自明等，2001），但通过中国科学院昆明动物研究所近年的考察和监测，确认现存土著种16种，其中滇池金线鲃、云南光唇鱼、云南盘鮈、昆明裂腹鱼、侧纹云南鳅、异色云南鳅、中臀拟鲿等陈自明等（2001）记录的11种仍然存在；在滇池附属水体发现2个新记录种：细头鳅、横纹南鳅；另有3个土著种被重新发现：黑斑云南鳅、红尾副鳅、昆明高原鳅。如果只计算在湖体出现的种类，则由60年代的25种减少到现在的4种。滇池的外来种已由29种（何纪昌、刘振华，1985）增加到现在的36种。

在种群数量方面：云南鲴、多鳞白鱼、银白鱼等一些土著鱼类，曾经在50~60年代的渔获物中占有较大比重（50%）。在60年代以后，这些土著鱼类种群数量急剧减少（陈银瑞、杨君兴等，1998）。到目前，除银白鱼偶尔还能少量捕到以外，云南鲴、多鳞白鱼等土著鱼类已基本消失。

目前还存在的16种土著鱼类：仅有泥鳅、鲫、银白鱼、黄鳝等4种鱼类生活于滇池湖体，其余的12种均生活于滇池周围一些河流上游的“龙潭”和溪流中，受栖息地面积小、人为干扰等因素的影响，种群数量较小，个别种类如昆明裂腹鱼、云南光唇鱼、异色云南鳅等，由于分布区十分狭窄，种群数量极小，处于极度濒危状态。

自1958年以来滇池人工引进的36种鱼类：这些鱼使滇池的鱼类区系成分发生了明显的变化，直接间接地增加了种间关系的复杂性，产生了种间争食、饵料基础的再分配、土著种与外来种之间相互排挤等问题（何纪昌、刘振华，1985）。目前外来种成为滇池鱼类区系中的主要组成者。引进的青鱼、草鱼、鲢、鳙、团头鲂和鳜等经济价值高的经济鱼类，由于种种原因没有得到应有的发展。而经济价

值不大的小型鱼类却占据了大部分饵料生物。使整个滇池的鱼类区系成分向着更不合理的方面改变，以致使整个滇池不能发挥应有的经济效益，鱼的产量越来越低。

(2) 土著鱼类濒危和资源衰竭的原因 自20世纪50年代以来，随着人口的增加、社会经济的不断发展、水环境污染的加剧，滇池土著鱼类物种不断从滇池中消失。到现在，可供人们利用的土著鱼类资源已经达到了衰竭的程度（陈自明等，2001）。其原因可以从以下两方面来进行分析。

从生物学观点来看：①渔业利用是湖泊的重要功能之一。云南高原湖泊鱼类的特点之一是生长速度慢（褚新洛、陈银瑞，1989a）。由于区域内人口的增加，社会经济的不断发展，对鱼类产量需求不断增加，依靠滇池土著鱼类资源的自然增长已不能满足滇池周围地区人们对鱼产品的需求，于是就有了引进生长快、产量高的外来优良养殖品种的客观需求。②由于土著种和一些适应能力较强的引入种在生态位上发生重叠，外来种往往在竞争中获胜，土著种在生存竞争中受到外来引进物种的排挤。此外，土著种和引入种之间还存在着捕食与被捕食的关系（包括成体、幼鱼和鱼卵）。③由于环境污染，土著鱼类因耐污能力差而不能适应污染了的水域环境，可利用的资源量下降。为了发展渔业，满足人们对鱼产品的需求，于是引入一些适应能力强的鱼类，这些曾经是土著鱼类生存的水域不得不最终让位于外来物种。这也是充分利用滇池水域资源，发展渔业的内在需求。

影响土著鱼类生存的外部因素有：①环境污染。1950年初至1998年末，昆明市人口净增237万，人口增加1.55倍；1998年末的工农业总产值是1949年的257倍。目前，每年排入滇池的工业和生活废水约$2\times10^8m^3$，污染量大大超出了滇池的自净能力。据常年环境监测显示，滇池草海水质已降到地面水Ⅴ类标准，外海水质在Ⅳ～Ⅴ类之间，整个滇池呈富营养化状态（新编昆明市情编委会，2000）。污染改变了水体的理化性质，也改变了水生生物的生存条件，致使其种群结构和数量发生相应的变化，一些物种绝迹或消亡。②引种不慎（陈景星、陈银瑞等，1994）。引种放养不慎对滇池鱼类种群结构和水草资源造成影响，如麦穗鱼、高体鳑鲏 *Rhodeus ocellatus*、小黄黝鱼 *Micropercops swinhonis* 等野杂鱼随家鱼的引进而混入滇池鱼类区系，由于它们具有个体小、适应能力强、生长周期短、繁殖力强、食性广等特点，从而发展成滇池的优势种群，并且它们还吞食土著鱼类的受精卵。草鱼的引入也对滇池水草造成败坏。③围湖造田。1970年前后组织大规模围湖造田活动，占去湖泊水面23.8km^2。围湖造田所围去的水面，正是鱼类索饵、产卵的良好场所。因此，围湖造田不仅破坏了土著鱼类的栖息地，而且对土著鱼类的繁殖地也造成了极大的破坏（陈景星、陈银瑞等，1994）。④酷渔滥捕。随着滇池区域人口的增加，人民生活水平的不断提高，鱼的市场需求量日益增加，加之渔具的不断改进，捕捞效率显著提高，捕捞强度增加（1983年发捕捞证为1574本，1987年增加到2453本；机动渔船大量增加，1982年仅为10艘，1987年增至1124艘，最多时超过2000艘），幼鱼尚未发育成熟即被捕捞，严重影响鱼类的繁殖和生长，致使大型经济鱼类产量下降，鱼类资源衰退。据昆明市水产公司统计，1969年收购鲜鱼3080t，1982年降至397.5t（陈景星、陈银瑞等，1994）。此外，网具的专一性不强，误捕严重，如捕捞银鱼时，往往将其他种类的鱼苗捕起，严重影响了其他鱼类的增殖。

以上因素导致了滇池一些土著鱼类资源的衰竭，土著物种、特有种灭绝或退缩到滇池周围零星分散的小水域中。

10.4.2 两栖类

滇池周围地区的两栖类动物记录有2目4科10种。有尾目 CAUDATA 又称有尾两栖类，蝾螈科 Salamandridae 有红瘰疣螈 *Tylototriton shanjing*、蓝尾蝾螈 *Cynops cyanurus yunnanensis*、滇蝾螈 *Cynops wolterstorffi*、呈贡蝾螈 *Cynops chenggongensis* 等4种。滇蝾螈和呈贡蝾螈为昆明地区的特有种，种群数量甚为罕见，甚至绝灭。无尾目 ANURA 又称无尾两栖类，盘舌蟾科 Discoglossidae 中较为常见的有大蹼铃蟾。蟾蜍科 Bufonidae 中较常见的有华西蟾蜍、中华蟾蜍 *Bufo gargarizans*、黑眶蟾蜍 *Bufo melanostictus*。雨蛙科 Hylidae 常见的有华西雨蛙、滇蛙 *Rana pleuraden* 等种类。

10.4.3 爬行类

滇池周围地区的爬行类动物记录有3目5科16种。其中龟鳖目 TESTUDINATA，俗称龟鳖类，在昆明地区曾产有云南闭壳龟 *Cuora yunnanensis*，种群数量十分稀少，很是罕见，属国家Ⅱ级重点保护种。蜥蜴目 LACERTILIA 动物俗称四脚蛇，在昆明地区常见的有铜蜓蜥 *Sphenomorphus indicus*（俗名铜石龙子）、昆明滑蜥 *Scincella barbouri* 等。蛇目 SERPENTES 动物俗称蛇类，常见有红脖颈槽蛇、白链蛇 *Dinodon septentrionalis*、黑线乌梢蛇 *Zaocys nigromarinatus* 等。

10.4.4 鸟类

（1）物种组成 根据杨晓君、杨岚（2006）关于云南湿地鸟类的定义，滇池及其周边记录有 7 目 15 科 62 种湿地鸟类，其中常见的种类有小䴙䴘、凤头䴙䴘、苍鹭、绿鹭 *Butorides striatus*、池鹭、白鹭、中白鹭、黑冠夜鹭 *Nycticorax nycticorax*、赤麻鸭、绿翅鸭、罗纹鸭、绿头鸭、斑嘴鸭、赤膀鸭、赤颈鸭、白眉鸭、琵嘴鸭、鹊鸭、红头潜鸭、凤头潜鸭、白眼潜鸭、赤嘴潜鸭、斑头秋沙鸭、普通秋沙鸭、红胸田鸡 *Porzana fusca*、白胸苦恶鸟、骨顶鸡（白骨顶）、黑水鸡 *Gallinula chloropus*、灰头麦鸡、矶鹬、白腰草鹬、扇尾沙锥、红嘴鸥、棕头鸥、白胸翡翠、蓝翡翠、普通翠鸟、红尾水鸲、白顶溪鸲等。

按居留情况分析，小䴙䴘、白鹭、中白鹭、黑冠夜鹭、红胸田鸡、白胸苦恶鸟、普通翠鸟等种类为留鸟或繁殖鸟，其余种类都是在北方繁殖，秋末冬初迁来昆明地区的旅鸟或冬候鸟。在滇池及其周边的湿地鸟类中，记录有黑鹳、黑颈鹤，为国家Ⅰ级重点保护野生动物；白琵鹭、灰鹤，为国家Ⅱ级重点保护种，但是种群数量十分稀少，这些重点保护鸟类已经多年没有观察到。

（2）种群数量变化 杨岚等（1988）记录滇池的优势种有：小䴙䴘、绿翅鸭、绿头鸭、斑嘴鸭、赤颈鸭、白眼潜鸭、凤头潜鸭、骨顶鸡（白骨顶）、红嘴鸥；常见种有凤头䴙䴘、赤麻鸭、扇尾沙锥；稀有种有普通秋沙鸭、白腰草鹬、矶鹬、银鸥 *Larus argentatus*、棕头鸥。

韩联宪等（2000）在 1997 年 10 月 25 日至 1998 年 5 月 2 日进行连续观察，记录非雁鸭类中，优势种有池鹭、骨顶鸡（白骨顶）和红嘴鸥；常见种有小䴙䴘、凤头䴙䴘、苍鹭、绿鹭、白鹭、黑冠夜鹭和黑水鸡；罕见种有白胸苦恶鸟、灰头麦鸡、矶鹬、扇尾沙锥和棕头鸥；雁鸭类中赤颈鸭、赤膀鸭、琵嘴鸭的数量最多，绿翅鸭、绿头鸭、斑嘴鸭、红头潜鸭、凤头潜鸭和白眼潜鸭为常见种，罗纹鸭和白眉鸭最少。从两次调查结果对比发现，滇池越冬水禽的组成已发生较大的变化，鹭类的种类和数量明显增加。另据中国科学院昆明动物研究所 1997～2007 年的调查结果显示，滇池的鸥类种类和数量也明显增加，新记录了红嘴巨燕鸥 *Sterna caspia*（杨岚，2000），2007 年 6 月 27 日又观察记录到了白翅浮鸥 *Chlidonias leucopterus*。

10.4.5 哺乳类

滇池及其周边湿地中的哺乳类动物有喜马拉雅水鼩、水獭；湖周有黄鼬、小灵猫、大灵猫 *Viverra zibetha*、豹猫、食蟹獴 *Herpestes urva*。其中水獭、大灵猫、小灵猫为国家Ⅱ级重点保护野生动物。20 世纪 60 年代，曾在滇池草海作为经济毛皮兽引进放养过麝鼠 *Ondatra zibethicus*，但因昆明地区气候温暖，毛皮质量差，放养失败。部分麝鼠逃逸于自然水体中，至今还偶有发现。在水域及其附近上空捕食昆虫的翼手类通常有暗褐菊头蝠、间型菊头蝠、中华菊头蝠、大马蹄蝠、大足鼠耳蝠、西南鼠耳蝠、高颅鼠耳蝠 *Myotis siligorensis*、水鼠耳蝠 *Myotis daubentonl*、毛腿鼠耳蝠 *Myotis fimbriatus*、毛须鼠耳蝠 *Myotis hirsutus*、东亚伏翼、棒茎伏翼 *Pipistrellus paterculus*、茶褐伏翼 *Falsistrellus affinis*、南蝠、亚洲长翼蝠等 23 种。夏、秋季蝙蝠在湖面及其附近水域上空的活动较为频繁。

11 经济和社会价值

昆明市临滇池而建，历史上自 13 世纪以来，一直是全省的政治、经济、文化中心，也是我国第一批历史文化名城。云南省简称“滇”，亦因滇池而得名。“五百里滇池奔来眼底，喜茫茫空阔无边……”。风光旖旎的滇池是昆明的母亲湖，被称为昆明市繁衍发展的摇篮。滇池有着供水、调蓄、防洪、航运、水产养殖、生态旅游和调节气候等多种功能，是维护区域生态平衡的基本条件。滇池水域的汇水区，包括了昆明市五华、盘龙、官渡、西山 4 个区和呈贡、晋宁、嵩明 3 个县的 38 个乡（镇），是全省人口最密集的地区，随着城市建设与城乡经济的迅猛发展，滇池也面临污染治理的艰巨历程。

12 干扰和威胁

滇池是一个大型浅水天然湖泊，具有湿地生态系统的属性。滇池湿地由湖泊及岸边湖滨低地所构成，这类湿地多有芦苇塘湿草甸。湖泊湿地是鱼类和鸟类重要的繁殖地和栖息地，是淡水鱼类的主要产卵基地。因此，滇池湖泊生态系统对调节区域小气候、保障农牧渔业生产、提供人类休憩环境等诸多方面都起着重要的作用。但滇池是一个相对封闭的湖泊，湖水交换速度慢，自净能力低，虽经多年治理，水质形势依然严峻。云南省水环境监测中心布设在滇池内20余个水质监测点的最新水质监测结果表明：草海西园隧洞水质与草海相似，全年期、汛期、非汛期水质均为劣Ⅴ类，主要污染物均为氨氮、高锰酸盐指数、五日生化需氧量。滇池海口出口水质全年期和非汛期为Ⅳ类，汛期为Ⅴ类，主要污染物为高锰酸盐指数。外海从东岸迴龙到西岸有余以北水域全年期、汛期和非汛期均为劣Ⅴ类，主要污染物为高锰酸盐指数、五日生化需氧量，其中高锰酸盐指数的超标率为100%。外海东北部从迴龙到斗南全年期水质为Ⅳ类，汛期为Ⅴ类，非汛期为Ⅳ类，主要超标项目为溶解氧和高锰酸盐指数。外海东部斗南到海晏水域，全年期、汛期和非汛期均为Ⅳ类，主要污染物为高锰酸盐指数、化学需氧量。外海南部海晏到有余以南水域，3个水期水质均为Ⅴ类，主要污染物是高锰酸盐指数（田军，2000；潘学礼、李芸，2000）。

13 保护与研究状况

云南省已建立了滇池自然保护区管理委员会，对滇池进行管理。20世纪90年代开始，昆明市政府对滇池及其周围水域进行了大规模的防止污染、净化水质、保护自然生态环境的治理工程，在1999年已取得显著效果。中国科学院的南京地理与湖泊研究所、兰州地质研究所、南京地质古生物研究所、地球化学研究所曾对滇池进行过环境与沉积研究；昆明市环境科学研究所等单位曾先后开展过湖沼学和水质监测工作；中国科学院昆明动物研究所、中国科学院昆明植物研究所、中国科学院武汉水生生物研究所、云南大学生物系等单位对滇池做过动植物区系调查。

第二节 洱 海

1 地理位置和海拔

洱海位于云南省西部的大理白族自治州境内，东经100°05′~100°17′，北纬25°36′~25°58′之间。海拔高度1973.7m。

2 面积

洱海湖面面积249.4km^2。

3 类型

高原永久性淡水湖泊、周围湖滨沼泽、水稻田。

4 自然地理概况

洱海湖盆是一个内陆断陷盆地，湖体本身为一深的大断裂，在喜马拉雅造山运动过程中，逐步形成，湖的长轴方向与主要构造线方向一致。湖东属扬子准地台；湖西面为点苍山，山体屏立，具有19峰、18溪，属藏滇地槽褶皱系的横断山系，最高峰马龙峰海拔4122m。苍山和洱海之间发育着5级以上的阶地及前移的洪积扇，两者构成大理平原。湖体基岩以沉积岩和变质岩为主，沿岸广泛分布有片岩、片麻岩、大理岩、灰岩、碳酸岩及硅岩等，碳酸盐成分极高；表土以红壤、水稻土及冲积土为主。

洱海古称叶榆泽，是云南省第二大淡水湖泊。湖面南北长而东西狭，形如“人耳”，故称“洱海”。水位高程在1973.66m时，湖面积为250km^2。洱海周长117km，最大宽度8.4km，最窄3.4km，平均宽6km，南北长42km，平均深度10.5m，最大水深20.5m，蓄水量28.2×10^{8}m^3。在自然情况下，水位年变幅约2.0m，湖中有金梭、玉矶、赤文3个小岛。湖滨有青莎、大鹳、鸳鸯、马濂4个沙洲，还有5个小湖泊及9道湖湾，俗称“五湖九曲”。

洱海属澜沧江水系，补给水主要为大气降水和入湖径流，入湖河流有170余条，洱海水源北有弥苴河、罗时江、永安江，南有波罗江，西有点苍山十八溪，东部有海潮河、凤尾阱和玉龙河等小溪，其中以弥苴河为最大，占汇水总量的60%。南端的西洱河为洱海的惟一出口，全长约23km，向西南汇入漾濞江，后流入澜沧江。20世纪70年代以来，由于洱海水源上游大小水库的修建，工农业向洱海大量抽水生产和涸田，放水发电，加上连续干旱等，导致了蓄水量减少，收支平衡的失调，水位下降了2.73m。

5 气候环境

洱海湖周流域地区的海拔均在2000m左右，湖区属于中亚热带湿润气候区，多年平均气温为14.5℃，最高月平均气温20.1℃，最低月平均气温8.8℃；相对湿度为68.5%；多年平均日照为2327.7小时，日照百分率54%；湖区常年以西南风为主，多年平均风速为2.4m/s，最大风速40.0m/s；多年平均降水量为1185.7mm，多集中在6~8月，占全年降水量的80%以上；多年平均水面蒸发量为1134.7mm。历史最高水位1975.64m，出现在1966年；最低水位为1970.52 m，出现在1986年。水温常年在10~20℃之间，属暖性湖泊，水温垂直分布具正温层的特点（薛琳，1999）。太阳总辐射量583~625千焦/cm^2。

6 水环境状况

据李恒（1989）研究，1957年洱海最大透明度在3m以内，1977年为3m，1983年增至4m。色度平均为5.6度。总硬度平均为5.59德国度。

据杨钟鹤（1997）发表1986~1996年的观察研究，洱海水的pH值分布水平大约在8.50为中心的轴线上下波动，最低值8.08，最高值8.91，平均值8.454，变幅8.69%，全年2~3月和7~8月有极值峰，高达8.91和8.82。洱海水HCO_3^-含量为2.253mgE/L，占总阴离子含量的93.83%，而含最多的阳离子Ca^{2+}为2.105mgE/L，Mg^{2+}为0.644mgE/ L，各占阳离子总量的68.06%和20.83%，HCO_3^-（2.253）$< Ca^{2+} + Mg^{2+}$（2.749），属钙镁碳酸盐Ⅲ型。

据潘红玺（1999）对洱海富营养化过程的研究，1981年以前洱海湖水的水质较好，污染程度轻，从总氮、总磷单项指标评价，属贫—中营养类型湖泊，虽然藻类生物数量较大，但综合评分也刚跨入中营养类型。1982~1986年在水位急剧降低的背景下，洱海也成为大理市工业和生活污水排放场所，使湖水中总氮、总磷的含量急剧增加，其单项评分分别超过和接近富营养化的上限。为此，1987年大理市建成了污水截流骨干工程，将大部分工业废水和城市生活污水直接排入西洱河，力图保护好洱海环境不再受损坏。1987~1988年湖水营养指标的变化反映点源污染经控制后的状况，但在20世纪90年代以后，洱海的富营养化程度又急剧发展。以1996年为最严重。水华蓝藻取代单个硅藻成为优势种群之后，极大地降低湖水透明度和水资源的使用价值。

从2003年洱海水质和富营养化状况（表4-8）可以看出：2003年1~3月，洱海水质尚能达到II类水质要求，4月后已达不到。特别是进入夏季后，水体透明度持续降低，沉水植物大量死亡，湖水中污染物含量飙升，总氮由0.38mg/L上升至1.16mg/L，BOD_5由2.95mg/L上升为3.75mg/L，与此同时，球形鱼腥藻、铜绿微囊藻等蓝藻类迅速繁殖并构成水华暴发（董云仙等，2004），洱海水质急剧恶化，富营养化迅速发展。

据云南省环境监测中心数据，按《地表水环境质量标准GB3838-2002》，2004年洱海水质1~8月保持为Ⅲ类水，属中营养型，较2003年有所改善。应当得益于政府实施2004年4月起禁止生活污水向洱海排放及禁止网箱养鱼等紧急治理措施。

表 4-8 2003 年洱海水质和富营养化状况

2003 年	1 月	2 月	3 月	4 月	5 月	6 月	7 月	8 月	9 月
水质类别	Ⅱ	Ⅱ	Ⅱ	Ⅲ	Ⅲ	Ⅲ	Ⅳ	Ⅳ	Ⅳ
营养类型	中营养	富营养	中营养	中营养	富营养	富营养	富营养	富营养	富营养

7 生物多样性特点及变迁

7.1 浮游生物

7.1.1 藻类植物种类及变化

近 40 多年来，洱海浮游藻类群落结构发生了很大变化，总的趋势是种类数减少而密度和生物量增加。1957 年，藻类密度仅 64.9×10^4 个/L，生物量 0.547mg/L（黎尚豪等，1963）。而 1980 年密度和生物量分别达 123.6×10^4 个/L 和 1.005mg/L（朱海虹等，1989）。1997 年则上升到 563.2×10^4 个/L 和 4.6582 mg/L（吴庆龙、王云飞，1999）。40 多年里藻类密度和生物量分别上升近 9 倍和 4.5 倍。其中近 15 年变化显著，分别上升了 411% 和 487%，1996 年 9 月，洱海藻类水华暴发时，局部水域藻类密度达 1147×10^4 个/L，生物量超过 10 mg/L。与此相反，洱海藻类的种类数由 20 世纪 90 年代以前的增加转而逐渐减少，例如 1980 年发现 51 属，1987 年发现 89 属，1992 年有 102 属，而 1996～1997 年只见到 48 属（吴庆龙、王云飞，1999）。这种藻类密度和种类数的变动反映了洱海污染和营养水平在提高。

洱海藻类各类群的组成变化不大，1957 年洱海藻类中以绿藻为主，硅藻次之；1980～1992 年仍以绿藻和硅藻为主，但蓝藻所占比例明显增加，达 18%～28.7%。而 1996～1997 年，绿藻和硅藻所占比例相差已很小，分别为 39.6% 和 31.2%。总的变化趋势是硅藻、蓝藻的数量和生物量所占比例不断扩大，而绿藻则逐渐减少。

洱海藻类的优势种和常见属种变化较大，1957 年洱海藻类优势种有单角盘星藻、水华束丝藻 *Aphanizomenon flosaquae* 和小环藻 *Cyclotella* sp.，常见的还有云南飞燕角甲藻、暗丝藻 *Psehonema aenlgmaticum*、湖生鞘丝藻 *Lyngbya limnetica* 和球空星藻 *Coelastrum cambricum* 等。80 年代中期，喜清洁水的云南飞燕角甲藻、暗丝藻已不复存在，而蓝隐藻 *Chroomonas* sp. 和直链硅藻 *Melosira granulata* 则成为常见种，小环藻、水华束丝藻在这 30 年里一直是优势种属，该变化显示洱海水质有一定程度下降。到了 90 年代中期，洱海常见有蓝藻门的色球藻、微囊藻和水华束丝藻，隐藻门的隐藻 *Cryptophyta* sp. 和蓝隐藻，硅藻门的小环藻、直链硅藻、脆杆藻 *Fragilaria* sp. 和星杆藻 *Asterionella* sp.、小环藻 *Cycltetla* sp.。微囊藻、水华束丝藻和螺旋鱼腥藻 *Anabaena spiroides* 等高温季节在局部湖区的密度达 450×10^4 个/L，成为优势种，并形成"水华"（吴庆龙、王云飞，1999）。

1996 年 9 月洱海蓝藻水华猛烈爆发，使洱海从中营养湖泊突变为富营养湖泊。从此洱海的富营养化和水华发生成为人们关注的一个重要环境问题。

1997 年虽没有大量水华发生，但藻类优势种群发生了急剧演变，总体上体现为：水华束丝藻—钝脆杆藻 *Fragilaria construens*、水华徽囊藻—卷曲鱼腥藻 *Anabeana circinalis*、螺旋鱼腥藻—卷曲鱼腥藻、水华束丝藻的四季转换。在此过程中，蓝藻门逐渐形成了绝对优势地位。1998 年，洱海藻类群落演变成终年以卷曲鱼腥藻、球形鱼腥藻、水华束丝藻、铜绿微囊藻、钝脆杆藻构成亚优势种群的蓝藻型浮游植物群落结构。以卷曲鱼腥藻为主的水华发生于 9 月 25 日至 11 月 15 日，持续 50 余天。水华发生期间，卷曲鱼腥藻细胞数量最高可达 $11\,422\times10^4$ 个/L，蓝藻门构成藻类群落总细胞数的 79.9%～98.7%。生物量组成中，蓝藻门占 43.3%，绿藻门占 14.8%，硅藻门占 24.4%，隐藻门占 10.9%，甲藻门、裸藻门、金藻门共占 6.6%。

1998年与1988年相比，水华现存量增加了1.4～5.3倍，平均2.8倍。水华在1996年比较突出，现存量猛增至9.10～17.81mg/L，是1988年的7.2倍。1998年现存量虽较1996年低（董云仙，1999），但水华持续时间达1月余。

浮游藻类变化的人类活动影响主要表现在4个方面：① 随着湖区人口的不断增加、人类生活方式与农业生产方式的改变，特别是化肥和含磷洗涤剂的大量使用，使得进入湖泊的氮、磷等营养盐迅速增加，1957～1997年，湖水中三态氮增加近20倍，磷酸盐增加了4.1倍，氮的增加是导致藻类密度、生物量增加和种类组成变动的主要因素。在20世纪50年代，洱海氮含量低，硝态氮仅0.0054～0.055mg/L，硅酸盐背景值高达2.3mg/L，有固氮能力的水华束丝藻以及小环藻等硅藻占优势；随着氮的不断增加，它的限制作用减小，一些无固氮作用的蓝藻如微囊藻增加，在局部湖区成为优势种。② 70年代，西洱河水电站的修建引起湖泊水位急剧下降，并在此后使洱海长期处于低水位运转（袁静秀等，1985），湖泊对污染物的稀释能力下降，环境容量减少，不耐污染的云南飞燕角甲藻、暗丝藻等消失。③1985年开始引进养殖太湖新银鱼，并在1991年形成520 t产量，由于银鱼主动捕食浮游动物，导致浮游动物锐减，而浮游动物又以浮游藻类等为食，所以引种银鱼在一定程度上抑制了浮游动物而助长了藻类数量增加。通过对1992～1997年的浮游动物、藻类密度和生物量的比较可见，银鱼形成优势种群的这段时间，洱海浮游动物急剧减少，而藻类密度急剧增加。当然藻类增加的前提是湖泊内有较充分的营养物质。④自1985年开展的网箱养鱼，促进了对水草的利用，但捞取方式不合理。尤其是扒捞水草，影响水生植被再生增殖，搅动底泥加快沉积物中营养盐的释放。根据在东太湖等草型湖泊的研究，有水草时的释放速率仅为无水草时的1/12，而洱海中磷的97%、氮的96%是储藏在湖底沉积物中的。

7.1.2 浮游动物种类及变化

1957～1997年，洱海浮游动物群落有两个显著变化阶段（吴庆龙、王云飞，1999）。一是1957～1980年浮游动物总密度下降，但生物量增加。主要表现在原生动物密度显著减少，而轮虫、枝角类、桡足类的密度则有不同程度增加，此时期优势种为西南荡镖水蚤 *Neutrodiaptomaus mariadvigae*、长刺溞 *Daphinia tongispina*、针簇多肢轮虫 *Polyarthra trigla*、螺形龟甲轮虫 *Kera tella cochlearis*（黎尚豪等，1963；朱海虹等，1989）。二是1980～1997年浮游动物密度和生物量急剧下降，分别由1992年的890.5×10^4个/L和1.598mg/L减至171.2×10^4个/L和0.5412mg/L。其中轮虫、枝角类和桡足类等大中型浮游动物的减少幅度最大，没有明显优势种类。

浮游动物种群的变化和鱼类移植等渔业活动密切相关。① 20世纪60年代开始的“四大家鱼”人工放养，带进了小黄黝鱼、麦穗鱼、波氏吻鰕虎鱼 *Rhinogobius cliffordpopei* 等底栖肉性鱼类，破坏了主食大、中型浮游动物的大理裂腹鱼等裂腹鱼的产卵场。另一方面湖泊水位的急剧下降又阻挡了该种鱼类的生殖洄游，严重破坏了裂腹鱼的自然增殖能力，仅大理裂腹鱼的产量就由1967年前的2.5×10^4kg减少到1984年的500kg。因此1957～1980年，尽管洱海浮游动物总的密度减少，但其中的轮虫、枝角类和桡足类数量呈增加的趋势，总生物量增加。②洱海从1984年开始移植银鱼，1990年形成500t产量。由于银鱼是主动捕食大、中型浮游动物的，因此，1980～1997年，洱海浮游动物中的枝角类、桡足类和轮虫的数量呈下降趋势，总生物量也锐减。如果根据浮游动物现存量来估算，其鱼产潜力为67.7×10^4kg，而1996年洱海已产浮游动物食性鱼类68.8×10^4kg（吴庆龙、王云飞，1999）。

据董云仙（2003）的研究，洱海共有轮虫103种，隶属于12科41属。其中，臂尾轮虫科最多，50种，占全部种类数的48.5%；其次是鼠轮科，20种；镜轮科9种；椎轮科6种；腹尾轮科4种；旋轮科、晶囊轮科、聚花轮科、胶鞘轮科各3种；猪吻轮科和簇轮科各1种。宿轮科和柔轮科种类尚未发现。

洱海的轮虫，3/4以上是世界性广布种，也出现于我国的广大地区。103种轮虫中，除唇形叶轮虫 *Notholca labis* 和尖削叶轮虫 *N. acalmirmta* 是冷水性种类，仅在冬季出现外，其余皆为广温性和温水性种类。从轮虫的生活方式来看，有27种营典型的浮游生活；10种营典型的底栖生活；2种营固着生活；64种兼营底栖和浮游生活，尚未观察到苔栖生活型种类。

据1987年9月至1988年8月对湖区13个采样点的分析结果：洱海轮虫数量为5～2655个/L，平均241个/L。生物量为0.001～1.631mg/L，平均0.153mg/L。在数量组成中，多肢轮虫属占总数量的33.37%；龟甲轮虫属占19.10%；异尾轮虫属占7.89%；椎轮属占6.14%；鞍甲轮属占5.81%；聚花轮属占5.73%；单趾轮属占5.15%；同尾轮属3.07%；巨腕轮属2.74%；泡轮属1.87%；腔轮属1.24%；晶囊轮属1.00%；其余29属占6.89%。

组成洱海轮虫群落的优势种是针簇多肢轮虫 *Polyartha trigle*，其数量在0～1155个/L之间，年平均数量为75.5个/L，占洱海轮虫总数量的31.34%。1987年9月和1988年7月，分别出现两次高峰，1988年5月和3月数量最少，月均值分别为3.4个/L和6.7个/L。

洱海中轮虫的第二优势种螺形龟甲轮虫 *Keratella cochlearis*，终年出现，并随季节的更替出现不同的形态变异。其数量为0～615个/L，平均38.0个/L，占湖中轮虫数量的15.77%，8月其数量达到繁殖高峰。独角聚花轮虫 *Conochelus unicornis* 在洱海中广泛分布并有一定数量，在洱海中的数量为13.8个/L，占轮虫总数量的5.73%。夏秋季大量繁殖时，数量可达120个/L，在春、冬季很少，有明显的季节消长规律。

轮虫种类和数量的分布规律是：湖周>湖心；湖北部>湖南部>湖中部；湖北岸>湖西岸>湖东岸>湖南岸>湖中心区。轮虫垂直分布以4m水层最高，表层次之，底层最低。昼夜垂直迁移有白天向表层迁移，夜间向4m水层迁移的趋势。

20世纪80年代至今，洱海的生态环境已发生了极大的变化，水体从中营养类型转变为富营养型，轮虫的种群结构和数量也将随之发生较大改变。1997年，洱海轮虫密度和生物量分别为52.5个/L和0.0173mg/L（吴庆龙、王云飞，1999），目前的状况并不清楚。

7.2 水生植物

7.2.1 水生植物的种类组成及其变化

1981年南京地理研究所戴名裕等采集到洱海水生植物标本32种，其中沉水植物13种，浮叶植物3种，漂浮植物和挺水植物各4种；昆明植物研究所李恒等1983年调查，洱海全湖共有51种水生维管植物。以沉水植物为主，计有18种，其次为挺水植物（圆叶节节菜等）11种，飘浮植物（满江红、青萍等）4种、浮叶植物（鸭子草等）7种，其他11种。云南省林业调查规划院钱德仁1989年调查，洱海有水生植物50种，其中沉水植物15种、浮叶植物5种、漂浮植物4种、挺水植物11种、其他15种。

洱海水生植物科、属结构比较简单，以眼子菜科植物为多，计8种。它们既是许多淡水湖泊植物群落的主要建造者，又是洱海多数群落类型的优势种。禾本科虽然也有8种，但大都是云贵高原田沟、湿地广布的湿生或挺水杂草。水鳖科有5种，金鱼藻科、小二仙草科、睡菜科都是被子植物系统中的小科，在洱海各有1属1种，它们都是淡水水体中的广布植物，泽泻科的野慈姑、雨久花科的鸭舌草为亚热带地区水田常见的杂草，在洱海中出现被认为是湖泊区系的外来成分。

7.2.2 水生植物群落的分布

据李恒等1977年的调查，洱海植被有3个植物群落类型，12个群落。它们的结构和分布状况如下。

（1）挺水植物群落类型

茭草群落：本群落分布在北部沙坪和西部小邑庄等地，通常排列在沟口主流两侧，底质为深厚的泥沙，水深0.5m左右。群落高1.0m，总盖度70%～75%，挺水植物茭草构成群落上层（挺水层），沉水层相当发育，常见的种类有海菜花、黑藻、马来眼子菜、狐尾藻、微齿眼子菜。在江尾一带，参入沉水层的还有少量的金鱼藻、苦草、小茨藻等，在西部常出现紫萍、满江红等飘浮植物。

（2）浮叶植物群落类型

菱+狐尾藻群落：本群落见于大理县城——大理市（下关）的个别湖湾内。底质为灰黑色淤泥，水深0.5～0.8m，群落盖度可达80%。浮叶植物菱和沉水植物狐尾藻共建群落上层。常有鸭子草伴生。

下层为黑藻、狸藻、丝草等构成的沉水层，近陆浅水地段可见少量挺水植物野慈姑。

（3）沉水植物群落类型

菹草群落：本群落分布面积不大，仅见于喜洲附近的湖湾内。大都与湖泥深厚、湖水涨落的浅水地段有关。水深1.5m以内，透明度1.2m左右。群落总盖度80%。菹草是水库、水田、沟渠常见的耐肥水草之一，在洱海还多出现于湖泥深厚、静水湖湾的其他沉水植物群落中。上层的伴生植物是狐尾藻、马来眼子菜和亮叶眼子菜；下层（深沉水层）由黑藻、红线草和微齿眼子菜组成。

马来眼子菜群落：在水深2.0（3.0）m、透明度较大、有一定流速的地段内都能形成明显的马来眼子菜群落，特别是在沟口或水下三角洲外缘尤甚。在清水河流溪沟中，往往铺满床底，也可见于水库、清水池塘和龙潭中，但不在肥沃的水中生长。以马来眼子菜为优势的沉水群落在洱海北部、西部和东部都有分布。水深0.5~3.0m，透明度大，往往清澈见底，底质多为沙或泥沙。群落总盖度0~60%。组成成分相对简单，处于上层的伴生植物主要是狐尾藻。在个别浅水地段还有浮叶的荇菜。第二层甚深，沉水下，由红线草、黑藻、微齿眼子菜组成。当本群落因湖水下落而临近溪岸时，往往还有辣蓼、李氏禾等湿生杂草侵入。

亮叶眼子菜群落：本群落分布于洱海北部水下三角洲外缘和西部沙洲附近。水深1.0~2.0m，底质常为沙，多石砾及螺壳堆积。本群落常与马来眼子菜群落相镶嵌。群落总盖度50%~60%。亮叶眼子菜居上层，常伴生马来眼子菜和狐尾藻。第二层由红线草和黑藻等组成，沉于水面以下约0.2~0.3m，多呈团状植丛，较稀疏，层盖度不过10%。亮叶眼子菜喜透明度大、沙质湖床的清洁水体，但广泛适应于不同温度带的生境条件。在北回归线附近的异龙湖（海拔1411m），以至云南西北高寒山区的碧塔海（海拔3400m）都能正常生长。

穿叶眼子菜群落：在洱海南部满江河河口以东的湖湾中占有颇大面积。水深2.0~2.5m。透明见底，湖床细沙泥质。群落总盖度60%~70%。穿叶眼子菜数十枝丛生成束，直伸至水面，构成相当疏落的单种上层，或仅在群落边缘有少量狐尾藻。深沉水层群落组成成分也很简单，常见的有金鱼藻和黑藻。穿叶眼子菜与亮叶眼子菜的生态适性颇为相似，在我国许多淡水湖泊、水流清澈的小河和水库都可形成单优群落，但不耐污，也不耐碱，常因水质恶化而消亡。

海菜花群落：据李恒等（1989）的调查，1983年时，本群落广泛分布于洱海北部、西部至南部的广大水域。水深2.0~4.0（6.0）m。湖床泥沙质至沙石质，在沿岸带作宽带状分布。群落总盖度60%~80%，明显分为两层，上层为狐尾藻、马来眼子菜、亮叶眼子菜、穿叶眼子菜等常见的伴生种类；深沉水层（第二层）群落盖度也可达30%~40%，组成成分相当复杂，除海菜花外有红线草、微齿眼子菜、金鱼藻、黑藻和苦草。目前，海菜花群落已经在洱海消亡。

狐尾藻群落：本群落分布在洱海的北部、东部和南部，水深2.0~3.0m，形成连续的群落带。群落总盖度60%~80%。组成成员不一，狐尾藻居上层，伴生种以马来眼子菜较常见。在江尾附近，群落上层有在洱海内罕见的石龙尾，有时则有少量的海菜花、亮叶眼子菜、菹草。深沉水层则有许多沉水群落的常见成员，如红线草、微齿眼子菜、金鱼藻、黑藻等。

微齿眼子菜群落：在洱海北部、西部和南部分布呈带状。湖床多为沙质，水深2.0~5.0m。这是一个深沉的沉水群落。微齿眼子菜的生长水深可比透明深度大1倍或更多。如团山前方水域中，1977年9月湖水透明度2.4m。在水深5.0m的深处仍有本群落生存。群落总盖度高达95%，主要结构层是深沉于水下的第二层，层冠与水面相距1.5~2.0m。微齿眼子菜多分枝，枝长叶细，相互交织。集成大片，与之伴生的是绿褐色金鱼藻、翠绿色的黑藻、红褐色的红线草。成团或成束，体态各异，不易混淆。群落上层相当稀疏，层盖度不到10%。组成成员是喜光的狐尾藻、亮叶眼子菜、马来眼子菜。

黑藻群落：在洱海四周都有分布，生长水深可达7m，底质为深厚的淤泥或富含腐殖质的粉沙。本群落是洱海中分布面积较大的沉水群落之一。群落总盖度达85%。在水深7.0m处尚达60%。主要结构层为深沉的第二层，层盖度达80%，以黑藻占绝对优势。黑藻常沉于透明深度以下，处于第二层的伴生植物只有少量的金鱼藻、微齿眼子菜、红线草或苦草，有时没有任何伴生种类。黑藻群落上层的层盖度不到10%，较常见的是狐尾藻或为马来眼子菜、亮叶眼子菜，浅水部分则有菹草或其他眼子菜种类。

金鱼藻群落：洱海的金鱼藻群落见于北部，西部较分散。水深3.0～5.0m，透明度1.5～3.0m。底质为淤泥或细沙。群落总盖度40%～70%。主要结构层为深沉的第二层。在春、夏季，金鱼藻植丛呈鲜绿色。秋天变褐色，形成茂密的水下绿茵；常见伴生植物是黑藻、微齿眼子菜，偶尔还有苦草、海菜花、石龙尾生长，层冠距水面常在1.0m以上。上层植株稀疏，层盖度10%左右，组成成员是狐尾藻和亮叶眼子菜等。

苦草群落：洱海水深4.0～7.0m的广大水域主要为苦草群落，它也可出现在水深4.0m以内的沟口地带。群落总盖度75%～85%，组成成员相当简单，水愈深，种类愈单纯，经常只有一种苦草形成均匀的结构层，层面距水面3.0～6.0m，潜伏在水体透明深度以下，难于觉察。在浅水地带，则见极少量狐尾藻伸到苦草层之上，或在苦草层内出现红线草、黑藻等深沉水植物。

此外，洱海北部江尾一带的沟口地段还有小片红线草群落定居在沙洲上，盖度50%以下，在水位下落的枯水季节就因沙洲出露而衰败，属于季节性的先锋沉水群落。

7.2.3 洱海水生植被发展动态

洱海水生高等植物近年来的变动可以分为两个时期，即20世纪60年代初期至80年代初期的扩张期和80年代初期到90年代中期的由稳定走向衰退期。

20世纪60～80年代洱海水生高等植物的变化主要表现在如下几个方面：①分布面积扩大，分布深度增加，生物量上升。根据黎尚豪等（1963）在60年代的调查，洱海水生植物分布在水深小于3m的湖区。到1977年，水生高等植物的分布面积已逐渐扩大，不断向深水处推进。苦草在水深6.0～7.0m的地方也有分布，水生植物分布下限水深达10m（钱德仁，1989）。80年代初水生植物分布面积达7727hm^2，生物量为79.9×10^{4}t（戴全裕，1984）。②种类组成发生较大变化，红线草，大茨藻 *Najas marina* L. 的分布面积和生物量明显减少。而苦草、微齿眼子菜、轮叶黑藻和金鱼藻则大量繁殖，成为优势种。海菜花不耐污染，1957年以单优群落存在，1982年已不成为完整的群落，只有零零星星的分布（戴全裕，1984）。

与80年代初期相比较，目前的洱海水生植被又发生了较大的变化，主要有以下几点（吴庆龙、王云飞，1999）：①种类组成减少，生物多样性受到破坏。在80年代初期洱海有水生植物61种，目前已减少为45种，其中湿生物种由20种减少到11种，挺水植物由10种减少为9种，沉水植物由19种减少到13种，漂浮植物由6种减少至5种，只有浮叶植物由6种增加到7种，海菜花群落已不复存在。②群落类型减少。与1985年相比，蓖齿眼子菜群落、鸭子草群落、六蕊稻草群落和芦苇群落已不成连片的群落，只有稀疏分布，并有逐步减少乃至消失的可能。③分布面积减少，生物量有下降的趋势。1997年洱海水生植物分布面积为6533hm^2，比1981年少了1194hm^2。1997年的生物现存量为76.5×10^{4}t，比1981年减少了3.4×10^{4}t，显现出下降的趋势，特别是在北部湖区，由于对水草的破坏性捞扒，水草资源出现衰退迹象。④优势种群变化。苦草取代轮叶黑藻成为第一优势种，微齿眼子菜虽仍是第三优势种，但它在湖心平台的分布密度增加，生物量增多，而轮叶黑藻由于被过度捞取，则由第一优势种变为亚优势种。

洱海水生植物群落变动的原因包括人类活动的影响和水生植物在自然状态下的演变。而在短短的40年里发生较大的变动，人类活动影响是主导因素。从1957～1985年，水生植被扩张的主要原因有以下几点：①环湖修建水利工程，使洱海入湖水中的泥沙含量减少，透明度增高。湖泊中光补偿点增加，使水草在较深的水域内能生长，水草面积扩大，密度增加，净化水体作用加强，又进一步使透明度提高，促进水草向深水处扩张。1957年洱海透明度为80～190cm，1977年为120～250cm，1982年的透明度平均为400cm。②湖泊水位下降促进水草向下迁移。1971年开始修建西洱河水电站，导致湖泊水位急剧下降，使部分水草由浅水区向深水区迁移。湖心平台和金梭岛附近以及南部湖底平坦的湖区水深相对变浅，水草生长茂盛。③工农业发展导致进入湖泊的氮、磷等营养物增加，促进水生高等植物生长。④随水生高等植物分布的水深下限增加和水体中营养盐增多，一些不耐肥、对光照条件要求高的植物生长逐渐受到抑制。如在1957年为优势种的大茨藻等逐渐被耐荫、喜肥的微齿眼子菜、苦草、轮叶黑藻和金鱼藻替代，并形成优势种群。

近十多年来，洱海水生高等植物群落变动的原因有如下几点：①以草食性鱼类为主要养殖对象的网箱养鱼促进了对水生高等植物的利用。它一方面减少湖泊淤积，延缓沼泽化；另一方面，对水生高等植物的不合理利用，特别是钉耙扒捞，对植物资源的破坏很大。目前洱海水生高等植物年利用量为 26×10^4t，利用率为34%（吴庆龙、王云飞，1999），利用量较合理，但利用方式落后。②用拖网进行鱼类和虾的捕捞作业，影响水生高等植物生长，特别是银鱼成为主要经济鱼类后，加大了捕捞强度和破坏力。③沿湖岸的人类活动强度加大，如网箱养鱼、湖滩地围垦、码头和水利工程的兴建、大量人口往湖边迁移等，导致沿岸带的芦苇等的挺水植物分布面积迅速减小，群落消失。④海菜花是味道鲜美的经济水生植物，随人类生活水平的不断提高，对其需求量增加，由于过度捞取和生长环境受污染破坏，其分布面积和生物量锐减，最终消亡。总之，人类活动引起的湖泊生态环境变化和对水生高等植物的不合理利用是导致其变化的主要因素。

7.3 无脊椎动物

近年来洱海有机污染增加，无脊椎动物增多。洱海现有无脊椎动物56个种，隶属19科33属，常见种有河蚬 *Corbicula fluminea*、螺蛳 *Margarya melanioides*、尖口圆扁螺 *Hippeutis cantori*、斯氏萝卜螺 *Radix swinhoei*、苏氏尾鳃蚓 *Branchiura sowerbyi*、异腹鳃摇蚊 *Einfeldia insolita* 等，优势种是螺蛳、河蚬、苏氏尾鳃蚓。平均密度 1219.4 个/m^2，平均生物量 827.22g/m^2，是我国丰富的湖泊之一。该数值和1981年调查结果相比可知，无脊椎动物密度和生物量显著增加，例如1981年洱海寡毛类平均密度和生物量分别为44.42个/m^2 和0.7357g/m^2，远低于目前的370.6个/m^2 和37.17g/m^2；1981年洱海摇蚊幼虫的密度和生物量为25.09个/m^2 和0.2510g/m^2，低于目前的202.25个/m^2 和15.41g/m^2；目前软体动物的密度是646.55个/m^2，远多于1981年的52.2个/m^2（朱海虹等，1989；颜京松，1989）。

由于流域内生产、生活等人类活动的增强。进入洱海的有机物质增多，有机污染加重，耐污染种类增加。例如1981年洱海的COD仅1.71mg/L，1997年已增加到3.05mg/L（潘虹燕等，1999），因此，在无水草区耐有机污染的水蚯蚓、摇蚊幼虫等数量明显增加。同时，随着湖泊营养程度的提高，有机碎屑物质的增多，为软体动物提供了丰富的饵料，促进了它们的生长。

7.4 脊椎动物

7.4.1 鱼类

洱海共记录有鱼类30种，隶属于4目7科19属（褚新洛、周伟，1989；陈景星等，1994；周伟等，1993）。土著鱼类17种：油吻孔鲃 *Poropuntius exiguus*、颌突吻孔鲃 *Poropuntius cogginii*、大理裂腹鱼 *Schizothorax taliensis*、灰裂腹鱼 *Schizothorax griseus*、云南裂腹鱼 *Schizothorax yunnanensis*、光唇裂腹鱼 *Schizothorax lissolabiatus*、大眼鲤 *Cyprinus megalophthalmus*、春鲤 *Cyprinus longipectoralis*、洱海鲤 *Cyprinus barbatus*、大理鲤 *Cyprinus daliensis*、杞麓鲤、鲫、泥鳅、侧纹云南鳅 *Yunnanilus pleurotaenia*、洱海副鳅 *Paracobitis erhaiensis*、中华青鳉 *Oryzias latipes sinensis*、黄鳝 *Monopterus albus*；外来鱼类13种：青鱼 *Mylopharyngodon piceus*、草鱼 *Ctenopharngodon idellus*、鲢 *Hypophthalmichthys molitrix*、鳙 *Hypophthalmichthys nobilis*、华南鲤 *Cyprinus carpio rubrofuscus*、团头鲂 *Megalobrama amblycephala*、麦穗鱼 *Pseudorasbora parva*、棒花鱼 *Abbotina rivularis*、高体鳑鲏、兴凯鱊 *Acheilognathus chankaensis*、小黄蚴鱼、子陵栉鰕虎鱼 *Rhinogobius giurinus*、波氏吻鰕虎鱼 *Rhinogobius cliffordpopei*。其中，油吻孔鲃、颌突吻孔鲃、大理裂腹鱼、春鲤、洱海鲤、大理鲤、大眼鲤、洱海副鳅等8种为洱海特有鱼类；云南裂腹鱼为洱海、剑湖等滇西湖群特有种；杞麓鲤为云南高原湖泊特有种。

洱海鱼类区系组成简单，特有种较多；区系组成兼有云南高原湖泊和青藏高原湖泊特点（高礼存、庄大栋，1989）。洱海有特有鱼类8种，分为4个类群，鲤属 *Cyprinus*、吻孔鲃属 *Poropuntius*、裂腹鱼属 *Schizothorax* 和副鳅属 *Paracobitis*。特别是鲤属鱼类尤为丰富，云南共记载有鲤属鱼类11种和亚种，洱海就有6种，其中5种是特有种，可以说洱海是云南以至中国鲤属鱼类的主要特化区域之一，在鱼类的进化研究中具有不可替代的地位。

洱海鱼类区系成分包括了 3 种类型，以吻孔鲃属、鲤属、鲫属、泥鳅属、副鳅属、青鳉属、黄鳝属为代表的老第三纪类群为主要成分，兼有少量以裂腹鱼属为代表的青藏高原类群和以云南鳅属为代表的云贵高原特有类群，缺乏东亚类群。说明近期受到青藏高原成分和云贵高原成分的渗透，未受到东亚类群的入侵。

据研究，从 1957 ~ 1997 年，洱海鱼类群落结构经历了 4 次较大的变动（吴庆龙、王云飞，1999；高礼存、庄大栋，1989）。

20 世纪 50 年代期间，洱海保持着以土著鱼类为主的结构特点，有鱼类 17 种（表 4 - 9），隶属 4 科 9 属。其中，鲤科 Cyprinidae12 种，占总种数的 70%；鳅科 Cobitidae 3 种，占 18%；青鳉科 Oryziidae

表 4 - 9 20 世纪 50 ~ 90 年代洱海鱼类动态变化表（自杜宝汉，李永安，2001）

科 目	名 称	年代				
		50	60	70	80	90
鲤科 Cprinidae	大理裂腹鱼 *Schizothorax taliensis*	很多	多	有	少	无
	云南裂腹鱼 *Schizothorax yunnanensis*	多	有	无	无	无
	光唇裂腹鱼 *Schizothorax lissolabiatus*	有	有	无	无	无
	灰裂腹鱼 *Schizothorax griseus*	有	有	无	无	无
	洱海鲤 *Cyprinus barbatus*	有	有	无	无	无
	大理鲤 *Cyprinus daliensis*	多	有	无	无	无
	大眼鲤 *Cyprinus megalophthalmus*	多	多	有	少	无
	杞麓鲤 *Cyprinus carpio chilia*	很多	多	有	少	无
	春鲤 *Cyprinus longipectoralis*	有	有	有	少	无
	华南鲤 *Cyprinus carpio rubrofuscus*	无	多	多	少	无
	洱海四须鲃 *Barbodes daliensis*	很多	多	有	少	无
	油四须鲃 *Barbodes exigua*	有	有	无	无	无
	鲫 *Carassius auratus*	多	多	多	很多	少
	青鱼 *Mylopharyngodon piceus*	无	多	多	多	少
	草鱼 *Ctenopharyngodon idellus*	无	多	多	多	少
	鲢 *Hypophthalmichthys molitrix*	无	多	多	有	少
	鳙 *Hypophthalmichthys nobilis*	无	多	多	有	少
	团头鲂 *Megalobrama amblycephala*	无	无	无	多	少
	麦穗鱼 *Pseudorasbora parva*	无	无	多	很多	很多
	中华鳑鲏 *Rhodeus sinensis*	无	有	多	很多	很多
	兴凯鱊 *Acheilognathus chankaensis*	无	有	多	很多	很多
	棒花鱼 *Abbotina rivularis*	无	有	有	多	少
鳅科 Cobitidae	泥鳅 *Misgurnus anguilicaudatus*	多	多	多	有	少
	侧纹云南鳅 *Yunnanilus pleurotaenia*	少	少	少	少	少
	拟鳗副鳅 *Paracobitis anguillioides*	少	少	少	少	少
青鳉科 Oryziidae	中华青鳉 *Oryzias latipes sinensis*	有	有	有	少	少
合鳃鱼科 Synbranchidae	黄鳝 *Monopterus albus*	多	多	有	少	少
塘鳢科 Eleotridae	黄蚴 *Hypseleotris swinhonis*	无	有	有	有	有

（续）

科 目	名 称	年 代				
		50	60	70	80	90
鰕鯱鱼科 Gobiidae	波氏吻鰕鯱鱼 *Rhinogobius cliffordpopei*	无	有	很多	多	很多
	子陵吻鰕鯱鱼 *Rhinogobius giurinus*	无	有	有	有	多
银鱼科 Salangidae	太湖新银鱼 *Neosalanx taihuensis*	无	无	无	多	很多

（=怪颌鳉科 Adrianichthyidae），合鳃鱼科 Synbrachidae 各 1 种，分别占 6%。敞水区以大理裂腹鱼、大理鲤、杞麓鲤、春鲤、大眼鲤为主，沿岸带以洱海四须鲃 *Barbodes daliensis* [=领突吻孔鲃 *Poropuntius cogginii*（Chen and Yang，2003）]、油四须鲃 *B. exigua*（=油吻孔鲃 *Poropuntius exiguus* Chen and Yang，2003）等为主，优势种是大理裂腹鱼等土著鱼类。渔业生产水平较低，年均产鱼 450.3t，而此时的洱海水资源丰富，有较大空闲生态位。

1961 年，在洱海人工放养草、鲢、鳙鱼种，在鱼苗中同时带进了史氏黄蚴（=小黄蚴鱼）、中华鳑鲏（=高体鳑鲏）、兴凯鱊、波氏吻鰕鯱鱼、麦穗鱼、棒花鱼等多种小杂鱼，使洱海的鱼类从 17 种增至 30 种（见表 4-9），鱼类区系组成发生了巨大的变化。同时引进 3 层刺网等渔具和先进的捕捞技术，渔获量迅速增长，年平均鱼产达 1239.45t。引种时带入的波氏吻鰕鯱鱼等野杂鱼因缺乏天敌，在湖中大量繁殖，种群迅速扩大，并占据沿岸浅水区鱼类产卵场，吞食鱼卵，对砾石产卵的土著鱼类如大理裂腹鱼等的资源再生产生重大破坏。波氏吻鰕鯱鱼等野杂鱼产量在 20 世纪 60 年代末至 70 年代初一度占总鱼产的 80% 左右，成为优势种。

70 年代中后期，由于过量利用水资源，特别是西洱河水电站等水利工程的修建导致洱海水位急剧下降，大片砾石浅滩露出水面，抑制波氏吻鰕鯱鱼的生长繁殖，更促使许多种濒危土著鱼类如大眼鲤、大理裂腹鱼（俗称弓鱼）、洱海四须鲃和油四鲃等种类趋于消亡；水位下降和营养盐增加促进水草的生长，有利于草上产卵鱼类的繁殖，如各种鲤鱼、鲫鱼的产量，在 70 年代中后期占洱海总鱼产量的 65%~80%。该时期因渔政管理困难，捕捞过度，每年天然捕捞量下降到 574.2t。

80 年代中期，洱海开始移植银鱼，并开展草鱼、鲤鱼等的网箱养殖，由于破坏性扒捞水草，在一定程度上破坏了鲤、鲫的产卵环境，影响其自然增殖，产量在 1996 年仅占总产的 20.9%。银鱼则占据了裂腹鱼的生态位，而逐渐成为优势种群，产量稳定在 500~750t，占洱海鱼类总产的25%~35%，成为洱海最重要的经济鱼类。这一时期天然捕捞量持续增长，平均年产量达 3880.4t（见表 4-9、表 4-10）。总的看来，洱海土著鱼类不断减少乃至消亡，外来物种成为渔业主体，天然鱼产稳中有升。由此可见，外来鱼类、围湖造田、水利工程、酷渔滥捕等是洱海鱼类群落和渔业资源变动的主要原因。在这四大致危因素中，外来鱼类是导致土著鱼类种群数量急剧下降或濒危的最大因素（杨君兴，1996）。

7.4.2 两栖类

洱海及其周边地区湿地记录有两栖类 23 种，隶属于 2 目 6 科。有尾目 CAUDATA 俗称有尾两栖类。常见种有蝾螈科 Salamandridae 的红瘰疣螈、蓝尾蝾螈。无尾目中有盘舌蟾科 Discoglossidae，较为常见的有大蹼铃蟾 1 种。锄足蟾科 Pelobatidae 可见有菲氏短腿蟾 *Brachytarsophrys feae*、宽头短腿蟾 *Brachytarsophrys carinensis*、白额大角蟾 *Megophrys lateralis*、小角蟾 *M. minor*、凹顶角蟾 *M. parva* 等种类；蟾蜍科 Bufonidae，较为常见的有华西蟾、黑眶蟾蜍，雨蛙科 Hylidae 有华西雨蛙，蛙科 Ranidae 有双团棘胸蛙 *Paa yunnanensis*、无指盘臭蛙、滇蛙等种类。

7.4.3 爬行类

洱海周围地区的爬行动物记录有 3 目 8 科 19 种。其中龟鳖目 TESTUDINATA 在大理洱海地区记录有云南闭壳龟和山瑞鳖 *Trionyx steindacri* 两种，种群数量十分稀少，很是罕见。蜥蜴目在大理洱海地区常见的有铜蜓蜥（俗名铜石龙子）。蛇目常见有红脖颈槽蛇、白链蛇、黑线乌梢蛇等。

在所记录的爬行动物种类中，蟒 *Python molurus* 属国家 I 级重点保护种类；云南闭壳龟、山瑞鳖为国家 II 级重点保护物种，眼镜王蛇 *Ophuophagus hannah* 列入 CITES 附录 II。

7.4.4 鸟类

根据杨晓君、杨岚（2006）关于云南湿地鸟类的定义，洱海水域及其周围湿地的鸟类记录有 9 目 10 科 55 种。其中常见的种类有小䴙䴘、凤头䴙䴘、普通鸬鹚、苍鹭、白鹭、中白鹭、灰雁、斑头雁、赤麻鸭、绿翅鸭、绿头鸭、斑嘴鸭、琵嘴鸭、赤嘴潜鸭、红头潜鸭、凤头潜鸭、红胸田鸡、白胸苦恶鸟、黑水鸡、骨顶鸡（白骨顶）、白腰草鹬、扇尾沙锥、红嘴鸥、棕头鸥、普通翠鸟等。其中灰鹤为国家 II 级重点保护鸟类，灰雁和斑头雁两种为云南省级重点保护鸟类，其他种类均属有经济价值、科研价值和观赏价值的国家保护种类。

按居留情况分析，小䴙䴘、白鹭、中白鹭、黑冠夜鹭、红胸田鸡、黑水鸡、白胸苦恶鸟、水雉 *Hydrophasianus chirurgus*、普通翠鸟等种类为留鸟或繁殖鸟，其余种类都是在北方繁殖，秋末冬初由北向南迁途中经过洱海地区的旅鸟或到越冬的冬候鸟。

杨岚等（1988）记录洱海的优势种有：小䴙䴘、灰雁、赤颈鸭、赤嘴潜鸭、骨顶鸡（白骨顶）；常见种有凤头䴙䴘、赤麻鸭、绿头鸭、斑嘴鸭、赤膀鸭、白眼潜鸭、普通秋沙鸭、凤头麦鸡、红嘴鸥；稀有种有：普通鸬鹚、苍鹭、池鹭、白鹭、绿翅鸭、罗纹鸭、凤头潜鸭、鹊鸭、矶鹬、银鸥、棕头鸥。

杨岚、杨晓君、刘强、刘鲁明等 1997、2000、2004、2007 年的 4 次调查发现，洱海湿地鸟类的种类和数量发生了很大的变化。除小䴙䴘、凤头䴙䴘、骨顶鸡（白骨顶）、黑水鸡、红嘴鸥还有一定的数量外，雁鸭类的遇见种类明显减少，其余种类的数量也明显低于杨岚等（1988）的观察结果。杨晓君等 2000 年 1 月 5 ~ 7 日对全湖的分片调查中，3 天共观察统计的水禽种类为 21 种，2403 只次，其中仅有白骨顶为优势种，记录只次占观察记录总只次的 65%；凤头䴙䴘、红嘴鸥、赤颈鸭、绿翅鸭等 4 种为常见种，记录只次占观察记录总只次的 5% ~ 23%；红骨顶、青头潜鸭 *Aythya baeri*、赤麻鸭、绿头鸭、小䴙䴘等 5 种为稀有种，记录只次占记录总只次的 1% ~ 4%；普通翠鸟、苍鹭、银鸥、池鹭、普通秋沙鸭、凤头潜鸭、白鹭、中白鹭、渔鸥、环颈鸻 *Charadrius alexandrinus*、白胸翡翠等 11 种为罕见种，记录只次仅占记录总只次的 0.04% ~ 0.29%。刘强、刘鲁明等 2007 年 3 月 4 日记录的种类和数量与杨晓君等 2000 年 1 月 5 ~ 7 日的记录又有所变化，记录个体数量最多的是小䴙䴘（477 只），其次是凤头䴙䴘（189 只）、红嘴鸥（185 只）、红骨顶（180 只），为优势种；赤麻鸭（79 只）、琵嘴鸭（48 只）、白眼潜鸭（19 只）、赤颈鸭（14 只）、池鹭（14 只）、牛背鹭 *Bubulcus ibis*（13 只）、绿翅鸭（12 只）、白鹭（10 只）为常见种；赤膀鸭（5 只）、棕头鸥（3 只）、扇尾沙锥（3 只）、水雉（2 只）、紫水鸡 *Porphyrio porphyrio*（1 只）、渔鸥（1 只）、白腰草鹬（1 只）为稀有种。

7.4.5 哺乳类

洱海及其周边湿地中分布的湿地哺乳动物有：水獭、小爪水獭 *Aonyx cinere*、喜马拉雅水鼩、蹼足鼩、青鼬、黄鼬、小灵猫、豹猫，其中水獭、小爪水獭、小灵猫为国家Ⅱ级重点保护野生动物。在湖区及其附近湿地上空捕食昆虫的蝙蝠有：暗褐菊头蝠、间型菊头蝠、丽江菊头蝠、大马蹄蝠、大足鼠耳蝠、喜山鼠耳蝠、山地鼠耳蝠 *Myotis montivagus*、西南鼠耳蝠、东亚伏翼、茶褐伏翼、南蝠和亚洲长翼蝠等 20 种。翼手类蝙蝠因季节不同种类也不同。通常在夏末和秋季，其上空的蝙蝠活动比较频繁。

8 经济和社会价值

洱海在过去的历史时期中对大理州地区人民的生产生活起作十分重要的作用，是大理州地区鱼、虾等水产品的重要生产基地，并兼有灌溉调蓄水和从上关到下关等地的客货运输功能。洱海周边风景秀丽，西面湖滨多小湖和鱼塘，从湖滨至点苍山麓是富饶的农田耕作湿地。大理是南诏古国（748 ~ 937 年）及大理古国（937 ~ 1254 年）的都城所在地，是我国第一批公布的历史文化名城之一，洱海东面鸡足山是佛教胜地，名胜古迹较多。大理市为滇西交通的枢纽和政治文化及工农业生产的重镇。洱海及其周边地带是“苍洱国家级自然保护区和大理风景名胜区”，苍山 19 峰、18 溪，山青水秀，是云南省发展旅游事业的重点地区之一。环湖坝区人口密度为 260 人/km^2，人均耕地面积仅有 0.5 亩，主要以种植业和养殖业为主。其中渔业生产占有很大比例，1994 年渔业产值为 1202×10^4 元。

9 干扰和威胁

洱海湿地的干扰和威胁因素主要有以下几方面：①人口急增和村镇城市化进程的加快，大量的村镇污水和生活垃圾直接排入洱海，使得污染增加，造成富营养化。②由于旅游业是大理的支柱产业之一，随着旅游开发的不断深入，许多自然生态状况较好的区域将面临植被破坏和野生生物物种消失的危险。③大理石采矿点不合理的开采方式不但造成资源浪费、山体及表土植被严重破坏，而且所造成的破坏难以恢复并形成大量的水土流失，同时还加大了洱海的泥沙淤积量。④引入的外来鱼种与土著鱼种争夺食物和产卵场所，部分种类吞噬土著鱼种的鱼卵，破坏了以大理裂腹鱼（俗称弓鱼）、土著鲤鱼等为主的土著鱼类区系。⑤侵占洱海滩地围湖建鱼塘和建房的情况仍然存在，破坏了洱海原有的湿地生态系统，也减少了湖泊的面积。⑥大量的机械化捕鱼船和过量的捕捞，对洱海的水生生物资源产生了很大的威胁。据资料记载，自 1977 年建成西洱河电站，1977 ~ 1981 年建成弥苴河、永安江、罗时江水坝；20 世纪 90 年代围湖造塘或排水造田 564.5hm^2 之后，湖区沼泽湿地面积已大为缩小，加上不合理的渔业引种放养，致使土著鱼类的生产量逐年下降，详见表 4 – 10（杨君兴，1996）。

表 4 – 10 洱海土著鱼类产量的变动情况（自杨君兴，1996）

鱼种类	50 年代	60 年代	70 年代	80 年代	90 年代
总产量（t）	1450	700 ~ 1239	2000 ~ 2500	2500 ~ 6500	
大理裂腹鱼（t）	500	6 ~ 15	6.5kg ~ 4	1 ~ 2	0
洱海四须鲃（t）	300	4 ~ 10	0 ~ 2	0	0
油四须鲃（t）	170	1 ~ 2	0	0	0
大眼鲤（t）	50	4 ~ 10	1 ~ 3	2 ~ 4	0
鲤（其余）（t）	25	10 ~ 15	3 ~ 5	4 ~ 6	0
鰕鯱鱼（t）	0	0	1250	200	1560
银鱼（t）	0	0	0	0	250 ~ 700
鱼船数（条）	300	500		2871 ~ 3617	2733

10 保护与研究状况

洱海已建有大理苍山洱海国家级自然保护区管理处。但管理机构不健全，多头管理、缺少统一的规划管理工作。管理和科研能力薄弱，经费仅能维持一般管理工作，基本未开展有效的管理和保护措施。大理白族自治州城乡建设环境保护局一直在进行环境状况检测，州科委和洱海管理局于 1985 ~ 1986 年期间组织过多学科的考察工作，于 1989 年出版了《云南洱海科学论文集》。以后有中国科学院昆明动物研究所进行过多次水禽资源调查，中国科学院昆明植物研究所进行过多次植物资源和洱海水生植物群落分布调查，中国科学院南京地理与湖泊研究所、兰州地质研究所、南京地质古生物研究所、地球化学研究所等单位进行过洱海的环境与沉积研究。

第三节 抚仙湖

1 地理位置和海拔

抚仙湖位于滇中高原盆地中心，玉溪市的澄江、江川、华宁三县境内，东经 102°49′ ~ 102°58′，北纬 24°21′ ~ 24°38′之间。湖面平均海拔 1721m。

2 面积

湖面平均面积212.5km^2。

3 类型

高原永久性淡水深水湖泊、周围湖滨沼泽、水稻田。

4 自然地理概况

抚仙湖湖长31.5km，湖最宽处11.5km，最窄处3.2km；平均宽度6.73km，湖泊的平面形态呈南北向的葫芦形，两端大，中间窄，北部宽而深，南部窄而稍浅，岸线发展系数为1.72，较平原地区湖泊小。湖岸线总长90.6km，最大水深157.3m，平均水深87.0m，是我国第二、云南第一的淡水深水湖泊。同云南的其他高原湖泊一样，属于石灰岩砂岩地区的构造湖，主要是由于褶皱断层、侵蚀冲击和陷落冲击几种因素形成（黎尚豪等，1963）。

抚仙湖属于南盘江水系，注入湖内的河道有27条，湖水经海口河流入南盘江。湖水水体透明度为4.98～12.5 m，pH值约8.62，浮游植物1.2×10^6（细胞/L），浮游动物10.5个/L，属于贫营养型湖泊，湖泊的有机物积累较少（戴全裕，1985）。

江川县境内的星云湖为抚仙湖上游，两湖相距2km，相对高差约1m，通过“隔河”相连。

5 气候环境

湖泊位于亚热带季风气候区，属中亚热带半湿润季风气候，冬春干旱，夏秋多雨湿热，干湿季节分明是本区气候的主要特征。流域内常年平均气温15.6℃，最热月为7月，平均气温20.5℃，最冷月为1月，平均气温为8.3℃。平均相对湿度75%～80%，全年无霜期330天，日照时数2000～2400小时。湖泊积水主要靠降雨补给，5月下旬到10月的雨季是湖泊水位上升的丰水季节，降雨量为全年的80%以上，多年平均年降水948.1mm。

6 生物多样性特点及其变迁

6.1 浮游生物

6.1.1 藻类植物种类及常见种

抚仙湖藻类植物计有62种，分隶于8门8纲13目22科。其中蓝藻门色球藻科 Chroococcaceae 分布有8种；念珠藻科 Nostocaceae 有水华束丝藻 *Aphanizomenon flos-aquae* 1种，较为常见；颤藻科 Oscillatoriaceae 有4种，均属稀有种。硅藻门 BACILLARIOPHYTA 圆筛藻科 Coscinodiscaceae 有5种，其中椭圆小环藻 *Cyclotella rhomboideo-elliptica* 等为常见种。绿藻门 CHLOROPHYTA 团藻科 Volvocaceae 有2种；小球藻科 Chlorellaceae 有2种；卵囊藻科 Oocystaceae 有8种，均为稀有种类；葡萄藻科 Botryococcaceae 的葡萄藻 *Botryococcus braunii* 为常见种；水网藻科 Hydrodictyaceae 有4种，均为稀有种；栅藻科 Scenedesmaceae 有5种，其中双生栅藻 *Scenedesmus bijuga* 为常见种；空星藻科 Coelastraceae 有2种，其中小空星藻 *Coelastrum microporum* 为常见种；丝藻科 Ulotrichaceae 有2种；双星藻科 Zygnemataceae 有4种；鼓藻科 Desmidiaceae 有5种。轮藻门 Charophyta 的轮藻科 Characeae 有1种。

6.1.2 浮游动物种类及常见种

抚仙湖的浮游动物计有232种，隶属于34科。

原生动物：变形科 Amoebidae 3种；哈氏科 Hartmannellidae 2种；表壳科 Arcellidae 6种，其中普通表壳虫 *Arcella vulgaris* 为常见种；梨壳科 Nebelidae 2种；砂壳科 Difflugiidae 14种，其中尖顶砂壳虫 *Difflugia acuminata* 和球形砂壳虫 *Difflugia globulosa*2种为常见种，针棘匣壳虫 *Centropyxis aculeata* 为优势种；鳞壳科 Euglyphidae 5种；太阳科 Actinophryidae 2种；刺胞科 Acanthocystidae 3种；圆口科 Trachellidae 3 种；栉毛科 Didiniidae 4 种，其中团睥睨虫 *Askenasia volvox* 为优势种；裂口科 Amphileptidae 2 种；壳吸管科 Acinetidae 2 种；四膜科 Tetrahymenidae 2 种；膜袋科 Cyclidiidae 2 种；钟形科 Vorticellidae 5 种；累枝科 Epistylidae 5 种；鞘居科 Vaginicolidae 5 种，环靴纤虫 *Cothurnia annulata* 为常见种；侠盗科 Strobilidiidae 中侠盗虫 *Strobilidium* sp. 为常见种；筒壳科 Tintinnidae 有 3 种。

轮虫类：旋轮科 Philodinidae 有 7 种；猪吻轮科 Dicranophoridae 有 3 种；臂尾轮科 Brachionidae 27 种，其中盘状鞍甲轮虫 *Lepadella patella*、大肚须足轮虫 *Euchlanis dilatata*、小须足轮虫 *Euchlanis parva* 为常见种；腔轮科 Lecanidae 14 种，其中月形单趾轮虫 *Monostyla lunaris*、囊形单趾轮虫 *Monostyla bulla* 为常见种；晶囊轮科 Asplanchnidae 5 种；椎轮科 Notommatidae 8 种；腹尾轮科 Gastropodidae 2 种，其中弧形彩胃轮虫 *Chromogaster testudo* 为常见种；鼠轮科 Trichocercidae 10 种，其中对棘同尾轮虫 *Diurella stylata* 为优势种，刺盖异尾轮虫 *Trichocerca capucina* 为常见种；疣毛轮科 Synchaetidae 5 种，其中针簇多肢轮虫 *Polyarthra trigla* 为常见种；镜轮科 Testudinellidae 5 种，其中沟痕泡轮虫 *Pompholyx sulcata* 为常见种；胶鞘轮科 Collothecidae 3 种。

枝角类：薄皮溞科 Leptodoridae 仅有 1 种，其中透明薄皮溞 *Leptodora kindtii* 为少见种，仙达溞科 Sididae 2 种；溞科 Daphniidae 7 种，其中钩弧网纹溞 *Ceriodaphnia hamata* 为优势种；裸腹溞科 Moinidae 2 种；象鼻溞科 Bosminidae 2 种，其中长额象鼻溞 *Bosmina longirostris* 为常见种；盘胀溞科 Chydoridae 9 种，其中圆形盘胀溞 *Chydorus sphaericus* 为常见种。

桡足类：计有 3 目 4 科 24 种。镖水蚤目 CALANOIDA 镖水蚤科 Diaputomidae 6 种，剑水蚤目 CYCLOPOIDA 剑水蚤科 Cyclopidae 16 种，其中剑水蚤 *Cyclopoida* 和无节幼体 *Nauplius* 较为常见。

6.2 水生植被

抚仙湖四周大多被基岩山或断块山所环抱，地形陡峭，近岸带被砾石所布满，此下才有面积较小的泥质沙滩或河口冲击扇，再下就到了 20m 以上的深水区（黎尚豪等，1963）。因此，水生植物的种类（表 4－11）简单，仅 12 种，生态生活型单一，全为沉水植物，表现出深水湖的特点。

表 4－11 抚仙湖水生植物名录（资料来源：李恒，1980）

科 名	名 称	生活型
金鱼藻科 Ceratophyllaceae	金鱼藻 *Ceratophyllum semersum*	沉水
小二仙草科 Halorrhagaceae	穗状狐尾藻 *Myriophyllum spicatum*	沉水
水鳖科 Hydrochritaceae	黑藻 *Hydrilla verticillata*	沉水
	苦草 *Vallisneria gigantea*	沉水
	海菜花 *Ottelia acuminata*	沉水
眼子菜科 Potamogetonaceae	菹草 *P. crispus*	沉水
	亮叶眼子菜 *P. lucens*	沉水
	马来眼子菜 *P. malainus*	沉水
	红线草 *P. pectinatus*	沉水
	穿叶眼子菜 *P. perfoliatus*	沉水
	鸭子草 *P. tepperi*	沉水
茨藻科 Najadaceae	小茨藻 *Najas minor*	沉水

根据李恒（1980）、戴全裕（1985）的调查资料，抚仙湖水生植被群落简单，常见马来眼子菜群落、狐尾藻群落、苦草群落、红线草群落等种群落类型。

6.2.1 狐尾藻群落

分布于张营、海口、尖山等处，水深 4m 左右，水质不拘（最大 pH 值可到 9.2），群落盖度低于 80%。群落分上下两层，上层层冠与水面平齐，层盖度 30% ~70%。优势种为狐尾藻，常见伴生种有马来眼子菜、川叶眼子菜、亮叶眼子菜等种类；群落下层沉于水中，层冠离水面0.3~0.5m，主要成分有红线草、黑藻、金鱼藻、篦齿眼子菜等种类。

6.2.2 马来眼子菜群落

分布于抚仙湖的海口等地，水深约0.8m。群落的生长对水体的要求较高，要求水体透明度大，有一定的流速。群落外貌绿褐色，总盖度60%~90%。群落上层优势种为马来眼子菜，花前腋生的花序直立于水面，花后下垂于水下，并有穿叶眼子菜、亮叶眼子菜等种类伴生。群落下层盖度约20%~30%，以黑藻、红线草、苦草等种类较为常见。

6.2.3 红线草群落

分布于出水河道之中，水深0.4~2.5m。群落盖度20%~30%，优势种为红线草，植株丛生，株丛直径约20~20cm，高20~100cm，沉于水下。群落在1m以下的浅水区无明显分化，常见的伴生种类为狐尾藻。红线草是食草性鱼类良好的饵料和产卵场所，适应性强，可以在不同的海拔、水质条件下生长，是一种较好的水生植物资源。

6.2.4 苦草群落

分布于抚仙湖的张营、海口和尖山等地，水深1~5m（最深可达20m）。通常形成单种群落，群落结构十分简单。群落成分随水深的增加而减少，较常见的种类有狐尾藻、亮叶眼子菜、马来眼子菜等。

6.3 无脊椎动物

抚仙湖的无脊椎动物计有72种，隶属于6门8纲13目26科。

腔肠动物门：硬水母目 TRACHYLINA 有桃花水母 *Craspedacusta* sp. 1种。

线形动物门：线虫纲 NEMATODA 有鞭虫 *Trichuris* sp. 、线虫 *Nematoda* sp. 2种，其中线虫为常见种。

担轮动物门：腹毛纲 GASTROTRICHA 有2种。

环节动物门：寡毛纲 OLIGOCHAETA 瓢体虫科 Aeolosoma 有1种，仙女虫科 Naididae 有3种，颤蚓科 Tubificidae 有水蚯蚓 *Microdrili* sp. 1种，蛭纲 HIRUDINEA 有蚂蝗 *Gnathobdellida* sp. 。

软体动物门：腹足纲 GASTROPODA 的腹足目 MESOGASTROPODA 中，田螺科 Viviparidae 有方形环棱螺 *Bellamya quadrata*、角形环棱螺 *Bellamya angularis*、膨胀圆田螺 *Cipangopaludina ampullaceal*、胀肚圆田螺 *Cipangopaludina ventricosa*、螺蛳 *Margarya melanioides*、方氏螺蛳 *Margarya francheti*、乳顶螺蛳 *Margarya tropidophora*、肋川蜷 *Paraprososthenia costata*、绘环棱螺 *Bellamya limnophila* 等9种；觿螺科 *Hydrobiidae* 有卵圆仿雕石螺 *Lithoglyphopsis ovatus*、大仿雕石螺 *Lithoglyphopsis grandis*、赤仿雕石螺 *Lithoglyphopsis fuchsianus*、云南仿穴螺 *Lacunopsis yunnanensis*、中国曼宁螺 *Manningiella. chinesis*、肋川蜷 *Paraprososthenia costata* 等6种；豆螺科 *Bithyniidae* 有赤豆螺 *Bithynia fuchsiana*，拟沼螺科 *Assimineidae* 有堇拟沼螺 *Assiminea violacea*，椎实螺科 Lymnaeidae 有云南萝卜螺 *Radix yunnanensis*、卵萝卜螺 *Radix ovata*、橘色萝卜螺 *Radix rufescens*、尖萝卜螺 *Radix acuminata*、蓬斗萝卜螺 *Radix chlamys*，扁蜷螺科 *Planorbidae* 有凸旋螺 *Gyraulus convexiusculus*、扁旋螺 *Gyraulus compressus*、尖口圆扁螺 *Hippeutis cantori*、大脐圆扁螺 *Hippeutis umbilicalis* 等9种。瓣鳃纲 LAMELLIBRANCHIA 的异柱目 ANISOMYARIA 中，贻贝科 Mytilidae 的淡水壳菜（湖沼股蛤）*Limnoperna lacustris* 在云南仅见于抚仙湖；真瓣鳃目 EULAMELLIBRANCHIA 中蚬科 Corbiculidae 有河蚬（黄蚬）*Corbicula fluminea*1种。

节肢动物门：甲壳纲 CRUSTACEA 的淡水虾类中，长臂虾科 Palaemonidae 有秀丽白虾（白虾）*Exopalaemon modestus*1种，匙指虾科 Atyidae 有中华新虾米 *Neocaridina denticulata sinensis*。淡水蟹类中，溪蟹科 Potamiodea 有锐刺拟溪蟹 *Parapotamon spinescens*。蛛形纲 ARACHNOIDA 中，微蛛科 Micryphantidae 有草间小黑蛛 *Erigonidium graminicola*、四斑锯螯蛛 *Dyschiriognatha quadrimaculata* 2种，圆蛛科 Araneidae 有四点亮腹蛛 *Singa pygmaea*，栅蛛科 Hahniidae 有栅纹器蛛 *Hahnia* sp. 等。昆虫纲 INSECTA 的半翅目 HEMIPTERA 中水黾科 Gerridae 有姬水黾 *Gerris lacutris linnaeus*，田鳖科（负子虫科）Belostomatidae 有日本负子虫（背米虫）*Sphaeroderma japonicum*、田鳖 *Kirkaldyia deyrollei villefroy*，仰泳蝽科（松藻虫科）Notonectidae 有松藻虫 *Notonecta triguttata*，红娘华科有（蝎蝽科）Nepidae 有红娘华 *Laccotrephes japonensis*。鞘翅目 COLEOPTERA 的牙虫科（水龟虫科）Hydrophilidae 有小牙虫（水龟虫）、水龟 *Hydrophilus affinis sharp*，龙虱科 Dytiscidae 有泽劳（三点龙虱）*Cybister tripunclatus*。蜻蜓目 ODONATA 的蜻蜓科 Libellulidae，双翅目 DIPTERA 的蚊科 Culicidae 等。

6.4 脊椎动物

6.4.1 鱼类

根据杨君兴、陈银瑞（1995）的研究结果，抚仙湖共有鱼类 39 种（亚种），隶属于 7 目 14 科 33 属。其中土著鱼类 25 种：鱇鲸白鱼 *Anabarilius grahami*、小鳔鱊 *Acheilognathus microphysa*、云南鯿结鱼 *Folifer yunnanensis*、云南倒刺鲃 *Spinibarbus yunnanensis*、抚仙吻孔鲃 *Poropuntius fuxianhuensis*、常氏吻孔鲃 *Poropuntius chonglingchungi*、花鲈鲤 *Percocypris regani*、抚仙金线鲃 *Sinocyclocheilus tingi*、云南光唇鱼 *Acrossocheilus yunnanensis*、长须盘鮈 *Discogobio longibarbatus*、长鳔盘鮈 *Discogobio macrophysallidos*、鳞胸裂腹鱼 *Schizothorax lepidothorax*、抚仙鲤 *Cyprinus fuxianensis*、杞麓鲤、鲫、泥鳅、侧纹云南鳅 *Yunnanilus pleurotaenia*、褚氏云南鳅 *Yunanilus chui*、钝吻云南鳅 *Yunnanilus obtusirostris*、副鳅 *Paracobitis* sp.、抚仙高原鳅 *Triplophysa fuxianensis*、抚仙鲇 *Silurus grahami*、中华青鳉 *Oryzias sinensis*、黄鳝、乌鳢；外来种 14 种：太湖新银鱼 *Neosalanx taihuensis*、青鱼 *Mylopharyngodon piceus*、草鱼 *Ctenopharngodon idella*、鲢、鳙、鳘 *Hemiculter leucisculus*、麦穗鱼 *Pseudorasbora parva*、棒花鱼 *Abbottina rivularis*、高体鳑鲏 *Rhodeus ocellatus*、食蚊鱼 *Gambusia affinis*、间下鱵鱼 *Hyporhamphus intermedius*、小黄黝鱼、子陵吻鰕鯱鱼 *Rhinogobius giurinus*、波氏吻鰕鯱鱼 *Rhinogobius cliffordpopei*。中国科学院昆明动物研究所的馆藏标本中还有采自抚仙湖的光唇裂腹鱼 *Schizothorax lissolabiatus*，因此抚仙湖的土著鱼类应为 26 种。

在 26 种土著鱼类中，鲤形目鱼类有 22 种，占总种数的 84.6%；鲇形目、鳉形目、合鳃目和鲈形目各 1 种。由此可见，抚仙湖鱼类区系的主要成分是鲤形目鱼类。这是云南高原湖泊鱼类区系的共同特点之一。在鲤形目中，鲤科鱼类种数较多，共有 16 种，占该湖鱼类总种数的 61.5%；爬鳅科鱼类有 5 种，占 19.2%；鳅科仅 1 种。抚仙湖土著鱼类区系以鱊属、鲃亚科、鲤亚科、泥鳅属、鲇属、青鳉属、黄鳝属、鳢属为代表的老第三纪类群为主要成分，兼有少量以裂腹鱼属和高原鳅属为代表的青藏高原类群和以白鱼属、盘鮈属、云南鳅属为代表的云南高原特有类群成分；虽然隶属南盘江水系，但未受到东亚鱼类区系的影响，现有的以“四大家鱼”为代表的东亚类群是近年人为引入的结果。

根据属的分布中心，可分为 4 个地理分布型，即青藏高原分布型、云南弧分布型、南亚分布型和广泛分布型（杨君兴、陈银瑞，1995）；其中属于青藏高原分布型的有 2 属 3 种，即鳞胸裂腹鱼、光唇裂腹鱼和抚仙高原鳅，除光唇裂腹鱼之外均为抚仙湖特有种；属于云南弧分布型的有 6 属 9 种，其中鱇鲸白鱼、抚仙金钱鲃、长须盘鮈、褚氏云南鳅、钝吻云南鳅为抚仙湖特有种；属于南亚分布型的有 5 属 6 种，其中云南鯿结鱼、抚仙吻孔鲃、常氏吻孔鲃为抚仙湖特有种；属于广泛分布型的有 7 属 8 种，其中小鳔鱊、抚仙鲤、抚仙鲇为抚仙湖特有种。

根据熊飞等（2006）的研究，抚仙湖鱼类群落结构正在发生显著变化，土著鱼类资源在逐渐衰退，其他鱼类的种类和种群数量急剧上升。根据熊飞等（2006）和媒体报道，近年抚仙湖出现了大量新的外来种，如匙吻鲟、鳗鲡、红鳍原鲌、高背鲫、金鱼、胡子鲇、黄颡鱼、罗非鱼、下口鲇等。

6.4.2 两栖类

抚仙湖周边的沼泽、农田、河流、水沟等湿地中分布的两栖类动物，记录有 27 种，隶属于 2 目 7 科。有尾目蝾螈科有红瘰疣螈和蓝尾蝾螈。无尾目盘舌蟾科较为常见的有大蹼铃蟾 1 种。蟾蜍科较为常见的有华西蟾蜍、黑眶蟾蜍，雨蛙科有华西雨蛙，蛙科 Ranidae 的双团棘胸蛙、昭觉林蛙等种类。树蛙科 Rhacophoridae 中斑腿泛树蛙 *Polypedates Megacephalus*、红蹼树蛙 *Rhacophorus rhodopus* 较常见。姬蛙科 Microhylidae 中的云南小狭口蛙 *Calluella yunnanensis*、小弧斑姬蛙 *Microhyla heymonsis*、饰纹姬蛙

Microhyla ornata 等种类较为常见。

6.4.3 爬行类

抚仙湖及其周边的沼泽、农田、河流、水沟等湿地中分布的爬行类动物，记录有14种，隶属于3目5科。龟鳖目TESTUDINATA中平胸龟科Platysternidae的平胸龟*Platysternon megacephalum*较常见，石龙子科Scincidae的铜蜓蜥较常见。蛇目SERPENTES游蛇科Colubridae红脖颈槽蛇和白链蛇较常见。

6.4.4 鸟类

抚仙湖及其周边的沼泽、农田、河流、水沟等湿地中分布的湿地鸟类，记录有29种，隶属于9目10科。包括小䴙䴘、凤头䴙䴘、普通鸬鹚、苍鹭、绿鹭、池鹭、白鹭、中白鹭、大麻鳽、赤麻鸭、绿翅鸭、赤颈鸭、赤嘴潜鸭、凤头潜鸭、普通秋沙鸭、红胸田鸡、白胸苦恶鸟、黑水鸡、骨顶鸡（白骨顶）、灰头麦鸡、白腰草鹬、林鹬、矶鹬、扇尾沙锥、黑尾鸥、红嘴鸥、棕头鸥、普通翠鸟、白胸翡翠、红尾水鸲等。

在所记录的鸟类中，小䴙䴘、绿鹭、池鹭、白鹭、中白鹭、红胸田鸡、白胸苦恶鸟、黑水鸡、普通翠鸟、红尾水鸲等种类为留鸟或繁殖鸟；其他种类均属旅鸟或冬候鸟。

1997年1月20日杨晓君等观察记录结果为：红嘴鸥58只、小䴙䴘14只、矶鹬12只、白胸翡翠1只、凤头䴙䴘1只、普通翠鸟1只。值得注意的是2007年春季的调查表明，该湖内红嘴鸥的遇见率明显增加。

由于抚仙湖的水位较深、冬季湖面的风浪较大、湖滨多陡峭、沼泽滩地较少，致使水禽的栖息和觅食活动都受到不良影响。所以，在历次调查中所记录水禽的种类和每一种的数量均较少。

6.4.5 哺乳类

抚仙湖是云南高原湖泊中水质比较好的一个深水湖泊。水域及其周边的沼泽、农田、河流、水沟等湿水域中分布的湿地哺乳类有喜马拉雅水鼩 、水獭；湖周有黄鼬、小灵猫、豹猫、食蟹獴，其中水獭、小灵猫为国家Ⅱ级重点保护野生动物。在水域及其附近上空捕食昆虫的翼手类通常有中华菊头蝠、大足鼠耳蝠、西南鼠耳蝠、高颅鼠耳蝠、水鼠耳蝠、毛腿鼠耳蝠、东亚伏翼、棒茎伏翼、南蝠、亚洲长翼蝠等16种。

7 经济和社会价值

抚仙湖的行政区划，跨越澄江、江川和华宁3县，水域面积3县分别为126km^2、67km^2、19km^2。1994年整个径流区（含星云湖区）有16个乡镇，41个村办事处，共计有272个自然村，总人口31.96万人，其中澄江县11.67万人、江川县19.5万人、华宁县0.8万人。工农业总产值81 651万元，农业总产值为24 190万元，国民生产总值94 867万元。湖区内的主要粮食作物为水稻、玉米、小麦和蚕豆，主要经济作物为烤烟和油菜等。工业有磷化工、建材、机械、食品加工等行业。

湖区周围的土地主要用于种植，湖泊内以养殖为主，主要的放养种类为太湖新银鱼，1991年银鱼产量占全湖鱼产总量的77%以上。

抚仙湖具有很好的旅游资源，湖畔有近百处佳景，现已开放的景点有禄充、孤山、明星、新河口、海口五大景区，其中禄充和孤山两地风光最美，景点最集中。禄充景区湖面开阔且岸边多秀美山景，景区中央的笔架山和两侧的麒麟山、尖山山势挺拔、造型奇特。孤山景区是湖区南端的一座小岛，岛上多奇异岩石和精美亭阁，这里的天生桥、舍生崖等“新、老十景”风光绮丽，每年5~8月间岛边湖面上经常出现由数万尾大小不等的青鱼列队环游组成的“青鱼阵”，场面壮观、神奇诱人。此外，像明星景区中的明星渔洞、新河口景区内的湖滨游乐场、海口景区内的温泉度假村等亦都是抚仙湖畔的名景。

8 干扰和威胁

抚仙湖目前面临的主要威胁是湖滨旅游设施建设增加，生活污水、农田泄水以及工业污水排入湖内，致使湖水的水质污染和湖泊富营养化进程加快，同时水土流失也影响了湖水的水质，开发旅游带来的污染和围湖现象比较突出。

9 保护与研究状况

抚仙湖地区已建立有抚仙湖管理局，进行保护管理。中国科学院昆明动物研究所和昆明植物研究所曾对抚仙湖进行过野生动植物区系调查。继后中国科学院昆明动物研究所对其水禽的变化进行了多次调查。云南大学生物系进行过水生生物综合调查。中国科学院南京地理与湖泊研究所、兰州地质研究所、南京地质古生物研究所、地球化学研究所进行过环境与沉积的调查研究。

第四节 异龙湖

1 地理位置和海拔

异龙湖位于红河哈尼族彝族自治州（简称红河州）的石屏县境内。东经102°28′~102°38′，北纬23°38′~23°42′之间。湖面平均海拔1413.4m。

2 面积

异龙湖湖面平均面积34.0km^2，平均湖水深度为2.9m。

3 类型

高原永久性淡水湖泊、周围湖滨沼泽、水稻田。

4 自然地理概况

异龙湖为岩溶构造形成，于喜马拉雅山造山运动时期，在内外营力作用下，周围山体抬升，湖盆中心下沉，积水溶蚀石灰岩形成湖泊。湖面形似葫芦状，呈东西向条带状，南岸五爪山沟谷发育，形如五爪伸入湖中，山水相含形成数个大小湖湾。湖盆周围为波状起伏的山地，一般海拔在1500~2000m之间。

湖北岸为乾阳山脉，属中高山地形，湖岸线平直。由东向西方向延伸，地形起伏。北边有龙尖山、歪头山、乾阳山、集英山；西边有小塔顶山、青龙白虎山；南边有砚瓦山、五爪山、对门山；湖的南岸为红河水系和珠江水系的分水岭。因南边山丘陵起伏沟谷发育，故湖边湖弯较多。异龙湖有大小72湾，其中著名的有小水湾、大湾、高家湾、罗色湾、青鱼湾、白浪湾较多，号称九湾。在东边有老洪山横截。异龙湖四周环山，形成一个东西西向的湖盆。湖盆东北端有一缺口，自湖形成以来湖水都从此缺口溢出。异龙湖大小支流20条，大小出露泉眼22处。主要支流有3条，一是城河，发源于宝秀以上诸山溪，由赤瑞湖流出后汇北蔡河，由西北向东南流经石屏县城至大瑞城入湖，常年有水，而且比其他支流的水量较大；二是城南河，源出弥太白，由西北向东南经石屏城南，由胃合村附近入湖；三是城北河，源出扬广城以上诸山溪，经城北陶村至大瑞城附近入湖。这些支流大部分为季节性河流，无雨无水，有雨则水大。

异龙湖湖面海拔1413.4m，湖泊面积34.0km^2，流域面积326km^2，平均湖长6.55km，平均湖宽2.75km，平均水深2.9m，最大水深3.7m，蓄水量$1.13\times10^8m^3$，湖泊多年平均水量为$0.439\times10^8m^3$。2000年，异龙湖全年期水质全湖为Ⅳ类，汛期靠近泸江出口为Ⅲ类，其他水域为Ⅳ类；非汛期水质较差，靠近泸江出口为Ⅳ类，其他水域为Ⅴ类（云南省九大高原湖泊水资源调查评价，2004）。

5 气候环境

异龙湖属于亚热带湿润季风地区，具有雨热同季，干湿季分明的特点，湿季在5~10月，11月至翌年4月为干季。干季受来自于伊朗高原干暖西风环流的控制，干旱少雨，气候具有大陆性特点。雨季则受来自于印度洋和北部湾暖湿气候的影响，潮湿多雨。据气象站资料看，气温元月最低，曾达到-2.4℃，极端最高气温达到34.5℃。年温差也较小，一般都是在11℃以下。年平均气温在17～19.9℃之间，平均为18℃；降水量在613.3～1160.4mm之间，平均为894.0mm，多年平均水面蒸发量为1215.5mm；湿度在71.7%～77.1%之间，平均为75.3%（红河州环境保护办公室，1983）。

6 水质变化

1957年8月10日观测，水体透明度为90～130cm，pH8.9～9.2，溶氧量为5.35～5.84mg/L，硝酸盐约为0.01mg/L，亚硝酸盐和磷酸盐测不出，属贫营养型湖泊。1983年3月9日，透明度为185～190cm，pH8.6，溶氧为7.5～9.6mg/L，化学耗氧量为4.8mg/L，硝酸盐为0.08mg/L，亚硝酸盐未检出，NH_4-N为0.16mg/L，总氮为0.82mg/L，总磷为0.057mg/L，可见为属中富营养型，水质清洁较好。1992年6～11月平均透明度为26cm，pH8.92，溶氧为6.6mg/L，化学耗氧量为26.43mg/L，NH_4-N为0.86mg/L，总氮为5.8mg/L，总磷为0.065mg/L，可见为严重有机污染，水质大大低于Ⅴ级，但由于石屏县工业基础薄弱，有毒、有害物质污染程度较小，尚属清洁（李英南等，1993）。另据仇国新等（1998）的调查，1997年COD_{mn}和BOD_5浓度比1992降低了一半，总氮、总磷、透明度（SD）、叶绿素a（CHl_{-a}）含量大幅度下降，特别是色度已由60多度下降到10多度，水体透明度普遍提高，有的地区能见度已由20cm上升到100cm以上。1997年用BOD_5，COD_{mn}、T－N、T－P、CHl_{-a}、SD采用分级百分法与修正度的TSl_m指数法同时对该湖泊富营养化程度评价，两种评价结果均表明异龙湖富营养化程度已发生下列变化：异常富营养化→重营养化→富营养化。水质变化的原因据王忠泽（1997）分析如下：

湖泊水位下降，湖容积减少：据记载，1918年湖面海拔高1418m，容积为$3.0\times10^8m^3$。据1952年实测，湖面高程1415.3m，东西湖长15km，南北湖宽3.5km，湖岸线长86km，湖面面积$52km^2$，最大水深9m，平均水深3.5m，湖水容量$2\times10^8m^3$；1953年修竣出口河道海河，湖水位降至1413.7m，湖水容量减至$1.1\times10^8m^3$；至1960年湖水位降为1411.3m，1971年回升至1412.7m。但为围湖造田，打通青鱼湾放湖水入五朗河经小河底河汇入元江干流，到1978年堵塞隧洞时，湖水容量仅有$80\times10^4m^3$左右，大部分湖盆区域成为沼泽；1981年全湖干涸20天。为了恢复湖泊形态，采取了堵洞蓄水不泄水等措施，当达到正常蓄水位1412.2m时，湖水面积$30.6km^2$，湖容量$1.13\times10^8m^3$，平均水深2.75m，最近几年，由于水位均达不到正常蓄水位，湖面仅有$20km^2$左右，导致部分湖床露出水面，已形成沼泽地，异龙湖的沼泽化程度居九大高原湖泊之首，异龙湖已成为无出流的封闭型浅水湖。

湖周森林植被减少，水土流失增加：例如森林覆盖率1980年为19.22%，1990年减至11.67%，即大约以每年0.8%的速度递减，涵养雨水的能力下降，水源减少，水土流失，入湖的物质增加。

城镇工业废水和农田尾水流入湖内：石屏豆腐及其系列产品是传统地方名特产品，享誉省内外，以至东南亚，仅县城就有国营、集体、个体豆腐厂400多家，全部有机废水流入湖内。

网箱养鱼和围栏养鱼的影响：大规模的网箱和围栏饲养草鱼，每天投入大量的陆地植物饲料和人工饲料，成了最大的氮、磷等物质的来源。

水草剧减，自净能力下降：鱼饲料和农田肥料要用水草，网箱内外大量草鱼掠食水草，从而水草锐减，浮游植物猛增，许多湖底成为水下"荒漠"，导致水草型湖泊变为浮游植物型湖泊。

7 生物多样性的特点及其变迁

7.1 浮游生物

7.1.1 藻类植物种类及变迁

（1）种类 根据王忠泽1992年的调查，异龙湖共计观察到藻类植物7门34科173种和变种，数量为1.932×10^9个/L。

蓝藻门：4 科 16 属 27 种，平均数量 1.89×10^9 个/L，生物量 110.148mg/L，是数量和生物量最多的一门。优势种类有水华束丝藻 *Aphanizonenoa flosaquae*，其次为微囊藻属 *Microcystis*，数量较多的还有颤藻属 *Oscillatoria* 和平列藻属 *Merisnopedia*。

隐藻门：1 科 1 属 2 种，数量 1.52×10^5 个/L，表现为种类少而数量多。2 种中以卵形隐藻 *Cryptomonsa avata* 较多。

甲藻门：3 科 3 属 4 种，数量 2.01×10^5 个/L，沃尔多甲藻 *Peridinium volxii* 为主。该门种少，相对数量更少，居次要地位。

黄藻门：仅 1 属 2 种，数量 1.19×10^5 个/L，是数量最少的一门。

硅藻门：8 科 16 属 32 种，数量 3.93×10^5 个/L，优势种类有梅尼小环藻 *Cyclotella meneghiniana*、双球舟形藻 *Navicula amphibola*，其次是颗粒直链藻 *Melosira granulata*，种类和数量都居第 3 位。

裸藻门：1 科 6 属 34 种，数量 1.605×10^6 个/L。优势及常见种为尖尾裸藻 *Euglena oxyuris*、宽扁裸藻 *Phocus pleuronectes*、梨形裸藻 *Phocus pyrum* 等。裸藻类全湖有分布，但在县城污水流入的城河口附近，种类、数量、生物量都是最多，种类居第 2 位。

绿藻门：16 科 33 属 74 种，是种类最多的一门，数量 5.36×10^5 个/L，优势种类和常见种类为盘星藻属 *Pediastrum*、栅藻属 *Scenedesmus*、鼓藻属 *Cosmarium* 和衣藻属 *Chlamydomonas* 的种类。

（2）变化　自 1957 年（黎尚豪等，1963）到 1992 年，异龙湖藻类植物发生了巨大变化。清水性、寡污性种类减少或消失，耐污性种类数量大幅度增加（王忠泽，1997）。

种类排序：1957 年种类和数量较多的门依次是：硅藻 > 蓝藻 > 绿藻 > 甲藻。硅藻和甲藻多表明水清、瘦，而蓝藻和绿藻多又表明有机物亦有一定含量。1992 年硅藻从第 1 位降至第 3 位，甲藻从第 2 位降至第 5 位。而 1957 年未提及名次的裸藻，则跃居第 2 位取代了甲藻。1992 年各门藻类按种类多少排序为绿藻 > 裸藻 > 硅藻 > 蓝藻 > 甲藻 > 隐藻 > 黄藻；按个体数量排序为蓝藻 > 绿藻 > 硅藻 > 裸藻 > 隐藻 > 甲藻 > 黄藻；按生物量排序为蓝藻 > 裸藻 > 绿藻 > 甲藻 > 隐藻 > 硅藻 > 黄藻。

常见种：1957 年最普通、最常见、最主要的 9 种浮游藻类，到 1992 年已起了显著变化。只有铜绿微囊藻 *Microcystis aeruginosa* 1 个种还保持优势，而且成为全湖第二优势种；另外一种单突盘星藻 *Pediastrum simplec* 成为一般种；而微孔空星藻 *Coelastrum microporum*、点状平裂藻 *Merismopedia punctata*、不定腔球藻 *Coelosphaerium dubium* 和双形栅藻等 4 种成少见种。最后，角甲藻 *Ceratium hirund nella*、漂浮胶刺藻 *Gloeotrichia natans* 及微突腔星藻 *Coelastrum cambricum* 等 3 种已看不到。1957 年分布普遍的轮藻 *Choroph yceae*，1978 年还形成群落（李恒，1980），1992 年未见到。

数量：1957 年藻类植物个体数量为 8.413×10^5 个/L，是当时云南高原湖泊中最多的一个，表明异龙湖富营养化由来已久。1992 年藻类的数量是 1957 年的 23 倍，由此可见，异龙湖富营养化程度相当严重，应引起重视。1992 年占绝对优势的种类为水华束丝藻 *Aphanizonenoa flosaquae*，占藻类个体数量的 91.2%，其次是铜绿微囊藻 *Microcystis aeruginosa*，此 2 种蓝藻是富营养化湖泊的典型种类。

7.1.2 浮游动物的种类组成

根据红河州环境保护办公室 1982 的调查，异龙湖的浮游动物的种类组成如下：

原生动物的数量较多，数量 1200 ~ 1400 个/L，轮虫为 365 个/L。轮虫中主要为龟甲轮虫属 *Keratella* 的种类，常见的为螺形龟甲轮虫 *Keratella cochlearis* 和曲腿龟甲轮虫 *Keratella valga*；另外，对棘同尾轮虫 *Diurella stylata*、角实臂尾轮虫 *Brachionus angularis*、奇异巨腕轮虫 *Pcdalia mirat* 和针簇多肢轮虫 *Polyarthra triga* 等亦常见。枝角类中以象溞属 *Bosmina*、溞属 *Dapnia*、秀体溞属 *Diaphanosoma*、低额溞属 *Sinocephalus*、盘肠溞属 *Cnydorus* 和薄皮溞属 *Leptodora* 较为普遍。桡足类以剑水蚤 *Cyclopoidea* 较多，镖水蚤 *Calamoiaea* 次之，猛水蚤 *Harpacticoida* 有时可以见到，但数量最多的还是无节幼体 *Nauplius*。

7.2 水生植物的群落类型

异龙湖的水生植物群落系统和组成结构可分为 2 个类型 8 个群落。

7.2.1 挺水植物群落类型

异龙湖的挺水植物群落大都与人工培植和保护有关，水位下落以后，当地人习惯在水陆交界地带和围埂内外种植各种高草湿生经济植物。

芦苇群落：群落挺出水面1~2.5m，总盖度50%左右，成条状或块状分布。优势种为芦苇 *Phragmitis communis*，其间有大量的亮叶眼子菜 *Potamogeton lucens*、青萍 *Lemna minor*、满江红 *Azolla imbricata* 等漂浮植物构成群落的水面层片。

薏苡群落：优势种薏苡 *Coix lacryma-jobi* 挺出水面高达2.5m，构成致密的群落上层，层盖度可达80%。层间常有苔草 *Carex* spp.、水葱 *Scirpus* spp. 成丛出现；水下往往挤进马来眼子菜 *Potamogeton malainus*、狐尾藻 *Miriophyllum spicatum* 等沉水植物；青萍 *Lemna minor*、满江红 *Azolla imbricata* 等也常在此停留。

莞水葱群落：总盖度为70%，通常不成带，而是成团状镶嵌在亮叶眼子菜群落中。优势种为莞水葱 *Schoenoplectus tabernaemontani*，伴生种类有轮藻 *Chara* spp.、茨藻 *Najas* spp. 等。

7.2.2 沉水植物群落类型

亮叶眼子菜群落：总盖度75%~100%。优势种为亮叶眼子菜，上层伴生植物有狐尾藻 *Miriophyllum spicatum*、马来眼子菜以及少量海菜花；处于中下层的有红线草、黑藻、小茨藻 *Najas minor*、轮藻 *Chara* spp.，偶而有大茨藻 *Najas major*；上层植物的茎叶多附泥污，下层植物则多附生胶刺藻，致使水体呈现茶褐色。

海菜花群落：优势种为海菜花，群落中有大量亮叶眼子菜侵入，其他伴生植物有红线草、马来眼子菜等。

狐尾藻群落：群落总盖度50%以下。群落可分两层，上层与水面齐平，层盖度30%左右，优势种狐尾藻 *Miriophyllum spicatum*、伴生植物有马来眼子菜。水下层的成员有大茨藻 *Najas major*、小茨藻 *Najas minor*、轮藻等，有时也有苦草侵入。

狐尾藻耐污、耐碱、耐盐，生态幅度大，在水草贫乏的湖泊中，是较重要的鱼饵和产卵场所，但在水草丰盛的地方，鱼类并不喜欢吃它，所以在有些鱼塘中把它作杂草来清除。

轮藻小茨藻群落：该群落多与狐尾藻群落镶嵌，盖度40%~50%，轮藻和小茨藻共建。其他伴生植物有狐尾藻、亮叶眼子菜形成极为稀疏的上层。

苦草群落：群落总盖度为50%~60%，优势种苦草在深水处形成单优群落，有时在浅水处则夹杂有亮叶眼子菜，下层则有一定数量的轮藻。

7.3 无脊椎动物

软体动物门：腹足纲 GASTROPODA 前鳃亚纲 PROSOBRANCHIA 中腹足目 MESOGASTROPODA 的田螺科 Viviparidae 记录有长螺旋圆田螺 *Cipangopaludina longispira*、赫氏圆田螺 *Cipangopaludina haasi*、孟氏螺蛳（光肋螺蛳）*Margarya mansuyi*。肺螺亚纲 PULMONATA 基眼目 BASOMMATOPHORA 的椎实螺科 Lymnaeidae 记录有尖萝卜螺 *Radix acuminata*，扁蜷螺科 Planorbidae 记录有大脐圆扁螺 *Hippeutis umbilicalis*。

节肢动物门：淡水虾类记录有长臂虾科 Palaemonidae 的日本昭虾（青虾）*Macrobrachium nipponense*、胖掌沼虾 *Macrobrachium inflatum*、异龙米虾 *Caridina yilong*；淡水蟹类记录有拟地蟹总科 Gecarcinucoidea 束腹蟹科 Parathelphusidae 的短肢束腰蟹 *Somanniathelphusa erevipodum*。由于石屏异龙湖地理位置较边僻，对水生昆虫类的调查较少，仅记录半翅目 HEMIPTERA 红娘华科（蝎蝽科）Nepidae 红娘华 *Laccotrephes japonensis* 1种。

7.4 脊椎动物

7.4.1 鱼类

（1）鱼类的种类组成　黎尚豪等（1963）记录了异龙湖鱼类9种，鲤鱼 *Cyprinus carpio*、元江鲤

Cyprinus carpio yuankiang、鲫 *Carassius auratus*、拟鳡 *Fustis vivus*、马口鱼 *Opsarichthys uncirostris*、胡子鲶 *Clarias fuscus*、青鳉 *Aplochilus latipes*、乌鳢 *Ophiocephalus argus*、黄鳝 *Monopterus alba cinerea*。鲤鱼为引入种；元江鲤为华南鲤 *Cyprinus rubrofuscus* 的同物异名；拟鳡为俗称的杆条鱼，即单纹似鳡 *Luciocyprinus langsoni*；马口鱼 *Opsarichthys uncirostris* 是 *Opsariichthys bidens* 的同物异名（陈宜喻、褚新洛，见陈宜喻等，1998）；青鳉即中华青鳉 *Oryzias sinensis*。

根据高礼存等（1990）的调查，异龙湖原有土著鱼类 14 种，有南方马口鱼（=马口鱼）、大鳞白鱼 *Anabarilius macrolepis*、山白鱼 *Anabarilius transmontana*、条纹刺鲃（=条纹小鲃）*Puntius semifasciolatus*、云南锯倒刺鲃 *Spinibarbichthys yunnanensis*、似鳡（=单纹似鳡）、异龙大头鲤 *Cyprinus sipingensis*、异龙鲤 *Cyprinus yilongensis*、华南鲤 *Cyprinus carpio rubrofuscus*、鲫、麦穗鱼、鲢、鳙、泥鳅、胡子鲶（=胡子鲇）、食蚊鱼、黄鳝、黄蚴鱼、乌鳢、月鳢 *Channa asiatica*。其中云南锯倒刺鲃俗称青鱼，可能是云南倒刺鲃 *Spinibarbus yunnanensis*，但因没有标本，难以证实（褚新洛、崔桂华，见：褚新洛、陈银瑞，1989），但该种分布于抚仙湖、星云湖、阳宗海等与异龙湖同水系的湖泊中，在异龙湖出现也是可能的；1958 年曾从江川星云湖渔场引元江鲤和大头鲤鱼苗入异龙湖（周伟，见：褚新洛、陈银瑞，1989），因此异龙大头鲤实际上就是星云湖的大头鲤 *Cyprinus pellegrini*，而异龙湖的华南鲤也是引入种；麦穗鱼、鲢、鳙、食蚊鱼、黄蚴鱼等都是引入种；月鳢的记录目前也未被证实，但月鳢分布于南盘江水系，如在异龙湖出现也不足为奇。周伟（见：褚新洛、陈银瑞，1989）还记录有杞麓鲤 *Cyprinus chilia*。杨君兴、陈银瑞（1995）记录异龙湖土著鱼类 12 种，其中新增了细头鳅 *Paralepidocephalus yui* 和抚仙鲇 *Silurus grahami*。

综合不同文献的记录，推断异龙湖共记录有鱼类 24 种。土著鱼类 16 种包括：有马口鱼、大鳞白鱼、条纹小鲃、单纹似鳡、云南倒刺鲃、异龙鲤、杞麓鲤、鲫、细头鳅、泥鳅、抚仙鲇、胡子鲇、中华青鳉、黄鳝、乌鳢、月鳢等，其中大鳞白鱼、异龙鲤为异龙湖的特有种；单纹似鳡、云南倒刺鲃、杞麓鲤、细头鳅、抚仙鲇为云南高原特有种。外来鱼类约有 8 种：鲢、鳙、麦穗鱼、鲤、华南鲤、大头鲤、食蚊鱼、小黄蚴鱼。异龙湖的土著鱼类区系特点与其附属水系南盘江相似，以马口鱼属、小鲃属、倒刺鲃属、鲤属、鲫属、青鳉属、泥鳅属、鲇属、胡子鲇属、鳢属为代表的老第三纪类群成分为主，兼有少量以白鱼属、似鳡属、细头鳅属为代表的云贵高原特有类群成分，缺乏东亚类群成分。

（2）鱼类的区系变化　在自然发展过程中，异龙湖与外界水系之间，早已造成生态隔离，形成了独立而封闭的生态系统。在这个生态系统中循环其生命周期的鱼类，为适应水生高等植物丰盛、水质较清和水体平静的环境特点，许多土著鱼类采取产卵于水草或沙石中的生殖方式。种群的密度和盛衰受湖泊本身的生态因素调节，在人为干扰之前，这个生态系统比较协调而达到了较为稳定的生态平衡。

1952 年以来，深挖海河、开掘隧道等措施导致湖体水位持续下降，湖盆缩小，人为地破坏并压缩了土著鱼类赖以生存的生境；加上放养家鱼对土著鱼类的竞争、捕食等作用，进一步加大了土著鱼类的生存压力；放养草鱼破坏了水草，而水草是许多土著鱼类重要的产卵场；这些人为因素导致的破坏给异龙湖的土著鱼类带来了灾难性的影响。1981 年湖水完全干涸，导致包括单纹似鳡、异龙鲤、大鳞白鱼、山白鱼在内的土著鱼类区系灭绝。现存鱼类基本都是后来放养的外来种。

7.4.2 两栖类

据苏承业、利思敏（1987）记录异龙湖及其周围地区的主要两栖动物种类有：有尾目 CAUDATA 中蝾螈科有红瘰疣蝾螈和蓝尾蝾螈 2 种，红瘰疣蝾螈为常见种。无尾目 ANURA 中盘舌蟾科 Discoglossidae 较为常见的有微蹼铃蟾 *Bombina microdeladigitoa*1 种，蟾蜍科 Bufonidae 较为常见的有华西蟾蜍、黑眶蟾蜍，雨蛙科 Hylidae 的华西雨蛙，蛙科 Ranidae 的双团棘胸蛙和昭觉林蛙 *Rana chaochiaoensis*、大头蛙 *Rana kuhlii*、泽蛙 *Rana limnocharis* 等种类，树蛙科 Rhacophoridae 常见的有锯腿小树蛙 *Philautus cavirostris*、金秀小树蛙 *Philautus jinxiuensis* 和红蹼树蛙 *Rhacophorus rhodopus* 等，姬蛙科 Microhylidae 中云南小狭口蛙、小弧斑姬蛙和饰纹姬蛙等种类也较为常见。

7.4.3 爬行类

据苏承业、利思敏（1987）记录异龙湖及其周围地区的主要湿地爬行类动物有：龟鳖目 TESTUDI-

NATA 平胸龟科 Platysternidae 有平胸龟 1 种，鳖科 Trionychidae 有山瑞鳖 *Trionyx steindacri* 1 种。蜥蜴目 LACERTILIA 蛇蜥科 Anguidae 有细脆蛇蜥 *Ophisaurus gracilis* 1 种，石龙子科 Scincidae 有铜蜓蜥和缅甸棱蜥 *Tropidophorus berdmorei* 2 种。蛇目 SERPENTES 游蛇科 Coolubridae 游蛇亚科 Coluvbeinae 有无颞鳞腹链蛇 *Amphisma* sp.、白眉腹链蛇 *Amphisma boulengeri*、缅甸颈槽蛇 *Rhabdophis leonardi*、红脖颈槽蛇、黑纹颈槽蛇 *Rhabdophis nigrocinctus*、白链蛇、云南华游蛇 *Sinonatrix yunnanensis*、管状小头蛇 *Ohabdophis cyclurus* 和白环蛇 *Lycodon aulicus*、滑鼠蛇 *Ptyas mucosus* 等 13 种。

在所记录的主要湿地爬行类动物中，山瑞鳖为国家Ⅱ级重点保护种类，数量稀少；多线南蜥、铜蜓蜥、红脖颈槽蛇等种类较常见。

7.4.4 鸟类

根据杨晓君、杨岚（2006）云南湿地鸟类的定义，异龙湖及其周边湖滨沼泽、农田、河流、水塘等湿地中记录的湿地鸟类，计有 9 目 10 科 39 种。包括小䴙䴘，凤头䴙䴘、普通鸬鹚、苍鹭、绿鹭、池鹭、白鹭、中白鹭、黄斑苇鳽、栗苇鳽 *Ixobrychus cinnamomeus*、大麻鳽、赤麻鸭、翘鼻麻鸭、绿翅鸭、绿头鸭、斑嘴鸭、赤膀鸭、赤颈鸭、琵嘴鸭 *Anas clypeata*、赤嘴潜鸭、红头潜鸭、白眼潜鸭、黑水鸡、紫水鸡、骨顶鸡（白骨顶）、灰头麦鸡、灰斑鸻、青脚鹬、白腰草鹬、林鹬、矶鹬、针尾沙锥、扇尾沙锥、灰背鸥 *Larus schistisagus*、棕头鸥、红嘴鸥、普通翠鸟、白胸翡翠、红尾水鸲等。

所记录的湿地鸟类，除小䴙䴘、池鹭、白鹭、中白鹭、黄斑苇鳽、栗苇鳽、普通翠鸟、白胸翡翠和红尾水鸲为留鸟和夏候鸟外，其余均为冬候鸟。

杨岚等（1988）的调查结果表明，异龙湖中鸟类的优势种有小䴙䴘、赤麻鸭、琵嘴鸭、白眼潜鸭、黑水鸡、紫水鸡、骨顶鸡（白骨顶）；常见种有苍鹭、白鹭、斑嘴鸭、赤颈鸭、赤嘴潜鸭、灰头麦鸡、扇尾沙锥、红嘴鸥等；稀有种有凤头䴙䴘、黄斑苇鳽、栗苇鳽、大麻鳽、青脚鹬、白腰草鹬、林鹬、矶鹬等。郑宝赉等（1987）1985 年 6 月 13 ~ 14 日在异龙湖考察中发现，主要在古北界繁殖的骨顶鸡（白骨顶），不但在异龙湖繁殖，且有相当的数量。这可能是当年异龙湖的芦苇丰长，形成类似北方繁殖地生境，而导致一些骨顶鸡种群滞留在此繁殖的特殊现象。

中国科学院昆明动物研究所 1997、2002 和 2007 年 2 ~ 3 月的 3 次调查的结果表明，骨顶鸡（白骨顶）和红嘴鸥 2 种为当地的优势物种；小䴙䴘、苍鹭、中白鹭、绿翅鸭、绿头鸭、斑嘴鸭、赤颈鸭、赤膀鸭、赤嘴潜鸭、白眼潜鸭等为常见种；鸻鹬类的种类和数量明显减少。杨晓君、刘强等 2007 年 2 月 21 日的观察记录结果为：白骨顶 2361 只、红嘴鸥 529 只、小䴙䴘 122 只、绿翅鸭 57 只、赤膀鸭 15 只、斑嘴鸭 4 只、棕头鸥 2 只、绿头鸭 2 只、赤颈鸭 2 只、苍鹭 2 只、白眼潜鸭 2 只、白鹭 2 只；仍以白骨顶和红嘴鸥两种的种群数量为最多。

7.4.5 哺乳类

异龙湖及其周边湖滨沼泽、水田、河流及水塘等湿地中的湿地哺乳类有喜马拉雅水鼩、青鼬、黄鼬、水獭、小爪水獭、大灵猫、小灵猫、食蟹獴、豹猫、银星竹鼠 *Rhizomys pruinosus*、小菊头蝠 *Rhinolophus pusillus*、大耳菊头蝠 *Rhinolophus macrotis*、小蹄蝠 *Hipposideros pomona*、大马蹄蝠 *Hipposideros armiger*、中蹄蝠 *Hipposideros larvatus*、大足鼠耳蝠、大棕蝠 *Eptesicus serotinus*、东亚伏翼、茶褐伏翼、亚洲长翼蝠、大黄蝠 *Scotophilus heathii*、小黄蝠 *Scotophilus kuhlii* 等 22 种。其中水獭、小爪水獭、大灵猫、小灵猫等为国家Ⅱ级重点保护野生动物。

另外，王应祥 1978 年曾在石屏县宝秀的一个供销社毛皮收购站，见到一张产自异龙湖的新鲜剥制的獭狸 *Cynogale bennetti lowei* 皮，因售价过高，未曾购得保存；1984 ~ 1985 年进行云南南部红河地区生物资源科学考察时，听说 1982 年又在石屏异龙湖水域中捕到过一只四足有蹼的哺乳动物，所描述的形态和毛色与獭狸非常相似，也可能是獭狸。獭狸是东南亚热带地区特有的哺乳类，善游泳，主要以中小型淡水鱼类等水生动物为食，是典型的湿地哺乳动物，为国际濒危物种。CITES 列为附录 - Ⅱ物种，认为是食肉目灵猫科中最优先要保护的物种。据报道，越南北部是其分布的北限地带，云南南部异龙湖可能会有分布。由于都未保留下标本，对此种在我国的分布暂时存疑。

8 经济和社会价值

异龙湖是红河州境内最大的淡水湖泊，距离石屏县城较近，对石屏、建水等流域地区具有供水、养殖、旅游、纳污、调节气候等多种功能。地处南亚热带气候区，冬季温暖湿润，水生动植物丰富，是水禽候鸟的主要越冬栖息地。

9 干扰和威胁

异龙湖最大的干扰和威胁，是大规模放水和围湖造田等不合理的开发利用。湖区面积由 1952 年的 53. 1km^2 缩减至现在的 31km^2，水位急剧下降。异龙湖围湖造田前每年有数百万立方米水量过境，不仅灌溉河流两岸良田，而且给 360km^2 流域带来充足的水资源，自改道青鱼湾隧道出流后，泸江河断流加剧，异龙湖出口海口河年年干涸，河道淤积堵塞严重，河面愈来愈窄，已失去源头作用。

大规模围垦导致异龙湖的湖滨带遭到严重破坏。南岸众多的湖湾都围垦成田，共造田 1427hm^2，种植水稻、甘蔗等农作物。如今的南岸是湖堤连湖堤，原始的湖滩环境基本上已不存在，丧失了湖泊生物繁衍场所和湖滨带的功能。围垦不仅缩小了湖水面积和容积，降低了湖泊的环境容量，更破坏了湖滨带的环境连续性和生态稳定性，减小了湖滩湿地面积，削弱了湖滨带对入湖径流携带污染物的净化能力，加剧了湖泊污染，加速了富营养化的进程。

在湖的西部、北部，通过围垦滩地建造鱼塘 26. 7hm^2，开垦滩地为农田的方式蚕食湖滩湿地的现象依然普遍存在。

异龙湖具有供水、养殖、旅游、纳污、调节气候等多种功能，按《云南省水功能区划分类》确定其功能为渔业、农灌，执行标准类别为 III 类。但是，由于县城及湖岸周围村镇居民生活污水、工业及农业废水未经任何处理直接排入湖内，加之网箱养鱼的大量发展，造成异龙湖水体严重污染，湖水水质已超地面水环境质量 V 类标准，水体富营养化进程加快，湖泊沼泽化程度加剧，蓄泄矛盾突出，洪旱灾害频繁，水资源供需矛盾突出，严重影响了湖泊流域及泸江下游区域社会经济的可持续发展。

异龙湖流域及泸江下游生态系统的保护和开发直接影响着石屏县和建水县社会经济的可持续发展。要拯救异龙湖，就要遏制其生态环境日趋恶化的趋势，延缓其老化和消亡进程，改善异龙湖生态环境，增加蓄水量及调蓄能力，解决上述主要环境问题和恢复湖滨带生态功能和生物多样性（仇国新，1997；张秀敏，2003；荆春燕、曾广权，2003）。

异龙湖退田还湖在 1414. 2m 正常蓄水位条件下将掩没耕地面积 1394. 3hm^2，湖泊水面面积将由现在的 31km^2 扩大至 45km^2，湖面积净增加 14km^2，解决农田面积盲目扩大与湖泊面积骤减、湖容积和蓄洪能力下降的矛盾，恢复湖泊天然水库功能，发展湿地经济，回归珠江水系。

恢复异龙湖原有的生态调节、渔业、农灌、调洪、蓄水及旅游等功能，湖泊水质达到国家地面水环境质量Ⅲ类标准，实现湖区社会经济、生态、资源的协调发展。

解决放水围湖造田、垦区作物单一的生产结构与湖区生态环境恶化的矛盾，实现湖周及泸江下游社会、经济、生态、资源的协调发展。

湖泊环境恶化与入湖水量和水质情况紧密相关。异龙湖环境的恶化正是由于受到人类不合理开发利用和某些自然因素的影响，一方面使湖泊蓄水量减少，湖面减小；另一方面带入湖中大量的有机污染物和营养盐，造成湖泊有机污染和富营养化严重。所以异龙湖的治理必须对水量进行调控，增大湖泊蓄水量，保持正常的蓄水位，同时控制有机污染物、氮元素，特别是磷元素的入湖总量，治理污染源，逐渐改善水质状况。工程治理要采取工程技术与生物技术相结合，湖内环境与湖外环境治理相结合，并在工程治理的同时强化管理。

10 保护与研究状况

1994 年红河州第七届人民代表大会批准了《云南省红河哈尼族彝族自治州异龙湖管理条例》，建立了异龙湖管理局。采取了关闭青鱼湾隧道闸门，以提高异龙湖的水位、增加湖面面积及湖容水量；

疏浚异龙湖原出水口泸江河道，恢复异龙湖为珠江上源的功能；拆除湖滨堤坝，恢复异龙湖沿岸带消落区生境，为恢复湖滨带的生物多样性创造条件；建设青鱼湾湿地，恢复湖滨湖滨沿岸湿地带等一系列的保护措施。

对异龙湖的调查研究早在20世纪80年代已进行，中国科学院昆明动物研究所和昆明植物研究所进行过多次水禽和水生植物资源的调查（李恒，1980；杨岚等，1988）。近年来中国科学院昆明动物研究所又对该地的越冬水禽进行了多次调查。1984年初由红河州城乡建设环境保护局牵头组织了全州范围的动植物资源调查。

第五节 程 海

1 地理位置和海拔

程海位于云南省西北部丽江地区的永胜县境内，永胜县城西南约20km处，地理坐标为东经100°38′~100°41′，北纬26°27′~26°38′。湖面海拔1501.1m。

2 面积

程海湖面平均面积76.9km²。

3 类型

高原永久性淡水湖泊、周围湖滨沼泽、水稻田。

4 自然地理概况

程海又名黑乌海，属金沙江水系，湖南北长19km，东西最大宽度5.4km，面积76.9km²，最大水深35m，平均水深25.7m。

程海是较为典型的封闭型湖泊，而且湖泊水位有逐年下降的趋势。据《永胜县志》记载，程海由于水量入不敷出，水位持续下降。从1690年起，程海外流河程河变为时令河，程海渐渐演变为封闭湖。到1779年，程河断流，程海成为一个完全的封闭湖泊。程海入湖河流十分短小，较大的有季官河、团山河，多数河流只是降水时有流水，河水暴涨暴落。程海湖水的补给形式主要是湖面降水、临时性沟溪汇水和区间坡面浸流。据《云南省九大高原湖泊水资源调查评价》记载，程海的基本水文情况统计见表4-12。

表4-12 程海基本水文情况表

汇水面积（km^2）	316.0	湖水面积（km^2）	76.9	蓄水量（m^3）	19.5×10^8
补给系数	4.1	平均水位（m）	1501.0	平均深度（m）	25.7
湖水寄宿时间（年）	$+\infty$	平均蒸发量（mm）	1332	年均降水量（mm）	823
年地表入湖流量（m^3）	0.526×10^8	年地下水入湖量（m^3）	0.631×10^8	湖面降水量（m^3）	0.585×10^8
湖面蒸发量（m^3）	1.024×10^8	平均气温（℃）	13.5	工农业用水（m^3）	0.1541×10^8
合计入湖量（m^3）	1.111×10^8	合计出湖量（m^3）	1.1781×10^8	年收支亏损（m^3）	0.067×10^8

据胡文英、季江（1992）的“程海的水质状况及咸化趋势”认为，程海是一个较为特殊的湖泊，其水质的矿化度已接近盐湖下限。程海湖水pH 9~10，属微碱性水；总硬度17.10德国度，属硬水；Na^+和Mg^{2+}的含量占阳离子总量的92.6%，HCO_3^-和CO_3^{2-}占阴离子总量的96.72%，按O.A.阿列金分类法，属重碳酸钠组第I型水，通称苏打湖。这一类型水多半是低矿化度的，在含有大量Na^+和K^+的火成岩地区形成；而程海的矿化度高，年平均1031.74mg/L，属微咸水，这主要是由于程海周围主

要是碳酸盐岩和玄武岩。云南高原湖泊多为重碳酸盐类钙组水的低矿化度淡水（矿化度 <330mg/L），程海与其他云南高原湖泊具有迥然不同的水化学特性。程海咸化原因主要为：①程海为一个完全的封闭型湖泊，由降水、地表地下径流携带入湖的盐量，不能携带出湖，使盐分不断在湖水积累；②巨大的蒸发量促使湖水浓缩，致使单位体积内含盐量增加，矿化度升高。

据胡文英等（1992）计算，该湖水灌溉系数为4.07，介于1.2～5.9之间，属不太适合的灌溉用水。由于湖水中含有对农作物有害的碳酸钠盐类，长期使用该水灌溉农田，会使土壤变质，农作物受害，已发现滨湖地区一些农田出现花碱土。胡文英等（1992）认为，程海今后还会以更快的速度继续咸化，2031年以后矿化度将接近或超过2g/L。湖水总硬度将会因钙镁离子的减少而降低，总碱度将增加。

5 气候环境

程海处于云南高原亚热带西南季风气候区，多年平均气温约为13.5℃，年降水量为738.6mm，其中90%集中在雨季（6～10月份），旱季降水极为稀少，年蒸发量为2040.3mm，干燥度约为2.4，属季节性干旱气候。单振光等（1994）研究表明：程海流域气候变化有11～12年的小周期变化的趋势。

6 生物多样性的特点及其变迁

6.1 程海的藻类

6.1.1 程海藻类的变化

据吴敬禄等（2002）通过对沉积物色素变化的研究揭示，程海近500年来湖泊初始生产力（主要是藻类）的变化经历了低—中—高3个阶段，1790年前后是程海藻类初始生产力出现变化的界限。1700年前后程海水体环境开始出现明显转变，经过一段过渡时期，到1790年前后，随着水位下降而成为闭口湖泊，程海湖泊藻类的初始生产力逐渐增高。

近年来大面积蓝藻水华（主要是卷曲鱼腥藻 *Anabacna circlis* 和微囊藻 *Microcystis*）发生（王若南、钱澄宇，1988；单振光、王焕校，1989），以及螺旋藻 *Spirulina* 在此引种，加快了程海富营养的过程。后期湖泊富营养的过程加速，与近期流域森林破坏、土地利用失衡、开发湖泊藻类资源以及一系列水利过程等人类活动有关。

6.1.2 程海的螺旋藻产业及环境问题

螺旋藻在程海引种成功以来，成为永胜县重要的经济产业。目前世界上只有墨西哥的太克斯可可湖、非洲的乍得湖和中国云南的程海湖3个碱水湖才有天然生长的螺旋藻。螺旋藻是一种天然绿色保健食品，具有提高免疫力、抗辐射、抗肿瘤、降血脂的功能。螺旋藻生产开发给当地带来了巨大的经济效益。

但是螺旋藻生产过程中产生的废水不经任何处理，长期直接排入程海，对程海水质的富营养化和盐碱化造成明显影响。据周钦（1997）的研究，螺旋藻在养殖过程中广泛使用 $NaHCO_3$、$NaNO_3$、NH_4HCO_3、NaCl、K_2SO_4、KH_2PO_4、$FeSO_4$、EDTA 等营养盐类。螺旋藻废水具有污染物成分复杂、浓度高、废水排放量大且排放不稳定等特点。螺旋藻废水污染主要来源于采藻废水、报废培养基、池子冲洗水3部分，采藻废水占70%以上。每生产1t干藻粉将产生废水2051t。到1997年底，4个螺旋藻养殖厂每年向程海排放废水 123×10^4t。监测结果表明，螺旋藻养殖废水成分复杂，pH值、SS、COD、TP、TN浓度高，全盐量高。当年产量达600t干藻粉时，不到1年，程海的总磷由Ⅲ类标准降为Ⅳ类。

螺旋藻废水的任意排放不仅危害程海的渔业养殖、农灌及调节气候的功能，给当地的经济发展带来严重影响，也直接危害到螺旋藻养殖业本身，将使程海水资源、生物资源不能永续利用。因此必须改进采藻工艺，统一规划，集中治理，加强管理。

6.2 程海的水生植被

6.2.1 水生植物的种类组成及其变化

据单振光等（1994）对程海水生植被的研究，程海共有种子植物14种，隶属13科13属（表4－13）。其中湿生植物9种，以豆瓣菜、石龙芮和北水苦荬为主；挺水植物1种；沉水植物4种，均为生态适应幅度较大的广布种。无浮叶植物。另采到轮藻属植物1种。与李恒（1980）1976年4月对沉水植物的调查结果比较，程海沉水植物种类没有变化。程海水生高等植物种类贫乏，主要是由程海特殊的水化学性质所决定，程海水pH8.9～9.3，全年平均9.0，为碱性；离子浓度高，年平均1031mg/L，为微咸水湖，这样的水质在云南高原湖泊中是绝无仅有的。大多数亚热带的水生高等植物不能在这样的条件下生存。

表4－13 程海水生植被的区系组成（自单振光、李加联，1994）

科　名	种　名	生活型
十字花科 Cruciferae	豆瓣菜（水田芥）*Nasturtium officinale*	湿生 H.
毛茛科 Ranunculaceae	石龙芮 *Ranunculus sceleratus*	湿生 H.
菊科 Compositae	狼把草 *Bidens tripartita*	湿生 H.
莎草科 Cyperaceae	扁杆藨草 *Scirpus planiculmis*	湿生 H.
柳叶菜科 Onagraceae	柳叶菜 *Epilobium hirsutum*	湿生 H.
玄参科 Scrophulariaceae	北水苦荬 *Veronica anagallis－aquatica*	湿生 H.
灯心草科 Juncaceae	翅茎灯心草 *Juncus alatus*	湿生 H.
千屈菜科 Lythraceae	圆叶节节菜 *Rotala rotundifolia*	湿生 H.
蓼科 Polygonaceae	辣蓼 *Polygonum hydropiper*	湿生 H.
禾本科 Gramineae	棒头草 *Polypogon furax*	湿生 H.
小二仙草科 Halorrhagaceae	狐尾藻 *Myriophyllum spicatum*	沉水 S
水鳖科 Hydrocharitaceae	苦草 *Vallisneria natans*	沉水 S
眼子菜科 Potamogetonaceae	红线草 *Potamogeton pectinatus*	沉水 S.
	菹草 *Potamogeton crispus*	沉水 S.
轮藻科 Characeae	轮藻 *Chara* sp.	沉水 S.

6.2.2 水生植物群落的分布及其演替动态

根据植物的生活型、优势种及主要种类组成，将水生植被分为北水苦荬＋棒头草、石龙芮＋棒头草、豆瓣菜、扁杆藨草、扁杆藨草＋红线草＋狐尾藻、红线草、狐尾藻＋红线草、狐尾藻、狐尾藻＋苦草、苦草、菹草和轮藻等12个群落（表4－14）。程海生物量约4766t，其中沉水植物群落占94.1%。种子植物种类贫乏，生物量低，主要是由于程海为碱性、微咸水的深水湖。

表4－14 程海水生植被的群落类型及其生态特征（自单振光、李加联，1994）

群落类型	盖度（%）		高度（cm）		生物量（g/m）		分布面积	总储量	分布水	表层沉积物			
	平均	最大	平均	最大	平均	最大	（hm^2）	（t）	深（m）	沃泥	沙泥	沙	沙砾
北水苦荬＋棒头草群落	74	85	29	48	3400	3750	0.012	0.408	0	＋			
石龙芮＋棒头草群落	72	81	36.5	48	550	63.5	0.008	0.044	0	＋			
水田芥群落	75	87	18.5	22	3440	3555	0.005	0.172	0	＋			
菹草群落	60	75	31	50	920	1138	0.20	1.84	0.3～0.5	＋			
扁杆藨草群落	50	63	33	43	1080	1200	22.5	243	0～0.15		＋	＋	＋
扁杆藨草＋狐尾藻＋红线草群落	24	38	40	48	335	536	11.25	37.69	0.15－0.3		＋	＋	＋

（续）

群落类型	盖度（%）		高度（cm）		生物量（g/m）		分布面积	总储量	分布水	表层沉积物			
	平均	最大	平均	最大	平均	最大	（hm^2）	（t）	深（m）	沃泥	沙泥	沙	沙砾
红线草群落	46	61	80	110	1736	1946	64.69	1123	0.15～2.0	+	+	+	+
狐尾藻＋红线草群落	29	44	70	115	660	798	129.37	853.8	0.15－2.5	+	+	+	+
狐尾藻群落	35	64	100	150	1000	3894	150	1500	0.1～3.0	+	+	+	+
狐尾藻＋苦草群落	40	60	102	150	2700	3170	1.125	30.4	1～3.4	+	+	+	+
苦草群落	55	65	95	105	2490	2645	33.64	837.6	2.5～4.5	+	+		
轮藻群落	26	75	20	30	120	485	115	138	0.3～4	+	+	+	

（1）湿生植物群落　这一群落类型主要分布在湖的南端，受水位涨落影响的沼泽地带。

北水苦荬＋棒头草群落：仅分布于湖南端有机质丰富的沼泽地带，分布面积约0.012hm^2。平均盖度74%，生物量3400g/m^2，总储量0.408t。群落中伴生有石龙芮、豆瓣菜、辣蓼要及柳叶菜等。

石龙芮＋棒头草群落：绝大多数分布于湖南端有机质丰富的沼泽地带，极少数分布在河北村—河口沿岸，分布面积约0.008hm^2。平均盖度72%，生物量550g/m^2，总储量0.044t。群落中伴生有柳叶菜、翅茎灯心草等。

豆瓣菜群落：这是分布面积最小的群落，约0.005hm^2，仅分布在湖面南端的沼泽地带，与北水苦荬＋棒头草及石龙芮＋棒头草群落交替出现，呈斑点状。平均盖度75%，生物量3440g/m^2，总储量0.172t。群落中伴生有扁杆藨草、棒头草等。

（2）挺水植物群落　这一类群落主要分布在湖东岸（海腰—河北村—河口）的浅水区域及丰水期被淹没的潮湿地带。呈斑点状分布。

扁杆藨草群落：分布面积约22.5hm^2。平均盖度50%，生物量1080g/m^2，总储量243t。分布水深0～0.15m。

扁杆藨草＋狐尾藻＋红线草群落：分布面积约11.25hm^2。平均盖度24%，生物量335g/m^2，总储量37.69t。分布水深0.15～0.30m。

（3）沉水植物群落　程海主要群落类型，分布面积占总群落面积的93.6%，生物量占全湖生物量的94.1%。

菹草群落：主要分布在湖南端，丰水期被水淹没，枯水期水深仍有10～20cm，有机质丰富的洼地内，海腰村有少量分布，约占面积0.2hm^2，总储量1.8t。伴生种是极少量的狐尾藻。

红线草群落：主要分布在湖东岸（海腰—河北村—河口）水深在0.15～2.0m的水域，呈间断分布，分布面积约64.69hm^2。平均盖度46%，生物量1736g/m^2，总储量1123t。

狐尾藻＋红线草群落：主要分布在湖东岸水深0.15～2.5m的水域，分布面积约129.37hm^2。平均盖度29%，生物量660g/m^2，总储量853.8t。

狐尾藻群落：在湖沿岸水深0.1～3.0m的水域（除湖北端外）均有分布，呈连续带状分布，分布面积约150hm^2。平均盖度35%，生物量1000g/m^2，总储量150t。

狐尾藻＋苦草群落：主要分布在湖南端及抽水站附近水深1.0～3.4m、基质为黑色沃泥的水域，分布面积约1.125hm^2。平均盖度40%，生物量2700g/m^2，总储量30.38t。

苦草群落：主要分在湖南端及抽水站附近水深在2.5～4.5m、基质为黑色沃泥水域。分布面积约33.64hm^2。平均盖度55%，生物量2490g/m^2，总储量837.6t。

轮藻群落：主要分布在湖东岸（海腰—河北村—河口）水深0.3～4m、基质为沙泥和黑色沃泥的水域，呈间断分布，分布面积约115hm^2。平均盖度26%，生物量120g/m^2，总储量138t。

与李恒（1980）1976年4月对沉水植物群落的调查结果比较，时隔12年，在湖南端新发现菹草群落，苦草群落由北半部近东岸扩展到湖南端，红线草群落和狐尾藻群落基本没变。

（4）水生植物的生物量

优势种群的生物量：狐尾藻、红线草、扁杆藨草及苦草为程海水生种子植物的优势种，其频度分别为82.5%，66.7%，16.7%和11.8%；单株最大生物量分别为80g，35g，15g和35g。每平方米最大生物量，狐尾藻3894g，苦草2645g，红线草1946g，扁杆藨草1200g；平均生物量，苦草2490g，红线草1736g，狐尾藻1000g。

（5）总生物量　全湖生物量为4766t，按P/B系数1.3估算，年生产力约为6195.8t，主要由狐尾藻群落、红线草群落、狐尾藻+红线草群落和苦草群落构成，它们分别占全湖生物量的31.47%，23.54%，17.91%，17.57%。程海生物量低，全湖生物量仅4766t，在云南高原这样大面积的湖泊中是少见的。这是因为，①种类贫乏，群落结构简单，单位面积的生物量低；②程海为断层侵蚀湖，湖盆陡峭。基质绝大多数为砂砾，92%的水面水深在5m以上，使得仅有的4种沉水植物的分布受到限制，分布面积仅占水面的5.53%。

现今对程海水生植被的破坏是相当严重的。首先，当地群众每年4~9月大量捕捞苦草作青饲料；其次群众对银鱼实行“灭绝”性捕捞，网长100~150m，宽5~10m，下部坠以直径2~3cm的沙管，10多人在岸上拖，在拖拉的过程中使水生种子植物遭到毁灭性的破坏。

6.3 无脊椎动物

程海湖及其周边的沼泽、水沟、坝塘和水田等湿地中的无脊椎动物，主要种类统计，仅记录有18种，隶属于2门4纲6目10科。

软体动物门：腹足纲GASTROPODA前鳃亚纲PROSOBRANCHIA觿螺科Hydrobiidae钉螺滇川亚种*Oncomelania hupensis robertsoni*；肺螺亚纲PULMONATA基眼目BASOMMATOPHORA椎实螺科Lymnaeidae有云南萝卜螺*Radix yunnanensis*，真瓣鳃目EULAMELLIBRANCHIA蚬科Corbiculidae有刻纹蚬*Corbicula largillierti*。

节肢动物门：淡水虾类的匙措虾科Atyidae有细足虾米*Caridina nilotica gracilipes* 1种。

淡水蟹类：溪蟹总科Potamoidea中溪蟹科Potamidae有云南近溪蟹永胜亚种*Potamiscus yunnanense yongshengense*和突齿非拟溪蟹*Aparapotamon protinum* 2种。

水生昆虫类：半翅目HEMIPTERA水黾科Gerridae有姬水黾*Gerris lacutris linnaeus*1种，田鳖科（负子虫科）Belostomatidae有日本负子虫（背米虫）*Sphaeroderma japonicum*和田鳖*Kirkaldyia deyrollei villefroy* 2种。双翅目DIPTERA虻科Tabanidae有牛虻*Tabanus trigonus*1种，蚊科Culicidae有巨型按蚊贝氏亚种（巨型按蚊暗缨亚种）*Anopheles gigas baileyi*、环股按蚊（林氏按蚊）*Anopheles lindesayi*、多斑按蚊*Anopheles maculatus*、棘刺伊蚊*Aedes elsiae*、台湾伊蚊*Aedes formosensis*、白蚊伊蚊*Aedes albopictus*、致倦库蚊*Culex pipiens quinquefascitatus*、伪杂鳞库蚊*Culex pseudovishnui*等8个种。

水蜘蛛类：圆蛛科Araneidae仅记录茶色新圆蛛*Neoscona theisi* 1种。

6.4 脊椎动物

6.4.1 鱼类

（1）程海的鱼类组成　据陈银瑞等（1983）的研究，程海鱼类共有20种，分属7个科20个属，其中草鱼、鲢、鳙、小黄蚴鱼和麦穗鱼等5种是近几年人工引进养殖的鱼类；程海湖中的土著鱼类有15种，鱼类区系表现出江河平原鱼类区系的特点，显示程海鱼类区系来自长江的事实。认为程海自与金沙江隔离之后，湖内存在空白生态位（niche）是产生物种分化的重要因素，尤以鲤鱼的形态表现出一系列的适应性变异。另外，李树深（1982）报道程海还分布有乌鳢*Ophiocephalus argus*（= *Channa argus argus*）。因此，程海土著鱼类应有16种。

根据近年分类学的研究进展，与金沙江同种的数种已经被描述为程海特有的新种（亚种），如蒙古红鲌*Erythroculter mongolicus*订为程海鲌*Culter mongolicus elongates*，西昌白鱼*Anabarilius liui*订为程海白鱼*Anabarilius liui chenghaiensis*，蛇鮈*Saurogobio dabryi*订为程海蛇鮈*Saurogobio dabryi chenghaien-*

sis，侧纹条鳅 *Nemachilus pleurotaenia* 订为长鳔云南鳅 *Yunnanilus longibulla*。至此程海从无特有种，变化为有 4 个特有种（亚种）。

程海土著鱼类订正名录如下：宽鳍鱲 *Zacoo platypus*、程海鲌、程海白鱼、圆吻鲴 *Distoechodon tumirostris*、程海蛇𬶋、中华倒刺鲃 *Spinibarbus sinensis*、杞麓鲤 *Cyprinus chilia*、鲫 *Carassius auratus auratus*、泥鳅 *Misgurnus anguillicaudatus*、长鳔云南鳅、大口鲇 *Silurus meridionalis*、白缘鉠 *Liobagrus marginatus*、粗唇鮠 *Leiocassis crassilabris*、中华青鳉 *Oryzias sinensis*、黄鳝 *Monopterus albus*、乌鳢等 16 种。

程海鱼类区系有如下特点：以倒刺鲃属、鲤属、鲫属、泥鳅属、鲇属、青鳉属、黄鳝属、鮠属、鳢属为代表的老第三纪类群为主要成分；以鲌属、鱲属、鲴属、蛇𬶋属、鉠属为代表的东亚特有类群次之；兼有少量以白鱼属、云南鳅属为代表的云贵高原特有类群。虽然程海地处金沙江中游，靠近青藏高原，但缺乏青藏高原成分，说明程海的鱼类区系在老第三纪类群的基础上主要受到东亚特有类群和云南高原特有类群的影响，没有受到青藏高原成分的渗透。

（2）程海的鱼类变化　目前程海土著鱼类的种群数量一直不断下降，不少种类已处于濒危状态。杨君兴（1996）对云南的外来鱼类和土著鱼类关系的研究表明，外来鱼类是导致土著鱼类种群数量急剧下降或濒危的最主要因素，土著鱼类数量急剧下降均发生于引进新的鱼类种类之后。外来鱼类对土著鱼类的影响主要有 3 种方式：一是外来鱼种吞噬土著鱼类卵子，二是食物竞争，三是捕捞方式的变化。

在 1989 年以前，程海土著鱼类的年产量在 500*t* 左右，其中圆吻鲴占 30%、鲤鱼占 20%、红鲌占 15%、白鱼占 20%，其他鱼类占 15%。虽然在 1986 年引进鲤鱼和鲫鱼后对土著鱼类没有产生大的影响，但是，在 1989 年引进养殖银鱼并在 1992 年初步形成产量之后，土著鱼类的产量开始急剧下降（表 4－15）。

表 4－15　程海鱼产量的变动（自杨君兴，1996）

时间（年）	1985	1986	1987	1988	1989	1990	1991	1992	1993	1994	1995	1996
产量（*t*）	520.5	523.4*a*	525	533	536*b*	541	541	542＋48*c*	355＋350*c*	469＋580*c*	421＋600*c*	301＋800*c*

注：*a*. 开始大量放养鲤鱼和"家鱼"；*b*. 其中圆吻鲴 30%，鲤 20%，程海红鲌 15%，白鱼 20%，其他 15%，1989 年开始放养银鱼；*c*. 银鱼的产量。

6.4.2　两栖类

程海湖及其周边的沼泽、水沟、坝塘和水田等湿地中的两栖类动物，记录有 2 目 8 科 10 种。其中有尾目 CAUDATA 小鲵科 Hynobiidae 有山溪鲵 1 种；无尾目 ANURA 盘舌蟾科 Discoglossidae 有大蹼铃蟾 1 种，锄足蟾科 Pelobatidae 角蟾亚科 Megophryinae 有宽头短腿蟾 *Brachytarsophrys carinensis* 1 种，蟾蜍科 Bufonidae 有华西蟾蜍 1 种，蛙科 Ranidae 有无声囊棘蛙 *Paa liui*、昭觉林蛙、无指盘臭蛙、滇蛙 *Rana pleuraden* 等 4 种，姬蛙科 Microhylidae 有多疣狭口蛙 *Kaloula verrucosa* 1 种。

在所记录的种类中，红瘰疣螈、大蹼铃蟾、华西蟾蜍、昭觉林蛙和滇蛙为常见种。

6.4.3　爬行类

程海湖及其周边的沼泽、水沟、坝塘和水田等湿地中的爬行类动物较为稀少，仅记录有 2 目 2 科 8 种。包括：蜥蜴目 LACERTILIA 石龙子科 Scincidae 铜蜓蜥和山滑蜥 *Scincella monticola* 2 种，较常见。蛇目 SERPENTES 游蛇科 Colubridae 游蛇亚科 Coluvbeinae 棕网腹链蛇 *Amphiesma johannis*、八线腹链蛇 *Amphiesma octolineata*、缅甸颈槽蛇、红脖颈槽蛇、白链蛇和黑线乌梢蛇等 6 种，常见的有红脖颈槽蛇、白链蛇和黑线乌梢蛇等 3 种。

6.4.4　鸟类

根据杨晓君、杨岚（2006）云南湿地鸟类的定义，程海及其周边的沼泽、水沟、坝塘和水田等湿地中的鸟类较为稀少，仅记录有 8 目 8 科 29 种。包括小䴙䴘、凤头䴙䴘、普通鸬鹚、苍鹭、白鹭、栗苇鳽、赤麻鸭、绿翅鸭、斑嘴鸭、绿头鸭、赤膀鸭、赤颈鸭、琵嘴鸭、针尾鸭、赤嘴潜鸭 、凤头潜鸭、鹊鸭、普通秋沙鸭、蓝胸秧鸡、棕背田鸡 *Porzana bicolor*、骨顶鸡（白骨顶）、黑水鸡、凤头麦鸡、环颈鸻、红嘴鸥、普通翠鸟、白胸翡翠、红尾水鸲、白顶溪鸲 等种类。

杨岚等（1988）1984 ~ 1985 年的调查结果表明，程海中的优势物种有凤头䴙䴘、绿头鸭，常见种有赤麻鸭、斑嘴鸭、普通秋沙鸭、红嘴鸥，稀有种有小䴙䴘、苍鹭、赤膀鸭、赤嘴潜鸭、鹊鸭。1997 年 3 月 8 日杨晓君、杨岚等观察记录凤头䴙䴘、斑嘴鸭、白骨顶、环颈鸻为常见种，赤颈鸭、红嘴鸥为稀有种。由于程海湖水质趋于咸化，加之湖岸建有螺旋藻生产基地，废弃污水大量直接排入湖中，致使自然水生生物的生存和繁衍遭受严重影响。所以，1996 ~ 1997 年水禽的种类和数量调查结果，较 1984 ~ 1985 年的调查结果显著减少。另外，刘强、刘鲁明、王凯等 2007 年 3 月 2 日记录的优势种类有白骨顶、红嘴鸥等 2 种；常见种类为凤头䴙䴘、绿头鸭、琵嘴鸭、针尾鸭、赤颈鸭等 5 种；稀有种有小䴙䴘、赤麻鸭、绿翅鸭、赤膀鸭、斑嘴鸭等 5 种。

6.4.5 哺乳类

程海湖及其周边的沼泽、水沟、坝塘和水田等湿地中所记录的哺乳类动物较为稀少，与对该地区的调查研究较少有关，仅记录有水獭、喜马拉雅水鼩、蹼足鼩、青鼬、黄鼬、小灵猫、豹猫，其中水獭和小灵猫为国家Ⅱ级重点保护野生动物。在湖区及其附近湿地上空捕食昆虫的蝙蝠有丽江菊头蝠、皮氏菊头蝠、大马蹄蝠、大足鼠耳蝠、山地鼠耳蝠、西南鼠耳蝠、东亚伏翼等 14 种。

7 经济和社会价值

程海湖历来是周围湖盆地区农田耕作地灌溉用水的主要来源，也是永胜渔业的主要生产基地，并对当地的小气候有调节作用，对周围自然环境有着重大影响。永胜全年盛行西南风，将程海蒸发的潮湿气流源源不断地吹到其北部坝区，使坝区具备了优越的自然条件。而北部坝区是丽江地区的粮仓，也是云南省商品粮基地之一。湖区周围的土地主要用于种殖，湖泊内以养殖为主，主要的放养种类为银鱼。1996 年捕鱼量为 1350t，其中银鱼产量为 800t。程海湖是世界上 3 个天然生长螺旋藻的湖泊之一，自人工培养加工螺旋藻的生产技术引进成功以来，给永胜县带来了较好的经济效益。近年来螺旋藻的生产和加工已形成新的利用热点，在湖泊周围兴建了一些螺旋藻的养殖和加工基地，其中湖的南端建立的螺旋藻加工养殖基地规模较大。

8 干扰和威胁

程海为封闭型湖泊，没有较大的河流水源、补充水量较少，蒸发量大，环境容量十分有限。因此，盐碱化现象比较明显。近年来湖周围生态系统退化，径流区水土流失严重，湖泊水质污染及富营养化程度日益加剧。由于引入银鱼养殖之后，捕捞银鱼的网眼细密，对其他土著鱼种的生产造成严重影响。特别是养殖螺旋藻的生产过程中产生的富含有大量磷、氮等物质的废水直接排入湖中，造成湖泊的富营养化，并对湖泊产生严重污染。

9 保护与研究现状

为了缓解程海湖水位不断下降的境况，自 1993 年起引仙人河水补入程海。然而，仙人河水从县城流来，城市的生活污水直接排入河中，虽然缓解了程海湖水位不再继续下降，但是又加剧了湖水的污染，导致湖泊水质恶化和富营化。要改善程海湖的生态环境，使程海水资源和生物资源永续利用，必须尽快建立完善的污水处理系统，加强管理和严格执法，加强环境的绿化。

目前已建立有程海管理局，开展程海的保护和管理工作。中国科学院昆明动物研究所、昆明植物研究所先后开展过程海湖地区的水禽和水生植物调查。

第六节 泸沽湖

1 地理位置和海拔

泸沽湖位于云南省西北部和四川省西南部的交界处，泸沽湖的西部属云南省宁蒗彝族自治县管辖，东北部属四川省盐源彝族自治县管辖，为云南、四川两省共辖的高原湖泊。地理坐标为东经100°45′~100°51′，北纬27°41′~27°45′之间。湖面海拔高度为2690m。

2 面积

泸沽湖面积全湖达51. 3km^2，属云南省管辖的面积为30. 3km^2。

3 类型

高原永久性淡水湖泊、周围湖滨沼泽。

4 自然地理概况

泸沽湖为构造断陷湖。由西部亮海和东部草海两部分组成，泸沽湖通常指亮海，南北长9. 5km，东西宽约5. 2km，最窄处仅1~2km，平均水深40. 3m，最深处93. 5m。泸沽湖水的深度居全国的第三位，仅次于吉林省长白山的天池（317. 7m）和滇中的抚仙湖。草海东西长7. 5km，南北宽约1km，面积7. 4km^2，夏季湖水深1. 5~2m，冬季枯水期形成沼泽。亮海和草海的蓄水量共计20. 72×10^{8}m^3，仅次于洱海。湖水由周围山溪和喀斯特地下泉水补给，集水面积196. 5km^2，云南部分76. 7km^2。地表无明显排水口。泸沽湖属于金沙江水系，湖水由湖的东南部以地下水方式在四川盐源县境内排泄。流经祖盖河，汇入雅砻江，在攀枝花市附近流入金沙江。湖水透明度6~11m，最大透明处可达12m，矿化度169~174mg/L，总硬度93. 8~95. 5mg/L，pH7. 9~8. 4，属微碱性软水。由于湖泊周围没有大的污染源，为一水质良好的贫营养湖。

泸沽湖周围诸山的大小溪涧有10余条。聚雨水或山泉水入湖，是湖水补给的来源。另外，由石灰山体中发育成的漏斗、落水洞以及地下暗河，也是湖水补给的重要来源。

湖的形状南北较长，东西较狭，形如马蹄；湖的东部有一长形半岛，称长岛。由东向西伸入湖中约4km，长岛两边有大嘴海堡、永宁海堡等7座小岛。湖北面狮子山麓的象鼻半岛酷似象鼻伸入湖中戏水。山青水秀，湖光山色，风景十分优美。

5 气候环境

泸沽湖区域内年平均气温12. 7℃，年较差15. 2℃，极端最高气温31. 4℃，极端最低气温为-10. 3℃，≥10℃积温3756. 4℃，无霜期191天。沼泽区年平均降水量876. 6mm，年水面蒸发量1097. 8mm，年平均风速2. 1m/s。沼泽水源为河湖水和大气降水混合补给，特别是汇入湖盆的溪流是沼泽的主要补给水源。湖水水位能常年保持稳定，水温通常在13~18℃之间（阳小成，1993）。

6 生物多样性特点及其变迁

6. 1 浮游生物

6. 1. 1 藻类植物种类及常见种

泸沽湖的藻类据记录有7门9纲18目31科73种。

蓝藻门：蓝藻纲CYANOPHYCEAE色球藻目CHROOCOCCALES色球藻科Chroococcaceae有不定微

囊藻 *Microcystis incerta*、微囊藻 *Microcystis* sp.、平列藻 *Merismopedia* sp. 等3种；段殖体目 HORMOGONALES 真枝藻科 Stigonemataceae 有中华侧生藻 *Fischerella sinica* 1种，伪枝藻科 Scytonemataceae 有小单歧藻 *Tolypothrix tenuis* 1种，念珠藻科 Nostocaceae 有念珠藻 *Nostoc* sp.、崎岖鱼腥藻 *Anabaena inaequalis* 2种，颤藻科 Oscillatoriaceae 有巨颤藻 *Oscillatoria princeps*、小颤藻 *Oscillatoria tenuis* 2种。

隐藻门：隐藻目 CRYPTOMONADALES 隐鞭藻科 Cryptomonadaceae 有卵形隐藻 *Cryptomonas ovata*、隐藻 *Cryptomonas* sp. 2种。

甲藻门：多甲藻目 PERIDINIALES 薄甲藻科 Glenodiniaceae 有薄甲藻 *Glenodinium* sp. 1种，多甲藻科 Peridiniaceae 有微小多甲藻 *Peridinium pusillum* 1种，角甲藻科 Ceratiaceae 有角甲藻 *Ceratium hirundinella* 1种。

金藻门：金藻纲 CHRYSOPHYCEAE 金藻目 CHRYSOMONADALES 棕鞭藻科 Ochromonadaceae 有美洲拟辐尾藻 *Uroglenopsis umericana*、长锥形锥囊藻 *Dinobryon bavarium*、锥囊藻 *Dinobryon* sp. 3种。

硅藻门：圆筛藻科 Coscinodiscaceae 有变异直链藻 *Melosira varians*、颗粒直链藻 *Melosira granulata*、模糊直链藻 *Melosira ambigua*、链形小环藻 *Cyclotella eatenata*、梅尼小环藻 *Cyclotella meneghiniana*、小环藻 *Cyclotella* sp. 6种，脆杆藻科 Fragilariaceae 有普通等片藻 *Diatoma vulgare*、中形脆杆藻 *Fragilaria intermedia*、尖针杆藻 *Synedra acus*、柏洛林针杆藻 *Synedra berolinensis* 4种，舟形藻科 Naviculaceae 有辐节藻 *Stauroneis* sp.、舟形藻 *Navicula* sp. 2种，桥弯藻科 Cymbellaceae 有膨胀桥弯藻 *Cymbella tumida*、披针桥弯藻 *Cymbella lanceolata*、桥弯藻 *Cymbella* sp. 3种，异极藻科 Gomphonemaceae 一种异极藻 *Gomphonema* sp.，曲壳藻科 Achnanthaceae 有扁圆卵形藻 *Cocconeis placentula*、卵形藻 *Cocconeis* sp.、短小曲壳藻 *Achnanthes exigua* 3种，窗纹藻科 Epithemiacea 有窗纹藻 *Epithemia* sp.、弯棒杆藻 *Rhopalodia gibba* 2种，双菱藻科 Surirellaceae 有草鞋形波纹藻 *Cymatopleura solea*、粗壮双菱藻 *Surirella robusta* 2种。

裸藻门：裸藻科 Euglenaceae 有尖尾裸藻 *Euglena oxyuris*、旋形扁裸藻 *Phacus helicoides* 2种。

绿藻门：团藻科 Volvocaceae 有实球藻 *Pandorina morum* 1种，小球藻科 Chlorellaceae 有四刺顶棘藻 *Chodatella quadriseta*、顶棘藻 *Chodatella* sp.、微小四角藻 *Tetradron minimum*、膨胀四角藻 *Tetradron tumidulum* 4种，卵囊藻科 Oocystaceae 有卵囊藻 *Oocystis* sp. 1种，水网藻科 Hydrodictyaceae 有双射盘星藻 *Pediastrum biradiatum*、二角盘星藻 *Pediastrum duplex*、二角盘星藻纤细变种 *Pediastrum duplex*、单棘盘星藻 *Pediastrum simplex*、单棘盘星藻具孔变种 *Pediastrum simplex* var. *duodenarium*、短棘盘星藻 *Pediastrum boryanum* 7种，栅藻科 Scenedesmaceae 有四尾栅藻 *Scenedesmus quadricauda*、直角十字藻 *Crucigenia rectangularis* 2种，空星藻科 Coelastraceae 有一种空星藻 *Coelastrum* sp.，丝藻科 Ulotrichaceae 有丝藻 *Ulothrix* sp. 1种，鞘藻科 Oedogoniaceae 有串珠毛鞘藻 *Bulbochaete monile* 1种，刚毛藻科 Cladophoraceae 有刚毛藻 *Cladophora* sp. 1种，双星藻科 Zygnemataceae 有双星藻 *Zygnema* sp.、一种转板藻 *Mougeotia* sp. 一种水绵 *Spirogyra* sp. 等3种，鼓藻科 *Desmidiaceae* 有莱布新月藻 *Closterium leibleinii*、库津新月藻 *Closterium kutzingii*、小刺凹顶鼓藻 *Euastrum spinulosum*、辐射微星鼓藻 *Micrasterias radiata*、纤细角星鼓藻 *Staurastrum gracile*、弯曲角星鼓藻 *Staurastrum inflexum*、珍珠角星鼓藻 *Staurastrum margaritaceum*、六刺角星鼓藻 *Staurastrum hexacerm*、广西角星鼓藻 *Staurastrum kwangsiense*、六角角星鼓藻 *Staurastrum sexangulare*、扁鼓藻 *Cosmarium depressum*、钝鼓藻 *Cosmarium obtusatum*、珍珠鼓藻 *Cosmarium margaritatum*、裂开圆丝鼓藻 *Hyalotheca dissiliens* 等14种。

在所记录的7个门藻类中，以绿藻门和硅藻门的种类最多，成分最为复杂。其中以金藻门棕鞭藻科的长锥形锥囊藻的数量较多；绿藻门鼓藻科的纤细角星鼓藻较为常见。

6.1.2 浮游动物种类及变化

泸沽湖的浮游动物据记录有124种，其中原生动物23科55种，轮虫类12科47种，枝角类3科16种，桡足类2目2科6种。

原生动物：变形科 Amoebidae 有变形虫 *Amoeba* sp. 1种，表壳科 Arcellidae 有波纹半圆表壳虫 *Arcella hemisphaerica undulata*、大口表壳虫 *Arcella megastoma*、法冠表壳虫 *Arcella mitrata*、普通表壳虫 *Ar-*

cella vulgaris、表壳虫 *Arcella* sp. 等5种，砂壳科 Difflugiidae 有尖顶砂壳虫 *Difflugia acuminata*、藻片砂壳虫 *Difflugia bacillariarum*、硅壳砂壳虫 *Difflugia bacillifera*、冠砂壳虫 *Difflugia corona*、球形砂壳虫 *Difflugia globulosa*、叉口砂壳虫 *Difflugia gramen*、长圆砂壳虫 *Difflugia oblonga oblonga*、弯角长圆砂壳虫 *Difflugia oblonga curvicaulis*、梨形砂壳虫 *Difflugia pyriformis*、针棘匣壳虫 *Centropyxis aculeata aculeata* 等10种，鳞壳科 Euglyphidae 有纤毛鳞壳虫 *Euglypha ciliata*、结节鳞壳虫 *Euglypha tuberculata*、坛状曲颈虫 *Cyphoderia ampulla* 等3种，太阳科 Actinophryidae 有放射太阳虫 *Actinophrys sol* 1种，刺胞科 Acanthocystidae 苍白刺日虫 *Raphidiophrys pallida* 1种，前管科 Prorodontidae 有前管虫 *Prorondon* sp. 1种，板壳科 Colepidae 毛板壳虫 *Coleps hirtus* 1种，斜口科 Enchelyidae 有小长吻虫 *Lacrymaria minima* 1种，栉毛科 Didiniidae 有双环栉毛虫 *Didinium nasutum*、团睥睨虫 *Askenasia volvox*、睥睨虫 *Askenasia* sp. 、等3种，裂口科 Amphileptidae 有漫游虫 *Litonotus* sp. 1种，壳吸管科 Acinetidae 有壳吸管虫 *Acineta* sp. 1种，瞬目科 Glaucomidae 有闪瞬目虫 *Glaucoma scintillans* 1种，草履科 Parameciidae 的有尾草履虫 *Paramecium caudatum*、草履虫 *Paramecium* sp. 2种，膜袋科 Cyclidiidae 有瓜形膜袋虫 *Cyclidium citrullus*1种，钟形科 Vorticellidae 有沟钟虫 *Vorticella convallaria*、似钟虫 *Vorticella similes*、杯钟虫 *Vorticella cupifera*、钟虫 *Vorticella* sp. 、聚缩虫 *Zoothamnium* sp. 等5种，累枝科 Epistylidae 有湖累枝虫 *Epistylis lacustris*、短柱虫 *Rhabdostyla* sp. 2种，鞘居科 Vaginicolidae 有透明鞘居虫 *Vaginicola crystalline*、妙鞘居虫 *Vaginicola ingenita*、环靴纤虫 *Cothurnia annulata*、长圆靴纤虫 *Cothurnia oblonga*、袋扉门虫 *Thuricola folliculata* 等5种，旋口科 Spirostomatidae 有小旋口虫 *Spirostomum minus* 1种，喇叭科 Stentoridae 有黑喇叭虫 *Stentor niger*、天蓝喇叭虫 *Stentor coeruleus*、多态喇叭虫 *Stentor multiformis* 等3种，弹跳科 Halteriidae 有大弹跳虫 *Halteria grandinella*、弹跳虫 *Halteria* sp. 2种，急游科 Strombidiidae 有绿急游虫 *Strombidium viride*、急游虫 *Strombidium* sp. 2种，筒壳科 Tintinnidae 有王氏似铃壳虫 *Tintinnopsis wangi* 1种，还有多种缘毛纤毛虫 *Ciliophora* sp. 多种全毛纤毛虫 *Peritrichidaa* sp. 。计有23科55种以上。

轮虫类：旋轮科 Philodinidae 有巨环旋轮虫 *Philodina megalotrocha*、红眼旋轮虫 *Philodina erythrophthalma*、间刺间盘轮虫 *Dissotrocha aculeate* 3种，臂尾轮科 Brachionidae 有钝角狭甲轮虫 *Colurella obtuse*、双尖钩状狭甲轮虫 *Colurella uncinata forma bicuspidate*、扁斜钩状狭甲轮虫 *Colurella uncinata forma deflexa*、尖尾鞍甲轮虫 *Lepadella acuminata*、盘状鞍甲轮虫 *Lepadella patella*、台杯鬼轮虫 *Trichotria pocillum*、方块鬼轮虫 *Trichotria tetractis*、角突臂尾轮虫 *Brachionus angularis*、壶状臂尾轮虫 *Brachionus urceus*、剑头棘管轮虫 *Mytilina mucronata*、台式合甲轮虫 *Diplois daviesiae*、透明须足轮虫 *Euchlanis pellucida*、大肚须足轮虫 *Euchlanis dilatata*、螺形龟甲轮虫 *Keratella cochlearis*、矩形龟甲轮虫 *Keratella quadrata*、曲腿龟甲论虫 *Keratella valga*、鳞状叶轮虫 *Notholca squamula*、唇形叶轮虫 *Notholca labis* 18种，腔轮科 Lecanidae 有月形腔轮虫 *Lecane luna*、柔韧腔轮虫 *Lecane flexilis*、尖角单趾轮虫 *Monostyla hamata*、尖趾单趾轮虫 *Monostyla closterocerca*、钝齿单趾轮虫 *Monostyla crenata*、月形单趾轮虫 *Monostyla lunaris*、囊形单趾轮虫 *Monostyla bulla* 等7种，晶囊轮科 Asplanchnidae 有晶囊轮虫 *Asplanchna* sp. 1种，椎轮科 Notommatidae 有凸背巨头轮虫 *Cephalodella gibba*1种，腹尾轮科 Gastropodidae 有弧形彩胃轮虫 *Chromogaster testudo* 1种，鼠轮科 Trichocercidae 有韦氏同尾轮虫 *Diurella weberi*、对棘同尾轮虫 *Diurella stylata*、圆筒异尾轮虫 *Trichocerca cylindrical*、刺盖异尾轮虫 *Trichocerca capucina*、长刺异尾轮虫 *Trichocerca longiseta*、纵长异尾轮虫 *Trichocerca elongata* 等6种，疣毛轮科 Synchaetidae 有针簇多肢轮虫 *Polyarthra trigla* 1种，镜轮科 Testudinellidae 有双齿镜轮虫 *Testudinella bidentata*、盘镜轮虫 *Testudinella patina* 2种，簇轮科 Flosculariidae 有金鱼藻沼轮虫 *Limnias ceratophylli*、特殊八盘轮虫 *Octotrocha speciosa* 2种，聚花轮科 Conochilidae 团状聚花轮虫 *Conochilus hippocrepis*、独角聚花轮虫 *Conochilus unicornis* 2种，胶鞘轮科 Collothecidae 有无常胶鞘轮虫 *Collotheca mutabilis*、瓣状胶鞘轮虫 *Collotheca ornata*、胶鞘轮虫 *Collotheca* sp. 等3种。计有12科47种。

枝角类：溞科 Daphniidae 有长刺溞 *Daphnia* (*Daphnia*) *longispina*、透明溞 *Daphnia* (*Daphnia*) *hyaline*、棘体网纹溞 *Ceriodaphnia setosa*、棘爪网纹溞 *Ceriodaphnia reticulata*、网纹溞 *Ceriodaphnia* sp. 等5种，象鼻溞科 Bosminidae 有长额象鼻溞 *Bosmina longirostris* 1种，盘肠溞科 Chydoridae 有直额弯

尾溞 *Camptocercus rectirostris*、龟状笔文溞 *Graptoleberis testudinaria*、秀体尖额溞 *Alona diaphana*、矩形尖额溞 *Alona rectangular*、肋形尖额溞 *Alona costata*、点滴尖额溞 *Alona guttata*、尖额溞 *Alona* sp.、镰角锐额溞 *Alonella excisa*、圆形盘肤溞 *Chydorus sphaericus*、卵形盘肤溞 *Chydorus ovalis* 等10种。计有3科，16种。

桡足类：镖水蚤目 CALANOIDA 镖水蚤科 Diaputomidae 有西南荡镖水蚤 *Neutrodiaptomus mariadvigae mariadvigae*、镖水蚤 *Diaptomidae* sp.、镖水蚤 *Calanoia* sp. 等3种，剑水蚤目 CYCLOPOIDA 剑水蚤科 Cyclopidae 有锯缘真剑水蚤 *Eucyclopsserrulatus serruslatus*、剑水蚤 *Cyclopoida* sp.、无节幼体 *Nauplius* sp. 等3种。计有2目2科6种。

在所记录的浮游动物中，以原生动物类 Protozoa 喇叭科有黑喇叭虫为优势种；以轮虫类 Rotifera 臂尾轮科的曲腿龟甲轮虫，疣毛轮科的针簇多肢轮虫和桡足类 Copepoda 剑水蚤目剑水蚤科，及无节幼体较常见。

6.2 植物多样性和水生植被

6.2.1 植物种类多样性

据李恒、徐廷志（1979）（表4-16）和阳小成（1993）的调查，泸沽湖水生维管束植物种类十分丰富，计有44种，隶属于30个属23个科。这些水生维管束植物以单子叶植物种类最多，占总种数的一半以上，其代表性科为：水鳖科、眼子菜科和小二仙草科，其种数和生物量在泸沽湖水生植物中均占优势，且均为沉水植物（阳小成，1993）。从水生植物的生活型来看，泸沽湖共有沉水植物18种，挺水植物16种，漂浮植物3种，浮叶植物7种。其沉水植物的多样性为云南其他高原湖泊之首，说明泸沽湖是一个水生植物丰富的深水湖，而且具有特有变种波叶海菜花。

表4-16 泸沽湖主要水生植物名录（引自李恒、徐廷志，1979）

科 名	名 称	生活型
苹科 Marsileaceae	田字苹 *Mariea quadrifolia*	浮叶
毛茛科 Rununculaceae	梅花藻 *Baturchium trichophyllum*	沉水
金鱼藻科 Ceratophyllaceae	金鱼藻 *Ceratophyllum demersum*	沉水
小二仙草科 Halorrhagaceae	穗状狐尾藻 *Myriophyllum spicatum*	沉水
蓼科 Polygonaceae	两栖蓼 *Polygonotum amphibium*	湿生
	辣蓼 *P. hydropiper*	挺水
伞形科 Umbelliferae	水芹 *Oenanthe javanica*	湿生
睡菜科 Menyanthaceae	睡菜 *Menyanthes trifoliate*	挺水
泽泻科 Alismataceae	野慈姑 *Satittaria sagittifolia* ssp. *leucopetala*	挺水
水鳖科 Hydrochritaceae	黑藻 *Hydrilla verticillata*	沉水
	海菜花 *Ottelia acuminate*	沉水
	波叶海菜花 *Ottelia acuminate* var. *crispa*	沉水
眼子菜科 Potamogetonaceae	扁茎眼子菜 *Potamogeton compressus*	沉水
	菹草 *P. crispus*	沉水
	亮叶眼子菜 *P. lucens*	沉水
	篦齿眼子菜 *P. maackianus*	沉水
	大叶眼子菜 *P. malainus*	沉水
	红线草 *P. pectinatus*	沉水
	穿叶眼子菜 *P. perfoliatus*	沉水
	鸭子草 *P. tepperi*	沉水
茨藻科 Najadaceae	大茨藻 *Najas major*	沉水

（续）

科　名	名　称	生活型
	小茨藻 *N. minor*	沉水
香蒲科 Typhaceae	香蒲 *Typha angustifolia*	挺水
浮萍科 Lemnaceae	青萍 *Lemna minor*	漂浮
	品萍 *L. trisulca*	漂浮
	紫萍 *Spirodela polyrhiza*	漂浮
莎草科 Cyperaceae	水葱 *Schoenoplectus tabermaemontani*	挺水
禾本科 Poaceae	李氏禾 *Leersia hexandra*	挺水
	芦苇 *Phragmites auroleuca*	湿生
	茭草 *Zizania caduciflora*	挺水

6.2.2 水生植被

泸沽湖的水生植被可以分为挺水、沉水两种群落类型（李恒、徐廷志，1979）或挺水、沉水和浮叶 3 种植被亚型（阳小成，1993）。本书主要参考阳小成（1993）的分类，并结合部分李恒、徐廷志的资料。

（1）沉水植物植被亚型　沉水植物群落是泸沽湖植被的主体，在湖体四周和各海堡周围封闭的环状分布（李恒、徐廷志，1979）。群落，主要成分为眼子菜科、水鳖科植物，整个植物体都沉于水下，根固着于水底或悬浮于水中，主要的群落类型有以下几种。

狐尾藻群落：主要分布于左所草海、西部小鱼坝湖湾、北部里根湖湾等处，面积通常不大，且与红线草群落镶嵌出现，水深 0.5～1.5m，湖底土壤为粉沙质。群落外貌黄绿色，总盖度 40%～70%，以狐尾藻为优势，主要伴生种有亮叶眼子菜、大叶眼子菜、穿叶眼子菜、海菜花、波叶海菜花等（李恒、徐廷志，1979）。

红线草群落：分布于湖区东南部的草海和西部的小鱼坝，水深 1～1.5m，是泸沽湖中分布面积较小的群落。群落外貌参差不齐，色泽不一，群落总盖度 60%～80%，优势种为红线草，在土质贫瘠的小鱼坝一带仅有亮叶眼子菜和波叶海菜花伴生。在草海则种类繁杂，狐尾藻、丝草、黑藻、大茨藻、小茨藻往往自成片层，与之伴生，群落外侧的浅水地还有水葱、田字萍、慈姑等植物稀疏生长（李恒、徐廷志，1979）。

波叶海菜花群落：波叶海菜花群落为泸沽湖分布面积最大的沉水植物群落，在全湖的四周成连续的带状出现，水深 1～5m。群落总盖度 60%～90%，水面可见海菜花白色的花朵，如繁星密布的银河落天；主要伴生种有亮叶眼子菜和生态幅度比较大的狐尾藻，在水浅处也有大叶眼子菜、穿叶眼子菜等。波叶海菜花为泸沽湖的特有植物，需重点保护（李恒、徐廷志，1979；阳小成，1993）。

亮叶眼子菜群落：亮叶眼子菜群落为泸沽湖另一优势沉水植物群落，主要分布于水深 5～7m 的水域，并与波叶海菜花群落相连，为泸沽湖最深的维管植物群落。该群落围绕湖心成封闭的环状带分布。群落外貌黄绿色，总盖度 70%～90%，通常可以分为 2 层：上层以亮叶眼子菜为优势，局部有川叶眼子菜、狐尾藻伴生；下层主要为波叶海菜花的叶丛，丛间偶有小片的黑藻、金鱼藻、红线草等伴生（李恒、徐廷志，1979；阳小成，1993）。

金鱼藻群落：本群落主要分布于泸沽湖南部的草海水深 1～1.5m 的浅水域中。优势种为金鱼藻，伴生种主要有黑藻、狐尾藻等，群落盖度 80% 左右（阳小成，1993）。

丝状绿藻藻类群落：在水深 8m 以上，高等植物已不能生长，仅有丝状绿藻发育，它们附着于水底的石块或沉落的高等植物残体上，群集成絮状、绒球状的群体，形成泸沽湖水体中最后一个绿色圈（李恒、徐廷志，1979）。

（2）浮叶植物植被亚型　主要有 2 个类型。

鸭子草群落：仅在泸沽湖里根右侧的小湖湾有较大面积的分布，水深可达 3.5m。群落外貌翠绿色，总盖度约 70%，鸭子草为浮水层的惟一种类，其浮水叶形如竹叶，多数连成一片平铺水面，盖度约为50%，并与由水中伸出的波叶海菜花的花朵相映。群落种类单纯，少见其他种类的侵入（李恒、徐廷志，1979）。

野菱群落：主要分布在水深约2m的湖湾，以野菱为优势，水下常见黑藻、狐尾藻等种类与之伴生（阳小成，1993）。

（3）挺水植物植被亚型

芦苇群落：主要分布于泸沽湖东南部左所附近的草海外缘，沿岸呈带状分布，在西部落水一带、长岛南缘零星出现。水深0.3～1.5m，群落盖度30%～50%，以芦苇为优势，通常分为2层。上层由芦苇茎叶组成，有时有水葱伴生，偶见辣蓼、慈姑等，挺出水面约0.5～1m；第2层为为数不多的沉水植物，波叶海菜花、马来眼子菜等较常见（李恒、徐廷志，1979；阳小成，1993）。

茭草群落：主要分布于水深0.5～0.9m的湖湾浅滩中，湖底多为泥质和沙质。见于东部草海段居于香蒲群落的内缘，或与芦苇、香蒲群落交错分布，在长岛南部和个别河口前缘则成条状或团状出现。群落外貌暗绿色，总盖度40%～50%。分为2层，上层以茭草为优势，叶层露出水面约0.2m，下层为沉水植物，以波叶海菜花、大叶眼子菜为常见，由于水层较浅，枯水期常露出水面（李恒、徐廷志，1979；阳小成，1993）。

水葱群落：主要分布与湖周的湖湾、河口两侧或浅滩的洼地，水深0.5～1.5m。群落外貌暗绿色，总盖度40%～60%。上层优势种水葱伸出水面0.5～1m，群落边缘有时有茭草侵入；群落下层为沉水植物，通常以海菜花为主，并伴生狐尾藻、马来眼子菜等种类（李恒、徐廷志，1979；阳小成，1993）。

香蒲群落：仅见于泸沽湖东部草海外缘与芦苇群落相连，是一种草泽性群落，水深通常0.2～0.5m，湖底有较厚的淤泥。群落外貌草绿色，总盖度30%～50%。常见水芹、辣蓼、土大黄等种类伴生（李恒、徐廷志，1979）。

杉叶藻群落：仅分布于湖边积水不深的少数沼泽、泥塘中，群落面积小，并为单种群落，群落外貌绿色，盖度可达70%（阳小成，1993）。

6.3 无脊椎动物

泸沽湖及其周边沼泽湿地中的无脊椎动物可能由于调查不够深入，记录种类较少。仅按现有资料进行整理，分述如下。

软体动物门：腹足纲 GASTROPODA 前鳃亚纲 PROSOBRANCHIA 中腹足目 MESOGASTROPODA 田螺科 Viviparidae 仅记录有多棱角螺 *Angulyagra polyzonata* 1种，蚬科 Corbiculidae 仅记录刻纹蚬 *Corbicula largillierti* 1种。

节肢动物门：淡水虾类，仅记录匙指虾科 Atyidae 的尖肢华米虾 *Sinodina acutipoda* 1种，淡水蟹类，仅记录溪蟹科 Potamidae 的弓肢非拟溪蟹 *Aparapotamon arcuatum* 1种。水生昆虫记录有红娘华科（蝎蝽科）Nepidae 红娘华 *Laccotrephes japonensis* 1种，蚊科 Culicidac 记录有中华按蚊 *Anopheles sinensis*、多斑按蚊 *Anopheles maculatus*、刺扰伊蚊 *Aedes vexans*、棘刺伊蚊 *Aedes elsiae*、白蚊伊蚊 *Aedes albopictus*、骚扰阿蚊 *Armigeres subalbatus* 等6种，为全省性的广布种类。

6.4 脊椎动物

6.4.1 鱼类

高礼存等（1990）记录了泸沽湖鱼类10种，除泥鳅 *Misgurnus anguillicaudatus* 外，其中仅裂腹鱼属就列出6种，但所列泸沽裂腹鱼 *Schizothorax luguhuensis* 为厚唇裂腹鱼 *Schizothorax labrosus* 和小口裂腹鱼 *Schizothorax microstomus* 的同物异名（陈宜喻等，1982），落水裂腹鱼 *Schizothorax luoshuiensis*、盖祖裂腹鱼 *Schizothorax gaizuensis* 未正式发表，为无效名；所列昆明高原鳅 *Triplophysa grahami* 的记录有可能是宁蒗高原鳅 *Triplophysa ninglangensis* 的同物异名，但仍需证实；所列的其余种类草鱼 *Ctenopharyngodon idella*、麦穗鱼 *Pseudorasbora prava*、鲤 *Cyprinus carpio* 为外来种。

云南高原湖泊的鱼类区系具有组成简单而物种分化复杂的特点（李树深，1982），这个特点在泸沽湖十分典型：湖中土著鱼类区系仅由裂腹鱼属 *Schizothorax* 和泥鳅属 *Misgurnus* 两个类元组成，其中，厚唇裂腹鱼、宁蒗裂腹鱼 *Schizothorax ninglangensis* 和小口裂腹鱼均为泸沽湖特有种（王幼槐等，1981；陈宜瑜等，1982）。裂腹鱼属是典型的青藏高原特有类群，泥鳅是广泛分布的老第三纪代表种，因此泸沽湖的鱼类区系具有青藏高原类群和老第三纪类群并存的特点；缺乏东亚类群和云南高原特有类群，说明湖泊环境封闭，没有受到这两种区系成分的渗透；在一个湖泊中，同属的裂腹鱼居然有3种之多，说明泸沽湖环境长期封闭而相对稳定，给物种的同域分化创造了必要的环境条件和充足的时间。

李英南等（2000）对泸沽湖的鱼类多样性情况进行的调查，仅采集到鱼类2科5种，即鲫、鲤、草鱼、麦穗鱼、泥鳅，未发现泸沽湖特有的裂腹鱼种类。中国科学院昆明动物研究所于2001、2002、2004年3次考察泸沽湖，确认泸沽湖共有鱼类3目4科12种，除4种土著种之外，比李英南等（2000）的调查增加了3种：大银鱼 *Protosalanx hyalocranius* 、棒花鱼 *Abbotina rivularis* 和高体鳑鲏 *Rhodeus ocellatus* ；调查发现泸沽湖现存鱼类主要都是外来种，3种裂腹鱼已经非常稀少了。通过分析得出结论，过度捕捞和毁林造成的泥石流是泸沽湖鱼类区系变化的主要原因（Kong et al.，2006）。泸沽湖原有的鱼类区系以地方特有种占主要地位，随着湖泊生态环境的变迁，鱼类种群组成和种群数量发生了很大变化，以裂腹鱼为主的土著鱼类区系，被以鲫鱼为主的引进鱼种区系所取代。20世纪60年代初，裂腹鱼渔获量近300t，随后逐年下降，80年代降至30t，90年代初仅有2t，1991年以来，渔业部门统计资料未见记录，现已数量极少，濒临灭绝。

6.4.2 两栖类

泸沽湖及其周边沼泽湿地中的两栖类动物可能由于调查次数较少，所记录的种类也较少。按现有资料整理，有2目5科8种。包括：有尾目小鲵科 Hynobiidae 的山溪鲵。无尾目盘舌蟾科 Discoglossidae 的大蹼铃蟾，蟾蜍科 Bufonidae 的华西蟾蜍，蛙科 Ranidae 的无声囊棘蛙、昭觉林蛙、无指盘臭蛙、滇蛙，姬蛙科 Microhylidae 的多疣狭口蛙。

在所记录的种类中，红瘰疣螈、大蹼铃蟾、华西蟾蜍、昭觉林蛙和滇蛙为常见种。

6.4.3 爬行类

泸沽湖及其周边的沼泽、水沟和水田等湿地中的爬行类动物记录的种类较少，仅记录有2目2科7种。包括蜥蜴目石龙子科 Scincidae 铜蜓蜥、山滑蜥较常见。蛇目游蛇科 Colubridae 游蛇亚科 Coluvbeinae 棕网腹链蛇、八线腹链蛇、红脖颈槽蛇、白链蛇和黑线乌梢蛇等5种，其中常见的有红脖颈槽蛇、白链蛇和黑线乌梢蛇3种。

6.4.4 鸟类

根据杨晓君、杨岚（2006）云南湿地鸟类的定义，泸沽湖及其周边的沼泽、水沟和水田等中的湿地鸟类，记录有10目14科54种。包括小䴙䴘、凤头䴙䴘、黑颈䴙䴘、普通鸬鹚、苍鹭、绿鹭、白鹭、黄嘴白鹭、大白鹭、栗苇鳽、东方白鹳 *Ciconia boyciana*、黑鹳、白琵鹭、灰雁、斑头雁、赤麻鸭、翘鼻麻鸭 *Tadorna tadorna*、针尾鸭、绿翅鸭、绿头鸭、斑嘴鸭、赤颈鸭、赤膀鸭、罗纹鸭、琵嘴鸭、赤嘴潜鸭、白眼潜鸭、凤头潜鸭、红头潜鸭、斑背潜鸭 *Aythya marila*、鹊鸭、斑头秋沙鸭、普通秋沙鸭、白尾海雕、灰鹤、黑颈鹤、蓝胸秧鸡、红胸田鸡 *Porzana fusca*、黑水鸡、骨顶鸡（白骨顶）、凤头麦鸡、长嘴剑鸻 *Charadrius placidus*、环颈鸻、白腰草鹬、矶鹬、渔鸥、红嘴鸥、棕头鸥、黑嘴鸥 *Larus saundersi*、银鸥、普通翠鸟、白胸翡翠、红尾水鸲、紫啸鸫。

在所记录的46种鸟类中，东方白鹳、黑鹳、白尾海雕和黑颈鹤等4种属国家Ⅰ级重点保护野生动物，黄嘴白鹭、白琵鹭、灰鹤等3种属国家Ⅱ级重点保护野生动物。其余种类均属具有经济、科研和观赏价值的保护种类。

按居留情况分析，在所记录的54种湿地鸟类中，有小䴙䴘、绿鹭、白鹭、蓝胸秧鸡、红胸田鸡、黑水鸡、普通翠鸟、白胸翡翠、红尾水鸲、紫啸鸫等10种为留鸟或繁殖鸟，占所记录种数的21.73%，其余种类均属在北方繁殖，而秋末冬初迁徙来该地区越冬的鸟类。

杨岚等（1988）记载的调查结果表明，泸沽湖中的优势物种有绿翅鸭、赤嘴潜鸭、凤头潜鸭；常见种有小䴙䴘、矶鹬等；稀有种有凤头䴙䴘、绿头鸭、斑嘴鸭、长嘴剑鸻、红嘴鸥、棕头鸥。

杨岚、杨晓君等在1997年3月5日的调查中，记录当地的优势种为赤嘴潜鸭、红头潜鸭、鹊鸭、骨顶鸡（白骨顶）；常见种有小䴙䴘、凤头䴙䴘、凤头潜鸭、斑嘴鸭；稀有种有灰雁、斑头秋沙鸭和红嘴鸥。观察记录的种群数量计有：白骨顶1533只、赤嘴潜鸭414只、红头潜鸭182只、鹊鸭145只、凤头潜鸭73只、凤头䴙䴘34只、小䴙䴘15只、斑嘴鸭10只、斑头秋沙鸭4只、灰雁3只、红嘴鸥2只。

文贤继、杨晓君等2001年11月在对全湖分区域进行观察统计，共观察记录水禽20种，总计22 700只,其中绿头鸭6580只，占记录总只数的29%；骨顶鸡（白骨顶）4940只，占22%；赤嘴潜鸭4410只，占19%；赤膀鸭2720只，占11%。所记录数均占记录总数的10%以上，可视为优势种。

红头潜鸭1080只，占4%；绿翅鸭1000只，占4%；斑嘴鸭770只，占3%；赤麻鸭360只，占1.6%。所记录数均占记录总数的1%以上，可视为常见种。

凤头䴙䴘180只，占0.8%；红嘴鸥160只，占0.7%；棕头鸥50只，占0.2%；凤头潜鸭77只，占0.3%；小䴙䴘24只，占0.1%；赤颈鸭18只，占0.08%；渔鸥14只，占0.06%；苍鹭5只，占0.02%；［普通］鸬鹚5只，占0.02%；池鹭3只，占0.01%；大白鹭4只，占0.02%；银鸥2只，占0.01。所记录数占记录总数的1%以下，可视为稀有种。

刘强、刘鲁明、王凯等2007年2月对全湖进行分区统计，共观察记录水禽17种，总计约9400只，其中骨顶鸡（白骨顶）3750只，占记录总只数的40%；赤嘴潜鸭2310只，占25%。所记录数均占记录总数的10%以上，可视为优势种。

凤头潜鸭870只，占9%；红头潜鸭490只，占5%；赤膀鸭430只，占4.6%；凤头䴙䴘355只，占3.8%；绿头鸭260只，占2.8%；赤颈鸭240只，占2.6%；白眼潜鸭190只，占2%；红嘴鸥170只，占1.8%；鹊鸭160只，占1.7%；灰雁140只，占1.5%；赤麻鸭120只，占1.3%；小䴙䴘100只，占1.1%。所记录数均占记录总数的1%以上，可视为常见种。

斑嘴鸭70只，占0.75%；普通秋沙鸭45只，占0.48%，绿翅鸭45只，占0.48%；黑颈䴙䴘6只，占0.06%；斑头秋沙鸭5只，占0.05%；罗纹鸭3只，占0.03%。所记录数仅占记录总数的1%以下，可视为稀有种。

据中国科学院昆明动物研究所1985～2007年4次对泸沽湖越冬水禽的调查结果分析发现，泸沽湖越冬水禽的种类和每一种的种群数量，每一次调查结果都有所变化，这与每年的气候条件和调查的时间有着密切关系。但是赤嘴潜鸭和骨顶鸡两种的优势地位均较为稳定，每年都有上千只以上的群体来泸沽湖越冬。

6.4.5 哺乳类

泸沽湖是云南现今水质最好的一个湖泊。湿地哺乳动物较少。在湖区及其周边的沼泽、水沟和水田等湿地中的哺乳动物有：喜马拉雅水鼩、青鼬、黄鼬、小灵猫、食蟹獴、豹猫，其中小灵猫为国家Ⅱ级重点保护野生动物。在湖区及其附近湿地上空捕食昆虫的蝙蝠有：暗褐菊头蝠、中华菊头蝠、丽江菊头蝠、大足鼠耳蝠、东亚伏翼茶褐伏翼、南蝠等13种。

7 经济和社会价值

泸沽湖所在地的宁蒗县永宁乡，1996年总人口为17 967人，农业总产值为979.14×10^4元。泸沽湖区域是一个多民族聚居区，环湖有11个自然村，居住着普米、纳西、彝、白、壮、汉等民族。1992年共有455户，2742人，其中纳西族的摩梭人有764人，占总人口的27.86%。1992年环湖周围有耕地3878亩，主要种植玉米、马铃薯等作物，同时也栽种有苹果、核桃等。湖泊为天然养鱼场。经济收入较为单一，全年的经济收入仅为117.76×10^4元。

泸沽湖区域人口稀少，无工业污染，农业污染也较小。20世纪80年代后期，随着旅游业的兴起，泸沽湖周围地区也逐渐开展了旅游业的经营。将自然景观和人文景观融为一体，尤其是以摩梭人独特的文化和民族风情，使其具有独特而丰富的内涵，在全国乃至世界都是不可替代的世界文化遗产。那醉人的湖光山色，古老原始而又神秘的民族风情，原始的宗教文化，如痴如醉的歌舞之乡，成为旅游的圣地。

泸沽湖周围地区的摩梭人至今仍然保留着古老的“母系”社会，一家之中以“母亲”为首，以“女性”为主，独特的“走婚”风俗决定了它独特的社会背景。

8 干扰和威胁

泸沽湖是目前云南省内生态环境保护较好的湖泊。1997 年考察中发现湖周有一定的水土流失和开垦沼泽地和填湖建房等现象。同时还发现旅游设施不完善，没有污水处理设施，生活用水直接排放入湖，随着旅游人数的增多，对湖泊的污染情况也会日趋加剧。

9 保护与研究现状

目前已建有泸沽湖自然保护区管理委员会，对水土流失和填湖建房等情况进行了治理。中国科学院昆明动物研究所、昆明植物研究所、武汉水生生物研究所和云南大学等单位进行过动植物区系的调查研究。

第七节 会泽黑颈鹤栖息地

1 地理位置和海拔

会泽黑颈鹤自然保护区位于云南省曲靖市会泽县，由两部分组成，其中长海子片位于会泽县东北部，距县城 52km，地理坐标为东经 103°34′~103°38′，北纬 26°35′~26°39′之间；大桥片位于会泽县西北部，距县城 42km，地理坐标为东经 103°15′~103°22′，北纬 26°38′~26°45′之间。海拔2400~2900m。

2 面积

保护区总面积12 910. 64hm^2，其中大桥片 9076. 28hm^2，长海子片 3834. 36hm^2。

3 类型

水库及其周围浅滩沼泽，山坡马铃薯、玉米耕作地。属黑颈鹤越冬栖息地国家级自然保护区。

4 自然地理概况

会泽县位于云南省东北部乌蒙山主峰地段，由于河流切割而形成比较破碎的高原地貌。该自然保护区主要是国家 I 级重点保护鸟类——黑颈鹤的越冬栖息地。由长海子水库片区和大桥跃进水库片区两部分组成，其中长海子水库设计库容 370×10^{4}m^3，水域面积 0. 14km^2，旱季有沼泽 0. 02~0. 05km^2；大桥片区的跃进水库设计库容 5300×10^{4}m^3，水域面积 4km^2，枯水期有 0. 30km^2 沼泽。水库在冬季较干涸，在浅水处形成大面积的沼泽及水库周围有大片以种植马铃薯为主的山坡耕作地，秋末冬初作物收获之后，地里残留的小马铃薯、草根和昆虫等是黑颈鹤和灰鹤等鸟类的觅食场所，也是黑颈鹤、灰鹤等鸟类的主要越冬栖息地。

5 气候环境

据毕明辉等（2005）记录，会泽县属南温带季风气候，年均温 12. 7℃，极端最高气温达 31. 4℃，极端最低气温为 -16. 2℃，年均降水量 817. 7mm。大桥水库年均温 9. 8℃，越冬期平均气温 6. 3℃，年降水量 936mm。长海子水库年均温 10. 1℃，越冬期平均气温 6. 5℃，年降水量 936mm。

6 生物多样性的特点及其变迁

6.1 水生植被

根据云南省环境科学研究所和云南大学生命科学学院2002年的考察，水生植被挺水植物有辣蓼群落Form. *Polygonum bydropiper*，浮叶植物有鸭子草群落Form. *Potamogeton tepperi*，沉水植物有穿叶眼子菜群落Form. *Potamogeton perfoliatus*。

6.2 脊椎动物

6.2.1 鱼类（尚无记录）

6.2.2 两栖类

记录有1目5科8种。其中：盘舌蟾科Discoglossidae有大蹼铃蟾1种；蟾蜍科Bufonidae有华西蟾蜍、黑眶蟾蜍2种；雨蛙科Hylidae有华西雨蛙1种；蛙科Ranidae有昭觉林蛙、无指盘臭蛙、滇蛙、双团棘胸蛙等4种；姬蛙科Microhylidae有多疣狭口蛙1种。

6.2.3 爬行类

记录有2目3科10属13种，其中：蛇目SERPENTES游蛇科Colubridae的锈链腹链蛇*Amphiesma craspedogaster*、环纹华游蛇*Sinonatrix aequifasciata*，黑线乌梢蛇，蝰科Viperidae的竹叶青等种类较常见。

6.2.4 鸟类

根据杨晓君、杨岚（2006）云南湿地鸟类的定义，记录有湿地鸟类7目9科44种。常见的种类有：小䴙䴘、凤头䴙䴘、苍鹭、池鹭、黑冠夜鹭、栗苇鳽、大麻鳽、斑头雁、赤麻鸭、绿翅鸭、绿头鸭、斑嘴鸭、赤膀鸭、赤颈鸭、琵嘴鸭、赤嘴潜鸭、红头潜鸭、白眼潜鸭凤头潜鸭、普通秋沙鸭、灰鹤、黑颈鹤、蓑羽鹤、蓝胸秧鸡、白胸苦恶鸟、红胸田鸡、黑水鸡、骨顶鸡（白骨顶）、凤头麦鸡、金斑鸻、金眶鸻、环颈鸻、红脚鹬、青脚鹬、白腰草鹬、矶鹬、林鹬、扇尾沙锥、银鸥、红嘴鸥、棕头鸥、渔鸥、普通翠鸟等。

在所记录的湿地鸟类中，黑颈鹤为国家Ⅰ级重点保护鸟类；灰鹤、蓑羽鹤为Ⅱ级重点保护鸟类。灰雁和斑头雁为云南省级保护鸟类。其余种类均属有经济价值、科研价值和观赏价值的保护鸟类。

李凤山等（2005）1995年1月1日在大桥乡跃进水库观察到湿地鸟类16种，计1525只。其中：灰鹤795只，占记录总只数的52%；斑头雁305只，占20%；绿头鸭153只，占10%；每种记录数占观察记录总数的10%以上，为优势种。白眼潜鸭87只，占6%；黑颈鹤64只，占4.2%；红头潜鸭25只，占2%；赤颈鸭17只，占1%；每种记录数占观察记录总数的1%以上，为常见种。白骨顶15只，占0.98%；凤头潜鸭15只，占0.98%；青头潜鸭15只，占0.98%；斑嘴鸭14只，占0.92%；绿翅鸭11只，占0.72%；普通秋沙鸭3只，占0.19%；小䴙䴘3只，占0.19%；苍鹭2只，占0.13%；红嘴鸥1只，占0.07%；每种记录数占观察记录总数的1%以下，为稀有种。在长海子观察到水禽9种，计239只。其中：绿头鸭117只，占记录总数的48%；绿翅鸭72只，占30%；每种记录数占观察记录总数的10%以上，为优势种。赤颈鸭17只，占7%；针尾鸭12只，占5%；灰鹤7只，占2.9%；白眼潜鸭6只，占2.51%；黑颈鹤4只，占1.67%；凤头䴙䴘3只，占1.2%；每种记录数占观察记录总数的1%以上，为常见种。小䴙䴘1种，观察记录1只，占观察记录总数的0.4%，为稀有种。

杨晓君等1999年3月在长海子观察记录到5种，计759只；其中：绿头鸭341只，占观察记录总数的41%；斑嘴鸭306只，占40%；每种记录数占观察记录总数的10%以上，为优势种。绿翅鸭66只，占8.70%；黑颈鹤32只，占4.22%；灰鹤14只，占1.8%；每种记录数占观察记录总数的1%以上，为常见种。在大桥水库观察记录到水禽15种，计1994只，其中：斑头雁790只，占40%；黑颈鹤378只，占19%；绿翅鸭235只，占12%；赤麻鸭220只，占11%；每种记录数占观察记录总数的

10%以上，为优势种。灰鹤130只，占7%；绿头鸭100只，占5%；斑嘴鸭50只，占2.5%；小䴙䴘45只，占2.26%；每种记录数占观察记录总数的1%以上，为常见种。普通秋沙鸭15只，占0.75%；凤头麦鸡10只，占0.50%；苍鹭8只，占0.4%；凤头䴙䴘4只，占0.20%；红嘴鸥4只，占0.20%；渔鸥3只，占0.15%；扇尾沙锥2只，占0.10%；每种记录数占观察记录总数的1%以下，为稀有种。

2007年1月，伍和启、刘强等在长海子观察记录到水禽5种，计213只；其中：绿头鸭80只，占38%；灰鹤64只，占30%；黑颈鹤46只，占22%；每种记录数占观察记录总数的10%以上，为优势种。绿翅鸭20只，占9.40%；普通秋沙鸭3只，占1.4%；每种记录数占观察记录总数的1%以上，为常见种。大桥水库观察记录水禽24种，约2800只；其中：斑头雁700只，占25%；赤麻鸭500只，占18%；绿翅鸭500只，占18%；每种记录数占观察记录总数的10%以上，为优势种。绿头鸭200只，占7.08%；黑颈鹤152只，占5.38%；灰鹤150只，占5.31%；针尾鸭100只，占3.54%；小䴙䴘100只，占3.54%；骨顶鸡（白骨顶）100只，占3.54%；凤头䴙䴘50只，占1.77%；红嘴鸥50只，占1.77%；赤颈鸭30只，占1.06%；斑嘴鸭30只，占1.06%；凤头潜鸭30只，占1.06%；红头潜鸭30只，占1.06%；白眼潜鸭30只，占1.06%；普通秋沙鸭30只，占1.06%；每种记录数均占观察记录总数的1%以上，为常见种。普通鸬鹚20只，占0.67%；白鹭10只，占0.34%；凤头麦鸡5只，占0.17%；苍鹭3只，占0.10%；矶鹬2只，占0.06%；白腰草鹬1只，占0.03%；红脚鹬1只，占0.03%；每种记录数占观察记录总数的1%以下，为稀有种。

通过上述1995年、1999年、2007年几个年度对会泽黑颈鹤越冬地的大桥水库片区和长海子片区冬季水禽调查结果的分析，发现大桥水库片区越冬水禽的优势种有斑头雁、赤麻鸭、绿头鸭、绿翅鸭、灰鹤、黑颈鹤等6种；长海子片区越冬水禽的优势种有绿头鸭、斑嘴鸭、绿翅鸭、灰鹤、黑颈鹤等5种，这些水禽是该地区湿地的主要越冬鸟类。

6.2.5 哺乳类

湿地哺乳动物很少，湖内未发现水栖哺乳动物。湖周仅有：黄鼬、豹猫。在湖区及其附近湿地上空捕食昆虫的蝙蝠有：暗褐菊头蝠、丽江菊头蝠、大足鼠耳蝠、西南鼠耳蝠、东亚伏翼和亚洲长翼蝠等8种。

7 经济和社会价值

会泽县位于云南省东北部乌蒙山主峰地段，境内受牛栏江、小江和金沙江的深度切割，沟谷纵横，地形复杂，多为山区和半山区，人口稀少，干扰相对较小；又因地处金沙江河谷的下游地带，地势相对较为开阔、气候也较为温暖，水库周边的耕作地在候鸟越冬期一般都是荒地，这时的水库为枯水期，形成一定面积的沼泽和浅滩，这些条件，为在金沙江上游青藏高原及其以北地区的沼泽湿地繁殖而向南迁徙越冬的斑头雁、黑颈鹤、灰鹤等候鸟的越冬提供了觅食和栖息环境。由毕明辉等（2005）发表的对该境内大型水禽种群数量的统计结果，3年平均在该地越冬的黑颈鹤的种群数量达575只，灰鹤661只，由此可见，该地对黑颈鹤等水禽的保护发挥了重要的作用，取得了很好的社会效益。在保护好黑颈鹤等珍稀濒危鸟类的前提下，经营国内外的观鸟旅游活动，发展当地经济，提高当地人民群众的生活水平，可转换为一定的经济效益。

8 干扰和威胁

会泽县是云南省的贫困县之一，当地人民群众的生产和生活水平较为低下。黑颈鹤等大型水禽经常结群到耕作地里采食作物，当地居民为保护农作物常不得不驱赶鹤类，造成保护野生动物与当地群众切身利益的矛盾。所以，国家各级政府管理部门和国内外群众性的保护组织及有志于保护野生动物的个人和企业家，应该对该地区黑颈鹤等水禽的保护工作给予政策、经济和人力物力的支持和关注。

9 保护与研究现状

1984年会泽县城乡建设和环境保护局在长海子与大桥水库建立了黑颈鹤保护点，1990年经会泽县政府批准建立县级自然保护区，以黑颈鹤及其越冬生境为主要保护对象；1994 年 3 月经云南省人民政府批准，升格为省级自然保护区，2006 年 2 月，经国务院批准晋升为国家级自然保护区。中国科学院昆明动物研究所、昆明植物研究所和云南大学等单位进行过动植物区系的调查研究。云南省环境科学研究所和云南大学生命科学院对该保护区进行了综合考察。

第五章

云南的省级重要湖泊湿地

第一节　星云湖

1　地理位置和海拔

星云湖位于云南省玉溪市江川县境内，地理位置为东经 102°45′，北纬 24°17′，海拔高程 1722m。

2　面积

星云湖湖面面积 34. 7km^2。

3　类型

高原断层陷落淡水湖泊。

4　自然地理概况

星云湖属珠江流域南盘江水系，为滇中高原陷落性浅水湖，是抚仙湖的上游湖泊，两湖由一条长 2. 2km 的隔河相连。

5　气候环境

星云湖地处低纬度、高海拔地带，属高原季风气候，干湿季节分明，四季如春，年降水量 700 ~ 1000mm，多年平均年蒸发量 1995. 6mm，日照 2264 小时，多年平均气温 15. 6℃，流域内风向多为西南风，历年最大风速达 33m/s。气候属于中亚热带，年均温 16℃，年降水量 868. 8 mm，温暖而湿润。

6　湖泊水文地理

星云湖属断层陷落湖泊，为淡水湖。当水位为 1722. 5m 时，最大水深 9. 5m，平均水深 5. 91m，湖泊容水量为 2. 02 × 10^{8}m^3。湖水主要由周边溪流汇入和降水补给，多年平均径流量为 5500 × 10^{4}m^3。出流由人工闸门控制，湖水经隔河流入抚仙湖，多年平均水量约为 4000 × 10^{4}m^3。星云湖主要有东西大河、螺蛳铺河、渔村河等 14 条季节性入湖河流。

7　生物多样性的特点及其变迁

7. 1　水生植被

根据李恒（1980）调查资料（表 5 – 1），星云湖的水生植被类型如下。

挺水植物群落类型

（1）茭草群落　主要分布于水深 0. 5 ~ 0. 9m 的浅滩中，湖底多为泥质和沙质。

该群落外貌暗绿色，总盖度 40% ~ 50%。分为 2 层，上层以茭草为优势，叶层露出水面约 0. 2m，下层为沉水植物，以海菜花、大叶眼子菜为常见，由于水层较浅，枯水期常露出水面。

浮叶植物群落类型

（2）莕菜群落　通常分布于水深1～2m处，立地多为深厚的淤泥。

群落总盖度80%～100%，以莕菜为优势。莕菜常多分枝，茎沉与水中，地下匍匐茎交织于泥中，节上生叶，叶柄长1～2m，叶片排列紧密漂于水面。

群落可分为浮水和沉水2个层次：浮水层除莕菜叶片外还有鸭子草、水膏药等种类与之伴生，浅水处还可见田字萍等浮水叶；满江红、槐叶萍等漂浮植物也常在本层出现。沉水层主要以狐尾藻、苦草等种类为主。

沉水植物群落类型

（3）狐尾藻群落　分布于水深4m左右处，水质不拘（最大pH值可到9.2），群落盖度低于80%。

群落分上下两层，上层层冠与水面平齐，层盖度30%～70%。优势种为狐尾藻，常见伴生种有马来眼子菜、穿叶眼子菜、亮叶眼子菜等种类；群落下层沉于水中，层冠离水面0.3～0.5m，主要成分有红线草、黑藻、金鱼藻、微齿眼子菜等种类。

（4）海菜花群落　分布于水深2～4m处，水质清洁，湖床泥质。群落盖度变化也很大，夏秋季节40%～60%，冬春季节20%～40%。5～10月份，开花季节，白色的花朵漂浮在水面，繁星点点，是美丽的高原淡水观赏植物，也是重要的食用水生植物。

群落盖度50%～70%，优势种为海菜花（原变种）。群落上层有亮叶眼子菜、狐尾藻、马来眼子菜等种类，层盖度20%～30%；群落下层以海菜花为主，植株数目不多，伴生种多为黑藻、茨藻、微齿眼子菜等种类。

（5）苦草群落　分布于水深1～5m处，通常形成单种群落，群落结构十分简单。群落成分随水深的增加而减少，较常见的种类有狐尾藻、亮叶眼子菜、马来眼子菜等。

表5-1　星云湖水生植物名录（资料来源：李恒，1980）

科名	中文名	学名	生活型
金鱼藻科 Ceratophyllaceae	金鱼藻	*Ceratophyllum demersum*	沉水
小二仙草科 Halorrhagaceae	穗状狐尾藻	*Myriophyllum spicatum*	沉水
水鳖科 Hydrochritaceae	黑藻	*Hydrilla verticillata*	沉水
	海菜花	*Ottelia acuminata*	沉水
	苦草	*Vallisneria gigantea*	沉水
眼子菜科 Potamogetonaceae	菹草	*Potamogeton crispus*	沉水
	亮叶眼子菜	*P. lucens*	沉水
	马来眼子菜	*P. malainus*	沉水
	红线草	*P. pectinatus*	沉水
	穿叶眼子菜	*P. perfoliatus*	沉水
	鸭子草	*P. tepperi*	沉水
茨藻科 Najadaceae	小茨藻	*Najas minor*	沉水

7.2　湿地无脊椎动物

环节动物门：寡毛纲 OLIGOCHAETA 近孔寡毛目 PLESIOPORA 颤体虫科 Aeolosomatidae 红斑颤体虫 *Aeolosoma hemprichii*，颤蚓科 Tubificidae 苏氏尾鳃蚓 *Branchiura sowerbyi*、霍甫水丝蚓 *Limnodrilus hoffmeisteri*、群居水丝蚓 *Limnodrilus socialis*。

软体动物门：腹足纲 GASTROPODA 前鳃亚纲 PROSOBRANCHIA 中腹足目 MESOGASTROPODA 田螺科 Viviparidae 多棱角螺 *Angulyagra polyzonata*、尖龙骨角螺 *Angulyagra oxytropoides*、绘环棱螺 *Bellamya limnophila*、螺蛳 *Margarya melanioides*，觿螺科 Hydrobiidae 云南脆弱螺 *Paladilhia yunnanensis*。肺螺亚纲 PULMONATA 基眼目 BASOMMATOPHORA 椎实螺科 Lymnaeidae 耳萝卜螺 *Radix auricularia*、尖

萝卜螺 *Radix acuminata*、微红萝卜螺 *Radix rubiginosa*、琥珀萝卜螺 *Radix succinea*、胖萝卜螺 *Radix ovali*，扁蜷螺科 *Planorbidae* 大脐圆扁螺 *Hippeutis umbilicalis*。真瓣鳃目 EULAMELLIBRANCHIA 砚科 Corbiculidae 河蚬（黄蚬）*Corbicula fluminea*。

节肢动物门：甲壳纲 CRUSTACEA 淡水虾类长臂虾科 Palaemonidae 日本昭虾（青虾）*Macrobrachium nipponense*、秀丽白虾（白虾）*Exopalaemon modestus*。

昆虫纲 INSECTA 水生昆虫半翅目 HEMIPTERA 水黾科 Gerridae 姬水黾 *Gerris lacutris linnaeus*，田鳖科（负子虫科）Belostomatidae 田鳖 *Kirkaldyia deyrollei villefroy*，仰泳蝽科（松藻虫科）Notonectidae 松藻虫 *Notonecta triguttata*，红娘华科（蝎蝽科）Nepidae 红娘华 *Laccotrephes japonensis*，牙虫科（水龟虫科）Hydrophilidae 小牙虫（水龟虫，水龟）*Hydrophilus affinis sharp*，龙虱科 Dytiscidae 泽劳（三点龙虱）*Cybister tripunclatus*。

7.3 脊椎动物

7.3.1 鱼类

根据陈银瑞、褚新洛（1989）、高礼存等（1990）和杨君兴、陈银瑞（1995）的记述，星云湖共有土著鱼类 15 种：星云白鱼 *Anabarilius andersoni*、小鳔鲔 *Acheilognathus microphysa*、云南光唇鱼 *Acrossocheilus yunnanensis*、云南倒刺鲃 *Spinibarbus yunnanensis*、抚仙鲤 *Cyprinus fuxianensis*、大头鲤 *Cyprinus pellegrini*、杞麓鲤、鲫、长臀云南鳅 *Yunnanilus analis*、湖高原鳅 *Triplophysa lacustris*、泥鳅、抚仙鲇 *Silurus grahami*、中华青鳉、黄鳝、乌鳢。外来鱼类约有 13 种：青鱼、草鱼、鳤 *Ochetobius elongatus*、鰲、团头鲂 *Megalobrama amblycephala*、银鲴 *Xenocypris argentea*、鲢、鳙、麦穗鱼、华南鲤、间下鱵鱼 *Hyporhamphus intermedius*、小黄蚴鱼、子陵吻鰕鯱鱼等。其中星云白鱼、长臀云南鳅、湖高原鳅是星云湖特有种；小鳔鲔、抚仙鲤、大头鲤、杞麓鲤、抚仙鲇为云南高原湖泊特有种。

星云湖的鱼类区系有如下特点：鲔属、光唇鱼属、倒刺鲃属、鲤属、鲫属、泥鳅属、鲇属、青鳉属、黄鳝属、乌鳢属为代表的老第三纪类群为主要成分；兼有少量以白鱼属、云南鳅属为代表的云贵高原特有类群和以高原鳅属为代表的青藏高原类群的成分；缺乏东亚特有类群成分。

7.3.2 两栖类

星云湖湖区及其附近的两栖类主要有华西雨蛙、华西蟾蜍、无指盘臭蛙、滇蛙、斑腿泛树蛙、多疣狭口蛙和云南小狭口蛙。

7.3.3 爬行类

星云湖湖区及其附近的爬行动物类主要有铜蜓蜥 *Sphenomorphus indicus*、昆明滑蜥 *Scincella barbouri* 等。蛇目 SERPENTES 有红脖颈槽蛇、黑眉锦蛇 Elaphe taenura、紫灰锦蛇 Elaphe porphoracea、白链蛇、黑线乌梢蛇等。

7.3.4 鸟类

近年来在星云湖地区考察中常见的水禽有：小鸊鷉、凤头鸊鷉、苍鹭、牛背鹭、池鹭、绿鹭、大白鹭、白鹭、大麻鳽、赤麻鸭、赤膀鸭、赤颈鸭、黑水鸡、绿翅鸭、赤嘴潜鸭、白眼潜鸭、斑嘴鸭、绿头鸭、骨顶鸡（白骨顶）、灰头麦鸡、扇尾沙锥、金眶鸻、环颈鸻、白腰草鹬、林鹬、矶鹬、红嘴鸥、普通翠鸟。

杨岚等（1988）的调查结果显示，星云湖的优势种有小鸊鷉、绿翅鸭、斑嘴鸭、赤颈鸭、骨顶鸡（白骨顶）、扇尾沙锥、红嘴鸥；常见种有凤头鸊鷉、苍鹭、赤麻鸭；稀有种有绿鹭、大白鹭、白鹭、大麻鳽、赤嘴潜鸭、白眼潜鸭、灰头麦鸡、金眶鸻、环颈鸻、白腰草鹬、林鹬、矶鹬。

1997 年 1 月 22 日杨岚、杨晓君观察统计，白骨顶为优势种，小鸊鷉、斑嘴鸭、赤膀鸭、赤颈鸭、赤麻鸭、红骨顶和红嘴鸥为常见种，绿翅鸭、普通翠鸟为稀有种。2007 年 2 月 20 日杨晓君、刘强观察统计结果为：红嘴鸥为优势种；小鸊鷉、凤头鸊鷉、灰头麦鸡、绿翅鸭、扇尾沙锥为常见种；白鹭、牛背鹭、赤膀鸭、苍鹭为稀有种。

7.3.5 哺乳类

由于污染严重，星云湖湖区及其附近的哺乳类不多，湖区内有喜马拉雅水鼩和水獭两种；附近有黄鼬、小灵猫和豹猫等活动。其中水獭和小灵猫为国家Ⅱ级重点保护野生动物。在湖面及其附近上空捕食昆虫的翼手类通常有暗褐菊头蝠、皮氏菊头蝠、大马蹄蝠、大足鼠耳蝠、西南鼠耳蝠、东亚伏翼、茶褐伏翼、亚洲长翼蝠 等8种，蝙蝠因季节不同，其种类不尽相同。

8 干扰和威胁

由于长期人类活动，沼泽面积逐渐减少，应对该湖泊和沼泽加以保护，限制围垦和水体污染。

9 保护与研究现状

近年来昆明理工大学、云南省水文水资源局玉溪分局、云南大学、云南林业勘察设计院、云南省环境科学研究所、云南省玉溪师范学院、云南省玉溪市农业科学研究所、云南省环境科学研究所、云南省玉溪市环境科学研究所、云南省玉溪市环境监测站、中国科学院南京地理与湖泊研究所、中国科学院地质与地球物理研究所、中国地质大学地球科学学院、日本冈山大学自然科技学校、中国科学院水生生物研究所、中国科学院昆明动物研究所等单位对星云湖的土壤、植被、鱼类、水禽、污染、植物、环境变化、环境治理等方面进行过研究。

第二节 杞麓湖

1 地理位置和海拔

杞麓湖流域位于云南省中部，隶属玉溪市通海县。流域为一向南突出的新月形断拗盆地，位于东经102°43′~102°49′，北纬24°08′~24°12′之间，湖面海拔1796.8m。

2 面积

杞麓湖湖泊面积37.3km^2。

3 类型

高原淡水湖泊。

4 自然地理概况

杞麓湖北近江川的星云湖，南望曲江干流，西依玉溪大河（曲江上游段），东邻华宁龙洞河。属珠江流域西江水系，杞麓湖为主要水体，入湖的主要河流为中河（下游称红旗河）、密冲河（也称姚春沟河）及大新河3条。此外，还有十里沙沟、二街沙沟、姜家冲沟、大桥沟及窑沟等十余条季节性小河分别由湖泊四周入湖（玉溪市环境保护局，2004）。

杞麓湖位于流域中部稍偏东北，为流域内地表径流汇集的中心地，湖容积$1.7\times10^8m^3$。湖泊略呈北东南西向的矩形状，东西长约10.4km，南北平均宽约1.48km，湖岸线全长约63.9km，最大水深6.8m，平均水深4m，全湖自西向东逐渐加深。杞麓湖无明显出流口，为一封闭型高原湖泊。湖泊泄水惟一通道为天然溶洞。1970年以来受通海大地震及泥沙的淤堵，天然泻流量由6.7m^3/s下降至2.48m^3/s。湖水主要来源于降水，多年平均陆地产水量为$5.48\times10^8m^3$，湖面降水量为$3.20\times10^8m^3$，由于湖面蒸发损耗，湖泊多年平均水资源量为$0.391\times10^8m^3$。杞麓湖流域面积359km^2，含6镇1乡，占通海县土地面积的47.8%（玉溪市环境保护局，2004）。杞麓湖是通海县重要的水源区，具有工农业用水、调蓄、防洪、航运、旅游、水产养殖等功能。

5 地质形成及历史变迁

在距今6亿年前的前寒武纪和古生代时期，杞麓湖地区是一片汪洋大海，其湖盆基底是由震旦纪和古生代的大套碎屑岩和碳酸盐岩组成，说明古生代以前这里是广海环境。在晚古生代中期受海西运动影响，曾一度隆起，海水退出，以后又沉没于海洋之中，沉积有石炭、二叠纪的灰岩。中生代时，燕山运动使地壳发生多次变动，海水退出，形成大型盆地。进入新生代以后，云南高原开始全区急剧上升，成湖环境逐渐向东退移，在滇中地区形成一些连续和不连续的断陷盆地。在边断陷、边沉积的环境下，滇中的坝子（湖盆），均有第二纪和第四纪的湖泊或河湖混合相沉积。据地质钻探证明，杞麓湖湖底基岩以上有极厚的第四纪沉积层，最大厚度达210m，为黏土、淤泥夹砂砾及螺蚌壳层。到了中新世，云南高原进入准平原化状态，形成广柔的夷平面，但在上新世末期以后的新构造运动中，云南高原又发生了大幅度的间歇性的急剧掀升和新断裂运动，并导致断块的差异升降运动，使滇中的夷平面被抬升至2000~2600m，夷平面之下产生几级剥蚀面，成为今天广布的高原、山原和山地。沿断裂线还出现了一系列线状、串珠状、雁列式的断陷盆地和谷地。杞麓湖就是在上新世末以后的新构造运动中断块差异升降运动中形成的（杨德浦，1985）。

杞麓湖在形成初期，湖面海拔高度大约是2000m。面积和容量约比现在大4倍多，现今四街以西、以北的小尖山、大西山海拔在2000m的地方，可以见到成堆成群的湖生贝螺遗迹，海拔在1800~1900m的湖岸，更是到处可见，这是杞麓湖衰亡的证据之一；如今杞麓湖湖面海拔仅1796.8m，比原来下降约204m，估计面积和容量减少了4/5左右，这也是湖泊老化衰亡的证据；此外，周围60多个地下泉水，只有36个出水，而且出水量逐渐减少，另外32个已经枯竭，作为湖水补给的水源之一，也面临紧张而严酷的局面（杨德浦，1985）。

总之，杞麓湖诞生于晚更新世时期，其形成原因是自然力断裂陷落积水而成，它按照自然的演变规律，从生到灭，经过诞生、发展、演化，已经接近衰老的时期（杨德浦，1985）。

6 气候环境

杞麓湖处于北回归线附近的低纬度高原地区。夏、秋季主要受印度洋西南暖湿气流和太平洋暖湿气流的控制；冬、春季受西风南支气流和北方南下的干冷气流控制；冬季干燥温暖，夏季温暖湿润。年平均气温15.6℃，≥10℃年积温量平均为4900℃，最冷月（1月）平均气温9.0℃，最热月（7月）平均气温19.9℃，年极端最高气温31.9℃，极端最低气温-5.4℃，最热月平均气温与最冷月平均气温差10.9℃。年无霜日为338天，属于中亚热带半湿润高原季风气候。年均降水量为877.0mm，雨季从5月中旬至10月下旬，雨季降水量占全年总降水量的76.8%；旱季从10月下旬至翌年5月上旬，降水量仅为全年降水量的23.2%，雨季的降水量为旱季降水量的3.3倍。湖区日照丰富，年日照数达2285.6小时，与云南省同纬度的广南相比，多390小时。由于日照丰富，冬、春季水温在15℃左右，夏、秋季水温在23℃左右，对于湖中鱼类和水生动植物的生长较为有利（玉溪地区环境保护监测站，1983）。

7 水环境状况

杞麓湖从1997~2001年的水质监测结果表明（表5-2），水质评价结果有机污染为中污染至严重污染，水质类别为Ⅳ~Ⅴ水质，水质变化较大的有叶绿素a、藻量、SS和透明度（王云华，2002）。

1997~2001年的监测结果表明，除2000年藻量上升外，几年来杞麓湖水体藻量均呈下降趋势。1997年藻量407.50×10^4个/L，1998年402.5×10^4个/L，1999年藻量312.5×10^4个/L，2000年434.5×10^4个/L，2001年2月16日则减少到19.19×10^4个/L。就在藻量大幅减少的同时，杞麓湖出现水质变清、透明度增加的现象。连续几次跟踪监测表明，除藻量和叶绿素a、透明度、SS发生较大变化外，其他项目和往年相比变化不大。透明度的增加，与藻量和叶绿素a减少的关系比较大，因为多数藻类都有色素如深红、黄褐、淡绿、黄绿色等。不同种类的藻类，各有最适宜的光照强度范围，在此范围内若光照强度过高或过低，藻类的光合作用及细胞分裂速度都会受到影响。光照强度增加光合作用及细胞分裂速度加速，反之则受到抑制。若光照强度超出最高适宜范围，光合作用也会降低，以至受到抑制，细胞颜色变淡，生长速度转慢，最后变为白色并死亡。光强度过大，藻体内叶绿素光解而褪色。强光对藻的伤害作用不全由于光强本身，还受到温度的影响，在低温时，更易受到强光的伤害。例如在水温 7℃时，2000Lx 光强，藻类即褪色，而水温在 25℃时，要在 5000Lx 下藻类才褪色。pH 值高时藻体吸收量增加，低时则相反。水体中氮、磷、钾含量的变化能直接影响藻量的变化。有机物增加时藻类对自身所需营养物质的吸收也会受到抑制。根据多个学者的研究，水体中缺铁和镁会减弱藻类的光合作用，降低藻类生长率，导致叶绿素含量减少。叶绿素存在于藻体中，藻量减少，叶绿素 a 随之减少，藻体死亡则下沉到湖底，SS 也会随之降低，水由此而变清，透明度也就增加（王云华，2002）。

表 5－2　1997～2001 年杞麓湖水质监测结果

项目	1997 年 3 月 8 日		1998 年 3 月 8 日		1999 年 3 月 8 日		2000 年 3 月 6 日		2001 年 2 月 16 日		2001 年 2 月 19 日	
	测值	评价	测值	评价	测值	评价	测值	评价	测值	评价	测值	评价
DO（mg/L）	7.16	Ⅱ	6.36	Ⅱ	6.77	Ⅱ	8.24	Ⅱ	5.46	Ⅲ	7.1	Ⅱ
COD_{Mn}（mg/L）	7.53	Ⅳ	10.16	＞Ⅴ	7.66	＞Ⅴ	5.91	Ⅲ	5.88	Ⅲ	6.34	Ⅳ
BOD（mg/L）	2.62	Ⅰ	5.88	Ⅳ	2.07	Ⅰ	3.24	Ⅲ				
TP（mg/L）	0.040	Ⅲ	0.06	Ⅳ	0.040	Ⅲ	0.030	Ⅲ	0.018	Ⅰ	0.032	Ⅲ
pH	8.56	Ⅴ	8.65	Ⅴ	8.59	Ⅴ	8.62	Ⅴ	8.15	Ⅴ	8.34	Ⅴ
TN（mg/m^3）	3.62	＞Ⅴ	3.70	＞Ⅴ	4.27	＞Ⅴ	3.09	＞Ⅴ	3.073	＞Ⅴ	3.689	＞Ⅴ
NH_3-N	1.23	Ⅴ	0.74	Ⅳ	0.670	Ⅳ	1.890	＞Ⅴ	1.164	Ⅴ		
透明度（m）	0.5	＞Ⅴ	0.4	＞Ⅴ	0.5	＞Ⅴ	0.6	Ⅴ	2.35	Ⅳ		
叶绿素 a（mg/m^3）	30.1	Ⅴ	37.91	Ⅴ	41.84	Ⅴ	37.91	Ⅴ	1.25	Ⅱ	3.5	Ⅱ
SS（mg/L）	38		18		22		20		5			
水温（℃）	17		15		17		13		13			
藻量（$\times 10^4$ 个/L）	407.5		402.5		312.5		434.5		19.19			

注：TN、NH_3-N、叶绿素 a、透明度采用 GHZBI－1999《地表水环境质量标准》，其他项目除 SS、水温、藻量无相应标准外，均采用 GB3838－88《地表水环境质量标准》。

8 生物多样性的特点及其变迁

8.1 水生植物的种类组成及群落类型

据 1976 年 1 月的调查结果表明，杞麓湖维管束植物共有 39 种，是一个比较丰富的水生植物区系（表 5－3），除少数杂草种类外，大都用作饲料或鱼饵，而且繁殖能力强，生物产量高，有利于水产和家畜家禽的生产（李恒，1988a）。

表 5－3　杞麓湖维管束植物名录

科　名	中文名	学　名
苹科	田字苹	*Marsilea quadrifolia*
槐叶苹科	槐叶苹	*Salvinia natans*
满江红科	满江红	*Azolla imbricata*
金鱼藻科	金鱼藻	*Ceratophyllum demersum*
睡莲科	莲	*Nelumbo nucifera*
蓼科	两栖蓼	*Polygonum amphybium*

（续）

科 名	中文名	学 名
蓼科	辣蓼	*Polygonum hydrpiper*
蓼科	水红花子	*Polygonum lapatifolium*
小二仙草科	狐尾藻	*Myriophyllum spicatum*
苋科	水花生	*Atternanthera philoxioides*
睡菜科	荇菜	*Nymphoides peltata*
唇形科	薄荷	*Mentha arvensis*
水鳖科	黑藻	*Hydrilla verticillata*
水鳖科	水膏药	*Hydrocharis dubia*
水鳖科	通海海菜花	*Ottelia acuminate* var. *tonghaiensis*
水鳖科	苦菜	*Vallisneria gigantea*
泽泻科	泽泻	*Alisma plantago - aquatica*
泽泻科	野慈姑	*Sagittaria sagittifolia* ssp. *leucopetala*
泽泻科	慈姑	*Sagittaria sagittifolia* ssp. *sinensis*
眼子菜科	菹草	*Potamogeton crispus*
眼子菜科	亮叶眼子菜	*Potamogeton lucens*
眼子菜科	马来眼子菜	*Potamogeton malainus*
眼子菜科	红线草	*Potamogeton pectinatus*
眼子菜科	穿叶眼子菜	*Potamogeton perfoliatus*
眼子菜科	丝草	*Potamogeton pusilus*
眼子菜科	鸭子草	*Potamogeton tepperi*
茨藻科	大茨藻	*Najas marina*
茨藻科	小茨藻	*Najas minor*
茨藻科	草茨藻	*Najas tenuicaulis*
雨久花科	水葫芦	*Eichhornia crassipes*
浮萍科	浮萍	*Lemna minor*
浮萍科	紫萍	*Spirodera polyrhiza*
莎草科	水葱	*Scirpus validus*
禾本科	芦苇	*Phragmitis communis*
禾本科	铁线草	*Cynodon dactylon*
禾本科	假稻	*Leersia hexandra*
禾本科	双穗雀稗	*Paspolum paspaloides*
禾本科	稗	*Echinochloa crusgalli*

杞麓湖的植物群落系统和组成结构如下（李恒，1998a）：

挺水植物群落类型 由于围湖造田活动频繁，杞麓湖挺水群落类型单一。

（1）茭草 *Zizania caduciflora* 群落 本群落面积较大，多属围湖造田后种植，目的在于防止风浪袭击围堤。主要由茭草、狐尾藻 *Myriophyllum spicatum*、轮藻 *Chara vulgaris*、荇菜 *Nymphoides peltatum*、黑藻 *Hydrilla verticillata*、马来眼子菜 *Potamogeton malainus*、金鱼藻 *Ceratophyllum demersum*、小茨藻 *Najas minor*、亮叶眼子菜 *Potamogeton lucens*、菹草 *Potamogeton crispus*、草茨藻 *Najas tenuicaulis* 组成。

漂浮植物群落类型 以漂浮植物组成的群落只见于一些抽水沟，这里水面狭窄，避风，水体除抽水季节外流动不大，来自各方的漂浮植物，一旦来到这里，便可稳定地繁衍，发展成盖度较大的群落。

（2）满江红 *Azolla imbricata* + 槐叶萍 *Salvinia natans* 群落 群落总盖度可达成100%，优势种是满江红 *Azolla imbricata*、槐叶萍 *Salvinia natans*、青萍 *Lemna minor*、紫萍 *Spirodera polyrhiza*。在漂浮层之上，偶有几株慈姑 *Sagittaria sagittifolia* 挺出水面。沉水层则为狐尾藻、菹草等组成。

浮叶植物群落类型 多在湖滨浅滩地域出现。

（3）荇菜 *Nymphoides peltatum* 群落。优势种为荇菜，浮叶层中，常有水青药的叶片参混，叶层空隙中则挤满了满江红、槐叶萍等飘浮植物。沉水层相当发育，层盖度可达50%，主要成分为苦草和狐尾藻。

（4）水青药 *Hydrocharis dubia* 群落　优势种为水青药，浮水层的伴生植物如满江红、槐叶萍、青萍、紫萍等。由于水体较浅、沉水层稀疏，偶有少量的狐尾藻、黑藻、小茨藻生长。

沉水植物群落类型

（5）狐尾藻 *Myriophyllum spicatum* 群落　优势种为狐尾藻，沉水伴生植物有苦草、马来眼子菜、红线草、亮叶眼子菜 *Potamogeton lucens*、穿叶眼子菜、黑藻、轮藻、荇菜。

（6）马来眼子菜 *Potamogeton malainus* 群落　该群落适应于水深2m以内，要求水体透明度高，有一定流速。上层优势种为马来眼子菜，主要沉水伴生植物有穿叶眼子菜、红线草、亮叶眼子菜、菹草、黑藻、苦草、狐尾藻、轮藻、小茨藻、草茨藻、金鱼藻。

（7）轮藻 *Chara vulgaris* 群落　在水深1.5m以内的浅水区。主要沉水伴生植物有马来眼子菜、穿叶眼子菜、小茨藻、草茨藻、水葱、红线草。

（8）苦草 *Vallisneria gigantea* 群落　苦草群落在水深2～4m的水域广泛分布，形成一个封闭的环状群落带。群落总盖度80%～90%，高80～90cm，湖水透明度170cm，因而建群种苦草的全部叶层都深沉于透明度深度之下，仅有一些伴生植物如狐尾藻、马来眼子菜、穿叶眼子菜的枝叶可以接近水面，处于苦草层的伴生植物还有小茨藻、红线草。

（9）穿叶眼子菜 *Potamogeton perfoliatus* 群落　优势种穿叶眼子菜丛生，伴生种多见马来眼子菜、狐尾藻，水下可见红线草、苦草、轮藻。

（10）通海海菜花 *Ottelia acuminata* var. *tonghaiensis* 群落　优势种通海海菜花是杞麓湖长期处于封闭状态与其他湖泊生态隔离的产物，是杞麓湖的特产。伴生种多见狐尾藻、马来眼子菜、苦草、轮藻。

总的说来，杞麓湖的水生植物群落类型多样，生态系统完整，当时影响生态系统的外界因素主要是围湖造田。

8.2 浮游生物

8.2.1 藻类植物的种类组成

据许继宏等（1988）的调查，杞麓湖共有藻类49个种，蓝藻门 CYANOPHYTA 8种、甲藻门 PYRROPHYTA 1种、金藻门 CHRYSOPHYTA 1种、硅藻门 BACILLARIOPHYTA 9种、裸藻门 EUGLENOPHYTA 1种、绿藻门 CHLOROPHYTA 29种。其中绿藻门的种类最多，在绿藻门中，大多数又是绿藻纲中的种类，接合藻纲的种类很少，只有6种，用于反映湖泊类型的主要种类鼓藻仅有2个种，圆鼓藻 *Cosmarium circulare* 及1种角星鼓藻。而在数量上以绿球藻目 CHLOROCOCCALES、圆筛藻目 COSCINODISCALES 及色球藻目 CHROOCOCCALES 为最多。该湖在春季有水华发生，水华的主要种类是铜绿微囊藻 *Microcystis aeruginosa* 和水华微囊藻 *Microcystis incerta*。上述两种同时与梅尼小球藻 *Cyclotella meneghiniana*、单角盘星藻具孔变种 *Pediastrum simplex* var. *duodenarium*、二角盘星藻纤细变种 *Pdeiastrum duplex* var. *gracillimum* 构成该湖的优势种群。此外，杞麓湖藻类中有许多属为富营养湖的典型指示生物，如小颤藻 *Osicillatoria tenuls*、变异直链藻 *Melosira varians*、裸藻属 *Euglena*、蹄形藻 *Kirchneriella lunaris*、肥状蹄形藻 *Kirchneriella obesa*、狭形纤维藻 *Ankistrodesmus angustus* 和螺旋纤维藻 *Ankistrodesmus spiralis*。在所有种类中大部分是浮游种类，只有个别为底栖藻类，如刚毛藻属1种 *Cladophora* sp.、小转板藻 *Mougeotia parvula*、水绵属1种 *Spirogyra* sp.，裸藻门的梭形裸藻属 *Euglena* 只在该湖发现。

8.2.2 浮游动物种类及变化

据王忠泽（1988）1986年4月和1987年6月的调查，杞麓湖共有浮游动物151种，其中，原生动物25科52种，轮虫类11科55种，枝角类6科23种，桡足类3目9种，另有微型小型动物如线虫等12种，浮游动物的数量比较丰富，平均6344个/L。

原生动物：25科52种，平均数量3650个/L，4月多于6月。优势种及常见种是普通表壳虫 *Arcel-*

la vulgaris、球形砂壳虫 *Difflugia globulosa*、针棘厘壳虫 *Centropyxis aculeata*、膜袋虫 *Cyclidium* sp. 、杯钟虫 *Vorticella cupifera*、钟虫 *Vorticella* sp. 、累枝虫 *Epistylis* sp. 、小筒壳虫 *Tintinnidium pusillum*。原生动物数量 1957 年为 550 个/L，1981 年为 1336 个/L，而 1986 ~ 1987 年为 3650 个/L。

轮虫类：11 科 55 种，平均数量 2080 个/L，4 月 1280 个/L，6 月多于 4 月为 2880 个/L。优势种和常见种为红眼旋轮虫 *Rhilodina erythrophthalma*、角突臂尾轮虫 *Brachionus angularis*、裂痕龟纹轮虫 *Anuraeopsis fissa*、螺形龟甲轮虫 *Keratella cochlearis*、曲腿龟甲轮虫 *Keratella valga*、前节晶囊轮虫 *Asplanchna priodonta*、对棘同尾轮虫 *Diurella stylataq*、刺盖异尾轮虫 *Trichocerca capuina*、针簇多肢轮虫 *Polyarthra trigla* 和敞水胶鞘轮虫 *Collotheca pelagica* 等。轮虫数量 1957 年为 54 个/L，1981 年为 2200 个/L，而 1986 ~ 1987 年为 2080 个/L。

枝角类：6 科 23 种，平均数量 127 个/L，6 月多于 4 月。优势种和常见种为短尾秀体溞 *Diaphanosoma brachyurum*、透明溞 *Daphnia hyalina*、僧帽溞 *Daphnia cucullata*、方形网纹溞 *Ceriodaphnia quadrangula*、脆弱象鼻溞 *Bosmina fatalis*、多刺粗毛溞 *Macrothris spinosa*、巾帼尖额溞 *Alona virago* 和圆形盘肠溞 *Chydorus sphaericus* 等。枝角类数量 1957 年为 10 个/L 以下，1981 年为 147 个/L，而 1986 ~ 1987 年为 127 个/L，20 世纪 80 年代为 50 年代的 10 倍以上。

桡足类：3 目 9 种，平均数量 68 个/L。优势种和常见种为西南荡镖水蚤 *Neutrodiaptomus mariadvigae*、广布中剑水蚤 *Mesocyclops leuckarii*、温剑水蚤 *Thermocyclops* sp. 。桡足类数量 1957 年为 20 个/L 以下，1981 年为 300 个/L，而 1986 ~ 1987 年为 68 个/L。

微型小型动物：12 种，平均数量 231 个/L，4 月较 6 月为多。常见、分布普遍的有线虫 *Nematoda*、腹毛虫属 *Gastrotricha* 及水栖寡毛类 *Microdrili*。

80 年代与 50 年代比较，湖泊生态环境发生明显变化，湖面缩小，富营养化，轻污染。杞麓湖 50 年代浮游动物数量 652 个/L，1981 年为 4012 个/L，1986 ~ 1987 年为 6344 个/L，数量随着富营养化而大量增加。

8.3 无脊椎动物

软体动物门：腹足纲 GASTROPODA 前鳃亚纲 PROSOBRANCHIA 中腹足目 MESOGASTROPODA 田螺科 Viviparidae 河圆田螺 *Cipangopaludina fluminalis*、膨胀圆田螺 *Cipangopaludina ampullacea*、孟氏螺蛳（光肋螺蛳）*Margarya mansuyi*，觿螺科 Hydrobiidae 云南脆弱螺 *Paladilhia yunnanensis*，斗螺科 Bithyniidae 纹沼螺 *Parafossarulus striatulus*。

肺螺亚纲 PULMONATA 基眼目 BASOMMATOPHORA 椎实螺科 Lymnaeidae 云南萝卜螺 *Radix yunnanensis*、琥珀萝卜螺 *Radix succinea*、胖萝卜螺 *Radix ovali*。真瓣鳃目 EULAMELLIBRANCHIA 蚌科 Unionidae 无齿蚌亚科 Anodontinae 背角无齿蚌 *Anodonta woodiana woodiana*、卓氏无齿蚌 *Anodonta joreti*。

节肢动物门淡水蟹类：溪蟹科 Potamidea 云南溪蟹 *Potamon*（*Potamiscus*）*yunnanense*。

昆虫纲水生昆虫：半翅目 HEMIPTERA 仰泳蝽科（松藻虫科）Notonectidae 松藻虫 *Notonecta triguttata*，潜水蝽科 Naucoridae 滑手虫 *Aphelochirus* sp. ，红娘华科（蝎蝽科）Nepidae 红娘华 *Laccotrephes japonensis*，牙虫科（水龟虫科）Hydrophilidae 小牙虫（水龟虫、水龟 ）*Hydrophilus affinis sharp*。

8.4 脊椎动物

8.4.1 鱼的种类组成及其区系变化

杞麓湖共有 26 种鱼类（何纪昌，1988；陈银瑞，见褚新洛、陈银瑞，1989；高礼存等，1990；杨君兴、陈银瑞，1995），其中土著鱼类 11 种：杞麓白鱼 *Anabarilius qiluensis*、大头鲤 *Cyprinus pellegrini*、云南鲤 *Cyprinus yunnanensis*、翘嘴鲤 *Cyprinus illshaestomus*、杞麓鲤、鲫、泥鳅、抚仙鲇、中华青鳉、乌鳢、黄鳝；外来鱼类 15 种：青鱼、草鱼、鲢、鳙、鳘、鳊、团头鲂、翘嘴红鲌、麦穗鱼、棒花鱼、高体鳑鲏、鲤、白鲫 *Carassius auratus cuvieri*、小黄黝鱼、子陵吻鰕虎鱼。在 10 种土著鱼类中，云南鲤、翘嘴鲤、杞麓白鱼为杞麓湖特有种，占土著种的 30%，大头鲤、杞麓鲤、抚仙鲇为云南高原湖泊特有种，占30%。杞麓湖鱼类区系成分仅由2种类型构成，以鲤属、鲫属、泥鳅属、鲇属、青鳉属、鳢属、黄鳝属为代表的老第三纪成分为主；兼有少量以白鱼属为代表的云贵高原特有类群；缺乏东亚特有类群和青藏高原类群成分。

杞麓湖原来的鱼类区系成分比较简单，仅有土著鱼类，1958年前渔业靠自然增殖，主产种类大头鲤的产量，占总鱼获量的50%左右。杞麓鲤、云南鲤占35%左右，其他鱼类占15%左右。从1959年开始投放青、草、鲢、鳙和鳊等养殖种类以来，杞麓湖渔业由自然增殖变为以放养为主、增殖为辅的湖泊，并逐步由养殖品种取代自然增殖，外来种占领了饵料基础，土著经济鱼类被排挤。

从20世纪50年代末开始，人为因素对杞麓湖水体性状、生态环境和鱼类区系等方面产生了严重影响。1959年杞麓湖开始放养青、草、鲢、鳙等养殖品种以来，在鱼苗中带进了高体鳑鲏、麦穗鱼等多种小型鱼类。鱼的种类由原来的11种，增加到26种，使鱼类区系成分发生了巨大变化。带入的小型鱼类，由于条件优异，适宜它们生长和繁育，与经济鱼类争食，当大头鲤繁殖时，它们进入产卵场，大量吞食鱼卵，直接影响到大头鲤的仔代群体补充。另外投放鲢、鳙鱼种，又发生了种间争食。大头鲤与鲢、鳙鱼的食性相似，但它们取食器官的结构与功能相差悬殊。大头鲤的口较小，鳃耙短而稀，滤食能力差；鲢、鳙鱼的口较大，鳃耙长而密，滤食能力强；两者抢食强弱悬殊，在食物竞争中，大头鲤是失败者，鲢、鳙鱼为优胜者。近20年来杞麓湖的鱼类区系成分中，外来种占优势，土著种为劣势，最终可能外来鱼类代替土著鱼类（何纪昌，1998）。

8.4.2 两栖类

杞麓湖及其附近的两栖类主要有华西雨蛙、华西蟾蜍、无指盘臭蛙、滇蛙、斑腿泛树蛙、多疣狭口蛙、云南小狭口蛙、饰纹姬蛙等。

8.4.3 爬行类

杞麓湖及其附近的爬行类动物主要有铜蜓蜥等。蛇类有红脖颈槽蛇、黑眉锦蛇、紫灰锦蛇、白链蛇、黑线乌梢蛇等。

8.4.4 鸟类

近年来野外考察中常见的水禽有：小䴙䴘、凤头䴙䴘、苍鹭、白鹭、池鹭、赤麻鸭、绿翅鸭、绿头鸭、斑嘴鸭、赤颈鸭、赤麻鸭、罗纹鸭、赤膀鸭、黑水鸡、骨顶鸡（白骨顶）、红胸田鸡、白胸苦恶鸟、扇尾沙锥、矶鹬、环颈鸻、青脚鹬、白腰草鹬、林鹬、棕头鸥、红嘴鸥、白胸翡翠、普通翠鸟。

杨岚等（1988）的调查结果显示，杞麓湖的优势种有小䴙䴘、赤颈鸭、骨顶鸡（白骨顶）、扇尾沙锥；常见种有赤麻鸭、矶鹬；稀有种有凤头䴙䴘、苍鹭、绿翅鸭、斑嘴鸭、黑水鸡、环颈鸻、青脚鹬、白腰草鹬、林鹬。杨岚、杨晓君等1997年1月23日仅观察到红嘴鸥、绿头鸭、小䴙䴘。2002年3月14日杨晓君记录10只以上的种类有：红骨顶、白骨顶和小䴙䴘；红嘴鸥、棕头鸥、赤膀鸭、斑嘴鸭、绿头鸭、白鹭、苍鹭、白胸翡翠每种的数量不足10只。2007年2月21日杨晓君、刘强等统计小䴙䴘、白骨顶为优势种；凤头䴙䴘、红嘴鸥、赤颈鸭、赤膀鸭、斑嘴鸭、黑水鸡为常见种；绿翅鸭、白鹭、赤麻鸭、棕头鸥、罗纹鸭、红胸田鸡、白胸苦恶鸟为稀有种。

8.4.5 哺乳类

杞麓湖地区由于污染严重而且湖周人类活动的干扰比较严重，哺乳类少，仅有12种。其中水域中曾报道过有水獭 *Lutra lutra*，可能已经绝迹；湖周活动和觅食湿地两栖类的有黄鼬、小灵猫和豹猫等3种。其中水獭和小灵猫为国家Ⅱ级重点保护野生动物。在湖面及其附近湿地上空捕食昆虫的翼手类通常有暗褐菊头蝠、皮氏菊头蝠、大马蹄蝠、大足鼠耳蝠、西南鼠耳蝠、东亚伏翼、亚洲长翼蝠 等种。

9 经济和社会价值

杞麓湖具有调节水量、提供工农业及生活用水、养殖水产品、调节气候、美化环境和发展旅游的功能。

10 干扰和威胁

由于湖区工农业生产的发展以及人口增长，使资源需求量迅速增加。长期以来对资源的不合理开发，使湖泊生态环境遭到了巨大破坏，加速了湖泊的老化和消亡，丧失了湖泊应有的功能。部分区域甚至面临资源枯竭的危险，严重制约了当地经济的发展（蓝红林，2001）。

长期以来，由于治理杞麓湖污染的速度远远跟不上污染增长的速度，城镇环境基础设施建设赶不上城镇扩张的速度，以及化肥、农药的大量使用等，导致湖泊及其流域生态环境恶化，严重地制约着通海县经济、社会的发展。杞麓湖流域的主要环境问题表现在以下几方面（陈娟、胡玉洪，1998）。

（1）水资源贫乏，供需矛盾突出。杞麓湖无外部引水可济，仅能立足本区解决水资源的补给问题。然而，本区属贫水地区，人均水资源为 141.8m^3。

（2）蓄、泄矛盾难以解决。杞麓湖无明出水口，仅靠一个泄量为 3m^3/s 的天然落水洞泄流。如果提前泄水，又怕后期来水不足，蓄水不够，影响工农业用水；如果泄水时间推延，又怕后期来水集中，落水洞出流能力弱，淹没农田。

（3）流域植被减少，水土流失加剧。径流区森林覆盖率由 20 世纪 50 年代初期的 30% 下降到现在的 18.4%，造成水土流失加剧。据调查，流域中、轻度土壤侵蚀面积达 115.4km^2，占流域面积的 32.6%，年侵蚀量为 28×10^4t。目前，各入湖河流水系中的水库塘坝已淤积泥沙 327×10^4t，损失总库容 1/4。

（4）湖水污染、富营养化严重。杞麓湖的污染主要是有机污染。经评价，湖水水质已达《国家地面水环境质量标准》GB3838－88 中的 V 类水质。污染物中，COD、BOD_5 和 TN 主要来自点源污染源，其次是内源和面源；SS 面源产生的最多，其次是点源；TP 源强的排序是面源、点源及内源。湖水中 N、P 比为 1∶38，说明杞麓湖是一个磷控制的富营养化型湖泊。

鉴于以上环境问题，采取措施从点源治理和面污染源的控制两方面恢复湖泊的生态系统（胡玉洪，1998；胡玉红、董慧，1999；蓝红林，2001）。

点源治理措施表现在以下几方面：

（1）限制工业污染物的排放。

（2）实行清污分流。对进入城区的溪流、小河等自然水体与污水系统分割，采用管道直接将其送入河道或湖泊而不与废水混合。

（3）采取截污工程措施。结合城市改造，完善城区排水系统，建设截污工程将城镇废水收集后集中处理。

（4）废水贮存。即使实行了清污分流，仍然有雨水直接进入下水道，汛期特别明显。因此，应增大排水管管径，当汛期雨水和污水达到一定比例时可直接外排；枯季到来时，污水可贮存在管道中，然后引入处理场处理。当然，在管网设计时应考虑到前汛期有中小强度的降水时也不产生溢流，因为这部分水流将冲刷枯季沉积下来的污染物，产生所谓“初次冲刷”，而“初次冲刷”携带的污染负荷是相当大的。这部分水体也应贮存后引入污水处理场处理。

（5）禁止含磷洗涤剂生产和使用。

面污染源的主要控制措施如下：

（1）大力植树造林，增加湖泊径流区内植被覆盖率，蓄水保土、减轻水土流失。将坡耕地改为梯田、梯地，实行等高耕作、垄作、轮作等农田侵蚀控制措施。走山、水、田、林、路综合治理的道路。

（2）减少径流区内化肥、农药施用量，优化施肥技术及施肥时间，改良作物品种。

（3）实施生态农业工程，建设农村户用沼气池。推广使用沼气池在云南有得天独厚的优势。由于农村都有饲养牲畜的习惯，如能利用人畜粪便及农业废弃物，发展沼气，既为农户提供了资源，减轻了农村对薪材的需求，保护了森林，又有效地减少了污染物的输出。同时，沼液和渣料还可用于肥田，减少化肥用量。

（4）减少垃圾入湖量。垃圾处理主要针对城镇而言，城镇生活垃圾目前主要采取人工清扫的办法收集，然后运往垃圾堆肥场或作卫生填埋。但人工清扫几乎不能去除灰尘和微小颗粒，由微粒携带的铅、磷，甚至农药等最终还将进入湖泊或河流。因此，街道清洁方法应改进，最好能采取机械清扫等去除率较高的办法。另外，绿化城市环境、使用多孔性路面等增加城区透水地面面积的措施，可截留部分污染物，也是减少城区垃圾入湖的办法。

（5）从集水系统中去除污染物。河流、沟渠在流速缓慢期间，一部分污染物会沉积，在汛期到来时集中冲刷入湖，产生“初次冲刷”。因此，应提前去除集水系统中的污染物，如对村庄周围汇水系统中堆积的垃圾进行清除，对河道、沟渠采取挖泥、清淤等措施。

此外，湖泊污染治理涉及环保、工业、农业、水利、建设、旅游等多个部门，只有各部门相互协调，认真落实湖泊生态环境保护和水污染防治的责任，对点源、面源、内源采取综合治理措施，才能从根本上解决湖泊水环境污染问题，保护湖泊生态系统。

11 保护与研究现状

昆明理工大学生物与化学工程学院、云南省环境科学研究所、云南省应用数学研究所、云南省玉溪市农村环保能源站、云南省玉溪市环境监测站、云南省玉溪市农业科学研究所、云南省通海县科学技术协会、日本冈山大学自然科技学校等单位曾对杞麓湖的土壤、污染、环境治理等方面进行过研究。中国科学院昆明动物研究所对该地的水禽进行过多次调查。

第三节 阳宗海

1 地理位置和海拔

阳宗海位于昆明市东部，呈贡县与宜良县交界处，地理位置为东经102°59′～103°02′，北纬24°51′～24°58′之间。海拔高度为1770m。

2 面积

阳宗海水面面积为30.0km^2。

3 类型

属断陷构造湖泊。是发育于云南高原上的断陷湖，深水型湖泊。

4 自然地理概况

阳宗海古称“大泽”、奕休湖，明朝时又称明湖，属南盘江水系，是滇中湖群的深水湖之一。处于小江断裂地带，是由于地面断裂的强烈发育而形成的地堑式断陷湖泊。东西两岸均为岩石陡坡，湖岸平直，成平行状；南北两端有湖滨平坝；湖底不平，均有岩洞暗礁。水源补给主要由周围山地沟溪与地下水补给，较大河流分布在湖泊南岸，主要来源于阳宗区的阳宗大河、石渣河及宜良1960年改道归入的摆衣河等；该湖原无出水口，1388年开挖了一条汤池渠，引水灌溉农田，从此，阳宗海有了出水口，湖水由东北侧的宜良池出口，流经宜良坝子汇入南盘江。

5 气候环境

阳宗海气候温暖而湿润，年降水量910.0mm。湖区多年平均气温16.2℃，多年极端最低气温－10℃，极端最高气温35.6℃。阳宗海常年主导风向为西南偏西风，湖区平均风速3.0m/s，最大风速22.0m/s。

湖泊年均水温17.7℃，7～8月最高水温24～28℃，1～2月最低水温6～10℃，年内水温变幅约

18℃，年际水温最大变幅27.4℃。南部湖区表、底水温差4℃，北部可达7℃；夏季水深11～12m处出现温跃层，最大水温梯度1.25℃/m。

6 湖泊水文地理

湖泊集水面积为192km^2，湖区盆地四周群山环抱，山体呈阶梯状，为南北走向。整个湖面呈纺锤形状，湖面水位1770.75m时，湖面面积30.0km^2，平均水深约20m，最大水深29.7m；湖泊南北平均长12.7km，东西平均宽2.5km，湖岸长32.3km，总蓄水量$6.04\times10^8 m^3$。湖区属亚热带高原季风气候，年均气温14.5℃，年平均降水量963.5mm，年均水面蒸发量1160mm，多年平均径流量为$2.77\times10^8 m^3$。

7 水环境状况

阳宗海是云南省重点保护的九大高原湖泊之一，是以旅游开发为主的省级旅游度假区，同时也是昆明市的次级城市——宜良县城的重要饮水源地，保护水体环境，净化水质尤为重要。据2003年的调查（罗莎莎等，2003），阳宗海湖水主要离子包括Ca^{2+}、Mg^{2+}、K^+、Na^+、HCO_3^-、Cl^-、SO_4^{2-}等，其中Ca^{2+}、Mg^{2+}、HCO_3^- 3组分均占阴阳离子总量的60%以上，表现出典型的碳酸盐侵蚀特征。阳宗海水型为重碳酸盐类、钙组、二型水（C_{II}^{Ca}），湖水为pH6.9，硬度9.22德国度，湖水透明度3～4m。其余化学组成见表5－4。

表5－4 阳宗海湖水化学组成（自罗莎莎、万国江、黄荣贵，2003）

成分	含量（mg/L）	成分	含量（mg/L）
Ca^{2+}	27.16	矿化度	327.22
Mg^{2+}	23.52	DO	7.83
K^+	3.32	COD	1.4
Na^+	4.07	SiO_2	0.04
HCO_3^-	166.96	P_2O_5	0.066
Cl^-	7.34	NH_4^+	0.05
SO_4^{2-}	27.33	NO_2^-	0.0001
		NO_3^-	0.2

阳宗海水体曾受酸雨危害十分严重，据朱育新等（2002）的研究，大气污染对阳宗海水体环境、重建阳宗海酸沉降简史如下：1960年后伴随火电厂的运行，湖泊开始受酸沉降的危害，后逐渐增强；1973～1990年间为湖区大气污染最严重的时期；1990年以后酸沉降的水平降低，可能得益于环境保护措施的加强。阳宗海的湖盆走向与构造线方向一致，作S－N向展布，东、西两侧被相对高程400～1000m的丘陵山地包围，故湖盆较封闭，不利于大气污染物的扩散，容易形成酸雨等大气污染的危害。据黎尚豪等（1963）研究，20世纪50年代阳宗海水质优良，水生生物多样，特有物种丰富，生态环境优越。1960年以后，先后在阳宗海四周建成火力发电厂、铝厂、化肥厂等企业，湖区大气、水质污染日趋严重。据云南省环境保护局1980年资料（朱育新等，2002）：电厂每年排放有害气体约为$6.41\times10^4 m^3$；每年废气中污染排放总量为37 204 t，其中CO_2为11 235t。电厂排放的大量煤灰烟尘不仅影响人畜健康，而且危害作物生长。同时，电厂每年向阳宗海排放的废水中，镉有0.0145t，砷化物有0.0189t，酚化物为0.806t，造成水体严重污染。天然渔业年产量由60年代稳定的30t左右下降到1978年的20t左右。在80年代大气污染最严重时期，曾多次造成农作物和果树成片死亡的环境事故。

1997年以来，阳宗海环境保护管理工作进行较好，阳宗海水质总体上呈现改善趋势。1997年，阳宗海发电厂重新进行了设备的投资改造，把湿法除渣改为干法除渣，使电厂排入阳宗海的水质有很大的改善；实施了环湖截污工程，北岸环湖截污基本完成，北岸的生活污水不进入湖内，有效地控制了阳宗海富营养化进程。同时还取缔了网箱养鱼、机动船等污染控制措施。《阳宗海流域环境规划》的完成，使环境管理工作更加科学化、制度化。

8 生物多样性的特点及其变迁

8.1 水生植物

8.1.1 水生植物区系组成及其变化

阳宗海水生植物区系组成十分简单，种类贫乏。根据李恒（1988b）1978 年 11 月和 1984 年 6 月的两次实地考察，仅记录维管束植物 17 种（表 5-5），归属于小二仙草科、眼子菜科等 6 个科 13 个属，如果不计世界广布的杂草种类（如紫萍、稗等），则仅有狐尾藻等 9 种，其中世界广布仅有芦苇 1 种；东亚成分仅有鸭子草 1 种；北温带成分有狐尾藻 1 种；黑藻、苦草等 5 种为热带成分，占该湖区系的 55.5%。

阳宗海水生植物的生活型结构，以沉水植物为主。阳宗海湖岸平直，几乎没有静风的湖湾。且因山谷及湖长轴与云南的最多风向——西南风一致，湖面四季多风，漂浮植物几乎没有停留的可能。从根本上说，漂浮植物不可能是阳宗海的稳定区系成分。湖中的挺水植物除芦苇为湖泊固有成分外，其他 5 种都是在东、西两端季节性出现在浅滩上，其来源直接与附近的农事活动相关。

阳宗海的海菜花为一变种，通海海菜花 *Ottelia acuminata* var. *tonghaiensis* 分布于通海的杞麓湖，寻甸的清水海，宜良的阳宗海。这 3 个湖泊属于不同水系：清水海属于金沙江水系，阳宗海和杞麓湖流入珠江，在地理上是彼此隔离的。海菜花在地理隔离而生态条件相似的湖泊中产生趋同现象。据蒋柱檀 2004 年 6 月的调查，通海海菜花在清水海、阳宗海和杞麓湖都已经消亡。可能是由于海菜花对水体污染敏感，而阳宗海水质曾一度污染十分严重。在阳宗海新发现有分布的植物有槐叶萍 *Salvinia natans*、凤眼莲 *Eichhornia crassipes*，在湖北部均有较大面积的分布，形成密集群落，是否为人为引入尚不明了。

表 5-5 阳宗海水生维管束植物（自李恒，1988b）

科名	中名	学名	生活型	地理分布
蓼科	辣蓼	*Polygonum hydropiper*	挺水	北温带
小二仙草科	狐尾藻	*Myriophyllum spicaum*	沉水	北温带
水鳖科	通海海菜花	*Ottelia acuminate* var. *tonghaiensis*	沉水	云贵高原
	黑藻	*Hydrilla verticillata*	沉水	旧世界热带至温带
	水青药	*Hydrocharis dubia*	浮叶	热带亚洲至热带大洋洲
	苦草	*Vallisneria gigantea*	沉水	旧世界热带
眼子菜科	穿叶眼子菜	*Potamageton perfoliatus*	沉水	旧世界至北美
	菹草	*P. crispus*	沉水	全热带（除南美）
	马来眼子菜	*P. malainus*	沉水	旧世界热带
	红线草	*P. pectinatus*	沉水	全温带
	鸭子草	*P. tepperi*	浮叶	东亚
浮萍科	紫萍	*Spirodela polyrhiza*	漂浮	世界广布
禾本科	稗	*Echinochloa crusgalii*	挺水	世界广布
	假稻	*Leersia hexandra*	挺水	东亚
	双穗雀稗	*Paspalum distichum*	挺水	世界广布
	芦苇	*Phragmitis australis*	挺水	世界广布
	茭草	*Zizania caduciflora*	挺水	栽培归化

8.1.2 水生植物群落的分布及其演替动态

据李恒（1988b）对阳宗海水生植被的研究，阳宗海由于水深，湖床坡度大，植被群落仅分布在极狭的浅水带，水深 6m 以上的广阔水域都无水草生长，南部两端因有面积不大的湖滨平坝，水生植物往往可以形成盖度不大的植物群落，东西两侧植被则十分疏落，且不连续成带。

挺水植物群落类型

（1）双穗雀稗、假稻群落　分布在湖的南部和北部枯水期出露的湖滩上，湖床泥质或沙质，水深0～30cm。优势种为禾本科的双穗雀稗和假稻，都是匍匐上升的草本，群落高30～40cm，盖度70%～80%，雨季沉没于水中，部分叶片和花序挺出水面。群落无明显分层现象。常见的伴生植物为辣蓼，水深处偶有狐尾藻出现，从田间流出来的漂浮植物紫萍也常被截留在群落中。本群落也是云南海拔3000m以下的水沟两旁、水塘、水库和湖滨地上最常见的群落类型。

（2）芦苇群落　分布在湖的东部湖岸或浅水滩，在西岸的水边也有局部的片段。群落生长地水深0.5～1.5m，干季水位下降时常为湿地，也常有生长在湖岸陆地上的，底质为泥土或沙土，也有为砾石堆积地的，在东北部发电厂附近的水体呈黄褐色，水面漂有烟尘，群落高约1.5m，总盖度30%～50%。优势种芦苇成丛生长，但远不如云南其他浅水湖泊的茂密。群落组成分子十分简单，湖东部较常见的伴生种为沉在水中的马来眼子菜，在湖附近的常有辣蓼和稗生长。

（3）茭草群落　仅见于湖南端的浅水地段，水深0.5～0.8m底质为厚质淤泥，富含腐殖质。群落外貌黄绿色，水上部分高约80cm。群落总盖度60%。优势种茭草成丛生长，丛径30～80cm，丛间距50～100cm不等。茭草本系栽培种，可能因为近年水位下降，湖滩出露而沦为野生状态的。这里茭草群落中常有辣蓼和稗生长。

沉水植物群落类型

沉水植物群落类型是宗阳海的主要群落类型。根据1978～1984年的调查，可以初步确定下列4个群落。

（1）狐尾藻群落　分布在湖的北部，西部和南部水深1～1.3m的地段，除东部外，基本上形成环湖的群落带。基质为泥沙和粉沙，水的pH值为6.0（北），透明度1.3m。群落总盖度为30%～60%，无明显分层现象。优势种狐尾藻往往形成单种群落，植丛稀疏，沉于水下，有时马来眼子菜也加入次群落的组建。

狐尾藻群落广布于云南各大湖泊、河沟、水塘，作为群落的分布上限在海拔3700m左右。我国南北各省区（包括西藏）和整个北温带的淡水湖沼都有分布，是一个生态幅度很广的水生群落。

（2）马来眼子菜群落　分布在湖的北端、西部和南部，在狐尾藻群落带的外侧。湖床沙质、泥沙质和泥质。水深80～250cm，有时达到350cm；透明度1.3～2.7m。群落总盖度10%～40%，在海口附近可达80%。群落可分为二层，优势种马来眼子菜居上层，伴生植物常分为三三两两的穿叶眼子菜、鸭子草；下层十分稀疏，偶有苦草、黑藻出现。阳宗海的马来眼子菜群落中，往往除优势种以外别无它物，显得格外空旷。

马来眼子菜群落是云南高原湖泊和流水河沟常见的沉水群落之一，但在海拔2400m以上的山地暖温带，本群落已难于发展。一般来说，这是一个比较典型的亚热带群落类型。此外，在富营养化程度较高水体中，马来眼子菜易于衰败，直至消亡。

（3）苦草群落　分布在湖的四周水深2～4m的地带。基本上形成一个封闭的环湖群落带。湖床泥质、沙质，透明度可达4m。群落总盖度在30%左右。苦草是群落的优势种，在阳宗海往往形成单种群落，只有在群落的外侧，水深小于2m的地段才有通海海菜花伴生，有时也可见马来眼子菜，甚至狐尾藻。这些伴生种类大都超出于苦草层之上，肉眼即可分辨。

苦草群落是旧世界热带、亚热带广泛分布的沉水群落类型，有时可以跨越到温带地区，在云南高原，苦草群落虽在许多湖泊、水塘及河沟可以大面积发育，但到海拔2300m以上的湖沼就已见不到了。

（4）海菜花群落　1984年调查时，海菜花分布在湖的北部和西部。湖床平缓，沙质。水深2.7～4m，湖水清澈见底。群落总盖度仅20%左右，优势种是通海海菜花，惟一的伴生植物只有马来眼子菜。最常见的情况是海菜花散布在水体中，孤孤单单，什么伴生种也没有。但据蒋柱檀2004年6月的调查，通海海菜花在阳宗海已经消亡，与阳宗海水质曾一度严重污染有关。

8.2 浮游生物

据黎尚豪等（1963）研究，阳宗海浮游生物在种类和数量上都较贫乏。浮游植物总数在19.6×10^4～27.8×10^4个/L之间。浮游植物的主要种类为硅藻门的圆盘硅藻属（主要为菱形圆盘藻 *Cyolotella rhamboideo - clliptica* 和其他种类），隐藻类门中的蓝隐藻 *Chroomoas* sp.，甲藻门中的飞燕角甲藻 *Ceratium hirundinella*，黄藻中的勃氏黄被藻 *Botryococcus braunii* 和绿藻门中的伸臀角星鼓藻 *Staurastrum paradoxom*。阳宗海除北部靠近出口处绿藻和蓝藻在 0.5m 水层中较多外，其余部分各层水中都以硅藻、甲藻和金藻较多。

8.3 无脊椎动物

记录的无脊椎动物有以下几类。

环节动物门：寡毛纲 OLIGOCHAETA 近孔寡毛目 PLESIOPORA 仙女虫科 Naididae 霍甫水丝蚓 *Limnodrilus hoffmeisteri*、肋颤蚓 *Tubifex costatus*。

软体动物门：腹足纲 GASTROPODA 前鳃亚纲 PROSOBRANCHIA 中腹足目 MESOGASTROPODA 田螺科 Viviparidae 铜锈环棱螺 *Bellamya aeruginosa*、似瓶圆田螺 *Cipangopaludina lecythoides*、膨胀圆田螺 *Cipangopaludina ampullacea*、中国圆田螺 *Cipangopaludina chinensis*、阳宗海螺蛳 *Margarya yangtsunghaiensis*、长螺蛳 *Margarya elongata*，觿螺科 Hydrobiidae 赤仿雕石螺 *Lithoglyphopsis fuchsianus*、肋川蜷 *Paraprososthenia costata*、琥珀萝卜螺 *Radix succinea*、胖萝卜螺 *Radix ovali*、泰国萝卜螺 *Radix siamensis*，扁蜷螺科 Planorbidae 白旋螺 *Gyraulus albus*、尖口圆扁螺 *Hippeutis cantori*。瓣鳃纲 LAMELLIBRANCHIA 真瓣鳃目 EULAMELLIBRANCHIA 蚌科 Unionidae 无齿蚌亚科 Anodontinae 背角无齿蚌 *Anodonta woodiana woodiana*、圆背角无齿蚌 *Anodonta woodiana pacifica*、滇池无齿蚌（芬氏无齿蚌）*Anodonta fenouilii*，蚬科 Corbiculidae 河蚬（黄蚬）*Corbicula fluminea*、刻纹蚬 *Corbicula largillierti*、云南蚬 *Corbicula yunnaensis*。

节肢动物门淡水虾类：长臂虾科 Palaemonidae 秀丽白虾（白虾）*Exopalaemon modestus*，匙指虾科 Atyidae 中华新虾米 *Neocaridina denticulata sinensis*。

淡水蟹类：溪蟹科 Potamidea 锐刺溪蟹 *Potamon*（*Paratelphusula*）*spinescens*。

昆虫纲的水生昆虫：半翅目 HEMIPTERA 水黾科 Gerridae 姬水黾 *Gerris lacutris linnaeus*，田鳖科（负子虫科）Belostomatidae 日本负子虫（背米虫）*Sphaeroderma japonicum*、田鳖 *Kirkaldyia deyrollei villefroy*，仰泳蝽科（松藻虫科）Notonectidae 松藻虫 *Notonecta triguttata*，红娘华科（蝎蝽科）Nepidae 红娘华 *Laccotrephes japonensis*，龙虱科 Dytiscidae 泽劳（三点龙虱）*Cybister tripunclatus*。

8.4 脊椎动物

8.4.1 鱼类

阳宗海原有土著鱼类 20 种（褚新洛、陈银瑞，1989，1990；高礼存等，1990；杨君兴、陈银瑞，1995）：阳宗白鱼 *Anabarilius yangzongensis*、花䱻 *Hemibarbus maculatus*、短尾鱊 *Acheilognathus brevicaudatus*、中华倒刺鲃 *Spinibarbus sinensis*、云南倒刺鲃、单纹似鳡 *Luciocyprinus langsoni*、云南光唇鱼 *Acrossocheilus yunnanensis*、阳宗金线鲃 *Sinocyclocheilus yangzongensis*、云南盘鮈 *Discogobio yunnanensis*、灰裂腹鱼 *Schizothorax gresius*、杞麓鲤、鲫、细头鳅 *Paralepidocephalus yui*、泥鳅、纺锤云南鳅 *Yunanilus elakatis*、阳宗海云南鳅 *Yunanilus yangzonghaiensis*、寡鳞副鳅 *Paracobitis variegatus oligolepis*、抚仙鲇、中华青鳉、黄鳝、乌鳢。另有外来种约 6 种，如草鱼、鳘、麦穗鱼、高体鳑鲏、华南鲤、小黄黝鱼、吻鰕虎鱼等。阳宗白鱼、短尾鱊、阳宗金线鲃、纺锤云南鳅、阳宗海云南鳅为阳宗海特有种；云南倒刺鲃、单纹似鳡、寡鳞副鳅、抚仙鲇为南盘江水系特有种；云南光唇鱼、云南盘鮈为云贵高原特有种。阳宗海的鱼类区系成分有 4 种类型，以鱊属、倒刺鲃属、光唇鱼属、鲤属、鲫属、泥鳅属、副鳅属、鲇属、青鳉属、黄鳝属、鳢属为代表的老第三纪类群为主；以白鱼属、似鳡属、金线鲃属、盘鮈属、细头鳅属、云南鳅属为代表的云贵高原类群占有相当比例；兼有少量以鲭属为代表的东亚特有类群和以裂腹鱼属为代表的青藏高原类群成分。

8.4.2 两栖类

阳宗海及其附近的两栖类主要有蓝尾蝾螈、华西雨蛙、华西蟾蜍、无指盘臭蛙、滇蛙、斑腿泛树蛙、多疣狭口蛙、云南小狭口蛙、饰纹姬蛙等。

8.4.3 爬行类

阳宗海及其附近的爬行动物类主要有铜蜓蜥等及王锦蛇、黑眉锦蛇、紫灰锦蛇、白链蛇，红脖颈槽蛇、黑线乌梢蛇等蛇类。

8.4.4 水禽

阳宗海内的越冬水禽种类和数量均较少，据近年来考察常见的种类有：小鸊鷉、凤头鸊鷉、黑水鸡、针尾鸭、凤头潜鸭、骨顶鸡（白骨顶）、红嘴鸥。值得注意的是红嘴鸥的数量正在呈明显的增加状态。

杨岚等（1988）的调查结果显示：阳宗海越冬水禽中小鸊鷉和赤颈鸭 为优势种，凤头鸊鷉和红嘴鸥为常见种。1997 年 1 月 29 日杨岚、杨晓君等仅观察记录到小鸊鷉和红嘴鸥。2002 年 3 月 17 日杨晓君等记录到小鸊鷉、红嘴鸥、凤头鸊鷉，其中小鸊鷉为优势种。2007 年 2 月 23 日杨晓君、刘强等调查统计结果为：白骨顶、小鸊鷉、红嘴鸥为优势种；凤头潜鸭、凤头鸊鷉为常见种；黑水鸡、针尾鸭、斑嘴鸭为稀有种。

8.4.5 哺乳类

阳宗海的水质和人类的活动干扰稍好于星云湖和杞麓湖，湖周尚有一些苇草丛生，水域中有喜马拉雅水鼩和水獭；湖周有黄鼬、小灵猫、豹猫、食蟹獴，其中水獭和小灵猫为国家Ⅱ级重点保护野生动物。在湖面及其附近上空捕食昆虫的翼手类通常有暗褐菊头蝠、中华菊头蝠、大马蹄蝠、大足鼠耳蝠、高颅鼠耳蝠 Myotis siligorensis、毛腿鼠耳蝠 Myotis fimbriatus，东亚伏翼、棒茎伏翼、南蝠、亚洲长翼蝠 等 17 种。

9. 经济和社会价值

阳宗海是云南省重点保护的九大高原湖泊之一，是以旅游开发为主的省级旅游度假区，同时也是昆明市的次级城市——宜良县城的重要饮水源地，并对宜良县农田灌溉有重要作用。

10. 干扰和威胁

随着湖区工农业的发展和人口激增，湖泊水质一度恶化，1996 ~ 1998 年期间，阳宗海曾多次暴发大面积蓝藻水华，水质一度下降到Ⅳ类，严重影响了阳宗海水功能的正常发挥，饮用水源的安全受到威胁。

近年来各级政府部门对阳宗海水体保护较为重视，所以 1997 年以来阳宗海水质总体上呈现改善趋势，其中氮、磷的控制效果尤为明显。据云南省环境监测中心数据，按《地表水环境质量标准GB3838 - 2002》，2004 年 8 月阳宗海为Ⅱ类水，属中营养型。但由于目前水体中氮磷浓度仍然处于相当高的水平，富营养化的危险仍然存在，仍不可放松警惕。

11. 保护与研究现状

发表的有关论文有：李振宇、孙冶（2005）阳宗海水体特征分析及控制对策初探，罗莎莎、万国江（2003）云南阳宗海沉积物——水界面铁、锰、硫的循环特征，王红梅（2003）阳宗海水质现状及变化趋势分析，朱育新、胡守云（2002）酸沉降影响的湖泊沉积学证据，李振宇（1999）阳宗海水质污染及其控制，陈元晓、张迺光（1996）阳宗海螺蛳和螺蛳的核型研究，吴碧君、吴时强（1996）阳宗海电厂改建工程温排水对湖水温度预测及对水生物影响分析，高礼存、庄大栋（1980）阳宗金线鱼生物学特性的初步研究。

第四节 剑 湖

1 地理位置和海拔

剑湖位于云南省大理白族自治州剑川县县城东南部，东经99°56′，北纬26°30′。湖面海拔2188m。

2 面积

剑湖湖面面积6.23km^2，汛期湖面面积可达10km^2。

3 类型

以断层冲击为主的侵蚀构造湖型高原湖泊。

4 自然地理概况

剑湖属澜沧江水系，蓄水量为3200×10^4m^3。正常蓄水水位时，南北长3.35km，东西宽3.25km，最大水深9m，平均水深4.5m，径流面积918km^2，有金龙河、格洪美江、永丰河等河流和石狮子河、回龙河、黄河等10条季节性河流汇入湖中，湖内还有4处地下涌泉，湖水从海尾河流出。湖滨为沼泽区，主要为水葱、芦苇沼泽，面积约1km^2。

5 气候环境

属于北亚热带湿润气候，年平均温度为16℃，年降水量745.0mm左右，植被为亚热带常绿阔叶林。

6 湖泊水文地理

剑湖属构造断陷湖泊。形成的时间大约在晚第三纪。历史上，剑湖的面积要比现在大得多，由于泥沙淤积，排泄量增大，水源补给减少等原因，水面缩小。剑湖水温适中，年平均水温为11℃左右，最高水温18℃，最低水温3℃，每年隆冬时节之凌晨，仅湖边结有些许薄冰。沼泽沿湖滩发育，但因河流上游入湖泥沙较多，使该湖更不稳定，淤积加快。该湖盆沼泽伴随围垦和淤积，正在缩小过程中。

7 水环境状况

最大透明度1.7m。pH8.6。

8 生物多样性的特点及其变迁

8.1 湿地植物

8.1.1 水生植物的种类组成

剑湖湿地是一个物种丰富度较高，生活型较齐全，多样性较明显的高原淡水湖泊。共记载有水生维管束植物26科45属59种。常见的种类如：槐叶萍、满江红、梅花藻 *Batrachium bungei*、金鱼藻、狐尾藻 *Myriophyllum spicatum*、荇菜 *Nymphoides peltata*、石龙尾 *Limnophylla sessiliflora*、黑藻 *Hydrilla verticillata*、水鳖药 *Hydrocharis dubia*、海菜花 *Ottelia acuminata*、苦菜 *Vallisneria gigantea*、菹草 *Potamoge-*

ton crispus、亮叶眼子菜 *Potamogeton lucens*、微齿眼子菜 *Potamogeton maackianus*、马来眼子菜 *Potamogeton malainu*、尖叶眼子菜 *Potamogeton oxyphyllus*、红线草 *Potamogeton pectinatus*、穿叶眼子菜 *Potamogeton perfoliatus*、丝草 *Potamogeton pusilus*、鸭子草 *Potamogeton tepperi*、大茨藻 *Najas marina*、小茨藻 *Najas minor*、紫萍 *Spirodera polyrhiza*、双穗雀稗 *Paspalum paspaloides*、茭草 *Zizania caduciflora*。

8.1.2 水生植被的群落组成

剑湖湿地植被计有 4 个植被型 14 个群系 19 个群落。即挺水植物群落类型、飘浮植物群落类型、浮叶植物群落类型、沉水植物群落类型。常见的群落如：茭草 *Zizania caduciflora* 群落、双穗雀稗 *Paspalum paspaloides* 群落、荇菜 *Nymphoides peltata* 群落、鸭子草 *Potamogeton tepperi* 群落、金鱼藻 *Ceratophyllum demersum* 群落、狐尾草 *Myriophyllum spicatum* 群落、马来眼子菜 *Potamogeton malainus* 群落、微齿眼子菜 *Potamogeton maackianus* 群落、海菜花 *Ottelia acuminata* 群落、苦草 *Vallisneria gigantea* 群落。

8.2 无脊椎动物

环节动物门：蛭纲 HIRUDINEA 颚蛭目 GNATHOBDELLIDA 医蛭科 Hirudinidae 宽体金线蛭（马蛭）*Whitmania pigra*。寡毛纲 OLIGOCHAETA 近孔寡毛目 OLIGOCHAETA PLESIOPORA 群居水丝蚓 *Limnodrilus socialis*。

软体动物：腹足纲 GASTROPODA 前鳃亚纲 PROSOBRANCHIA 中腹足目 MESOGASTROPODA 田螺科 Viviparidae 绘环棱螺 *Bellamya limnophila*、方形环棱螺 *Bellamya quadrata*（Benson）、铜锈环棱螺 *Bellamya aeruginosa*、德拉维环棱螺 *Bellamya delavayana*、环棱螺 *Bellamya maegryoides*、双旋环棱螺 *Bellamya dispiralis*、似瓶圆田螺 *Cipangopaludina lecythoides*、膨胀圆田螺 *Cipangopaludina ampullacea*、胀肚圆田螺 *Cipangopaludina ventricosa*、中国圆田螺 *Cipangopaludina chinensis*、螺蛳 *Margarya melanioides*，椎实螺科 *Lymnaeidae*、琥珀萝卜螺 *Radix succinea*、斗萝卜螺 *Radix chlamys*，扁蜷螺科 Planorbidae 大脐圆扁螺 *Hippeutis umbilicalis*。真瓣鳃目 EULAMELLIBRANCHIA 蚌科 Unionidae 无齿蚌亚科 Anodontinae 圆顶珠蚌 *Unio douglasiae*，蚬科 Corbiculidae 河蚬（黄蚬）*Corbicula fluminea*、刻纹蚬 *Corbicula largillierti*。

节肢动物门：昆虫纲 INSECTA 半翅目 HEMIPTERA 水黾科 Gerridae 姬水黾 *Gerris lacutris linnaeus*，田鳖科（负子虫科）Belostomatidae 日本负子虫（背米虫）*Sphaeroderma japonicum*，红娘华科（蝎蝽科）Nepidae 红娘华 *Laccotrephes japonensis*。鞘翅目 COLEOPTEAR 豉虫科（豉甲科）Gyrinidae 大豉甲 *Dineutes indicus*。

8.3 脊椎动物

8.3.1 鱼类

高礼存等（1990）报道了剑湖鱼类 12 种，其中 4 种为外来种。但其中的柯氏刺鲃 *Puntius coggini*（=领突吻孔鲃 *Poropuntius cogginii*）仅分布于洱海，在剑湖的记录难以证实；张氏鲈鲤 *Percocypris tchangi* 仅分布于红河水系，该记录实为后背鲈鲤 *Percocypris retrodorslis* 的误记（崔桂华、褚新洛，1990）；另一种剑湖高原鳅 *Triplophysa jianhuensis* Gao，Zhuang et Wang 仅给出了名称，没有描述，也未见到在任何正式刊物中发表，因此视为无效种。综合褚新洛、陈银瑞（1989）和高礼存等（1990）的记录，确认剑湖分布有鱼类 13 种，其中土著鱼类 7 种：后背鲈鲤 、灰裂腹鱼、云南裂腹鱼 *Schizothorax yunnanensis yunnanensis*、杞麓鲤、鲫、泥鳅、黄鳝；外来鱼类 6 种：草鱼、麦穗鱼、鲢、鳙、高体鳑鲏、小黄蚴鱼。云南裂腹鱼和杞麓鲤为云贵高原特有种。剑湖鱼类区系组成简单，以鲈鲤属、鲤属、鲫属、泥鳅属、黄鳝属为代表的老第三纪类群为主，兼有少量以裂腹鱼属为代表的青藏高原类群。

8.3.2 两栖类

剑湖及其附近的两栖类主要有昭觉林蛙、华西雨蛙、华西蟾蜍、无指盘臭蛙、滇蛙、多疣狭口蛙、云南小狭口蛙。

8.3.3 爬行类

剑湖及其附近的爬行动物类主要有铜蜓蜥等及红脖颈槽蛇、王锦蛇、黑眉锦蛇、紫灰锦蛇、白链蛇、黑线乌梢蛇等蛇类。

8.3.4 水禽

常见的种类有：小鸊鷉、凤头鸊鷉、普通鸬鹚、苍鹭、池鹭、绿鹭、大白鹭、白鹭、牛背鹭、灰雁、赤麻鸭、赤膀鸭、赤颈鸭、绿翅鸭、绿头鸭、斑嘴鸭、琵嘴鸭、鹊鸭、赤嘴潜鸭、凤头潜鸭、红头潜鸭、白眼潜鸭、普通秋沙鸭、黑水鸡、骨顶鸡（白骨顶）、紫水鸡、凤头麦鸡、矶鹬、金斑鸻、金眶鸻、青脚鹬、扇尾沙锥、银鸥、红嘴鸥。

杨岚等（1988）的调查结果显示：剑湖越冬水禽中小鸊鷉、凤头鸊鷉、赤麻鸭、绿翅鸭、绿头鸭、斑嘴鸭、赤嘴潜鸭、凤头潜鸭、白眼潜鸭、普通秋沙鸭、骨顶鸡（白骨顶）、红嘴鸥为优势种，苍鹭、赤膀鸭、琵嘴鸭、鹊鸭为常见种；普通鸬鹚、白鹭、赤颈鸭、凤头麦鸡、青脚鹬、扇尾沙锥、银鸥为稀有种。杨岚、杨晓君 1997 年 2 月 28 日记录的种类和数量为斑嘴鸭、赤膀鸭、赤麻鸭为优势种；绿头鸭、凤头鸊鷉、紫水鸡为常见种；苍鹭、绿鹭为稀有种。2000 年 1 月 9 日杨晓君等观察优势种有：小鸊鷉、赤麻鸭、绿翅鸭、赤膀鸭、凤头麦鸡；常见种为红头潜鸭和凤头潜鸭；凤头鸊鷉、普通鸬鹚、池鹭、苍鹭、大白鹭、绿头鸭、红骨顶、矶鹬、金斑鸻、凤头麦鸡、金眶鸻、青脚鹬为稀有种。2007 年 3 月 3 日刘强、刘鲁明的调查统计结果为：赤膀鸭、赤颈鸭为优势种；小鸊鷉、凤头鸊鷉、白鹭、绿翅鸭、赤麻鸭、鹊鸭、绿头鸭、白骨顶为常见种；牛背鹭、苍鹭、灰雁、斑嘴鸭、红骨顶为稀有种。

8.3.5 哺乳类

剑湖为滇西北高原湖泊之一，哺乳动物不多，仅有 10 种。其中水域生活的水栖哺乳动物有：喜马拉雅水鼩 和蹼足鼩两种；湖周捕食湿地中两栖动物和涉禽的有：青鼬、黄鼬和豹猫 3 种；在水域及其附近湿地上空捕食昆虫的蝙蝠有：丽江菊头蝠、山地鼠耳蝠、西南鼠耳蝠、东亚伏翼和南蝠等 5 种。

9 经济和社会价值

剑湖比邻剑川县城，是当地的重要水源地，同时剑湖还有调节气候、调节水量、美化环境、灌溉农田、发展水利和水产养殖等的多种功能。剑湖周围是白族聚居的村庄，风光秀丽，四时景观各异，田畴村落如画，自古以来，人们便在湖周从事频繁的种植和养殖等生产活动。

10 干扰和威胁

剑湖四周山岭环绕，但由于受人为活动的影响，面山天然植被退化严重，土壤侵蚀加剧，面山和河流上游入湖泥沙随地表径流进入剑湖沉积，使湖面积逐年减小，加快了剑湖退化过程，应注意上游水土保持和湖区的生态保护。另外，过去盲目围塘、围田、湖滨地带的水稻田等农业用地和县城污水对湖体有一定的威胁。

11 保护与研究现状

1997 年 10 月剑川县成立了“剑湖管理局”，2001 年 2 月大理州人民政府将剑湖湿地列为州级湿地自然保护区。中国科学院南京地理研究所、中国科学院昆明动物研究所、云南省水产研究所、西南林学院等单位对该湖的鱼类、水禽、土壤进行过研究，西南林学院还对该保护区进行了综合考察。

第五节 北 海

1 地理位置和海拔

北海湿地位于云南省保山市腾冲县城东北部打苴乡境内，东经 98°30′30″ ~ 98°34′50″，北纬 25°06′

24″~25°08′38″。海拔1731m。

2 面积

根据1999年TM卫星数据，采用GPS（全球卫星定位系统）、实地考察和乡政府资料对卫星数据进行校正，获得北海的总面积数据为0.46km²，水面面积0.14km²，海排面积0.32km²。

3 类型及成因

北海盆地系火山堰塞湖，火山喷溢的玄武岩流堵塞了大盈江河道，形成盆地，积水成湖。在湖滨及浅水带形成沼泽湿地。北海湿地是玄武岩沿河谷断裂喷溢堵塞大盈江河道所形成的5个串珠状火山堰塞湖之一。

4 自然地理概况

北海湿地属于伊洛瓦底江流域，地处高黎贡山的浅切割中山地貌地带。境内山多坝少，多为河流峡谷地带，最高海拔2800m，最低点为1731m。大部分山地海拔在1750 ~ 2500m，是构成山原地貌的主体类型。北海沿断裂带分布，位于第四纪强烈喷发形成的腾冲火山群中，北面为固东盆地，西南面为和顺盆地、中和盆地，它们均为火山盆地，地表由火山喷出物与河流沉积物组成，土地肥沃。北面山体由喷出的松散物质组成。多地下泉水。

北海湿地东西两面山体坡面较陡，南北平缓，湖泊出水口在南面洼地。区内构造线以南北向为主。由花岗岩构成数列南北延伸的山地。土壤成土母质为沙页岩，砂岩、花岗岩及多种变质岩的风化物。土壤类型为草甸土、沼泽土和水稻土。北海湖床的沉积物为火山喷出碎屑物的风化物，其下沉积了巨厚的硅藻土（厚达50m余），是昂贵的土壤资源。湖底沉积物和水体富含多种养分和矿物质。

5 气候环境

北海湿地位于云南亚热带的西南边缘，干、湿季分明，气候温凉湿润。多年平均气温14.7℃，最高30.5℃，最低4.2℃。因位于西南季风气候区的高黎贡山的西侧，是西南季风的迎风面，地形雨发达，为云南多雨区之一。根据腾冲县气象站资料，区域年平均气温14.8℃，气温年较差12.3℃，极端最高气温30.5℃，极端最低气温-4.2℃，≥10℃积温4665℃，无霜期238天；年平均降水量1425.4mm，年蒸发量1600mm，相对湿度79%，全年无积雪，年平均风速1.6m/s。11月至翌年4月为干季，降水量为224.4mm；5~10月为湿季，降水量1201mm。

6 湖泊水文地理

根据腾冲县水务局提供的资料，北海湿地径流面积19.9km²，年均产水量$2084\times10^4m^3$；50年一遇和100年一遇校核洪峰流量分别为$3.8m^3/s$和$17.1m^3/s$，枯水流量为$0.268\ m^3/s$。

北海水面高程为1731m，是天然的常年性的沼泽湿地。东北部最深，约13m左右，南部为2~3m，由降雨径流和青海泄水补给，到秋季后，会出现泉水涌出现象，立秋后，泉水一天比一天大。北海的水由盈海村流出湖区，夏季出流量为$2.52m^3/s$（2000年7月26日）。湖盆普遍沼泽化，总面积约2km²，由于长期围垦湖滨沼泽，目前沼泽和水面大为减少，其中沼泽约0.46km²，呈环形包围中央明镜似的水面，湖水平均深度2m，最大深度6m。湖的东南缘有一溪流自湖流向腾冲盆地。湖水的补给除大气降水外，尚有部分坡面水，沼泽外侧已被开垦成水田。

7 水环境状况

北海的水化学类型为HCO_3-Na+K，pH5.5，为亚热带沼泽化湖泊中最低者。

8 生物多样性的特点及其变迁

8.1 浮游生物

2004 年和 2005 年调查，北海浮游生物的种类较多，共有各类浮游生物 128 种，其中藻类 61 种，浮游动物 67 种。浮游生物的个体数量不太多，总计1 027 720.0个/L，其中藻类1 024 000个/L，浮游动物 3720 个/L，从浮游生物种类和数量组成看，水体水质优良。

浮游生物特点：①物种多样性丰富，藻类和浮游动物都多种多样，而又集中；②个体数量不太多；③寡污、中污和普生性生态类型为主，基本上没有耐污类型；④浮游生物种类、数量、生态类型组成比较独特，为其他湖泊、河流所没有。

浮游生物独特的原因：大致是①地下水源滋养，地下水不断补充，保持着清洁、鲜活；②水源水温限制，较低的地下水温，限制了营养物质的分解，也限制了浮游生物过量增殖；③水草净化，开放透明的水体有一定量水草，有很好净化功能，也使小生境多样化；④草甸调节，覆盖的大面积草甸，吸收大量营养物质，覆盖下的水面限制了浮游生物和其他水草的生长，更增进生境多样化，也使得物种多样化。

8.1.1 浮游植物

浮游植物有蓝藻门、隐藻门、甲藻门、金藻门、裸藻门、硅藻门和绿藻门等 7 门。绿藻门种类最多，裸藻门数量最多，硅藻门种类、数量都居第 2 位，分布均衡，是相对的优势类群。其他蓝藻门、隐藻门、甲藻门、金藻门等，种类、数量都较少，为一般性弱势种类（表 5 -6）。

绿藻门：有 24 种，为最多的类群，但个体数量仅16 000个/L，远不及裸藻、硅藻。绿藻种类多，数量少，表明物种多样性保持良好。

硅藻门：有 17 种，个体数量464 000个/L，种类、数量都较多，居第 2 位，为重要类群，是水质好、水温较低的原因和结果。

裸藻门：有 10 种，次于绿藻门、硅藻门，居第 3 位，但个体数量536 000个/L，又是最多的类群。有裸藻，表明水质有机物有一定含量。

甲藻门：有 5 种，居第 4 位，相对为少，个体数量为 0 个/L，甲藻种和量都少，表明水质不肥。

蓝藻门：有 2 种，居第 5 位，个体数量为 0 个/L，蓝藻种和量都少，也表明水质不肥。

金藻门：有 2 种，居第 5 位，相对很少，个体数量为 0. 8 个/L。有金藻，还有一定数量，是水质较好、水温较低的标志。

隐藻门：仅 1 种，是最少的一类，个体数量为 0 个/L。隐藻喜欢肥水，种和量少，也表明水质不肥。

表 5 -6 腾冲北海湿地浮游植物种数（单位：种）**和个体数量**（个/L）

浮游植物类群	合计种数	占总种数的%	合计平均数量	占总平均数的%
蓝藻门	2	3. 3	0	0
隐藻门	1	1. 6	0	0
甲藻门	5	8. 2	0	0
金藻门	2	3. 3	8000	0. 8
裸藻门	10	16. 4	536 000	52. 3
硅藻门	17	27. 9	464 000	45. 3
绿藻门	24	39. 3	16 000	1. 6
合计种数	61	100	1 024 000	100

8.1.2 浮游动物

浮游动物有 5 大类群，原生动物、轮虫类、枝角类、桡足类和其他浮游动物。总体看种类多，数量不太多。桡足类中剑水蚤、镖水蚤、猛水蚤都能看到，剑水蚤和猛水蚤计数为零。没有优势种类，仅有常见种，大都可谓少见种，物种多样性很丰富（表5－7）。

原生动物：有24种，数量1320.0个/L，种类、数量都居第2位。肉足虫类的砂壳虫、匣壳虫、表壳虫等占原生动物总种数的2/3。纤毛虫类的钟虫、板壳虫等占1/3。原生动物虽然种类、数量相对多，但从环评的角度，属一般水平，加之砂壳虫、匣壳虫易见，是水质良好的体现。

轮虫类：有26种，数量2290.0个/L，是种类、数量最多的一个类群。从环评角度，种类一般，数量较多。有的种类比较常见，所有种类基本属寡污性或中污性，基本上没有典形耐污种类。

枝角类：有6种，居第4位，个体数量较少，为80.0个/L，居第3位，属常见类群。

桡足类：有7种，居第3位，个体数量较少，计数为20.0个/L，居第4位，也属常见类群。其中，剑水蚤2种，个体数量记数为0个/L；镖水蚤2种，个体数量为10.0个/L，数量仍较少；猛水蚤2种，为0个/L，但在范围不大的区域能看到2种，从另一个方面表明生物多样性状况良好。

无节幼体：计为1种，个体数量为10个/L，数量较少。

其他浮游动物：有4种，数量10个/L，种类、数量都最少。

以上具体浮游生物种类，参见第9章浮游生物名录。

表5－7　腾冲北海湿地浮游动物种数（单位：种）和个体数量（个/L）

浮游动物类群	合计种数	占总种数的%	合计平均数量	占总平均数的%
原生动物	24	35.8	1320	35.5
轮虫类	26	38.8	2290	61.6
枝角类	6	9.0	80	2.2
剑水蚤	2	3.0	0	0
镖水蚤	2	3.0	10	0.27
猛水蚤	2	3.0	0	0
无节幼体	1	1.5	10	0.27
其他浮游动物	4	6.0	10	0.27
合计种数	67	100	3720	100

8.2 植物区系

8.2.1 种类丰富

据不完全统计，北海有种子植物94种（表5－8）。种子植物中，湿生植物有28种，包括辣蓼 *Polygonum hydropiper*、马鞭草 *Verbena officinalis*、鹅儿肠 *Stellaria media* 等世界广布种，适于水边环境，也大量生长在各种陆地，一般不视为湖泊区系成分。北海的沼生植物、沉水植物、漂浮植物、浮叶植物共计66种，它们仅仅生长在水体中，构成北海植物区系的主体。北海植物区系之丰富，居全国湖泊之首。

表5－8　北海种子植物初步名录

科　名	植物名称	生态生活型	分布区式样
18. 睡莲科 Nymphacaceae	莼菜 *Brasenia schreberi*	浮叶草本	8
	睡莲 *Nymphaea tetragona*	浮叶草本	8
53. 石竹科 Caryophyllaceae	荷莲豆 *Drymaria diandra*	湿生草本	2
	鹅儿肠 *Stellaria media*	湿生草本	1
57. 蓼科 Polygonaceae	两栖蓼 *Polygonum amphybium*	浮叶草本	8
	辣蓼 *Polygonum hydropiper*	沼生草本	1

（续）

科 名	植物名称	生态生活型	分布区式样
61. 藜科 Chenopolidaceae	土荆芥 *Chenopodium ambrosioides*	湿生草本	17
69. 酢酱草科 Oxalidaceae	酢酱草 *Oxalis corniculata*	湿生草本	2
71. 凤仙花科 Balsaminaceae	华凤仙 *Impatiens chinensis*	沼生草本	7
72. 千屈菜科 Lythraceae	节节菜 *Rotala indica*	沉水草本	7
	圆叶节节菜 *Rotala rotundifolia*	沼生草本	7
77. 柳叶菜科 Onagraceae	毛脉柳叶菜 *Epilobium ammurance*	湿生草本	14－1
	水龙 *Ludwigia adscendens*	沼生草本	5
78. 菱科 Trapaceae	小果菱 *Trapa maximowiczii*	浮叶草本	7
78. 小二仙草科 Haloragidaceae	穗状狐尾藻 *Myriophyllum spicatum*	沉水草本	8
79. 水马齿科 Callitrichaceae	沼生水马齿 *Callitriche palustris*	浮叶草本	8
123. 金丝桃科 Hypericaceae	遍地金 *Hyepricum elodioides*	湿生草本	5
	地耳草 *Hyepricum japonicaum*	湿生草本	5
	黄海棠 *Hyepricum ascyron*	湿生草本	9
143. 蔷薇科 Rosaceae	翻白叶 *Potentilla fulgens*	湿生草本	14－2
	川康绣线梅 *Neillia affinis*	湿生灌木	15－1
213. 伞形科 Umbeliferae	积雪草 *Centera asiatica*	湿生草本	3
	天胡荽 *Hydrocotile sibthorpioides*	湿生草本	14－1
	水芹 *Oenanthe javanica*	沼生草本	7
	线叶水芹（葱芹） *Oenanthe linearis*	沼生草本	7
238. 菊科 Compositae	革命菜 *Crassocephalum crepidioides*	湿生草本	7
	紫茎泽兰 *Eupatorium coelestrium*	湿生草本	17
	豨莶 *Siegesbesckia orientalis*	湿生草本	8
	蒲公英 *Taraxacum mongolicum*	湿生草本	8
239a. 睡菜科 Menyanthaceae	睡菜 *Menyanthes trifoliate*	沼生草本	8
	金银莲花 *Nymphoides indica*	浮叶草本	7
240. 报春花科 Primulaceae	粗壮珍珠菜 *Lysimachia robusta*	沼生草本	15－2－6
244. 半边莲科 Lobeliaceae	山梗菜 *Lobelia sessilifolia*	沼生草本	10
249. 紫草科 Boraginaceae	叉花倒提壶 *Cynogrossum zeylanicum*	湿生草本	7
250. 茄科 Solanaceae	假酸浆 *Nicandra physaloides*	湿生草本	17
252. 玄参科 Scrophylariaceae	鞭打绣球 *Hemiphragma heterophyllum*	湿生草本	7
	石龙尾 *Limnophylla sessiliflora*	沉水草本	7
	水茫草 *Limosella aquatica*	沼生草本	8
	低矮通泉草 *Mazus humillis*	湿生草本	15－1
	北水苦荬 *Veronica anagallis－aquatica*	沼生草本	17
254. 狸藻科 Lentibulariaceae	黄花狸藻 *Utricularia aurea*	沉水草本	5
263. 马鞭草科 Verbenaceae	马鞭草 *Verbena officinalis*	湿生草本	1
266. 水鳖科 Hydrocharitaceae	岛田水筛 *Blyxa echiinosperma*	沉水草本	4
	水筛 *Blyxa japonica*	沉水草本	4
	黑藻 *Hydrilla verticilata*	沉水草本	10
	龙舌草 *Ottelia alismoides*	沉水草本	5
	苦草 *Vallisneria natans*	沉水草本	5

（续）

科 名	植物名称	生态生活型	分布区式样
267. 泽泻科 Alismataceae	泽苔草 *Cardesia parnacifolia*	沼生草本	6
	矮慈姑 *Sagittaria pygmaea*	沼生草本	14－2
	腾冲慈姑 *Sagittaria tengtsungensis*	沼生草本	14－3
	剪刀草 *Sagittaria trifolia* var. *angustifolia*	沼生草本	17
276. 眼子菜科 Potamogetonaceae	扁茎眼子菜 *Potamogeton compressus*	沉水草本	10
	菹草 *Potamogeton crispus*	沉水草本	1
	牙齿草 *Potamogeton distinctus*	浮叶草本	14－2
	微齿眼子菜 *Potamogeton maackianus*	沉水草本	10
279. 茨藻科 Najadaceae	多孔茨藻 *Najas foveolata*	沉水草本	7
	草茨藻 *Najas graminea*	沉水草本	7
280. 鸭跖草 Commelinaceae	竹节草 *Commelina diffusa*	湿生草本	2
283. 黄谷精科 Xyridaceae	黄谷精 *Xyris capensis* var. *schoenoides*	沼生草本	7
285. 谷精草科 Eriocaulaceae	印度谷精草 *Eriocaulon brownianum*	沼生草本	7
	疏毛谷精草 *Eriocaulon mantoense* var. *parviceps*	沼生草本	15－2
296. 雨久花科 Pontederiaceae	水葫芦 *Eichhornia crassipes*	漂浮草本	17
	雨久花 *Monochoria vaginalis* var. *korsakowii*	沼生草本	7
303. 浮萍科 Lemnaceae	浮萍 *Lemna minor*	漂浮草本	1
	紫萍 *Spirodela polyrrhiza*	漂浮草本	1
304. 黑三棱科 Sparganiaceae	小黑三棱 *Sparganium simplex*	沼生草本	8
307. 鸢尾科 Iricaceae	燕子花 *Iris laevigata*	沼生草本	14－2
326. 兰科 Orchidaceae	鹅毛玉凤花 *Habenaria dentata*	沼生草本	7
	绶草 *Spirantes siniensis*	沼生草本	5
327. 灯心草科 Juncaceae	小灯心草 *Juncus bufonius*	沼生草本	8
	灯心草 *Juncus effusus*	沼生草本	15－1
	野灯心草 *Juncus setchuensis*	沼生草本	8
331. 莎草科 Cyperaceae	丝叶球序草 *Bulbostylis densa*	沼生草本	14－3
	三面秆荸荠 *Eleocharis tricateralis*	沼生草本	14－3
	牛毛毡 *Eleocharis yakoscensis*	沼生草本	14－2
	云南荸荠 *Eleocharis yunnanensis*	沼生草本	15－2－7
	水莎草 *Juncellus serotinus*	沼生草本	10
	短叶蜈蚣草 *Kyllinga brevifolia*	沼生草本	1
	砖子苗 *Mariscus sumatrensis*	沼生草本	1
	滇水葱 *Schoenoplectus schoofii*	沼生草本	15－1
	水葱 *Schoenoplectus tabernaemontani*	沼生草本	3
	三棱水葱 *Schoenoplectus triqueter*	沼生草本	14－2
332. 禾本科 Poaceae	看麦娘 *Alopeculus aqualis*	沼生草本	8
	芦竹 *Arundo donax*	湿生草本	12
	稗 *Echinochloa crusgalli*	沼生草本	8
	扁穗牛鞭草 *Hemarthria compressa*	湿生草本	7
	假稻 *Leersia hexandra*	湿生草本	2
	千金子 *Leptochloa chinensis*	湿生草本	10

（续）

科 名	植物名称	生态生活型	分布区式样
	水稻 *Oriza sativa*	沼生草本	16
	双穗雀稗 *Paspalum paspalodes*	湿生草本	5
	狼尾草 *Pennisetum alopecuroides*	湿生草本	5
	大芦苇 *Phragmitis karka*	湿生草本	3
	早熟禾 *Poa anuua*	湿生草本	1
	棒头草 *Polypogon fugax*	湿生草本	14－3

* 表内种子植物 94 种，未计尚未鉴定的多种莎草科和禾本科种类，分布区式样数字代号见第 10 章表 10－5。

8.2.2 热带成分和温带成分兼容

94 种种子植物中，热带分布的种（46 种，48.94%）和温带种（48 种，51.06%）各半，表明北海植物区系为热带植物和温带植物的交汇融合之处，如这里有睡菜科 2 种，睡菜 *Menyanthes trifoliate* 为北温带广布种，而金银莲花 *Nymphoides indica* 系典型的热带亚洲种，两者在此和谐相处。泽苔草 *Cardesia parnacifolia* 分布于热带亚洲至苏拉威西岛西南部、欧洲南部和中部，属热带亚洲和热带非洲分布式样，据记载在云南仅分布于思茅至勐海一带，现在腾冲也有出现。莼菜 *Brasenia schreberi* 和睡莲 *Nymphaea tetragona* 均为典型的北温带水生植物，在北海至今保持浮叶植物群落的优势地位。这些现象表明，北海水体不同于云南其他高原湖泊之处在于它具有极大的兼容性，既可接纳热带植物长期生存，也适于温带植物的繁衍。

8.2.3 特有种类贫乏但值得特别珍惜

低矮通泉草生长在北海水域中的中国特有种仅 6 种：低矮通泉草 *Mazus humillis*、灯心草 *Juncus effusus*、滇水葱 *Schoenoplectus schoofii*、疏毛谷精草 *Eriocaulon mantoense* var. *parviceps*、粗壮珍珠菜 *Lysimachia robusta* 和云南荸荠 *Eleocharis yunnanensis*，其中大都是分布在云南其他湖沼中或系云南湖泊与其他省区湖泊所共有。到目前为止，仅有粗壮珍珠菜 *Lysimachia robusta* 为北海所特有。

粗壮珍珠菜为报春花科植物，1928 年发表，到 2003 年《云南植物志》第 15 卷（含报春花科）出版时，各标本室除模式外还没有第二份这种植物的标本。《云南植物志》和《中国植物志》报道本种时仅仅是根据原始描述，作者称“标本未见，以上主要依据原描述”。虽然粗壮珍珠菜作为沼泽植被的优势种长期在北海繁衍成长，近一个世纪以来却没有引起植物学家的注意。云南有 65 种珍珠菜属植物，惟独粗壮珍珠菜体态高大，植株高 1～1.5m，7 月开红色花朵，容易辨认。

8.2.4 珍稀频危植物占有显要地位

国家级保护植物 3 种：莼菜为国家Ⅰ级保护植物，在这里普遍生长。据记载，云南思茅有过采集记录，大概是引种的，据当地人的介绍，北海的莼菜并非引种，如是，则是云南水生植物区系的新记录。睡莲 *Nymphaea tetragona* 和小果菱 *Trapa maximowiczii* 为国家Ⅱ级保护植物。这 3 种植物都是浮叶型，在北海成为浮叶植物群落的优势种。

濒危动植物种国际贸易公约（CITES）保护植物 2 种：兰科的绶草 *Spirantes siniensis* 和鹅毛玉凤花 *Habenaria dentata*，它们生长在草排上。在北海之外，常见于陆地和山坡的草地上。它们的分布区都比较广泛，只因它们是兰科植物，人们喜欢采挖，其生存受到威胁，CITES 将它们列为保护对象。

粗壮珍珠菜为北海特有种，虽然没有列入国家或云南保护植物名录，建议特别加以保护，因为它的分布仅局限在北海，一旦在这里灭绝，地球上就永远少了一个物种。

8.2.5 面临入侵种的威胁

北海有 6 种外来入侵植物（表 5－8）：土荆芥 *Chenopodium ambrosioides*、紫茎泽兰 *Ageratina adenophore*、假酸浆 *Nicandra physaloides*、北水苦荬 *Veronica anagallis－aquatica*、剪刀草 *Sagittaria trifolia* var. *angustifolia*、水葫芦 *Eichhornia crassipes*。这些外来种都有很强的竞争力，当原生植被被破坏之后，

它们能迅速占领生境，排斥其他物种的进入。

紫茎泽兰原产南美洲，20 世纪传入中国南方，近 40 多年来，在云南迅速蔓延，给土著植物的恢复和农作物的生产造成很大危害。这种植物水陆皆宜，在北海周围的田边荒地已形成具有一定面积的单优群落，对湖岸的环境美化造成严重威胁，也有侵入到草排的危险。

水葫芦是漂浮植物，繁殖能力极强，短期内即可覆盖水面，不但阻碍水上航行，而且遏制水下植物的生存。目前在北海的航道上水葫芦已经蔓延，如不及时清除消灭，后患无穷。

8.3 植被

8.3.1 以草排植被为特色

草本沼泽的发达根系和有机质丰富的腐殖基质共同形成了多种草本植物生存的浮岛，即当地称之的“草排”。

北海现有水体面积（不包括水田面积）0.46km（=689 亩），其中海排（浮岛）面积 0.32km^2（=476 亩），占水体面积的 69%；无草排水面 0.14km^2（=213 亩），占水体面积的 31%。草排厚在 1m 左右，草排下水深 40～80cm。如此大面积的草排在全国都属罕见。50 年前，滇池有零星分布。20 世纪 80 年代，碧塔海的海头有小片比较连续的草排。绝大部分的植物种类和植被类型都集中在草排上。大面积的草排和草排植被构成北海独特的湿地景观。

8.3.2 群落类型齐全

由于草排厚度大、面积广等优越的生态环境，北海的植物群落类型特别丰富多样，兼有水生植物的 5 大生态生活类型，即挺水植物群落、漂浮植物群落、浮叶植物群落、沉水植物群落和悬浮植物群落五大类型，包括 25 个群系（表 5－9）。群系之多，为全国沼泽和湖泊之冠。云南的 11 大湖泊中，在 20 世纪 70 年代，植被群系最多的是此碧湖（13 个）和洱海（12 个）。30 多年以来，云南各大湖泊累遭浩劫，此碧湖已变为水库，曾为该湖标志的此碧花（睡莲）群落已不复见，许多沉水植物群落也都消失；洱海的植被类型也因过多的人为干扰而大大减少；滇池 20 世纪 70 年代所保存的 9 个群落类型到现在几乎全军覆灭，代之而起的是疯狂发展的入侵植物——水葫芦群落。从同一年代情况看，云南任何湖泊的物种和群落的多样性与北海都不可比拟。

表 5－9 北海水生及沼泽植被类型

Ⅰ. 挺水植物群落

1. 芦苇群落 Formation *Phragmitis communis*
2. 茭草群落 Formation *Zizania caduciflora*
3. 假稻群落 Formation *Leersia hexandra*
4. 席草群落 Formation *Eleocharis yunnanensis*
5. 三棱水葱群落 Formation *Schoenoplectus triqueter*
6. 灯心草群落 Formation *Juncus* spp.
7. 燕子花群落 Formation *Iris laevigata*
8. 黑三棱群落 Formation *Sparganium simplex*
9. 睡菜群落 Formation *Menyanthes trifoliate*
10. 粗壮珍珠菜群落 Formation *Lysimachia robusta*
11. 辣蓼群落 Formation *Polygonum hydropiper*

Ⅱ. 漂浮植物群落

12. 槐叶萍群落 Formation *Salvinia natans*
13. 满江红群落 Formation *Azolla inbricata*
14. 水葫芦群落 Formation *Eichhornia crassipes*
15. 青萍、紫萍群落 Formation *Limna minor*, *Spirodela polyrrhiza*

Ⅲ. 浮叶植物群落

16. 莼菜群落 Formation *Brasenia schreberi*

（续）

17. 睡莲群落 Formation *Nymphaea tetragona*
18. 小果菱群落 Formation *Trapa maximowiczii*
19. 田字苹群落 Formation *Marsilea quadrigolia*

Ⅳ. 沉水植物群落
20. 穗状狐尾藻群落 Formation *Myriophyllum spicatum*
21. 石龙尾群落 Formation *Limnophylla sessiliflora*
22. 龙舌草群落 Formation *Ottelia alismoides*
23. 苦草群落 Formation *Vallisneria natans*
24. 牙齿草群落 Formation *Potamogeton distinctus*

Ⅴ. 悬浮植物群落
25. 黄花狸藻群落 Formation *Utricularia aurea*

8.4 湿地动物

8.4.1 无脊椎动物

北海分布有无齿蚌 *Anodonta* sp. 、圆田螺 *Cipangopaludina* sp. 、萝卜螺 *Radix* sp. 、沼虾 *Macrobrachium* sp. 、龙虱 *Dylisus* sp. 、牙虫 *Hydrophilus* sp. 、蜻蜓等湿地动物。

8.4.2 鱼类

根据近年云南省环境科学研究院和中国科学院昆明动物研究所的调查，北海湿地分布有鱼类 15 种，其中土著种 5 种：多纹条鳅 *Nemacheilus polytaenia*、泥鳅、胡子鲇 *Clarias fuscus*、宽额鳢 *Channa gachua*、黄鳝；外来种 10 种：草鱼、鳙、麦穗鱼、棒花鱼 *Abbottina rivularus*、高体鳑鲏、大鳍鱊 *Acheilognathus macropterus*、鲤、鲫、食蚊鱼 *Gambusia affinis*、小黄黝鱼。多纹条鳅为龙川江水系特有种，但在水系内为常见种。在区系成分上，5 种土著种均属于老第三纪类群，说明北海鱼类区系成分单一，缺乏特有种，也未受到其他区系成分的渗透。

8.4.3 两栖类

主要有蓝尾蝾螈、华西雨蛙、华西蟾蜍、云南臭蛙、滇蛙、多疣狭口蛙、云南小狭口蛙。

8.4.4 爬行类

主要有铜蜓蜥等及斜鳞蛇 *Pseudoxenodon macrops*、红脖颈槽蛇，王锦蛇、黑眉锦蛇、紫灰锦蛇 *Elaphe porphoracea*、白链蛇、黑线乌梢蛇、山烙铁头等。

8.4.5 鸟类

本地的动物资源调查资料极为稀少，根据中国科学院昆明动物研究所杨晓君等 2001 年 5 月 20 日记录的水禽种类有：小鸊鷉、凤头鸊鷉、白鹭、牛背鹭、中白鹭、池鹭、紫背苇鳽、栗背苇鳽、绿头鸭、斑嘴鸭、黑水鸡、灰头麦鸡、普通翠鸟。

8.4.6 哺乳类

北海湿地的哺乳动物有 15 种。其中，水域中的水栖哺乳动物类仅有喜马拉雅水鼩 和蹼足鼩两种；在湿地周围活动和觅食两栖类、鱼类和涉禽的有青鼬、黄鼬、大灵猫和豹猫等 4 种，其中大灵猫为国家Ⅱ级重点保护野生动物。啃食湿地草根和草茎的为银星竹鼠；在湖区及其附近湿地上空捕食昆虫的蝙蝠有：间型菊头蝠、中华菊头蝠、云南菊头蝠、大马蹄蝠、喜山鼠耳蝠、山地鼠耳蝠、茶褐伏翼、灰伏翼等 8 种。

9 经济和社会价值

北海湖盆沼泽湿地生物资源丰富。自古以来，人们便在湖区进行频繁的生产活动，湖周围发展种植，湖中盛产鱼类。此外，沼泽湿地对拦蓄大盈江水量、防洪渡汛也起着重要作用。由于不断围垦造田，现在湖面已大为缩小。

10 干扰和威胁

①草排面积缩小，原有的草排已有1200亩被开发为农田，种植玉米和水稻；现有的草排因开辟游览航道，也不断受到切割和清除；游人的践踏都将加速草排的摧残。②航道中沉水植物群落因航道的运行正在消失，如苦草群落、黑藻群落目前仅遗有极少的植丛，而挺水植物群落如黑三棱群落等，因排除航行障碍而被清除。③水面在航行地段大部分已被水葫芦封锁，即将秧及草排上的沼泽，排斥珍稀浮叶植物群落的生存。④紫茎泽兰在北海周围形成繁茂的单优群落，部分沼泽湿地也有出现，如不加控制，北海许多湿地群落有可能毁于紫茎泽兰。⑤北海群众喜爱花草，常采摘睡莲的花朵编成花环，向游客出售。长此以往，睡莲的繁衍将受到严重的威胁。

第六章 云南的其他湖泊湿地

第一节 滇中湖群

1 清水海

清水海，又叫车湖位于昆明市寻甸回族彝族自治县仁德镇西14km，以“水深碧，虽时雨后涨不能浊其清”而得名。清水海湿地面积7.2km^2，地理位置为东经103°06′，北纬25°36′，属金沙江水系。该湿地为小江断裂带西支发育而成，东西两岸平直陡峻，湖底平坦，南北长5km，东西宽1.5km，湖岸线长13.3km；湿地平均水深20m，最大水深32.8m，蓄水量11 760×10^{4}m^3。清水海周围山地多为石灰岩组成，喀斯特地貌发育，无大的河流注入，以降水和地下水补给为主。湿地出水口在湖泊北岸的海尾村附近，为小江东源。因湖泊东部、东北部石灰岩区渗漏严重，加之近年灌溉用水与日俱增，水位明显下降；现已采取了引水入湖等各种水利工程措施，使得这一高原湖泊仍保持着完好的风貌。现在的清水海是红鳟鱼的养殖基地，也是昆明市的供给水源之一。

高礼存等（1990）记录清水海有鱼类12种：南方马口鱼（=马口鱼）*Opsariichthys bidens*、寻甸白鱼 *Anabarilius xundianensis*、鳘、云南盘鮈 *Discogobio yunnanensis*、寻甸波罗鱼 *Sinocyclocheilus xundianensis*、杞麓鲤、华南鲤 *Cyprinus carpio rubrofuscus*、云斑山鳅（=戴氏山鳅）*Oreias dabryi*、黑斑云南鳅 *Yunnanilus nigromaculatus*、泥鳅、蒙图鲶（=昆明鲇）*Silurus mento*、黄鳝。寻甸白鱼为清水海特有鱼类；鳘和华南鲤应为外来种。寻甸波罗鱼未正式发表，为无效种。

中国科学院昆明动物研究所近年来进行湿地调查时在该地观察到的水禽有小鸊鷉、凤头鸊鷉、赤麻鸭、绿翅鸭、绿头鸭、斑嘴鸭、普通秋沙鸭、骨顶鸡（白骨顶）、红嘴鸥。

2 月湖

月湖位于昆明市石林县城东北侧的跃宝山村，距县城约12km，月湖湿地海拔1916m，地理位置为东经103°27′，北纬24°50′。湿地四周环山，形如月亮，故名月湖。湿地平均长3000m，宽300m，平均水深3.5m，湖周约12.6km，水面约4500亩，是“路南石林”高原断陷湖中最大的一个湖泊，属南盘江水系。水中水草较多，湖底乱石林立，每遇天旱水少，大湖便形成许多岛屿和小湖。月湖湿地是由大小湖群石岩岛组成的湖泊群，各个小湖泊相互毗连，湖水相通，景色诱人。

高礼存等（1990）记录月湖有鱼类3种：棒花鱼、鲫、泥鳅，其中棒花鱼为外来种。

中国科学院昆明动物研究所近年来进行湿地调查时在该地观察到的水禽有小鸊鷉、凤头鸊鷉、苍鹭、大麻鳽、赤麻鸭、绿翅鸭、绿头鸭、斑嘴鸭、赤嘴潜鸭、白眼潜鸭、骨顶鸡（白骨顶）、白腰草鹬、矶鹬。

3 草甸海

草甸海位于昆明市宜良县草甸镇，距县城约10km，地理位置为东经103°03′，北纬24°54′，属南盘江水系。草甸海湿地为天然的富营养性浅水湖，海拔1863m，水面积1.3km^2，平均水深2.5m，最大水深4m，蓄水量约300×10^{4}m^3。湿地水位受降水季节性的影响很大，在旱季常有间歇性的干涸。

4 长湖

长湖位于昆明市石林县城以东 15km 处的维则乡维则村，地理位置为东经 103°24′，北纬 24°54′，属南盘江水系。长湖径流面积 4.8km^2，径流量约 132 × 10^4m^3，筑有水坝，湖面海拔 1892m。长湖是溶岩湖，湖水由降水和地下水补充，湖岸线长约 5km，湖宽 300m，平均深度约 24m，水面面积约 0.2km^2，水质清澈，无污染。

高礼存等（1990）记录长湖鱼类 5 种：草鱼、杞麓鲤、鲫、鲢、泥鳅，其中草鱼和鲢为外来种。

第二节 滇西湖群

1 茈碧湖

茈碧湖位于大理白族自治州洱源县城北部，距县城约 3km，地理位置为东经 99°56′，北纬 26°10′，属澜沧江流域，为高原断陷溶蚀洼地形成的天然淡水湖泊。茈碧湖又名宁湖，因湖内生长茈碧莲花而得名，湖面面积 7.83km^2，海拔 1731m，属喀斯特断陷湖。湖泊近南北向分布，长 6.1km，宽 0.75 ~ 2.5km，湖岸线长约 17km，平均水深 11m，最大水深 32m，蓄水量 9620 × 10^4m^3。茈碧湖水源充沛，北有弥茨河，南有凤羽河，湖水下泄弥苴河，注入洱海。湖水清澈，透明度达 4 ~ 5m，pH8.15。湖内水草丰富，盛产白中透黄的茈碧莲，并有地下泉水上升形成的“水花树”奇景。1957 年以来，由于人工修筑水坝蓄水，现已变成水库式湖泊。其中沼泽面积约 4.0km^2，海拔高度为 2000m，以水葱沼泽为主。该湖区的沼泽植物主要为水葱群落、水葫芦群落等。该湖泊沼泽位于人烟密聚区内，周围人们以湖为家，长期围垦，湖面逐渐缩小，生态环境也遭到一定破坏。停止围垦，保护生态是十分必要的。

高礼存等（1990）记录茈碧湖鱼类 9 种：草鱼、杞麓鲤、鲫、云南裂尻鱼（= 云南裂腹鱼）、麦穗鱼、鲢、鳙、泥鳅、黄鳝，其中杞麓鲤、鲫、云南裂腹鱼、泥鳅、黄鳝等 5 种为土著种，其余 4 种为外来种。其中云南裂腹鱼为洱海、剑湖、茈碧湖、西湖等滇西湖群的特有种。

中国科学院昆明动物研究所近年来进行湿地调查时在该地观察到的水禽有小䴙䴘、凤头䴙䴘、普通鸬鹚、苍鹭、池鹭、白鹭、灰雁、赤麻鸭、赤颈鸭、绿翅鸭、绿头鸭、斑嘴鸭、罗纹鸭、赤嘴潜鸭、白眼潜鸭、凤头潜鸭、普通秋沙鸭、骨顶鸡（白骨顶）、黑水鸡、扇尾沙锥、红嘴鸥等。

2 洱源西湖

洱源西湖位于大理白族自治州洱源县右所西部佛钟山麓，地理位置为东经 100°03′，北纬26°01′，属澜沧江流域，为高原断陷形成的淡水湖，是洱海的一个重要水源地。湖面面积 3.30 km^2，湖水最大水深 8.3m，平均水深 1.8m。该湖原与东湖分别位于公路两侧，遇洪水年东西两湖连成一片，面积约 40km^2。

后来东湖逐渐干涸，到 20 世纪 80 年代已经完全变为农田，西湖面积也逐渐减少，露出大片沼泽，现为一严重沼泽化的湖泊。湖的西侧为罗平山，东侧为弥沮河谷平原，并有支流经绿玉池流入湖内，由于东岸有小溪汇入，不断淤积，所以东岸浅而西岸深，目前湖的沿岸全部沼泽化，以芦苇沼泽为主。湖滨浅水沼泽化地带面积约占湖面总面积的 55%；湖周以种植业为主，养殖业较发达，旅游业发展迅速。沼泽面积 3.25km^2，为芦苇沼泽，海拔高程 2069m。

高礼存等（1990）记录西湖鱼类 8 种：草鱼、杞麓鲤、鲫鱼、麦穗鱼、鲢鱼、鳙鱼、泥鳅、黄鳝，其中杞麓鲤、鲫鱼、泥鳅、黄鳝为土著种。

中国科学院昆明动物研究所近年来进行湿地调查时在该地观察到的水禽有小䴙䴘、白鹭、牛背鹭、栗苇鳽、赤麻鸭、赤膀鸭、绿翅鸭、青头潜鸭、白眼潜鸭、紫水鸡、骨顶鸡（白骨顶）、黑水鸡、肉垂麦鸡、扇尾沙锥。

3 海西海

海西海位于大理白族自治州洱源县牛街乡龙门坝，距县城约24km，地理位置为东经99°58′，北纬26°17′，属澜沧江流域，为断陷溶蚀洼地形成的天然淡水湖泊，是洱海上游的水源湖之一。湖泊面积4.33km^2，南北长3.6 km，东西最大宽1.5km，湖岸线长10km，平均水深10m，最大水深16m，总库容6185×10^{4}m^3。海西海前置库湿地占地560亩，库容为130×10^{4}m^3，是十分理想的天然湿地。海西海筑有一个42m高的水坝，并建有发电站。目前的主要功能为农业灌溉，提供生活用水和发电。

高礼存等（1990）记录海西海鱼类7种：杞麓鲤、鲫、鲱形裂尻鱼 *Schizopyge clupeoides*、海西裂尻鱼 *Schizopyge haisihaiensis*、海西副鳅 *Paracobitis haisihaiensis*、泥鳅、黄鳝。鲱形裂尻鱼、海西裂尻鱼和海西副鳅未正式发表，为无效种名；中国科学院昆明动物研究所于1998年在海西海采集到了灰裂腹鱼 *Schizothorax griseus* 的标本，并在湖边观察到了高体鳑鲏和吻鰕鯱鱼。周伟、何纪昌（1993）描述了海西海特有种：尖头副鳅，海西副鳅可能就是尖头副鳅。因此，海西海有土著鱼类6种：灰裂腹鱼、杞麓鲤、鲫、尖头副鳅、泥鳅、黄鳝，外来种2种：高体鳑鲏、吻鰕鯱鱼。

中国科学院昆明动物研究所近年来进行湿地调查时在该地观察到的水禽有凤头䴙䴘、普通秋沙鸭等。

4 文海

文海位于丽江市玉龙县白沙乡文海村，玉龙雪山西麓，地理位置为东经100°09′，北纬26°58′，属金沙江流域，是一个季节性的湖泊，为丽江拉市海省级自然保护区的一部分。文海在一年中的大多数时间里其实只是一片很大的草原和零星的小片湖泊，每年的4月至翌年的11月，文海成为一个较大的牧场，而当7、8月雨水较多的时候，这大片草原才成了一个湖泊。文海集水面积23.3 km^2，水面最大时可达1.6km^2，干旱年份整个湖泊干涸。

文海共有4种鱼类（陈小勇等，2003），除泥鳅外，全部都是引入种：麦穗鱼、高背鲫 *Carassius auratus auratus*、小黄蚴鱼。

中国科学院昆明动物研究所近年来进行湿地调查时在该地观察到的水禽有小䴙䴘、黑鹳、赤麻鸭、赤膀鸭、赤颈鸭、绿头鸭、斑嘴鸭、凤头潜鸭、骨顶鸡（白骨顶）、红嘴鸥等。

5 属都湖

属都湖位于迪庆藏族自治州香格里拉县城东北部，距县城35km，地理位置为东经99°35′，北纬27°54′，属金沙江流域。属都湖海拔3705m，积水面积15km^2，水面面积5.0km^2；湖长2.1km，最大宽度0.9km，平均宽度0.5km，是属都岗河的发源地。属都湖是香格里拉县最大的湖泊，湖水清澈透亮，湖畔是有名的牧场，这里草场广阔，水草丰茂，现已开发兴建旅游度假区。

高礼存等（1990）记录属都湖鱼类2种：昆明裂腹鱼 *Schizothorax grahami*、中甸重唇鱼 *Diptychus chungtiensis*（=中甸叶须鱼 *Ptychobarbus chungtienensis chungtienensis*），中甸叶须鱼为碧塔海、纳帕海、属都湖特有种；昆明裂腹鱼分布于滇池及金沙江，是否会出现在属都湖还需证实。

中国科学院昆明动物研究所近年来进行湿地调查时在该地观察到的水禽有赤麻鸭、绿翅鸭、绿头鸭、鹊鸭、白眼潜鸭、凤头潜鸭、普通秋沙鸭等。

6 天池

天池位于大理白族自治州云龙县城西南23km，海拔2552m高的五宝山顶上，亦名署场海，地理位置为东经99°17′，北纬25°53′，属澜沧江流域。湖水由四周高山径流汇聚而成，流入湖泊的溪流有9条，径流面积6.25km^2；天池最大水深16.8m，平均水深8.5m，湖面面积约1.19 km^2。1954年将该湖改为水库，又称为“五宝山水库”；筑有12m高的拦水大坝，库容790×10^{4}m^3，主要功能是农业灌溉用水和生活用水。沼泽区主要为淡水草本沼泽，海拔高度为2500m，属于澜沧江水系。属澜沧江水系。

高礼存等（1990）记录天池鱼类6种：草鱼、杞麓鲤、鲫、麦穗鱼、鲢、鳙，仅杞麓鲤和鲫为土著种。

中国科学院昆明动物研究所近年来进行湿地调查时在该地观察到的水禽有赤麻鸭 和斑嘴鸭。

7 母屯海

母屯海位于大理白族自治州鹤庆县城北东西山脚草海镇，距县城约6km，地理位置为东经100°12′，北纬26°36′。母屯海海拔2193.2m，原湖面积约$2km^2$，后因漾弓江改直和石门坎炸滩落深，水位下降，经过1976年改造，整个草海已分为3个部分；目前湖面面积$0.827km^2$，最大水深2.6m，平均水深1.6m，一般水深1m。现已建成母屯海湿地自然保护区，成为鹤庆县鱼苗、鱼种生产的主要基地。母屯海筑有2.3m高的拦水坝，库容$82\times10^4m^3$，湖周以种植业为主。

中国科学院昆明动物研究所近年来进行湿地调查时在该地观察到的水禽有小䴙䴘、池鹭、绿头鸭、红嘴鸥等。

8 青海

青海湖泊位于保山市腾冲县城东北部打苴乡境内，地理位置为东经98°34′，北纬25°08 ′。海拔1849.6m。位于北海东侧1.5km，是北海的天然补给水源。青海是亚热带火山熔岩堰塞湖，北面山体由喷出的松散物质组成。多地下泉水。青海面积$0.21km^2$，湖长1.9km，最大宽度1.9km，平均宽度1.2km。青海为一西北—东南走向的湖泊，成椭圆形。出水口在西北角的海尾，建有闸门，控制水位，保证农业用水。湖岸比较陡峭。海头在湖的东南，湖床比较平缓，附近山坡径流由此流入。水面高程1838m。最深15m。pH7，为典型的中性淡水湖。透明度1.4（降雨时）~1.7m。基本上无污染。天然植被分布在水深2.95m以内的20~30m宽的环湖心地带。主要为浮叶植物群落。

高礼存等（1990）记录青海的鱼类2种：杞麓鲤、鲫。

中国科学院昆明动物研究所2000年5月在该地考察时仅观察到斑嘴鸭和黑水鸡。

第三节 滇南湖群

1 大屯海

大屯海水库位于红河哈尼族彝族自治州个旧市大屯镇东北部沙甸河上段，呈长形，与长桥海相邻，地理位置为东经103°18′~103°20′，北纬23°23′~23°27′，是以农业灌溉为主兼顾工业和城镇供水的中型水利工程。大屯海总容量为$5520\times10^4m^3$，正常库容量为$3500\times10^4m^3$，死库容量$200\times10^4m^3$。水库跨个旧市和蒙自县，建库前原是天然洼地浅水湖泊。大屯海集水面积$285km^2$，湖长7.8km，最大宽度2.9km，最大水深2.7m，平均水深1.3m，湖面面积$12.0km^2$，湖水主要靠降水和地表径流补给，可灌溉农田面积25 000余亩。大屯海湖面标高1281m，低于长桥海约3m，湖岸不高，湖底较平，出水经人工渠道进入沙甸河，再流入泸江。1966~1976年对大屯海进行了围垦，使湖面面积由$20km^2$缩小为$12.0km^2$。现修有南北围堤以增加湖容，并引红河支流南溪河水注入，已成为附近工矿业用水水源，并养殖有鱼类，大屯海除供农业用水外，主要作为工业用水水源，但周围工厂的废水大都不经任何处理，直接排入湖泊。

高礼存等（1990）记录大屯海鱼类14种：草鱼、山白鱼 *Anabarilius transmontana*、条纹刺鲃（=条纹小鲃）*Puntius semifasciolatus*、无须墨鱼 *Ageneiogarra pingi*（=缺须墨头鱼 *Garra imberba imberba*）、华南鲤、鲫、麦穗鱼、鲢、鳙、泥鳅、胡鲶（=蟾胡子鲇）*Clarias batrachus*、食蚊鱼、黄鳝、黄蚴鱼。其中，山白鱼、条纹小鲃、缺须墨头鱼、华南鲤、鲫鱼、泥鳅、黄鳝等7种为土著种。

中国科学院昆明动物研究所在该地观察到的水禽有小䴙䴘、普通鸬鹚、苍鹭、池鹭、白鹭、中白鹭、牛背鹭、赤麻鸭、斑嘴鸭、绿头鸭、赤膀鸭、赤颈鸭、凤头潜鸭、红头潜鸭、白眼潜鸭、骨顶鸡（白骨顶）、黑水鸡、环颈鸻、白腰草鹬、林鹬、矶鹬、青脚鹬、红嘴鸥等。

2 长桥海

长桥海位于红河哈尼族彝族自治州蒙自县北部文澜镇北约6 km，明代时期湖上建有长桥，故名长桥海，是一个由断陷盆地汇水而成的淡水湖，与大屯海同为古湖残迹的一部分，地理位置为东经103°21′~103°25′，北纬23°25′~23°28′。长桥海集水面积167km^2，湖体呈长形，湖面面积10.6km^2，最大宽度3.7km，平均宽度0.8km，最大水深2.5m，平均水深1.3m，湖岸线长9.5km，湖泊蓄水量4488×10^4m^3。现修有东、西、南三面围堤，并引红河支流南溪河水注入，以增加湖容，提高湖泊调蓄能力，现已成为附近工农业用水水源，年灌溉农田5万余亩。长桥海主要接纳大洪沟、沙拉河和黎江河的来水入湖，出水口为西北端的嘉明河（永丰渠），多余水量排往大屯海。

高礼存等（1990）记录长桥海鱼类12种：草鱼、条纹刺鲃（=条纹小鲃）、华南鲤、鲫、麦穗鱼、鲢、鳙、泥鳅、胡鲶（=蟾胡子鲇）、食蚊鱼、黄鳝、黄颡鱼。其中条纹小鲃、华南鲤、鲫鱼、泥鳅、黄鳝等5种为土著种。

中国科学院昆明动物研究所在该地观察到的水禽有小䴙䴘、凤头䴙䴘、普通鸬鹚、苍鹭、池鹭、白鹭、中白鹭、赤麻鸭、绿翅鸭、斑嘴鸭、绿头鸭、赤膀鸭、赤颈鸭、针尾鸭、罗纹鸭、琵嘴鸭、赤嘴潜鸭、凤头潜鸭、白眼潜鸭、骨顶鸡（白骨顶）、灰头麦鸡、白腰草鹬、矶鹬、青脚鹬、红嘴鸥等。

3 普者黑湖群

普者黑湖群位于文山壮族苗族自治州丘北县城的西北处，距县城13km，地理位置为东经104°08′，北纬24°07′。"普者黑"为彝语，意为"鱼虾多的地方"，普者黑湖群是岩溶地区浅水型的天然湖泊，集中分布于普者黑盆地，共有50多个，湖水面积10.8km^2；普者黑湖群数量少，规模大，其中普者黑湖、落水洞湖、仙人洞湖三湖连贯相通，面积6.9 km^2，呈带状分布，平均水深4m，最大水深30m，蓄水量约2400×10^4m^3。普者黑盆地湖群受地下水补给，水质清纯，湖群中石峰或矗于湖中，或屹立在草坪之上，形态多姿多样，形成山水交相呼应的旖旎景色，被誉为"不是桂林，胜似桂林"的佳景。湖群水面清澈透明，万亩荷花清香四溢，民风民俗纯朴，呈现出一片优美动人的景象，是一处以喀斯特湖群、溶洞群、孤峰群以及民风民俗和人文资源健全的风景名胜游览区。

根据2004年中国科学院昆明动物研究所的考察记录，普者黑分布有鱼类17种，土著种7种：山白鱼、条纹小鲃、鲫、泥鳅、蟾胡子鲇、黄鳝、月鳢；外来种10种：草鱼、鲢、鳙、䱗、麦穗鱼、棒花鱼、高体鳑鲏、鲤、褐吻鰕虎鱼、小黄黝鱼。还有克氏原螯虾、蜻蜓幼虫、龙虱、蝌蚪等底栖动物。

中国科学院昆明动物研究所在该地及其周围地区观察到的水禽有小䴙䴘、凤头䴙䴘、普通鸬鹚、苍鹭、池鹭、白鹭、中白鹭、黑冠夜鹭、东方白鹳、赤麻鸭、绿翅鸭、斑嘴鸭、绿头鸭、赤颈鸭、针尾鸭、罗纹鸭、琵嘴鸭、赤嘴潜鸭、凤头潜鸭、红头潜鸭、白眼潜鸭、普通秋沙鸭、黑水鸡、矶鹬等。

4 三角海

三角海位于红河哈尼族彝族自治州开远市羊街乡，距市区15km，地理位置为东经103°18′~103°20′，北纬23°34′~23°36′。三角海径流面积131.2km^2，水面面积3.33km^2，蓄水量2700×10^4m^3，主要接纳大庄河的来水，出水流入沙甸河，再进入泸江。三角海自1959年来多次施工已修建成水库，目前仅作为农业用水水源，是开远市重要的粮食、甘蔗、烤烟生产基地，设计灌溉面积3.5万亩。

5 浴仙湖

浴仙湖位于文山壮族苗族自治州砚山县城西，距县城42km处的323国道南侧，地理位置为东经104°04′，北纬23°44′。浴仙湖为断陷湖盆，海拔1506m，湖体呈盆形，东西长2750m，南北宽2250m，水域面积2.27km^2，湖内有小岛3个，湖水平均水深4.5m，最大水深15m。湖中分布有小岛，湖周聚居有壮、苗、彝族 3 个村寨。现已建成融湖光山色及多种民族风情为一体的旅游度假区。

6 赤瑞湖

赤瑞湖位于红河哈尼族彝族自治州石屏宝秀镇南，原名西湖，清康熙五十二年（1713 年）“水色赤如丹砂，经月余”，故更名赤瑞湖。赤瑞湖是高原天然湖泊，地理位置为东经 102°24′，北纬 23°45′。赤瑞湖是异龙湖的源头，1950 年湖水面积为 $8km^2$，蓄水 $1000\times10^4m^3$，经 20 世纪 60 年代深挖出口河道和围湖造田，致使水面减少到现在的约 $1km^2$，秋冬季湖水面积最多只能达到 $2km^2$，遇干旱年度常发生干涸。赤瑞湖水质清澈，湖中种荷养鱼。

7 高原无名的湖泊

在云南的高山地区有很多不足 $1km^2$ 的小型湖泊，这些湖泊大多位于海拔 3000m 以上的高山山脊附近的平坦面上，是一些河流的上源源头，很少有人涉足，故大多无名，很多水文要素不明。这些湖泊的成因可能为冰川的侵蚀作用，也可能有溶蚀作用。这些湖泊通常中间低平，四周或为陡崖，或为沼泽草甸和原始森林所围绕，有的单独存在，也有的数个至数百个面积十几平方米以上的湖泊分布在相邻的区域内组成湖群，如香格里拉千湖山，玉龙县老君山九十九龙潭等。这些湖泊水质优良，清澈透明度大。多处于高山之巅，周围或绿树成荫，或草甸繁茂似锦，或怪石林立，有一定的生态与旅游观赏价值。

第三篇

云南河流湿地和其他湿地

第七章

云南的河流湿地

在云南省 $38.32\times10^4km^2$ 的土地上，孕育着长江、珠江、红河、澜沧江、怒江和伊洛瓦底江六大江河流域，其中，红河、澜沧江、怒江和伊洛瓦底江属西南诸河，是我国重要的 4 条国际河流；长江是云、贵、川省际河流，珠江是云、贵、桂、粤省际河流。

长江在云南境内主要是金沙江水系及其支流，以及部分长江上游干流区和乌江水系，总集水面积 109 061km^2。在云南境内从迪庆藏族自治州德钦县羊拉乡至昭通市水富县横江汇口段称为金沙江水系，省境内集水面积105 614km^2；昭通市境内的赤水河、南广河称为长江上游干流区，省境内集水面积 2774km^2；乌江为长江的一级支流，省境内集水面积 673km^2。

珠江在云南境内主要是南盘江、北盘江和右江 3 个水系，总集水面积58 683km^2。南盘江是珠江主源，发源于曲靖乌蒙山脉的马雄山南麓，于罗平县黄泥河汇口处出云南，进入贵州境内，云南境内集水面积43 342km^2；北盘江是珠江一级支流，发源于曲靖乌蒙山脉的马雄山北麓，于贵州境内汇入珠江，云南境内集水面积 5580km^2；右江是珠江的一级支流，发源于云南广南县境内，在广西境内汇入珠江，省境内集水面积 9761km^2。

西南诸河的云南部分包括红河、澜沧江、怒江和伊洛瓦底江。红河在云南境内主要是元江、李仙江和盘龙河三个水系。元江是红河的干流，发源于大理白族自治州下关市南面的山岭，于红河州河口县流入越南；李仙江是红河的一级支流，发源于大理白族自治州南涧县宝化乡，于绿春县半坡乡出国境，流入越南；盘龙河是红河一级支流，发源于红河州蒙自县鸣鹫乡，于麻栗坡县天保农场东南出国境，流入越南。澜沧江和怒江位于云南西部，从北向南贯穿云南西部地区。伊洛瓦底江在云南境内主要是独龙江、大盈江和瑞丽江三个水系。独龙江是伊洛瓦底江的上游干流，发源于西藏地区，于贡山县入云南境内；大盈江和瑞丽江是伊洛瓦底江的一级支流，除此外还有闸张河、勐戛河—南太白江、勐来河—穆雷河 3 块单独出境的河流区域。

第一节　长　江

1　概述

长江是云南省集水面积最大的河流，境内地势高差悬殊，地形地貌复杂，发育有众多的支流。金沙江是长江干流的上游段，自德钦县羊拉乡德拉村附近进入云南，入境处高程 2290m，至水富县横江与金沙江汇口，出境高程 270m，云南境内流程 1560km（含川滇界河），高差达 2020m。长江流域在云南境内地势西高东低，逐渐向东南倾斜，干流西部流经川滇平行谷岭区边缘，形成了几个大拐弯，在丽江县石鼓形成著名的长江第一弯，向北至冲天河口急转南流，形成第二弯，至永胜县涛源乡折转东流，至华坪进入四川省境，经攀枝花南流至永仁、元谋，在元谋县江边乡再次折转东流，自此脱离横断山地，进入滇中高原和滇东北川西南山地，逶迤东流。在金沙江第一弯下游约 50km 有名扬中外的虎跳峡自然景观，峡谷长 16km，落差达 220m，峡中最窄的地方只有 30m，汹涌的江水势如飞瀑，吼声如雷。两岸哈巴雪山与玉龙雪山对峙，山峰海拔都在 5000m 以上，最高点玉龙雪山海拔 5596m，两山之间的峡谷底部，海拔不到 2000m，峰谷之间高差逾 3000m。由于河流的侵蚀切割，流域内绝大部分为山区、半山区（丘陵），山区、丘陵区占总面积的 97%，平原及湖泊、河流面积约 3%。地貌类型十分复杂，主要支流多发源于高原，中下游山高谷深，落差大，集中了丰富的水能资源。长江是水资源较为紧缺的地区，平均降水量为963.0mm，径流深278.3mm；在楚雄州北部、大理州东部及东南部，由于河谷较低，自西南和东南来的暖湿气流受东、西、南三面高山阻挡，越山后下沉，产生焚风效应，空气干燥，金沙江流域河谷、宾川、元谋等坝区多年平均年降水量仅500~700mm。在云南省西北部的德钦、中甸一带，由于有高山阻挡，处在西南暖湿气流的背风坡，在河谷地带多年平均年降水量在300~400mm之间，产水量最少的是德钦奔子栏一带的金沙江河谷区，年平均降水量300mm，年产水量仅$2.5\times10^4m^3/km^2$，是云南省水资源量最贫乏的极值地带。流域内的坝区和河谷地区是云南省主要农业基地，但水资源量匮乏，而且坝子愈大愈平，水资源量愈少，如较著名的宾川、祥云、大姚、姚安等干旱坝子，土地、光热资源很好，但水资源量较少，为常年性干旱缺水地区。

区域内流域面积大于$5000km^2$的有普渡河、横江、牛栏江和龙川江4条，$1000km^2$以上的河流有33条（包括流域干流，下同）。境内河流水力资源极其丰富，理论蕴藏量为4025×10^4kW，居六大流域之首，所占比例为38.9%，可开发水能资源3543.53×10^4kW，占全省的50%。各支流中水能资源较为集中的河流主要有硕多岗河、普渡河、以礼河、牛栏江、横江等。

2 主要支流

2.1 普渡河

普渡河是金沙江右岸一级支流，发源于嵩明县大哨乡梁王山，源地高程2705m，河长363.6km，落差1943m，普渡河汇口以上汇水面积$11\,657km^2$。普渡河流域多年平均降水量为967.6mm，年径流总量$35.2\times10^8m^3$，流域产水模数$30.2\times10^4m^3/km^2$。流域的中上游地区（滇池流域）水资源相对较少，降水量在900mm左右，由于人口密集，人均水资源在$200m^2$左右；中下游地区，由于海拔较高，降水量较为丰富，降水量可达1400~1600mm，该地区丰富的水资源已规划调往滇池流域。

普渡河上段称盘龙江，流经昆明市区后注入滇池，然后在西山区海口流出，经西山区、安宁市、富民县，于禄劝县则黑乡新房甸流入金沙江。习惯上将海口以下至富民永定桥河段称为螳螂川，永定桥以下称普渡河。其中松华坝以上河水矿化度低，硬度小，硫化物含量少，属重碳酸盐型淡水，水质良好，是昆明市工农业生产和人民饮用重要水源之一，盘龙江段由于途经市区，江水污染较重；滇池出口以下普渡河长243.6km，其中螳螂川段工业污染严重，白塔河、温泉河段化学耗氧量、酚氯化物污染指数均达5级。

2.2 横江

横江为金沙江右岸的一级支流，为滇黔川省际河流，发源于贵州省威宁县草海，流经贵州、云南省彝良县、大关县、盐津县、水富县，在水富县云富镇流入金沙江，全长306km，云南境内河长241.1km，集水面积约$11\,233km^2$。

横江流域上段地形相对平缓，河床较浅，有灌溉之力；中段陡峭，山高谷深，河谷呈“V”形，多激流瀑布，河流水量丰富；下段河水较为平缓，从盐津以下可行驶木船。流域多年平均降水量为1072.5mm，上游地区降水量较少，为890mm左右，下游降水量较为丰富，为1100mm左右，在五莲峰等山脉地区降水量可达1400mm；流域多年平均径流量$68.6\times10^8m^3$，流域产水模数$61.1\times10^4m^3/km^2$。水能理论蕴藏量95.9×10^4kW。云南境内流经鲁甸、昭通、永善、大关、盐津、水富等县（市），有洛泽河、白水江、昭鲁大河、居乐河、大关河等支流。

2.3 牛栏江

牛栏江为金沙江右岸一级支流，为滇黔省际河流，发源于寻甸县金所乡老黄山，流经寻甸、嵩明、沾益、宣威、会泽、鲁甸、巧家、昭通，于巧家县红山乡棉花地注入金沙江，河长439.6km，落差在1768m，云南境内集水面积为$11\,426km^2$。流域多年平均降水量为995.0mm，多年平均径流量

$43.1 \times 10^8 m^3$,流域产水模数 $37.7 \times 10^4 m^3/km^2$；水能理论蕴藏量 $150.52 \times 10^4 kW$，可开发水能资源 $74.41 \times 10^4 kW$。主要支流有马过河、硝厂河、西泽河等，上游在高原面上，水流和缓，中下游切割深，水流急。

2.4 龙川江

龙川江为金沙江右岸一级支流，发源于南华县五街乡米黑们村附近，流经南华、楚雄、禄丰、牟定、元谋等县（市），在元谋县江边乡注入金沙江，河长 244.9m，流域集水面积 $9225km^2$。龙川江流域的上游水资源较为丰富，在上源山地地区，降水量在 1000mm 以上；中下游地区位于元谋干旱坝区以及干热河谷地区，水资源较少，降水量在 600 ~ 800mm 以下，龙川江流域是云南境内光热资源最充足、降水量和单位面积产水量最少、干旱灾害频繁且严重的地区。流域多年平均径流量 $16.0 \times 10^8 m^3$，流域产水模数 $17.3 \times 10^4 m^3/km^2$；流入龙川江的主要支流有紫甸河、牟定河、普登河、蜻蛉河等，河流水能理论蕴藏量 $18.4 \times 10^4 kW$，可开发水能资源 $2.18 \times 10^4 kW$。

2.5 桑园河

桑园河为金沙江右岸一级支流，又名宾居河、达旦河，发源于宾川县鸡足山镇茅草坪，经宾川坝子，于永胜县片角乡花坪汇入金沙江；河流长度 102.4km，落差 1286m，集水面积 $1888km^2$；流域多年平均径流量 $1.89 \times 10^8 m^3$，流域产水模数 $10.0 \times 10^4 m^3/km^2$。该河流位于干旱坝区，水资源缺乏，但对宾川坝区的农业生产起着重要的作用。

2.6 渔泡江

渔泡江是金沙江右岸一级支流，又名泡江，发源于南华县天申堂官苴附近，流经祥云、姚安、大姚、宾川等县，在永胜、宾川、大姚三县交界处汇入金沙江；河流长度 170.3km，落差 1416m，集水面积 $4084km^2$；流域多年平均径流量 $7.73 \times 10^8 m^3$，流域产水模数 $19.1 \times 10^4 m^3/km^2$，水能理论蕴藏量 $7.69 \times 10^4 kW$。流入渔泡江的主要支流有中河、楚场河、三岔河等。

2.7 硕多岗河

硕多岗河为金沙江左岸一级支流，发源于香格里拉县格咱乡娘果附近的脚瓦雪山，于虎跳峡镇冷都汇人金沙江，河长 147.5km；经中心镇、小中甸、虎跳峡等地，流域面积 $1933km^2$；多年平均径流量 $9.28 \times 10^8 m^3$，流域产水模数 $47.5 \times 10^4 m^3/km^2$；水能资源理论蕴藏量 $35.13 \times 10^4 kW$，可开发 $13.15 \times 10^4 kW$，建有硕多岗河梯级电站，年发电量 $14.73 \times 10^8 kW \cdot h$。

第二节 珠 江

1 概述

珠江是中国的第三大水系，在云南省境内分南盘江、北盘江和右江 3 个流域。区域内地势西北高、东南低，有两大地貌特征，即滇东高原岩溶湖盆区和滇东高南岩溶山原区。岩溶湖盆区内有抚仙湖、星云湖、阳宗海、杞麓湖、异龙湖等大小湖泊；岩溶山原区岩溶发育，几乎包括了所有的地貌形态，其中有溶蚀洼地、断陷盆地、石牙、石林等。

南盘江为珠江流域的主源，发源于曲靖市乌蒙山脉的马雄山南麓，云南境内河长 677km，落差 1724m，流域面积43 342km^2，多年平均径流量 $166 \times 10^8 m^3$，流域产水模数 $38.3 \times 10^4 m^3/km^2$。珠江流域水资源时空分布不均，流域面平均降水量为 1066.3mm，径流深 394.4mm；而位于北部湾迎风坡的罗平局部地带多年平均降水量可达 1600mm；干热少雨的蒙自坝只有 700mm，其余地带多年平均降水量在 900～1200mm 之间，多年平均年径流深在 50～600mm 之间。坝区地多人多水少，山区地少人少水多，南盘江上段的松林坝、沾曲坝、陆良坝、宜良坝是云南省主要粮食作物生产基地，既是防洪重点区域，又是水资源短缺问题较为严重的区域，南盘江一出源头就被开发利用，水资源匮乏及高度开发利用，导致上游的水污染和生态恶化问题较下游严重；在高古马以下的中下游及黄泥河等主要支流，呈峡谷地形，山岭重叠，水资源较为丰富但开发难度较大，加上分布着较广的岩溶山区，地表水奇缺，造成地高而水低，虽有丰沛的降水，但无调蓄条件，不仅农业灌溉水源短缺，人畜饮水也很困难。

珠江流域集水面积在 5000km^2 的主要支流有清水江、黄泥河、北盘江、右江，1000 km^2 以上的支流有 18 条。

2 主要支流

2.1 北盘江

北盘江为珠江上游南盘江左岸的一级支流，发源于曲靖市沾益县马雄山东北麓，上段称清水河，经宣威市向东进入峡谷称格香河，在普立乡腊笼村与可渡河汇合后始称北盘江，在黔桂交界处汇入南盘江；云南境内河长 145.4km，落差 1494m，流域面积 5580km^2。

北盘江流域地势平坦，流域西部为乌蒙山地区，海拔 2600m，东部为云贵高原地形，地势起伏，最高高度可达 2800m，流域中部的宣威市为平坝地区；流域多年平均降水量为 996.3mm，南部水量较少，径流深 200mm 左右，东南部与贵州交界处与西南部珠江源保护区水量较为丰富，径流深在 600mm 左右；多年平均径流量 $21.6\times10^8m^3$，流域产水模数 $38.8\times10^4m^3/km^2$。流入北盘江的主要支流有拖长河、可渡河。

2.2 右江

右江为珠江一级支流，发源于文山壮族苗族自治州广南县那伦乡那省村东北，自源地向北流，在广南县八达乡流入广西，称驮娘江，后又从富宁县剥隘镇北部再流入云南境内始称右江，向东南方向流，在剥隘镇东约 10km 处再次流入广西；省境内河段长 106.0km，界河段长 10.8km，境内集水面积为 9761km^2。

右江在云南境内为典型的云贵高原地貌，局部地区具有喀斯特地形，有暗河存在。流域多年平均降水量为 1160mm 左右，变化范围在 1000～1400mm 之间；流域径流深在 400～700mm 之间，多年平均径流量为 $43.7\times10^8m^3$，流域产水模数为 $44.8\times10^4m^3/km^2$。流入右江的主要支流有西洋江、谷拉河、那马河等。

2.3 黄泥河

黄泥河为南盘江左岸的一级支流，发源于曲靖市富源县（中安镇）支锅石村，干流流经富源、沾益、罗平等县，在罗平县鲁布革乡新寨汇入南盘江；云南境内河长 237.9km，落差 1480m，集水面积为 7226.1km^2。

黄泥河是一条山区雨季型河流，河流中游地区位于滇东罗平降水高值区，山区降水量可达 1800mm，但范围不大；河流流经云贵高原黄土区域，河水常年混浊，多年平均径流量 $50.4\times10^8m^3$，流域产水模数 $69.8\times10^4m^3/km^2$。水能理论蕴藏量 85×10^4kW。可开发水能资源 73.25×10^4kW，现已建成鲁布革水电站，装机容量 60×10^4kW。

2.4 清水江

清水江为南盘江右岸最大的一级支流，发源于文山壮族苗族自治州砚山县者腊乡老毛山北麓，流经砚山县、丘北县、广南县、师宗县、罗平县，于罗平县鲁布革乡清水江村汇入南盘江，河流长度 193.1km，落差 1235m，云南境内集水面积 5628.1km^2，多年平均径流量 $22.9\times10^8m^3$，流域产水模数

$40.6\times10^4m^3/km^2$。水能理论蕴藏量 22.5×10^4kW。可开发水能资源 3.76×10^4kW，主要支流有北门河、者莫河、石葵河等支流。

2.5 泸江

泸江为南盘江右岸一级支流，发源于红河哈尼族彝族自治州石屏县宝秀坝东南赤瑞湖西北山地，经赤瑞湖、异龙湖至建水燕子洞转为地下河，于开远市乐白道乡盘江大桥北汇入南盘江，河长104.7km，异龙湖以下落差385m，集水面积4524.8km²，多年平均径流量 $8.20\times10^8m^3$，流域产水模数 $18.1\times10^4m^3/km^2$。水能理论蕴藏量 2.5×10^4kW，主要支流有旷野河、临安河、南庄河羊街河等。

2.6 华溪河

华溪河为南盘江右岸一级支流，又名曲江，发源于玉溪市红塔区小石桥乡新铺村的一座无名山，于华宁县盘溪镇三江口汇入南盘江，河长192.5km，落差1097m，集水面积4107.8km²，多年平均径流量 $9.63\times10^8m^3$，流域产水模数 $23.4\times10^4m^3/km^2$。水能理论蕴藏量 16.4×10^4kW，可开发水能资源 2.27×10^4kW。主要支流有龙洞河、练庄河、香木桥河等。

第三节 西南诸河

1 概述

西南诸河是指位于我国西南部地区的国际河流，在云南省境内包括红河、澜沧江、怒江和伊洛瓦底江，总集水面积为215 466km²。

1.1 红河

红河发源于云南大理白族自治州巍山彝族回族自治县与大理市下关镇交界的山岭，从云南河口出境，进入越南，然后流入北部湾。红河是中、越国际水系，因河水多含红色泥沙，水呈红褐色而得名。云南境内由干流元江与西支李仙江和东支盘龙河组成。元江是红河的干流，从源头而下在境内的河段依次称为羊子江、大西河、西河、巍山河、礼社江、石羊江、戛洒江、漠沙河、元江，至红河县以下小河底河汇入后称红河，在红河州河口县的河口镇流入邻国越南，出境处高程76m。流入越南后亦称红河，最后汇入太平洋北部湾。干流河长680km，落差2564m，每千米落差3.8m，平均比降17%。发源于境内的李仙江、藤条江、盘龙河、南利河（又称普梅江）等主要支流在云南境内均自成独立的水系，各支流的流向大致与干流平行，直接出境后先后汇入红河。

由于高程悬殊及受山脉走向的共同影响，红河流域水资源的地区分布差异较大，流域面平均降水量为1343.8mm。源头巍山、弥渡、南涧县一带及元江县河谷为少水带，多年平均年降水量仅700～800mm之间；哀牢山脉以西的地区，多年平均年降水量在1200～1800mm之间；处在东南暖湿气流及南海台风入侵迎风坡上的江城、绿春、金平、河口等地的南部多雨区，多年平均年降水量在1800～3000mm之间，是省内的多水区。流域内水资源呈从上游向下游递增的趋势。由于受特殊地形地貌的限制，流域内主要干支流山高谷深，地形复杂，还有大片岩溶山区，水资源的开发成本较高，水利工程分布较少，2003年水资源开发利用率只有5.8%，成为工程性缺水较为严重的区域。

云南境内流域面积大于5000km² 的支流有4条，为李仙江、绿汁江、盘龙河和卡渡河，1000km²以上的支流有20条。

1.2 澜沧江

澜沧江发源于中国青海省唐古拉山脉，是亚洲惟一历经6国的国际河流，流经中国、老挝、缅甸、泰国、柬埔寨，最后在越南注入南海。在中国贯穿西藏自治区东部与云南西部，于在云南省勐腊县出境后改称湄公河。云南省境内干流长1227.4km，天然落差1768m；径流以雨水补给为主，并有地下水和高山冰雪融水补给。澜沧江流域径流的形成以降水为主，平均降水量为1390.5mm。上段有少量融雪补给，少雨带在藏滇交界处的河谷内，多年平均年降水量不到400mm；云龙县表村、旱阳一带，多年平均年降水量仅600mm。多雨区在流域西边的碧罗雪山分水岭地带，多年平均年降水量达3000mm；大理苍山地区，多年平均年降水量可达1800mm。流域中下段径流由降雨补给，多年平均年降水量在1000～1600mm之间。

澜沧江流域水能理论蕴藏量2550.1×10^4kW，占全省的24.6%。可开发水能资源1968.3×10^4kW，占全省27.7%。澜沧江干流不仅水力资源十分丰富，而且具有开发条件优越、水量充沛稳定、水库淹没损失小、综合效益好等特点，水资源开发利用侧重于水电开发，是我国水电基地之一，小湾、漫湾、糯扎渡、大朝山、景洪等大型电站已开发和正在开发中，是西电东送的重要电源点；沿干流水低田高，很难提水灌溉。中上游的农田灌溉全部由支流解决；下游景洪一带，河岸平缓，农田较多，有引灌之利。大理白族自治州洱海地区的经济发展对水的需求量日渐增大，环湖生活及工农业生产与下游西洱河梯级电站发电用水的矛盾越来越突出，引漾入洱难以满足用水需求。区域内水资源开发利用率较低。

水系内流域面积大于5000km^2的支流有黑惠江、威远江、补远江、小黑江等，1000km^2以上的河流有23条。

1.3 怒江

怒江发源于西藏自治区唐古拉山南麓，向南流经横断山区，在云南潞西市出境入缅甸，称萨尔温江，在缅甸流入印度洋；干流先后流经怒江傈僳族自治州、保山市和德宏傣族景颇族自治州，省内河长618km，落差1152m。流域内山高水深，地形复杂，特殊的地形地貌使得流域内人少水多；但是水资源的开发成本较高，水利建设起步晚，投入少，基础设施建设严重不足。

怒江径流在贡山以上以融雪和降水为主，中部以降水为主并有少量融雪补给，下部主要以降水补给，水系多年平均年降水量在800～4000mm之间。降水量空间分布极为不均，从西南边缘的中缅交界处向东北递减，背风坡及河谷地带较少，西南部迎风坡山区较多，由于受孟加拉湾西南暖湿气流的影响，形成了包括西盟、沧源等地在内的西南部多水带以及高黎贡山多雨区，高黎贡山年降水量可达4000mm。流域内水资源垂直分布的变化远大于水平变化，保山的潞江坝到高黎贡山山顶，高差约2500m，水平距离仅10km，山脚到山顶的降水量从750mm增加到4000mm，山顶是极多雨区，山脚是少雨区，垂直变化远大于水平变化。

怒江集水面积在5000km^2以上的支流有勐波罗河和南汀河，1000km^2以上的河流有8条。

1.4 伊洛瓦底江

伊洛瓦底江发源于西藏自治区，是中、缅国际水系，干流上游在云南境内称为独龙江。境内伊洛瓦底江的大部分地区属南亚热带季风气候，由于流域位居高黎贡山西侧，来自孟加拉湾的西南暖湿气流加上地形的抬升作用，形成丰富的降水，流域年平均降水量为2198.8mm，居云南境内六大流域之首。流域内的盈江西部一带为多雨区，多年平均年降水量可达4000mm，其次是独龙江，为3000mm以上。流域内径流主要由降水补给，此外还有少量冰川、融雪补给。

独龙江是伊洛瓦底江的上游干流，发源于西藏自治区，于云南贡山县独龙江乡迪布里进入云南境内，入境处高程2330m。上源称克劳龙，向南与发源于贡山县独龙江乡的支流麻必洛汇合后称独龙江，于独龙江乡钦郎当出境后进入缅甸，出境处高程1141m。独龙江流域除降雨、地下水补给外，尚有四周山顶的融雪水补给；该水系水能资源理论蕴藏量约410.2×10^4kW，可开发利用量约29.5×10^4kW。独龙江干流水资源丰富，境内面积很小，单位面积产水量很大，但由于受特殊地形地貌的限制，经济落后，自然条件恶劣，水资源难以开发利用，是水资源开发的处女区；流域内虽然水资源总量丰富，但可被利用水量较少。在大盈江和瑞丽江区域内，有盈江、芒市、陇川、瑞丽、遮放、腾冲、界头、梁河、固东等坝子，流域自然条件优越，动植物资源丰富，农作物生长条件优越，水资源量丰富。但由于经济条件的限制，工程性缺水较为严重。

伊洛瓦底江在云南省境内主要是其支流，其中较大的支流有瑞丽江和大盈江，其余还有麻必洛河、担当王河、戛木林河、接壤河等。

2 主要支流

2.1 李仙江

李仙江是红河最大的支流，发源于云南大理白族自治州南涧县宝华乡小里车，经大理白族自治州、思茅地区和红河州，于绿春县半坡乡二角山东南约5km处直接流入越南；云南境内河长480.3km，落差2105m。

李仙江流域位于哀牢山西部，地形复杂，为高山深谷地区。河流上源分为两支，左支为阿墨江，右支为把边江。流域径流由降水补给，源头地区降水量较少，为1000mm；哀牢山地区降水量可达1800mm，南部边境地区降水量最大，可达3500mm，水资源较为丰富；该河水能理论蕴藏量205.2×10^4kW，可开发水能资源83.8×10^4kW。流入李仙江的主要支流有湾河、文边河、勐野江、小黑江、卡渡河、勐拉河等。

2.2 盘龙河

盘龙河是红河的一级支流，发源于红河哈尼族彝族自治州蒙自县鸣鹫乡三门棵北，流经文山、马关、麻栗坡等县，于麻栗坡县天保农场东南方直接流入越南；云南境内河长252.6km，落差2014m。

盘龙河位于文山壮族苗族自治州地区，源头地区位于内陆腹地降水量较少，多年平均降水量在800mm左右，下游靠近边境地区，降水较为丰富，多年平均降水量可达1800mm。水能理论蕴藏量约71×10^4kW，可开发水能资源63×10^4kW。流入盘龙河的主要支流有顺甸河、畴阳河、马过河、斋河、南利河等。

2.3 黑惠江

黑惠江是澜沧江最大的一级支流，发源于丽江县九河乡白汉场，干流流经丽江市和大理白族自治州，在大理白族自治州的南涧彝族自治县新民乡岔江村汇入澜沧江；干流河长341.8km，落差1790m。

黑惠江位于横断山脉与云贵高原结合部，地形复杂，流域内4000m以上的山峰有老君山、雪邦山和点苍山。境内高山深谷，山区水资源量丰富，最大降水量位于点苍山地区，可达2000mm；河谷降水量较少，最少在剑川县境内，为800mm左右。水能理论蕴藏量82.5×10^4kW，可开发水能资源装机容量57.5×10^4kW。主要支流有弥沙河、西洱河、顺濞江、小黑河等，湖泊有洱海、剑湖、茈碧湖等。

2.4 小黑江

小黑江是澜沧江的一级支流，发源于临沧地区耿马县芒洪乡大雪山，经耿马、沧源、双江县和思茅地区的澜沧县，于澜沧、双江、景谷3县交界处汇入澜沧江，干流河长173km，落差2563.5m。

小黑江位于云南南部南亚热带地区，气候湿润，水资源量较为丰富，多年平均降水量为1600mm左右，流域内最高降水量可达2500mm。流入小黑江的主要支流有下允河、勐勐河、勐董河、拉勐河等。

2.5 威远江

威远江是澜沧江左岸一级支流，又名小黑江，发源于思茅地区镇沅县里崴乡朝阳山，流经镇沅、景谷、普洱、思茅等县，于思茅市思茅港镇大边堆村汇入澜沧江；河长274.2km，河流落差2142m。

威远江位于云南中部偏南地区，地形为中山宽谷盆地，流域多年平均降水量在1400mm左右，最大降水量可达1800mm；河流水能理论蕴藏量78×10^4kW，可开发水能资源47.1×10^4kW。主要支流有景谷河、小黑江（支）、普洱大河等。

2.6 补远江

补远江是澜沧江左岸一级支流，又名南班河，发源于思茅地区普洱县磨黑镇山神庙哑口，流经普洱、思茅、江城、景洪、勐腊等县，在勐腊县勐伦镇会板汇入澜沧江；干流河长297.8km，河流落差1356m。

补远江位于云南南部北热带、南亚热带地区，水资源量丰富，多年平均降水量在1720mm左右，流域内最大降水量可达2500mm；水能理论蕴藏量77.16×10^4kW，其中干流57.7×10^4kW，由于河道落差不集中，可开发水能资源仅18.7×10^4kW。主要支流有普文河、踏青河、磨者河、南品河等。

2.7 勐波罗河

勐波罗河是怒江左岸的一级支流，发源于保山市老营街汪家箐猴子石卡山东北麓，流经保山、昌宁、施甸、永德等市县，在永德、施甸、龙陵3县交界处注入怒江；河流长度为193km，落差2280m。

勐波罗河位于碧罗雪山南部余脉地区，为高山深谷地形，山区降水大，河谷降水少，流域多年平均降水量在2000mm左右，最大降水量可达2500mm；该河水能理论蕴藏量29.0×10^4kW。流入勐波罗河的主要支流有沙河、橄榄河、大勐统河等。

2.8 南汀河

南汀河是怒江左岸一级支流，发源于临沧县博尚镇博尚水库东侧凉山，流经临沧、云县、永德、耿马、镇康等县，在耿马县清水河农场以南直接出国境，于缅甸的滚弄注入萨尔温江；云南境内河长272.9km，落差1860m。

南汀河为直接出境河流，位于云南南部，流域内降水量丰富，多年平均降水量在1600mm左右，最大降水量可达2500mm；水能理论蕴藏量104.4×10^4kW。流入南汀河的主要支流有南捧河、芒帕河、河底岗河、小黑河等。

2.9 瑞丽江

瑞丽江是伊洛瓦底江左岸支流，发源于高黎贡山西侧腾冲县明光乡中河头山，上源有3支组成，右支西沙河，左支龙川江，中支明光河，其中明光河为主流。瑞丽江自北向南流经腾冲、龙陵、梁河、陇川、潞西、畹町、瑞丽等县（市），在弄岛与南畹河汇合后直接出境流入缅甸。省境内河长369.5km，落差2523m。

瑞丽江位于保山市和德宏州境内，地处高黎贡山南部余脉地区，为直接出境河流，流域内降水量较为丰富，多年平均降水量在1900mm左右，最大降水量为3500mm。流入瑞丽江的主要支流有罗卜坝河、芒市大河、南畹河、龙川江等。

2.10 大盈江

大盈江是伊洛瓦底江的一级支流，发源于腾冲县古永乡五台山和狼牙山一带，上源分为左右两支，左支南底河，源于腾冲县打苴乡，流经腾冲县、梁河县和盈江县；右支槟榔江为大盈江的正源，源于腾冲县西北部五台山，上游叫胆扎河。左右两支在盈江县下拉线汇合后称大盈江，流向西南，过虎跳石后从南奔江口流入缅甸；云南境内河长196.2km，落差3345m。大盈江位于云南西南部地区，区域内有云南省降水量最大的地区之一，最大降水量可达4500mm，流域多年平均降水量在2100mm左右。有盏达河、户撒河、南奔河等支流。

第八章

云南的其他湿地

除湖泊和河流外，云南的天然湿地还有沼泽、冰川、龙潭和瀑布，人工湿地有水库、水田和城市湿地以及大量的引（排）水沟渠。水田和引（排）水沟渠的数量和面积受人为因素的影响很大，每年均有变化，简述如下。

第一节　沼　泽

云南的沼泽主要为湖泊边缘浅水地带，形成的沼泽湿地（俗称草海）以及高山上由于冰雪溶蚀、地表积水或过湿，形成零星分散的、小面积的沼泽湿地。沼泽类型主要为淡水泥炭沼泽、芦苇沼泽、苔草沼泽、针叶林—藓类沼泽，以及部分泥炭藓沼泽。由于人类活动，许多湖滨沼泽已垦为农田，天然沼泽日益减少。目前全省不稳定沼泽湿地的面积297.6km^2，冰川湿地总面积84.88km^2。

1　小海子及竹地湖盆沼泽

沼泽区位于宁蒗彝族自治县城西北8km处小海子及竹地湖滨，地处北纬27°20′，东经100°45′，海拔高程2240m。沼泽类型为睡菜—苔草沼泽，面积仅40hm^2，小海子与竹地湖均为山间盆地型小湖，中间隔一低丘。湖溪山地一般高800m左右，两湖均为椭圆形，水深约2.5m。

本区年平均气温12.7℃，气温年较差15.2℃，极端最高气温31.4℃，极端最低气温－10.3℃，≥10℃积温3756.4℃，相对湿度69%，无霜期191天；年降水量约919.3mm，年蒸发量1223.6mm，年平均风速2.1m/s。本区气候温湿，有利于沼泽发育，沼泽水源主要靠坡水补给。小海子与竹地湖是正在沼泽化的两个小湖，目前丘冈水土流失正威胁湖盆寿命，应加强周边植被的保护，以防止湖泊面积的萎缩。

2　大盈江、瑞丽江河滨沼泽

沼泽区位于云南省德宏傣族景颇族自治州同缅甸交界处，主要流经盈江县和瑞丽市，在东经97°40′~98°10′，北纬23°58′~24°30′的范围内；面积约10.0km^2，主要为针叶林—泥炭藓沼泽和泥炭藓沼泽，海拔高度2000~2500m。

沼泽区属于高黎贡山南余脉，地势起伏不大，气候属于热带—南亚热带湿润气候区，年平均温度为16~20℃，年降水量1600~4500mm；由于降水十分丰富，在林下及林间积水地沼泽发育。

3　德钦县白马雪山垭口

沼泽地位于白马雪山国家级自然保护区内，海拔4230m，沼泽体类型为雪蚀地底部小叶杜鹃沼泽体。土壤为高山泥炭沼泽土，水源补给为雪水、坡水及降水。

4　云岭顶部高原面

海拔3200m，沼泽体类型为高原宽谷谷缘下部杜鹃灌丛沼泽体，宽谷中牛轭湖睡菜沼泽体、河床漫滩荸荠沼泽体。土壤为泥炭沼泽土，水源为坡水、降水及河水。水化学类型为沼泽水：SO_4—HCO_2—K＋Na，pH5.5。

5 碧罗雪山东坡安切来垭口

海拔3600m，沼泽体类型为雪蚀洼地扁穗草沼泽体，灯蕊草—苔草沼泽体。土壤高山泥炭沼泽土，水源为降水和坡水。

6 高黎贡山东坡

海拔3485m，沼泽体类型冰蚀湖河口三角洲箭竹沼泽体，杜鹃—苔草沼泽体。土壤为高山泥炭沼泽土，水化学类型为湖水：$HCO_3 - SO_4 - K + Na - Ca$，pH5.5。

7 鹤庆盆谷地沼泽

沼泽区位于云南省大理市鹤庆县的鹤庆坝子，地理位置为东经100°11′~100°12，北纬26°35′~26°36′。鹤庆坝子面积约144km^2，南北长约22 km，东西宽约5~10km，由缘于玉龙雪山、金沙江右岸一级小支流漾弓江河谷断陷沉积而成，海拔2193.2~2400m，气候为中亚热带气候区，年平均气温16℃，年降水量约1000mm，温暖而湿润，沼泽发育，小型湖泊和池塘众多，俗称草海。主要为苔草沼泽，底部较平坦，水草丰盛、鱼虾肥美、冬夏候鸟繁多。20世纪50年代前后，草海随季节变动很大，稳定湖面主要分为东草海约2600亩和西草海约2700亩（含母屯海），后因垦殖，改直漾弓江，深挖石门坎（新中国建立以来加深3m左右），大量湖塘、沼泽逐步排干，被垦为农田，现面积已大为缩小。

第二节 冰 川

云南地处青藏高原南麓，发育在滇西北的高山、极高山上的冰川，属山岳冰川。依据冰川的形态特征，云南的冰川可分为山谷冰川、冰斗冰川和悬冰川3种形态类型。根据冰川发育的水热条件和冰种物理特征，云南的冰川属于海洋性冰川。云南省冰川总面积为84.88km^2，约占全国冰川面积的0.143%。其中，长江流域冰川分布面积为14.70km^2，约占全省冰川面积的17.3%；澜沧江流域冰川分布面积为68.13km^2，占全省冰川面积的80.3%；怒江流域冰川分布面积2.05km^2，约占全省冰川面积的2.4%。

云南的冰川分布在滇西北横断山脉中北段，主要分布在梅里雪山、玉龙雪山、哈巴雪山、高黎贡山的嘎阿夏普山等山脉，分布面积占全省面积的98.6%。

1 梅里雪山

以卡格博峰、芒框峰、来日顶卡峰、玛兵扎拉旺堆峰、面茨姆峰、布迥松阶吾学峰等为代表的梅里雪山山脉，其山峰海拔都在5400m以上。该片共有22条冰川，冰川面积68.25km^2，是云南省冰川面积最大的区域，占全省冰川面积的80.4%。

2 玉龙雪山

玉龙雪山是我国最南的一座雪山，也是欧亚大陆距赤道最近的海洋性冰川区；冰川主要分布在扇子陡峰、玉龙雪山二峰等山峰上，共有19条冰川，冰川面积11.61km^2。玉龙雪山冰川面积仅次于梅里雪山，冰川面积占全省冰川面积的13.7%，该区已发展成为旅游胜地。

3 哈巴雪山

冰川主要分布在万年雪宝鼎峰以及哈巴二峰，共有5条冰川，冰川面积1.88km^2，冰川面积排第四位，占全省冰川面积的2.2%。

4 高黎贡山的嘎瓦嘎普山

位于贡山县境内，为独龙江与怒江的分水岭；山峰上有 7 条冰川，冰川面积 1.93km^2，冰川面积排第三位，占全省冰川面积的 2.3%。

第三节 龙潭和瀑布

云南地形复杂，山高坡陡，含水层分割强烈，在坝区边缘、河谷以及山箐中，地下水常常以泉水出露，这些出露的泉水形成的小型泉眼和湖泊在民间称为“龙潭”。云南省是中国泉水出露最广泛的省份之一，有“泉水之乡”美称。全省有各类温泉 822 处，遍布 124 个县（市）。以红河深大断裂、洱源—剑川断裂、石鼓一线为界，分为东西两部分。西部以高温温泉为主，东部以中低温温泉为主，滇东喀斯特地貌发育区，在河谷底部或坝子边缘多有较大的涌泉出露，常常形成小溪或小河的源头。泉水多由石灰岩内涌出，二氧化碳含量丰富，水质清澈。

据不完全统计，云南境内高差大于 50m 的瀑布有 100 余座，仅贡山县怒江的一个支流上就有 10 座以上，数量之多，高差之大，居全国前列。省内高差最大的瀑布为泸水县的滴水河瀑布，高差约为 300m。大多数瀑布的宽度在 10m 以内，罗平九龙瀑布最宽处 112m，石林大叠水瀑布最宽时也可达 50m，最大的瀑布一般有 2 ~3 级叠水组成，贡山丹当瀑布和罗平的九龙瀑布多达 5 级。受岩性构造等因素控制，瀑布多分布在滇西横断山区及北部、南部边缘地带。

云南省较为著名的龙潭湿地和瀑布有昆明黑龙潭、丽江黑龙潭、华宁盘溪大龙潭、腾冲热海、洱源温泉、罗平九龙瀑布、贡山独龙江叠水河瀑布等。

1 昆明黑龙潭

昆明黑龙潭位于昆明市北郊龙泉山麓的黑龙潭公园中，公园占地 91.4hm^2，是昆明古老的风景名胜区。地理位置为东经 102°41′，北纬 25°01′。黑龙潭属冷水泉，龙潭分前后二池，两池池水相通，中间以石桥为界，左边是浑水潭，右边是清水潭。清水潭面积 600m^2，潭深 15m，泉水由潭底涌出，涌水量 0.21m^3/s，水色清澈；浑水潭面积 2600m^2，水深 0.5m，多有泥水顺山坡流入池内，水色微黄，因此，两池水虽相连，而水色迥异，泾渭分明。分布有滇池金线鲃、侧纹云南鳅、云南盘鮈等土著鱼类。

2 丽江黑龙潭

丽江黑龙潭位于丽江古城北端象山之麓的黑龙潭公园内，地理位置为东经 100°14′，北纬 26°52′。黑龙潭为多股泉水从象山脚下的古栎树下涌出，汇成面积近 4 ×10^{4}m^2 的水潭，泉水地下汇水面积达 431km^2，为丽江古城重要供水水源，年供水量 585 ×10^{4}m^3。分东、中、西 3 股穿越丽江城，并成为漾弓江的源头。分布有小裂腹鱼。

3 华宁盘溪大龙潭

华宁盘溪大龙潭又名七犀潭，位于安宁县盘溪镇，为喀斯特地下河出口。大龙潭从盘溪坝子东缘挂榜山山麓峭岩间涌出，日出水量 44.9 ×10^{4}m^3，潭水面积超过 1340m^2，水深 7m。水色明澈，除灌溉农田外，还供盘溪镇生活用水、发电。余水为小江河主源，汇入南盘江。

4 腾冲扯雀塘毒泉

腾冲扯雀塘毒泉位于腾冲县曲石乡龙江支流小江岸边。属毒气泉。海拔 1480km，面积 800m^2。塘深 0.6m，日出水量 172.8m^3，水温 25.5℃。泉边崖壁中溢出大量的二氧化碳、硫化氢以及少量的甲烷、氨和二氧化硫等无色刺鼻气体，鸟常被熏落致死，故名“扯雀泉”，兽类、爬行类和两栖类亦有死于塘边。

5 腾冲热海

腾冲热海位于腾冲县城西南 20km 处，面积约 9km^2，是腾冲地热区的高温中心，有较大的热泉、气泉群共 80 余处，其中水温达 90℃以上的热泉有 14 个，最有名的“大滚锅”是一处水面温度达 96.6℃的沸泉。泉成圆形，直径 6.12m，深 1.5m，底部水温高达 102℃。

6 大理洱源温泉

大理洱源温泉位于洱源县玉湖镇九台村附近。泉沿玄武岩体中的断裂带上升，穿过湖积地层，在约 10 000m^2 范围内广泛出露。属中高温温泉。主泉水温 76℃，日总出水量 3500m^3，含硫磺，偏碱性，可治疗皮肤病及风湿症。

7 罗平九龙瀑布

罗平九龙瀑布位于罗平县城东北 22km 的九龙河上，在约 4km 长的河道上有 10 级瀑布层层叠叠沿河而下，各层之间均有一潭相隔，形成叠水和瀑布相间分布的格局，最高一台高 56m，宽 112m，是云南省最宽的瀑布；次台瀑布高 43m，宽 35m；其余各台高 20m、10m、5m 不等。年平均水流量为 18.13m^3/s，洪水季的水流量超过 1000m^3/s。

8 贡山独龙江叠水河瀑布

贡山独龙江叠水河瀑布位于贡山县独龙江乡的独龙江与支流哈滂河交汇处，又称哈滂瀑布。瀑布从 200m 高的山崖上飞流而下，形成高 200m，宽 20m 余的大水帘。由于当地植被保护良好，年降水量多于 2000mm，因此瀑布的水量大而稳定。

9 大关黄连河瀑布

大关黄连河瀑布位于大关县城北 6km，因在横江支流黄连河上而得名。在 5m^2 的范围内，共有大小瀑布 47 个，分别由 1～3 级组成，高度由 20m 到 140m 不等，宽度由数米至数十米。其中较大的有 15 个，最高的为情人瀑，高差 140m。

10 石林大叠水瀑布

石林大叠水瀑布位于石林县城西南约 18.5km 的巴江下游，海拔 1500m。叠水分为大小两个，相距 1000m。小叠水居上，落差 20m，瀑宽 12m；大叠水居下，落差 90m，丰水期瀑宽 30m 余，最大流量 150m^3/s，从海拔 1500m 的崖顶飞流直下，水雾升腾，枯水时节，江水清澈，分三股向下跌落。

11 广南三腊瀑布

广南三腊瀑布位于广南县八宝镇东面三腊村前的八宝河上，海拔 1040m，河水从悬崖处飞流直下连跌 3 座悬崖，构成总体连贯的三叠瀑布，总落差约 120m，各级落差约为 40m，其中第一瀑和第二瀑宽约 20m，第二瀑与第三瀑相距 30m，瀑宽 30m。

第四节 大型水库

到 2003 年，云南共修建了 5296 座水库，总库容量为 95.9×10^8m^3，遍布全省各州（市），除重点大型水库湿地以外，全省还有一些比较有代表性的中型水库。这些水库具有农田水利灌溉、人畜饮用水、工业用水和发电等多种功能。

1 松华坝水库

松华坝水库位于昆明市官渡区，属滇池流域。水库位于金沙江流域一级支流普渡河的上游盘龙河的干流上，水库坝址位于东经102°47′，北纬25°08′，水库集水面积为593km^2，涉及嵩明县西部和官渡区的北部。松华坝水库1988年扩建为大型水库后，水库总库容为$2.19\times10^8m^3$，兴利库容为$1.05\times10^8m^3$。水库区域内植被较好，有大量泉水出露，因此水库水质较好，是昆明城市生活和工农业用水的主要水源地，现已成为昆明市集中式饮用水源区。

1.1 自然地理概况

松华坝集水区平均高程约2220m，地势北高南低，北部地区山峦起伏，一般为低山和中高山，相对高程在100～600m之间。流域内最高点在北部的梁王山，海拔2840m，最低处为水库库区，海拔约1980m，区域相对高差约900m。水库集水区的山间有白邑、牧羊街、鼠街、团结村等小型坝子，水库以下为昆明坝子。

松华坝水库流域内气候特征为春暖旱重、夏无酷热、秋凉少雨、冬无严寒，干湿季节分明。大气环流具有明显差异，干季受南支西风环流影响，天气晴朗少雨，受北方冷空气影响时多为阴天少雨；雨季受夏季季风环流影响，降水量明显增多。

水库水源区人口约82 600人，耕地约2000hm^2，较集中的分布于山间盆地和河谷地区。松华坝以上区域植被较好，1981年经云南省人民政府批准正式成立“松华坝水库水系水源保护区委员会”后，通过组织植树造林、退耕还林、推广生态农业等措施，森林覆盖率逐年提高，有效保护了水源。2000年统计林地面积约有390km^2，占区域面积的65%。

1.2 湿地概况

松华坝水库水面面积3.63km^2；水库上游有两条较大的河流，左支为冷水河，为盘龙江一级支流，河长29.4km，流域面积143.5km^2；右支为小河，为盘龙江正源，河长57.6km，流域面积386.5km^2。该区域内有水库、河流、地下水等永久性湿地（水库使用期内），以及水库周边随水库水位季节性变化的季节性湿地。

水库集水区的水资源量除降水补给外，北部石灰岩分布较广，岩溶发育，富含地下水，通常以泉或暗河的形式向盘龙江排泄，青龙潭就是冷水河的发源地。据统计，该区域内地下泉水每年排泄量可达$1800\times10^4m^3$（不含地下暗河）。

2 柴石滩水库

柴石滩水库在昆明市宜良县东部，属珠江流域。水库位于南盘江上段的干流上，水库坝址位置为东经103°20′，北纬25°00′。柴石滩水库兴建于1997年11月，2002年6月完工，是一件以灌溉为主，同时兼顾发电、防洪和工业供水的综合利用水库；水库总库容$4.37\times10^8m^3$，兴利库容$2.55\times10^8m^3$。

2.1 自然地理概况

柴石滩水库集水面积4656km^2，坝址以上主河河长207.2km，河道平均坡度31%。流域地势西北高、东南低，平均高程约2020m；北部有乌蒙山余脉马雄山，海拔2200m。西北部和西部有乌蒙山、梁王山，最高点梁王山海拔2820m。东部最高海拔约2000m，其最高点与最低点相对高差达1290m。河流纵贯松林、沾益、曲靖、陆良、宜良盆地，盆地间有较短峡谷相连，呈串珠式阶梯下降。

水库区属北亚热带和暖温带，为半湿润、半干燥气候的过渡地带。流域内年平均气温由北向南递增，干季主要受西风环流与北方干冷气流控制，年气温变化小，日气温变化大，温暖少雨；雨季受西南与东南暖湿气流控制，当与南下冷空气相遇或与其他暴雨天气系统作用时易产生大雨、暴雨或冰雹天气。流域内大部分地区冬无严寒、夏无酷暑，干湿季分明。水库区人口稠密、经济较发达，区内耕地面积约 560km^2，约占流域总面积的 12%。

2.2 湿地概况

柴石滩水库水面面积 6.46km^2，坝址以上主要河流长度约 564km，南盘江主河长有 207.2km，区内水资源量主要由降水补给。至 2000 年底，该区域内有大型水库 1 件、中型水库 12 件、小型水库 278 件，水库总库容约 8×10^8m^3。流域内地质构造复杂，岩溶发育，地下水常以泉水或暗河的形式向南盘江排泄，盘龙江就是发源于地下的泉水，据统计，地下泉水年排放量为 200×10^4m^3（不含地下暗河）。

3 独木水库

独木水库在曲靖市师宗县，属于珠江流域。水库位于黄泥河的支流篆长河上游东山镇鲁租壁附近，汇水区集水面积 196km^2，水库坝址位置为东经 104°06′，北纬 25°18′。独木水库兴建于 1958 年 8 月，1978 年 11 月份开始扩建，1988 年竣工并投入运行。水库兴利库容 0.99×10^8m^3，总库容 1.06×10^8m^3，是一件以灌溉为主，同时兼顾防洪、生活和发电供水综合利用的水库。

3.1 自然地理概况

独木水库坝址以上为带状流域，地形西北高、东南低，建草至普冲以西，山高坡陡，平均高度较大，全为石灰岩地区；河源最高点 2735m，流域平均高程 2235m。流域内干湿季节明显，气候温和，无酷热严寒，独木水库径流主要来源于大气降水。据 2000 年统计，区域植被覆盖率为 60%，有逐年减少的趋势。

3.2 湿地概况

独木水库水面面积 3.752km^2，坝址以上主河发源于富源县墨红镇鲁租壁村的大蚂蚁山，流至世衣村附近进入地下暗河，长达 5km，在独木水库尾部流出地面。独木水库集水面积明流区 127.6km^2，地下河区域 68.4km^2；主河道长 28.4km，河道纵比降 1.13%。

4 渔洞水库

渔洞水库位于昭通市昭阳区，属长江流域。水库位于洒渔河上游，汇水区集水面积 709km^2，水库坝址位置为东经 103°32′，北纬 27°24′。2000 年渔洞水库建成，最大蓄水库容 3.64×10^8m^3，正常蓄水库容 3.53×10^8m^3，是一个具有城镇生活、农业灌溉以及工业供水的综合利用水库。

4.1 自然地理概况

渔洞水库坝址以上主河发源于鲁甸县铁厂镇的大海子村北部，为五莲峰西南部延伸山脉边缘。区域内地势西高东低，气候垂直变化差异显著，有暖温带、温带、寒温带等多种气候类型，年平均气温约 11.5℃。水库上游约有 120 000 人口，由于人类活动的影响，区内植被覆盖率较低，为 30%。

4.2 湿地概况

渔洞水库水面面积为 20.75km^2，坝址以上主要河流长度为 131.6km，主河长度为 107.5km。水库上游的岔河沟等众多支流发源于昭阳区大山包乡——大山包黑颈鹤国家级自然保护区，水量丰富；水库下游为昭通坝子，农业灌溉发达，引水沟渠众多，区域内径流主要有降水补给。

第五节 主要水库

1 昆明清水海水库

清水海水库位于寻甸县金所乡，属长江流域，是小江流域的源头，原为天然湖泊，在1958年经人工改造，已建成总库容为$1.18\times10^8m^3$，兴利库容为$0.44\times10^8m^3$的水库，水库集水区南北长约9.8km，东西宽约3.5km，集水面积为$34.5km^2$，水面面积$5.63km^2$。具有城镇生活供水、农业灌溉用水的功能。

2 曲靖花山水库

花山水库位于曲靖市沾益县花山镇，属珠江流域，是曲靖市最大的中型水库。水库在1958年开工，1994年3月建成中型水库，总库容$8233\times10^4m^3$，兴利库容$7020\times10^4m^3$。水库集水面积为$225km^2$，设计灌溉面积13.1×10^4亩，年供水总量$3800\times10^4m^3$。具有农业灌溉、工业供水、城镇生活供水以及发电的功能。

3 玉溪东风水库

东风水库位于玉溪市红塔区，属珠江流域，是玉溪市最大的中型水库。水库在1958年开工建设，1976年竣工完成，上游集水面积$309.5km^2$，水库总库容$8931\times10^4m^3$，兴利库容$6129\times10^4m^3$，设计灌溉面积为70 000亩，年供水总量为$5217\times10^4m^3$。具有农业灌溉、工业供水和城镇生活供水的功能，年城镇和工业供水$2630\times10^4m^3$，农田灌溉供水$2587\times10^4m^3$。

4 保山北庙水库

北庙水库位于保山市隆阳区板桥镇，属怒江流域，是保山市最大的中型水库。水库于1958年开工建设，1994年建成中型水库，上游集水面积$119km^2$，引水区面积$45.5km^2$，水库总库容$7350\times10^4m^3$，兴利库容为$5850\times10^4m^3$。水库设计灌溉面积为14×10^4亩，年供水总量为$6607\times10^4m^3$。水库是以灌溉和发电为主要功能的中型水库，兼有工业供水和城镇生活供水。

5 昭通跳墩河水库

跳墩河水库位于昭通市昭阳区大山包乡，属长江流域，是昭通市最大的中型水库。水库于1974年开工建设，1981年建成，上游集水面积为$17.7km^2$，水库总库容$1250\times10^4m^3$，兴利库容$943\times10^4m^3$。水库设计灌溉面积为16 600亩，年供水总量为$600\times10^4m^3$，是以灌溉为主要功能的中型水库。

6 丽江拉市海水库

拉市海水库位于丽江市玉龙县拉市乡，属长江流域，是丽江市最大的中型水库。水库于1970年建设，上游集水面积为$215.7km^2$，水库总库容$5167\times10^4m^3$，兴利库容$3187\times10^4m^3$。水库设计灌溉面积为62 000亩，年供水总量为$2044\times10^4m^3$，是以灌溉为主要功能的中型水库。

7 思茅景谷河水库

景谷河水库位于思茅市景谷县小景谷乡，属澜沧江流域，是思茅市最大的中型水库。水库于1983年开工建设，在1989年完工，上游集水面积为$322km^2$，水库总库容为$5670\times10^4m^3$，兴利库容为$4950\times10^4m^3$。水库设计灌溉面积为43 000亩，年供水总量为$6880\times10^4m^3$，是以发电和灌溉为主要功能的中型水库，兼有工业和城镇生活供水。

8 临沧忙海水库

忙海水库位于临沧地区永德县，属澜沧江流域，是临沧市最大的中型水库。水库总库容 $3110\times10^4m^3$，兴利库容 $2719\times10^4m^3$。水库设计灌溉面积为 50 600 亩，年供水总量为 $2766\times10^4m^3$，是以灌溉和发电为主的中型水库。

9 楚雄九龙甸水库

九龙甸水库位于楚雄彝族自治州吕合镇，属长江流域，是楚雄州最大的中型水库。水库于 1958 年开工建设，1959 年完工，集水面积为 $257.6km^2$，总库容 $7043\times10^4m^3$，兴利库容 $5655\times10^4m^3$。水库设计灌溉面积 70 100 亩，年供水总量为 $2940\times10^4m^3$，是以农业灌溉和城镇生活供水为主的中型水库。

10 红河太平水库

太平水库位于红河弥勒县弥东乡，属红河流域，是红河哈尼族彝族自治州最大的中型水库。水库于 1956 年开工建设，1989 年完工，集水面积 $48.9km^2$，引水面积 $632km^2$，总库容 $8600\times10^4m^3$，兴利库容 $7374\times10^4m^3$。水库设计灌溉面积为 11.49×10^4 亩，年供水总量为 $7300\times10^4m^3$，是以灌溉和发电为主的中型水库。

11 文山红旗水库

红旗水库位于文山壮族苗族自治州丘北县日者乡，属珠江流域，是文山州最大的中型水库。水库于 1958 年开工建设，上游集水面积 $11.37km^2$，引水面积 $140km^2$，总库容 $5400\times10^4m^3$，兴利库容 $4105\times10^4m^3$。水库设计灌溉面积 95 300 亩，年供水总量为 $5300\times10^4m^3$，是具有农业灌溉、城镇生活供水和发电功能的中型水库。

12 版纳那达勐水库

那达勐水库位于西双版纳傣族自治州勐海县流沙河支流南开河，属澜沧江流域，是西双版纳州最大的中型水库。水库总库容 $4943\times10^4m^3$，兴利库容 $4643\times10^4m^3$，全年来水量为 $5930\times10^4m^3$，设计灌溉面积为 75 000 亩，年供水总量为 $4500\times10^4m^3$，是以灌溉和发电为主，兼有城镇生活供水的中型水库。

13 大理茈碧湖水库

茈碧湖水库位于大理白族自治州洱源县玉湖镇，属澜沧江流域，是大理州最大的中型水库。水库与 1955 年开工建设，1976 年完工，上游集水面积 $95.2km^2$，总库容 $9322\times10^4m^3$，兴利库容 $1877\times10^4m^3$。水库设计有效灌溉面积为 53 000 亩，年供水总量为 $3900\times10^4m^3$，是以灌溉和发电为主，兼有城镇生活和工业供水的中型水库。

14 德宏户宋河水库

户宋河水库位于德宏傣族景颇族自治州盈江县，属伊洛瓦底江流域，是德宏州最大的中型水库，集水面积 $22km^2$，水面面积约 $8km^2$。水库总库容 $8055\times10^4m^3$，兴利库容 $6434\times10^4m^3$，年来水量约 $24\,000\times10^4m^3$。水库是以发电为目的的中型水库，年发电水量为 $23\,000\times10^4m^3$。

15 迪庆桑那水库

桑那水库位于迪庆壮族自治州香格里拉县城郊东南部的纳帕海流域，属长江流域，它不仅是迪庆州境内最大的水库，同时也是全国藏区最大水库。水库总库容 $1500\times10^4m^3$，兴利库容 $1003\times10^4m^3$，年来水量约 $620\times10^4m^3$。水库设计灌溉面积55 622亩，每年可向香格里拉城供水 $360\times10^4m^3$，解决了香格里拉县城 20 万人吃水困难的问题，同时具有保护下游 3000 多亩耕地和城市防洪的作用。

第六节 城市湿地

城市湿地是在城市区域内点缀的湿地类型，泛指河流、湖泊以及人工湖等，具有景观价值和文化属性。城市湿地受城市建设及城市化的影响，形成了在城市区域内及其周边面积小、分布不均匀、生态环境相对独立的湿地碎块；各湿地之间的相连程度小，湿地内部环境的破碎化严重。城市湿地作为城市的重要生态基础设施，具有众多功能：①为城市提供必需的水源；②为城市提供完善的防洪排涝体系；③调节区域气候，降低城市热岛效应，提高城市环境质量；④为动植物提供独特的栖息地，形成物种多样性；⑤为城市居民提供休闲娱乐场所，丰富市民的业余生活等。但城市湿地受人为活动的影响严重，具有湿地面积逐年减少、具有显著的人工性、缺乏生物多样性、水污染现象严重等危机。

云南城市的快速发展，不仅使湿地面积减少，生态环境恶化，也导致了城市湿地正在逐渐丧失，因此保护城市湿地环境，是湿地治理的重要举措。云南较著名的城市湿地有丽江古城的小桥流水，昆明城区的翠湖等城市人工湿地；按广义讲位于城市下游的湖泊——滇池、洱海以及玉溪的城市湿地公园也能纳入城市湿地的范畴。

1 丽江城市湿地

丽江古城，坐落在玉龙雪山下丽江坝中部。因四周青山环绕，镇中碧水滢滢，宛如一方碧玉大砚而取名为“大研镇”。古城面积 3.8km^2，海拔 2400m，选址和布局充分利用了地理环境和黑龙潭水系；建筑物依山就势，层叠起伏；“城依水存，水随城在”成为古城的一大特色。以黑龙潭为起点的西河、中河、东河又分为无数支流穿流古城，与散布在城区各处的井泉构成严整的水系，满足了古城居民生活用水的需要，形成了“家家门前绕水流、户户屋后垂杨柳”的高原水乡景色。发源于城北的玉泉河南流至城头双石桥下，分为西河、中河、东河 3 条岔河穿城而过；3 条岔河又分成无数支流，穿街绕巷，流遍全城，溪水清澈。街道不拘于工整而自由分布，主街傍水，小巷临渠，300 多座古石桥与河水、绿树、古巷、古屋相依相映，极具高原水乡古树、小桥、流水、人家的美学意韵；条条街道见流水，户户门前有清溪，被誉为“东方威尼斯”、“高原姑苏”。

丽江古城小桥流水的城市湿地为居民用水提供了极大的方便，同时也增加了空气的湿度，调节了古城的气候，还有利于防止古城的火灾。

2 昆明城市湿地

翠湖，又名翠海、菜海子、九龙池，位于昆明城五华山西麓，翠湖面积 21.6hm^2，其中水面 15hm^2，是以水体为主的古典建筑园林。翠湖是城区的中心观光点，因其八面水翠，四季竹翠，春夏柳翠，故称“翠湖”。元朝以前，滇池水位高，这里还属于城外的小海湾，多稻田、菜园、莲池，故称“菜海子”。因东北面有九股泉，汇流成池，又名“九龙池”。湖南边沼泽，原是一片荷田，其中有若干股泉水冒出，湖水自东往西流。翠湖出水量随季节而变化，雨季多水，旱季少水。在七八十年前，翠湖水面较大，湖水丰沛，一年四季出水俱旺；而今，由于人类的影响，湖面面积减少，水量也不如以前。

云南省首块规模化人工湿地——大清河入湖河口复合人工湿地已建成，湿地位于滇池外海北部、大清河与海河入湖口之间，面积约 20 亩，进水为典型的合流制城市污水。目前，该湿地日最大处理水量为 3000m^3。据昆明市滇池生态研究所副所长、高级工程师韩亚平介绍，该湿地将美化入湖口及湖滨带的生态景观，对削减污染水体中的污染物量起到积极的作用。

3 抚仙湖—星云湖出水口生态公园

抚仙湖—星云湖出流改道出水口处的生态公园建设进展顺利，工程已完成过半。公园位于中心城区东北角，与五塆山生态居住区仅一路（玉江高速路）之隔。将利用每年约 $4000\times10^4m^3$ 的抚仙湖—星云湖出流改道来水及自然地势的高低落差，建成以水和森林为主题的生态公园。

公园占地约620亩，其中绿地面积约460亩，水体数十亩。主要建设项目包括出水口瀑布、人工湖、绿地、景观大道、东风大河改造等，投资额达1亿多元人民币。将利用出水口与人工湖约13m的落差，将建成一个高约13m、宽达100m的大瀑布，加上配套建设的人工湖、公共绿化、苗圃绿化、景观大道、东风大河改造等公共设施，在中心城区东北角，一个新的生态公园将很快展现在市民面前。利用原砖厂开挖的取土坑及其他低洼地，采取防渗及安全性处理后建设人工湖体，形成公园的水系景观；除水域外的道路、广场等外围区域将进行大面积绿化。在公园区主要道路两侧、游人活动区域、人工湖周边等重要区域进行乔、灌木和草地绿化，其他区域将通过市场化运作，以苗圃的方式进行绿化，还将在景区内种植10 000多棵红枫。

第四篇

云南湿地生物多样性

第九章

云南的湿地浮游生物

第一节　浮游生物概述*

1　浮游生物形态结构

浮游生物是水生生物学的主要组成部分，水生生物学是生态学的分支学科，又分为淡水生物学和海洋生物学。本章讨论的是淡水生物学中的浮游生物，简要介绍淡水浮游生物的形态结构、繁殖生长、生态分布、分类，重点介绍云南浮游生物的名录、分布和数量组成及水环境状况，为云南湿地保护、开发利用，如渔业水产、水质监测、水环境保护及相关科研和教学提供基本资料。

1.1　形态和大小

浮游生物一般体型小，肉眼看不见，要在显微镜下观察（光学显微镜的分辨范围 1 ~ 2μm，电子显微镜 0.1 ~ 0.01μm），因此浮游生物是在 17 世纪后半期显微镜发明之后才发现、发展起来的。浮游生物有的种类能够自由游泳，但游浮力不强，一般不能逆水前进；有的种类只能随波逐流，依靠水流、波浪、水体环流被动地移动。浮游生物分为浮游植物和浮游动物两大类。根据体型大小可分 3 种：大型浮游生物，指肉眼看得见的种类；中型浮游生物，指能用网孔 0.064mm 的 25 号筛绢网捞取的种类；小型浮游生物，指能漏过 25 号筛绢网孔的种类，要用采水瓶采集经沉淀或过滤才能采到的种类，又叫微型浮游生物。

浮游生物还可以分为典型浮游生物和偶然性浮游生物。体小型而终生或生活中主要是浮游或漂浮的种类，是典型浮游生物；体小型而着生或栖息在水底其他物体上，经水流冲击和脱落漂浮到水中，在浮游生物标本中经常看到，是偶然性浮游生物，如着生硅藻、绿藻，着生原生动物、底栖轮虫、其他小型无脊椎动物等**。

1.2　生态分布特点

浮游生物地理分布有一定地域性，如西南荡镖水蚤仅分布西南地区，云南很常见；生活习性有寡污性如金藻和耐污性如裸藻的种类；个体数量和生物量，富营养湿地如滇池高，贫营养湿地如泸沽湖低；种类、数量深水湖如抚仙湖都相对少，浅水湖如异龙湖相对多，沿岸带比敞水区相对多，鱼池多，江河、溪流少，山谷水库少，龙潭很少，温泉极少，沙底质比泥底质少；种类、数量有季节变化，一年两个高峰——春、秋季（云南 4 ~ 5、9 ~ 10 月），两个低谷——夏、冬季（云南 7 ~ 8 月、12 月至翌年 1 月）；水平分布不均，有群集性，垂直分布变化明显有分层现象，如深水湖抚仙湖很典型；一般分布在水体上层 10m 深度以内的部分，远多于在 10m 以下的部分，1m 以内又最多。少数浮游植物的种类漂浮水面形成“水花”。

---

* 调查研究时间前后沿续数十年，粗细程度不一，有的很粗放，有的定时、定点、重复采样多次、多年，比较细致、全面。为此，疏漏、粗糙、错误难免。但本文在云南浮游生物调查、研究方面较完整，作为参考资料，可供环境监测、渔业生产、水体生态保护和科研教学参考。

** 本文文字部分主要参考湖泊调查基本知识（饶钦止等，1956），同时尽可能广泛综合其他最新科学成果和论述。

1.3 浮游生物的类群

浮游生物分两大类，本章仅讨论淡水种类。

藻类植物，是淡水植物中低等植物的一部分，本章侧重讨论浮游藻类，也涉及着生和大型藻类，包括了藻类植物的各门——蓝藻门、红藻门、隐藻门、甲藻门、金藻门、黄藻门、硅藻门、褐藻门、裸藻门、绿藻门、轮藻门 11 个门，其中褐藻门云南尚无报道，有待调查、寻找。

浮游动物，包括原生动物、轮虫类、枝角类、桡足类 4 大类群及其他浮游动物。其他浮游动物包括的门类较多，但数量较少，有腔肠动物、扁形动物、线形动物、担轮动物、苔藓动物、节肢动物（包括甲壳纲介形类，蛛形纲水蜘蛛，昆虫纲小形鞘翅目和半翅目的成虫、脉翅目和双翅目幼虫，蜉蝣目和毛翅目幼体，缓步纲水熊、虾苗等）、脊椎动物鱼苗、蝌蚪等。

繁殖方式，浮游生物的藻类植物以细胞分裂、植物体断裂、形成孢子，有性生殖。浮游动物以细胞分裂、有性生殖、单性生殖，而单性生殖在短期内能形成大量个体。

2 浮游生物的分布

2.1 浮游生物与环境的关系

浮游生物大多是构造简单的单细胞或群体，对环境条件变化感应很敏锐，因而不同地域、不同湖泊、同一湖泊不同部分、一年不同季节和月份生长的种类、数量、分布状态是不一样的，分布上有地域性，发生上有时间性，它们对环境监测有良好的指示作用。另外一些种类对环境条件变化有很强的适应性，能分布于全世界或一个大区域、各种类型的湖泊；它们对一年四季各个月份环境变化不敏感，是鱼类重要的饵料基础。

2.2 与其他水生生物的关系

浮游生物与其他水生生物的关系，是食物和栖居关系。在浮游动物与浮游植物的关系中，单细胞浮游藻类是枝角类重要的饵料，微型浮游生物如细菌、单胞藻类等浮游生物网采不到的种类，是原生动物、轮虫等的重要饵料。水生维管束植物多的地方，枝叶氧化分解肥度高，浮游植物增多，氧气多、食物多，提供栖息、附着、产卵、背光、避敌、防浪环境，因而浮游动物多。浮游动物又是鱼类及其他较大型水生动物的天然食料。

抗生素和维生素的关系，有机体包括藻类或其他生物，能分泌物质到环境中去，这些物质能抑制其他种类的形成和发展，有类似抗生素的作用，形成异体对抗。一个物种过多繁殖发展，也分泌一种物质使自身受到限制，停止繁殖发展，从而排除该种生物，形成自体对抗。也有包括藻类的水生物之间的间接影响，如细菌产生生长素和维生素，对总体因素形成综合效应。水华束丝藻能抑制其他浮游植物和浮游动物发展，但又是鱼类丰收的标记。

2.3 浮游生物的水平分布

河流浮游生物种类较多，包含有流域内的一切水体的种类，但数量很少，山溪中数量也很少，多为清水性、寡污性、流水性种类；耕地、城镇区域的小溪、小河中数量较多，且多为喜有机质、耐污性种类；有较大河流水源的湖泊，越接近水源湖泊浮游生物越相似于河流，越远则相似越少。

湖泊浮游生物的种类和数量，浅水部分较深水部分多，且多喜有机质，深水则相反。有维管束植物的水体中，有喜有机质、喜阴种类，但数量少；没有维管束植物的水体中，有喜阳、清洁的种类，且数量较多。湖湾、湖汊相对平静，营养丰富稳定，较湖心种类多，数量多，种类不同。湖心广阔、环境均衡、条件稳定，浮游生物更具代表性。1957 年平均 20m 以上的湖泊如阳宗海、抚仙湖藻类植物种类和数量较少，15m 以下的滇池、异龙湖等较多。鱼池等浅小水体一般浮游生物更丰富一些。

底质为泥底，营养物质多，浮游生物种类数量多，喜有机质的多；沙底，营养少，浮游生物少，清水性种类较多；砾石底中，浮游生物少。浮游动物有群居性，如枝角类和桡足类，晴朗时，常聚集岸边或湖中的某一部分，分布不均匀。

2.4 浮游生物的垂直分布

江河水流上下交流，如澜沧江，浮游生物没有垂直分布或很不明显。湖泊无论深度如何，皆有垂直分布，浅水湖不明显，如滇池；深水湖很明显，如抚仙湖。分布常与日光、温度、溶解气体、溶解物、食物有关。浮游植物蓝藻、绿藻、裸藻、部分甲藻，多分布湖水上层，其中蓝藻又多分布于最上层，比绿藻、裸藻、甲藻更接近水面；硅藻、金藻、黄藻及部分甲藻，多分布下层。近岸表层隐藻、裸藻多。浮游动物中，原生动物肉足纲多栖息水的下层；纤毛纲无一定部位；轮虫、枝角类、桡足类，成虫分布较深，幼虫较浅，枝角类群聚处较桡足类浅。

2.5 影响浮游生物垂直分布的条件

日光，浮游生物一般都有趋光性，但又怕强烈日光，除少数种类漂浮水面外，多在水面下。浮游植物趋向较强光，白天多在上层；浮游动物趋向较弱光，白天多在下层，夜间移向表层。一年四季垂直分布也不同。湖泊 10m 深处光强度仅为水表的 10%，湖泊海洋 100m 深处光强度仅为水表的 1%。

水温，根据水温高低可以将水体分为冷水（0℃、10～14℃），含冷泉、冷地下水、山涧、山区河流上游、寒冷地区水体；温水（15～25℃），含大多数水体；热水（25℃以上），含温泉。水温受气温影响，一年中水温的转变，影响了浮游生物垂直分布相应改变，如深水湖泊，夏季有分层现象，表层水温远较变温层以下为高，轮虫类、枝角类、桡足类多分布表层。一天中表层水温变化更大，有运动能力的浮游动物，随水温转变而上下移动。水温影响水的密度，进而影响浮力，影响浮游生物漂浮的深度。

食物，浮游动物以浮游植物为食，常伴随浮游植物分布，腐生性种类多分布水底食湖底腐败有机物。环境条件影响浮游植物多少，连锁影响浮游动物多少。

溶氧和溶解物，分层现象在浅水湖一般不明显，深水湖如抚仙湖、阳宗海、泸沽湖明显，影响浮游生物垂直分布。

浮游生物本身，结构、比重、年龄、习性都影响垂直分布。比重大、成熟个体，尤其是浮游动物，多在下层；具伪空胞的蓝藻在最表层；薄皮蚤畏强光，白天到水底，夜里到表层。在风、雨、洪水、水温等的影响下，浮游生物的水平、垂直分布时常都发生变化。

2.6 浮游生物的季节变化

在一年四季中，各个地方、各种湿地，环境条件循着一定规律变化，某个或几个季节环境条件对某些浮游动物适宜，对另一些不适宜，因此一些新种类出现，一些旧种类消失，某些种类多，另一些种类少，甚至一些种类出现形态上的季节变化，各年的变化也不尽完全相同。

2.6.1 种类的季节变化

各个季节水温等条件不同，浮游生物出现种类和种类多少不同，寒冷季节，入秋以后，喜温的种类多进入休眠状态，不休眠的种类数目减少。耐寒的种类存留或新发生但数目少，故总种数下降。如浮游植物中，细胞裸出、壁不发达、主色素为叶绿素或蓝藻素、腐生性的种类，即裸藻、衣藻、隐藻等多半冬季休眠。又如浮游动物中，冬季原生动物种类少，轮虫、枝角类、桡足类虽然终年存在，冬季仍少。在温暖季节，常见的种类中，有些是周期性出现，出现次数、时间长短各不相同，如黄群藻、棕鞭藻、隐藻、蓝隐藻等属的一些种类。有些出现时间很短，几天突然发生又突然消失，如裸甲藻、薄甲藻、半沟甲藻、黄团藻、变形金藻、双棘硅藻、四棘硅藻等属的一些种类。

2.6.2 数量的季节变化

浮游生物数量季节变化，包括各个种、各大类群、全体种类的总和有一定的规律性。

单个物种的数量，每一个种生长繁殖习性、时间、条件、能力、次数、长短各不同，在一年里，湿地中各种之间呈现出错综混杂、此起彼伏的数量多少和数量比例变动现象。

各大类群的数量，其中各个种生长繁殖有个性，也有共性，大多数蓝藻的色素耐高温，喜欢高温中生长，夏末秋初最多。绿藻、裸藻的色素也喜较高温，但远不及蓝藻，春秋两季水温较高月份繁殖最快。金藻、黄藻、多数甲藻、大部分硅藻的色素适合较低水温，春秋两季较冷月份最多，部分硅藻冬季产量也大。多数鞭毛藻，如团藻、隐藻、金藻、甲藻、裸藻、蓝藻的一些属种，喜生长在有机质丰富的水体，在较温暖月份，有机物分解旺盛，才多起来。但是，在某大类或同一属种类，习性并不是所有都相同，如硅藻多数春秋两季最多，但有一些种类个性独特，反而春秋两季最少，其中一些夏季最多，另一些冬季最多。甲藻一般春秋两季为多，但裸甲藻、薄甲藻的一些种类，却夏季大量出现。

总类群的数量变动，浮游植物季节变化最明显，而浮游动物则不然，轮虫一些种类、剑水蚤、镖水蚤、枝角类等一些种类，一年四季数量差别不很大。春季和秋季，湖水循环、养料分布均匀、水温适宜，浮游生物最多。春季，生命活力比秋季更旺盛，浮游生物数量比秋季多。夏季条件比冬季适合，数量比冬季多。在一般情况下，浮游生物春季最多，秋季次之，夏季又次之，冬季最少。但在不同地区、不同深度、不同类型的湿地各有一定规律。

深水湖，春季、秋季湖水循环完全，夏季、冬季不完全，规律性明显——春多、秋少、夏再少、冬最少。

浅水湖，一年四季湖水循环完全，浮游生物数量多，其中相对——春最多，夏多，秋多，冬低。浅水湖易受气温、风、雨等骤冷骤热反常影响，浮游生物种、种类、数量也常有反常现象。

一年中，微小浮游生物总产量，比大型、中型浮游生物总产量大，季节变动更明显。

2.6.3 形态的季节变化

有些浮游生物，特别是周年存在的种类，形态上常会发生季节性变异，一般有夏型和冬型，如浮游植物角甲藻底角数目有 3 角和 2 角的增减变异；春夏浮游动物龟甲轮虫有刺变无刺，或无刺变有刺；长刺溞冬季头部光滑低圆，入夏水温渐高，在繁殖过程中一代一代渐渐头部变高变尖；象鼻溞冬季背腹距离近，夏季随水温升高，背部隆起、背腹距离远，吻部伸长，鉴别时如不注意，常会当成不同的种类。

2.7 湿地是浮游生物生存的基础

2.7.1 优良湿地基本条件

综上所述，湿地环境是浮游生物生存的基础，而浮游生物良好生存条件，基本应具备阳光、温度、营养、水质和水源、底质、水深、水草、周边等环境——①浅水、小湖，湖泊在 10m 以内，最好 5m 左右，这样水循环好，养料分布均匀。从生物多样性讲，有 0 ~ 5m，有深有浅最好。湖面不太大，几平方千米至几十平方千米较好，从湖边到湖心水体均匀，生物多样丰富，生命力旺盛。②适量水草。从渔业讲，湖里无维管束植物降低营养耗费，光照好，循环好，浮游生物繁盛；从环境讲，水草调节养分，增进小生境多样性，增进浮游生物多样性。③泥底优于沙底。底泥中有营养物质，逐渐释放，但湖底应没有或少有腐殖质。④湖周或沿河有适量村庄和耕地环绕，肥尾水能补充营养物质，但又不能过多。⑤硬水微碱。一般微碱性比酸性湖水的生物生产性能要高一些。⑥水静或微微缓流，没有大的低温、瘦山水、泥沙流入降温、稀释或填埋。⑦没有过多人为干扰。⑧没有大城镇或大厂矿，入注污水、肥水不超量，水体能自然自净，保持良好生态平衡（饶钦止等，1956）。

2.7.2 云南湿地主要特点

云南湿地具有的主要特点为浮游生物的多样性和生存创造了条件——①地理环境多样，地处高原，环境、地形、气候多样，四季分明，基本不结冰。②湖泊湿地类型多样，有断陷湖、构造湖，水深；有冲积湖，水浅；底平坦，淤泥厚，有机质丰富。③表底温差不明显，少数深水湖温差大，多数浅水湖无温差。④河流湿地类型多样，六大水系多样复杂，形成大小河网如树根，急缓不同，河床生态多样，山高林密，水质一般较好。⑤硬水微碱性，多数富营养，少数贫营养。⑥水生植物丰富，深水湖在湖周，浅水湖布满全湖。⑦浮游生物丰富，是生物王国的组成之一。

2.8 研究浮游生物的意义

藻类植物和浮游动物是湿地生态系统的重要组成部分，研究湿地浮游生物基本种群生态资料，有利于了解湿地原始生物本底组成及变动，有利于发展水利及水产养殖事业，有利于湿地环境监测及保护治理，有利于湿地科学研究和教学实习，资料积累，总体有利于长远规划、资源利用及持续发展。

3 浮游生物的研究方法

3.1 资料来源

藻类植物，以收集参考他人资料为主，以作者资料为辅。浮游动物，基本是作者第一手资料，收集参考他人资料较少。

3.2 标本采集

浮游动物定性标本采样，一般每湖、每河、每次3～10个点，定量水样和少数底泥样只限于河内、湖内样点；定性水样除河内、湖内的外，往往还随机采集沿岸及周围沟渠、水洼等可能的一切水体，范围涉及云南广大地区。

以13号（网孔0.112mm）、15号（网孔0.094mm）和25号（网孔0.064mm）浮游生物网，采集定性的鲜活及固定水样，常常以13、15号网采集枝角类和桡足类，25号网采集原生动物和轮虫。

浮游动物定量标本采集，用1000～2000mL采水瓶采集定量水样，用3%～5%甲醛固定，在1000mL玻璃瓶中，静置24小时以上，第一步浓缩为100～120mL，然后放入120～150mL的玻璃瓶，再静置24小时以上，第二步再浓缩为30mL。之后以0.1mL记数框，在10×10以上显微镜下计数原生动物和轮虫类；以1.0mL记数框，在4×10以上显微镜下计数枝角类和桡足类，以及其他浮游动物，0.1mL和1.0mL各计数1～3片。在显微镜下可以用反光描绘器绘图或拍显微镜照片，或通过电脑观察和记录影像。一般定量采0.5m以内水层深度，根据不同要求有的还从底到表分层采样；定性一般采到1.5m以内水层深度，有少数情况用浮游生物网，在深水湖从水底拉涝到水表，有的还观察水草或周丛生物浸洗液。

藻类植物定性、定量标本采样、计数方法与浮游动物基本类同。浮游藻类一般用25号浮游生物网采集，固定除甲醛外有时用碘液。许多情况下，浮游藻类与浮游动物标本水样共用，但一般藻类计数只用0.1mL计数框，不用1.0mL计数框。漂浮藻类，如水绵块、“青苔”块，用手、用水网、用镊子采集。着生藻类，如刚毛藻、轮藻等，用手、用剪、用镊子、用刀刮采集。

3.3 分类系统

浮游植物：主要参照中国淡水藻类（胡鸿钧等，1980，2006）及有关淡水藻志。还有其他资料（如B·福迪，1980；钱澄宇，1964；钱澄宇等，1981，1984，1985；陈嘉佑等，1985；邓新晏等，1987，1988；王若南等，1987，1988；董云仙，1989）。

浮游动物：原生动物主要参照西藏水生无脊椎动物（蒋燮治等，1983），轮虫类参照中国淡水轮虫志（王家楫，1961；李长江等，1983；董云仙，2003），枝角类参照中国淡水枝角类志（蒋燮治等，1979），桡足类参照中国淡水桡足类志（沈嘉瑞等，1979，1964，1964），其他浮游动物主要参照无脊椎动物学（南京师范学院生物系，1961；刘凌云等，1997；南开大学等，1980）。还有其他资料（如张玺等，1943；沈韫芬等，1990；云南水产所，1981，1981；李英南等，2000；彭琼英，1995；王忠泽，1985，1988，1993，1997；王忠泽等，2000）。

第二节 浮游植物

1 浮游植物概述

1.1 藻类形态结构

浮游植物理论上应包括细菌、藻菌植物、藻类，但在一般水生生物调查中，细菌、藻菌植物不含其中，本节重点介绍藻类。浮游植物生活在各种湿地中，一部分浮游水中，是真性浮游种类，另一部分附着在其他物体上，能脱落成偶然性浮游生物。

藻类形态多种多样，有单细胞、群体或多细胞体，分支或不分支丝状体。浮游种类，多为单细胞，肉眼看不到，主要可分为3大类：小浮游藻类大小约50~500μm；微浮游藻类小于50μm；超微浮游藻类又称微藻，与细菌一样大小，一般为很小微观藻类，最小的只有3~10μm。藻体细胞一般是球形、椭圆形、卵形、圆柱形、纺锤形、双锥形、多角形、纤维形、丝状、树枝状、片状和不规则团块状等；有些扁平而成四方形、三角形、圆形、椭圆形；有的中部缢缩成上下半细胞。

藻体的形态、细胞数目、排列方式、细胞间关系，以及下述的色素类别、内含物、生殖方式等都是分类的重要依据。

藻类细胞分为细胞壁、原生质和细胞核3部分。

细胞壁：由原生质分泌形成，一般明显，坚韧，使细胞有一定形状。但有些壁薄，与胞质分不开。裸藻、少数甲藻和金藻无壁，可变形，仅有一层原生质特化的表质而藻体裸出。绿藻、轮藻、蓝藻、甲藻、金藻和黄藻细胞壁的成分主要有纤维质和果胶质。绿藻门及其他具纤维质细胞壁的种类，外层果胶质、内层纤维质。硅藻门外层硅质、内层果胶质。黄藻门一些种类胞壁为果胶质。褐藻和红藻胞壁主要为藻胶，褐藻为褐藻胶，红藻为琼胶类、卡拉胶或海萝胶。有些藻类如囊裸藻还有细胞壁状的囊壳，囊壳无纤维质，常有钙或铁化合物的沉积，呈黄色、棕色、棕红色。细胞壁一般平滑，但有的也有多种多样花纹、突起、刺、棘等，这些结构增加浮力，对藻体浮游生活有特殊意义。

原生质和细胞核：藻类细胞膜内为原生质或称细胞质。原生质内有细胞核。蓝藻门进化比较低等，无细胞核，核物质分散于细胞质中，叫原核生物。胞核主要成分脱氧核糖核酸（DNA）位于中心部位，不具核膜。其他各门藻类都有细胞核，叫真核生物。细胞核具核膜，内含核仁和染色质。胞核大多球形，也有椭圆形及其他形状。大多数藻类细胞有1个细胞核，少数种类有多个，叫多核体。

色素和色素体：原生质内有色素、色素体、造粉核和同化产物等。依种不同，有不同的色素及色素组合，使藻类呈现不同的颜色，如绿藻门鲜绿色、金藻门金黄色、蓝藻门多蓝绿色。主要色素有4类：叶绿素、叶黄素、胡萝卜素和藻胆素。所有具色藻类都有叶绿素α、β-胡萝卜素（隐藻门例外）。藻胆素只在蓝藻、红藻及隐藻类存在。色素体是一种含色素的蛋白质体，色素均在色素体内，色素体的形态、数目、位置为分类依据之一。

同化产物：细胞内同化产物，大多数藻类的同化产物为淀粉或淀粉类似物。因各门藻类色素不同而光合作用的同化产物也不同，为重要分类依据之一，如蓝藻门为蓝藻淀粉，裸藻门为副淀粉（裸藻淀粉），黄藻门以脂肪为主还有白糖素，硅藻门也以脂肪为主还有异染小粒，金藻门为白糖素（金藻糖）和脂肪，甲藻门为淀粉和油，褐藻为褐藻淀粉和甘露醇，红藻为红藻淀粉，绿藻门和轮藻与高等植物一样为淀粉。少数无色素的鞭毛藻类，也有制造这些同化产物的能力。

在色素体内或色素体外，多有蛋白核（淀粉核、造粉核），中心为蛋白质体，外面有的有淀粉鞘，有的褐藻蛋白核无鞘，有的有副淀粉鞘。蛋白核形态、数目、位置也为分类依据之一。

同化产物对鲁哥氏液有一定反应，如蓝藻淀粉变为淡红褐色，淀粉变为暗紫色至黑色，淀粉鞘变为暗紫色至黑色，细胞核成为淡黄褐色，色素体成为褐色或淡灰黑色。其他副淀粉、脂肪、白糖素和蛋白核经鲁哥氏液处理后，本身不变色，但也有其特点：脂肪非常光亮、透明、带黄色、正圆小球形；白糖素光亮、不透明、带白色、球形小体；副淀粉也是光亮、不透明、带白色，但少有球形小体，而多是较大的棒状、盘状、椭圆及环状。

运动类型藻体，常有鞭毛、眼点、伸缩泡、胞口、胞咽等胞器。鞭毛数目、长短、部位、方向因种而不同。

1.2 藻类繁殖

藻类繁殖能力一般很强，繁殖方式有3种：营养生殖、无性生殖和有性生殖。

营养生殖：很普遍，是一种不通过任何生殖细胞（动孢子、不动孢子、配子等）的生殖方式。有细胞分裂，一个细胞质、细胞壁均分为二。植物体断裂，群体或多细胞体，断裂成较小的群体或多细胞体，这种方式能十分迅速增加个体。

无性生殖：是经过产生不同类型的无性孢子进行。孢子繁殖，如内生孢子，孢子形成在原细胞内进行，一个母细胞内形成2、4、8、16、32、64……2n个小细胞，即孢子，孢子离开母细胞后即成新个体。每个母细胞一般产生多数（多为2的倍数）的孢子。孢子的类型很多：①动孢子（游泳孢子），细胞裸露、有鞭毛、能运动；②不动孢子（静孢子），有胞壁、无鞭毛、不能运动，形态结构和母细胞相似的叫似亲孢子；胞壁极厚的叫厚壁孢子；③原膜孢子，环境不适宜时，有些藻类细胞壁增厚，休眠一段时期，条件好转又活动起来；④休眠胞子，环境不适宜时，有些藻类细胞内另生被膜，休眠一段时期，条件好转又活动起来；此外，还有微孢子、4分孢子、外生孢子等。

有性生殖：由2个配子结合为1个合子，一般经休眠后再萌发成1个或2个以上新个体。有性生殖不经常，一般在若干次无性生殖后，或环境不良时进行。有性生殖个体增加缓慢，有许多藻类还未发现有性生殖，如蓝藻、裸藻等。雌、雄配子形成合子的有性生殖，有4种类型：①同配生殖，雌、雄配子的形态和大小完全相同；②异配生殖，雌、雄配子的形态相似而大小不同，大为雌、小为雄；③卵配生殖，雌、雄配子的形态和大小都不同，卵（雌配子）较大、不能运动，精子（雄配子）小、能运动；④结合生殖，由2个细胞生成结合管相结合，或细胞壁结合，胞壁溶化，2个细胞原生质结合成合子。

1.3 藻类生态分布

藻类在地球上分布极广，种系发生上是最古老的生物，从赤道到极地，从海洋到江河、湖泊、池塘、沟渠的各种大小水体，还有潮湿的土表、墙壁、树干、树叶、高山、岩石甚至沙漠，无所不在。有些营共生生活，如地衣就是藻类和菌类的共生体。少数寄生在植物叶片上、兽类毛皮上，或甲壳类、鱼类等水生动物体内。

藻类生态类型：藻类的生长和生存，要有适合的环境，种类、习性不同，要求的环境也不同，受环境条件制约，环境多样而适宜，藻类种类多，数量也多。

藻类有湖泊浮游种类、近岸种类，山溪种类；还有腐生性种类，是耐污、耐肥、富营养湖泊典型指示种，如裸藻；有对污染敏感的清洁种类，如奥杜藻。有的为广布种类。有的有地方特点，成为地方特有种，如我国特有的绿藻门空盘藻属和红藻门的稀有种中华鱼子菜。根据藻类生活条件和生长地域环境，可分为11个类型：浮游藻类、漂浮藻类、底栖藻类、流水藻类、气生藻类、土壤藻类、温泉藻类、冰雪藻类、咸水藻类、附生藻类、共生寄生藻类（B. 福迪，1980）。

藻类的变化：有关云南湿地变迁，藻类植物过去和现在的种类、数量组成变化情况，大致表现为：①过去有的种类，现在消失；②过去没有的种类，现在出现；③过去个体多的种类，现在减少；④过去个体少的种类，现在多。

藻类植物变化的基本原因：①水面减小；②水体污染；③鱼类放养；④人为活动；⑤年度与季节水温变化。

1.4 藻类经济意义

生态作用：①初级生产者。藻类植物是一类种类多、数量大、分布广的低等植物，对环境物质循环有深刻影响，是水体中最重要的初级生产者，海藻在热带或亚热带每日生产有机碳 0.05 ~ 0.5g/m^2。海藻每年生产有机碳 1350 × 10^8t，是陆地高等植物生产的 8 倍多，但仅有 0.01% 被海洋鱼类利用。富营养湖泊 C_{14}测定浮游藻类生物量每年生产 2000 ~ 6000kg/hm^2。②氧气的供给者。藻类不仅是水体中氧气的生产者，也是大气中氧的极其重要的供给者。③有些大型藻类还有为水生动物提供栖息、隐蔽和产卵场所的作用，如轮藻、刚毛藻。藻类培养将可以为星际空间飞行作为氧气、食物供给循环系统的原始生产者，如有可能在月球站、火星站、星际飞船使用，其体积只为高等植物的 1/1000。但前些年美国密闭的人工生态系统试验，未达预期目的，还有很长探索之路。

先锋生物：藻类还是生物的开路先锋，在无机矿物基质上，首先入境居住，如蓝藻，形成有机物，为后来的生物生存打下基础，并有土壤形成，防止土壤侵蚀、流失的作用，具有重要的自然生态意义。大型海藻、淡水藻类代谢产物对其他生物都有抑制生长或刺激生长的效应，对藻类和其他水生生物也起作用，因而藻类对自然界生物的发生、发展、相互竞争，对藻类自身的大量出现或消失有重要的自然调控意义。

固氮作用：大气中的氮绝大多数生物不能利用，而固氮细菌和固淡蓝藻每年固定 1.7 × 10^8t 氮。蓝藻门有些种类有固氮能力，是氮肥源新途径。

肥料：有报道，可培养固淡蓝藻为水稻增氮肥。高浓度藻水可抽提灌田、灌果园、灌林地，蓝藻水华可作堆肥，轮藻可作肥料，海藻可作肥料的规模更大。

饵料：藻类是食物链的第一环节，是浮游动物、虾类、鱼类等水生动物的直接或间接食物。已有人培养菱形藻等作为贝类、虾类饵料。

饲料：化学分析表明，藻类植物中蛋白质、脂肪、灰分的含量，几乎与好的牧草一样，易于消化吸收，是优于水生维管束植物的优质食料。也可培养菱形藻等作为家畜饲料。小球藻和栅藻与农作物一样，自然条件下光合作用阳光利用率适中数为 0.5% ~1%，人工条件可达 4% ~7%，实验室可达 25%，估计可达到比农作物高出 5 ~ 10 倍的产量。估计实验条件下每年产量干重 100t/hm^2。自然气候条件下每天产干重 8 ~ 20g/m^2。在温暖干燥的沙漠地区利用地下水培养藻类较有可能，但直到现在，藻类培养，尤其是微小藻类大量培养技术未解决，还不能达到简单、适用、经济。

食用：有人培养单细胞的小球藻作为食物蛋白质来源，云南大学生物系 20 世纪 60 年代初在钱澄宇指导下做过培养。小球藻属的种类依生活条件，以干物质计：蛋白质 8% ~88%，碳水化合物 5% ~ 38%，脂肪 4% ~85%。斜生栅藻干物质中：维生素 B 238μg/g，泛酸 12μg/g，烟硷酸 72μg/g 和其他物质。藻类中的蛋白质和脂肪含量与培养基质有关，可以调控。藻类中蛋白质含量比小麦的 12%、大豆 48%、酵母 48% 都高。绿藻溪菜属 *Prasiola* 可食用。蓝藻含高营养价值的蛋白质，螺旋藻有医疗保健价值，蓝藻的葛仙米、发菜可供食用。

医药用：藻类很早被用做药材，有的海藻是有效的治蛔虫药。有的还显示有抗病毒作用。大型海藻提取物对细菌有抗生作用。从海藻提取药物，如海藻胶用于腹泻和痢疾，第一次世界大战时医治战地毒气灼伤喉咙。琼胶有效的通便作用，是药丸、栓塞、药膏、绷带的胶合剂。海藻胶酸盐不易被胃液消化，可制肠溶衣药丸，处制的棉花能止血。蛋白纤维丝用于可吸收的外科手术缝合材料，钙质蛋白纤维夹板可用于体内骨折固定。海藻的藻朊酸有强度的膨胀性，在胃里有填充作用，减少饥饿感，降低食欲，可制成理想减肥食品。利用其膨胀和能分解的特性，用于制作痔疮栓塞。有些可提取抗凝血药，对肝出血有效。淡水藻类提取物对其他生物有抑制生长或刺激生长的效应，有些显示对细菌有抗生作用。绿藻溪菜属 *Prasiola* 也具有药用价值。硅藻类在法医学上也有一定应用。

有些鞭毛藻类和原生动物如草履虫及四膜虫，纯培养中对生长物质维生素的数量反应敏感而精确，维生素的多少又可根据鞭毛藻类和原生动物的生长曲线来确定，这样，人的血液、尿液、脑脊髓液等体液中的维生素 B_{12}和 B_1、癌形成物质的细胞毒性试验、各种不同药剂的实验，都可以用鞭毛藻类和原生动物做定性、定量试验。

工业原料：海藻是海藻工业的原料来源。刚毛藻属等能造纸，制丁醇、乙醇、丙酮，用作动力燃料，是人们的长远期待。硅藻土为古代硅藻沉积矿化，化学式 SiO_2 是轻、脆、疏松的多孔材料，用做液体吸附剂，食品工业纯净油脂或蜜糖的过滤材料，用做沉清水质过滤器的填充物。大理洱海边污水处理工艺中就大量利用硅藻土。硅藻土多孔性，不传热，比石棉更耐高温，被用做隔热材料。

指示生物：根据自然界水体自净现象，从污染到净化过程中的物理、化学、生物学等特性，将水体分为：多污带、α－中污带、β－中污带、寡污带 4 个级别。又根据各种生物对环境要求不一，某种生物只有在某一环境中才能生长，因而这种生物就成了这一环境的指示生物。许多生物是世界性的种类，适应范围很广，但是最适合的生长范围还是比较狭窄，因此有的常见种类很可能出现在 3 个或 4 个级别的污带水体，但是数量上是某 1 个或 2 个级别的污带水体最多。指示生物能简化说明复杂的水体生态状况，但还有不足，只能起辅助理化分析的第 2 位作用。

藻类植物在低营养、低光照、低温下能生存，但不同种类仍需一定的生态条件，因而藻类又是环境监测重要指示生物，是水体环境状况优劣的简明指标。例如，利用藻类个体数量评价湖泊营养类型：$0 \sim 30 \times 10^4$ 个/L 为贫营养型，$30 \sim 100 \times 10^4$ 个/L 为中营养型，100×10^4 个/L 以上为富营养型（董云仙，1989）。绿藻商（绿球藻—鼓藻商）为绿球藻类种数与鼓藻类种数的比值，商值为 1 表明绿球藻种的数目与鼓藻类种的数目相等；商值 0 ~ 1 为贫营养型；1 ~ 5 为富营养型；5 ~ 15 为重富营养型（沈韫芬等，1990）；商值大于 1 表示富营养；商值小于 1 表示贫营养。藻类多少影响水的质量和利用。

水体自净：生活及工农业污染物进入水体造成水体污染，破坏水理化性质，破坏水生物资源，危害人体健康。但是，污染的水体在自然界物理、化学、生物等的沉降、挥发、渗透、吸附、氧化、还原、分解、吸收、吞噬、消化、光合作用等过程中，转化了污染物的性质，减少了污染物的数量，甚至将污染物转变成有用物质，使水体得到净化，其中生物能在水体自然净化中起相当重要的作用，藻类是起重要作用的一大类群。

水体污染自然净化速度缓慢，用人工装置加速自净过程，这就是污水处理。同样，生物在污水处理中得到广范应用，藻类也是重要类群。污水生物处理具有成本低、效果好的优点，在保护水源、减轻污染、造福人类中有重要作用。生物处理废水有氧化塘法、活性污泥法、生物过滤法 3 种方法。生物过滤法又有普通生物过滤池、高负荷生物滤池、塔式生物滤池、生物转盘等，结构不同但原理一样。

地质探矿：淡水和咸水湖的藻类参与石油和煤的形成，变为可燃性的生物石，化石藻类在地质石油探矿上有一定作用，硅藻土地质地层时常含有石油，受到重视。

总之，淡水藻类对工业、农业、水产、地质、环保、医药等都意义重大，随着科学技术发展，藻类将对人类更有开发利用价值。

藻类的危害：一些藻类植物也给养殖业带来危害。藻类植物的种类组成、数量多少及分布状况，直接影响着水产养殖事业的发展。水网藻等丝状藻类紧密而紊乱的藻丝挂留鱼苗；丝状藻类生长期长、分解慢，夺取水体营养，水即变清瘦，没有微小浮游生物；丝状藻类使氧气增加，但引起氢离子浓度偏向碱性，大于 pH10，对鱼不利；鱼池蓝藻水华，引起缺氧，引起鱼类死亡；蓝藻常常对鱼类、鸟类、兽类产生有毒害的毒素，以致引起人类生病，如铜绿微囊藻、水华鱼腥藻、水华束丝藻等都有毒素。蓝藻水华治理已成世界性难题，滇池也不例外。丝状藻类还会阻塞鱼网。海洋的赤潮，能覆盖几千千米海面，能使近岸浅水缺氧导致鱼贝死亡。据报道，美国 1971 年佛罗里达州大规模赤潮，估计毒死鱼22 700t。同时赤潮的藻类有种使人致死的病毒，贝类吃藻转移到贝类，人吃贝类而感染致死。小丽腰鞭藻 *Gonyaulax calenella* 中含 1 种神经毒素，甲壳类食了无害，可储存其体内，人和其他动物食了甲壳类则中毒。

1.5 云南藻类研究历史

云南藻类植物种类繁多，资源十分丰富。云南是动、植物王国，同样也是藻类王国。早期，饶钦止、李良庆、Skuja、黎尚豪、钱澄宇、陈嘉佑、韩福山等对云南藻类进行过调查研究，发表了一些资料。1913～1918 年，奥地利植物学家 Handel－Mazzatti，到滇西北、川西南采集标本，1937 年由 H. Skuja 鉴定发表藻类 724 种，其中绿藻 182 种，蓝藻 174 种。1939 年，李良庆报道滇西北、西南和西康南部藻类 315 种，其中绿藻 227 种。中国科学院武汉水生生物研究所 1957 年采集了云南湖泊标本，1962 年由黎尚豪做了优势种类的部分报道。另外，还有国内、外其他一些藻类植物专业工作者，也对云南做过不同规模、不同深度的调查研究。论及云南藻类植物，其中重要、集中的有施之新、魏印心等 1994 年发表的西南地区藻类资源考察专辑。国内一批淡水藻类志经典，也都论及云南藻类并在其中占有重要分量。省内邓新晏、王若南、许继宏、董云仙等进行了更广泛、长期的调查研究，提供了比较系统、完整、丰富的资料，其研究还在继续，更多资料尚待发表。此外，省、市、部分地（州）水产和环保部门结合工作需要，不同程度地做了调查。

2 淡水藻类简介

藻类植物又叫叶状体植物、裂殖植物、孢子植物。藻类共分 11 门。

2.1 蓝藻门 CYANOPHYTA

2.1.1 形态结构

对蓝藻细胞的形态结构观察研究，20 世纪 50 年代之前一般用光学显微镜，自 60 年代以后用电子显微镜。单细胞、丝状群体、非丝状群体为无色素体，色素均匀分散周围细胞质中，有叶绿素 α、胡萝卜素及两种特殊的叶黄素 α，此外，还有藻胆素（藻蓝素及藻红素），细胞呈蓝色或蓝绿色。同化产物蓝藻淀粉、藻青素颗粒体。无真正细胞核。胞壁 2 层，内层纤维质膜薄而坚固，外层果胶质衣鞘有一定厚度。细胞质分两部分：中央区是初级细胞核，只有核质，无核仁和核膜，具有含核酸的微小颗粒体，含贮藏食物和染色质的微小颗粒体；色素区在中央区周围，含有各种色素、各种微小的细胞器及蓝藻淀粉、假空泡等。营养细胞、生殖细胞无鞭毛。生殖为细胞分裂、连锁体、孢子，无有性生殖。

单细胞形态有球形、卵形、椭圆形、圆柱形、楔形、茄形、纤维形等。细胞单独存在。非丝状群体形成片状、团块状、中空球形、立方形、规则或不规则形，细胞数目 2、4、数十、数百以上。分支、不分支丝状群体，由成列细胞组成，细胞盘形、圆盘形、圆桶形，仅从一个面分裂。没有多细胞体。纤维质膜细胞壁内层，经浓蚁醛固定，不与原生质膜分离。果胶质壁外层一般很稠密，相当均厚，有明显层理，有一定形态结构。有些种类，果胶质壁外层没有层理，吸水后成为胶样，含水度极高，不易看出，称胶被（单细胞或群体外围），但含水量少时明显易见。如果成坚硬皮样，称胶鞘（丝状体外围）。在球形、板状、块状群体，各个体胶被常彼此溶为一个整体的、群体的胶被，胶被中有时具有棕色、红色、灰色、紫色等非光合作用色素。有些种类，除群体胶被外，还有个体胶被。丝状体以纤维质内壁相连。果胶质外壁，形成管状鞘包，被整个丝状体外，有群体的特点，与其他丝状体藻类不同。有的丝状蓝藻的鞘也溶成胶质。

同化产物除了蓝藻淀粉外还有一种蛋白质颗粒，叫蓝藻粒体。浮游种类多有伪空泡，内为气泡，有上浮作用，显微镜下为不规则、红黑色泡体。部分丝状体中，有一种变了形的营养细胞的变态细胞，透明、壁特厚、无原生质、端位或间位、与相邻细胞连接处生有向胞壁里突出的瘤状小体，即连接处胞壁钮状增厚（极节球），这种厚壁细胞叫异形胞，常生长一定位置，是分类依据。

2.1.2 繁殖

蓝藻门的繁殖方式最简单，没有有性生殖，没有具鞭毛的生殖细胞，营养繁殖以细胞分裂为主，还有藻体机械破碎。无性孢子繁殖，有内生孢子、外生孢子、厚壁孢子、异形胞，还有藻殖段、藻殖孢等。细胞分裂在不同种类有 1、2、3 个不同方向（即水平、垂直、斜向），形成各式各样群体。非丝状体种类靠细胞分裂，分裂后的细胞留在胶被内，形成群体，而群体增殖靠增大后受外力碎裂。丝状体种类增殖，靠细胞列的部分细胞从母植物体断裂和藻殖段（连锁体）形成。藻殖段：由 2 个营养细胞之间生出胶质隔片（凹面体），或由间生的异形胞，在藻丝上分隔出由少数或多数细胞相连组成的一小段藻丝，或若干小段藻丝，无胶质鞘，即为藻殖段，滑动离开母株后发育成新藻株。藻殖孢：是一小段藻丝，与藻殖段的不同，在于外部具有厚而有层理的胶质鞘包围着，不能运动。厚壁孢子：浮游种类普通细胞增大、贮藏养料、胞壁增厚，生长一定部位，与普通细胞易区别，叫厚壁孢子（原膜孢子、休眠孢子），多出现在丝状种类，单独形成，或几个细胞相连发育成一窜，在不良环境中还能在自身胞壁外产生3层宽厚的包被，生命力极强，贮藏70年能萌发。厚壁孢子的有无及形态、数目、位置为分类依据。异形胞：一般认为是无生殖功能的孢子或孢子囊，初级功能是有的丝状种类常在异形胞处断裂，有益于增殖。内生孢子和外生孢子只在部分种类发生，不很普遍。内生孢子：母细胞原生质体经多次分裂产生多数内生孢子，母细胞壁破裂散放出内生孢子，萌发成新个体，如果皮藻属。外生孢子：母细胞顶端自上而下分裂出一个或成窜的球形小细胞，即外生孢子，逸出后发育成新个体，如管孢藻属。

2.1.3 生态分布

蓝藻是一门古老的生物，34亿年前的前寒武纪就已出现。蓝藻适应性很强，广泛分布于海水、盐泽、淡水、湿地、岩石、洞穴、树干、屋顶、沙漠、高山冰雪、极地、74～85℃高温温泉，是开拓地上最早的先锋生物。主要分布在淡水各种水体，是淡水中重要的浮游植物，少数种类在海水。蓝藻习性：喜欢较高温度、含氮多、有机质丰富、碱性水体。在温暖地区、夏季、秋初、湖表层、近岸区、浅小湖较多。常常由于有气泡比水轻聚集水表面形成“水华”。形成水华的主要种类有：微囊藻（微胞藻）、束丝藻、鱼腥藻（项圈藻）、拟项圈藻、螺旋藻、节旋藻、节球藻、腔球藻、尖头藻、颤藻、片藻、席藻等十多属。云南主要是微囊藻、束丝藻和鱼腥藻。蓝藻还能和动、植物共生，如与满江红、苏铁及淡水根足类共生。

2.1.4 经济意义

蓝藻门有些种类具有固氮酶，有固氮能力，是一种有前途的氮肥源新途径，效果胜过化肥，如印度的稻田用蓝藻固定大量氮，日本的稻田接种蓝藻来增氮。满江红植物体空穴中特别生活有鱼腥藻，稻田接种满江红可固定氮约8.5kg/亩。淡水蓝藻有的能形成巨大的胶状藻体，可以食用，如念珠藻属的葛仙米 *Nostoc sphaericum*、地木耳（普通念珠藻）*Nostoc commune* 生于潮湿土壤上，在香格里拉县有此类。发菜（发状念珠藻）*Nostoc commune* var. *flagelliforme* 生于旱草地，在我国陕北有此类，都可供食用，为东南亚国家珍贵食品。报载近年陕北地区大量挖采导致草原破坏，引起有关方面关注。在云南利用程海水培养螺旋藻被开发成颇具规模的保健品产业。蓝藻作为家鱼饵料，以往认为不能消化利用，最新评价认为可以吸收利用。

蓝藻生长较多会妨碍其他浮游生物生长。天气酷热时微囊藻、鱼腥藻等生长过多，形成一层密集的絮状物，叫水华，夜间使溶氧降低，使鱼浮头。蓝藻死后分解出蓝藻藻毒素，使鱼虾、贝类致病或死亡，甚至影响人类健康。蓝藻的许多种类对水质敏感，是水体污染的重要指示生物，如水华鱼腥藻 *Anabaena flos-aquae*（Lyngh.）Breb. 是寡污特征；水华束丝藻 *Aphanizomenon flos-aquae*（L.）Ralfs.、大颤藻 *Oscillatoria princeps* Vauch、小颤藻 *Oscillatoria tenuis* Ag. 属中污水性；方胞螺旋藻 *Spirulina jenneri* Geitl. 有过度性多污水带特征。蓝藻水华污染是世界性难题。

2.1.5 分类

蓝藻门藻类属、种繁多，为弄清属种的益、害情况，就必须进行分类鉴定，了解其生态分布、形态结构、生理生化等情况。蓝藻门仅分1纲，蓝藻纲CYANOPHYCEAE，已知约150属2000种（我国已知约1000种），其中可固氮的约100种以上，化石种类100种以上（主要参考：朱浩然，1991，2007；施之新，1994）。

2.1.6 云南蓝藻名录

色球藻目 CHROOCOCCALES

Ⅰ 色球藻科 Chroococcaceae

（1）假丝微囊藻 *Microcystis pseudofilamentosa* Crow

滇池、星云湖、杞麓湖。生境：静水如湖泊、沼泽、小池塘、洼地、稻田。

（2）边缘微囊藻 *Microcystis marginata*（Menegh) Kütz.

安宁螳螂川，滇池、杞麓湖、异龙湖、石屏赤瑞湖，勐海勐遮。生境：静水如水库、小坑、池塘、沟渠、稻田，或潮湿、滴水或干燥岩石。

(3) 华美微囊藻 *Microcystis elabens* (Breb.) Kütz

云南西北部（Skuja，1937）。生境：幼固着，静水飘浮，可成水华。

(4) 微小微囊藻 *Microcystis minutissima* W. West

云南。生境：漂浮湖沼、池塘，山溪边石壁。

(5) 密集微囊藻 *Microcystis densa* G. S. West

四川木里与宁蒗永宁之间（Skuja ，1937）。生境：漂浮于池塘，或生鱼缸。

(6) 铜绿微囊藻（原变种）*Microcystis aeruginosa* (Kütz) Elekin *var. aeruginosa*

澜沧江*、螳螂川等**，滇池、洱海、程海、星云湖、杞麓湖、异龙湖、赤瑞湖等，昆明松华坝水库、昆明金钟山水库***、景洪漫飞龙水库等，鱼池塘等，程海边泉溪。抚仙湖、大理。生境：浮游于各种水体，可成水华，或生于滴水岩，α 中污、β 中污。

(7) 铜绿微囊藻大型变种 *Microcystis aeruginosa* var. *majior* G. M. Smith

滇池。生境：静止水体、潮湿岩石上、藓类植物之间。

(8) 尘埃微囊藻（原变种）*Microcystis pulverea* (Wood) Forti var. *pulverea*

丽江，星云湖、杞麓湖。生境：潮湿石块、峭壁、墙壁、树干，有时着生静水。

(9) 不定微囊藻 *Microcystis incerta* Lemm.

澜沧江、螳螂川，滇池、泸沽湖、腾冲北海等，德钦阿墩子、思茅。生境：各种静水，浮游，寡污。

(10) 水华微囊藻 *Microcystis floa-aquae* (Wittr.) Kirch.

澜沧江、螳螂川，滇池、洱海、杞麓湖，大理。生境：极广布，漂浮各种水体，可成水华。

(11) 粉末微囊藻 *Microcystis pulverea* (Wood)

螳螂川，滇池，松华坝。生境：潮湿的石块、峭壁、墙壁、树干，有时静水。

(12) 微囊藻一种 *Microcystis* sp.

澜沧江、螳螂川、金沙江、盈江县大盈江等，滇池、洱海、抚仙湖、程海、泸沽湖、星云湖、杞麓湖、云龙天池等，水库。

(13) 微小隐球藻 *Aphanocapsa delicatissima* W. et G. S. West.

宁蒗永宁。生境：池塘、潮湿岩石，浮游，α 中污、β 中污，冬较多。

(14) 细小隐球藻（原变种）*Aphanocapsa elachista* W. et G. S. West. var. *elachista*

澜沧江、马关响水河，滇池、抚仙湖、异龙湖、赤瑞湖、阳宗海，永宁。生境：湖沼、池塘常见，浮游。

(15) 细小隐球藻密集变种 *Aphanocapsa elachista* var. *conferta* W. et G. S. West.

维西。生境：湖沼、池塘，浮游。

(16) 细小隐球藻浮游变种 *Aphanocapsa elachista* var. *planctonica* G. M. Smith

阳宗海。生境：浮游或附其他藻。

(17) 土栖隐球藻 *Aphanocapsa muscicola* (Menegh) Wille

保山。生境：潮湿岩石山。

(18) 美丽隐球藻 *Aphanocapsa pulchra* (Kütz.) Kab.

滇池、洱海、抚仙湖，中甸、临沧、贡山独龙江河谷察瓦龙。生境：漂浮或附着。

(19) 溪生隐球藻 *Aphanocapsa rivularis* (Carm.) Rabenhobst

滇池等，丽江。生境：潮湿岩石、溪流、沼泽，或浮游。

(20) 二型隐球藻 *Aphanocapsa biforms* A. Braun

滇池。生境：潮湿石块、砖墙壁、树皮。

(21) 铁球隐球藻 *Aphanocapsa sidorosphaera* (Naumann)

---

* “澜沧江”样点范围广泛，上起云龙县旧州水文站，下止于勐腊县关累码头，绵延数百千米，还涉及沘江、黑惠江、小黑江、威远江、朴远江等众多支流，采样多年、多次、多点重复，但最集中定期、定点是漫湾水电站库区，在此特别说明。

** 浮游生物分布，依次分为江河，湖泊，水库，鱼塘、水池等几大水域及县、乡、镇地名。各大水域之间用“，”，各河流之间、各湖泊之间用“、”。分布地已完全列出，末尾不用“等”，如还有其他分布地未列出，末尾加“等”。

*** 不为人知的分布小地名，在第一次出现时，前面加县名。水库第一次出现时写全称，以后简写库名，如“昆明松华坝水库”简称为“松华坝”。

丽江北面。生境：山溪。

（22）泉栖隐球藻 *Aphanocapsa fonticola* Hans. g.

云南。生境：泉水，或附水草、溪流岩石。

（23）隐球藻一种 *Aphanocapsa* sp.

螳螂川，星云湖。

（24）卡氏隐杆藻 *Aphanothece castagnei*（Breb.）Rab.

贡山江河，永宁、维西。生境：潮湿岩石、各种水体，有时浮游。

（25）纳氏隐杆藻 *Aphanothece nägelii* Wartmann

贡山，独龙江。生境：潮湿岩壁、滴水岩石、树皮，混生于其他蓝藻、苔藓间。

（26）静水隐杆藻 *Aphanothece stagnina*（Spr.）A. Br.

澜沧江，滇池，永宁。生境：沟渠、塘、蓄水池、稻田等淡水体，最初固着随后漂浮，寡污。

（27）格孔隐杆藻（原变种）*Aphanothece clathrata* W. et G. S. West var. *clathrata*

滇池，永宁。生境：生于湖泊等水体。

（28）格孔隐杆藻短杆变种 *Aphanothece clathrata* var. *brevis* Bachmann

永宁（Skuja，1937）。

（29）巢形隐杆藻 *Aphanothece nidulans* P. Richt

怒江山涧，抚仙湖，永宁。生境：亚气生潮湿岩石、墙壁，常鸟巢形；水生于各种水体，多球形；与其他藻类组成浮游群体，但不成优势种。

（30）栖石隐杆藻 *Aphanothece saxicola* Näg.

丽江。生境：潮湿岩石或静水体。

（31）隐杆藻一种 *Aphanothece* sp.

滇池。

（32）黏球藻 *Gloeocapsa turgida*（Kütz.）

澜沧江，滇池。

（33）黑色黏球藻 *Gloeocapsa atrata*（Turpin）Kütz.

丽江玉龙雪山崖壁，云南[*]。生境：潮湿岩石、石洞口壁，与其他藻类混生。

（34）镶钙黏球藻 *Gloeocapsa incrustata* Chu

玉龙雪山崖壁。生境：潮湿岩石、念珠藻的胶被中。

（35）山地黏球藻 *Gloeocapsa montana* Kütz.

玉龙雪山崖壁。生境：潮湿岩石、滴水岩、苔藓上。

（36）多皮黏球藻 *Gloeocapsa polydermatica* Kütz.

玉龙雪山崖壁。生境：土表、墙壁、树皮、岩石、石块、水沟、滴水岩石、溅水墙壁，与苔藓混生。

（37）捏团黏球藻 *Gloeocapsa magma*（Breb.）Holl.

澜沧江，滇池、洱海，丽江，湄江与萨尔温江间。生境：潮湿岩、滴水岩、岩洞口壁、树皮，常与苔藓混生，有时温泉。

（38）点形黏球藻 *Gloeocapsa punctata* Näg.

澜沧江，滇池。生境：潮湿岩石、墙壁、树皮，与苔藓混生。

（39）颗粒黏球藻 *Gloeocapsa granosa*（Berkeley）Kütz.

镇康。生境：滴水岩石、流水石、温泉出水石、树皮，与苔藓混生。

（40）铜绿黏球藻 *Gloeocapsa aeruginosa*（Carmichae）Kütz.

丽江、察瓦龙。生境：土表、树皮、岩石，与其他蓝藻混生苔藓间。

（41）皮色黏球藻 *Gloeocapsa dermochroa* Nägeli

河口老街。生境：潮湿石壁、滴水岩下、大树树皮、苔藓上。

（42）居民黏球藻 *Gloeocapsa kutzingiana* Näg.

滇池。生境：潮湿岩石、树皮、古寺墙壁。

（43）紧密黏球藻 *Gloeocapsa compacta* Kützing

昆明。生境：高山地区，潮湿岩壁、树干、墙壁，多与各种色球藻和苔藓混生。

（44）高山黏球藻 *Gloeocapsa alpina*（Näg.）Emend Brand

昆明。生境：高山地区的潮湿岩石、树干、古寺墙壁、山洞口石壁、滴水下石上。

（45）池生黏球藻 *Gloeocapsa limnetica* Lemmer

* 中国淡水藻类志中，有的分布地只标注“云南”省，未细化到具体县乡或江、河、湖泊，只好照抄，意指云南某些分布地点。

滇池、异龙湖、赤瑞湖等湖泊。

（46）黏球藻一种* *Gloeocapsa* sp.

螳螂川，滇池、天池，水库。

（47）黏杆星球藻 *Asterocapsa gloeotheceformis* Chu.

滇池。生境：潮湿岩石、滴水岩石、岩洞石壁，与其他蓝藻混生。

（48）透明星球藻 *Asterocapsa hyaline*（Chu.）Chu

丽江水坑（沟）。生境：湿岩石、岩洞口滴水岩石，与其他蓝藻混生，苔藓间。

（49）球纹星球藻 *Asterocapsa trochiscioides*（Jao）Chu

玉龙雪山白水河崖壁。生境：潮湿岩石、滴水岩石、岩洞石壁、阴暗湿的墙脚。

（50）线形黏杆藻 *Gloeothece linearis* Näg.

螳螂川，滇池，水库。生境：湿岩石、岩洞口、路旁水沟、温室花盆边、湖泊，但数量不多。

（51）沙生黏杆藻 *Gloeothece tophacea* Skuja

云南（西北部山区）。生境：石灰岩、滴水岩石、树皮，与其他藻类混生于苔藓上。

（52）棕黄黏杆藻 *Gloeothece fusco-lutca* Näg.

滇池。生境：湿岩石、滴水岩石、树皮、土表、小溪石块、温泉，常混生于多种蓝藻或苔藓间。

（53）群集黏杆藻 *Gloeothece confluens* Näg.

玉龙雪山。生境：亚气生，湿岩石、滴水岩石、土表、墙壁，常混生于苔藓间。

（54）稃状黏杆藻 *Gloeothece palea* Rabenh.

昆明。生境：湿岩石、土表，常混生于胶质的蓝藻或苔藓间。

（55）萨麻亚黏杆藻（原变种）*Gloeothece samoensis* Will var. *samoensis*

昆明。生境：湿岩石、滴水岩石、树皮、墙壁，山溪水生植物上。

（56）岩生黏杆藻（原变种）*Gloeothece rupestris*（Lyngb.）Born. var. *rupestris*

玉龙雪山温泉、程海。生境：广布亚气生，湿岩石、滴水岩、岩洞口、树皮、土表、温室盆边、温泉和寒泉石块，常混生于苔藓间。

（57）灰绿黏杆藻 *Gloeothece pallida*

滇池。

（58）束缚色球藻 *Chroococcus tenax*（Kirch.）Hier.

洱海。生境：湿岩石、溪流、静水，混生于其他藻中，不成优势种。

（59）内生色球藻大型变种 *Chroococcus endophytious* var. *major* Li

中甸吉沙温泉。生境：温泉。

（60）瑞士色球藻 *Chroococcus helveticus* Näg.

贡山独龙江。生境：湿岩石、滴水岩、树皮，也可在湖泊浮游。

（61）小形色球藻 *Chroococcus minor*（Kütz.）Näg.

洱海、抚仙湖，保山。生境：滴水岩、石灰岩、寒泉、温泉（43~70℃），漂浮。

（62）微小色球藻（原变种）*Chroococcus minutus*（Kütz.）Näg. var. *minutus*

澜沧江，滇池，水库，昆明、永宁、保山、勐腊。生境：静、流各水体，池、湖、高山寒泉、温泉、盐泽，滴水岩，瀑布溅水处，亚气生但不成优势种。着生、浮游，β中污、寡污。

（63）微小色球藻温泉变种 *Chroococcus minutus* var. *thermalis* Copeland

下关崖壁、吉沙温泉。生境：温泉。

（64）易变色球藻 *Chroococcus varius* A. Br. Rabenhorst

昆明。生境：湿岩石、树皮、墙壁，少数在湖泊。

（65）裂皮色球藻 *Chroococcus schizodermaticus* W. West

玉龙雪山崖壁。生境：湿岩壁、树皮，池塘，混生于其他蓝藻中，或附于念珠藻属胶团。

（66）湖沼色球藻（原变种）*Chroococcus limneticus* Lemm. var. *limneticus*

滇池、洱海、抚仙湖，永宁、维西、临沧。生境：各种大型水体如湖、库、坑。

（67）湖沼色球藻肉色变种 *Chroococcus limneticus* var. *carneus*（Chodat）Lemmernen

滇池。生境：湖泊，浮游。

---

* 凡标注“一种”在中文名称之后，表示只知属名而不知具体种名的种类；另有标注“一种”在中文名称之前，则表示有完全的拉丁文种名，但不知规范、统一的中文种名的种类。都有临时、暂时代称之意。

（68）湖沼色球藻紫色变种 *Chroococcus limneticus* var. *purpureus* Lemm.

丽江、维西、思茅、景洪。生境：浮游，多在湖泊。

（69）湖沼色球藻散胞变种 *Chroococcus limneticus* var. *distans* G. M. Smith

云南。生境：浮游，多在湖泊。

（70）膨胀色球藻（原变种）*Chroococcus turgidus*（Kützing.）Nägeli. var. *turgidum*

滇池、贡山独龙江、宁蒗池塘水库、大理、剑川、中甸、永宁、思茅、景洪。生境：最普生种，山间、平原、湖泊、小积水、温泉、海滨，浮游，寡污。

（71）厚膜色球藻 *Chroococcus turicebsis*（Näg.）Hensg

昆明。生境：滴水岩石、混生于其他藻、温泉。

（72）离散色球藻小型变种 *Chroococcus dispersus* var. *minor* G. M. Smith

临沧。生境：水坑、水潭、苇塘等静小水体。

（73）朱红色球藻 *Chroococcus turicensis*（Näg.）Hansg

滇池，昆明。生境：高山滴水岩石上、混生于其他藻类中，温泉中也有。

（74）色球藻一种 *Chroococcus* sp.

螳螂川，滇池、抚仙湖。

（75）湖生束球藻（原变种）*Gomphosphaeria lacustris* Chod. var. *lacustris*

澜沧江，滇池、洱海、阳宗海、异龙湖、赤瑞湖，水库，鱼池塘等，永宁、思茅。生境：塘、鱼池等静止浅水，浮游，量少，常混生于其他浮游藻类中。

（76）阿旁束球藻（原变种）*Gomphosphaeria aponina* Kutz. var. *aponina*

滇池，凤庆。生境：湖泊、池塘、低洼积水、小溪，浮游，一般混生于其他藻类中。

（77）阿旁束球藻心形变种 *Gomphosphaeria aponina* var. *cordiformis* Wille

中甸。生境：水滩、沼泽，温泉。

（78）阿旁束球藻多层变种 *Gomphosphaeria aponina* var. *multiplex*

中甸。生境：小积水、水池。

（79）束球藻一种 *Gomphosphaeria* sp.

滇池。

（80）柔软腔球藻 *Coelosphaerium kuetzingianum* Näg.

滇池、洱海等，水库。生境：湖、塘、泽、稻田、温泉，其他大小淡水中，浮游，α 中污、β 中污。

（81）铜绿腔球藻 *Coelosphaerium aerugineum* Lemmermann

滇池。生境：湖、库、温泉，浮游生活。

（82）不定腔球藻 *Coelosphaerium dubium* Grun.

澜沧江、螳螂川，滇池、杞麓湖、异龙湖、赤瑞湖等，水库。生境：湖、塘、溪、稻田等大小静水体，浮游，有时成水华。

（83）腔球藻一种 *Coelosphaerium* sp.

云龙天池。

（84）高山立方藻 *Eucapsis alpina* Clem. et Shantz

滇池、异龙湖、赤瑞湖。生境：湖、洼、山溪旁积水，浮游，量少。

（85）优美平列藻 *Merismopedia elegans* A. Braunthaler

响水河，滇池、洱海、异龙湖、赤瑞湖。景洪、临沧、勐腊。生境：湖、池、洼、稻田、沟、泉，混杂其他藻间，漂浮，一般不成优势种。

（86）银灰平列藻 *Merismopedia glauca*（Ehr.）Näg.

澜沧江，洱海、杞麓湖、异龙湖、赤瑞湖等，宁蒗池塘水库。昆明、景洪、临沧。生境：各种淡水湖、塘、洼、温泉，海水也有发现，浮游，β 中污、寡污。

（87）微小平列藻 *Merismopedia tenuissima* Lemm.

澜沧江、瑞丽瑞丽江，滇池、异龙湖、赤瑞湖、宁蒗沼泽，中甸。生境：静水、湖，混杂其他藻间，微盐水中也有，浮游，α 中污、β 中污。

（88）点状平列藻 *Merismopedia punctata* Meyen

澜沧江，滇池、杞麓湖、异龙湖、赤瑞湖等，松华坝等，鱼池塘等，吉沙温泉，丽江、勐腊。生境：各种淡水中，浮游、量少，混杂其他藻间，山间岩石、温泉、海水也有，寡污。

（89）平列藻一种 *Merismopedia* sp.

澜沧江、螳螂川、勐腊南腊河、罗平多依河，滇池、泸沽湖、杞麓湖、异龙湖、赤瑞湖、昭通大山包等，松华坝等。

（90）铜绿聚球藻 *Synechococcus aeruginosus* Näg.

澜沧江，洱源九气台温泉。生境：湿岩石、滴水岩，有时可生长在雪片里、温泉内。

（91）细长聚球藻极粒变种 *Synechococcus elongatis* var. *amphigranulatus* Cop.

中甸温泉。生境：温泉。

（92）灰蓝聚球藻 *Synechococcus lividus* Cop.

下关温泉。生境：温泉。

（93）近灰蓝聚球藻 *Synechococcus sublividus* Fmoto et Yoneds

下关温泉。

（94）可疑聚球藻 *Synechococcus ambiguus* Skuja

云南西北部。生境：温泉、水温较高水体、池塘，浮游，附于其他水生植物。

（95）水生集胞藻 *Synechocystis aquatilis* Saoer

中甸温泉、维西。生境：潮湿地区、温泉流过的池中，有时盐泽。

（96）惠氏集胞藻 *Synechocystis wellei* Gardner

洱源九气台温泉。生境：温泉、淡水体，浮游。

（97）针状蓝纤维藻 *Dactylococcopsis acicularis* Lemm.

滇池、洱海、程海、异龙湖、赤瑞湖等。生境：静水、略污浊水体，温泉也有，浮游。

（98）针晶蓝纤维藻 *Dactylococcopsis rhaphidioides* Hansg

抚仙湖。生境：水、陆两生性，附于湿岩、土表、墙壁，浮游于静水、混杂其他藻间，微盐水也有，β 中污、寡污。

（99）簇束蓝纤维藻 *Dactylococcopsis fascicularis* Lemm.

抚仙湖。生境：浮游于山溪边积水、池塘、沼池。

（100）无常蓝纤维藻 *Dactylococcopsis irregularism* G. M. Smith

滇池、异龙湖、赤瑞湖。生境：静水。

（101）蓝纤维藻一种 *Dactylococcopsis* sp.

澜沧江、螳螂川、昭通洒鱼河等，滇池、程海、星云湖等，松华坝等，鱼池塘等。

管孢藻目 CHAMAESIPHONALES

Ⅱ 厚皮藻科 Pleurocapsaceae

（102）巨大拟色球藻 *Chroococcopsis gigantea* Geitl.

滇池。

（103）溪生瘤皮藻 *Oncobyras rivularis*（Kütz.）Men.

独龙江。生境：水沟、坑洼、瀑布、池塘。

Ⅲ 管孢藻科 Chamaesiphonaceae

（104）层生管孢藻 *Chamaesiphon incrustans* Grun.

宁蒗稻田，云南。生境：积水花盆、溪水、渠道，附生于鞘藻和其他藻中。

（105）密集管孢藻 *Chamaesiphon confervicolus* A. Braun

云南杨子峡谷。生境：积水花盆，附生于鞘藻、山谷小溪石表。

（106）褐色管孢藻 *Chamaesiphon fuscus*（Rostaf.）Hansg

中甸。生境：山间流水溪沟石表。

（107）微小管孢藻 *Chamaesiphon minutus*（Rostaf.）Lemm.

云南杨子峡谷。生境：温泉，静水，附生刚毛藻及鞘丝藻。

（108）波蓝管孢藻 *Chamaesiphon polonicus*（Rostaf.）Hansgirg

中甸。生境：山间小溪缓流石表，干燥石表。

段殖体目 HORMOGONALES

Ⅳ 真枝藻科 Stigonemataceae

（109）中华侧生藻 *Fischerella sinica* Jao

泸沽湖等。生境：潮湿土壤。

（110）可疑侧生藻 *Fischerella ambigua*（Näg.）Gom.

澜沧江。生境：湿土壤、岩石、混生于苔藓植物中。

（111）念珠状飞氏藻（侧生藻）*Fischerella moniformis* Fremy

高黎贡山东侧：沼泽，海拔 3100m。

（112）飞氏藻一种 *Fischerella* sp.

云龙天池。

（113）乳头真枝藻 *Stigonema mamillosum*（Lyngb.）Ag.

玉龙雪山。生境：树皮。

（114）毡毛真枝藻 *Stigonema panniforme*（Ag.）Born.

高黎贡山东侧沼泽。生境：湿岩石、砂土墙壁、土表、有时混生于苔藓植物中。

（115）真枝藻一种 *Stigonema* sp.

澜沧江。

V 胶须藻科 Rivulariaceae

（116）朱氏须藻 *Homoeothrix juliana*（Monegh）Kirchn.

澜沧江，程海水坑（沟）、宁蒗。生境：山溪、静水岩石表上，或植物上，温泉，着生，β中污、寡污。

（117）变异须藻 *Homoeothrix varians* Geitler

滇池、洱海喜洲。生境：急流岩石表。

（118）溪生须藻 *Homoeothrix fluviatillis* Jao.

澜沧江。生境：湿岩石表，与其他藻类混生。

（119）须藻一种 *Homoeothrix* sp.

澜沧江，洱海。

（120）刺孢胶刺藻 *Gloeotrichia echinulata*（J. E. Smith）P. Richt.

澜沧江，泸沽湖、异龙湖、赤瑞湖等。生境：浮游于湖、池沼，或着生于溪水冲击的岩石，浮游，α中污、β中污。

（121）双形胶刺藻 *Gloeotrichia domropha* Y. Y. Li.

兰坪白河区（模式产地）。生境：沼泽。

（122）漂浮胶刺藻 *Gloeotrichia natans* Rab.

滇池，大理喜洲泉溪，程海边，蒙自大屯海、异龙湖、赤瑞湖。生境：湖泊、池沼，流水、静水体，着生、漂浮。

（123）豌豆形胶刺藻 *Gloeotrichia pisum* Thur.

南涧。生境：流水、静水，着生于其他植物。

（124）拉宾胶刺藻 *Gloeotrichia rabenhorsstis* Bornet.

永胜，中甸碧塔海（pH6.2）。生境：湖泊。

（125）胶刺藻一种 *Gloeotrichia* sp.

洱海。

（126）饶氏胶须藻 *Rivularia jaol* Chu.

澜沧江，异龙湖、赤瑞湖。生境：池塘石上，水草上。

（127）多丝胶须藻 *Rivularia polyotis*（Ag.）Born. et Flah.

滇池。

（128）水生胶须藻 *Rivularia aquatica* De Vilde

丽江：稻田、湖泊。生境：草地，静水中的轮藻或其他水生植物上。

（129）北方胶须藻 *Rivularia boredlis* P. Pichter

宁蒗池塘水库。生境：附生湿岩表，着生于溪、湖、池的沉水植物上。

（130）胶须藻一种 *Rivularia* sp.

瑞丽江，洱海。

（131）拉合尔弯线藻 *Camptylonema lahornce* Ghose

玉龙雪山树皮。

（132）弯形尖头藻 *Raphidiopsis curvata* Fritsch et Rich.

澜沧江，滇池，鱼池塘等。生境：河流，湖泊、池塘等小水体。

（133）中华尖头藻 *Raphidiopsis sinensia* Jao

程海、异龙湖、赤瑞湖等。生境：湖泊、水库、池塘、鱼池等，浮游。

（134）尖头藻一种 *Raphidiopsis* sp.

滇池。

Ⅵ 微毛藻科 Microchaetaceae

（135）柔嫩微毛藻 *Microchaete tenera* Thur.

洱海、异龙湖、赤瑞湖。生境：山区林间湿草地土表或静水中。

（136）宽裂微毛藻 *Microchaete uberrima* Cart.

洱海。生境：稻田旁水沟，常与水绵、鞘藻混生。

（137）宽管链藻 *Aulosira laxa* Kirchn

洱海喜洲。生境：山溪岩石上。

（138）一种管链藻 *Aulosira planctorica* Elenkin

洱海下关。

Ⅶ 胶须藻科 Rivulariaceae

（139）极短眉藻（原变种）*Calothrix brevissima* G. & West var. *brevissima*

洱海，腾冲。生境：小河、静水体，常附鞘藻 *Oedogonium* sp. 或其他藻上。

（140）布氏眉藻 *Calothrix braunii* Born

程海。生境：山溪石表、滴水石表、瀑布旁岩表、潮湿岩表，稻田水沟，湖泊，温泉。

（141）棕色眉藻（原变种）*Calothrix fusca* Born et Flah. var. *fusca*

碧塔海基台、宁蒗永宁、泸沽湖、高黎贡山、蒙自。生境：塘、湖、溪、瀑、山涧岩石、树干表。

（142）附生眉藻 *Calothrix epiphytica* West et G. S. West

云南。生境：小沟、溪、温泉，附于刚毛藻、沉水植物、水中石块。

（143）马齐眉藻 *Calothrix marchica* Lemm.

洱海（海拔 2180m）喜洲。生境：温泉、水池。

（144）墙壁眉藻 *Calothrix parietina* Thuret

玉龙雪山树皮。生境：小河、水沟、苔藓上，温泉，着生，寡污。

（145）相似眉藻 *Calothrix simulans* Gardner

程海（pH9.0）。生境：湖泊，附于鞘藻 *Oedogonium* sp. 等丝状藻上。

（146）静水眉藻 *Calothrix stagnalis* Gomonta

大理。生境：溪流、湖泊及其他静水、稻田，着生于水生植物或水中石块表面。

（147）维格眉藻 *Calothrix viguieri* Fremy

丽江玉龙雪山、大理喜洲、中甸。生境：温泉、浅水池、滴水岩、流水石表。

（148）喜石膏双须藻 *Dichothrix gypsophila* (Kütz.) Born. et Flah.

云南。生境：湖泊、水坑、山溪岩石、湿土表。

（149）汉氏双须藻 *Dichothrix handelii* Skuja

中甸（模式产地）。生境：坑，池、山溪岩石上。

Ⅷ 伪枝藻科 Scytonemataceae

（150）中国汉氏藻 *Handeliella stockmayeri* Skuja

丽江玉龙雪山（模式产地）。生境：潮湿岩石上。

（151）钻孔织线藻 *Plectonema terebrans* Bornet et Flah

宁蒗永宁。生境：石生或者甲壳内生。

（152）皮壳织线藻 *Plectonema crustaceum* Ag. ex Bornet et Flahault

丽江玉龙雪山。生境：岩壁上。

（153）织线藻一种 *Plectonema* sp.

螳螂川。

（154）聚线藻一种 *Symphyonema* sp.

螳螂川。

（155）雷纹单歧藻 *Tolypothrix ravenelii* Wolle

云南。生境：山溪石头上。

（156）有边单歧藻 *Tolypothrix limbata* Thuret

云南。生境：河、湖、池的岩石表或浸水物上，滴水石上、流水沟中。

（157）变形单歧藻 *Tolypothrix metamorpha* Skuja

宁蒗永宁。生境：岩壁上。

（158）小单歧藻 *Tolypothrix tenuis* Kütz.

澜沧江，泸沽湖等，兰坪沼泽。生境：溪流岩壁、湿岩壁、湿土表。

（159）小单歧藻柔毛变型 *Tolypothrix tenuis* f. *lanata* (Wartm.) Kossinsk.

华坪。生境：沼泽。

（160）短曲单歧藻 *Tolypothrix curta* Gardn

大理。生境：墙壁上。

（161）扭曲单歧藻（原变种）*Tolypothrix distorta* (Fl. Dan.) Kuetzing var. *distorta*

云南。生境：小泉、温泉、稻田、坑、积水塘。

（162）扭曲单歧藻笔形变种 *Tolypothrix distorta* var. *penicillata* (Ag.) Lemm.

宁蒗永宁。生境：稻田。

（163）纸形单歧藻 *Tolypothrix papyracea* Gardner

兰坪白河沼泽。

（164）垫状单歧藻 *Tolypothrix pulvinta* (Freny) Geitler.

玉龙雪山树皮。

（165）威勒单歧藻 *Tolypothrix willei* Gardner.

玉龙雪山白水河边的岩壁、树皮。

（166）单歧藻一种 *Tolypothrix* sp.

螳螂川。

（167）比塞伪枝藻 *Scytonema bewsii* F. E. Fritisch

丽江，玉龙雪山的白水河边山壁、温泉。生境：山壁上，温泉。

（168）卷曲伪枝藻 *Scytonema crispum* (Ag.) Born.

原变种 var. *crispum*

大理、玉龙雪山。生境：江河中岩石，山泉，湿岩石和墙壁，泽、稻田。

（169）奇异伪枝藻 *Scytonema mirabile* (Dillw.) Bornet

玉龙雪山。江河。

（170）奇异伪枝藻（原变种）*Scytonema mi-*

rabile（Dillw.）Bornet var. *mirabile*

贡山。生境：水坑

（171）溪生伪枝藻 *Scytonema rivulare* Borzi ex Born. et Flah.

云南。生境：湿岩石或地上，苔藓上。

（172）朱氏伪枝藻 *Scytonema julianum*（Kütz.）Menegh.

云南宁河与雅垄河之间。生境：潮湿土壤或岩壁上。

（173）协调伪枝藻（原变种）*Scytonema coactile* Mont. var. *coactile*

云南。生境：水坑、小静水体。

（174）绳色伪枝藻 *Scytonema myochrous*（Dillw.）Ag.

大理、中甸。生境：水沟等小水体，泉水岩石上，树干、砂石。

（175）薛氏伪枝藻 *Scytonema simmeri* Schmidle

中甸。生境：泉水石头上。

（176）眼点伪枝藻 *Scytonema ocellatum* Lyngb.

丽江。生境：湿土壤、墙壁，岩壁、树干上。

（177）伪枝藻一种 *Scytonema* sp.

澜沧江、螳螂川。

Ⅸ 念珠藻科 Nostocaceae

（178）阿氏项圈藻 *Anabaenopsis arroldii* Aptek.

滇池、程海、异龙湖、赤瑞湖等。生境：湖泊、小水体。

（179）艾氏项圈藻 *Anabaenopsis elenkinii* V. Miller

滇池。生境：池塘。

（180）环圈项圈藻 *Anabaenopsis circularis*（G. S. West）Woloszynska et Miller

星云湖。生境：河流、湖泊。

（181）项圈藻一种 *Anabaenopsis* sp.

滇池、异龙湖、赤瑞湖。

（182）静水柱孢藻 *Cylindrospermum stagnale*（Kütz.）Born. et Flah.

滇池。生境：滴水岩、山溪、沼泽、池塘、洼地、湖边流水沟。

（183）大型柱孢藻 *Cylindrospermum majus* Kütz.

滇池。生境：山涧内石壁。

（184）地衣形柱孢藻 *Cylindrospermum licheniforme* Kütz.

永胜、程海边池塘水库。生境：潮湿土壤、静水体。

（185）斑点柱孢藻 *Cylindrospermum punctatum* Worn.

中甸江河。生境：河流回旋口。

（186）水华束丝藻 *Aphanizomenon flos－aquae*（L.）Ralfs.

澜沧江、螳螂川，滇池、洱海、抚仙湖、程海、星云湖、异龙湖、赤瑞湖、长桥海，金钟山。祥云。生境：河流、湖泊、池塘、矿区塌陷水面，水华藻之一，浮游，α中污、β中污。

（187）点形念珠藻（原变种）*Nostoc puncfiformes*（Kütz.）Har. var. *puncfiformes*

滇池。生境：着生渗水石壁、湖、坑中，与其他藻类混生。

（188）沼泽念珠藻 *Nostoc paludosum* Kütz. ex Born.

中甸、怒江。生境：山洞石壁，石壁、台阶、树干、混生多种蓝藻间、苔藓间，小水塘、坑，稻田、其他作物静水田。

（189）裂褶念珠藻 *Nostoc verrucosum* Vaucher ex Born.

云南。生境：岩石流水处、小泉、小水塘、潮湿草地、苔藓间。

（190）灰念珠藻 *Nostoc muscorum* Ag.

滇池。生境：潮湿岩石、土表，草丛。

（191）圆球念珠藻（原变种）*Nostoc sphaericum* Vaucher ex Born. var. *sphaericum*

澜沧江、响水河、南腊河，异龙湖、赤瑞湖。生境：滴水岩，湿土表，稻田土表，流水附近土表，石狮上，黑色绒状，混生其他蓝藻间，着生，寡污。

（192）普通念珠藻（地木耳）*Nostoc commune* Vauch.

云南，中甸，澜沧江。生境：潮湿路边、树皮、土表、岩石，静水斜坡，流水边草丛，混生多种蓝藻间、苔藓间。

（193）浮游念珠藻 *Nostoc planctonicum* W. Proetzky et Tschernow

澜沧江、响水河、其他小河流，金钟山。生境：积水坑。

（194）池生念珠藻 *Nostoc pricinale* Kütz.

丽江，怒江支流。生境：溪流、水坑。

（195）念珠藻一种 *Nostoc* sp.

蝗螂川、洱鱼河等，滇池、泸沽湖等，松华坝等。

（196）泡沫节球藻 *Nodularia spumigena* Mert.

澜沧江、响水河，滇池，玉龙雪山树皮。生境：山洞石壁、溪、湖。

（197）固氮鱼腥藻 *Anabaena azotica* Ley.

澜沧江、洱鱼河等，洱海、程海等。生境：湖泊、稻田。

（198）多变鱼腥藻 *Anabaena variabilis* Kütz.

原变种 var. *variabilis*

滇池、大理稻田、丽江。生境：水沟、池塘、沼泽、湖泊、温泉。

（199）螺旋鱼腥藻 *Anabaena spiroides* Kleb.

澜沧江、蝗螂川、金沙江、瑞丽江、响水河，滇池、程海、星云湖、杞麓湖、异龙湖、赤瑞湖。生境：湖泊。

（200）类颤藻鱼腥藻 *Anabaena oscillarioides* Bory.

响水河，滇池、杞麓湖。

（201）类颤藻鱼腥藻 *Anabaena oscillarioides* Bory.

原变种 var. *oscillarioides*

丽江江河，异龙湖。生境：溪流、水沟、沼泽、浅水池塘。

（202）卷曲鱼腥藻 *Anabaena circinalis* Rab.

澜沧江。生境：湖泊、池塘、水库。

（203）水华鱼腥藻 *Anabaena flos - aguae* (Lyngh.) Breb.

澜沧江。生境：湖泊常见漂浮，水华藻之一，浮游，α 中污、β 中污、寡污。

（204）近亲鱼腥藻 *Anabaena affinis* Lemm.

澜沧江、蝗螂川，滇池、异龙湖、赤瑞湖。生境：湖泊、池塘，能形成水华。

（205）链状鱼腥藻 *Anabaena catenula* (Kuetz.) Bornet et Flahault

滇池。生境：湖泊、流动水池。

（206）崎岖鱼腥藻 *Anabaena inaequalis* (Kütz.) Bron. et Flah.

大理、程海。生境：塘、坑、洼地等小水体，温泉，盐湖。

（207）云南鱼腥藻 *Anabaena yunnanensis* Li.

云南。

（208）鱼腥藻一种 *Anabaena* sp.

蝗螂川，滇池、洱海、杞麓湖、天池等，松华坝等。

X 颤藻科 Oscillatoriaceae

（209）大螺旋藻 *Spirulina maior* Kütz.

澜沧江、怒江，滇池、程海、杞麓湖、异龙湖、赤瑞湖、北海等。生境：湖泊、池塘、鱼池。

（210）为首螺旋藻 *Spirulina princeps* W. et G. S. West

澜沧江，滇池、星云湖、异龙湖、赤瑞湖等，鱼池塘等。生境：与其他藻类混生于湖、池。

（211）钝顶节旋藻 *Arthrospira platensis* (Nordst.) Geitl.

滇池，巍山西河。生境：池塘，静止水体，热带碱湖。

（212）极大螺旋藻 *Arthrospira maxima* Setch. et. Gardn.

澜沧江，程海、异龙湖、赤瑞湖。生境：浮游，池塘，温暖盐碱湖。

（213）简氏节旋藻 *Arthrospira jenneri* (Kuetzing.) Stizenberger

滇池。生境：湖泊等静止水体。

（214）灿烂颤藻 *Oscillatoria splendida* Grev.

滇池，永胜、腾冲。生境：稻田、池塘、泉溪、温泉，浮游、着生，α 中污、寡污。

（215）悦目颤藻 *Oscillatoria amoena* (Kutz.) Gom.

独龙江支流，楚雄、大理、丽江、凤庆。生境：河流、湖泊、池塘、水中岩石、潮湿土表，与其他藻混生。

（216）爬行颤藻 *Oscillatoria animalis* Ag.

玉龙雪山水坑（沟）。生境：湖、塘、湿土表、树皮上。

（217）菌形颤藻 *Oscillatoria beggiatoiformsa* (Grun.) Gom.

丽江黑龙潭永春河。生境：湿土、流水石、稻田，广布种。

（218）包氏颤藻 *Oscillatoria boryana* Bory

永胜金江支流。生境：水池、河边土表。

（219）暗蓝颤藻 *Oscillatoria coerulescens* Gicklkorn

永胜、维西、腾冲。生境：泉溪、温泉、小水体。

（220）珊瑚颤藻 *Oscillatoria corallinae*（Kütz.）Gom.

腾冲。生境：海洋，附珊瑚虫外，有附生动植物之称，潮间带下部生存。

（221）极小颤藻 *Oscillatoria minima* Gicklkorn

腾冲。生境：温泉、泉溪。

（222）卧式颤藻 *Oscillatoria okeni* Ag.

丽江黑龙潭泉溪，中甸。生境：温泉，渠。

（223）钻头颤藻 *Oscillatoria teretriformis*（Ag.）Gom.

中甸温泉。生境：沟渠。

（224）细致颤藻 *Oscillatoria subtillissima* Kütz.

大理、下关。生境：温泉、静水。

（225）伪双点颤藻 *Oscillatoria pseudogeminata* G. Schurid

滇池，丽江黑龙潭水坑（沟）。生境：鱼池、坑等静止水体。

（226）双点颤藻 *Oscillatoria geminate* Menegh 原变种 var. *geminate*

云南。生境：湖泊、泥塘、沼泽、小水体、温泉、半咸水。

（227）阿氏颤藻（原变种）*Oscillatoria agardhii* Gom. var. *agardhii*

滇池外海。生境：漂浮、沿岸性或浮游，α中污、β中污。

（228）阿氏颤藻 *Oscillatoria agardhii* Gom. 一种c变型 f. *wislouch* Chu.

维西、思茅、普洱、凤庆、勐海、勐腊。生境：稻田、泉溪、湖。

（229）沼泽颤藻 *Oscillatoria limnetica* Lemm.

滇池草海、外海。生境：浮游，常见于湖、池中含 H_2S 的水中，α中污、β中污。

（230）暗绿颤藻 *Oscillatoria nigro - viridis* Thwaites ex Gomont

洱海喜洲。生境：生于积水中。

（231）四点颤藻 *Oscillatoria quadripunctulata* Bruhl. et Biswas

洱海喜洲。生境：静水水体中。

（232）清洁颤藻 *Oscillatoria sancta*（Kütz.）Gom.

澜沧江、洒鱼河等，滇池、洱海等。生境：泉溪、急流、河、塘、湖。

（233）美丽颤藻 *Oscillatoria formosa* Bory

滇池、洱海。生境：淡水湖泊。浮游、着生，α中污、β中污。

（234）巨颤藻 *Oscillatoria princeps* Vauch.

澜沧江、怒江、大盈江、瑞丽江、响水河、洒鱼河、南腊河、多依河等，滇池、洱海、程海、泸沽湖、异龙湖、赤瑞湖等，水库，鱼池塘等。永胜泉溪。昆明、大理、中甸。生境：耐污种类，流水、湖、塘、稻田，浮游、着生，α中污。

（235）两栖颤藻 *Oscillatoria amphibia* Ag.

澜沧江、螳螂川，滇池、洱海、抚仙湖、程海。生境：普生性、广 pH 4.5 ~ 9.0，静水、半咸水、温泉、温室土，着生、耐污、α中污、β中污、寡污。

（236）蛇形颤藻 *Oscillatoria anguina*（Bory）Gomont

宁蒗永宁。生境：湿泥土、水中。

（237）狭细颤藻 *Oscillatoria angustissima* W. et. G. S. West

云南。生境：水中岩石。

（238）博恩颤藻 *Oscillatoria borneti* Zukal

蒙自。生境：流水岩石上。

（239）小颤藻 *Oscillatoria tenuis* Agardh 原变种 var. *tenuis*

澜沧江、螳螂川、大盈江、瑞丽江、响水河、洒鱼河、南腊河、小河流*等，滇池、洱海、泸沽湖、杞麓湖、异龙湖、赤瑞湖、大山包、寻甸清水海等，松华坝、金钟山、鲁布革水库等，宁蒗池塘、鱼池塘等。

昆明。生境：溪、沟、湖、温泉，着生，耐污、α中污、β中污。

（240）泥污颤藻 *Oscillatoria limosa* Ag. 原变种 var. *limosa*

澜沧江、大盈江、小河流，滇池、洱海、杞麓湖、异龙湖、赤瑞湖，怒江州泉溪，泸水。生境：静水、慢流湖、池边、咸水中形成水华、污水性藻类，着生，α中污、β中污。

（241）泥污颤藻 *Oscillatoria limosa* Ag.

---

* "小河流"，意指云南某些一般的小河流里有分布。另外，分布地表示为"江河"、"河流"、"湖泊"、"水库"等的也类同，即意指在云南的一些江河、河流、湖泊、水库等里边有分布，仅未列出具体名称。

散颗粒变种 var. *disperso－granulata* Schkorb

丽江。生境：湖、塘等，与其他藻混生，浮游性。

（242）马林颤藻 *Oscillatoria martini* Fremy

腾冲。生境：温泉下水沟、湿土表。

（243）湖泊颤藻 *Oscillatoria lacustris*（Kléb.）

澜沧江，滇池、程海、异龙湖、赤瑞湖等。生境：浮游藻类，湖泊。

（244）头状颤藻 *Oscillatoria capitata*

滇池。

（245）头冠颤藻 *Oscillatoria sancta*（Kütz.）Gom.

云南。生境：急流、泉溪、河、湖、塘。

（246）红色颤藻 *Oscillatoria rubescens*（D. C.）Gomont

滇池。生境：静水、湖，浮游，α中污、β中污，有时形成红色水华。

（247）紫色颤藻 *Oscillatoria violacea*（Wallr.）Hassall

滇池。生境：水稻田。

（248）铜色颤藻 *Oscillatoria chalybea* Mertens 原变种 var. *chalybea*

滇池，中甸。生境：池塘或潮湿土表，着生、耐污、β中污。

（249）亚头状颤藻 *Oscillatoria subcapitata*

滇池。

（250）尖细颤藻 *Oscillatoria acuminate* Gomont

普洱。生境：河、湖、塘，温泉附近土表。

（251）给水颤藻 *Oscillatoria irrigua*（Kütz.）Gomont Monogr.

丽江玉龙雪山。生境：静水、土表渗出水。

（252）颤藻一种 *Oscillatoria* sp.

螳螂川，滇池、洱海、星云湖、杞麓湖、异龙湖、赤瑞湖、大山包、天池等，鱼池塘等。

（253）多种颤藻 *Oscillatoria* spp.

安宁螳螂川。

（254）层理席藻 *Phormidium laminosum* Gom.

异龙湖、赤瑞湖。高黎贡山泉溪。生境：湿土表、湿岩石、混生于苔藓间、沟、水塘。

（255）小席藻 *Phormidium tenue*（Menegh.）Gom.

杞麓湖、异龙湖、赤瑞湖。生境：河、池、湖、温泉，湿墙壁、岩壁、地表，矿区塌陷水塘，着生，耐污、α中污、β中污。

（256）皮状席藻 *Phormidium corium*（Ag.）Gom.

澜沧江，丽江、永胜。生境：涧、泉、溪、沟、湖、池、坑、温泉，湿树干、木头、墙壁，针茅草原地表，着生，β中污、寡污。

（257）皮状席藻头状变种 *Phormidium corium* var. *capitatum* Gardner

澜沧江小水体。

（258）蜂巢席藻 *Phormidium favosum*（Bory）Gom.

丽江黑龙潭永春河、永胜、宁蒗、维西、怒江。生境：温泉，着生，β中污、寡污。

（259）窝形席藻 *Phormidium faveolarum*（Mont）Gom.

丽江黑龙潭。生境：浸水岩表、湿岩壁，山泉土表混生于苔藓间。湖、塘、沟、坑、矿区陷塘，湿土、泽、温泉着生，耐污、α中污、β中污。

（260）詹克席藻 *Phormidium jenkelianum* G. Schmid

岩瓦至贡山途中流水石上、阳宗海。生境：湿土壤、河口。

（261）钩状席藻 *Phormidium uncinatum*（Ag.）Gom.

丽江、维西、贡山独龙江。生境：溪、小沟、江、流水石、坑（沟）、污水池、渗水石滩，着生，耐污。

（262）粗壮席藻 *Phormidium valderianum*（Delp）Gom.

原变种 var. *valderianum*

丽江、泸水、中甸吉沙。生境：山泉、流水、温泉，树皮、池、库、江。

（263）软席藻 *Phormidium molle* Gom.

原变种 var. *molle*

云南仁重勒格北坡。生境：湿土壤、河水、缓流，着生，α中污、β中污。

（264）帕氏席藻 *Phormidium pristleyi* F. E. Fritsch

滇池草海，维西永春河、澜沧江。生境：瀑布下岩表、流水石、水池、浅水湾、水坑（沟）、温泉。

（265）可疑席藻极大变种 *Phormidium ambiguum* var. *major* Lemmermann

杞麓湖。

（266）黏质席藻 *Phormidium mucicola* Hub. – Pestalozzi et Naum

滇池，丽江、中甸、基吕。生境：江河、温泉。

（267）纸形席藻 *Phormidium papyraceum*（Ag.）Gom.

凤庆。生境：池塘、潮湿草地土表，着生，β中污、寡污。

（268）席藻一种 *Phormidium* sp.

滇池、洱海、抚仙湖。

（269）铜绿鞘丝藻 *Lyngbya aerugineo – coerulea*（Kütz.）Gom.

云南。生境：溪、沟、泉水、池，湖或流水石上，潮湿墙壁，着生，α中污、β中污、寡污。

（270）赖氏鞘丝藻 *Lyngbya lagerheimii*（Mobius）Gom.

云南。生境：沼泽地、温泉。

（271）大型鞘丝藻 *Lyngbya maior* Men.

洱海、异龙湖、赤瑞湖。生境：池、泽、土表。

（272）顾氏鞘丝藻 *Lyngbya kutzingii* Schmidle 原变种 var. *kutzingii*

怒江、程海。生境：瀑布下岩石表，池、温泉、坑（沟）。

（273）诺氏鞘丝藻 *Lyngbya nordardhii* Wille

大理。生境：温泉、稻田。

（274）多管鞘丝藻 *Lyngbya polysiphoniae* Eremy

岩瓦至贡山途中流水石上。生境：小水池。

（275）巨大鞘丝藻 *Lyngbya majuscula* Harv.

澜沧江，洱海。生境：溪、鱼池、坑。

（276）马氏鞘丝藻（原变种）*Lyngbya martensiana* Menegh. var. *martensiana*

澜沧江，洱海，岩瓦至贡山途中流水石。生境：流水岩石、山溪、温泉，着生、β中污、寡污。

（277）半丰满鞘丝藻 *Lyngbya semiplena* Ag.

云南。生境：温泉、泽小水坑、积水坑。

（278）黑色鞘丝藻 *Lyngbya nigra* Ag.

怒江。生境：流水岩石、浪击岩石、泉溪。

（279）湖泊鞘丝藻 *Lyngbya limnetica* Lemm.

滇池、洱海、抚仙湖、异龙湖、赤瑞湖，永胜龙泉庆泉溪。生境：湖、泽地、温泉、溪、沟，浮游，α中污、β中污。

（280）厚鞘丝藻 *Lyngbya bodanica*

抚仙湖。

（281）鞘丝藻一种 *Lyngbya* sp.

滇池、异龙湖、赤瑞湖等。

（282）裂须藻一种 *Schizothrix* sp.

澜沧江。

（283）峭壁束藻 *Symploca muralis* Kuetz.

澜沧江。生境：潮湿土表、岩壁，或附着浸水的植物体。

（284）铁氏束毛藻 *Trichodesmium thiebautii* Gomont.

滇池、洱海。生境：大型水体，湖、库，浮游。

（285）汉氏束毛藻 *Trichodesmium hildebrantii* Gomont.

抚仙湖。生境：湖、库，漂浮。

（286）细柔微鞘藻 *Microcoleus tenerrimus* Gomont

滇池。生境：淡水、咸水中均可分布。

（287）具环微鞘藻 *Microcoleus annulatus* F. E. Eritsch

兰坪白水河区沼泽。生境：沼泽。

（288）具鞘微鞘藻 *Microcoleus vaginatus*（Vauch.）Gom.

玉龙雪山、程海边。生境：水坑（沟）、泉溪、江河。

（289）微鞘藻一种 *Microcoleus* sp.

澜沧江。

（290）深绿水鞘藻 *Hydrocoleus coeruleus* Gardn.

澜沧江。生境：湖、溪边、草丛、桥桩上。

（291）隐丝水鞘藻 *Hydrocoleus homoeotrichum* Kütz.

马关响水河。生境：水边草丛中。

（292）荷氏水鞘藻 *Hydrocoleum holdenii* Tilden

滇池。

XI 拟珠藻科 Nostochopsaceae

（293）裂片拟珠藻 *Nostochopsis lobatus* Wood

怒江泉溪。生境：静水，流水中少见，幼期着生，后漂浮。

2.2 红藻门 RHODOPHYTA

2.2.1 形态结构

单细胞、群体、简单丝状、分支丝状、垫状。比较高等的种类常有类似组织的分化。同化产物主要是红藻淀粉。多数种类紫红色，也有绿色、蓝绿色、浅褐色。生殖细胞无鞭毛。胞壁2层，外果胶质，内纤维质。多数种类1个胞核。色素体轴生、星状1个，或周生、盘状多个。蛋白核1个或无。多数种类，相邻两细胞间有一小孔，以胞间连丝相通。

2.2.2 生殖

生殖有2类：①无性生殖，少数细胞分裂；多数由单孢子囊形成单孢子，或四分孢子囊形成四分孢子进行。②有性生殖，为卵性生殖，♀器官叫果胞，单细胞、瓶状，上有受精丝。♂器官为不动精子囊，内有1个♂配子，即不动精子，释放后随水漂流，碰到受精丝而受精，有些种类果胞内合子直接分裂产生果孢子。有些种类，由果胞基部四周长出产胞丝，产胞丝顶端或侧面再长出果胞子囊，囊内产生1个果胞子。果胞和产胞丝、果胞子囊等合称果囊。

2.2.3 生态分布

红藻门，主要在海里；只有少数在淡水，又多在清冷山溪、井中，在急流、瀑布岩石上等狭窄的生态范围呈点状分布，种群数量不多，是比较少见的类群。有的在潮湿土壤、潮湿墙壁上。1994～2000年在漫湾电站坝下岸边经常采到。

2.2.4 经济意义

海产红藻有丰富的营养，含大量碳水化合物（如糖和植物胶）、蛋白质、脂肪，灰分有许多钠盐（如 Na_2CO_3）、钾盐和碘，有很重要的维生素C、D、E、K，微量元素B、Co、Cu、Mn、Ni、Zn等等，新鲜者含水80%～90%。海产红藻发酵能得到碘化钾、氯化钾、酒精、丙酮等。红藻具脉叶育藻灰分含碘1.2%。海产紫菜是重要食品，干品约有25%～35%的粗蛋白，碳水化合物占50%，其中2/3是易消化的五碳糖，维生素C含量是橙、橘的1/2，还有微量元素等。有些种类是琼胶工业原料之一，琼胶可作培养基用，在食品、造纸、照相、纺织、制药、肥皂、牙膏生产等多方面应用。在食品中营养价值不大，因其成分主要是乳糖，不易消化。红藻提取的卡拉胶与琼胶相似的多糖，在食品、橡胶、杀虫剂等方面都有应用。红藻作肥料有丰富的碳酸钙和碳酸镁。

淡水红藻用途知道不多，只知有的可作菜如鱼子菜 *Lemanea*，有的可作杀蛔虫药如鹧鸪菜 *Caloglossa*。

2.2.5 分类

红藻门RHODOPHYTA分2纲：红毛菜纲和红藻纲。已记载558属3740种。主要在海水，到2002年，淡水种约200多个。我国淡水种已记载约70个（主要参考：施之新，2006）。

2.2.6 云南红藻名录

一、红毛菜纲 BANGIOPHYCEAE

红毛菜目 BANGIALES

Ⅰ 红毛菜科 Bangiaceae

（1）淡水红毛菜（暗紫红毛藻）*Bangia atro－purpurea*（Roth.）Ag.

澜沧江，德钦小河支流，怒江水系河流。生境：急流冲击处岩石上，着生，寡污。

Ⅱ 美芒藻科 Composopogonaceae

（2）灌木壮美芒藻 *Composopogon fruticosum* Jao

金沙江水系泉水，滇池洛龙河口。生境：急流中岩石上。

二、红藻纲 FLORIDEOPHYCEAE

海索面目 NEMALIONALES

Ⅲ 顶丝藻科 Acrochaetiaceae

（3）柱形奥杜藻（柱形旋体藻）*Audouinella cylindrica* Jao.

澜沧江、瑞丽江、响水河。生境：泉水井和溪流中水生高等植物上。

（4）印度奥杜藻（原变种）（优美旋体藻原变种）*Audouinella eugenea*（Skuja）Jao var. *eugenea*

腾冲。生境：泉水冲击处岩石上。

（5）印度奥杜藻侧枝变种（优美旋体藻侧枝变种）*Audouinella eugenea* var. *secundata* Jao

怒江水系河流、大盈江，腾冲。生境：缓流山溪岩石和沉水植物根上。

（6）察莱奥杜藻（原变种）（硬枝旋体藻原变种）*Audouinella chalybea*（Roth.）Bory var. *chalybea*

澜沧江水系泉水，大理。生境：井水，泉水及泉水的池塘石壁，滴水岩石，着生，寡污。

（7）奥杜藻一种 *Audouinella* sp.

澜沧江、螳螂川。

Ⅳ 红索藻科 Thoreaceae

（8）棘刺红索藻原变种 *Thorea hispida*（Thore）*Desvaux emend.* var. *hispida*

景洪。生境：泉和溪中小石块上。

Ⅴ 串珠藻科 Batrachospermaceae

（9）串珠藻 *Batrachospermum moniliforme* Roth

澜沧江。生境：缓流遮荫的池中石上，着生，β 中污，寡污。

（10）云南串珠藻 *Batrachospermum yunnannensse* S. L. Xie et z. x. Shi

景洪（模式产地）。生境：山溪的岩石。

（11）弯形串珠藻 *Batrachospermum curvatum* Z. X Shi

开远。生境：泉水中。

（12）四川串珠藻 *Batrachospermum szechwanense* Jao.

澜沧江。生境：急流水磨坊的水泥壁。

Ⅵ 鱼子菜科 Lemaneaceae

（13）中华鱼子菜 *Lemanea*（*Sacheria*）*sinica* Jao

中甸（模式产地），澜沧江。生境：急流中岩石上。

（14）链状拟鱼子菜 *Paralemanea catenata*（Kützing）Vis et Sheath

勐海。生境：固着急流中岩石。

（15）小型拟鱼子菜 *Paralemanea parvula*（Sirodot）Xie et Shi

景洪。生境：固着山溪中岩石。

2.3 褐藻门 PHAEOPHYTA

2.3.1 形态结构

褐藻为多细胞、大型，细胞含有大量叶黄素，色素体黄褐色。大多有孢子体世代和配子体世代交替，生殖细胞有鞭毛。同化产物主要是褐藻淀粉、甘露醇。胞壁2层，内纤维质，外果胶质。色素体1个，或多数，无蛋白核，胞核1个。

2.3.2 生殖

有营养生殖、无性生殖、有性生殖3种生殖方式。

2.3.3 生态分布

绝大部分海产。全世界淡水褐藻仅8种，生长在清凉、洁净、稳定的水体。

2.3.4 经济意义

海产褐藻有食用、药用、工业原料等很多用途，海带 Laminaria japonica Arcschoug 是重要食品，碘含量占干重的0.08% ~0.76%。褐藻燃灰中可获得 Na_2CO_3。可提取褐藻胶、碘等。藻胶酸和藻胶酸盐有广泛用途。作肥料有更多钾，较少氮、磷。做辅助饲料，有维生素 B、C、D、E、K，微量元素 B、Co、Cr、I、Mo、Ni、Zn 等。

2.3.5 分类

褐藻门有1纲13 ~14目240属1500种，淡水种类不到10种。我国淡水类褐藻报道3种，分属2个目，2种在四川北陪嘉陵江急流处岩石上（模式产地），1种在湖北通山。云南尚无报道。

2.4 隐藻门 CRYPTOPHYTA

2.4.1 形态结构

单细胞，多数种类浮游，具鞭毛。有鞭毛种类细胞多为长椭圆形、卵形，前端圆形，或斜向平截，或斜截头形，后端宽圆或尖。无纤维质胞壁，裸出、有柔软表质，表质分2层。藻体纵扁，背侧略凸，腹侧平直或略凹。腹面偏于一侧，有由前端向后延伸的纵沟，纵沟前端长出鞭毛2条，近等长，多数种类鞭毛基部有口沟伸向原生质体深处，有的鞭毛生于侧面。纵沟或口沟或咽喉两侧常有多个刺丝胞。刺丝胞是强折光的微小颗粒，有的无刺丝胞。大形叶状色素体1~2个或多个，藻体黄绿色、黄褐色、蓝绿色、橄榄绿色、蓝色、红色，有些无色素体。色素为叶绿素a、c、藻胆素。细胞核1个，常位于后端，伸缩泡在后部，造粉核有或无，同化产物为淀粉、油滴。

2.4.2 繁殖

细胞纵分裂为主，环境不良时可形成包囊。无有性繁殖。

2.4.3 生态分布

少数海水，多为淡水产。喜在有机质多、硬度大、碱性的水体，但也有的种类偏爱清水。喜温暖季节，尤喜动物性氮、有机质多的水体，施肥投饵池塘、小湖，春暖时候常大量繁殖，可形成"水华"，为肥水的主要成分。有的无色素体，营腐生性营养，如绿胞藻（素隐藻）。

2.4.4 经济意义

隐藻为鲢、鳙等鱼能消化的优质饵料，是鱼苗主要的天然食物之一。

2.4.5 分类

隐藻门只有1个纲，即隐藻纲 CRYPTOPHYCEAE。2个目：隐球藻目 CRYPTOCOCCALES 种类少，湖泊中不常见，为不能运动的单细胞种类，有整体纤维质胞壁，生殖由动孢子进行，动孢子形态结构类似裸出的、能运动的种类；隐鞭藻目 CRYPTOMONADALES 种类多，分5科，我国仅记载1个隐鞭藻科 Cryptomonadaceae。常见的有2个属：隐藻属 *Cryptomonas*、蓝隐藻属 *Chroomonas*。国外已记录隐藻属30多种，蓝隐藻属11个淡水种。

2.4.6 云南隐藻名录

隐鞭藻目 CRYPTOMONADALES

隐鞭藻科 Cryptomonadaceae

（1）尖尾蓝隐藻 *Chroomonas acuta* Uterm.

澜沧江，滇池、洱海。生境：分布广泛，各种静止小水体。

（2）蓝隐藻一种 *Chroomonas* sp.

抚仙湖等湖泊。

（3）卵形隐藻 *Cryptomonas ovata* Ehr.

澜沧江、大盈江，滇池、洱海、程海、泸沽湖、异龙湖、赤瑞湖等，松华坝等。生境：水池、鱼池、湖泊。

（4）啮蚀隐藻 *Cryptomonas arosa* Ehr.

滇池、洱海。生境：分布极广，塘堰、鱼池、湖泊，浮游，耐污、α中污、β中污，咸淡水。

（5）马氏隐藻 *Cryptomonas marssonii* Skuja

滇池。

（6）隐藻一种 *Cryptomonas* sp.

澜沧江、怒江、螳螂川、洒鱼河、南腊河等，滇池、抚仙湖、泸沽湖、星云湖、异龙湖、赤瑞湖、北海等，鲁布革，鱼池塘等；洱海下关、喜洲。

2.5 甲藻门 PRROPHYTA

2.5.1 形态结构

绝大多数种类为单细胞，很少丝状，群体。色素体的色素为叶绿素a、叶绿素c、β胡萝卜素、叶黄素（环甲藻素、新甲藻素、甲藻黄素），色素体常盘状、多数、黄褐色、暗褐色、红色、蓝绿色，藻体呈黄绿素至金黄褐色。极少数种类无色。同化产物淡水种类为淀粉。绝大多数具2条鞭毛，又称双鞭藻类。具鞭毛种类少数无细胞壁而细胞裸出，仅具表质，多数有一定形态、排列、数目的纤维素小板块组成的胞壁。细胞球形、椭圆形到针状，或多或少纵扁或侧扁，有背、腹之分，细胞裸露或有胞壁。环沟全环或半环，腹面有纵沟。鞭毛2条，由环沟与纵沟相交处上、下部发出。上条绕环沟内，称横沟鞭毛、带状，做波状运动，使水流动，身体做旋转；下条在纵沟内，称纵沟鞭毛、线状，拖向后，做起伏波状运动使身体前进。极少数种类无鞭毛。横沟（腰带）以上称上锥部（上甲）。横沟以下称下锥部（下甲）。甲片有一定名称，数目、形态、排列是重要的分类依据之一，可用甲片式表示。甲片上常有突起、小孔、花纹等。

细胞核1个，大而明显，圆形、椭圆形或细长形，染色质排列成准串珠状。

纵裂甲藻类，胞壁由左右2片组成，鞭毛顶生，无纵沟或横沟。横裂甲藻类壳壁由许多小板片组成，板片有时具角、刺、乳头状突起，表面常具圆孔纹或窝孔纹。大多数种类具1条横沟和1条纵沟。

2.5.2 繁殖

甲藻以细胞横、斜分裂为主。极少数不运动的种类则产生动孢子（游泳孢子）或不动孢子（似亲孢子）。有时形成休眠子，有性生殖只在极少数种类发现。不能运动的单细胞种类，湖泊中不常见，有整体纤维质胞壁，而动孢子形态结构类似裸出的、能运动的种类。

2.5.3 生态分布

大多数海水分布，淡水、半咸水均有分布，少数寄生在鱼类、桡足类及其他无脊椎动物体内。喜生活在有机质多、硬度大、碱性的池塘，小湖。温暖季节数量多，能形成“水华”，一般维管束植物较多的地方数量多；对环境变化的感应较隐藻灵敏，季节变化显著，如角甲藻还有季节变异。

2.5.4 经济意义

甲藻是水生动物的主要饵料之一，除少数红色、蓝绿色种类之外，均为鲢能消化的良好饵料。但甲藻过量繁殖而形成“赤潮”时，对鱼类危害很大。

2.5.5 分类

甲藻门有1个纲：甲藻纲，2亚纲——纵裂甲藻亚纲 DESMOKONTAE：多为海产，淡水类很少，我国无报道；横裂甲藻亚纲 DINOKONTAE：淡水中常见的有2目，即裸甲藻目 GYMNODINIALES、多甲藻目 PERIDINIALES。裸甲藻目有6科，其中5科为海产，仅1科（裸甲藻科 Gymnodiniaceae）能生活在海水、淡水、半咸水中。裸甲藻科分4属，我国只记载1属，即裸甲藻属 *Gymnodinium*，此属国外报道海水、淡水共有130种左右。多甲藻目也生活在海水、淡水、半咸水中，我国记录有3科：①薄甲藻科 Glenodiniaceae 仅1属，薄甲藻属 *Glenodinium*，多为淡水类型；②多甲藻科 Peridiniaceae，有2属，我国只有1个属，即多甲藻属 *Peridinium*，大多海生，淡水种类很少；③角甲藻科 Ceratiaceae 只1属，即角甲藻属 *Ceratium*，主要海产，淡水种类极少。据报道，海水和淡水中薄甲藻属约有4种，多甲藻属200种，角甲藻属80种。

2.5.6 云南甲藻名录

裸甲藻目 GYMNODINIALES

Ⅰ 裸甲藻科 Gymnodiniaceae

（1）裸甲藻 *Gymnodinium aeruginosum* Stein.

澜沧江，滇池、北海等，鱼池塘等。生境：分布广，贫营养到富营养水体均可生长。

（2）具沟裸甲藻 *Gymnodinium fuscum*（Ehrenberg）Stein.

滇池。

（3）裸甲藻一种 *Gymnodinium* sp.

洒鱼河等，滇池、程海、异龙湖、赤瑞湖。

多甲藻目 PERIDINIALES

Ⅱ 薄甲藻科 Glenodiniaceae

（4）光薄甲藻 *Glenodinium gymnodinium* Pen.

澜沧江，滇池、异龙湖、赤瑞湖。生境：大量繁殖时可形成赤潮。

（5）薄甲藻 *Glenodinium pulvisculus*（Ehr.）

Stein.

滇池、洱海、北海。生境：分布广，真性浮游种类，在春、冬季低温水体中常出现。

（6）四齿薄甲藻 *Glenodinium quadridens* (Stein.)

蝗螂川，滇池。

（7）“奇型”薄甲藻 *Glenodinium paradoxus* Schilling

滇池。

（8）薄甲藻一种 *Glenodinium* sp.

澜沧江、怒江、洒鱼河等，滇池、泸沽湖、异龙湖、赤瑞湖、清水海等，金钟山、漫飞龙水库。

Ⅲ 多甲藻科 Peridiniaceae

（9）二角多甲藻 *Peridinium bipes* Stein.

澜沧江，洱海、程海、异龙湖、赤瑞湖等。生境：广布湖、池的常见种类，浮游，β 中污，寡污。

（10）表式二角多甲藻 *Peridinumi bipes* f. *tabulatum* (Ehr.)

滇池。

（11）盾形多甲藻 *Peridinium umbonatum* Stein

滇池。生境：广布贫营养到富营养的各种大、小水体。

（12）沃尔多甲藻 *Peridinium volzii* Lemm.

澜沧江，滇池、程海、异龙湖、赤瑞湖等，水库。生境：广布湖、泽、塘的常见种。

（13）微小多甲藻 *Peridinium pusillum* (Pen.) Lemm.

滇池、泸沽湖等，松华坝等。生境：广布各种静止水体。

（14）挨尔多甲藻 *Peridinium elpatiewskyi* (Qstenf.) Lemm

滇池、洱海、程海、抚仙湖、大山包、北海、清水海，松华坝，澜沧江、怒江水系中的静水体。生境：分布较广，湖泊、池塘浮游种类。

（15）腰带多甲藻 *Peridinium cinctum* (O. F. M.)

金沙江水系，程海等，松华坝、金钟山等。生境：浮游，β 中污，寡污。

（16）不显著多甲藻 *Peridinium inconspicuum* Lemm. tab. Contactum (Playf.) Lef.

金沙江、澜沧江水系，宁蒗山边小池塘。生境：浮游，寡污。

（17）扁面多甲藻 *Peridinium tabulatum* Ehrenberg

滇池。生境：浮游，寡污。

（18）一种多甲藻 *Peridinium penardiforme* Lind.

滇池草海。

（19）多甲藻一种 *Peridinium* sp.

澜沧江、怒江、蝗螂川等，滇池、异龙湖、赤瑞湖、北海等，松华坝等，鱼池塘等。

Ⅳ 角甲藻科 Ceratiaceae

（20）角甲藻 *Ceratium hirundinella* (Müll.) Schr.

澜沧江、怒江、蝗螂川、金沙江、大盈江、多依河，滇池、洱海、程海、泸沽湖、清水海、抚仙湖、阳宗海、星云湖、杞麓湖、异龙湖、赤瑞湖、大山包、北海、松华坝、金钟山、漫飞龙、鲁布革，鱼池塘。生境：极广，各静止水，浮游，β 中污，寡污。若与空球藻、实球藻共存，那水便是典型 β 中污。

（21）角甲藻短角变型 *Ceratium hirundinella* f. *brachyceroides* (Schroed.)

金沙江、澜沧江、怒江水系的静水、流水，丽江白汉场水库。

（22）角甲藻叉状变型 *Ceratium hirundinella* f. *furcoides* (Schroed.)

金沙江水系的静水、流水，丽江白汉场水库。

（23）一种角甲藻变型 *Ceratium hirundinella* f. *gracile* (Bachm.)

金沙江水系湖泊。

（24）角甲藻强壮变型 *Ceratium hirundinella* f. *robustum* (Amb. Bachm.)

金沙江、澜沧江水系湖泊和泉水，剑川剑湖，洱海、抚仙湖。

（25）角甲藻云南变型 *Ceratium hirundinella* f. *yunnanense* (Skuja) H. P

澜沧江水系湖泊，洱海。

（26）另一种角甲藻变型 *Ceratium hirundinella* f. *austriacum* (Zed.) Bachm.

滇池。

（27）短角甲藻 *Ceratium cornutum* (Ehrenberg) Claparede de Lachmann

澜沧江，滇池等，鱼池塘等。

球甲藻目 DINOCOCCALES

Ⅴ 囊甲藻科 Cystodiniaceae

（28）弯囊甲藻 *Cystodinium novaculosum*

滇池。

2.6 金藻门 CHRYSOPHYTA

2.6.1 形态结构

藻体呈金黄褐色，色素体的色素以叶绿素 a、c，β 胡萝卜素，2 种黄色素（泥黄素和岩黄素，合称金藻素）为主，色素体 1～2 个，大而片状、侧生，造粉核一般缺乏，有的有简单的蛋白核，同化产物为白色球形的白糖素、黄色脂肪小滴。细胞核 1 个。大多数为具鞭毛、能运动的单细胞或群体，能运动的种类大多无胞壁，标本难保存。极少数无鞭毛而具伪足。不运动的种类呈球形、不定形、分支丝状体。有的种类细胞外具硅质小片或钙质小片、小刺，或硅质囊壳。不运动种类有果胶质为主的细胞壁。运动种类有 1 条鞭毛或 2 条等长或不等长鞭毛，罕有 3 条，鞭毛基部有 1～2 个伸缩泡，有的有眼点。营养有光合营养、渗透营养、吞食营养。

2.6.2 繁殖

以细胞纵分裂增殖成 2 个细胞。群体细胞增多，体积增大后分割断裂成 2 或几个小群体，或以细胞从群体中脱离发育成新群体。不能运动的种类产生单鞭毛或双鞭毛的动孢子，孢子裸露，具 1～2 个色素体。有一些种类常在细胞内产生静孢子（内生孢子），孢子球形、椭圆形，具 2 片硅质化的壁，顶端开 1 小孔，孔有胶塞。有性生殖极少见。生殖细胞具鞭毛。

2.6.3 生态分布

金藻种类繁多，海水、淡水、半咸水到处都有，但主要生活于淡水。有的金藻呈胶质膜状、皮壳状团块附生于岩石表面或树木表面。多在透明度较大、温度较低、有机质含量低的软水中，一般冬季、早春、晚秋较寒冷季节大量繁殖，中层、下层的水中最多。对环境温度变化感应性极灵敏，各季、各月数量随温度有明显变化。云南泸沽湖中锥囊藻占绝对优势，湖水温度低、水质清洁。

2.6.4 经济意义

金藻类都能为鲢鱼消化，有些种类原生质裸露，白糖素、脂肪营养丰富，在早春、晚秋水温低时，许多其他藻类数量、生物量减少，金藻却繁盛，因而成为低温时期主要浮游藻类饵料之一，具有特别意义。小三毛金藻可引起鱼类大量死亡。金藻对环境水质、水温变化敏感，为指示生物。

2.6.5 分类

金藻门仅 1 个纲：金藻纲 CHRYSOPHYCEAE，5 个目，估计有 200 属 1000 种。棕鞭藻属 *Ochromonas*、锥囊藻属 *Dinobryon* 为湖泊中常见种类。在云南鱼鳞藻属 *Mallomonas*、黄群藻属 *Synura* 也比较常见。棕鞭藻属 40 多种，多数在淡水而少数在海水，锥囊藻属 17 种，均在海水和淡水，鱼鳞藻属 60 种，黄群藻属 10 种。

2.6.6 云南金藻录名

金藻目 CHRYSOMONADALES

Ⅰ 单鞭金藻科 Chromulinaceae

（1）卵形单鞭金藻 *Chromulina ovalis* Klebs.

澜沧江，滇池、洱海。生境：湖、塘、泽，有时大量出现，使水着色或形成漂浮层。

Ⅱ 室胞藻科 Oikomonadidae

（2）一种金藻 *Thylacomonas compressa* Schewiakoff

滇池、洱海。

Ⅲ 鱼鳞藻科 Mallomonadaceae

（3）具尾鱼鳞藻 *Mallomonas candata* Iwan.

螳螂川，滇池、异龙湖、赤瑞湖、北海。生境：分布广泛，湖、塘、泽、坑。

（4）延长鱼鳞藻 *Mallomonas elongata* Rev.

异龙湖、赤瑞湖，漫飞龙。生境：分布广泛。

（5）伸长鱼鳞藻 *Mallomonas producta* Iwar.

大理洱海。

（6）尖尾鱼鳞藻 *Mallomonas caudata* Conrad.

大理洱海。

Ⅳ 黄群藻科 Synuraceae

（7）黄群藻 *Synura urella* Ehr.

澜沧江、螳螂川、洒鱼河，滇池、洱海、异龙湖、赤瑞湖，松华坝，鱼池塘。生境：广布种，湖、坑、稻田、泽，浮游，α 中污、β 中污、寡污。

Ⅴ 棕鞭藻科 Ochromonadaceae

（8）变形棕鞭藻 *Ochromonas mutabilis* Klebs.

滇池。生境：湖、池、泽。

（9）美洲拟辐尾藻 *Uroglenopsis umericana* Lemm.

泸沽湖等湖泊。生境：湖、塘，特别在贫营养水体常大量出现。

（10）分歧锥囊藻 *Dinobryon divergens* Imh.

澜沧江，洱海、北海，水库。生境：湖、池常见，浮游，β 中污，寡污，一般在清洁、贫营养水体。

（11）圆筒锥囊藻 *Dinobryon cylindricum* Imh.

泸沽湖等。生境：湖、池，浮游，寡污。

（12）长锥形锥囊藻 *Dinobryon bavarium* Ihm.

澜沧江、螳螂川，滇池、杞麓湖、清水海等。生境：湖、塘，浮游。

（13）密实锥囊藻 *Dinobryon sertularia* Ehr.

澜沧江，滇池、异龙湖、赤瑞湖，松华坝等。怒江水系的泉水。生境：湖、塘，β 中污，寡污。

（14）突出密实锥囊藻变种 *Dinobryon sertularia* var. *protuberans*（Lemm.）

滇池。生境：湖、池。

（15）群集锥囊藻 *Dinobryon sociala* Ehr.

澜沧江水系湖泊。生境：湖、塘。

（16）一种锥囊藻 *Dinobryon* sp.

澜沧江、螳螂川、洒鱼河等，滇池、洱海、阳宗海、泸沽湖、抚仙湖、异龙湖、赤瑞湖、禄劝轿子雪山顶雪池湖泊等，漫飞龙。

2.7 黄藻门 XANTHOPHYTA

2.7.1 形态结构

色素体的色素为叶绿素 a、c，β 胡萝卜素，3 种黄色素：黄体素、堇黄素、新叶黄素，无叶绿素 b，藻体呈黄绿色。同化产物滴状脂肪或白糖素，决无淀粉。运动个体及生殖细胞，顶生不等长鞭毛 2 条。许多种类的营养细胞，胞壁由大小相等或不等的 2 节片套合成，果胶质为主，有的含硅质（SiO_2）沉积，分层，有的如黄丝藻等胞壁有纤维质。运动营养细胞有 2 条不等长、彼此间有一定距离的鞭毛，长的 1 条茸鞭型向前、短的 1 条尾鞭型向后，故称为不等鞭毛藻。色素体多盘状、板状，少数环状、杯状，一个细胞中多数，但有 1 ~2 个者。通常无蛋白核。多数种类细胞核 1 个，但有多核者。两片合成孢壁的内生休眠子种类很少。

黄藻门中，浮游种类很少，运动型种类不多。大多为无鞭毛不能运动种类，体形为单细胞、群体、多核管状、多细胞丝状体。单细胞和群体的多数个体，胞壁由“凵”形的相等或不等 2 个节片组成。管状、丝状体种类，胞壁由“H”形的 2 个节片套合组成。节片重叠愈合，胞壁薄者不易看出，胞壁很厚者，分层、易看，少数科属细胞壁无节片。

2.7.2 繁殖

无性生殖以细胞分裂、群体碎裂、丝状体断裂。大多能形成动孢子，梨形，前端 2 条不等长鞭毛，长鞭伸向前，短鞭拖向后。也能形成不动孢子的静孢子，或孢子还在母细胞里时已经像成长的细胞形态的似亲孢子。少数种类（具鞭毛和伪足型的种类）能形成内生孢子，有的形成厚壁孢子，少数属种发现有性生殖，常为同配式。

2.7.3 生态分布

多半水生，海水、半咸水中种类极少。主要分布于淡水，习性似金藻，尤喜半流动、较清洁、半永久性或永久性的湖泊和池塘软水水体，适应性强，在温度较低的季节生长旺盛。多数黄藻喜欢钙，有的则喜好沼泽，有的宁可在酸性水中。许多黄藻营浮游生活，但绝不会比硅藻、甲藻、绿藻多。黄藻都弱小、柔软，采集、运输中易破碎，固定后识别困难。少数气生种类生长在潮湿土壤、树皮、墙壁上。

2.7.4 经济意义

大多为鲢的食料，丝状种类、厚胶被种类如黄丝藻、黄被藻等，鲢多不易消化。常在一个水体大量繁殖，其他浮游藻类相应减少。

2.7.5 分类

黄藻门有2个纲——黄藻纲和绿胞藻纲。黄藻纲7个目（以下所列名录中未列无隔藻目归绿藻门），100多个属600多个种，我国有5目11科21属86种5变种3变形；绿胞藻纲研究较少，属种不多，我国有3属5种（主要参考王全喜，2007）。

2.7.6 云南黄藻名录

一、黄藻纲 XANTHOPYCEAE

异球藻目 HETEROCOCCALES

Ⅰ 胶葡萄藻科 Gloeobotrydaceae

（1）绿囊藻 *Chlorobotrys regularis*（W. West）Bohlin

异龙湖、赤瑞湖。生境：湖泊中浮游。

Ⅱ 刺棘藻科 Centritractaceae

（2）具针刺棘藻 *Centritractus belonophorus*（Schmidle）Lemm.

螳螂川，滇池、异龙湖、赤瑞湖，鱼池塘等。生境：池塘中浮游。

（3）圆头刺棘藻 *Centritractus rotundatus* Pascher

异龙湖、赤瑞湖。

Ⅲ 绿匣藻科 Chlorotheciaceae

（4）小型黄管藻 *Ophiocytium parvulum* A. Br.

澜沧江，丽江。生境：河边积水、坑、泽、盐湖。

（5）尖头黄管藻 *Ophiocytium capitatum* Woll.

原变种 var. *capitatum*

异龙湖、赤瑞湖。生境：坑、塘、稻田。

（6）单刺黄管藻 *Ophiocytium lagerheimi* Lemm.

丽江、滇池、异龙湖、赤瑞湖，松华坝等。生境：路边积水、坑、泽、泉、河。

（7）树状黄管藻 *Ophiocytium arbuscula*（A. braun）Rabenhorst.

中甸属都河边山泉集水坑。生境：水坑、山泉积水。

（8）极小拟小桩藻 *Characiopsis minima* Pascher

丽江。生境：着生泉水中丝状藻上。

异丝藻目 HETEROTRICHALES

Ⅳ 黄丝藻科 Tribonemataceae

（9）小型黄丝藻 *Tribonema minus*（Will.）Haz.

澜沧江、螳螂川、响水河等，滇池、洱海等湖泊，大理。生境：路边积水、河滩、溪、坑、泉、湿地、盐湖。

（10）近缘黄丝藻 *Tribonema affine* G. S. West

洱海，丽江、中甸。生境：路边积水、河边、塘、坑、泉。

（11）囊状黄丝藻 *Tribonema utriculosum* Haz.

洱海。生境：较冷的静止水体。

（12）丝状黄丝藻 *Tribonema bombycium*（Ag.）Derb. et Sol.

原变种 var. *bombycium*

滇池。生境：路边积水、坑、塘、泉、河、泽、稻田，浮游，β中污，寡污。

（13）丝状黄丝藻普通变种 *Tribonema bombycium* var. *vulgare* Pasch.

螳螂川。生境：水坑、池塘。

（14）绿色黄丝藻 *Tribonema viride* Pasch.

澜沧江、螳螂川。生境：最常见种类，多在含钙水体和温泉。

（15）黄丝藻一种 *Tribonema* sp.

澜沧江，滇池、抚仙湖、星云湖、异龙湖、赤瑞湖，鲁布革。

异管藻目 HETEROSIPHONALES

Ⅴ 气球藻科 Botrydiaceae

（16）气球藻 *Botrydium granulatum*（L.）Grev.

澜沧江、瑞丽江。生境：温暖地区较常见，潮湿、肥沃土壤上，大小个体集结。

（17）气球藻一种 *Botrydium* sp.

澜沧江、螳螂川、南腊河，滇池，松华坝。

二、绿胞藻纲 CHLOROMONADINEAE

Ⅵ 绿胞藻科 Chloromonadaceae

（18）膝口藻 *Gonyostomum semen*（Ehr.）Dies.

澜沧江。生境：小水体的塘、泽（特别是泥炭沼泽）。有时在湖泊沿岸带。

（19）扁平膝口藻 *Gonyostomum depressum*（Laut.）Lemm.

异龙湖、赤瑞湖。生境：较常见，温暖季节的肥沃鱼池，水草茂密的水体常出现。

（20）宽膝口藻 *Gonyostomum latum* Iwan.

澜沧江。

2.8 硅藻门 BACILLARIOPHYTA

2.8.1 形态结构

硅藻门的显著特征表现在细胞形态、色素、硅质化细壁。胞壁 2 片合成，壳面花纹辐射对称或左右对称排列。色素体中含有叶绿素 a、c，β 胡萝卜素，岩藻黄素，硅甲藻素等。色素体有多种形态和数目，中心藻纲色素体多为小型、盘状，数目较多；羽纹藻纲色素体多为大型、片状、叶状，1~2 个，也有小盘状、多数者。藻体呈褐色、黄褐色、黄绿色。同化产物主要为反光极强的小球状脂肪，有些种类还具有无淀粉鞘而裸出的蛋白核。硅藻细胞核 1 个，用甲基蓝染色可看到。营养细胞无鞭毛。繁殖形成复大孢子。浮游种类多数为单细胞，少数以多种方式联缀成群体。

细胞形态多种多样，有圆形、多角形、纺锤形、新月形、S 形、弓形等。单细胞体或以单细胞分泌的胶质，将细胞连成丝状、带状、星状、放射状等群体。细胞胞壁内层果胶质，外层大量硅质，形成无色、透明、坚硬壳体，由一个稍大、一个稍小，纵断面为“凵”形壳片上下套合而成，像一小盒。大的一片相当于盒盖，称上壳，小的一片相当于盒身，称下壳。两壳套合重叠部分，水平方向看，相当于盒的侧面叫带面（连接带、壳环）。壳的正面，垂直方向看，相当于盒的上、下两面，即壳顶和壳底，叫壳面。

藻体带面多为长方形。中心藻纲有鼓形、圆柱形、长圆柱形。两壳套合部分，无花纹，叫接合带，在接合带两侧，或两侧边缘有花纹。有些种类在接合带两侧有 1 条、2 条或数条鳞片状、环状、带状、领状部分，叫间生带，它是一种附加在壳面与壳环之间再插入的连接带，有狭长、横列的小室，看起来是些排列在壳面和带面两侧的“U”形粗花纹，叫肋纹。有些种类在壳的边缘有纵走的凸起，称龙骨。壳片内有间生带向细胞腔内突起，伸展成片状称纵隔片和横隔片。有些硅藻细胞壁上向细胞腔内产生板状突，常与间生带有关，也叫隔片，把细胞分成几个小区。有的种类上下壳面（壳瓣）内也产生隔片。间生带和隔片有增强胞壁的作用。

藻体壳面有不同的形态、不同的结构，分 2 大类——辐射对称和两侧对称。具此，硅藻门又分两大类群——中心藻纲和羽纹藻纲。

中心藻纲：壳面多数圆形，也有三角形、多角形、椭圆形、卵圆形等，壳面花纹一般为孔纹或眼纹，基本上由中心向四周辐射对称排列。

羽纹藻纲：羽纹藻纲壳面一般狭长，有线形、披针形、椭圆形、卵圆形、菱形、舟形、纺锤、“S”形、弓形、新月形、提琴形、棒形等，两端同形同大或否，壳面花纹左右对称，一般为排列在壳缝或假壳缝两侧线纹，是由若干小孔排列成行，密的像实线，疏的像点线。基本上是长形两侧对称。

羽纹藻纲多数种类，壳面中央或一侧有 1 条纵向的无纹平滑区，称中轴区，中轴区中部有 1 条纵走、内外相通的壳缝或脊线（纵沟），壳缝呈 V 形、“S”形、直线形、弧形，波形。壳缝在中央中断、增厚、内突、无纹为中央节，有些种类中央节向两侧伸展，无纹为辐节。壳缝两端增厚成一般弧形、围住形极节（端结节）。有壳缝的种类通常有运动能力。有些种类如菱形硅藻、双菱硅藻，壳缝是 1 条纵走的沟管，以极狭的裂缝与外界相通，内面开口细胞内部是 1 列细管，叫管壳缝，常位于壳片边缘、纵走的突起龙骨上，多半无中节、极节。壳缝位置、长短、形态各不相同，有的位于一侧、边缘，花纹左右不对称。有的在壳片两端。有些羽纹藻，壳纹沿壳面两侧排列而不到达中线，在中央部分形成一空白区，外观很像壳缝，叫假壳缝，实际无壳缝，只是 1 条综贯中央、无纹的区域，无运动能力，有些假壳缝种类，还有不增厚的假中央节。大多数浮游性硅藻胞壁有各种角突、棘、刺毛等附属物。

2.8.2 繁殖

有 4 种繁殖方式：① 细胞纵裂，为主要方式，分裂时上下壳脱开，每瓣壳各新生 1 个下壳，形成 2 个新个体。②复大孢子，细胞分裂方式使细胞体积愈分愈小，若干次分裂后，常形成复大孢子，使细胞恢复到原来大小，增强生命力。其形成有 2 种方式，无性方式由营养细胞直接产生；有性方式又有 2 种，一种由 2 母细胞各产生 2 个配子，彼此成对结合形成 2 个复大孢子，另一种在不同细胞产生精子或卵，结合生成 1 个或 2 个复大孢子。③ 小孢子，常在细胞内产生许多小孢子，数量多为 2 的倍数，小孢子有色素体，有或无鞭毛。④ 休眠孢子，环境条件不利时，在母细胞内形成厚壁的休眠孢子，环境好转时再萌发成新个体。

2.8.3 生态分布

种类很多，分布极广，海水、半咸水、淡水、陆地都有。淡水浮游硅藻形态比海水浮游硅藻单调。潮湿的土壤、墙壁、岩石、树皮、苔藓植物之间都能生长。在水体中为浮游或着生状态生活，各种水体中大量存在，淡水湖中以羽纹藻纲种类为多。习性上适宜较冷的、温度较低的水体，地理上寒带、温带、高山、高原较多。有春、秋 2 个高峰，春季最旺盛，秋季多，夏秋之间也多。有些种类在 70℃ 的温泉中能正常生长繁殖，许多喜欢硬水，离岸较远部位多。异壳硅藻、异极硅藻、曲壳硅藻、放射硅藻、纺锤硅藻是着生的，被水流冲刷成为浮游者。

2.8.4 经济意义

硅藻是水域食物链的重要环节，是鱼类、贝类和其他水生动物重要饵料之一，鱼类能消化的藻类之一，养殖上天然肥水的主要成分和标志。是一般鱼苗鱼种的食料，也是以浮游植物为食的成鱼之主要饵料。硅藻土工业上有广泛应用。化石硅藻在石油地质、古地理研究方面都有一定的参考价值。许多硅藻能指示水体特征，如孟氏小环藻 *Cyclotella meneghiniana* 指示富营养水体。

2.8.5 分类

硅藻门分为 2 个纲：中心藻纲 CENTRICAE 共分 3 目，大多在海水，淡水中少；羽纹藻纲 PENNATAE 共分 5 目，多分布于淡水，海水中少。已记录 10 万种以上有特征性的种，但硅藻壳变异显著，其中可作为真正种的只有16 000种，2 个纲的种数约相等（主要参考：齐雨藻，1995，2004；施之新，2004）。

2.8.6 云南硅藻名录

一、中心藻纲 CENTRICAE

圆筛藻目 COSCINODISCALES

I 圆筛藻科 Coscinodiscaceae

（1）变异直链藻 *Melosira varians* Ag.

澜沧江、怒江、螳螂川、金沙江、瑞丽江、响水河、洒鱼河、勐腊南腊河、小河流等，滇池、洱海、泸沽湖、杞麓湖、异龙湖、赤瑞湖、北海、清水海等，金钟山、鲁布革等，鱼池塘等。生境：普生，偶然浮游，内陆各水体和泥中，有机污染水体指示生物。

（2）颗粒直链藻（原变种）*Melosira granulata*（Ehr.）Ralfs var. *granulata*

澜沧江、螳螂川、大盈江、瑞丽江、小河流等，滇池、洱海、抚仙湖、泸沽湖、杞麓湖、异龙湖、赤瑞湖、北海、清水海，金钟山，鱼池塘等。腾冲中新世地层化石；云南其他地方。生境：普生，浮游，各种淡水，耐污损生物。

（3）颗粒直链藻最窄变种 *Melosira granulata* var. *angustissima* O. Muell.

丽江、德钦、贡山，澜沧江、螳螂川，滇池、洱海、程海、抚仙湖、异龙湖、赤瑞湖，金钟山，鱼池塘。生境：普生，浮游，在湖、河、池、库，喜碱，耐污。

（4）冰岛直链藻 *Melosira islandica* O. Müller.

响水河，滇池、洱海等。生境：普生，浮游。

（5）冰岛直链藻淡黄亚种 *Melosira islandica*

supsp. *helvetica* O. Müller

德钦，其他江河。生境：真性浮游，在河、湖、池，也在河口、近海岸海湾。

（6）意大利直链藻（原变种）*Melosira Italica*（Ehrenberg）Küetzing var. *Italica*

澜沧江、螳螂川等，抚仙湖、异龙湖、赤瑞湖、滇池、洱海等，福贡。化石：维西，新第三纪地层。生境：普生，喜碱，在河、湖、池、溪等的沿岸带。

（7）意大利直链藻粗状变种 *Melosira Italia* var. *valida*（Grunow）Hustedt

滇池、洱海、抚仙湖、杞麓湖、大屯海等。生境：普生，喜碱，在河、湖、池中。

（8）模糊直链藻 *Melosira ambigua*（Grunow）O. Müller

江河，洱海、杞麓湖、大屯海等，中甸、奔子栏、维西、腾冲。化石：维西、腾冲，上新世地层。生境：浮游，耐污，在河、湖、池中，有时附水草、岩石上。

（9）具帽直链藻 *Melosira cucullata* Chen

江河。生境：溪流中，与藓类混生。

（10）远距直链藻（原变种）*Melosira distans*（Ehrenberg）Küetzing var. *distans*

剑川、中甸、德钦、贡山，江河，大屯海、抚仙湖等。生境：在泉、湖、池、泽中，酸性水浮游种类。

（11）念珠直链藻具棘变种 *Melosira moniliformis* var. *hispida*（Castracane）Limmermann

贡山，江河，湖泊等。生境：在泉、湖、池、泽中，附藓丛或他物上。

（12）辐凹直链藻云南变种 *Melosira radiato - sinuata* var. *yunnanica* Chen

福贡，江河，湖泊等。生境：海拔 2000 ~ 2700m 的滴水岩和阴湿的山泉石壁。

（13）罗兹直链藻（原变种）*Melosira roeseana* Rabenhorst var. *roeseana*

福贡，江河，湖泊等。生境：在湖、溪、稻田、石块上附着。

（14）罗兹直链藻树皮变种 *Melosira roeseana* var. *epidendron*（Ehrenberg）Grunow

江河，抚仙湖、阳宗海等。生境：湖、溪、潮湿岩石上附着。

（15）直链藻一种 *Melosira* sp.

澜沧江、螳螂川、瑞丽江，滇池、杞麓湖、北海等，松华坝等。

（16）多种直链藻 *Melosira* spp.

螳螂川，滇池、洱海等，水库，鱼池等。

（17）具星小环藻（原变种）*Cyclotella stelligera*（Cleve et Grunow）Van Heurck var. *stelligera*

大屯海，中甸翁水，江河，滇池、抚仙湖、异龙湖、赤瑞湖等，松华坝等。生境：丛生至偶然浮游，在湖、池、河沿岸带，耐污。

（18）梅尼小环藻（原变种）*Cyclotella meneghiniana* Küetzing var. *meneghiniana*

德钦，澜沧江等，滇池、洱海、泸沽湖、星云湖、杞麓湖、大屯海、异龙湖、赤瑞湖等。生境：在湖、池、库、河沿岸带丛生至真性浮游。

（19）科曼小环藻 *Cyclotella comensis* Grun.

德钦，江河，程海、异龙湖、赤瑞湖。生境：在高山池、湖、河中，浮游。

（20）广缘小环藻 *Cyclotella bodanica* Eul.

洱海、抚仙湖。生境：在高纬度或山区河、湖、池中，浮游，喜酸。

（21）扭曲小环藻（原变种）*Cyclotella comta*（Ehrenberg）Küetzing var. *comta*

澜沧江等，滇池、洱海、抚仙湖、杞麓湖，松华坝等，丽江。生境：喜亚高山湖泊，在清水或污水中均可。

（22）链形小环藻 *Cyclotella eatenata*（Brun）Bachmann

丽江、德钦，湖泊。生境：在湖、河及泽中，浮游。

（23）库氏小环藻（原变种）*Cyclotella kutzingiana* Thwaites

澜沧江。生境：在河、湖、池沿岸带，静水、流水，清水至β中污带均可。

（24）中平小环藻辐纹变种 *Cyclotella kützingiana* var. *radiosa* Fricke

江河，洱海，德钦。生境：湖、河、库中，浮游。

（25）眼斑小环藻 *Cyclotella ocellata* Pantocsek

江河，洱海。生境：湖泊沉积及沿岸带。

（26）花环小环藻（原变种）*Cyclotella operculata*（Agardh）Küetzing var. *operculata*

德钦，江河，松华坝等。生境：各种静水，有时河流或半咸水。

（27）菱形小环藻（原变种）*Cyclotella rhomboideo - elliptica* Skuja，Char，*emend.* Chen et Zhu *var. rhomboideo – elliptica*

滇池、抚仙湖、阳宗海、星云湖，安宁螳螂川石龙坝。生境：在高原湖、河中，浮游。

（28）椭圆小环藻 *Cyclotella elliptica* Skuja

螳螂川，滇池、抚仙湖。

（29）星勒小环藻（原变种）*Cyclotella asterocostata* Xie，Lin et Cai var. *asterocostata*

滇池。生境：湖、河、库中沿岸，浮游或附着。

（30）星勒小环藻（线纹变种）*Cyclotella asterocostata* var. *striata* Chen

德钦，生境：山区河流附生。

（31）湖北小环藻 *Cyclotella hubeiana* Chen & Zhu

抚仙湖。生境：在河、库中浮游。

（32）山西小环藻 *Cyclotella shanxiensis* Xie & Qi

洱海。生境：湖泊浮游，山溪与苔藓混生或流水石上附着。

（33）条纹小环藻（原变种）*Cyclotella striata*（Kuetz.）Grunow var. *striata*

滇池。生境：半咸水及海洋沿岸，也见于淡水，喜碱、中盐。

（34）古老小环藻 *Cyclotella antiqua* Smith

澜沧江。生境：河、湖沿岸带浮游，沼泽藓类或水草上附生。

（35）小环藻一种 *Cyclotella* sp.

澜沧江、螳螂川、金沙江、瑞丽江、响水河、南腊河，滇池、程海、泸沽湖、异龙湖、赤瑞湖、大山包、天池、清水海，金钟山、鲁布革等。

（36）多种小环藻 *Cyclotella* spp.

螳螂川，滇池、洱海、抚仙湖。

（37）可疑环冠藻 *Cyclostephanos dubius*（Fricke）Raund

洱海、剑川、丽江。生境：湖、池中浮游。常见于寡污并富营养化水体。

（38）星形冠盘藻 *Stephanodiscus astraea*（Ehr.）Grun.

澜沧江，洱海、异龙湖、赤瑞湖。生境：普生浮游，特别大量在富营养湖。

（39）星形冠盘藻小型变种 *Stephanodiscus astraea* var. *minutula*（Kutz.）Grun.

澜沧江，洱海。生境：普生，浮游，特别大量在富营养湖。

（40）新星形冠盘藻 *Stephanodiscus neoastraea* Håknsson & Hickel

洱海。生境：湖泊中浮游。富营养湖泊生长特多，中污性水体指示种类。

（41）极小冠盘藻 *Stephanodiscus minutulus*（Kuetz.）Cleve & Moeller

滇池、洱海、抚仙湖。生境：湖、库、流动水体。生于清洁水，又污染水体也可见。

（42）湖沼圆筛藻 *Coscinodiscus lacustris* Grun.

滇池。生境：主要海洋、河口，广布淡水。

（43）圆筛藻一种 *Coscinodiscus* sp.

螳螂川。

（44）布拉马海链藻 *Thalassiosira bramaputrae*（Ehr.）Häkansson

滇池外海、草海。生境：广布种类，湖、库、河、盐池、河口等，pH 中型到碱性。

根管藻目 RHIZOLENIALES

Ⅱ 管形藻科 Solenicaceae

（45）根管藻一种 *Rhizosolenia* sp.

螳螂川。生境：浮游，湖、库中常见。

盒形藻目 BIDDULPHIALES

Ⅲ 盒形藻科 Biddulphiaceae

（46）扎卡四棘藻 *Attheya zachariasi* Brun.

剑川及其他湖泊。生境：河流、池塘、富营养湖泊。

二、羽纹藻纲 PENNATAE

无壳缝目 ARAPHIDIALES

Ⅳ 脆杆藻科 Fragilariaceae

（47）橡子四环藻 *Tetracyclus glans*（Ehrenberg）Mills

腾冲等地的新第三纪沉积。生境：湖泊、河流冷水。

（48）佩奇斯四环藻 *Tetracyclus pagesi* Heribaud

腾冲中新世，维西上新世沉积。生境：常在冷水湖泊。

（49）双峰四环藻 *Tetracyclus emarginatus*

(Ehrenberg) Wm. Smith

维西上新世沉积。生境：冷水湖泊。

(50) 窗格平板藻 *Tabellaria fenestrata* (Lyngby.) Kutz.

化石（云南）。澜沧江，滇池、洱海、雪池，鱼池塘等。生境：溪、沟、湖、库，富营养湖泊。

(51) 绒毛平板藻 *Tabellaria flocculosa* (Roth.) Kutz.

澜沧江，洱海、大山包等，云南。生境：泉、沟、湖、坑，急流岩石、闭塞湖等。

(52) 双生平板藻 *Tcbellaria binalis* (Ehr.)

澜沧江。

(53) 平板藻一种 *Tabellaria* sp.

澜沧江、螳螂川、瑞丽江，天池等。

(54) 普通等片藻（原变种）*Diatoma vulgare* Bory var. *vulgare*

澜沧江、螳螂川、大盈江等，滇池、洱海、泸沽湖、北海等，鱼池塘等。生境：淡水普生，着生、偶然浮游，在湖、池、河。

(55) 普通等片藻（卵圆变种）*Diatoma vulgare* var. *ovalis* (Fricke) Hustedtt

澜沧江。生境：普生，在湖、池、河。

(56) 普通等片藻（短变种）*Diatoma vulgare* var. *breve* (brevis) Grunow.

澜沧江、怒江等。生境：在池、河，淡水—微咸水。

(57) 长等片藻 *Diatoma elongatum* Ag.

澜沧江。生境：淡水普生，半咸水也有。

(58) 冬季等片藻 *Diatoma hiemale* (Lyngby.) Heib.

澜沧江。生境：淡水普生，山区种类。

(59) 冬季等片藻中型变种 *Diatoma hiemale* var. *mesodon* (Ehr.) Grun.

澜沧江。生境：普遍分布。

(60) 等片藻一种 *Diatoma* sp.

怒江、螳螂川等，洱海、天池等。

(61) 环状扇形藻 *Meridium circulare* (Grev.) Ag.

腾冲观音堂第四纪沉积（化石），澜沧江。生境：浅、淡、微咸，在泉、溪、池、泽、湖。

(62) 缢缩扇形藻 *Meridium constrictum* Ralfs.

腾冲观音堂第四纪沉积（化石）。生境：淡水—微咸水、浅水，在泉、溪、沟、池、坑、泽。

(63) 双头扇形藻 *Meridiium anceps* (Ehrenberg) Williamus

腾冲观音堂第四纪沉积（化石）。生境：偏冷淡水小湖。

(64) 扇形藻一种 *Meridiium* sp.

澜沧江。

(65) 马特具隙藻（原变种）*Opephora martyi Héribaud* var. *martyi*

云南新第三纪沉积（化石）；大理，洱海。生境：淡水，沿岸种，在湖、河、塘。

(66) 马特具隙藻（贝加尔变种）*Opephora martyi* var. *baicalensis* Skvortzow

腾冲第三纪至第四纪沉积（化石）。生境：淡水、微咸水、湖泊。

(67) 弧形蛾眉藻（原变种）*Ceratoneis arcu* (Ehrenberg) Küetzing var. *arcus*

澜沧江、怒江、洒鱼河、小河流等。腾冲观音堂第四纪、维西的上新世沉积（化石）。生境：泉、河、塘、溪等。

(68) 弧形蛾眉藻（双头变种）*Ceratoneis arcus* var. *amphioxys* (Rabhorst) Brun.

怒江等。生境：泉、河、池、湖。

(69) 弧形蛾眉藻直变种 *Ceratoneis arcus* var. *recta* Cl.

怒江、洒鱼河等。生境：山区流水。

(70) 弧形蛾眉藻（线形变种）*Ceratoneis arcus* var. *linearis* Holmboe

腾冲的观音堂第四纪沉积（化石）。生境：水渠，山区流水，附于基质。

(71) 弧形蛾眉藻（线形变种直变型）*Ceratoneis arcus* var. *linearis* f. *resta* (Skvortzow et Meyer) Prischkina－Lavrenko

江河。生境：山区流水，附于基质。泉、河、渠、池。

(72) 美丽星杆藻 *Asterionella formosa* Hassall

澜沧江，滇池、泸沽湖、异龙湖、赤瑞湖、大山包等，松华坝、金钟山等。生境：浮游，湿岩壁，库、水田、富营养湖泊。

(73) 细星杆藻 *Asterionella gracillima* (Hast.)

澜沧江、瑞丽江，滇池、杞麓湖、北海，水库。

(74) 短线脆杆藻（原变种）*Fragilaria brevistriata* Grunow var. *brevistriat*

澜沧江、瑞丽江，异龙湖、赤瑞湖。云南新

第三纪至第四纪沉积（化石）。生境：泉、溪、沟、坑、塘、泽、库、湖。

（75）短线脆杆藻（近头端变种）*Fragilaria brevistriata* var. *subcapitata* Grunow

大理、洱海。生境：泉、坑、湖。

（76）变绿脆杆藻（原变种）*Fragilaria virescens* Ralfs. var. *virescens*

云南新第三纪至第四纪沉积（化石），澜沧江，洱海，水库。生境：泉、溪、河、池，沼泽化坑、湖。

（77）变绿脆杆藻中窄变种 *Fragilaria virescens* var. *mesolepta* Rabenh.

澜沧江。生境：泉溪、静水河汊、盐地。

（78）羽纹脆杆藻（原变种）*Fragilaria pinnata* Ehrenberg var. *pinnata*

澜沧江、瑞丽江。云南的新第三纪至第四纪沉积（化石）。生境：淡、半咸水，缓流溪水，库、湖。

（79）羽纹脆杆藻矛形变种 *Fragilaria pinnata* var. *lancettula*（Schum.）Hust.

洱海。生境：淡水普生，泉溪、坑、湖。

（80）沃切里脆杆藻（原变种）*Fragilaria vaucheriae*（Kuetzing）Petersen var. *vaucheriae*

大理、澜沧江，洱海，澄江。生境：淡水普生，沟、池、湖、静水、漂浮、附着基质。

（81）沃切里脆杆藻小头变种 *Fragilaria vaucheriae* var. *capitellata*（Grun.）Ross.

澜沧江。生境：淡水普生，沟、池、湖、静水，漂浮、附着基质。

（82）钝脆杆藻（原变种）*Fragilaria capucina* Desmaziéres var. *Capucina*

澜沧江、瑞丽江、响水河、洒鱼河及其他小河流等，滇池、洱海，松华坝、鲁布革等。昆明。生境：淡水普生，漂浮、附着，有时半咸水。

（83）钝脆杆藻（中狭变种）*Fragilaria capucina* var. *mesolepta*（Rabenhorst）Rabenhorst

澜沧江、大盈江，大理、洱海。生境：泉、溪、河、沟、池、泽、库、湖，稻田、湿土表。

（84）连接脆杆藻（原变种）*Fragilaria construens*（Ehrenberg）Grunow. var. *construens*

云南新第三纪至第四纪沉积（化石）。滇池、洱海。生境：泉、溪、沟、塘、坑、泽、库、湖。

（85）连接脆杆藻直立变型 *Fragilaria construens* f. *stricta*（A. Cl.）Hust.

洱海。

（86）中形脆杆藻（原变种）*Fragilaria intermedia* Grunow var. *intermedia*

澜沧江、怒江、螳螂川、金沙江、大盈江、瑞丽江、响水河等，滇池、程海、泸沽湖、异龙湖、赤瑞湖、清水海等，松华坝、金钟山、鲁布革等，鱼池塘等。生境：泉、溪、坑、库、湖、河湾、稻田。

（87）拉普兰脆杆藻（原变种）*Fragilaria lapponica* Grunow. var. *lapponica*

云南的新第三纪至第四纪沉积（化石）。生境：塘、坑、泽、湖，附于草泥土表。

（88）巴豆叶脆杆藻（原变种）*Fragilaria crotonensis* Kitton. var. *crotonensis*

滇池、洱海。生境：沟、河、塘、坑、泽、库、湖、盐池、湿地表。

（89）脆杆藻一种 *Fragilaria* sp.

怒江、螳螂川、金沙江、洒鱼河、南腊河、小河流等，滇池、洱海、程海、异龙湖、赤瑞湖、天池、清水海等。

（90）近缘针杆藻 *Synedra affilis* Kutz

澜沧江，滇池、洱海。生境：广布在内陆微盐性水体。

（91）双头针杆藻（原变种）*Synedra amphicephala* Kuetzing var. *amphicephala*

昆明。滇池、澜沧江，洱海等。生境：淡水，普生，溪、坑、泽、库、湖。

（92）尖针杆藻（原变种）*Synedra acus* Kuetzing var. *acus*

大理。澜沧江，滇池、洱海、泸沽湖、异龙湖、赤瑞湖、北海等，金钟山。生境：普生于湖、池等各种淡水。

（93）尖针杆藻放射变种 *Synedra acus* var. *radians*（Kütz.）Hust.

云南，滇池。生境：池、库、土表面。

（94）爆裂针杆藻（原变种）*Synedra rumpens* Kuetzing var. *rumpens*

大理，洱海。云南，生境：淡水湖、漫流等。

（95）爆裂针杆藻（梅尼变种）*Synedra rumpens* var. *meneghiniana* Grunow

大理，洱海。生境：淡水，坑、泽、湖，湿土表等。

（96）平片针杆藻（原变种）*Synedra tzbulata*（Agardh） Kuetzing var. *tzbulata*

昆明、大理。生境：喜盐，海、半咸、淡水，急流、瀑布岩石，坑、泽、湖、稻田等。

（97）柔嫩针杆藻 *Synedra tenera* Win. Smith

云南。生境：小水体泉、坑、湖、瀑布等。

（98）肘形针杆藻（原变种）*Synedra ulna*（Nitzsch.） Ehrenberg var. *ulna*

云南的新第三纪至第四纪沉积（化石），澜沧江、螳螂川、大盈江、瑞丽江、响水河等，滇池、洱海、星云湖、异龙湖、赤瑞湖等，金钟山，鱼池塘。昆明、大理、澄江。生境：普生淡水，有时沿海。

（99）肘形针杆藻（两喙变种）*Synedra ulna* var. *amphirhynchus*（Ehrenberg） Grunow

云南。生境：泉、溪、河、坑、田、湿土表。

（100）肘形针杆藻（二头变种）*Synedra ulna* var. *bicepus*（Kuetzing） Schönfeldt

云南。生境：广布泉、河、湖、田等。

（101）肘形针杆藻（缢缩变种）*Synedra ulna* var. *constracta* Ōestrup

澜沧江，云南。生境：广布各种淡水，沟、溪、泉、塘、坑、河、湖、湿土表等。

（102）肘形针杆藻（丹麦变种）*Synedra ulna* var. *danica*（Kuetzing） Grunow

滇池，云南。生境：普生河、湖、泽、田、湿土表等。

（103）头状针杆藻 *Synedra capitata* Ehr.

洱海、异龙湖、赤瑞湖。生境：淡水湖，静水河湾、漫流河、沟、泽、塘等。

（104）柏洛林针杆藻 *Synedra berolinensis* Lemmermann

澜沧江，滇池、泸沽湖、杞麓湖等。生境：淡水湖中数量较少。

（105）针杆藻一种 *Synedra* sp.

澜沧江、怒江、螳螂川、大盈江、瑞丽江、洒鱼河、南腊河及其他小河流等，滇池、程海、杞麓湖、异龙湖、赤瑞湖、大山包、天池、清水海等，松华坝等。

（106）多种针杆藻 *Synedra* spp.

螳螂川，滇池，水库。

短壳缝目 RAPHIDIONALES

V 短壳缝科 Eunotiaceae

（107）弧形短缝藻（原变种）*Eunotia arcus* Ehr. var. *arcus*

滇池、洱海。生境：泉、泽、河边静水坑、小湖、田。

（108）南方短缝藻 *Eunotia sudetica*（Mull.） Hust

异龙湖、赤瑞湖。生境：附于水塘中水生植物上。

（109）月形短缝藻（原变种）*Eunotia lunaris*（Ehrenberg） Brébisson var. *lunaris*

澜沧江，洱海。大理。生境：低盐度的河、湖，溪、田沟、坑、泽。

（110）大型短缝藻 *Eunotia majior*（*majus*）（W. Smith） Rabenhorst

洱海。生境：低盐微酸性的河、湖、泽。

（111）篦形短缝藻（原变种）*Eunotia pectnalis*（Küetz.） Rabenhorst var. *pectnalis*

腾冲，上新世至全新世（化石），大理，洱海。生境：广布泉、溪、河、塘、库中水生物或岩石上，低盐度水体更多。

（112）篦形短缝藻（较小变种）*Eunotia pectnalis* var. *minor*（Kuetzing） Rabenhorst

腾冲，新第三纪至第四纪沉积（化石）。生境：滴水岩、瀑布岩，偏酸至中性溪水坑，田沟。

（113）近单峰短缝藻 *Eunotia submonodon* Hustedte

腾冲，第四纪沉积（化石）。生境：淡水湖泊。

（114）二峰短缝藻（原变种）*Eunotia diodon* Ehrenberg var. *diodon*

大理，洱海。生境：微酸性冷清的湿岩壁、溪、泉水稻田沟、泽。

（115）六凸短缝藻 *Eunotia hexaglyphis* Ehrenberg

维西新第三纪沉积（化石）。生境：湿岩壁。

（116）单齿短缝藻大型变种 *Eunotia monodon* var. *major*（Wm. Smith） Hustedt

洱海。生境：山区淡水湖中，数量稀少。

（117）短缝藻一种 *Eunotia* sp.

澜沧江、洒鱼河、南腊河等，滇池、洱海。

（118）巴西长矛藻 *Actinella brasiliensis* Grunow

维西的上新世沉积（化石）。生境：淡水湖中。

双壳缝目 BIRAPHIDINALES

Ⅵ 舟形藻科 Naviculaceae

（119）施密斯胸膈藻双头变种 *Masstogloia smithii* var. *amphicephala* Grunow

滇池。生境：流泉、湖泊、池塘。

（120）施密斯胸膈藻湖生变种 *Masstogloia smithii* var. *lacustris* Grunow

滇池。

（121）普通肋缝藻 *Frustulia vulgaris* Thwait

昭通洒鱼河等江河。生境：普生种，流泉、湖、池。

（122）菱形肋缝藻 *Frustulia rhomboids*（Ehr.）De Toni

北海。生境：普生，略偏酸的湖、池、泽。

（123）尖布纹藻 *Gyrosigma acuminatum*（Kütz.）Rabenh

澜沧江、螳螂川、大盈江、瑞丽江、响水河、洒鱼河、南腊河及其他小河流等，滇池、洱海、抚仙湖、异龙湖、赤瑞湖、清水海，松华坝、金钟山等。生境：广布种，泉、河、湖、池。

（124）细布纹藻 *Gyrosigma kutzingii*（Grun.）Cl

澜沧江、怒江、瑞丽江、洒鱼河等，滇池、洱海、程海、抚仙湖、异龙湖、赤瑞湖等。生境：普生种，淡、半咸水，泉、河、湖、池等。

（125）布纹藻一种 *Gyrosigma* sp.

螳螂川、多依河，天池，湖，库。

（126）长圆曲舟藻 *Pleurosigma elongatum* W. Sm.

滇池。生境：海产，咸、淡咸水也有。

（127）曲舟藻一种 *Pleurosigma* sp.

金钟山水库。

（128）短角美壁藻 *Caloneis silicula*（Ehr）Cl.

澜沧江、瑞丽江，洱海。生境：淡水普生。

（129）杆状美壁藻 *Caloneis bacillum*（Grun.）Mer.

澜沧江，洱海。

（130）美壁藻一种 *Caloneis perlepida*（Grun.）A. Berg.

滇池。

（131）舒曼美壁藻 *Caloneis schumanniana*（Grun.）Cl.

洱海。生境：广布种，适应性很强，淡、半咸水，泉、河、沟、湖、池、坑、泽等。

（132）细纹长蓖藻（原变种）*Neidium affine*（Err.）Pfitz. var. *affine*

澜沧江。生境：普生种，河、湖、池。

（133）斜纹长蓖藻椭圆变种 *Neidium kozlowi* var. *ellibtica* Mer.

澜沧江。生境：泉、河、湖、池、泽。

（134）不定长篦藻 *Neidium dubium*（Her.）Cl.

澜沧江。生境：普生种，河、湖、池。

（135）彩虹长篦藻“扩大”变种 *Neidium iridis* var. *ampliatum*（Ehr.）Cl.

洱海。

（136）卵形双壁藻（原变种）*Diploneis ovalis*（Hilse）Cl. var. *ovalis*

滇池。生境：广布种，淡、半咸水，泉、河、湖、池、坑、泽、库、稻田。

（137）美丽双壁藻 *Diploneis puella*（Schum.）Cl.

大山包、清水海等。生境：普生种，淡、半咸水，泉、河、湖、池、坑、泽。

（138）椭圆双壁藻 *Diploneis elliptica*（Küetz.）Cl.

抚仙湖。生境：普生种，淡、半咸水，泉、河、湖、池、坑、泽。

（139）椭圆双壁藻“甲胄”变种 *Diploneis elliptica* var. *ostracodarum* Pantocsek

澜沧江。

（140）双壁藻一种 *Diploneis* sp.

澜沧江、洒鱼河等，滇池。

（141）尖头辐节藻 *Stauroneis acuta* W. Smith

澜沧江、瑞丽江，北海。生境：普生，泉、河、湖、池、坑、泽，多与其他种类混生。

（142）矮小辐节藻 *Stauroneis pygmaea* Krieg

澜沧江、洒鱼河等。生境：普生、淡水。

（143）双头辐节藻（原变种）*Stauroneis anceps* Ehr. var. *anceps*

澜沧江、瑞丽江、南腊河，洱海、抚仙湖。生境：广布种，泉、河、湖、池、坑、泽。

（144）一种双头辐节藻变种 *Stauroneis anceps* var. *siberica* Grun.

抚仙湖。

（145）双头辐节藻线形变型 *Stauroneis anceps*

f. *linearis*（Erh.）Cl.

异龙湖、赤瑞湖。生境：普生种，泉、河、湖、池、坑、泽。

（146）辐节藻一种 *Stauroneis* sp.

瑞丽江、洒鱼河等，泸沽湖等。

（147）瘦异菱藻 *Anomoeoncis exilia*（Küetz.）Cl.

滇池。生境：淡、半咸水。

（148）具球异菱藻 *Anomoeoncis sphaerophora*（küetz.）Pfitz.

洱海。生境：广布种，淡、半咸水。

（149）圆环舟形藻 *Navicula placenta* Ehr.

松华坝。生境：普生，湖、河、田等，苔藓及泥潭藓沼泽中，有时亚气生。

（150）一种圆环舟形藻变种 *Navicula placenta* var. *latiuscula*（Grun. Merst）

洱海。

（151）小胎座舟形藻披针形变型 *Navicula placentula* f. *lanceolata*（Grun）

螳螂川。

（152）尖头舟形藻 *Navicula cuspidate* Kütz.

澜沧江，异龙湖、赤瑞湖。生境：普生，淡、半咸水，泉、河、湖、池、坑、泽等。

（153）尖头舟形藻赫里保变种 *Navicula cuspidate* var. *heribaudii* M. Perag.

洱海。

（154）简单舟形藻 *Navicula simplex* Krassk.

洱海、程海等。生境：普生，泉、河、湖、池、坑、泽等。

（155）英吉利舟形藻 *Navicula anglica* Ralfs

螳螂川，滇池、洱海、抚仙湖。生境：普生，溪、河、湖、池、坑、泽等。

（156）长圆舟形藻 *Navicula oblonga* Kütz.

滇池。生境：广布，淡、半咸水，溪、河、湖、池、坑、泽，喜高矿质碱性水。

（157）最小舟形藻 *Navicula minima* Grun.

澜沧江。生境：普生，淡、半咸水。

（158）双球舟形藻 *Navicula amphibola* Cl.

异龙湖、赤瑞湖。生境：普生，泉、河、湖、池、坑、泽，pH 近中性、贫营养水。

（159）双头舟形藻（原变种）*Navicula dicephala*（Ehr.）W. Smith var. *dicephala*

螳螂川。生境：广布，溪、湖、田等。

（160）短小舟形藻 *Navicula exigua*（Grer.）Mull.

滇池、洱海、异龙湖、赤瑞湖等。生境：普生，溪、河、湖、池、坑、泽、库。

（161）杆状舟形藻 *Navicula bacillum* Ehr.

澜沧江、瑞丽江，洱海。生境：广布，泉、溪、河、库、湖、池、坑、泽、田。

（162）隐头舟形藻（原变种）*Navicula cryptocephala* Kütz. var. *cryptocephala*

澜沧江，滇池、洱海、抚仙湖，松华坝。生境：广布，淡、半咸水，溪、河、湖、池、坑、泽、田等，潮湿岩壁。

（163）隐头舟形藻中型变种 *Navicula cryptocephala* var. *intermedia* Grun.

洱海、抚仙湖。

（164）隐头舟形藻蓝色变种 *Navicula cryptocephala* var. *veneta*（Küetz.）Grun.

滇池、洱海、抚仙湖。生境：广布，溪、湖、田等，湿岩壁，喜半咸水，高矿质淡水。

（165）似阮头舟形藻 *Navicula cryptocephalaonides* Hust.

滇池。

（166）喙头舟形藻 *Navicula rhynchocephala* Kutz.

澜沧江、小河流等，滇池、洱海、杞麓湖、异龙湖、赤瑞湖、清水海等，松华坝、金钟山等。生境：广布，溪、湖、田等，淡、半咸水，高矿质水。

（167）近喙头舟形藻 *Navicula subrhynchocephala* Hust

洱海。

（168）放射舟形藻（原变种）*Navicula radiosa* Kütz. var. *radiosa*

澜沧江，滇池、洱海、抚仙湖。生境：广布，溪、湖、田等，湿岩壁，中性 pH 淡水。

（169）线形舟形藻 *Navicula graciloides* May.

澜沧江、大盈江、响水河，滇池、大山包等。生境：普生，河、湖、泽等，中性 pH，淡水、微咸水。

（170）微绿舟形藻（原变种）*Navicula viridula* Kütz. var. *viridula*

抚仙湖、星云湖，水库。生境：广布，溪、湖等，贫营养，中性略偏碱性水。

（171）系带舟形藻（原变种）*Navicula cineta*（Ehr）Kütz. var. *cineta*

澜沧江。生境：普生，泉、湖等，湿岩壁，淡水、微咸水。

（172）纺锤舟形藻 *Navicula rostellata* Kütz.

江河，滇池、洱海、星云湖，水库。

（173）胄形舟形藻 *Navicula gastrum*（Ehr.）Küetz.

澜沧江，洱海。生境：广布，淡、微咸水。

（174）纤细舟形藻 *Navicula gracilis* Ehrenb.

滇池。生境：广布，淡水、微咸水。

（175）披针舟形藻 *Navicula lanceolata*（Ag.）Kütz.

滇池。生境：广布，淡、微咸水。

（176）舟形藻线形变种 *Navicula hungarica* var. *linearis* Osteup.

澜沧江。

（177）丝状舟形藻 *Navicula confervaceae*（Küetz.）Grun.

滇池、洱海、抚仙湖。

（178）戟形舟形藻 *Navicula hasta* Pantoeseck

抚仙湖。

（179）瞳孔舟形藻（原变种）*Navicula pupula* Küetzing var. *pupula*

洱海。生境：广布，溪、河、湖、库等。

（180）瞳孔舟形藻头端变种 *Navicula pupula* var. *capitata*（Hust.）Hust.

滇池、洱海。

（181）莱因舟形藻 *Navicula reihardtii* Grun.

洱海、抚仙湖。

（182）舍恩菲尔德舟形藻 *Navicula schoenfeldii* Hust.

滇池。生境：普生，溪、池、湖、泽。

（183）吐丝舟形藻 *Navicula tuscula* Ehr.

滇池。

（184）一种舟形藻 *Navicula vulpina* Küetz.

抚仙湖。

（185）舟形藻一种 *Navicula* sp.

澜沧江、怒江、螳螂川、洒鱼河、南腊河、多依河及其他小河流等，滇池、洱海、抚仙湖、泸沽湖、杞麓湖、异龙湖、赤瑞湖、大山包、北海、天池、雪池，金钟山、鲁布革等，鱼池塘等。

（186）多种舟形藻 *Navicula* spp.

澜沧江、螳螂川、瑞丽江等，滇池、大山包等，鱼池塘等。

（187）短肋羽纹藻 *Pinnularia brevicostata* Cl.

洱海。生境：普生，溪、河、池、湖、坑、泽、田，低矿质、冷水。

（188）波形羽纹藻 *Pinnularia undulata* Greg.

澜沧江。生境：普生，冷水性种类，溪、河、池、湖、坑、泽。

（189）纤细羽纹藻 *Pinnularia gracillama* Greg.

澜沧江。生境：普生，溪、河、池等。

（190）大羽纹藻 *Pinnularia major*（Kütz.）Rabh.

澜沧江，抚仙湖，金钟山水库。生境：广布，溪、河、池、湖、坑、泽、田，低矿质水。

（191）大羽纹藻“横纹”变种 *Pinnularia major* var. *transversa*（Schmidt）Cl.

洱海。

（192）著名羽纹藻 *Pinnularia nobilis* Ehr.

洱海。生境：普生，溪、湖、田等。

（193）同族羽纹藻 *Pinnularia gentilis*（Donk.）Cl.

滇池、北海。生境：普生，溪、河、池、湖、泽，低矿质水。

（194）微绿羽纹藻 *Pinnularia viridis*（Nitzsch.）Ehr.

滇池、松华坝。生境：广布，溪、河、池、湖、坑、泽、田。

（195）中突羽纹藻 *Pinnularia mesolepta*（Ehr.）W. Smith

澜沧江、洒鱼河、及其他小河流等，金钟山水库。生境：广布，低矿质、弱酸至中性 pH 水。

（196）弯羽纹藻（原变种）*Pinnularia gibba* Ehr. var. *gibba*

洱海、异龙湖、赤瑞湖。生境：普生，溪、河、池、湖、坑、泽、田。

（197）圆顶羽纹藻小型变种 *Pinnularia acrosphaeria* var. *minor* Cl.

洱海。

（198）具附属物羽纹藻 *Pinnularia appendiulata*（Ag.）Cl.

瑞丽江，洱海。

（199）布朗羽纹藻两头变种 *Pinnularia braunii* var. *amphicephala*（Maer）Hust.

洱海。

（200）布雷羽纹藻（原变种）*Pinnularia*

brebissonii（Küetz.）Rabh. var. *brebissonii*.

抚仙湖。生境：广布，泉、溪、河、池、湖、坑、泽、田，低矿质、冷水。

（201）指状羽纹藻 *Pinnularia dactylus* Ehr.

洱海。

（202）半翅羽纹藻中型变种 *Pinnularia hemiptera* var. *interrupta* Cl.

洱海。

（203）微细羽纹藻 *Pinnularia parva*（Ehr.）Gregory

洱海。

（204）小十字羽纹藻 *Pinnularia stauroptera*（Grun.）Rabh.

洱海。

（205）小十字羽纹藻"长"变种 *Pinnularia stauroptera* var. *longa*（Cl. – Eul.）Cl. – Eul.

洱海。

（206）近小头羽纹藻（原变种）*Pinnularia subcupitata* Gregory var. *subcupitata*

洱海。生境：普生，溪、河、池、湖、坑、泽。

（207）羽纹藻一种 *Pinnularia* sp.

螳螂川，异龙湖、赤瑞湖、大山包、天池。

Ⅶ 桥弯藻科 Cymbellaceae

（208）卵圆双眉藻 *Amphora ovalis* Kütz.

澜沧江、瑞丽江，滇池、异龙湖、赤瑞湖、松华坝。生境：广布，溪、河、池、湖、坑、泽、库、田，湿岩壁。

（209）卵圆双眉藻有柄变种 *Amphora ovalis* var. *pediculum*（Küetz.）V. H.

澜沧江、洱海。

（210）诺尔曼双眉藻 *Amphora normanii* Rabh.

洱海。

（211）近缘桥弯藻 *Cymbella affinis* Kütz.

澜沧江，滇池、抚仙湖等。生境：广布，溪、河、湖、泽、库、田，湿岩壁。

（212）新月桥弯藻 *Cymbella cymbiformis*（Küetz.）V. H.

澜沧江，滇池、洱海、抚仙湖。生境：广布，溪、河、湖、泽、库、田等，湿岩壁。

（213）新月桥弯藻"无点纹"变种 *Cymbella cymbiformis* var. *nonpunctata* Fontell.

洱海、抚仙湖。

（214）优美桥弯藻 *Cymbella delicatula* Kütz.

滇池、洱海、抚仙湖。生境：广布，溪、河、湖、泽、库、田、温泉，湿岩壁。

（215）箱形桥弯藻（原变种）*Cymbella cistula*（Hempr.）Kirchner. var. *cistula*

澜沧江、瑞丽江、及其他小河流等，滇池、洱海、抚仙湖、程海、异龙湖、赤瑞湖、清水海及其他湖泊、金钟山。生境：广布，泉、溪、河、湖、坑、池、泽、库、田，湿岩壁。

（216）箱形桥弯藻"圆孔纹"变种 *Cymbella cistula* var. *maculata*（Kuetz.）V. H.

洱海。

（217）箱形桥弯藻驼背变种 *Cymbella cistula* var. *gibbosa* Brun.

滇池、抚仙湖。生境：广布，泉、溪、河、湖、坑、池、泽、库、田，湿岩壁。

（218）异肋桥弯藻微小变种 *Cymbella heteropheura* var. *minor* Cl.

滇池。

（219）近缢缩桥弯藻 *Cymbella incerta*（Grun.）Cl.

抚仙湖。

（220）平滑桥弯藻 *Cymbella laevis* Naeg.

洱海。生境：广布，溪、河、湖、坑、池、泽、库，湿岩壁。

（221）细角桥弯藻 *Cymbella leptoceros*（Ehr.）Kütz.

滇池。

（222）小头桥弯藻 *Cymbella microcephala* Grun.

滇池。生境：广布，溪、河、湖、坑、池、泽、库、田，或亚气生。

（223）极小桥弯藻 *Cymbella perpusilla* A. Cl.

滇池、抚仙湖。生境：广布，溪、河、湖、坑、池、泽、库、田。

（224）平卧桥弯藻 *Cymbella prostrata*（Berg.）Grun.

澜沧江，洱海、抚仙湖。

（225）膨胀桥弯藻 *Cymbella tumida*（Bréb. ex Kütz.）Van Heurck

澜沧江、螳螂川、大盈江、瑞丽江、南腊河，滇池、洱海、泸沽湖、异龙湖、赤瑞湖、大山包、北海及其他，金钟山，鱼池塘。生境：广布，溪、河、湖、坑、池、泽、库、田。

（226）膨大桥弯藻 *Cymbella turgida*（Greg.）Cleve

洱海。生境：普生，溪、河、湖、库、田等。

（227）细小桥弯藻 *Cymbella pusilla* Grun.

澜沧江。生境：广布，泉、溪、河、湖、坑、池、泽、库、田，一般为贫营养水体。

（228）纤细桥弯藻 *Cymbella gracilis*（Rabenh.）Cl.

滇池。生境：广布，溪、河、湖、坑、池、泽、库。

（229）偏肿桥弯藻 *Cymbella ventricosa* Kütz.

澜沧江，滇池、洱海，松华坝。生境：广布，溪、河、湖、坑、池、泽、库、田，湿岩壁。

（230）胡斯特桥弯藻 *Cymbella hustedtii* Krassk.

澜沧江，滇池、洱海。生境：广布，溪、河、湖、坑、池、泽、库。

（231）微细桥弯藻 *Cymbella parva*（W. Smith）Cl.

洱海。生境：广布，溪、河、湖、坑、池、泽、库、田，湿岩壁。

（232）披针桥弯藻 *Cymbella lanceolata*（Ehr.）V. H.

澜沧江、金沙江、大盈江、瑞丽江，滇池、洱海、泸沽湖、异龙湖、赤瑞湖、北海，金钟山。生境：广布，溪、河、湖、坑、池、泽、库、田。

（233）埃伦桥弯藻 *Cymbella ehrenbergii* Küetz.

澜沧江、螳螂川、瑞丽江，滇池、洱海、异龙湖、赤瑞湖等。生境：广布，溪、河、湖、坑、池、泽、库。

（234）尖头桥弯藻 *Cymbella cuspidata* Küetz.

滇池、洱海。生境：广布，溪、河、湖、坑、池、泽、库、田，中性到偏酸性水。

（235）舟形桥弯藻 *Cymbella naviculiformis* Auersw.

澜沧江。生境：广布，溪、河、湖、坑、池、泽、库、田。

（236）长桥弯藻 *Cymbella elongaia*

滇池。

（237）杂种桥弯藻 *Cymbella hybrida* Grun.

澜沧江，异龙湖、赤瑞湖。

（238）一种胀大桥弯藻变种 *Cymbella trugidula* var. *excisa*（Kütz.）Okuno

澜沧江。

（239）高山桥弯藻 *Cymbella alpina* Grun.

洱海、抚仙湖，澜沧江。生境：广布，溪、河、湖、坑、池、泽、库、田，潮湿岩壁。

（240）一种两头桥弯藻变种 *Cymbella amphicephala* var. *conspicua* Cl. – Eul.

抚仙湖。

（241）粗糙桥弯藻 *Cymbella aspera*（Ehr.）Cl.

洱海。生境：广布，溪、河、湖、坑、池、泽、库、田。

（242）布雷姆桥弯藻 *Cymbella brehmii* Hust

洱海。

（243）桥弯藻一种 *Cymbella* sp.

怒江、螳螂川、响水河、洒鱼河，滇池、泸沽湖、星云湖、杞麓湖、异龙湖、赤瑞湖、大山包、北海、天池，松华坝、鲁布革。

Ⅷ 异极藻科 Gomphnemaceae

（244）双生双楔藻（原变种）*Didymosphenia geminata*（Lyngbye）M. Schmidt. var. *geminata*

澜沧江、怒江、金沙江、瑞丽江，丽江。生境：淡水性，在水温较低的泉、溪、河、塘、湖等。

（245）尖异极藻（原变种）*Gomphonema acuminatum* Ehr. var. *acuminatum*

澜沧江，滇池，丽江、永胜、中甸。生境：适应性较广，在各种淡水，喜软水、贫至中营养水环境。

（246）尖异极藻花冠变种 *Gomphonema acuminatum* var. *coronatum*（Ehrenberg）W. Smith

洒鱼河，滇池、洱海、抚仙湖、北海，宁蒗。生境：适应性较广，在各种淡水，喜软水、贫至中营养水环境。

（247）尖异极藻布列毕松变种 *Gomphonema acuminatum* var. *brebissonii*（Kutzing）Grunow

澜沧江，中甸，滇池、异龙湖、赤瑞湖。生境：适应性较广，在各种淡水，喜软水、贫至中营养水环境。

（248）尖异极藻伸长变种 *Gomphonema acuminatum* var. *elongatum*（W. Smith）Rabenhorst

洱海。生境：淡水性，喜地导电率低的软水，在溪、瀑、河、湖等。

（249）尖异极藻中型变种 *Gomphonema acuminatum* var. *intermedium* Grun.

洱海。生境：淡水性，我国仅见于溪、瀑下的岩石。

（250）一种尖异极藻变种 *Gomphonema acuminatum* var. *turris*（Ehr.）Wille

洱海。

（251）尖异极藻“伸长”变种 *Gomphonema acuminatum* var. *producta* Grun.

抚仙湖。

（252）缢缩异极藻（原变种）*Gomphonema constrictum* Ehr. var. *constrictum*

洱海、剑川。生境：淡水性广布各种水体，广温性，适中等硬水、贫至中营养环境。

（253）缢缩异极藻头状变种 *Gomphonema constrictum* var. *capitata*（Ehr.）Grun.

澜沧江，洱海，丽江、永胜、宁蒗。生境：广布各种淡水水体。

（254）缢缩异极藻意大利变种 *Gomphonema constrictum* var. *italicum*（Kuetzing）Grunow.

中甸。生境：在溪、坑、塘等各种淡水。

（255）缢缩异极藻小形变种 *Gomphonema constrictum* var. *parvum*（Grunow）Z. X. Shi.

丽江。生境：在溪、坑、塘等各种淡水。

（256）缢缩异极藻膨大变种 *Gomphonema constrictum* var. *turgidum*（Kützing）Grunow。

大理、宁蒗。生境：淡水性，在溪、塘、湖沿岸带等，适冷水环境。

（257）缢缩异极藻头状变种硬变型 *Gomphonema constrictum* var. *capitatum* f. *robusta* Mayer

洱海。

（258）缢缩异极藻头状变种饱满变型 *Gomphonema constrictum* var. *capitatum* f. *turgitun*（Ehr.）Meyer

洱海。

（259）缢缩异极藻头状变种 *Gomphonema constrictum* var. *hedinii*（Hust.）Sabelina

洱海、抚仙湖。

（260）尖顶异极藻（原变种）*Gomphonema augur* Ehrenberg var. *augur*

洱海，宁蒗。生境：在溪、河、坑、池、塘、泽、库、田、湖沿岸带等淡水。

（261）尖顶异极藻戈蒂变种 *Gomphonema augur* var. *gautieri* V. Heurek

中甸。生境：淡水性，溪、湖等。

（262）尖端异极藻 *Gomphonema apicatum* Ehrenberg

大理、永胜。生境：淡水性，溪、湖等。

（263）长头异极藻 *Gomphonema longiceps* Ehrenberg

中甸。生境：各类淡水，附生为主，喜冷水环境。

（264）长头异极藻近棒形变种纤细变型 *Gomphonema longiceps* var. *subclavata* f. *gracilis* Hust.

澜沧江。

（265）山地异极藻（原变种）*Gomphonema montanum* Schumann var. *montanum*

中甸；腾冲，第三纪沉积。生境：各类小淡水体，河、湖沿岸带。

（266）山地异极藻近棒形变种 *Gomphonema montanum* Schumann var. *subclavata* Grun.

洱海。

（267）山地异极藻瑞典变种 *Gomphonema montanum* Schumann var. *suecica* Grun.

洱海。生境：淡水，微咸水，中营养至富营养水体，河、湖、田、水井等。

（268）塔形异极藻（原变种）*Gomphonema turris* Ehrenberg var. *turris*

洱海，永胜、宁蒗、中甸、腾冲：中新世沉积。生境：在溪、瀑、河、坑、池、湖等淡水。

（269）塔形异极藻中华变种 *Gomphonema turris* var. *sinicum*

大理。生境：淡水性，在溪、池、湖等。

（270）微细异极藻（原变种）*Gomphonema parvulum*（Kutz.）Kützing var. *parvulum*

澜沧江、瑞丽江、洒鱼河等，洱海、抚仙湖、北海，丽江、永胜、宁蒗、中甸。生境：各种淡水，泉、溪、湖、塘、库、田等，喜富营养水体。

（271）微细异极藻极细变种 *Gomphonema parvulum* var. *exilissimum* Grunow

丽江、永胜、宁蒗、中甸。生境：各种淡水，喜富营养水体。

（272）微细异极藻细小变种 *Gomphonema parvulum* var. *nicropus*（Kützing）Cleve

滇池，丽江、宁蒗。生境：淡水性，岩壁、溪、江、湖、池、泽、库、井等，喜富营养水体。

（273）微细异极藻近椭圆变种 *Gomphonema parvulum* var. *subellipticum* Cleve

宁蒗、中甸。生境：各种淡水，喜富营养水体。

（274）格鲁诺伟异极藻 *Gomphonema grunowii* Patrick

永胜、宁蒗。生境：淡水性，水坑等小水体，适中导电率环境。

（275）具裂异极藻 *Gomphonema consector* Hohn et Hellerm

丽江、永胜、宁蒗。生境：淡水性，在溪、湖、池，适低导电率环境。

（276）窄异极藻（原变种）*Gomphonema angustatum*（Kutz.）Rabenh var. *angustatum*

澜沧江，滇池、洱海，永胜、宁蒗、中甸。生境：各种淡水，较适底碱及贫至中营养水体。

（277）窄异极藻线形变种 *Gomphonema angustatum* var. *lineare* Hustedt

维西上新世沉积。生境：淡水性，在河、湖等水体。

（278）窄异极藻钝形变种 *Gomphonema angustatum* var. *obstusatum*（Kützing）Gunow

宁蒗。生境：一般淡水性，在瀑、湖等，尤喜流水，也生存于硫酸钠亚型和碳酸盐型湖。

（279）窄异极藻延长变种 *Gomphonema angustatum* var. *productum* Grunow

宁蒗。生境：一般淡水性，较适底有机质的碱性水，也生存于硫酸钠亚型和碳酸盐型湖。

（280）赫迪异极藻（原变种）*Gomphonema hedinii* var. *hedinii*

洱海。生境：河、湖、池、泽等淡水体中。

（281）波希米亚异极藻 *Gomphonema bohemicum* Reichelt et Fricke

永胜、宁蒗、中甸。生境：淡水性，常在水温偏低的山溪、河、湖等水体。

（282）纤细异极藻（原变种）*Gomphonema gracile* Ehr. var. *gracile*

澜沧江，滇池、异龙湖、赤瑞湖，丽江、永胜、宁蒗、中甸、腾冲。生境：淡水性，适应贫营养，较宽 pH 值及导电率。在泉、溪、岩壁、河、湖、库等。

（283）纤细异极藻较大变种 *Gomphonema gracile* var. *majior*（Grunow）Cleve

宁蒗、中甸。生境：淡水性，适应贫营养，较宽 pH 及导电率。在泉、河、湖、田等。

（284）标帜异极藻 *Gomphonema insigne* Gregory

丽江、永胜、宁蒗、中甸。生境：适中等硬度及中营养，在泉、河、库、田等。

（285）泰尔盖斯特异极藻 *Gomphonema tergestinum*（Grunow）Fricke

丽江、宁蒗。生境：在清凉淡水，瀑、河、湖、小水坑等。

（286）中间异极藻（原变种）*Gomphonema intricatum* Kutz. var. *intricatum*

澜沧江、螳螂川、金沙江、瑞丽江、南腊河、小河流等，洱海、程海、北海，金钟山，宁蒗、中甸。生境：淡水，低盐半咸水，微碱性，常在水温偏低（10~16℃）的水体。

（287）中间异极藻二叉变种 *Gomphonema intricatum* var. *dichotomum*（Kützing）Grunow

丽江、永胜，滇池。生境：淡水性，湖、库等。

（288）中间异极藻化石变种 *Gomphonema intricatum* var. *fossile* Pantocsek

丽江、中甸。生境：淡水性，溪、泉等。

（289）中间异极藻垫形变种 *Gomphonema intricatum* var. *pulvinatum*（Braun）Grunow

维西上新世沉积，滇池。生境：常淡水性，溪、河、库、湖等。

（290）中间异极藻矮小变种 *Gomphonema intricatum* var. *pumila* Grunow

滇池、洱海，丽江、中甸。生境：淡水性，泉、溪、江、湖、池等。

（291）中间异极藻颤动变种 *Gomphonema intricatum* var. *vibrio*（Ehrenberg）Cleve

中甸。生境：淡水性，泉、溪、江、湖、田等。适较宽的导电率。

（292）披针形异极藻 *Gomphonema lanceolatum* Agardh

洱海，宁蒗。生境：淡水性，泉、沟、河、湖、塘、泽等。

（293）披针形异极藻近棒形变种纤细变型 *Gomphonema lanceolatum* var. *subclavata* f. *gracilis* Hust

滇池。

（294）近棒形异极藻（原变种）*Gomphonema subclavatum*（Grunow）Grunow var. *subclavatum*

丽江、永胜、宁蒗、中甸。生境：在泉、溪、河、湖、泽等淡水。

（295）近棒形异极藻变异变种 *Gomphonema*

subclavatum var. *commutatum*（Grunow） A. Mayer

丽江、宁蒗。生境：淡水性，在坑、湖等，适中硬度。

（296）近棒形异极藻墨西哥变种 *Gomphonema subclavatum* var. *mexicanum*（Grunow） Patrick

洱海，丽江、宁蒗。生境：淡水性，适中硬度水、温暖水，在溪、河、渠、鱼塘等，

（297）娇嫩异极藻 *Gomphonema tenellum* Kützing

宁蒗。生境：淡水性，小积水、湖、池等。

（298）热带异极藻 *Gomphonema tropicale* Brun.

滇池、抚仙湖。生境：淡水性，河流等。

（299）短纹异极藻 *Gomphonema abbreviatum* Ag. Kütz.

澜沧江、大盈江。生境：淡水性，泉、山溪等较清凉的水体。

（300）橄榄形异极藻（原变种） *Gomphonema olivaceum*（Lyng - by.） Kütz. var. *olivaceum*

澜沧江、怒江，滇池、洱海、异龙湖、赤瑞湖，松华坝。生境：淡水或半咸水，适水温偏凉且具相当硬度的流水（软水中不易生长），在溪、急流、瀑、冰覆小流水、河、湖等。

（301）橄榄形异极藻波罗的变种 *Gomphonema olivaceum* war. *balticum*（Cleve） Grunow

腾冲第三纪沉积。生境：淡水或半咸水。

（302）舌状异极藻 *Gomphonema lingulatum* Hustedt

腾冲第三纪沉积。生境：淡水性，我国只发现化石标本。

（303）具球异极藻（原变种） *Gomphonema sphaerophorum* Ehr. var. *sphaerophorum*

澜沧江、螳螂川，滇池、异龙湖、赤瑞湖等，水库，鱼池塘等。生境：各种淡水，偶在海水，中至较高硬度，中至富营养。

（304）异极藻一种 *Gomphonema* sp.

澜沧江、怒江、螳螂川、响水河、洒鱼河、南腊河，滇池、泸沽湖、杞麓湖、北海、天池，松华坝、鲁布革等，鱼池塘。

（305）多种异极藻 *Gomphonema* spp.

滇池，江河，水库，鱼池塘。

两壳缝目 AMPHIRAPHIADALES

Ⅸ 两壳缝藻科 Amphiraphiaceae

（306）西藏两壳缝藻 *Amphiraphia xizangensis* Chen & Zhu

洱海。

单壳缝目 MONORAPHIDINALES

X 曲壳藻科 Achnanthaceae

（307）扁圆卵形藻（原变种） *Cocconeis placentula*（Ehrr.） Hust. var. *placentul*

澜沧江、螳螂川、大盈江、瑞丽江、响水河，滇池、洱海、抚仙湖、程海、泸沽湖、异龙湖、赤瑞湖，松华坝、金钟山等，鱼池塘。生境：广布，泉、溪、河、湖、田等，多为中性至碱性，常附沉水植物、其他基质。

（308）扁圆卵形藻多孔变种 *Cocconeis placentula* var. *euglypta*（Ehr.） Cl.

澜沧江、怒江及其他小河流，滇池、洱海、抚仙湖、程海。生境：广布，溪、河、湖、田等，多为中性至碱性，附湿岩壁。

（309）垂卵形藻 *Cocconeis pediculus* Ehr.

澜沧江，滇池、洱海、抚仙湖。

（310）卵形藻一种 *Cocconeis* sp.

澜沧江、螳螂川、洒鱼河、南腊河，滇池、泸沽湖、杞麓湖、清水海，金钟山。

（311）弯曲真卵形藻 *Eucocconeis flexella* Kütz.

澜沧江。生境：广布，溪、河、湖、库等，常附沉水植物及基质、湿岩壁。

（312）披针曲壳藻（原变种） *Achnanthes lanceolata* Bréb. var. *lanceolata*

澜沧江，滇池，水库。生境：广布，溪、河、湖、库、田等，常附沉水植物、丝状藻及基质。

（313）披针曲壳藻头端变型 *Achnanthes lanceolata* f. *capitata* O. Muell.

洱海。

（314）波缘曲壳藻 *Achnanthes crenulata* Grun.

澜沧江，金钟山。生境：普生，淡、半咸水，河、湖等，常附沉水植物、丝状藻及基质。

（315）线形曲壳藻 *Achnanthes linearis*（W. Smith） Grunow

澜沧江，洱海。生境：广布，溪、河、湖、库、坑、池、田，附湿岩壁。

（316）短小曲壳藻（原变种） *Achnanthes exigua* Grun. var. *exigua*

澜沧江、大盈江、瑞丽江，泸沽湖、异龙

湖、赤瑞湖等。生境：普生，溪、河、湖、坑、池、田等，常附沉水植物、丝状藻及基质。

（317）细小曲壳藻 *Achnanthes gracillina*

澜沧江、南腊河。

（318）显形曲壳藻 *Achnanthes conspicua* A. Mayer

澜沧江，异龙湖、赤瑞湖，水库。

（319）匈牙利曲壳藻 *Achnanthes hungarica* (Grun.) Grun.

洱海。

（320）极小曲壳藻隐头变种 *Achnanthes minutissima* var. *cryptocephala* Grun.

滇池、抚仙湖。

（321）曲壳藻一种 *Achnanthes* sp.

澜沧江、螳螂川、洒鱼河，滇池、松华坝。

（322）弯形弯楔藻 *Rhoicosphenia curvata* (Kütz.) Grun.

澜沧江、南腊河，洱海、异龙湖、赤瑞湖。生境：广布，淡、半咸水，溪、河、湖、库、田等，以胶柄、垫物附沉水植物、丝状藻及基质。

管壳缝目 AULONORAPHIDINALES

XI 窗纹藻科 Epithemiaceae

（323）窄细齿藻“厚”变种 *Denticula tenuis* var. *crassula* (Neag.) Hust.

抚仙湖。生境：广布，冷水性。

（324）光亮窗纹藻 *Epithemia argus* Kütz.

澜沧江、南腊河，滇池、洱海。生境：普生，溪、河、湖、池、坑、泽，

（325）光亮窗纹藻中型变种 *Epithemia argus* var. *intermrdia* Hilse

滇池。

（326）光亮窗纹藻凸出变种 *Epithemia argus* var. *protracta* Mayer

洱海。

（327）斑纹窗纹藻（原变种）*Epithemia zebra* (Ehr.) Kütz. var. *zebra*

澜沧江，滇池、洱海、异龙湖、赤瑞湖。生境：广布，溪、河、湖、库、田等。

（328）一种斑纹窗纹藻变种 *Epithemia zebra* var. *porcellus* (Kütz.) Grun.

洱海。

（329）斑纹窗纹藻萨克森变种 *Epithemia zebra* var. *saxonica* (Kütz.) Grun.

洱海。生境：广布，溪、河、湖、田等。

（330）斑纹窗纹藻索桑变种 *Epithemia zebra* var. *saxonicu* (Kütz.) Grun.

澜沧江，洱海。

（331）钝端窗纹藻 *Epithemia hyndmanii* W. Smith

澜沧江、响水河，异龙湖、赤瑞湖。生境：普生，溪、河、湖、池、坑、泽。

（332）鼠形窗纹藻 *Epithemia sorex* Kütz.

澜沧江，滇池、洱海、抚仙湖、杞麓湖。生境：广布，溪、河、湖、坑、池、泽。

（333）膨大窗纹藻（原变种）*Epithemia turgida* (Ehr.) Kütz. var. *turgida*

澜沧江，滇池、洱海等。生境：广布，溪、河、湖、坑、池、泽，喜碱性水体。

（334）膨大窗纹藻头端变种 *Epithemia turgida* var. *capitata* Fricke

洱海。

（335）另一种膨大窗纹藻变种 *Epithemia turgida* var. *westermanni* (Kütz.) Grun.

洱海。

（336）膨大窗纹藻颗粒变种 *Epithemia turgida* var. *granulata* (Ehr.) Grun.

澜沧江，洱海。生境：广布，溪、河、湖、坑、池、泽，喜碱性水体。

（337）窗纹藻一种 *Epithemia* sp.

澜沧江、螳螂川，滇池、泸沽湖。

（338）弯棒杆藻 *Rhopalodia gibba* (Ehr.) O. Müller.

澜沧江、螳螂川、南腊河，滇池、洱海、泸沽湖、杞麓湖、异龙湖、赤瑞湖。生境：广布，河、湖、泽、田等，常附于基质。

（339）弯棒杆藻偏肿变种 *Rhopalodia gibba* var. *ventricosa* (Ehr.) Grun.

澜沧江，滇池、洱海、抚仙湖。

XII 菱形藻科 NITZSCHIACEAE

（340）双尖菱板藻（原变种）*Hantzschia amphioxys* (Ehr.) Grun. var. *amphioxys*

澜沧江、洒鱼河，洱海、抚仙湖。生境：广布，溪、河、湖、池、泽、田等。

（341）双尖菱板藻小头变型 *Hantzschia amphioxys* f. *capitata* O. Müell.

澜沧江，洱海、抚仙湖。生境：广布，溪、河、湖、池、泽、田，湿岩壁。

（342）双尖菱板藻紧密变种 *Hantzschia amphioxys var. compacta* Hust.

抚仙湖。

（343）双尖菱板藻长合变种 *Hantzschia amphioxys* var. *vivax* Grun.

洱海。

（344）长形菱板藻 *Hantzschia elongaia*（Hantzsch）Grun.

澜沧江，滇池。生境：普生，溪、河、湖、池、坑、泽。

（345）池生菱形藻 *Nitzschia stagnorus* Rabenh.

澜沧江。生境：普生，河、湖、泽等。

（346）两栖菱形藻 *Nitzschia amphibia* Grun.

滇池。生境：广布，溪、湖、池、泽、田等。

（347）双头菱形藻 *Nitzschia bicapitata* Cleve

澜沧江，滇池、洱海。

（348）细齿菱形藻 *Nitzschia denticula* Grun.

洱海。生境：广布，溪、湖、池、田等。

（349）碎片菱形藻（原变种）*Nitzschia frustulum*（Küetz.）Grunow. var. *frustulum*

洱海。生境：普生，淡或半咸，河、湖、泽等。

（350）细长菱形藻 *Nitzschia gracilis* Hantzsch

滇池。

（351）罗曼菱形藻 *Nitzschia romana* Grun.

洱海。

（352）一种盘状菱形藻变种 *Nitzschia tryblionella* var. *levidensis*（W. Smith）Grun.

洱海。

（353）盘状菱形藻维多变种 *Nitzschia tryblionella* var. *victoriae* Grun.

滇池。

（354）小头菱形藻 *Nitzschia microcephala* Grun.

滇池。生境：普生，河、湖、池、泽等。

（355）谷皮菱形藻 *Nitzschia palea*（Kütz.）W. Smith

澜沧江，滇池、洱海。生境：广布，温泉，溪、湖、池、泽、田等。

（356）线形菱形藻 *Nitzschia linearis* W. Smith.

澜沧江、螳螂川、瑞丽江、洒鱼河，滇池、洱海、抚仙湖，金钟山。生境：广布，溪、湖、池、泽、田等。

（357）线形菱形藻小变种 *Nitzschia linearis* var. *tenuis*

滇池。

（358）近线形菱形藻 *Nitzschia sublinearis* Hust.

澜沧江，滇池、洱海、抚仙湖。生境：普生，河、湖、池、泽、田等。

（359）针形菱形藻 *Nitzschia acicularis* W. Smith

大盈江、滇池。

（360）弯曲菱形藻 *Nitzschia sigmaa*（Kütz.）W. Smith

澜沧江、洒鱼河，滇池。

（361）拟螺形菱形藻 *Nitzschia sigmoides*（Nitz.）W. Smith.

澜沧江。

（362）奇异菱形藻 *Nitzschia paradoxa* Gmelin

澜沧江、螳螂川，滇池，金钟山。

（363）缝合菱形藻 *Nitzschia ricta* Hantzsh

洒鱼河，滇池。

（364）长菱形藻 *Nitzschia longissima*（Her.）

洒鱼河，滇池、异龙湖、赤瑞湖。

（365）新月菱形藻 *Nitzschia closterium* W. Smith.

澜沧江，滇池、异龙湖、赤瑞湖，鱼池塘等。

（366）蠕虫菱形藻 *Nitzschia vermicularis*（Küetz.）Hantzsch

澜沧江，滇池。

（367）丝状菱形藻 *Nitzschia filiformis*（W. Smith）

澜沧江、螳螂川、金沙江，异龙湖、赤瑞湖。

（368）菱形藻一种 *Nitzschia* sp.

澜沧江、螳螂川、南腊河，滇池，水库。

XIII 双菱藻科 Surirellaceae

（369）草鞋形波纹藻 *Cymatopleura solea*（Breb.）W. Smith.

澜沧江、螳螂川、大盈江、洒鱼河、南腊河等，滇池、洱海、泸沽湖、杞麓湖，松华坝、金钟山等。生境：广布，溪、湖、池、泽、库、田等，湿岩壁。

（370）草鞋形波纹藻“整齐”变种 *Cymatopleura solea* var. *regula*（Ehr.）Grun.

滇池。

（371）草鞋形波纹藻“纤细”变种 *Cymatopleura sole* var. *gracilis* Grun.

滇池。

（372）椭圆形波纹藻（原变种）*Cymatopleura elliptica*（Bréb.）W. Smith var. *elliptica*

澜沧江、螳螂川、响水河、南腊河，滇池、洱海。生境：广布，溪、湖、池、坑、泽、库，湿岩壁。

（373）椭圆形波纹藻缢缩变种 *Cymatopleura elliptica* var. *constricta* Grun.

澜沧江，滇池、洱海。

（374）多种波纹藻 *Cymatopleura* spp.

螳螂川。

（375）螺形双菱藻 *Surirella spiralis* Kütz.

澜沧江、螳螂川、南腊河、多依河。生境：普生，溪、河、湖、池、坑、泽、田。

（376）线形双菱藻（原变种）*Surirella linearis* W. Smith var. *linearis*

澜沧江、大盈江、瑞丽江、响水河、洒鱼河，滇池、洱海、杞麓湖。生境：广布，溪、河、湖、池、坑、泽、库、田。

（377）线形双菱藻缢缩变种 *Surirella linearis* var. *constricta*（Ehr.）Grun.

洱海。生境：广布，溪、河、湖、池、坑、泽、田。

（378）窄双菱藻 *Surirella angustata* Kütz.

澜沧江、小河流等。生境：广布，溪、河、湖、池、坑、泽、库、田。

（379）珍珠双菱藻 *Surirella margaritifera* Hust.

洱海。

（380）端毛双菱藻 *Surirella capronii* Bréb.

澜沧江，滇池、洱海。生境：广布，溪、河、湖、池、坑、泽、田。

（381）粗壮双菱藻（原变种）*Surirella robusta* Ehr. var. *robusta*

澜沧江、螳螂川、大盈江、瑞丽江、响水河、洒鱼河、南腊河、小河流，滇池、洱海、泸沽湖、异龙湖、赤瑞湖、大山包、北海，金钟山，鱼池塘。生境：广布，溪、河、湖、池、坑、泽、库、田。

（382）粗壮双菱藻纤细变种 *Surirella robusta* var. *splendida*（Ehr.）V. H.

澜沧江、怒江、瑞丽江及其他小河流，滇池、洱海、清水海，金钟山。生境：淡水普生。

（383）卵形双菱藻（原变种）*Surirella ovata* Kütz. var. *ovata*

澜沧江、大盈江。生境：广布，淡、半咸水，溪、河、湖、池、坑、泽、田。

（384）卵形双菱藻羽纹变种 *Surirella ovata* var. *pinnata*（W. Smith）Hust.

澜沧江。生境：广布、淡水，溪、河、湖、池、坑、泽、库。

（385）卵圆双菱藻“盐生”变种 *Surirella ovalis* var. *salina*（W. Smith）V. H.

抚仙湖。

（386）二列双菱藻 *Surirella biseriata* Brebisson

澜沧江、金沙江、大盈江、洒鱼河，滇池，松华坝等。

（387）美丽双菱藻 *Surirella elegans* Ehr.

澜沧江、螳螂川，滇池、洱海、抚仙湖、大山包，鲁布革。

（388）柔弱双菱藻 *Surirella tenera* Gregory

螳螂川，滇池。

（389）柔弱双菱藻具脉变种 *Surirella tenera* var. *nervosa*

澜沧江。

（390）双菱藻一种 *Surirella* sp.

怒江、螳螂川、洒鱼河，滇池，松华坝。

（391）多种双菱藻 *Surirella* spp.

螳螂川，杞麓湖。

（392）波形马鞍藻 *Campylodiscus undulatus* Grev.

澜沧江。

（393）马鞍藻 *Campylodiscus noricus* Ehr.

澜沧江、怒江、大盈江、瑞丽江、南腊河及其他小河流，金钟山，鱼池塘。

（398）诺里克马鞍藻“眼斑”变种 *Campylodiscus noricus* var. *hibernica*（Ehr.）Grun.

滇池、洱海。

2.9 裸藻门 EUGLENOPHYTA

2.9.1 形态结构

裸藻门又叫眼虫藻门，色素体含叶绿素 a、b，胡萝卜素，叶黄素，裸藻红素，藻体大多呈绿色、草绿色，有的种类无色素。同化产物副淀粉（裸藻淀粉）、间或脂肪。细胞原生质体裸出，无胞壁，细胞质表层特化为坚固或柔软的表质（周质体）。细胞单核，明显。大多数种类1或2条顶生鞭毛，极少3条，也有1个属无鞭毛。鞭毛较一般藻类粗，有的无色种类尤粗。鞭毛基部有储蓄胞、眼点、收缩胞。眼虫 Euglena 体长约60μm。

裸藻门大都是浮游种类，单细胞。群体种类只有柄裸藻，由胶质柄或细胞前端附于浮游动物体上，脱离附生物后，长1条鞭毛，在短时期中成为浮游个体。藻体纺锤形、椭圆形、薄片状等，表质较坚固者，细胞有一定形态，不变形，表质薄柔软者能变形。表质平滑或具有直走、螺旋状的线纹、点纹、肋纹等。部分种类如壳虫藻，细胞外有胶质囊壳，囊壳常因含铁质程度不同，呈黄色、橙色、黑褐色，表面很少平滑，多具粒状、瘤状、刺状或其他形状的纹饰突起，前端具一孔，鞭毛由孔伸出。

色素体一般带状、盘状、粒状、星状等，其形状、数目、排列均为分类依据。部分种类在色素体内或外具1个至数个蛋白核，有的无蛋白核，常具表壳形的副淀粉鞘，少数无鞘。少数种类除叶绿素、胡萝卜素外，还有裸藻红素，使细胞呈血红色。同化产物主要是裸藻淀粉，常呈粒状、环状、棒状、鼓状、哑铃状或其他形状，具同心的层理结构，1个至多个，遇碘不变色，显微镜下反射很强，其形状、数目、排列也是分类依据。有些种类没有色素体，仍有副淀粉或脂肪球。

前端胞器有胞口、胞咽、贮蓄泡、1个或几个伸缩泡，鞭毛由贮蓄泡基部的基体发出，经胞咽、胞口伸出，1条鞭毛下连2条细轴丝，每1条轴丝在储蓄泡底部和1个基体相连，基体在藻体分裂时起中心粒的作用，其中1个基体由1条根丝体与附着胞核膜上的1个中心粒相连，表明鞭毛受胞核控制。电镜下鞭毛结构：最外细胞膜，其内由纵行排列的微管组成，周围有9对双联体微管，中央2条微管。胞咽附近有1个褐红色眼点，它由无数的小颗粒组成，眼点色素为类胡萝卜素（有人认为是胡萝卜素或β-胡萝卜素与血红素），能感光是原始的光感受器，使藻体有趋光性，调节藻体的向光运动，眼点与鞭毛基部有联系，但多数无色种类无眼点。

裸藻门的营养方式有自养性、异养性、腐生性营养和混合性营养。①具色素的绿色种类中以光合营养为主；②有些无色素体的种类，能吞食粒状有机物，从胞口、胞咽到原生质内形成食物泡，是异养性；③另一些种类通过细胞壁渗透吸收溶解在水中的有机物营腐生性营养；④还有些种类，在黑暗环境中进行动物性营养，在阳光下则为自养性，称之为混合性营养。所有绿色裸藻都具有：光—有机营养，即光合营养时还必须伴有维生素。

2.9.2 繁殖

裸藻门繁殖均为细胞纵分裂。静止时常形成胶质包被，子细胞不马上分离，形成暂时性的不定形群体。运动时细胞也可分裂。有囊壳者分裂时1个子细胞留在母囊壳内，另1个逸出重新分泌囊壳。环境不良时，成休眠子（孢囊），环境好转时再分裂，出囊前进行1次或几次纵分裂。

2.9.3 生态分布

裸藻门主要分布在淡水中，在湖泊、沼泽、河流、河湾生活，也有在半咸水中，海水中很少。喜生活于有机质多，特别是动物性有机质即磷、氮化合物多的水体。喜欢静止而浅小水体，喜生活水表面成为漂浮生物。喜阳光较强、水温较高环境，在温暖季节生长旺盛，常形成膜状“水华”，使水着色，如含血红素的种类使水变成红色。裸藻多时，其他藻类生长受影响。有的生活在潮湿的土表，极少数寄生。易变裸藻 *Euglena mutabilis* 能在pH2～pH8.4范围生活。在有机物多，带绿色的小池、小塘、小水沟很容易找到裸藻。厨房污水在往下游流动过程中，逐步自然净化，待污水澄清，下水道有青苔、刚毛藻等绿色生物出现的清、浊交汇部位，是裸藻种类数量最多的地方。

2.9.4 经济意义

过去认为家鱼都不能消化裸藻，血红裸藻过多，鱼类吞食后，常发生病态。近年研究表明，裸藻是白鲢易消化的食物，血红裸藻是优良饵料，鱼池中裸藻出现是水肥的标志。环境评价中，裸藻多是水体有机物污染、富营养化的重要标志，如绿眼虫 *Euglena viridis* 是多污的标志。但大量裸藻能补充、增加有机污染水体的氧气，加速水体生物自净。基础生物学实验材料如眼虫有耐放射性的能力，许多放射性核素对眼虫不致死、不变异、不影响繁殖、不改变正常生活。

2.9.5 分类

裸藻门仅1个纲，即裸藻纲 EUGLENNOPHYCEAE，2目40属800多种 。我国有27属416种199变种16个变型。胶柄藻目 COLACIALES 分1科1属。裸藻目 EUGLENALES，除胶柄藻目以外的全部裸藻，分4科（主要参考施之新，1999）。

2.9.6 云南裸藻名录

裸藻目 EUGLENALES

I 裸藻科 Euglenaceae

裸藻属* *Euglena*

（1）绿色裸藻 *Euglena viridis* Ehr.

大理、中甸、宁蒗、泸水、腾冲，澜沧江、螳螂川，滇池、异龙湖、赤瑞湖。生境：有机质丰富的各小静水，形成膜状水华，浮游，耐污、α中污。

（2）膝曲裸藻 *Euglena geniculata* Dujardin

剑川、宁蒗。生境：多在各种小型静水体，有时形成膜状水华。

（3）血红裸藻 *Euglena sanguinea* Ehr.

昆明、宁蒗、腾冲，滇池、异龙湖、赤瑞湖。生境：有机质丰富的池、塘，常形成红色膜状水华，浮游，α中污、β中污、寡污。

（4）鱼形裸藻（原变种）*Euglena pisciformis* Klebs var. *pisciformis*

螳螂川，异龙湖、赤瑞湖，大理、剑川、中甸、丽江、宁蒗、腾冲。生境：在溪、池、湖等，有时形成膜状水华，浮游，耐污、α中污、β中污。

（5）纤细裸藻（原变种）*Euglena gracilis* Klebs var. *gracilis*

滇池、异龙湖、赤瑞湖，昆明、中甸。生境：各种静小水体，湖沿，河缓流处，浮游，α中污、β中污。

（6）喜滨裸藻 *Euglena thinophila* Skuja

宁蒗永宁村小河塘。生境：坑、池、塘。

（7）颗粒裸藻 *Euglena granulate*（Klebs）Schmitz

中甸。生境：在沟、池、湖等静水，有时形成膜状水华。

（8）尾裸藻（原变种）*Euglena caudate* Hübn var. *caudata*

怒江、螳螂川，滇池、异龙湖、赤瑞湖，宁蒗。生境：各种静水体。

（9）尾裸藻小型变种 *Euglena caudate* var. *minor* Deflandre

宁蒗。生境：在水池、浅滩等小水体。

（10）尖裸藻 *Euglena acutata* Shi

宁蒗。生境：鱼池、水塘、静水沟。

（11）乡村裸藻 *Euglena rustica* Schiller

大理。生境：在坑、库。

（12）多形裸藻 *Euglena polymorpha* Dang.

滇池。生境：鱼池、水库等水体。

（13）静裸藻 *Euglena deses* Ehr.

澜沧江、大盈江、瑞丽江，昆明，滇池、异龙湖、赤瑞湖。生境：有机质丰富的池、沟，浮游，耐污、α中污。

（14）近轴裸藻（原变种）*Euglena proxima* Dang. var. *proxima*

澜沧江，滇池、程海、异龙湖、赤瑞湖。生境：各种静水体，浮游，耐污、α中污、β中污。

（15）近轴裸藻英吉利变种 *Euglena proxima* var. *pringsheim*

泸水上江乡鱼池。生境：鱼池。

（16）带形裸藻 *Euglena ehrenbergii* Klebs

剑川、宁蒗、泸水，澜沧江、怒江、螳螂川、洒鱼河、南腊河，滇池、异龙湖、赤瑞湖、北海。生境：有机质丰富的各种小水体。

（17）中型裸藻（原变种）*Euglena intermedia*（Klebs）Schmitz var. *intermedia*

大盈江，异龙湖、赤瑞湖，昆明、中甸、宁蒗、永胜、腾冲。生境：各种小水体，咸淡水，浮游，β中污、寡污。

（18）刺鱼状裸藻 *Euglena gasterosteus* Sküja

澜沧江、南腊河，滇池、异龙湖、赤瑞湖、北海。生境：鱼池、沟、库等水体。

（19）三棱裸藻（原变种）*Euglena tripteris*

---

* 裸藻科种类比较多，为便于阅读，破例列出主要属名，借以分节，方便阅读。

(Dujardin) Klebs. var. *tripteris*

滇池、洱海、异龙湖、赤瑞湖，下关、中甸、宁蒗、泸水。生境：各种静水体中。

(20) 旋纹裸藻（原变种）*Euglena spirogyra* Ehr var. *spirogyra*

澜沧江，滇池、异龙湖、赤瑞湖，昆明、中甸、腾冲。生境：浮游或底栖，各种静水体、潮湿土表，浮游，α中污、β中污、寡污。

(21) 具翅裸藻 *Euglena alata* Thompson

剑川。生境：水沟。

(22) 尖尾裸藻（原变种）*Euglena oxyuris* Schmar var. *oxyuris*

澜沧江、怒江、螳螂川、金沙江、大盈江、瑞丽江、响水河、洒鱼河、南腊河及其他小河流，滇池、泸沽湖、星云湖、异龙湖、赤瑞湖、北海、清水海，金钟山、漫飞龙，宁蒗、永胜、腾冲。生境：各种静水体。

(23) 一种尖尾裸藻（原变种）*Euglena oxyuris* var. *charkowiensis* (Swirenko)

滇池。

(24) 高米裸藻 *Euglena gaumei* Allorge

宁蒗。生境：水沟、水池。

(25) 梭形裸藻（原变种）*Euglena acus* Ehr. var. *acus*

澜沧江、螳螂川、大盈江、瑞丽江、响水河，滇池、洱海、杞麓湖、异龙湖、赤瑞湖、北海，水库，昆明、大理、宁蒗、腾冲。生境：各种静水体，浮游，耐污、α中污、β中污，β中污性指示种。

(26) 密盘裸藻 *Euglena wangi* Chu.

螳螂川，异龙湖、赤瑞湖。生境：湖、溪、大水池。

(27) 螺旋裸藻 *Euglena spiroides* Lemm.

滇池。

(28) 变形裸藻 *Euglena variabilis* Klebs.

保山，澜沧江、螳螂川、大盈江，滇池。生境：水池。

(29) 附生裸藻 *Euglena adhaerens* Matvienko

泸水片马山泉小流。生境：池塘、流水沟。

(30) 红裸藻 *Euglena rubra* Hardy

澜沧江，滇池。

(31) 社群裸藻 *Euglena sociabilis* D.

滇池。生境：池塘。

(32) 土生裸藻 *Euglena terricola* Dangeard

滇池。

(33) 裸藻一种 *Euglena* sp.

澜沧江、螳螂川、瑞丽江、响水河、洒鱼河，滇池、杞麓湖、异龙湖、赤瑞湖、天池，松华坝，鱼池塘。

(34) 多种裸藻 *Euglena* spp.

螳螂川，滇池、异龙湖、赤瑞湖、北海，水库，池塘。

鳞孔藻属 *Lepocinclis*

(35) 椭圆鳞孔藻（原变种）*Lepocinclis steinii* Lemm. em. Conr. var. *steinii*

异龙湖、赤瑞湖，宁蒗、腾冲。生境：各种静水体。

(36) 椭圆鳞孔藻“瑞典”变种 *Lepocinclis steinii* var. *suecica* Lemm.

异龙湖、赤瑞湖。生境：水塘。

(37) 梭形鳞孔藻（原变种）*Lepocinclis marssonii* Lemm. em. Conr. var. *marssonii*

泸水。生境：水池、鱼塘、湖。

(38) 卵圆鳞孔藻（原变种）*Lepocinclis ovun* (Ehr.) Lemm. var. *ovum*

昆明、宁蒗、泸水，滇池、异龙湖、赤瑞湖。生境：各种静水体，浮游，α中污、β中污，好气性。

(39) 卵圆鳞孔藻博希尔变种 *Lepocinclis ovun* var. *buetschlii* (Lemmeermann) Conrad

泸水上江乡、腾冲瑞滇乡。生境：池、鱼池、湖。

(40) 卵圆鳞孔藻圆锥变种 *Lepocinclis ovum* var. *conica* Allorge et lefevie

泸水。生境：水池、鱼池。

(41) 卵圆鳞孔藻盾状变种 *Lepocinclis ovum* var. *geflandriana* (Deflandre) Conrad

宁蒗、泸水、生境：坑、池、库。

(42) 卵圆鳞孔藻小型变种 *Lepocinclis ovun* var. *dimidiominor* Deflandre

中甸、宁蒗、腾冲。生境：静水体。

(43) 卵圆鳞孔藻球形变种 *Lepocinclis ovum* var. *globula* (Perty) Lemmermann

中甸、宁蒗、腾冲。生境：坑、洼、池。

(44) 卵圆鳞孔藻卵圆变种 *Lepocinclis ovun* var. *ovata* Swir.

宁蒗、泸水，异龙湖、赤瑞湖。生境：水池。

（45）编织鳞孔藻（原变种）*Lepocinclis texta* (Duj. Lemm. em. Conr. var. *texta*)

澜沧江、响水河，大理、宁蒗。生境：泉水、水池、沼泽。

（46）伪编织鳞孔藻 *Lepocinclis pseudo - texta* Conr.

滇池、异龙湖、赤瑞湖。

（47）盐生鳞孔藻（原变种）*Lepocinclis salina* Fritsch. var. *salina*

呈贡。生境：水池、湖泊。

（48）光滑鳞孔藻乳突变种 *Lepocinclis glabra* Drezepolshi var. *papillata* Shi

昆明。生境：水池。

（49）纺锤鳞孔藻（原变种）*Lepocinclis fusiformis* (Carter) Lemmermann emend Conrad var. *fusiformis*

昆明、泸水。生境：各静水体，浮游，β中污。

（50）尾鳞孔藻原鼻形变种 *Lepocinclis cudata* var. *nasuta* Conrag

昆明。生境：水坑。

（51）鳞孔藻一种 *Lepocinclis* sp.

异龙湖、赤瑞湖。

（52）鳞孔藻另一种 *Lepocinclis* sp.

异龙湖、赤瑞湖。

扁裸藻属 *Phacus*

（53）颤动扁裸藻 *Phacus oscillans* Klebs

澜沧江。生境：洼、塘、河等。

（54）桃形扁裸藻（原变种）*Phacus stokesii* Lemm. var. *stokesii*

洱海、异龙湖、赤瑞湖。生境：渠、沟、池。

（55）尖尾扁裸藻（原变种）*Phacus acuminatus* Stokes var. *acuminatus*

澜沧江，昆明。生境：各种静止小水体。

（56）圆形扁裸藻 *Phacus orbicularis* Hübn.

昆明，异龙湖、赤瑞湖。生境：各种水体。

（57）宽扁裸藻 *Phacus pleuronectes* (O. F. M) Duj.

澜沧江，滇池、星云湖、异龙湖、赤瑞湖等，水库，鱼池塘等。生境：洼、塘、河等，浮游，寡污。

（58）扭曲扁裸藻 *Phacus tortus* (Lemm.) Skv.

异龙湖、赤瑞湖。生境：洼、塘、沟、河等。

（59）旋形扁裸藻 *Phacus helicoides* Pochm.

滇池、泸沽湖、异龙湖、赤瑞湖。生境：较肥沃的静水。

（60）长尾扁裸藻（原变种）*Phacus longicauda* (Ehr.) Duj. var. *longicauda*

澜沧江、螳螂川、南腊河，滇池、洱海、程海、异龙湖、赤瑞湖、北海等，宁蒗。生境：各种水体，浮游，β中污，寡污。

（61）长尾扁裸藻虫形变种 *Phacus longicauda* var. *insectum* Koczwara

剑川、泸水。生境：沟、塘、湖、河等。

（62）长尾扁裸藻波形变种 *Phacus longicauda* var. *undulatus* (Huber - Pestalozzi) Shi

泸水片马、腾冲。生境：塘、鱼池。

（63）梨形扁裸藻 *Phacus pyrum* (Ehr.) Stein.

大理、宁蒗，澜沧江、螳螂川，滇池、异龙湖、赤瑞湖。生境：洼、池、河流，浮游，耐污、α中污、β中污、寡污。

（64）奇异扁裸藻 *Phacus mirabilis* Pochmann

大理、宁蒗。生境：小水体。

（65）敏捷扁裸藻（原变种）*Phacus agilis* Skuja var. *agilis*

宁蒗。生境：水沟、小水池。

（66）多养扁裸藻 *Phacus polytrophos* Pochmann

腾冲。生境：沟、洼、池、水田。

（67）短尾扁裸藻 *Phacus brevicaudatus* (Klebs) Lemmermann

宁蒗。生境：田中积水等小水体。

（68）豌豆形扁裸藻 *Phacus pisiformis* Shi

昆明。生境：水池。

（69）韦特斯泰扁裸藻 *Phacus wettsteinii* Drezepolski

宁蒗。生境：塘、库等。

（70）美丽扁裸藻（原变种）*Phacus formosus* Pochmann var. *formosus*

中甸。生境：洼、池等。

（71）美丽扁裸藻卵圆变种 *Phacus formosus* var. *ovatus* Shi

中甸（模式产地）。生境：小湖。

（72）尖爪扁裸藻 *Phacus unguis pochmann*

宁蒗。生境：塘、河等。

（73）弯穹扁裸藻 *Phacus ankylonoton* Pochmann

宁蒗永宁小河塘。生境：塘、河等。

（74）哈梅尔扁裸藻（原变种）*Phacus hamelii* Allorge et Lefevre var. *hamelii*

大理。生境：塘、池等小水体。

（75）拉赛扁裸藻（原变种）*Phacus raciborskii* Drezepolski var. *raciborskii*

腾冲。生境：沟、河、洼、池等。

（76）钩状扁裸藻 *Phacus hamatus* Pochmann

泸水、腾冲。生境：各种静止水体。

（77）具尾扁裸藻 *Phacus caudatus* Hübner

澜沧江，昆明，滇池。生境：坑、池等，浮游，β 中污。

（78）钱币扁裸藻（原变种）*Phacus obolus* Pochmann var. *obolus*

泸水。生境：坑、塘、河。

（79）三棱扁裸藻（原变种）*Phacus triqueter*（Ehrenberg）Dujardin var. *triqueter*

剑川、腾冲。生境：池、洼、库。

（80）琵鹭扁裸藻（原变种）*Phacus platalea* Dresepolski var. *platalea*

腾冲。生境：沟、河、塘、田等。

（81）弯尾扁裸藻（原变种）*Phacus curvicauda* Swir. var. *curvicauda*

江河，滇池。生境：池塘等小水体。

（82）扁裸藻一种 *Phacus* sp.

澜沧江、螳螂川，滇池、杞麓湖、异龙湖、赤瑞湖，松华坝、鱼池塘。

（83）多种扁裸藻 *Phacus* spp.

滇池、异龙湖、赤瑞湖，鱼池塘等。

囊裸藻属 *Trachelomonas*

（84）旋转囊裸藻（原变种）*Trachelomonas volvocina* Ehrenbeng var. *volvocina*

澜沧江、螳螂川，滇池、异龙湖、赤瑞湖、北海，大理、丽江、宁蒗、中甸、泸水、腾冲。生境：沟、池、泽、库、田等，浮游，β 中污。

（85）旋转囊裸藻点纹变种 *Trachelomonas voluocina* var. *punctata* Playfair

宁蒗。生境：小积水坑、小池、塘、鱼池、泽、湖。

（86）旋转囊裸藻内颈变种 *Trachelomonas voluocina* var. *cervicula*（Stock.）Lemmermann

金钟山。生境：泉、泽、坑。

（87）扁圆囊裸藻（原变种）*Trachelomonas curta* Da Cunha et Defl. var. *curta*

泸水，异龙湖、赤瑞湖。生境：缓流、坑、塘、泽、鱼池、湖、库。

（88）拟花冠囊裸藻 *Trachelomonas subcoronetta* Jao et Lee

滇池。生境：沼泽草甸小河流水处。

（89）矩圆囊裸藻（原变种）*Trachelomonas oblonga* Lemm. var. *oblonga*

澜沧江、螳螂川，异龙湖、赤瑞湖、北海，大理、剑川、丽江、宁蒗、泸水、腾冲。生境：沼泽水沟、塘、鱼池、湖。

（90）矩圆囊裸藻狭形变种 *Trachelomonas oblonga* var. *attenuata* Piayfair

中甸、宁蒗、腾冲。生境：泽、坑。

（91）矩圆囊裸藻卵圆变型 *Trachelomonas oblonga* f. *ovata* Deflandre

泸水上江乡鱼塘，北海等。生境：湖泊等。

（92）马恩吉囊裸藻（原变种）*Trachelomonas manginii* Deflandre var. *manginii*

大理。生境：沼泽水沟。

（93）棘口囊裸藻细刺变种 *Trachelomonas acanthostoma* var. *spinulosa* Shi

昆明。生境：池塘。

（94）强壮囊裸藻 *Trachelomonas zorensis* Deflandre

剑川。生境：草甸水坑、小溪边浅水池、积水坑、鱼池、农田小水坑。

（95）截头囊裸藻（原变种）*Trachelomonas abrupta* Swir. em. Defl. var. *abrupta*

大理、腾冲，滇池。生境：沟、河、鱼池、塘、泽、湖。

（96）截头囊裸藻弓形变种 *Trachelomonas abrupta* var. *arcuata*（Playfair）Deflandre

宁蒗。生境：水塘。

（97）伪泡形囊裸藻 *Trachelomonas pseudobulla* Swirenko

腾冲瑞滇乡鱼塘。生境：泽、坑。

（98）结实囊裸藻（原变种）*Trachelomonas felix* Skvortzow var. *felix*

丽江、永胜。生境：小水沟、江河、积水坑、沼泽水坑、稻田。

（99）细粒囊裸藻（原变种）*Trachelomonas granulosa* Playf. var. *granulosa*

洒鱼河等，滇池，大理、宁蒗。生境：沟、坑、塘、泽、湖、库、田、鱼池。

（100）细粒囊裸藻齿领变种 *Trachelomonas*

granulosa var. *crenulatocollis* (Szabados) Huber－Pestalozzi

宁蒗。生境：池塘等小水体。

（101）颗粒囊裸藻 *Trachelomonas granulata* (Swir.) Defl.

滇池。

（102）圆柱囊裸藻（原变种）*Trachelomonas cylindrica* Ehrenberg var. *cylindrica*

阳宗海。生境：沼泽水坑、稻田。

（103）锥尾囊裸藻（原变种）*Trachelomonas conica* Playfair var. *conica*

泸水。生境：沼泽水坑。

（104）可疑囊裸藻尖尾变型 *Trachelomonas dubia* f. *acuninata* Deflandre

大理。生境：江河、池塘、鱼池。

（105）暗绿囊裸藻 *Trachelomonas euchlora* (Ehrenberg) Lemmermann

大理，异龙湖、赤瑞湖。生境：江河缓流处、池塘。

（106）微小囊裸藻（原变种）*Trachelomonas pusilla* Playfair var. *pusilla*

腾冲。生境：水塘。

（107）微小囊裸藻点纹变种 *Trachelomonas pusilla* var. *punctata* Playfair

大理洱海公园外。生境：小流水沟。

（108）鲍罗季诺囊裸藻 *Trachelomonas borodiniana* Swirenko

丽江石头乡。生境：稻田旁流水沟。

（109）湖生囊裸藻（原变种）*Trachelomonas lacustris* Drez. var. *lacustris*

澜沧江。生境：沟、塘、沼泽水坑、湖、鱼池。

（110）不定囊裸藻 *Trachelomonas incertissima* Defl.

澜沧江。生境：鱼池。

（111）密集囊裸藻 *Trachelomonas crebea* Kell. em. Defl.

澜沧江，异龙湖、赤瑞湖。

（112）芒刺囊裸藻 *Trachelomonas spinubosa* (Skv.) Defl.

澜沧江，异龙湖、赤瑞湖。生境：水池。

（113）密刺囊裸藻（原变种）*Trachelomonas sydneyensis* Playf. var. *sydneyensis*

异龙湖、赤瑞湖。生境：水池、沼泽水坑。

（114）棘刺囊裸藻（原变种）*Trachelomonas hispida* (Perty) Stein. em. Defl. var. *hispida*

澜沧江，异龙湖、赤瑞湖，大理、剑川、中甸、腾冲。生境：沟、塘、泽、湖、库、池，浮游，β 中污。

（115）棘刺囊裸藻具冠变种 *Trachelomonas hispida* var. *coronata* Lemmermann

大理。生境：沟、坑、塘、泽、湖、田。

（116）棘刺囊裸藻齿领变种 *Trachelomonas hispida* var. *crenulatocollis* (Mask.) Lemm.

澜沧江，滇池、异龙湖、赤瑞湖。生境：塘、泽、湖、积水。

（117）南方囊裸藻（原变种）*Trachelomonas australica* (Playf.) Defl. var. *australica*

澜沧江，滇池。生境：坑、塘等小水体。

（118）华丽囊裸藻（原变种）*Trachelomonas superba* Swir. em. Defl. var. *superba*

中甸，异龙湖、赤瑞湖。生境：沟、塘、泽、湖、库。

（119）具棒囊裸藻（原变种）*Trachelomonas bacillifera* Playfair var. *bacillifera*

丽江、永胜。生境：沟、泽、积水坑。

（120）尾棘囊裸藻（原变种）*Trachelomonas armata* (Ehr.) Stein. var. *armata*

剑川，洱海、异龙湖、赤瑞湖，金钟山。生境：塘、沼泽水沟、湖、鱼池。

（121）尾棘囊裸藻长刺变种 *Trachelomonas armata* var. *longispina* Playf. em. Defl.

异龙湖、赤瑞湖。生境：塘、湖。

（122）尾棘囊裸藻异刺变种 *Trachelomonas armamta* var. *heterospina* Swir.

洱海。生境：沼泽水坑。

（123）糙纹囊裸藻（原变种）*Trachelomonas scabra* Playfair var. *scabra*

昆明、宁蒗、泸水。生境：沟、塘、泽、湖、库、田、鱼池。

（124）糙纹囊裸藻长颈变种 *Trachelomonas scabra* var. *longicollis* Playfair

宁蒗。生境：塘、泽。

（125）拟颗粒囊裸藻（原变种）*Trachelomonas granulatopsis* Shi var. *granulatopsis*

宁蒗。生境：池塘。

（126）长梭囊裸藻 *Trachelomonas nadsoni* Skv.

螳螂川，金钟山。生境：池塘。

（127）瓶状囊裸藻 *Trachelomonas lagenella* Stein

滇池。

（128）近亲囊裸藻 *Trachelomonas affinis*（Lemm.）

澜沧江，异龙湖、赤瑞湖。

（129）具刺囊裸藻 *Trachelomonas horrida* Palmer

滇池。

（130）含糊囊裸藻 *Trachelomonas dubia* Swir.

大盈江，滇池、异龙湖、赤瑞湖。

（131）皱褶囊裸藻 *Trachelomonas tambowica*（Swir.）

滇池。

（132）近纺锤囊裸藻 *Trachelomonas parafusiformis* Warg et Nie

滇池。生境：湖泊。

（133）相似囊裸藻 *Trachelomonas similes* Stok

腾冲，异龙湖、赤瑞湖。生境：沼泽水沟、池塘、河滩积水。

（134）囊裸藻一种 *Trachelomonas* sp.

澜沧江、螳螂川、大盈江、洒鱼河及其他江河；滇池、抚仙湖、异龙湖、赤瑞湖、大山包、北海，及其他湖泊，水库，鱼池塘。

（135）囊裸藻另一种 *Trachelomonas* sp.

螳螂川，滇池、异龙湖、赤瑞湖，松华坝等。

陀螺藻属 *Strombomonas*

（136）剑尾陀螺藻（原变种）*Strombomonas ensifera*（Dad.）Defl. var. *ensifera*

澜沧江、螳螂川，滇池、异龙湖、赤瑞湖，金钟山等。生境：藕塘、静水沟。

（137）块茎状陀螺藻棒形变种 *Strombomonas tuberose* var. *claviformis* Shi et Q. X. Wang

宁蒗（模式产地）。生境：小河塘多水草。

（138）块茎状陀螺藻斑点变种 *Strombomonas tuberose* var. *conspersa*（Skvortzow）Deflandre

宁蒗永宁村。生境：小河塘、沼泽水坑。

（139）具瘤陀螺藻梯形变种 *Strombomonas verrucosa* var. *zmiewika*（Swirenko）Deflandre

宁蒗。生境：河塘、湖边、鱼池。

（140）似孕陀螺藻短领变种 *Strombomonas praeliaris* var. *brevicollum* Shi

泸水。生境：鱼池。

（141）大形陀螺藻卵圆变种 *Strombomonas maxima* var. *oviformis* Shi

腾冲瑞滇乡。生境：鱼塘。

（142）缶形陀螺藻（原变种）*Strombomonas urceolata*（Stok.）Defl. var. *urceolata*

澜沧江，北海。生境：沼泽水沟、稻田。

（143）囊胞藻 *Ascoglena vaginicola* Stein

水库。生境：池塘。

（144）双鞭裸藻 *Eutreptia viridis* Perty

滇池。生境：池塘。

Ⅱ 柄裸藻科 Colaciaceae

（145）单一柄裸藻 *Colacium simplex* Huber－Pestalozzi

大理洱海公园水泥池。生境：水池。

（146）囊状柄裸藻 *Colacium vesiculosum* Ehrenberg

澜沧江、螳螂川，滇池、北海，金钟山，中甸。生境：池塘、湖泊。

（147）剑水蚤柄裸藻 *Colacium cyclopicola*（Gicklh.）Bourrelly

大理、剑川、泸水，澜沧江，滇池、洱海、异龙湖、赤瑞湖、雪池。生境：池塘、湖泊。

（148）尖突柄裸藻 *Colacium calvum* Stein

滇池。生境：淡水。

（149）柄裸藻一种 *Colacium* sp.

澜沧江、螳螂川，滇池，松华坝等。

Ⅲ 变胞藻科 Astasiaceae

（150）变异多形藻 *Distigma proteus* Ehrenberg emend. Pringsheim

滇池。生境：池塘等小静水体。

Ⅳ 杆胞藻科 Rhabdomonadaceae

（151）螺旋杆胞藻 *Rhabdomonas spiralis* Pringsheim

大理、腾冲。生境：池塘。

（152）弯杆胞藻 *Rhabdomonas incurve* Fresenius

宁蒗。生境：池塘等小静水体。

（153）弦月藻 *Menoidium pellucidum* Perty

大理，鱼池塘。生境：塘、泽。

（154）螺肋藻喙状变种 *Gyropaigne kosmos* var. *rostriformis* Shi

怒江上江乡鱼池。生境：塘、泽。

Ⅴ 袋鞭藻科 Peranemaceae

（155）弯曲袋鞭藻（原变种）*Peranema de-*

flexum var. *deflexum*

大理、中甸。生境：池塘。

（156）楔形袋鞭藻 *Peranema cuneatum* Playfair

滇池。生境：池塘。

（157）三角袋鞭藻 *Peranema trichophorum*（Ehr.）Stein.

大理，澜沧江，滇池、异龙湖、赤瑞湖。生境：池、沼等小水体、湖泊沿岸带。

（158）袋鞭藻一种 *Peranema* sp.

澜沧江、洒鱼河、南腊河，滇池。

（159）囊形异丝藻 *Heteronema sacculus* Skuja

腾冲瑞滇乡鱼塘。生境：池塘。

（160）圆口壶藻（原变种）*Urceolus cyclostomus*（Stein）Mer. var. *cyclostomus*

异龙湖、赤瑞湖。生境：池、泽。

（161）帕许壶藻 *Urceolus pascheri* Skvortzow

滇池。生境：池塘。

（162）壶藻一种 *Urceolus* sp.

洒鱼河等。

（163）斜形内管藻 *Entosiphon obliquum* Klebs

宁蒗。生境：池塘、小型湖泊。

（164）内管藻（原变种）*Entosiphon sulcattun*（Dujardin）Stein var. *sulcattun*

大理、中甸。生境：塘、泽、湖沿岸带。

Ⅵ 瓣胞藻科 Petalomonadaceae

（165）双尖异鞭藻 *Anisonema biargutum* Shi

中甸山泉溪沟（副模式产地）

（166）葡萄异鞭藻 *Anisonema acinus* Dujardin

中甸。生境：塘、泽。

（167）广卵异鞭藻（原变种）*Anisonema prosgeobium* Skuja var. *prosgeobium*

中甸。生境：池塘。

（168）广卵异鞭藻狭形变种 *Anisonema prosgeobium* var. *angustum* Shi

中甸温泉旁水潭（模式产地）

（169）右旋异鞭藻 *Anisonema dexiotaxum* Skuja

滇池。生境：塘、湖沿岸带。

（170）异鞭藻一种 *Anisonema* sp.

澜沧江、南腊河。

（171）椭圆袋胞藻 *Marsupiogaster elliptica* Shi

大理。生境：池塘。

（172）椭圆背沟藻 *Notosolenus ellipticus* Shi

中甸温泉旁水潭（模式产地）。

（173）泡状萼胞藻延长变种 *Calycimonas physaloides* Christen var. *protracta* Shi

泸水上江乡鱼池。生境：池塘。

（174）微小瓣胞藻 *Petalomonas pusilla* Skuja.

大理。生境：塘、湖沿岸带。

（175）瓣胞藻（原变种）*Petalomonas mediocanellata* Stein var. *mediocanellata*

滇池，宁蒗。生境：塘、泽、湖沿岸带。

（176）瓣胞藻纵分变种 *Petalomonas mediocanellata* var. *disomata*（Stokes）Lemmermann

中甸。生境：塘、坑等小水体。

（177）内卷瓣胞藻（原变种）*Petalomonas involuta* Skuja. var. *involuta*

大理、中甸，滇池。生境：塘、坑等小水体。

（178）内卷瓣胞藻卵形变种 *Petalomonas involuta* var. *ovata* Shi

宁蒗。生境：小池塘。

（179）翼状瓣胞藻（原变种）*Petalomonas aliformis* Shi var. *aliformis*

宁蒗永宁乡一小河塘。生境：池塘。

（180）翼状瓣胞藻平直变种 *Petalomonas ali formis* var. *planiuscula* Shi

保山石头寨鱼池（模式产地）。生境：池塘。

（181）三棱瓣胞藻短肋变种 *Petalomonas steinii* var. *brevicarina* Shi

中甸温泉边以热水塘（模式产地）25℃，海拔3300m。

Ⅶ 瓶领藻科 Salpingoecaceae

（182）团球领鞭藻 *Salpingoeca volvox* Laoterborn

澜沧江，滇池、异龙湖、赤瑞湖，鲁布革水库。生境：湖泊、水库。

（183）集领鞭藻一种 *Codonosiga* sp.

澜沧江。

Ⅷ 粪胞藻科 Bodonaceae

（184）粪胞藻 *Bodo edax* Klebs

澜沧江。生境：耐污。

（185）粪胞藻一种 *Bodo* sp.

洒鱼河等，天池。

2.10 绿藻门 CHLOROPHYTA

2.10.1 形态结构

绿藻门种类繁多，形态多样，有单细胞、群体、多细胞体。浮游种类有单细胞、群体、集结体、单一丝状体、分支丝状体，着生种类也会漂浮水中。藻体类型繁多，主要有5种类型。

（1）运动型：单细胞或一定形态的群体，具鞭毛能运动。运动型个体都为衣藻型，细胞一般有2条（少数4条，极少数1、6、8条）等长鞭毛，鞭毛基部一般具2个（极少1或4个）收缩胞，1个红色眼点，色素体杯状或其他形状，细胞核1个，造粉核1个，胞壁常很薄或无壁，有的细胞外更具被囊。

（2）胶群体型：多细胞群体，具胶被，胶被来源或是细胞分泌物或母胞壁胶化。细胞数目不定，常2~4个细胞为1组。细胞能进行植物性分裂，部分种类群体的各个体胶被常常溶成一体，很少数能看出个体胶被，有些母胞壁不完全胶化，仅膨大包被子细胞，许多待子细胞成长后，母胞壁消失。

（3）绿球藻型：不能运动的单细胞或群体，细胞数目一定，又分为原始定型群体和真性定型群体。细胞不能进行植物性分裂，产生动孢子或似亲孢子进行无性繁殖。

（4）丝状体型：又可分成4种类型。①简单丝状体：藻丝不分支，细胞在与藻丝体垂直的一个方向分裂，形成单列细胞，有的藻丝体基部有固着细胞；②分支丝状体：丝状体部分细胞侧向分裂，形成分支，分支可相互分离，或在侧面密贴呈假薄壁组织；③异丝性丝状体：分支丝状体分化成直立部分和匍匐部分；④膜状体：细胞向2或3个方向分裂，形成薄膜状、管状、实心圆柱状藻体。

（5）多核体型：为多核、无横壁的球状或管状藻体，仅繁殖时形成横壁。

绿藻单细胞体有球形、椭圆形、纺锤形、新月形、肾形、多角形等等。群体有球形、放射形、片状、丝状、不规则团块状、假薄壁组织等。

细胞壁：绝大多数有细胞壁，内层纤维质为主、外层果胶质，少数无细胞壁而裸出。胞壁一般平滑，游泳种类常有各式各样的颗粒、孔纹、细刺、粗刺、刺毛、瘤等的结构，以扩大相对表面积，增加浮力适于浮游生活。

原生质：原生质体中央一般有1个大液泡，有些是小液泡，有些种类具有胞间连丝。

细胞核：大多数种类1个、少数种类多个，具核膜，核仁1个或几个。

色素体：除极少数种类无色素体外，都具有1个、数个、多数色素体。形态依种类不同，有的同种而不同发育时期也有变化，主要有杯状、叶状、板状、盘状、环状、星芒状、网状、带状、螺旋状和网状等等。位置有轴生、周生，有些种类老细胞，色素体分散充满全细胞，无形态。色素体形状、数目、排列为分类依据，色素体中色素与高等植物相似，有叶绿素a、b，α和β胡萝卜素，黄色素，玉米黄素，堇黄素，新叶黄素，藻体呈草绿色。大多数种类色素体内有1个至数个淀粉鞘包被的蛋白核，鲁哥氏液处理易于辨认，其形状、数目、排列也为分类依据。同化产物一般是小卵形淀粉，分散细胞质中。

鞭毛：运动细胞和生殖细胞具顶生、等长（个别种类不等长）鞭毛2条，少数4条，极少数1、6、8条鞭毛，能运动，都为衣藻型。鞘藻目的生殖细胞具1轮顶生鞭毛。鞭毛基部具粒状生毛体，2个生毛体由细横的副连丝相连，其中1个由1条细丝连接细胞核内的中心体，而中心体又由1个细丝连接核仁。鞭毛着生处的基部，一般具2个（极少1或4个）伸缩泡。

眼点：具鞭毛运动细胞前部侧面、动孢子、配子，常具一个球形、椭圆形、卵形或线形的红色眼点。它由亚显微结构的类脂类小体组成，由类胡萝卜素染成红色，常常位于叶绿体内部。

2.10.2 繁殖

绿藻的繁殖方式有3种。

（1）营养繁殖：又称植物性繁殖，是藻体不通过形成生殖细胞进行繁殖的一种方式。绝大多数单细胞种类以细胞分裂形成新个体，群体以细胞分裂增加细胞数，最简单的方式为丝状体、群体还可以进行藻体断裂。某些单细胞绿藻在环境不良时，细胞分裂形成多细胞无一定形态的胶群体，进行营养繁殖。

（2）无性生殖：藻体形成的生殖细胞不经过结合，直接萌发成新藻体的一种繁殖方式。

动孢子：大多数无性繁殖是形成动孢子，细胞内原生质体收缩、或分裂形成1、2、4、8或更多的动孢子，数目为2的次方。水网藻属细胞中能形成数千个动孢子，动孢子具2条等长的鞭毛，与衣藻属细胞相似，但无胞壁，逸出后萌发成新个体。

不动孢子：与动孢子不同，细胞内形成的不动孢子在表面分泌一层膜为胞壁，不产生鞭毛，不能运动，一般圆球形，脱出母体后萌发成新个体。

似亲孢子：也是一种不动孢子，不同的是所产生的似亲孢子。形态、胞壁结构与母体完全相同，绿球藻目多为此方式。许多似亲孢子排列在变大了的胞壁内即形成定型群体。

休眠孢子：环境干燥、寒冷等不良环境时，运动细胞原生质体收缩，脱去鞭毛，胞壁外分泌胶质，环境好转时，原生质体复苏分裂发育成新个体。

厚壁孢子：生活环境不良时，藻类沿母胞壁增厚，比营养细胞大得多。圆形，胞内积累大量营养物质和色素，最后具一典型的永久细胞的外观，变为厚壁孢子。环境转好时，萌发成新个体。

综上所述，无性繁殖主要为细胞分裂、细胞内形成孢子，孢子以静孢子、动孢子、似亲孢子为主。多数种类的孢子，脱出母胞壁，经休眠，成一幼植物体。还有些种类一个细胞形成的孢子，脱出母胞壁之前，先互相结合成与母植物体一样的植物体，然后再脱出母细胞，这种植物体特称集结体，为绿球藻目特征。

（3）有性生殖：经过生殖细胞结合，形成合子，合子萌发成新个体的繁殖方式。不很常见。包括配子生殖和结合生殖。

配子生殖：绿藻的配子形成和形态与动孢子相似，仅数目较多，个体较小。发展成为配子的细胞叫配子囊，有雌配子囊和雄配子囊。配子结合的方式有3种，①同配生殖：在有性生殖中最普遍，两个结合配子，形态、大小相同；②异配生殖：两个结合配子，形态相同、大小不同，雄配子较小，雌配子较大；③卵配生殖：两个结合配子，形态、大小都不同，大者无鞭毛、不能运动为卵细胞，小者具2条鞭毛，能运动为游动精子。配子是在体外结合，以长成合子。配子融合后，合子就被1层薄膜，接着膜增厚为3层，称结合孢子。结合孢子绿颜色，因类胡萝卜素（血红素）的积累，变为红色或褐色，一般经或短或长的休眠再萌发。

接合生殖：由营养母细胞全部原生质转变产生没有鞭毛、可变形的配子，像变形虫状从细胞中出来，2个配子相互成对结合，或由原来的2条藻丝部分母细胞壁侧相结合，结合处细胞壁溶化，或形成结合管，2个细胞的内含物即通过此溶化处结合，或在结合管中融合，或在同1条藻丝2细胞之间进行梯形结合而成合子“结合孢子”，再萌发成新个体。合子萌发时细胞核最初分裂是减数分裂，在这类藻的整个发育过程中，合子是2倍体细胞，营养藻丝和配子都是单倍体。这种结合生殖，是接合藻纲的主要特征。

2.10.3 生态分布

绿藻门分布很广，凡光线能到达、有水潮湿地方皆能生存，如潮湿的树皮、墙壁、岩石表面，绝大多数在淡水，少数在海水，有少数种类腐生，有的与地衣共生。地理分布上温带较多，喜温暖季节。少数特殊种类能在4℃以下的冰雪中生存，显红、黄、褐色。浮游性种类主要有团藻目、四胞藻目、绿球藻目、鼓藻目4个目，其他目极不常见。以上4个目在湖泊常见，喜浅水，尤其水草较茂盛的浅水，春秋最旺盛，夏季水温高、光太强不利生长，但仍比冬季多，冬季水温低，最少。有机质较多的小水体、湖泊沿岸带、潮湿土表面团藻目最旺盛，四胞藻目、绿球藻目也旺盛。微酸水中鼓藻目种类、数量都多。

2.10.4 经济意义

绿藻门种类多、数量大，是鱼类和水生动物直接或间接的饵料。丝状种类，可直接作鲤、鲫鱼食料。浮游种类鲢鱼虽不能消化，但却是浮游动物的良好食料，能间接利用。有的绿藻细胞蛋白质干重达53%～58%，可作为生产蛋白质、精饲料的培养对象，如小球藻。但也有不利方面：绿藻类生长过盛，过度吸收水体养料使水变瘦，鱼类可消化的藻类锐减，如水网藻使水瘦并缠死仔鱼；又如鱼苗池中刚毛藻生长过盛，使水质清瘦，鱼苗可利用的其他浮游藻类减少；再如浮游绿藻过盛，在强光、高温下，鱼苗吞食浮游绿藻，肠中发生大型气泡，不能自主自由游泳，漂浮水面，死亡。

绿藻有些可以药用、食用，如溪菜属 *Prasiola* 有药用价值，我国食用之有800年历史，作汤被视为珍品，宋朝苏轼有诗赞其美味。当今四川，云南禄劝、兰平、宁蒗等县有食用，俗称石花菜或水陆菜。云南溪菜产于乌蒙山溪流中。近窝孔溪菜在云南鸡足山溪流中仍很丰富。西双版纳山溪中的刚毛藻属晒干后食用。20世纪60年代，云南大学生物系曾培养小球藻作食品代用品。国内外的培养试验也长期、广泛在进行。

不同水质环境常有不同种类绿藻。在环境监测中，绿藻多是水质富营养的表征。如衣藻喜生活较污秽水中；鼓藻多，是水质较清洁、较好的表征；微星鼓藻生在酸性、少钙、少人为污染水体；刚毛藻属的一些种类为高 pH 值的指示生物。

绿藻是污水处理、水体自然净化的重要生物类群。

2.10.5 分类

绿藻门分2个纲：绿藻纲约350属5000～8000种，大多在淡水，约1/10在海水；接合藻纲约50属4000～6000种，海水无分布，咸水很少，余全在淡水（主要参考饶钦止，1979，1988；黎尚豪，1998；魏印心，2003；毕列爵，2004）。

2.10.6 云南绿藻名录

一、绿藻纲 CHLOROPHYCEAE

团藻目 VOLVOCALES

Ⅰ 多毛藻科 Polyblepharidaceae

（1）娇柔塔胞藻 *Pyramidomonas delicatula* Griff.

滇池、异龙湖、赤瑞湖。生境：湖、池、沟。

Ⅱ 衣藻科 Chlomydomonadaceae

（2）球衣藻 *Chlamydomonas globosa* Snow.

洱海、异龙湖、赤瑞湖。生境：湖、池。

（3）哈莱衣藻 *Chlamydomonas reinhardtii* Dang.

澜沧江，滇池、异龙湖、赤瑞湖。生境：塘、坑、潮湿土壤。

（4）简单衣藻 *Chlamydomonas simplex* Pasch.

澜沧江，滇池。

（5）布朗衣藻 *Chlamydomonas braunii* Gor.

澜沧江，滇池。

（6）斯诺衣藻 *Chlamydomonas snowiae* Printz

滇池。生境：小水池、污水沟。

（7）逗点衣藻 *Chlamydomonas komma* Skuja

滇池。

（8）德巴衣藻小乳突变种 *Chlamydomonas debaryana* var. *micropapillata* Gerl.

滇池。

（9）卵形衣藻 *Chlamydomonas ovalis* Pasch.

螳螂川，水库。生境：污水池。

（10）密实衣藻 *Chlamydomonas conferta* Korsch.

滇池。

（11）椎鼻衣藻 *Chlamydomonas atactogama* Korsch.

滇池，松华坝等。

（12）鼻突衣藻 *Chlamydomonas proboscigera* Korsch.

澜沧江。

（13）雅致衣藻 *Chlamydomonas elegans* G. S. West

洱海。

（14）衣藻一种 *Chlamydomonas* sp.

澜沧江、螳螂川、洒鱼河，滇池、异龙湖、赤瑞湖。

（15）多种衣藻 *Chlamydomonas* spp.

江河，滇池、洱海。

（16）球四鞭藻 *Carteria globosa* Korsch.

滇池、异龙湖、赤瑞湖。生境：静水小水体，特别喜欢冷水性环境。

（17）克莱（克氏）四鞭藻 *Carteria klebsii* (Dang.) France em. Troitzk.

滇池。生境：各种小水体、沼泽。

（18）四鞭藻一种 *Carteria* sp.

澜沧江、洒鱼河，滇池，松华坝等。

（19）长绿梭藻 *Chlorogonium elongatum* Dang

异龙湖、赤瑞湖。生境：有机质丰富的浅小

水体。

(20) 绿梭藻 *Chlorogonium euchlorum* Ehrenb.

洱海。

(21) 素衣藻 *Polytoma uvella* Ehr.

滇池。生境：污水池、小水坑，浮游，耐污、α中污。

(22) 眼点素衣藻 *Polytoma ocellatum* Francé

滇池。

(23) 莱非拟球藻 *Sphaerellopsis lefevrei* Bourr

洱海公园水沟。生境：花盆、小水池。

(24) 小型绿辐藻 *Chlorobrachis gracillima* Korsch.

洱海。生境：公园池塘、肥水缸。

Ⅲ 壳衣藻科 Phacotaceae

(25) 透镜壳衣藻 *Phacotus lenticularis* (Ehr.) Stein

洱海。生境：富营养水体、小水体。

(26) 尖角翼膜藻原变种 *Pteromonas aculeate* var. *aculeate* Lemm.

滇池。生境：湖、池。

(27) 翼膜藻一种 *Pteromonas* sp.

滇池。

Ⅳ 团藻科 Volvocaceae

(28) 聚盘藻 *Gonium sociale* (Duj.) Warm.

澜沧江。生境：池塘等小水体，浮游，α中污、β中污。

(29) 盘藻 *Gonium pectorale* O. F. Müller

澜沧江、螳螂川，滇池、洱海、异龙湖、赤瑞湖。生境：沟、泽、塘，浮游，α中污、β中污。

(30) 美丽盘藻 *Gonium formosum* Pascher

澜沧江、螳螂川，异龙湖、赤瑞湖。生境：静止小水体。

(31) 实球藻（桑椹）*Pandorina morum* (Müll.) Bory.

澜沧江、螳螂川、瑞丽江、南腊河，滇池、洱海、泸沽湖、异龙湖、赤瑞湖等。生境：各种小水体，浮游，β中污、寡污。

(32) 华丽实球藻 *Pandorina charkoviensis* Korsch.

澜沧江，滇池。

(33) 实球藻一种 *Pandorina* sp.

洒鱼河，滇池等。

(34) 空球藻 *Eudorina elegans* Ehr.

澜沧江、螳螂川，滇池、洱海、抚仙湖等。生境：广布，有机质丰富的小水体，浮游，β中污、寡污。

(35) 空球藻一种 *Eudorina* sp.

洒鱼河，洱海。

(36) 杂球藻 *Pleodorina californca* Shaw.

澜沧江、螳螂川、响水河，洱海、异龙湖、赤瑞湖。生境：肥沃小水体。

(37) 球团藻 *Volvox globator* (Linn.) Ehr.

澜沧江，鲁布革。生境：池塘、小水洼，浮游，β中污、寡污。

(38) 非洲球团藻 *Volvox africanus* West

金钟山。生境：湖、池。

(39) 美丽团藻 *Volvox aureus* Ehr.

澜沧江，洱海、抚仙湖、异龙湖、赤瑞湖等。生境：洼、塘等肥沃小水体，浮游，β中污、寡污，有水棉 *Spirogyra* 的水体找不到。

(40) 团藻一种 *Volvox* sp.

滇池、异龙湖、赤瑞湖，鱼池塘。

四孢藻目 TETRASPORALES

Ⅴ 四孢藻科 TETRASPORACEAE

(41) 湖生四孢藻 *Tetraspora lacustris* Lemm.

洱海、抚仙湖、异龙湖、赤瑞湖，水库。生境：湖、池。普生，真性浮游。

(42) 湖沼四孢藻 *Tetraspora limnetica* West & West

剑川剑湖。生境：湖、池。普生，真性浮游。

(43) 四孢藻一种 *Tetraspora* sp.

松华坝等。

Ⅵ 四集藻科 Palmellaceae

(44) 四集藻一种 *Palmella* sp.

异龙湖、赤瑞湖，松华坝等。生境：本属在池、湖、泽、沟渠，或附于湿土表、岩石。

(45) 球囊藻 *Sphaerocystis schroeteri* Chod.

澜沧江、螳螂川，滇池、洱海，水库。生境：较肥沃湖泊，真性浮游，浮游，寡污。

(46) 湖生绿星球藻 *Asterococcus lemneticus* G. M. Smith

滇池，水库。生境：软水，较肥沃小水体，广布，真性浮游。

(47) 锥形胶囊藻 *Gloeocystis planctonica* (W. et West) Lemm.

螳螂川，滇池。生境：浅水湖、池沿岸带，与其他藻类混生。

（48）泡状胶囊藻 *Gloeocystis vesiculosa* Näg.

昆明，滇池。生境：浅水湖、泽，与其他藻类混生，或附着沉水植物。

（49）巨型胶囊藻 *Gloeocystis gigas*（Kuetzing）Lagerheim

阿孜。生境：湖、泽。

Ⅶ 胶球藻科 Coccomyxaceae

（50）纺锤藻 *Elakatothrix gelatinosa* Wille.

螳螂川，抚仙湖，水库。生境：湖、池，真性浮游。

（51）单胞纺锤藻 *Elakatothrix rolitaria*

螳螂川。

（52）辐球藻 *Radiococcus nimbatus*（Wild.）Schmidle

澜沧江、螳螂川，昆明，滇池，鲁布革。生境：水池。

绿球藻目 CHLOROCOCCALES

Ⅷ 绿球藻科 Chlorococcaceae

（53）水溪绿球藻 *Chlorococcum hydrococcus*（Kütz.）Elekin

云县、大理。生境：气生、亚气生、水生，有机质较丰富的静止水体、漂浮、附生于水生植物、湿土上，海拔5000m高寒处与雪衣藻等构成红土壤。

（54）多芒藻 *Golenkinia radiata* Chod.

螳螂川，滇池、洱海、异龙湖、赤瑞湖，松华坝等。生境：肥沃浅池、湖湾、各种小水体，真性浮游，α中污、β中污。

（55）疏刺多芒藻 *Golenkinia paucispina* W. et G. S. West.

螳螂川，滇池、洱海。生境：生态同多芒藻，夏季养鱼池等肥沃水体。

（56）粗刺藻 *Acanthosphaera zachariasi* Lemm.

滇池。生境：浮游，肥沃的浅水池、湖泊浅水湾、水库，多在秋季出现，但数量少。

Ⅸ 小桩藻科 Characiaceae

（57）喙状小桩藻 *Characium rostractum* Reinsch

个旧蛮耗。生境：湖、池，着生于丝状藻类的有植物上。

（58）直立小桩藻 *Characium strictum* A. Braon

漾濞县漾濞江。生境：湖、池，附生于鞘藻 Oedogonium，基质之上。

（59）小桩藻一种 *Characium* sp.

螳螂川。

（60）螺旋弓形藻 *Schroederia spiralis*（Printz）Korsch.

异龙湖、赤瑞湖。生境：湖、塘、鱼池，浮游性。

（61）弓形藻 *Schroederia setigera*（Schrōder）Lemm

滇池。生境：普生性，湖、池、库、鱼池，浮游。

（62）拟菱形弓形藻 *Schroederia nitzschioides*（West）Korsch.

异龙湖、赤瑞湖。生境：湖、池，浮游。

（63）硬弓形藻 *Schroederia robusta* Korsch.

天池。生境：湖、池，真性浮游。

Ⅹ 小球藻科 Chlorellaceae

（64）椭圆小球藻 *Chlorella ellipsoidea* Gren.

螳螂川，滇池，及云南其他地方。生境：浅小水体、湖泊浅水湾，广布种。

（65）小球藻 *Chlorella vulgaris* Beij.

滇池、洱海。生境：池、湖湾，耐污、α中污，咸淡水。

（66）小球藻一种 *Chlorella* sp.

滇池、抚仙湖。

（67）集球藻 *Palmellococcus miniatum*（Kuetzing）Chodat

云南。生境：湿土表、湿墙壁，普生。

（68）拉氏藻 *Lagerheimia subsalsa* Lemm.

螳螂川，滇池，松华坝等。

生境：淡水、半咸水小水体，广布。

（69）十字顶棘藻 *Chodatella wratislaviensis*（Schr.）Ley

滇池，昆明。生境：较肥沃小水体。

（70）四刺顶棘藻 *Chodatella quadriseta* Lemm.

滇池、泸沽湖等。生境：有机质多的池塘。

（71）极毛顶棘藻 *Chodatella cilliata*（Lag.）Lemm.

螳螂川，滇池、异龙湖、赤瑞湖。生境：较肥沃的小水体，普生性。

（72）长刺顶棘藻 *Chodatella longiseta* Lemm.

螳螂川，滇池。生境：较肥沃的小水体。

(73) 顶棘藻一种 *Chodatella* sp.

螳螂川，滇池、泸沽湖，水库。

(74) 被刺藻 *Franceia ovalis* (Franc.) Lemm.

螳螂川，滇池。生境：湖、池浮游。

(75) 三叶四角藻 *Tetradron trilobulatum* (Reinsch) Hansg

澜沧江、螳螂川，昆明，洱海。生境：湖、池。

(76) 三角四角藻（原变种）*Tetradron trigonum* (Nāg.) Hansg var. *trigonum*

滇池、异龙湖、赤瑞湖。生境：湖、池，广布。

(77) 三角四角藻乳突变种 *Tetradron trigonum* var. *papilliferum* (Schroed.) Lemm.

洱海。生境：湖、池，普生。

(78) 具尾四角藻 *Tetradron caudatum* (Cord.) Hansg.

滇池。生境：湖、池、泽，普生，浮游，α中污、β中污。

(79) 细小四角藻（原变种）*Tetradron minimum* (A. Br.) Hansg. var. *minimum*

澜沧江、螳螂川，滇池、洱海、泸沽湖、杞麓湖，松华坝等，永宁。生境：湖、池，广布。

(80) 细小四角藻尖顶变种 *Tetradron minimum* var. *apiculatum* Reinsch

永宁。生境：与其他许多藻类混生。

(81) 规则四角藻 *Tetradron regulare* Kütz.

螳螂川，滇池。

(82) 整齐四角藻（原变种）*Tetradron regulare* var. *regulare*

昆明。生境：湖、池、库，广布。

(83) 整齐四角藻砧形变种 *Tetradron regulare* var. *incus* Teil.

滇池。生境：浮游，α中污、β中污。

(84) 缩小四角藻 *Tetradron constrictum* G. M. Smith

洱海（仅此记录）、滇池。生境：湖泊。

(85) 二叉四角藻 *Tetradron bifurcatum* Lag.

滇池。生境：湖、池、库，普生。

(86) 纤细四角藻 *Tetradron gracile* (Reinsch) Hansg.

昆明，洱海。生境：浅水湖、池，普生。

(87) 微小四角藻（原变种）*Tetradron pusillum* (Wall.) West & West var. *pusillum*

滇池。生境：湖、池、库，普生。

(88) 膨胀四角藻 *Tetradron tumidulum* (Reinsch) Hansg

澜沧江，滇池、抚仙湖、泸沽湖、异龙湖、赤瑞湖，松华坝。生境：湖、池、库，广布。

(89) 戟形四角藻 *Tetradron hustatum* (Reinsch.) Hansg

异龙湖、赤瑞湖。生境：湖、池，广布。

(90) 四角藻一种 *Tetradron* sp.

螳螂川，滇池、程海、异龙湖、赤瑞湖、清水海等。

(91) 一种藻 *Tetratomococcus ornata* Korsch.

抚仙湖。

(92) 扭曲蹄形藻（原变种）*Kirchnecriella contorta* (Schm.) Bohl. var. *contorta*

金沙江、澜沧江，滇池。

(93) 蹄形藻 *Kirchnecriella lunaris* (Kirch.) Moeb.

澜沧江、螳螂川等，滇池、洱海、杞麓湖、异龙湖、赤瑞湖。生境：有机质丰富的酸性湖、池、泽，广布。

(94) 肥壮蹄形藻 *Kirchnecriella obesa* (West.) Schm.

金沙江、螳螂川，滇池、洱海、杞麓湖。生境：湖、池，数量常少，普生，浮游，β中污。

(95) 月牙藻 *Selenastrum bibraianum* Reinsch

澜沧江，滇池、洱海、异龙湖、赤瑞湖，鱼池塘。生境：有机质丰富的小水体，浮游，β中污。

(96) 纤细月牙藻 *Selenastrum gracile* Reinsch

怒江、澜沧江、金沙江、螳螂川，滇池、洱海。生境：湖、池、泽，广布，浮游，β中污。

(97) 端尖月牙藻 *Selenastrum westii* G. M. Smith

滇池、异龙湖、赤瑞湖。生境：有机质丰富的浅小水体，普生。

(98) 小形月牙藻 *Selenastrum minutum* (Nāg.) Coll.

螳螂川，昆明。生境：湖、池。

(99) 月牙藻一种 *Selenastrum* sp.

洒鱼河等，滇池，鱼池塘等。

XI 卵囊藻科 Oocystaceae

(100) 螺形纤维藻（原变种）*Ankistrodesmus spiralis* (Turn.) Lemm. var. *spiralis*

螳螂川、金沙江、澜沧江、普渡河，滇池、

洱海、抚仙湖、杞麓湖、异龙湖、赤瑞湖。生境：肥沃的小水体，普生。

（101）伯纳德氏纤维藻 *Ankistrodesmus bernardii* Komarek

澜沧江、怒江，洱海。生境：湖泊，热带和亚热带地区。

（102）镰形纤维藻（原变种）*Ankistrodesmus falcatus*（Cord.）Ralfs. var. *falcatus*

怒江、金沙江、澜沧江、螳螂川、大盈江，昆明、呈贡、大理、丽江、永宁、佛海，滇池、洱海、异龙湖、赤瑞湖。生境：坑、池、库等，浮游，有时大量生长，极常见，α中污、β中污。

（103）镰形纤维藻放射变种 *Ankistrodesmus falcatus* var. *radiatus*（Chodat）Lemmermann

丽江、永宁。

（104）镰形纤维藻奇异变种 *Ankistrodesmus falcatus* var. *mirabilis* G. S. West

螳螂川，滇池。生境：塘、鱼池、浅水湖湾。

（105）镰形纤维藻"针形"变种 *Ankistrodesmus falcatus* var. *acicularis*（A. Br.）G. S. West

滇池、异龙湖、赤瑞湖。

（106）镰形纤维藻"螺形"变种 *Ankistrodesmus falcatus* var. *spirilliformis* W. et G. S. West

滇池。

（107）狭形纤维藻 *Ankistrodesmus angustus* Berrn.

澜沧江、螳螂川、洒鱼河，滇池、洱海、抚仙湖、杞麓湖。生境：偶然浮游种类。

（108）针形纤维藻 *Ankistrodesmus acicularis*（A. Br.）Korsch.

澜沧江、螳螂川，滇池、洱海、抚仙湖、异龙湖、赤瑞湖。生境：池塘、浅水湖。

（109）纤维藻一种 *Ankistrodesmus* sp.

螳螂川、响水河、洒鱼河等，滇池等。

（110）拟新月藻 *Closteriopsis longissima* Lemm.

螳螂川、洒鱼河，滇池、洱海、抚仙湖、异龙湖、赤瑞湖，鱼池塘。生境：湖、池，浮游，普生，浮游，β中污。

（111）四刺藻 *Treubaria triappendiculata* Bern.

澜沧江、洒鱼河。生境：富营养型湖、池。

（112）粗刺四刺藻 *Treubaria crassispina* Smith

澜沧江。生境：富营养型湖、池。

（113）棘球藻 *Echinosphaerilla limnetica* G. M. Smish

澜沧江，滇池。生境：湖、塘、坑、鱼池，浮游。

（114）棘鞘藻 *Echinocoleum elegans* Jao et Lee

异龙湖、赤瑞湖。生境：湖、池，浮游，普生。

（115）浮球藻 *Planktosphaeria gelotinosa* G. M. Smish

昆明，澜沧江，滇池、洱海、抚仙湖、异龙湖、赤瑞湖，松华坝。生境：湖、池，浮游。

（116）湖生卵囊藻 *Oocystis lacustis* Chod.

澜沧江、螳螂川，滇池、洱海、抚仙湖、杞麓湖，水库。生境：湖、池，常见、量少。

（117）水生卵囊藻 *Oocystis submarina* Lagerheim

昆明，滇池。生境：水潭、池塘。

（118）单生卵囊藻（原变种）*Oocystis solitaria* Wittr. var. *solitaria*

澜沧江，滇池、洱海、杞麓湖。生境：河滩、湖、盐池的水坑。

（119）不规则卵囊藻 *Oocystis ireegularis*（Patkoff）Printz

永宁。生境：水库。

（120）巨大卵囊藻宽大变种 *Oocystis gigas* var. *incrassata* W. West

丽江、永宁（国内仅此，稀少）。

（121）椭圆卵囊藻 *Oocystis elliptica* W. West

澜沧江、螳螂川，洱海。生境：有机质丰富的小水体，塘、泽、库、坑、静水沟渠。

（122）小形卵囊藻 *Oocystis parva* W. et. G. S. Wast

澜沧江、螳螂川，滇池、杞麓湖，松华坝。生境：浅水湖沿岸带、泽、池、沟、水潭。

（123）波吉卵囊藻（原变种）*Oocystis borgei* Snow. var. *borgei*

螳螂川，滇池、洱海、抚仙湖、路南长湖。生境：有机质丰富的小水体，浅水湖，库、坑、鱼池，常与丝状藻类混生。

（124）微小卵囊藻 *Oocystis pusilla* Hansgirg

昆明，滇池。生境：库、池。

（125）单球卵囊藻 *Oocystis eremosphaeria* G. M. Smish

澜沧江。生境：小溪、水坑。

（126）群生卵囊藻 *Oocystis socialis*

滇池。

（127）海底生卵囊藻 *Oocystis submarina*

滇池。

（128）卵囊藻一种 *Oocystis* sp.

怒江、螳螂川，滇池、洱海、泸沽湖、异龙湖、赤瑞湖、天池等，水库。生境：此属全部种皆浮游、α中污、β中污、寡污。

（129）小箍藻 *Trochiscia reticularis*（Reinsch.）Hang

澜沧江、螳螂川，滇池、清水海等。生境：湖、泽、池、沟，与其他藻类混生。

（130）肾形藻 *Nephrocytium agardhianum* Nāg.

澜沧江、螳螂川，滇池，松华坝。生境：肥沃的湖泊沿岸带和池塘。

（131）新月肾形藻 *Nephrocytium lunatum* W. West

澜沧江。生境：水温较低、有机质较少的池、泽、沟。

（132）粗肾形藻 *Nephrocytium obesum* West

滇池。生境：湖、泽、池。

（133）腊肠状肾形藻 *Nephrocytium allantoideum*

螳螂川。

（134）湖沼肾形藻 *Nephrocytium limneticum*

滇池。

（135）一种肾形藻 *Nephrocytium hydrophilum*（Tumer.）Wille.

螳螂川，水库。

（136）肾形藻一种 *Nephrocytium* sp.

天池。

（137）并联藻 *Quadrigula chodatii*（Tan－Ful.）G. M. Thmith

澜沧江、螳螂川、大盈江，滇池、抚仙湖、异龙湖、赤瑞湖。生境：池、浅水湖，浮游。

（138）“柏氏”并联藻 *Quadrigula pfitzeri*（Schroder）Smith

滇池。

XII 葡萄藻科 Botryococcaceae

（139）葡萄藻 *Botryococcus braunii* Kütz.

澜沧江、螳螂川，滇池、洱海、抚仙湖、异龙湖、赤瑞湖、天池、清水海等，漫飞龙、鲁布革。生境：湖泊，常见，能形成水华。

（140）联生葡萄藻 *Botryococcus protuberans* W. et. G. S. Wast

滇池。

XIII 胶网藻科 Dictyosphaeriaceae

（141）胶网藻 *Dictyosphaerium ehrenbergianum* Nāg.

澜沧江，滇池、抚仙湖、清水海等。生境：软水湖泊、池塘，常见，浮游，β中污。

（142）美丽胶网藻 *Dictyosphaerium pulchellum* Wood

横断山区（金沙江、澜沧江、怒江），滇池，鱼池塘。生境：软水或半硬水湖、池，有时酸性沼泽，常见，浮游，β中污。

XIV 群星藻科 Sorastraceae

（143）群星藻 *Sorastrum americanum*（Bohl.）Schm.

澜沧江，滇池。生境：湖、池，浮游。

（144）群星藻“波状”变种 *Sorastrum americanum undulatum* G. M. Smith

滇池。

（145）小刺群星藻 *Sorastrum spinulosam* Naegeli

洱海，宁蒗池塘。生境：湖、池、坑、泽，浮游。

（146）四球藻 *Tetrachlorella alternans* Korsch

螳螂川。生境：湖泊，真性浮游。

（147）四月藻 *Tetrallantos lagerheimii* Teil.

澜沧江，滇池、异龙湖、赤瑞湖。生境：湖、池，广布。

（148）集星藻 *Actinastrum hantzschii* Lag.

澜沧江、螳螂川、大盈江、瑞丽江、响水河，滇池、异龙湖、赤瑞湖。生境：湖、塘，常见，浮游，β中污、寡污。

（149）集星藻月生变种 *Actinastrum hantzschii* var. *fluviatile* Schroed.

滇池。浮游，α中污、β中污。

（150）纤细集星藻 *Actinastrum gracilimum*

滇池。

XV 水网藻科 Hydrodictyaceae

（151）水网藻 *Hydrodictyon reticulatum*（L.）Lag.

澜沧江、大盈江、响水河、南腊河，滇池，鱼池塘。生境：湖湾、稻田、有机质多的鱼池，硬水更常见，浮游，β中污、寡污。

（152）双射盘星藻 *Pediastrum biradiatum* Me.

澜沧江、螳螂川、金沙江、大盈江、瑞丽江、小河流，滇池、洱海、泸沽湖、异龙湖、赤瑞湖、天池、清水海，金钟山、鲁布革。生境：湖、塘，浮游，常见，β中污、寡污。

（153）双射盘星藻长角变种 *Pediastrum biradiatum* var. *longicornutum* Gütw.

澜沧江，滇池、异龙湖、赤瑞湖，泸水县鱼池。生境：湖、塘，真性浮游。

（154）二角盘星藻 *Pediastrum duplex* Mey.

澜沧江、螳螂川，滇池、洱海、抚仙湖、程海、泸沽湖、杞麓湖、异龙湖、赤瑞湖、大山包、北海，水库，鱼池塘。生境：湖、塘、泽，常见，浮游，β中污、寡污。

（155）二角盘星藻“具角”变种 *Pediastrum duplex* var. *cornutum*

螳螂川，滇池。

（156）二角盘星藻纤细变种 *Pediastrum duplex* var. *gracillimum* W. et G. S. West

澜沧江、怒江、螳螂川、响水河、小河流，滇池、洱海、泸沽湖、杞麓湖、异龙湖、赤瑞湖、北海、清水海，金钟山。生境：湖、塘，真性浮游。

（157）二角盘星藻具孔变种 *Pediastrum duplex* var. *clathratum*（A. Braun） Lagerheim

滇池、杞麓湖、清水海，金钟山。生境：湖、塘、库，真性浮游，β中污、寡污。

（158）二角盘星藻皱纹变种 *Pediastrum duplex* var. *rugolosum* Rac.

螳螂川，洱海，保山池塘。

（159）二角盘星藻圆变种 *Pediastrum duplex* var. *rofundatum*

螳螂川。

（160）单棘盘星藻 *Pediastrum simplex*（Mey） Lemm

澜沧江、螳螂川、金沙江、瑞丽江、响水河，滇池、洱海、抚仙湖、程海、泸沽湖、杞麓湖、异龙湖、赤瑞湖，松华坝，鱼池塘。生境：湖、塘，真性浮游。

（161）单棘盘星藻具孔变种 *Pediastrum simplex* var. *duodenarium*（Bail.） Rabench

澜沧江、螳螂川，滇池、洱海、抚仙湖、泸沽湖、杞麓湖、异龙湖、赤瑞湖、大山包。生境：湖、塘，真性浮游。

（162）四角盘星藻 *Pediastrum tetras*（Ehr.） Ralfs.

澜沧江，滇池、洱海、异龙湖、赤瑞湖。生境：湖，真性浮游，β中污、寡污。

（163）四角盘星藻四齿变种 *Pediastrum tetras* var. *tetraodon*（Cord.） Rab.

螳螂川，滇池、洱海、杞麓湖。生境：湖、塘，真性浮游。

（164）四角盘星藻“阉割”变种 *Pediastrum tetras* var. *excisum*

螳螂川，滇池。

（165）短棘盘星藻 *Pediastrum boryanum*（Turp.） Men.

澜沧江、螳螂川，滇池、洱海、抚仙湖、泸沽湖、杞麓湖、异龙湖、赤瑞湖、北海、天池、清水海。生境：湖、塘、泽，常见，真性浮游，广布，β中污、寡污。

（166）短棘盘星藻长角变种 *Pediastrum boryanum* var. *longicorne* Rac.

滇池。生境：湖，真性浮游。

（167）短棘盘星藻两弯变种 *Pediastrum boryanum* var. *divergens*

螳螂川。

（168）短棘盘星藻“颗粒”变种 *Pediastrum boryanum* var. *granulatum*

滇池。

（169）整齐盘星藻 *Pediastrum integrum* Ng.

澜沧江、螳螂川，滇池、洱海、天池。生境：湖、塘，真性浮游。

（170）整齐盘星藻有孔变种 *Pediastrum integrum* var. *perforatum*

螳螂川。

（171）整齐盘星藻平滑型 *Pediastrum integrum* f. *forma* Glabra

螳螂川。

（172）格孔盘星藻 *Pediastrum clathratum* Lemm.

澜沧江、螳螂川、洒鱼河，滇池、洱海、异龙湖、赤瑞湖，松华坝、金钟山、鲁布革等。

（173）格孔盘星藻肠突变种 *Pediastrum clathratum* var. *duodenarium*

螳螂川。

（174）单棘盘星藻格孔变种 *Pediastrum simplex* var. *clathratum*

澜沧江、螳螂川，滇池。

（175）单棘盘星藻长角变种 *Pediastrum simplex var. longicorne*

螳螂川。

（176）单棘盘星藻辐射变种 *Pediastrum simplex* var. *radians*

滇池。

（177）斯氏盘星藻 *Pediastrum sturmii* Reinsch

澜沧江，滇池、异龙湖、赤瑞湖。

（178）卵形盘星藻 *Pediastrum ovatum*（Ehr.）Braun

螳螂川。

（179）三角盘星藻 *Pediastrum tricornutum*

螳螂川。

（180）一种盘星藻 *Pediastrum sculplatum*

螳螂川，滇池。

（181）另一种盘星藻 *Pediastrum sturmii*

螳螂川。

（182）盘星藻一种 *Pediastrum* sp.

螳螂川、洒鱼河，滇池、杞麓湖、异龙湖、赤瑞湖，鱼池塘等。

（183）多种盘星藻 *Pediastrum* spp.

洱海，鱼池塘。

XVI 栅藻科 Scenedesmaceae

（184）双生栅藻 *Scenedesmus bijuga*（Turp.）Lag.

澜沧江、螳螂川，滇池、洱海、抚仙湖、杞麓湖、异龙湖、赤瑞湖、天池，松华坝，鱼池塘。生境：各种静止水体。

（185）双生栅藻“互生”变种 *Scenedesmus bijuga* var. *alternans*（Reinsch）Borge

滇池。生境：各种小水体。

（186）扁盘栅藻 *Scenedesmus platydiscus*（G. M. Smith）Chod.

澜沧江、螳螂川，滇池、洱海、抚仙湖、杞麓湖、异龙湖、赤瑞湖，松华坝。生境：各种浅水湖、池、坑，常与其他栅藻混生。

（187）弯曲栅藻 *Scenedesmus arcuatus* Lemm.

澜沧江、螳螂川，滇池、抚仙湖、杞麓湖、异龙湖、赤瑞湖、清水海。生境：各种小水体，浮游，α 中污、β 中污。

（188）斜生栅藻 *Scenedesmus obliquus*（Tu-rp.）Kütz.

澜沧江、螳螂川、大盈江，滇池、异龙湖、赤瑞湖。生境：各种静止小水体。

（189）二形栅藻 *Scenedesmus dimorphus*（Tu-rp.）Kütz.

澜沧江、螳螂川、大盈江，瑞丽江、响水河，滇池、洱海、异龙湖、赤瑞湖、北海，金钟山。生境：各种静止小水体，常与其他栅藻混生。

（190）尖细栅藻 *Scenedesmus acuminatus*（Lag.）Chod.

澜沧江、大盈江，滇池、抚仙湖。生境：各小水体，秋季繁盛，浮游，α 中污、β 中污。

（191）爪哇栅藻 *Scenedesmus javaensis* Chod.

滇池。生境：各种静小水体，夏季繁盛。

（192）齿牙栅藻 *Scenedesmus denticulatus* Lag.

螳螂川、大盈江。生境：各种静小水体。

（193）齿牙栅藻小齿变种中肋变型 *Scenedesmus denticulatus* var. *linearis* f. *costata*

螳螂川。

（194）龙骨栅藻 *Scenedesmus cavinatus*（Lemm.）Chod.

大盈江，滇池、北海。生境：各种小水体，数不多，常与其他栅藻混生。

（195）裂孔栅藻 *Scenedesmus perforatus* Lemm.

滇池、异龙湖、赤瑞湖。生境：各种小水体。

（196）被甲栅藻 *Scenedesmus armatus*（Chod）Smith

螳螂川，洱海、异龙湖、赤瑞湖。生境：各种小水体，浮游，α 中污、β 中污。

（197）被甲栅藻博格变种 *Scenedesmus armatus* var. *boglariensis* Hort.

滇池、洱海、抚仙湖。生境：各种小水体。

（198）四尾栅藻 *Scenedesmus quadricauda*（Tu-rp.）Breb.

澜沧江、螳螂川、金沙江、大盈江、瑞丽江、响水河、洒鱼河、南腊河，滇池、洱海、抚仙湖、泸沽湖、杞麓湖、异龙湖、赤瑞湖、北海，金钟山，鱼池塘。生境：各种水体，夏秋大量繁殖，浮游，α 中污、β 中污。

（199）四尾栅藻粗棘变型 *Scenedesmus quadricauda* f. *crassiculeatus*

滇池。

（200）四尾栅藻长棘变种 *Scenedesmus quadricauda* var. *longispina*

螳螂川，滇池。

（201）四尾栅藻小刺变种 *Scenedesmus quadricauda* var. *spinosus*

滇池。

（202）四尾栅藻不对称变型 *Scenedesmus quadricaude* f. *asymmetricus*

螳螂川。

（203）四尾栅藻最大变种 *Scenedesmus quadricauda* var. *maximus*

滇池。

（204）颗粒栅藻 *Scenedesmus granulatus*

滇池。生境：各种静小水体。

（205）颗粒栅藻盘状变种 *Scenedesmus granulaus* var. *disciformis*

滇池。

（206）中间栅藻 *Scenedesmus intermedius* Chod.

螳螂川，滇池。

（207）陀螺栅藻 *Scenedesmus spiculatus*（W. et G. S. West）Chod

螳螂川。

（208）具棘栅藻 *Scenedesmus spinosus* Chod.

螳螂川，洱海。生境：各小水体，浮游，α中污、β中污。

（209）"矮"栅藻 *Scenedesmus nanus* Chos.

螳螂川，异龙湖、赤瑞湖，鱼池塘等。

（210）"矮"栅藻二尾变种 *Scenedesmus nanus* Chos. var. *bicaudatas* Hortob.

螳螂川。

（211）一种栅藻 *Scenedesmus pannonicus*

螳螂川，滇池、异龙湖、赤瑞湖。

（212）古特栅藻异刺变种 *Scenedesmus gutwinskii* var. *hetrospina* Bodr.

腾冲水库池塘。

（213）凸头状栅藻 *Scenedesmus producto-capitatus* Schmula

腾冲池塘、泸水鱼池。生境：各种浅水湖、池、坑。

（214）一种栅藻变种变型 *Scenedesmus circumfusus* var. *bicaudatum* f. *granulatum* Host.

洱海。

（215）奥波莱栅藻 *Scenedesmus opoliensis* Richt.

滇池。生境：各小水体，广布，浮游，α中污、β中污、寡污。

（216）一种奥波莱栅藻变种 *Scenedesmus opoliensis* var. *exattattus*（Herlob.）Uherkov.

螳螂川。

（217）椭圆栅藻 *Scenedesmus ovalternus* Chod.

滇池。生境：各种小水体，广布种。

（218）栅藻一种 *Scenedesmus* sp.

澜沧江、螳螂川、瑞丽江、洒鱼河，滇池、洱海、杞麓湖，松华坝、金钟山，鱼池塘。

（219）多种栅藻 *Scenedesmus* spp.

江河，滇池、洱海，水库，鱼池塘等。

（220）线形拟韦斯藻 *Westellopsis linearis*（G. M. Smith）Jao.

螳螂川。生境：湖，真性浮游。

（221）韦氏藻 *Westella botryoides*（W. West）Wild.

澜沧江、螳螂川，滇池、异龙湖、赤瑞湖、北海，松华坝，鱼池塘。生境：湖，真性浮游，特别是软水湖数量较多。

（222）单棘四星藻 *Tetrastrum hastiferum*（Arn.）Korsch

滇池。生境：湖、池，浮游。

（223）短棘四星藻 *Tetrastrum staurogeniaeforme*（Schröder）Lemm.

滇池。生境：小水体，浮游。

（224）华丽四星藻 *Tetrastrum elegans* Playfair.

滇池。生境：小水体，浮游。

（225）小点四星藻 *Tetrastrum punctatum*（Schmidle）Ahlstrom & Tiffany

滇池。生境：湖、池，浮游。

（226）平滑四星藻 *Tetrastrum glabrum*（Roll）Ahlstron & Taffany

腾冲鱼池。生境：湖、池，浮游。

（227）四足十字藻 *Crucigenia tetrapedia*（Kirch.）W. et G. S. West

螳螂川，滇池、抚仙湖、异龙湖、赤瑞湖等。生境：湖、池、渠，广布。

（228）四角十字藻 *Crucigenia quadrata* Morr.

澜沧江，滇池、洱海、抚仙湖、异龙湖、赤瑞湖。生境：湖、池，自由漂浮。

（229）十字藻 *Crucigenia apiculata*（Lemm.）Schm.

滇池、杞麓湖、异龙湖、赤瑞湖，松华坝，鱼池塘。生境：湖、池、渠，普生。

（230）华美十字藻 *Crucigenia lauterbornei* Schm.

澜沧江，滇池、异龙湖、赤瑞湖，鱼池塘。生境：湖、池，普生。

（231）窗形十字藻 *Crucigenia fenestrata* Schmidle

滇池。生境：湖、池，普生。

（232）直角十字藻 *Crucigenia rectangularis* (Nag.)

滇池、泸沽湖、异龙湖、赤瑞湖等。

（233）十字藻一种 *Crucigenia* sp.

瑞丽江，滇池、程海，漫飞龙，鱼池塘。

（234）月形双形藻 *Dimorphococcus lunatus* A. Braun

滇池。生境：软水湖、酸性沼泽，浮游，寡污。

（235）四链藻 *Tetradesmus wisconsinense* G. M. Smith

滇池、异龙湖、赤瑞湖。生境：湖、池，广布。

（236）芒锥藻 *Errerella bornhemiensis* Conr.

滇池。生境：湖、池，真性浮游。

（237）微芒藻 *Micractinium pusillum* Fres.

澜沧江、螳螂川，滇池、异龙湖、赤瑞湖。生境：肥沃小水体、浅水湖港，浮游，β中污。

（238）微芒藻长刺变种 *Micractinium pussillum* var. *longisetum* Tiff. et Ahlstr.

滇池。

XVII 空星藻科 Coelastraceae

（239）网状空星藻 *Coelastrum reticulatum* (Dang.) Seng.

澜沧江，滇池、洱海、抚仙湖、杞麓湖、异龙湖、赤瑞湖。生境：湖、库、池，浮游，β中污、寡污。

（240）小空星藻 *Coelastrum microporum* Nāg.

澜沧江、螳螂川，滇池、洱海、抚仙湖、杞麓湖、异龙湖、赤瑞湖、大山包、北海、清水海，松华坝，鱼池塘。生境：湖、库、池，浮游，广布，β中污、寡污。

（241）空星藻 *Coelastrum sphaericum* Nāg.

澜沧江、螳螂川，滇池、洱海、杞麓湖，松华坝等。生境：湖、库、池，浮游，广布。

（242）长鼻空星藻 *Coelastrum proboscideum* Bohl.

滇池。生境：湖、库、池，浮游。

（243）坎布里空星藻 *Coelastrum cambricum* Arch.

异龙湖、赤瑞湖。生境：湖、池、泽。

（244）四胞空星藻 *Coelastrum tetras*

滇池。

（245）空星藻一种 *Coelastrum* sp.

滇池、洱海、程海、泸沽湖、天池，松华坝、金钟山、鲁布革，鱼池塘。

丝藻目 ULOTRICHALES

XVIII 丝藻科 Ulotrichaceae

（246）细丝藻 *Ulothrix tenerrima* (Kütz.) Kützing

澜沧江、螳螂川，滇池、洱海、抚仙湖，昆明、大理、中甸。生境：各种淡水，长度可达10 cm，固着，α中污，β中污。

（247）环丝藻 *Ulothrix zonata* (Web. et Mohr.) Kützing

澜沧江、怒江、南腊河，贡山、中甸。生境：常在较冷季节出现、夏季消失，普生，着生，α中污、β中污、寡污。

（248）暗丝藻 *Ulothrix aenigmaticum* Skuja

洱海。

（249）多形丝藻 *Ulothrix variabilis* Kuetzing

大理、永宁。生境：流水、多在静水，常成淡绿色团块，着生，寡污。

（250）串珠丝藻 *Ulothrix moniliformis* Kuetzing

大理、中甸、维西、贡山。生境：静水，常与其他藻类混生。

（251）相似丝藻 *Ulothrix aequalis* Kuetzing

丽江、德钦。生境：常固着于流水中，寡污。

（252）颤丝藻 *Ulothrix oscillatoria* Kuetzing

永宁。生境：流水石上、静水池。

（253）双蛋白核丝藻 *Ulothrix bipyrenoidosa* Fritsch et Rich

安宁。

（254）双胞丝藻 *Ulothrix geminata* Jao

维西、中甸、岩瓦至贡山途中、下关苍山公园。生境：湖、塘、泽、山沟、溪、河，漂浮或着生流水石及水草，水温9～18℃，pH5～pH10，海拔可达4800m。

（255）一种丝藻 *Ulothrix* sp.

澜沧江、金沙江、怒江、大盈江、瑞丽江、响水河、小河流，滇池、洱海、抚仙湖、程海、泸沽湖等。

(256) 尾丝藻 *Uronema confervicolum* Lagerheim

中甸、巍山、勐海。生境：池、沟、坑、积水，着生其他藻类或沉水植物。

(257) 长尾丝藻 *Uronema elongatum* Hodgetts

永胜。生境：广布性。

(258) 非洲尾丝藻 *Uronema africanum* Borge

云南西北部、杞麓湖。生境：坝下池、坑、路边沟，常着生其他藻类或沉水植物。

(259) 漂浮克里藻 *Klebsormidium fluitans* (Heering) Silva

腾冲小河流。生境：由苔藓根土培养及采于海拔1800m的小河。

(260) 细克里藻 *Klebsormidium subtile* (Kützing)

洱海、程海。生境：亚气生，多于土表、岩表、树皮，也在瀑布附近滴水处。

(261) 链丝藻 *Hormidium flaccidum* (Kütz.) Br.

洱海、大山包。生境：气生、亚气生，常见的土壤藻类，很少在水中，西藏海拔5000m处冰锥表面形成红雪。

(262) 游丝藻 *Planctonema lauterbornii* Shmidle

滇池、洱海、程海，永胜。生境：湖泊，浮游。

(263) 小双胞藻 *Geminella minor* (Neigeli) Heering.

滇池，昆明。生境：水田、水坑。

(264) 骈胞藻（原变种）*Binuclearia tectorum* (Kuetzing) Beger ex Whichmann var. *tectorum*

昆明、水富。生境：漂浮或附于池壁上、湿土表。

XIX 微孢藻科 Microsporaceae

(265) 池生微孢藻 *Micraspora stagnorum* (Kuetzing) *lagerheim*

中甸、永胜。生境：静水，与其他丝状藻类混生。

(266) 丛毛微孢藻 *Micraspora floccose* (Vauch.) Thuret

中甸。生境：水坑、湿土面。

(267) 厚壁微孢藻 *Micraspora pachyderma* (Wille) Lagerheim

云南。生境：静水，或温泉，着生，寡污，潮湿草地的指示种。

(268) 美丽微孢藻 *Micraspora amoena* (Kuetzing) Rabenhorst

勐腊。生境：流水、固着石头和水生植物茎叶。

(269) 微孢藻一种 *Micraspora* sp.

洱海。

XX 筒藻科 Cylindrocapsaceae

(270) 筒藻 *Cylindrocapsa geminella* Wolle

杞麓湖。生境：池、泽等小水体，常与其他丝藻类混生。

(271) 密集筒藻 *Cylindrocapsa conferta* West

大理农田中（仅此记录）。生境：农田。

(272) 筒藻一种 *Cylindrocapsa* sp.

螳螂川。

胶毛藻目 CHAETOPHORALES

XXI 胶毛藻科 Chaetophoraceae

(273) 粗枝胶毛藻 *Chaetophora incrassata* (Huds) Haz.

澜沧江，宁蒗。生境：溪沟石块、木桩或沉水植物上。

(274) 渐狭胶毛藻 *Chaetophora attenuata* Hazen.

澜沧江，滇池，石屏、景洪。生境：溪、坑、塘、湖，以胶质附于水草、石块等基质。

(275) 优美胶毛藻 *Chaetophora elegans* (Roth) Agardh

勐腊、勐腊勐仑，北海。生境：附于流水或静水沉水植物、石块、木桩等基质上，广布，固着，β中污、寡污。

(276) 豆点胶毛藻（原变种）*Chaetophora pisiformis* var. *pisiformis*

勐腊。生境：附于流水，有时静水的沉水植物、石块、木桩等基质上。

(277) 胶毛藻一种 *Chaetophora* sp.

澜沧江，洱海。

(278) 长毛毛枝藻 *Stigeoclonium longipilum* Kuetzing

洱海。生境：池、湖，形态变化大，是多型性种类。

(279) 丛枝毛枝藻密集变种 *Stigeoclonium fasciculare var. glomeatum* (Hasen) Islam

鹤庆、凤庆。生境：漂浮。

(280) 夏毛枝藻 *Stigeoclonium aestivale* (Hasen) Collins

昆明、丽江，洱海。生境：水沟等小水体。

(281) 丰满毛枝藻 *Stigeoclonium farctum* Berthold

昆明、安宁，杞麓湖。生境：静水，着生于水生植物、树枝上，有时漂浮。

(282) 卵孢毛枝藻 *Stigeoclonium ovisporum* Wei

腾冲（模式产地）。生境：池、坑等小水体。

(283) 偏生毛枝藻（原变种）*Stigeoclonium subsecundum* (Kuetzing) Kuetzing var. *subsecundum*

澜沧江，洱海，祥云、个旧。生境：多在静水体。

(284) 小毛枝藻 *Stigeoclonium tenue* (Ag.) Kütz.

澜沧江、螳螂川、金沙江、大盈江、瑞丽江，宁蒗。生境：溪、沟等流动小水体，对污染和有毒物如铬、铜等于较高耐受力，多型性，着生，耐污、α 中污，β 中污。

(285) 长毛枝藻 *Stigeoclonium elongatum* (Hassall) Kuetzing

澜沧江，清水海，中甸、剑川、巍山、凤庆。生境：附于林中小溪石块、枯枝、湿土上。

(286) 狭毛枝藻 *Stigeoclonium attenuatum* (Hazen.) Collins

滇池。

(287) 球状毛枝藻 *Stigeoclonium glomeratum* (Hazen.) Collins

滇池。

(288) 毛枝藻一种 *Stigeoclonium* sp.

澜沧江、怒江、螳螂川，异龙湖、赤瑞湖、北海、雪池，鲁布革。

(289) 羽枝竹枝藻 *Draparnaldia plumose* (Vaucher) Agardh

石屏。生境：软水湖或深水池底层，广布于静水，清洁水，溪流，着生，寡污。

(290) 簇生竹枝藻 *Draparnlidia glomerata* (Vaucher) Agardh

佛海（今勐海）。生境：湖沿附于水草、石块、木桩、螺壳，流水沟也有，形态变异大，着生，寡污，与溪流性红藻共存。

(291) 竹枝藻一种 *Draparnaldia* sp.

澜沧江、螳螂川。

(292) 原皮藻 *Protoderma viride* Kuetzing

洱海，丽江。生境：附于静水中水生高等植物、丝状藻类、石块、木桩，广布普生。

(293) 小丛藻 *Microthamnion kuetzingianum* Nāg.

天池。生境：附于鞘藻 *Oedogonium*、轮藻 *Charaa*、泥炭藓 *Sphagnum*、木桩、枯叶，普生。

(294) 希氏链瘤藻 *Gongrosira schmidlei* P. Richter

永宁溪流中（仅此记录）。生境：溪流，与多种藻类同时生活。

(295) 具壳链瘤藻 *Gongrosira incrustans* (Reinsch) Schmidle

永宁溪流中（仅此记录）。生境：溪流，与多种藻类同时生活，附于木块。

(296) 侧囊藻 *Pleurangium anphibium* Skuja

蒙化（模式产地）（巍山）。生境：附于石灰岩上，与许多藻类混生。

XXII 饶氏藻科 Jaoaceae

(297) 饶氏藻 *Jaoa prasina* (Jao) Fan

澜沧江。生境：水温较低而清洁的溪流、泉水、江河中着生岩石、木桩、草根上。

(298) 泡状饶氏藻 *Jaoa bullata* (Jao) Fan

勐腊勐仑。生境：清洁溪流中。

XXIII 隐毛藻科 Aphanochaetaceae

(299) 隐毛藻 *Aphanochaete repens* A. Braun

昆明、中甸、路南、建水、勐腊。生境：附于多种丝状藻、轮藻、高等水生植物上。

(300) 大隐毛藻 *Aphanochaete magna* Godward

江川。生境：附于眼子菜 *Potamogeton* 叶面。

(301) 厚孢藻 *Chaetomnion pyriferum* Skuja

云南西部（模式产地）。生境：附于眼子菜等水生植物叶面。

XXIV 毛球藻科 Chaetosphaeridiaceae

(302) 毛球藻 *Chaetosphaeridium golbosum* (Nordstedt) Klebahn

丽江，杞麓湖。生境：附于多种丝状藻、水生植物、泥炭藓上。

XXV 鞘毛藻科 Coleocheataceae

(303) 圆形鞘毛藻 *Coleochaeta orbicularis*

Pringsheim

江川，杞麓湖，勐腊。生境：附于水生植物或其他物体上。

（304）鞘毛藻（原变种）*Coleochaeta scutata* var. *scutata* Brebisson

丽江、宁蒗、江川，星云湖、杞麓湖。生境：附于各水体大型藻或水生植物，着生，β中污、寡污。

（305）不整鞘毛藻（原变种）*Coleochaeta irregularis* var. *irregularis*

勐腊。生境：池、坑、稻田等，附于轮藻或其他水生植物上。

（306）丽藻鞘毛藻 *Coleochaeta nitellarum* Jost

宁蒗。生境：匍匐附生或内生于丽藻 Nitella 或轮藻 Chara 的表面或细胞壁内，或其他水生植物上。

（307）鞘毛藻一种 *Coleochaeta* sp.

洱海。

橘色藻目 TRENTEPOHLIALES

XXVI 橘色藻 Trentepohliaceae

（308）冷杉橘色藻 *Trentepohlia abietina*（Flotow）Hansgirg

勐腊。生境：森林荫蔽的岩石、石壁和松柏类树干、皮、叶。

（309）环轮橘色藻 *Trentepohlia annulata* Brand.

思茅。生境：石墙、刺槐树皮。

（310）树栖橘色藻 *Trentepohlia arborum*（C. Agardh）Hariot

蒙自、勐仑。生境：荫蔽的土表、湿岩石、坡地表、树干表、树叶。

（311）约利橘色藻 *Trentepohlia jolithus*（L.）Wallroth

昆明、勐仑。生境：墙壁、树干、水中岩石。

（312）芬芳橘色藻（原变种）*Trentepohlia odorata* var. *odorata*

怒江与澜沧江之间，西藏边境。生境：花岗岩上，海拔3750m。

（313）芬芳橘色藻小型变种 *Trentepohlia odorata* var. *minor* Liang et Bi

勐海（模式产地）。生境：路边山毛榉树干上。

（314）袋形藻 *Physolinum monile*（de Wildeman）Printz

西双版纳。生境：松树、枫杨及各种树木的树皮，热带及亚热带种类。

（315）拉氏头霉藻 *Cephaleuros lagerheimii* Schmidle

河口县。生境：树叶上。

（316）卡氏头霉藻 *Cephaleuros karstenii* Schmidle

河口县蚂蟥堡（仅此记录）。生境：树叶上，成为病斑。

石莼目 ULVALES

XXVII 石莼科 Ulvaceae

（317）裂线藻 *Schizomeris leibleinii* Kuetzing

昆明、江川、石屏、景洪、勐腊，杞麓湖。生境：普生，但不常见，变异大。

XXVIII 胶膜科 Monostromataceae

（318）四裂胶膜 *Monostroma quaternarium*（Kuetzing）Desmazieres

镇康（仅此记录）。生境：河流、池塘。

（319）极宽胶膜 *Monostroma latissimum*（Kuetzing）Wittrock

大理、永宁（仅此记录）。生境：河流。

XXIX 溪菜科 Prasiolaceae

（320）兰坪溪菜 *Prasiola lanpingiana* Wang et Qian

兰坪（模式产地）。生境：沘江中岩石。

（321）台湾溪菜 *Prasiola formosana* Okada

丽江山泉、玉龙雪山溪流、中甸索多千河。生境：泉水小坑、河流岩石上。

（322）云南溪菜 *Prasiola yunnanica* Jao

乌蒙山溪流中（模式产地），江河。生境：溪流、河流。

（323）近窝孔溪菜 *Prasiopla subareolata* Skuj.

德钦（模式产地），怒江上游、澜沧江，昆明宾川鸡足山。生境：山溪岩石。

（324）一种溪菜 *Prasiopla* sp.

澜沧江。

管藻目 SIPHONALES

XXX 无隔藻科 Vaucheriaceae

（325）无柄无隔藻 *Vaucheria sessilis*（Vauch.）

De Cand.

滇池。生境：溪、沟、稻田、咸淡水、含硫温泉，着生，β 中污，寡污。

（326）优生无隔藻 *Vaucheria repens* Hass.

滇池。生境：阴湿土表、沉水植物上。

（327）复钙无隔藻 *Vaucheria debaryana* Woronin

墨江。生境：在流水中全年出现，着生，寡污。

（328）无隔藻一种 *Vaucheria* sp.

澜沧江、蝗螂川。

（329）双管藻 *Dichotomosiphon tuberosus*（Br.）Ernst.

蝗螂川。生境：有机质丰富的湖、塘中。

鞘藻目 OEDOGONIALES

XXXI 鞘藻科 Oedogoniaceae

（330）四川鞘藻 *Oedogonium szechwanense* Jao.

邓川。生境：沟、池、稻田，附生水草上。

（331）平滑鞘藻 *Oedogonium laeve* Wittrock

南峤（今勐海）。生境：池塘。

（332）变异鞘藻 *Oedogonium varians* Wittrock et Lundell

大理、邓川、江川、思茅。生境：沟、池、鱼池、稻田，附生狸藻、水草上。

（333）变异鞘藻微胀变型 *Oedogonium varians* f. *subtumidum* Jao.

昆明翠湖。生境：沟、池、湖、稻田，附生水草上。

（334）赫林鞘藻 *Oedogonium hirnii* Gutwinski

昆明水沟。生境：沟、池，附生水草上。

（335）赫林鞘藻类型I *Oedogonium hirnii* Gutwinski

石屏水池。生境：池，附生水草上。

（336）中型鞘藻 *Oedogonium intermedium* Wittrock et Nordstedt

邓川水沟。生境：沟、池、泽、稻田，附生狸藻等水草上。

（337）中型鞘藻类型 I *Oedogonium intermedium* Wittrock et Nordstedt

西双版纳、景洪。生境：稻田。

（338）脆鞘藻 *Oedogonium fragile* Wittrock

昆明水沟。生境：沟、泽。

（339）球孢鞘藻 *Oedogonium globosum* Nordstedt

昆明水沟。生境：沟、池、稻田，附生丽藻及水草上。

（340）短带鞘藻 *Oedogonium brevicingulatum* Jao.

大理池塘、邓川泽地。生境：沟、池、稻田，附生狸藻、水毛茛等水草上。

（341）圆孔鞘藻 *Oedogonium excavatum* Jao.

昆明翠湖。生境：池、稻田，水草上。

（342）里克特鞘藻 *Oedogonium richterianum* Lemmermann

邓川水洼。生境：沟、塘、洼、稻田，附生水草上。

（343）卵形鞘藻云南变种 *Oedogonium oviforme* var. *yunnanense* Jao.

邓川水洼、澄江稻田（模式产地）。生境：附生狸藻上。

（344）马提尼克鞘藻类型Ⅱ *Oedogonium martinicense* Hirn.

大理池塘。生境：附生狸藻上。

（345）库兹鞘藻 *Oedogonium kurzii* Zeller

澄江稻田。生境：溪、塘、稻田、土井，附生石头、水草上，与苔藓混生。

（346）细头鞘藻 *Oedogonium capitellatum* Wittrock

丽江（1914. 云南藻类最早记录）石灰岩底池塘，澄江稻田。生境：稻田、池，附生狸藻、丽藻等水草上。

（347）彼得鞘藻 *Oedogonium petri* Wittrock

大理水塘。生境：池，附生狸藻上。

（348）顶雄鞘藻 *Oedogonium acmandrium* Elefving

云南宁蒗与四川木里之间。生境：湖、塘。

（349）冈恩鞘藻短胞变种 *Oedogonium gunnii* var. *breviarticulatum* Jao.

邓川泽地、水沟。生境：小溪、沟，附生水草上。

（350）六方鞘藻 *Oedogonium reinschii* Roy

昆明、大理、澄江、思茅、西双版纳。生境：稻田、池塘。生境：稻田、池、泽、湖湾。

（351）甲胄鞘藻 *Oedogonium loricatum* Hirn.

邓川泽地、澄江池塘。生境：稻田、池、沟，附生丽藻等水草上。

（352）栖生鞘藻 *Oedogonium pithophorae* Wittrock

大理小池。生境：稻田、湖湾、小溪，附生狸藻上。

（353）奇特鞘藻 *Oedogonium paradoxum* Jao

邓川泽地（模式产地）。生境：附生水草上。

（354）卷曲鞘藻 *Oedogonium crispum*（Hassall）Wittrock

大理小池、邓川水沟、澄江稻田、思茅小水塘。生境：稻田、沟、鱼池，附生石壁上。

（355）卷曲鞘藻纤细变种 *Oedogonium crispum* var. *gracilescens* Wittrock

石林内剑峰池、思茅小水塘。生境：稻田、池、沟等，附生丽藻等水草上。

（356）卷曲鞘藻夏威夷变种 *Oedogonium crispum* var. *hawaiense* Nordstedt

澄江稻田、水塘，通海秀山腰水塘，石屏池塘中。生境：稻田、池。

（357）微网鞘藻 *Oedogonium microdictyon* Jao

澄江（模式产地）稻田、小浅水塘，邓川水沟。生境：附生狸藻等水草上。

（358）结节鞘藻 *Oedogonium nodulosum* Wittrock

昆明水沟。生境：稻田、池、沟，附生在水草上。

（359）结节鞘藻类型Ⅰ *Oedogonium nodulosum* Wittrock

大理小池塘。生境：附生狸藻上。

（360）结节鞘藻类型Ⅱ *Oedogonium nodulosum* Wittrock

思茅小池塘。生境：附生水草上。

（361）纤细鞘藻小形变型 *Oedogonium gracillimum* f. *minus* Jao.

澄江稻田。生境：稻田、池。

（362）长圆鞘藻梭形变种 *Oedogonium oblongum* var. *fusiforme* Jao.

思茅小池塘。生境：稻田、池，附生水草上。

（363）武汉鞘藻纤细变种 *Oedogonium wuhanense* var. *gracile* Jao.

思茅小池塘（副模式产地）。生境：沟、池，附生在一叶藓 *Ricciocarpus natans* Corda 的腹面鳞片、丽藻上。

（364）耕地鞘藻 *Oedogonium agrarium* Zhu.

昆明耕地间水沟（副模式产地）。生境：稻田等，附生轮藻等水草上。

（365）大理鞘藻 *Oedogonium taliense* Jao.

大理小池塘（模式产地）。生境：附生狸藻等水草上。

（366）浅红鞘藻 *Oedogonium rufescens* Wittrock

西双版纳勐海池塘。生境：湖、田等，附生木桩、朽叶。

（367）瑞典鞘藻 *Oedogonium suecicum* Wittrock

勐海（1939），思茅田间水沟。生境：稻田、池、沟。

（368）顶螺鞘藻渐尖变种 *Oedogonium acrospirum* var. *attenuatum* Jao.

澄江稻田、邓川水洼（模式产地）。生境：附生狸藻、小茨藻等水草上。

（369）邓川鞘藻 *Oedogonium dungchwanense* Jao.

邓川水沟（模式产地）。生境：附生狸藻及其他植物叶上。

（370）斜孔鞘藻纤细变种 *Oedogonium plagiostomum* var. *gracilius* Wittrock

勐腊（1939）。生境：无记录。

（371）昆明鞘藻 *Oedogonium kunmingense* Zhu

昆明水沟（模式产地）。生境：附生水草上。

（372）昆明鞘藻类型Ⅰ *Oedogonium kunmingense* Zhu

邓川水沟。生境：附生水草上。

（373）江川鞘藻 *Oedogonium kiangchwanease* Jao.

江川鱼场旁水沟（模式产地）。生境：附生水草上。

（374）江川鞘藻大形变型 *Oedogonium kiangchwanease* f. *major* Jao.

思茅小水塘（模式产地）。生境：附生一叶藓的腹侧鳞片上。

（375）毛状鞘藻 *Oedogonium capillare*（Linnaeus）Kützing

大理潮湿石灰岩（1915）。生境：在海拔1600m处。

（376）兰德鞘藻 *Oedogonium landsboroughi*（Hassall）Wittrock

石林内剑峰池。生境：塘，附生眼子菜上。

（377）粗鞘藻 *Oedogonium crassum*（Hassall）Wittrock

勐腊小溪（1936），澄江田中，石林内剑峰池，滇池。生境：附生性种类，稻田、湖湾、池、沟、湖中木桩、小溪石头、眼子菜、小茨藻、狸藻等水草上。

（378）粗鞘藻大形变型 *Oedogonium crassum* f. *amplum*（Magnus et Wille）Hirn

凤庆（1940）。生境：田、沟。

（379）长胞鞘藻 *Oedogonium longiarticulatum*（Hansgirg）Tiffany

石屏池塘。生境：池、沟，附生丽藻上。

（380）波肋鞘藻 *Oedogonium crenulato-costatum* Wittrock

石屏池塘，开远稻田边水沟。生境：稻田，附生朽木上。

（381）波肋鞘藻柱胞变种 *Oedogonium crenulato-costatum* var. *cylindricum*（Hirn）Tiffany

澄江稻田。生境：湖、坑，附生狸藻上。

（382）东方鞘藻 *Oedogonium orientale* Jao.

昆明水沟。生境：稻田。

（383）狭小鞘藻 *Oedogonium inconspicuum* Hirn.

大理小池塘，邓川泽地、小水塘，澄江水坑。生境：稻田、沟等，附生狸藻等水草上。

（384）微孢鞘藻 *Oedogonium tapeinosperum* Wittrock

昆明翠湖。生境：稻田等，附生水草上。

（385）浮兹堡鞘藻 *Oedogonium virceburgense* Hirn.

大理小池塘。生境：水洼等，附生水草上。

（386）桶形鞘藻 *Oedogonium doliiforme* Jao.

昆明翠湖。生境：池等，附生水草上。

（387）倒转鞘藻 *Oedogonium inversum* Wittrock

石林内剑峰池。生境：稻田、塘等，附生轮藻、聚草、眼子菜等水草上。

（388）短缩鞘藻 *Oedogonium abbreviatum*（Hirn）Tiffany

祥云溪边朽木（1935），澄江小水潭，西双版纳勐仑浅水沟，运州神州渡河中（1938）（南涧与凤庆间澜沧江漫湾电站库区中游处）。生境：池、河等，附生朽木、蒲草等水草上。

（389）普林鞘藻 *Oedogonium pringsheimii* Cramer

邓川沼泽、水沟。生境：稻田、沟、池等，附生水草上。

（390）普林鞘藻小型变种 *Oedogonium pringsheimii* var. *nordstedtii* Wittrock

西双版纳勐仑曼润水库水沟，思茅稻田水沟。生境：稻田、沟、池等，附生山溪潭边岩石上。

（391）普林鞘藻类型Ⅱ *Oedogonium pringsheimii* Cramer

石屏池塘。生境：附生水草上。

（392）华丽鞘藻 *Oedogonium puperbum* Jao

石林内剑峰池（副模式产地）。生境：附生眼子菜上。

（393）波曲鞘藻 *Oedogonium repandum* Jao

下关温泉（60℃）溅水岩石。生境：附生。

（394）矮鞘藻小孢变种 *Oedogonium nanum* var. *microsporum* Jao

昆明水沟、石屏水塘。生境：附生水草、轮藻上。

（395）长毛鞘藻 *Oedogonium longipilum* Jao

邓川水沟、澄江稻田。生境：附生水草上。

（396）前伸鞘藻 *Oedogonium porrectum* Nordsetedt et Hirn

昆明翠湖。生境：附生水草上。

（397）柱形鞘藻纤细变种 *Oedogonium cylindricum* var. *gracilescens* Jao

邓川水沟。生境：池、莲塘。

（398）思茅鞘藻 *Oedogonium szemaoense* Jao

翠湖、思茅小池塘（模式产地）。生境：附生水草上。

（399）开远鞘藻 *Oedogonium kiayuanense* Jao

开远稻田间水沟。生境：附生水草上。

（400）柱孢鞘藻 *Oedogonium cylindrosporrum* Jao

大理水坑、澄江稻田、江川鱼场旁水沟。生境：附生狸藻、小茨藻、水毛茛等水草上。

（401）柱孢鞘藻类型Ⅰ *Oedogonium cylindrosporrum* Jao

翠湖，邓川水沟。生境：附生狸藻等水草上。

（402）肋孢鞘藻 *Oedogonium costatosporum* Jao

翠湖。生境：稻田、坑、湖，附生水草上。

（403）细肋鞘藻 *Oedogonium costulatum* Jao

澄江稻田（模式产地）。生境：堰等，附生

水草上。

（404）细肋鞘藻全缘变种 *Oedogonium costulatum* var. *integrum* Jao

邓川罗次江边泽地（模式产地）。生境：附生于轮藻、小茨藻等水草上。

（405）近六角鞘藻 *Oedogonium subsexangulare* Tiffany

石林内剑峰池。生境：田、莲塘等，附生水草上。

（406）沃利鞘藻 *Oedogonium wolleanum* Wittrock

邓川罗次江边泽地，澄江稻田。生境：沟等、附生水草上。

（407）沃利鞘藻粗壮变种 *Oedogonium wolleanum* var. *insigne* Nordsetedt

大理小池塘。生境：湖、莲塘等，附生木桩等水草上。

（408）鲍里斯鞘藻 *Oedogonium borisianum*（Le Clerc）Wittrock

大理小池塘。生境：湖、稻田、莲塘等。

（409）网结鞘藻 *Oedogonium anastomosans* Jao

思茅小池塘（模式产地）。生境：附生一叶藓上。

（410）云南鞘藻 *Oedogonium yunnangense* Jao

澄江稻田（模式产地）。生境：附生貍藻上。

（411）澄江鞘藻 *Oedogonium chengkiangense* Jao

澄江稻田（模式产地）。生境：附生貍藻小茨藻上。

（412）粗齿鞘藻 *Oedogonium crassidens* Jao

大理小池塘。生境：田、沟等，附生貍藻上。

（413）锐利鞘藻 *Oedogonium pungens* Hirn.

大理小池塘。生境：湖等，附生貍藻上。

（414）细刺鞘藻 *Oedogonium aculeatum* Jao

邓川罗次江桥边（模式产地）。生境：积水洼。

（415）近齿网鞘藻类型Ⅱ *Oedogonium subdentireticulatum* Jao

大理小池塘（模式产地）。生境：附生貍藻上。

（416）大雄鞘藻同形变型 *Oedogonium macrandrium f. aemulans* Hirn

澄江稻田。生境：湖、池、莲塘等，附生貍藻上。

（417）大雄鞘藻近亲变种 *Oedogonium macrandrium* var. *propinquum*（Wittrock）Hirn

邓川罗次江边泽地。生境：稻田、池等。

（418）宽缝鞘藻 *Oedogonium hians* Nordsetedt et Hirn

邓川罗次江桥边积水洼，澄江稻田。生境：池等，附生貍藻上。

（419）宽缝鞘藻小形变型 *Oedogonium hians* f. *minus* Jao

澄江小池塘（模式产地）。生境：附生水草上。

（420）长鞘藻 *Oedogonium longatum* Kützing

石林内剑峰池。生境：湖、莲塘、附生水草上。

（421）皱壁鞘藻 *Oedogonium rugulosum* Nordsetedt

昆明水沟。生境：堰，稻田、沟、莲塘等，附生水草上。

（422）皱壁鞘藻细小变型 *Oedogonium rugulosum* f. *minutum*（Hansgirg）Hirn

大理和澄江的小池塘。生境：附生水草上。

（423）皱壁鞘藻球形变型 *Oedogonium rugulosum* f. Hirn

邓川罗次江边泽地，澄江小水潭，石屏蚂蟥塘附近池中。生境：稻田等，附生水草上。

（424）霍尔索姆鞘藻 *Oedogonium hoersholmiense* Hallas

邓川罗次江边积水潭。生境：湖等，附生木桩上。

（425）顶孢鞘藻疏勒变种 *Oedogonium acrosporum* var. *bathmidosporum*（Nordsetedt）Hirn

澄江小水潭，思茅小水塘。生境：稻田、湖湾、附生水草上。

（426）杯雄鞘藻 *Oedogonium cyathigerum* Wittrock

石林内剑峰池，思茅小水塘。生境：附生水草上。

（427）奇异鞘藻 *Oedogonium mirificum* Zhu.

思茅水沟。生境：池、莲塘、附生淹没的旱草茎叶、荇菜上。

（428）奇异鞘藻较小变种 *Oedogonium mirificum* var. *minus* Jao

大理和邓川水沟、澄江小水潭（模式产地）。

生境：附生狸藻、水毛茛等水草上。

（429）波形鞘藻 *Oedogonium undulatum*（Brébisson）A. Braun

大理小水沟、邓川水洼、泽地，思茅小水塘。生境：湖、稻田等，附生睡莲等水草上。

（430）长颈鞘藻塞内加尔变种 *Oedogonium longicolle* var. *senegalense* Nordsetedt

邓川罗次江边泽地。生境：稻田等，附生在水草上。

（431）广环鞘藻 *Oedogonium laticircellum* Jao

石屏蚂蟥塘池中（模式产地）。生境：附生水草朽叶上。

（432）罗斯鞘藻 *Oedogonium rothii*（Le Clerc）Pringsheim

昆明水沟。生境：山溪边岩石上。

（433）无花果形鞘藻 *Oedogonium caricosum* Jao

澄江小水潭（副模式产地）。生境：湖，附生在木桩、水草上。

（434）截顶鞘藻 *Oedogonium obtruncatum* Wittrock

昆明水沟、大理小水塘、邓川罗次江桥边泽地、澄江稻田。生境：附生水草上。

（435）截顶鞘藻小孢变种 *Oedogonium obtruncatum* var. *microsponum* Jao

大理池塘、澄江小水潭。生境：水凼等。

（436）截顶鞘藻云南变种 *Oedogonium obtruncatum* var. *yunnanense* Jao

石屏蚂蟥塘附近池中（模式产地），附生水草上。

（437）鞘藻一种 *Oedogonium* sp

澜沧江、螳螂川、天池。

（438）多种鞘藻 *Oedogonium* spp.

洱海。

（439）矮毛鞘藻 *Bulbochaete nana* Wittrock

石林内剑峰池、澄江水塘。生境：湖，泽、等，附生水草上。

（440）念珠毛鞘藻 *Bulbochaete monil* Wittrock et Lundell

大理小水塘、邓川罗次江桥边浅水洼，泸沽湖、北海、清水海等。生境：湖、稻田等，附生岩壁、水草上。

（441）奇异毛鞘藻 *Bulbochaete mirabilis* Wittrock

丽江雪水小溪边石灰岩（1937）。生境：池、沟等，附生水草上，与皮壳藻类混生，着生、寡污。

（442）领圈毛鞘藻大理变型 *Bulbochaete collaris* f. *taliensis* Jao

大理小水塘（模式产地）。生境：附生狸藻和波形鞘藻上。

（443）纤细毛鞘藻 *Bulbochaete tenuis*（Wittrock）Hirn

丽江雪松村（1935）海拔3000m。生境：稻田等，附生水草上。

（444）纤细毛鞘藻短缩变种 *Bulbochaete tenuis* var. *abbreviata* Jao

大理、思茅小水塘。生境：稻田、小溪等，附生水草上。

（445）波曲毛鞘藻 *Bulbochaete repanda* Wittrock

思茅小水塘。生境：稻田、沟等，附生在水草上。

（446）短形毛鞘藻 *Bulbochaete rectangulatis* Wittrock

大理小水塘。生境：稻田、沟等，附生水草上。

（447）短形毛鞘藻喜洛变种 *Bulbochaete rectangulatis* var. *hiloensis* Nordsetedt

思茅小水塘。生境：附生水草上。

（448）特殊毛鞘藻 *Bulbochaete insignis* Pringsheim

思茅郊区池塘。

（449）特出毛鞘藻网纹变种 *Bulbochaete insignis* var. *reticulata*（Nordsetedt）Hirn

思茅郊区稻田间水沟。生境：湖，附生水草上。

（450）较高毛鞘藻异形变种 *Bulbochaete elatior* var. *dissimilis* Jao

澄江稻田（模式产地）。生境：池，附生水草上。

（451）中华毛鞘藻 *Bulbochaete sinensis* Jao

思茅郊区稻田间水沟。生境：稻田、池等，附生水草上。

（452）中华毛鞘藻近梨形变种 *Bulbochaete sinensis* var. *subpyriformis* Jao

思茅郊区池塘。生境：稻田，附生水草上。

（453）中型毛鞘藻 *Bulbochaete intermedia* De Bary

石林内剑峰池、思茅郊区小水塘。生境：附生水草上。

（454）圆齿毛鞘藻 *Bulbochaete crenulata* Pringsheim

邓川罗次江桥边洼地积水。生境：池，附生水草上。

（455）环带毛鞘藻 *Bulbochaete cingulata* Jao

石林内剑峰池、澄江稻田、思茅郊区小水塘。生境：沟，附生水草上。

（456）齿网毛鞘藻 *Bulbochaete dentireticulata* Jao

思茅郊区池塘。生境：莲塘，附生水草上。

（457）毛鞘藻一种 *Bulbochaete* sp.

澜沧江。

刚毛藻目 CLADOPHORALES

XXXⅡ 刚毛藻科 Cladophoraceae

（458）脆弱刚毛藻 *Cladophora fracta*（Dillw.）Kütz.

澜沧江。生境：湖泊，漂浮，形态变化大。

（459）寡枝刚毛藻 *Cladophora oligoclona* Kütz.

洱海。生境：湖泊，漂浮、着生。

（460）疏枝刚毛藻 *Cladophora insignis*（Ag.）Kütz.

滇池。生境：硬水湖泊。

（461）云南刚毛藻 *Cladophora yunnanensis*

螳螂川，湖泊。生境：暂无。

（462）团状刚毛藻 *Cladophora glomerata*（L.）Kütz.

滇池。生境：寡污、β 中污，着生，也在咸淡水、含硫泉水。

（463）多种刚毛藻 *Cladophora* spp.

澜沧江、怒江、螳螂川、金沙江、大盈江、瑞丽江、响水河、洒鱼河、南腊河、多依河、小河流等，滇池、泸沽湖、杞麓湖、异龙湖、赤瑞湖、北海、清水海等，金钟山等。

（464）基枝藻 *Basicladia crassa* Hoffm. et Tild.

滇池。生境：着生龟背上。

二、接合藻纲 CONJUGATOPHYCEAE

双星藻目 ZYGNEMATALES

XXXⅢ 双星藻科 Zygnemataceae

（465）野生双星藻 *Zygnema spontaneum* Nordst.

澜沧江。生境：稻田。

（466）显明双星藻 *Zygnema insigne*（Hass.）Kütz.

滇池。生境：稻田、池塘、河边。

（467）云南双星藻 *Zygnema yunnanense* Li.

贡山（模式产地）。生境：池塘中。

（468）大理双星藻 *Zygnema daliense* Jao et Lee

大理（模式产地）三塔旁小水池。生境：池水 pH 6.8。

（469）脊孢双星藻 *Zygnema poreatum* Jan et Hu

绥江板栗三合水坑。生境：湖、库、泽。

（470）近大孔双星藻 *Zygnema subfanicum* Jao

蒙自南湖。生境：沼泽。

（471）细小双星藻 *Zygnema tenue* Kützing

昆明近郊路旁小池。生境：稻田、沟。

（472）十字双星藻 *Zygnema cruciatum*（Vaucher）Agardh

昆明。生境：溪、沟、坑、塘。

（473）星状双星藻 *Zygnema stellinum*（Vaucher）Agardh

澜沧江，昆明、澄江。生境：稻田、沟、坑。

（474）蜂房双星藻 *Zygnema favosum* Jao et Chian

昆明（模式产地）。生境：花红洞前水沟。

（475）大孔双星藻 *Zygnema fanicum* Li

昆明。生境：稻田、池、沟、坑、蓄水池。

（476）近窝孔双星藻 *Zygnema subfaveolatum* Chian

陆良（模式产地）。生境：华侨农场菜地水沟。

（477）近窝孔双星藻蒙自变型 *Zygnema subfaveolatum* Chian f. *mengtzense* Chian

蒙自（模式产地）。生境：南湖。

（478）克伦地亚双星藻 *Zygnema carinthiacum* Beck

富民、邓川。生境：稻田、坑、塘、沟。

（479）西康拟双星藻 *Zygnemopsis sikangensis* Li

贡山察瓦龙（独龙江河谷）（模式产地）。生境：池塘。

（480）双星藻一种 *Zygnema* sp.

澜沧江、螳螂川、洒鱼河，滇池、洱海、抚

仙湖、泸沽湖、异龙湖、赤瑞湖、北海、天池、清水海，松华坝，鱼池塘等。

（481）小转板藻 *Mougeotia parvula* Hass.

澜沧江、螳螂川、大盈江、响水河，杞麓湖、北海、清水海。生境：稻田、坑、堰、湖沿带、静水河湾、溪流岩石，海拔5000m处也有。

（482）雅致转板藻 *Mougeotia elegantula* Wittr.

滇池。

（483）球果转板藻 *Mougeotia sphaerocarpa* Wolle

石屏、凤庆。生境：稻田、沟、池、泽、坑、山溪积水潭。

（484）奥帕卢转板藻 *Mougeotia opelousensis* Taft

大理。生境：公路边水体。

（485）梯接转板藻 *Mougeotia scalaris* Hassall

昆明。生境：稻田、沟、泽、坑、溪、湖湾。

（486）云南转板藻 *Mougeotia yunnanensis* Chian

昆明（模式产地）。生境：云南大学附近菜地水沟。

（487）变绿转板藻 *Mougeotia virescens*（Hassall）Borge

勐海水沟、稻田。

（488）近沼生转板藻 *Mougeotia subpaludosa* Ley

石屏溪流、水塘、水库。

（489）亮绿转板藻 *Mougeotia laetevirens*（Braun）Wittrock

呈贡、勐海、勐腊。生境：稻田、沟、池、坑。

（490）韩德转板藻 *Mougeotia handelii* Skuja

昆明（模式产地）潮湿含钙农田。

（491）膝曲转板藻 *Mougeotia geniculata* Chian

瑞丽登高寨水井（模式产地）。生境：水井。

（492）转板藻一种 *Mougeotia* sp.

螳螂川、洒鱼河，滇池、洱海、抚仙湖、泸沽湖、杞麓湖、异龙湖、赤瑞湖，松华坝，鱼池塘。

（493）转板藻另一种 *Mougeotia* sp.

螳螂川，滇池、抚仙湖、天池，水库。

（494）多面单板藻 *Debarya polyedriea* Skuja

中甸（模式产地）。生境：泉中石灰石上。

（495）普通水绵 *Spirogyra communis*（Hass.）Kutz.

澜沧江，异龙湖、赤瑞湖，昆明。生境：稻田、沟、坑，四季可采。

（496）长形水绵 *Spirogyra longata*（Vaucher）Kützing

昆明、富民、剑川、蒙自。生境：稻田、沟、渠、鱼池、湖边、藕塘，四季可采。

（497）菊尔水绵 *Spirogyra juergensii* Kützing

昆明。生境：稻田、沟、渠、溪、塘、洼、牛蹄坑。

（498）单一水绵 *Spirogyra singularis* Nordstedt

中甸纳帕海，昆明、大理、江川、勐海、景洪。生境：稻田、沟、池、塘、坑、库坝渗水沟。

（499）链形水绵 *Spirogyra catenaeformis*（Hass.）Kutz.

滇池，德钦。生境：坑、沟、池等小水体。

（500）草原水绵 *Spirogyra pratensis* Transeau

昆明。生境：沟、池。

（501）细小水绵 *Spirogyra parvula*（Transeau）Czurda

昆明。生境：稻田、沟、坑、沼泽。

（502）大孢水绵 *Spirogyra mactospora*（Rao）Krriegar

大理。

（503）多型水绵 *Spirogyra polymorpha* Kirch.

滇池，禄劝、勐腊。生境：溪旁干树叶上，稻田、沟。

（504）特奥多斯水绵 *Spirogyra teodoresci* Transeau

昆明、嵩明。生境：稻田、沟、坑、塘，溪流岩石。

（505）异型水绵 *Spirogyra varians*（Hass.）Kütz.

滇池，大理、凤庆。生境：藕田、沟、池、渠、坑，全年可采，α中污，β中污。

（506）外凸水绵二形变型 *Spirogyra borgeana* f. *dimorpha* Chian

富民（模式产地）。

（507）近卵孢水绵 *Spirogyra subobovata* Chian

昆明（模式产地）。生境：菜地沟。

（508）近沟纹水绵 *Spirogyra subfossulata* Jao

江川（模式产地）。生境：公路旁小池塘。

（509）疱胞水绵 *Spirogyra papulata* Jao

昆明、邓川、大关。生境：稻田、沟、池、坑，缓流泉边、大土井。

（510）丰满水绵 *Spirogyra plena*（W et G. S. West）Czurda

勐腊。

（511）泰国水绵 *Spirogyra siamensis* Transeau

景洪小水池、水沟。

（512）溪生水绵 *Spirogyra rivularis*（Hassall）Rabenhorst

呈贡池塘、水沟、水坑。

（513）二形水绵 *Spirogyra biformis* Jao

昆明、勐仑。生境：稻田、沟、坑、池、库，河边等。

（514）哥伦比亚水绵 *Spirogyra columbiana* Czurda

勐仑。生境：沟、池、藕塘、塘堰港湾。

（515）光洁水绵 *Spirogyra nitida*（Dillwyn）Link

昆明、呈贡沟、池、藕塘。

（516）毛状水绵 *Spirogyra setiformis*（Roth）Kützing

云南。

（517）云南水绵 *Spirogyra yunnanensis* Li

佛海（今勐海）（模式产地）。

（518）狭椭孢水绵 *Spirogyra elliptica* Jao

佛海（今勐海）稻田、藕池、水堰、水池。

（519）存疑水绵 *Spirogyra dubia* Kützing

巍山。生境：多生活于沟、坑，春、秋可采。

（520）晶莹水绵 *Spirogyra hyalina* Cleve

昆明、景洪。生境：稻田、塘、沟、坑。

（521）大形水绵 *Spirogyra majuscula* Kützing

云南曼阔。

（522）近粗形水绵 *Spirogyra submaxima* Transeau

昆明藕塘、塘、沟、洼。

（523）网孢水绵 *Spirogyra dictyospora* Jao

云南稻田、水沟。

（524）小水绵 *Spirogyra minor*（Schmidle）Transeau

宜良汤池、个旧。

（525）美纹水绵 *Spirogyra pulchrefigurata* Jao

汤池稻田、沟、溪、坑。

（526）河生水绵 *Spirogyra fluviatilis* Hilse

云南西北部。生境：澜沧江和怒江山涧溪流石上，寡污，厌污水性。

（527）施米特水绵 *Spirogyra schmidtii* W. et G. S. West

勐海。

（528）缅宁水绵 *Spirogyra mienningensis* Li

缅宁临沧（模式产地）。生境：无资料。

（529）微水水绵大形变形 *Spirogyra weishui－ensis* Ling et Zheng f. *major* Chian

呈贡（模式产地）。生境：稻田。

（530）粗形水绵 *Spirogyra maxima*（Hassall）Wittrock

昆明等沟、坑。

（531）陈氏水绵 *Spirogyra chenii* Jao

云南，寒冷季出现在稻田、池塘。

（532）拱形水绵 *Spirogyra arcuata* Liu

昆明沟、坑。

（533）武汉水绵 *Spirogyra wuhanensis* Jao et Hu

昆明山间稻田、水沟。

（534）孔纹水绵 *Spirogyra punetata* Cleve

勐腊。

（535）波纹水绵 *Spirogyra corrugata* Transeao

曼阔水沟、稻田。

（536）韦伯水绵 *Spirogyra weberi* Kützing

昆明、云县、勐海。生境：沟、坑、池、溪边、河边、藕塘、稻田，温泉出水沟。

（537）肿大水绵 *Spirogyra tumida* Jao

昆明稻田、水沟。

（538）冷性水绵 *Spirogyra frigida* Gry

昆明。

（539）半饰水绵 *Spirogyra semiornata* Jao

昆明、石屏。

（540）膨胀水绵 *Spirogyra inflata*（Vaucher）Kützing

维西、漾濞、巍山。生境：沟、坑、窪、山溪边、河边、稻田，温泉出水沟。

（541）增粗水绵 *Spirogyra amplectans* Skuja

木里和永宁之间（模式产地）。生境：海拔4100m。

（542）近热带水绵 *Spirogyra subtropica* Chian

河口（模式产地）。生境：131水电站。

（543）柱状水绵 *Spirogyra cylindrica* Czurda

昆明多在小水坑。

（544）斯普里水绵 *Spirogyra spreeiana* Rabenhost

昆明、绥江小湖、稻田、塘、坑、溪、沟、河沿、泽。

（545）水绵一种 *Spirogyra* sp.

螳螂川，洱海，鱼池塘。

（546）多种水绵 *Spirogyra* spp.

澜沧江、怒江、螳螂川、金沙江、大盈江、瑞丽江、响水河、洒鱼河、南腊河、多依河、小河流，滇池、抚仙湖、泸沽湖、杞麓湖、异龙湖、赤瑞湖、北海、天池、清水海，松华坝、金钟山、鲁布革，鱼池塘。

（547）斑纹链膝藻 *Sirogoniun sticticum*（Engl. Bot.）Kützing

昆明、呈贡、丽江、永仁、普洱。生境：水体沿岸湿土，常与无隔藻混生成藻块。

（548）链膝藻一种 *Sirogoniun* sp.

螳螂川。

中带藻目 MESOTAENIALES

XXXIV 中带藻科 Mesotaeniaceae

（549）大中带鼓噪 *Mesotaenium macrococcum*（Kützing）Roy & Bissett

中甸。生境：多在滴水岩石、泥炭沼泽。

（550）柱胞鼓藻（原变种）*Cylindrocystis brebissonii* Meneghini var. *brebissonii*

丽江。生境：山地普生，湿土表、苔藓上、酸性泥炭藓沼泽、沼泽草甸、冰川的泉水。

（551）粗柱胞鼓藻 *Cylindrocystis crassa* De bary

勐海。生境：水生、亚气生。

（552）指状梭形鼓藻（原变种）*Netrium digitus* var. *digitus*

宁蒗、大哈土、芒市、巍山、贡山察瓦龙（独龙江河谷）、德钦阿墩子。生境：除南极外，贫营养的池、湖、泽。

（553）布雷棒形鼓藻 *Gonatozygon brebissonii* De Bary

四川眉里至永宁之间。生境：软水、沼泽。

（554）基纳汉棒形鼓藻 *Gonatozygon kinahani*（Archer）Rabenhorst

洱海。生境：软水湖、泥炭藓沼泽。

（555）棒形鼓藻 *Gonatozygon monotaenium* De Bary

大理、中甸、宁蒗、芒市，澜沧江，洱海、滇池、异龙湖、赤瑞湖、雪池。生境：软水沼泽和湖。

（556）多毛棒形鼓藻 *Gonatozygon pilosum* Woll.

滇池，中甸、昌蒲桶。生境：软水水体。

（557）尖刺棒形鼓藻 *Gonatozygon aculeatum* Hast.

滇池。生境：软水水体，广布。

（558）棒形鼓藻一种 *Gonatozygon* sp.

滇池。

（559）螺带鼓藻 *Spirotaenia condensata* Bréb.

澜沧江。生境：软水并混生其他鼓藻中。

鼓藻目 DESMIDIALES

XXXV 鼓藻科 Desmidiaceae

（560）锐新月藻（原变种）*Closterium acerosum*（Schrank.）Ehr. var. *acerosum*

澜沧江、大盈江，滇池、洱海、大理、中甸、宁蒗、永胜、泸水、芒市、凤庆、勐海。生境：略受有机污染水体，pH 6～9，水温 10～30℃，浮游，α 中污，β 中污。

（561）锐新月藻安哥拉变种 *Closterium acerosum* var. *angolense* West & West

大理、洱海。

（562）锐新月藻长形变种 *Closterium acerosum* var. *elongatum* Brébisson

剑川、凤庆、勐海、景洪。

（563）针状新月藻（原变种）*Closterium aciculare* T. West var. *aciculare*

滇池、洱海、抚仙湖，杞麓湖。生境：多在富营养较大型水体，pH 6.5～8.5，浮游，有时数量较多。

（564）针状新月藻近直变种 *Closterium aciculare* var. *subprorum* West & West

昆明、大理、洱海、永宁。生境：暂无。

（565）尖新月藻（原变种）*Closterium acutum* var. *acutum*

普洱。生境：广布。

（566）阿切利新月藻 *Closterium archerianum* Cleve

佛海（勐海）。生境：偏酸性水体 pH 6.2～7.4，泥炭藓沼泽。

（567）角形新月藻 *Closterium cornu* Ehrenberg

佛海（勐海）。生境：偏酸性水体 pH 4.5～

6.3，泥炭藓沼泽，热带略碱性水体也有。

（568）月牙新月藻 *Closterium cynthia* De Not.

澜沧江，洱海。生境：普生性。

（569）厚顶新月藻（原变种）*Closterium dianae* Ehr. var. *dianae*

澜沧江、南脂河，滇池、异龙湖、赤瑞湖、大山包。大理、中甸、永胜、丽江石鼓、芒市、勐海。生境：湿草地、高山水坑，在 pH 5～7.5 的生境，包括亚气生，浮游，寡污。

（570）厚顶新月藻弓形变种 *Closterium dianae* var. *arcuatum*（Brébisson）Rabenhorst

思茅、贡山察瓦龙（贡山独龙江河谷）。

（571）双胞新月藻（原变种）*Closterium didymotocum* Cord. var. *didymotocum*

螳螂川，勐海。生境：普生。

（572）象牙形新月藻 *Closterium eboracense*（Ehrenberg）Turner

思茅。

（573）埃伦斯新月藻（原变种）*Closterium ehrenbergii* Menegh var. *ehrenbergii*

澜沧江、瑞丽江，洱海、异龙湖、赤瑞湖。剑川、芒市、临沧、勐海、勐腊、个旧蛮耗。生境：广布。

（574）埃伦斯新月藻原马林变种 *Closterium ehrenbergii* var. *malinvernianum*（De Notaris）Rabenhost

丽江。

（575）纤细新月藻（原变种）*Closterium gracile* Bréb. var. *gracile*

澜沧江、怒江、螳螂川，滇池、洱海，大理、剑川、丽江、宁蒗、腾冲、怒江州。生境：水藓沼泽、永久性沼泽。

（576）弯弓新月藻 *Closterium incurvum* Brébisson

宁蒗。

（577）中型新月藻（原变种）*Closterium intermedium* Ralfs. var. *intermedium*

澜沧江、洒鱼河等，维西、思茅。生境：多在苔藓沼泽，其他软水，湿岩石。

（578）詹纳新月藻（原变种）*Closterium jenneri* var. *jenneri*

凤庆、察瓦龙（独龙江河谷）、镇康。

（579）库津新月藻 *Closterium kutzingii* Bréb.

大理、邓川、芒市、凤庆、普洱、勐海、澜沧江、大盈江、瑞丽江、洒鱼河，滇池、抚仙湖、泸沽湖、杞麓湖、异龙湖、赤瑞湖、清水海、雪池。生境：普生。

（580）拉贡新月藻 *Closterium lagoense* Nordestedt

勐海。

（581）披针新月藻（原变种）*Closterium lanceolatum* Kütz. var. *lanceolatum*

澜沧江、瑞丽江，永胜、德钦、贡山、镇康、勐海。生境：偏酸性水体 pH 5～7，水藓沼泽。

（582）披针新月藻小变种 *Closterium lanceolatum* var. *parvum*

贡山。

（583）莱布新月藻 *Closterium leibleinii* Kütz.

大理、洱海、邓川、宁蒗、泸沽湖等，思茅、勐海、镇康。生境：富营养水体、热带稻田，浮游，α 中污，β 中污。

（584）小书状新月藻（原变种）*Closterium libellula* var. *libellula*

眉里至永宁之间、勐海。生境：水藓沼泽，pH 4.9～7。

（585）小书状新月藻中型变种 *Closterium libellula* var. *intermidium*（Roy & Bissett）G. S. West

泸水、勐海。

（586）小书状新月藻中断变种 *Closterium libellula* var. *interruptum*（West & West）Donat

泸水。

（587）滨海新月藻 *Closterium littorale* Gay

中甸。生境：软水的水藓沼泽，富营养水体，热带稻田等，浮游。

（588）新月形新月藻（原变种）*Closterium lunula*（Mll.）var. *lunula*

澜沧江。

（589）新月形新月藻新月形变种小变型 *Closterium lunula* var. *lunula* f. *minus* West & West

在贡山丙中洛之上的怒江河谷昌蒲桶。

（590）瘦新月藻 *Closterium macilentum* Bréb.

洒鱼河等。

（591）项圈新月藻 *Closterium moniliferum*（Bory.）Ehr.

澜沧江、螳螂川、大盈江、洒鱼河、小河流，滇池、洱海、异龙湖、赤瑞湖、清水海等，松华坝、金钟山，巍山、云县、丽江、永胜、维西、中甸、宁蒗、怒江州、泸水、芒市、凤庆、镇康、勐腊、勐海、昆明、大理。生境：池、河、泥炭沼泽、高厦湖泊，普生性，浮游，β 中污、寡污。

（592）舟形新月藻粗壮变种 *Closterium navicula* var. *crassum*（West & West）Grönblad

中甸、临沧。

（593）舟形新月藻膨胀变种 *Closterium navicula* var. *inflatum*（West & West）Groasdale

大理、临沧。

（594）微小新月藻（原变种）*Closterium parvulum* var. *parvulum*

大理、洱海，剑川、中甸、宁蒗、眉里—永宁之间、保山、芒市、察瓦龙、勐海。生境：广布，浮游，β 中污，夏季多。

（595）微小新月藻狭变种 *Closterium parvulum* var. *angustum* West & West

大理、洱海。

（596）极锐新月藻 *Closterium peracerosum* Gay

丽江、腾冲。

（597）极长新月藻（原变种）*Closterium praelongum* Brèb. var. *praelongum*

永胜。生境：水库边稻田。中性或弱碱性。

（598）极长新月藻短变种 *Closterium praelongum* var. *brevium* Nordst.

永胜金沙江支流。生境：沟、江河、塘、库、稻田、鱼池、氧化塘、黏土矿区水体等。

（599）普里新月藻 *Closterium pritchardianum* Arch.

丽江、中甸、芒市，洒鱼河等，滇池。生境：广布。

（600）平卧新月藻 *Closterium pronum* Brébisson

大理、洱海。

（601）拟厚顶新月藻 *Closterium pseudodianae* Roy

凤庆、勐海。

（602）拉尔夫新月藻（原变种）*Closterium ralfsii* de Breb. var. *ralfsii*

丽江，水塘。

（603）规律新月藻 *Closterium regulare* Brébisson

凤庆、勐海、景洪。

（604）喙新月藻 *Closterium rostratum* Ehr.

凤庆、勐海，澜沧江。生境：水藓沼泽、泥炭沼泽、泽地，pH4 ~7.4。

（605）刚毛状新月藻 *Closterium setaceum* Ehrenberg

洱海、思茅、勐海、察瓦龙（独龙江河谷）。生境：多在软水，少数在碱性水，pH 5 ~7.8。

（606）瘦狭新月藻（原变种）*Closterium strigosum* var. *strigosum*

大理。生境：富营养和偏碱性水体，热带稻田。

（607）瘦狭新月藻雅致变种 *Closterium strigosum* var. *elegens*（G. S. West）Krieger

丽江泉池，芒市稻田，腾冲小溪。生境：暂无。

（608）线纹新月藻（原变种）*Closterium striolatum* var. *striolatum*

佛海（今勐海）。生境：在软水，泥炭藓沼泽。

（609）弓形新月藻 *Closterium toxon* West

永宁。

（610）膨胀新月藻 *Closterium tumidum* Johus.

滇池。

（611）小新月藻 *Closterium venus* Kütz.

大理、中甸、贡山、眉里—永宁之间、勐海，澜沧江，洱海、杞麓湖、异龙湖、赤瑞湖。生境：广布。

（612）新月藻一种 *Closterium* sp.

滇池，水库。

（613）多种新月藻 *Closterium* spp.

澜沧江、怒江、螳螂川、金沙江、响水河、洒鱼河、南腊河、多依河，滇池、异龙湖、赤瑞湖、北海，鲁布革，鱼池塘。

（614）“小”柱形鼓藻 *Penium minutum*（Ralfs.）Cleve

滇池。

（615）纺锤形鼓藻 *Penium libellula*（Fock.）Nordst.

北海。

（616）圆柱形鼓藻 *Penium cylindrum*（Ehrenberg）Brébisson ex Ralfs

宁蒗、大哈吐。生境：偏酸性的湖、池、泽等水体。

（617）珍珠柱形鼓藻 *Penium margaritaceum* Ehrenberg）Brébisson ex Ralfs

中甸、临沧，洒鱼河等，湖泊。生境：偏酸性的湖、池、泽等水体。

（618）瘤胞柱形鼓藻 *Penium phymatosporum* Nordstedt

风庆。生境：偏酸性的溪、池、水藓沼泽。

（619）环状宽带鼓藻 *Pleurotaenium annulatum*（Joshua）West & West

大理、勐海。

（620）车里宽带鼓藻 *Pleurotaenium cheliensis* Li

车里（今景洪）、景洪大猛龙。

（621）埃伦宽带鼓藻（原变种）*Pleurotaenium ehrenbergii*（Bréb.）De Bary. var. *ehrenbergii*

澜沧江，大理、贡山怒江河谷菖蒲桶、中甸、大哈吐、维西、顺宁凤庆、缅宁临沧。生境：普生广布。

（622）埃伦宽带鼓藻短变种 *Pleurotaenium ehrenbergii* var. *quantillum*（Turner）Krrieger

丽江—永宁之间。

（623）长宽带鼓藻 *Pleurotaenium elatum*（Turner）Borge

丽江。生境：热带、亚热带地区。

（624）真世系宽带鼓藻（原变种）*Pleurotaenium eugeneum* var. *eugeneum*

普洱、勐海。

（625）凯伊宽带鼓藻 *Pleurotaenium kayei*（Arch.）Rab.

湖泊。生境：热带、亚热带地区。

（626）大宽带鼓藻 *Pleurotaenium maximum*（Reinsch）Lundell

泸水、景洪。生境：普生。

（627）小宽带鼓藻（原变种）*Pleurotaenium minutum* var. *minutum*

勐海。生境：绝大多数在软水和水藓沼泽。

（628）节球宽带鼓藻（原变种）*Pleurotaenium nodosum* var. *nodosom*

泸水、勐海。生境：普生。

（629）卵形宽带鼓藻膨大变种 *Pleurotaenium ovatum* var. *tumidum*（Maskell）G. S. West

勐海。

（630）宽带鼓藻（原变种）*Pleurotaenium trabecula*（Ehr.）Naeg. var. *trabecula*

洱海、滇池、清水海等，金钟山，丽江、大理、宁蒗、中甸、芒市、临沧。生境：广布溪、塘、泽、湖、库等偏酸性水体。

（631）宽带鼓藻一种 *Pleurotaenium* sp.

洒鱼河，泸沽湖。生境：此属大多为浮游种类，混杂于其他鼓藻类之中。

（632）角顶鼓藻 *Triploceras gracile* Bailley

思茅。生境：广布，主要在热带地区。

（633）裂顶鼓藻 *Tetmemorus brebissonii*（Menegh.）Ralfs

洱海。生境：软水和高度沼泽化水体，有时在略偏碱性水体。

（634）平滑裂顶鼓藻 *Tetmemorus laevis*（Kützing）Ralfs

大理、云县。生境：在软水和水藓沼泽。

（635）凹顶鼓藻（原变种）*Euastrum ansatum* Ehrenberg ex Ralfs var. *ansatum*

洱海、异龙湖、赤瑞湖，中甸、勐海。生境：广布。

（636）双片凹顶鼓藻（原变种）*Euastrum binale* var. *binale*

眉里—永宁之间。生境：广布。

（637）双片凹顶鼓藻格氏变种 *Euastrum binale* var. *gutwinskii*（Schmidle）Krieger

中甸属都河边山泉积水坑。

（638）巴西凹顶鼓藻 *Euastrum brasiliense* Borge

大哈吐。生境：沼泽泥壁渗水处。

（639）小齿凹顶鼓藻（原变种）*Euastrum denticulatum*（Kirchn.）Gay. var. *denticulatum*

滇池、洱海、异龙湖、赤瑞湖等，勐海。生境：广布。

（640）不定凹顶鼓藻（原变种）*Euastrum dubium* var. *dubium*

眉里—永宁之间、思茅、普洱、察瓦龙（贡山独龙江河谷）、勐海、景洪。生境：普生。

（641）华美凹顶鼓藻 *Euastrum elegans*（Bréb.）Kütz.

异龙湖、赤瑞湖。生境：普生。

（642）芽状凹顶鼓藻（原变种）*Euastrum gemmatum*（Brébsson）Ralfs var. *gemmatum*

滇池，维西。生境：广布。

（643）芽状凹顶鼓藻芽状变种小齿变型 *Euastrum gemmatum*（Brébsson）Ralfs var. *gemmatum* f. *denticulatum* Wei.

泸水。

（644）芽状凹顶鼓藻单轮变种 *Euastrum gemmatum* var. *monocylum* Nordstedt

邓川。

(645) 海岛凹顶鼓藻（原变种）*Euastrum insulare* var. *insulare*

勐海。生境：普生。

(646) 长圆凹顶鼓藻 *Euastrum oblongum*（Grev.）Ralfs

中甸、菖蒲桶（丙中洛之上的怒江河谷）、石鼓，洒鱼河。生境：广布。

(647) 篦齿状凹顶鼓藻不伸展变种 *Euastrum pectinatum* var. *inevolutum* West & West

大理、思茅。

(648) 羽状凹顶鼓藻 *Euastrum pinnatum* Ralfs

菖蒲桶（丙中洛之上的怒江河谷）。

(649) 美小凹顶鼓藻 *Euastrum pulchellum* De Breb.

滇池。

(650) 弯曲凹顶鼓藻（原变种）*Euastrum sinuosum* var. *sinuosum*

中甸、临沧、大哈吐。生境：广布。

(651) 小刺凹顶鼓藻（原变种）*Euastrum spinulosum* Delp. var. *spinulosum*

泸沽湖，丽江。生境：广布。

(652) 小刺凹顶鼓藻无刺变种 *Euastrum spinulosum* var. *inermium* Nordstedt

宁蒗、芒市、勐海、景洪、镇康。

(653) 近高山凹顶鼓藻方形变种 *Euastrum subalpinum* var. *quadratulum* Skuja

菖蒲桶（贡山丙中洛之上的怒江河谷）。

(654) 近星状凹顶鼓藻（原变种）*Euastrum substellatum* var. *substellatum*

勐海。

(655) 特纳凹顶鼓藻波兰变种 *Euastrum turnerii* var. *polonicum* Krieger

中甸、宁蒗。

(656) 瘤状凹顶鼓藻（原变种）*Euastrum verrucossum* Ehr. var. *verrucosum*

金钟山，鱼池塘等，宁蒗、维西、勐海、景洪。生境：广布。

(657) 瘤状凹顶鼓藻具刺变种 *Euastrum verrucosum* var. *alatum* Wolle

菖蒲桶（贡山丙中洛之上的怒江河谷）。

(658) 凹顶鼓藻一种 *Euastrum* sp.

螳螂川。生境：此属大多数种类在软水，此属全部种浮游，寡污。

(659) 萨克胶球鼓藻 *Cosmocladium saxonicum* De Bary.

滇池、异龙湖、赤瑞湖。生境：贫到弱富营养型的池、湖、泽，浮游，有时包在胶状物中。

(660) 胶球鼓藻一种 *Cosmocladium* sp.

滇池。生境：此属种类少，多浮游，有时树状附着丝状藻类或水草。

(661) 尖刺微星鼓藻（原变种）*Micrasterias apiculata*（Ehr.）Menegh. var. *apiculata*

澜沧江，异龙湖、赤瑞湖，勐海。生境：普生。此属全部种：浮游，寡污。

(662) 十字微星鼓藻 *Micrasterias crux-melitensis*（Ehr.）Hass.

丽江、勐海，滇池、洱海。生境：普生。

(663) 叶状微星鼓藻（原变种）*Micrasterias foliacea* var. *foliacea*

临沧、勐海。生境：普生。

(664) 乳突微星鼓藻 *Micrasterias papillifera* Brébisson ex Ralfs

勐海。生境：广布。

(665) 羽裂微星鼓藻（原变种）*Micrasterias pinnatifida*（Kütz.）Ralfs var. *pinnatifida*

洱海，芒市、思茅。生境：普生。

(666) 羽裂微星鼓藻羽裂变种膨大变型 *Micrasterias pinnatifida* var. *pinnatifida* f. *inflata*（Wolle）Croasdale

思茅。

(667) 辐射微星鼓藻 *Micrasterias radiata* Hass.

螳螂川，滇池、洱海、泸沽湖、异龙湖、赤瑞湖。生境：普生。

(668) 截形微星鼓藻截形变种新达米变型 *Micrasterias trancata* var. *trancata* f. *neodamansis*（A. Braun）Dick

大哈吐沼泽。生境：原种广布，主要在北温带、北极地区。

(669) 葫芦辐射鼓藻小变型 *Actinotaenium cucurbitinum* var. *cucurbitinum* f. *minus*（West & West）Teil.

丽江白水河。

(670) 双臂角星鼓藻 *Staurastrum bibrachiatum* Reinsch emend Gronbl. & Scott

大理金鱼池、水泥池，抚仙湖。生境：池、泽、湖、库、河沿，有时在富营养、含钙较高水体，可高达 pH 8.9。

(671) 膨胀角星鼓藻 *Staurastrum dilatatum* (Ehr.) Ralfs

洱海。生境：溪、池、泽、湖，pH 4.3 ~8.5。

(672) 成对角星鼓藻 *Staurastrum gemelliparum* Nordst.

澜沧江，洱海等。生境：沟、池、泽、湖、库。

(673) 纤细角星鼓藻 *Staurastrum gracile* Ralfs.

澜沧江、金沙江、大盈江，滇池、洱海、泸沽湖、异龙湖、赤瑞湖、北海，松华坝、金钟山等。生境：池、泽、湖，浮游，β 中污。

(674) 六刺角星鼓藻 *Staurastrum hexacerm* (Her.) Wittr.

洒鱼河，泸沽湖。生境：坑、池、泽、湖、稻田，浮游、少数附着，pH 5 ~8.3。

(675) 具齿角星鼓藻 *Staurastrum indentatum* W. et G. S. West

澜沧江，抚仙湖。生境：池、泽、湖、河沿。

(676) 弯曲角星鼓藻 *Staurastrum inflexum* Bréb.

螳螂川，滇池、泸沽湖等。生境：溪、坑、池、泽、湖、稻田。

(677) 广西角星鼓藻 *Staurastrum kwangsiense* Jao.

澜沧江，滇池、泸沽湖等，松华坝等。生境：池、湖、稻田。

(678) 曼弗角星鼓藻 *Staurastrum manfeldtii* Delp.

澜沧江、螳螂川、洒鱼河，滇池、洱海。生境：坑、池、泽、湖、河沿、稻田。

(679) 曼弗角星鼓藻环带变种 *Staurastrum manfeldtii* var. *annulatum* West & West

抚仙湖。

(680) 珍珠角星鼓藻 *Staurastrum margaritaceum* (Ehr.) Menegh.

澜沧江，洱海、泸沽湖、异龙湖、赤瑞湖。生境：贫或中营养的沟、池、湖、稻田。

(681) 肥壮角星鼓藻 *Staurastrum pingue* Teil.

滇池。生境：中营养的池、湖、河沿，有时在富营养、含钙高的水体，浮游，β 中污。

(682) 浮游角星鼓藻 *Staurastrum planctonicum* Teil.

洱海。生境：贫或弱富营养的池、湖。

(683) 多形角星鼓藻 *Staurastrum polymorphum* Bréb.

螳螂川，洱海。生境：贫或弱富营养的溪、坑、池、泽、湖，小水体少，有时附基质上。

(684) 伪四角角星鼓藻 *Staurastrum puseudotetracerum* (Nordst.) West & West

滇池。生境：中或富营养的池、泽、湖沿、稻田，有时附湿岩石。

(685) 钝角星鼓藻 *Staurastrum retusum* Turn.

洒鱼河，洱海。生境：坑、池、泽、湖。

(686) 六角角星鼓藻 *Staurastrum sexangulare* Lund.

湖泊。生境：池、泽、湖，普生性。

(687) 近曼弗角星鼓藻 *Staurastrum submanfeldtii* West & West

洱海。生境：溪、泽、湖、河沿、稻田，

(688) 四角角星鼓藻 *Staurastrum tetracerum* (Kütz.) Ralfs

澜沧江，滇池、洱海、北海。生境：池、泽、湖、库、稻田，pH 4.1 ~8.9。浮游，寡污。

(689) 四角角星鼓藻扭变种 *Staurastrum tetracerum* var. *tortum* (Teil.) Borge

抚仙湖。

(690) 威尔角星鼓藻 *Staurastrum willsii* Turn.

异龙湖、赤瑞湖。生境：池、泽、湖。

(691) 赞布角星鼓藻 *Staurastrum zahlbruckneri* Lütk.

澜沧江。生境：池、湖、库。

(692) 芒状角星鼓藻 *Staurastrum aristiferum* Ralfs

洱海。生境：池、湖，一般性分布。

(693) 尖头角星鼓藻 *Staurastrum cuspidatum* Bréb.

滇池。生境：贫或弱富营养的坑、泽、湖。

(694) 迪基角星鼓藻 *Staurastrum dickiei* Ralfs

滇池。生境：贫营养的沟、坑、泽等小水体，浮游，pH 5.1 ~8.4。

(695) 尖刺角星鼓藻 *Staurastrum apiculatum* Bréb.

滇池等。

(696) 双角角星鼓藻 *Staurastrum bicorne* Hauptfl.

大理荷花池、水泥池。

（697）布鲁角星鼓藻 *Staurastrum brebissonii* Archer

中甸属都河边山泉积水坑。

（698）冠毛角星鼓藻日本变种 *Staurastrum cristatum* var. *jiaponicum* Hirano

中甸属都河边山泉积水坑。

（699）叉形角星鼓藻椭圆变种 *Staurastrum forficulatum* var. *elliptcum* Jao

宁蒗山边小池唐。

（700）爪哇角星鼓藻变型 *Staurastrum javanicum* f. Skuja

洱海。

（701）厚变角星鼓藻粗变种 *Staurastrum natator* var. *crassum* W. and G. S. West

澜沧江，滇池、清水海，金钟山等。

（702）多刺角星鼓藻 *Staurastrum oxyacanthum* Archer

北海。

（703）奇异角星鼓藻 *Staurastrum paradoxum* Menegh.

澜沧江、小河流，滇池、洱海、抚仙湖、北海、清水海，松华坝、金钟山等。

（704）油脂角星鼓藻 *Staurastrum pingue* Teil.

大理金鱼池、水泥池、荷花池。

（705）金波缘角星鼓藻尖齿变种 *Staurastrum perundulattum* var. *dentatum* Scott & Prescott

大理池塘，宁蒗战河边水沟。

（706）海绵角星鼓藻 *Staurastrum spongiosum* Brèb.

中甸属都河边山泉积水坑。

（707）泰勒角星鼓藻 *Staurastrum taylorii* Grönblad

洱海公园水池，抚仙湖。

（708）三角角星鼓藻 *Staurastrum trihedrale* Wolle

大哈吐沼泽。

（709）角星鼓藻一种 *Staurastrum* sp.

金沙江、洒鱼河，天池，鲁布革。生境：此属多在贫或中营养、偏酸性水体，多浮游性。

（710）多种角星鼓藻 *Staurastrum* spp.

江河，滇池、抚仙湖、杞麓湖、异龙湖、赤瑞湖，鱼池塘。

（711）双眼鼓藻 *Cosmarium bioculatum* Bréb.

澜沧江。生境：贫到中营养池、泽、湖、田，兼性浮游、附着。

（712）双眼鼓藻扁变种 *Cosmarium bioculatum* var. *depressum*（Schaarschm）Schmidle

大理金鱼池。

（713）双桨鼓藻 *Cosmarium bireme* Nordst.

滇池。生境：偏酸到碱性的池、泽、湖、田，兼性浮游、固着。

（714）布莱鼓藻 *Cosmarium blyttii* Will.

澜沧江。生境：贫到富营养、略酸到碱性，池、泽、湖、田，兼性浮游、附着。

（715）葡萄鼓藻 *Cosmarium botrytis* Menegh.

滇池。生境：贫到富营养、偏酸到碱性，池、泽、湖、田，伐行浮游、固着、亚气生，α 中污、β 中污、寡污，pH 5.0～9.0。

（716）扁鼓藻 *Cosmarium depressum*（Naeg.）Lund.

滇池、洱海、抚仙湖、泸沽湖、异龙湖、赤瑞湖。生境：池、泽、湖、苦、田，贫到中营养、酸到弱碱性，兼性浮游或附着。

（717）美丽鼓藻 *Cosmarium formosulum* Hoff.

滇池等。生境：贫到富营养、偏酸到弱碱，池、泽、湖、库、田，兼性浮游游、固着、亚气生。

（718）双瘤鼓藻 *Cosmarium geminatum* Lund.

洱海。生境：贫到富营养、酸到中性，池、泽、湖，浮游、附着、亚气生。

（719）颗粒鼓藻 *Cosmarium granatum* Bréb.

澜沧江，滇池。生境：酸到中性坑、池、泽、湖、库，有时亚气生。

（720）凹凸鼓藻 *Cosmarium impressulum* Elfv.

洒鱼河，洱海。生境：贫到富营养、偏酸到碱性的池、泽、湖、库、田，浮游或附着，亚气生，干旱环境能生存。

（721）光滑鼓藻 *Cosmarium laeve* Rab.

澜沧江，滇池、洱海。生境：喜钙，贫到富营养、偏酸到碱的池、泽、湖、库、田，浮游、固着、亚气生。

（722）珍珠鼓藻 *Cosmarium margaritatum*（Lund.）Roy et Biss.

澜沧江、洒鱼河，抚仙湖、泸沽湖，金钟山。生境：贫到富营养、酸到碱性，池、泽、湖、库、田，浮游、偶然浮游。

（723）梅尼鼓藻 *Cosmarium meneghinii* Bréb.

滇池、洱海。生境：贫到中营养、偏酸到碱

性池、泽、湖、库、田，兼性浮游、固着、亚气生。

（724）项圈鼓藻 *Cosmarium moniliforme*（Turp.）Ralfs.

滇池。生境：贫到中营养、酸到偏碱，池、泽、湖、库、田，浮游、附着。

（725）项圈鼓藻湖生变种 *Cosmarium moniliforme* var. *limneticum* West & West

洱海。

（726）模糊鼓藻 *Cosmarium obsoletum*（Hantzsch.）Reinsch.

异龙湖、赤瑞湖。生境：坑、池、泽、湖，兼性浮游附于基质，广布。

（727）钝鼓藻 *Cosmarium obtusatum* Schmidl.

澜沧江、响水河、洒鱼河、小河流，洱海、泸沽湖、异龙湖、赤瑞湖、大山包、清水海，金钟山。生境：贫到富营养、偏酸到碱性池、泽、湖、库、田，兼性浮游、附着、。

（728）厚皮鼓藻 *Cosmarium pachydermum* Lund.

澜沧江、南腊河，滇池、异龙湖、赤瑞湖。生境：贫到富营养、酸到碱性的池、泽、湖、库、田，兼性浮游或附于基质，有时亚气生。

（729）波特鼓藻 *Cosmarium portianum* Arch.

澜沧江、螳螂川，滇池、异龙湖、赤瑞湖。生境：池、泽、湖、库、田，浮游、附着。

（730）伪锥形鼓藻 *Cosmarium pseudopyramidatum* Lund.

滇池、异龙湖、赤瑞湖。生境：贫营养、酸到中或偏碱性，池、泽、湖、田，兼性浮游、固着，pH 4 ~7 ~8。

（731）斑点鼓藻 *Cosmarium punctulatum* Bréb.

洱海、异龙湖、赤瑞湖。生境：各种营养型、偏酸到偏碱，坑、池、泽、湖、库、田，浮游或附着。

（732）斑点鼓藻近（原变种）*Cosmarium punctulatum* var. *sub punctulatum*（Nordst.）Borge

洱海。

（733）方鼓藻 *Cosmarium quadrum* Lund.

螳螂川，抚仙湖、异龙湖、赤瑞湖，鱼池塘。生境：中营养、偏酸到碱性，溪、坑、池、泽、湖、库、田，兼性浮游、固着。

（734）肾形鼓藻 *Cosmarium reniforme*（Ralfs.）Arch.

滇池、洱海、清水海。生境：贫到富营养、偏酸到碱性，溪、池、泽、湖、鱼池、田。

（735）近胡瓜鼓藻 *Cosmarium subcucumis* Schmidl.

澜沧江，异龙湖、赤瑞湖。生境：池、泽、湖、多为山区，兼性浮游或附着于泥炭藓或水草，有时亚气生。

（736）近膨胀鼓藻 *Cosmarium subtumidum* Nordst

湖泊。生境：各种营养型、酸到碱，流泉、溪、河沿、坑、池、泽、湖、库、田。

（737）四眼鼓藻 *Cosmarium tetraophthalmum* Bréb.

澜沧江，湖泊。生境：贫营养、偏酸到碱，溪、坑、池、湖、田。兼性浮游或固着。

（738）特平鼓藻 *Cosmarium turpinii* Bréb.

滇池。生境：坑、池、泽、湖、田。

（739）圆鼓藻 *Cosmarium circulare* Reinsch.

澜沧江、大盈江，滇池、杞麓湖、异龙湖、赤瑞湖等，松华坝，鱼池塘等。

（740）似颗粒鼓藻 *Cosmarium granatoides*（Schmidle）Schmidle

滇池。

（741）开裂鼓藻 *Cosmarium hians* Borge

洱海。

（742）矮小鼓藻 *Cosmarium humile*（Gay）Nordst

洱海小池塘、宁蒗小河塘。生境：坑、池、泽、湖，兼性浮游或附着。

（743）菜豆形鼓藻 *Cosmarium phaseolus* Breb.

滇池。

（744）弯顶鼓藻钝变种 *Cosmarium sinostegos* var. *obtusius* Gutw

宁蒗小河塘。

（745）线纹鼓藻 *Cosmarium striolatum* Nägeli

玉龙雪山白水河边山泉。生境：暂无。

（746）一种鼓藻变种 *Cosmarium spyridion* var. *subangulatum* Jao

洱海。

（747）近华美鼓藻强壮变种 *Cosmarium subspeciosum* var. *validium*

潞西。

（748）波缘鼓藻 *Cosmarium undulatum* Corda.

滇池。

（749）威特鼓藻 *Cosmarium wittrockii* Lund.

洱海。

（750）鼓藻一种 *Cosmarium* sp.

澜沧江、怒江、螳螂川，滇池、程海、杞麓湖、异龙湖、赤瑞湖、大山包、雪池，松华坝，鱼池塘。

（751）多种鼓藻 *Cosmarium* spp.

螳螂川，滇池、杞麓湖、异龙湖、赤瑞湖、大山包、北海，水库，鱼池塘。生境：此属主要在偏酸、贫营养软水，有的中偏碱，较少在富营养水体，少数亚气生。

（752）对称多棘鼓藻 *Xanthidium antilopaeum* (Bréb.) Kütz.

洒鱼河，异龙湖、赤瑞湖。生境：坑、池、泽、湖，

（753）冠毛多棘鼓藻 *Xanthidium cristatum* Bréb.

大盈江，滇池、北海。生境：池、泽、湖，兼性浮游、附生。

（754）英克斯四棘鼓藻 *Arthrodesmus incus* (Bréb.) Hass.

大山包。生境：偏酸性水体，浮游。

（755）丝状棘接鼓藻 *Onychonema filiforme* (Ehr.) Roy et Riss.

异龙湖、赤瑞湖。生境：泥炭藓、其他藓类的坑、塘、泽、湖沿。

（756）光华棘接鼓藻 *Onychonema laeve* Nordst

洱海。生境：坑、池、泽、湖沿。

（757）颗粒瘤接鼓藻 *Sphaerozosma granulatum* Bot & Biss

滇池。

（758）项圈顶接鼓藻 *Spondylosium moniliforme* Lund.

洱海。生境：坑、池、泽、湖沿，普生。

（759）矮形顶接鼓藻 *Spondylosium pygmaeum* (Cook.) West

洱海。生境：池、泽、湖，一般种类。

（760）平顶顶接鼓藻 *Spondylosium planum* (Woll.) W. et G. S. West

洱海。生境：贫到中营养，池、泽、湖。

（761）“椎骨”顶接鼓藻 *Spondylosium pulchellum* Arch.

滇池。

（762）缢丝鼓藻 *Gymonozyga moniliformis* Ehr.

北海。

（763）裂开圆丝鼓藻 *Hyalotheca dissiliens* (Smith) Bréb

澜沧江、洒鱼河，泸沽湖、异龙湖、赤瑞湖。生境：在有狸藻、莎草科等水草的泉、沟、坑、池、泽、湖沿、田等，浮游，寡污。

（764）圆丝鼓藻一种 *Hyalotheca* sp.

澜沧江、南腊河，雪池、滇池，水库。生境：此属常大量存在，最普通的丝状藻之一。

（765）扭联角丝鼓藻 *Desmidium aptogonum* Bréb.

响水河、洒鱼河，滇池、洱海。生境：贫营养，有时富营养，有狸藻和水生维管束植物的池、湖沿、稻田，普生。

2.11 轮藻门 CHAROPHYTA

2.11.1 形态结构

轮藻为大型沉水藻类，肉眼能看得见，高 3～60cm，一般 15～30cm，主轴直径 10～4000μm，一般 300～600μm。组织构造简单，无维管束，但外观已有根、茎、叶分化，直立、分枝。生长和繁殖方式都像苔藓植物。轮藻为多细胞体，有中轴分为短小的节（小而圆的节细胞组成）和长的节间（长的节间细胞组成），节和节间交替间生，主轴具有无限生长的能力，每节的节细胞生长出 1 轮许多轮生的、有限长短的小枝（或称“叶”，最多有 15 个节间），和顶端继续生长的侧枝。地下部分无色，其主茎基部分枝形成假根，伸入泥中、固着。细胞壁由 2 层组成，内层为纤维素，外层为角质层，有的种类还含有大量碳酸钙沉淀，故硬直。节间细胞圆筒形，中央有大液泡，一薄层原生质靠细胞壁，色素体盘状，节间细胞外有时围有皮层细胞。节细胞小而圆，生出许多轮生的小枝细胞，小枝细胞和皮层细胞都具有色素体。有些种类，茎和小枝的中央细胞外被有一层皮层细胞组成的皮层。小枝分化各属有不同，丽藻属小枝 1 次或多次分叉，具 1 级至多级射枝类推，茎及小枝无皮层。轮藻属的茎和小枝有或无皮层。具单轮或双轮托叶，是簇生在小枝轮下面（有时上面）的 1 列或 2 列单细胞突起。小

枝不分叉，苞片细胞5~7枚，小苞片（在藏卵器下）多为2枚。

细胞单核，长细胞中有大的中央空泡。色素体多数小形盘状、椭圆，螺旋状排列细胞四周。色素与同化产物淀粉与其他藻类相同，有叶黄素、葫萝卜素，叶绿素为主，藻体草绿色、灰绿色、褐绿色。无蛋白核，同化产物淀粉。

2.11.2 繁殖

藻体生长由顶部的顶细胞进行茎顶生长。生殖器官构造与其他各门藻类完全不同，生殖器官发达，有性生殖只有1种卵配，有藏卵器和藏精器，都为多细胞组织，雌、雄同株或异株。有些种类进行营养繁殖，如匍匐茎、淀粉小球茎、植物体断裂、假根节上产生珠芽。轮藻没有无性繁殖，不产生动孢子或不动孢子的无性繁殖细胞。

2.11.3 生态分布

轮藻类均丛生水底，分布广，产量大，往往形成单一群落，在海水、各种淡水、半咸水均有，稻田、沼泽、池塘、湖泊更常见。喜钙质丰富硬度大、清洁、透明度较高水体，一般适宜pH5~6，微酸，但有的喜中性或微碱。深水湖多水草处可生长茂盛，温泉中也有分布。

2.11.4 经济意义

可作植物细胞学、生理学实验材料，如可观察细胞质和叶绿体流动。可作肥料，碳酸钙丰富。可作水鸟食物。药用，作杀虫剂。可杀灭水体中的蚊子幼虫。轮藻光合作用强烈，氧气过饱和、高度碱化孑孓不能生存，但此水对人、鱼无害。可作水族箱观赏植物（刁整俗，1990）。化石轮藻在石油勘探方面有用。有些种类会放出不适气体令人讨厌。

2.11.5 分类

轮藻分1纲1目4科。现存者为1个轮藻科2族7属340多种。其他3科为化石种类。中国有6属152种39变种，其中轮藻属和丽藻属种类最多，分布也最广；云南轮藻科植物有5属39种8变种1变型。本书录入的仅以昆明为主的37种和变种，化石种类不统计（主要参考邓新晏，1985；韩福山，1994）。

2.11.6 云南轮藻名录

轮藻纲 CHAROPHYCEAE

轮藻目 CHARALES

I 轮藻科 Characeae

（1）无色丽藻原变种 *Nitella hyaline*（De. Candolle）Agardh. var. *hyaline*

滇池。生境：普生性，广布种。

（2）无色丽藻畸形变种 *Nitella hyalina* var. *aberrana* Han et W. Q. Chen

开远（模式产地）、蒙自、安宁。生境：冬水田、池塘、积水。

（3）拟无色丽藻 *Nitella pceudohyalina* Han et W. Q. Chen

滇池（♀模式产地），开远（♂模式产地），大理、安宁、蒙自。

（4）河口丽藻 *Nitella hokouensis* Han et W. Q. Chen

河口县（模式产地）。生境：水沟。

（5）短顶丽藻（原变种）*Nitella brevidactyla* Han et W. Q. Chen. var. *brevidactyla*

河口县（♂模式产地）。生境：水沟。

（6）双角丽藻 *Nitella bicornuta* Han et W. Q. Chen

河口县蚂蝗堡（模式产地）。生境：流水沟。

（7）高大丽藻 *Nitella procera* Han et W. Q. Chen

昆明（模式产地）。生境：泉水塘。

（8）日本丽藻 *Nitella japonica* Allen

思茅、普洱、勐腊。生境：稻田、沟渠、积水坑。

（9）烛节丽藻 *Nitella mucronata*（A. Braun.）Migula

滇池。生境：水田、池塘、路旁积水或沟渠。

（10）四川丽藻 *Nitella szechwanensis* Han.

滇池。生境：冬水田、水塘。

（11）长尾丽藻 *Nitella longicadata* Han et W. Q. Chen

滇池（模式产地）。生境：池塘。

（12）小球丽藻 *Nitella globulifera* Pal.

滇池。生境：池塘。

（13）串球丽藻 *Nitella batrachosperma* A. Br.（N. confevacea）

滇池。生境：暂无。

（14）乳突丽藻 *Nitella papilata* Han et W. Q. Chen

滇池（模式产地）、沾益。生境：冬水田或水塘。

（15）尖头丽藻（原变种）*Nitella acuminata* Braun ex Wallman. var. *acuminata*

滇池，云南。生境：湖、水田、池、沟等各种水体。

（16）能育丽藻 *Nitella prolifera* Jao et Lee

滇池。生境：暂无。

（17）拟扇形丽藻具胶变种 *Nitella pseudoflabellata* var. *mucosa*（Nordstedt）Bailey.

滇池。生境：稻田、水塘、水坑等。

（18）纤细丽藻 *Nitella gracilis*（Smith）Agardh

金沙江水系泉水。生境：水田，普生性。

（19）多育鸟巢藻 *Tolypella prolifera*（Wallr.）Leonhardi

滇池、昆明。生境：冬春季水田和沟渠。

（20）云南鸟巢藻 *Tolypella yunnanensis* Han et W. Q. Chen

大理（模式产地）、昆明。生境：池塘。

（21）钝节拟丽藻 *Nitellopsis obtusa*（Desvaux）J. Groves.

滇池。生境：普通种。本属多在浅水湖和池塘，有时沟渠。

（22）具芒松藻 *Lychnothamnus barbatus*（Meyen）Leonh.

滇池。生境：分布很广。本属相似于拟丽藻属 。

（23）长苞松藻 *Lychnothamnus longibracteatus* Han.

滇池。生境：池塘。

（24）斑氏轮藻 *Chara benthamii* A. Br.

滇池。生境：稻田、池塘、水沟。

（25）普生轮藻（原变种）*Chara vulgaris* Linn. var. *vulgaris*

澜沧江、螳螂川，滇池、洱海、异龙湖、杞麓湖，金沙江水系湖泊、泉水、水坑，大理。生境：河、湖、塘、沟、坑等各种水体。

（26）普生轮裸枝变种 *Chara vulgaris* var. *gymnophylla*（Braun.）Nyman

大理。生境：水田、水沟。

（27）普生轮藻长苞变种 *Chara vulgaris* var. *lngibracteata* Kütz.

螳螂川，滇池。生境：小河、湖、塘、沟、水田等各种水体。

（28）普通轮藻乳突变种 *Chara vulgaris* var. *papillata* Wallroth.

滇池。生境：池塘、水沟。

（29）脆轮藻（球轮藻）*Chara fragilis* Desvaus.

滇池。生境：暂无。

（30）球状轮藻原变种 *Chara globalaris* var. *globalaris*

昆明。生境：分布广泛，池塘、积水、稻田、湖泊。

（31）易碎轮藻 *Chara fragifera* Durieu.

滇池。生境：暂无。

（32）弧枝轮藻原变种 *Chara connivens* Salz. ex A. Br. var. *connivens*

滇池。生境：池塘、水沟、湖边、稻田。

（33）对枝轮藻原变种 *Chara contraria* A. Braun et Kützing var. *contraria*

澜沧江水系湖泊。生境：塘、沟、湖、河等。

（34）对枝轮藻粗糙变种 *Chara contraria* var. *hispidula* Braun.

滇池。生境：暂无。

（35）布氏轮藻原变种 *Chara braunii* Gmalin var. *braunii*

金沙江水系水沟。生境：鱼塘、沟、积水坑、盐地积水、稻田、藕田。

（36）圆形轮藻 *Chara globata* Migula

异龙湖。生境：水坑、湖泊。

（37）多种轮藻 *Chara* spp.

澜沧江，莈碧湖、程海、泸沽湖、抚仙湖，巍山文笔温泉，各地龙潭，邓川罗次江泽地，石屏水塘，弥勒县温泉的水沟。生境：轮藻属广布，泉、沟、河、坑、池、湖、田等。

第三节 浮游动物

1 浮游动物概况

1.1 浮游动物组成

浮游动物主要有原生动物、轮虫类、枝角类、桡足类4大类群，但实际生态环境中还有其他种群伴随4大类群时常出现，把它们另归为“其他浮游动物”因此又不确认为浮游动物分5大类群。浮游动物按体型大小分类：微型浮游动物小于50μm，小型50μm~1mm，中型1~5mm，大型5mm以上（但此分法不同学者有不同意见）。食性：浮游动物主要食物为细菌、浮游植物、其他浮游动物，有的专食有机碎屑，有的专食丝状藻。

原生动物：1门，单细胞动物，在5大类群中种类最多。原生动物有5个纲——鞭毛纲、孢子纲、肉足纲、纤毛纲、吸管纲。鞭毛纲放入藻类植物，孢子纲为寄生，淡水自由生活的仅后3纲。

轮虫类：是后生动物，属担轮动物门。体细胞数目恒定，一般体长100~500μm，大于1mm的很少，大的有2mm，最大也不超过5mm。为多细胞动物中体型最微小的一群，但结构复杂，有假体腔。绝大多数生活在淡水。

枝角类：属节肢动物门，甲壳纲。体型比原生动物、轮虫大，肉眼可见。左右侧扁，为2瓣介壳包围。头部复眼大而显著，第2触角大，肢角状为主要运动器官，故名。绝大多数生活在淡水，春夏间生殖力很强，池塘里大量出现。薄皮溞体型是枝角类中最大1个属，比桡足类还大，但很少超过10mm。

桡足类：属节肢动物门，甲壳纲。体纵长，体节分明。头胸部比腹部扁阔，头顶中眼1个，触角2对，胸肢5对，腹部无附肢，最后1节有2尾叉。雌性生殖节两侧常常附有卵囊。淡水中种类不多，而数量大，是鱼的重要天然饵料。

典型浮游动物：体形往往为圆形。圆形表面积最大、体积最小。非圆形种类往往有长刚毛或附肢。有被甲或介壳种类，其身体上往往有刺。有的体外有层胶膜，有些体内有油滴或气泡，这些都是增加表面积和浮力。任何时候都营浮游生活，成年期也绝对不沉水底。无附着器，不附着，也不暂时附着他物上。分布湖心敞水带，如龟甲轮虫、叶轮虫、薄皮溞等，是真正典型浮游种动物，但种类不多，在1700多种浮游动物中，典型浮游动物仅约200种，占11.8%，其余都为非典型浮游动物。

非典型浮游动物：占浮游动物大多数，有些以浮游生活为主，兼营底栖生活，即成虫期有时会沉到水底，暂时附着和爬行于水草、他物、泥面生活，沿岸带较多。有的随时改变栖息方式，如表壳虫伸出伪足可固着水底；缩回伪足，胞质分泌气泡于壳内可浮游；腹面朝上，伸出伪足又可漂浮水面下。大多数枝角类、桡足类分布在水生植物多的沿岸带。

1.2 生殖

浮游动物多数繁殖力很强，有无性生殖和有性生殖2种。原生动物无性繁殖主要是细胞分裂。纤毛虫进行接合生殖。钟形虫常长出1个小个体，脱离母体，自由游泳，找同一种大个体接合，类似有性生殖。轮虫类条件好时春、夏无性生殖（孤雌生殖），条件不好时秋、冬有性生殖，产生休眠卵。枝角类也是条件好时春、夏无性生殖（孤雌生殖），条件不好时秋、冬有性生殖，产生休眠卵。桡足类只有性生殖，生活史复杂，有变态，受精卵孵化后，幼体与成虫形态完全不同，叫无节幼体，再经多个幼虫期，才发育为成虫。

1.3 变异和适应

浮游动物有的有季节（周期）和地域性变异，对环境有适应性。

周期性变异：在部分轮虫、部分枝角类较明显，体形随季节发生周期性变化。

地域性变化：浮游动物虽然许多种类为世界性分布，但有些种类的个体大小、壳的形态、刺的长短，往往随不同地区而不同，如薄皮溞。

适应方式：淡水浮游动物，对不良环境有特殊的适应方法——原生动物形成胞囊、胞壳；轮虫类产生休眠卵；蛭态类轮虫体缩成圆球形，以假死状态，抵抗干旱；枝角类也产生休眠卵；桡足类有些产生休眠卵，有些在池底、浅水分泌薄膜成茧。以上各种适应方式、形态，很有利于风力、水力、昆虫、水鸟、水草等对浮游动物的传播。

1.4 经济意义

浮游动物是浮游生物、水生动物的重要组成部分，在淡水鱼类饵料生物中，占有相当的比例，绝大多数鱼类的幼鱼以浮游动物为主要饵料，鲢鱼终身以浮游动物为食。但桡足类有的危害鱼卵、鱼苗，有的是鱼类寄生虫，有的是人体和家畜寄生虫的中间宿主，为卫生防疫的防治对象。原生动物在古生物化石和地质石油方面有用。浮游动物在水环境监测、治理中有指示生物和净化生物的重要作用，是多方面生物科学良好实验材料。

1.5 浮游动物分类

浮游动物是一个动物生态类群，而不是系统分类单元，包含传统分类的 4 大类群附加 1 个杂和的其他浮游动物类群，即原生动物、轮虫类、枝角类、桡足类、其他浮游动物。

1.6 云南浮游动物研究简况

云南浮游动物研究所见资料，最早为国外研究者，在 20 世纪初期零星报道。国内研究者 20 世纪 30 ~40 年代开展研究工作，50 ~60 年代扩展深入到比较有组织、有规模地进行。之后，云南作为动物王国，不断有国内外科学工作者从不同学科类群来进行采集研究，但至今除桡足类之外，还没有云南省其他类群浮游动物全面、系统的报道。在云南省现有浮游动物资料中，原生动物最少，轮虫类次之，枝角类较多，桡足类比较完整。

原生动物方面：1957 年黎尚豪在云南高原湖泊调查研究中，含有云南原生动物的部分资料（黎尚豪，1963）。1983 年程量调查了滇池水系原生动物（程量，1983）。

轮虫类方面：1961 年王家楫的中国淡水轮虫志中，一些种类提及在云南分布（王家楫，1961）。1957 年黎尚豪的云南高原湖泊调查，含有云南轮虫的部分研究资料。

枝角类方面：1939 年陆鼎恒的洱海冬季枝角类研究（陆鼎恒，1939）是所见国内研究云南浮游动物最早的资料。1945 年张玺、易白鲁进行了滇池枝角类及桡足类研究（张玺等，1945）。1957 年黎尚豪的云南高原湖泊调查，含有云南枝角类的部分研究资料。1979 年蒋燮治、堵南山研究了中国淡水枝角类志论及云南的分布种类（蒋燮治，1979）。

桡足类方面：最早见于布雷姆（Brehm，1921，1923，1924，1930，1931）报道昆明、洱海及丽江等地镖水蚤 3 种，剑水蚤 4 种，猛水蚤 2 种。沙普伊（Chappuis，1936）报道 yungning 附近猛水蚤 4 种。1945 年张玺、易白鲁进行了滇池枝角类及桡足类研究，有镖水蚤 3 种，剑水蚤 14 种，猛水蚤 4 种，其中有 3 个未定种。肖之的（Hsiao. S. C.，1950）镖水蚤 2 种，剑水蚤 3 种，包括 4 个新种及新亚种。1948 年张玺进行了昆明湖湖泊及其动物的研究（张玺，1948）。1957 年黎尚豪所做高原湖泊调查，含有云南桡足类的部分研究资料。1964 年沈嘉瑞的西双版纳桡足类研究 25 种（沈嘉瑞等，1964）。1964 年沈嘉瑞的云南省桡足类研究 42 种（沈嘉瑞等，1964）。1979 年中国科学院的淡水桡足类志中提及（沈嘉瑞等，1979）。笔者在滇池、杞麓湖、清水海、草甸海、澜沧江等地的研究，报道各个类群都有。

其他浮游动物方面：较少收集、统计有关资料。

2 原生动物

2.1 形态结构

原生动物（Protozoa）是最原始、最简单、最低等的单细胞动物，只有1个细胞，没有组织、器官、系统的分化，但细胞体内有相应分工的类器官，生理上是一个独立的有机体，和其他多细胞动物一样有代谢、运动、繁殖、感应、适应等一切生活机能。广布于海水、淡水、高山、雪原。很多寄生于动物、植物、人体内外。生活方式有浮游、底栖、固着。原生动物已知超过30 000种（又有说44 000种，其中化石种类20 000种、自由生活17 000多种、寄生6800种）。原生动物分为5个纲（本节仅限于淡水种类，为说明问题有时也提及海水种类）。

大小：原生动物一般体型微小，最小者2～3μm，一般为30～300μm，但也有较大者，喇叭虫1.5mm，旋口虫3.0mm，海洋有孔虫10.0mm以上。

形态：种类多，形态多样，变化很大。除肉足纲若干种类外，大多数有一定形状、大小，一般为圆形、卵形、长筒形。

细胞膜：体表有细胞膜，有些种类如变形虫等，细胞膜很薄，细胞裸露，不能保持固定体形。多数种类有坚韧弹性的表质，如草履虫保持固定体形。许多种类表质进一步硬化成膜质板，如板壳虫分化成一块块板，板间有缝隙。鳞壳虫板成瓦状重叠。有的体表形成坚固的外壳、披甲、骨针等，如太阳虫。有的细胞分泌物硬化成整片几丁质壳，有的成瓶状，有的表壳状，上有规则、细密刻纹，如表壳虫。砂壳虫等壳上黏合砂粒、藻壳等外物。有的壳薄，透明，有的壳厚，不透明，形状也各式各样。

细胞质：原生动物细胞质由胶体组成，一般分2层，外质在最外层、均匀、透明、稠密、无颗粒状内容物，凝胶状；内质在外质内面、有内含物、不透明、溶胶状、能流动。细胞质有改变胶体黏度的特性，因而能瞬间液化、瞬间胶化之间互相转化现象。体制多数种类不对称，也有左右对称、辐射对称。

细胞核：一般1个，也有2个或多个，形状多为圆形、椭圆形、盘形、肾形、蹄形、柱形、棍形、树枝形、念珠形等。有的分化成2种核，如纤毛虫、吸管虫。大核致密，与代谢、营养有关；小核不均，与生殖有关。也有1大核、多小核者。细胞核外为核膜，膜内为核汁和核仁，核仁成分主要是核糖核酸，细胞核内还有染色质，主要成分是脱氧核糖核酸。

细胞器：细胞质内有各种细胞器或类器官，如运动胞器有伪足、鞭毛、纤毛，营养胞器有胞口、胞咽，排泄胞器有收集管、伸缩泡等，还有肌丝，能收缩；骨胳，能支持等。

运动胞器：原生动物运动胞器有3类。

伪足：为最简单的运动胞器，随细胞质的缓缓流动而向前进。伪足是细胞质向外的、变动着的突起，有运动、捕食、抛出残渣的机能。伪足按其形状可分4类：①指状伪足，粗短、指状、舌状，末端圆钝，如变形虫，速度0.5～3μm/s；②丝状伪足，细长、丝状，末端削尖，如鳞壳虫；③网状伪足，丝状分枝交织成网，如有孔虫；④轴状伪足，有1个坚硬骨质轴丝，针状、半永久性，如刺胞虫。

鞭毛：由数条致密、弹性纤维组成细长轴丝，外包原生质而形成，为有弹性的丝状原生质突起，都由前端伸出，着生于胞咽底大于20μm毛基体上，多为1条，有也2～8条，自由生活种类不超过4条，有的有1条至多条副鞭毛，有的副鞭毛向后拖，起舵的作用。环境不良鞭毛可消失，条件好时再生，速度为15～300μm/s。

纤毛：构造相似于鞭毛，也是从埋在外质内的基体上伸出，很短，约1～2μm或20μm，而纤毛的数目多如草履虫有3000条。纤毛分布全身或局部，一般纵行、斜行排列，划动有序，运动节奏快，运动速度200～1000μm/s。纤毛有的互相粘成触毛、波动膜及小膜。①波动膜，全毛目、旋唇目许多种类在胞口附近或胞咽中，由1～2排纤毛愈合并列黏合成长带状、柔软、透明的波动膜，能上下颤动，赶食物入胞口，长短大小因种而异；②小膜，下毛目发达，结构类似触毛，由2行至多行纤毛融合成三角形、树叶状薄板，重复排列，一片紧挨一片，形成1个小膜口缘区，只排列在口的周围；③触毛，在腹毛目腹面，由排列成 2 ~ 3 行的纤毛黏合成一簇一簇、毛笔头状、尖而硬的触毛，与纤毛不同之处在于触毛是纤毛的集结，并可向各个方向弯曲。触毛长短、粗细、分布、功能因种类而不同，在腹面的触毛如足，能爬行、跳跃，因位置不同而称做肛触毛、尾触毛等。原生动物还可通过原生质伸展、收缩来移动。原生动物许多能用柄或不用柄固着生活，但能经过变态、暂时游泳移动之后又固着在新基质上。

营养：主要进行动物性营养。以固体食物为食，食物是细菌、藻类、其他原生动物、腐屑等。植鞭亚纲可进行植物性营养。很多种类进行腐生性营养，又可分为：植物性腐生营养——吸收溶解有机质；动物性腐生营养——摄食颗粒状腐烂有机质（腐屑）。大多数原生动物是混合性营养——即动物性营养兼腐生性营养（如一些纤毛虫类）或植物性、动物性、腐生性 3 种方式兼有（如裸藻、棕鞭藻等一些鞭毛虫类）。

呼吸：通过细胞膜扩散吸收水体溶解氧气、排出二氧化碳。大多是好氧性、需氧呼吸，但 90% 以上的淡水原生动物可在氧饱和度 10% 以下生存，许多可在无氧条件下生存，对缺氧的忍耐力很强。

排泄：原生动物需要排出多余水分和代谢废物，有的（如一些动鞭毛虫）没有专门排泄器，以体表细胞膜的渗透作用进行。大多有专门排泄胞器即伸缩炮，其构造、位置、数目多样，有的有 1 个至数个。草履虫 2 个伸缩泡有 7 ~ 10 根收集管配合，20 ~ 25s 交替进行。肉足纲伸缩泡是最原始的排泄胞器，无固定位置、数目、收集管、小孔，是发亮、薄膜的液泡，可在任何部位形成、开孔、排出。

感应性：对外界刺激有一定反应，一般趋弱、避强，趋向食物、避开有害刺激，对光、温度、水质等有来自原生质天然、本能感应性，有些还有特殊的胞器如眼点、感觉刚毛、刺丝泡（如草履虫、半眉虫、漫游虫具刺丝泡）等。伪足、鞭毛、纤毛等也有感觉作用，有的纤毛失去运动机能成硬直的感觉刚毛。

2.2 生殖

原生动物分为无性生殖和有性生殖 2 类。

2.2.1 无性生殖

是最简单的细胞一分为二的分裂，一般肉足纲变形虫、太阳虫等细胞分裂可在任何方向进行，鞭毛纲纵分裂，纤毛纲横分裂，吸管纲是内出芽或外出芽进行。环境条件良好时，以连续不断的无性生殖个体以几何级数增殖很快，在正常条件下，一昼夜至少分裂 1 次，小型种类较大型种类繁殖更快，在活性污泥中纤毛虫每 6 ~ 12 小时分裂 1 次，污水中 2 ~ 3 天数量可达到每升几千万至几亿个，成绝对优势种。

2.2.2 有性生殖

有性生殖是 2 个相当于雌雄性的细胞或性配子的融合，融合后的个体叫合子，往往在环境条件不好或经长期无性生殖种群比较衰老需复壮增强活力而出现。配了配合大多是大小不同的异配或少数是大小相同的同配，各类原生动物均有此种生殖方式。结合生殖仅见于纤毛纲和吸管纲，是 2 个个体的暂时结合，如草履虫，进行细胞核物质互相交换，然后 2 个虫体分开，各自再进行分裂生殖，一般认为是有性生殖的 1 种方式。

孢囊形成：大多数原生动物在环境不良时（如水体温度过高或过低、缺氧、缺食、排泄物堆积、水干涸和有害物刺激等），细胞排出多余水分、食物残渣、排泄颗粒，鞭毛、纤毛脱落或溶解消失，接着伸缩炮、胞核融化消失。虫体原生质十分紧密，分泌胶质膜形成囊壳把身体包围起来，形成囊状，囊壳 2 ~ 3 层，大多圆形、光滑，有的有角状、翼状附属物增加浮力，体积紧缩为原来的 1/2 ~ 1/8，最后成为孢囊。作用有 2 种：①休眠孢囊度过不良环境，待环境好转后，虫体恢复各种胞器，孢膜断裂出小孔，虫体从小孔脱囊而出，恢复正常生活；②除休眠孢囊外，还有繁殖孢囊，细胞在囊内分裂形成 2 个或多个子体后，很快脱囊而出成新个体，有繁殖作用，如肾形虫，在孢囊中形成 2 个或 4 个小个体。孢囊还很有利于传播。

2.3 生态分布

原生动物种类很多，已超过30 000种，自由生活的种类主要分布于淡水。体小、有孢囊，易为鸟类、昆虫、水草等动植物和风、水传播，多数种类为世界性，生活周期短，适应性强，几乎任何有水的地方就有原生动物，雨后短期的间歇性水洼也有其分布。原生动物对环境有很强的忍耐力，对有机物、温度、pH 值、盐度、溶氧、二氧化碳、硫化氢、氨、氮等适应范围很广，但环境变化时反应也很敏感，一般对单因子鞭毛虫最敏感，对肉足虫次之、纤毛虫又次之。纤毛虫常有春、秋季两个数量高峰。高等生物的地理分布区域性很强，低等生物包扩原生动物在内的浮游生物，区域性限制很小，因而大多数种类为世界性的。出现频次高、相对数量多的种类即为优势种类。影响原生动物生态分布的主要因素如下。

光：对植鞭亚纲是必需的，但一般原生动物都趋弱、避强。

温度：最重要的环境因素之一。原生动物受影响十分显著，但又表现出明显的广温性适应性，在10℃以下和28℃以上的水环境中，种类组成仍然相似，夏季和冬季主要差别仅在个体数量上。多数种类适温范围16～25℃，致死上限30～43℃，但少数种类能生活在60℃温泉里（如斜口三足虫），有的生活在冰下水中，有的能在雪上生存。废水生物处理中的微型动物数量26～29℃时最多，35℃时下降，44℃时只个别种类少量出现。

pH 值：一般最适在 pH6.5～8.0，大多数为广酸碱性，少数狭酸碱性。

盐度：广盐性能在淡水和海水生活，狭盐性有些只能在淡水生活，有些能从淡水逐步适应高盐度直至海水。

有机物：水质清澈的流水中有机质很少，原生动物种类、数量很少；中度污染有机质较丰富的静水，原生动物种类最多；重污染有机质极多的水体，有些耐污性种类如草履虫、小口钟虫大量出现。

食物：是重要因素，富于细菌和藻类的静水体，以其为食的原生动物最丰富，清澈流水种类、数量最少。在溶氧很低、高二氧化碳、低 pH 值水中，细菌大量繁殖，食细菌的草履虫等大量出现。接着食草履虫的板壳虫等大量出现。细菌是影响原生动物数量变动的重要条件，在自然水体中，奇异独缩虫 *Carchesium spectabile* 吃细菌数量30 000个/小时；高溶氧、低二氧化碳、高 pH 值，藻类繁盛的水中，以藻类为食的种类大量出现。淡水原生动物中，有许多与单细胞藻类共生的现象，藻类从原生动物体内吸收营养物质，原生动物则直接以藻类为食，如似袋虫、绿草履虫。

2.4 经济意义

原生动物是轮虫、小甲壳类、鱼类等水生动物的饵料，是水体食物链的重要一环。可作为水体污染程度和废水生物处理效果的指示生物，也是水体净化生物。变形虫、草履虫、眼虫等是细胞学、遗传学等生命科学基础理论研究的典型材料。虽然有其他微型动物比原生动物对毒物反应更敏感些，但原生动物对毒物反应又比细菌敏感得多，因而医药上应用纯系培养原生动物，做药物毒性实验，或成分、含量监测，如用草履虫水溶性提取物诊断消化系统的癌症和乳腺癌等。地质学上的应用——海洋、湖泊的浮游生物是形成石油的重要原料，在千百万年的地质年代里，古代沉积的浮游生物慢慢变成石油。例如，有孔虫是古老类群，从寒武纪到现代都有，数量非常大，现代海底的35%被有孔虫壳沉积的软泥覆盖，软泥中有孔虫壳数量达到50 000个/g。有孔虫演变快，不同时期地层中有不同的有孔虫化石。根据有孔虫化石类型能确定地层的地质年代、沉积相、地质结构，对寻找沉积矿藏、石油有重要的指导作用。指示海流——一定温度的海水生长特定种类的原生动物，它们随着一定的海流移动，故可作为海流指标。孢子纲是寄生种类，对人类、家畜和其他动物的为害很大。

2.5 分类

原生动物分类比较繁杂，众说不一。本节采用较普遍应用的分为 5 纲的系统。

（1）鞭毛纲 MASTIGOPHORA 简况

单细胞、运动器官鞭毛1条或几条。鞭毛纲又分为植鞭亚纲、动鞭亚纲，9个目，约有2000种。植鞭亚纲 PHYTOMASTIGINA 生活习性界于植物和动物之间，通常有色素体，能进行光合作用，眼点和光感受器普遍存在于鞭毛纲的绿色种类，植物性特征更明显，因而一般列为浮游植物。动鞭亚纲 ZOOMASTIGINA 无色素体，自由生活或寄生，除一些寄生性种类外，淡水自由生活种类不多，意义不大。如领鞭毛虫 *Choanoflagellates*、原绵虫 *Proterospongla*。一般淡水浮游动物调查不包括鞭毛纲。

（2）孢子纲 SPOROZOA 简况

全部都是寄生生活，一般以体表吸收寄主有机物质为营养，身体结构极其简单。生活史复杂，一般具无性和有性生殖的交替现象。全纲约2300种，淡水中仅有少数寄生种类，如鱼类寄生虫碘泡虫 *Myxobolus artus*。一般淡水浮游动物调查也不包括孢子纲。

（3）肉足纲 SARCODINA 简况

单细胞，运动胞器是伪足。全纲约8000种，许多种类只分布于海水。淡水肉足类大多营底栖生活，有时也漂浮到上层，或者生活在丝状藻类之间，或水草上，有利于鱼类捕食。真正浮游生活的种类较少。肉足纲又分为根足亚纲和辐足亚纲2个纲5个目。

（4）纤毛纲 CILIATA 简况

单细胞，运动胞器纤毛。纤毛纲是原生动物中构造最复杂的一类，主要有以下特点：①有纤毛，数目多，排列有繁简，有体纤毛和口纤毛之分；②有膜下纤毛系统，外质内基体发出纤毛，纵长纤丝交织联络基体而成；③大小两种胞核，小核均球形，1个至多个，大核常1个，形态多样；④无性生殖除缘毛亚纲纵分裂外，其余为横分裂，有性生殖一般为结合生殖；⑤捕食和消化胞器复杂，胞口明显，有口围、口前庭、胞咽等。已知种类超过6000种，分3个亚纲。

（5）吸管纲 SUCTORIA 简况

成体固着生活，无纤毛，但有膜下纤毛系统，幼体有纤毛。成体有触手为捕食器管。无性生殖以内出芽为主。

以下对原生动物肉足纲、纤毛纲、吸管纲做详细介绍。

2.6 肉足纲 SARCODINA

2.6.1 形态结构

以变形虫 *Amoeba* 作代表。细胞裸露，无表膜，经常改变体形，没有一定形状，故称变形虫。身体是一个结构简单的细胞，体表为1层极薄的质膜，质膜之下为1层无颗粒、均匀、透明的外质，外质之内为能流动、具颗粒的内质。内质又分为在外层相对固态的凝胶质和内部液态的溶胶质。在胞质内有1个或1个以上胞核，有伸缩泡、食物泡及处于不同消化程度的食物颗粒。伪足内无足丝，指状，是运动器官、捕食器官。伪足的形成，细胞表面一部分向外突出，别的部分就收缩，细胞质流向突出部分，就形成伪足。运动时遇到食物（如细菌、单细胞藻类），就用伪足包围起来，逐渐进入体内，形成食物泡，食物被消化、吸收，残渣在移动中逐渐留后部，抛出体外，属探食性取食方式。伸缩泡收集代谢液体废物和多余水分逐渐扩大，到一定大小，收缩把废物排出体外，维持体内、外平衡。细胞表面进行呼吸，对外界刺激能发生反应。大变形虫 *Amoeba proteus* 是变形虫中最大者，直径达 $200 \sim 600\mu m$。

2.6.2 生殖

细胞2分裂繁殖，是典型的有丝分裂，分裂进行约30分钟，胞质、胞核同时分裂，3天达到再分裂大小。环境条件不利、水将要干涸时，胞质在表面形成一层坚固的膜，叫胞壳，整体进入休眠状态，渡过不良环境，条件好转时又恢复正常生活。

2.6.3 生态分布

肉足纲分布极为广泛，海水、淡水、湿土、苔藓均有分布，少数寄生。变形虫生活在清水池塘、缓流、多水草的浅水、水底、水中浸没的植物上。动物性营养，食物为细菌、藻类、其他原生动物。

淡水中常见的有变形虫类、表壳虫类、砂壳虫类和太阳虫类。在理发室的下水道里，变形虫类特别丰富，个体数量也很多。

2.6.4 分类

主要根据伪足的外形、内部结构，外壳有无，外壳性质、形态、结构等为分类依据。肉足纲分为2亚纲5目8000种。根足亚纲RHIZOPODA伪足无轴丝，细胞无表膜，形态能改变，伪足成叶状、根状、指状、丝状。有些种类有外壳，壳有壳孔，伪足从壳孔伸出，壳由细胞分泌的几丁质、胶质、石灰质、硅质薄膜凝固硬化而成，有花纹。有的壳由分泌物黏结外界沙粒和硅藻壳而成。辐足亚纲ACTINOPODA伪足内有足轴丝、呈针状、辐射状，针状伪足很多，身体球形。

2.7 纤毛纲 CILIATEA

2.7.1 形态结构

纤毛纲是原生动物中结构分化最复杂的一类，以草履虫 *Parameclum* 为代表。单细胞，体形较大，约300μm，形似鞋底，周身均匀布满小细毛即纤毛，是运动器官。有发达口沟、胞口、胞咽，僧帽斜管虫胞咽壁还由12条有支持作用的杆条围成，更进化。草履虫体表面为表膜，在电镜下表膜分3层膜，由外至内，最外第1层在体表和纤毛上面是连续的，第2、3层膜形成表膜泡的镶嵌系统。胞质分内质、外质，外质排列有刺丝胞。草履虫对外界刺激反应迅速，遇到敌害，即由刺丝泡放出长20～40μm的刺丝以防御。胞核分大核（营养核，分裂时行无丝分裂）、小核（生殖核，行有丝分裂），前后各有1个伸缩泡，周围有辐射排列的收集管，收集管收集废物和多余水，集中到伸缩泡，伸缩泡收缩排出体外。内质有食物泡，草履虫的食物是细菌、单细胞藻类，进入胞咽形成食物泡，在随原生质流动中消化、吸收，残渣由肛点排除。体表呼吸。草履虫的取食方式属沉食性（滤食性），纤毛摆动形成水流，悬浮食物粒随流进入胞口。纤毛纲中的板壳虫、栉毛虫、长颈虫等是捕食性。

2.7.2 生殖

条件适宜，进行横分裂生殖。横分裂多次之后，再进行接合生殖，2只虫暂时接合，交换核物质，然后分离，各自又进行横分裂。缘毛亚纲无性生殖为纵分裂。

2.7.3 生态分布

纤毛纲分布在海水、淡水、寄生、湿土、苔藓植物上，大部分自由生活。草履虫游泳生活，生活在有机质丰富的水体，厨房下水道里草履虫特别多。

2.7.4 分类

主要分类特征为纤毛分布、组合，胞口形态结构、部位等。纤毛纲约6000多种，分3亚纲，即全毛亚纲HOLOTRICHA约有3000种（如草履虫 *Paramecium*），旋唇亚纲SPIROTRICHA共有8个目和亚目42科约275属2200多种，有海水、淡水和寄生（如游卜虫 *Euplotes*），缘毛亚纲PERITRICHA只1个缘毛目约1000多种（如钟虫 *Vorticella*）。

2.8 吸管纲 SUCTORIA

2.8.1 形态结构

成体固着生活，无纤毛，以遍布全身或局部的触手代替纤毛，幼体有纤毛，自由生活。身体球形、倒圆锥形、分枝形，无胞口。成体触手是细小中空吸管，是外质的管状延伸物，为捕食胞器，有2种：一种是吸吮的，顶有圆球形结节或乳突，开口体外；另一种是捕捉的，末端尖锐状。有大核、小核、伸缩泡。为捕食性（猎食性），以吸管诱捕其他纤毛原生动物、轮虫等小动物为食。触手能分泌毒素麻醉捕获物，抓住食物后触手收缩变短，几条触手把食物包围，结球或乳突吮吸捕获的机体原生质。

2.8.2 生殖

有性生殖是接合生殖。无性生殖有2分裂生殖和出芽生殖。出芽生殖又分2类——外出芽：母体外简单地长出1芽体，脱离母体后长成新个体；内出芽：母体体壁内陷成育儿囊，囊内形成带纤毛的多个幼体，幼体脱离母体后略似鞋底形，游泳，由帚胚部分长出柄、固着，纤毛消失后长出吸管，长成新个体，柄坚实而不能伸缩。

2.8.3 生态分布

分布海水、淡水，少数共生，寄生种类不多，国内仅发现2种，多为自由生活种类。可固着在藻类、水草、沙石等物体上。淡水中常见的有足吸管虫和壳吸管虫等。

有人将吸管纲归入纤毛纲的一亚纲，因幼虫期有纤毛，固着期有膜下纤毛系统。本节将其单独列为一纲。一般湖岸边带水草残渣、碎屑的水样容易找到吸管虫。

2.8.4 分类

吸管纲只有惟一的吸管目 SUCTORIDA，已知约500种。淡水中常见种类。足吸管虫，壳吸管虫。

2.9 云南原生动物名录

一、肉足纲 SARCODINA

Ⅰ 变形科 Amoebidae

（1）大变形虫 *Amoeba proteus* Leidy

澜沧江、南腊河，滇池、洱海、抚仙湖、异龙湖、纳帕海、清水海、宜良草甸海、剑湖、大屯海、长桥海、长湖、路南月湖，昆明豹子洞、鲁布革，鱼塘、水池。

（2）辐射变形虫 *Amoeba radiosa* Ehrenberg

澜沧江，滇池、洱海、抚仙湖、杞麓湖、异龙湖、昭大山包、纳帕海、剑湖、长桥海、长湖，豹子洞、路南黑龙潭水库，水塘和鱼塘。

（3）多足变形虫 *Amoeba polypodia*

滇池、路南月湖。

（4）泡沫变形虫 *Amoeba grubber*

澜沧江，湖泊。

（5）变形虫一种 *Amoeba* sp.

中甸硕多岗河、洒鱼河、宜良柴石滩南盘江，滇池、抚仙湖、泸沽湖、星云湖、天池、大屯海，松华坝，水塘和鱼塘。

（6）绒毛变形虫 *Trichamoeba villosa* Wallich

滇池。

（7）囊多卓变虫 *Polichaos fasciculatum*（Penard）

澜沧江，滇池。

（8）卡罗莱纳卓变虫 *Chaos carolinense*（Wilson）

滇池、天池。

Ⅱ 哈氏科 Hartmannellidae

（9）奇观盖氏虫 *Glaeseria mira*（Glāser）

澜沧江，滇池。

（10）珊瑚囊变虫 *Saccamoeba gorgonia*（Penard）

滇池、洱海、抚仙湖、异龙湖、清水海，水库，水塘和鱼塘。

（11）蛞蝓囊变形虫 *Saccamoeba limax*（Penard）

澜沧江、洒鱼河、南腊河，滇池、洱海、抚仙湖、阳宗海、异龙湖、纳帕海、天池、清水海、大屯海、长湖、月湖，松华坝、豹子洞、黑龙潭等，鱼池、水池。

Ⅲ 甲变形科 Thecamoebidae

（12）疣状甲变形虫 *Amoeba verrucosa*（Ehrenberg）

河流。

（13）四线甲变形虫 *Thecamoeba quadrilineata*（Garter）

异龙湖。

Ⅳ 条变形科 Striamoebidae

（14）条纹变形虫 *Striamoeba striata*（Penard）

滇池、异龙湖、大屯海、长湖。

Ⅴ 盘变形科 Discamoebidae

（15）柔平变形虫 *Platyamoeba placida*（Page）

澜沧江，滇池。

（16）平足蒲变虫 *Vannella platypodia*（Gläser）

澜沧江，滇池。

Ⅵ 马氏科 Mayorellidae

（17）后湖马氏虫 *Mayorella hohuensis*（Wang）

天池。

（18）扇形马氏虫 *Mayorella penardi* Page

天池。

（19）马氏虫一种 *Mayorella* sp.

异龙湖。

(20) 条足杆变虫 *Vexillifera Bacillipedes* Page

天池。

Ⅶ 表壳科 Arcellidae

(21) 砂表壳虫 *Arcella arenaria* Greef

澜沧江、金沙江，滇池、程海，松华坝。

(22) 水藓砂表壳虫 *Arcella arenaria sphagnicola* Deflandre

澜沧江、瑞丽江，滇池，金钟山、黑龙潭，水池和鱼塘。

(23) 碗状表壳虫 *Arcella catinus* Penard

澜沧江，洱海。

(24) 圆锥表壳虫 *Arcella conica* (Playfair) Deflandre

滇池、异龙湖，豹子洞。

(25) 盘状表虫 *Arcella discoides* Ehrenberg

澜沧江、洒鱼河，滇池、抚仙湖。

(26) 碗形盘状表虫 *Arcella discoides scutelliformis* Playfair

洱海。

(27) 弯凸表壳虫 *Arcella gibbosa* Penard

滇池、洱海、天池。

(28) 半圆表壳虫 *Arcella hemisphaerica* Perty

异龙湖，漫飞龙。

(29) 压平半圆表壳虫 *Arcella hemisphaerica depressa* Playfair

洱海。

(30) 隆起半圆表壳虫 *Arcella hemisphaerica gibba.* Deflandre

澜沧江、瑞丽江、洒鱼河，滇池、洱海、异龙湖，金钟山。

(31) 波纹半圆表壳虫 *Arcella hemisphaerica undulata* Deflandre

澜沧江、硕多岗河、响水河、洒鱼河、南盘江、南腊河、小河流，滇池、洱海、抚仙湖、泸沽湖、阳宗海、星云湖、杞麓湖、异龙湖、北海、中甸属都海、清水海、剑湖、洱源茈碧湖、大屯海、长桥海、长湖、月湖，豹子洞、金钟山、黑龙潭、漫飞龙，水塘和鱼塘。

(32) 大口表壳虫 *Arcella megastoma* Penard

澜沧江、硕多岗河，滇池、洱海、抚仙湖、泸沽湖、异龙湖、纳帕海、清水海、剑湖、长湖，金钟山、黑龙潭、漫飞龙，水塘和鱼塘。

(33) 法冠表壳虫 *Arcella mitrata* Leidy

澜沧江，泸沽湖。

(34) 多孔表壳虫 *Arcella polypola* Penard

河流，滇池、洱海、抚仙湖、月湖。

(35) 圆滑表壳虫 *Arcella rotundata* Playfair

洱海。

(36) 普通表壳虫 *Arcella vulgaris* Ehrenberg

澜沧江、禄劝普度河、金沙江、路南大叠水、大盈江、瑞丽江、响水河、宜良南盘江、南腊河、小河流，滇池、洱海、抚仙湖、程海、泸沽湖、星云湖、杞麓湖、异龙湖、北海、属都海、纳帕海、碧塔海、天池、清水海、草甸海、剑湖、茈碧湖、大屯海、长桥海、长湖、月湖，松华坝、豹子洞、金钟山、黑龙潭，水塘和鱼塘。

(37) 波纹普通表壳虫 *Arcella vulgaris undulata* Deflandre

柴石滩、南腊河，滇池。

(38) 肋纹表壳虫 *Arcella costata* Ehrenberg

澜沧江、大盈江、小河流，滇池、洱海、星云湖、杞麓湖、异龙湖、属都海、大屯海、长桥海、长湖、月湖，松华坝，水塘和鱼塘。

(39) 锯齿表壳虫 *Arcella dentate* Ehrenberg

澜沧江，滇池、洱海、天池、长湖，松华坝、黑龙潭，水塘和鱼塘。

(40) 表壳虫一种 *Arcella* sp.

澜沧江、南腊河，滇池、洱海、抚仙湖、泸沽湖、阳宗海、杞麓湖、碧塔海、天池、清水海、草甸海、茈碧湖、长桥海、长湖、月湖，松华坝、金钟山、漫飞龙，水塘和鱼塘。

(41) 小茄壳虫 *Hyalosphenia minuta* Chash.

澜沧江。

(42) 亚黄茄壳虫 *Hyalosphenia supflava* Cash

滇池。

Ⅷ 梨壳科 Nebelidae

(43) 胡梨壳虫 *Nabela barbata* Leidy

澜沧江。

(44) 柔弱梨壳虫 *Nabela tenella* Penard

澜沧江。

(45) 染色梨壳虫 *Nabela tincta* Leidy

澜沧江。

(46) 梨壳虫一种 *Nabela* sp.

松华坝。

(47) 褶口旋扁壳虫 *Lesquereusia epitomium* Penard

云南各湖泊。

（48）适当旋扁壳虫 *Lesquereusia modesta* Rhumbler

滇池、抚仙湖、北海、长湖。

（49）螺形旋扁壳虫 *Lesquereusia spiralis*（Ehrenberg）

澜沧江，抚仙湖、异龙湖、雪池、长桥海、长湖。

（50）扁壳虫一种 *Lesquereusia* sp.

澜沧江。

（51）对称方壳虫 *Quadrulella symmetrica* Wallich

澜沧江、怒江，北海。

（52）变则方壳虫 *Quadrulella irregularis* Archer

北海。

（53）方壳虫一种 *Quadrulella* sp.

硕多岗河。

Ⅸ 砂壳科 Difflugiidae

（54）尖顶砂壳虫 *Difflugia acuminata* Ehrenberg

澜沧江、南盘江，滇池、洱海、抚仙湖、泸沽湖、阳宗海、星云湖、杞麓湖、异龙湖、北海、属都海、纳帕海、碧塔海、清水海、草甸海、此碧湖、月湖，松华坝、豹子洞、黑龙潭，水塘和鱼塘。

（55）拱砂壳虫 *Difflugia amphora* Leidy

洱海、剑湖、此碧湖、杞麓湖、大屯海、长桥海、长湖、月湖。

（56）褐砂壳虫 *Difflugia avellana* Penaed

澜沧江、大叠水、滇池、洱海，黑龙潭、漫飞龙，水塘和鱼塘。

（57）藻片砂壳虫 *Difflugia bacillariarum perty*

澜沧江、大叠水、南盘江、小河流，滇池、洱海、抚仙湖、泸沽湖、异龙湖、北海、天池、清水海等，松华坝、金钟山、黑龙潭、鲁布革，水塘和鱼塘。

（58）硅壳砂壳虫 *Difflugia bacillifera* Penard

河流，洱海、抚仙湖、泸沽湖、星云湖、杞麓湖、异龙湖、清水海、草甸海、此碧湖、大屯海、长桥海、长湖、月湖，豹子洞。

（59）双叉砂壳虫 *Difflugia bidens* Penard

响水河，滇池、清水海、草甸海、长湖，豹子洞、漫飞龙，鱼塘。

（60）冠砂壳虫 *Difflugia corona* Wallich

澜沧江、南腊河，滇池、洱海、抚仙湖、泸沽湖、星云湖、杞麓湖、异龙湖、雪池、此碧湖、大屯海、长湖、月湖，豹子洞、金钟山、漫飞龙，水塘和鱼塘。

（61）巧砂壳虫 *Difflugia elegans* Penard

抚仙湖，豹子洞。

（62）橡子砂壳虫 *Difflugia glans* Penard

硕多岗河，异龙湖、北海。

（63）球形砂壳虫 *Difflugia globulosa* Dujardin

澜沧江、金沙江、硕多岗河、大叠水、大盈江、瑞丽江、响水河、洒鱼河、南盘江、南腊河、多依河，滇池、洱海、抚仙湖、泸沽湖、阳宗海、星云湖、杞麓湖、异龙湖、北海、属都海、碧塔海、天池、雪池、清水海、草甸海、剑湖、此碧湖、大屯海、长桥海、长湖、月湖，松华坝、豹子洞、金钟山、黑龙潭、漫飞龙，水塘和鱼塘。

（64）叉口砂壳虫 *Difflugia gramen* Penard

澜沧江、大叠水，滇池、泸沽湖，黑龙潭、漫飞龙，水塘和鱼塘。

（65）砾静水砂壳虫 *Difflugia hydrostatica lithophila* Penard

异龙湖。

（66）湖沼砂壳虫 *Difflugia limnetica* Levander

南腊河，洱海、长桥海。

（67）片口砂壳虫 *Difflugia pobostoma* Leidy

澜沧江，滇池、洱海、异龙湖、大屯海，豹子洞、金钟山等。

（68）明亮砂壳虫 *Difflugia lucida* Penard

澜沧江、小河流，滇池。

（69）乳头砂壳虫 *Difflugia mammillaris* Penard

澜沧江、南盘江，滇池、抚仙湖、异龙湖、草甸海、剑湖，豹子洞，鱼塘。

（70）长圆砂壳虫 *Difflugia oblonga oblonga* Ehrenberg

澜沧江、大叠水、洒鱼河、南腊河，滇池、洱海、抚仙湖、泸沽湖、异龙湖、清水海、剑湖，豹子洞，水塘和鱼塘。

（71）棒形长圆砂壳虫 *Difflugia oblonga claviformis* Penard

滇池。

（72）弯角长圆砂壳虫 *Difflugia oblonga curvicaulis* Penard

硕多岗河、泸沽湖、属都海，漫飞龙。

（73）鳐颌砂壳虫 *Difflugia pristis* Penard
滇池，豹子洞、金钟山等。
（74）结节砂壳虫 *Difflugia tuberculata* Wallich
异龙湖。
（75）瓶砂壳虫 *Difflugia urceolata* Carter
澜沧江，滇池。
（76）变异砂壳虫 *Difflugia varians* Penard
南腊河，抚仙湖。
（77）偏孔砂壳虫 *Difflugia constricta* Ehrenberg
滇池。
（78）壶形砂壳虫 *Difflugia lebes* Penard
滇池。
（79）梨形砂壳虫 *Difflugia pyriformis* Perty
澜沧江、硕多岗河、瑞丽江，滇池、洱海、抚仙湖、泸沽湖、星云湖、杞麓湖、异龙湖、北海、属都海、清水海、草甸海、剑湖、茈碧湖、大屯海、长湖、月湖，金钟山、黑龙潭、漫飞龙，水塘和鱼塘。
（80）砂壳虫一种 *Difflugia* sp.
澜沧江、硕多岗河、响水河、洒鱼河，滇池、洱海、抚仙湖、阳宗海、异龙湖、属都海、纳帕海、碧塔海、天池、草甸海、茈碧湖、长湖、月湖，漫飞龙，水塘和鱼塘。
（81）双隆咽壳虫 *Pontigulasia bigibbosa* Penard
澜沧江，剑湖，黑龙潭。
（82）杂葫芦虫 *Cucurbitella mespitiformis* Penard
澜沧江，北海，漫飞龙。
（83）葫芦虫一种 *Cucurbitella* sp.
湖泊。
（84）针棘匣壳虫 *Centropyxis aculeata aculeate*
澜沧江、金沙江、大叠水、大盈江、瑞丽江、洒鱼河、南盘江、响水河、南腊河、多依河、小河流，滇池、洱海、抚仙湖、泸沽湖、阳宗海、星云湖、杞麓湖、异龙湖、清水海、北海、大山包、碧塔海、天池、草甸海、剑湖、茈碧湖、大屯海、长桥海、长湖、月湖、雪池，松华坝、豹子洞、金钟山、黑龙潭、安宁月字庄、玉溪东风水库、曼飞龙、鲁布革、巍山黄泥嘴水库，水塘和鱼塘。
（85）大针棘匣壳虫 *Centropyxis aculeata grandis* Deflandre
澜沧江，滇池、剑湖。
（86）长圆针棘匣壳虫 *Centropyxis aculeata oblonga* Deflandre
澜沧江、滇池、洱海。
（87）旋匣壳虫 *Centropyxis aerophila aerophila* Deflandre
澜沧江，滇池、洱海。
（88）水藓匣壳虫 *Centropyxis aerophila sphagnicola* Deflandre
澜沧江，洒鱼河。
（89）收音旋匣壳虫 *Centropyxis aerophila sylvatica* Deflandre
豹子洞。
（90）网匣壳虫 *Centropyxis cassis*（Wallich）
澜沧江，南腊河。
（91）刺网匣壳虫 *Centropyxis cassis spinifera*
澜沧江、大叠水，滇池，黑龙潭，水塘。
（92）压缩匣壳虫 *Centropyxis constricta*（Ehrenberg）
澜沧江，清水海，漫飞龙。
（93）盘状匣壳虫 *Centropyxis discoides*（Penard）
洱海、异龙湖。
（94）无棘匣壳虫 *Centropyxis ecornis*（Ehrenberg）
澜沧江、大盈江、瑞丽江、响水河、南腊河，滇池、抚仙湖、异龙湖、北海，金钟山、黑龙潭。
（95）圆口无棘匣壳虫 *Centropyxis ecornis leidyi* Thomas
河流，洱海、星云湖、杞麓湖、清水海。
（96）凸背匣壳虫 *Centropyxis gibba* Deflandre
澜沧江，滇池，豹子洞。
（97）袋匣壳虫 *Centropyxis marsupiformis* Deflandre
滇池。
（98）小匣壳虫 *Centropyxis minuta* Deflandre
洱海。
（99）圆匣壳虫 *Centropyxis orpicularis* Deflandre
滇池，漫飞龙。
（100）片口匣壳虫 *Centropyxis platystoma*（Penard）
澜沧江、怒江、响水河。

（101）刺匣壳虫 *Centropyxis spinosa*（Cash.）

洱海。

（102）匣壳虫一种 *Centropyxis* sp.

南盘江，抚仙湖。

（103）表壳圆壳虫 *Cyclopyxis arcelloides* Penard

澜沧江、大叠水、南腊河，滇池、洱海，黑龙潭、漫飞龙。

（104）馍状圆壳虫 *Cyclopyxis deflandrei* Oye

洱海。

（105）宽口圆壳虫 *Cyclopyxis eurostoma* Deflandre

滇池。

（106）反唇泡壳虫 *Bullinularia indica*（Penard）

洱海。

（107）小泡壳虫 *Bullinularia minor*（Hoogenraad and Groot）

洱海。

X 隐砂壳科 Cryptodifflugiidae

（108）半球法帽虫 *Phryganella hemisphaerica* Penard

澜沧江。

（109）巢居法帽虫 *Phryganella nidulus* Penard

澜沧江，洱海。

（110）法帽虫一种 *Phryganella* sp.

滇池、异龙湖，水塘和鱼塘。

XI 鳞壳科 Euglyphidae

（111）有棘鳞壳虫 *Euglypha acanthohora* Perty

澜沧江、南盘江、南腊河，滇池、洱海、抚仙湖、星云湖、异龙湖、草甸海、北海、剑湖、杞麓湖、大屯海、长桥海，金钟山，水塘和鱼塘。

（112）短刺有棘鳞壳虫 *Euglypha acanthohora brevispina* Penard

滇池。

（113）纤毛鳞壳虫 *Euglypha ciliata* Leidy

洱海、泸沽湖，黑龙潭。

（114）齿状鳞壳虫 *Euglypha denticulata* Brown

洱海。

（115）长圆鳞壳虫 *Euglypha rotunda* Wailes

澜沧江，滇池。

（116）结节鳞壳虫 *Euglypha tuberculata* Dujardin

澜沧江、大盈江、南腊河、小河流，滇池、洱海、抚仙湖、泸沽湖、杞麓湖、异龙湖、清水海、草甸海、茈碧湖、大屯海、长桥海、长湖、月湖，豹子洞、金钟山等。

（117）蜂巢鳞壳虫 *Euglypha alveolata* Dujardin

清水海、雪池，松华坝。

（118）鳞壳虫一种 *Euglypha* sp.

河流，滇池、抚仙湖。

（119）楔颈虫一种 *Sphenoderia* sp.

澜沧江。

（120）斜口三足虫 *Trinema enchelys* Ehrenberg

澜沧江、小河流，长湖，漫飞龙等。

（121）线条三足虫 *Trinema lineaare* Penard

澜沧江、硕多岗河、瑞丽江、洒鱼河、南腊河，滇池、洱海、抚仙湖、杞麓湖、北海、天池，豹子洞。

（122）三足虫一种 *Trinema* sp.

水塘和鱼塘。

（123）优美蛹壳虫 *Corythion pulchellum* Penard

北海。

（124）弓双孔虫 *Diplophrys archer* Barker

滇池。

（125）坛状曲颈虫 *Cyphoderia ampulla* Ehrenberg

澜沧江、金沙江、硕多岗河、南腊河、多依河，滇池、洱海、抚仙湖、泸沽湖、异龙湖、碧塔海、草甸海、雪池、杞麓湖、大屯海，松华坝。

（126）透明坛状曲颈虫 *Cyphoderia ampulla vitraea* Wailes and Penard

澜沧江、怒江。

XII 太阳科 Actinophryidae

（127）放射太阳虫 *Actinophrys sol* Ehrenberg

澜沧江、大盈江、南腊河，滇池、洱海、程海、泸沽湖、星云湖、异龙湖、北海、清水海、茈碧湖、大屯海、长湖，松华坝、豹子洞、金钟山、黑龙潭等，水塘和鱼塘。

（128）太阳虫一种 *Actinophrys* sp.

澜沧江、硕多岗河、洒鱼河，滇池、抚仙湖、阳宗海、纳帕海、天池，松华坝，水塘和鱼塘。

（129）轴丝光球虫 *Actynosphaerium eichhorni*（Ehrenberg）

澜沧江，滇池、抚仙湖、异龙湖，豹子洞。

XIII 星球科 Lithocollidae

（130）法氏棘求虫 *Sphaerastrum fockei*

澜沧江，黑龙潭。

XIV 刺胞科 Acanthocystidae

（131）针棘刺胞虫 *Acanthocystis aculeata* Hartwig and Lesser

滇池、抚仙湖、异龙湖。

（132）叉棘刺胞虫 *Acanthocystis chaetophora*（Schrank）

洒鱼河，洱海、属都海、纳帕海，黑龙潭。

（133）辐射异胞虫 *Heterophrys radiata* West

澜沧江，滇池、抚仙湖，豹子洞。

（134）巧刺日虫 *Raphidiophrys elegans* Hartwig and Lesser

长湖。

（135）苍白刺日虫 *Raphidiophrys pallida* Schluze

澜沧江、大叠水、南腊河，滇池、洱海、抚仙湖、程海、泸沽湖、星云湖、杞麓湖、异龙湖、草甸海、剑湖、茈碧湖、大屯海、长桥海、长湖、月湖，松华坝、金钟山、鲁布革，水塘和鱼塘。

二、纤毛纲 CILIATEA

XV 裸口科 Holophryidae

（136）俏裸口虫 *Holophrya gracilis* Penard

洱海，黑龙潭。

（137）简裸口虫 *Holophrya simplex* Schewiakoff

澜沧江，异龙湖等。

XVI 前管科 Prorodontidae

（138）卵圆前管虫 *Prorodon ovum* Ehrenberg – Kahl

澜沧江、大盈江，滇池、洱海、异龙湖，松华坝、豹子洞，水塘和鱼塘。

（139）绿色前管虫 *Prorodon viridis* Ehrenberg

滇池、异龙湖。

（140）圆柱前管虫 *Prorodon teres* Ehrenberg

滇池。

（141）前管虫一种（黑色）*Prorondon* sp.

滇池。

（142）前管虫另一种 *Prorondon* sp.

澜沧江、洒鱼河、多依河，滇池、洱海、抚仙湖、程海、泸沽湖、阳宗海、星云湖、杞麓湖、异龙湖、清水海、草甸海、大屯海、长桥海、长湖、月湖，松华坝，池塘和鱼塘。

（143）趣尾毛虫 *Urotricha farcta* Claparede and Lachmann

滇池。

（144）双叉尾毛虫 *Urotricha furcata* Schewiakoff

滇池。

XVII 板壳科 Colepidae

（145）毛板壳虫 *Coleps hirtus*

澜沧江、普渡河、硕多岗河、南腊河，滇池、洱海、程海、泸沽湖、阳宗海、杞麓湖、异龙湖、属都海、碧塔海、草甸海、大屯海、长桥海、长湖，松华坝、豹子洞、金钟山，水塘和鱼塘。

（146）纵长板壳虫 *Coleps elongatus* Ehrenberg

滇池。

（147）八刺板壳虫 *Coleps octospinus* Noland

滇池、异龙湖，豹子洞。

（148）板壳虫一种 *Coleps* sp.

滇池、洱海、程海、抚仙湖、阳宗海、星云湖、异龙湖、北海、天池、杞麓湖、大屯海。

XVIII 斜口科 Enchelyidae

（149）简单斜口虫 *Enchelys simplex* Kahl

滇池。

（150）锥瓶口虫 *Laginophrya conifera* Kahl

普渡河，滇池、抚仙湖。

（151）扭曲管叶虫 *Trachelophyllum sigmoides* Kahl

滇池。

（152）小长吻虫 *Lacrymaria minima* Kahl

泸沽湖，水库。

（153）天鹅长吻虫 *Lacrymaria olor* O. F. Müller

澜沧江、南腊河等，滇池、异龙湖，黑龙潭。

XIX 刀口科 Stathidiidae

（154）苔藓刀口虫 *Staphidium muscicola* Kahl

滇池。

XX 圆口科 Trachellidae

（155）裂口长颈虫 *Dileptus amphileptoides*

Kahl

湖泊，豹子洞、黑龙潭，水塘和鱼塘。

（156）双核长颈虫 *Dileptus binucleatus* Kahl

澜沧江，洱海、抚仙湖。

（157）镰形长颈虫 *Dileptus falciformis* Kahl

澜沧江。

（158）念珠长颈虫 *Dileptus monilatus*（Stokes）

澜沧江，异龙湖、草甸海，豹子洞、黑龙潭。

（159）巨长颈虫 *Dileptus cygnus*（Claparede and Lachmann）

豹子洞、漫飞龙。

（160）长颈虫一种 *Dileptus* sp.

南盘江，滇池、洱海、抚仙湖、星云湖、异龙湖、草甸海、剑湖、茈碧湖、大屯海、长桥海、长湖，松华坝、漫飞龙。

（161）锥形拟多核虫 *Paradileptus conicus*

澜沧江，滇池、洱海、抚仙湖、星云湖、异龙湖、草甸海、长湖，松华坝，鱼塘。

（162）伪多核虫一种 *Pseudodileptus* sp.

滇池，松华坝、漫飞龙。

XXI 栉毛科 Didiniidae

（163）单环栉毛虫 *Didinium balbianii* Fabre－Domergue

滇池、洱海、阳宗海、异龙湖、草甸海、大屯海，黑龙潭、漫飞龙。

（164）小单环栉毛虫 *Didinium balbianii nanum* Kahl

滇池、洱海，松华坝。

（165）吻单环栉毛虫 *Didinium balbianii rostratum* Kahl

滇池、洱海、异龙湖。

（166）双环栉毛虫 *Didinium nasutum* O. F. Müller

澜沧江，滇池、洱海、抚仙湖、泸沽湖、星云湖、异龙湖、天池、剑湖、茈碧湖、月湖，松华坝、豹子洞等。

（167）栉毛虫一种（四环纤毛）*Didinium* sp.

洱海。

（168）栉毛虫另一种 *Didinium* sp.

滇池、抚仙湖，松华坝。

（169）尾泡睥睨虫 *Askenasia faurei* Kahl

滇池、星云湖、杞麓湖、异龙湖、大屯海。

（170）团睥睨虫 *Askenasia volvox* Claparède and Lachmann

澜沧江、大盈江，滇池、洱海、抚仙湖、程海、泸沽湖、阳宗海、杞麓湖、异龙湖、属都海、天池、草甸海、大屯海、长桥海、长湖、月湖，松华坝、豹子洞、金钟山、黑龙潭、漫飞龙，水塘和鱼塘。

（171）睥睨虫一种 *Askenasia* sp.

澜沧江、砺多岗河，滇池、洱海、抚仙湖、程海、泸沽湖、阳宗海、杞麓湖、异龙湖、北海、清水海、剑湖、茈碧湖、大屯海，松华坝、漫飞龙等。

XXII 裂口科 Amphileptidae

（172）猎状半眉虫 *Hemiophrys meleagris* Ehrenberg

澜沧江。

（173）肋状半眉虫 *Hemiophrys pleurosigma* Stokes

澜沧江，滇池、洱海、阳宗海、异龙湖，豹子洞、黑龙潭，水塘和鱼塘。

（174）敏捷半眉虫 *Hemiophrys agilis* Penard

澜沧江。

（175）纺锤半眉虫 *Hemiophrys fusidens* Kahl

滇池。

（176）半眉虫一种 *Hemiophrys* sp.

澜沧江，滇池、洱海、抚仙湖、北海、天池、清水海、草甸海、长桥海、月湖，水库。

（177）片状漫游虫 *Litonotus fasciolo* Ehrenberg－Wrzeseniowski

澜沧江，滇池、杞麓湖、异龙湖、属都海、长湖，松华坝、黑龙潭等，水塘和鱼塘。

（178）漫游虫一种 *Litonotus* sp.

澜沧江、洒鱼河、南腊河，滇池、洱海、抚仙湖、泸沽湖、阳宗海、异龙湖、草甸海、茈碧湖、大屯海，松华坝、漫飞龙，鱼塘。

（179）斜叶虫一种 *Loxophyllum* sp.

豹子洞。

XXIII 肾形科 Colpodidae

（180）僧帽肾形虫 *Colpoda cucullus* O. F. Müller

澜沧江。

（181）肾形虫一种 *Colpoda* sp.

滇池、洱海，水库。

XXIV 荷卷科 Woodruffiidae

（182）小匙口虫 *Platyophrya mata* Kahl

普渡河。

XXV 蓝口科 Nassulidae

（183）喉蓝口虫 *Nassula gutturata* Gajevskaja
滇池，黑龙潭。

XXVI 薄咽科 Leptopharyngidae

（184）活泼拟小胸虫 *Pseudomicrothorax agilis* Mermod
普渡河。

XXVII 斜管科 Chilodonellidae

（185）钩刺斜管虫 *Chilodonella uncineta* Ehrenberg
澜沧江，滇池、洱海、异龙湖、属都海、天池，豹子洞。

（186）斜管虫一种 *Chilodonella* sp.
澜沧江、硕多岗河、大盈江，滇池、洱海、抚仙湖、阳宗海、异龙湖、天池、大屯海，松华坝等。

（187）钟形袋齿虫 *Phascolodon vorticella* Stein
异龙湖。

XXVIII 旋毛科 Dysteriidae

（188）小轮毛虫 *Trochilis minuta*（Roux）
洒鱼河。

XXIX 四膜科 Tetrahymenidae

（189）弯豆形虫 *Colpidium campylum*（Stokes）
澜沧江，滇池。

（190）豆形虫一种 *Colpidium* sp.
洒鱼河，滇池、洱海、抚仙湖、阳宗海、长湖等。

（191）梨形四膜虫 *Tetrahymena pyriformis*（Ehrenberg）
滇池。

（192）吻状四膜虫 *Tetrahymena rostrata*（Kahl）
洱海。

（193）四膜虫一种 *Tetrahymena* sp.
澜沧江、洒鱼河，滇池、抚仙湖、异龙湖、清水海、大屯海，松华坝。

XXX 瞬目科 Glaucomidae

（194）肾形瞬目虫 *Glaucoma reniformis* Schewiakoff
滇池。

（195）闪瞬目虫 *Glaucoma scintillans* Ehrenberg
澜沧江，洱海、泸沽湖、异龙湖。

（196）瞬目虫一种 *Glaucoma* sp.
澜沧江，滇池、天池，豹子洞。

XXXI 草履科 Parameciidae

（197）双核草履虫 *Paramecium aurelia*（Ehrenberg）
澜沧江。

（198）绿草履虫 *Paramecium bursaria*（Ehrenberg）Focke
普渡河，滇池、洱海、异龙湖、清水海。

（199）尾草履虫 *Paramecium caudatum* Ehrenberg
澜沧江、大盈江、瑞丽江、洒鱼河、南盘江，滇池、洱海、抚仙湖、泸沽湖、星云湖、杞麓湖、异龙湖、草甸海、大屯海、长桥海、长湖，水塘和鱼塘。

（200）旋毛草履虫 *Paramecium trichium* Stokes
滇池。

（201）草履虫一种 *Paramecium* sp.
普渡河，滇池、泸沽湖。

XXXII 前口科（膜口）Frontoniidae

（202）银白前口虫 *Frontonia leucas* Ehrenberg
洱海等。

（203）前口虫一种 *Frontonia* sp.
滇池、抚仙湖。

（204）旋尾缨虫 *Urocentrum turbo*（Müller）
南腊河。

XXXIII 舟形科 Lembadionidae

（205）舟形虫 *Lembadion magnum*（Stokes）
瑞丽江，滇池。

XXXIV 映毛科 Cinetochilidae

（206）珍珠映毛虫 *Cinetochilum margaritaceum* Perty
澜沧江，滇池、洱海、抚仙湖、剑湖、茈碧湖、长湖。

XXXV 帆口科 Pleuronematidae

（207）冠帆口虫 *Pleuonema cornatum* Kent
草甸海、长湖等。

XXXVI 膜袋科 Cyclidiidae

（208）瓜形膜袋虫 *Cyclidium citrullus* Cohn
澜沧江，滇池、洱海、抚仙湖、程海、泸沽湖、阳宗海、星云湖、异龙湖，松华坝、豹子洞、黑龙潭等，水塘和鱼塘。

（209）鞭膜袋虫 *Cyclidium flagellatum* Kahl

滇池。

（210）膜袋虫一种 *Cyclidium* sp.

澜沧江、砺多岗河、南盘江、南腊河，滇池、洱海、抚仙湖、阳宗海、杞麓湖、属都海、天池、清水海、草甸海、剑湖、大屯海、长桥海、长湖、月湖，漫飞龙、鲁布革，鱼塘、水池。

XXXVII 钟形科 Vorticellidae

（211）领钟虫 *Vorticella aequilata* Kahl

滇池。

（212）白钟虫 *Vorticella alba* Fromentel

滇池。

（213）钟形钟虫 *Vorticella campanula* Ehrenberg

澜沧江、大盈江、瑞丽江，金钟山。

（214）沟钟虫 *Vorticella convallaria* Linné

澜沧江、洒鱼河，滇池、抚仙湖、泸沽湖、阳宗海、异龙湖、月湖。

（215）剑蚤钟虫 *Vorticella cyclopicola* Kahl

澜沧江，滇池、程海、异龙湖、属都海、碧塔海、大屯海、月湖，黑龙潭，水塘和鱼塘。

（216）蚤钟虫一种 *Vorticella Kahli* Stiller

澜沧江，湖泊，漫飞龙。

（217）小口钟虫 *Vorticella microstoma* Ehrenberg

洒鱼河、南盘江，滇池、洱海、星云湖、异龙湖、长桥海。

（218）念珠钟虫 *Vorticella monilata* Tatem

异龙湖，豹子洞。

（219）似钟虫 *Vorticella similes* Stokes

澜沧江，滇池、抚仙湖、泸沽湖、阳宗海、异龙湖、大屯海，豹子洞。

（220）杯钟虫 *Vorticella cupifera* Kahl

澜沧江，滇池、洱海、抚仙湖、程海、泸沽湖、阳宗海、星云湖、杞麓湖、异龙湖、剑湖、此碧湖、大屯海、月湖，松华坝。

（221）扩张钟虫 *Vorticella extensa* Kahl

澜沧江。

（222）迈氏钟虫 *Vorticella mayerii* Faurè – Fr.

滇池、草甸海，鱼塘。

（223）垂边钟虫 *Vorticella marginata* Stiler

滇池。

（224）钟虫一种 *Vorticella* sp.

澜沧江、金沙江、砺多岗河、南腊河、多依河，滇池、洱海、抚仙湖、杞麓湖、泸沽湖、北海、属都海、纳帕海、碧塔海、清水海、草甸海、长桥海、长湖、月湖，漫飞龙，鱼塘。

（225）钟虫另一种 *Vorticella* sp.

澜沧江、普渡河、砺多岗河，滇池、洱海、抚仙湖、阳宗海、纳帕海，松华坝、漫飞龙，水塘、水池和鱼塘。

（226）螅状独缩虫 *Carchesium polypinum* (Linné)

滇池。

（227）独缩虫一种 *Carchesium* sp.

澜沧江、瑞丽江、洒鱼河、南盘江，滇池、阳宗海，松华坝。

（228）树状聚缩虫 *Zoothamnium arbuscula* Ehrenberg

澜沧江、大盈江，滇池、阳宗海、异龙湖、清水海，松华坝、豹子洞。

（229）聚缩虫一种 *Zoothamnium* sp.

澜沧江、南盘江，滇池、抚仙湖、程海、泸沽湖、阳宗海，松华坝、漫飞龙。

XXXVIII 怪游科 Astylozoidae

（230）尾刺怪游虫 *Astylozoon faurei* Kahl

滇池、洱海、抚仙湖。

（231）放射毛刺虫 *Hastatella radians* Erlanger

澜沧江，滇池、异龙湖。

（232）毛刺虫一种 *Hastatella* sp.

滇池、草甸海、大屯海。

XXXIX 累枝科 Epistylidae

（233）节累枝虫 *Epistylis articulata* Eromentel

澜沧江，异龙湖，金钟山。

（234）蚤累枝虫 *Epistylis daphniae* Faurè – Fremiet

大盈江、小河流，滇池、洱海、抚仙湖、异龙湖、碧塔海、草甸海、长桥海、长湖、月湖，松华坝、豹子洞、漫飞龙等。

（235）湖累枝虫 *Epistylis lacustris* Imhoff

澜沧江、大盈江，滇池、抚仙湖、泸沽湖、星云湖、异龙湖、月湖。

（236）褶累枝虫 *Epistylis plicatilis* Ehrenberg

澜沧江、响水河、南盘江，滇池、抚仙湖、杞麓湖、长桥海，松华坝。

（237）浮游累枝虫 *Epistylis rotans* Svec

澜沧江，滇池、阳宗海、异龙湖，豹子洞、金钟山。

(238) 瓶累枝虫 *Epistylis urceolata* Stiller

澜沧江、大叠水、南腊河，滇池、抚仙湖、杞麓湖，松华坝、漫飞龙、石林团结水库，水塘和鱼塘。

(239) 无秽累枝虫 *Epistylis anastatica* (Linnè)

大盈江、瑞丽江。

(240) 累枝虫一种 *Epistylis* sp.

普渡河、硕多岗河、大盈江、洒鱼河，滇池、洱海、抚仙湖、阳宗海、杞麓湖、异龙湖、大山包、属都海、纳帕海、碧塔海、大屯海、长桥海、长湖，松华坝、漫飞龙等。

(241) 圆锥短柱虫 *Rhabdostyla conipes* Kahl

澜沧江，洱海、异龙湖，豹子洞。

(242) 剑蚤短柱虫 *Rhabdostyla cyclopis* Kahl

滇池、洱海。

(243) 短柱虫一种 *Rhabdostyla* sp.

硕多岗河、瑞丽江，滇池、洱海、泸沽湖、阳宗海、星云湖、杞麓湖、异龙湖、属都海、碧塔海、清水海、长湖、月湖，水塘。

XL 盖虫科 Operculariidae

(244) 节盖虫 *Opercularia articulata* Ehrenberg

滇池、抚仙湖、草甸海、月湖。

(245) 果盖虫 *Opercularia berberina* Linné

澜沧江，水塘和鱼塘。

(246) 圆筒盖虫 *Opercularia cylindrata* Wrzesniowski

澜沧江，滇池。

(247) 彩盖虫 *Opercularia phryganeae* Kahl

澜沧江，水塘和鱼塘。

XLI 睫纤科 Ophrydiidae

(248) 粗睫纤虫 *Ophrydium crassicaule* Penard

湖泊。

XLII 鞘居科 Vaginicolidae

(249) 透明鞘居虫 *Vaginicola crystalline* Ehrenberg

滇池、抚仙湖、泸沽湖、阳宗海、杞麓湖、清水海、长湖。

(250) 妙鞘居虫 *Vaginicola ingenita* (O. F. Müller)

洱海、泸沽湖、纳帕海。

(251) 环靴纤虫 *Cothurnia annulata* Stokes

澜沧江、南盘江，抚仙湖、泸沽湖、异龙湖，松华坝、豹子洞等。

(252) 长圆靴纤虫 *Cothurnia oblonga* Kahl

澜沧江、金沙江、大叠水，滇池、洱海、抚仙湖、程海、泸沽湖、阳宗海、星云湖、异龙湖、天池、剑湖、长桥海。

(253) 一种靴纤虫 *Cothurnia canthocampti*

滇池。

(254) 环杯居虫 *Pyxicola annulata* Leidy

豹子洞。

(255) 缩杯居虫 *Pyxicola constriota* Stokes

滇池。

(256) 近亲杯居虫 *Pyxicola affinis* Kent

滇池。

(257) 袋扉门虫 *Thuricola folliculata* (O. F. Müller)

响水河，滇池、抚仙湖、泸沽湖、阳宗海、异龙湖、长湖、月湖。

(258) 长颈平鞘虫 *Platycola longicollis* Kent

滇池。

XLIII 车轮科 Thichodinidae

(259) 虱车轮虫 *Thichodina pediculus* Ehrenberg

滇池，水塘和鱼塘。

(260) 车轮虫一种 *Thichodina* sp.

澜沧江、南腊河，滇池、洱海、抚仙湖、阳宗海、异龙湖、北海、天池、长湖、月湖，豹子洞，水塘和鱼塘。

XLIV 旋口科 Spirostomatidae

(261) 小旋口虫 *Spirostomum minus* Roux

澜沧江，大盈江、小河流，滇池、洱海、抚仙湖、泸沽湖、杞麓湖、异龙湖、大屯海、长湖、月湖，豹子洞，水塘和鱼塘。

(262) 中型旋口虫 *Spirostomum intermedium* Kahl

普渡河，滇池。

XLV 扭头科 Metopidae

(263) 如意扭头虫 *Metopus* es O. F. Müller

滇池。

XLVI 突口科 Condylostomidae

(264) 钟形突口虫 *Condylostoma vorticella* (Ehrenberg)

滇池、洱海、抚仙湖、碧塔海，水塘和鱼塘。

(265) 突口虫一种 *Condylostoma* sp.

洱海。

（266）拟斜管苔扭虫 *Bryometopus pseudochilodon* Kahl

豹子洞。

XLVⅡ 喇叭科 Stentoridae

（267）天蓝喇叭虫 *Stentor coeruleus* Ehrenberg

南盘江，滇池、洱海、抚仙湖、泸沽湖、阳宗海、杞麓湖、异龙湖、北海、大屯海、长桥海，豹子洞、黑龙潭，水塘和鱼塘。

（268）多态喇叭虫 *Stentor multiformis*（O. F. Müller）

澜沧江、普渡河、小河流，滇池、洱海、抚仙湖、阳宗海、杞麓湖、异龙湖、清水海、草甸海、长桥海、长湖、月湖，松华坝、豹子洞、金钟山、漫飞龙等，水池、水塘和鱼塘。

（269）多核喇叭虫 *Stentor roeseli* Ehrenberg

异龙湖、翠湖。

（270）紫晶喇叭虫 *Stentor amethystinus* Leidy

河流，湖泊。

（271）黑喇叭虫 *Stentor niger*

泸沽湖。

（272）喇叭虫一种 *Stentor* sp.

滇池、洱海、抚仙湖、阳宗海。

XLⅧ 囊形科 Bursariidae

（273）截头袋纤虫 *Thylakidium truncatum* Schewiakoff

异龙湖。

XLIX 齿口科 Epalxellidae

（274）齿口虫一种 *Epalxella* sp.

滇池。

L 弹跳科 Halteriidae

（275）大弹跳虫 *Halteria grandinella*（O. F. Müller）

澜沧江，滇池、抚仙湖、程海、泸沽湖、阳宗海、异龙湖，松华坝、豹子洞、黑龙潭，水塘和鱼塘。

（276）弹跳虫一种 *Halteria* sp.

大盈江、南腊河，滇池、洱海、抚仙湖、泸沽湖、阳宗海、杞麓湖、异龙湖、纳帕海、草甸海、剑湖、大屯海、长桥海、长湖、月湖，松华坝、鲁布革等。

LI 急游科 Strombidiidae

（277）绿急游虫 *Strombidium viride* Stein

澜沧江，滇池、洱海、抚仙湖、程海、泸沽湖、阳宗海、星云湖、异龙湖，松华坝等。

（278）急游虫一种 *Strombidium* sp.

澜沧江、硕多岗河、南腊河，滇池、洱海、抚仙湖、程海、泸沽湖、阳宗海、星云湖、杞麓湖、异龙湖、属都海、纳帕海、天池、清水海、草甸海、剑湖、长桥海、长湖、月湖，松华坝、豹子洞、黑龙潭、漫飞龙等，水塘和鱼塘。

LⅡ 侠盗科 Strobilidiidae

（279）陀螺侠盗虫 *Strobilidium relox* Faure - Fremiet.

滇池，松华坝。

（280）侠盗虫一种 *Strobilidium* sp.

滇池、抚仙湖、阳宗海。

LⅢ 尖毛科 Oxytrichidae

（281）水藓尖毛虫 *Oxytricha sphagni* Kald

澜沧江、南腊河等。

（282）腐生尖毛虫 *Oxytricha saprobia* Kahl

滇池。

（283）尖毛虫一种 *Oxytricha* sp.

澜沧江、瑞丽江、洒鱼河，滇池、抚仙湖、异龙湖，豹子洞，水塘和鱼塘。

（284）背状棘尾虫 *Stylonychia notophora* Stokes

滇池。

（285）棘尾虫一种 *Stylonychia* sp.

澜沧江、硕多岗河，洱海、异龙湖，豹子洞。

（286）皮速体虫 *Tachysoma pellionella*（Müller）

异龙湖。

（287）“棘刺列毛”虫 *Stichotricha aculeata* Wrzesnoiwski

滇池。

LⅣ 楯纤科 Aspidiscidae

（288）有肋楯纤虫 *Aspidisca costata*（Dujardin）

澜沧江，滇池、异龙湖，水塘和鱼塘。

（289）齿楯纤虫 *Aspidisca dentata* Kahl

澜沧江。

（290）棘刺楯纤虫 *Aspidisca aculeata*（Ehrenberg）

澜沧江，滇池。

（291）楯纤虫一种 *Aspidisca* sp.

南腊河，滇池、抚仙湖、阳宗海。

LV 游卜科 Euplotidae

（292）阔口游卜虫 *Euplotes eurostomus* Wrzesniowski

澜沧江，滇池、抚仙湖、星云湖、异龙湖，松华坝、豹子洞等，水塘和鱼塘。

（293）粘游仆虫 *Euplotes muscicola* Kahl

澜沧江，洱海。

（294）游仆虫一种 *Euplotes* sp.

澜沧江、普渡河、南盘江，滇池、抚仙湖、阳宗海、星云湖、杞麓湖、异龙湖、清水海、草甸海、大屯海、长桥海、长湖，水库，水池、鱼塘。

LVI 筒壳科 Tintinnidae

（295）旋转拟急游虫 *Strombidinopsis gyrans* Kent

滇池。

（296）河生筒壳虫 *Tintinnidium fluviatile* Stein

澜沧江，滇池，松华坝，水塘和鱼塘。

（297）小筒壳虫 *Tintinnidium pusillum* Entz.

澜沧江，滇池、洱海、阳宗海、杞麓湖、异龙湖、清水海、草甸海、剑湖、茈碧湖、大屯海、月湖，松华坝、豹子洞、漫飞龙，鱼塘。

（298）恩氏筒壳虫 *Tintinnidium entznii* Chiang

滇池、星云湖、异龙湖、草甸海。

（299）筒壳虫一种 *Tintinnidium* sp.

硕多岗河，洱海，漫飞龙。

（300）锥形似铃壳虫 *Tintinnopsis conicus* Chiang

滇池。

（301）中华似铃壳虫 *Tintinnopsis sinensis* Nie.

澜沧江，滇池、洱海、抚仙湖、草甸海，松华坝，水塘和鱼塘。

（302）杯状似铃壳虫 *Tintinnopsis cratera*（Leidy）

普渡河，滇池。

（303）湖沼似铃壳虫 *Tintinnopsis lacostris* Entz.

澜沧江，滇池、草甸海、长湖。

（304）王氏似铃壳虫 *Tintinnopsis wangi* Nie.

澜沧江，滇池、洱海、抚仙湖、泸沽湖、星云湖、杞麓湖、异龙湖、草甸海、剑湖、茈碧湖、长湖，水库，鱼池。

（305）似铃壳虫一种 *Tininnopusis* sp.

滇池、洱海、杞麓湖、草甸海、剑湖、茈碧湖、大屯海，松华坝、漫飞龙等。

（306）纤毛虫一种 *Ciliophora* sp.

澜沧江、怒江、响水河、南腊河，滇池、洱海、泸沽湖、阳宗海、异龙湖、清水海，豹子洞、鲁布革，水塘和鱼塘。

（307）多种纤毛虫 *Peritrichidaa* spp.

澜沧江、硕多岗河、大盈江、瑞丽江等，滇池、抚仙湖、程海、泸沽湖、阳宗海、异龙湖、北海、属都海、碧塔海、天池，松华坝、豹子洞、黑龙潭、漫飞龙等，水塘和鱼塘。

三、吸管纲 SUCTORIA

LVII 足吸管科 Podophryidae

（308）固着足吸管虫 *Podophrya fixa*（O. F. Müller）

滇池、洱海。

（309）胶衣足吸管虫 *Podophrya maupasi* Bütschli

滇池。

（310）足吸管虫一种 *Podophrya* sp.

滇池、程海、异龙湖。

LVIII 壳吸管科 Acinetidae

（311）粗壮壳吸管虫 *Acineta foetida* Maupas

滇池。

（312）结节壳吸管虫 *Acineta tuberosa* Ehrenberg

澜沧江，滇池、抚仙湖、程海，水塘和鱼塘。

（313）壳吸管虫一种 *Acineta* sp.

澜沧江，滇池、抚仙湖、程海、泸沽湖、清水海、杞麓湖、长桥海。

LIX 树体吸管科 Dentrosomatidae

（314）放射树体吸管虫 *Dendrosoma radians* Ehrenberg

澜沧江，滇池。

（315）剑蚤锤吸管虫 *Tokophrya cyclopum*（Claparede and Lachmann）

澜沧江，滇池。

（316）四分锤吸管虫 *Tokophrya quatripatita* Clap. & L.

澜沧江，滇池、异龙湖。

（317）浮萍锤吸管虫 *Tokophrya lemnarum*（Stein）

滇池、异龙湖。

（318）浸渍锤吸管虫 *Tokophrya infusionum*（Stein）

滇池。

（319）辐射锤吸管虫 *Tokophrya radians* Ehrenberg

滇池。

(320) 锤吸管虫一种 *Tokophrya* sp.

南盘江，滇池、抚仙湖、星云湖、异龙湖。

(321) 累枝毛吸管虫 *Trichophrya epistylidis* Claparede and Lachmann

滇池。

3 轮虫类

3.1 主要特征

轮虫类 ROTIFERA 属于担轮动物门，体型极小，只有在显微镜下才能观察到，体长一般100～500μm，大小与原生动物相仿，最小的约40μm，最大不超5mm，但是多细胞动物，比原生动物复杂的多，有了消化、排泄、生殖、神经、肌肉等器官系统。轮虫的主要特征有3点：①头部有轮观，由1、2或多列纤毛组成纤毛环，身体其他部分没有纤毛。在蛭态目，头部伸出的时候，左右两个纤毛环的纤毛不停摆动，形似车轮，因而称为轮虫。轮冠有游泳和滤食之用。②消化道咽部扩大成咀嚼囊，内有咀嚼器，咀嚼器又由砧板和槌板组成。③排泄系统为假体腔两侧1对曲回的原肾管，分出小枝，顶端有一定数目的焰细胞（焰茎球）。此外还有与其他无脊椎动物不同的特点，如：孤雌生殖为主，所有每种轮虫个体细胞或细胞核数目恒定，如椎尾水轮虫 *Epiphanes senta* 全身细胞核总畋在959个左右，其中上皮层280个细胞核，食道15个，胃39个，肠14个，1条原肾管14个，脑183个，周围神经63个。此外，只有线虫个体细胞数也有恒定现象。

轮虫除少数簇轮亚目的种类形成群体外，绝大多数单一个体独立生活。

3.2 形态结构

3.2.1 外部形态

体形多样，纵长的较多，有圆筒形、球形、椭圆形、锥形等，体外有乳白色或淡黄色表皮包被。身体一般可分为头、躯干和尾（足）3部分，有的还将颈单独列出。

头部：较短宽，与躯干部一般无明显界限，极少数种类有段缢缩颈部，即躯干前部。有轮冠是运动器官，也是捕食器官，结构类似于漏斗，漏斗底部偏于腹面为口。当轮冠游动或取食时伸出外，静止时缩入内。头冠常分2叶或数页，边缘有2圈纤毛，外圈细弱，叫纤毛带，内圈粗壮，叫纤毛环。常在背腹面断开，不成完整的环，2圈之间有纤毛沟，生有极细的纤毛和分叶的突起，突起上也有纤毛，这样头冠内形成了纤毛群，其中一些特化成触觉刚毛。头冠中央有一盘顶区域光滑无纤毛，但常常有若干乳头状或波状突起，有的突起上有感觉毛或刚毛。蛭态目种类头冠背中央有突起的吻，吻端有触毛，司感觉。多数种类在头部有1个或2个红色斑点状眼点，有的无眼。轮冠形状变化很大，常见的有晶囊轮虫型、旋轮虫型、胶鞘轮虫型、巨腕轮虫型、聚花轮虫型和猪吻轮虫型6种形式，是轮虫分类的重要依据之一。浮游轮虫的食物有浮游植物、浮游原生动物、其他浮游轮虫。

躯干部：为身体最长、最粗大部分，横切面大致扁圆形，有的被一层透明的薄膜，有的有表皮，硬化程度不同而形成环行皱折“假节”。蛭态目的种类躯干部膨大，头和足部可向躯干缩入。许多种类躯干部被甲表皮高度特化成1片或多片小块片，有的坚硬被甲上有花纹、隆起、斑点、棘刺等突起。有的在头部，多数在躯干前端背面有一指状突起，末端着生1束或1根感觉毛，称背触手。身体中部两侧有1对侧触手。有的被甲硬化的种类棘刺不能动作（如龟甲轮虫），无被甲的种类具长刺、附肢，能动作籍以跳跃、游泳（如三肢轮虫）。肛门位于躯干部最末端，足基部的背面。

尾部：大多数种类身体后部有变细的足或尾，柄状，末端往往有1对或1、3、4个趾或无趾，足、趾或长或短，是运动器官。足基部有1对足腺，分泌黏液，用以黏附在外物上，在底质上爬行，足还有“舵”的作用。也有无足的典型浮游种类，如叶轮虫、晶囊轮虫。萼花臂尾轮虫足很长，足内有1对牵引肌使足伸缩，摆动扭曲，非常活泼，足表面有环状沟纹假节。懒轮虫足4节，红眼旋轮虫5节，末端也有1对铗状趾。

3.2.2 内部结构

轮虫的内部构造比较复杂，不同的器官、系统执行不同的生理机能。

体壁：由单层表皮细胞、皮下肌肉、表皮细胞分泌的骨蛋白硬化成的皮层3者组成体壁。体壁有呼吸、保护、支持作用。表皮层细胞或细胞核总数恒定。体壁和消化道及其他内脏之间有广大的假体腔，内有体液及合胞体构成的网状组织，合胞体有噬菌、排泄作用。聚花轮虫等体外有胶质的套或管。

肌肉系统：轮虫肌肉相当发达，体壁有不连续的纵、环肌层。轮虫属体腔壁有环肌、纵肌。臂尾轮虫肌肉也很发达，纤毛环有括约肌，躯干背腹有伸缩肌，足有牵引肌，咀嚼囊有咀嚼肌，胃肠外壁有肌肉纤维网。

消化系统：包括口、咽、咀嚼囊、食道、胃、肠、泄殖腔和肛门（泄殖腔孔）。口一般位于纤毛环腹面中央，漏斗状、圆形、三角形或裂缝状。口腔下为膨大、肌肉发达的咀嚼囊，是高度变态的咽喉，内壁生有皮层高度硬化的咀嚼器，两侧有唾液腺2~7个。后为短的食道，再下为广大的胃，内有纤毛。蛭态目的胃由合胞体细胞组成，其余轮虫的胃由1层30~45个较大细胞组成，一般前端外两旁消化腺1对，通胃。胃后为肠，内壁一般也有纤毛。肠的最后端接纳原肾管的部位膨大而成膀胱。很多种类在这里也接纳输卵管即成泄殖腔。最后为肛门即泄殖腔孔，有排粪、排泄、排卵作用。有些种类如晶囊轮虫无肛门或泄殖腔，残渣经口吐出。

咀嚼器有咀嚼食物作用，由槌板、砧板两部分，共7块非常坚硬的咀嚼板组成。砧板由1片砧基连接2片砧枝愈合而成。槌板1对，位于砧板两侧，每一槌板又由1片槌柄、1片槌钩愈合而成，此外有的还有副槌钩或其他附属槌片条。咀嚼器类型有8种型式：①槌型（如簇轮虫）、②槌枝型（巨腕轮虫）、③枝型（蛭态目，典型）、④杖型（疣毛轮虫）、⑤钳型（仅限于猪吻轮虫）、⑥砧型（晶囊轮虫）、⑦梳型（柔轮科）、⑧钩型（胶鞘轮虫），是十分重要的分类依据。不同的咀嚼器型式与轮冠型式相结合，与不同的取食方式密切相关。

大多数滤食性，轮冠纤毛运动，食物随水流进入口腔，对食物有一定的选择性，粒径太大或不可食颗粒被拒绝入口腔，超过26μm大的不易进入，如臂尾轮虫滤食较大食物、巨腕轮虫滤食18μm以下较小食物。主要食物有细菌、浮游植物、小型原生动物、有机腐屑。有些种类是捕食性，可将咀嚼器伸出体外，捕食其他轮虫、小型枝角类、鞭毛藻等。

排泄器官：轮虫都是原肾管型，原体腔两侧1对纵长的原肾管，由前一直到后左右共通入1个膀胱，下接泄殖腔，没有膀胱的种类直接通泄殖腔。肾管曲回，分出短的小枝，小枝顶部为因种定数目的焰茎球，一般每侧4~8个，但晶囊轮虫则多至50个。原肾管有排泄废物和水的作用，假体腔中废物和多余水分，经焰茎球进入小枝、肾管、膀胱、泄殖腔孔排出体外。膀胱收缩1~6次/s。

呼吸器官：轮虫没有专门呼吸器官，纤毛运动激动水流，带来食物，也带来溶氧，通过1层细胞厚薄的体壁，进行气体交换。

神经系统：轮虫脑位于咽背面，很大，长圆形、圆形、三角形等视种类而异，分出1对腹神经索一直伸到足部，并在若干固定段落形成神经结，1对咽喉神经再分出内脏神经。感觉器官和感觉细胞相当发达，脑背面有1个（少数1对）红色眼点。1个背触手相当普遍，自纤毛环后、本体背面中央伸出，棒状，末端有几根刺毛；1对侧触手，多半自本体后半部两侧伸出，椭圆形，末端也有刺毛。

生殖系统：轮虫雌、雄异体，孤雌生殖是主要方式，平时常见都是雌体。雄体很少遇见，只短暂出现，一般个体退化而小，体长为雌体的1/8~1/3，如萼花臂尾轮虫是雌性的1/6~1/7，只有精囊发达，而消化等器官退化，不吃食物，生命短促，行动迅速、活跃，孵化后不到1小时即能交配，交配后马上死亡，单巢目仅1/10的种类发现了雄体。雄性输精管末端常形成交配器，但通过交配器直接和雌性泄殖腔交配的种类很少，多数交配器穿过雌体不同部位表皮把精子注入假体腔，再进入卵巢内受精，没有交配器的种类输精管能自体内突出代行交配器作用。雌性生殖系统，除蛭态目外，其他均由单一卵巢、卵黄腺、输卵管、泄殖腔组成。蛭态目的卵巢、卵黄腺、输卵管是成对的，至今未发现雄体。萼花臂尾轮虫卵巢内成熟的卵，由泄殖腔排除，粘在被甲后端圆孔周围的足基部。其他种类的卵，有下沉、漂浮、附水草或动物体，产卵数目在50个以内，一般10～20个，还有的种类卵胎生。

3.3 发育与生活史

轮虫有单性生殖和有性生殖2种。蛭态目未发现雄体，只有单性生殖。单巢目行周期性孤雌生殖，即单性生殖与有性生殖交替进行。

单性生殖：是主要生殖方式，轮虫的雌体有2种生理类型，一种为混交雌体，另一种为不混交雌体。不混交雌体在环境良好时，产非需精卵（夏卵），个体大，壳很薄、光滑、透明，无须受精即能迅速发育为新的不混交雌体，重复进行，这就是单性生殖（孤雌生殖）。浮游种类一经孵化生长非常迅速，数小时内可长大至3倍以上，以后缓慢或不再生长，卵和体细胞染色体都是2n。

有性生殖：轮虫中比较少见的方式。混交雌体在环境不利时，产生2种需精卵（冬卵），其中一种为不受精的需精卵，大小为夏卵的1/2，透明，数目多，发育为雄体；另一种为受精的需精卵，在与雄体交配受精后，卵壳变厚，不透明，有的具壳纹和具长刺或短刺，下沉水底，形成休眠卵，进入休眠状态，度过不良环境或冬天或高温或干燥或水质变化，然后发育成不混交雌体，再行单性生殖，这就是两性生殖。需精卵发育中经过减数分裂，在受精前染色体是1n。在自然界一般每年1～2次有性生殖，20～40次无性生殖。轮虫寿命几天到1个月左右。

3.4 生态分布

轮虫绝大多数为世界性分布，有些蛭态类能生活在5550m高山苔藓植物之间，甚至到只要有苔藓植物而更高的高山也能分布。海拔高度有一定影响，但不太重要。海水、淡水、寄生都有，寄生种类极少，寄生于植物、动物体内外。如有少数寄居于甲壳类或环节动物体表，有的寄生于环节动物体内，有的寄生藻类上面成虫瘿，有的寄生于团藻里面。以淡水种类为主，占总种类的75%，分布很广，适应性强，大多数自由生活，是池塘、湖泊主要浮游动物成分之一。淡水轮虫中，底栖种类比浮游种类多，底栖种类主要生活在深水水体的浅水带，而绝大多数浮游种类能生活在浅水池塘、沼泽，已知种类的75%生活在沿岸带，沿岸带数量也最多，种类数量由沿岸向湖心递减，在深水湖敞水区真正典型浮游生活的只100种左右。垂直分布，底栖种类在3～4m深以内的底层最适宜，浮游种类可从表面直到100～200m深的水层。

休眠卵和蛭态目抵抗干旱能力很强。蛭态目在高山苔藓植物上，缺水干旱时分泌一层厚膜，进入休眠状，“假死”保持生命，下雨有水立刻复活，有资料说在干操环境下过27年还能复活。有些底栖种类以分泌物或混合外界物质形成保护管。能借助于风力散布到世界各地，借助洪水、水草、鸟类、昆虫广泛传布。轮虫的形态，特别是像萼花臂尾轮虫一类有被甲的种类，没有生命周期性、季节性、地方性的变异。

生活方式：典型浮游种类如晶囊轮属、龟甲轮虫属和多肢轮虫属；典型底栖种类分布于沉水植物多、有机碎屑多的水体者如腔轮属、单趾轮虫属；主营浮游、兼营底栖，以趾附于其他物体上如臂尾轮虫属；主营底栖、兼营浮游出没于沉水植物丛中，如狭甲轮虫属；兼营浮游与底栖，分布岸边于丝状藻类多、沉水植物多处爬行，如鞍甲轮虫属；固着生活，以柄固着在沉水植物或其他物体上，如簇轮科大多数种类。我国分布最常见和普遍的轮虫有螺形龟甲轮虫、矩形龟甲轮虫、针簇多肢轮虫、长三肢轮虫、前节晶囊轮虫、梳状疣毛轮虫、颤动疣毛轮虫、角突臂尾轮虫、萼花臂尾轮虫等21种，大致也是云南常见的种类。

天然水体中，轮虫的个体数量变化很大，一般有夏、秋两个高峰，有群游现象，浮游种类40～500个/L属一般数量，超过1000个/L属偶见。贫营养湖少于20个/L，富营养湖大于5000个/L。咸水湖和温泉中种类、数量很小，河流、特别急流更稀少。

影响轮虫生态分布的主要因素如下。

食物：轮虫数量变化受一系列因素影响，食物是最主要的决定因素。沼泽是轮虫的食物细菌等微生物及有机碎屑特别多的水体，在沼泽里有绝大多数轮虫，尤其是底栖种类，数量也为其他水体所不及。

水温：一般数量高峰出现在水温较高时期，广温性种类能适应 9～33℃的范围，常见的有壶状臂尾轮虫、大肚须足轮虫、盘状鞍甲轮虫、腹棘管轮虫、月形腔轮虫、囊形单趾轮虫和长刺异尾轮虫；冷水性种类（北方种）有叶轮虫属如鳞状叶轮虫、唇形叶轮虫、尖削叶轮虫和尾叶轮虫等；温水性种类（南方种）有萼花臂尾轮虫和花篋臂尾轮虫等。

酸碱度：轮虫种类、数量多少与 pH 值高低关系密切，大多数种类是广 pH 性，在中性、碱性、酸性水体都可遇见，有高度的生态耐受性。在 pH7.0 以上的微碱性或碱性水体，轮虫种类少，但每种数量多，晶囊轮虫、臂尾轮虫、三肢轮虫、叶轮虫适于碱性水体；在 pH7.0 以下的微酸性、酸性水体，轮虫种类数目多，但每种数量稀少，鞍甲轮虫、单趾轮虫、腔轮虫适于酸性水体。

形态变异：形态有季节性、地域性 2 种变异。变异表现在体形大小和棘刺长短，如萼花臂尾轮虫，在寒冷季节被甲后端突起甚长，温暖夏季突起缩短或消失，有明显的季节性周期变异。同样，萼花臂尾轮虫，在世界上不同地区，也有体型大小和棘突粗细不同，表现了区域变异。

3.5 经济意义

轮虫对人类无直接的利害关系，但是在淡水中的种类、数量都很多，是鱼苗和许多成鱼的重要饵料，特别是幼鱼开始觅食时最主要的天然饵料，鳙鱼终身捕食轮虫。不同水域环境有不同种类或数量，因而轮虫成为水体污染的指示生物之一。轮虫捕食细菌、藻类、有机碎屑、小型原生动物等在水体自净中也有重要作用。

3.6 分类

轮虫主要分类特征：轮冠结构，咀嚼器形式，卵巢单双，被甲的有无、形态、结构，足趾的有无、形态、结构等都为分类依据。轮虫纲共分成 2 目，5 亚目。

双巢目 DIGONONTA，卵巢成对：①尾盘亚目 SEISONACEA，为海洋无脊椎动物中的少数寄生虫，淡水中全无；②蛭态亚目 BDELLOIDEA，体纵长，套筒式伸缩如“蛭”，多营底栖生活，种类很多，绝大多数分布于陆地苔藓和酸沼苔藓植物之上，一部分在一般淡水水体。

单巢目 MONOGONONTA，卵巢单个：①游泳亚目 PLOIMA，头冠正常，非巨腕轮虫式，非胶鞘轮虫式，包括了大多数游泳和底栖的种类；②簇轮亚目 FLOSCULARIACEA，头冠巨腕轮虫式或聚花轮虫式；③胶鞘亚目 COLLOTHECACEA，头冠胶鞘轮虫式。全世界约有轮虫 1500 多种，资料记载我国约有轮虫 16 科 82 属 352 种。

云南统计约有轮虫 254 种。

3.7 云南轮虫类名录

Ⅰ 缩轮科 Habrotrochidae

（1）狭颈缩轮虫 *Habrotrocha angusticollis*（Murray）

澜沧江。

（2）领缩轮虫 *Habrotrocha collaris*（Ehrenberg）

澜沧江，北海。

Ⅱ 旋轮科 Philodinidae

（3）懒轮虫 *Rotaria tardigrada*（Ehrenberg）

澜沧江、大盈江、南腊河，滇池、洱海、阳宗海、异龙湖、天池、雪池、清水海，豹子洞、金钟山、黑龙潭，水塘和鱼塘。

（4）橘色轮虫 *Rotaria citrina*（Ehrenberg）

黑龙潭。

（5）转轮虫 *Rotaria rotatoria*（Pallas）

澜沧江、洒鱼河、小河流，滇池、洱海、抚仙湖、程海、阳宗海、异龙湖、清水海、此碧湖、长湖，豹子洞、金钟山等。

（6）长足轮虫 *Rotaria neptunia*（Ehrenberg）

澜沧江、硕多岗河、大盈江、南盘江、小河流，滇池、洱海、抚仙湖、阳宗海、星云湖、杞麓湖、异龙湖、清水海、草甸海、剑湖、大屯海、长桥海、长湖、月湖，松华坝、豹子洞、金钟山、黑龙潭、漫飞龙等，水塘和鱼塘。

（7）轮虫一种 *Rotaria* sp.

怒江，属都海，水塘和鱼塘。

（8）巨环旋轮虫 *Philodina megalotrocha* Ehrenberg

澜沧江、大叠水，滇池、洱海、抚仙湖、泸沽湖、阳宗海、异龙湖、天池、草甸海、茈碧湖、大屯海、长桥海，松华坝、豹子洞、黑龙潭等，水塘和鱼塘。

（9）玫瑰旋轮虫 *Philodina* Roseola Ehrenberg

澜沧江，抚仙湖，豹子洞。

（10）红眼旋轮虫 *Philodina erythrophthalma* Ehrenberg

澜沧江、小河流，滇池、洱海、抚仙湖、泸沽湖、阳宗海、星云湖、杞麓湖、异龙湖、北海、清水海、草甸海、剑湖、茈碧湖、大屯海、长桥海、长湖、月湖，豹子洞、金钟山，水池、鱼塘。

（11）旋轮虫一种 *Philodina* sp.

硕多岗河、大盈江、瑞丽江、响水河、南盘江、南腊河，滇池、洱海、抚仙湖、异龙湖、纳帕海、碧塔海，松华坝、漫飞龙、鲁布革，水塘、鱼塘。

（12）小粗颈轮虫 *Macrotrachela nana*（Bryce）

滇池。

（13）间刺间盘轮虫 *Dissotrocha aculeate*（Ehrenberg）

澜沧江，滇池、洱海、抚仙湖、泸沽湖、星云湖、杞麓湖、异龙湖、北海、清水海、剑湖、茈碧湖、大屯海、长桥海、长湖、月湖，松华坝、黑龙潭等。

Ⅲ 猪吻轮科 Dicranophoridae

（14）钳形猪吻轮虫 *Dicranophorus forcipatus*（Müller）

澜沧江、硕多岗河、南腊河，滇池、洱海、抚仙湖、异龙湖、草甸海、茈碧湖、长湖、月湖，豹子洞。

（15）前突猪吻轮虫 *Dicranophorus prionacis* Harring & Myers

澜沧江，滇池、异龙湖、草甸海，豹子洞、漫飞龙。

（16）钩形猪吻轮虫 *Dicranophorus uncinatus*（Milne）

滇池。

（17）尾猪吻轮虫 *Dicranophorus caudatus*（Ehrenberg）

澜沧江、大叠水、洒鱼河，滇池、洱海、抚仙湖、异龙湖、长湖，水库，水塘和鱼塘。

（18）猪吻轮虫一种 *Dicranophorus* sp.

小河流，滇池、抚仙湖。

Ⅳ 柔轮科 Lindiidae

（19）连锁柔轮虫 *Lindia torulosa* Dujardin

澜沧江，滇池、洱海、程海、异龙湖、草甸海，豹子洞。

（20）截头柔轮虫 *Lindia truncata*（Jennings）

澜沧江。

（21）柔细柔轮虫 *Lindia delicata* Wang

澜沧江，滇池、抚仙湖、阳宗海、异龙湖，黑龙潭、漫飞龙，水塘和鱼塘。

Ⅴ 臂尾轮科 Brachionidae

（22）薄片鳞冠轮虫 *Squatinella lamellaris*（Müller）

洱海、纳帕海等。

（23）无棘鳞冠轮虫 *Squatinella mutica*（Ehrenberg）

澜沧江，异龙湖、草甸海，鱼塘。

（24）钝角狭甲轮虫 *Colurella obtuse*（Gosse）

澜沧江、硕多岗河、瑞丽江、南盘江、南腊河、多依河，滇池、洱海、抚仙湖、泸沽湖、异龙湖、北海、属都海、纳帕海、剑湖、长湖，豹子洞、金钟山。

（25）爱得里亚狭甲轮虫 *Colurella atriatica* Ehrenberg

澜沧江，洱海。

（26）钩状狭甲轮虫 *Colurella uncinata*（O. F. Müller）

澜沧江、大叠水、大盈江、洒鱼河、南腊河、小河流，滇池、洱海、抚仙湖、阳宗海、异龙湖、雪池、大屯海、长桥海、月湖，松华坝、金钟山、黑龙潭等。

（27）双尖钩状狭甲轮虫 *Colurella uncinata forma bicuspidate*（Ehrenberg）

澜沧江、洒鱼河、南腊河，滇池、洱海、抚仙湖、泸沽湖、阳宗海、星云湖、异龙湖、草甸海、剑湖、茈碧湖、大屯海、长桥海、长湖、月湖，松华坝、豹子洞，水塘和鱼塘。

（28）扁斜钩状狭甲轮虫 *Colurella uncinata forma deflexa*（Ehrenberg）

澜沧江、洒鱼河、南盘江，滇池、洱海、抚仙湖、泸沽湖、阳宗海、星云湖、杞麓湖、异龙湖、清水海、草甸海、跐碧湖、大屯海、长桥海、长湖、月湖，豹子洞。

（29）狭甲轮虫一种 *Colurella* sp.

抚仙湖、天池，水库。

（30）半圆鞍甲轮虫 *Lepadella apsida* Harring

澜沧江、硕多岗河，洱海、抚仙湖、阳宗海、异龙湖、属都海、长桥海。

（31）粗钝鞍甲轮虫 *Lepadella obdusa* Wang

澜沧江，洱海。

（32）尖尾鞍甲轮虫 *Lepadella acuminata*（Ehrenberg）

澜沧江，滇池、洱海、抚仙湖、泸沽湖、异龙湖、天池，草甸海、剑湖、大屯海、长桥海、长湖、月湖，黑龙潭，水池、水塘和鱼塘。

（33）盘状鞍甲轮虫 *Lepadella patella*（Müller）

澜沧江、大叠水、大盈江、洒鱼河、南盘江、南腊河、小河流，滇池、洱海、抚仙湖、泸沽湖、阳宗海、星云湖、杞麓湖、异龙湖、碧塔海、天池、清水海、草甸海、剑湖、跐碧湖、大屯海、长桥海、长湖、月湖，金钟山、黑龙潭。

（34）卵形鞍甲轮虫 *Lepadella ovalis*（Müller）

滇池、洱海、月湖，金钟山。

（35）欧氏鞍甲轮虫 *Lepadella ehrenbergii*（Perty）

洱海、抚仙湖、阳宗海、杞麓湖、异龙湖、大屯海、长桥海、长湖、月湖。

（36）异趾鞍甲轮虫 *Lepadella heterostyla* Murray

洱海。

（37）五肋鞍甲轮虫 *Lepadella quinquecostata*（Kucks）

滇池、洱海。

（38）三翼鞍甲轮虫 *Lepadella triptera* Ehrenberg

滇池、洱海、异龙湖、大屯海、长桥海、长湖，松华坝。

（39）阔口鞍甲轮虫 *Lepadella venefica* Myers

湖泊，豹子洞。

（40）鞍甲轮虫一种 *Lepadella* sp.

洱海等。

（41）高氏多棘轮虫 *Macrochaetus collinsii*（Gosse）

洱海、长湖，黑龙潭。

（42）近矩多棘轮虫 *Macrochaetus subquadritus* Perty

澜沧江，洱海、星云湖、异龙湖、长桥海、长湖、月湖，松华坝、豹子洞、金钟山、黑龙潭等。

（43）多棘轮虫一种 *Macrochaetus* sp.

湖泊。

（44）截头鬼轮虫 *Trichotria truncata*（Whitelegge）

澜沧江、大盈江，豹子洞。

（45）台杯鬼轮虫 *Trichotria pocillum*（O. F. Müller）

澜沧江、大叠水、南盘江，滇池、洱海、泸沽湖、阳宗海、异龙湖、属都海、碧塔海、长湖、月湖，豹子洞、金钟山、黑龙潭。

（46）方块鬼轮虫 *Trichotria tetractis*（Ehrenberg）

澜沧江、瑞丽江、洒鱼河、南盘江、多依河、小河流，滇池、洱海、抚仙湖、程海、泸沽湖、阳宗海、星云湖、杞麓湖、异龙湖、北海、纳帕海、清水海、草甸海、跐碧湖、大屯海、长桥海、长湖、月湖，松华坝、豹子洞、金钟山、黑龙潭、漫飞龙等，鱼塘。

（47）角突臂尾轮虫 *Brachionus angularis* Gosse

澜沧江、金沙江、响水河、洒鱼河、南盘江，滇池、洱海、抚仙湖、程海、泸沽湖、阳宗海、星云湖、杞麓湖、异龙湖、大山包、草甸海、剑湖、大屯海、长桥海、长湖、月湖，松华坝、漫飞龙等，水塘和鱼塘。

（48）一种角突臂尾轮虫亚种 *Brachionus angularis* var. *chelonis* Ahlstrom

翠湖。

（49）萼花臂尾轮虫 *Brachionus calyciflorus* Pallas

澜沧江、怒江、大盈江、响水河，滇池、洱海、抚仙湖、程海、阳宗海、星云湖、杞麓湖、异龙湖、草甸海、大屯海、长桥海、长湖，松华坝、漫飞龙，勐仑等，水塘和鱼塘。

（50）剪形臂尾轮虫 *Brachionus forficula* Wierzejski

澜沧江、金沙江、响水河，滇池、洱海、抚仙湖、阳宗海、异龙湖、杞麓湖、草甸海、大屯海、长桥海、长湖，豹子洞、漫飞龙，水塘和鱼塘。

（51）蒲达臂尾轮虫 *Brachionus budapestiensis* Daday

澜沧江，滇池、洱海、抚仙湖、阳宗海、星云湖、杞麓湖、异龙湖、草甸海、大屯海、长桥海，松华坝，水塘和鱼塘。

（52）花篋臂尾轮虫 *Brachionus capsuliflorus* Pallas

澜沧江、大盈江、响水河，滇池、洱海、抚仙湖、阳宗海、星云湖、杞麓湖、异龙湖、草甸海、长桥海、长湖，金钟山、漫飞龙，水塘和鱼塘。

（53）壶状臂尾轮虫 *Brachionus urceus*（Linnaeus）

澜沧江、大盈江，滇池、洱海、抚仙湖、泸沽湖、杞麓湖、异龙湖、草甸海、大屯海、长桥海，松华坝、黑龙潭，水塘和鱼塘。

（54）矩形臂尾轮虫 *Brachionus leydigi* Cohn

澜沧江、南盘江，滇池、洱海、草甸海，水塘和鱼塘。

（55）镰状臂尾轮虫 *Brachionus falcatus* Zacharias

澜沧江，异龙湖、长湖，漫飞龙。

（56）肛突臂尾轮虫 *Brachionus bennini* Leissing

澜沧江，滇池、异龙湖。

（57）尾突臂尾轮虫 *Brachionus caodatum* Barois eb Daday

滇池、异龙湖、杞麓湖、长桥海，豹子洞。

（58）裂足轮虫 *Schizocerca diversicornis* Daday

澜沧江、大盈江、瑞丽江、响水河，滇池、洱海、星云湖、杞麓湖、异龙湖、草甸海、大屯海、长桥海、月湖，豹子洞、金钟山、漫飞龙，水塘和鱼塘。

（59）真跷轮虫 *Eudactylota eudactylota*（Gosse）

洱海、天池。

（60）四角平甲轮虫 *Platyias quadricornis*（Ehrenberg）

澜沧江、大盈江、小河流，滇池、洱海、抚仙湖、星云湖、异龙湖、北海、属都海、清水海、大屯海、长桥海、长湖，松华坝、金钟山、黑龙潭、漫飞龙等。

（61）十指平甲轮虫 *Platyias militaris*（Daday）

澜沧江，滇池、洱海、抚仙湖、异龙湖、大屯海、长桥海、长湖，黑龙潭、漫飞龙。

（62）侧棘伏嘉轮虫 *Wolga spinifera*（Western）

异龙湖、草甸海，豹子洞，鱼塘。

（63）管板细脊轮虫 *Lophocharis salpina*（Ehrenberg）

澜沧江。

（64）板胸细脊轮虫 *Lophocharis oxysternon*（Gosse）

澜沧江，滇池、洱海、阳宗海、长桥海，松华坝。

（65）剑头棘管轮虫 *Mytilina mucronata*（O. F. Müller）

澜沧江，滇池、洱海、泸沽湖。

（66）腹棘管轮虫 *Mytilina ventralis*（Ehrenberg）

澜沧江，滇池、洱海、抚仙湖、阳宗海、异龙湖、剑湖、大屯海、长桥海，豹子洞、金钟山、黑龙潭。

（67）侧扁棘管轮虫 *Mytilina compressa*（Gosse）

澜沧江，滇池。

（68）双刺三角棘管轮虫 *Mytilina trigona* var. *bispinosa*

洱海。

（69）台式合甲轮虫 *Diplois daviesiae* Gosse

澜沧江，泸沽湖。

（70）三翼须足轮虫 *Euchlanis triquetra* Ehrenberg

洱海、天池。

（71）透明须足轮虫 *Euchlanis pellucida* Harring

澜沧江、小河流，滇池、洱海、泸沽湖、杞麓湖、异龙湖、属都海、清水海、草甸海、大屯海、长湖、月湖等，金钟山。

（72）细趾须足轮虫 *Euchlanis calpidia*（Myers）

滇池莲花池。

（73）梨形须足轮虫 *Euchlanis piriformis* Gosse

澜沧江、大盈江、南盘江，滇池、洱海、异龙湖、清水海、长湖。

（74）大肚须足轮虫 *Euchlanis dilatata* Ehrenberg

澜沧江、大叠水、硕多岗河、大盈江、响水河、洒鱼河、南盘江、南腊河、多依河、小河流，滇池、洱海、抚仙湖、程海、泸沽湖、阳宗海、星云湖、杞麓湖、异龙湖、大山包、属都海、纳帕海、碧塔海、天池、清水海、草甸海、大屯海、长桥海、长湖、月湖，松华坝、豹子洞、金钟山、黑龙潭、漫飞龙等，水塘和鱼塘。

(75) 竖琴须足轮虫 *Euchlanis lyra* Hudson

洱海，豹子洞。

(76) 小须足轮虫 *Euchlanis parva* Rousselet

洱海、抚仙湖。

(77) 豁背迭须足轮虫 *Dipleuchlanis propatula de* Beauchamp

澜沧江，抚仙湖、异龙湖。

(78) 裂痕龟纹轮虫 *Anuraeopsis fissa* (Gosse)

澜沧江，滇池、阳宗海、星云湖、杞麓湖、异龙湖、草甸海、大屯海、长桥海、长湖、月湖，松华坝、漫飞龙，水塘和鱼塘。

(79) 螺形龟甲轮虫 *Keratella cochlearis* (Gosse)

澜沧江、怒江、金沙江、大叠水、大盈江、瑞丽江、洒鱼河、多依河、小河流，滇池、洱海、抚仙湖、程海、泸沽湖、阳宗海、星云湖、杞麓湖、异龙湖、大山包、北海、属都海、碧塔海、天池、清水海、草甸海、剑湖、茈碧湖、大屯海、长桥海、长湖、月湖，松华坝、豹子洞、金钟山、黑龙潭、团结、漫飞龙、鲁布革等，水池、水塘和鱼塘。

(80) 矩形龟甲轮虫 *Keratella quadrata* (Müller)

澜沧江、硕多岗河、洒鱼河，滇池、洱海、抚仙湖、泸沽湖、异龙湖、大山包、属都海、草甸海、剑湖，松华坝、豹子洞等，水塘和鱼塘。

(81) 曲腿龟甲论虫 *Keratella valga* (Ehrenberg)

澜沧江、金沙江、大叠水、多依河、小河流，滇池、洱海、抚仙湖、程海、泸沽湖、阳宗海、星云湖、杞麓湖、异龙湖、大山包、北海、清水海、草甸海、雪池、剑湖、茈碧湖、大屯海、长桥海、长湖、月湖，松华坝、豹子洞、金钟山、黑龙潭、团结、漫飞龙、鲁布革等，水塘和鱼塘。

(82) 鳞状叶轮虫 *Notholca squamula* (O. F. Müller)

澜沧江，洱海、泸沽湖。

(83) 唇形叶轮虫 *Notholca labis* Gosse

澜沧江、洒鱼河，洱海、抚仙湖、泸沽湖、剑湖、茈碧湖，豹子洞。

(84) 尖削叶轮虫 *Notholca acuminata* (Ehrenberg)

大叠水，洱海，水库。

(85) 尾叶轮虫 *Notholca caudata* Carlin

抚仙湖。

(86) 日本叶轮虫 *Notholca japonica japonica*

澜沧江。

(87) 多种叶轮虫 *Notholca* spp.

洱海。

(88) 背套小足轮虫 *Microcodides chlaena* (Gosse)

澜沧江。

(89) 前额犀轮虫 *Rhinoglena frontalis* Ehrenberg

滇池。

(90) 椎尾水轮虫 *Epiphanes senta* (O. F. Müller)

茈碧湖。

(91) 棒状水轮虫 *Epiphanes clavultus* (Ehrenberg)

洱海、异龙湖。

Ⅵ 腔轮科 Lecanidae

(92) 长圆腔轮虫 *Lecane ploenensis* (Voigt)

洱海、碧塔海、长湖、月湖。

(93) 突纹腔轮虫 *Lecane hornemanni* (Ehrenberg)

澜沧江，黑龙潭，鱼塘、水池。

(94) 蹄形腔轮虫 *Lecane ungulata* (Gosse)

滇池、洱海、异龙湖、长湖、月湖，黑龙潭。

(95) 细爪腔轮虫 *Lecane tenuiseta* Harring

抚仙湖、杞麓湖。

(96) 月形腔轮虫 *Lecane luna* (Müller)

澜沧江、硕多岗河、南盘江、多依河、小河流，滇池、洱海、抚仙湖、程海、泸沽湖、阳宗海、星云湖、杞麓湖、异龙湖、北海、属都海、纳帕海、碧塔海、清水海、草甸海、剑湖、茈碧湖、大屯海、长桥海、长湖、月湖，松华坝、豹子洞、金钟山、黑龙潭、鲁布革，鱼塘、水池。

(97) 凹顶腔轮虫 *Lecane papuana* (Murray)

澜沧江，滇池、洱海、异龙湖、草甸海、大屯海、长桥海，漫飞龙，鱼池。

(98) 弯角腔轮虫 *Lecane curvicornis* (Murray)

滇池、洱海、长桥海，豹子洞。

(99) 真胫腔轮虫 *Lecane eutarsa* Harring & Myers

洒鱼河，滇池、抚仙湖、杞麓湖、大屯海，漫飞龙。

（100）道理沙腔轮虫 *Lecane doryssa* Harring

澜沧江、响水河，滇池、抚仙湖、异龙湖、清水海。

（101）鞋形腔轮虫 *Lecane crepida* Harring

澜沧江，滇池、异龙湖、大屯海、长桥海、长湖。

（102）短趾腔轮虫 *Lecane glypta* Harring & Myers

阳宗海，黑龙潭。

（103）柔韧腔轮虫 *Lecane flexilis*（Gosse）

澜沧江、南盘江，滇池、洱海、抚仙湖、泸沽湖、阳宗海、星云湖、异龙湖、茈碧湖、大屯海、长桥海、长湖、月湖，黑龙潭、鲁布革等。

（104）尖棘腔轮虫 *Lecane arcula* Harring

洱海。

（105）瘤甲腔轮虫 *Lecane nodosa* Hauer

路南县长湖。

（106）圆皱腔轮虫 *Lecane niothis* Harring & Myers

滇池。

（107）罗氏腔轮虫 *Lecane ludwigii*（Eckstein）

滇池、洱海、阳宗海、杞麓湖、异龙湖、大屯海、长桥海，黑龙潭，鱼塘、水塘。

（108）奥埃奥腔轮虫 *Lecane ohioensis*（Herrick）

滇池、异龙湖。

（109）尾片腔轮虫 *Lecane* Leontina（Turner）

澜沧江，异龙湖，漫飞龙。

（110）无甲腔轮虫 *Leontina inermis*（Bryce）

洱海。

（111）共趾腔轮虫 *Leontina sympoda* Hauer

澜沧江，滇池、洱海。

（112）矮小腔轮虫 *Leontina nana*（Murray）

异龙湖、长桥海等。

（113）腔轮虫一种 *Lecane* sp.

滇池。

（114）四齿单趾轮虫 *Monostyla quadridentata* Ehrenberg

洱海、异龙湖，漫飞龙。

（115）史氏单趾轮虫 *Monostyla stenroosi* Meissner

澜沧江、多依河，滇池、洱海、抚仙湖、阳宗海、星云湖、杞麓湖、异龙湖、草甸海、大屯海、长桥海、长湖、月湖，松华坝、豹子洞、黑龙潭等。

（116）尖角单趾轮虫 *Monostyla hamata* Stokes

澜沧江、响水河、南盘江，滇池、洱海、抚仙湖、泸沽湖、阳宗海、星云湖、杞麓湖、异龙湖、草甸海、大屯海、长桥海、长湖、月湖，松华坝、金钟山、黑龙潭，鱼塘、水池。

（117）忝氏单趾轮虫 *Monostyla thienemanni* Hauer

澜沧江、南盘江、南腊河，异龙湖。

（118）尖爪单趾轮虫 *Monostyla cornuta*（Müller）

洱海、抚仙湖。

（119）尖趾单趾轮虫 *Monostyla closterocerca* Schmarda

澜沧江、洒鱼河、南腊河、小河流，滇池、洱海、抚仙湖、程海、泸沽湖、阳宗海、星云湖、杞麓湖、异龙湖、北海、天池、剑湖、茈碧湖、大屯海、长桥海、长湖、月湖，豹子洞、金钟山、鲁布革，鱼塘、水池。

（120）钝齿单趾轮虫 *Monostyla crenata* Harring

澜沧江、大叠水、洒鱼河、南盘江、多依河、小河流等，滇池、洱海、抚仙湖、泸沽湖、阳宗海、杞麓湖、异龙湖、草甸海、剑湖、茈碧湖、大屯海、长桥海、长湖、月湖，豹子洞、金钟山、黑龙潭、鲁布革等。

（121）爪趾单指轮虫 *Monostyla unguitat* Fadeew

南盘江，滇池、洱海、异龙湖、大屯海。

（122）月形单趾轮虫 *Monostyla lunaris*（Ehrenberg）

澜沧江、大叠水、瑞丽江、洒鱼河、南盘江、南腊河、小河流，滇池、洱海、抚仙湖、泸沽湖、星云湖、异龙湖、清水海、茈碧湖、大屯海、长桥海、长湖、月湖，松华坝、豹子洞、黑龙潭、漫飞龙、鲁布革，鱼塘、水池。

（123）囊形单趾轮虫 *Monostyla bulla* Gosse

澜沧江、金沙江、大叠水、响水河、洒鱼河，滇池、洱海、抚仙湖、程海、泸沽湖、阳宗海、星云湖、杞麓湖、异龙湖、草甸海、大屯海、长桥海、长湖、月湖，松华坝、豹子洞、金钟山、黑龙潭、团结、漫飞龙，鱼塘、水塘。

（124）梨形单趾轮虫 *Monostyla pyriformis* Daday

澜沧江、大盈江、小河流，滇池、洱海、抚

仙湖、清水海、大屯海、长湖，金钟山。

（125）索纹单趾轮虫 *Monostyla tethis* Harring

滇池、大屯海、长湖、月湖，豹子洞。

（126）叉爪单趾轮虫 *Monostyla furcata* Murray

洱海、大屯海。

（127）精致单趾轮虫 *Monostyla elachis* Harring & Myers

洒鱼河，洱海、抚仙湖、异龙湖、长桥海、长湖。

（128）文饰单趾轮虫 *Monostyla ornata* Harring & Myers

洱海。

（129）单趾轮虫一种 *Monostyla* sp.

滇池，松华坝，鱼塘、水塘。

Ⅶ 晶囊轮科 Asplanchnidae

（130）前节晶囊轮虫 *Asplanchna priodonta* Gosse

澜沧江，滇池、洱海、抚仙湖、阳宗海、星云湖、杞麓湖、异龙湖、大山包、草甸海、茈碧湖、大屯海、月湖，松华坝、豹子洞、黑龙潭、团结、漫飞龙，鱼塘、水坑。

（131）盖氏晶囊轮虫 *Asplanchna girodi* de Guerne

澜沧江，滇池、洱海、抚仙湖、杞麓湖、异龙湖、长湖，漫飞龙。

（132）卜氏晶囊轮虫 *Asplanchna brightwelli* Gosse

滇池、洱海、星云湖、杞麓湖、草甸海、剑湖、大屯海，豹子洞、漫飞龙，鱼塘、水坑等。

（133）西氏晶囊轮虫 *Asplanchna sieboldi*（Leydig）

澜沧江、大盈江，滇池、洱海、抚仙湖、杞麓湖、异龙湖、北海、茈碧湖、大屯海、长桥海，水库。

（134）晶囊轮虫一种 *Asplanchna* sp.

澜沧江、怒江，滇池、洱海、抚仙湖、泸沽湖、北海、天池、清水海，松华坝、金钟山，鱼塘、水塘。

（135）多突囊足轮虫 *Asplanchnopus multiceps*（Schrank）

滇池。

（136）透明囊足轮虫 *Asplanchnopus hyalinus* Harring

滇池，漫飞龙。

（137）真足哈林轮虫 *Harringia eupoda*（Gosse）

抚仙湖。

Ⅷ 椎轮科 Notommatidae

（138）壮缰前异轮虫 *Proales reinhardti*（Ehrenberg）

澜沧江，滇池。

（139）暧昧前异轮虫 *Proales fallaciosa* Wulfurt

澜沧江，黑龙潭。

（140）简单前异轮虫 *Proales simples* Wang

滇池。

（141）蚤上前异轮虫 *Proales daphnicola* Thompson

滇池。

（142）前异轮虫一种 *Proales* sp.

洱海。

（143）巨长肢轮虫 *Monommata grandis* Tessin

豹子洞。

（144）细长肢轮虫 *Monommata longiseta*（O. F. Müller）

澜沧江、南腊河，滇池、洱海、抚仙湖、杞麓湖、异龙湖、北海、草甸海、大屯海、长桥海、长湖，松华坝、豹子洞、黑龙潭。

（145）绿色盲囊轮虫 *Itura uiridis*（Stenroos）

昆明莲花池。

（146）龙大椎轮虫 *Notommata copeus* Ehrenberg

澜沧江，抚仙湖。

（147）耳叉椎轮虫 *Notommata aurita*（Müller）

洱海、阳宗海、异龙湖，黑龙潭。

（148）厚实椎轮虫 *Notommata pachyura*（Gosse）

洱海。

（149）番犬椎轮虫 *Notommata cerberus*（Gosse）

澜沧江。

（150）拟番犬锥轮虫 *Notommata pseudocerberus* de Beauchamp

滇池。

（151）细尾锥轮虫 Notommata *silpha*（Gosse）

洱海。

（152）椎轮虫一种 *Notommata* sp.

南盘江，滇池。

（153）椎轮虫另一种 *Notommata* sp.

洱海。

（154）环形沟栖轮虫 *Taphrocampa annulosa* Gosse

滇池。

(155) 眼镜柱头轮虫 *Eosphora najas* Ehrenberg

澜沧江、南盘江，滇池、洱海、抚仙湖、阳宗海、异龙湖、清水海、草甸海、大屯海、长桥海、长湖，豹子洞、金钟山、黑龙潭，鱼塘，勐仑水池。

(156) 圆盖柱头轮虫 *Eosphora thoa*

澜沧江，洱海。

(157) 纵长晓柱轮虫 *Eothinia elongata* (Ehrenberg)

澜沧江。

(158) 黑斑索轮虫 *Resticula melandocus* (Gosse)

澜沧江。

(159) 冷淡索轮虫 *Resticula gelida* (Harring & Myers)

澜沧江。

(160) 小链巨头轮虫 *Cephalodella catellina* (O. F. Müller)

澜沧江，滇池、异龙湖、长桥海，鱼塘、水坑等。

(161) 小头巨头轮虫 *Cephalodella exigna* (Gosse)

滇池、抚仙湖、异龙湖。

(162) 剪形巨头轮虫 *Cephalodella forficula* (Ehrenberg)

澜沧江、南盘江、多依河，滇池、异龙湖、清水海、长桥海、长湖、月湖，豹子洞，鱼塘、水塘等。

(163) 凸背巨头轮虫 *Cephalodella gibba* (Ehrenberg)

澜沧江、大叠水、硕多岗河、洒鱼河、南盘江、南腊河、多依河、小河流，滇池、洱海、抚仙湖、泸沽湖、阳宗海、杞麓湖、异龙湖、北海、属都海、碧塔海、清水海、草甸海、剑湖、茈碧湖、大屯海、长桥海、长湖、月湖，松华坝、豹子洞、金钟山、黑龙潭、漫飞龙，水池。

(164) 大头巨头轮虫 *Cephalodella megalocephala* (Glasscott)

河流，滇池、洱海，豹子洞。

(165) 尾棘巨头轮虫 *Cephalodella sterea* (Gosse)

河流，滇池，水库。

(166) 截头巨头轮虫 *Cephalodella incila* Wulfert

澜沧江。

(167) 畸形巨头轮虫 *Cephalodella deformis* Donner

滇池，水库。

(168) 瘦巨头轮虫 *Cephalodella tenuior* (Rosse)

黑龙潭，鱼塘、水池。

(169) 巨头轮虫一种 *Cephalodella* sp.

洒鱼河，洱海、大屯海。

(170) 高跷轮虫 *Scaridium longicaudum* (O. F. Müller)

澜沧江，滇池、洱海、抚仙湖、星云湖、异龙湖、草甸海、大屯海、长桥海、长湖，豹子洞、金钟山等，鱼塘。

IX 腹尾轮科 Gastropodidae

(171) 足腹尾轮虫 *Gastropus stylifer* Imhof

滇池。

(172) 腹足腹尾轮虫 *Gastropus hyptopus* (Ehrenberg)

澜沧江，滇池、洱海、抚仙湖、异龙湖、大屯海。

(173) 小型腹尾轮虫 *Gastropus minor* (Rousselet)

昆明，松华坝。

(174) 卵形彩胃轮虫 *Chromogaster ovalis* (Bergendal)

洱海、异龙湖、大屯海、长湖。

(175) 弧形彩胃轮虫 *Chromogaster testudo* Lauterborn

澜沧江，滇池、抚仙湖、泸沽湖、阳宗海、杞麓湖、异龙湖、清水海、长湖、月湖，松华坝、豹子洞、黑龙潭、团结、漫飞龙，鱼塘、水池。

(176) 舞跃无柄轮虫 *Ascomorpha saltans* Bartsch

大叠水，洱海，黑龙潭。

(177) 无尾无柄轮虫 *Ascomorpha ecaudis* Perty

澜沧江，滇池、洱海、异龙湖、北海、长湖，松华坝。

(178) 无柄轮虫一种 *Ascomorpha* sp.

洱海、天池，漫飞龙。

X 鼠轮科 Trichocercidae

(179) 尖头同尾轮虫 *Diurella tigris* (O. F. Müller)

澜沧江，洱海、阳宗海，金钟山。

(180) 双齿同尾轮虫 *Diurella bidens* Lucks

普渡河。

(181) 纤巧同尾轮虫 *Diurella tenuior* (Gosse)

昆明莲花池。

(182) 韦氏同尾轮虫 *Diurella weberi* Jennings

滇池、抚仙湖、泸沽湖。

(183) 对棘同尾轮虫 *Diurella stylata* (Gosse)

澜沧江、大盈江、南腊河、小河流,滇池、洱海、抚仙湖、程海、泸沽湖、阳宗海、星云湖、杞麓湖、异龙湖、大山包、北海、碧塔海、清水海、草甸海、大屯海、长桥海、长湖、月湖,松华坝、豹子洞、金钟山、黑龙潭、团结、漫飞龙,鱼塘、水塘、水池。

(184) 瓷甲同尾轮虫 *Diurella porcellus* (Gosse)

澜沧江、南盘江,洱海。

(185) 罗氏同尾轮虫 *Diurella rousseleti* (Voigt)

澜沧江。

(186) 碗状同尾轮虫 *Diurella bracOhyura* (Gosse)

澜沧江,洱海。

(187) 田柰同尾轮虫 *Diurella dixon - nuttalli* Jennings

澜沧江,滇池、洱海、异龙湖,漫飞龙。

(188) 同尾轮虫一种 *Diurella* sp.

洒鱼河,松华坝。

(189) 细异尾轮虫 *Trichocerca gracilis* (Tessin)

洒鱼河,滇池、洱海、抚仙湖、异龙湖、剑湖、长桥海。

(190) 圆筒异尾轮虫 *Trichocerca cylindrical* (Imhof)

澜沧江、金沙江,滇池、洱海、抚仙湖、泸沽湖、阳宗海、星云湖、杞麓湖、异龙湖、北海、属都海、碧塔海、清水海、草甸海、大屯海、月湖,松华坝、漫飞龙等,鱼塘。

(191) 刺盖异尾轮虫 *Trichocerca capucina* (Wierzejski & Zacharias)

澜沧江,滇池、洱海、抚仙湖、程海、泸沽湖、阳宗海、星云湖、杞麓湖、异龙湖、北海、清水海、草甸海、剑湖、大屯海、长桥海、长湖、月湖,松华坝、豹子洞、金钟山、漫飞龙等。

(192) 长刺异尾轮虫 *Trichocerca longiseta* (Schrank)

澜沧江,滇池、洱海、抚仙湖、泸沽湖、阳宗海、星云湖、异龙湖、长湖、月湖,松华坝,鱼塘、水池等。

(193) 二突异尾轮虫 *Trichocerca bicristata* (Gosse)

澜沧江,滇池、洱海、抚仙湖、阳宗海、异龙湖、大屯海,松华坝、漫飞龙。

(194) 冠饰异尾轮虫 *Trichocerca lophoessa* (Gosse)

澜沧江,洱海、抚仙湖、阳宗海、异龙湖、大屯海。

(195) 鼠异尾轮虫 *Trichocerca rattus* (O. F. Müller)

澜沧江,滇池、洱海、抚仙湖、异龙湖、大山包,水库,鱼塘、水塘等。

(196) 暗小异尾轮虫 *Trichocerca pusilla* (Lauterbon)

澜沧江、大盈江、瑞丽江,滇池、洱海、抚仙湖、阳宗海、星云湖、杞麓湖、异龙湖、北海、草甸海、大屯海、长桥海,黑龙潭、漫飞龙等,鱼塘、水塘。

(197) 纵长异尾轮虫 *Trichocerca elongata* (Gosse)

澜沧江,洱海、泸沽湖、异龙湖。

(198) 异尾轮虫一种 *Trichocerca* sp.

河流,滇池、洱海,松华坝。

XI 疣毛轮科 Synchaetidae

(199) 针簇多肢轮虫 *Polyarthra trigla* Ehrenberg

澜沧江、金沙江、大叠水、大盈江、响水河、洒鱼河,滇池、洱海、抚仙湖、程海、泸沽湖、阳宗海、星云湖、杞麓湖、异龙湖、大山包、北海、天池、清水海、草甸海、剑湖、此碧湖、大屯海、长桥海、长湖、月湖,松华坝、金钟山、黑龙潭、团结、漫飞龙、鲁布革等,鱼塘、水池。

(200) 真翅多肢轮虫 *Polyarthra euryptera* (Wierzejski)

滇池、洱海,漫飞龙。

(201) 广布多肢轮虫 *Polyarthra vulgaris* Idels

豹子洞。

(202) 长肢多肢轮虫 *Polyarthra dolichoptera* Flossen and Latenzei

豹子洞。

(203) 颤动疣毛轮虫 *Synchaeta tremula* (O. F. Müller)

澜沧江，滇池、洱海、抚仙湖、程海、北海。

（204）尖尾疣毛轮虫 *Synchaeta stylata* Wierzejski

澜沧江，滇池、洱海、抚仙湖、阳宗海、异龙湖、草甸海、长湖，豹子洞、金钟山、黑龙潭、团结、漫飞龙、鲁布革等，鱼塘。

（205）疏状疣毛轮虫 *Synchaeta pectinata* Ehrenberg

澜沧江，滇池、洱海、抚仙湖、星云湖、杞麓湖、异龙湖、草甸海、剑湖、茈碧湖、月湖，松华坝、豹子洞、黑龙潭，鱼塘、水塘。

（206）长圆疣毛轮虫 *Synchaeta oblonga* Ehrenberg

澜沧江，滇池、洱海，水库。

（207）疣毛轮虫一种 *Synchaeta* sp.

响水河，洱海、阳宗海，漫飞龙。

（208）郝氏皱甲轮虫 *Ploesoma hudssoni*（Imhof）

澜沧江，滇池、清水海、长湖、月湖，豹子洞、黑龙潭、团结等。

（209）晶体皱甲轮虫 *Ploesoma lenticulare* Herrick

洱海。

（210）截头皱甲轮虫 *Ploesoma truncatum*（Levander）

澜沧江，滇池、洱海、抚仙湖、阳宗海、星云湖、清水海，水库。

Ⅻ 镜轮科 Testudinellidae

（211）双齿镜轮虫 *Testudinella bidentata*（Ternetz.）

滇池、洱海、泸沽湖、异龙湖、清水海、茈碧湖、大屯海、月湖，金钟山。

（212）盘镜轮虫 *Testudinella patina*（Hermann）

澜沧江、瑞丽江，滇池、洱海、抚仙湖、泸沽湖、杞麓湖、异龙湖、大山包、清水海、草甸海、茈碧湖、大屯海、长桥海、长湖、月湖，松华坝、豹子洞、金钟山、黑龙潭，鱼塘、水池。

（213）缺刻镜轮虫 *Testudinella incisa*（Ternetz）

路南县月湖。

（214）裙切镜轮虫 *Testudinella emarginula*（Stenroos）

异龙湖、清水海、长桥海、长湖、月湖，豹子洞、金钟山。

（215）微凸镜轮虫 *Testudinella mucronata*（Gosse）

滇池、洱海、抚仙湖、杞麓湖、异龙湖，豹子洞、黑龙潭。

（216）拟三齿镜轮虫 *Testudinella paratridentata* sp. nov.

松华坝。

（217）镜轮虫一种 *Testudinella* sp.

洱海，鱼塘、水池。

（218）沟痕泡轮虫 *Pompholyx sulcata* Hodson

澜沧江，滇池、洱海、抚仙湖、阳宗海、星云湖、杞麓湖、异龙湖、北海、清水海、草甸海、茈碧湖、长桥海、长湖、月湖，松华坝、豹子洞、黑龙潭、团结、漫飞龙，鱼塘、水塘。

（219）扁平泡轮虫 *Pompholyx complanata* Gosse

澜沧江，滇池、洱海、阳宗海、大山包、北海、草甸海、长湖、月湖，鱼塘、水池。

（220）奇异巨腕轮虫 *Pedalina mira*（Hodson）

澜沧江，滇池、洱海、抚仙湖、程海、阳宗海、星云湖、异龙湖、属都海、长桥海、长湖、月湖，松华坝、豹子洞、黑龙潭、漫飞龙，鱼塘、水池。

（221）长三肢轮虫 *Filinia longiseta*（Ehrenberg）

滇池、洱海、杞麓湖、草甸海，豹子洞，鱼塘、水坑。

（222）臂三肢轮虫 *Filinia brachiata*（Rousselet）

滇池、异龙湖。

（223）跃进三肢轮虫 *Filinia passa*（O. F. Muller）

滇池、洱海，豹子洞，鱼塘、水洼。

（224）迈氏三肢轮虫 *Filinia maior*（Colditz）

澜沧江、大盈江、洒鱼河、南腊河，滇池、洱海、抚仙湖、星云湖、杞麓湖、异龙湖、草甸海、大屯海、长桥海、长湖、月湖，松华坝、豹子洞、金钟山、团结、漫飞龙，鱼塘、水洼等。

（225）一种三肢轮虫 *Filinia minuta*（Smirnov）

鱼塘、水塘。

（226）脾状四肢轮虫 *Tetramastix opoliensis* Zacharias

澜沧江，滇池、洱海、异龙湖，豹子洞。

XIII 簇轮科 Flosculariidae

（227）半圆巨冠轮虫 *Sinantherina semibullata*

(Thorpe)

滇池、异龙湖，鱼塘、水洼。

(228) 群栖巨冠轮虫 *Sinantherina socialis* (Linnaeus)

滇池、异龙湖、翠湖，豹子洞。

(229) 长柄巨冠轮虫 *Sinantherina procera* (Thorpe)

滇池。

(230) 巨冠轮虫一种 *Sinantherina* sp.

澜沧江，大山包。

(231) 粘管海神细簇轮虫 *Ptygura melicerta* var. *mucicola* (Kellicott)

滇池。

(232) 中继细簇轮虫 *Ptygura intermedia* (Davis)

滇池。

(233) 一种细簇轮虫 *Ptygura crystalline* (Ehrb.)

滇池。

(234) 另一种细簇轮虫 *Ptygura furcillata* (Kell.)

滇池。

(235) 再一种细簇轮虫 *Ptygura pilula* f. *longipes* (Wills.)

滇池。

(236) 金鱼藻沼轮虫 *Limnias ceratophylli* Schrank

滇池、洱海、泸沽湖。

(237) 海神沼轮虫 *Limnias melicerta* Weisse

滇池、异龙湖等。

(238) 圆簇轮虫 *Floscularia ringens* (Linné)

滇池，豹子洞。

(239) 特殊八盘轮虫 *Octotrocha speciosa* Thorpe

泸沽湖。

XIV 聚花轮科 Conochilidae

(240) 团状聚花轮虫 *Conochilus hippocrepis* (Schrank)

澜沧江，滇池、洱海、泸沽湖、异龙湖、草甸海、长桥海、长湖，鱼塘。

(241) 独角聚花轮虫 *Conochilus unicornis* Rousselet

澜沧江，滇池、洱海、抚仙湖、泸沽湖、阳宗海、星云湖、异龙湖、北海、属都海、碧塔海、清水海、草甸海、大屯海、长湖、月湖，松华坝、豹子洞、金钟山、黑龙潭、团结、漫飞龙、鲁布革，鱼塘、水池。

(242) 叉角拟聚花轮虫 *Conochilus onochiloides dossuarius* (Hudson)

澜沧江，滇池、洱海、北海等，水库。

XV 胶鞘轮科 Collothecidae

(243) 丝带花环轮虫 *Stephanoceros fimbriatus* (Goldfuss)

水库，鱼塘等。

(244) 敞水胶鞘轮虫 *Collotheca pelagica* (Rousselet)

澜沧江，滇池、洱海、阳宗海、星云湖、杞麓湖、异龙湖、北海、清水海、草甸海、大屯海、月湖，黑龙潭、团结等，鱼塘、水塘。

(245) 无常胶鞘轮虫 *Collotheca mutabilis* (Hudson)

澜沧江，滇池、洱海、抚仙湖、程海、泸沽湖、阳宗海、异龙湖、剑湖、大屯海、长湖、月湖，松华坝、金钟山、漫飞龙。

(246) 多态胶鞘轮虫 *Collotheca ambigua* (Hudson)

澜沧江，滇池、异龙湖。

(247) 瓣状胶鞘轮虫 *Collotheca ornata* (Ehrenberg)

滇池、洱海、抚仙湖、泸沽湖、阳宗海、异龙湖、清水海、杞麓湖、大屯海、长桥海、长湖、月湖，松华坝、豹子洞、黑龙潭等，水塘。

(248) 衣藻胶鞘轮虫 *Collotheca chlamydomonas*

澜沧江，滇池。

(249) 自由胶鞘轮虫 *Collotheca liberta* (Zacharis)

阳宗海。

(250) "钟形"胶鞘轮虫 *Collotheca campanulata* (Dobie)

异龙湖。

(251) 一种胶鞘轮虫 *Collotheca rasmae* Berzins

洱海、长湖，黑龙潭，鱼塘。

(252) 胶鞘轮虫一种 *Collotheca* sp.

滇池、抚仙湖、泸沽湖、异龙湖，松华坝、漫飞龙、鲁布革等。

(253) 一种胶鞘轮科轮虫 *Acyclus inquietus* Leidy

异龙湖。

(254) 另一种胶鞘轮科轮虫 *Atroches tentaculatus* Wiezejaki

异龙湖。

4 枝角类

4.1 主要特征

枝角类 CLADOCERA 通称水溞，俗名红虫，是节肢动物门甲壳纲的一类小型甲壳动物，一般体长1mm以内，最小0.2mm，最大21mm，但在浮游动物中，又算是比较大型了，一般肉眼可见。具有以下特点：①体短，分节不明，左右侧扁，近椭圆形，侧观像一只出壳的小鸡，吻像鸡喙；②黑色颗粒状复眼1个，球形，大而明显，四围水晶粒透明莹亮，眼如小鸡眼；③二瓣介壳，包被体外，体透明，可见心跳、肠蠕动；④第2触角十分发达，枝角形，故名，为运动器官；⑤胸肢4~6对；⑥有囊状心脏；⑦尾叉爪状；⑧发育中极少有变态。

4.2 形态结构

4.2.1 外部形态

枝角类身体胚胎时期可分为15节：头部5节、胸部6节、腹部4节，以后逐步愈合，成体不再分节，只分头部和躯干部2部分，但薄皮溞属例外而头、胸、腹3部明显。

(1) 头部 身体最前1节，半圆形，有时以颈凹与躯干分界，头顶有时突起成头盔。吻为鸟喙状，在第1触角之间，分类上常用到。绝大多数有复眼，大，黑色，球形，有水晶体，由多个小眼组成。单眼通常很小，黑色，无水晶体，有的无单眼。单、复眼均为感光器官。壳弧，第2触角基部1~2条脊状隆起，使头壳硬化、坚固，支持触角肌肉附着、伸缩。少数种类如晶莹仙达溞，头部背面有吸附器，成蹄形，能分泌黏液，用以吸附在水草等物上。枝角类共有9~11对附肢，除头部5对外，其余均为胸肢。

第1触角：头部有触角2对，第1触角1对，为头部第1对附肢，位于吻两侧，较小，通常棒状，分1~2节或否。末端有嗅毛，中部常具感觉毛1~2根。第1触角性征十分明显，雌雄不同。

第2触角：多为双肢型，枝角状，为头部第2对附肢。粗壮强大，有力划动，为主要运动器官，可游泳或借助后腹部协助在水草间、底泥上爬行。基部原肢1~2节，基节较粗，分出内、外肢的节数，羽状游泳刚毛排列各属不同，为分属的主要依据之一，通常用游泳刚毛式表示：外肢的节数和刚毛/内肢的节数和刚毛，如溞属 *Daphnia* 表示为0-0-1-3/1-1-3，意即外肢4节，靠基节的外肢第1~2节上无游泳刚毛记为0，第3节有1根、第4节有3根刚毛；内肢3节，第1~2节上各有1根，第3节上有3根游泳刚毛。

大颚：口器由上、下唇及头部其余3对附肢组成。上唇1片位于口前，侧扁斧状，突出在甲壳外，关闭口器，外缘称唇脊。大颚1对，为头部第3对附肢，接触面具齿坚硬，捕食种类撕裂、磨碎食物，滤食种类引导食物入口。

第1小颚：1对较小，为头部第4对附肢，半圆形、不分节，有许多刚毛，隐藏于大颚和下唇之间，推送食物入左右大颚之间。

第2小颚：为头部第5对附肢，有的已完全不存在，有的残存为有刚毛的微小节突。下唇1片，极小，圆锥形，位于第1小颚之下。

(2) 躯干部 常常包被介壳内，由胸部和腹部组成，胸部有胸肢，腹部无附肢。

介壳：又称壳瓣、甲壳，2瓣合成，圆形、卵形、近方形，包被了头部以外的整个身体，相当于虾类的头胸甲。左右壳瓣在背缘连接，腹缘、后缘分离，壳纹多样，壳表常有小刺或刚毛，有的后缘背面延伸成1个壳刺。躯干部背侧前半部，甲壳之间有孵育囊。介壳由皮肤皱褶叠合发展而成，有内、外2层，外层厚有保护作用，内层薄，有呼吸作用，血液可在内外2层间流动。

体壁与脱皮：体壁由1层上皮细胞及其分泌的角质层构成，角质层要按期多次脱落，叫脱皮或蜕皮，幼体约脱3～4次性成熟，以后雌体排卵与脱皮相伴而行。

胸枝：4～6对、分节；大眼溞科4对；溞科、粗毛溞科、盘肠溞科部分5对；薄皮溞科、仙达溞科、单肢溞科、盘肠溞科部分6对。大多翼状、扁平，有许多刚毛和普通短毛，外侧有鳃，附肢摆动有激动定向水流、呼吸、取食作用。胸肢完全失去运动机能，仅与捕食有关，分2类。

①真枝角部，滤食性，胸肢基本由原肢、内肢、外肢组成，扁平、叶状，多刚毛，无真正关节，左右相拼构成滤食器，滤下细菌、单细胞藻类、微型群体藻类等，汇集于腹面附肢基部间小沟内，向前传输压成条，颚器送进口，不能食用的由胸肢刚毛和后腹部尾爪扫除去。内肢有的退化，外肢比较发达，内、外肢2侧各有不少片状结构，内侧有内叶、小颚突起，外侧有外叶、上肢。上肢又称鳃（鳃囊），表膜很薄，囊状，内有扩大的血管，可进行气体交换。

②单足部和大眼溞总科，肉食性，胸肢圆柱形，有真正关节，外肢退化或消失，是捕食器官，捕食大型原生动物、轮虫、小甲壳类动物等。

（3）腹部　无附肢，背侧有1～4个指状腹突，为孵育囊后壁。后背方还有小节突，生有2根尾毛，有感觉作用。尾毛后为后腹部，是体躯部分最后1个体节，形态多样，末端有1对尾爪，上面有爪刺，基部1～2个基刺较大。肛门开口于后腹部背侧或末端，正对肛门处或前端，背侧内陷成肛门凹，肛门凹前、后缘有时形成前肛角和后肛角。在尾毛与尾爪之间靠近尾爪基部的背缘，或两侧有1～2列单独、成束的肛刺，肛刺及爪刺的形态、分布、数量是枝角类确定种类时非常重要的特征。

4.2.2　内部构造

（1）肌肉系统　为横纹肌，分体节肌和附肢肌两大类。体节肌由于体节合并变得不明显。附肢肌很发达，在大触角和大颚特别强壮，每对胸肢也有3对肌肉连接。

（2）消化系统　很简单，身体透明，全部可见，由食道、中肠、直肠3部分组成。口在第2触角内侧、大小颚中间。后为短狭、弧形食道，胃（中肠）稍膨大、发达，因种而异，有的直、有的盘曲，多数种类有盲囊，1对在胃上方，少数在中肠后部腹面，是消化腺，再后是直肠，胃、肠粗细差别不大，难于区别。肛门在后腹部末端，肛门位置在分类上较重要。

（3）循环系统　不发达，一般只有心脏，由结缔组织和横纹肌构成薄膜状壁，位于头部后方背面，长圆囊状，前端1个动脉孔，后端1对静脉孔，活体标本可看见心脏不息跳动，及血液向前喷射，频率达250次/分钟，一般没有血管，在体腔内和组织间流动、方向一定。血液无色或微黄色、红色，由血细胞和血浆组成，血细胞只1种，变形虫状，直径7～8μm。血浆多数含有血红素。

（4）呼吸系统　全身各处表面都能进行扩散性呼吸，壳瓣内缘、胸肢表面尤甚。此外，有的还可能进行肠呼吸。另外还有3种呼吸器官：大多数有鳃囊，少数有头盾或脑器（颈呼吸器）。

（5）排泄系统　有触角腺、颚腺2种排泄器官。触角腺（绿腺）是1种幼态器官，成体中大多完全退化。颚腺（壳腺）1对，位于前部，扁长、弯曲的导管为主要的排泄器官，相当于肾，开口在第2小颚基部，相当于排泄孔。

（6）神经系统　与其他节肢动物相似，为梯型神经系统，较原始。中枢神经系统有脑，即食道上神经节，极发达，发出神经到眼、触角等。还有围食道神经、食道神经节及腹神经索。枝角类与一般节肢动物不同，无食道下神经节。外周神经系统由脑及其他神经节发出到身体各部。交感神经系统1对，由食道神经节发出到消化道2侧。

（7）感觉器官　有4种：①感化器，第1触角末的臭毛。②触角器，第1触角的触毛、尾刚毛，身体上各种毛状体。③视觉器，有单眼1个，由4个色素杯及10个色素细胞组成，只能感觉光的强弱；复眼1个，由数目不等的小眼组成，每个小眼又由角膜、晶体、视觉、支持细胞等的14个细胞组成，复眼有感光强弱、光源方向、光颜色、形成物象功能。④额器，或叫颈项器，为枝角类特有，数目不少，分散头部，由1个或数个无色素的球形细胞构成，机能不详。

（8）生殖系统　雌、雄异体，但生殖腺形态、位置差别不大。枝角类雌性生殖器官，体两侧常有1对长而大的卵巢，输卵管通孵育囊（卵室），末端开口即雌性生殖孔，位于后腹部靠近背面的两侧。

卵室是体背一大腔，壁膜分泌营养，供在里发育之卵所需。雄性生殖器官，1 对腊肠形精巢，位于消化到 2 侧，输精管开口在后腹部上或最后 1 对胸肢后方。少数种类输精管末端成 1 对翻出的交接器，露在外面。

4.3 生殖和发育

枝角类生殖方式有 2 种：孤雌生殖，即单性生殖为主，两性生殖为辅。

4.3.1 孤雌生殖

春、夏、秋环境温度适宜、食物丰富的良好条件时进行。单性产的卵，卵膜薄、卵黄少、卵小，叫夏卵又叫非需精卵，为双倍体。夏卵径小者 0.114μm，大者 0.366μm，不经过受精便能在孵育囊发育、孵化出幼溞，在母体脱壳前几小时，幼体离开母体，形态完全与母体相同，独立生活，没有变态，为直接发育（薄皮溞 *Leptodora* 间接繁育例外），成长后再行孤雌生殖。成熟雌体常常脱壳 1 次，除最末一代外，夏卵孵出的几乎全是雌体。幼溞离开母体随即脱壳，下一胎夏卵经输卵管排入孵育囊，连续产 1 胎夏卵，约每 25 秒产 1 粒，每 1 胎的卵数为生殖量。

4.3.2 两性生殖

一般见于秋末冬初，在水温降低、干燥、种群过密、食物不足等环境条件恶化时，孤雌生殖所产最末一代夏卵中，夏卵在排入育儿囊 15 分钟之前，外界条件都可能会影响未来胚胎性别，一部分卵发育为雄体。另一部分发育为两性繁殖的雌体，这种雌体在形态上与孤雌生殖的雌体相似，但它们仅产生 1 ~2 个或数个卵每种恒定，这种卵膜很厚，不透明，卵黄多，大型的冬卵又叫需精卵，为单倍体。

雌雄交配，在输卵管或孵育囊中受精，精子直径约 0.1mm，无尾部，变形运动，卵经过受精，在 2 天内于孵育囊内发育到囊胚后，待母体脱壳时产出体外，暂时停止发育，形成休眠卵又称滞育卵即冬卵。冬卵外多被有荚状、具暗黑色网纹的卵壳，称卵鞍，随母体脱壳脱出，沉入水底或漂浮水面，休眠、滞育一段时期，环境好转，冬卵重新发育全部为雌体，再行下一周期第 1 代孤雌生殖，种群重新出现繁荣。冬卵保持了种的延续，使种群不至消失，具有重大生物学意义，有的在土中干燥 20 年后仍能发育。枝角类有性生殖，似乎专为抵抗不良环境而发生，在大湖泊里，水不会干，环境因素较稳定，单性生殖可一年年继续下去，也许多年才进行 1 次有性生殖。有些种类有性生殖就大大减少了，有些种类尚未发现有性生殖，单性生殖可能为惟一方式。愈向北方地区，孤雌生殖世代愈少。

枝角类雄体与雌体形态相似，个体较小，通常无吻，第 1 触角长大，能动，末端有粗长刚毛，第 1 胸肢有钩，长鞭毛，交配时抓住雌体。有的雄体后腹部变形。精巢都不成对，位置沿体中线。

4.3.3 生殖周期

从冬卵孵出幼溞，到新的冬卵形成的过程称 1 个生殖周期，因此 1 年内能产生几个生殖周期，即能进行几次有性生殖，枝角类可分为单周期、双周期、多周期、无周期 4 类。大型湖泊、水库敞水区，条件比较稳定常为单周期。池塘或间歇性水域，条件倏忽多变，就出现双周期或多周期。但真正无周期、无两性生殖尚未发现，只是在大型或深水湖，连续数年孤雌生殖，难见雄体，两性生殖强度极低。

4.3.4 生长发育

枝角类生长与其他节肢动物一样，不是连续的，而是间歇性的，生长与脱皮交替进行，每脱 1 次皮就生长增大 1 次，但生长只有在甲壳未硬化之前，时间很短，如大型溞每次生长时间不到 1 分钟。前后 2 次脱皮之间的时间为龄期，从卵中孵化出来的幼溞为第 1 幼龄，第 1 次脱皮后为第 2 幼龄，每脱 1 次皮增加 1 龄，最末 1 个幼龄称终末幼龄。到终末幼溞就离开母体，独立生活。终末幼龄脱皮 1 次就变为成体。幼龄数约 2 ~6 个，成龄数较多如大型溞 6 ~26 个。食物、温度、溶氧等影响生长。

枝角类幼体发育为成体，随种类和水温而不同，夏天象鼻溞 2 ~3 天、裸腹溞 4 ~5 天、晶莹仙达溞 6 ~7 天。对枝角类寿命研究不多，一般几周到几个月，裸腹溞在 7 ~15 天，大型溞约 90 天或几个月；在湖心生活比在沿岸生活寿命长，饥饿、低温能延长寿命。

4.4 生态分布

4.4.1 地理分布

枝角类海洋、咸水种类甚少，大多数种类分布在淡水，数量也多。无论寒带、温带、热带，全世界无处不在，11 个科都是世界性分布，多数属也是世界性分布，大部分种是世界种，但各种分布广度不同。我国分布有世界属 25 个、北方属 14 个、南方属 6 个。我国有淡水枝角类 58 个世界种，23 个北方种，35 个南方种，我国特有种 19 个。我国淡水枝角类共有 9 科 45 属 136 种。云南统计约 98 种，其中世界种占多数，南方种较多，北方种较少，特有种数种。

4.4.2 分布水域

（1）江河　种类、数量相当贫乏，0.001 ~0.1 个/L。江河水冲刷，翻腾有大量泥沙等无机悬浮颗粒，不利于滤食，在流速大的江河中或急流小溪几乎看不到枝角类，金沙江、澜沧江及其沿线一些支溪流基本如此。在间歇闭塞或缓流的旧河道、支流、小河、下游河口又相当丰富，区系类似于湖泊，象鼻溞、长刺溞等是江河中最常见种类。昆明盘龙江枝角类丰富。

（2）间歇水域　水坑、水洼、水潭等间歇小水体，存在时间短，经常干涸，这里的枝角类生态耐性较大，生殖力强，广布性种类不多，仅有溞属、裸腹溞属中的一些种类。裸腹溞属常见于污水潭，溞状溞、大型溞喜居于水草茂盛的清水潭。

（3）池塘　水草布满全部水底，水浅，枝角类生境及区系都类似于湖泊沿岸带，广生境性种类，如溞状溞、大型溞等常常大量繁殖。

（4）水库　兼备河流和湖泊的特性，水库上游区、中游区与河流一样，枝角类种类、数量一般贫乏，下游区与湖泊相似，种类、数量常较丰富。漫湾电站水库 1994 ~2000 年调查中十分典型。

（5）湖泊　是枝角类主要分布生境水域，种类在小水体多于大水体，沿岸带、浅水区种类最多，在沿岸带蔓生水草，种类也特别丰富，因细菌和腐屑多，枝角类数量也多，敞水区种类较沿岸带少，但数量相当多。北方湖泊敞水区，北方种占优势，如简弧象鼻溞、小栉溞、僧帽溞等；南方湖泊敞水区，广布种、南方种占优势，如广布种有长额象鼻溞、长刺溞、溞状溞等，南方种有短型裸腹溞、隆线溞与翼弧溞等，滇池大致如此。喜营养丰富、温暖水体的有秀体溞属、裸腹溞。喜沿岸带多水草的地方有晶莹仙达溞、粗毛溞属、盘肠溞属。低额溞属在水草繁茂、水浅泥深处。底栖泥溞常在底部淤泥中匍匐。金氏薄皮溞在湖泊敞水区，抚仙湖如此。在湖泊、池塘、水库中数量可达到 10 个/L，有时达 100 ~1000 个/L 以上。

4.4.3 分布状态

（1）水平分布　枝角类分布不均匀，成团块状。在湖泊水库等同一水域，由于枝角类运动方式、捕食特性不同，各种类各有不同的生活小区。粗毛溞科大部分底栖、生活在沿岸带。盘肠溞科主要生活在沿岸带水草丛中。敞水区环境单纯，种类少，体透明，游泳力强，滤食力大，习见的有如网纹溞属、溞属等的种类，还有如象鼻溞属、圆形盘肠溞等等，敞水区还有猎食性种类。

（2）垂直分布　除水平分布外，枝角类还受光照等因素影响，进行垂直分布。在深水湖泊，水库枝角类有明显的垂直分布现象，如僧帽溞在上层、长刺溞在较深水层。有的有季节垂直移动，如象鼻溞；有的有昼夜垂直移动，如短尾秀体溞，因此水层中的枝角类种类和数量常处于变动之中。光照、温度、食物、鱼类捕食影响着垂直分布和垂直移动。抚仙湖是垂直移动的最好例子。

4.4.4 影响分布因素

（1）食物　枝角类极少数为肉食性，如薄皮溞、大眼溞，捕食轮虫、小型枝角类。其余为滤食性，主动选择食物能力极有限，泥沙太多时因得食机会少而死亡。食物是酵母菌、细菌、单胞藻类、微群体藻类、原生动物、腐屑等，以细菌、腐屑最重要。细菌是枝角类的基本食物，能保证生命活动正常进行，富营养湖泊细菌和藻类丰富时枝角类最多，夏季蓝藻形成水华，枝角类密度下降减少，因细菌少，蓝藻可能对枝角类有毒害。天然水域细菌浓度在 100 ~300 亿个/L，1 只溞滤食细菌2 ~7 万个/

24 小时。湿重腐屑可含细菌 45 ~ 52 亿个/g。每只长额象鼻溞可滤食小球藻 10 万个/24 小时。食物颗粒直径一般 5 ~ 10μm，或在 1 ~ 80μm，100μm 以上不能利用。日粮约为体重的 30% ~ 100% 以上，正常食物密度在湿重 5 ~ 10mg/L 以上。

（2）温度　根据耐温性，枝角类可分为广温性和狭温性 2 大类。广温性种类对温度变化耐受性大，温度下限低、上限高，绝大多数广温性，分布最广，热带、温带、寒带均有出现，多是世界性种类，往往喜较高温度，16 ~ 18℃后才大量出现，如温水性种类多，刺裸腹溞适温在 25 ~ 28℃，基合溞属暖水性，晚春盛夏较多。狭温性种类温度下限高、上限低，分布区较狭窄，狭温性种类又可分为嗜寒性和嗜暖性 2 类；嗜寒性种类在较低温度下生命力特别旺盛，分布北极区和北温区，成为北方种，如冷水性短尾裸腹溞适温为 8 ~ 13℃；嗜暖性种类在较高温度下繁殖力特别强、死亡率最低，主要分布于热带、成南方种；嗜寒性北方种类中，有一部分向南扩展，深入热带；嗜暖性种类中，有一部分向北扩展，深入到北极区，因此，狭温性种类中，也有世界性分布种类。

（3）溶氧　枝角类因血液中含血红素，对溶氧有很大适应性，通常在溶氧饱和度的 20% ~ 30%、1.0mg/L 以下，或在比溶氧饱和度少 20% ~ 30% 的显著缺氧状态下仍能正常生活，如多刺裸腹溞可生活在 0.3mg/L 水中，无氧条件下老年低额溞活 5 小时、圆形盘肠溞 18 小时。大水面生活种类较不耐低氧，如柱形薄皮溞要 2.0mg/L、长柱尾突溞要 2.5mg/L 以上。

（4）pH 值　对枝角类代谢、生殖和发育等生命活动都有密切关系。枝角类虽能生活在酸性、中性、微碱性水域，但各种类各有不同的要求和适应性，一般对酸性水较敏感，碱性水较适应。大型溞、隆线溞可在 pH10.0 ~ 11.0 水中生活，单肢溞属在 pH4.0 ~ 7.3 水中生活，圆形盘肠溞在 pH5.0 和 pH9.0 有 2 个最适值，大多数可在 pH6.5 ~ 8.5 水里生活。

（5）盐度　海洋含盐量 1.6% ~ 4.7%，平均 3.5%；淡水含盐量 0.005% ~ 0.05%。盐度对枝角类分布有影响，受高盐度限制，但枝角类血液渗透压处于高调状态，对盐度有很大适应性。大多数常见淡水枝角类，在含盐量 0.2% ~ 0.3% 半咸水可生存。有些种类耐盐，大型溞能在含氯化物 0.4%、盐量 1.1% 的半咸水中生活。

（6）季节　枝角类种类、数量、形态、分布都受影响明显，可分为终年存在种类和季节性种类。堵南山 1996 报道，种类变动，太湖有 44 种，终年出现 10 种，其他季节性出现，9 月最多，占种数的 63.6%，1、2 月最少，占 25%，3 ~ 5 月逐增，10 月开始减少。数量变动，太湖 7 ~ 9 月数量最多，此时也是鱼类需要饵料最多的月份，9 月中旬达到高峰 26.35 个/L，1 月 1.35 个/L，2 月 1.13 个/L。水温对季节变动影响最大，食物对数量影响最大。

枝角类数量除季节变动外，还有昼夜变动和逐年变动。昼夜变动与捕食浮游动物的鱼类活动及风浪有关。而逐年变动，在干旱少雨的年份个体数量较高。

4.4.5　季节变异

有些种类形态有季节变异或叫周期变态，如滇池中僧帽溞，冬季头小钝圆，夏季有长而尖的头盔，头长约占体长的 1/2；滇池中还有透明溞头盔变异也很明显。发生季节变异的枝角类仅限于溞属、船卵溞属、网纹溞属、象鼻溞属、盘肠溞属中一些浮游种类。变异是经过许多世代逐步渐进，不是 1 代突变而成。

4.5　经济意义

枝角类是浮游动物重要成员之一，常见种类并不多，但个体数量很大，个体相对大，生物量相对高，许多种类在 5 天内能增加 5 ~ 10 倍。

4.5.1　饵料饲料

枝角类为几乎所有幼鱼和某些成鱼的优质饵料，在鱼苗培育中、后期及鱼种培育阶段，是最重要的天然饵料。枝角类营养成分较高，蛋白质含量高，有鱼类所需的一切氨基酸，其含量高于其他饵料无脊椎动物；脂肪含量在饵料无脊椎动物中最高；碳水化合物含量也相当高；维生素含量丰富。例如，溞状溞干重 100g 中含有蛋白质 46.6%，脂肪 3.9%，碳水化合物 9.0%，灰分 25.9%，其他 14.7%，还含有酪氨酸4.27g，色氨酸3.62g，精氨酸10.32g，组氨酸2.69g，胱氨酸1.17g，蛋氨酸3.45g。溞状溞鲜重100g中，含维生素A 2.077mg，维生素$B_1$0.255mg，维生素$B_2$0.569mg，胡萝卜素微量；灰分中含有大量与磷及铁相结合的钙。因此，枝角类的饵料价值很高，如蛋白质饵料仅能增加鱼类代谢强度20%~30%，枝角类能使鲤鱼代谢强度提高100%。又如，只用1种活饵料饲养幼鱼，往往生长不良，易病，而只用枝角类饲养白鲟幼鱼则生长良好。但水体中枝角类大量繁殖会造成缺氧，妨碍鱼苗活动；另外，猎食性枝角类太多时能引起浮游动物性饵料不足。

枝角类可作为观赏金鱼饵料，可饲喂鸡、鸭、猪等家禽家畜，可以晒干成“鱼虫干”作为秋冬季饲料，可出口外销。

4.5.2 指示生物

枝角类捕食大量细菌及有机碎屑，对水体自净、污水治理起重要作用。对水体许多毒物十分敏感，特别是金属化合物比鱼类敏感甚多。对有机磷杀虫剂毒性比有机氯杀虫剂灵敏。而与鱼类相反，如三氧化砷鱼类致死量变化在10~20mg/L，枝角类致死量仅仅0.25~2.5mg/L，故可用于污水毒性实验。用于水体监测的指示生物，如溞状溞、大型溞、多刺裸腹溞是乙型中污带指示生物，平突船卵溞、金氏薄皮溞、晶莹仙达溞是寡污带指示生物。

枝角类分布广，数量多，易于采集、培养，繁殖快、周期短，亦是生物学科研、教学的良好材料，可用于药物微量测定、遗传变异研究等。

4.5.3 培养方法

选择一些个体大的适宜种类，如大型溞、长刺溞等，可进行室内、外培养。室外土池培养：水深0.5m，水温18~25℃，pH7.5~8.0，溶氧饱和度70%~120%，有机物耗氧量20mg/L为宜。加入混合堆肥液汁，待细菌、单胞藻大量繁殖，投入溞种，3~4天后，大量繁殖，可达到800g/m^3的产量。

4.6 分类

枝角类吻的有无、大小、形态，肛刺及爪刺的形态、分布、数量，肛门位置等是分类的重要依据。全世界枝角类分2个部、3个总科、11科，约65属440种，其中10个科，约57属410种分布于淡水。它们是：单足部HAPLOPODA、真枝角部EUCLADOCERA，仙达溞总科Sidoidea、盘肠溞总科Chydoroidea、大眼溞总科Polyphemoidae。在真枝角部仙达溞总科的单肢溞Holopedidae我国未发现。大眼溞总科的圆囊溞科Podonidae海产。我国淡水枝角类有9科45属138种。单足部1科1属1种，即金氏薄皮溞，洱海有记载，抚仙湖采到标本。《中国枝角类志》载云南分布有76种。

4.7 云南枝角类名录

Ⅰ 薄皮溞科 Leptodoridae

（1）透明薄皮溞 *Leptodora kindtii*（Focke）

洱海、抚仙湖。

Ⅱ 仙达溞科 Sididae

（2）晶莹仙达溞 *Sida crystallina*（O. F. Müller）

滇池、洱海、星云湖、清水海、剑湖、大屯海、长桥海、长湖、月湖。

（3）短尾秀体溞 *Diaphanosoma brachyurum*（Liéven）

澜沧江，滇池、洱海、抚仙湖、杞麓湖、异龙湖、草甸海、大屯海、长桥海、长湖、月湖，松华坝、豹子洞、黑龙潭、团结、漫飞龙等，鱼塘、水池。

（4）兴凯秀体溞 *Chankensis chankensis* Uéno

程海。

（5）长肢秀体溞 *Chankensis leuchtenbergianum* Fischer

澜沧江，滇池、洱海、抚仙湖、程海、杞麓湖、异龙湖、草甸海，漫飞龙。

（6）多刺秀体溞 *Chankensis sarsi* Richard

洱海。

（7）镰角秀体溞 *Chankensis excisum* Sars

清水海、鱼塘、水塘。

（8）秀体溞 *Diaphanosoma* sp.

滇池、洱海、天池，漫飞龙，鱼塘、水池。

（9）大洋洲壳腺溞 *Latonopsis australis* Sars

湖泊。

（10）双棘伪仙达溞 *Pseudosida bidentata* Herrick

湖泊。

Ⅲ 蚤科 Daphniidae

（11）大型溞 *Daphnia*（*Ctenodaphnia*）*magna* Straus

滇池、洱海。

（12）翼弧溞 *Daphnia*（*Ctenodaphnia*）lumholtzi Sars

滇池，水库。

（13）鹦鹉溞 *Daphnia*（*Ctenodaphnia*）*psittacea*（Baird）

滇池。

（14）隆线溞 *Daphnia*（*Ctenodaphnia*）*carinata* King

滇池、洱海、杞麓湖。

（15）蚤状溞 *Daphnia*（*Daphnia*）*pulex* Leidig

滇池、程海、杞麓湖、剑湖。

（16）短钝溞 *Daphnia obtuse* Kutz

湖泊。

（17）长刺溞 *Daphnia*（*Daphnia*）*longispina*（O. F. Muller）

滇池、洱海、抚仙湖、泸沽湖、阳宗海、异龙湖、属都海、碧塔海、天池、清水海、剑湖、长湖。

（18）透明溞 *Daphnia*（*Daphnia*）*hyaline* Leydig

澜沧江、大叠水，滇池、洱海、抚仙湖、程海、泸沽湖、阳宗海、杞麓湖、异龙湖、清水海、此碧湖、月湖，松华坝、金钟山、黑龙潭、团结、鲁布革，鱼塘、水洼。

（19）僧帽溞 *Daphnia*（*Daphnia*）*cucullata* Sars

滇池、洱海、抚仙湖、阳宗海、杞麓湖、月湖。

（20）溞一种 *Daphnia*（*Daphnia*）sp.

怒江，星云湖，水库，鱼塘、水坑。

（21）老年低额溞 *Simocephalus vetulus*（O. F. Müller）

澜沧江、大盈江、南盘江，滇池、洱海、抚仙湖、杞麓湖、异龙湖、北海、清水海、剑湖、长湖。

（22）拟老年低额溞 *Simocephalus vetuloides* Sars

湖泊。

（23）棘爪低额溞 *Simocephalus exspinosus*（Kohl）

滇池，豹子洞，鱼塘、水潭。

（24）锯顶低额溞 *Simocephalus serrulatus*（Kohl）

澜沧江，滇池、大屯海、长湖、月湖。

（25）尖吻低额溞 *Simocephalus acutirostratus*（King）

鱼塘、水塘。

（26）方形网纹溞 *Ceriodaphnia quadrangular*（O. F. Müller）

澜沧江，滇池、洱海、抚仙湖、杞麓湖、异龙湖，松华坝。

（27）钩弧网纹溞 *Ceriodaphnia hamata* Sars

小河流，滇池、抚仙湖、清水海，黑龙潭，鱼塘、水洼。

（28）角突网纹溞 *Ceriodaphnia cornuta* Sars

南腊河，滇池、杞麓湖、异龙湖，松华坝、漫飞龙。

（29）美丽网纹溞 *Ceriodaphnia pulchella* Sars

滇池。

（30）宽尾网纹溞 *Ceriodaphnia laticaudata*（O. F. Müller）

滇池、星云湖。

（31）棘体网纹溞 *Ceriodaphnia setosa* Matile

洱海、程海、泸沽湖，豹子洞。

（32）棘爪网纹溞 *Ceriodaphnia reticulata*（Jurine）

程海、泸沽湖、阳宗海。

（33）网纹溞一种 *Ceriodaphnia* sp.

南盘江，滇池、程海、泸沽湖、阳宗海、异龙湖、属都海、碧塔海、雪池。

（34）平突船卵溞 *Scapholeberis mucronata*（O. F. Müller）

滇池、洱海，金钟山、黑龙潭、漫飞龙。

（35）壳纹船卵溞 *Scapholeberis kingi* Sars

澜沧江、小河流，滇池、抚仙湖、杞麓湖、清水海、长湖。

Ⅳ 裸腹溞科 Moinidae

（36）直额裸腹溞 *Moina rectirostris*（Leydig）

滇池、抚仙湖、杞麓湖、异龙湖，鱼塘、水塘。

（37）微形裸腹溞 *Moina micrura* Kurz.

滇池、大屯海、长桥海，漫飞龙。

（38）多刺裸腹溞 *Moina macrocopa* Straus

滇池、洱海、抚仙湖、长桥海，鱼塘、水池。

（39）近亲裸腹溞 *Moina offinis* Birge

滇池。

（40）发头裸腹溞 *Moina irrasa* Brehm

滇池。

（41）裸腹溞一种 *Moina* sp.

滇池、异龙湖，漫飞龙，鱼塘、水坑。

V 象鼻溞科 Bosminidae

（42）长额象鼻溞 *Bosmina longirostris*（O. F. Müller）

澜沧江、金沙江、大叠水、瑞丽江、响水河、南盘江、南腊河，滇池、洱海、抚仙湖、泸沽湖、阳宗海、星云湖、异龙湖、大山包、北海、属都海、碧塔海、天池、清水海、草甸海、剑湖、长桥海、长湖、月湖，松华坝、金钟山、黑龙潭、团结、漫飞龙、鲁布革，鱼塘、水坑。

（43）简弧象鼻溞 *Bosmina coregoni* Baird

滇池、洱海、抚仙湖、阳宗海，豹子洞。

（44）脆弱象鼻溞 *Bosmina fatalis* Burckhardt

滇池、洱海、阳宗海、杞麓湖、异龙湖、茈碧湖、大屯海。

VI 粗毛溞科 Macrothricidae

（45）底栖泥溞 *Ilyocryptus yocryptus* sordidus（Liévon）

澜沧江，滇池、阳宗海、异龙湖、长桥海、大山包、长湖，豹子洞，鱼塘、水潭。

（46）活泼泥溞 *Ilyocryptus agilis* Kurz

滇池、长湖、月湖，鱼塘、水塘。

（47）寡刺泥溞 *Ilyocryptus spinifer* Herrick

南盘江，异龙湖，黑龙潭、漫飞龙，鱼塘、水坑。

（48）泥溞一种 *Ilyocryptus* sp.

滇池、洱海，金钟山。

（49）粉红粗毛溞 *Macrothrix rosea*（Jurine）

澜沧江、大盈江，滇池、洱海、异龙湖，鱼塘、水塘。

（50）多刺粗毛溞 *Macrothrix spinosa* King

澜沧江，滇池、抚仙湖、星云湖、杞麓湖、异龙湖、北海、草甸海、大屯海、长桥海、长湖，漫飞龙，鱼塘、水塘。

（51）短角粗毛溞 *Macrothrix brevicornis* Shen. Tai et Chiang

澜沧江，响水河，鱼塘、水洼。

（52）三刺粗毛溞 *Macrothrix triserialis* Brady

鱼塘、水潭。

（53）翼状粗毛溞 *Macrothrix pennigera* Shen，Shun et Chen

滇池草海。

（54）粗毛溞一种 *Macrothrix* sp.

多依河。

VII 盘肠溞科 Chydoridae

（55）直额弯尾溞 *Camptocercus* rectirostris Schoedler

澜沧江、大盈江、瑞丽江，滇池、洱海、抚仙湖、泸沽湖、阳宗海、星云湖、杞麓湖、异龙湖、长湖、月湖，松华坝、金钟山、黑龙潭。

（56）顶冠溞一种 *Acroperus* sp.

属都海。

（57）宽扁高壳溞 *Kurzia latissima*（Kurz）

滇池、洱海、异龙湖。

（58）高壳溞 *Kurzia yunnanensis* Shen，Tai et Chiang

鱼塘、水塘。

（59）无刺大尾溞 *Leydigia acanthocercoides*（Fischer）

滇池。

（60）近缘大尾溞 *Leydigia propinqua* Sars

澜沧江。

（61）粗刺大尾溞 *Leydigia leydigii*（Leydig）

滇池、属都海，黑龙潭，鱼塘、水坑。

（62）大尾溞一种 Leydigia sp.

滇池、天池，水库。

（63）龟状笔文溞 *Graptoleberis testudinaria*（Fischer）

澜沧江，滇池、洱海、抚仙湖、泸沽湖、杞麓湖、异龙湖、属都海、清水海、剑湖、大屯海、长桥海、长湖。

（64）隅齿尖额溞 *Alona karua* King

河流，抚仙湖、异龙湖、清水海，豹子洞、漫飞龙。

（65）中型尖额溞 *Alona intermedia* Sars

长湖、月湖，黑龙潭。

（66）方形尖额溞 *Alona quadrangularis*（O. F. Müller）

大叠水、大盈江、南腊河，滇池、洱海、阳宗海、异龙湖、草甸海、雪池、剑湖、长湖、月湖，松华坝、豹子洞、金钟山、黑龙潭，鱼塘、水潭。

(67) 近亲尖额溞 *Alona affinis* (Leydig)

滇池、洱海，黑龙潭，鱼塘、水潭。

(68) 瘤状尖额溞 *Alona verrucosa* Sars

洱海、大屯海、长湖。

(69) 秀体尖额溞 *Alona diaphana* King

洱海、泸沽湖、茈碧湖。

(70) 华南尖额溞 *Alona milleri* Kiser

滇池、洱海、异龙湖、长桥海、月湖，漫飞龙。

(71) 矩形尖额溞 *Alona rectangular* Sars

澜沧江、南盘江、小河流，滇池、洱海、抚仙湖、程海、泸沽湖、阳宗海、星云湖、异龙湖、清水海、长湖、月湖，金钟山、漫飞龙、鲁布革。

(72) 点滴尖额溞 *Alona guttata* Sars

澜沧江、南盘江、小河流，滇池、洱海、抚仙湖、泸沽湖、异龙湖、北海、属都海、清水海、长湖、月湖，松华坝、豹子洞、金钟山、黑龙潭、鲁布革。

(73) 肋形尖额溞 *Alona costata* Sars

澜沧江、大盈江、小河流，滇池、洱海、抚仙湖、阳宗海、异龙湖、泸沽湖、草甸海、大屯海，豹子洞、黑龙潭、漫飞龙。

(74) 巾国尖额溞 *Alona virago* Brehm

星云湖、杞麓湖、长桥海、长湖。

(75) 尖额溞一种 *Alona* sp.

金沙江、瑞丽江、响水河、多依河，洱海、泸沽湖、阳宗海、大山包、天池，松华坝，勐仑水池。

(76) 瘦尾细额溞 *Oxyurella tenuicaudis* Sars

滇池。

(77) 环纹细额溞 *Oxyurella singalensis* (Daday)

湖泊，漫飞龙。

(78) 异形单眼溞 *Monospilus dispar* Sars

滇池，黑龙潭。

(79) 吻状异尖额溞 *Disparalona rostrata* (Koch)

澜沧江、大盈江，滇池、洱海、北海、草甸海。

(80) 镰角锐额溞 *Alonella excisa* (Fischec)

澜沧江，滇池、洱海、泸沽湖、异龙湖、长湖，豹子洞。

(81) 小型锐额溞 *Alonella exigua* (Lilljeborg)

澜沧江，滇池、阳宗海。

(82) 球形锐额溞 *Alonella globulosa* Daday

鱼塘、水塘。

(83) 矮小锐额溞 *Alonella nana* (Baird)

大山包。

(84) 棘突靴尾溞 *Dunhevedia crassa* King

硕多岗河，滇池、洱海、抚仙湖、杞麓湖。

(85) 钩足平直溞 *Pleuroxus hamulatus* Birge

澜沧江、南盘江、多依河，滇池、洱海、星云湖、异龙湖、天池、大屯海、长桥海、长湖、月湖，松华坝、豹子洞、漫飞龙。

(86) 短腹平直溞 *Pleuroxus aduncus* (Jurine)

澜沧江，滇池、洱海、清水海、长湖，豹子洞、金钟山、黑龙潭。

(87) 三角平直溞 *Pleuroxus trigonellus* (O. F. Müller)

洱海，黑龙潭，鱼塘、水潭。

(88) 肋纹平直溞 *Pleuroxus striatus* Schoedler

鱼塘、水塘。

(89) 光滑平直溞 *Pleuroxus laevis* Sars

澜沧江，滇池、杞麓湖、异龙湖、长湖，黑龙潭。

(90) 异形平直溞 *Pleuroxus assimilis* Brady

滇池。

(91) 矛状平直溞 *Pleuroxus hastatus* Sars

洱海。

(92) 圆形盘肠溞 *Chydorus sphaericus* (O. F. Müller)

澜沧江、硕多岗河、大盈江、瑞丽江、洒鱼河、多依河、南盘江，滇池、洱海、抚仙湖、程海、泸沽湖、阳宗海、星云湖、杞麓湖、异龙湖、大山包、北海、属都海、纳帕海、碧塔海、天池、雪池、清水海、草甸海、剑湖、茈碧湖、大屯海、长桥海、长湖、月湖，豹子洞、金钟山、黑龙潭、漫飞龙，鱼塘、水坑。

(93) 卵形盘肠溞 *Chydorus ovalis* Kurz

河流，滇池、洱海、抚仙湖、泸沽湖、阳宗海，豹子洞。

(94) 侧扁盘肠溞 *Chydorus latus* Sars

豹子洞。

(95) 驼背盘肠溞 *Chydorus gibbus* Lilljeborg

澜沧江，异龙湖。

(96) 锯唇盘肠溞 *Chydorus barroisi* (Richard)

滇池、洱海、异龙湖。

(97) 蜂巢盘肠溞 *Chydorus faviformis* Birge

澜沧江，滇池、洱海、抚仙湖、星云湖、异龙湖、属都海、此碧湖，豹子洞、黑龙潭，鱼塘、水池等。

(98) 大腹盘肠溞 *Chydorus ventricosus* Daday

鱼塘、水塘。

(99) 球形伪盘肠溞 *Pseudochydorus globosus* Paird

滇池、异龙湖，鱼塘、水池。

(100) 大眼独特溞 *Dadaya macrops* (Daday)

鱼塘、水坑。

(101) 近岸腹角溞 *Anchistropus emarginatus* Sars

洱海。

5 桡足类

桡足亚纲 COPEPODA 又称桡足类，种类多，约8400种，是一群小型甲壳动物，又是一群大型浮游动物，体长3mm以内。大部分桡足类在海洋，而与枝角类大部分在淡水相反，其余在半咸水、淡水中，有些寄生鱼类。淡水桡足类的形态特征比海水桡足类简单，体小，壳薄，是对淡水盐分低、比重小的适应，是淡水浮游动物重要组成部分。一般浮游生活，有的在水底爬行，寄生、半寄生多数在鱼类。地理分布很广，有普生性种类，遍布世界各地。也有随纬度、水体不同有一定地域性种类。桡足类对淡水渔业有重要意义：一方面是鱼类及其他水生动物饵料；另一方面一些剑水蚤是鱼卵、鱼苗的敌害，还有些是鱼类寄生虫。

5.1 形态结构

桡足类的形态结构特点与生活习性密切相关，身体纵长，分节明显，有16~17节，但因合并、愈合一般所见不超过11节。整体可分为宽阔的头胸部和较狭窄的腹部，无显著被甲。头胸部较腹部为宽，头部有1个中眼点、2对触角、3对口颚，胸部有5对胸足，腹部无附肢、末有尾叉。雄性第1触角有执握器，雌性腹部两侧或腹面常带1对卵囊。间接发生，发育中经多次变态。

5.1.1 外部形态

体呈圆锥形，背隆腹平。模式桡足类外观11节，各体节之间都有一定的可动性，其中有1个活动程度较大、明显的关节，是区别桡足类3个目的基本特征之一：镖水蚤在第5胸节与生殖节之间；剑水蚤和猛水蚤在第4、5胸节之间，有研究者以此关节把桡足类动物身体分为前体部与后体部2部分。实际上，大多数种类因愈合而体节减少，常见的有：第1胸节与头部愈合，最后2个胸节愈合。腹节一般雄体均明显，雌体第1、2腹节常愈合，后数节也可能愈合。

(1) 身体分部 身体可分头、胸、腹3部分，有时将头部与胸部合称头胸部。

头部：发生上由6节愈合而成头节，也即是成体的第1节为头部，最大，在发生上由原头部5节愈合成的头部再合并第1胸节、第1胸足，成为头节，而第1胸足成为成体的颚足，故有称头胸部（也有将成体头部与5个胸节的组合称头胸部），共有6对附肢。头部前端的突起称额角。眼点位于头胸部背部前端，只有1个单眼，一般由3个小眼构成，没有复眼。

胸部：宽大，由头部后的5个胸节组成，每节有1对游泳足。镖水蚤目第1胸节与头节常不愈合，第4、5胸节常愈合。后侧角形态、扩展不一。剑水蚤和猛水蚤大多数第1胸节常与头节愈合。

腹部：相对狭长，是胸部后的5个体节，没有附肢，但第1腹节（生殖节）除生殖孔1~2个外，可能有残留附肢是例外。腹部后端为2个尾叉，各具羽状刚毛数根，最后1个腹节叫尾节（尾柄、肛节），与尾叉之间一般有1个可动关节，2尾叉之间的背面具肛门。

(2) 附肢 共有11对，头部6对，即第1、2触角，大颚，第1、2小颚，颚足。胸部5对游泳足。腹部没有附肢。每一类群附肢上刚毛和刺构造、数目、位置常是恒定的，为很重要的分类特征。

第1触角：不分支，单肢型，长短变化很大，最少3节，有些10余节，镖水蚤模式构造最多25节，长度超过体长。很多种类雄性第1触角1边（右多）或2边，大多第18~19节之间能弯曲活动，为执握器。

第 2 触角：双肢型，大多数种类基部 2 节，内肢 1 节，外肢多节，为游泳器官。有些种类内肢一般 2 节；外肢萎缩成 1 或 2 节（猛水蚤目），或完全消失（剑水蚤目）。寄生种类第 2 触角成附着器。

大颚：是口器的第 1 对附肢，也是口器的主要附肢，由咀嚼部、触须部组成。各目发达程度和形态差异大，镖水蚤目最发达。咀嚼部是基肢第 1 节（基节）向内方凸出、内缘有锯齿的部分，有咀嚼、磨碎作用，变化多，寄生、半寄生种类变化更大；触须部是基肢第 2 节（底节），着生底节上而具刚毛的内肢 2 节和外肢 5 ~6 节共同组成，很多种类触须部退化，猛水蚤萎缩成 1 或 2 节，剑水蚤有的完全消失、只体现为几根刺毛。

第 1 小颚：口器的第 2 对附肢，是滤食、捕食的辅助器官。很多种类（镖水蚤目）中的第 1 小颚极发达，双肢型、原始。一些种类（剑水蚤目）上肢退化，内、外肢很小，但基肢 2 节较发达。另一些种类（猛水蚤目）中，上肢退化，内、外肢很小，与剑水蚤目相同，但嚼叶发达，内缘有 1 排粗棘。

第 2 小颚：一般由 1 个长大的基肢（分基节、底节）和数节（5 节以内）内肢组成，短小，侧扁，无外肢，单叉。镖水蚤目在内缘有发达的长羽状刚毛，左右羽状刚毛相并构成 1 滤食网；剑水蚤目、猛水蚤目无刺毛，而有粗棘帮助捕食。

颚足：基肢分 3 节，第 1 节前基节、第 2 节基节、第 3 节底节，单肢型，无外肢，内肢一般最多 5 节，构造与第 2 小颚基本相同，但一般较第 2 小颚长。镖水蚤内肢最多可达 6 节，猛水蚤有的退化或消失，剑水蚤亦不发达，一般 1 ~3 节，极少 5 节。颚足前部生长刚毛，有游泳、助捕食功能。

胸肢：5 对，双肢型。前 1 ~4 对扁平、对称，3 个目的胸肢结构基本相同，为主要运动器官，为游泳足。各足基肢 2 节（即基节、底节），外肢最多 3 节，外缘具强棘。内肢一般 3 节，较小，节数能减少；具游泳刚毛，棘与游泳刚毛的形态、数目是分类依据；左右足基节之间，有几丁质连接板。第 5 胸足变化很大，部分种类中（镖水蚤目）雄体特化成交接器，左右异形，与生殖器官结构不对称、匹配，用来抱雌体、挂精包到雌体生殖孔上。雌体第 5 胸足有不同程度退化或消失。其余种类中（剑水蚤目、猛水蚤目）第 5 胸足萎缩成 1 ~2 节，雌雄体相同。第 5 对胸肢是分类重要根据。胸肢是游泳器官，功用如桨，故叫桡足类。

第 6 胸足：仅仅由 2 ~3 根刚毛或刺构成，分类意义不大。剑水蚤和猛水蚤雄体生殖节上具有第 6 胸足。由于这对胸足存在，生殖节被认为是末 1 个胸节。

5.1.2 内部结构

（1）消化器官　桡足类比较简单，口在头部腹面、大颚之间，口前 1 片上唇、口后 1 片下唇（寄生种类上、下唇常成管状），食道（前肠）细窄，胃（中肠）粗大，胃前方常有 1 对可能起消化作用的囊状腺体。在镖水蚤有 1 个正中盲囊和 1 对肝盲囊。胃后是肠（后肠）渐变细，穿过活动关节进入后体部，肠的最后 1 段为直肠，肛门位于肛节背面尾叉间。常以肌肉将消化道前部连接体壁上，使消化道前后有节奏地运动。

（2）循环系统　自由生活的桡足类，只有部分种类（镖水蚤目）具有囊状或管状心脏和血管，后部具心孔 3 个，前面有 1 条不分支的前动脉，位于第 1 ~2 胸节之间。没有心脏、血管的种类（剑水蚤目和猛水蚤目），由消化道有节奏的前后运动及体外附肢运动带动血液循环。

（3）呼吸系统　桡足类没有血管和鳃，用皮肤进行渗透呼吸。

（4）排泄系统　幼体排泄器官是触角腺（绿腺），开口在第 2 触角基部，成体消失。成体是 1 对颚腺（壳腺），是 1 对不规则、盘曲的管子，盲端在胃附近，另端开口在第 2 小颚基部。身体的表皮及消化道后部亦有一定的排泄作用。

（5）神经系统　索状神经系统，在头部腹面形成中枢神经，镖水蚤有膨大的脑（咽上神经节），剑水蚤有集结粗大的围咽神经环。腹神经索都很短，未超过胸部，进入腹部的神经分支延着肠道向后伸展。有些种类中（镖水蚤目）能分辨神经节，其他种类神经节多愈合，寄生种类神经节愈合成粗大围咽神经环。感觉器官，在自由生活的种类，大多有无节幼体眼，一般由 3 个小眼（2 侧眼和 1 中眼）组成，无复眼。第 1 触角上的触肢有感觉作用。

(6) 肌肉系统 比较复杂，有纵贯全身前后的背、腹纵肌各1对。另有附肢牵引肌连于头胸部与基节之间，附肢肌在附肢内部。还有心脏周围肌肉、直肠括约肌、肠道举肌和下引肌等。

(7) 生殖系统 雌性生殖系统相当简单，主要由卵巢、子宫和输卵管组成。少数种类（寄生种类）卵巢成对，大多数种类不成对，单个位于头胸部食道上面中央。输卵管左右是成对、囊状、有许多盲管，由输卵管进入子宫生长和积累卵黄，输卵管后端，管壁腺细胞分泌黏液，把排出的卵细胞粘成1~2个卵囊，附于生殖节2侧、腹面、背面，两个输卵管孔（生殖孔）靠近的只形成1个卵囊。输卵管开口于第1腹节（生殖节）的腹面、背面或2侧。生殖节上还有贮藏由雄性精荚释出精子的处所纳精囊1~2个，和1~2交接孔。镖水蚤无纳精囊。纳精囊有2小管通输卵管后端，卵在输卵管末端受精。

雄性精巢位于头胸部食道上边中央，成对或不成对。输精管位于两侧，剑水蚤成对，镖水蚤和猛水蚤不成对，一般左边发育，另一边退化，前段细，中段较粗，成为贮藏精子的精囊，常积聚有精子，精囊后为精荚囊，精子外包一层分泌物组成精荚包，后段扩大开口于生殖节。各大类群精包有一定形态，有些腊肠形，有长柄，其余球形、梨形而无柄。

5.2 生殖与发育

除个别种类，一般两性生殖，雌雄易于区别。交配时，雄性把自己生殖节上的精包紧粘在雌性纳精囊腹面之交接孔上，精子从精包进入纳精囊。有些种类每次产卵数目与季节、水温、食物有关，卵囊里的卵有一个、几个、几十个、百余个不等，有的一生可产数十个卵囊。棘猛水蚤属 *Attheyella* 有1个种为孤雌生殖。桡足类变态发育（间接发育），有2个幼虫阶段，即无节幼体和桡足幼体。

5.2.1 无节幼体

又叫六肢幼体，从卵孵化出来即是，也为第1期幼虫。自由游泳，即一跳一停地运动（一般浮游，也有底栖爬行）。卵圆形，1个单眼，3对附肢（第1、2触角和大颚），体不分节，有幼虫期特有的排泄器官——触角腺（绿腺）。经6个、5个或更少个无节幼体期和相应次数蜕皮，每期有所变化，最后1个无节幼体期，身体有所伸长，有其他附肢胚芽。无节幼体期很少反应科属特性。

5.2.2 桡足幼体

最后1个无节幼体期蜕皮后，幼虫变化很大，已具备成虫的若干外形特征，即进入桡足幼体期。一般也有6个变态期，在第4桡足幼体期已有两性分化特征，最后一期蜕皮后，即为成虫。桡足类成虫不再蜕皮。从卵孵化到成体并产卵的时间，因种类、环境而异，从4~5天、半年到1年，如韩氏新镖水蚤 *Neodiaptomus handeli*，水温26~32℃时，无节幼体期4~5天，桡足幼体期7天，总计12天性成熟，发育较快。

5.2.3 休眠

桡足类以休眠度过干旱、炎夏、冰冻等不良环境时期，卵、幼体、成体都能进行休眠，分别相当于其他动物的滞育或蛰伏。在沿岸带、间歇性水域、敞水带都有休眠，在水底淤泥中、湿土里、干涸池底也有。镖、剑、猛水蚤许多种类产生休眠卵（体较大、壁厚），无节幼体期未发现休眠。桡足幼体期休眠普遍，成体休眠也普遍，有些在浅水湖底或池底部分泌薄膜作茧，分泌物粘住一些泥块或植物碎片而成。有的春、夏之间开始夏眠，或秋季开始冬眠。蛰伏时有主动选择群集性，个体可达10 000个/m^2以上。由于休眠特性，排干的鱼池一注入新水就可很快出现性成熟的剑水蚤，北方春季溶雪积水后，立即能看见成体剑水蚤。

5.3 生态分布

5.3.1 地理分布

桡足类地理分布很广，有普生性种类，遍布世界各地。对温度比较敏感，因此地理分布较其他浮游动物显著，有的种类随纬度、水体不同有一定地域性。我国桡足类206种中特有种类96种，其中镖水蚤38种、猛水蚤33种、剑水蚤25种，剑水蚤多为广布性种类，地理隔离现象最少。从动物地理区划看，我国位于古北界（东北亚界和中亚亚界）和东洋界（中印亚界），桡足类在我国属古北界的有53种、属东洋界的有103种、古北界和东洋界都有的47种。

5.3.2 分布环境

桡足类种类多，分布于海洋、半咸水、淡水，有浮游、寄生、半寄生、共栖。分布于湖泊、沼泽、水库、池塘、河流、沟渠、泉水、地下水、苔藓丛、潮树皮、积水树洞、叶腋等。镖水蚤目浮游生活、猛水蚤目底栖生活、剑水蚤目介于2者之间，以浮游生活为主。在同一湖泊的不同部位、不同水层，常有不同种类、不同年龄个体。而种类、数量随季节变化，因而常有水平分布、垂直分布的季节变化。

5.3.3 云南分布

西南荡镖水蚤和对角近镖水蚤2种是云南的代表种类。云南的特有种很多，如矮小荡镖水蚤、尾刺斧镖水蚤、短尾近剑水蚤、常见近剑水蚤、云南刺猛水蚤、长节刺猛水蚤等6种是我国的特有种。爪哇齿镖水蚤、长尾真剑水蚤、同形拟猛水蚤、小巧瘦猛水蚤、华美伊兰猛水蚤等5种，虽国外有记载但国内仅见于云南，因此我国206种桡足类中有11种只产于云南。云南桡足类中热带成分较多约占半数，如西双版纳的热带种爪哇齿镖水蚤，国外记载于印度尼西亚。云南桡足类区系在国内与华南（包括四川盆地在内的长江流域）相近，在国外与印度尼西亚、印度、斯里兰卡相接近。也有不少普生性种类如白色大剑水蚤、锯缘真剑水蚤、草绿刺剑水蚤，还有个别冷水性种类如杂刺棘猛水蚤、高加索瘦猛水蚤（沈家瑞，1979）。

5.3.4 生态因素

影响桡足类分布的生态因素有温度、光线、氯化物、pH值、溶解气体和其他生物等。

（1）温度 影响地理分布，桡足类可分为广温性种类和狭温性种类。广温性种类适应范围广，常见种类是广温性，不少为世界种，终年可见。狭温性种类又可分冷水性种类和暖水性种类，冷水性种类大体相当于北方种或冬季出现的种类，暖水性种类相当于南方种或夏季出现的种类，但有些种类受其他因素影响，错综复杂，难以确定为哪一类群。温度影响胚胎发育时间长短，温度与发育时间成反比。影响个体大小和形态特征，高温下培育的个体比低温下培育的小，冬季体长大于夏季，北方个体大于南方个体。

（2）光线 桡足类一般生活在有光的场所，趋光性因种类而异，分布于不同光照强弱、不同深度的水层。光线刺激引起一些桡足类的昼夜垂直移动，夜间到最表层，白天到深层，如广布中剑水蚤在透明度高的贫营养湖移动幅度大到30~40m，在透明度低的富营养湖幅度小到2~4m。底栖的有些猛水蚤或剑水蚤，能在弱光或无光的水底、洞穴、地下水等条件下生活。

（3）氯化物 氯化物影响和限制桡足类的分布，某些河口种类适应盐度范围很广，有的淡水种类可进入半咸水或海水，但海水种类难进入淡水，这可能因为多数淡水种类起源于海水，而淡水种类顺流冲到河口故易于适应。

（4）pH值 氢离子浓度对桡足类有直接或间接影响。按桡足类对pH值适应范围分3类：广酸碱性种类、酸性水种类、中性—碱性水种类。广酸碱性水种类主要是一些广布性种类，能在酸、中、碱性水体中正常繁殖，如锯缘真剑水蚤；酸性水种类最适于强酸性水体生活，如有的生活在pH3~5的水域中；中性—碱性水种类如广布中剑水蚤适于pH6.5~8.0，在云南分布普遍。有许多还偏碱性，如新月北镖水蚤pH7.0~10.0，而中华咸水剑水蚤在云南仅巍山碱性温泉中发现。

（5）溶解气体 在自然条件下水体溶解氧气不足，溶解二氧化碳聚积，氧气和二氧化碳同时作用于有机体。据介绍，游离二氧化碳对英勇剑水蚤有毒害作用，与氧不足和pH值变化无关，溶解二氧化碳增加10~15秒死亡，在没有游离二氧化碳时，虽溶氧气不足仍能活1~3天，在完全缺氧时，底层H_2S含量4.4mg/L能长期生存。桡足类对氧气适应性也很强，如英勇剑水蚤等可在无氧环境中生活。冬季有的湖泊冰层阻断大气，下层积累H_2S，以致水层内水蚤全部死亡，有些浮游性水蚤休眠，直到次年春天，随着水环流，水蚤又活动于上层，这是一种保持种群延续的方式。

(6) 与其他生物的关系　桡足类与其他生物有寄生、共生或共栖的关系。寄生——剑水蚤科及镖水蚤科许多种类，是吸虫、绦虫、线虫等蠕虫的中间宿主。有些桡足类被霉菌、藻类及鞭毛虫、孢子虫、簇虫、车轮虫等原生动物寄生而危害。共生或共栖——草绿刺剑水蚤即因有绿藻共生呈现绿色而得名，剑、镖、猛水蚤体表常附有多类单细胞生物，如柄裸藻 *Colacium*、累枝虫 *Epistylis*、钟虫 *Vorticella*、壳吸管虫 *Acineta* 等，水蚤把小生物带到新环境，自然地从生附着的小生物太多会不利水蚤运动。而有的桡足类则生活在一些蟹、虾身上与之共生。

5.3.5 食性

桡足类头部有 6 对附肢（除第 1 触角外的 5 对组成口器），除寄生种类外，大致有滤食性口器和捕食性口器，有相应的滤食性和捕食性取食方式，此外还有刮食性方式。滤食性——镖水蚤、剑水蚤；捕食性——剑水蚤、镖水蚤；混合性——剑水蚤、镖水蚤；刮食性——猛水蚤、剑水蚤。浮游桡足类食物以微小硅藻、鞭毛藻为主，有时是细菌、原生动物、微小动植物碎片。桡足幼体食性与成体一般相同。无节幼体则有不同，如剑水蚤无节幼体滤食性为主，以细菌、藻类、腐屑、原生动物、小形轮虫等为主。肉食性桡足类日食量约为体重的 52.8%，杂食性的也较高，滤食性的较低。

5.3.6 运动

桡足类运动大致分 3 种类型：①浮荡，第 1 触角发达的种类（镖水蚤目），跳跃 1 次完成，刹那水平静止，腹面向上，后即以伸展不动的第 1 触角为转轴慢转 90°，静止浮荡，身体仿佛挂在第 1 触角上，像滑翔机一样滑翔向前，是一种滑翔式游泳，直到下一次跳跃；②游泳，第 1 触角较短而发达的一些种类（剑水蚤目），急剧连续跳跃、间断地游泳，有时在水草或他物上停歇静止一下，再做几次跳跃，停跳下沉，没有缓慢滑行或浮荡、没有一定的运动体态；③蠕行，第 1 触角短小的多数蠕虫形猛水蚤目种类，不适于游泳，在水底或水草上蠕虫状弯曲爬行运动，也有间断的跳跃，但比剑水蚤跃的短得多。游泳桡足类运动速度，一种镖水蚤 *Diaptomus graciloides* 2～3mm/每秒，当流速 6mm/每秒时便不能逆水游动，但草绿刺剑水蚤 *Acanthocyclops viridis* 当流速 80mm/每秒时能逆流前进。

5.4 经济意义

5.4.1 有益方面

作饵料：桡足类分布广，数量多，是一些淡水鱼类和其他水生动物的良好食物。据分析，剑水蚤含蛋白质 59.81%，脂肪 9.8%，灰分 6%，氮 9.57%～10.15%。浮游植物性营养物质通过桡足类转变成动物性营养物质，它是食物连中重要而不可缺少的一环。鳙鱼主要取食浮游动物，食浮游植物的鲢鱼食物中有桡足类，杂食性鱼类肠道中有桡足类，所有幼鱼多以浮游动物为食而桡足类占很大比重。但桡足类的繁殖速度不如枝角类、轮虫快，运动速度快，多种幼鱼不易捕食。海洋桡足类是海洋鱼类及其他动物的食物。

作食品：有人考虑从海水中直接捞滤桡足类作为人类食物，例如作为虾酱原料。

作指示生物：桡足类可作为水体污染的指示生物之一，评估污染状况时与其他指标生物综合考虑。桡足类不适于多污染带水体生活。甲型中污带有他英勇剑水蚤及草绿刺剑水蚤生活，但数量不多；乙型中污带有毛饰拟剑水蚤、广布中剑水蚤及沟渠异足猛水蚤；寡污带有模式有爪猛水蚤及一些剑水蚤属的种类等。

5.4.2 有害方面

剑水蚤目一些种类捕食鱼卵、鱼苗，可使鱼卵孵化率从 80%～90% 减少到 0.5%～21%，剑水蚤能攻击 3cm 长的鱼苗，故是养鱼孵化时期的重要敌害。镖水蚤目一些种类也是捕食性，也捕食鱼卵、鱼苗。桡足类除浮游种类以外，也有一些寄生种类，大多数寄生鱼体，产生鱼病为害鱼类。另有一些剑水蚤、镖水蚤是人体以及家畜、家禽、蛙类、鱼类等有益动物的许多体内寄生蠕虫（吸虫、绦虫、线虫等）的中间宿主，危害较大。如阔节裂头绦虫 *Diphyllobothrium latum*（Linnaeus）感染途径即生活史如下：终末宿主（人、猫、狗、猪、狐等）→第 1 中间宿主（镖水蚤、剑水蚤）→第 2 中间宿主

（淡水鱼类）→终末宿主（人、猫、狗、猪、狐等）。

5.5 桡足类分类

桡足类属于节肢动物门 ARTHROPODA 甲壳纲 CRUSTACEA 桡足亚纲 COPEPODA，分 7 个目：镖水蚤目 CALANOIDA、细尾水蚤目 MISOPHRIOIDE、怪水蚤目 MONSTRILLOIDA、猛水蚤目 HARPACTICOIDA、剑水蚤目 CYCLOPOIDA、背囊水蚤目 NOTODELPHYOIDA、鱼虱目 CALIGOIDA。其中淡水浮游种类依形态、习性属于 3 个目：镖水蚤目、剑水蚤目、猛水蚤目。我国淡水自由生活的桡足类已知有 3 目 18 科 69 属 206 种和亚种。资料记载云南桡足类 43 种，其中剑水蚤 23 种、镖水蚤 5 种、猛水蚤 15 种。

以下对剑水蚤目、镖水蚤目和猛水蚤目做较详细介绍。

5.5.1 剑水蚤目 CYCLOPOIDA

（1）外部形态 体呈圆锥形，背隆腹平，全身分 2 部分：头胸部和腹部。体长 1～4mm，最长 5.5mm，如大剑水蚤 *Cyolops gigas*。

头胸部：显著较腹部为宽，椭圆形，前端稍向下弯，1 个小突起为额角，头节与第 1 胸节愈合。背部前端有 1 个红色、黑色或蓝色眼点。头胸部头部和 5 个胸节组成（有颚足的胸节不计）。第 1 个胸节，附第 1 胸足，与头部愈合。第 2～5 胸节分节明显，第 5 胸节狭小，常与第 1 腹节紧密连接在一起。头胸部与腹部活动关节，介于第 4、第 5 胸节之间。

腹部：狭长，分 5 节，后端分叉。雄性第 1 腹节为生殖节。雌性第 1、2 节愈合为生殖节，中有纳精囊，开口腹面，产卵孔在生殖节侧面，卵囊也常悬挂 2 侧。最后 1 节叫尾节，背面具肛门，尾节后是 2 个尾叉，各尾叉外侧缘有 1 侧刚毛，背面内缘有 1 背刚毛，末端具羽状刚毛 4 根，一般中间 2 根特长，基部分节。

（2）各部附肢

第 1 触角：长度在桡足类居中等，介于镖水蚤和猛水蚤之间，一般长度仅为体长之半，短者仅为头节的 1/3，长者可达胸部末端；节数变化很大，一般 12～17 节，也有少于 12 节的，如咸水蚤属 6 节，小剑水蚤属 10～12 节，剑水蚤、中剑水蚤、大剑水蚤、温剑水蚤属等 17 节。为主要运动器官，左右对称。雌性末 1～3 节常具特别刚毛，光滑或锯状的透明膜。雄性的较雌性粗大，中部各节膨大，末部各节愈合，甚至成 1 节，呈爪状，第 14～15 节之间能弯曲活动，为执握器，左右对称，与雌性异形。

第 2 触角：两性常为单肢型或外肢退化、消失，短小，绝大多数 4 节。

口器附肢：寄生、半寄生种类口器变化很大，自由生活的种类基本与镖水蚤相似。大颚，1 对，有咀嚼、磨碎作用，分 2 种类型——长腹剑水蚤科、镖剑水蚤科大颚发达，双肢型；剑水蚤科退化，单肢型。第 1 小颚，分内、外肢，很退化、极短小；第 2 小颚分 4 节。颚足是第 1 胸节附肢，分 3～4 节。剑水蚤目口器粗糙，有 3 种取食方式——捕食、刮食、混合性。大多数种类是捕食性的，眼点无视觉作用，以第 1 触角基部数节腹侧及第 2 触角腹侧的感觉毛，探查食物及取食方向。第 1 小颚咬住食物，第 2 小颚及颚足捕捉食物，这 3 对附肢共同把食物推进口内，大颚撕碎、食之，大型动物则吸食之。

剑水蚤能区别藻类和小沙粒等无机物食物，剑水蚤目绝大多数种类是肉食性种类，许多种类演变成寄生性，底栖的大多数种类大多也为肉食性，自由生活者捕食累枝虫等大型纤毛虫、轮虫、枝角类、桡足类、水蚯蚓、摇蚊幼虫等，有些种类肠道内动物性食物占 73%，有些还噬食鱼卵、鱼苗，有些捕食藻类而不是滤食食物颗粒，不仅吃大型食物，也食微小鞭毛藻，有时是细菌、原生动物、微小动植物碎片，几乎碰到什么吃什么。但细菌高浓度才能捕食到，藻类消化率极低。闻名大剑水蚤取食有机碎屑和动物尸体称刮食性。

胸部附肢：5 对，对称，前第 1～4 对构造相似，扁平，基节 2 节，内、外肢各 2～3 节，各节具刺、羽状刚毛。左右足之间连接板上常有特种结构，第 1 胸足亦不成执握肢状。第 5 胸足退化、简单、短小、单肢型、1～2 节，很少多于 2 节，大多数种类由基节和末节组成，刚毛 2～3 根，其中 1 根可能刺状。两性各对胸肢的结构几乎完全相同。一般雄性有第 6 胸枝。胸肢也是游泳器官，功用如桨故叫桡足类。

腹部附肢：腹部无真正的附肢，但生殖节后侧角常有 1 对肢体，一般为 2 根刚毛、1 根刺，常称为第 6 胸肢，一般雄性具有。第 4 胸肢内肢第 3 节、左右足之间连接板，第 5、6 胸足，第 1 触角等是分类的重要根据。

（3）运动　剑水蚤以第 1 触角、胸肢游泳足同时划动，就向前跃进，好像在水中跳跃，急速连续性跳跃几次后，展开较短而发达的第 1 触角，暂停游动，缓缓下沉，当头胸部稍向下垂、腹部倾斜时，即暂停下沉，接着第 1 触角、胸肢游泳足再次鼓动一下，又进行一次连续跳跃。或者连续性跳跃几次后，就在水草或其他物体上静止一会儿，又进行一次连续跳跃。浮游动物原生质比重 1.04 稍大于水，剑水蚤在水中一停止游动，就立即缓缓下沉。

（4）内部器官　有口、食道、胃、肠、肛门，无心脏，肠运动推动血液流动。皮肤呼吸，无鳃。雄性精巢不成对，在食道背面，输精管成对，末端常积聚精子成精孢。雌性卵巢也不成对，输卵管成对，还有许多盲管，常充满卵细胞，管壁分泌黏液，把排出的卵细胞粘成 2 个长圆形卵囊。也有 1 个卵囊者，附于生殖节两侧或背面，雌性生殖孔开口于生殖节两侧，或少许近背面。交配时，雄性把自己生殖节上的精孢紧粘在雌性纳精囊腹面。

（5）生活史　幼体孵化，即自由游泳。卵圆形，1 个单眼，3 对附肢，体不分节，称无节幼体。剑水蚤孵化后，一般经 6 个无节幼体发育变态阶段，再经 5 个桡足幼体发育变态阶段，成为成体。无节幼体一般浮游生活，也有底栖爬行。第 1 期无节幼体有 3 对附肢即第 1、2 触角和大颚；第 2 期无节幼体期出现第 1 小颚；最末无节幼体期有第 2 小颚、颚足和第 1、2 胸足萌芽，但有例外。剑水蚤无节幼体的身体不甚扁，第 1 触角扁平，第 2 触角基节有咀嚼齿，外肢正常，大颚内肢第 1 节有宽大内叶。第 1 桡足幼体期，头胸部 4 节、腹部 1 节，出现第 3 胸足萌芽；第 2 桡足幼体期，头胸部 5 节，出现第 4 胸足萌芽；第 3 桡足幼体期，腹部 2 节，出现第 5 胸足萌芽；第 4 桡足幼体期，腹部 3 节，出现第 6 胸足萌芽，第 1 触角和第 6 胸足显两性特征；第 5 桡足幼体期，腹部为 4 节；桡足幼体在发育过程中逐渐显示出成体特征，最后 1 次蜕皮变成体时，腹部增至 5 节，但雌性第 1、2 腹节完全愈合成 1 节为生殖节。

（6）分类　剑水蚤目分 3 派：颚口水蚤派 Gnathostoma、管口水蚤派 Siphonostoma、杯口水蚤派 Poecilostoma。管口水蚤派及杯口水蚤派绝大多数为共生、半寄生、寄生种类，且大多共生、寄生于海洋无脊椎动物和鱼类。自由生活种类属颚口水蚤派，有 3 科，其中长腹剑水蚤科 Oithonidae 大部分在海水，在我国沿海地区的淡水及咸淡水中仅有 1 属 2 种；镖剑水蚤科 Cyclopinidae 几乎全部在海水，极少数在淡水及咸淡水，我国仅河口及附近有 1 属 1 种；剑水蚤科 Cyclopidae 几乎全部生活在淡水，是个庞大的类群。资料记载我国剑水蚤目 3 科 17 属 74 种，云南记载有剑水蚤 23 种。

5.5.2 镖水蚤目 CALANOIDA

（1）形态结构　身体呈长筒状，分头胸部和腹部，头胸部圆筒形，与腹部分界较剑水蚤明显，头胸部（前体部）远宽大于腹部（后体部），体长 1.2～3mm，一般比剑水蚤大。眼点 1～2 个，或无眼点。头部与剑水蚤相同，不分节。第 1 胸节附有第 1 胸足，与头部愈合或不愈合。第 4、5 胸节，特别是雌性，大多愈合，有的不愈合。两个后侧角有时向 2 侧或向后方扩展。前、后体部的可动关节位于最后胸节与最前腹节之间，第 5 胸足在前体部。雌性腹部常为 4 节，有 3、2 节者，第 1 节为生殖节、很大，腹面有生殖突起，1 对生殖孔，有时生殖节之前有 1 个生殖前节。雄性腹部常为 5 节，第 1 节为生殖节，生殖孔 1 个位于左侧。尾节之后端具 2 尾叉，尾叉末端常有 5 根长的尾刚毛，但也有 4 根、3 根者，通常第 1 根光滑，其余羽状，尾叉背部内末角还有 1 根刚毛。

第 1 触角：在 3 个目中都最长，为游泳平衡器官，一般种类都很长，模式 25 节，有的 1～2 节或 8～9 节，或 24～25 节愈合，以致介于 22～25 节，能达到生殖节、或末数节超过尾刚毛后端，但也有少数种类比较短。雌雄第 1 触角异形，雌性左右同形、同节、对称、等长；雄性左右异形、不对称，左边与雌体完全相同，右边常较粗大、特化，胳膊状弯曲成执握器，分节有减少，第 13 ~ 18 节膨大，第18 ~ 19 节有活动关节，最末节或倒数第 3 节常生有指状、齿状、锯状、梳状突起和透明膜等，执握肢为鉴别种类的依据之一。雄性大型中镖水蚤左触角 25 节，与雌体同，右触角 23 节，第 14 ~ 16 节特别粗壮，各具 1 个粗刺；第 18 ~ 19 节间有活动关节，完全几丁质化，第 21 节具梳齿状透明膜。

第 2 触角：短小，基肢由基节、底节组成。双肢型，分内肢 2 节、外肢多至 7 节，均较发达，具有很多发达的羽状刚毛，为桡足类的模式构造。

口器附肢：组成口器的各对附肢完全具有适于滤食的结构和功能。大颚 1 对，双肢型，由基节和底节组成的基肢咀嚼部有齿突，内、外肢有羽状刚毛，为十分发达的大颚触须。第 1 小颚 1 对，构造复杂、原始，也有发达的羽状刚毛。基肢的第 1 节为前基节，分化成颚基和前上肢，前基节上有基节，基节上有内、外肢，但有些种类内、外肢均退化或消失。第 2 小颚 1 对，有内肢，无外肢，内侧有成排的羽状刚毛，伸出口部，左右相对构成滤食器。颚足 1 对，基肢 3 节，内肢通常 5 节，也有发达的羽状刚毛。

胸足：5 对，前 1 ~ 4 对为游泳足，保持游泳功能的原始状态，双肢型，基部分 2 节，第 2 节着生内、外肢。第 5 胸足雌雄异形，雌性 1 ~ 5 对胸足，一般对称，但第 5 胸足的形态与前 4 对不同，有的第 5 胸足退化或消失；雄性第 5 胸足不对称，右比左大，结构特殊，成执握器，为辅助交接器，可挟取精荚安放到雌体上。低等种类如胸刺水蚤科的中华哲水蚤，第 5 胸足仍为游泳足。镖水蚤亚科是镖水蚤在淡水中最发达的一支，各地最常见的优势类群，其中一些种类第 5 胸足是典型的非游泳型。如大型中镖水蚤第 5 胸足，雌左右对称，内肢短小，2 节，外肢 3 节，第 2 节末端爪状刺发达，第 3 小节分界不清，仅有小刺 2 根；雄左右不对称，右足发达，外肢 2 节，第 2 节末端有 1 个长钩状刺，内肢极退化，1 ~ 2 节，左足外肢 1 ~ 2 节，末端有钳刺和钳板，内肢结构与右足的内肢相似，有 1 ~ 2 节。

心脏：囊状，大多数种类有，位于第 1、第 2 活动体节之间。体表呼吸。排泄器官称颚腺或壳腺，开口于第 2 小颚后面，与剑水蚤相同。

（2）运动方式　与剑水蚤类连续跳跃运动相似，镖水蚤运动方式称浮荡，是滑翔式游泳，开始作 1 次跳跃式游动，然后展开发达而长长的第 1 触角维持浮力，整个身体像挂在第 1 触角上一般，还像滑翔机那样慢慢做滑翔运动。体内富含脂肪，也有利于浮力。滑翔时不易看出下沉，当下沉到一定程度（2 ~ 4mm）后，又急速划动胸肢游泳足和腹部，再作 1 次跳动，重新升高到原来高度，再展开第 1 触角，保持原来平衡位置、浮荡，但又慢慢下沉。

（3）食性　镖水蚤目浮游性种类极多，大多数种类滤食性，第 2 触角、大颚须、第 1 小颚快速震动制动水流，带来食物，第 2 小颚和颚足的羽状刚毛交织构成网状滤食器，滤过得到食物，大颚咀嚼入口。镖水蚤目一些种类是捕食性，如大型中镖水蚤 *Sinodiaptomus sarsi* 也捕食鱼卵、鱼苗。镖水蚤的食物，滤食细菌、单细胞藻类、鞭毛藻、原生动物、有机碎屑等悬浮颗粒。浮游藻类之中喜食硅藻、衣藻、绿球藻等，也食蓝藻。食物颗粒大小在 35μm 以内，大型种类可滤食较大食物。有些是混合性食性，除细菌、藻类、原生动物外，还取食轮虫和浮游甲壳类。镖水蚤的滤食有选择性。

（4）繁殖　卵巢单一，输卵管成对。雄性生殖器官不对称，输精管开口于一侧，而雄性第 5 胸足也不对称，显然是与之配合。交配时，雄性将自己生殖孔上的精孢紧粘在雌性生殖节腹面生殖孔附近，精子通过精孢颈部流出。精孢腊肠形，有时可在雄性左侧输精管内看到，或悬挂生殖节上，交配后的雌体悬挂 1 ~ 3 条。卵直接产于水中，或产于卵囊内。卵常构成 1 个大型、圆盘形卵囊。卵 1 层或多层依种不同，附于雌体腹部生殖节腹面或两侧，有的有 2 个卵囊。

（5）发育　卵孵化出幼体，能游泳，经 6 个无节幼体、6 个桡足幼体的生长、变态、脱皮才变为成体。以大型中镖水蚤为例，说明镖水蚤科幼体发育情况：

无节幼体期：第 1 无节幼体期身体透明，1 个暗红色眼点；体长卵形，略侧扁，体长与宽比约为 2:1，体末端半圆形；尾触毛 1 对，第 1 触角 1 对，第 2 触角 1 对，大颚 1 对。随着脱皮、变态次数增加，体由宽变窄，尾触毛增加，附肢增加。第 1 无节幼体期可能不食东西，第 2 无节幼体期肠内才有绿色食物团；第6无节幼体期体长宽比约为3∶1，体后端分叉成1对突起，具尾触毛4对，已有第1、2对触角；大颚1对，第1、2对小颚雏形；颚足及第1、2对胸肢萌芽。

桡足幼体期：第6无节幼体期，经脱皮进入第1桡足幼体期，变态最显著，此期体分头胸部5节、腹部1节，有尾叉，附肢完全，与成体外形基本相同。第1触角10节。第5桡足幼体期，第1触角与第5胸节可辨雌雄，头胸部6节，腹部雌3节而由第4桡足幼体期的第1、2腹节愈合成的生殖节很长大，腹部雄4节。第1触角25节，胸足5对，第5胸足两性分化更明显，尾刚毛5对。第5桡足幼体期是幼体的最后1期，脱皮后即为成虫，成体不再脱皮。

（6）经济意义　镖水蚤科镖水蚤亚科是镖水蚤在淡水中最发达的一支，包括淡水中常见的大多数优势种，我国有46种，其中荡镖水蚤、中镖水蚤、蒙镖水蚤、新镖水蚤、北镖水蚤和复镖水蚤等6属的种类，在淡水渔业中有重要的经济意义。

（7）　分类　镖水蚤目多数在海水中，是海洋浮游动物的主要组成部分，只有一小部分生活在咸淡水和淡水中。镖水蚤可分3大派：同哲水蚤派 Amphascandria 全海洋生活，等哲水蚤派 Isokerangria 全海洋生活，异哲水蚤派 Heterarthrandria 海洋、淡水、咸淡水生活，可见镖水蚤的少部分生活在淡水或咸淡水。资料记载我国已发现淡水、咸淡水的镖水蚤目种类5科26属66种（宽水蚤科 Temoridae 2属2种、胸刺水蚤科 Centropagidae 2属6种、伪镖水蚤科 Pseudodiaptomidae 1属7种、镖水蚤科 Diaptomidae 19属49个种和亚种、纺锤水蚤科 Acartiidae 2属2种）。淡水镖水蚤大多生活湖泊、江河，有些种类全国各地都有，各地也有特殊种类，有的种类无色透明，有的色彩美丽。资料记载云南有5种镖水蚤。

5.5.3 猛水蚤目 HARPACTICOIDA

（1）形态结构　猛水蚤绝大多数分布于海洋，营底栖生活；一部分在咸淡水和淡水中，大部分淡水种类也底栖，在水草上，浮游种类不多，如苗条猛水蚤属中多数种类体为蠕虫状，第1触角短小，各对胸肢也很短小，适于水底爬行。

头胸部　形多种多样，一般体较侧扁、细长，圆筒形，头胸部宽度与腹部差别不大，附着第1胸足的胸节常与头节愈合，第4、5胸节之间具有活动关节，第5胸节属于后体部，故与剑水蚤一起称后脚类，额部突出显著。

第1触角：短小，在桡足类中最短，最长不超过头节后缘，最短为仅头节的1/5，与底栖生活有关，一般为8节或少于8节，不超过9～10节，左右对称。雌性第1触角第4节都有1根发达的长带状感觉毛，把触角明显分为近端和远端两部分，远端部少者仅2节，多为4节，不超过5节；近端部多为4节，有时仅3节。雄性带状感觉毛往往消失，弯曲变为执握器，节数与雌性相同或较多，通常有较膨大的分节，多在4～6节之间出现。

第2触角：一般猛水蚤的第2触角分节减少，分3～4节，内肢2节，外肢1～3节或萎缩退化成一突起。淡水猛水蚤的外肢远较内肢短小，退化趋势十分明显。

口器附肢：口器的须及刚毛不发达。大颚须小，双肢型常为1～3节；第1小颚十分退化，完全不能与镖水蚤的相比；第2小颚甚为退化，内肢节数减少；颚足大都为执握肢，节数减少，顶端生爪。头部常与附着第1胸足的胸节愈合。猛水蚤大多在水底爬行，取食有机碎屑、动物尸体、原生动物和轮虫等。

胸肢：第1胸足常与其他胸肢异形，内肢成执握器。第5胸足退化，短而扁平，瓣状，常为1～2节，边缘有刚毛或无棘，无把握作用，基肢为基节，具一外刚毛，外肢退化为末节，可具8根刚毛和刺。两性异形，形态结构各类群差异很大。每对胸足内、外肢各节的刺与刚毛数常常各异。第4、5胸节之间有可动关节，其他各关节也能伸曲，因此能作蠕虫状运动。

腹部　雌性第1、第2腹节的部分或全部愈合成生殖节。雄性的第1、2节不愈合，第1腹节后末角具1对退化的附肢，雄性生殖孔1～2个。输卵管1对，多数种类雌性在生殖节腹面，带1个卵囊，少数在两侧带2个卵囊，有的无卵囊卵直接落入水中。尾叉末端一般有2根发达的刚毛，基部具节结。猛水蚤无心脏。

（2）发育 猛水蚤孵化后，一般经5或6个无节幼体阶段，再经5个桡足幼体阶段，成为成体。第1期无节幼体有3对附肢，即第1、2触角和大颚，体十分扁平，成圆方形，往往宽大于长；第1触角圆柱状，第2触角基节有很明显的大颚突。外肢退化，内肢呈执握状，其末端刚毛成爪状，大颚内肢变形，不分节，有2根钳状刺。第2期无节幼体期出现第1小颚；最末无节幼体期有第2个小颚，颚足与第1、2胸足萌芽。第1桡足幼体期，头胸部4节，腹部1节，出现第3胸足萌芽；第2桡足幼体期，头胸部5节，腹部仍1节，出现第4胸足萌芽；第3桡足幼体期，腹部2节，出现第5胸足萌芽；第4桡足幼体期，腹部3节，出现第6胸足萌芽，第1触角和第6胸足显两性特征；第5桡足幼体期，腹部为4节。桡足幼体在发育过程中逐渐显示出成体特征，最后1次蜕皮变成体时，腹部增至5节，但雌性第1、2腹节大多愈合成1生殖节，但也有不愈合者。

（3）运动方式 猛水蚤第1触角大多数短小，一般不超过9～10节，身体圆筒形，多营低栖爬行生活，身体作蠕虫状弯曲运动，以足撑离它物。不适于游泳。

（4）分类 猛水蚤目分3个超科，即叶颚猛水蚤超科 Achirota、爪颚猛水蚤超科 Chirognatha、无颚猛水蚤超科 Agnatha。共30多科，绝大多数在海洋，仅有10余科的部分种类分布于淡水及半咸水。我国淡水中有10科，生活于湖泊、水库、池塘、溪沟水底、泥沙、草丛、苔藓植物缝隙间之水体中。资料记述我国淡水中猛水蚤目10科26属67种，云南记述有15种。

5.6 云南桡足类名录

镖水蚤目 CALANOIDA

I 镖水蚤科 Diaputomidae

（1）对角近镖水蚤 *Tropodiaptomus hebereri* Kiefer

澜沧江、大盈江，滇池、洱海、抚仙湖、星云湖、异龙湖、北海、剑湖，鱼塘、勐仑水塘。

（2）锥肢蒙镖水蚤 *Mongolodiaptomus birulai* (Ryrov)

洱海。

（3）西南荡镖水蚤 *Neutrodiaptomus mariadvigae mariadvigae* (Brehm)

澜沧江、大叠水，滇池、洱海、抚仙湖、程海、泸沽湖、阳宗海、星云湖、杞麓湖、异龙湖、属都海、碧塔海、清水海、草甸海、大山包、长湖、月湖，松华坝、黑龙潭等水库，鱼塘、水塘。

（4）矮小荡镖水蚤 *Neutrodiaptomus mariadvigae pusillus* (Shen et Tai)

抚仙湖。

（5）荡镖水蚤一种 *Neutrodiaptomus* sp.

湖泊。

（6）大型中镖水蚤 *Sinodiaptomus sarsi* (Rylov)

滇池、洱海。

（7）北镖水蚤一种 *Arctodiaptomus* sp.

抚仙湖、阳宗海。

（8）右突新镖水蚤 *Neodiaptomus schmackeri* (Poppe et Richard)

滇池、异龙湖，松华坝、漫飞龙水库。

（9）长江新镖水蚤 *Neodiaptomus yangtseriangensis* Mashiko

洱海。

（10）中华原镖水蚤 *Eodiaptomus sinensis* (Burckhardt)

蒙自长桥海。

（11）爪哇齿镖水蚤 *Dentodiaptomus javanus* (Grochmalicki)

鱼塘、水潭。

（12）尾刺斧镖水蚤 *Dolodiaptomus spinicaudatus* Shen et Tai

河流，漫飞龙水库，鱼塘、水塘。

（13）舌状叶镖水蚤 *Phyllodiaptomus tunguidus* Shen et Tai

澜沧江，滇池、洱海、阳宗海、异龙湖、北海、清水海、草甸海、剑湖、茈碧湖、大屯海、长桥海，松华坝、金钟山、漫飞龙等水库，鱼塘、水坑。

（14）镖水蚤一种 *Diaptomidae* sp.

澜沧江，洱海、抚仙湖、泸沽湖、天池、轿子雪山顶雪池、清水海，金钟山、漫飞龙，鱼塘、水池。

（15）另一种镖水蚤 *Calanoia*

响水河、多依河，抚仙湖、泸沽湖、阳宗

海、星云湖、茈碧湖，鲁布革，鱼塘、水塘。

猛水蚤目 HARPACTICOIDA

Ⅱ 猛水蚤科 Harpacticidae

（16）同形拟猛水蚤 *Harpacticella paradoxa*（Brehm）

滇池、洱海、抚仙湖、阳宗海、星云湖。

（17）拟猛水蚤一种 *Harpacticella* sp.

澜沧江。

Ⅲ 异足猛水蚤科 Canthocamptidae

（18）沟渠异足猛水蚤 *Canthocamptus staphylinus*（Jurene）

湖泊。

（19）多齿瘦猛水蚤 *Bryocamptus*（*Bryocamptus*）*vejdovskyi*（Mrazek）

洱海，鱼塘、水塘。

（20）小巧瘦猛水蚤 *Bryocamptus*（*Bryocamptus*）*minutus*（Claus）

泸沽湖。

（21）高加索瘦猛水蚤 *Bryocamptus*（*Bryocamptus*）*zschokkei caucasicus*（Borutzky）

洱海、天池。

（22）瘦猛水蚤一种 *Bryocamptus* sp.

硕多岗河，属都海、碧塔海，水塘。

（23）云南刺猛水蚤 *Echinocamptus*（*Limocamptus*）*hiemalis yunnanensis* Borutzky

泸沽湖。

（24）长节刺猛水蚤 *Echinocamptus*（*Limocamptus*）*hiemalis elongates* Shen et Tai

洱海。

（25）杂刺棘猛水蚤 *Attheyella*（*Attheyella*）*orientalis heterospina* Shen et Tai

澜沧江，洱海。

（26）云南棘猛水蚤 *Attheyella*（*Attheyella*）（*Mrazekiella*）*yunnanensis* Shen et Tai

澜沧江，滇池、洱海、草甸海、月湖。

（27）五刺棘猛水蚤 *Attheyella*（*Attheyella*）（*Mrazekiella*）*quinquespinosa* Shen et Tai

滇池、长湖。

（28）棘猛水蚤一种 *Attheyella* sp.

澜沧江，滇池、大山包。

（29）南方伊蓝猛水蚤 *Elaphoidella grandidieri*（Guerne et Richard）

滇池、星云湖、松华坝，鱼塘、水塘。

（30）花冠伊蓝猛水蚤 *Elaphoidella coronata*（Sars）

杞麓湖、异龙湖、长桥海，鱼塘、水坑。

（31）华美伊兰猛水蚤 *Elaphoidella decorata*（Daday）

滇池、清水海、草甸海，鱼塘。

（32）洞居伊蓝猛水蚤 *Elaphoidella cavicola* Shen et Tai

湖泊。

（33）伊蓝猛水蚤一种 *Elaphoidella* sp.

大叠水、大盈江、响水河、洒鱼河、南盘江、小河流，滇池、北海、清水海，黑龙潭，鱼塘、水潭。

Ⅳ 短角猛水蚤科 Cletodidae

（34）鱼饵湖角猛水蚤 *Limnocletodes behningi* Borutzky

洱海。

（35）窄肢湖角猛水蚤 *Limnocletodes angustodes* Shen et Tai

鱼塘、水坑。

Ⅴ 苗条猛水蚤科 Parastenocaridae

（36）简肢苗条猛水蚤 *Parastenocaris brevipes* Kessler

澜沧江、大盈江，洱海、北海。

（37）猛水蚤一种 *Harpacticoida* sp.

勐仑罗梭江，滇池、抚仙湖、阳宗海、异龙湖、雪池，漫飞龙、鲁布革。

剑水蚤目 CYCLOPOIDA

Ⅵ 剑水蚤科 Cyclopidae

（38）低盐咸水剑水蚤 *Halicyclops aequoreus*（Fischer）

滇池。

（39）宽足咸水剑水蚤 *Halicyclops latus* Shen et Tai

澜沧江。

（40）中华咸水剑水蚤 *Halicyclops sinensis* Kiefer

巍山文笔温泉（碱性）。

（41）闻名大剑水蚤 *Macrocyclops disdinctus*（Richard）

鱼塘、水塘。

（42）白色大剑水蚤 *Macrocyclops albidus*（Jurine)

洱海、抚仙湖，豹子洞，鱼塘、水塘。

(43) 寡毛大剑水蚤 *Macrocyclops oligolasius* Kiefar

鱼塘、水塘。

(44) 锯缘真剑水蚤 *Eucyclopsserrulatus serrulatus* (Fischer)

澜沧江、大盈江、南盘江，滇池、洱海、抚仙湖、程海、泸沽湖、阳宗海、星云湖、此碧湖、异龙湖、北海、清水海、草甸海、剑湖、杞麓湖、长湖、月湖，豹子洞、黑龙潭，鱼池、水坑。

(45) 如意真剑水蚤 *Eucyclopsserrulatus speratus* (Lilljeborg)

南盘江，滇池。

(46) 大尾真剑水蚤 *Eucyclopsserrulatus macruroides* (Lilljeborg)

洱海。

(47) 锯齿真剑水蚤 *Eucyclopsserrulatus macruroides deticulatus* (Graeter)

小河流，洱海、大山包、长湖，金钟山。

(48) 长尾真剑水蚤 *Eucyclopsserrulatus macrurus* (Sars)

澜沧江、滇池，松华坝、豹子洞。

(49) 真剑水蚤一种 *Eucyclops* sp.

洒鱼河，滇池、天池，鱼塘、水潭。

(50) 绿色近剑水蚤 *Tropocyclops prasinus prasinus* (Fischer)

澜沧江，滇池、洱海、抚仙湖、程海、阳宗海、星云湖、异龙湖、此碧湖，鱼塘、水塘。

(51) 短尾近剑水蚤 *Tropocyclops prasinus breviramus* (Hsiao)

小河流，滇池、洱海、抚仙湖、程海、泸沽湖、阳宗海、异龙湖、清水海、雪池、长湖，黑龙潭、团结，鱼塘、水潭。

(52) 泽西近剑水蚤 *Tropocyclops jerseyensis* Kiefer

洱海、长湖等。

(53) 常见近剑水蚤 *Tropocyclops frequens* (Kiefer)

星云湖、长湖，豹子洞，鱼塘、水坑等。

(54) 短刺近剑水蚤 *Tropocyclops brevispinus* Shen et Tai

滇池、洱海。

(55) 微小近剑水蚤 *Tropocyclops parvus* (Kiefer)

长湖。

(56) 毛饰拟剑水蚤 *Paracyclops fimbriatus* (Fischer)

澜沧江，滇池、洱海、抚仙湖、大山包。

(57) 近亲拟剑水蚤 *Paracyclops affinis* (Sars)

洱海。

(58) 胸饰外剑水蚤 *Ectocyclops phaleratus* (Koch)

滇池，鱼塘、水塘。

(59) 英勇剑水蚤 *Cyclops strenuus* Fischer

硕多岗河，滇池、属都海、纳帕海、碧塔海、草甸海、大山包、剑湖，鱼塘、水坑。

(60) 近邻剑水蚤 *Cyclops vicinus vicinus* Uljanin

抚仙湖。

(61) 草绿刺剑水蚤 *Acanthocyclops* (*Megacyclops*) *viridis* (Jurine)

洱海、抚仙湖，鱼塘、水塘。

(62) 角突刺剑水蚤 *Acanthocyclops* (*Diacyclops*) *thomasi* (Forbes)

滇池。

(63) 刺剑水蚤一种 *Acanthocyclops* sp.

滇池。

(64) 跨立小剑水蚤 *Microcyclops* (*Mirocyclops*) *varicans* (Sars)

澜沧江，滇池、洱海、抚仙湖、异龙湖、长湖。

(65) 微红小剑水蚤 *Microcyclops* (*Mirocyclops*) *rubellus* (Lilljeborg)

抚仙湖。

(66) 等形小剑水蚤 *Microcyclops* (*Mirocyclops*) *subaequalis* (Kiefer)

鱼塘、水塘。

(67) 扁平小剑水蚤 *Microcyclops* (*Mirocyclops*) *uenoi* Kiefer

鱼塘、水池。

(68) 爪哇小剑水蚤 *Microcyclops* (*Cryptocyclops*) *javanus* (Kiefer)

滇池、抚仙湖、星云湖。

(69) 中型小剑水蚤 *Microcyclops* (*Cryptocyclops*) *intermedium* Shen et Tai

鱼塘、水塘。

(70) 长节小剑水蚤 *Microcyclops* (*Cryptocyclops*) *longiarticulatus* Shen et Tai

鱼塘、水潭。

(71) 小剑水蚤一种 *Microcyclops* sp.

河流，滇池。

(72) 广布中剑水蚤 *Mesocyclops leuckarti* Claus

澜沧江、南腊河，滇池、洱海、抚仙湖、阳宗海、星云湖、杞麓湖、异龙湖、大屯海、长桥海、长湖、月湖，松华坝、豹子洞、漫飞龙。

(73) 北碚中剑水蚤 *Mesocyclops pehpeiensis* Hu

澜沧江，滇池、阳宗海、异龙湖。

(74) 台湾温剑水蚤 *Thermocyclops taihokuensis* Harada

澜沧江，滇池、洱海、抚仙湖、程海、异龙湖、清水海、草甸海、大屯海、长桥海、长湖、月湖，松华坝、金钟山、漫飞龙等。

(75) 蒙古温剑水蚤 *Thermocyclops mongolicus* Kiefer

洱海、异龙湖，松华坝。

(76) 虫宿温剑水蚤 *Thermocyclops vermifer* (Lindberg)

鱼塘、水坑。

(77) 短尾温剑水蚤 *Thermocyclops brevifurcatus* Harada

澜沧江，洱海、抚仙湖，豹子洞、黑龙潭，鱼塘、水潭。

(78) 透明温剑水蚤 *Thermocyclops hyalinus* (Rehberg)

澜沧江，滇池、洱海、异龙湖，金钟山。

(79) 粗壮温剑水蚤 *Thermocyclops dybowskii* (Lande)

抚仙湖、长湖。

(80) 温剑水蚤一种 *Thermocyclops* sp.

澜沧江，滇池、洱海、抚仙湖、程海、北海等，松华坝，鱼塘、水塘。

(81) 剑水蚤一种 *Cyclopoida* sp.

大盈江、瑞丽江、响水河，抚仙湖、程海、泸沽湖、阳宗海、星云湖、杞麓湖、大山包、北海、属都海，漫飞龙、鲁布革，鱼塘、水塘。

(82) 无节幼体 *Nauplius*

澜沧江、怒江、普度河、金沙江、大叠水、硕多岗河、大盈江、瑞丽江、响水河、洒鱼河、多依河、南盘江、南腊河、小河流，滇池、洱海、抚仙湖、程海、泸沽湖、阳宗海、星云湖、杞麓湖、异龙湖、大山包、北海、属都海、纳帕海、碧塔海、天池、雪池、清水海、草甸海、剑湖、茈碧湖、大屯海、长桥海、长湖、月湖，松华坝、豹子洞、金钟山、黑龙潭、团结、漫飞龙、鲁布革，鱼塘、水塘、水池。

第四节 其他浮游动物

1 概况

其他浮游动物不是分类类群，而是生态类群，它们时常在浮游生物网中、浮游生物标本中出现，门类繁多，经常遇见，有时数量还很多，在浮游动物调查、研究中占有一定的分量，需要识别它们。它们不同于体大强壮、笨重、爬行或固着的底栖动物，也不同于运动能力强大、能逆游的自游动物，它们有的是这些强壮动物的幼体，或微小种类。多在浅水带水生维管束植物丰富的地方生存。

2 常见类群简介

常见的“其他浮游动物”只能大类群、粗线条介绍，未做细致分类研究。

2.1 海绵动物门 SPONGIA

海绵动物门约有10 000种，多数海产，淡水种类只 1 科（海绵科 Spongillidae）15 属约 150 种生活于淡水。固着生活，小者几毫米，能进入浮游生物网者为芽体、芽球或碎片或微小种类。我国淡水常见的有寻常海绵纲 DEMOSPONGIAE 的针海绵属 *Spongilla*、轮海绵属 *Ephydatia*、盘海绵属 *Trochospongilla* 等 3 属，生活在清洁的小河、湖泊的底物上。云南湖泊分布普遍，但极少捞到。随着水体污染，海绵的生存受到严重影响，如滇池在 20 世纪 50 年代云大生物系教学实习常常采到，现在已不能找到了。洱海、大屯海、北海还有分布。有的淡水海绵对水质理化条件有一定要求，可作为水环境的鉴别物。

2.2 腔肠动物门 COELENTERATA

腔肠动物门有10 000多种，分 3 纲，只有水螅纲 HYDROZOA 约 3700 种的很少种类为淡水生活，即水螅目 HYDROIDEA 水螅 *Hydra* 和硬水母目 TRACHYLINA 淡水水母 *Cracpedacusta* 两类。水螅固着生活，有时浮游到水层中，分布广，几乎在所有湖泊、池塘、缓流而多水草、清水中都有，以蚤类、剑水蚤、小昆虫、小环节动物为食，2000 年后滇池还能个别看到。淡水水母不是常见种类，为古老、珍稀、频危物种之一，淡水中仅 10 余种，发生有季节性，笔者仅在抚仙湖、石林县黑龙潭水库、楚雄个别水库得到桃花水母 *Cracpedacusta* 标本。20 世纪 50 ~ 60 年代桃花水母在四川、湖北、江西等长江流域许多河流、湖泊都有发现。有位四川籍教师说 20 世纪 50 年代在嘉陵江乘船时，随手可捞到水母，云南大学校园水母也有。2007 年 3 月 13 日《春城晚报》报道，世界上已知淡水水母 11 种，我国约有 9 种。

2.3 扁形动物门 PLATYHELMINTHES

扁形动物门分 3 纲。涡虫纲 TURBELLARIA 约 1500 种，一些小型种类的大小不到 1mm，淡水中常见的有真涡虫 *Dugesia*、微口涡虫 *Microstomum*、直口涡虫 *Stenostomum*，有些生活在山溪流水，湖泊、池塘、水洼的静水边缘，隐藏石头下或落叶下，成偶然性浮游动物。三角真涡虫 *Dugesta* (*Euplanaria*) *gonocephala* 从吉林到昆明都有分布，昆明西山溪流中特别多。吸虫纲 TREMATODA，寄生，但一些外寄生种类成虫脱落或转移中的幼虫（如尾蚴）能在水中遇到，种类不多，也很少见。

2.4 线形动物门 NEMATHELMINTHES

2.4.1 线虫纲 NEMATODA

线虫纲中的淡水线虫，体细长线形或细长梭形，横切面圆形，微小，一般 1mm 以下，最大者不过几毫米。消化道是一直管，肌肉质的食道球明显。随种类不同有卵生或胎生、直接发育或变态发育。一般底栖生活，在各种淡水，喜在各种水体的有机碎屑中钻动挖掘，大湖浅水岸边数目最多，急流和 35℃的温泉也有分布。蛇形扭曲运动。分草食性和肉食性 2 类。草食性的种类以碎屑、真菌和单细胞藻类为食，肉食性种类以轮虫、其他线虫为食。尾腺为排泄器官的 1 种线虫，尾腺开口子尾端，分泌物会凝结为线状，借以附着于底物上。线虫种类、数量较多，比较常见，仅次于水生昆虫，占第 2 位，云南所见种类繁多。

2.4.2 线形虫纲 NEMATOMORPHA

本纲已知 100 多种，习见种类为铁线虫 *Cordius aquaticus*。体线形，一般长 10 ~ 30cm，直径0. 3 ~ 2. 5mm，前后粗细一致，像落入水中的一段小线团。雄虫尾端分 2 叉，雌虫圆钝不分叉，成虫自由生活于淡水，幼虫游泳后在水草上结茧，被吞食而寄生于螳螂、蝗虫、龙虱。浮游生物样品中很少采到或见到。

2.5 担轮动物门 TROCHELMINTHES

本门中腹毛虫纲 GASTROTRICHA 的种类已知 200 多种，多数在淡水，也有在海水的。体小，蠕虫瓶状，体后尾分叉，叉末有黏腺开口，黏液有黏附作用。体长 0. 1 ~ 1. 5mm，一般长只有0. 07 ~ 0. 6mm，与原生动物大小差不多，体表背面无纤毛而被鳞片、刚毛或棘，纤毛只在腹面纵、横密集，借此腹毛游泳或活泼地在碎屑中觅食，故得名。淡水种类只有雌体，行孤雌生殖，直接发育。种类不算多，亦不常见。淡水比较广布的习见种类是鼬虫 *Chaetonotus*。云南一般有机物较多的浅小水体中比较常见，有时还很多。

2.6 苔藓动物门 BRYOZOA

苔藓动物外形很像苔藓植物，固着生活，群体的每一个体很小，与水螅体相似，不到 1mm。分 2

个纲——裸唇纲 GYMNOLAEMATA，绝大多数海产，我国已知 199 种；被唇纲 PHYLACTOLAEMATA，淡水产，脱落的群体、休眠芽和幼体（芽体）能进入浮游生物网，不常见。苔藓动物门约有化石种类 15 000种，现存4000 种，淡水中只有数 10 种。苔藓动物常常生活在较清洁的水体。淡水苔藓虫一般在浅水里，但有的也能在 20 ~ 30m 以致 170m 深处找到。丛匐羽苔虫 *Plumatella repens* 生长固着在淡水中藻类、岩石、树枝上。高约 10mm 多的树枝状群体，雌雄同体，动物性营养。昆明大观楼附近 20 世纪 50 年代学生时实习常采到，因水体污染，70 年代后期浙江大学有关专家已采不到了。海产种类大的群体达到几十至几百厘米大小，主要在浅水区，成海底生物相当大的部分。

2.7 环节动物门 ANNELIDA

本门分 5 纲，淡水生活的有 3 纲。体长 1 ~ 20mm，最大 2m。

2.7.1 多毛纲 POLYCHAETA

多毛纲已知约10 000种，主要在海水，极少数种类可侵入进到河口或在淡水中生活。在我国半咸水、淡水中约有 18 种，纯淡水中约 6 种，一般沿河口进入淡水，栖息在江河、湖泊或稻田淤泥中，多以腐烂有机物或微小动植物为食。云南离海洋、河口较远，尚未发现分布。

2.7.2 寡毛纲 OLIGOCHAETA

寡毛纲约 6700 种，占环节动物门的 4/5。最小的个体长不到 10mm。淡水种类统称水蚯蚓或水栖寡毛类，最显著特征：有体腔、分节、有刚毛，刚毛有发状刚毛、针状刚毛和钩状刚毛。水蚯蚓比人们熟悉的陆蚯蚓低等，个体小、体节少、柔软，体长小者不足 1mm，通常 1 ~ 30mm，大者至 100mm 左右，浮游生物网中出现的一般 1mm 左右。较原始种类的生殖方式主要为出芽生殖，即在体中段芽带处增新节，分化出头部，后段形成新个体后部，从头节前脱离母体后独立生活。水栖小型种类多种，大多数种类广温性，世界性分布，有些狭温性而有地区性，是淡水底栖动物的主要成分，在有机质多、富营养水体较常见，栖息湖泊、水库和池塘的底层，它们钻入下层，吞食污泥，消化其中植物碎片等有机物，把疏松的污泥排遗到水底表层，有翻土作用，有净化水底和疏松土壤的作用。

我国淡水自由生活的水蚯蚓有 4 科约 28 属 70 余种：①瓢体虫科 Aeolsomatidae，常见者仅瓢体虫属 *Aeolsoma*，体微小，分节不明显，体内有黄色油滴，横分裂形成链状群体；②仙女虫科 Naididae 的吻杆虫属 *Stytaria*，口前叶伸延成长吻的特征最突出；③颤蚓科 Tubificidae 尾鳃蚓属 *Branchiura* 体细长，红色，1/3 的后部体段每节有 1 对丝状鳃，氧不足时露出泥外不断颤动以助呼吸，α - 中污带生物；④带丝蚓科 Lumbriculidae，仅有 1 属，典型 α - 中污带生物。有些能厌气生活的水丝蚓可生活在自来水管中。

2.7.3 蛭纲 ECHIURIDA

一般叫蛭、蚂蝗。全体胚胎时期 34 个体节，其中 5 个组成口吸盘，7 个愈合成后吸盘，成体可见只 27 节，每个体节又有 3 ~ 5 或更多个体环，个体最大可达 40cm，幼体、小型个体浮游生物网较少采到。蛭纲全世界 2000 种，少数海产，多数在淡水湖泊、沼泽、溪流自由生活，少数陆生或两栖在潮湿土壤、草丛、树枝或寄生、半寄生。我国有 5 科 25 属 62 种。蛭类常昼伏夜出，大多在沿岸带，少数种类在深水区。好钙性，但少数也在酸性污水中，在适宜的环境能大量出现。有的对有机污染、铅 Pb、铜 Cu、DDT 有很强的耐受性，有的能把 DDT 分解为无害的 DDE。

2.8 软体动物门 MOLLASCA

动物界第 2 大门，有 10 万多个种，分 5 纲。淡水种类 2 个纲——①腹足纲 GASTROPODA 为动物界第 2 大纲，有 90 000 余种。分布于海水、淡水、陆地，种类多，数量大。淡水有的幼螺长 1 ~ 1.5mm，壳极薄而易碎，觿螺科 Hydrobidae 成体有高 1mm 者，扁卷螺科 Planorbidae 幼小个体不到 1mm，钉螺 *Oncomelania* 个体也小。②瓣鳃纲 LAMELLIBRANCHIA 约 15 000 种，多数海产。少数淡水种类分布很广，在湖泊、河流、池塘、水池和水库等。我国淡水蚌类，主要是蚌科的种类，有 15 属

140 余种。蚬属 *Corbicula*、豌豆蚬属 *Picidium*、球蚬属 *Sphaerium* 都有个体很小的种。但在云南，螺、蚌幼体（有很短暂浮游生活时期）很少捕捞到，不显得重要。

2.9 节肢动物门 ARTHROPOD

动物界最大的门，分 3 亚门 7 纲，有 110 万～120 万种，占动物总种数的 4/5，有些种类淡水中也较多、较常见。

2.9.1 甲壳纲 CRUSTACEA

节肢动物中的第 2 大纲，约35 000种，分 5 亚纲 30 多目，其中蔓足亚纲全部海生，其余桡足亚纲（前面已介绍）、鳃足亚纲、介形亚纲、软甲亚纲等 4 亚纲的一些种类在淡水生活。

（1）鳃足亚纲 BRANCHIOPOOA　多是小型游泳动物，以微型浮游生物为食，约 800 种。枝角目 CLADOCERA（前面已介绍）；无甲目 ANOSTRACA 的丰年虫 *Chirocephalus* 是典型代表，形似小虾，仰游运动。卤虫 *Artemia* 体长 10～11mm，生活在内陆高盐度湖沼、沿海泻湖、盐田水域，但不在真正的海洋中，可为鱼、虾、蟹饵料；背甲目 NOTOSTRACA 的代表鲎虫 *Apus* 头胸甲特别宽大，盖住躯干的背面，水田、沟渠常见；贝甲目 CONCHOSTRACA 的蚌虫 *Cyzicus* 等，昆明滇池都有出现。无甲目、背甲目、贝甲目都是种类较少的寒武纪就出现的古老残遗类群。

（2）介形亚纲 OSTRACTA　整体包于 2 瓣甲壳内，称介形类，有时钙质化，与瓣鳃类贝壳相似，身体很小，分节不明显，体分为头部、胸部两部分，无腹部，有尾叉。附肢有第 1、2 触角，大颚，小颚，颚足（第 1 胸足），步足（第 2 胸足），清洁足（第 3 胸足）。是淡水近水底部分生活的动物群落成分之一。杂食性，以细菌、藻类、水草碎屑、小型动物和动物尸体为食。鱼类的天然优良饵料，但又是一些鱼类、鸟类绦虫的中间宿主。

介形亚纲分 4 目，绝大部分生活在海洋，其中只有尾肢目 PODOCOPA 的一部分种类生活在淡水，我国尚未系统调查研究。

尾肢目 PODOCOPA，介壳腹缘向内弯曲，壳表常有雕纹，第 1 触角发达、足状、有爪，与其他 3 目不同，第 2 触角发达，大颚发达，口后肢体 4 对。尾叉的分叉呈柱状、细长、顶端具 2 爪。常有 1 个单眼、无复眼。本目种类十分丰富，海洋、淡水中都有。其中腺状介虫科 Cyprididae 分 3 亚科——泥介虫亚科 Ilyocyprinae，仅泥介虫属 *Iiyocypris* 1 属；萤介虫亚科 Candocyprinae 有圆介虫属 *Cyclocypris* 和萤介虫属 *Candona*；腺介虫亚科 Cyprinae 属种比较多，淡水种类大部属此亚科，如腺介虫属 *Cypris*、真介虫属 *Eucypris* 等，海萤属 *Cyprigina* 淡水分布也很广。

腺介虫 *Cypris*（统称，未进一步分类）云南分布普遍，常见。

（3）软甲亚纲 MALACCOSTRACA　为甲壳纲中最大的亚纲，分 6 目约18 000种，淡水中只有 3 个目。

① 等足目 ISOPODA，背腹扁平，胸部发达、附肢相似都单肢型，故称等足目，主要爬行，约4000 种，大多海产，少数淡水种如栉水虱 *Asellus* 体长 4～11mm，广布于池塘、溪涧、稻田，以植物碎屑为食。

② 端足目 AMPHIPODA，左右侧扁，约 4000 种，海洋为主，钩虾 *Gammarus* 是淡水种类的代表，在水草繁茂的水域，云南常见于湖边、浅水溪流。

③ 十足目 DECAPODA，胸部后 5 对附肢为步足，故得名。为甲壳纲中最大的目，约 8000 多种，又分游行亚目（即虾类），善于游泳；爬行亚目（即蟹类），善于爬行。虾类的幼苗、蟹苗（有短暂浮游生活时期），常常进入浮游生物网。20 世纪 60 年代资料，我国约有虾蟹 500 多种。

a. 游行亚目 NATANTIA，本亚目包括对虾派、真虾派、猬虾派，其中只有真虾派的少数种类生活在淡水，即匙指虾科、长臂虾科。匙指虾科 Atyidae 全部为淡水种，如米虾 *Caridina*。长臂虾科 Palaemonidae 海水、半咸水、淡水均有分布，分 4 亚科，我国淡水只有长臂虾亚科 Palaemoninae，有 3 个属，即长臂虾属 *Palaemon* 的秀丽白虾 *P.*（*Exopalaemon*）*modestus*；小长臂虾属 *Palaemonetes* 的中华小长臂虾 *P. sinensis*；沼虾属 *Macrobrachium* 为 1 个大属，约 100 余种，我国约 20 种，如日本沼虾

M. nipponensis，分布最广、最常见。云南虾苗浮游生物网可常常采到、有时还较丰富。

b. 爬行亚目 REPANTIA，分长尾派、螯虾派、短尾派 3 派，而淡水仅有螯虾派、短尾派的一些种类。螯虾派 Astacura 螯虾科 Astacidae 螯虾 *Cambarus*、蝲蛄 *Cambaroides*，云南有饲养和市售。短尾派 Brachura 4 个亚派中仅方口亚派的一些种类生活于淡水。方口亚派 Brachygnatha 有尖额总科 Oxyrhincha 和方额总科 Brachyrhyncha 2 个总科，其中方额总科的溪蟹 *Potamon* 分布于河川、山溪、湖泊、水田，我国约有 20 种，云南较常见，但蟹苗在浮游生物网中几乎都未采到过，这与农田化肥、农药大量使用有关。

2.9.2 缓步纲 TARDIGRATA

水熊 Tardigrata，有将近 350 种，体长不超过 1mm，由 1 头节和 4 躯节构成，4 躯节各有 1 对腿，腿有爪。海水、淡水和湿地均有分布，一般生活在藻类之上，大多数种类生活在陆上湿地的苔藓、地衣等植物上，主要植食性，行动缓慢。云南常见，有时数量还较多，如石林县巴江大叠水塘，数量特多，为优势种群。

2.9.3 蛛形纲 ARACHNIDA

本纲分 9 目，有80 000种，其中蜱螨目 ACARINA 为最大目，有50 000多种。体大小一般 0.5 ~ 2mm。水蜘蛛 Hydracarina（又称水螨）的一些种类，体圆形，无明显分节，肉食性。附肢 6 对，第 1 对螯肢，基部螯形有上颚的作用；第 2 对须肢，又叫下颚，有捕食、触角作用；其余 4 对为步足，每个步足分 6 节、带有成丛或成行的长刚毛。种类不多，不常见，云南不时可见，体大小一般 1mm 左右。

2.9.4 昆虫纲 INSECTA

动物界最大的 1 个纲，约有15 000种化石，现存840 000种，分 2 亚纲约 33 目。大部分陆生，仅一部分）（约 12 个目）水生，但在其他浮游动物类群中，水生昆虫所占种类最丰富，幼虫期都有一定的短暂浮游生活时期，一些小型种类种数多、数量较大，较常见，以鞘翅目、半翅目的成虫，双翅目、脉翅目的幼虫为主，还有蜉蝣目、毛翅目、鳞翅目、广翅目、襀翅目、蜻蜓目的幼虫等和弹尾目。它们是鱼类重要饵料，也是水体生态平衡的重要一环。

无翅亚纲 APTERYGOTA　体较小，较原始，无翅，分 4 目。

弹尾目 COLLEMBOLA　体小，长 1 ~ 3mm，咀嚼式口器，腹部 6 节，第 1 节有腹管，第 4 节有弹器。有的栖息沿岸水面，岸边常捞采到，如跳虫 *Tomocerus*。

有翅亚纲 PTERYGOTA　较高等，有翅，含无翅亚纲以外全部约 29 个目。

（1）蜉蝣目 EPHEMEROPTERA　已知 3 总科 14 科 150 属 1300 种，我国已知 40 种。半变态，稚虫水生，分布于湖泊、池塘、溪流，植食性，低龄幼虫 1mm 左右，寿命可达 3 年，成虫寿命短许多只活几小时。如蜉蝣 *Ephemera*。云南森林植被好的山区清洁溪流、河流水样中十分丰富，常见，有时成优势类群。

（2）蜻蜓目 ODONATA　分 2 亚目 14 科 500 属 5000 种，我国估计有 600 种，已知 300 种。半变态，稚虫水生。豆娘亚目 ZYGOPTERA 体细瘦、翅基狭；蜻蜓亚目 ANISOPTERA 体粗壮、翅基宽。云南湖泊多水草、水较清的岸边幼虫较多。

（3）襀翅目 PLECOPTERA　又叫石蝇，分 6 科 41 属 1400 种，我国已知 260 种。山区河流多、山溪更多，喜溶氧丰富、清洁急流水。幼龄幼虫弱小。不耐污染，污染水会引起死亡。云南很常见。

（4）半翅目 HEMIPTERA　是昆虫纲中 1 个较大类群，分 2 亚目 41 科约30 000种左右。有小型、中型或大型，前翅为半翅，渐变态。有部分水生。水栖常见有划蝽科 Corixidae、仰泳蝽科 Notonectidae 等 9 科。一些低龄幼虫、个体微小种类的成体云南常可捞到。

（5）鞘翅目 COLEOPTERA　昆虫纲中最大的 1 个目，177 科350 000种，水栖 11 科。小型至大型，完全变态，除幼虫外，龙虱科 Dytiscidae、小头水虫科 Haliplidae、水龟虫科 Hydrophilidae 等许多种类成体大小有 1 ~ 2mm 者，云南高原湖泊中浮游生物网中时常能采到。

(6) 毛翅目 TRICHOPTERA 种类很多，全世界2亚目17科约4000种，我国约有230种，常见科约占1/2。成虫叫石蛾，幼虫叫石蚕。除个别种类生活苔藓中外，全水生。多数自做巢筒，少数无巢筒。对溶氧要求很高，是分布的主要决定因素，一般多生活于水草丛和沿岸浪击带，尤其是水清流急、石砾底山溪、小河，云南山区小河、小溪时常可网到，有时还很多。中甸硕多岗河水中石头上巢筒累集如蜂巢。

(7) 鳞翅目 LEPIDOPTERA 昆虫纲中第2大目，分蝶、蛾2大类，有140 000多种，蛾类占本目总种数的90%以上，水生种类极少，一般也很难见到。

(8) 广翅目 MEGALOPTERA 小目，分鱼蛉科 Corydalidae、泥蛉科 Sialidae 两科。作为浮游动物的微型体态，极难网到，作为中、大型体态的底栖动物云南不时可采到，有的澜沧江支流有1人1天采5~10kg 的记录，是鲜美海味，叫江参或江蛆。

(9) 脉翅目 NEUROPTERA 小型、中型昆虫，完全变态，成虫和幼虫肉食性、大多陆生。只有水蛉科 Sisyridae 幼虫水生，生活在淡水海绵上，腹部有气管鳃。

(10) 双翅目 DIPTERA 小型、中型昆虫，昆虫纲中的大目之一。类群复杂，分类系统各异，半数种类的幼虫水生。水生常见有大蚊科 Tipulidae、细蚊科 Dixidae、细腰蚊科 Ptychopteridae、蚊科 Culicidae（我国已知14属150种）、蠓科 Ceratopogonidae、毛蠓科 Psychodidae、虻科 Tabanidae、水虻科 Stratiomyiidae、蚋科 Simuliidae、水蝇科 Ephydridae、食蚜蝇科 Sirphidae、摇蚊科 Tendipedidae 等12科，成虫有1mm、2mm 左右的微小者，幼虫也很小，要用浮游生物网才能采到。

双翅目中摇蚊科较为重要，在水体生态中有独特的作用。

摇蚊科 Tendipedidae，有7亚科，3000余种，常见3亚科。摇蚊科幼虫是最常见的底栖动物，数量常占底栖动物之半，生物量也很大，是重要的鱼类饵料，还可作为各种水域类型的标志。

形态：摇蚊幼虫长圆柱形，蠕虫状，鲜红色，体长2~30mm。头部甲壳角质化，胸部3节，腹部9节。头部2侧有幼虫眼、触角，头部下面有口。第1胸节有1对前伪足。第9腹节有1对后伪足，第8腹节常有1~2对指状腹鳃，第7腹节有的种类有对指状侧鳃，最后1节在肛门附近有2~3对腊肠形肛乳突（肛鳃），具调节渗透压作用。摇蚊成虫形态与普通蚊子类似，静止时前足一般向前伸展，并不停地摇动，故名。成虫亦有体长2mm 左右者。

习性：摇蚊幼虫植食性种类很少，肉食性者喜捕食小型寡毛类、甲壳类和其他摇蚊幼虫，杂食性以细菌、藻类、碎屑、水草、小动物及其他动物尸体为食。初龄幼虫体内含油滴多，比重小，在水面浮游3~6天再转为底栖，因而中、上水层常常可网捕到。个体很小。成虫有时聚集极多，1974年4~5月，昆明北郊距云南大学不远的下马村附近，公路两侧桉树尖上空，出现淡黄色摇蚊群体，随树尖像火焰一样的摆动，每天下午阳光西斜时更明显，不知真相者凭直观称之为桉树冒烟，一时间引起各方关注，成千上万人赶来观看。看时确像火焰。有资料说是婚飞。但估计还是与桉树尖的水分、气味挥发有关。

分布：摇蚊分布很广，适应性很强，幼虫几乎在任何水域均可见到，湖泊水库沿岸带种类、数量较多，向深水带递减。大多数摇蚊幼虫在淡水，但也有在盐分很高的水体生活者。血红色幼虫含血红朊比非红色者耐缺氧。

价值：摇蚊幼虫的经济意义表现在三方面，第一，为优质饵料。幼虫干物质占1.4%，在这干物质中蛋白质为41%~62%，脂肪2%~8%。浮游阶段幼鱼可捕食，底栖时期是底层鱼类饵料，蛹期和蛹升水面羽化期是鱼类捕食它们的最好时期。在水深缺氧、有机污染高度混浊的水体，其他动物难以生存，摇蚊幼虫相反很适应，繁荣昌盛。生物学、生态学意义独特。各类水域摇蚊幼虫生物量，一般可达每平方米几克到几十克。人工饲养每天产量可达0.2kg/m^2，20多天能出现1个世代，很有人工养殖前途。第二，可作指示动物，监测水质。各种摇蚊幼虫对不同水体有一定适应性，故能指示水体类型和污染程度，例如在富营养湖泊或多污带常见羽摇蚊等，在中污带常见流水长跗摇蚊，在贫营养湖或寡污带常见劳氏摇蚊等。我国渔民根据摇蚊幼虫种、量判断稻田和鱼池肥瘦。第三，可使水体自净。据报道，有的湖泊摇蚊幼虫年摄食湖底沉积物干重3~3.5kg/m^2，占湖底沉积物总量的30%，因而在水体自净中有一定作用。

2.10 脊椎动物门 CHORDATA

此处指各种淡水鱼类的鱼苗、鱼卵，蛙类的蛙卵、小蝌蚪，网到时一般较大，肉眼可见。

3 经济意义

“其他浮游动物”是浮游生物的重要组成部分，种类复杂，个体较大，生物量大，有时数量还较多。本身为鱼类的饵料，有些有水质污染程度指示作用，在污水自净中有良好作用。而它们的成虫重要性更大，有些对鱼类养殖有害，有些对人类有害，有些是寄生虫中间宿主，有的可食用、药用、作饲料用等。

3.1 云南“其他浮游动物”名录

腔肠动物门 COELENTERATA

水螅纲 HYDROZOA

螅形目 HYDROIDA

(1) 水螅 *Hydra* sp.

澜沧江、巍山西河，昆明黑龙潭、滇池、杞麓湖、异龙湖、清水海、大屯海、长湖，金钟山。

硬水母目 TRACHYLINA

(2) 桃花水母 *Craspedacusta* sp.

昆明、楚雄，南腊河，抚仙湖，路南黑龙潭水库。

扁形动物门 PLATYHELMINTHES

涡虫纲 TURBELLARIA

单肠目 RHABDOCOELIDA

(3) 微口涡虫 *Microstomum* sp.

澜沧江，滇池。

三肠目 TRICLADINA

(4) 涡虫 *Dugesia* sp.

澜沧江、硕多岗河，滇池、阳宗海、属都海、雪池，金钟山、漫飞龙。

吸虫纲 TREMOTODA

(5) 三代虫 *Gyrodactylus* sp.

硕多岗河。

(6) 日本血吸虫 *Schistosoma japonicum* Katsurada

澜沧江。

(7) 吸虫尾蚴 *Trematoda* (cercaria)

澜沧江，滇池、杞麓湖、异龙湖、大屯海。

(8) 鱼类吸虫 *Trematoda* (fish)

澜沧江。

(9) 包氏毛毕吸虫 *Trichobithattzia paoi* Kun

滇池。

绦虫纲 CESTOIDEA

(10) 六钩蚴 *Hexacanth embrio*

河流，滇池。

线形动物门 NEMATHELMINTHES

线虫纲 NEMATODA

(11) 鞭虫 *Trichuris* sp.

澜沧江，抚仙湖。

(12) 多种线虫 *Nematoda* spp.

澜沧江、怒江、金沙江、大叠水、硕多岗河、大盈江、瑞丽江、响水河、洒鱼河、南盘江、南腊河、小河流等，滇池、洱海、抚仙湖、程海、泸沽湖、阳宗海、星云湖、杞麓湖、异龙湖、大山包、北海、碧塔海、天池、雪池、清水海、草甸海、剑湖、茈碧湖、大屯海、长桥海、长湖、月湖，松华坝、金钟山、黑龙潭、团结、漫飞龙、鲁布革，鱼塘、勐仑水塘、水池。

线形虫纲 NEMATOMORPHA

(13) 铁线虫 *Gordius* sp.

怒江，滇池，金钟山。

担轮动物门 TROCHELMINTHES

腹毛纲 GASTROTRICHA

(14) 一种腹毛虫 *Chaetonotus similes* Zelinka

澜沧江，滇池、抚仙湖，鱼塘、水潭。

（15）另一种腹毛虫 *Chaetonotus gastrocyanus* Brunson

河流，洱海、阳宗海、星云湖，水库。

（16）多种腹毛虫 *Chaetonotus*

澜沧江、瑞丽江、洒鱼河、多依河、南腊河，滇池、洱海、抚仙湖、阳宗海、星云湖、杞麓湖、异龙湖、北海、清水海、草甸海、剑湖、杞麓湖、大屯海、长桥海、长湖、月湖，豹子洞、金钟山、黑龙潭、漫飞龙，鱼塘、水坑、水池。

环节动物门 ANNELIDA

寡毛纲 OLIGOCHAETA

瓢体虫科 Aeolosoma

（17）红斑瓢体虫 *Aeolosoma hemprichii*

澜沧江，滇池。

（18）瓢体虫 *Aeolosoma* sp.

澜沧江、南盘江、小河流，滇池、洱海、抚仙湖、泸沽湖、星云湖、杞麓湖、异龙湖、清水海、草甸海、剑湖、茈碧湖、大屯海。

仙女虫科 Naididae

（19）仙女虫 *Nais* sp.

澜沧江、南腊河，抚仙湖、异龙湖，豹子洞。

（20）多突癞皮虫 *Slavina appendiculata*

澜沧江。

（21）杆吻虫 *Stytaria* sp.

澜沧江、大盈江、洒鱼河、南盘江，滇池、洱海、抚仙湖、泸沽湖、杞麓湖、异龙湖、大屯海、长湖、月湖，鱼塘、水潭。

（22）澳洲尾盘虫 *Dero austtrina*

滇池。

（23）尾盘虫 *Dero* sp.

鱼塘、水塘等。

（24）透清腹毛虫 *Chaetogaster diaphanous*

滇池。

颤蚓科 Tubificidae

（25）尾鳃蚓 *Branchiura* sp.

滇池。

（26）单孔蚓 *Monopylephorus* sp.

滇池。

（27）水丝蚓 *Limnodrilus* sp.

滇池。

（28）多种水蚯蚓 *Microdrili*

澜沧江、大叠水、硕多岗河、大盈江、响水河、洒鱼河、南盘江、南腊河、小河流，滇池、抚仙湖、泸沽湖、阳宗海、星云湖、杞麓湖、异龙湖、北海、属都海、纳帕海、天池、清水海、草甸海、长桥海、长湖、月湖，松华坝，豹子洞、金钟山、黑龙潭、团结、漫飞龙，鱼塘、水塘。

蛭纲 HIRUDINEA

（29）蚂蝗 *Gnathobdellida*

硕多岗河，滇池、纳帕海。

软体动物门 MOLLUSCA

腹足纲 GASTROPODA

（30）拟钉螺 *Tricula* sp.

澜沧江，水库。

（31）椎实螺（幼体）*Lymnaea* sp.

澜沧江、硕多岗河、大盈江、南腊河，滇池、纳帕海、大屯海，豹子洞、金钟山，鱼塘、水塘。

（32）扁蜷螺 *Gyraulus compressus*

澜沧江、硕多岗河，纳帕海，水库。

瓣鳃纲 LAMELLIBRANCHIA

（33）蚌幼虫（钩介幼虫）*Glochidium*

滇池、洱海、茈碧湖，金钟山。

（34）球蚬 *Sphaerium* sp.

硕多岗河，纳帕海。

节肢动物门 ARTHROPODA

甲壳纲 CRUSTACEA

（35）蚌壳虫 *Cyzicus* sp.

大叠水，滇池。

（36）多种腺介虫 *Cypris* spp.

澜沧江、怒江、大叠水、硕多岗河、响水河、南盘江、多依河、小河流，滇池、洱海、抚仙湖、泸沽湖、阳宗海、星云湖、异龙湖、北海、属都海、清水海、杞麓湖、大屯海、长桥海、长湖、月湖，黑龙潭，鱼塘、勐仑水坑。

（37）鲤虱一种 *Argulus* sp.

怒江，滇池。

（38）鲤鳋另一种 *Argulus* sp.

草海。

（38）钩虾 *Gammarus* sp.

硕多岗河，滇池、洱海、抚仙湖、纳帕海、碧塔海、清水海等。

（39）虾苗 *Mysis*

澜沧江、大盈江、响水河、多依河，滇池、杞麓湖、异龙湖、草甸海、长桥海，漫飞龙，鱼塘。

蛛形纲 ARACHNIDA

（40）水蜘蛛 *Hydracarina*

澜沧江、大叠水、大盈江、瑞丽江、响水河、南盘江、南腊河、小河流，滇池、抚仙湖、程海、泸沽湖、阳宗海、异龙湖、大山包、清水海、大屯海、长湖、月湖，松华坝、豹子洞、金钟山、黑龙潭等，鱼塘、水洼。

缓步纲 TARDIGRADA

（41）多种水熊 *Tardigrada*

澜沧江、怒江、大叠水、硕多岗河、大盈江、瑞丽江、洒鱼河、南盘江、小河流，滇池、洱海、抚仙湖、泸沽湖、阳宗海、杞麓湖、异龙湖、清水海、草甸海、茈碧湖、长湖、月湖，松华坝、豹子洞、金钟山、黑龙潭、团结等，鱼塘、水塘等。

昆虫纲 INSECTA

弹尾目 COLLEMBOLA

（42）跳虫 *Collembola*

草甸海、大屯海，豹子洞、黑龙潭。

蜉蝣目 EPHEMEROPTERA

（43）多种蜉蝣幼虫 *Ephemeroptera*（larva）

澜沧江、怒江、大叠水、硕多岗河、大盈江、瑞丽江、响水河、洒鱼河、多依河、南盘江、南腊河、小河流，滇池、抚仙湖、程海、泸沽湖、北海、属都海、清水海、大屯海、月湖，金钟山、黑龙潭、团结、鲁布革等，鱼塘、勐仑水塘。

毛翅目 TRICHOPTERA

（44）多种毛翅目幼虫 *Trichoptera*（larva）

澜沧江、怒江、大叠水、硕多岗河、大盈江、响水河、洒鱼河、南盘江、小河流，清水海，金钟山、黑龙潭、鲁布革，鱼塘、水塘。

襀翅目 PLECOPTERA

（45）多种襀翅目幼虫 *Plecoptera*（larva）

澜沧江、硕多岗河、洒鱼河，水库。

蜻蜓目 ODONATA

（46）多种豆娘幼虫 *Zygoptera*（larva）

澜沧江、怒江、硕多岗河、大盈江、瑞丽江、南腊河、滇池、纳帕海、清水海、长湖，豹子洞。

（47）多种蜻蜓幼虫 *Anisoptera*（larva）

澜沧江、怒江、硕多岗河、瑞丽江、洒鱼河、南腊河，滇池、清水海，豹子洞、金钟山，鱼塘、水塘。

半翅目 HEMIPTERA

（48）仰泳蝽 *Notonecta* sp.

怒江、硕多岗河，纳帕海，金钟山。

（49）小划蝽 *Sigara substriata* Uhler

澜沧江、怒江、大盈江、洒鱼河、南腊河，清水海。

（50）水黾 *Aquarius* sp.

硕多岗河、小河流，纳帕海、碧塔海，豹子洞、金钟山、黑龙潭。

鞘翅目 COLEOPTERA

（50）小头水虫 *Haliplus* sp.

硕多岗河、大盈江、洒鱼河，清水海，豹子洞、金钟山。

双翅目 DIPTERA

（51）蠓幼虫 *Ceratopogonidae*（larva）

澜沧江、南腊河。

（52）蚋 *Simulium* sp.（larva）

南腊河。

（53）牛虻幼虫 *Tabanus* sp.（larva）

洒鱼河。

（54）水虻幼虫 *Stratiomyia* sp.（larva）

滇池。

（55）蝇类幼虫 *Aristocera*（larva）

小河流，滇池、洱海、抚仙湖、程海、泸沽湖、杞麓湖、异龙湖、茈碧湖、大屯海。

(56) 大蚊幼虫 *Tiplua* sp. (larva)
硕多岗河、洒鱼河。
(57) 蚊类幼虫 *Culicidae* (larva)
澜沧江、硕多岗河、洒鱼河、南盘江、南腊河、小河流，滇池、洱海、抚仙湖、程海、泸沽湖、杞麓湖、异龙湖、属都海、清水海、草甸海、吡碧湖、大屯海、长桥海、长湖、月湖，松华坝、豹子洞。
(58) 粗腹摇蚊幼虫 *Pelopia* sp.
云南河流。
(59) 塞氏摇蚊幼虫 *Tendipes* sp.
云南河流。
(59) 雕翅摇蚊幼虫 *glytotendipes* sp.
南腊河。
(60) 多种摇蚊幼虫 *Chironomidae* (larva)
澜沧江、怒江、金沙江、大叠水、硕多岗河、大盈江、瑞丽江、响水河、洒鱼河、多依河、南盘江、小河流等，滇池、洱海、抚仙湖、程海、泸沽湖、异龙湖、纳帕海、清水海、草甸海，松华坝、豹子洞、金钟山、黑龙潭、鲁布革，鱼塘、勐仑水潭。

捻翅目 STREPSIPTERA

(60) 煽（雌虫）*Strepsiptera* (female)
南腊河。
(61) 多种水生昆虫幼虫 *Insecta* (larva)
澜沧江，湖泊，鱼塘，水库。

脊椎动物门 CHORDATA

鱼纲 PISCES

(62) 鱼苗 *Fry*
澜沧江、硕多岗河、响水河、洒鱼河、多依河、南腊河，滇池、泸沽湖、异龙湖、纳帕海、长湖、月湖，豹子洞、金钟山、漫飞龙，勐仑水池。

两栖纲 AMPHIBIA

(63) 蝌蚪 *Tadpole* (Larva)
硕多岗河、洒鱼河、小河流，湖泊，金钟山水库。

第五节　浮游生物保护问题

浮游生物生活于各种湿地，保护了水和湿地也就保护了浮游生物，一切保护湿地的措施也是保护浮游生物的措施，从长远看应考虑全面规划，统筹兼顾，逐步实施，逐步完善。

保持天然状态：未污染的湿地应尽可能保持原生态状态。湿地貌似闲置，实有特别的水生态和水生物生态平衡作用，要从理性上理解，措施上加以保护。

全流域绿化：水是湿地的命脉，森林植被是水的源泉，例如，高山植物将空中水分转化为露附枝叶，滴落，渗出，成溪，更不用说储积雨雪。全流域或湿地周围种树、种草减少水土流失，涵养水分，是维持湿地生存的根本保障。

防止富营养化：农药、化肥约70% 不能被利用，随水流失进入湖泊湿地，日积月累导致水体富营养化和有毒有害物质增加，故流域内应尽可能少用或不用农药，少用化肥，多用农家肥，以生态农业和自然食物链控制病虫害。

保持生态平衡：引进湿地生物新品种时应慎重，以免引进物种使食物链改变，打破原有生态平衡，压迫、危害原有浮游生物种的生存。

加大保护力度：随着经济发展，对湿地的开发利用强度会加大，因此应加大对湿地保护人力、物力、财力投入，加强组织管理，健全规章制度，引用先进技术。

限制开发规模：发展旅游又限制旅游，保持在湿地可承受范围之内，把开发利用、保护养育、持续发展有机结合。

人造湿地：云南许多地方雨量丰富，不但有大江河，还有数不完的小河小溪、荒地、荒谷，可建造人工湿地，增添湿地。

保持流水河道：科学规划云南江河水电站开发建设，保持一小部分支流、小河自然生态河床，永远不建电站；大江大河适当减少梯级电站级数，应保留一些天然流水河段，以保护流水性藻类和其他流水性水生生物资源。

南方水资源利用：云南西南部、南部水量特别丰富，全部流出境外，应设法截流、储备、回流、利用，解决一些湿地水资源短缺问题。

建议：云南大小河流众多，水力资源丰富，水电建设前景辉煌，但是也给水生生物、鱼类等相关物种多样性埋下毁灭的潜在根源。电站是“功臣”也是“罪人”。当前主流意识“功”远远大于“过”，电站兴建势不可当。鱼道是一项重要措施，但至今结构、功能、费用都很不尽如人意，争辩无定论。应作为云南一项长期坚持的生态战略攻关课题，不急成、不放弃，这是意义重大的历史性千秋功业，只有攻克鱼道问题，云南大大小小的河流，大大小小的电站，大大小小水库闸坝，大大小小的湖泊，以致水系流域，不同层次的流水、静水的生物多样性包括浮游生物多样性，鱼类多样性，其他相关的物种多样性保护、发展才有希望。可从小沟小坝实验研究做起，多观察、多实践，逐步提升。

第十章
云南的湿地植物

第一节 概 述

1 湿地植物在生态系统中的作用

湿地植物作为湿地生态系统的初级生产者，为湿地生态系统的其他各层次提供物质和能量，起至关重要的作用。同时湿地植被还为兽类、两栖爬行类和鱼类，尤其是珍稀水禽提供栖息、繁衍和生长的场所，是湿地生态系统的最重要的组成部分。湿地植被在调节地方气候、维持河川径流平衡、补充地下水及蓄洪防灾等方面起着非常重要的作用，还是碳、氮等元素的重要储蓄库与降解污染物质的天然工厂，对温室气体排放和净化空气做出巨大贡献。

2 云南省湿地植物多样性

云南湿地植物的门类复杂，生态环境多样，生活习性也不尽相同。根据生境和生长习性，云南湿地蕨类植物和种子植物大体分为18个生态生活型：①湿生常绿乔木；②湿生落叶乔木；③湿生常绿灌木；④湿生落叶灌木；⑤湿生一年生草本；⑥湿生多年草本；⑦湿生匍匐草本；⑧沼生常绿乔木；⑨沼生落叶乔木；⑩沼生常绿灌木；⑪沼生落叶灌木；⑫沼生一年生草本；⑬沼生多年生草本；⑭沼生匍匐草本；⑮沉水草本；⑯浮叶草本；⑰漂浮草本；⑱悬浮草本。苔藓植物则分为湿生苔藓植物、沼生苔藓植物、沉水苔藓植物3大类型（参见第三节：云南湿地植物名录）。

2.1 种类概况

云南湿地植物包括苔藓植物门 BRYOPHYTA、蕨类植物门 PTEROPHYTA、裸子植物门 GYMNOSPERMAE 和被子植物门 ANGIOSPERMAE 四大门类。计有苔藓植物36科70属116种，蕨类植物23科45属58种，裸子植物1科2属2种，被子植物99科432属1342种。总共159科549属1518种（表10-1）。由于资料不足，各门类植物的起源、传播方式不同，本章仅对种子植物（裸子植物和被子植物）的区系性质做一般的统计和分析。

表10-1 云南湿地植物各门类的科、属、种数

植物门	科数	属数	种数
苔藓植物门 BRYOPHYTA	36	70	116
蕨类植物门 PTEROPHYTA	23	45	58
裸子植物门 GYMNOSPERMAE	1	2	2
被子植物门 ANGIOSPERMAE	99	432	1342
合 计	159	549	1518

2.2 种子植物科的大小排序

云南湿地种子植物计有99科432属1342种。按科的大小，即各科所含湿地植物的种数多少排序

（表 10－2），以莎草科 Cyperaceae 为多，149 种，占全部种数的 11.10%；其次为玄参科 Scrophulariaceae，有 102 种，占全部种数的 7.60%；含 50～99 种的科有禾本科 Poaceae（99 种，占 7.38%），伞形科 Umbelliferae（74 种），蓼科 Polygonaceae（63 种），毛茛科 Ranunculaceae（62 种）和唇形科 Labiatae（59 种）。8 个大科的种数占了全部种数的 48.8%。与此同时，有 20 个科仅含 1 种湿地植物，如樟科 Lauraceae、杉叶藻科 Hippuridaceae、角果藻科 Zannicheliaceae 等。表中种数不代表科的实际大小，如樟科为包含 200～2500 种的大科，但仅有 1 种灌木沼楠 *Phoebe angustifolia* 见于云南的沼泽中，而楔瓣花科 Sphenocleaceae 为 1 单种单属科，楔瓣花 *Sphenoclea zeylanica* 为温带地区广布的稻田杂草，也见于云南西双版纳的田边沼泽中。

表 10－2 云南湿地种子植物科的大小统计

科号	科 名	属数	种数	占湿地植物种数（%）
331	莎草科 Cyperaceae	20	149	11.10
252	玄参科 Scrophulariaceae	16	102	7.60
332	禾本科 Poaceae	41	99	7.38
213	伞形科 Umbelliferae	28	74	5.51
57	蓼科 Polygonaceae	7	63	4.69
15	毛茛科 Ranunculaceae	12	62	4.62
264	唇形科 Labiatae	27	59	4.40
240	报春花科 Primulaceae	3	47	3.50
169	荨麻科 Urticaceae	7	43	3.20
39	十字花科 Cruciferae	16	39	2.90
293	百合科 Liliaceae	15	32	2.38
326	兰科 Orchidaceae	20	31	2.31
232	茜草科 Rubiaceae	7	28	2.09
239	龙胆科 Gentianaceae	5	25	1.86
238	菊科 Compositae	15	24	1.79
256	苦苣苔科 Gesneriaceae	12	23	1.71
77	柳叶菜科 Onagraceae	3	23	1.71
327	灯心草科 Juncaceae	2	22	1.64
47	虎耳草科 Saxifragaceae	6	21	1.56
53	石竹科 Caryophyllaceae	9	19	1.42
285	谷精草科 Eriocaulaceae	1	16	1.19
280	鸭跖草科 Commelinaceae	6	15	1.12
33	紫堇科 Fumariaceae	2	15	1.12
290	姜科 Zingiberaceae	6	14	1.04
250	茄科 Solanaceae	6	14	1.04
215	杜鹃科 Ericaceae	2	14	1.04
307	鸢尾科 Iridaceae	1	14	1.04
276	眼子菜科 Potamogetonaceae	1	13	0.96
266	水鳖科 Hydrocharitaceae	5	12	0.89
71	凤仙花科 Balsaminaceae	1	11	0.82
302	天南星科 Araceae	6	10	0.75
18	睡莲科 Nymphacaceae	5	9	0.67
243	橘梗科 Campanulaceae	6	8	0.59

（续）

科号	科　名	属数	种数	占湿地植物种数（%）
254	狸藻科 Lentibulariaceae	1	8	0. 59
148	蝶形花科 Papilionaceae	5	7	0. 52
267	泽泻科 Alismataceae	3	7	0. 52
306	石蒜科 Amaryllidaceae	2	7	0. 52
143	蔷薇科 Rosaceae	2	7	0. 52
244	半边莲科 Lobeliaceae	2	6	0. 45
235	败酱科 Valerianaceae	2	6	0. 45
223	紫金牛科 Myrsinaceae	2	6	0. 45
259	爵床科 Acanthaceae	5	5	0. 37
251	旋花科 Convolvulaceae	5	5	0. 37
303	浮萍科 Lemnaceae	3	5	0. 37
263	马鞭草科 Verbenaceae	3	5	0. 37
120	野牡丹科 Melastomataceae	3	5	0. 37
32	罂粟科 Papaveraceae	3	5	0. 37
19	小檗科 Berberidaceae	3	5	0. 37
304	黑三棱科 Sparganium	1	5	0. 37
249	紫草科 Boraginaceae	1	5	0. 37
156	杨柳科 Saliaceae	1	5	0. 37
296	雨久花科 Pontederiaceae	2	4	0. 29
123	金丝桃科 Hypericaceae	2	4	0. 29
61	藜科 Chenopodiaceae	2	4	0. 29
279	茨藻科 Najadaceae	1	4	0. 29
45	景天科 Crassulaceae	3	3	0. 22
29	三白草科 Saururaceae	3	3	0. 22
239a	睡菜科 Menyanthaceae	2	3	0. 22
78	小二仙草科 Haloragidaceae	2	3	0. 22
72	千屈菜科 Lythraceae	2	3	0. 22
77a	菱科 Trapaceae	1	3	0. 22
242	车前科 Plantaginaceae	1	3	0. 22
265	花蔺科 Butomaceae	2	2	0. 14
231	萝摩科 Asclepiadaceae	2	2	0. 14
54	粟米草科 Molluginaceae	2	2	0. 14
24	马兜铃科 Aristoolochiaceae	2	2	0. 14
332	竹亚科 Bambusoideae	1	2	0. 14
323	水玉簪科 Burmannia	1	2	0. 14
305	香蒲科 Typhaceae	1	2	0. 14
287	芭蕉科 Musaceae	1	2	0. 14
283	黄谷精科 Xyridaceae	1	2	0. 14
271	水麦冬科 Juncaginaceae	1	2	0. 14
233	忍冬科 Caprifoliaceae	1	2	0. 14
201	清风藤科 Sabiaceae	1	2	0. 14

（续）

科号	科 名	属数	种数	占湿地植物种数（%）
167	桑科 Maoraceae	1	2	0.14
79	水马齿科 Callitrichaceae	1	2	0.14
63	苋科 Amaranthaceae	1	2	0.14
17	金鱼藻科 Ceratophyllaceae	1	2	0.14
78a	杉叶藻科 Hippuridaceae	1	1	0.07
243b	楔瓣花科 Sphenocleaceae	1	1	0.07
243a	五隔草科 Pentaphragmataceae	1	1	0.07
321	箭根薯科 Taccaceae	1	1	0.07
278	角果藻科 Zannichelliaceae	1	1	0.07
248	田基麻科 Hydrophyllaceae	1	1	0.07
236	川续断科 Dipsacaceae	1	1	0.07
221	山榄科 Sapotaceae	1	1	0.07
198	无患子科 Sapindaceae	1	1	0.07
191	胡颓子科 Elaeagnaceae	1	1	0.07
154	黄杨科 Buxaceae	1	1	0.07
136	大戟科 Euphorbiaceae	1	1	0.07
118	桃金娘科 Myrtaceae	1	1	0.07
69	酢浆草科 Oxalidaceae	1	1	0.07
67	牻牛儿苗科 Geraniaceae	1	1	0.07
56	马齿苋科 Portulaceae	1	1	0.07
52	沟繁缕科 Elatinaceae	1	1	0.07
50	川草科 Podostemaceae	1	1	0.07
40	堇菜科 Violaceae	1	1	0.07
11	樟科 Lauraceae	1	1	0.07
	99 科	432	1342	100

2.3 种子植物属的大小排序

2.3.1 含10种以上的属

云南湿地种子植物计有432属。按所含种数多少排列（表10－3），含10种以上的属有25属，占云南湿地种子植物属数的5.79%。以玄参科的马先蒿属 *Pedicularis* 最多，有70种，是高山沼泽的主要成分；其次为莎草科的苔属 *Carex*，有59种，它们大都是各地草甸的优势种或建群种。按生活型而言，这25属中大都是湿生植物，其中杜鹃属 *Rhododendron* 为木本植物（12种）；水生植物仅眼子菜属 *Potamogeton* 的种类较多，有13种，主要生长在积水沼泽和湖泊中，有些种为湖泊中沉水植物群落的主体。

云南湿地种数占各大属实际种数的比例较低。从表10－3可以看出，25属除嵩草属 *Kobresia*（全属约40种，云南湿地18种）外，各属都是100种以上的大属，而云南湿地所占的比例很少，如马先蒿属 *Pedicularis* 全世界有600种以上，出现在云南湿地的仅70种，约为全属的11.67%，苔草属 *Carex* 全世界有1500～2000种，出现在云南湿地的仅59种，约为全属的3.93%或2.95%。因此，从区系角度看，云南湿地各属的种数和各该属的实际大小并无直接联系。

表 10－3 云南湿地种子植物含 10 种以上的属

属 名	所属科名	全属种数	云南湿地种数	占湿地全部种数（%）
马先蒿属 *Pedicularis*	252. 玄参科 Scrophulariaceae	>600	70	11.67
苔草属 *Carex*	331. 莎草科 Cyperaceae	1500～2000	59	2.95～3.93
蓼属 *Polygonum*	57. 蓼科 Polygonaceae	300	46	15.33
报春属 *Primula*	240. 报春花科 Primulaceae	500	28	5.6
毛茛属 *Ranunculus*	15. 毛茛科 Ranunculaceae	600	27	4.5
碎米荠属 *Cardamine*	39. 十字花科 Cruciferae	130	19	14.62
灯心草属 *Juncus*	327. 灯心草科 Juncaceae	200	19	9.5
嵩草属 *Kobresia*	331. 莎草科 Cyperaceae	>40	18	45
冷水花属 *Pilea*	169. 荨麻科 Urticaceae	400	16	4
谷精草属 *Eriocaulon*	285. 谷精草科 Eriocaulaceae	400	16	4
柳叶菜属 *Epilobium*	77. 柳叶菜科 Onagraceae	200	15	7.5
珍珠菜属 *Lysimachia*	240. 报春花科 Primulaceae	180	15	8.3
飘拂草属 *Fimbristylis*	331. 莎草科 Cyperaceae	>200	15	7.5
楼梯草属 *Elatostema*	169. 荨麻科 Urticaceae	200	14	7
龙胆属 *Gentiana*	239. 龙胆科 Gentianaceae	500	14	2.8
鸢尾属 *Iris*	307. 鸢尾科 Iridaceae	300	14	4.67
紫堇属 *Corydalis*	33. 紫堇科 Fumariaceae	～320	13	4.06
眼子菜属 *Potamogeton*	276. 眼子菜科 Potamogetonaceae	～100	13	13
杜鹃属 *Rhododendron*	215. 杜鹃花科 Ericaceae	～800	12	1.5
虎耳草属 *Saxifraga*	47. 虎耳草科 Saxifragaceae	～370	12	3.24
蛇根草属 *Ophiorrhiza*	332. 茜草科 Rubiiaceae	～150	12	8
剪股颖属 *Agrostis*	332. 禾本科 Poaceae	～200	12	6
凤仙花属 *Impatiens*	71. 凤仙花科 Balsaminaceae	～500	11	2.2
早熟禾属 *Poa*	332. 禾本科 Poaceae	～300	11	3.67
莎草属 *Cyperus*	331. 莎草科 Cyperaceae	1500～2000	10	0.5～0.7

2.3.2 云南湿地种子植物含 10 种以下的属是湿地植物区系的主体

云南湿地种子植物含 10 种以下的属计 407 属（表 10－4），占云南湿地种子植物 432 属的 94.21%，所含种数（831 种）占云南湿地种子植物种数（1342 种）的 61.92%，它们是云南湿地植物区系的主体。407 个少种属中，以含 1 种的属为最多，计有 236 属，含 2 种的有 75 属，含 3 种的为 34 属，含 4 种的为 26 属，含 5 种的有 16 属，含 6 种的有 9 属，含 7 种的有 7 属，含 8 种的有 2 属，含 9 种的也仅有 2 属。属数繁多说明云南湿地种子植物区系属的多样性很高，这些属的成员在云南的不同地形和海拔地段形成了丰富多彩的湿地植被类型。

与前述大属一样，含 10 种以下的属的种数也往往占有各该属实际种数的较低的百分比，如银莲花属 *Anemone* 全属 150 种，仅有 8 种出现在云南湿地；又如婆婆纳属 *Veronica*，全属 250～300 种，云南湿地上也仅有 9 种。相反，有的少种属或单种属的全部种都可见于云南湿地，如：菖蒲属 *Acorus* 有 5 种，全部种都见于云南湿地；水棘针属 *Amethystea*、天蓬子属 *Atropanthe*、短瓣石竹属 *Brachystemma*、莼菜属 *Brasenia*、凌风草属 *Briza*、马蹄芹属 *Dickinsia*、血水草属 *Eomecon*、鞭打绣球属 *Hemiphragma*、同钟花属 *Homocodon*、蕺菜属 *Houttuynia*、黑藻属 *Hydrilla*、水禾属 *Hygroryza*、黄花蔺属 *Limnocharis*、睡菜属 *Menyanthes*、微果草属 *Microcarpaea*、堇叶芥属 *Neomartinella*、假野芝麻属 *Paralamium*、拟豆蔻属 *Paramomum*、大漂属 *Pistia*、掌叶石蚕属 *Rubiteucris*、假花蔺属 *Tenagocharis* 等等都是单种属，它们全都分布在云南的湿地上。

含少数种的属的区系意义往往不可低估，如广义睡莲科的莼菜属 *Brasenia* 已独立成一个单种科——莼菜科 Braseniaceae，莼菜 *Brasenia schreberi* 除欧洲外，各大洲都有分布。根据文献记载，在我国仅见于浙江。最近在云南腾冲北海发现有大量的莼菜野生居群，由此，不但要重新评价莼菜在我国的分布格局，这一现象还为研究云南湖泊区系历史及其与外界湖泊的联系提供了新的线索。天南星科的大漂属 *Pistia* 是一个单种属，大漂 *Pistia stratiotes* 普遍漂浮于热带和亚热带的淡水水域。

表 10－4 云南湿地种子植物含 10 种以下的属的统计

属名	所属科名	全属种数	云南湿地种数	占湿地全部种数（%）
水葱属 *Schoenoplectus*	331. 莎草科 Cyperaceae	25	9	36
婆婆纳属 *Veronica*	252. 玄参科 Scrophulariaceae	250～300	9	3～3.6
银莲花属 *Anemone*	15. 毛茛科 Ranunculaceae	150	8	5.3
水芹属 *Oenanthe*	213. 伞形科 Umbelliferae	35～40	8	20～22.9
香薷属 *Elsholtzia*	264. 唇形科 Labiatae	35～40	7	17.5～20
羊茅属 *Festuca*	332. 禾本科 Poaceae	80～100	7	7～8.75
石龙尾属 *Limnophila*	252. 玄参科 Scrophulariaceae	35	7	20
茴芹属 *Pimpinella*	213. 伞形科 Umbelliferae	150±	7	4.7
棱子芹属 *Pimpinella*	213. 伞形科 Umbelliferae	40～80	7	8.75～17.5
香茶菜属 *Rabdosia*	264. 唇形科 Labiatae	100±	7	7
狸藻属 *Utricularia*	254. 狸藻科 Lentibulariaceae	120±～180	7	3.89～5.83
葱属 *Allium*	306. 石蒜科 Amaryllidaceae	450～500	6	1.2～1.33
唇柱苣苔属 *Chirita*	256. 苦苣苔科 Gesneriaceae	80	6	7.5
耳草属 *Hedyotis*	232. 茜草科 Rubiaceae	150～420+	6	1.43～4
天胡荽属 *Hydrocotyle*	213. 伞形科 Umbelliferae	25～100	6	6～24
红丝线属 *Lycianthes*	250. 茄科 Solanaceae	180～200	6	3～3.33
水竹叶属 *Murdannia*	280. 鸭跖草科 Commelinaceae	40～50	6	12～15
沿阶草属 *Ophiopogon*	293. 百合科 Liliaceae	50±	6	12
赤车属 *Pellionia*	169. 荨麻科 Urticaceae	50	6	12
黄芩属 *Scutellaria*	264. 唇形科 Labiatae	300+	6	2
菖蒲属 *Acorus*	302. 天南星科 Araceae	5	5	100
鸭跖草属 *Commelina*	280. 鸭跖草科 Commelinaceae	100	5	5
姜黄属 *Curcuma*	290. 姜科 Zingiberaceae	5～50+	5	10～100
野青茅属 *Deyeuxia*	332. 禾本科 Poaceae	100～200±	5	2.5～5
荞麦属 *Fagopyrum*	57. 蓼科 Polygonaceae	15	5	33.33
玉凤花属 *Habenaria*	326. 兰科 Orchidaceae	600	5	0.83
独活属 *Heracleum*	213. 伞形科 Umbelliferae	60～70	5	7.14～8.3
半边莲属 *Lobelia*	244. 半边莲科 Lobeliaceae	250	5	2
丁香蓼属 *Ludwigia*	77. 柳叶菜科 Onagraceae	30～75	5	6.67～16.67
海菜花属 *Ottelia*	266. 水鳖科 Hydrocharitaceae	40	5	12.5
囊瓣芹属 *Pternopetalum*	213. 伞形科 Umbelliferae	27	5	18.51
扁莎草属 *Pycreus*	331. 莎草科 Cyperaceae	100	5	5
慈姑属 *Sagittaria*	267. 泽泻科 Alismataceae	20±	5	20
柳属 *Salix*	156. 杨柳科 Salicaceae	500±	5	1
蝇子草属 *Silene*	53. 石竹科 Caryophyllaceae	500	5	1
黑三棱属 *Sparganium*	304. 黑三棱科 Sparganiaceae	20	5	25
含 4 种的 26 属			104	
含 3 种的 34 属			102	
含 2 种的 75 属			150	
含 1 种的 236 属			236	

含 4 种的属：计 26 属。其中水毛茛属 *Batrachium*、水筛属 *Blyxa*、驴蹄草属 *Caltha*、喉毛花属 *Comastoma*、水蜡烛属 *Dysophylla*、茨藻属 *Najas*、睡莲属 *Nymphaea*、舌唇兰属 *Platanthera*、刺蕊草属 *Pogostemon*、小芹属 *Sinocarum*、水苏属 *Stachys* 比较常见。

含 3 种的属：计 34 属。其中水蜈蚣属 *Kyllinga*、浮萍属 *Lemna*、湖瓜草属 *Lipocarpha*、肋柱花属 *Lomatogonium*、地笋属 *Lycopus*、雨久花属 *Monochoria*、菱属 *Trapa*、金莲花属 *Trollius* 等属多为典型的水生植物。

含 2 种的属：计 75 属。水马齿属 *Callitriche*、金鱼藻属 *Ceratophyllum*、萍蓬草属 *Nuphar*、荇菜属 *Nymphoides*、稻属 *Oryza*、梅花草属 *Parnassia*、节节菜属 *Rotala*、地榆属 *Sanguisorba*、肉穗草属 *Sarcopyramis*、水麦冬属 *Triglochin*、香蒲属 *Typha*、黄眼草属 *Xyris*、玉山竹属 *Yushania* 均为湖泊或沼泽地上的主要成员。

含 1 种的属：达 236 属。最为常见且限于水体环境的有泽泻属 *Alisma*、看麦娘属 *Alopecurus*、水棘针属 *Amethystea*、水苋草属 *Ammannia*、假马齿苋属 *Bacopa*、三棱草属 *Bolboschoenus*、丰花草属 *Borreria*、莼菜属 *Brasenia*、泽苔草属 *Caldesia*、薏苡属 *Coix*、隐棒花属 *Cryptocoryne*、马蹄芹属 *Dickinsia*、虻眼属 *Dopatricum*、稗属 *Echinochloa*、凤眼莲属 *Eichhornia*、杉叶藻属 *Hippuris*、蕺菜属 *Houttuynia*、黑藻属 *Hydrilla*、水石衣属 *Hydrobryum*、水鳖属 *Hydrocharis*、水禾属 *Hygroryza*、水莎草属 *Juncellus*、刺芋属 *Lasia*、假稻属 *Leersia*、黄花蔺属 *Limnocharis*、水茫草属 *Limosella*、母草属 *Lindernia*、睡菜属 *Menyanthes*、沟酸浆属 *Mimulus*、豆瓣菜属 *Nasturtium*、莲属 *Nelumbo*、过江藤属 *Phyla*、大漂属 *Pistia*、紫萍属 *Spirodela*、苦草属 *Vallisneria*、王莲属 *Victoria*、微萍属 *Wolffia* 等。

角果藻属 *Zannichellia* 是热带和亚热带广布淡水水体中的悬浮植物，它在云南南部的水田、水塘中广泛存在并且往往形成水体中的单优植物群落，标志着水体的热带性质。睡菜科 Menyanthaceae 的睡菜属仅有睡菜 *Menyanthes trifoliata* 1 种，沼生草本，广布于北温带，我国南北各省（自治区）都产，曾在云南温带湿地广泛分布，但在污染比较严重的滇池、洱海等地已经消失，惟腾冲北海的草排至今保存大量的睡菜居群，表明这里水体的洁净，值得珍惜。

2.4 湿地植物的分布区式样

分布区式样指植物种的地理分布范围。不同植物分布区的大小范围不同，通常可以归纳为 15 个类型 - 分布区式样（表 10 -5）。根据分布区的相似性，每一类型又可细分为若干亚型和变型，在表中表示为 14 -1，14 -2，14 -3，15 -2 -1，15 -2 -2，15 -2 -3 等等。

云南湿地植物属于第 1 类分布区式样（类型）的是世界湿地广布种，有 21 种，如水蓼 *Polygonum hydropiper* 等，见于世界各大洲的淡水湿地，也见于云南海拔 3500m 以下的各种湿地，也可以生长在耕地、山坡。这类植物有广泛的适应能力。在研究植物区系时，一般不作重点分析。

属于第 2 -12 类分布区式样的是跨洲分布的种，分布区式样 13 的种从中亚地区分布到云南，属于跨国分布的种，这 12 类的植物共 388 种。分布区式样 14，东亚广泛分布（包括云南）的种也有 302 种。表 10 -5 表明，云南湿地植物 52.93% 是云南湿地与国外湿地所共有的物种，这些种类（711 种，含世界分布 21 种）说明云南湿地和国外湿地植物区系组成上的共性或相似性，未作一一分析。分布区式样 15（608 种，45.31%）均为中国特有种，在不同程度上代表中国湿地的区系特征，是湿地植物区系研究的主要对象。

2.5 云南湿地特有植物

云南湿地特植物包括两大类，①中国特有种：仅分布在中国湿地的种类，称中国特有种。表 10 -5 中 15 -1 为中国特有分布的种类，是指分布于云南和其他省（自治区）的种，计 376 种，占云南湿地植物的 28.02%；②云南特有种：指分布区仅限于云南境内湿地的物种，计 232 种，占云南湿地植物的 17.29%（表 10 -5 中的 15 -2）。

表 10－5 云南湿地种子植物种的分布区式样统计

分布区序号	（式样）名 称	种数	占湿地植物种数（%）
1	世界分布	21	1.56
2	泛热带分布	12	0.89
3	热带亚洲和热带美洲间断分布	8	0.59
4	旧世界热带分布	15	1.12
5	热带亚洲和热带大洋洲分布	50	3.73
6	热带亚洲至热带非洲分布	17	1.27
7	热带亚洲分布	172	12.8
8	北温带分布	47	3.50
9	东亚和北美间断分布	4	0.29
10	旧世界温带分布	40	2.98
11	温带亚洲分布	5	0.37
12	地中海、西亚和中亚分布	4	0.29
13	中亚分布	14	1.04
14	东亚分布	(302)	(22.5)
14－1	全东亚分布	26	1.94
14－2	中国—日本分布	52	3.87
14－3	中国—喜马拉雅分布	224	16.69
15	中国特有分布	(608)	(45.31)
15－1	全中国特有分布	376	28.02
15－2	云南特有分布	(232)	(17.29)
15－2－1	云南广布	15	1.12
15－2－2	云南高原湿地分布	14	1.04
15－2－3	云南北部湿地分布	47	3.50
15－2－3a	滇西北分布	50	3.73
15－2－3b	滇东北分布	7	0.52
15－2－4	云南东南部湿地分布	24	1.79
15－2－5	云南西南部湿地分布	11	0.82
15－2－6	云南高黎贡山地区湿地分布	29	2.16
15－2－7	云南南部热带湿地分布	30	2.24
15－2－8	滇西北—滇东南间断分布	5	0.37
16	栽培水生植物	10	0.74
17	入侵湿生植物	13	0.96
合计		1342	100

2.5.1 云南湿地特有种是重点保护对象

限于云南湿地分布的云南特有种为 232 种，它们分别属于不同的科和属，生长在不同类型和不同海拔的湿地。大多数的特有种仅限于某一个湖泊或一片沼泽中，如波叶海菜花 *Ottelia acuminate* var. *crispa* 仅生长在泸沽湖，密集黑三棱 *Sparganium confertum* 只有在贡山县普拉河源头的大坝迪沼泽地的个别面积不及 $100m^2$ 的水潭中。一旦泸沽湖被污染，大坝迪沼泽的小水潭的水位下降或干枯，这两种特有植物就将在生物界消失。保护湿地特有植物必须保护特有植物所在的湿地。由于湿地往往彼此隔离，湿地植物扩散十分困难，湿地特有种必然是重点保护对象。

云南特有湿地植物种类繁多，不同分布区类型的特有植物都指示着该地区的生态环境的特性。按照物种的分布范围，为便于湿地特有植物的管理和规划，云南特有种可划分为9个亚类，如表10－5中的15－2－1为在云南湿地广布的特有种（15种），15－2－2至15－2－8分别为云南局部地区的特有种，其中15－2－6系仅分布于云南高黎贡山湿地中的特有种（29种）。本文列举高黎贡山地区湿地特有植物，分别介绍它们的产地和生境。

2.5.2 高黎贡山湿地特有种

指仅分布于云南西部高黎贡山地区湿地的特有种，为云南特有植物的一部分，但不见于云南高黎贡山以外的云南任何其他地区。

（1）高黎贡山湿地特有木本植物　高黎贡山湿地有4种特有木本植物，均属杨柳科 Salicaceae 植物：溪旁矮柳 *Salix ruvulicola*，小灌木，生长在贡山县独龙江乡海拔4000m的小溪边；迪政当柳 *Salix dizhindanensis*，小灌木，仅仅出现在海拔1480m的独龙江河滩上；怒江柳 *Salix nujiangensis*，灌木，分布于高黎贡山东坡海拔2800m的江边湿生灌丛中；孔目矮柳 *Salix kongmuensis*，垫状灌木，分布于贡山、福贡、泸水三县境内海拔3500～3800m的高山草甸上。

（2）高黎贡山湿地特有草本植物　怒江无心菜 *Arenaria salweenensis* Caryophyllaceae，匍匐草本，特产于福贡和泸水海拔3000m的河边湿地。凤仙花科 Balsaminaceae 的小距凤仙花 *Impatiens microcentra* 生长于2200～2800m的溪畔，分布于贡山，直距凤仙花 *Impatiens pseudokingii* 为贡山、泸水一带海拔2000～2600m的溪边常见植物。荨麻科 Urticaceae 的耳基冷水花 *Pilea auricularia* 分布于高黎贡山南北各地，常见于海拔2400～2500m的沟谷湿地；角萼翠茎冷水花 *Pilea hilliana* var. *corniculata* 分布于腾冲，生长于沟谷林下；宽角楼梯草 *Elatostema platyceras* 为泸水县海拔1700m的河边水草。茜草科 Rubiaceae 的剑齿蛇根草 *Ophiorrhiza ensiformis* 仅生长于龙陵海拔2000m的沟边。龙胆科 Gentianaceae 在高黎贡山的湿地中发育了两种特有龙胆：天冬龙胆 *Gentiana asparagoides* 和俅江龙胆 *Gentiana qiujiangensis*，均为典型的沼生草本，出现在贡山县海拔3000～4200m的高山沼泽中。报春花科 Primulaceae 的泽地灯台报春 *Primula helodoxa* 分布于高黎贡山南部腾冲县，见于海拔2000m的沼泽草甸中；疏果截萼红丝线 *Lycianthes subtruncata* var. *paucicarpa*（Solanaceae）分布于高黎贡山南端（龙陵县），海拔1200～1600m的小河边。玄参科 Scrophulariaceae 有4个特有种：鹰嘴马先蒿 *Pedicularis aquiline* 特产于福贡县海拔3200m的水沟边，宽叶俯垂马先蒿 *Pedicularis cernua* ssp. *latifolia* 生长在贡山县海拔4200m的高山草甸上，缘毛季川马先蒿 *Pedicularis yui* var. *ciliata* 为贡山县海拔4100m的高山草甸所特有，齿叶翅茎草 *Pterygiella bartschioides* 分布于贡山县境怒江两岸，见于海拔1200m的水沟边和3200m的高山沼泽中。谷精草科 Eriocaulaceae 植物都是比较广布的沼生和水生草本，也在高黎贡山的沼泽地上（1330～3100m）留下了一个特有种——光萼谷精草 *Eriocaulon leianthum*。百合科 Liliaceae 的滇西豹子花 *Nomocharis farreri* 系高山沼泽草甸中的美丽观赏植物，局限于高黎贡山西坡（2800～3600m），欧美园艺界竞相引种栽培；滇西沿阶草 *Ophiopogon yunnanensis* 是福贡县河谷林下（1700～2200m）的一种不受青睐的小草。兰科 Orchidaceae 的碧江头蕊兰 *Cephalanthera bijiangensis* 生长于福贡海拔2000m的水沟边。莎草科 Cyperaceae 多水生和沼生草本，其中苔属 Carex 植物种类繁多，马库苔草 *Carex makuensis* 见于高黎贡山北段西坡的独龙江流域，海拔1400m的独龙江河边；红鳞水毛花 *Schoenoplectus mucronatus* var. *sanquineus* 则在贡山海拔3100m的高山沼泽中形成相当密集的挺水植物群落。黑三棱科 Sparganiaceae 植物主要为湖沼中的挺水植物，密集黑三棱 *Sparganium confertum* 的模式标本采于20世纪的30年代，80年代被合法发表，21世纪初（2006，2007年）发现它们在贡山县的高山泥炭沼泽中形成单优群落；沼生黑三棱 *Sparganium limosum* 也分布于贡山县怒江边海拔1750m的水潭中，可能由于环境变迁，除模式标本外，再也没有被发现过；贡山小芹 *Sinocarum caespitosum*（Umbelliferae）生长在高黎贡山北端海拔3000m的溪畔草甸中。

3 湿地植物群落中的主要建群种

与相邻省份相比，云南省水系众多，湖泊水面宽阔，尤其是许多河、湖地处亚热带，海拔高度和地理纬度都不高，冬季不封冻，没有低温给植物带来的严重威胁，非常适合水生植物的生长，因此水生植物资源比较丰富。但由于云南各江河水流湍急，江河中的水生高等植物很不发达，很少有真正的水生植物群落发育。在湖区就相对丰富得多，特别是浅水型湖泊和湖泊边缘浅滩是水生植物的主要分布区。云南的大片沼泽不多，所以，云南的湿地植物主要是湖泊中的水生植被。相似的淡水生境使各湖泊植物区系组成大致相同，云南的水生植被通常也以水鳖科 Hydrocharitaceae、眼子菜科 Potamogetonaceae 和睡莲科 Nymphaeaceae 的草本植物为主。

4 云南特有的湿地植物群落

由于湖盆形态、底质、水深、透明度、酸碱度等生态条件的差异，云南各地湖泊水生植被并不一致，在大体上相同的基础上也有自己特有的植物种类和群落类型。海菜花 *Ottelia acuminata* 是云南高原湖泊最突出的种类，云南绝大多数湖泊曾经广泛生长着云贵高原所特有的海菜花，形成以海菜花为优势种的沉水植物群落，普遍分布的海菜花群落成为云南高原湖泊的象征。李恒（1988）曾把云南的湖泊植物区系称为海菜花区系。但由于湖泊水体的污染和人们对其资源的不合理开发利用，导致海菜花野生群落在云南绝大多数湖泊中消亡，仅在少数保护较好的湖泊和龙潭中，如泸沽湖、丽江黑龙潭、嵩明黑龙潭等水体尚有海菜花群落分布，目前海菜花已经处在十分濒危的境地。

云南高山地带的沼泽尚缺乏系统研究，根据区系调查，箭竹属 *Fargesia* 的许多种都是高山湿地植物群落的建群种，密集黑三棱群落为高黎贡山高山沼泽的特有挺水植物群落。

5 重要的湿地经济植物及开发利用价值

湿地植被生长的地势低洼而多水，在“以粮为纲”的年代，人们一直试图将其改造为农田来种植粮食作物。但由于多水环境条件的限制，开垦的湿地除少量用于人工栽种水生植物外，大多未获成功，成为不见效益的改造，而且破坏了环境和失去了原有的一些具有经济和生态价值的湿地植物种类。因此，利用好现有的湿地植物资源，使其发挥应有的作用和效益有着现实意义和经济意义。

据观察和分析，湿地植被的利用主要集中在以下几方面。

5.1 食用

人工栽种的莲 *Nelumbo nucifera*、菰（云南习称茭草）*Zizania latifolia*、慈姑 *Sagittaria sagittifolia* 等水生植物群落所生产的藕、茭瓜、慈姑等蔬菜，人们已经非常熟悉。这些群落在人工湿地植被中占有一定的地位，其产品在人们的食品中也占有很大的比例。除此之外，海菜花、豆瓣菜 *Nasturtium officinale*、圆叶节节菜 *Rotala rotundifolia*、菱 *Trapa natans*、睡莲 *Nymphaea tetragona* 等自然生长的水生植物在其产地也为人们提供了别具特色的食物。在人们回归自然的需求中，具有浓厚民族特色和地方特色的海菜花、睡莲等食用水生植物食品也越来越受到人们的喜爱，开发和利用好这些食用水生植物，对发展地方经济将有很好的推动作用。

5.2 饲料

在云南 37 个水生植物群落中，目前有 21 个群落的优势种可作为饲料，包括薏苡 *Coix lacryma-jobi*、菰（茭草）、香蒲 *Typha orientalis*、假稻 *Leersia hexandra*、雀稗 *Paspalum* spp.、鸭舌草 *Monochoria vaginalis*、雨久花 *Monochoria vaginalis* var. *korsakowi*、冠果草 *Sagittara guyanensis*、慈姑、豆瓣菜、圆叶节节草、黑三棱 *Sparganium* spp.、喜旱莲子草 *Alternanthera philoxeroides*、水葫芦 *Eichhornia crassipes*、满江红 *Azolla imbricata*、槐叶萍 *Salvinia natans*、浮萍 *Lemna minor*、紫萍 *Spirodela polyrhiza*、莕菜 *Nymphoides peltatum*、水鳖（水膏药）*Hydrocharis dubia*、菱 *Trapa* spp.、睡莲 *Nymphaea tetragona*、金鱼藻 *Ceratophyllum demersum*、黑藻 *Hydrilla verticillata*、亮叶眼子菜 *Potamogeton lucens*、马来眼子菜 *Potamogeton malainus*、海菜花 *Ottelia* spp. 等。可饲养的动物种类分别包括鱼、鸡、鸭、猪、牛、马等。实际上，多数的水生植物均可作为鱼类和畜、禽的饲料。但目前对这些饲料种类的利用仅建立在当地自

然利用上，尚无加工干草和草粉的措施。

5.3 编织

芦苇 *Phragmites* spp. 是优良的纤维植物，也是我国重要的造纸材料之一，同时又是编织、建筑材料。在云南用于编织的水生植物主要有水葱 *Scirpus palustris*（又称席草，在生长旺季被割取编席）、香蒲 *Typha* spp.（用叶编织蓑衣和雨帽等物品）。对水生植物的编织利用仅停留在当地生活中应用，还很少从当地的旅游产业和民族工业品方面开发加以利用，需有关部门加以引导。

5.4 观赏

许多水生植物都具有很高的观赏价值，像人们熟悉的栽培植物莲花、荷花，每到开花季节，将公园水面点缀得异常艳丽，吸引了很多人前去观赏。实际上除了栽培植物外，在自然湿地中生长的许多种野生湿地植物同样也具有很高的观赏价值。如海菜花、睡莲、荇菜、鸭舌草等盛开时，同样将湖面装点得绚丽多彩，湿地周围生长的水生植物和沼生草本也给湿地增添了不少绚丽的色彩，常常吸引了很多人前去观赏。

5.5 药用

湿地植物中有许多野生药用植物，普遍利用的有薏苡、菖蒲、睡莲等。这些药用植物具有数量大、采集时间集中、采摘方便等特点，在当地均有一定的应用。

5.6 其他

湿地植物除以上用处之外，还有很多方面的功能，如可以在净化污水、减缓水体的富营养化过程起着良好的作用，同时对保护和改造水生环境也有积极作用，如茭草、水葫芦等。由于一些植物具有优良的纤维，因此是良好的造纸材料，如芦苇、香蒲等。部分挺水植物还可起到固堤、防沙、保土的作用，如双穗雀稗和假稻。有的植物可以提取香精，如菖蒲所含的香精油可用于制作糖果；有的植物还可以制作农药和制作绿肥。湿地植物在改造土壤结构等方面可起到积极作用。

6 云南湿地重点保护野生植物

经统计，云南湿地植物中收录在《国家重点保护野生植物名录》（第一批）（国家林业局、农业部，1999）中的种类共 9 种（表 10－6）。其中国家Ⅰ级保护植物有宽叶水韭 *Isoetes japonica* 和莼菜 *Barsenia schreberi* 2 种；Ⅱ级保护植物 7 种，隶属于 9 科 9 属，其中蕨类植物 2 种，种子植物 7 种。

表 10－6 云南湿地重点保护野生植物名录

类别	科名	中文名	拉丁学名	保护等级
蕨类植物	水韭科 Isoetaceae	宽叶水韭	*Isoetes japonica*	Ⅰ
	水蕨科 Parkeriaceae	水蕨	*Ceratopteris thalictroides*	Ⅱ
种子植物	花蔺科 Butomaceae	拟花蔺	*Tenagocharis latifolia*	Ⅱ
	莼菜科 Cobambaceae	莼菜	*Barsenia schreberi*	Ⅰ
	禾本科 Gramineae	普通野生稻	*Oryza rufipogon*	Ⅱ
	水鳖科 Hydrocharitaceae	海菜花	*Ottelia acuminate*	Ⅱ
	莲科 Nelumbonaceae	莲	*Nelumbo nucifera*	Ⅱ
	蓼科 Polygonaceae	金荞麦	*Fagopyrum dibotrys*	Ⅱ
	菱科 Trapaceae	野菱	*Trapa natans*	Ⅱ

第二节 云南湿地植物群落类型和分布

1 湖泊植物群落类型

1.1 概述

根据湖盆形态和发育历史，云南湖泊主要分为两大类型：一类为浅水湖，湖水较浅，湖床倾斜度平缓，湖岸弯曲度大，湖底有机物积聚较厚，如滇池、星云湖、大屯海、长桥海、异龙湖、剑湖等，这类湖泊水生植物繁茂，绝大部分水域都为水生植被所覆盖；另一类型是深水湖，如抚仙湖、泸沽湖等，湖床倾斜度较大，湖岸线比较平直，湖床有机质沉积较薄，缓坡处有少量沙石，陡坡深水处常见石壁、石块或为蚀余石山、石梁，湖中水生植物种类贫乏，大都限于在沿岸浅水带生长，绝大部分的水域为广阔的水底芜原区。

云南主要湖泊的相关生物地理学特征如表 10－7（未包括海拔 4000m 以上的许多高山冰蚀湖，如哈巴雪山的黑海等，其湖内几乎没有高等植物生长）。

在没有明显污染的情况下，水体透明度大体上与湖水最大深度密切相关。在云南高原上，湖泊水深愈大则透明度愈高。水深最大的抚仙湖，透明度高达 8.5m，是我国淡水湖泊中目前已知的透明度最大的湖泊；泸沽湖水深为阳宗海的 2 倍以上，透明度均为 4.5m。需要说明，因调查季节不同，上述测值有所偏差，调查泸沽湖时恰值当地雨季盛期，长时阴雨，山溪径流源源入注，水体较混浊；而对阳宗海的调查已是雨季之后，天气久晴，雨水带来的径流已得到自净，况且，两个湖泊南北相距很远，海拔相差悬殊，地理环境不同，水体所含无机盐类、有机物质和浮叶生物数量当有差异，因此，泸沽湖透明度并未明显高于阳宗海。水深 6m 的异龙湖最大透明度 1.8m；滇池因受工业和城市废水污染较重，透明度显然下降，有的地段仅达 0.25m，最好的地段也仅 1m。星云湖因周围来水含沙量高，水产放养量大和捕获活动较为频繁，水体透明度远低于相关数值，仅有 0.80m，在调查过的湖泊中是最低的。

水生植物的生存又与水体透明度直接相关，湖水透明度愈大，水草生长深度也愈大。据调查，在自然情况下，水草生长的可能深度一般相当于透明度的 2～2.5 倍，抚仙湖最大透明度 8.5m，植物生长最大深度达 20m，滇池现今最大透明度 1m，在 2m 以上的水深处就没有高等植物了。因此，云南水深 10m 以上的湖泊大都有广阔的水底芜原区，植物不能生存。

表 10－7 云南主要湖泊的生物地理学特征

湖泊名称	滇池	洱海	茨碧湖	剑湖	星云湖	异龙湖	抚仙湖	杞麓湖	阳宗海	泸沽湖	程海
所属水系	金沙江	澜沧江	澜沧江	澜沧江	南盘江	元江	南盘江	南盘江	南盘江	金沙江	金沙江
平均水位（m）	1885	1974	2056	2186	1723	1411	1720	1731	1770	2685	1503
湖面面积（km^2）	300	250	10.5		39	42	212	42.3	31	51.8	78.8
最大水深（m）	6	23	32	9.4	12	6	164	15	30	73.2	36.9
最大透光度（m）	1.0	3.0	3.4	1.7	0.8	1.8	8.5	1.8～2.0	4.5	4.5	
pH 值	6.5～8	7.8	8.1	8.4	8.3	8.0	7.7	8～9	8.0	8.2	9.2
总硬度（度）	61	61			78	125	72	86	76		
植物最大生长深度（m）	2.0	6.0	7.0	4.0	3.0	3.0	20.0	4.5	6.0	10.0	7.0
沉水植物群落类型数	5	10	8	6	3	5	4	5	4	4	4
调查年月	1976.4	1977.9	1977.9	1977.9	1976.10	1978.10	1976.10	1976.10	1978.10	1978.9	1976.4

表中所列举的湖泊，以泸沽湖海拔最高（2685m），纬度最北（北纬 27°41′，东经 100°51′），但是，包括泸沽湖在内，各湖区都位于亚热带，冬季湖水不冻，低温对植物生存没有严重威胁。

大多数湖泊的 pH 值都在 7.5 ~ 8.4 之间，系微碱性湖，适于大多数水生植物的发展；惟程海 pH 值高达 9.2，显然限制了许多水生植物的生存，成了种类最贫乏、群落最稀疏和单调的湖泊。

由于湖床形态、底质、水深、透明度、酸碱度等生态条件的不同，各湖泊植物群落的丰富程度远非一致。仅对沉水群落进行了统计，结果为：洱海有 1 个植物群落类型，茨碧湖有 8 个，剑湖 6 个，滇池、异龙湖、杞麓湖各 5 个，抚仙湖、阳宗海、泸沽湖、程海分别为 4 个，星云湖则仅有 3 个。洱海中水生植物群落类型丰富的重要原因是生境条件复杂多样，那里不仅有广阔的浅水区，浅水区又有沙底、泥底之别，水质条件南、北、东、西清浊不一，既有含沙量很大的注入水流，也有明静如镜的湖湾。星云湖则相反，湖水较浅，湖床平坦，生境条件相当均一，群落类型较为一致，加上这里沿湖有大量农田，并经营多种经济作物（如烟草等），近年施用有机农药和除草剂颇多，有些敏感植物如海菜花、微齿眼子菜等因受毒害而趋于灭绝；大量草食性鱼类的放养，作为饵料资源的水草的自然生产力低于消耗量，都是使得湖内植物群落贫乏的因素。其他浅水湖泊如滇池、杞麓湖、异龙湖等按其自然条件，水生植物区系和群落类型本应丰富多彩，但因大规模围湖造田，许多生境条件优越的浅水湖湾都成了水田，不少植物种类消失。滇池更深受围湖造田和废水污染的双重危害，水生植物的情况更是每况愈下。

水生植被是一种“隐域性植被”，由于淡水生境的较大一致性，我国淡水水生植被的区系组成具有较大的一致性。组成水生植被的植物种类是以沉浸于水域中的水鳖科、眼子菜科、睡莲科等的浮叶型、沉水型及漂浮型的水生草本为主体。其中，海菜花是云南高原湖泊中的特有类群。在水体变迁，特别是水位下降的情况下，水生植被常演变成以湿生草本植物为主的沼泽植被。水生植物是对水的特殊物理性质的适应结果，它们具有不同于陆生植物的独特构造特征或形态特征。

根据形态和生态特征的不同，水生植物的生活型可以分为挺水植物、漂浮植物、根生浮叶植物和沉水植物四大类。这几类水生植物以不同的组合形式和种类组合，形成各种各样的水生植被类型。通常以某一类生活型的植物为主形成群落，也常见任何两类生活型共同组成群落。

据此，云南高原湖泊的水生植被可分为 4 个植被亚型。鉴于我国热带、亚热带地区淡水水生植被的较大一致性，对云南的水生植被只划分到群系一级，根据群落的生境、组成成分、结构和分布特征，顺序排列如下（李恒，1980，1987 年）。

A. 挺水植物群落及沼泽植被

（1）芦苇群落 Form. *Phragmitis karka*

（2）薏苡群落 Form. *Coix lachryma-jobi*

（3）茭草群落 Form. *Zizania latifolia*

（4）水葱群落 Form. *Schoenoplectus tabernamontani*

（5）香蒲群落 Form. *Typha angustifolia*

（6）菖蒲群落 Form. *Acorus calamus*

（7）李氏禾、雀稗群落 Form. *Leersia*，*Paspalum*

（8）雨久花群落 Form. *Monochoria vaginalis*

（9）慈姑群落 Form. *Sagittaria trifolia* var. *angustifolia*

（10）辣蓼群落 Form. *Polygonum hydropiper*

（11）杉叶藻群落 Form. *Hippuris vulgaris*

（12）豆瓣菜群落 Form. *Nasturtium officinale*

（13）节节菜群落 Form. *Rotala rotundifolia*

B. 漂浮植物群落

（1）水葫芦群落 Form. *Eichnornia crassipes*

（2）大漂群落 Form. *Pistia stratiotes*

（3）满江红、槐叶萍群落 Form. *Azolla imbricata*，*Salvinia natans*

（4）浮萍、紫萍群落 Form. *Lemna minor*，*Spirodela polyrrhiza*

C. **浮叶植物群落**

（1）荇菜群落 Form. *Nymphoides peltatum*

（2）水膏药群落 Form. *Hydrocharis dubia*

（3）鸭子草群落 Form. *Potamogeton distinctus*

（4）菱群落 Form. *Trapa natans*

（5）此碧花群落 Form. *Nymphaea tetragona*

D. **沉水植物群落**

（1）金鱼藻群落 Form. *Ceratophyllum demersum*

（2）狐尾藻群落 Form. *Myriophyllum spicatum*

（3）石龙尾群落 Form. *Limnophila sessiloiflora*

（4）黑藻群落 Form. *Hydrilla verticillata*

（5）亮叶眼叶菜群落 Form. *Potamogeton lucens*

（6）马来眼子菜群落 Form. *Potamogeton malainus*

（7）菹草群落 Form. *Potamogeton crispus*

（8）丝草群落 Form. *Potamogeton pusillus*

（9）红线草群落 Form. *Potamogeton pectinatus*

（10）八药眼子菜群落 Form. *Potamogeton octandrus*

（11）微齿眼子菜群落 Form. *Potamogeton maackianus*

（12）茨藻群落 Form. *Najas*

（13）角茨藻群落 Form. *Zannichellia palustris*

（14）海菜花群落 Form. *Ottelia acuminata*

（15）苦草群落 Form. *Vallisneria natans*

（16）轮藻群落 Form. *Chara*，*Nitella*

1.2 挺水植物群落

组成本类型的主要植物扎根于水底泥土中，植物体上部或叶挺出水面。干季水位下降，全株大都出露在大气中。

挺水植物群落多分布在湖泊沿岸浅水处。在密集生长的情况下，其下层伴生植物多为湿生的种类。而在上层覆盖较为稀疏或根层不十分密集时，则常有漂浮植物甚至有些沉水植物伴生。

1.2.1 芦苇群落 Form. *Phragmitis karka*

芦苇群落分布在云南省大部分湖泊沿岸地段，如滇池、洱海、星云湖、异龙湖、茨碧湖、泸沽湖等，也见于浅水洼地以及河漫滩外缘。最高海拔达2700m或更高。

群落生长地水深0.5～1.5m，干季水位下降有时成为湿地，也有生长在地下水位很高的沼泽地的，底质为泥土或沙土，也可能是砾石堆积土。

群落优势种芦苇有发达的地下根茎，相互盘结，厚达1～2m，有时拔地而起，形成水面浮岛。群落高常为2～3m，总盖度一般70%～80%，有如茂密的竹林，排列于湖滨、河边，起着防护的作用。

芦苇多为单优群落，仅在丛间有一些远为低矮的挺水植物种类，如水葱、地笋 *Lycopus lucidus*、慈姑等以及群落所在地域的漂浮植物满江红、槐叶萍、浮萍等和沉水植物金鱼藻、马来眼子菜、海菜花等，伴生成分极不稳定，结构层次并不明显。

芦苇是优良的纤维植物，是我国重要的造纸原料之一，同时又是编织、建筑材料，但在云南很少利用。

1.2.2 薏苡群落 Form. *Coix lachryma-jobi*

本群落分布于河边、沟旁、积水洼地和湖滨，一般面积不大，惟独在石屏异龙湖连续成带状，形成一圈环湖绿帐。所在地水深0～0.5m，枯水期即为沼泽湿地，底质多为厚层淤泥。

群落外貌青绿色，整齐，高约3m，在异龙湖挺出水面2.5m，群落总盖度80%～90%。薏苡为上层的惟一成分，随着雨季水位提高，丛间有沉水植物穿插，为狐尾藻、马来眼子菜等。在河边、沟旁、群落组成较为复杂，有多种湿生杂草混生。

薏苡种仁入药，为营养滋补品，健脾补肺，清热利湿。秆叶可作饲料及造纸。

1.2.3 茭草群落 Form. *Zizania latifolia*

本群落广泛分布于云南大部分湖泊的浅水区、坝区沼泽地、水塘，有的系人工栽培，在剑湖、杞麓湖几乎形成环湖绿篱。群落生长处水深0.5～2m，底质富含腐殖质，多为灰黑色的淤泥。

群落外貌黄绿色，群落高1.5～2.5m，叶层挺出水面1～1.5m，花序高出水面1.5～2m。群落总盖度90%～100%，有时仅达30%～50%。盖度以夏季最大，秋季较小。通常可分2层：挺水层茭草是惟一的种类，它给下层沉水植物创造了较为理想的环境，风浪小而水清；沉水植物层多为各湖塘的沉水植物，以金鱼藻、黑藻、马来眼子菜、菹草、海菜花、红线草 *Potamogeton pectinatus*、狐尾藻 *Myriophyllum spicatum* 较为常见；在泸沽湖有疏散的轮藻 *Chara* spp. 构成群落的底栖层，在滇池及其附近水塘中常有成片的苦草 *Vallisneria gigantea* 居于第三层。

茭草幼嫩的叶芽和茭瓜（菰笋）可供蔬食。全株都可作绿肥，也是草鱼和牛、马的饲料。茭草生物产量高，繁殖快，生活力旺盛，耐污耐肥，能大量吸收水土中的营养物质，对净化污水、减缓水体的富氧化过程起着良好作用。例如滇池，在含氟量高达4.5×10^{-3}～1.975×10^{-2}mg/L的排污口附近，在纸厂黑液排放口的河道pH值高达12以上的水体中，茭草仍能生长。凡茭草群落所在之处，水体透明度明显增加，沉水植物显见繁盛。可见茭草适应性强，对改造水生环境有积极作用。

1.2.4 水葱群落 Form. *Schoenoplectus tabernamontani*

本群落散布于石屏异龙湖、宁蒗县泸沽湖的四周湖湾，河口两侧及一些沼泽地域，通常面积不大，也有栽培于水田中的。生长处水深0.5～1.5m，湖底粉沙质至深厚的泥质。

群落外貌暗绿色，总盖度60%～90%，上层优势种水葱茎秆直立，伸出水面0.5～1m，水下匍匐茎交织如网。群落边缘有时有芦苇侵入，群落下层为沉水层，主要为海菜花或波叶海菜花 *Ottelia acuminate* var. *crispa*、亮叶眼子菜、金鱼藻、穿叶眼子菜 *Potamogeton perfoliatus* 等组成。在泸沽湖，水深1m以上的地段，水下多见品藻 *Lenma trisulca* 沉浮，异龙湖则有小茨藻 *Najas minor* 沉于水底。

水葱又称席草，在生长旺季常被刈取编席，入秋，群落上层显见稀疏。

1.2.5 香蒲群落 Form. *Typha angustifolia*

本群落主要分布于大理州弥苴河两侧、滇西耿马、孟定河滩，其他零星分布于湖泊、池塘浅水区（水深1m以内），土壤为淤泥沼泽或含沙石的冲积土，为沼泽群落或湿生群落。

群落外貌绿色，高2～3m，整齐茂密，外观有如丰产的甘蔗地。群落总盖度90%左右。香蒲为绝对优势，伴生植物常见芦苇，与香蒲构成群落上层。群落下层的植物种类则依立地条件而有不同，沼泽湿地多为湿生挺水植物，为三棱草 *Schoenoplectus* spp.、泽泻 *Alisma plantago－aquatica* var. *orientale*、慈姑、双穗雀稗、李氏禾、辣蓼等；在湖区通常有明显的沉水层，由海菜花、苦草、狐尾藻、金鱼藻、小毛茛（梅花藻）以及眼子菜科植物组成。

香蒲用途很广，是造纸纤维，叶是编织材料，群众用以编蓑衣、雨帽，也可作饲料；匍匐茎上的幼芽称“草芽”，为滇东南的名菜；花粉入药，称“蒲黄”；蒲绒可作枕、垫的填充物。

1.2.6 菖蒲群落 Form. *Acorus calamus*

分布于滇池草海西岸、剑湖、茨碧湖等地的水陆交界地带，水深30cm以内，底质为黑灰色的厚层湖泥。

群落外貌葱绿色，总盖度90%。优势种为菖蒲科的菖蒲，生长成密丛，株高1m左右，与慈姑、泽泻、芦苇等构成群落的第一层。第二层优势种不明显，水面常有浮叶的荇菜 *Nymphoides peltatum*、两栖蓼 *Polygonum amphibium* 和田字萍（蘋）*Marsilea quadrifolia*，水下多见各种沉水植物生长，如狐尾藻、金鱼藻、水毛茛、（梅花藻）、穿叶眼子菜等，当干季水落，水底地面出露时，这些沉水种类便消失了。

菖蒲根茎入药，能辟秽开窍，宣气逐痰，杀虫解毒，所含精油可提出用于制糖果，全草作农药可治蚜虫。

1.2.7 李氏禾、雀稗群落 Form. *Leersia*, *Paspalum*

广布于云南省海拔3000m以下的水沟两旁、水塘、水库和湖边湿地。生长水深（雨季）30～50cm，干季多为沼泽湿地，基质为厚层淤泥。

群落外貌绿色，旱季一片绿茵，雨季茎枝淹没于水中，部分叶片挺出水面。群落盖度70%～90%，优势种为双穗雀稗和李氏禾，皆具分枝繁多的匍匐茎，最后的分支直立或上升，高30～40cm，花淡绿色。李氏禾的花序圆锥状，双穗雀稗为二叉分支，在大片的草丛中，花序稀少，常不显著。群落无明显的分层现象，常见的伴生种有辣蓼、田字萍、荇菜；外缘水深较大时偶有狐尾藻以及槐叶萍、浮萍、紫萍等漂浮植物。双穗雀稗和李氏禾经常混生在一起，共为优势。有时各自形成单优群落，通常双穗雀稗多在湖滨大面积出现。而在沟边、湿地多以李氏禾为主。

双穗雀稗和李氏禾都是优良饲料，可以放牧或刈草，也是固堤、防沙、保土植物。

1.2.8 雨久花群落 Form. *Monochoria vaginalis*

分布于水塘、田间水沟，滇中、滇南及滇西南都较常见。立地是较为深厚的淤泥，水深30～50cm。

群落外貌绿色，花序蓝紫色，花大，花期长，颇为美丽，群落总盖度常达100%，通常可分挺水层和沉水层，西双版纳勐腊公路旁水沟中样方记载的种类结构为：挺水层以雨久花 *Monochoria vaginalis* var. *korsakowi* 为主，层盖度达60%，层高50～70cm，伴生的挺水植物有鸭舌草 *Monochoria vaginalis*、冠果草；沉水层以水筛属 *Blyxa* 植物为多，其中最常见的为无尾水筛 *Blyxa auberti* 和水筛 *Blyxa japonica*、龙舌草 *Ottelia alismoides*、小茨藻 *Najas minor*、黄花狸藻 *Utricularia aurea* 等，此外水面有不少漂浮植物如大漂 *Pistia stratiotes*、满江红、紫萍等。

组成本群落的种类，均为水田杂草，繁殖快，生长量大，消耗耕地养分，需及时清除。

雨久花、鸭舌草、冠果草都可作猪饲料，也可净化水体，并有一定的观赏价值，在水塘、水沟中发展，当是有益无害的。

1.2.9 慈姑群落 Form. *Sagittaria trifolia* var. *angustifolia*

本群落广布于云南省亚热带地区的田间水沟、休间秧田，是残存在水沟中的水生杂草群落，水深20～30cm，基质通常为耕作水稻土。

群落盖度通常较小，约50%～60%，高约30～40cm，一般有挺水层和沉水层两层结构。挺水层以慈姑占优势，常遇的伴生种为植株较低矮的鸭舌草以及少数泽泻、雨久花；沉水层多由狐尾藻、黄花狸藻、金鱼藻、小茨藻等组成，水面也常有疏密不一的田字萍、满江红、浮萍、紫萍等。滇中及滇西各地，常有水青药（水鳖）*Hydrocharis dubia* 形成一定的层片，热带地域多有大漂生长。

1.2.10 辣蓼群落 Form. *Polygonum hydropiper*

本群落广布于湖滨、河漫滩低洼地以及田间浅水沟渠，旱季为沼泽湿地，雨季水深30cm以内，在剑湖周围的水淹荒地上有大面积分布。

群落总盖度多在60%以下，群落优势种辣蓼（水蓼），茎叶在秋季多呈红色，花序穗状，粉红色，构成了群落的季相，伴生种类比较复杂，因地而异，通常多为田间湿生杂草，如李氏禾、水葱、菖蒲等；惟有剑湖，辣蓼群落除有一定漂浮植物外，还有该湖常见的多种沉水植物马来眼子菜、水毛茛、金鱼藻、海菜花、小茨藻等及漂浮植物紫萍、满江红等。

1.2.11 杉叶藻群落 Form. *Hippuris vulgaris*

本群落分布于滇西北（丽江、中甸、德钦），海拔2700～3300m的沼泽水塘、湖滨、溪流两旁，源头积水洼地。生长水深10～30cm，底质为泥炭土，泥炭层厚50cm左右。

群落外貌暗绿色，总盖度30%～40%，一般可分两层：挺水层几乎仅有群落优势种杉叶藻，植株高20～60cm，上部露出水面，沉水层的组成分子主要为水毛茛、微齿眼子菜、狐尾藻等。

杉叶藻全草入药，可治高热烦咳、结核咳嗽、痨热骨蒸、两胁疼痛、肠胃炎等。

1.2.12 豆瓣菜群落 Form. *Nasturtium officinale*

在滇西北各江河、湖泊的小支流和溪沟浅水带多有出现，海拔2000m以上，一般河床狭窄，水流平缓，水深小，泥土厚。本群落在河沟流量大时淹没在深水中，干季则铺盖于沼泽湿地之上。

群落外貌翠绿色，高仅5～10cm，盖度常达90%。主要组成成分为豆瓣菜，匍匐，多分枝，交织成团块状的植丛，密集得使其他成分无立足之地。在植丛稀疏的情况下，丛间有辣蓼、石龙芮 *Ranunculus chinensis*、水莴苣 *Veronica anagalis - aquatica*、狼把草 *Bidens tripartita* 或水朝阳花 *Inula helianthus - aquatilis*、土大黄 *Rumex nepalensis*、柳叶菜 *Epilobium hirsutum* 等稀疏挺立，外缘则常有千屈菜 *Lythrum salicaria* 排成栅栏状，群落内侧水流较深处，往往有一些沉水植物参差其间，如黑藻、狐尾藻等。

豆瓣菜可供蔬食，入药有清血、解热、镇痛之效。

1.2.13 节节菜群落 Form. *Rotala rotundifolia*

广布于全省海拔2300m以下大部分地区的浅水塘、沟边、田边，休闲水田、沼泽湿地，水深0～20cm。

优势种圆叶节节菜具极为发达和分枝繁多的匍匐茎，蔓延成大片，直立的茎高10～25cm，茂密，构成翠绿色的群落外貌。夏秋饰以紫红色的顶生穗状花序，比较秀丽，群落总盖度常达100%，群落内伴生种类不多，通常无分层现象。群落外缘常有李氏禾、双穗雀稗、慈姑、泽泻等挺水植物或鸭子草、丝草、小茨藻等浮叶植物和沉水植物出现，在一些休闲水田中则常见下列杂草植物伴生：耳叶水苋 *Ammannia arenaria*、多花水苋 *Ammannia multiflora*、水苋菜 *Ammannia baccifera*、矮慈姑 *Sagittaria pygmaea*、谷精草 *Eriocaulon*spp、丁香蓼 *Ludwigia prostrata* 等。

本群落为水田杂草群落，生长特别繁茂，凡经年积水的水田，一旦疏于耕耘，本群落就可迅速发展，占满地面。

圆叶节节菜嫩苗可供蔬食。

此外，属于挺水群落类型的还有：在西双版纳南部有以萍蓬草 *Nuphar pumilum* 为主的浮叶植物群落或以黄花蔺 *Limonocharis flava* 为主的挺水植物群落；在昆明、彝良一带的湖滨或鱼塘中则多见外来种—喜旱莲子草（水花生）*Alternanthera philoxeroides*，形成面积不大但很茂密的水生群落。

1.3 漂浮植物群落

组成本类型的植物均漂浮于水面，根悬浮于水中，有的仅有无根的叶状体，大都能随水流和风浪漂移，因此群落的组成和结构常不固定。

云南主要漂浮植物群落有下列4个：

1.3.1 水葫芦群落 Form. *Eichhornia crassipes*

本群落多分布于云南省海拔2300m以下的水塘、湖湾中，水深不限，但水体肥力较高。

群落外貌绿色，夏秋间水葫芦盛开紫蓝色的花朵，相当鲜艳，群落总盖度常达100%，在滇池的湖湾和附近污水塘中，常为单种群落。在水位较低、比较开阔的水域，由于风速流速都较大，水葫芦植丛飘移不定，群落近岸部分常有一些水生植物生长，在滇南一带（思茅），常可见到成丛的水葱、水龙 *Ludwigia ascendens*、箭叶雨久花 *Monochoria hastata*、慈菇、喜旱莲子草（水花生）等挺水植物。

水葫芦原产南美洲，久经栽培，现多逸为野生。水葫芦耐肥、耐污，繁殖快，产量高，可作猪饲料，也是净化污水的好材料，但在污染比较严重的水体中，能快速繁殖风长而封闭水面，导致水下生物的窒息，阻碍水面船只的航行。近年来，水葫芦成了重点清除的对象。

1.3.2 大漂群落 Form. *Pistia stratiotes*

大漂又称为水浮莲，在云南南部、西南部至东南部热带地区的水田、水沟和池塘内自然生长；在滇中等有霜地区有人工栽培，水深不限，水体肥力一般较高。

群落外貌灰绿色，大漂植株多少成莲座状，彼此紧密相接，盖度常达90%以上，在澜沧县勐朗坝的水田中，除优势种大漂外，还有黑藻、无尾水筛 *Blyxa aubertii*、鸭子草、鸭舌草，局部地段有成片的牛毛毡 *Eleocharis yokoscensis*，在水沟中，通常有满江红、槐叶萍、浮萍、紫萍等漂浮植物聚集。

大漂喜高温，繁殖极快，夏天在肥水塘内，一株大漂一个月可繁殖 50 ~ 60 株。可作猪饲料，也是饲养羊、兔、鸡、鸭、鹅的好饲料，又可作鱼饵料，长江中、下游各地普遍人工培植。

1.3.3 满江红、槐叶萍群落 Form. *Azolla imbricate*, *Salvinia natans*

本群落广布于滇中、滇西北至滇东南的池塘、湖沼及水田中。

优势种为满江红和槐叶萍。它们共同构成致密的水面“地毯”。秋季满江红叶片变为红色，与黄绿色的槐叶萍镶嵌分布，总盖度常达 100%，此时群落相对固定，不易被风吹动。伴生种除浮萍、紫萍外，很少其他成分。

满江红与蓝藻共生，能从空气中吸收并积聚大量的氮，繁殖快，产量高，是很好的绿肥，又是猪、禽饲料，当群落覆盖度大时，水面以下的挺水植物幼苗和沉水植物都因缺光而不能生长，稻田每年连续养萍，杂草也就逐年减少，所以满江红还有除杂草效用。

1.3.4 浮萍、紫萍群落 Form. *Lemna minor*, *Spirodela polyrrhizo*

广布于云南亚热带的水田、池塘、水沟以及静风的湖湾，特别是在肥力高的污水坑和冬水秧田中达到繁盛。

群落外貌嫩绿色，无数细小的片状个体紧密相连、覆盖水面，总盖度常达 100%。群落以紫萍占最大优势，浮萍次之。在田间、水沟常有少量满江红、槐叶萍及水膏药伴生。但在大多数封闭的积水肥坑，紫萍迅速繁殖成为十分茂密的单种群落。在湖湾、水塘，漂浮层以下往往有狐尾藻、黑藻、金鱼藻等组成沉水层；在浅水田、浅水沟则往往有慈姑、泽泻、鸭舌草等组成的挺水层。

由于紫萍、浮萍都为草食性鱼类所喜食，也是鹅、鸭的食料，所以本群落在养鱼塘、村寨附近的水沟、水池难于形成和保存，又因浮萍、紫萍肥效远不及满江红，但竞争能力颇强，通常不作绿肥养殖，混在满江红人工群落中的都算杂萍，有条件时应予清除。

紫萍、浮萍除作饲料、绿肥外，也可入药，用以发汗、行水、祛风、散湿。

1.4 浮叶植物群落

组成本类型的植物，根系固着于水底泥土中，叶片浮于水面，因此，结构组成状况比较固定。云南地区常见的群落如下：

1.4.1 荇菜群落 Form. *Nymphoides peltatum*

本群落分布于 2200m 以下亚热带地区的水塘、湖湾和沟渠中，也常作水面观赏植物种植于公园水池内，水深通常 1 ~ 2m，立地多为厚层淤泥。

群落总盖度 80% ~ 100%，优势种荇菜，多分枝，茎沉没于水中，生不定根，地下匍匐茎则交织于泥土层中，茎节上生叶，叶柄长达 1 ~ 2m，叶片心状卵形，颇大，上表面鲜绿色，入秋多带紫色，紧密排列，漂于水面。花常束生，先后开放。荇菜具每日开花谢花的习性，从春到秋每天由早至晚循环绿—黄—绿的景观，颇为有趣。

荇菜群落有浮水和沉水两个结构层次，浮水层除荇菜外，有鸭子草、水膏药，浅水处有田字萍等浮叶植物，水葫芦、满江红、槐叶萍等漂浮植物常在此繁育。沉水层以狐尾藻、苦草为主，在上层覆盖度较小的情况下往往占有相当优势地位，其他有穿叶眼子菜、金鱼藻、黑藻等。群落近岸一侧，往往与挺水植物群落相毗邻，因此常有水葱、茭草、喜旱莲子草等挺水植物侵入。

荇菜可作猪饲料、作绿肥，是相当美丽的水面观赏植物，但鱼类一般不喜食，因此，它有可能在鱼塘形成非常密集的单种群落，有碍作为饵料的沉水植物生长和鱼群的自由活动，需及时清除。

1.4.2 水膏药群落 Form. *Hydrocharis dubia*

本群落零星分布于海拔 2000m 以下的亚热带地区，见于水塘、田间水沟，溪流两旁和湖湾浅水滩，水深 0.50m 以内，基质多为淤泥。

群落总盖度80%以下，外貌不整齐，优势种水膏药以叶浮于水面，与伴生的满江红、紫萍、浮萍等漂浮植物镶嵌布置，形成不大连续的浮水层，下面有明显的沉水层，由金鱼藻、狐尾藻、菹草、黑藻等组成，它们的茎、叶常顺水流起伏，群落沿岸地带有时生长着慈菇、鸭舌草等挺水植物，显然，它们来自附近的水田，是偶然在此定居的。

水膏药可作猪饲料和绿肥。

1.4.3 鸭子草群落 Form. *Potamogeton distinctus*

本群落广布于云南省西双版纳以外的水田、水沟、水塘和个别湖泊中，水深0.10～2m，基质为淤泥或薄层粉沙。

优势种鸭子草又名牙齿草 *Potamogeton distinctus*，具根状匍匐茎，分枝极多，繁殖迅速，部分叶片沉于水下，大部分浮于水面，浮水叶紧密相连或相叠，形成盖度达80%～100%的单优群落。鸭子草生命力非常顽强，冬季以无性繁殖体“鸡爪芽”在泥内越冬，夏季迅速萌发大量枝叶，即使在稻麦两熟的田间，冬季田内无积水，土壤经过翻耕曝晒，麦收之后，再灌水栽插时，“鸡爪芽”仍能繁殖生长。一块水田，一段水沟，往往只有1～2株鸭子草即可铺满水面。在一般水田、水沟中，群落可分3层，种类也比较复杂，均系水田常见杂草；在挺水层，散生着鸭舌草、辣蓼、慈菇、泽泻，边岸地段通常有双穗雀稗或李氏禾，浮水层是主要结构层次，除鸭子草外，有紫萍、田字萍等，沉水层主要为丝草、黑藻、小茨藻、黄花狸藻等。在湖泊环境中，鸭子草群落不多见，组成比较简单，在泸沽湖，群落中除鸭子草外，仅有该湖特有的波叶海菜花 *Ottelia acuminate* var. *crispa*。群落生长水深达3.5m。

鸭子草繁殖量大，生命力强，大量消耗水土中营养物质，且浮水叶层盖度甚大，阳光不易射入，有碍水田增温，对水稻生长极为不利，是稻田除草的主要对象。

1.4.4 菱群落 Form. *Trapa natans*

分布于海拔2200m以下的滇中、滇西亚热带地域，见于剑湖、茈碧湖、洱海和水塘中，水深2m以内，水底通常为灰黑色淤泥。

群落总盖度30%～100%，优势种野菱 *Trapa natans* 或菱 *T. bicornis*，茎具羽状细裂的沉水叶，茎顶丛生近菱形的浮水叶，叶柄中部膨大如纺锤形，为海绵质的浮水气囊，叶片暗绿或紫色，辐射状排列，平铺水面，构成规则的彩色图案，称为“菱盘”，紫色的花朵略突出于水面叶层之上，别有风味。群落通常分两层，上层为浮水层，除菱外，有荇菜，在茈碧湖有茈碧花（即睡莲，亦称子午莲）渗入，此外总是有或多或少的漂浮植物，沉水层多见黑藻、狐尾藻，在茈碧湖还有石龙尾 *Limnophila sessiliflora*、轮藻 *Chara* spp.、小茨藻等。沉水层植物的多寡与浮水层植物的多度和盖度直接相关。在群落的近岸外缘，偶有香蒲、茭草等成丛挺立。

菱果是良好的淀粉食料，可以生食或煮食，茎、叶可作猪饲料和绿肥，在有条件的地方可以引进优良品种种植。

1.4.5 茈碧花群落 Form. *Nymphaea tetragona*

本群落为洱源茈碧湖所特有。水深0.5～3m，清澈见底，pH值8.2，湖底具灰白色泥层。

优势种茈碧莲，当地称茈碧花，即子午莲，为具直立根状茎的浮叶植物，叶40～50枚从根茎上丛生，叶柄长达2～3m，叶片绿色发亮，飘浮水面，集成团状层片，每团直径2～3m。花似莲而稍小，有白者，有锦边者，清香色纯，装点湖面，群众甚爱之，茈碧湖即因此而得名。群落具明显的分层结构，水面漂浮层常有菱伴生，层盖度不过50%～70%，因而沉水层较为发育，为黑藻、海菜花、亮叶眼子菜、马来眼子菜等所组成，在浅水地段往往有大量的轮藻沉于水底，形成明显的水下植被层。

茈碧花的叶柄、花梗和花可供蔬食，花清香美洁，人人喜爱。根茎入药治小儿慢惊风，可做强壮剂、收敛剂，并治肾炎。因湖面捕捞活动频繁，莲丛一年比一年减少，如不采取保护措施，将有灭绝之危。

1.5 沉水植物群落

本类型主要组成成分均系沉水植物，它们以根固着于泥土中，茎叶沉于水面以下，有的花序伸出水面，有的在水下开花结果。

沉水植物群落是云南高原湖泊、龙潭及水塘中植被的主体，常见群落如下。

1.5.1 金鱼藻群落 Form. *Ceratophyllum demersum*

分布于海拔2700m以下的湖泊、水塘、水沟及水田中，在湖泊中的生长深度达4～5m，水土肥力较高，但在工业废水污染较重的水体中，本群落多受摧残。

金鱼藻分布很广，但成为群落优势种的情况并不普遍，它要求水清、有一定的深度、风平浪静，所以在流速缓慢的水塘，水沟才能充分发展。

群落总盖度在田间水沟可达95%，在湖泊中通常只有40%～75%。优势种金鱼藻，分枝多而细长，节上生假根，叶每轮6～10枚，2～4次二歧分叉，裂片细狭，花果生叶腋，不显著，春夏植丛呈鲜绿色，秋天变褐色。金鱼藻在洱海形成相当面积的单优群落是在2m以上的深水处、湖床平缓或低洼地段，这里回避了表层风浪的冲击，层冠距水面常达1m以上。

在一般情况下，群落仅有一层，沉于水下，厚度与群落高度一致，1～3m不等，最常见的伴生种是黑藻，有时共为优势，其他还有苦草、微齿眼子菜、海菜花等沉水植物。在田间、水沟、水塘中，水深多在1m之内。群落组成、结构相对复杂。沉水植物可分为两个结构层，居上层的有狐尾藻、马来眼子菜、菹草等沉水种类，局部有水膏药、荇菜、鸭子草等浮叶植物和漂浮种类，田间浅水地还可能有少量鸭舌草、慈姑之类挺水植物。

金鱼藻可作鱼饵、猪饲料，也是水族箱内的观赏植物。

1.5.2 狐尾藻群落 Form. *Myriophyllum spicatum*

广泛分布于云南各大湖泊、河沟、水塘中，在较大湖泊中，多少成带状分布，水深4m以内，基质不限，水质不拘。在pH值9.2的程海仍能发育。

群落总盖度常在80%以下，水土条件不好的地方仅有20%～30%。通常分两层，上层层冠与水面平齐，层盖度30%～70%。优势种狐尾藻，具匍匐茎，直立茎10余条丛生，从水中上升，枝稍平齐于水面，夏秋以顶生的黄红色穗状花序立于水上，组成这一层的伴生种有马来眼子菜、穿叶眼子菜、亮叶眼子菜、菹草等，泸沽湖还有鸭子草，在浅水池塘的边缘有荇菜以及各种漂浮植物。群落第二层深沉于水下，层冠常远离水面0.3～1.5m，主要成员常为红线草、黑藻、金鱼藻、微齿眼子菜、海菜花等。在亚热带湖泊中，苦草在深沉水层常有显著地位，但处于高山环境的泸沽湖，没有苦草出现，这里一个显著特点是品藻 *Lemna trisulca* 数量很大，悬浮于整个群落的上下。

永胜县境程海的狐尾藻群落种类最为贫乏，高等植物仅有狐尾藻和红线草，植株普遍稀少，总盖度不超过20%，因为程海酸碱度高，湖水硬度大，矿化度高，绝大部分的沉水植物都不能适应，群落稀疏，所以种类单调。

狐尾藻耐污、耐碱，能适应贫养、富养的水体，生态幅度大，在水草贫乏的湖区，是较重要的鱼饵和产卵场所，但在水草丰盛的地方，鱼类并不喜食之，可清除用作绿肥。

1.5.3 石龙尾群落 Form. *Limnophila sessiliflora*

仅见于洱源县茈碧湖外湖，水深4m左右，湖床粉沙质，灰色，较平缓。

石龙尾群落是茈碧湖中种类较复杂、结构较为完整的群落。由于水体透明度大，水深度大，各层的组成分子都可自由发展，生长体态都达到了较大限度，群落总盖度50%～85%，一般可分出上、中、下3层。上层盖度较小，10%左右，由少数阳性种类组成，有浮叶的茈碧花和鸭子草，也有沉水的马来眼子菜、亮叶眼子菜、狸藻，它们各自成丛，由水底直伸到水面。中层为群落的主要结构层，层盖度在50%以上，层面距离水面0.5～1.0m，以石龙尾占优势，石龙尾分枝少，叶片羽状细裂，叶片长达5～6cm，4～6枚轮生，植株外貌呈圆柱形，上下等粗；中层的伴生种有大叶型的海菜花、红线草、微齿眼子菜、苦草、黑藻、金鱼藻等，形状各异，分别成丛，相互镶嵌。下层由茨藻、轮藻组成，它们常以扁球形的植丛出现，丛高1～1.5m，直径50～100cm，在上、中层的松散处生长。

石龙尾是污水的敏感植物，过去滇池也有生长，现在已经绝迹。

1.5.4 黑藻群落 Form. *Hydrilla verticillata*

广泛分布于云南亚热带地区的水沟、积水田、水塘及龙潭中，也有的分布于洱海、此碧湖，基质通常为淤泥或为含腐殖质较多的粉沙。在已被污染的滇池，黑藻群落消失，在酸碱度和矿化度很高的程海，完全没有黑藻的踪迹，位于北回归线附近的异龙湖也没有黑藻群落出现。

黑藻群落依生境条件的差异，可以分为深水型、浅水型两个亚型。

深水型：黑藻群落分布在湖泊、龙潭水深1.5m至6~7m的深处，水体透明度2.6~3.4m，即本亚型生长深度比透明深度大1倍多。群落总盖度随水深的增加而下降，洱海群落最深达7m，盖度仅30%~40%，此碧湖群落生长最大深度在5m左右，总盖度则常达90%，群落仍可分二层，上层接近水面，层盖度不到10%，由狐尾藻、亮叶眼子菜、穿叶眼子菜和马来眼子菜等组成，在水深3.5m以上的水域，这一疏落的上层全然消失；第二层是深水层，层盖度较大，达20%~30%，以黑藻占绝对优势，伴生种有金鱼藻 *Ceratophyllum demersum*、微齿眼子菜、苦草、红线草等，它们都非常耐阴，层面往往低于透明深度。由于这里水深，水面风大浪涌，漂浮植物是不能生存的。

浅水型：黑藻群落普遍分布于水沟、水田、水塘，水深多在1m之内，水土肥力高，光条件不受限制，群落发育较好，总盖度常达100%，由于水浅，各种沉水植丛的生长高度都抑制在水深范围以内，分层现象不显著，组成分子除黑藻外，以菹草为最为普遍，其他有狐尾藻、金鱼藻、小茨藻、丝草、鸭子草等，水面常有漂浮植物停留。

黑藻可作鱼饵、猪饲料，入药能清凉解毒，治疮疥、无名肿毒。

1.5.5 亮叶眼子菜群落 Form. *Potamogeton lucens*

分布于泸沽湖、此碧湖、洱海、异龙湖。在泸沽湖分布达水深7m，是该湖生长最深的维管束植物群落，在湖中呈封闭的环带状。在异龙湖，本群落占有最大面积，主要在水深1~1.8m的湖泥深厚的西半部。

群落外貌黄绿色，常点缀以白色的海菜花。群落总盖度70%~90%，在浅水老年末期的异龙湖则可达100%，在透明度较差的地段（如洱海江尾一带），水深不大，盖度也不超过50%。群落明显分为两层，上层临近水面，优势种亮叶眼子菜，分支多而细长，枝梢叶片密集，多在接近水面时倾伏，形成直径30~100cm的块状覆盖，以长3~4cm的淡绿色穗状花序挺立水上，深秋果熟，撒遍水面，像一层粒状漂浮物。伴生种有狐尾藻、穿叶眼子菜或马来眼子菜，一般数量都不多。第二层深沉于水下，在泸沽湖主要为波叶海菜花的叶丛，丛间有成丛的金鱼藻、黑藻或红线草，此外有少量的扁茎眼子菜 *Potamogeton compressus* 生长，这是其他沉水群落和其他湖泊所罕见的。在异龙湖、茈碧湖内，居于群落下层的多见海菜花、轮藻、小茨藻。

亮叶眼子菜可作绿肥。

1.5.6 马来眼子菜群落 Form. *Potamogeton malainus*

分布于洱海、剑湖、抚仙湖、杞麓湖、阳宗海以及许多流水河沟，水深2~3m以内，要求生境水清，透明度大，有一定的流速，不怕风浪。在水体透明度较差的洱海、剑湖，多出现在河口水下三角洲外围；在清水河流溪沟中往往铺满河床，个别清水池塘也有出现，但决不长于水田中，这是因为马来眼子菜不耐肥。

群落外貌绿褐色，总盖度60%~90%，分两层，上层优势种马来眼子菜丛生多分枝；茎长可达3.5m，在河流中顺水伸延，在湖、塘中伸至湖面顺水屈伏，腋生的穗状花序直立水面，花后垂于水下。丛间常有狐尾藻散生，有时还有亮叶眼子菜、荇菜、穿叶眼子菜、鸭子草、菹草。第二层层盖度20%~30%，以黄花狸藻、红线草、苦草较为常见，在剑湖，金鱼藻占有重要地位，杞麓湖则有相当数量的轮藻植物，植丛高约30cm，呈淡绿色，盖度可达40%，成为该湖马来眼子菜群落的特色。

马来眼子菜植丛是各种虾类的栖息场地和草食性鱼类的饵料，也是许多经济鱼类的产卵场，洱海渔民习惯在此捕捞，称马来眼子菜（桃叶草）群落带为捕捞带。

马来眼子菜和亮叶眼子菜一样，不在水田中生长，因此可以作绿肥。

1.5.7 菹草群落 Form. *Potamogeton crispus*

分布于滇池、洱海沼泽化的湖湾地段，亚热带地区的水塘、水田和小河中，水深1.5m以内，土壤多为深厚的淤泥，水体富氧化过程显著，风浪小。

群落优势种菹草，成丛生长，分枝繁茂，叶片边缘波状起伏，春季发育进入盛旺时期，这时群落外貌呈亮绿色，一支支粉红色的花穗挺出水面，给水色增添了春光。盛夏之后，菹草花果成熟，枝叶凋萎，形成许多莲座状的硬质冬芽，撒落水底；入秋，外貌上的优势地位即被生长季节较长且适应水位上升的狐尾藻所代替，这时群落中植丛稀疏，在滇池，群落总盖度常在10%以下。

群落组成比较简单，特别是滇池，只有2~3种，除菹草外，有红线草或狐尾藻、苦草，在洱海湖湾中，群落盖度较大，达60%，种类也比较丰富，群落中除滇池常见的种类外，还有黑藻、金鱼藻、微齿眼子菜、马来眼子菜和亮叶眼子菜。在许多肥水鱼塘或溪沟，菹草可以形成密度很大的单种群落。

1.5.8 丝草群落 Form. *Potamogeton pusillus*

分布于亚热带地区的水田、浅水塘、浅水溪沟，此外见于茈碧湖沼泽化内湖的浅水地带，丰水期水深在0.50m以内，枯水期为出露的沼泽化湿地，底质为深厚的淤泥。

本群落为富养化浅水池的沉水群落，总盖度可达80%，占绝对优势的为丝草。丝草分枝繁多，茎叶细长如丝，沉于水下，花粉红色，少花，开花时立于水上，花后沉没于植丛中，常见的伴生沉水种类有菹草、狐尾藻、黑藻和金鱼藻、小茨藻。在水田、田间水沟中常有挺水植物层，由慈姑、泽泻、鸭舌草等组成，在山谷缓流溪沟中常见沉水的小毛茛、黄花狸藻。

1.5.9 红线草群落 Form. *Potamogeton pectinatus*

分布于滇池、洱海、抚仙湖、程海、泸沽湖及滇中部分水塘，水深0.4~2.5m，在酸碱度最高、矿化度最大的程海，红线草群落是分布面积最大的主要植物群落，在受到污染的滇池大部分分布成带，在生境条件相当恶劣的情况下，也常能形成稀疏的单种群落。

群落总盖度各地不一，高可达90%（泸沽湖），程海、抚仙湖大都在20%~30%，优势种红线草，春夏之交已是兴旺时期，分枝繁茂，叶线形、厚如松针，植丛直径20~30cm，高30~100cm，全体呈红褐色，沉于水下，形如倒立之帚，随浪摇曳，这时花果并茂，但不出露。入秋以后，红线草一因鱼群消费，二因生气衰颓，留下的往往是残枝断叶，优势地位有被狐尾藻取代之势（洱海、泸沽湖）。群落在浅水带（1m以下）无明显分层现象，常见的伴生植物是菹草、狐尾藻，在程海总是一些轮藻铺于水底，惟独泸沽湖红线草群落种类比较丰富，水深在1m以上时，分层现象比较明显，上层有狐尾藻、马来眼子菜、穿叶眼子菜、亮叶眼子菜及鸭子草，下层除红线草外，有波叶海菜花（泸沽湖）、丝草、黑藻、大茨藻、小茨藻等，此外，有一些上下悬浮的品藻。

红线草是草食性鱼类的优良饵料和产卵场所，其适应性强，可以在污染严重、水体透明度差的地方生长，也能在强碱性咸水湖中生存，是一种好的水生资源植物。程海渔民在鱼类产卵季节，将红线草打捞上岸，转运到水库或鱼塘放养，作为一种运送鱼苗的方式。

1.5.10 八药眼子菜群落 Form. *Potamogeton octandrus*

仅见于洱源县城郊的流水沟和水塘的出口地段，水深1m以内，流速较大，底质系泥沙。

群落总盖度70%~85%，优势种八药眼子菜，分枝多而细长，有达2~3m的，具大量的丝状形叶，皆呈黑褐色，集成一大片，铺展于水体之中，如一束待梳的长发，细小的淡绿色穗状花序直立，显露，下部托以1~2枚瓜子大小的绿色叶片，丰富了群落的景色。群落的近岸外缘多有荇菜、鸭子草的浮叶，它们共同构成群落的上层，下层是金鱼藻、黑藻、菹草、它们多贴近水底，沉于八药眼子菜植丛之下，当然也随流起伏。

1.5.11 微齿眼子菜群落 Form. *Potamogeton maackianus*

主要分布于滇西的洱海、茈碧湖、剑湖。在洱海北部、东部至西部水深2~5m处几乎分布成带状，剑湖分布在2~3.2m的水深范围内，生长深度可比透明深度大一倍，在茈碧湖多出现在沼泽化的浅水内湖，水深1m之内。一般说来，是一个深沉的植物群落。20世纪60年代，本群落在滇池曾保留很大面积，但70年代以来，已无迹可寻。

群落的主要结构层次是深沉于水下的第二层，在洱海层冠与水面相距1.5～2m，优势种微齿眼子菜多分枝，茎长叶细，皆暗绿色，相互交织集成大片，深沉于水，与之伴生的是全身呈绿色的金鱼藻、翠绿色的黑藻、红褐色的红线草，成团成束，体态各异，不易混淆。本群落在此碧湖发育地段水浅，湖泥深厚，组成这一层的伴生种是大叶型的海菜花、细叶型的丝草、小茨藻、轮藻，并有相当数量的尖叶眼子菜 *Potamogeton oxyphyllus*，层冠距水面很近，一般不超过20～30cm。

群落上层相当稀疏，盖度多在10%以下，出现在这一层的是狐尾藻、亮叶眼子菜、马来眼子菜，它们多从第二层的空隙处直伸至水面，并以红色、黄色、淡绿色的花穗状花序疏立水上，指示这个水下群落的存在。

1.5.12 茨藻群落 Form. *Najas*

分布于水田、水沟、浅水塘和沼泽化的浅水湖泊，异龙湖有较大的面积。

群落总盖度50%～60%，优势种小茨藻 *Najas minor*，在水田、水沟常形成单种群落。在异龙湖骂母嘴附近，本群落分布在水深1.2～1.8m的地带。湖泥灰褐色，深厚，群落所在深度与透明深度基本一致，因此组成结构一目了然。这里群落总盖度40%～80%，比较稀疏，而且厚度也不大，分两层，上层接近水面，盖度20%以下，由狐尾藻、马来眼子菜组成。下层是主要结构层，层盖度30%～60%，层冠距水面约0.5m，优势种小茨藻植丛团状，绿褐色，高30～40cm，分枝多而短，叶细如针，集于茎枝之顶，在水下辐射状伸开，状如菊，湖滨渔民称之为“菊花草”，这一层的主要伴生植物是灰绿色的轮藻与质脆的（大）茨藻 *Najas marina*，有时相互邻接，有时相互远离，分布成一个比较松散的深水层。

1.5.13 角茨藻群落 Form. *Zannichellia palustris*

本群落见于滇中螳螂川及其支流，水田、浅水池塘。

在河流中，多沉没于水深0.30～0.70m的缓流中，河底基本上为细沙，或上覆砾石，多贝类残体，水流不急，清澈见底，群落多以微地形的限制而分布成团块状。总盖度15%～50%，组成简单，优势种角茨藻系喜钙植物，多分枝，节上生根，为数不一定多的个体，往往蔓延一长串，随水流飘动，其他成分有狐尾藻、菹草、红线草，成团出现，有时还有个体变得很低矮（高10～20cm）的苦草。角茨藻在水田中形成单种群落，特别是水稻秧田。5月间，栽插之后，积水秧田（呈贡六合、昆明双哨）迅速转变为角茨藻单种群落。这里，角茨藻植株低矮，与水深相当，但分枝多而细，相互交叉，盖度可达70%～80%，除剩留的少数稻苗挺出水上外，几乎没有其他植物。

1.5.14 海菜花群落 Form. *Ottelia acuminata*

分布于云南绝大多数高原湖泊和湖区的池塘、水沟，有时也生长到藕田、慈姑田中，是云贵高原水生植被的特色。生长水深通常在2.5m以内，但在透明度大、湖水深的泸沽湖常可生长到5m深处，湖床泥质或沙质。pH为7～8.4。在酸碱度较高的程海，无海菜花群落；受到污染的滇池，本群落已经绝迹；江川的星云湖或因水体过于浑浊，或因放养量过大，海菜花也很少了。

群落优势种海菜花是大型沉水草本，具短的直立根茎。叶基生，常有60～70枚之多；叶大，叶柄随水深增加而伸长，在水下形成很大的叶丛。花葶很长，直伸至水面；花较大，多为白色，漂浮水面，就是这星罗棋布的花朵构成群落的水上景观。

经过长期的地理隔离，不同湖泊各有自己独特的海菜花类型，叶片形态和大小都有很大变异，花色有黄有白，生殖器官亦有所分化。云南高原湖泊的海菜花，大体可以分出4个变种：原变种 *Ottelia acuminata* var. *acuminata* 较为广布，见于滇西、滇中至滇东南的浅水湖盆，高山深水的泸沽湖有其特异的波叶海菜花 *O. acuminata* var. *crispa*；滇中深水湖泊阳宗海和溶蚀构造湖杞麓湖共有通海海菜花 *O. acuminate* var. *tonhaiensis*；路南的雨布宜湖有路南海菜花 *O. acuminate* var. *lunanensis*，与这些类群相对应，海菜花群落从生境、组成结构上也有不同的亚型，以下仅对其中两个亚型加以叙述。

浅水亚型：现广布于洱海、此碧湖、剑湖、异龙湖及其附近的池沼沟渠，过去滇池、星云湖都较为普遍，目前仅在附近水塘中局部残存。本亚型水深在2.5m以内，底质主要为厚层湖泥，有时为粉沙、砾石和螺壳等的混杂物。

群落总盖度50%～70%，优势种为海菜花的原变种，上层有亮叶眼子菜、狐尾藻、马来眼子菜，局部有穿叶眼子菜、石龙尾、茈碧花（茈碧湖），层盖度约10%～30%；下层以海菜花为主，其个体数目不多，但叶大如扇，为数甚多，且2～3株成丛，可占空间2～4m²，绿茵茵的一大团沉于水，一年四季开不尽的花朵总是漂在水面。伴生种多见黑藻、小茨藻，间有大茨藻、微齿眼子菜，茈碧湖则有大量轮藻生长，构成群落中特定的层片。

这一亚型中海菜花数量即使在未受污染的湖泊中都在逐渐减少，经多方面调查，其原因是湖泊中大量放养了草鱼，海草多被啃食，其次是群众除采摘花葶做菜外，还取捞全草作猪饲料。

深水亚型：是泸沽湖分布面积最大的沉水群落，在全湖四周和各海堡（湖中岛屿）周围都呈连续的带状出现；水深1～5m，湖底沙质或石块堆积，湖水清澈，透明度深达4.5m，整个湖泊受人类经济活动影响微弱，未受污染。

群落总盖度60%～90%，优势种为泸沽湖特有的波叶海菜花，主要结构层是深沉水下的第二层，水面的景观只见直径达4～5cm的白色花朵，撒遍湖面，推浪逐波，远看是一圈圈的白色花环，嵌在湖面，套在小岛边缘，有如银河落天，泛舟水上，俯视深沉水底的海菜花叶丛，叶柄长2～3m，叶片长达90cm，而宽仅3～6cm，边缘波状卷曲，像锦带万卷，相互交织，构成一层厚达3～4m的水下绿茵，浓密得全不见湖底。花葶长5～6m，系着千丝万缕的水绵，开花的举着鲜花托出水面，含苞的螺旋上升，结果的卷缩成弹簧状，倒卧在叶层。此外还有成群结队的品藻上上下下，若沉若浮，有似群鹤起舞。在水深3m以上的深水地段，海菜花的伴生种极少，较常见的只有亮叶眼子菜和狐尾藻，它们与海菜花序共同构成群落的上层。在浅水地段，有黑藻、金鱼藻、微齿眼子菜、红线草穿插在叶丛间，数量也不多。

海菜花的叶和花葶都可供蔬食，又是草鱼、青鱼等的饵料和产卵场所。花期长，花大而美，是美丽的水面观赏植物，不可多得，应予以保护，也可引种于公园的水塘中。

1.5.15 苦草群落 Form. *Vallisneria natans*

广泛分布于亚热带海拔2300m以下的高原湖泊、水塘和河沟。在富营养化的浅水湖泊中，如星云湖，几乎占满水深1.5m以上的全部水域。在洱海、杞麓湖、程海，为生态系列上最后和最深的沉水群落，在当今的滇池，只能在水深1～2m的浅水带局部残存，在透明度最大（8m）的抚仙湖，可达水深20m，是云南高原上生长最深的水生植物群落。

苦草为群落优势种，有时以单种群落出现。本种具葡匐茎，多营养繁殖，叶基生成丛，带状直立，长20～30cm，有时也长达2～3m，密集如稻秧，深沉于水面以下，叶层往往低于水体透明深度，肉眼难于觉察，往往只能凭借浮于水面的肉白色小雌花，方能知道水下苦草群落的存在。

群落成分随水深的增加而减少，较常见的伴生植物有直伸到水面的狐尾藻、亮叶眼子菜、马来眼子菜，有时有穿叶眼子菜、菹草、八药眼子菜，它们在群落的浅水地带构成超出苦草层的第一层，苦草居第二层，层面距水面远达3～4m，在抚仙湖竟达10m余，在透明度允许的情况下，这一层还有金鱼藻、红线草、黑藻、微齿眼子菜，局部地段有海菜花。浅水河沟中苦草群落无明显分层现象，常见的伴生植物多为狐尾藻、黑藻、金鱼藻，水膏药有时也出现在近岸边缘。

苦草是鱼类饵料、猪饲料，湖区群众在荒年用以充饥，还是主要“海肥”。

1.5.16 轮藻群落 Form. *Chara*, *Nitella*

分布于茈碧湖、程海、抚仙湖、异龙湖以及各地龙潭，清水河沟中，在滇池草海曾有大面积分布。

这是一个大型藻类群落，由轮藻植物组成，群落总盖度30%～100%不等，个体数量多，散生或连成一片，相互交织而成浓密的水下绿茵。据云南大学生物系调查，在20世纪60年代滇池中的轮藻群落由下列种类组成：普生轮藻 *Chara vulgaris*、脆轮藻 *Chara fragilis*、无色丽藻 *Nitella hyalina*、钝节拟丽藻 *Nitellopsis obtusa*、具芒松藻 *Lychnathamnus barbatus*、长苞松藻 *Lychnathamnus longibracteatus*、四川丽藻 *Nitella sutchenensis*、乳突轮藻 *Chara vulgaris* var. *papillata*。此外也常有狐尾藻、黑藻以及眼子菜伴生。目前，滇池轮藻群落完全绝迹，仅在附近未放养鱼苗的清水池塘仍然可见到，如在石灰岩地区的浅水池塘中有大片轮藻群落。由此可见，轮藻群落的消失与水质污染和渔业放养过量都有关系。

2 沼泽植物群落类型

2.1 概述

本类型植被主要分布于亚高山中上部海拔 3000 ~ 4000m 的山地，有时局部下降至 2800m，或上升至 4200m。它的分布面积一般都很小，而且都是在局部低洼之处，诸如高山湖泊、水沟附近的湿地，地下水位高，排水不良。本类型在滇西北和滇东北各亚高山地区都有零星分布，其中以滇东北大海地区的面积最大。

土壤水分饱和是此类植被存在的主导因子。土壤为沼泽化的草甸土，表土富含粗有机质，黑色，微有弹性，生草化明显，底土常有一潜育层。土壤通气性很差。

沼泽化草甸是一类山地的非地带性植被类型，但组成这一类型的大部分植物种类只出现于亚高山山地，既适应于土壤潮湿又适应于高寒气候。这一类型是山地低洼处土壤沼泽化的产物，在一定程度上也是一类原生植被（区普定，1987 年）。

除了上述在分布和生境方面的特点外，本类植被还具有以下群落特点：①群落具有华丽外貌和有明显的季节变化。群落高一般为 10 ~ 20cm，高者可达 50cm，有 1 ~ 2 个结构层次，覆盖度大。②种类组合比较多样，但均为湿生性草类，如莎草科的苔草属 *Carex*、扁穗草属 *Blysmus*、荸荠属 *Eleocharis*；灯心草科的灯心草属 *Juncus*、地杨梅属 *Luzula*；禾本科的发草属 *Deschampsia*、甜茅属 *Glyceria*；蔷薇科的地榆属 *Sanguisorba*；毛茛科的金莲花属 *Trollius*、驴蹄草属 *Caltha*；报春花科的报春花属 *Primula* 等等的种类为常见。单位面积的种数比其他类型的草甸为少。植物区系仍以中国—喜马拉雅成分为主，富含特有种，诸如云南金莲花 *Trollius yunnanensis*、酸沼柳叶菜 *Epilobium blinii*、沼生龙胆 *Gentiana halophila*、海仙花 *Primula poissoni*、大山马先蒿 *Pedicularis tachanensis* 等等。③从植物种类组成的水分生态类型看，以湿中生植物为主、湿生植物为次，无旱中生植物。例如：滇东北大海地区亚高山沼泽中，湿中生植物的种数占 45%，中生植物占 34%，湿生植物占 21%。④由于地下水位高，土壤通气性差，故群落中植物的根系都比较短而向地表伸展，有些植物有匍匐枝，如矮地榆 *Sanguisorba filiformus*、灯心草 *Juncus* spp. 等。⑤小湖泊或水塘附近，因地下水位的梯度顺序，此类植被常常形成以湖心为同心圆的环带，例如中甸哈巴雪山的黑海边、苍山的马鹿塘边以及较低海拔的丽江玉龙山的玉湖周围。⑥本类植被也是亚高山的牧场之一，但产草量较低，好草较少，一般作为牲畜饮水地附近的调节性草场。

2.2 莎草沼泽化草甸

该类型的植被均以莎草科的湿生植物为群落的优势成分，一般分布于亚高山山地的平坦地段，滇西北、滇东北均有分布，但以滇西北为常见。

组成群落的莎草科植物主要是扁穗草属 *Blysmus*、苔草属 *Carex*、针蔺属 *Heleocharis* 的种类，偶尔也有嵩草属 *Kobresia* 中喜湿的植物种类。它们常在近水的潮湿地段占优势，其间伴生多种喜湿的禾草和杂类草。

在云南，现仅有下列一个群落（群系）的记载。

华扁穗草沼泽化草甸 Form. *Blysmus sinocompressus*

本群落以华扁穗草为优势，主要分布于滇西北迪庆、丽江一带的亚高山山地的近水湿地上，海拔高度 3200 ~ 4100m。多数分布于森林线以下，是属于林间湿生草甸的一个类型。在海拔较高处，有时也分布于森林线以上的多水之处。附近有灌丛和乔木散生。

本群落以具草甸外貌、伴生多种湿中生和湿生的草本为特点。伴生的植物种类中，具有代表性的有深紫糙苏 *Phlomis atropurpurea*、紫花雪山报春 *Primula sinopurpurea*、花葶驴蹄草 *Caltha scaposa*、发草 *Deschampsia caespitosa* 等。

根据种类成分的组合特点，本群落可分为低海拔型和高海拔型两个类型。

（1）低海拔型　本群落分布于迪庆、丽江一带3100～3600m的亚高山山地。群落面积有大有小，其生境的共同特点是土壤排水不良，或在植物的生长季内地表经常为薄层流水所漫湿而到干季又趋于干燥。土壤的潮湿和半湿润状态交替是本群落存在的重要因素之一。

以中甸坝西部山脚平缓处的沼泽化草甸为例：这里海拔3200m，地形平坦而开阔，地面经常处于潮湿多水状态，但并非淤泥下陷或浸于水中的沼泽或水生生境，所以成为当地的主要放牧场之一。

群落外貌远望一片油绿色，整齐而秀丽。近看，草层低矮、多数莎草和禾草均被牲畜啃食至比较齐一的高度，其间散生一些稍高的不可食的杂类草，一般均具艳丽花色，犹如彩色的小斑点分散在绿色的地毯上，为草甸增添了瑰丽。

群落的组成种类比较单纯，优势种华扁穗草 *Blysmus sinocompressus*。花序高20～30cm，构成盖度很小的上层。而叶层为群落的主要层，高仅3～10cm。其次为深紫糙苏 *Phlomis atropurpurea*，其紫色直立花序较为引人注目；还有银叶火绒草 *Leontopodium souliei*、长柄马先蒿 *Pedicularis longipetiolata*、三脉紫菀 *Aster agelatoides*、高山大戟 *Euphorbia stacheyi*、毛茛 *Ranunculus* sp. 等也较显著。多种禾草如匍茎剪股颖 *Agrostis stolonifera*、开展早熟禾 *Poa patens*、发草 *Deschampsia caesptiosa*、紫药羊茅 *Festuca nitidula* 等都具低矮叶层和偶尔高出的花序。

（2）高海拔型　主要分布在滇西北哈巴雪山上部的冰碛湖——黑海周围，海拔4020m。所在地的地形平坦，坡度多在2°～30°，附近有水沟流入黑海，低洼处积水成潭，凸起处地下水位高，地面浸湿。周围为杜鹃灌丛和散生的冷杉林，基本上处于高山的森林上限边缘地带。

群落外貌整齐，一片绿色。6～7月间百花吐艳，绿色背景点缀着黄色、紫红色、白色的花朵，宛如一片花色地毯，显得分外秀丽。

主要草层由于经常放牧而低矮，一般高为5～10cm，花序可高达20～30cm。植物生长密集，群落总盖度在80%左右（除去小土坑和小沟）。群落中植物种类组成比较简单，优势度较大的为华扁穗草，其次为穗花报春 *Primula deflexa*、花葶驴蹄草、紫花雪山报春等，其花序均高出草层。在10cm以下的草层中，报春花 *Primula* spp.、龙胆 *Gentiana* spp. 以及毛茛科、蓼科等植物的花色也较为美丽。莎草科中还有喜湿的钩状嵩草 *Kobresia uncinoides*。禾本科仅见花草一种。

2.3　杂草类沼泽化草甸

本类植被是一类除禾草、莎草以外，以杂类草为优势的沼泽化草甸。比较广泛地分布于滇东北、滇西北的亚高山山地。生境以地形平坦、土壤湿润、排水不良、多以带有沼泽化为其特点，而且草甸的面积均较上述莎草类型为大。本类草甸也是经常的放牧场所。

组成群落的优势种主要为蔷薇科的矮地榆（又名线形地榆、虫莲）*Sanguisorba filiformis*，是杂草类沼泽化草甸的标志种，此外还有毛茛科、唇形科、灯心草科的一些种类。

矮地榆沼泽化草甸 Form. *Sanguisorba filiformis*

本群落以矮地榆为优势。主要分布于滇东北乌蒙山系的各亚高山地区，也分布于滇西北的迪庆、丽江一带，是亚高山地区沼泽化草甸中一个分布普遍的类型。滇东北大海地区有着面积较大的线形地榆沼泽化草甸，而滇西北各地则都为小面积斑块状，常与莎草沼泽化草甸交错分布，或仅仅在水塘边局部地段出现。

它的分布海拔变幅较大，主要在3300～3400m范围，但最低可达2700m，最高甚至达4000m左右。生境为水沟、河边、湖泊附近等排水不良的平坦湿地，土壤为沼泽化草甸土，表土以半分解的有机质为多，生草化明显。

群落具明显的草甸外貌，草层一般低矮，结构和种类均简单，但仍较华丽。优势种比较突出，一般有2～3个优势种，除矮地榆外，还有灯心草 *Juncus* spp.、东谷芹 *Tongoloa* spp.、银莲花 *Anemone* spp. 报春花 *Primula* spp.、龙胆 *Gentiana* spp. 以及苔草 *Carex*、剪股颖 *Agrostis* 等属的喜湿种类。

本群系有以下3个群落。

（1）矮地榆、灯心草群落 Form. *Sanguisorba filiformis*, *Juncus* sp.

主要分布于滇东北大海地区小息牛一带的亚高山山地，海拔 3300 ~ 3500m。所在地的地形为两个缓坡之间的平坦河谷，谷宽 50 ~ 100m，一条小河迂回曲折流经其间，河长达数千米，河岸两侧均为排水不良的半沼泽化的平坦地带，周围山地是草甸。群落面积较大，而且集中连片。在植物生长季节，地面湿润浸水，地下水位常达地表，但近坡脚处又稍干燥。

群落外貌犹如一片茵绿的地毯，其上布满白色的小花点，主要是灯心草和矮地榆的花朵，分布相当均匀一致。在此色调的背景上，偶然散生黄色、紫红色的稀疏斑点，主要是云南金莲花 *Trollius yunnanensis*、毛茛、虎耳草 *Saxifraga* sp. 、海仙花、大山马先蒿等植物，分布稍不均匀。6 月间，以银莲花的白花和大山马先蒿的紫红色花序构成季相。7 ~ 8 月为灯心草、矮地榆的白花季相，偶见其他花色。到了 9 ~ 10 月间，进入了细叶东谷芹的白花季相，而其他植物逐渐进入果期。因此，本群落以白花季相为主体，给人以一种优雅清秀的感觉。

组成群落的种类比较单纯，群落中植物覆盖严密，总盖度达 100%。结构分层不明显，略可分为两层。上层高 15 ~ 25cm，主要是灯心草、矮地榆等植物的花序，因被牲畜啃食，盖度不大。下层为主要层，高在 10cm 以下，绝大部分植物的叶层处于此层，特别是灯心草、矮地榆、发草、马先蒿、细叶东谷芹、银莲花、云南金莲花的叶层。下层盖度基本上与总盖度一致。

在群落分布地，河道侧支的流水水沟上。水位一般高出地面 2 ~ 5cm，分布着高 30 ~ 50cm 的丛生状的多苞红景天 *Rhodiola multibracteala*，形成特殊的景观。但丛间水洼较低处仍然为本群落的片段分布。

（2）矮地榆、嵩草群落 Form. *Sanguisorba filiformis*, *Kobresia* sp.

主要分布于滇西北中甸哈巴雪山海拔 3150m 左右，是为长苞冷杉林所包围的林间沼泽化草甸。所在地为山间低洼地，地形平坦，地下水位高，地面经常浸水，但不为下陷的淤泥或沼泽，而是一片湿生草地。

群落外貌呈现一片油绿色，其上散生紫红色和白色的小花朵。草层因地形微起伏而稍不整齐。群落的总盖度达 100%，结构可分 2 层。上层高 15 ~ 20cm，个别花序达 30cm，盖度不大，主要是花序和个别较高的植物组成。下层高 15cm 以下，为群落主要层，盖度在 85% 以上，为绝大部分植物叶层和矮生植物。

组成群落的种类比较简单。数量和盖度最大的为矮地榆和一种嵩草 *Kobresia* sp.，它们的高度均在 15cm 以下。其次为开紫红花的海仙花，数量不多，但在草甸中很引人注目。它和矮地榆及嵩草一起常在小地形平坦而偏低洼湿土上。在稍隆起的小土堆上，常出现羊茅 *Festuca pamirica*、龙牙草 *Agrimonia pilosa*、华扁穗草等种类。

（3）矮地榆、深紫糙苏、华扁穗草群落 Form. *Sanguisorba filiformis*, *Phlomis atropurpureas*, *Blysmus sinocompressus.*

本群落主要分布于滇西北迪庆哈巴雪山的亚高山山地，海拔 3600 ~ 3700m。周围都为长苞冷杉林、大果红杉林及各种杜鹃灌丛。

以哈巴雪山区八别角的沼泽化草甸为例：

这里是一片宽阔的谷地，周围多为亚高山针叶林所包围。谷地地形平缓，坡度在 3° ~ 12°之间，附近有小沟流经。由于接近水源，故也是牲畜经常停息的场所。

群落外貌在生长季节（7 ~ 8 月）呈现一片绿色，以驴蹄草 *Caltha palustris* 的鲜黄色花、矮地榆的白色花和深紫糙苏的紫红花组成群落的主要季相。

组成群落的种类比较简单，优势种且常有 2 ~ 3 个，矮地榆、深紫糙苏、华扁穗草。总的来看，本群落以矮地榆为标志，与深紫糙苏、华扁穗草、驴蹄草等构成滇西北亚高山地区比较典型的沼泽化草甸植被。由于牲畜放牧的影响，群落中带入一些蓼科的喜湿植物，诸如高山大黄 *Rheum alexandrae*、尼泊尔酸模 *Rumex nepalensis*，尼泊尔蓼 *Polygonum nepalense* 等。

群落的总盖度达 100%，结构可分两层，上层高 15 ~ 20cm，个别达 40cm，主要是一些高大植物和一些下层植物的花序，深紫糙苏和驴蹄草的花序都在此层；下层为群落的主要层，层盖度达90%以上，除上层植物的叶层外，矮地榆、灯心草 *Juncus* sp.、华扁穗草等均处于这一层中，还有一些矮小的植物如华丽龙胆 *Gentiana sino - ornata*、小花虎耳草 *Saxifraga pallida*、细叶东谷芹等。

第三节 云南湿地植物名录

编写说明

1.《云南湿地植物名录》系记载云南湿地野生及习见栽培的高等植物的基础资料。内容包括苔藓植物、蕨类植物和种子植物三大类。

2. 名录按苔藓植物门、蕨类植物门、裸子植物门、被子植物门依次编排。门下的科按采用的系统编排，其中苔纲、角苔纲按 R. M. Schuster（1966）和 R. Grolle（1983）的系统，藓类植物按陈邦杰（1963）系统，蕨类植物按秦仁昌（1978）系统，裸子植物按郑万钧（1978）系统，被子植物按 J. Hutchinson（1926，1934）系统排列。各科按原系统的科号，随后另立并为本名录采用的科，均列于原科后，在其科号后加 a，b，c... 等字样，以示区别。科下的属、种、亚种、变种按拉丁学名字母顺序排列。

3.《名录》的主要参考文献为《云南植物志》、《中国植物志》、《横断山区维管植物》、《高黎贡山植物》各有关卷册；凭证标本取材于中国科学院昆明植物所标本馆收藏的标本，包括作者1975年以来采集的湖泊水生植物标本。但在《名录》中不列举参考文献，也不引标本号码和采集人。

4.《名录》以记载种为主。每种植物依次记载：

中文名：以《云南植物志》和《中国植物志》所采用的名称为主，个别新记录的种须另拟中文名称时则注明（新拟）。一般不列中文别名。

拉丁学名：植物拉丁种名由属名后加上一个种加词的双名组合。本名录的拉丁学名除种名外，同时包括发表该学名的作者和基名的作者的缩写名：如，*Monocharia hastate*（Linn.）Solms，但不列作者发表该种的文献和年代，也不列基名作者所发表的基名名称。

产地：仅列举各该种在云南的分布情况，一般到县名。限于编幅，国内外的分布情况均从略。

生态—生活型、海拔和生境：云南湿地植物的生态—生活型包括植物的生长环境和生存形态，如湿生常绿乔木，湿生一年生草本，生长在湖泊中的沉水草本，漂浮草本等，根据具体情况，在每种的产地之后用文字表达。海拔通常从标本上归纳，列出该种在云南湿地出现的最低和最高海拔。生境代表植物种所适应的各种环境，如草甸、沼泽、林下等，有些适应性广泛的植物，既可生长在浅水中，也可生长在比较干旱的草坡上，如尼泊尔蓼 *Polygonum nepalense* 等，在名录中，一般仅列出湿地的生境。

苔藓植物门 BRYOPHYTA

苔纲 HEPATICAE

7. 指叶苔科 Lepidoziaceae

（1）深裂指叶苔 *Lepidozia sandvicensis* Lindenb

贡山独龙江。沼生苔藓植物，生于林下沼泽地。

10. 大萼苔科 Cephaloziaceae

（2）曲枝大萼苔 *Cephalozia catenulata*（Hueb.）Lindb.

大关。湿生苔藓植物，生于山区林下沟谷溪边腐木上。

（3）角胞钝叶苔 *Cladopodiella francisci*（Hook.）Buch.

德钦。湿生苔藓植物，2900～3200m，生于山区溪边湿地上。

（4）长苞苔 *Hygrobiella laxifolia*（Hook.）Spr.

贡山。湿生苔藓植物，生于山区溪边岩石上。

14. 叶苔科 Jungermanniaceae

（5）延叶叶苔 *Jungermannia fauriana* Beauv.

彝良。湿生苔藓植物，生于海拔 2060m 的林下河边泥土上。

（6）鞭枝叶苔 *Jungermannia flagellata*（Hatt.）Amak.

勐海。湿生苔藓植物，生于河岸湿土上。

（7）变色叶苔 *Jungermannia hasskarliana*（Nees）Steph.

贡山县独龙江、绿春。湿生苔藓植物，生于山地沟边湿土上。

（8）疏叶叶苔 *Jungermannia laxiphylla* Gao，nom. nov.

中甸。湿生苔藓植物，生于林下溪边岩石上。

（9）卷萼叶苔 *Jungermannia torticalyx* Steph.

元阳。湿生苔藓植物，生于林下溪边湿土和湿石上。

15. 裂叶苔科 Lophoziaceae

（10）卷叶苔 *Anastrepta orcadensis*（Hook.）Schiffn.

德钦白马雪山、福贡、贡山独龙江、维西、中甸碧塔海、石兴拉山、丽江。湿生苔藓植物，生于海拔 3000～4000m 高山或高山带林下，稀见于沼泽地和树干上。

（11）丛生裂叶苔 *Lophozia collaris*（Nees）Schust.

丽江。湿生苔藓植物，生于林下溪边湿土或岩石面。

（12）玉山裂叶苔 *Lophozia morrisoncola* Horik.

丽江。湿生苔藓植物，生于河岸边湿土面。

17. 合叶苔科 Scapaniaceae

（13）林地合叶苔 *Scapania nemorea*（L.）Grolle

贡山县独龙江、维西县维登。湿生苔藓植物，生于海拔 3100～3250m 的树干或高山草甸上。

18. 齿萼苔科 Geocalycaceae

（14）双齿裂萼苔 *Chiloscyphus latifolius*（Nees）Engel. et Schust.

昆明、耿马。湿生苔藓植物，生于水边竹林地面或土坡上。

（15）裂萼苔 *Chiloscyphus polyanthus*（L.）Cord.

昆明、河口、西双版纳。湿生苔藓植物，生于海拔 1600～2400m 的林下土面和流水石上。

（16）四齿异萼苔 *Heteroscyphus argutus*（Reinw. et al.）Schiffn.

大关、寻甸、嵩明、腾冲、福贡、贡山、昆明、安宁、绿春、河口、丘北、西双版纳。湿生苔藓植物，生于海拔 1650～2300m 的水沟边土面、石上、树干上。

19. 羽苔科 Plagiochilaceae

（17）加氏羽苔卢贝亚种 *Plagiochila carringtonii*（Balfour）Grolle ssp. *lobuchensis* Grolle

丽江玉龙雪山。湿生苔藓植物，生于海拔 3790m 的溪旁湿石上。

（18）卵叶羽苔 *Plagiochila ovalifolia* Mitt.

寻甸、昭通、维西、贡山、丽江、德钦。湿生苔藓植物，生于 1820～3500m 的河边上。

26. 毛叶苔科 Ptilidiaceae

（19）毛叶苔 *Ptilidium ciliare*（L.）Hamp.

广布于云南各地。湿生苔藓植物，生于落叶松、白桦落叶松林下或泥炭藓沼泽中。

27. 多囊苔科 Lepidolaenaceae

（20）新绒苔 *Neotrichocolea bissetii*（Mitt.）Hatt.

元江。湿生苔藓植物，生于流水溪边石上或腐木上。

29. 耳叶苔科 Frullaniaceae

（21）波脊耳叶苔 *Frullania evelyne* Hatt. et Thaith

西双版纳。湿生苔藓植物，生于河边树枝上。

32. 小叶苔科 Fossombroniaceae

（22）小叶苔 *Fossombronia pusilla*（L.）（Dum.）

丽江、丘北及云南北部和东部。湿生苔藓植物，生于潮湿的土壤上，多见于山地或荫蔽的林下，有时也见于沼泽中高地。

33. 溪苔科 Pelliaceae

（23）溪苔 *Pellia epiphylla*（L.）Cord.

丽江、丘北、西双版纳勐腊。湿生苔藓植物，生于山区溪边石生或湿土上。

34. 苞叶苔科 Allisoniaceae

（24）苞叶苔 *Calycularia crispula* Mitt.

丘北、河口。苔藓植物，生于溪边河岸

湿土。

36. 带叶苔科 Pallaviciniaceae

（25）多形带叶苔 *Pallavicinia ambigua*（Mitt.）Steph.

景东、西双版纳。苔藓植物，生于山谷溪边湿石上，与其他提灯藓 Mnium、虾藓 Bryoxiphium 等属混生。

37. 壶苞苔科 Blasiaceae

（26）壶苞苔 *Blasia pusilla* L.

丽江、西双版纳。湿生苔藓植物，生于山区林下或沟谷溪流两岸。

40. 花地钱科 Corsiniaceae

（27）花地钱 *Corsinia coriandrina*（Spreng.）Lindb.

德钦、丽江。湿生苔藓植物，生于阴湿溪边土壤上。

42. 光苔科 Cythodiaceae

（28）光苔 *Cyathodium smaragdinum* Schiffn. ex Keissler

昭通、东川、丽江、昆明。苔藓植物，生于阴暗崖下或洞穴处滴水石上和湿土上。

45. 蛇苔科 Conocephalaceae

（29）蛇苔 *Conocephalum conicum*（L.）Dum.

丽江、昆明、西双版纳。湿生苔藓植物，生于溪边林下阴湿碎石和土上。

（30）小蛇苔 *Conocephalum japonicum*（Thunb.）Grolle

丽江、昆明、河口、勐仑。湿生苔藓植物，生于溪边林下阴湿土上。

46. 瘤冠苔科 Aytoniaceae

（31）柔叶花萼苔 *Asterella mitsumiensis* Schimizu et Hatt.

东川、昆明西山。湿生苔藓植物，生于林下溪边或路旁湿土上。

47. 星孔苔科 Sauteriaceae

（32）膨柄星孔苔 *Sauteria inflata* Gao et Chang

贡山。湿生苔藓植物，生于河边石上。

48. 地钱科 Marchantiaceae

（33）地钱 *Marchantia polymorpha* L.

昆明、安宁、丘北。湿生苔藓植物，生于阴湿土坡、墙下或沼泽地湿土或岩石上。

（34）拟地钱 *Marchantia stoloniscyphula*（Gao et Chang）Piippo

德钦。湿生苔藓植物，生于河边石上。

50. 钱苔科 Ricciaceae

（35）片叶钱苔 *Riccia crystallina* L.

江城、勐腊、勐仑。湿生苔藓植物，生于江河边湿土上。

（36）叉钱苔 *Riccia fluitans* L.

丽江、昆明、安宁、广南、绿春、河口、景东。湿生苔藓植物，生于水泡和水沟的沉水中，河边湿土上。

（37）钱苔 *Riccia glauca* L.

昆明、西双版纳。湿生苔藓植物，生于河边和林下湿土上。

（38）稀枝钱苔 *Riccia huebeneriana* Lindenb.

勐腊、勐仑。湿生苔藓植物，生于河边公园的湿土上。

（39）辽宁钱苔 *Riccia liaoningensis* Gao et Chang

勐腊、勐仑。湿生苔藓植物，生于江边湿土上。

（40）肥果钱苔 *Riccia sorocarpa* Bischl.

勐腊。湿生苔藓植物，生于河边和公园林下湿土上。

（41）浮苔 *Ricciocarpus natans*（L.）Corda

丽江。湿生苔藓植物，生于含肥料丰富的池沼中。

角苔纲 ANTHOCEROTAE

51. 角苔科 Anthocerotaceae

（42）角苔 *Anthoceros punctatus* L.

福贡、昆明、武定、元阳、河口、西双版纳、沧源。湿生苔藓植物，生于阴湿溪边或山坡，田野土壤上。

（43）日本树角苔 *Dendroceros japonicus* Steph.

大理、西双版纳。湿生苔藓植物，生于潮湿的谷地溪边的树干上，有时见于溪边的湿石上。

（44）东亚大角苔 *Megaceros flagellaris*（Mitt.）Steph.

大理。湿生苔藓植物，生于潮湿谷地溪流岩石上。

（45）球根黄角苔（叉角苔）*Phaeoceros bulbiculosus*（Brotero）Prosk.

昭通、德钦。湿生苔藓植物，生于湿土壤

上，习见于溪边洼地。

（46）黄角苔（泛生角苔）*Phaeoceros laevis*（L.）Prosk.

贡山独龙江、丽江、昆明、绿春。湿生苔藓植物，生于阴湿河边、田野和土坡上。

52. 短角苔科 Notothyladaceae

（47）东亚短角苔 *Notothylas japonica* Horik.

西双版纳。湿生苔藓植物，生于阴湿沟边湿土上。

（48）短角苔 *Notothylas orbicularis*（Schwein.）Sull.

丽江、西双版纳。湿生苔藓植物，生于阴山坡或溪边或田野的湿土上。

藓 纲 MUSCI

1. 藻藓科 Takakiaceae

（49）藻藓 *Takakia ceratophylla*（Mitt.）Grolle

德钦。湿生苔藓植物，生于海拔 3000m 的高山岩面湿地。

2. 泥炭藓科 Sphagnaceae

（50）拟尖叶泥炭藓 *Sphagnum acutifolioides* Warnst.

彝良、昭通、东川、贡山、福贡、腾冲。湿生苔藓植物，生于海拔 2000～3500m 的针叶林下沼泽地或生于岩洞及沟边滴水石上。

（51）尖叶泥炭藓 *Sphagnum capillifolium*（Ehrh.）Hedw.

贡山、福贡、漾濞、大理。湿生苔藓植物，生于海拔 1800～4000m 的高山沼泽地、潮湿腐殖土上或塔头甸子上。

（52）狭叶泥炭藓 *Sphagnum cuspidatum* Ehrh. ex Hofm.

福贡、贡山独龙江沿岸。湿生苔藓植物，生于海拔 1500～3000m 的林下潮湿的腐殖土上及塔头甸子里，往往形成小片藓丛。

（53）长叶泥炭藓 *Sphagnum falcatulum* Besch.

巧家、会泽、东川、贡山独龙江沿岸、福贡、景东。湿生苔藓植物，生于海拔 3000～3500m 的高山沼泽地及水湿林地，稀见于林下腐殖土及沟边石上。

（54）白齿泥炭藓 *Sphagnum girgensohnii* Russ.

彝良、昭通、东川、贡山、福贡、丽江、维西以及怒江与澜沧江之间的高山上。湿生苔藓植物，常见于沼泽地与潮湿针叶林、塔头甸子上。

（55）暖地泥炭藓 *Sphagnum junghuhnianum* Doz. et Molk.

彝良、大关、昭通、贡山、福贡、中甸、腾冲、鹤庆、大理、漾濞、昆明、寻甸、双柏、屏边、景东、凤庆。湿生苔藓植物，生于海拔 2000m 的沼泽地潮湿林地、树干基部及腐木上。

（56）加萨泥炭藓 *Sphagnum khasianum* Mitt.

大理、漾濞、昆明、安宁、保山、腾冲。湿生苔藓植物，生于海拔 1500～2000m 的沼泽、潮湿林地及沟边湿土上或滴水岩面上。

（57）· 吕宋泥炭藓 *Sphagnum luzonense* Warnst.

维西。湿生苔藓植物，生于海拔 3000～4000m 的高山阴湿林地或沼泽地上。

（58）中位泥炭藓 *Sphagnum magellanicum* Brid.

贡山、福贡、景东。湿生苔藓植物，生于海拔 2000～3000m 的沼泽地或针叶林下，也见于杜鹃灌丛下及塔头水湿地。

（59）稀孔泥炭藓 *Sphagnum microporum* Warnst. ex Card

贡山、福贡、腾冲、梁河。湿生苔藓植物，生于海拔 1500～2000m 的沼泽、潮湿林地及塔头甸子中，也见于溪边水中。

（60）多纹泥炭藓 *Sphagnum multifibrosum* X. J. Li et M. Zang

彝良、昭通、昆明、安宁、贡山、维西、福贡、腾冲、梁河。湿生苔藓植物，生于海拔 1800～3200m 的沼泽地、高山杜鹃云杉林地，在水湿的岩壁上往往成大片丛生。

（61）秃叶泥炭藓 *Sphagnum obtusiusculum* Lindb. ex Warnst.

贡山独龙江流域沿岸、福贡及怒江与澜沧江之间地区。沼生苔藓植物，生于海拔 1500～3500m 的沼泽地及高山针叶林下。

（62）卵叶泥炭藓 *Sphagnum ovatum* Hamp.

昭通、巧家、贡山、福贡、大理、新平、景东、镇源、普洱、腾冲、泸西、瑞丽。沼生苔藓植物，生于海拔 600～1500m 的沼泽地、溪边针叶林或常绿阔叶林下，以及林缘、河沟边滴水石上。

（63）密枝泥炭藓 *Sphagnum palustre* L. ssp. *pseudocymbifolium*（C. Muell.）A. Eddy

大关、彝良、贡山、福贡、丽江、昆明、安

宁、文山、西畴、景洪、勐腊。沼生苔藓植物，生于海拔 500 ~ 2000m 的沟边水草地上、沼泽地以及潮湿林地。

（64）五列泥炭藓 *Sphagnum quinquefarium*（Londb.）Warnst.

贡山以南怒江与独龙江之间的山地上。沼生苔藓植物，生于海拔 1500 ~ 3000m 的沼泽地或水湿地上，喜阴湿。一般泥炭藓不生于石灰岩上，本种独具此特性。

（65）喙叶泥炭藓 *Sphagnum recurvum* P. Beauv.

贡山独龙江沿岸、福贡。沼生苔藓植物，生于海拔 1500 ~ 3000m 的沼泽地针叶林下湿地或塔头甸子中，往往形成垫状藓丛。

（66）广舌泥炭藓 *Sphagnum russowii* Warnst.

丽江、维西、贡山独龙江流域、福贡。沼生苔藓植物，生于海拔 2000 ~ 3500m 的针叶林下沼泽地及沟边或林缘水湿地上。

（67）丝光泥炭藓 *Sphagnum sericeum* C. Muell.

泸水（片马）及高黎贡山一带。湿生苔藓植物，生于海拔 2500 ~ 3500m 的水草上及潮湿地。

（68）粗叶泥炭藓 *Sphagnum squarrosum* Crom.

贡山独龙江沿岸、泸水、福贡、德钦、中甸、维西、腾冲。湿生苔藓植物，生于海拔 2000 ~ 3500m 的林下积水处、塔头水湿地及沼泽中，偶见于阴湿林下腐木上。

（69）羽枝泥炭藓 *Sphagnum subnitens* Russ. et Warnst.

大理苍山一带。湿生苔藓植物，生于海拔 2500 ~ 3000m 的针叶林下以及潮湿的草甸土上。

（70）偏叶泥炭藓 *Sphagnum subsecundum* Nees var. *subsecundum*

昆明、呈贡、安宁、腾冲、梁河。沼生苔藓植物，生于海拔 1500 ~ 2000m 的沼泽地及阴湿林地上。

（71）柔叶泥炭藓 *Sphagnum tenellum* Ehrh. ex Hoffm.

贡山独龙江流域沿岸、泸水、福贡、大理。沼生苔藓植物，生于海拔 600 ~ 1500m 的溪边低湿地上或沼泽及水草中。

（72）细叶泥炭藓 *Sphagnum teres*（Schimp.）Aongstr.

贡山独龙江沿岸、福贡、大理、景东。沼生苔藓植物，生于海拔 600 ~ 1500m 的林边、溪边水草地及沼泽地上、也见于塔头甸子水中。

4. 牛毛藓科 Ditrichaceae

（73）对叶藓 *Distichium capillaceum*（Hedw.）B. S. G.

德钦、中甸、丽江、昆明。湿生苔藓植物，生于海拔 1900 ~ 4320m 的林地、流石滩、草地、树基和腐殖土上。

（74）闭蒴拟牛毛藓 *Ditrichopsis clausa* Broth.

中甸、丽江、勐腊、瑞丽、沧源。沼生苔藓植物，生于海拔 750 ~ 3850m 的林地、泥炭沼泽中以及石缝薄土中。

5. 曲尾藓科 Dicranaceae

（75）高山长冒藓 *Atractylocarpus alpinus*（Mild.）Lindb.

贡山。沼生苔藓植物，生于海拔 3900 ~ 4100m 的沼泽地、草地湿土及腐木上。

（76）拟扭柄藓 *Campylopdiella tenella* Card.

贡山。沼生苔藓植物，生于海拔 2000 ~ 3400m 的沼泽地，腐木及土壤上。

（77）疣肋曲柄藓 *Campylopus schwarzii* Schimp.

昭通、巧家、维西、贡山、中甸、福贡、泸水、丽江、大理、禄劝、昆明。沼生苔藓植物，生于海拔 1620 ~ 4200m 的水沟边、沼泽地、岩面薄土。

（78）拟脆枝曲柄藓 *Campylopus subfragilis* Ren. et Card.

彝良、贡山、禄劝、昆明、嵩明、屏边、景东、沧源。湿生苔藓植物，生于海拔 1600 ~ 2450m 的沟边、林下腐木、林地。

（79）偏叶小曲尾藓 *Dicranella subulata*（Hedw.）Schimp.

贡山、丽江、昆明。湿生苔藓植物，生于海拔 3150 ~ 4200m 的沟边及路旁。

（80）变形小曲尾藓 *Dicranella varia*（Hedw.）Schimp.

贡山、丽江、昆明。沼生苔藓植物，生于海拔 1950 ~ 3000m 的沼泽地钙质土上。

（81）瘤叶青毛藓 *Dicranodontium papillifolium* Gao

大关、彝良、东川、贡山、中甸、维西、福贡、丽江、保山、绿春。沼生苔藓植物，生于海拔 1400 ~ 4500m 的林中树干、腐木、土壤和沼泽地上。

（82）卷毛藓 *Dicranoweisia crispula*（Hedw.）Lindb. ex Mild.

贡山、丽江。沼生苔藓植物，生于海拔3300～4300m的高山沼泽和积雪岩石上。

（83）错那曲尾藓 *Dicranum conanenum* Gao

德钦、维西、中甸、贡山、福贡、丽江、禄劝、腾冲、凤庆。沼生苔藓植物，生于海拔2300～4800m的林地、草地、灌丛下、沼泽地。

（84）折叶曲尾藓 *Dicranum fragilifolium* Lindb.

贡山、泸水、绿春、勐海、勐腊、德宏。湿生苔藓植物，生于海拔770～3500m的林下腐木、岩面薄土、沟边土壁上。

（85）喜马拉雅曲尾藓 *Dicranum himalayanum* Mitt.

昭通、德钦、中甸、维西、贡山、福贡、丽江、大理、漾濞、腾冲。湿生苔藓植物，生于海拔1800～4500m的林地、岩面薄土、灌丛下和高山草甸。

（86）瘤叶曲尾藓 *Dicranum mamillosum* Gao et Auo

德钦、贡山、中甸、福贡、大理。湿生苔藓植物，生于海拔3700～4800m的林地、岩面薄土、树干基部、高山草甸。

（87）拟白发藓 *Paraleucobryum enerve*（Thed.）Loesk.

巧家、德钦、维西、中甸、贡山、福贡、丽江、大理。苔藓植物，生于海拔2000～4800m的林下腐木、树干基部、流石滩和草地上。

（88）长叶拟白发藓 *Paraleucobryum longigolium*（Hedw.）Loesk.

德钦、维西、中甸、贡山、福贡、丽江。湿生苔藓植物，生于海拔3200～4300m的林下腐木、树干基部、流石滩和草地上。

（89）长蒴藓 *Trematodon longicollis* Michx.

彝良、昆明、丘北、河口、勐海、腾冲、云县、德宏。湿生苔藓植物，生于海拔170～1900m的林地以及水沟边土壁上。

7. 凤尾藓科 Fissidentaceae

（90）二形凤尾藓 *Fissidens geminiflorus* Doz. et Molk.

贡山。湿生苔藓植物，生于海拔1400m的滴水石壁上。

（91）大叶凤尾藓 *Fissidens grandifrons* Brid.

德钦、贡山、维西、丽江、镇康。湿生苔藓植物，生于海拔1700～3000m的林下山沟流水石上。

（92）羽叶凤尾藓 *Fissidens plagiochiloides* Besch.

大关、彝良、贡山、维西、绿春。湿生苔藓植物，生于海拔1300～2200m的林下土坡、滴水岩面或树干上。

10. 丛藓科 Pottiaceae

（93）阔叶丛本藓 *Anoectongium clarum* Mitt.

大理、昆明及滇中高原。湿生苔藓植物，生于海拔2000～3000m的路边及沟边石壁上，也见于高山沼泽化草甸上。

（94）扭叶丛本藓 *Anoectongium stracheyanum* Mitt.

昭通、镇雄、贡山、福贡、昆明及滇中高原各地。湿生苔藓植物，生于海拔2000～5000m的滴水石壁上、高寒地区草甸上。

（95）细红叶藓 *Bryoerythrophyllum tenerrimum*（Broth.）P. C. Chen

丽江地区。湿生苔藓植物，生于海拔3000m的灌丛下、高山林地、高山草甸土上或冰碛石上。

（96）狭叶链齿藓 *Desmatodon cernuus*（Hueb.）B. S. G.

嵩明及昆明。湿生苔藓植物，生于海拔1500～2000m的沟边土壁上、林缘土坡上。

（97）泛生链齿藓 *Desmatodon laurer*（Schulta.）B. S. G.

宾川、大理、下关、昆明、楚雄。湿生苔藓植物，生于海拔1500～2500m的林地上、沟边或林缘石壁上。

（98）云南链齿藓 *Desmatodon yuennanensis* Broth.

德钦、中甸。湿生苔藓植物，生于海拔3000m的高山岩石上或流石滩上。

（99）糙叶对齿藓 *Didymodon eroso-denticulatus*（C. Muell.）Saito

德钦、贡山、中甸、宾川、大理、大姚。湿生苔藓植物，生于海拔2000～3000m的溪边岩壁上霍岩面薄土上，也见于河滩地上。

（100）北地对叶藓 *Didymodon fallax*（Hedw.）Zander

贡山独龙江沿岸、中甸、大理。湿生苔藓植物，生于海拔2000～3500m的林缘、路边或沟边阴湿的岩面上及土壁上。

（101）大对齿藓 *Didymodon giganteus*（Funck.）

Jur.

维西、丽江地区。湿生苔藓植物，生于海拔2500～3500m的阴湿岩面上及高山草甸上。

（102）长肋对齿藓 *Didymodon longicostatus*（X. J. Li）X. J. Li et Iwats.

德钦、贡山、中甸、宾川、大理。湿生苔藓植物，生于海拔2000～3000m的针叶林区，常见有水流经过的石壁上。

（103）黑对齿藓 *Didymodon nigrescens*（Mitt.）Saito

丽江、宾川、大理、昆明、安宁、呈贡。湿生苔藓植物，生于海拔2000～3000m的高山林地、岩石上、高山流石滩或草甸土上。

（104）硬叶对齿藓 *Didymodon rigdulus* Hedw.

贡山、德钦、中甸。湿生苔藓植物，生于海拔2000～3000m的草甸土上、沟边石壁上。

（105）溪边对齿藓 *Didymodon rivicolus*（Broth.）Zander

德钦、中甸、维西、丽江。湿生苔藓植物，生于海拔3000m的高山林地上、林缘或沟边土坡上。

（106）短叶对齿藓 *Didymodon tectorus*（C. Muell.）Saito

德钦、贡山、中甸、维西、福贡、丽江、大理、楚雄、昆明、安宁。湿生苔藓植物，生于海拔1500～3000m的高山林地、林缘、沟边岩石上、草甸土上及河滩地上。

（107）灰土对齿藓 *Didymodon tophaceus*（Brid.）Lisa

中甸、丽江。湿生苔藓植物，生于海拔2000～3000m的林缘、沟边土壁上及岩石上。

（108）橙色净口藓 *Gymnostomum aurantiacum*（Mitt.）Jaeg.

彝良、昭通、贡山、福贡。湿生苔藓植物，生于海拔1500～3000m的河岸边石壁上、石缝中。

（109）云南圆口藓 *Gyroweisia yunnanensis* Broth.

大理、漾濞、下关。湿生苔藓植物，生于海拔2000～3000m的温泉边石上或高山冰川石上。

（110）石灰藓 *Hydrogonium ehrenbergii*（Lor.）Jaeg.

中甸、维西、禄劝、昆明、安宁、潞西、瑞丽。湿生苔藓植物，生于海拔500～3000m的溪边岩石上或土壁上。

（111）疣叶石灰藓 *Hydrogonium gangeticum*（C. Muell.）P. C. Chen

景洪、勐腊。湿生苔藓植物，生于海拔500～800m的江河边或溪边石上。

（112）暗色石灰藓 *Hydrogonium sordidum*（Besch.）P. C. Chen

丽江、昌宁、凤庆。湿生苔藓植物，生于海拔1000～3000m的山坡上、沟边石壁上及草地上。

（113）钝叶石灰藓 *Hydrogonium williamsii* P. C. Chen

元阳、绿春。湿生苔藓植物，生于海拔1000～1900m的河谷有水流经的地石上或泉水边湿壁上。

（114）卷叶湿地藓 *Hyophila involuta*（Hook.）Jaeg.

贡山、福贡、宾川、大理、昆明、普洱、思茅、勐腊。湿生苔藓植物，生于海拔1000～3000m的沟边的石灰岩上、土坡上或墙壁上。

（115）高山大丛藓云南变种 *Molendoa sendtneriana*（B. S. G.）Limpr. var. *yunnanica* Gyoerffy

贡山、中甸、维西、丽江、昆明。湿生苔藓植物，生于海拔2500～4500m的高山林地上、高山草甸上、冰川地上或沼泽地上。

（116）仰叶藓 *Reimersia inconspicua*（Griff.）P. C. Chen

德钦及中甸（云岭上下及金沙江河谷地）。湿生苔藓植物，生于海拔2000m以下的低热河谷林下，有滴水流经的岩石上。

（117）折叶纽藓 *Tortella fragilis*（Hook. et Wils.）Limpr.

丽江、宾川、大理。沼生苔藓植物，生于海拔2000m以下的高山流石滩上或沼泽地中。

（118）长叶纽藓 *Tortella tortuosa*（Hedw.）Limpr.

中甸、维西、丽江、大理、昆明、蒙自、元阳、绿春、潞西。沼生苔藓植物，生于海拔600～3000m的岩面薄土上、林地上、沼泽地上。

（119）长蒴墙藓 *Tortula leptotheca*（Broth.）P. C. Chen

中甸、大理、昆明。湿生苔藓植物，生于海拔1800～3000m的林地上或沟边湿地上。

（120）长尖叶墙藓 *Tortula longimucronata* X. J. Li

中甸、丽江、昆明。湿生苔藓植物，生于海拔 1800 ~ 3000m 的林地上、牧草地上或河滩上。

（121）泛生墙藓 *Tortula muralis* Hedw.

德钦、中甸、丽江。湿生苔藓植物，生于海拔 1600 ~ 3000m 的竹林下、林缘及沟边的岩石上。

（122）中华墙藓 *Tortula sinensis*（C. Muell.）Broth.

德钦、中甸、大理、昆明。湿生苔藓植物，生于海拔 1800 ~ 4000m 的高山林地、草甸土上、阴湿的岩石上。

（123）云南墙藓 *Tortula yunnanensis* P. C. Chen

德钦、贡山、中甸、维西、福贡、丽江、大理、昆明、安宁。湿生苔藓植物，生于海拔 2000 ~ 3000m 的林地上、有水流经的石面上。

（124）芒尖毛口藓 *Trichostomum zanderi* Redfearn et B. C. Tan

昆明、呈贡。湿生苔藓植物，生于海拔 1800 ~ 2000m 的岩石上、溪边岩面土上。

12. 紫萼藓科 Grimmiaceae

（125）狭叶砂藓 *Racomitrium angustifolium* Broth.

贡山（模式产地）、德钦、中甸、大理。湿生苔藓植物，生于高海拔山石地面、林下或沼泽地中。

（126）兜叶砂藓 *Racomitrium cucullatulum* Broth.

云南的澜沧江与怒江间、中甸哈巴雪山、福贡。湿生苔藓植物，生于高山地区林下或草甸石上。

（127）溪岸连轴藓 *Schisitidium rivulare*（Brid.）Podp.

贡山独龙江。湿生苔藓植物，生于滴水岩石面上。

（128）长齿连轴藓 *Schisitidium trichodon*（Brid.）Poelt

丽江、中甸。云南新记录。湿生苔藓植物，生于海拔 3600 ~ 3900m 的高海拔处林下石面或流水滩石上。

13. 葫芦藓科 Funariaceae

（129）日本葫芦藓 *Funaria japonica* Broth.

丽江、维西、剑川、洱源、漾濞、大理。湿生苔藓植物，生于海拔 2000 ~ 2800m 的岩面薄土上或石隙处，也见于温泉边或水草地上。

（130）刺边葫芦藓 *Funaria muchlenbergii* Turn.

中甸、维西、福贡、丽江、宾川、普洱、思茅地区。湿生苔藓植物，生于海拔 2000 ~ 3000m 的林地上、路边、溪边土坡上。

14. 壶藓科 Splachnaceae

（131）大壶藓 *Splachnum ampullaceum* Hedw.

中甸。湿生苔藓植物，生于沼泽地湿土上、动物粪便上或小动物尸体上。

16. 真藓科 Bryaceae

（132）狭网真藓 *Bryum algovicum* Sendt.

中甸、德钦。湿生苔藓植物，生于海拔 3500 ~ 4400m 的高山草甸、灌丛路边，土生。

（133）卵蒴真藓 *Bryum blindii* B. S. G.

维西、丽江、大理。湿生苔藓植物，生于海拔 2300 ~ 2900m 的湿润环境、路边碎石滩或低洼湿地。

（134）细叶真藓 *Bryum capillare* Hedw.

德钦、中甸、贡山、路南等滇中部地区及滇西北地区。湿生苔藓植物，生于海拔 1800 ~ 3600m 的高山流石滩、岩面薄土上。

（135）韩氏真藓 *Bryum handelii* Broth.

云南的北部。湿生苔藓植物，生于海拔 3000 ~ 4000m 的高山溪水边、沼泽突起之石面上、常年流水的岩壁石隙等处。

（136）黄色真藓 *Bryum pallescens* Schleich. ex Schwaegr.

滇西北。湿生苔藓植物，生于海拔 3500m 的高山流石滩地，土生。

（137）四川真藓 *Bryum setschwanicum* Broth.

丽江、永胜。湿生苔藓植物，生于海拔 1300 ~ 2700m 的沙地、钙质侵蚀地沼泽湿润环境中。

（138）球蒴真藓 *Bryum turbinatum*（Hedw.）Turn.

滇西北。湿生苔藓植物，生于海拔 3800m 的高山溪水边。

（139）垂蒴真藓 *Bryum uliginosum*（Brid.）B. S. G.

德钦、丽江等滇西北地区。湿生苔藓植物，生于海拔 3100 ~ 4100m 的山间溪边，土表或岩面薄土上。

（140）云南真藓 *Bryum yuennanense* Broth.

丽江（模式标本产地）。湿生苔藓植物，生

于海拔1850m的江边土坡或岩面薄土上。

（141）尖叶平蒴藓 *Plagiobryum demissum*（Hook.）Lindb.

滇西北高山湿地多有分布。湿生苔藓植物，生于海拔3500～4200m的林下、灌丛及草甸。

（142）日本平蒴藓 *Plagiobryum japonicum* Nog.

禄劝。湿生苔藓植物，生于海拔4000m的高山流水岩壁。

（143）林地丝瓜藓 *Pohlia drummondii*（C. Muell.）Andr.

大理、中甸等滇西北高山区。湿生苔藓植物，生于海拔3500～4500m的高山流石滩及灌丛石面薄土。

（144）勒氏丝瓜藓 *Pohlia ludwigii*（Schwaegr.）Broth.

昆明。沼生苔藓植物，生于海拔1800m的池塘及水边。

（145）多态丝瓜藓 *Pohlia minor* Schleicher ex Schwaegr.

德钦、中甸、贡山、福贡、东川。湿生苔藓植物，生于海拔2500～4700m的高山林地、灌丛、流石滩及岩面薄土。

（146）白色丝瓜藓 *Pohlia wahlenbergii*（Web. et Mohr.）Andr.

滇西北地区。湿生苔藓植物，生于海拔3000～3800m的高山草甸草丛中，土生。

17. 提灯藓科 Mniaceae

（147）长叶提灯藓 *Mnium lycopodioides* Schwaegr.

德钦、贡山、中甸、维西、福贡、丽江、大理、昆明。湿生苔藓植物，生于海拔2000～3500m的林缘沟边或路边土坡上。

（148）偏叶提灯藓 *Mnium thomsonii* Schwaegr.

德钦、贡山、中甸、丽江、镇康。湿生苔藓植物，生于海拔1500～4300m的林缘沟边土坡上、草地上。

（149）湿地匐灯藓 *Plagiomnium acutum*（Lindb.）T. Kop.

永善、大关、彝良、贡山、中甸、丽江、大理、富民、昆明、嵩明、呈贡、文山、富宁、红河、绿春、景东、思茅、澜沧、勐海、勐腊、保山、腾冲、瑞丽、耿马。湿生苔藓植物，生于海拔600～2000m的溪边、林缘或林下潮湿而较透光之地。

（150）树形匐灯藓 *Plagiomnium arbusculum*（C. Muell.）T. Kop.

德钦、贡山、中甸、维西、丽江、大理、丘北、马关、镇康。湿生苔藓植物，生于海拔2000～3000m的林缘及沟边的阴湿处。

（151）尖叶匐灯藓 *Plagiomnium cuspidatum*（Hedw.）T. Kop.

贡山、中甸、维西、丽江。湿生苔藓植物，生于海拔2000～3000m的高山林地、沟谷或河滩上。

（152）全缘匐灯藓 *Plagiomnium integrum*（Bosch. Et Sande Lac.）T. Kop.

维西、丽江、大理、昆明、寻甸、安宁、丘北、马关、勐海、腾冲、镇康、耿马。湿生苔藓植物，生于海拔600～2000m的林缘、沟边土坡上。

（153）日本匐灯藓 *Plagiomnium japonicum*（Lindb.）T. Kop.

维西、贡山、. 中甸、德钦、丽江。湿生苔藓植物，生于海拔2000～3000m的林缘沟边及土坡上。

（154）侧枝匐灯藓 *Plagiomnium maximoviczii*（Lindb.）T. Kop.

大关、昭通、贡山、维西、丽江、大理、武定、富民、昆明、安宁、呈贡、嵩明、宜良、新平、文山、绿春、镇康。湿生苔藓植物，生于海拔1000～2000m的沟边水草地、林地或林缘阴湿地。

（155）具喙匐灯藓 *Plagiomnium rhynchophorum* Hook.

嵩明、德钦、贡山、中甸、维西、福贡、丽江、碧江、昆明、丘北、红河、绿春、元阳、河口、景东、勐海、勐腊、腾冲、潞西、瑞丽、临沧、耿马。湿生苔藓植物，生于海拔600～3000m的林缘沟边阴湿的土坡上。

（156）大叶匐灯藓 *Plagiomnium succulentum*（Mitt.）T. Kop.

贡山、碧江、昆明、丘北、红河、元阳、绿春、金平、河口、景洪、勐海、勐腊、盈江、腾冲、潞西、瑞丽、耿马、沧源。湿生苔藓植物，生于海拔500～2000m的路边及沟边湿地上。

（157）毛齿匐灯藓 *Plagiomnium tezukae*（Sak.）T. Kop.

绥江、永善、大关。湿生苔藓植物，生于海拔 1500 ~ 3000m 的林缘或沟边土坡上、阴湿林地上。

（158）圆叶匐灯藓 *Plagiomnium vesicatum*（Besch.）T. Kop.

贡山、中甸、维西、丽江、昆明、景洪、勐海、勐腊。湿生苔藓植物，生于海拔 600 ~ 2500m 的沟边及林缘土坡上。

（159）大叶毛灯藓 *Rhizomnium magnifolium*（Hor.）T. Kop.

贡山、福贡等县的高黎贡山地区。湿生苔藓植物，生于海拔 3000 ~ 4000m 的高山针叶林带，多见于冷杉林下，高山灌丛草甸或岩面薄土上。

19. 皱蒴藓科 Aulacomniaceae

（160）沼泽皱蒴藓 *Aulacomnium palustre*（Hedw.）Schwaegr.

德钦、贡山、中甸。沼生苔藓植物，生于林下沼泽地或开旷沼泽地。

蕨类植物门 PTEROPGYTA

4. 水韭科 Isoëaceae

（161）宽叶水韭 *Isoetes japonica* A. Br.

昆明。沼生草本，生于沼泽水沟淤泥地。

（162）中华水韭 *Isoetes sinensis* Palmer

昆明。沼生草本，生于沼泽水沟淤泥地。

5. 木贼科 Equisetaceae

（163）问荆 *Equisetum arvense* L.

贡山、中甸。湿生草本，生于海拔 2200m 的河滩上。

（164）披散问荆 *Equisetum diffusum* Don

分布于云南的大部分地区。湿生草本，生于海拔 1300 ~ 2200m 的山地雨林下溪边。

6. 瓶尔小草科 Ophioglossaceae

（165）心脏叶瓶尔小草 *Ophiogolossum reticulatum* L.

昆明、宜良、会泽、丽江、中甸、大姚、巧家。湿生草本，生于海拔 2300m 的沟边。

7. 阴地蕨科 Botrychiaceae

（166）扇羽阴地蕨 *Botrychium lunaria*（L.）Sw.

云南的西北部。湿生草本，生于草甸、草原或林下。

9. 紫萁蕨科 Osmundaceae

（167）分株紫萁、桂皮紫萁 *Osmunda cinnamomea* L. var. asiatica Fernald

云南西北部。湿生草本，生于沼泽地或潮湿山谷。

16. 碗蕨科 Dennstaedtiaceae

（168）碗蕨 *Dennstaedtia scabra*（Wall.）Moore

云南。湿生草本，生于海拔 1000 ~ 2400m 的溪边或林下。

（169）边缘鳞盖蕨 *Microlepia marginata*（Houtt.）C. Chr.

云南。湿生草本，生于海拔 300 ~ 1500m 溪边或灌丛中。

20. 鳞始蕨科 Lindsaeaceae

（170）鳞始蕨 *Lindsaea cultrata*（Willd.）Sw.

云南。湿生草本，生于海拔 2000m 的沟边或林阴处。

（171）团叶鳞始蕨 *Lindsaea orbiculata*（Lam.）Mett.

云南南部。湿生草本，生于海拔 500 ~ 1000m 溪边林下或石上。

（172）异叶双唇蕨 *Schizoloma heterophyllum*（Dry.）J. Sm.

云南东南部。湿生草本，生于海拔 120 ~ 600m 的林下溪边。

24. 凤尾蕨科 Pteridaceae

（173）紫轴凤尾蕨 *Pteris aspericaulis* Wall.

云南。湿生草本，生于海拔 800 ~ 2900m 的路边水沟边或杂木林下。

（174）剑叶凤尾蕨 *Pteris ensiformis* Burm.

云南。湿生草本，生于海拔 150 ~ 1000m 的溪边或林下潮湿的酸性土上。

（175）溪边凤尾蕨 *Pteris excelsa* Gaud.

云南的大部分地区。湿生草本，生于海拔 1500m，山地与雨林中溪边。

（176）三角眼凤尾蕨 *Pteris linearis* Poir.

云南。湿生草本，生于海拔 100 ~ 1800m 的溪边林下。

25. 中国蕨科 Sinopteridaceae

（177）珠蕨 *Cryptogramma raddeana* Fomin

云南西北部。湿生草本，生于海拔 2600 ~ 4600m 的溪边石上。

（178）稀叶珠蕨 *Cryptogramma stelleri*（Gmel.）

Prantl

云南。湿生草本，生于海拔1700～3500m的沟边林下阴湿石缝。

26. 铁线蕨科 Adiantaceae

（179）掌叶铁线蕨 *Adiantum pedatum* L.

贡山、维西、德钦、漾濞、鹤庆、丽江。湿生草本，生于海拔2200～2900m的亚高山针叶林林缘沟边。

27. 裸子蕨科 Gymnogrammaceae

（180）翠蕨 *Anogramma microphylla*（Hook.）Diels

云南西北部。湿生草本，生于海拔1300～2900m溪边石上或峡谷石缝中。

（181）泽泻蕨 *Hemionitis arifolia*（Burm.）Moore

勐海。湿生草本，生于海拔1000m，溪边石缝中或林下湿地。

28. 水蕨科 Ceratopteridaceae

（182）水蕨 *Ceratopteris thalictroides*（L.）Brongn.

西双版纳。沼生草本，生于池塘、水田或水沟中。

29. 蹄盖蕨科 Athyriaceae

（183）假蹄盖蕨 *Athyriopsis japonica*（Thunb.）Ching

云南。湿生草本，海拔60～1500m，生于溪边、平原山谷或林下湿地。

（184）薄叶蹄盖蕨 *Athyrium delicatulum* Ching et S. K. Wu

贡山、福贡、泸水、昆明、嵩明、禄劝、易门、新平、景东、维西、盈江、广南、马关、元阳、大理、大姚。沼生草本，生于海拔2060m沼泽草地浅水中。

（185）膜叶冷蕨 *Cystopteris pellucida*（Franch.）Ching

云南西北部。湿生草本，生于海拔1700～3500m的林下沟边。

（186）双盖蕨 *Diplazium donianum*（Mett.）Tard. -Blot

云南。湿生草本，生于海拔350～1400m的溪边林下。

（187）介蕨 *Dryoathyrium boryanum*（Willd.）Ching

云南。湿生草本，生于海拔330～2800m溪边林下。

（188）峨眉介蕨 *Dryoathyrium unifurcatum*（Bak.）Ching

云南西北部。湿生草本，生于海拔1200～2300m的林下沟边。

（189）毛轴蛾眉蕨 *Lunathyrium hirtirachis* Ching et Z. R. Wang

云南境内独龙江及怒江流域。湿生草本，生于海拔2480m的温性常绿阔叶林林缘溪边潮湿处。

30. 铁角蕨科 Aspleniaceae

（190）齿果铁角蕨 *Asplenium cheilosorum* Kze.

云南。湿生草本，生于溪旁石岩上或密林下。

（191）毛轴铁角蕨 *Asplenium crinicaule* Hance

云南。湿生草本，生于海拔120～3000m的溪边林下岩石上。

（192）倒挂铁角蕨 *Asplenium normale* Don

云南。草本，生于海拔600～2500m的溪边石上或林下。

（193）半边铁角蕨 *Asplenium unilaterale* Lam.

云南。湿生草本，生于海拔120～2700m的溪边岩石上或林下。

31. 金星蕨科 Thelypteridaceae

（194）单叶新月蕨 *Abacopteris simplex*（Hook.）Ching

云南。湿生草本，生于海拔20～1500m溪边林下。

（195）新月蕨 *Abaspera aspera*（Presl）Ching

云南。湿生草本，生于海拔100～1400m的山谷溪边或灌丛湿地。

（196）星毛蕨 *Ampelopteris prolifera*（Retz.）Cop.

云南。湿生草本，生于海拔100～950m的阳光充足的溪边河滩湿地。

（197）耳羽钩毛蕨 *Cyclogramma auriclata*（J. Sm.）Ching

贡山、福贡、泸水、昆明、嵩明、元阳、景东、永德、大理、永仁、双柏。湿生草本，生于海拔2050m的常绿阔叶林林下水沟边阴湿处。

（198）华南毛蕨 *Cyclosorus parasiticus*（L.）Farwell

云南。湿生草本，生于海拔100～720m的溪边湿地。

（199）截裂毛蕨 *Cyclosorus truncatus*（Poir.）Farwell

云南。湿生草本，生于海拔 130 ~ 650m 的溪边林下或山谷湿地。

（200）方秆蕨 *Glaphylopteridopsis erubescens*（Wall. ex Hook.）Ching

云南的西北部（贡山、泸水）、东南部、中部、西部和东北部。湿生草本，生于海拔 1900m 的常绿阔叶林林下溪边。

（201）星毛卵果蕨 *Phegopteris levingei*（Clarke）Tagawa

云南。湿生草本，生于海拔 2500 ~ 3000m 的林下沟边。

（202）似镰羽假毛蕨 *Pseudocyclosorus pseudofalcilobus* W. M. Chu

云南的独龙江河谷特有。湿生草本，生于海拔 1230 ~ 1450m 的河边乱石堆巨石间沙地或溪边阴处石上。

（203）紫柄蕨 *Pseudophegopteris pyrrhorachis*（Kze.）Ching

云南。湿生草本，生于海拔 800 ~ 2400m 的林下沟中。

（204）沼泽厥 *Thelypteris palustris*（Salisb.）Schott

广布于全国各地（包括云南）。草本，生于海拔 100 ~ 1000m 的草甸或沼泽中。

32. 乌毛蕨科 Blechnaceae

（205）乌毛蕨 *Blechnum orientale* L.

云南。湿生草本，生于海拔 100 ~ 1300m 的溪边或灌丛中。

37. 鳞毛蕨科 Dryopteridaceae

（206）斜方复叶耳蕨 *Arachniodes rhomboidea*（Wall.）Ching

广布长江以南各省区。湿生草本，生于海拔 80 ~ 1200m 的溪边或林下。

（207）大羽贯众 *Cyrtomium macrophyllum* Tagawa

云南。湿生草本，生于海拔 1200 ~ 3500m 的溪边或林下。

（208）密鳞鳞毛蕨 *Dryopteris pycnopteroides*（Christ）C. Chr.

贡山、嵩明、禄劝、漾濞、永善、绥江。湿生草本，生于海拔 1450m 江边杂木林中。

（209）稀羽鳞毛蕨 *Dryopteris sparsa*（D. Don）O. Ktze.

云南的大部分热带、亚热带地带。湿生草本，生于海拔 1450 ~ 1500m 的山地雨林林下或江边林下石缝中。

（210）峨眉耳蕨 *Polystichum omeiense* C. Chr.

云南。湿生草本，生于海拔 800 ~ 1500m 的溪边湿石岩或树干上。

38. 三叉蕨科 Aspidiaceae

（211）长叶实蕨 *Bolbitis heteroclita*（Presl）Ching

云南。湿生草本，生于海拔 200 ~ 1400m 的溪边石上。

39. 藤蕨科 Lomariopsidaceae

（212）刺蕨 *Egenolifia appendiculata*（Willd.）J. Sm.

云南。湿生草本，生于海拔 50 ~ 1200m 的溪边湿石上或山谷林下。

42. 水龙骨科 Polypodiaceae

（213）断线蕨 *Colysis hemionitidea*（Wall.）Presl

云南。湿生草本，海拔 500 ~ 1300m，生于溪边岩石上或混交林下。

（214）宽羽线蕨 *Colysis pothifolia*（Don）Presl

贡山、西畴、金平、绿春、勐腊、永德。湿生草本，生于海拔 1340 ~ 1450m 的山地雨林林下阴湿溪边石上。

（215）羽裂星蕨 *Microsorium dilatatum*（Bedd.）Sledge

云南。湿生草本，生于海拔 650 ~ 2000m 的溪边阴湿岩石或树干上。

47. 车前蕨科 Antrophyaceae

（216）车前蕨 *Antrophyum formosanum* Hiero

云南。湿生草本，生于海拔 600 ~ 1600m 的溪边石上。

48. 萍科 Marsileaceae

（217）田字萍 *Marsilea quadrifolia* L.

云南各地水沟、水田。沼生草本，生于水田或水沟中。

（218）槐叶萍 *Salvinia natans*（L.）All.

云南各地水沟、水田。漂浮草本，生于水田、沟塘和静水溪河内。

50. 满江红科 Azollaceae

（219）满江红 *Azolla imbricata*(Roxb.)Nakai

云南各地。漂浮草本，生于水田或池塘中。

裸子植物门 GYMNOSPERMAE

G5. 杉科 Taxodiaceae

（220）水杉 *Metasequoia glyptostroboides* Hu et Cheng

云南昆明等地栽培。沼生乔木，生于水中。

（221）落羽杉 *Taxodium distichun*(Linn.)Rich.

昆明栽培。沼生乔木，生于亚热带温暖地区，耐水湿，能生于排水不良沼泽化的土壤上。

被子植物门 ANGIOSPERMAE

11. 樟科 Lauraceae

（222）沼楠 *Phoebe angustifolia* Meissn.

云南的东南部。沼生小灌木，生于海拔360m的沼泽地或水沟边。

15. 毛茛科 Ranunculaceae

（223）短瓣乌头 *Aconitum brevipetalum* W. T. Wang

维西。湿生草本，生于海拔4000m的山地溪边。

（224）滇西乌头 *Aconitum bulleyanum* Diels

大理、丽江、维西。湿生草本，生于海拔3200～3500m的山地林边或溪边。

（225）缺刻乌头 *Aconitum incisofidum* W. T. Wang

丽江、中甸。湿生草本，生于海拔3700～4600m的山坡林下、沟边或林边草地。

（226）小花乌头 *Aconitum pseudobrunneum* W. T. Wang

云南的西北部（中甸）。湿生草本，生于海拔4150m的溪边草地。

（227）类叶升麻 *Actaea asiatica* Hara

鹤庆、丽江、中甸、维西、贡山、德钦、彝良、大关、绥江。湿生草本，生于海拔1800～3000m的林下或河边。

（228）无距乌头 *Actaea brevicalcaratum*（Frnet et Gagnep.）Diels

洱源、丽江。湿生草本，生于海拔2400～3500m的山坡沟边草地。

（229）细裂银莲花 *Anemone filisecta* C. Y. Wu et W. T. Wang

景洪、勐仑。湿生草本，生于海拔600m的河边草地。

（230）拟卵叶银莲花 *Anemone howellii* J. F. Jeff. et W. W. Smith

西畴、文山、马关、屏边、腾冲。湿生草本，生于海拔1200～2300m的山谷沟边阴湿处或疏林中。

（231）草玉梅 *Anemone rivularis* Buch. -Ham.

永善、昆明、姚安、大姚、大理、漾濞、丽江、中甸、德钦、贡山、维西、福贡、泸水、广南、峨山、景东、凤庆、镇康。湿生草本，生于海拔1800～3100m的沟边、草坡或疏林下。

（232）湿地银莲花 *Anemone rupestris* Hook. f. et Thoms. ssp. *rupestris*

洱源、丽江、中甸。湿生草本，生于海拔2300～3000m的溪边或山地草坡。

（233）岩生银莲花 *Anemone rupicola* Camb.

丽江、中甸、德钦。湿生草本，生于海拔2800～4400m的山谷草甸、沟边、河滩上。

（234）条叶银莲花 *Anemone trullifolia* Hook. f. et Thoms. var. *holophylla* Diels

丽江。湿生草本，生于海拔2500～3500m的沟边或草坡上。

（235）野棉花 *Anemone vitifolia* Buch. -Ham. ex DC.

昆明、楚雄、大理、德钦、贡山、泸水、宜良、西畴、文山、屏边。湿生草本，生于海拔1200～2400m的山地草坡上、沟边或疏林中。

（236）玉龙山银莲花 *Anemone yulongshanica* W. T. Wang

丽江玉龙山。湿生草本，生于山谷溪边。

（237）裂叶星果草 *Asteropyrum cavaleriei*（Lévl. et Vant.）Drumm.

云南的东南部（文山）。湿生草本，生于海拔2000m的水边林下。

（238）水毛茛 *Batrachium bungei*（Steud.）L. Liou var. *bungei*

丽江、中甸、福贡、维西、贡山、德钦、昭通。沉水草本，生于海拔2300～4100m的山谷溪水中、湖中或水塘中。

（239）小花水毛茛 *Batrachium bungei*（Steud.）L. Liou var. *micranthum* W. T. Wang

丽江。沉水草本，生于海拔2300m的湖中。

（240）小水毛茛 *Batrachium eradicatum*（Laest.）Fries

东川、丽江、德钦。沉水草本，生于海拔2000～3200m的湖边。

（241）硬叶水毛茛 *Batrachium foeniculaceum*（Gilib.）Krech.

中甸。沉水草本，生于海拔2500m的湖中。

（242）钩突鸡爪草 *Calathodes unciformis* W. T. Wang

镇雄。湿生草本，生于海拔1800m的山地林中或山谷沟边。

（243）驴蹄草 *Caltha palustris* Linn.

大理、漾濞、洱源、鹤庆、丽江、中甸、泸水、维西、贡山、德钦。沼生草本，生于海拔3100～3700m的水边、草地及林下。

（244）空茎驴蹄草 *Caltha palustris* Linn. var. *barthei* Hance

鹤庆、丽江、中甸、德钦、维西、贡山。沼生草本，生于海拔2700～3800m的林下、草地、沟边。

（245）掌裂驴蹄草 *Caltha palustris* Linn. var. *umbrosa* Diels

昆明、嵩明、洱源、丽江、福贡、贡山、中甸、维西、德钦。沼生草本，生于海拔2600～4000m的沟边、草地和沼泽草甸。

（246）花葶驴蹄草 *Caltha scaposa* Hook. f. et Thoms.

大理、丽江、泸水、贡山、中甸、德钦。沼生草本，生于海拔3100～4100m的水边、山坡草地。

（247）细茎驴蹄草 *Caltha sinogracilis* W. T. Wang

泸水、贡山、德钦。沼生草本，生于海拔3500～3800m的水边潮湿地。

（248）耳状叶人子果 *Dichocarpum auriculatum*（Franch.）W. T. Wang

彝良、大关、绥江。湿生草本，生于海拔1500～2050m的林下水边。

（249）蕨叶人字果 *Dichocarpum dalzielii*（Drummet Hutch.）W. T. Wang

绥江。湿生草本，生于海拔1400m的林下沟边湿处。

（250）麻栗坡人字果 *Dichocarpum malipoense* D. D. Tao

麻栗坡（模式标本产地）。湿生草本，生于海拔1300m的林下溪边。

（251）变叶三裂碱毛茛 *Halerpestes tricuspis*（Maxim.）Hand. -Mazz. var. *variifolia*（Tamura）W. T. Wang

中甸。湿生草本，生于海拔3000m的平坝小溪边草地。

（252）脱萼鸭跖花 *Oxygraphis delavayi* Franch.

德钦、贡山、维西、泸水、大理。湿生草本，生于海拔3500～4000m的高山草甸。

（253）鸦跖花 *Oxygraphis glacialis*（Fisch. ex DC.）Bunge

德钦、维西、中甸、丽江。湿生草本，生于海拔2600～4000m的水边或草地。

（254）小鸦跖花 *Oxypraphis tenuifolia* W. E. Evans

中甸。沼生草本，生于海拔3900m的草甸上。

（255）苍山毛茛 *Ranunculus cangshanicus* W. T. Wang

大理、中甸。沼生草本，生于海拔2000～3400m的水中或草坡上。

（256）禺毛茛 *Ranunculus cantoniensis* DC.

盐津、漾濞。湿生草本，生于海拔500～2500m的湿草地或溪边。

（257）茴茴蒜 *Ranunculus chinensis* Bunge

嵩明、富民、宜良、昆明、易门、宾川、洱源、鹤庆、丽江、泸水、凤庆、景东、江川、广南、砚山、蒙自、石屏、墨江、江城。湿生草本，生于海拔1000～2500m的山谷湿地、溪边或田边。

（258）毛叶康定毛茛 *Ranunculus dielsianus* Ulbr. var. *suprasericeus* Hand. -Mazz.

丽江、德钦。湿生草本，生于海拔3500～4000m的河边湿处或灌丛中。

（259）长毛康定毛茛 *Ranunculus dielsianus* Ulbr. var. *longipilosus* W. T. Wang

巧家。湿生草本，生于海拔3800m的山顶草甸上。

（260）铺散毛茛 *Ranunculus diffusus* DC.

东川、昆明、嵩明、禄劝、贡山、福贡、泸水、腾冲、大理、景东、凤庆、镇康、耿马。湿生草本，生于海拔1100～3100m的山坡草地、林边、溪边。

（261）心基扇叶毛茛 *Ranunculus felixii* Lévl. var. *forrestii* Hand. -Mazz.

鹤庆、丽江。湿生草本，生于海拔 2400 ~ 2900m 的山谷沟边或林边。

（262）西南毛茛 *Ranunculus ficariifolius* Lévl. et Van

绥江、奕良、镇雄、嵩明、大理、丽江、贡山、维西、金平。湿生草本，生于海拔 1400 ~ 3200m 的沼泽或水田边、沟边、林下、河滩。

（263）叉裂毛茛 *Ranunculus furcatifidus* W. T. Wang

德钦。湿生草本，生于海拔 3700m 的沼泽边。

（264）宿萼毛茛 *Ranunculus glacialiformis* Hand. -Mazz.

中甸（东旺）。湿生草本，生于海拔 4800m 的高山草甸。

（265）砾地毛茛 *Ranunculus glareosus* Hand. -Mazz.

德钦。湿生草本，生于海拔 4200 ~ 4500m 的高山草甸或多石砾山坡。

（266）三裂毛茛 *Ranunculus hirtellus* Royle var. *orientalis* W. T. Wang

巧家、禄劝、大理、丽江、中甸、维西、德钦、贡山。湿生草本，生于海拔 2800 ~ 4000m 的高山草甸、草坡、水边或石上。

（267）昆明毛茛 *Ranunculus kunmingensis* W. T. Wang var. *kunmingensis*

巧家、禄劝、楚雄、嵩明、昆明、江川、富源、师宗、罗平、广南、砚山、蒙自。湿生草本，生于海拔 1000 ~ 2600m 的山坡草地、溪边。

（268）黄毛茛 *Ranunculus laetus* Wall. ex Royle

大理、洱源、丽江、中甸、维西、碧江、德钦、贡山。湿生草本，生于海拔 2000 ~ 3500m 的山坡草地或溪边。

（269）丝叶毛茛 *Ranunculus nematolobus* Hand. -Mazz.

洱源、鹤庆、丽江。湿生草本，生于海拔 2500 ~ 2900m 的山谷湿草地或溪边。

（270）云生毛茛 *Ranunculus nephelongenes* Edgew. var. *nephelogenes*

丽江、永宁、中甸、德钦。湿生草本，生于海拔 2600 ~ 4200m 的高山草甸或沼泽边。

（271）曲升毛茛 *Ranunculus nephelongenes* Edgew. var. *geniculatus*（Hand. -Mazz.）W. T. Wang

洱源、鹤庆、丽江、宁蒗、中甸、维西。湿生草本，生于海拔 2500 ~ 3200m 的山间草地、溪边、沼泽边。

（272）爬地毛茛 *Ranunculus pegaeus* Hand. -Mazz.

漾濞、中甸、维西、德钦。湿生草本，生于海拔 3500 ~ 4100m 的草坡上、湖边或杜鹃灌丛下。

（273）宽瓣毛茛 *Ranunculus platypetalus*（Hand. -Mazz.）Hand. -Mazz.

中甸。湿生草本，生于海拔 4100m 的高山草甸上。

（274）川滇毛茛 *Ranunculus potaninii* Kom.

中甸。湿生草本，生于海拔 3800m 的沼泽边。

（275）匍枝毛茛 *Ranunculus repens* L.

中甸、德钦。湿生草本，生于海拔 1000 ~ 2500m 的高山草甸或溪边。

（276）石龙芮 *Ranunculus sceleratus* L.

昆明、安宁、嵩明、下关、永胜、丽江、维西。湿生草本，生于海拔 1900 ~ 2300m 的沟边、湖边、沼泽边。

（277）扬子毛茛 *Ranunculus sieboldii* Mia.

盐津、镇雄、昆明、富宁、西畴、麻栗坡。湿生草本，生于海拔 750 ~ 1900m 的水田边或林边草地。

（278）高原毛茛 *Ranunculus tanguticus*（Maxim.）Ovcz. var. *tanguticus*

巧家、禄劝、丽江、永宁、中甸、维西、德钦。湿生草本，生于海拔 3700m 的高山草甸、溪边。

（279）毛果高原毛茛 *Ranunculus tanguticus*（Maxim.）Ovcz. var. *dasycarpus*

中甸、维西、德钦。湿生草本，生于海拔 3200 ~ 3900m 的草坡或沟边。

（280）棱喙毛茛 *Ranunculus trigonus* Hand. -Mazz. var. *trigonus* Hand. -Mazz.

昆明、嵩明、禄劝、宾川、大理、漾濞、洱源、鹤庆、永胜、宁蒗、丽江、中甸、维西、师宗、广南、富宁、砚山、易门、景东、凤庆、镇康、双江、勐遮。湿生草本，生于海拔 1200 ~ 3300m 的溪边、草坡上、田中或杂木林。

（281）砚山毛茛 *Ranunculus yanshanensis* W.

T. Wang

砚山。湿生草本，生于海拔 1200m 的河边湿地。

（282）青藏金莲花 *Trollius pumilus* D. Don var. *tanguticus* Bruhl

丽江。湿生草本，生于海拔 2850m 的沼泽草地或山坡草地。

（283）毛茛状金莲花 *Trollius ranunculoides* Hemsl.

东川、维西、中甸、德钦。湿生草本，生于海拔 2900 ~ 4300m 的水边草地或草坡。

（284）云南金莲花 *Trollius yunnanensis*（Franch.）Ulbr. var. *yunnanensis*

巧家、丽江、兰坪、维西、中甸、德钦、洱源、鹤庆、镇康。湿生草本，生于海拔 3000 ~ 3800m 的溪边草地和草坡。

17. 金鱼藻科 Ceratophyllaceae

（285）金鱼藻 *Ceratophyllum demersum* L.

云南各地。悬浮草本，常见于海拔 2700m 以下的水塘、水沟及湖泊内，能在水深 1 ~ 3m 以内的水域形成密集的水下群落，对农药、工业废水比较敏感。

（286）细金鱼藻 *Ceratophyllum submersum* L.

云南各淡水水域。沉水草本。

18. 睡莲科 Nymphacaceae

（287）莼菜 *Brasenia schreberi* J. F. Gmel.

腾冲、思茅。浮叶草本，生于海拔 1500m 的水塘。

（288）莲 *Nelumbo nucifera* Gaertn.

云南各地（特别是湖区）栽培或野生。挺水草本，栽培于池塘或水田中。

（289）贵州萍蓬草 *Nuphar bornetii* Lévl. et Vant.

昆明植物园有栽培。水生浮叶草本，生于池沼中。

（290）萍蓬草 *Nuphar pumilum*（Hoffm.）Dc.

昆明地区栽培。水生浮叶草本，栽培于湖沼中。

（291）白睡莲 *Nymphaea alba* L.

昆明地区栽培。水生浮叶草本，生于水塘、水沟及湖泊中。

（292）红睡莲 *Nymphaea lotus* L. var. *pubescens*（Willd.）Hook. f. et Thoms.

景洪、勐腊。水生浮叶草本，生于海拔 750 ~ 910m、水深 1 ~ 2m 的清水池塘中。

（293）兰睡莲 *Nymphaea stellata* Willd.

西双版纳。水生浮叶草本，生于海拔 500m 的水塘中。

（294）睡莲 *Nymphaea tetragona* Georgi

腾冲、洱源。水生浮叶草本，生于海拔 1700 ~ 2056m 的湖泊中。

（295）王莲 *Victoria amazonica*（Popp.）Sowerby

西双版纳引种栽培。水生浮叶草本。

19. 小檗科 Berberidaceae

（296）同色小檗 *Berberis concolor* W. W. Smith

德钦（模式标本产地）。湿生灌木，高 1 ~ 2m，生于海拔 2900 ~ 3600m 的沟边灌丛中。

（297）密叶小檗 *Berberis davidii* Ahrendt

大理、剑川、维西、贡山。湿生灌木，高约 1m，生于海拔 2000 ~ 3500m 的沟边草坡。

（298）假藏小檗 *Berberis pseudo-tibetica* C. Y. Wu ex S. Y. Bao

德钦、中甸。湿生灌木。生于海拔 2500 ~ 3200m 的溪旁灌丛中。

（299）川八角莲 *Dysosma veitchii*（Hemsl. et Wils.）Fu ex Ying

嵩明、彝良、大关、镇雄、维西、文山。湿生草本，生于海拔 1600 ~ 2400m 的沟边及山谷林下。

（300）长苞十大功劳 *Mahonia longibracteata* Takeda

大理、禄劝、永善。湿生草本，生于海拔 1900 ~ 3300m 的河边湿润处或山坡疏林中。

24. 马兜铃科 Aristoolochiaceae

（301）背蛇生 *Aristolochia tuberosa* C F. Liang et S. M. Hwang

富宁、剑川、耿马、文山、红河、弥勒、罗平。湿生藤本，生于海拔 150 ~ 1600m 的溪沟或石灰岩山坡灌丛内。

（302）短尾细辛 *Asarum caudigerellum* C. Y. Cheng et C. S. Yang

彝良、昭通。湿生藤本，生于海拔 1600 ~ 2100m 的水边岩石上或林下阴湿处。

29. 三白草科 Saururaceae

（303）裸蒴 *Gymnotheca chinensis* Decne.

富宁、西畴、屏边、文山等地。湿生草本，

生于海拔700~1500m的水沟边、箐沟边湿地。

（304）蕺菜 *Houttuynia cordata* Thunb.

云南各地。湿生草本，生于海拔150~2500m的水沟边、湿润的路边、村旁沟边、田埂沟边等潮湿地。

（305）三白草 *Saururus chinensis*（Lour.）Baill.

富宁、文山、金平。湿生草本，生于海拔700m的沼泽地或林下湿地。

32. 罂粟科 Papaveraceae

（306）蓟罂粟 *Argemone mexicana* L.

元谋、景洪、勐腊。湿生草本，生于海拔850~1200m的江边或田坝中。

（307）血水草 *Eomecon chionantha* Hance

绥江、彝良、文山 。湿生草本，生于海拔1400~1800m的沟边或林下阴湿处。

（308）椭果绿绒蒿 *Meconopsis chelidonifolia* Bur. et Franch.

贡山、大关、昭通。湿生草本，生于海拔1850~3880m的高山草甸或林下。

（309）滇西绿绒蒿 *Meconopsis impedita* Prain

贡山（怒江两岸）、德钦、中甸、维西、丽江。湿生草本，生于海拔3400~4700m的溪边、山坡草地或岩坡上。

（310）琴叶绿绒蒿 *Meconopsis lyrata*（Cummins et Prain）Fedde ex Prain

德钦、贡山。湿生草本，生于海拔3400~4800m的草坡及高山草甸。

33. 紫堇科 Fumariaceae

（311）阿墩紫堇 *Corydalis atuntsuensis* W. W. Smith

德钦、中甸、宁蒗、维西。湿生草本，生于海拔3900~4800m的高山草甸或灌丛中。

（312）北越黄堇 *Corydalis balansae* Prain

富宁、河口。湿生草本，生于海拔200~700m的沟边湿地或山谷。

（313）碧江黄堇 *Corydalis bijiangensis* C. Y. Wu et H. Chuang

福贡碧落雪山。湿生草本，生于海拔3500m的冷杉林缘沟边。

（314）灰岩黄堇 *Corydalis calcicola* W. W. Smith

丽江、维西、中甸、德钦。湿生草本，生于海拔2900~4800m的高山草甸或灌丛、石灰岩流石滩的石缝中。

（315）伞花黄堇 *Corydalis corymbosa* C. Y. Wu et T. Y. Shu

贡山、中甸、德钦。湿生草本，生于海拔3500~4500m的高山流石滩。

（316）苍山紫堇 *Corydalis delavayi* Franch.

大理。湿生草本，生于海拔3000~4600m的草甸或高山灌丛、砾石坡。

（317）钩距黄堇 *Corydalis hamata* Franch.

德钦、贡山、中甸、维西。湿生草本，生于海拔3400~4200m的多石路边或溪水中。

（318）药山紫堇 *Corydalis iochanensis* Lévl.

巧家、丽江。湿生草本，生于海拔3200~3900m的林下、灌丛草地或沟边。

（319）禄劝黄堇 *Corydalis luquanensis* H. Chuang

禄劝（模式标本产地）。湿生草本，生于海拔2150m的林缘水沟边。

（320）波密紫堇 *Corydalis pseudo-adoxa* C. Y. Wu et H. Chuang

德钦、贡山、维西、中甸、宁蒗。湿生草本，生于海拔3000~4800m的高山草甸和流石滩。

（321）川北钩距黄堇 *Corydalis pseudohamata* Fedde

德钦、中甸、维西。湿生草本，生于海拔3700m的高山草甸。

（322）裂瓣紫堇 *Corydalis radicans* Hand.-Mazz.

中甸。湿生草本，生于海拔3230m的林边草坡、沟谷灌丛或沟边。

（323）三裂紫堇 *Corydalis trifoliate* Franch.

德钦、贡山、碧江、维西、大理。湿生草本，生于海拔3000~4400m的杜鹃灌丛、高山草甸或山坡石砾缝中。

（324）紫金龙 *Dactylicapnos scandens*（D. Don.）Hutch.

除滇东北和西双版纳地区外云南各地。湿生草质藤本，生于海拔1100~3000m的林下、山坡、石缝或水沟边、低洼草地、沟谷。

（325）扭果紫金龙 *Dactylicapnos torulosa*（Hook. f. et Thoms.）Hutch.

除滇东北和西双版纳地区外云南各地。湿生草质藤本，生于海拔1200~3000m的箐沟边、林下、灌丛中或路边。

39. 十字花科 Cruciferae

（326）尖果寒原荠 *Aphragmus oxycarpus*

(Hook. f. et Thoms.) Jafri. var. *oxycarpus*

洱源、丽江。湿生草本，生于海拔 3700 ~ 4200m 的溪边山谷或草丛、岩隙碎石间。

(327) 高山鼠耳芥 *Arabidopsis himalaica* (Edgew.) O. E. Schulz

丽江、德钦。湿生草本，生于海拔 2000 ~ 3000m 的河边沙滩、沟谷、冲积扇。

(328) 垂果南芥 *Arabis alpina* L. var. *parviflora* Franch.

景东、昆明、洱源、大理、维西、丽江、中甸。湿生草本，生于海拔 2700 ~ 3200m 的沟边、林下、路边草丛中。

(329) 岩生碎米荠 *Cardamine calcicola* W. W. Smith

大理、碧江、鹤庆、丽江、腾冲。湿生草本，生于海拔 1300 ~ 2800m 的山谷溪旁或山坡石灰岩上。

(330) 纤细碎米荠 *Cardamine felxuosa* With. var. *debilis* (D. Don) T. Y. Cheo et R. C. Fang

砚山、广南、富宁、勐海、双柏、宾川、镇康、维西、贡山。湿生草本，生于海拔 700 ~ 3500m 的沟边、田边、林下。

(331) 假弯曲碎米荠 *Cardamine felxuosa* With. var. *fallax* (O. E. Schulz) T. Y. Cheo et R. C. Fang

永善、文山、砚山、绿春、勐腊、中甸、德钦。湿生草本，生于海拔 1200 ~ 3000m 的沟边、田边、林下、荒地草丛中。

(332) 山芥菜 *Cardamine griffithii* Hook. f. et Thoms. var. *griffithii*

腾冲、福贡、漾濞、大理、丽江、维西、中甸、德钦、贡山。湿生草本，生于海拔 2200 ~ 4200m 的山沟溪边、多岩石的阴湿处。

(333) 五裂碎米荠 *Cardamine griffithii* Hook. f. et Thoms. var. *pentaloba* W. T. Wang

兰坪。湿生草本，生于海拔 2600 ~ 3100m 的水边湿地。

(334) 弹裂碎米荠 *Cardamine impatiens* L. var. *impatiens*

镇雄、绥江、会泽、师宗、蒙自、富宁、麻栗坡、丽江、维西、中甸、贡山、德钦。湿生草本，生于海拔 1500 ~ 3300m 的河边、沟边路旁的湿地草丛中。

(335) 大叶碎米荠 *Cardamine macrophylla* Willd. var. *macropylla*

泸水、大理、洱源、鹤庆、丽江、维西、中甸。湿生草本，生于海拔 2600 ~ 3800m 的山坡灌木林下、沟边石隙及高山草坡水湿地。

(336) 重齿碎米荠 *Cardamine macrophylla* Willd. var. *diplodonta* T. Y. Cheo

丽江、维西、德钦。湿生草本，生于海拔 2800 ~ 4100m 的沟边及潮湿处、山坡林下。

(337) 多叶碎米荠 *Cardamine macrophylla* Willd. var. *polyphylla* (D. Don) T. Y. Cheo et R. C. Fang

会泽、彝良、禄劝、碧江、大理、丽江、维西、中甸、贡山。湿生草本，生于海拔 2500 ~ 4000m 的沟边碎石间或草丛中。

(338) 小叶碎米荠 *Cardamine microzyga* O. E. Schulz

丽江、中甸。湿生草本，生于海拔 3300m 的高山草甸溪边。

(339) 多花碎米荠 *Cardamine multiflora* T. Y. Cheo et R. C. Fang

丽江、维西。湿生草本，生于海拔 2100 ~ 2600m 的沟边或杂木林中。

(340) 多对碎米荠 *Cardamine multijuga* Franch. var. *multijuga*

洱源、丽江。湿生草本，生于海拔 2400 ~ 2700m 的沟边草丛或沼泽地中。

(341) 细弱碎米荠 *Cardamine multijuga* Franch. var. *gracilis* O. E. Schulz in Fedde

丽江、中甸。湿生草本，生于海拔 2900 ~ 3300m 的沟边草丛或沼泽地中。

(342) 鞭枝碎米荠 *Cardamine rockii* O. E. Schulz

中甸。湿生草本，生于海拔 3100 ~ 4650m 的山坡沟边及流水边草丛湿润处。

(343) 单茎碎米荠 *Cardamine simplex* Hand. -Mazz.

丽江、维西、中甸。湿生草本，生于海拔 3200m 的高山沼泽地及沟边。

(344) 三小叶碎米荠 *Cardamine trifoliolata* Hook. f. et Thoms.

昭通、大关、永善、绥江、大理、永胜、腾冲。湿生草本，生于海拔 1450 ~ 2600m 的山沟、水边草地。

(345) 维西碎米荠 *Cardamine weixiensis* W. T.

Wang

维西（立地坪）。湿生草本，生于海拔3100～3300m的高山草甸上。

（346）滇碎米荠 *Cardamine yunnanensis* Franch. var. *yunnanensis*

昆明、禄劝、宾川、漾濞、临沧、镇康、中甸、德钦。湿生草本，生于海拔1800～3400m的山坡溪边、林下阴凉处或草丛中。

（347）钝叶碎米荠 *Cardamine yunnanensis* Franch. var. *obtusata* C. Y. Wu ex T. Y. Cheo et R. C. Fang

凤庆、泸水、维西、中甸、德钦。湿生草本，生于海拔2200～2900m的山谷沟边或湿地、草坡、林下。

（348）蛇头荠 *Dipoma iberideum* Franch.

丽江、中甸。湿生草本，生于海拔3800～4375m的高山流石滩、高山草甸沟边。

（349）丽江葶苈 *Draba lichiangensis* W. W. Smith

丽江、中甸。湿生草本，生于海拔3825～4650m的山坡流石滩或山涧边。

（350）滇葶苈 *Draba yunnanensis* Franch. var. *yunnanensis*

巧家、鹤庆、洱源、丽江、中甸、德钦。湿生草本，生于海拔3300～4700m的沟边、岩石缝、砾石地、山坡草地。

（351）长叶山嵛菜 *Eutrema lancifolium*（Franch.）O. E. Schulz

滇西北。湿生草本，生于海拔3000～3800m的沟边、山坡草丛、林下。

（352）云南山嵛菜 *Eutrema yunnanense* Franch. var. *yunnanense*

滇西北。湿生草本，生于海拔2600～3200m的沟边、高山云冷杉林下、山坡草丛。

（353）头花独行菜 *Lepidium capitatum* Hook. f. et Thoms.

德钦。湿生草本，生于海拔2700～3900m的水边、河滩、开旷草坡上。

（354）宽翅弯蕊芥 *Loxostemon delavayi* Franch.

丽江、中甸、德钦。湿生草本，生于海拔3000～4650m的沟边、山坡、流石滩及石缝中。

（355）高河菜 *Megacarpaea delavayi* Franch. var. *delavayi* f. *delavayi*

滇西北。湿生草本，生于海拔3750～4200m的湖边灌丛、山坡或山顶草地。

（356）豆瓣菜 *Nasturtium officinale* R. Br.

大关、永胜、富宁、昆明、大理、福贡、丽江、维西、贡山、德钦。沉水草本，生于海拔700～3400m的沼泽地、水沟中或水边。

（357）堇叶芥 *Neomartinella violifolia*（Lévl.）Pilger

广南。湿生草本，生于海拔1550m的水边或山坡岩石上。

（358）无茎芥 *Pegaeophyton scapiflorum*（Hook. f. et Thoms.）Marq. var. *scapiflorum*

大理、维西、中甸、德钦、福贡、贡山。湿生草本，生于海拔3500～4500m的林内水沟边及流石滩、山坡潮湿地、高山草地。

（359）粗壮无茎芥 *Pegaeophyton scapiflorum*（Hook. f. et Thoms.）Marq. var. *robustum*（O. E. Schulz）R. L. Kuo et T. Y. Cheo

大理。湿生草本，生于海拔约4000m的水塘边。

（360）小籽蔊菜 *Rorippa cantoniensis*（Lour.）Ohwi

金平、勐海、昆明。湿生草本，生于海拔150～1900m的河边或潮湿地、田边、山沟。

（361）南蔊菜 *Rorippa dubia*（Pers.）Hara

滇东南、勐腊、孟连、昆明、路南、建水、景东、凤庆、临沧、丽江。湿生草本，生于海拔600～2700m的山坡路旁、山谷、河边湿地及田野。

（362）沼泽蔊菜 *Rorippa palustris*（Leyss.）Bess.

勐腊、勐海、昆明、大理、下关、洱源、丽江、维西、永宁、东川。湿生草本，海拔600～4000m，生于湖边、沟边、溪畔、路旁、田边、山坡草地。

（363）狭叶丛菔 *Solms-Laubachia pulcherrima* Muschl. var. *angustifolia* O. E. Schulz

丽江、中甸。湿生草本，生于海拔3600～4400m的水边或岩石缝中。

（364）大花念珠芥 *Torularia humilis*（C. A. Mey.）O. E. Schulz f. *grandiflora* O. E. Schulz

丽江、中甸。湿生草本，生于海拔3200～3950m的湖边砾石滩或河边沙地上。

40. 堇菜科 Violaceae

（365）七星莲 *Viola diffusa* Ging. ex DC.

贡山、维西、景东、景洪、勐海、大关、文山、砚山、西畴、广南、麻栗坡、彝良。湿生草本，生于海拔1250～3000m的江边、河滩、箐沟石上。

45. 景天科 Crassulaceae

（366）多苞红景天 *Rhodiola multibracteata* H. Chuang

德钦、中甸、会泽。沼生草本，生于海拔3400～4300m的林下、杜鹃灌丛或沼泽地、水沟边。

（367）景东景天 *Sedum chingtungense* K. T. Fu

景东无量山（模式标本产地）。湿生草本，生于海拔2100m的水沟边。

（368）丽江东爪草 *Tillaea likiangensis* H. Chuang

仅见于云南的丽江玉湖畔（模式标本产地）。沼生草本，生于海拔2700m的沼泽地。

47. 虎耳草科 Saxifragaceae

（369）落新妇 *Astilbe chinensis*（Maxim.）Franch. et Sav.

贡山、泸水、中甸、鹤庆、丽江、大关、砚山、广南、昭通、彝良。湿生草本，生于海拔2000～3600m的溪边、林缘和草甸上。

（370）狭叶落新妇 *Astilbe rivularis* Hamilt ex D. Don var. *angustifoliata* Hara

贡山、福贡、泸水。湿生草本，生于海拔1500～2800m的水边石上及林下、林缘、沟谷。

（371）岩白菜 *Bergenia purpurascens*（Hook. f. et Thoms.）Engl.

贡山、福贡、泸水、中甸、维西、德钦、丽江、大理、漾濞、蒙自、禄劝。湿生草本，生于海拔2700～4800m的高山草甸和高山碎石隙、林下、灌丛。

（372）滇西猫耳草 *Chrysosplenium forrestii* Diels.

贡山、福贡、德钦、维西、丽江。湿生草本，生于海拔3600～4700m的高山灌丛草甸和高山碎石隙。

（373）鸡心梅花草 *Parnassia crassifolia* Franch.

贡山、临沧、昆明、嵩明。湿生草本，生于海拔2500～3300m的水沟边和山谷潮湿处。

（374）无斑梅花草 *Parnassia epunctulata* J. T. Pan

泸水、会泽、东川、巧家。湿生草本，生于海拔3360～3800m的山顶草甸中和亚高山草地。

（375）滇西鬼灯檠 *Rodgersia henricii*（Franch.）Cullen

泸水、腾冲、德钦、维西、大理、镇康。湿生草本，生于海拔3000m的高山草甸、林下、林缘、灌丛。

（376）羽叶鬼灯檠 *Rodgersia pinnata* Franch.

贡山、福贡、维西、大理、鹤庆、洱源。湿生草本，生于海拔2400～3800m的高山草甸或石隙、林下、灌丛。

（377）短柄虎耳草 *Saxifraga brachypoda* D. Don

贡山、福贡、德钦、丽江。湿生草本，生于海拔3700～4500m的高山草甸和岩石上、山坡灌丛。

（378）线茎虎耳草 *Saxifraga filicaulis* Wall.

会泽、巧家。湿生草本，生于海拔2200～4800m的高山草甸和石隙、林下、林缘。

（379）线叶虎耳草 *Saxifraga filifolia* Anthony

贡山、德钦、洱源、禄劝。湿生草本，生于海拔2200～4800m的高山草甸和石隙、林下、林缘。

（380）贡山虎耳草 *Saxifraga insolens* Irmsch.

贡山。湿生草本，生于海拔3800～4000m的高山草甸。

（381）假大柱头虎耳草 *Saxifraga macrostigmatoides* Engl.

贡山、中甸、德钦。湿生草本，生于海拔3900～5000m的高山草甸、高山灌丛草甸和高山碎石隙。

（382）山地虎耳草 *Saxifraga montana* H. Smith

中甸、德钦。湿生草本，生于海拔2700～5300m的高山沼泽化草甸、高山草甸和高山碎石隙。

（383）垂头虎耳草 *Saxifraga nigroglandulifera* Balakr.

贡山、德钦、中甸、丽江、大理。湿生草本，生于海拔2700～5350m的高山草甸及高山湖泊、林下、林缘。

（384）小花虎耳草 *Saxifraga pallida* Wall. ex Ser.

贡山、中甸、丽江、大理、鹤庆。湿生草本，生于海拔3000～5000m的高山草甸及高山碎石隙、针叶林下。

（385）四硬点虎耳草 *Saxifraga quadricallosa*

Hand. -Mazz.

贡山、维西、德钦。湿生草本，生于海拔2000～3500m的高山草甸和高山碎石隙。

（386）金星虎耳草 *Saxifraga stella-aurea* Hook. f. et Thoms.

贡山、德钦。湿生草本，生于海拔3000～5800m的高山草甸和高山碎石隙。

（387）繁缕虎耳草 *Saxifraga stellariifolia* Franch.

贡山。湿生草本，生于海拔3000～4300m的高山草甸。

（388）近等叶虎耳草 *Saxifraga subaequifoliata* Irmsch.

贡山、福贡、泸水、维西。湿生草本，生于海拔3000～4200m的高山草甸和岩坡石隙、灌丛草甸。

（389）黄水枝 *Tiarella polyphylla* D. Don

贡山、泸水、景东、德钦、维西、丽江、大理、漾濞、文山、砚山。湿生草本，生于海拔1820～3800m的林下沟边、山坡湿地。

50. 川草科 Podostemaceae

（390）水苔花 *Hydrobryum griffithii*（Wall. ex Griff.）Tulasne

绿春、盈江、普文流沙河中。沉水草本，生于海拔220～1900m的热带及亚热带山间溪流中的岩石上。

52. 沟繁缕科 Elatinaceae

（391）三蕊沟繁缕 *Elatine triandra* Schkuhr

勐腊、会泽。沼生草本，生于海拔800～3350m的沼泽污泥上。

53. 石竹科 Caryophyllaceae

（392）真齿无心菜 *Arenaria euldonta* W. W. Smith

贡山、德钦、维西、中甸。湿生草本，生于海拔3000～4500m的高山草甸、山坡石缝中、岩坡上或冷杉林中。

（393）怒江无心菜 *Arenaria salweenensis* W. W. Smith

泸水片至福贡。湿生草本，生于海拔3000m的河边多石牧场。

（394）刚毛无心菜 *Arenaria setifera* C. Y. Wu ex L. H. Zhou

贡山、福贡、泸水。湿生草本，生于海拔3600～4200m的高山草甸或石缝中。

（395）山生无心菜 *Arenaria smithiantha* Mattf.

泸水、中甸、丽江、宁蒗。湿生草本，生于海拔2950～4300m的高山草甸、花岗岩沙地。

（396）中甸无心菜 *Arenaria zhongdianensis* Comber

中甸。湿生草本，生于海拔3300m的沟边。

（397）短瓣花 *Brachystemma calycinum* D. Don

昆明、大理、潞西、景东、沧源、勐腊、屏边、麻栗坡、西畴。草质藤本，生于海拔800～2200m的河边、林下或路边灌丛中。

（398）缘毛卷耳 *Cerastium furcatum* Cham. et Schlecht.

中甸、丽江、鹤庆。湿生草本，生于海拔2000～3850m的沟边、山坡、路边草丛中。

（399）荷莲豆 *Drymaria diandra* Bl.

滇东南、滇西南及滇西北河谷地区。湿生草本，生于海拔400～2200m的江边或林下、林缘、草地。

（400）多荚草 *Polycarpon prostratum*（Forssk.）Aschers

云南南部。湿生草本，生于海拔350～1530m的江边、河边或路旁潮湿地。

（401）无毛漆姑草 *Sagina saginoides*（L.）Karsten

滇中、滇西北、滇西南和滇东南。湿生草本，生于海拔1550～4150m的河边、山坡草地、路边和田边。

（402）双舌蝇子草 *Silene bilingua* W. W. Smith

德钦、中甸。湿生草本，生于海拔3100～3600m的水沟边、草坡或岩石间。

（403）喜马拉雅蝇子草 *Silene gonosperma*（Rupr.）Bocquet ssp. *himalayensis*（Rohrb.）Bocquet

德钦、中甸、丽江。湿生草本，生于海拔3400～4600m的林下水沟边或草坡。

（404）毛萼蝇子草 *Silene pubicalycina* C. Y. Wu ex C. Y. Wu et Tang

中甸。湿生草本，生于海拔3200m的箐沟林下。

（405）岩生蝇子草 *Silene scopulorum* Franch.

福贡、兰坪、大理。湿生草本，生于海拔3300～4300m的高山草甸或冷杉林。

（406）更里蝇子草 *Silene viscidula* Franch.

大理、维西、德钦。湿生草本，生于海拔

2700～3200m 的河边或林下。

（407）拟漆姑草 *Spergularia salina* J. et C. Presl

洱源。湿生草本，生于水沟边潮湿处。

（408）赛繁缕 *Stellaria neglecta* Waihe

漾濞。湿生草本，生于杂木林内箐沟边。

（409）雀舌草 *Stellaria uligincsa* Murr.

景东、勐腊、麻栗坡、绿春、绥江、昆明、维西。湿生草本，生于海拔 850～2200m 的水边、田边或林缘。

（410）贯叶繁缕 *Stellaria vestita* Kurz

云南的西北部、西部和中部湿生草本，生于海拔 1100～3200m 的水边、林下、灌丛下、山坡、路边。

54. 粟米草科 Molluginaceae

（411）滇南星粟草 *Glinus herniarioides*（Gagnep.）Tard. -Blot

勐腊、勐海。湿生草本，生于河边大岩石缝。

（412）粟米草 *Mollugo pentaphylla* Linn.

勐腊、景洪、孟连、勐海、砚山、富宁、河口、景东、福贡。湿生草本，生于海拔 210～2000m 的河边岩石上及石缝中。

56. 马齿苋科 Portulaceae

（413）四裂马齿苋 *Portulaca quadrifida* L.

元阳、元江、红河等地。湿生草本，生于海拔 380～700m 的江边及田野阳坡。

57. 蓼科 Polygonaceae

（414）疏穗野荞麦 *Fagopyrum caudatum*（Samuelesson）A. J. Li

贡山、福贡、鹤庆、洱源、大理、下关、富民、昆明、安宁、石屏、文山、屏边。湿生草本，生于海拔 400～2400m 的溪边、林缘、路边等处。

（415）金荞麦 *Fagopyrum dibotrys*（D. Don）Hara

云南各地。湿生草本，生于海拔 600～3500m 的水边、草坡、林下、山谷等处。

（416）细柄野荞麦 *Fagopyrum esculentum* Moench

德钦、维西、丽江、兰坪、鹤庆、泸水、大理、昆明、安宁、嵩明、路南、楚雄、江川、砚山、蒙自、屏边、景东。湿生草本，生于海拔 1300～3400m 的沼泽地、草坡、林中路边等处。

（417）疏穗小野荞麦 *Fagopyrum leptopodum*（Diels）Hedb.

巧家、嵩明、德钦、鹤庆、永胜、大理、元谋、东川。湿生草本，生于海拔 830～2300m 的河滩湿地、路边、林缘等处。

（418）线叶野荞麦 *Fagopyrum lineare*（Samuelesson）Haradson

嵩明、鹤庆、大理、宾川、昆明。湿生草本，生于海拔 1700～2300m 的溪边沙地、林缘。

（419）冰岛蓼 *Koenigia islandica* L.

德钦、宁蒗。湿生草本，生于海拔 3000～4900m 的山沟水边、山顶草地、山坡草地。

（420）中华山蓼 *Oxyria sinensis* Hemsl.

昭通、会泽、德钦、贡山、宁蒗、维西、丽江、鹤庆、大理、永平。湿生草本，生于海拔 1600～3700m 的草坡沟边、路边草地等处。

（421）两栖蓼 *Polygonum amphibium* L.

丽江、剑川、洱源、昆明、昭通。湿生草本，生于海拔 1900～2690m 的滩地、浅水中。

（422）阿萨姆蓼 *Polygonum assamicum* Meisn.

河口、马关。湿生草本，生于海拔 800m 的山谷沟边。

（423）萹蓄 *Polygonum aviculare* L.

德钦、中甸、宁蒗、丽江、永胜、漾濞、禄劝、嵩明、昆明、麻栗坡、屏边、景东、西双版纳、昭通大山包。湿生草本，生于海拔 200～3400m 的山坡、草地、路边等处。

（424）毛蓼 *Polygonum barbatum* L.

云南大部分地区。湿生草本，生于海拔 380～1750m 的河边、沼泽地边等潮湿处。

（425）绒毛钟花蓼 *Polygonum campanulatum* Hook. f. var. *fulvidum* Hook. f.

彝良、昭通、巧家、会泽、德钦、中甸、贡山、维西、丽江、福贡、兰坪、鹤庆、泸水、大理、禄劝、富民、澄江。湿生草本，生于海拔 800～4400m 的溪边、林下、山谷、林缘、石缝等处。

（426）火炭母 *Polygonum chinense* L. var. *chinense*

全省各地。湿生草本，生于海拔 115～3200m 的河滩、沼泽地林下。

（427）宽叶火炭母 *Polygonum chinense* L. var. *ovalifolium* Meisn.

贡山、福贡、泸水、泸西、元江、绿春、文

山、麻栗坡、马关、金平、景东、普洱、思茅、景洪、勐海、腾冲、盈江、瑞丽、凤庆、镇康、临沧、耿马、双江。湿生草本，生于海拔 178～2800m 的河边、草坡、灌丛、林下、林缘等处。

（428）蓝药蓼 *Polygonum cyanandrum* Diels

会泽、德钦、中甸、贡山、维西、丽江、福贡、泸水。沼生草本，生于海拔 2800～4200m 的高山沼泽草甸、草坡、林中湿地。

（429）小叶蓼 *Polygonum delicatulum* Meisn.

会泽、德钦、中甸、贡山、维西、丽江、福贡、泸水、大理。沼生草本，生于海拔 2600～4500m 的沼泽草甸、高山草地、山坡、山谷、乱石滩。

（430）细茎蓼 *Polygonum filicaule* Wall. ex Meisn.

会泽、德钦、中甸、贡山、维西、福贡、鹤庆、泸水、澄江。沼生草本，生于海拔 2800～4500m 的高山沼泽草甸、乱石滩溪边、高山草地、林缘等处。

（431）大铜钱叶蓼 *Polygonum forrestii* Diels

德钦、中甸、贡山、维西、丽江、福贡、大理。湿生草本，生于海拔 3300～4500m 的林下水边、草坡、石坡。

（432）洼点蓼 *Polygonum glaciale*（Meisn.）Hook. f. var. *przewalskii*（Skvorts. et Borod.）A. J. Li

镇雄、德钦、鹤庆、江川、峨山、勐海、腾冲、凤庆。沼生草本，生于海拔 1100～3350m 的沼泽边、路边、林下、荒坡。

（433）长箭叶蓼 *Polygonum hastatosagittatum* Makino

镇雄、嵩明、禄劝、昆明、大理、绿春、西畴、潞西、凤庆、沧源。沼生草本，生于海拔 600～2300m 的沼泽地、溪边、山谷潮湿处。

（434）硬毛蓼 *Polygonum hookeri* Meisn.

怒江、德钦、中甸、丽江。湿生草本，生于海拔 1000～4500m 的高山草甸、草坡、石坡、山谷草地等处。

（435）水蓼，辣蓼 *Polygonum hydropiper* L.

贡山、福贡、泸水、腾冲、兰坪、沧源、景东、孟连、西双版纳、中甸、德钦、丽江、宾川、漾濞、绿春、蒙自。湿生草本，生于海拔 1500～3500m 的山谷水边、沟边湿地。

（436）蚕茧草 *Polygonum japonicum* Meisn.

盐津、贡山、鹤庆、漾濞、大理、禄劝、昆明、安宁、元江、砚山、蒙自、景东、勐海、勐腊。湿生草本，生于海拔 550～1820m 的沟边、水边、草地、路边等处。

（437）酸模叶蓼 *Polygonum lapathifolium* L. var. *lapathifolium*

云南全省。湿生草本，生于海拔 500～3100m 的溪边、草滩、灌丛、山谷、石灰岩山坡水边。

（438）绵毛酸模叶蓼 *Polygonum lapathifolium* L. var. *salicifolium* Sibth

嵩明、宜良、中甸、丽江、漾濞、大理、富民、昆明、景东、盈江、双江。湿生草本，生于海拔 1100～3280m 的河边、路边潮湿处、沼泽地等处。

（439）密毛酸模叶蓼 *Polygonum lapathifolium* L. var. *lanatum*（Roxb.）Steward

嵩明、昆明、双江。湿生草本，生于海拔 600～1100m 的水边、潮湿处。

（440）污泥蓼 *Polygonum limicola* Samuelsson

绿春。湿生草本，生于海拔 1200m 的箐沟边。

（441）长鬃蓼 *Polygonum longisetum* De Bruyn var. *longisetum*

盐津、罗平、师宗、贡山、福贡、兰坪、泸水、漾濞、大理、宾川、嵩明、禄劝、大姚、江川、元江、砚山、石屏、元阳、蒙自、文山、屏边、景东、孟连、景洪、勐腊、潞西。湿生草本，生于海拔 330～2500m 的溪边沼泽、草坡、山谷、水边灌丛等处。

（442）长戟叶蓼 *Polygonum maackianum* Regel.

中甸、贡山、丽江、碧江、洱源、大理、澄江、广南、勐海。湿生草本，生于海拔 1500～4120m 的高山草甸、草坡、林缘等处。

（443）圆穗蓼 *Polygonum macrophyllum* D. DC.

德钦、中甸、贡山、维西、丽江、鹤庆、洱源、禄劝、巧家。沼生草本，生于海拔 2700～4600m 的沼泽地、草坡、高山草地。

（444）腺梗小头蓼 *Polygonum microcephalum* D. Don var. *sphaerocephalum*（Wall. ex Meisn.）Murata

永善、德钦、维西、福贡、鹤庆、泸水、漾濞、景东。湿生草本，生于海拔 1000～3600m 的溪边、草坡、林下、林缘等处。

（445）大海蓼 *Polygonum milletii*（Lévl.）Lévl.

会泽、中甸、贡山、丽江、泸水、峨山、景东、潞西、临沧、双江。湿生草本，生于海拔1200～4000m的沼泽草甸、草地、路边。

（446）倒毛蓼 *Polygonum molle* D. Don var. *rude*（Meisn.）A. J. Li

德钦、贡山、福贡、泸水、漾濞、大理、澄江、元江、泸西、富宁、砚山、蒙自、文山、西畴、屏边、景东、勐海、腾冲、龙陵、临沧。湿生半灌木，生于海拔1000～4100m的溪边、林下、山谷等处。

（447）小蓼花 *Polygonum muricatum* Meisn.

镇雄、嵩明、禄丰、昆明、澄江、中甸、维西、大理、砚山、绿春、西畴、江东、凤庆。湿生草本，生于海拔850～3300m的林中沼泽地、溪边、山谷等处。

（448）尼泊尔蓼 *Polygonum nepalense* Meisn.

云南全省。湿生草本，生于海拔600～4100m的河边、沼泽、山谷、林缘。

（449）红蓼 *Polygonum orientale* L.

德钦、中甸、贡山、维西、丽江、福贡、剑川、下关、昆明、蒙自、屏边、景东、景洪、勐海、腾冲、潞西。湿生草本，生于海拔930～3200m的沟边、水边、草坡等处。

（450）草血竭 *Polygonum paleaceum* Wall. ex Hook. f.

全省广布。湿生草本，生于海拔1350～4200m的沟边、山谷。

（451）毛叶草血竭 *Polygonum paleaceum* Wall. ex Hook. f.

德钦、中甸、贡山、宁蒗、维西、丽江、碧江、剑川、鹤庆、永胜、大理、宾川、大姚、昆明、澄江、蒙自、临沧。湿生草本，生于海拔1500～3900m的高山草甸、林下、河边。

（452）掌叶蓼 *Polygonum palmatum* Dunn.

景东、普洱、景洪、勐腊、河口。湿生草本，生于海拔200～900m的山谷溪边、河边林中、路边潮湿地等潮湿处。

（453）春蓼 *Polygonum persicaria* L.

镇雄、丽江。湿生草本，生于海拔1850～2700m的沼泽地、湖边等处。

（454）长叶多穗蓼 *Polygonum polystachyum* Wall. ex Meisn var. *longifolium* Hook. f.

维西、贡山。湿生半灌木，生于海拔2500m的沟边、草坡、草丛。

（455）丛枝蓼 *Polygonum posumbum* Buch.-Ham. ex D. Don

彝良、巧家、鹤庆、昆明、富宁、建水、元阳、绿春、文山、西畴、麻栗坡、景东、普洱、思茅、孟连、景洪、勐海、保山、腾冲、潞西、凤庆、临沧、沧源。湿生草本，生于海拔400～2600m的河边、水边、山谷林中、沼泽地等潮湿处。

（456）耳基蓼 *Polygonum praetermissum* Hook. f.

德钦、景东、勐海、盈江。湿生草本，生于海拔140～1800m的湖边、沼泽地边、水田边。

（457）伏毛蓼 *Polygonum pubescens* Bl.

福贡、漾濞、富民、昆明、元江、绿春、蒙自、西畴、屏边、景东、澜沧、景东、勐海、勐腊、保山、腾冲、潞西、临沧、耿马、双江。湿生草本，生于海拔410～2200m的河边、林中、沼泽地等潮湿处。

（458）羽叶蓼 *Polygonum runcinatum* Buch.-Ham. ex D. Don var. *runcinatum*

中甸、贡山、丽江、兰坪、鹤庆、洱源、泸水、漾濞、大理、禄劝、大姚、会泽、昆明、澄江、文山、景东、孟连、腾冲、耿马。湿生草本，生于海拔1400～3800m的溪边、路边草地、亚高山草地、林缘。

（459）赤胫散 *Polygonum runcinatum* Buch.-Ham. ex D. Don var. *sinense* Hemsl.

德钦、中甸、贡山、宁蒗、维西、丽江、福贡、兰坪、鹤庆、泸水、漾濞、腾冲、龙陵、凤庆、临沧、昆明、安宁、楚雄、澄江、景东、勐腊。湿生草本，生于海拔210～3900m的山谷溪边、林下、林缘、竹林中等潮湿处。

（460）西伯利亚蓼 *Polygonum sibiricum* Laxm.

德钦、中甸。湿生草本，生于海拔1830～3350m的沼泽草甸、湖水边、河滩、沙质盐碱地。

（461）箭叶蓼 *Polygonum sieboldii* Meisn.

彝良、中甸、大理、孟连。沼生草本，生于海拔1650～1780m的沼泽草甸、草坡、水边等处。

（462）糙毛蓼 *Polygonum strigosum* R. Br.

屏边。湿生草本，生于海拔1300m的溪边石上。

（463）平卧蓼 *Polygonum strindbergii* J. Schust.

德钦、漾濞、富民、昆明、嵩明、峨山、双柏、元江、广南、建水、蒙自、文山、景东、凤庆。湿生草本，生于海拔 1200～2850m 的沼泽、水边、林中、林缘、路边湿处。

（464）珠芽支柱蓼 *Polygonum suffultoides* A. J. Li

德钦、中甸、贡山、维西、丽江。湿生草本，生于海拔 3450～4500m 的高山草甸、草坡、山坡林下。

（465）荫地蓼 *Polygonum umbrosum* Samuelsson

德钦、福贡、泸水、沧源。湿生草本，生于海拔 1700～3000m 的林下水边、山谷等潮湿处。

（466）香蓼 *Polygonum viscosum* Buch. -Ham. ex D. Don

维西、丽江、金平、思茅、勐腊、腾冲、临沧。湿生草本，生于海拔 650～2300m 的溪边、水边、山谷等潮湿处。

（467）珠芽蓼 *Polygonum viviparum* L. var. *viviparum*

彝良、镇雄、巧家、会泽、德钦、中甸、贡山、宁蒗、维西、丽江、福贡、兰坪、漾濞、大理、禄劝、峨山、蒙自、保山、腾冲、临沧、双江。湿生草本，生于海拔 650～4500m 的溪边、沼泽地、灌丛等处。

（468）柔茎蓼 *Polygpnum tenellum* Bl. var. *karagoeanum*（Makino）G. Murata

贡山、福贡、大理、广南、砚山、绿春、西畴、屏边、景东、澜沧、孟连、勐海、凤庆、耿马、双江。湿生草本，生于海拔 800～1700m 的沼泽地、林中、草地、溪边等潮湿处。

（469）虎杖 *Reynoutria japonica* Houtt.

永善、威信、昭通、峨山、西畴、屏边、金平。湿生草本，生于海拔 340～1500m 的溪边、山谷、路旁。

（470）水黄 *Rheum alexandrae* Batal.

中甸、丽江、碧江、剑川。湿生草本，生于海拔 3000～4800m 的高山沼泽、溪边、草坡、积水草地等潮湿处。

（471）滇边大黄 *Rheum delavayi* Franch.

德钦、中甸、维西、丽江、洱源。湿生草本，生于海拔 1500～4600m 的河边石地、流石滩、高山草地、石坡等处。

（472）大黄 *Rheum officinale* Baill.

中甸、贡山。湿生草本，生于海拔 3400～3600m 的高山河滩、山坡草地。

（473）黑龙江酸模 *Rumex amurensis* Franch.

大理、下关。湿生草本，生于海拔 1700～1800m 的洱海边湿草地。

（474）齿果酸模 *Rumex dentatus* L.

嵩明、宜良、贡山、丽江、大理、永仁、昆明、安宁、澄江、华宁、江川、景东。湿生草本，生于海拔 1350～2900m 的河边草丛、溪边、路边、湖边等处。

（475）小果酸模 *Rumex microcarpus* Campd.

大理、昆明、马关。湿生草本，生于海拔 800～2200m 的河边、田边路旁。

（476）长刺酸模 *Rumex trisetifer* Stokes

大理、昆明、金平、孟连、勐海、勐腊、龙陵、双江、沧源。湿生草本，生于海拔 360～1800m 的沼泽地、山谷、水边等处。

61. 藜科 Chenopodiaceae

（477）千针苋 *Acroglochin persicarioides*（Poir.）Moq.

云南各地。湿生草本，生于海拔 800～3400m 的荒地河边、山坡农田。

（478）点纹千针苋 *Acroglochin punctatum* D. D. Tao

罗茨、角窝坪大竹箐（模式标本产地）。湿生草本，生于海拔 2700m 的山谷水沟边、杂木林下。

（479）杂配轴藜 *Axyris hybrida* L.

德钦。直立草本，生于河滩草地、田边、山坡。

（480）土荆芥 *Chenopodium ambosioides* L.

路南、元江、墨江、福贡。湿生草本，生于海拔 320～900m 的江边、农田、公路边，为常见杂草。

63. 苋科 Amaranthaceae

（481）喜旱莲子草（水花生）*Alternanthera philoxeroides*（Mart.）Griseb.

昆明、彝良、江川、澄江逸为野生。湿生草本，生于半沼泽、水池内。外来杂草。

（482）莲子草 *Alternanthera sessilis* L.

昆明、禄丰、楚雄、景洪、勐腊、勐海、澜沧、沧源、临沧、孟连、元阳、绿春、凤庆、景东、马关、麻栗坡、文山等地。湿生草本，生于海拔420～2400m的村边草塘、水沟、田边或池塘、河埂。

67. 牻牛儿苗科 Geraniaceae

（483）五叶草 *Geranium nepalense* Sweet

云南各地。湿生草本，生于海拔1000～3600m的水沟边、草地、荒地等。

69. 酢浆草科 Oxalidaceae

（484）华感应草 *Biophytum thorelianum* Guill. var. *sinense* Guill.

蒙自、勐腊。湿生亚灌木，生于海拔200m左右的江边、沙地草丛中。

71. 凤仙花科 Balsaminaceae

（485）锐齿凤仙花 *Impatiens anguta* Hook. f. et Thoms.

贡山、福贡、泸水、龙陵、镇康、芒市、中甸、维西、漾濞、凤庆、鹤庆、景东。湿生草本，生于海拔1300～3200m的河边或杂木林缘。

（486）白汗洛凤仙花 *Impatiens bahanensis* Hand. -Mazz.

贡山。湿生草本，生于海拔1900～3000m的沟边。

（487）具角凤仙花 *Impatiens ceratophora* Comber

福贡、腾冲、瑞丽。湿生草本，生于海拔1700～2700m的山坡水沟边。

（488）高黎贡山凤仙花 *Impatiens chimliliensis* Lomber

贡山。湿生草本，生于海拔3200～3600m的溪边或高山灌丛下。

（489）毛凤仙花 *Impatiens lasiophyton* Hook. f.

福贡、镇雄、东川、禄劝、楚雄、宜良。湿生草本，生于海拔1220m的河边。

（490）小距凤仙花 *Impatiens microcentra* Hand. -Mazz.

贡山。湿生草本，生于海拔2200～2800m的溪边或林下。

（491）直距凤仙花 *Impatiens pseudokingii* Hand. -Mazz.

贡山、泸水。湿生草本，生于海拔2000～2600m的沟边或杂木林中、草丛。

（492）直角凤仙花 *Impatiens rectangula* Hand. -Mazz.

贡山、福贡、腾冲、龙陵、兰坪、维西。湿生草本，生于海拔2000～3100m的溪流边或密竹林边。

（493）红纹凤仙花 *Impatiens rubrostricta* Hook. f.

腾冲、凤庆、鹤庆、临沧、勐海、楚雄、禄劝、洱源、景东、昆明、嵩明、麻栗坡、屏边。湿生草本，生于海拔1400～3500m的箐沟边或竹林下。

（494）黄金凤 *Impatiens siculifer* Hook. f.

腾冲、屏边、蒙自、昆明、金平、镇康、凤庆、瑞丽。湿生草本，生于海拔1500～2500m的溪边湿处。

（495）堇菜凤仙花 *Impatiens violaeflora* Hook. f.

瑞丽、凤庆、勐海、景洪、勐腊、镇越、镇康。湿生草本，生于海拔2400～2700m的山谷沟边。

72. 千屈菜科 Lythraceae

（496）多花水苋菜 *Ammannia multiflora* Roxb.

勐仑。湿生草本，生于江边沙地或湿地上和稻田中。

（497）节节菜 *Rotala indica*（Willd.）Koehne

西双版纳、文山、景东、昆明。湿生草本，生于海拔1400～2000m的水田中或湿地上。

（498）圆叶节节菜 *Rotala rotundifolia*（Roxb.）Koehne

云南的中至西、南各地。湿生草本，生于海拔800～2500m的水稻田或湿地上。

77. 柳叶菜科 Onagraceae

（499）高原露珠草 *Circaea alpina* L. ssp. *imaicola*（Asch. et Magn.）Kitamura

德钦、维西、中甸、丽江、贡山、兰坪、鹤庆、洱源、景东、腾冲、漾濞、禄劝、昆明、武定、嵩明、富民、昭通、东川、巧家。湿生草本，生于海拔1800～3950m的箐边草地。

（500）南方露珠草 *Circaea mollis* Sieb. et Zucc.

腾冲、临沧、元江、楚雄、富民、嵩明、禄劝、大关、绿春、屏边、西畴、砚山。湿生草本，生于海拔1000～1400m的箐沟、溪边林下。

（501）匍茎谷蓼 *Circaea repens* Wall.

禄劝、会泽、巧家、鹤庆、贡山。湿生草本，生于海拔2450～3300m的箐沟两侧。

（502）毛脉柳叶菜 *Epilobium amurense* Hausskn.

云南的西北部、西部、中部至东北部。湿生草本，生于海拔1900～3400m的沟边、沼泽地。

（503）酸沼柳叶菜 *Epilobium blinii* Lévl.

维西、大理、昆明、会泽。湿生草本，生于海拔1500～3200m的山谷沼泽地、水沟边阴湿竹丛中。

（504）广布柳叶菜 *Epilobium brevifolium* D. Don ssp. *trichoneurum*（Hausskn.）Raven

德钦、维西、贡山、兰坪、丽江、凤庆、景东、镇康、大姚、禄劝、昆明、富民、文山、麻栗坡。湿生草本，生于海拔1500～3650m的沟边沼泽地、草地。

（505）丝毛柳叶菜 *Epilobium brevifolium* D. Don ssp. *pannosum*（Hausskn.）Raven

凤庆、景东、普文、大理、昆明。湿生草本，生于海拔760～2200m的水边、草坡。

（506）光华柳叶菜 *Epilobium cephalostigma* Hausskn.

德钦、维西、丽江、鹤庆。湿生草本，生于海拔2250～3200m的沟边。

（507）华西柳叶菜 *Epilobium cylindricum* D. Don

德钦、维西、贡山、保山、江川、嵩明、昆明、宜良、会泽、大关、彝良。湿生草本，生于海拔1700～3320m的沟边草甸。

（508）柳叶菜 *Epilobium hirsutum* L.

除南部热带地区外，云南全省都有分布。湿生草本，生于海拔500～2850m的沟边。

（509）矮生柳叶菜 *Epilobium kingdonii* Raven

中甸。湿生草本，生于海拔3750m的沟边草地。

（510）水湿柳叶菜 *Epilobium palustre* L.

中甸、会泽。沼生草本，生于海拔3240～3600m的沼泽或草甸中。

（511）阔柱柳叶菜 *Epilobium platystigmatosum* C. B. Robins.

德钦、彝良。湿生草本，生于海拔1850～2400m的阔叶林下水沟边。

（512）锡金柳叶菜 *Epilobium sikkimense* Hausskn.

德钦、维西、贡山、中甸、大理、会泽。湿生草本，生于海拔2900～3900m的高山草甸、水沟旁。

（513）高大锡金柳叶菜 *Epilobium sikkimense* Hausskn. ssp. *ludlowianum* Raven

德钦、维西、贡山、中甸、丽江、大理、会泽。湿生草本，生于海拔2000～4150m的箐沟。

（514）唐古特柳叶菜 *Epilobium tangguticum* Hausskn.

维西、建水、文山。湿生草本，生于海拔1800～2500m的山谷沟旁。

（515）大花柳叶菜 *Epilobium wallichianum* Hausskn.

德钦、维西、中甸、贡山、漾濞、大理、嵩明、昆明、文山、金平、建水、大关。湿生草本，生于海拔1800～3300m的沟边。

（516）埋鳞柳叶菜 *Epilobium williamsii* Raven

中甸、泸水、大理。湿生草本，生于海拔3400～3800m的沟旁溪畔。

（517）水龙 *Ludwigia adscendens*（L.）Hara

孟连、澜沧、勐海、景洪、勐腊。湿生草本，生于海拔560～1520m的水塘、水田。

（518）丁香蓼 *Ludwigia epilobioides* Maxim.

贡山、永平、勐腊、绿春、屏边、广南、盐津。湿生草本，生于海拔500～1600m的沼泽、沟边、草地。

（519）线叶丁香蓼 *Ludwigia hyssopifolia*（G. Don）Exell

盈江、孟连、莲山、景洪、勐腊。湿生草本，生于海拔240～750m的沼泽、湿草地、田边、水沟边、河滩。

（520）草龙 *Ludwigia octovalvis*（Jacq.）Raven

云南的西部、南部及东南部。湿生草本，生于海拔1600m的沟边、水箐、草地、田边。

全株入药，能清热解毒、凉血、消肿。治咽喉肿痛、口腔炎、乳腺炎、天疱疮、发烧。

（521）细花丁香蓼 *Ludwigia perennis* Linn.

勐腊、景洪、镇康、澜沧、元阳。湿生草本，生于海拔380～1000m的江边沙地、河漫滩。

77a. 菱科 Trapaceae

（522）菱 *Trapa bicornis Osbeck* var. *cochinchinensis*（Lour.）Gluck. -Osbeck

昆明地区栽培。浮叶草本，生于水塘。

（523）小果菱 *Trapa maximowiczii* Korshinsky

大理。浮叶草本，生于海拔1970m的水塘中。

（524）野菱 *Trapa natans* L.

滇西各高原湖泊及水塘。浮叶草本，生于水深1.5m以内的浅水区。

78. 小二仙草科 Haloragidaceae

（525）小二仙草 *Haloragis micrantha*（Thunb.）R. Br. ex Sieb.

贡山、临沧、景东、屏边、西畴、富宁。湿生草本，生于海拔 700 ~ 2480m 的山坡沼泽湿地。

（526）穗状狐尾藻 *Myriophyllum spicatum* L.

云南全省各地。沉水草本，生于海拔 3100m 的池沼、湖泊、池塘、沟渠中。

（527）狐尾藻 *Myriophyllum verticillatum* L.

洱源（茈碧湖），昆明滇池周围的鱼塘中。沉水草本，生于水深 4 ~ 5m 的鱼塘中。

78a. 杉叶藻科 Hippuridaceae

（528）杉叶藻 *Hippuris vulgaris* L.

中甸、德钦。沉水草本，生于海拔 2700 ~ 3300m 的沼泽、浅水塘、湖滨、溪流中。

79. 水马齿科 Callitrichaceae

（529）沼生水马齿 *Callitriche palustris* L.

东川、会泽、丽江、维西。浮水草本，生于海拔 3100 ~ 3450m 的林间沼泽或静水塘中。

（530）水马齿 *Callitriche stagnalis* Scop.

绿春、彝良、昆明、大理、兰坪、中甸、昭通。浮水草本，海拔 1700 ~ 4200m，生于水沟、水田中或沼泽地。

118. 桃金娘科 Myrtaceae

（531）倒披针叶蒲桃 *Syzygium oblancilimbum* H. T. Chang et Miau

双江。湿生小灌木，高约 0.6m，生于海拔 750m 的河边沙地。

120. 野牡丹科 Melastomataceae

（532）楮头红 *Sarcopyramis nepalensis* Wall. var. *nepalensis*

云南西北至滇东南以南地区（西双版纳未发现）。湿生草本，生于海拔 1300 ~ 3200m 的林下阴湿处或溪边。

（533）斑点楮头红 *Sarcopyramis nepalensis* Wall. var. *maculata* C. Y. Wu et C. Chen

贡山、金平。湿生草本，生于海拔 2000 ~ 2300m 的林下湿润处或溪边。

（534）报春地胆 *Sonerila primuloides* C. Y. Wu

景东。湿生草本，生于海拔 1450m 的河边石缝中。

（535）毛叶地胆 *Sonerila yunnanensis* J. F. Jeffrey

西双版纳、江城、西畴、思茅。湿生草本，生于海拔 500 ~ 1400m 的山谷、阴湿处或水边。

（536）长穗花 *Styrophyton caudatum*（Diels）S. Y. Hu

屏边。湿生灌木，生于海拔 400 ~ 1200m 的沟边或阴湿的地方。

123. 金丝桃科 Hypericaceae

（537）黄海棠 *Hypericum ascyron* Linn.

会泽、大关、永善、屏边、禄劝、洱源、中甸、贡山。湿生灌木，高 0.5 ~ 1.3m，生于海拔 2100 ~ 2800m 的溪旁或河岸湿地。

（538）细叶金丝桃 *Hypericum gramineum* G. Forster

砚山、江川、昆明、禄劝、大理、鹤庆等地。沼生草本，生于海拔 1200 ~ 2000m 的水藓沼泽中。

（539）地耳草 *Hypericum japonicum* Thunb. ex Murray

云南各地。湿生草本，生于海拔 2800m 的田边、沟边、草地以及撂荒地上。

（540）三腺金丝桃 *Triadenum breviflorum*（Wall. ex Dyer）Y. Kimura

景洪。湿生草本，生于海拔 600m 的水沟旁潮湿草地。

136. 大戟科 Euphorbiaceae

（541）高山大戟 *Euphorbia stracheyi* Boiss.

贡山、福贡、维西、德钦、中甸、丽江。湿生草本，生于海拔 1000 ~ 4900m 的高山草甸、灌丛、林下。

143. 蔷薇科 Rosaceae

（542）丛生荽叶伟陵菜 *Potentilla coriandrifolia* D. Don var. *dumosa* Franch.

贡山、中甸、德钦、维西、丽江。湿生草本，生于海拔 3300m 的高山草甸、草坡或岩石缝中。

（543）蛇含委陵菜 *Potentilla kleiniana* Wight et Arn.

贡山、泸水、绿春、绥江。湿生草本，生于海拔 1400 ~ 3000m 的水旁、草甸及山坡草地。

（544）矮地榆 *Sanguisorba filiformis*（Hook. f.）Hand. -Mazz.

昭通大山包。沼生草本，生于海拔 1200 ~ 4000m 的沼泽及山坡草地。

（545）地榆 *Sanguisorba officinalis* L.

昭通大山包。沼生草本，生于海拔 30 ~ 3000m 的草甸、草原、山坡草地、灌丛中。

（546）蕊山草莓 *Sibbaldia perpusilloides*（W. W. Smith）Hand. -Mazz.

贡山、德钦。湿生草本，生于海拔 2800 ~ 4300m 的高山草甸岩石缝中。

（547）垫状山草莓 *Sibbaldia pulvinata* Yu et Li

贡山。湿生草本，生于海拔 3400 ~ 4300m 的高山草甸岩石上。

（548）紫花山草莓 *Sibbaldia purpurea* Royle

贡山、维西、中甸、德钦、丽江。湿生草本，生于海拔 2400 ~ 3600m 的高山草甸和山坡岩石缝中。

148. 蝶形花科 Papilionaceae

（549）雪山黄芪 *Astragalus balfourianus* Simps.

贡山、中甸、丽江、鹤庆。湿生草本，生于海拔 2500 ~ 3800m 的亚高山草甸、山坡灌丛。

（550）假地蓝 *Crotalaria ferruginea* R. Grah ex Benth.

福贡、泸水、腾冲、保山、陇川、镇康、孟连、屏边、蒙自、砚山、西畴、江川、鹤庆。湿生草本，生于海拔 1100 ~ 2000m 的河边、沙地、云南松林下或阴湿处。

（551）鸡眼草 *Kummerowia striata*（Thunb.）Schindl.

贡山、福贡、泸水及全省各地。湿生草本，生于海拔 1100 ~ 1980m 的河边沙地、林间草地。

（552）百脉根 *Lotus corniculatus* L. var. *japanicus* Regel.

贡山、福贡、泸水、腾冲、兰坪、沧源、中甸、德钦、维西、丽江、大理、剑川、洱源、鹤庆、漾濞、广南、武定、华宁、易门、通海、峨山、富民、嵩明、禄劝。湿生草本，生于海拔 1800 ~ 3000m 的沼泽地、灌丛、林间草地、针阔叶混交林下、华山松林下。

（553）窄叶野豌豆 *Vicia angustifolia* L.

贡山、盈江、景东、维西、洱源、鹤庆、河口、屏边、麻栗坡。湿生草本，生于海拔 1900 ~ 2200m 的江边草地及菜地中。

（554）马豆 *Vicia sativa* L.

云南全省各地。湿生草本，生于海拔 1320 ~ 2000m 的河滩或菜地中。

（555）西藏野豌豆 *Vicia tibetica* C. E. C. Fisch.

贡山、中甸、德钦。湿生草本，生于海拔 800 ~ 3800m 的灌丛草甸和云南松林下。

154. 黄杨科 Buxaceae

（556）板凳果 *Pachysandra axillaris* Franch.

滇西北（贡山）、西南（漾濞至龙陵），金沙江中流（宾川至禄劝）。湿生亚灌木，生于海拔 1700 ~ 2400（ – 3000）m 的沟边、山坡和林下。

156. 杨柳科 Salicaceae

（557）溪旁矮柳 *Salix rivulicola* Mao et W. Z. Li

贡山独龙江上游。湿生灌木，生于海拔 4000m 的小溪边。

（558）川南柳 *Salix wolohoensis* Schneid.

大理苍山。湿生灌木，生于海拔 2500 ~ 3000m 的水沟边。

（559）孔目矮柳 *Salix kongmuensis* Mao et W. Z. Li

贡山、福贡、泸水。湿生垫状灌木，生于海拔 3500 ~ 3800m 的高山草甸。

（560）迪政当柳 *Salix dizhindanensis* P. I. Mao et H. Li，sp. nov.

贡山。湿生灌木，生于海拔 1840m 的河滩。

（561）怒江柳 *Salix nujiangensis* N. Chao

贡山。湿生灌木，生于海拔 2800m 的江边灌丛。

167. 桑科 Moraceae

（562）石榕树 *Ficus abelii* Miq.

广南、文山。湿生灌木，高 1 ~ 2.5m，生于海拔 1320m 的溪边或灌丛。

（563）瘦果榕 *Ficus ischnopoda* Miq.

福贡、泸水、双江、澜沧、景东、西双版纳、绿春、河口、金平、屏边、西畴、马关、麻栗坡、富宁、文山。湿生灌木或小乔木，生于海拔 900 ~ 1000m 的江边溪畔。

169. 荨麻科 Urticaceae

（564）细序苎麻 *Boehmeria hamiltoniana* Wedd.

景东、景洪。湿生半灌木，生于海拔 2400m 的沟边。

（565）越南苎麻 *Boehmeria tonkinensis* Gagnep.

河口。湿生半灌木，生于海拔 120m 的溪旁林下潮湿地。

（566）疏毛楼梯草 *Elatostema albopilosum* W. T. Wang

绿春、屏边、景洪、凤仪。湿生草本，生于海拔600～1900m的河谷或水沟边石上。

（567）滇黔楼梯草 *Elatostema backeri* H. Schöter

昆明、景东。湿生草本，生于海拔2000～2100m的疏林中溪旁潮湿处。

（568）华南楼梯草 *Elatostema balansae* Gagnep.

贡山、邓川、大理、昆明、富民、绿春、金平、屏边、麻栗坡。湿生草本，生于海拔750～2000m的林下潮湿处或沟边。

（569）角萼楼梯草 *Elatostema corniculatum* (W. T. Wang) H. W. Li

屏边。湿生草本，生于海拔1700m的山谷溪旁潮湿地。

（570）锐齿楼梯草 *Elatostema cyrtandraefolium* (Zoll. et Mor.) Miq.

金平、砚山、勐海、临沧、孟连。湿生草本，生于海拔450～1800m的林缘沟边石上。

（571）巨序楼梯草 *Elatostema megacephalum* W. T. Wang

景东、景洪、勐腊、绿春、元阳、西畴、富宁、澜沧。湿生草本，生于海拔680～1700m的沟谷林下潮湿处或沟边。

（572）托叶楼梯草 *Elatostema nasutum* Hook. f. var. *nasutum*

大关、贡山、福贡、景东、元阳、屏边、金平、河口、文山、西畴、富宁、腾冲。湿生草本，海拔1250～2600m，生于林下潮湿处、溪旁或沟边。

（573）钝叶楼梯草 *Elatostema obtusum* Wedd.

大关、鹤庆、丽江、兰坪、维西、德钦、贡山、昆明、禄劝、景东、蒙自、镇康、凤庆、腾冲。湿生草本，生于海拔2100～3600m的竹林下或沟边。

（574）粗角楼梯草 *Elatostema pachyceras* W. T. Wang var. *pachyceras*

漾濞、腾冲、建水、绿春、元阳。湿生草本，生于海拔1100～2600m的阔叶林中或沟边。

（575）大叶粗角楼梯草 *Elatostema pachyceras* W. T. Wang var. *majus* W. T. Wang

文山、腾冲。湿生草本，生于海拔1850m的沟边阔叶林中。

（576）小叶楼梯草 *Elatostema parvum* (Bl.) Miq.

贡山、镇雄、砚山、普文、景洪、勐腊、澜沧、勐海、陇川。湿生草本，生于海拔700～1850m的沟边岩石上。

（577）宽角楼梯草 *Elatostema platyceras* W. T. Wang

泸水。湿生草本，生于海拔1700m的河谷水边。

（578）拟骤尖楼梯草 *Elatostema pseudocuspidatum* W. T. Wang

兰坪、福贡。湿生草本，生于海拔1900～2800m的林下、溪边或林下沟边。

（579）薄叶楼梯草 *Elatostema tenuifolium* W. T. Wang

砚山、屏边。湿生草本，生于海拔1000～1100m的山谷林中河边岩石上。

（580）紫麻 *Oreocnide frutescens* (Thunb.) Miq.

绥江、贡山、禄劝、富民、师宗、建水、金平、河口、砚山、文山、广南、富宁。湿生灌木，生于海拔150～2200m的山坡林下或灌丛中阴湿处或箐沟湿润地上。

（581）倒卵叶紫麻 *Oreocnide obovata* (C. H. Wright) Merr.

蒙自、红河、屏边、河口、砚山、文山、西畴、麻栗坡、富宁。湿生灌木，生于海拔160～1600m的山谷或沟边阔叶林下。

（582）硬毛赤车 *Pellionia crispulihirtella* W. T. Wang

屏边。湿生草本，生于海拔1500m的沟边。

（583）富宁赤车 *Pellionia funingensis* W. T. Wang

富宁。湿生草本，生于海拔1250～1410m的林下阴湿处或沟边。

（584）异被赤车 *Pellionia heteroloba* Wedd.

贡山、福贡、景东、勐海、景洪、勐腊、镇康、腾冲、蒙自、元阳、绿春、屏边、金平、砚山、文山、西畴、麻栗坡、马关、广南、富宁。湿生草本，生于海拔800～2200m的林下潮湿处或溪旁。

（585）全缘赤车 *Pellionia heyneana* (Wall.) Wedd.

景洪、易武、金平、河口、马关。湿生草本，生于海拔 750～1100m 的沟边或林缘。

（586）滇南赤车 *Pellionia paucidentata*（H. Schröer）Chien

思茅、勐腊、金平、河口。湿生草本，生于海拔 200～750m 的密林下沟边潮湿处或岩石上。

（587）吐烟花 *Pellionia repens*（Lour.）Merr.

勐海、景洪、勐腊、屏边、河口、麻栗坡。湿生草本，生于海拔 200～1500m 的林下溪旁、潮湿地或岩石上。

（588）圆瓣冷水花 *Pilea angulata*（Bl.）Bl. ssp. *angulata*

昆明、富民、楚雄、路南、景东、巍山、福贡、临沧、莲山、梁河。湿生草本，生于海拔 1100～2800m 的林下阴湿处或水沟边。

（589）中华冷水花 *Pilea angulata*（Bl.）Bl. ssp. *latiuscula* C. J. Chen

禄劝、屏边、砚山、文山、马关。湿生草本，生于海拔 1600～2000m 的水沟边或林下阴湿处。

（590）异叶冷水花 *Pilea anisophylla* Wedd.

大理、巍山、景东、金平。湿生草本，生于海拔 1150～1450m 的溪边灌丛。

（591）短角冷水花 *Pilea aquarum* Dunn ssp. *brevicornuta*（Hayata）C. J. Chen

红河、元阳、屏边、文山、西畴、麻栗坡、马关、广南、富宁。湿生草本，生于海拔 1000～1950m 的水边阴湿地或常绿阔叶林下。

（592）耳基冷水花 *Pilea auricularia* C. J. Chen

贡山、福贡、龙陵、景东。湿生草本，生于海拔 2400～2500m 的沟谷林下溪边。

（593）沧源冷水花 *Pilea cangyuanensis* H. W. Li

沧源、孟连。湿生草本，生于海拔 1700m 的水沟边灌丛或草丛中。

（594）纤细冷水花 *Pilea gracilis* Hand. -Mazz.

富民、思茅、景洪。湿生草本，生于海拔 800～2300m 的河边岩石上或沟谷杂木林阴湿处。

（595）翠茎冷水花 *Pilea hilliana* Hand. -Mazz. var. *hilliana*

贡山、福贡、漾濞、巍山、昆明、思茅、景洪、蒙自、绿春、砚山、屏边。湿生草本，生于海拔 720～2600m 的林下阴湿处或沟边。

（596）角萼翠茎冷水花 *Pilea hilliana* Hand. -Mazz. var. *corniculata* H. W. Li

腾冲。湿生草本，生于海拔 2400m 的水沟边山坡常绿阔叶林下。

（597）长序冷水花 *Pilea melastomoides*（Poir.）Wedd.

福贡、贡山、梁河、沧源、孟连、景东、景洪、勐腊、勐海、蒙自、绿春、屏边、金平、西畴。湿生草本，生于海拔 800～2200m 的沟谷或河边常绿林下阴湿处。

（598）念珠冷水花 *Pilea monilifera* Hand. -Mazz.

大关、会泽、丽江、维西、福贡、贡山、德钦、腾冲。湿生草本，生于海拔 2400～3500m 的水沟边、竹丛草地阴湿处。

（599）锥序冷水花 *Pilea paniculigera* C. J. Chen

西畴、麻栗坡。湿生草本，生于海拔 1300～1600m 的石灰山密林下沟边。

（600）拟冷水花 *Pilea pseudonotata* C. J. Chen

贡山、漾濞、勐腊、绿春、金平。湿生半灌木，无毛，生于海拔 750～1200～（2480）m 的水沟边湿处或林中阴处岩石上。

（601）怒江冷水花 *Pilea salwinensis*（Hand. -Mazz.）C. J. Chen

大理、漾濞、泸水、维西、贡山。湿生草本，生于海拔 2100～2700m 的沟谷杂木林中水沟边或阴湿处。

（602）少鳞冷水花 *Pilea squamosa* C. J. Chen var. *sparsa* C. J. Chen

漾濞、泸水。湿生草本，生于海拔 2200～2300m 的林下或沟边。

（603）翅茎冷水花 *Pilea subcoriacea*（Hand. -Mazz.）C. J. Chen

镇雄。湿生草本，生于海拔 2000m 的疏林下水边潮湿处。

（604）藤麻 *Procris crenata* C. B. Robins.

维西、泸水、贡山、临沧、梁河、腾冲、孟连、景东、勐腊、勐海、蒙自、绿春、元阳、屏边、金平、河口、文山、西畴、马关、麻栗坡。湿生草本，生于海拔 150～3000m 的溪边岩石上。

（605）滇藏荨麻 *Urtica mairei* Lévl. var. *oblongifolia* C. J. Chen

景东。湿生草本，生于海拔 2200m 的沟边或路旁。

（606）三角叶荨麻 *Urtica triangularis* Hand. -Mazz. ssp. *triangularis*

剑川、丽江、德钦。湿生草本，生于海拔 2800～3400m 的半阴坡沟边或草丛中。

191. 胡颓子科 Elaeagnaceae

（607）云南沙棘 *Hippophae rhamnoides* L. ssp. *yunnanensis* Rousi.

贡山、德钦、中甸、维西、丽江。湿生灌木或乔木，生于海拔 1840～3800m 的河滩、河谷沙地、溪边灌丛。

198. 无患子科 Sapindaceae

（608）棱果树 *Pavieasia anamensis* Pierre

河口、金平、屏边、马关、麻栗坡。湿生灌木，生于海拔 100～900m 的山谷溪边密林中潮湿处。

201. 清风藤科 Sabiaceae

（609）小花清风藤 *Sabia parviflora* Wall. ex Roxb.

贡山、福贡、泸水、保山、思茅、勐海、孟连、文山、屏边、绿春、中甸、河口、凤庆、瑞丽、漾濞、师宗、维西、丽江、大理、洱源、嵩明、禄劝、大关、彝良、澜沧。湿生常绿木质藤本，生于海拔 1550～2800m 的江边阴湿林中。

（610）云南清风藤 *Sabia yunnanensis* Franch.

贡山、中甸、维西、德钦、丽江、鹤庆、大理、漾濞、洱源、昆明、嵩明、师宗、富民、禄劝、大关、彝良。湿生灌木，生于海拔 1300～2700m 的河边灌丛、林缘、针阔混交林中。

213. 伞形科 Umbelliferae

（611）锡金丝瓣芹 *Acronema hookeri*（C. B. Clarke）Wolff

德钦、鹤庆、中甸、丽江、洱源、武定、富民等地。湿生草本，生于海拔 2100～3200m 的林下或河沟边。

（612）隆萼当归 *Angelica oncosepala* Hand. -Mazz.

贡山、福贡、腾冲、德钦、丽江、永善、红河。湿生草本，生于海拔 3500～4300m 的高山草甸。

（613）刺果峨参 *Anthriscus nemorosa*（M. Bieb.）Spreng

丽江、中甸。湿生草本，生于海拔 1620～4000m 的山坡草丛、林下或水沟边。

（614）纤细柴胡 *Bupleurum gracillimum* Klotzsch

德钦。湿生草本，生于海拔 4300m 的山坡沟边或灌丛中。

（615）细葛缕子 *Carum carvi* L. f. gracile（Lindl.）Wolff

中甸。湿生草本，生于海拔 1800～3590m 的高山草甸及山坡上。

（616）矮泽芹 *Chamaesium paradoxum* Wolff

中甸。湿生草本，生于海拔 3700～4800m 的沼泽地及红杉林中。

（617）大苞矮泽芹 *Chamaesium spatuliferum*（W. W. Smith）Norman

德钦、中甸、丽江。湿生草本，生于海拔 3540～4500m 的山坡及河边草地。

（618）毒芹 *Cicuta virosa* L.

中甸。沼生草本，生于海拔 3300m 的沼泽地中。

（619）蛇床 *Cnidium monnieri*（L.）Cuss

富宁、德钦。湿生草本，生于海拔 3200m 的河边湿地及亚高山田边、路旁草地。

（620）鸭儿芹 *Cryptotaenia japonica* Hassk.

盐津、大关、昭通、镇雄、禄劝、金平、屏边、马关、文山、西畴。湿生草本，生于海拔 650～2300m 的溪旁及河边、山坡灌丛、草丛。

（621）环根芹 *Cyclorhiza waltonii*（Wolff.）Sheh et Shan

丽江。湿生草本，生于海拔 2500～3500m 的草坡、潮湿沟边。

（622）大苞芹（马蹄芹）*Dickinsia hydrocotyloides* Franch.

绥江、大关、彝良、昭通、镇雄、贡山。湿生草本，生于海拔 1500～3500m 的水沟边或林下阴湿处。

（623）刺芫荽 *Eryngium foetidum* L.

孟连、澜沧、勐海、景洪、绿春、文山、蒙自、金平、河口。湿生草本，生于海拔 100～1540m 的沟边丘陵、山地林下、路旁等湿润处。

（624）德钦独活 *Heracleum deqenense* Shan et Z. H. Pan

德钦。湿生草本，生于海拔 4200m 的山坡沟边。

（625）中甸独活 *Heracleum forrestii* Wolff

中甸、丽江、维西等地。湿生草本，生于海拔 3300～3900m 的山坡林间草坡或沟边。

（626）山地独活 *Heracleum oreocharis* Wolff

中甸、丽江、鹤庆、巍山。湿生草本，生于海拔 2800～4000m 的山地林缘及沟旁。

（627）鹤庆独活 *Heracleum rapula* Franch.

鹤庆（模式标本产地）。湿生草本，生于海拔 2000～2200m 的山坡沟边或稻田边。

（628）永宁独活 *Heracleum yungningense* Hand. -Mazz.

德钦、中甸、丽江、宁蒗。湿生草本，生于海拔 2700～4500m 的山坡沟边草丛中。

（629）中华天胡荽 *Hydrocotyle burmanica* Kurz ssp. *chinensis*（Dunn ex Shan et S. L. Liou）Pu

漾濞、巍山、景东、楚雄、禄劝、孟连、蒙自。湿生草本，生于海拔 1000～2900m 的河沟边及湿润路旁草地。

（630）阿萨姆天胡荽 *Hydrocotyle hookeri*（C. B. Clarke）Craib

耿马。湿生草本，生于海拔 2300m 的河边湿地草丛中。

（631）红马蹄草 *Hydrocotyle nepalensis* Hook.

潞西、镇康、耿马、沧源、景东、嵩明、勐海、景洪、勐腊、绿春、金平、西畴、麻栗坡、屏边、河口、广南、富宁、中甸。湿生草本，生于海拔 350～2080m 的沟边草丛中或阴湿地。

（632）密伞天胡荽 *Hydrocotyle pseudo-conferta* Masamune

景洪、勐海、勐腊。湿生草本，生于海拔 850～1080m 的溪边及河沟边、湿润路旁、荒山、山坡林下。

（633）天胡荽 *Hydrocotyle sibthorpioides* Lam. var. *sibthorpioides*

丽江、鹤庆、景东、昆明、晋宁、绿春、勐海、景洪、富宁。湿生草本，生于海拔 475～3000m 的沟边林下及湿润草地。

（634）肾叶天胡荽 *Hydrocotyle wilfordi* Maxim.

维西、临沧、昭通。湿生草本，生于海拔 350～2300m 的山谷、沟边或溪边。

（635）川滇藁本 *Ligusticum sikiangense* Hiroe

中甸。湿生草本，生于海拔 3400～4500m 的沟边、灌丛或草地。

（636）草甸藁本 *Ligustium kingdon-wardii* Wolff.

德钦、中甸、巧家。湿生草本，生于海拔 3500～3900m 的高山草甸或山谷坡地上。

（637）抽葶藁本 *Ligustium scapiforme* Wolff in Fedde

德钦、中甸、丽江。多年生草本，生于海拔 2700～4000m 的高山灌丛、草甸。

（638）藁本 *Ligustium sinense* Oliv.

泸水、福贡、贡山、维西、中甸、德钦、鲁甸。湿生草本，生于海拔 1000～2700m 的林下或沟边草丛中。

（639）澜沧羌活 *Notopterygium forrestii* Wolff.

云南的西北部。湿生草本，生于海拔 2000～3000m 的山坡林缘和河滩草地。

（640）短辐水芹 *Oenanthe benghalensis*（Roxb.）Benth et Hook. f.

大理（下关）、禄劝、昆明、凤庆、西畴、富宁、绿春、马关、屏边、金平、孟连、西双版纳。湿生草本，生于海拔 500～2000m 的溪谷旁或水沟边。

（641）西南水芹 *Oenanthe dielsii* de Boiss

丽江、彝良、镇雄。湿生草本，生于海拔 2000m 的山谷溪旁草丛中。

（642）高山水芹 *Oenanthe hookeri* C. B. Clarke

腾冲、中甸、丽江（玉龙雪山）、维西。沼生草本，生于海拔 1000～2000m 的水沟边或沼泽地里。

（643）水芹 *Oenanthe javanica*（Bl.）DC.

昭通、大关、鹤庆、洱源、大理、维西、福贡、贡山、昆明、富民、西双版纳、西畴、文山、麻栗坡。沼生草本，生于海拔 880～1000（～2800～3600）m 的沼泽、潮湿低洼处及河沟边。

（644）线叶水芹 *Oenanthe linearis* Wall. ex Dc

维西、丽江、鹤庆、洱源、大理、宾川、洱源、腾冲、景东、瑞丽江河谷、澜沧江河谷等。沼生草本，生于海拔 1300～3250m 的溪边或山坡林下。

（645）蒙自水芹 *Oenanthe rivularis* Dunn

泸水、双江、蒙自、澜沧、勐海、大理、景东。沼生草本，生于海拔 1000～2000m 的林下河沟边或潮湿处。

（646）卵叶水芹 *Oenanthe rosthornii* Diels

昭通、宾川、昆明。沼生草本，生于海拔 1400～2300m 的林下潮湿处或水沟旁草丛中。

（647）细裂水芹（多裂叶水芹）*Oenanthe thomsonii* C. B. Clarke

贡山、鹤庆、镇康、孟连。湿生草本，生于海拔 1500 ~ 3500m 的溪谷边和山坡草地上。

（648）疏叶香根芹 *Osmorhiza aristata*（Thunb.）Rydb.

德钦、中甸、贡山、维西、丽江、洱源、大理、景东。湿生草本，生于海拔 2200 ~ 3300m 的山坡杂木林下、山沟及河边草地。

（649）楔叶滇芎 *Physospermopsis cuneata* Wolff

丽江。沼生草本，生于海拔 3048 ~ 4000m 的水边。

（650）滇芎 *Physospermopsis delavayi*（Franch.）Wolff

中甸、丽江、宾川、洱源、楚雄、双柏、富民、宜良、昆明、建水。湿生草本，生于海拔 2800 ~ 3000m 的山坡松林或河沟边。

（651）中甸茴芹 *Pimpinella chungdianensis* C. Y. Wu ex Shan et Pu

中甸（哈巴雪山）模式标本产地。湿生草本，生于海拔 2450 ~ 3500m 的林下、沟边草丛或石缝中。

（652）革叶茴芹 *Pimpinella coriacea*（Franh.）de Boiss

鹤庆、洱源、丽江、维西、福贡、景东、双江。湿生草本，生于海拔 1500 ~ 3500m 的沟边或山坡草丛、林下。

（653）异叶茴芹 *Pimpinella diversifolia*（Wall. ex）DC.

贡山、福贡、中甸、丽江、鹤庆、宾川、巍山、临沧、永善、彝良。湿生草本，生于海拔 1000 ~ 2700m 的沟边、林中或阴湿草坡上。

（654）丽江茴芹 *Pimpinella rockii* Wolff

中甸、维西、丽江、鹤庆。湿生草本，生于海拔 2300 ~ 4500m 的高山草甸、高山松、栎类林缘或岩壁缝隙中。

（655）直立茴芹 *Pimpinella smithii* Wolff

德钦、维西和楚雄。湿生草本，生于海拔 1700 ~ 3600m 的沟边及草坡。

（656）锥序茴芹 *Pimpinella thyrsiflora* Wolff

文山、蒙自。湿生草本，生于海拔 2000 ~ 3200m 的沟边林中。

（657）巍山茴芹 *Pimpinella weishanensis* Shan et Pu

贡山、福贡、德钦、维西、福贡、腾冲、镇康、大理、巍山、凤庆。湿生草本，生于海拔 1800 ~ 4000m 的高山草甸、沟边、林缘或灌丛中。

（658）云南茴芹 *Pimpinella yunnanensis*（Franch.）Wolff

德钦、中甸、维西、丽江、洱源、福贡、巍山、大理、勐海、禄丰。湿生草本，生于海拔 1300 ~ 3100m 的沟边、高山草坡灌丛或山谷林下。

（659）香棱子芹 *Pleurospermum aromaticum* W. W. Smith

德钦、丽江。湿生草本，生于海拔 3800 ~ 4100m 的沟边石缝中或高山灌丛中。

（660）翼叶棱子芹 *Pleurospermum decurrens* Franch.

贡山、中甸、丽江、鹤庆、剑川。湿生草本，生于海拔 3000 ~ 4000m 的高山草甸、高山针叶林下、林缘草地。

（661）二色棱子芹 *Pleurospermum govanianum*（Wall. ex DC.）Benth var. *bicolor* Wolff

德钦、中甸、丽江、鹤庆、东川。湿生草本，生于海拔 4000 ~ 4200m 的高山草甸杜鹃灌丛内。

（662）细齿棱子芹 *Pleurospermum likiangense* Wolff

丽江。湿生草本，生于海拔 2900 ~ 4000m 的沟边阴湿处或山坡草地。

（663）粗茎棱子芹 *Pleurospermum linearilobum* W. W. Smith

贡山、中甸地区。湿生草本，生于海拔 3600m 的高山草甸。

（664）心叶棱子芹 *Pleurospermum rivulorum*（Diels）K. T. Fu et C. Y. Ho

中甸、丽江、鹤庆、镇康。湿生草本，生于海拔 2800 ~ 4000m 的沟边草丛中。

（665）云南棱子芹 *Pleurospermum yunnanense* Franch.

贡山、德钦、中甸、维西、大理。湿生草本，生于海拔 3500 ~ 4300m 的沟边或杜鹃林下、碎石山坡。

（666）丛枝囊瓣芹 *Pternoppetalum caespitosum* Shan

德钦。湿生草本，生于海拔 3200m 的沟边杜鹃林下。

（667）澜沧囊瓣芹 *Pternoppetalum delavayi*

(Franch.) Hand. -Mazz.

贡山、福贡、德钦、中甸、维西、丽江、鹤庆、洱源。湿生草本，生于海拔2400~3600m的高山灌丛草甸、山涧草丛中。

(668) 囊瓣芹 *Pternoppetalum davidii* Franch.

绥江、凤庆、屏边。湿生草本，生于海拔1500~2900m的林下沟边。

(669) 膜蕨囊瓣芹 *Pternoppetalum trichomanifolium* (Franch.) Hand. -Mazz.

腾冲（瑞、怒分水岭）、绥江、大关和彝良。湿生草本，生于海拔1500~2400m的山坡林下或沟边石缝中。

(670) 彝良囊瓣芹 *Pternoppetalum yiliangense* Shan et Pu

彝良（模式标本产地）。湿生草本，生于海拔2000m的小河边。

(671) 鳞果变豆菜 *Sanicula hacquetioides* Franch.

德钦、中甸、维西、丽江、澜沧。湿生草本，生于海拔2650~4000m的高山草甸阴处或沟边湿地。

(672) 直刺变豆菜 *Sanicula orthacantha* S. Moore

永善、彝良、文山。湿生草本，生于海拔2400~3200m的溪边、沟谷、山涧林下。

(673) 锯叶变豆菜 *Sanicula serrata* Wolff

维西、大理。湿生草本，生于海拔1360~3160m的沟边或杂木林下。

(674) 贡山小芹 *Sinocarum caespitosum* Wolff

贡山。湿生草本，生于海拔3000m的溪边草甸中。

(675) 紫茎小芹 *Sinocarum coloratum* (Diels) Wolff

德钦、中甸、丽江、福贡、宾川、大理。湿生草本，生于海拔2800~4700m的高山草甸或林下。

(676) 尖瓣小芹 *Sinocarum cruciatum* (Franch.) Wolff

鹤庆、腾冲附近。湿生草本，生于海拔2700~3800m的水边草地、山顶及沟谷。

(677) 少辐小芹 *Sinocarum pauciradiatum* Shan et Pu

贡山至独龙江。云南新记录。湿生草本，生于海拔3200~4500m的高山草甸或阴湿岩上。

(678) 裂苞舟瓣芹 *Sinolimprichtia alpina* Wolff var. *dissecta* Shan et S. L. Liou

贡山、中甸、德钦、丽江。湿生草本，生于海拔3600m的高山灌丛草甸、流石滩或岩石缝隙中。

(679) 细叶东俄芹 *Tongoloa tenuifolia* Wolff

德钦、维西、丽江。湿生草本，生于海拔3500~4300m的沼泽地、山坡。

(680) 云南瘤果芹 *Trachydium kindon-wardii* Wolff

德钦、维西、中甸和贡山等地。湿生草本，生于海拔2700~4600m的高山草甸或林下。

(681) 单叶瘤果芹 *Trachydium simplicifolium* W. W. Smith

中甸、丽江地区。湿生草本，生于海拔2700~4000m的高山草甸或砾石坡上。

(682) 西藏疣果芹 *Trachydium tibetanicum* Wolff

贡山、福贡。湿生草本，生于海拔3000~3500m的高山草甸中及岩石上。

(683) 三叶瘤果芹 *Trachydium trifoliatum* Wolff

滇西南地区。湿生草本，生于海拔3900m的高山草甸。

(684) 西藏凹乳芹 *Vicati thibetica* de Boiss

德钦、中甸、丽江、鹤庆、巍山以及思茅等地。湿生草本，生于海拔2700~4000m的沟边或山坡草地。

215. 杜鹃科 Ericaceae

(685) 红粉白珠 *Gaultheria hookeri* C. B. Clarke

彝良、德钦、贡山、维西。湿生灌木，生于海拔1600~3800m的沟边或岩坡上。

(686) 云雾杜鹃 *Rhododendron chamaethomsonii* (Tagg et Forrest) Cowan var. *chamaethomsonii*

德钦。沼生矮小灌木，生于海拔4200~4500m的高山沼泽地或石坡。

(687) 毛背云雾杜鹃 *Rhododendron chamaethomsonii* (Tagg et Forrest) Cowan var. *chamaedoron* (Balf. f. et Forrest) Chambe.

德钦、贡山。沼生矮小灌木，生于海拔3300~4350m的高山沼泽地或杜鹃矮灌丛。

(688) 橙黄杜鹃 *Rhododendron citriniflorum* Balf. f. et Forrest var. *citriniflorum*

福贡、贡山、德钦。沼生矮小灌木，生于海

拔 3900～4500m 的高山沼泽地或矮灌丛中。

（689）美艳杜鹃 *Rhododendron citriniflorum* Balf. f. et Forrest var. *horaeum*（Balf. f. et Forrest）Chambe.

福贡、维西、贡山、德钦。沼生矮小灌木，生于海拔 3600～4500m 的沼泽草地或杜鹃灌丛。

（690）腺梗两色杜鹃 *Rhododendron dichroanthum* Diels var. *septentrionale*（Cowan）T. L. Ming

福贡、贡山。沼生灌木，生于海拔 3000～4200m 的高山沼泽地或杜鹃灌丛中。

（691）紫背杜鹃 *Rhododendron forrestii* Balf. F. et Diels

贡山、德钦、峨山。湿生匍匐状矮小灌木，生于海拔 3300～4100m 的流石滩或高山灌丛草地、岩坡。

（692）大牙杜鹃 *Rhododendron gemmiferum* Philipson & Philipson

德钦、维西、剑川。湿生灌木，生于海拔 3350～4260m 的多石高山草甸。

（693）隐蕊杜鹃 *Rhododendron intricatum* Franch

丽江、永胜。湿生灌木，生于海拔 2500～4500m 的高山草甸或杜鹃灌丛。

（694）独龙江杜鹃 *Rhododendron keleticum* Balf. f. er Forrest

贡山、福贡。湿生匍匐灌木，生于海拔 3000～3880m 的高山草甸、山坡草丛、岩石坡或高山竹丛边。

（695）多枝杜鹃 *Rhododendron polycladum* Franch

丽江、鹤庆。湿生灌木，生于海拔 3000～4300m 的草地、松栎林、稀见于潮湿的沼泽地。

（696）樱草杜鹃 *Rhododendron primulaeflorum* Bur. et Franch.

贡山、中甸、德钦、维西、丽江。湿生灌木，生于海拔 2900～4100m 的高山草甸、山坡灌丛、岩坡上。

（697）平卧怒江杜鹃 *Rhododendron saluenense* Franch. var. *prostratum*（W. W. Smith）R. C. Fang

贡山、德钦、中甸、维西、丽江。湿生灌木，生于海拔 3300～4800m 的高山草甸灌丛、岩坡杜鹃灌丛。

（698）滇藏杜鹃 *Rhododendron temenium* Balf. f. et Forrest

德钦、贡山。沼生灌木，生于海拔 3000～4350m 的沼泽和高山草地。

221. 山榄科 Sapotaceae

（699）滇假水石梓 *Planchonella yunnanensis* C. Y. Wu ex Wu et Li

西畴、砚山、富宁、广南。湿生乔木，生于海拔 1000～1550m 的密林中或池畔。

223. 紫金牛科 Myrsinaceae

（700）柳叶紫金牛 *Ardisia hypargyrea* C. Y. Wu et C. Chen

蒙自、西畴、广南等地。湿生灌木，生于海拔约 1200m 的水边或林下。

（701）南紫金牛 *Ardisia neriifolia* Wall.

景东、风庆、勐海等地。湿生灌木，生于海拔 1250～1800m 的溪边密林中，山谷、阴湿处。

（702）星毛紫金牛 *Ardisia stellata* Walker

元江、金平等地。湿生灌木，生于海拔约 475m，水边阴处或林下。

（703）束花紫金牛 *Ardisis botryosa* Walker

屏边、马关、麻栗坡、西畴、河口等地。湿生灌木，生于海拔 1000～ 1900m 的沟边或密林下，湿润处。

（704）腺脉杜茎山 *Maesa membranacea* A. DC.

勐腊、元江、金平、麻栗坡等地。湿生灌木，生于海拔 340～720（1500）m 的沟边湿润的地方或密林下、坡底。

（705）毛杜茎山 *Maesa permollis* Kurz

普洱、思茅、西双版纳、澜沧、西盟、孟定、怒江河谷等地。湿生灌木，生于海拔 450～1600m 的水旁或沟边、山坡、沟谷杂木林下，阴湿处。

231. 萝摩科 Asclepiadaceae

（706）柳叶白前 *Cynanchum stauntonii*（Decne.）Schltr. ex Lévl

云南省东南部。湿生半灌木，生于山谷湿地、水旁灌木丛中。

（707）铰剪藤 *Holostemma annulare*（Roxb.）K. Schum.

蒙自等地。湿生灌木，生于溪边灌木丛中。

232. 茜草科 Rubiaceae

（708）阔叶丰花草 *Borreria latifolia*（Aubl.）K. Schum

福贡、泸水、景东、勐腊、沧源、施甸、盈江、潞西、畹町。湿生草本，生于海拔 650～

1260m 的河滩、林下、荒草地、田边。

(709) 岩上珠 *Clarkella nana* (Endgew.) Hook. f.

漾濞、文山、思茅、孟连、景洪、镇康、龙陵。湿生草本，生于海拔 1500 ~ 2300m 的水边密林下或潮湿岩石上。

(710) 小叶葎 *Galium aeperifolium* Wall. ex Roxb var. *sikkimense* (Gand.) Cuf.

云南全省。湿生草本，生于海拔 1100 ~ 3600m 的河滩、山坡、沟边、旷野、林下。

(711) 沼生拉拉藤 *Galium palustre* Linn.

镇雄、大理、富民。沼生草本，生于海拔 2000m 的沼泽地。

(712) 小叶猪殃殃 *Galium trifidum* Linn. var. *trifidum*

彝良、丽江、维西、大理、漾濞、昆明、易门、广南、江东、凤庆、腾冲、盈江。湿生草本，生于海拔 1900 ~ 2500m 的水沟边、湿润草地、田野。

(713) 小猪殃殃 *Galium trifidum* Linn. var. *modestum* (Diels) Cuf

东川、昆明、勐海、瑞丽。湿生草本，生于海拔 1400 ~ 2500m 的湖边、水沟边、山谷岩石边、潮湿草地。

(714) 伞房花尔草 *Hedyotis corymbosa* (Linn.) Lam.

巧家、昆明、丘北、砚山、蒙自、河口、石屏、景东、孟连、勐腊、景洪、勐海、凤庆、保山。湿生草本，生于海拔 850 ~ 2000m 的溪边、旷野、田间。

(715) 白花蛇舌草 *Hedyotis diffusa* Willd

福贡、昆明、峨山、屏边、金平、景东、澜沧、勐腊、景洪、勐海、凤庆、保山。湿生草本，生于海拔 950 ~ 1550m 的溪边、草坡或旷野潮湿处。

(716) 丹草 *Hedyotis herbacea* Linn.

福贡、梁河。湿生草本，生于海拔 1200m 的沟边、路旁。

(717) 纤花耳草 *Hedyotis tenelliflora* Bl.

盐津、福贡、元江、文山、马关、西畴、屏边、元阳、绿春、景东、思茅、澜沧、孟连、勐腊、景洪、勐海、临沧、保山、瑞丽。湿生草本，生于海拔 980 ~ 2200m 的溪边、草坡、路旁。

(718) 长节耳草 *Hedyotis uncinella* Hook. et Arn

寻甸、嵩明、安宁、昆明、大姚、楚雄、禄劝、砚山、文山、屏边、景东、景谷、思茅、澜沧、景洪、勐海、凤庆、镇康、保山。湿生草本，生于海拔 840 ~ 3000m 的溪边、山地林中、草坡。

(719) 粗叶耳草 *Hedyotis verticillata* (Linn.) Lam.

盐津、富宁、河口、金平、绿春、勐腊、景洪、勐海、沧源。湿生草本，生于海拔 600 ~ 1540m 的河边、草丛、林下。

(720) 紫花新耳草 *Neanotis calycina* (Wall. ex Hook. f.) W. H. Lewis

漾濞、巍山、大姚、楚雄、峨山、文山、蒙自、屏边、景东、景洪、云县、临沧、镇康。湿生草本，生于海拔 1100 ~ 1900m 的溪沟旁、林缘、草坡。

(721) 短齿蛇根草 *Ophiorrhiza brevidentata* Lo

思茅、景东、腾冲、瑞丽。湿生草本，生于海拔 1600m 的林下溪边。

(722) 灰叶蛇根草 *Ophiorrhiza cana* Lo

金平、沧源、耿马。湿生草本，生于海拔 700 ~ 900m 的山谷溪边林下潮湿处。

(723) 广州蛇根草 *Ophiorrhiza cantoniensis* Hance

昭通、会泽、澄江、维西、福贡、泸水、剑川、富民、峨山、文山、砚山、麻栗坡、西畴、富宁、屏边、金平、元阳、建水、绿春、景东、勐腊、勐海、腾冲。湿生草本，生于海拔 1300 ~ 2700m 的山谷密林下和溪沟边。

(724) 秦氏蛇根草 *Ophiorrhiza chingii* Lo

师宗、剑川、漾濞、景东。湿生草本，生于海拔 1500 ~ 2200m 的山谷溪边林中潮湿处。

(725) 独龙蛇根草 *Ophiorrhiza dulongensis* Lo

贡山、泸水、临沧。湿生草本，生于海拔 2300 ~ 3200m 的溪边及常绿阔叶林下，喜潮湿环境。

(726) 剑齿蛇根草 *Ophiorrhiza ensiformis* Lo

保山、龙陵（模式标本产地）。湿生草本，生于海拔 2000m 的溪边。

(727) 大花蛇根草 *Ophiorrhiza macrantha* Lo

马关、屏边、河口、勐腊。湿生草本，生于海拔 1300 ~ 1800m 的溪沟旁、山谷密林下。

(728) 屏边蛇根草 *Ophiorrhiza pingbienensis* Lo

屏边（模式标本产地）。湿生草本，生于海

拔 1400～1820m 的溪边。

（729）美丽蛇根草 *Ophiorrhiza rosea* Hook. f.

贡山、福贡、马关、蒙自、屏边、河口。湿生草本，生于海拔 1000～2100m 的溪边、山谷、密林。

（730）变红蛇根草 *Ophiorrhiza subrubescens* Drake

麻栗坡、西畴、河口、绿春、景东、思茅、孟连、勐腊、景洪、勐海、沧源。湿生草本，生于海拔 128～2200m 的溪边、山谷、林下。

（731）高原蛇根草 *Ophiorrhiza succirubra* King ex Hook. f.

澄江、维西、贡山、福贡。湿生草本，生于海拔 1780～2300m 的溪边、山谷、林下。

（732）文山蛇根草 *Ophiorrhiza wenshanensis* Lo

文山老君山（模式标本产地）。湿生草本，生于海拔 1900～2100m 的山谷林下溪边。

（733）螺序草 *Spiradiclis caespitosa* Bl f. *caespitosa*

澄江、西畴、屏边、思茅、孟连、勐腊、景洪。湿生草本，生于海拔 420～1800m 的溪边、山谷、林下。

（734）柳叶螺序草 *Spiradiclis caespitosa* Bl. f. *subimmersa* Lo

勐腊、景洪、勐海、双江。湿生草本，生于海拔 700～850m 的河边石上、沟谷林下。

（735）小果螺序草 *Spiradiclis microcarpa* Lo

景洪。湿生草本，生于海拔 890m 的山谷沟边潮湿地。

233. 忍冬科 Caprifoliaceae

（736）血满草 *Sambucus adnata* Wall.

云南的滇西、西北、中部至东北部。湿生草本，生于海拔 1600～4000m 的沟边或山坡草丛中。

（737）接骨草 *Sambucus chinensis* Lindl.

云南全省各地。湿生草本，生于海拔 550～2600m 的沟边、林下或山坡草丛。

235. 败酱科 Valerianaceae

（738）秀苞败酱 *Patrinia speciosa* Hand. -Mazz.

贡山、德钦、中甸及怒江流域。湿生草本，生于海拔 3500m 的江边沙地灌丛及高山草地。

（739）少蕊败酱 *Prtrinia monandra* C. B. Clarke

镇雄、彝良、盐津、昭通、贡山、维西、德钦、福贡、兰坪、西畴、砚山、屏边、盈江。湿生草本，生于海拔 500～2400m 的水沟边、山坡灌丛。

（740）柔垂缬草 *Valeriana flaccidissama* Maxim.

昆明、大理、中甸、维西、镇雄、镇康及西双版纳。湿生草本，生于海拔 800～3600m 的水沟边、阴湿路边。

（741）岩参 *Valeriana hardwickii* Wall. in Roxb

贡山、腾冲、大理、景东、中甸、丽江、碧江、镇康、凤庆、昆明、禄劝、巧家、会泽、通海。湿生草本，生于海拔 1000～3500m 的溪边、沟旁、林缘等处。

（742）缬草 *Valeriana officinalis* L.

昆明。湿生草本，生于海拔 1900～4000m 的水沟边、山坡草地。

（743）窄裂缬草 *Valeriana stenoptera* Diels

丽江、维西、大姚、德钦。湿生草本，生于海拔 2600～3000m 的水沟边、山坡草丛。

236. 川续断科 Dipsacaceae

（744）丽江续断 *Dipsacus lijiangensis* T. M. Ai et H. B. Chen

丽江、镇康。湿生草本，生于海拔 2900～3500m 的河边、草坡。

238. 菊科 Compositae

（745）刺苞果 *Acanthospermum australis*（L.）Ktze

泸水、潞西、景东、勐海、漾濞、普洱、元江。湿生草本，生于海拔 350～1900m 的河滩灌丛。

（746）下田菊 *Adenostemma lavenia*（L.）Kuntze

贡山、福贡、泸水、腾冲、保山、中甸、大理、鹤庆及滇东南、滇西南、滇中、滇东北。湿生草本，生于海拔 460～2000m 的水边、路旁、柳林沼泽地、林下及山坡灌丛中。

（747）阔叶下田菊 *Adenostemma lavenia*（L.）Kuntze var. *latifolium*（D. Don）Hand. -Mazz.

泸水、腾冲、大理。湿生草本，生于海拔 500～2300m 的河边、水旁林下、林缘、阴湿地以及灌丛中。

（748）紫茎泽兰（破坏草）*Ageratina adenophora*（Spreng.）R. M. King et H. Robinson

腾冲、福贡、保山、泸水、武定。湿生草本，生于海拔 1200～2500m 的浅水中、湖中、溪边、湿地上。外来杂草，在云南各地、各种生境下大量繁殖。

（749）卵叶三脉紫菀 *Aster ageratoides* Turcz var. *oophyllus Ling*

贡山、中甸、丽江及滇中、滇东北。湿生草本，生于海拔3000m的溪边。

（750）察瓦龙紫菀 *Aster tsarungensis*（Giers.）Ling.

贡山、德钦、中甸。湿生草本，生于海拔2600～4800m的高山及亚高山草甸及山谷。

（751）飞廉 *Carduus crispus* L.

贡山、中甸、德钦、丽江、大理及滇中。湿生草本，生于海拔1400～3600m的水沟边、火烧地、路边、田边。

（752）小花天名精 *Carpesium minus* Hemsl.

贡山、大关。湿生草本，生于海拔1300～1420m的水沟边或沙滩地。

（753）贡山蓟 *Cirsium eriophoroides*（Hook. f.）Petrak

贡山、福贡、德钦、维西、丽江、昆明。湿生草本，生于海拔2900～4200m的水边、冷杉林缘及山坡流石滩。

（754）刺苞蓟 *Cirsium henryi*（Fr.）Diels

泸水、中甸、宜良、会泽、昭通。湿生草本，生于海拔2150m的河滩林缘。

（755）白花白酒草 *Conyza laucantha*（D. Don）Ludlow et Raken.

贡山、思茅、建水、砚山、昆明、路南、富民。湿生草本，生于海拔1320～1800m的河滩、草坡、田边、路旁。

（756）革命菜 *Crassocephalum crepidioides*（Benth.）S. Moore

贡山、福贡、腾冲、泸水、景东、滇西南、滇中。湿生草本，生于海拔1700～1400m的溪边、路旁、山坡林缘。

（757）车前状垂头菊 *Cremanthodium ellisii*（Hook. f.）Kitamura

贡山、德钦、丽江。沼生草本，生于海拔3400～5000m的沼泽草地、高山流石滩、河滩。

（758）红头垂头菊 *Cremanthodium rhodocephaum* Diels

贡山、德钦、丽江。湿生草本，生于海拔3000～4800m的高山草甸、流石滩、林缘、山坡草地。

（759）水朝阳旋覆花 *Inula helianthus-aquatica* C. Y. Wu ex Ling

昭通大山包、昆明。湿生草本，生于海拔3200m的水沟边或低山湿地。

（760）银叶火绒草 *Leondopodium souliei* Beauv.

德钦、中甸。湿生草本，生于海拔3200～3400m的高山开阔草甸林中。

（761）黑毛橐吾 *Ligularia retusa* DC.

贡山、德钦。沼生草本，生于海拔3700～4200m的沼泽地、溪边流石滩、山坡草地。

（762）独舌橐吾 *Ligularia rockiana* Hand.-Mazz.

贡山、泸水、维西。湿生草本，生于海拔2950～3100m的溪边、林缘。

（763）三舌千里光 *Senecio triligulata* Buch.-Ham.

泸水、保山、龙陵、潞西、镇康。湿生草本，生于海拔1850m的水边、山沟、常绿林缘。

（764）弯齿千里光 *Senecio wightii*（Wight）Benth.

泸水、临沧、景东、勐海、大理、蒙自。湿生草本，生于海拔2950～3100m的沟边、林地。

（765）薄儿根 *Sinosenecio oldhamianus*（Maxim）B. Nord.

贡山、福贡、泸水、景洪、文山、蒙自、广南、麻栗坡、富宁、西畴、镇康、镇雄。湿生草本，生于海拔1640～2700m的沼泽、河边上坡林下、溪边草坡。

（766）展枝斑鸠菊 *Vernonia extensa* DC.

福贡、泸水、腾冲、龙陵、潞西、墨江、镇康、思茅、景东、西双版纳、普洱、双柏。湿生草本，生于海拔1010～1680m的溪边、沟谷、山沟岩石坡。

（767）滇缅斑鸠菊 *Vernonia porishii* Hook. f.

泸水、腾冲、勐海、屏边、河口、绿春、麻栗坡。湿生草本，生于海拔1690～2600m的河边、溪旁、灌丛山坡、林缘。

（768）褐黄鹌菜 *Youngia fusca*（Babc.）Babc. et Stebbens

贡山、保山、德钦、罗平、昆明。湿生草本，生于海拔1300～1900m的溪边。

239. 龙胆科 Gentianaceae

（769）黑边假龙胆 *Comastoma azurea*（Bunge）Holub.

德钦等地。湿生草本，生于海拔4100m的高山草地及草甸。

（770）二萼喉毛花 *Comastoma disepalum* H. W. Li ex T. N. Ho

中甸（模式标本产地）、德钦。湿生草本，生于海拔 4000 ~ 4200m 的湖边及河边、草地山坡草地。

（771）长梗喉毛花 *Comastoma pedunculatum* (Royle ex D. Don.) Holub.

德钦等地。湿生草本，生于海拔 3200 ~ 4200m 的高山草甸。

（772）纤枝喉毛花 *Comastoma stellariifolium* (Franch. ex Hemsl.) Holub

洱源、贡山等地。湿生草本，生于海拔 2800 ~ 4100m 的沼泽边、山坡草地。

（773）椭叶龙胆 *Gentiana altigena* H. Smith

贡山（模式标本产地）、中甸。湿生草本，生于海拔 3700 ~ 4200m 的高山草地及草甸。

（774）天冬龙胆 *Gentiana asparagoides* T. N. Ho

贡山（模式标本产地）。沼生草本，生于海拔 3500 ~ 3800m 的高山沼泽地。

（775）丝瓣龙胆 *Gentiana exquisita* H. Smith

贡山。沼生草本，生于海拔 3000 ~ 4000m 的高山草甸及沼泽边。

（776）长流苏龙胆 *Gentiana grata* H. Smith

贡山、景东。沼生草本，生于海拔 2900 ~ 4000m 的高山沼泽地、山坡草地。

（777）寡流苏龙胆 *Gentiana mairei* Lévl.

云南的东北部巧家一带。湿生草本，生于海拔 3400m 的高山草甸、灌丛中。

（778）叶萼龙胆 *Gentiana phyllocalyx* C. B. Clarke

大理、丽江、维西、中甸、德钦、贡山。湿生草本，生于海拔 3300 ~ 4400m 的高山草甸、草地、岩石缝中。

（779）俅江龙胆 *Gentiana qiujiangensis* T. N. Ho

贡山（模式标本产地）。沼生矮小草本，生于海拔 3900m 的高山沼泽地、高山草地。

（780）深红龙胆 *Gentiana rubicunda* Franch.

巧家、大关、威信、盐津。湿生草本，生于海拔 1800 ~ 2500m 的沟边、林下。

（781）瘦华丽龙胆 *Gentiana sino-ornata* Balf. f. var. *gloriosa* Marq.

宁蒗。湿生草本，生于海拔 3000 ~ 4200m 的高山草甸。

（782）星状龙胆 *Gentiana stellulata* H. Smith var. *stellulata*

中甸、贡山（模式标本产地）。湿生草本，生于海拔 3300 ~ 3950m 的高山草甸、山坡草地。

（783）蓝玉簪龙胆 *Gentiana veitchiorum* Hemsl.

贡山、丽江。湿生草本，生于海拔 2000 ~ 3000m 的高山草甸。

（784）矮龙胆 *Gentiana wardii* W. W. Smith var. *wardii*

德钦（模式标本产地）。湿生草本，生于海拔 3500 ~ 4000m 的高山草甸。

（785）露萼龙胆 *Gentiana wardii* W. W. Smith var. *emergens* (Marq.) T. N. Ho

贡山等地。湿生草本，生于海拔 3800 ~ 4300m 的高山草甸、流石滩。

（786）云南龙胆 *Gentiana yunnanensis* Franch.

昭通、巧家、东川、宾川、大理、洱源、丽江、中甸等地。湿生草本，生于海拔 2500 ~ 3500m 的高山草甸、山坡草地、林下。

（787）肋柱花 *Lomatogonium carinthiacum* (Wulf.) Reich.

中甸、德钦、贡山。湿生草本，生于海拔 2900 ~ 4100m 的高山草甸及草地。

（788）长叶肋柱花 *Lomatogonium longifolium* H. Smith

贡山、中甸、德钦、维西。湿生草本，生于海拔 3400 ~ 3900m 的高山草甸、灌丛。

（789）宿根肋柱花 *Lomatogonium perenne* T. N. Ho et S. W. Liu ex J. X. Yang

德钦等地。湿生草本，生于海拔 4000 ~ 4100m 的高山草甸、山坡草地。

（790）高獐牙菜 *Swertia elata* H. Smith

大理、贡山、中甸。湿生草本，生于海拔 3000 ~ 4100m 的山坡草甸、灌丛及山坡草地。

（791）矮獐牙菜 *Swertia handeliana* H. Smith

丽江、贡山（模式标本产地）。湿生草本，生于海拔 3500 ~ 4200m 的高山草甸、山坡草地。

（792）大药獐牙菜 *Swertia tibetica* Batal.

中甸、德钦、东川。湿生草本，生于海拔 3000 ~ 4200m 的高山草甸及山坡流石滩上。

（793）黄秦艽 *Veratrilla baillonii* Franch.

大理、丽江、维西、中甸、德钦、贡山、碧江。沼生草本，生于海拔 3600 ~ 4800m 的高山沼泽草甸。

239a. 睡菜科 Menyanthaceae

（794）睡菜 *Menyanthes trifoliata* L.

维西、中甸、丽江、宁蒗、昆明、昭通。沼生草本，生于海拔1900～3350m的湖滨沼泽地、草坝。

（795）金银莲花 *Nymphoides indica*（L.）O. Ktze.

西双版纳、思茅、鹤庆。浮叶草本，生于海拔500～1600m的池塘、浅水湖、积水草坝。

（796）荇菜 *Nymphoides peltatum*（Gmel.）O. Ktze.

丽江、剑川、洱源、大理、昆明、江川、通海。浮叶草本，生于海拔1600～2300m的湖滨，池塘水深2m以内的浅水区。

240. 报春花科 Primulaceae

（797）裂叶点地梅 *Androsace dissaeta* Franch.

维西、中甸、丽江、宁蒗、洱源、鹤庆。湿生草本，生于海拔2800～4000m的高山草甸、阴湿处石上。

（798）圆叶点地梅 *Androsace graceae* Forr.

贡山、德钦、中甸。湿生草本，生于海拔3800～4600m的流石滩石缝中或岩壁、岩坡。

（799）柔软点地梅 *Androsace mollis* Hand.-Mazz.

大理、漾濞、福贡、贡山、德钦。湿生草本，生于海拔3200～4300m的高山草地、草甸、山坡岩石边或冷杉林下。

（800）垫状点地梅 *Androsace tapete* Maxim.

云南的西北部（中甸）。湿生草本，生于海拔4100m的高山流石滩或高山草地。

（801）虎尾草 *Lysimachia barystachys* Bunge

文山（老君山）、洱源、丽江。湿生草本，生于海拔2100～2700m的水沟边、田埂、路边草丛。

（802）双花香草 *Lysimachia biflora* C. Y. Wu

景东（模式标本产地）。湿生草本，生于海拔1400～2200m，箐沟边或混交林下。

（803）细梗香草 *Lysimachia capillipes* Hemsl. var. *capillipes*

金平。湿生草本，生于海拔750m的河谷湿地。

（804）矮桃 *Lysimachia clethroides* Duby

马关、屏边、蒙自、文山、砚山、丘北、镇雄、奕良、元阳、元江、峨山、安宁、昆明、嵩明、寻甸、武定、禄劝、大理。湿生草本，生于海拔1300～2300（2700）m的水沟边、混交林、杂木林或灌丛。

（805）临时救 *Lysimachia congestiflora* Hemsl.

富宁、西畴、麻栗坡、马关、屏边、金平、元阳、绿春、建水、江川、峨山、安宁、昆明、嵩明、景东、勐腊、勐海、澜沧、凤庆、大理、福贡、贡山。湿生草本，生于海拔700～3200m的溪沟边、林内，通常见于湿处。

（806）五岭管茎过路黄 *Lysimachia fistulosa* Hand.-Mazz. var. *wulingensis* Chen et C. M. Hu

永善。湿生草本，生于海拔1600m的箐沟边。

（807）富宁排草 *Lysimachia fooningensis* C. Y. Wu

富宁、绿春。湿生草本，生于海拔530～700m的林缘溪边或陡岩上。

（808）叶苞过路黄 *Lysimachia hemsleyi* Franch.

禄劝、大理、鹤庆、永胜。湿生草本，生于海拔2200m的水沟边、路边或山坡湿处。

（809）宜昌过路黄 *Lysimachia henryi* Hemsl.

镇雄、大关。湿生草本，生于海拔1600m的溪沟边密林下。

（810）小果排草 *Lysimachia microcarpa* Hand.-Mazz. var. *microcarpa*

腾冲（模式标本产地）、泸水、福贡、凤庆、景东。湿生草本，生于海拔1300～2100m的箐沟边或常绿阔叶林下、灌木林下。

（811）狭叶落地梅 *Lysimachia paridiformis* Franch. var. *stenophylla* Franch.

昭通、彝良、永善、绥江、威信、镇雄。湿生草本，生于海拔1300～1800m的沟边林下或灌丛，通常生于湿润处。

（812）叶头过路黄 *Lysimachia phyllocephala* Hand.-Mazz.

富宁、西畴、文山、昆明、嵩明、镇雄、奕良、大关、永善、威信。湿生草本，生于海拔1500～2400m的箐沟边、林下、路边草丛，见于阴湿处。

（813）金平香草 *Lysimachia physaloides* C. Y. Wu et C. Chen ex C. M. Hu

金平（模式标本产地）。湿生草本，生于密林下水边潮湿地。

（814）点叶落地梅 *Lysimachia punctatilimba* C. Y. Wu

屏边（模式标本产地）、金平。湿生草本，生于海拔 1700～1900m 的溪边或密林下，通常生湿处。

（815）粗壮珍珠菜 *Lysimachia robusta* Hand. -Mazz.

腾冲北海，沼生草本，生于海拔 1731m 的湖泊中。

（816）腾冲过路黄 *Lysimachia tenyuehensis* Hand. -Mazz.

砚山、西畴、金平、勐海、腾冲、昆明、江川、禄劝、大理。湿生草本，生于海拔 350～1000（2100）m 的溪边湿地或林下。

（817）多色雪山报春 *Primula agleniana* Balf. f. et Forr.

贡山。湿生草本，生于海拔 2300～3900m 的高山沼泽、沟边、林下、竹丛边。

（818）黄花鄂报春 *Primula ambita* Balf. f.

大姚。湿生草本，生于海拔 2000～2500m 的溪边潮湿地。

（819）短叶紫晶报春 *Primula amethystina* Franch. var. *brevifolia*（Forr.）W. W. Smith et Forr.

剑川、丽江、中甸、维西、德钦、贡山。多年生草本，生于海拔 3400～4250m 的高山湿草地、草甸、灌丛低或冰迹湖边流石滩。

（820）茴香灯台报春 *Primula anisodora* Balf. f. et Forr.

中甸。湿生草本，生于海拔 3300m 的高山草甸。

（821）香海仙报春 *Primula anisodora* Balf. f. et Forr.

昭通、东川、寻甸、昆明、富民、永仁、大姚、中甸、兰坪、思茅。湿生草本，生于海拔 2000～3400m 的溪边湿地或开旷林地。

（822）橙红灯台报春 *Primula aurantiaca* W. W. Smith et Forr.

剑川、丽江。湿生草本，生于海拔 2900～3200m 的溪边、草地或松林缘。

（823）白花灯台报春 *Primula beesiana* Forr. var. *leucantha*（Balf. f. et Forr.）

丽江。湿生草本，生于海拔 3000～3150m 的水边湿润地。

（824）皱叶报春 *Primula bullata* Franch.

大理、洱源、鹤庆。湿生草本，生于海拔 3000m 的箐沟边岩石上或林缘。

（825）橘红灯台报春 *Primula bulleyana* Forr.

丽江（模式标本产地）、永胜。沼生草本，生于海拔 2900～3100m 的沼泽草地。

（826）美花报春 *Primula calliantha* Franch. ssp. *calliantha*

大理、漾濞。湿生草本，生于海拔 2500～3900m 的沟边阴湿处或高山草甸、冷杉林下。

（827）腾冲灯台报春 *Primula chrysochlora* Balf. f. et Ward

腾冲（模式标本产地）。湿生草本，生于海拔 1600～1800m 的沼泽地或河边林下。

（828）中甸灯台报春 *Primula chungensis* Balf. f. et Ward

中甸。湿生草本，生于海拔 3000～3300m 的水沟边或草地、云杉林下。

（829）穗花报春 *Primula deflexa* Duthie

禄劝、中甸、维西、德钦、贡山。沼生草本，生于海拔 3300～4200m 的沼泽、林下、草坡。

（830）小报春 *Primula forbesii* Franch.

昆明、宜良、易门、澄江、蒙自、镇康、鹤庆、洱源、丽江。湿生草本，生于海拔 1500～2800m 的水沟边、田边、湿草地或路边草坡。

（831）纤葶粉报春 *Primula glabra* Klatt ssp. *genestieriana*（Hand. -Mazz.）C. M. Hu

贡山（模式标本产地）。湿生草本，生于海拔 4100～4200m 的高山灌丛或草甸。

（832）泽地灯台报春 *Primula helodoxa* Balf. f.

腾冲。湿生草本，生于海拔 2000m 的沼泽草甸、溪边或牧草地。

（833）白背小报春 *Primula hypoleuca* Hand. -Mazz.

昆明草海（模式标本产地）、大理。湿生草本，生于海拔 1800～2000m 的湖边湿地。

（834）雅江报春 *Primula involucrata* Wall. ex Duby ssp. *yargongensis*（Petitm.）W. W. Smith et Forr.

禄劝、丽江、中甸、德钦、维西。湿生草本，生于海拔 3600～4300m 的高山草甸或湿草地。

（835）云南卵叶报春 *Primula klaveriana* Forr.

腾冲。湿生草本，生于海拔 2700～3700m 的溪边隐蔽处或灌丛。

(836) 报春花 *Primula malacoides* Franch.

文山、景洪、沧源、龙陵、腾冲、泸西、通海、昆明、景东、大理、宁蒗、维西。湿生草本，生于海拔 750 ~ 1600 (2500) m 的箐沟边或林内。本种已广为栽培，园艺品种很多。

(837) 芒齿灯台报春 *Primula melanodonta* W. W. Smith

贡山。湿生草本，生于海拔 3500 ~ 4000m 的高山湿草地或溪边。

(838) 鄂报春 *Primula obconica* Hance

昆明、嵩明、富民、禄劝、姚安、宾川、鹤庆、丽江、中甸、维西、贡山、凤庆、镇康、思茅。湿生草本，生于海拔 1700 ~ 2500 (3000) m 的箐沟边、混交林下。

(839) 海仙花 *Primula poissonii* Franch.

丽江、中甸、德钦、维西、剑川、鹤庆、洱源、漾濞、大理、宾川、永平、双柏、富民、昆明、嵩明。沼生草本，生于海拔 900 ~ 3800m 的沼泽草地、溪流边湿处。

(840) 偏花报春 *Primula secundiflora* Franch.

丽江、维西、中甸、德钦。沼生草本，生于海拔 2800 ~ 4100m 的高山沼泽草地或高山针叶林缘、草地。

(841) 德钦紫晶报春 *Primula silaensis* Petitm.

德钦、贡山。沼生草本，生于海拔 3400 ~ 4100m 的高山沼泽、草地或灌丛草地。

(842) 紫花雪山报春 *Primula sinopurpurea* Balf. f.

禄劝、大理、洱源、鹤庆、丽江、中甸、德钦、维西。湿生草本，生于海拔 3000 ~ 4500m 的高山草甸、草地、灌丛草地或冷杉林下。

(843) 波缘报春 *Primula sinuata* Franch.

盐津、景东、广南、保山。湿生草本，生于海拔 1500 ~ 2500m 的箐边石上或混交林下。

(844) 凉山灯台报春 *Primula stenodonta* Balf. F. ex W. W. Smith

大关。湿生草本，生于海拔 2500m 的水边潮湿处。

242. 车前科 Plantaginaceae

(845) 车前 *Plantago asiatica* L.

昆明、姚安、禄劝、罗平、镇雄、屏边、西畴、砚山、丽江、维西、中甸、贡山。湿生草本，生于海拔 900 ~ 2800m 的沟边、山坡草地、路边或灌丛下。

(846) 尖萼前车前 *Plantago cavaleriei* Lévl.

丽江、永胜、维西、香格里拉（中甸）。湿生草本，生于海拔 2300 ~ 3240m 的河边、高山草地、沟谷湿地及灌丛下。

(847) 大车前 *Plantago major* L.

云南的中部、西北部及西南部。湿生草本，生于海拔 1000 ~ 2900m 的沟边及草坡、荒地、路边湿润处。

243. 桔梗科 Campanulaceae

(848) 澜沧风铃草 *Campanula mekongensis* Diels. ex Nannf.

西双版纳、景洪。湿生草本，生于海拔 540m 的河边、沙地和灌丛。

(849) 藏滇风铃草 *Campanula modesta* Hook. f. et Thoms.

中甸、维西、德钦。湿生草本，生于海拔 3400 ~ 4150m 的高山草甸中。

(850) 长叶轮钟草 *Campanumoea lancifolia* (Roxb.) Nerr.

思茅、勐腊、富宁、西畴、麻栗坡、屏边、临沧。湿生草本，生于海拔 400 ~ 1600m 的沟边、草坡或林中。

(851) 大萼党参 *Codonopsis macrocalyx* Diels.

丽江、中甸、德钦、碧江、贡山。湿生草本，生于海拔 1900 ~ 3000m 的沟边、草坡或林中。

(852) 球花党参 *Codonopsis subglobosa* W. W. Smith

剑川、丽江。湿生草本，生于海拔 2500 ~ 3500m 的沟边灌丛或砾石草坡。

(853) 长花篮钟花 *Cyananthus longiflorus* Franch.

大理、丽江、洱源、中甸。湿生草本，生于海拔 2700 ~ 3500 (4200) m 的高山草甸、草坡或岩石山坡。

(854) 同钟花 *Homocodon brevipes* (Hemsl.) Hong

镇雄、嵩明、昆明、大理、景东、凤庆、澜沧、马关、西畴。湿生草本，生于海拔 1000 ~ 2050m 的沟边、林下或山坡草地中。

(855) 袋果草 *Peracarpa carnosa* (Wall.) Hook. f. et Thoms.

维西、德钦、丽江、腾冲、泸水、绥江、景

东、广南、河口、镇康。湿生草本，生于海拔3000m 的水沟边湿地或林下。

243a. 五隔草科 Pentaphragmataceae

（856）中华五隔草 *Pentaphragma sinense* Hemsl. et Wils.

云南的南部及东南部（河口、屏边、西双版纳）。湿生草本，生于海拔 1150～1270m 的沟边湿处及林下。

243b. 楔瓣花科 Sphenocleaceae

（857）楔瓣花 *Sphenoclea zeylanica* Gaertn.

西双版纳。沼生草本，生于海拔 580～780m 的水田、池塘边及沼泽湿地。

244. 半边莲科 Lobeliaceae

（858）红根一枝花 *Lobelia colorata* Wall.

昆明、嵩明、师宗、洱源、盐丰、兰坪、大理、漾濞。湿生草本，生于海拔 1470～2100（2800）m 的水沟边或草坡、疏林下。

（859）三翅半边莲 *Lobelia heyneana* Roem. et Schult.

永胜、华坪、楚雄、漾濞、景东、澜沧、屏边、砚山。湿生草本，生于海拔 1000～1800m 的河边、潮湿草地、林下。

（860）紫燕草 *Lobelia hybrida* C. Y. Wu

保山、龙陵、腾冲、陇川。湿生草本，生于海拔 1000～1780（2400）m 的沼泽中或山坡灌丛。

（861）山梗菜 *Lobelia sessilifolia* Lamb.

腾冲、维西、中甸、丽江、洱源．沼生草本，生于海拔 1400～3200m 的沼泽中。

（862）肉半边莲 *Lobelia succulenta* Blume var. *succulenta*

思茅、景洪、勐腊。湿生草本，生于海拔 700～1150m 的河边草地、湿润的疏林下。

（863）红雪柳 *Lobelia taliensis* Diels

大理、丽江、永胜、保山、腾冲。湿生草本，生于海拔 1780～2600（3000）m 的水沟边、路边灌丛。

（864）铜锤玉带草 *Pratia nummularia*（Lam.）A. Br. et Aschrs.

云南全省分布。湿生草本，生于海拔 500～2300m 的溪沟边、湿草地、田边地脚草地。

248. 田基麻科 Hydrophyllaceae

（865）田基麻 *Hydrolea zeylanica*（L.）Vahl.

西双版纳。湿生草本，生于海拔 900～1060m 的水沟边或沙地疏林、河边荒地潮湿处。

249. 紫草科 Boraginaceae

（866）倒提壶 *Cynoglossum amabile* Stapf. et Drumm.

贡山、兰坪、中甸、德钦、丽江、滇中、滇东。湿生草本，生于海拔 1100～3600m 的溪边、林下、灌丛中水中。

（867）附地菜 *Trigonotis peduncularis*（Trev.）Benth. ex Baker

丽江、兰坪、漾濞、寻甸、昆明、易门、景东、砚山、广南。湿生草本，生于海拔 1200～2300m，水沟边或林下、草坡、田边。

（868）高山附地菜 *Trigonotis rockii* Johnst.

丽江。湿生草本，生于海拔 2700～2900m 的沼泽地或河边水沟边中。

（869）毛叶附地菜 *Trigonotis vestita*（Hemsl.）Johnst.

丽江、德钦、中甸。湿生草本，生于海拔 2300～3900m 的沟边林中或路边草丛中。

（870）西畴附地菜 *Trigonotis xichouensis* H. Chuang

西畴。湿生草本，生于海拔 1600m 的箐沟内潮湿处或常绿阔叶林。

250. 茄科 Solanaceae

（871）天蓬子 *Atropanthe sinensis*（Hemsl.）Pascher

彝良。湿生草本或亚灌木，生于海拔 1380～2000m 的沟边或杂木林下阴湿处。

（872）红丝线 *Lycianthes biflora*（Lour.）Bitt.

云南西部、南部及东南部。湿生灌木或亚灌木，生于海拔 150～2000m 的水边、林下、荒野荫地。

（873）根茎单花红丝线 *Lycianthes lysimachioides*（Wall.）Bitt. var. *caulorrhiza*（Dunal）Bitt

砚山、景东、镇雄。湿生草本，生于海拔 1100～2100m 的溪边或林下

（874）大齿红丝线 *Lycianthes macrodon*（Wall.）Bitt. var. *macrodon*

云南西南部。湿生灌木或亚灌木，生于海拔 800～1700m 的沟边及林缘阳处。

（875）截萼红丝线 *Lycianthes subtruncata*(Wall.) Bitt. var. *subtruncata*

漾濞、勐海、砚山。湿生灌木，生于海拔 760～1600m 的河边及密林阴湿处。

（876）疏齿截萼红丝线 *Lycianthes subtruncata*（Wall.）Bitt. var. *remotifens* Bitt.

景洪、勐腊、麻栗坡、临沧、盈江。湿生灌木，生于海拔 750～1200m 的溪边、山箐及林下阴湿处。

（877）疏果截萼红丝线 *Lycianthes subtruncata*（Wall.）Bitt. var. *paucicarpa* C. Y. Wu et S. C. Huang

龙陵。湿生灌木，生于海拔 1200～1600m 的河边或山谷密林。

（878）云南枸杞 *Lycium yunnanense* Kuang et A. M. Lu

禄劝、景东、富宁、砚山、麻栗坡。湿生灌木，生于海拔 700～2200m 的河边沙地潮湿处或丛林中。

（879）江南散血丹 *Physaliastrum heterophyllum*（Hemsl.）Migo

丽江。湿生灌木，生于海拔 1900m 的河边小路旁。

（880）挂金灯 *Physalis alkekengi* Linn. var. *francheteii*（Mas.）Makino

德钦、维西、丽江。湿生草本，生于海拔 1500～2500m 的水边、沟边、田野、山坡草地、山箐中。

（881）刺苞茄 *Solanum barbisetum* Nees

景洪、勐仑、澜沧。湿生草本，生于海拔 700～1300m 的水边、山地、山谷潮湿地及灌木丛中。

（882）喀西茄 *Solanum khasianum* C. B. Clarke

云南除东北及西北部外均有。湿生草本，生于海拔 1300～2300m 的沟边、路旁、灌木。

（883）少花龙葵 *Solanum photeinocarpum* Nakamura et Odashima

云南的南部及东南部。湿生草本，生于海拔 110～1420m 的溪边、密林阴湿处或林边荒地。

（884）珊瑚豆 *Solanum pseudo-capsicum* Linn. var. *diflorum*（Vell.）Bitt

昆明、嵩明、双柏、澄江、丽江、兰坪、漾濞、大理、维西、石屏、峨山、景东、凤庆、砚山。湿生灌木，生于海拔 1100～2800m 的水沟边、田边、路旁。

251. 旋花科 Convolvulaceae

（885）马蹄金 *Dichondra repens* Forst.

云南全省各地。湿生草本，生于海拔 1300～1980m 的沟边或山坡草地、路旁。

（886）毛果藤 *Ipomoea eriocarpa* R. Br.

丽江、鹤庆、宾川、元谋、禄劝、元江、蒙自。湿生缠绕草本，生于海拔 500～1100（1600）m 的江边沙滩上、草坡灌丛。

（887）囊毛鱼黄草 *Merremia sibirica*（L.）Hall. f. var. *vesiculosa* C. Y. Wu

丽江、宾川。湿生缠绕草本，生于海拔 2850m 的江边箐沟灌丛中。

（888）盒果藤 *Operculina turpethum*（L.）S. Manso

耿马、景洪。湿生缠绕草本，生于海拔 520m 左右的河边平坝或村庄附近。

（889）小萼飞蛾藤 *Porana mairei* Gagnep. et Courch

会泽、大姚、武定、禄劝、嵩明、蒙自。湿生攀援灌木，生于海拔 1600～2500（3500）m 的箐沟边或疏林中。

252. 玄参科 Scrophulariaceae

（890）球花毛麝香 *Adenosma indianum*（Lour.）Merr

勐腊、耿马。湿生草本，生于海拔 200～1200m 的沟边湿润处、稻田、路旁草地、开阔落叶林、空旷草地。

（891）假马齿苋 *Bacopa monnieri*（L.）Pennell

蒙自、开远、禄劝、巧家、永胜、凤庆、勐腊、勐海、元阳。沼生匍匐草本，生于海拔500～1800m 的沼泽、池塘边、沙滩湿地、稻田。

（892）虻眼 *Dopatricum juncetum*（Roxb.）Buch. -Ham. ex Benth.

昆明、大理、洱源、景东。沼生草本，生于海拔 1000～2400m 的沼泽、水沟湿地、稻田。

（893）黄花水八角 *Gratiola griffithii* Hook. f.

大理。湿生草本，生于低海拔地区湿地上。

（894）水八角 *Gratiola japonica* Miq.

昆明、文山、麻栗坡。湿生草本，生于海拔 1470～1900m 的水沟淤泥上及稻田中。

（895）鞭打绣球 *Hemiphragma heterophyllum* Wall. var. *heterophyllum*

云南全省。湿生匍匐草本，生于海拔 1800～3500（4100）m 的沼泽草地、湿润山坡。

（896）紫苏草 *Limnophila aromatica*（Lam.）

Merr.

景洪、勐腊、梁河、景东、禄劝。湿生草本，生于海拔560~1700m的沼泽地、溪旁、池塘边、竹丛及放牧草地。

（897）中华石龙尾 *Limnophila chinensis*（Osb.）Merr.

景洪、勐海、勐腊、思茅、砚山、麻栗坡、绿春、景东、澜沧、元江。湿生草本，生于海拔600~1300m的溪边、旷野、林边。

（898）抱茎石龙尾 *Limnophila conata*（Buch.-Ham. ex D. Don）Hand.-Mazz.

蒙自、砚山、景东、绿春、腾冲。沉水草本，生于海拔1000~1800m的溪边、水中。

（899）自立石龙尾 *Limnophila erecta* Benth.

景洪、西畴。湿生草本，生于海拔540~1450m的水沟边及湿润处。

（900）有梗石龙尾 *Limnophila indica*（L.）Druce

大理、昆明。沉水草本，生于海拔1800~2400m的水塘或潮湿处。

（901）大叶石龙尾 *Limnophila rugosa*（Roth.）Merr.

景洪、勐腊、绿春、梁河。湿生草本，生于海拔500~1500m的河边、池塘边、水田中。

（902）石龙尾 *Limnophila sessiliflora*（Vahl）Bl.

勐腊、景洪、勐海、沧源、景东、砚山、大理、洱源、鹤庆、昆明。沉水草本，生于海拔560~2300m的沼泽、水塘、稻田或路旁沟边。

（903）水茫草 *Limosella aquatica* L.

昆明。沼生草本，生于海拔1900~2300m的沼泽草甸、河滩及水潭中。

（904）宽叶柳穿鱼 *Linaria thibetica* Franch.

德钦、香格里拉（中甸）、丽江。湿生草本，生于海拔2500~3800m的草甸、溪边、林缘、石灰岩灌丛、草地。

（905）尖果母草 *Lindernia hyssopioides*（L.）Haines

砚山、勐海、勐腊、景洪、孟连、临沧、沧源、澜沧、江川、富民、景东、大理、腾冲、丽江、香格里拉（中甸）。湿生草本，生于海拔650~2000m的河边、田边、沼泽。

（906）低矮通泉草 *Mazus humilis* Hand.-Mazz.

昆明、永胜、丽江、宁蒗、贡山。湿生草本，生于海拔1300~2800m的沼泽中和湿润草地。

（907）多枝通泉草 *Mazus pumilus*（N. L. Burm.）Steenis var. *delavayi*（Bonati）C. Y. Wu

勐海、澜沧、镇康、大理、香格里拉（中甸）。湿生草本，生于海拔1500~3200m的沟边、湖边及草地。

（908）小果草 *Microcarpaea minima*（Kön）Merr.

西畴、景洪。沼生草本，生于海拔400~1500m的沼泽及稻田。

（909）沼生虾子草 *Mimulicalyx paludigenus* Tsoong

蒙自、砚山。沼生草本，生于海拔1100~1520m的浅水沼泽、水田和沟边。

（910）匍生沟酸浆 *Mimulus bodinieri* Vant.

广南、漾濞、宾川、香格里拉（中甸）、维西、丽江、贡山。沼生匍匐草本，生于海拔1850~3000m的林间沼泽，沟边及草地。

（911）鹰嘴马先蒿 *Pedicularis aquilina* Bonati

福贡（模式标本产地）。湿生草本，生于海拔3200m的沟边。

（912）阿墩子马先蒿 *Pedicularis atuntsiensis* Bonati

香格里拉（中甸）（模式标本产地）、德钦。湿生草本，生于海拔4200~4500m的高山草甸。

（913）金黄马先蒿 *Pedicularis aurata*（Bonati）Li

香格里拉（中甸）、德钦、贡山、维西。湿生草本，生于海拔3300~3600m的高山草甸、箭竹—冷杉林下。

（914）短盔马先蒿 *Pedicularis brachycrania* Li

香格里拉（中甸）、德钦、贡山、泸水。湿生草本，生于海拔3500~4500m的流石滩、高山草甸、林缘。

（915）四川头花马先蒿 *Pedicularis cephalantha* Franch. ex Maxim. var. *szetchuanica* Bonati

丽江、香格里拉（中甸）、德钦、宁蒗。湿生草本，生于海拔3100~3450m的高山草甸、林缘。

（916）俯垂马先蒿 *Pedicularis cernua* Bonati ssp. *cernua*

德钦、贡山、福贡。湿生草本，生于海拔3800~4000m的高山草甸。

（917）宽叶俯垂马先蒿 *Pedicularis cernua* Bonati ssp. latifolia（Li）Tsoong

贡山（模式标本产地）。湿生草本，生于海拔4200m 的高山禾草草地。

（918）小叶聚花马先蒿 *Pedicularis confertiflora* Prain ssp. *parvifolia*（Hand. -Mazz.）Tsoong

丽江、香格里拉（中甸）。湿生草本，生于海拔3850～4850m 的高山草甸。

（919）连叶马先蒿 *Pedicularis connata* Li

云南的西北部。湿生草本，生于海拔4150～4300m 的高山草甸。

（920）细波齿马先蒿 *Pedicularis crenularis* Li

大理、鹤庆。湿生草本，生于海拔2800～3000m 的高山草甸。

（921）环喙马先蒿 *Pedicularis cyclorhyncha* Li

丽江、香格里拉（中甸）。湿生草本，生于海拔3400～3500m 的草甸、山坡上。

（922）舟形马先蒿 *Pedicularis cymbalaria* Bonati

香格里拉（中甸）、德钦。湿生草本，生于海拔3400～4300m 的高山草甸、岩石坡。

（923）三角叶马先蒿 *Pedicularis deltoidea* Franch. ex Maxim.

东川、会泽、巧家、丽江、香格里拉（中甸）、贡山、福贡、大理、兰坪、鹤庆。湿生草本，生于海拔2600～3300m 的高山草甸。

（924）德钦马先蒿 *Pedicularis deqinensis* H. P. Yang

德钦（模式标本产地）。湿生草本，生于海拔3400～3900m 的溪边、栎树林间。

（925）修花马先蒿 *Pedicularis dolichantha* Bonati

东川、会泽。湿生草本，生于海拔3300～3600m 的水沟边、小溪边与草地。

（926）兜唇马先蒿 *Pedicularis forrestiana* Bonati ssp. *forrestiana*

丽江、香格里拉（中甸）。湿生草本，生于海拔3300～4000m 的高山草甸、开阔地。

（927）中国纤细马先蒿 *Pedicularis fracilis* Wall. ssp. *sinensis*（Li）Tsoong

昭通、东川、大关、镇雄、巧家、宣威、德钦、丽江、维西、泸水、贡山、福贡、兰坪、大理、鹤庆、漾濞、昆明、嵩明、玉溪、潞西、文山、峨山、蒙自、建水、临沧、凤庆、镇康、景东。湿生草本，生于海拔2200～3400m 的山谷溪边、山坡草地。

（928）细管马先蒿 *Pedicularis gracilituba* Li.

香格里拉（中甸）。湿生草本，生于海拔3600～4000m 的高山草甸或高山松林下。

（929）鹤首马先蒿 *Pedicularis gruina* Franch. ex Maxim.

丽江、维西、大理、洱源、鹤庆、宾川、凤庆。湿生草本，生于海拔2600～3000m 的沟边与高山草地、杂木林下，石灰岩地。

（930）哈巴山马先蒿 *Pedicularis habachanensis* Bonati ssp. *habachanensis*

丽江、香格里拉（中甸）。湿生草本，生于海拔4600m 的高山草甸、岩石边。

（931）矮马先蒿 *Pedicularis humilis* Bonati

保山、德钦、中甸。湿生草本，生于海拔3100～4500m 的高山草甸、杜鹃灌丛中。

（932）拉氏马先蒿 *Pedicularis labordei* Vaniot ex Bonati

东川、大姚、镇雄、丽江、漾濞、嵩明。湿生草本，生于海拔2800～3500m 的溪边、高山草地、灌木草丛。

（933）元宝草马先蒿 *Pedicularis lamioides* Hand. -Mazz.

丽江、德钦、贡山。湿生草本，生于海拔3400～4150m 的高山草甸、林缘、杜鹃灌丛中。

（934）兰坪马先蒿 *Pedicularis lanpingensis* H. P. Yang

兰坪（模式标本产地）。湿生草本，生于海拔3800m 的高山草甸。

（935）条纹马先蒿 *Pedicularis lineata* Franch. ex Maxim.

丽江、维西、鹤庆、福贡、镇康。湿生草本，生于海拔1900～4570m 的水边、山坡草地。

（936）丽江马先蒿 *Pedicularis likiamgensis* Franch. ex Maxim.

贡山、福贡、德钦、中甸、丽江、维西。湿生草本，生于海拔3000～4200m 的山坡流石滩、高山灌丛、苔藓内。

（937）山萝花马先蒿 *Pedicularis longicaulis* Franch. ex Maxim.

丽江、香格里拉（中甸）、德钦、鹤庆、洱源。湿生草本，生于海拔2700～3600m 的高山草甸、林下。

（938）管状长花马先蒿 *Pedicularis longiflora* Rudolph var. *tubiformis*（Klotzsch）Tsoong

香格里拉（中甸）、德钦、维西。湿生草本，生于海拔 3100 ~ 5300m 的沼泽地中、山坡草地。

（939）长柄马先蒿 *Pedicularis longipetiolata* Franch. ex Maxim.

丽江、香格里拉（中甸）、鹤庆、洱源。湿生草本，生于海拔 2900 ~ 3600m 的高山沼泽草甸中。

（940）长喙马先蒿 *Pedicularis macrorhyncha* Li

丽江、香格里拉（中甸）、剑川。湿生草本，生于海拔 3400 ~ 4260m 的高山草甸。

（941）大管马先蒿 *Pedicularis macrosiphon* Franch.

香格里拉（中甸）、德钦、维西、贡山。湿生草本，生于海拔 1700 ~ 3800m 的沟边及林下、山沟阴湿处。

（942）沙坝马先蒿 *Pedicularis maxonii* Bonati

丽江（模式标本产地）、永胜。湿生草本，生于海拔 3000m 的高山草甸。

（943）迈亚马先蒿 *Pedicularis mayana* Hand. - Mazz.

德钦、维西、贡山、福贡。湿生草本，生于海拔 3650 ~ 4600m 的高山草甸。

（944）翘喙马先蒿 *Pedicularis meteororhyncha* Li

丽江、鹤庆。湿生草本，生于海拔 4150m 的高山草甸。

（945）小花马先蒿 *Pedicularis micrantha* Li

贡山、德钦。湿生草本，生于海拔 3100m 的高山草甸、杜鹃灌丛中。

（946）小唇马先蒿 *Pedicularis microchila* Franch. cx Maxim.

贡山、香格里拉（中甸）、德钦。湿生草本，生于海拔 2750 ~ 4000m 的山溪边、开阔草地。

（947）玫瑰色藓状马先蒿 *Pedicularis muscoides* Li var. *rosea* Li

德钦（白马雪山，模式标本产地）。湿生草本，生于海拔 4300 ~ 4600m 的高山草甸。

（948）谬氏马先蒿 *Pedicularis mussotii* Franch. var. *mussotii*

德钦。湿生草本，生于海拔 3600 ~ 4500m 的高山草甸。

（949）欧氏马先蒿 *Pedicularis oederi* Vahl. ssp. *oederi*

德钦。湿生草本，生于海拔 4000 ~ 5400m 的高山草甸。

（950）中国欧氏马先蒿 *Pedicularis oederi* Vahl. var. *sinensis*（Maxim.）Hurus.

德钦、香格里拉（中甸）。湿生草本，生于海拔 3500 ~ 4602m 的草甸中。

（951）少舱马先蒿 *Pedicularis oligantha* Franch. ex Maxim.

洱源、鹤庆。湿生草本，生于海拔 3000m 的高山草甸。

（952）直盔马先蒿 *Pedicularis orthocoryne* Li

丽江。湿生草本，生于海拔 3870m 的高山草甸。

（953）尖果马先蒿 *Pedicularis oxycarpa* Franch. ex Maxim.

东川、会泽、永善、巧家、丽江、香格里拉（中甸）、鹤庆、贡山、兰坪、大理、洱源、昆明、彝良。湿生草本，生于海拔 2800 ~ 4360m 的溪边、路旁、高山草地。

（954）缅甸潘氏马先蒿 *Pedicularis pantlingii* Prain ssp. *chimiliensis*（Bonati）Tsoong

德钦、贡山。湿生草本，生于海拔 3500 ~ 4200m 的潮湿处与溪流旁岩石上腐殖土中。

（955）菊叶马先蒿 *Pedicularis phaceliaefolia* Franch.

昭通、大关、彝良、盐津。湿生草本，生于海拔 1400 ~ 1850m 的沟边、阴湿的灌丛。

（956）浅黄皱褶马先蒿 *Pedicularis plicata* Maxim. ssp. *luteola*（Li.）Tsoong

香格里拉（中甸）、德钦、维西。湿生草本，生于海拔 3900m 的高山草甸。

（957）悬岩马先蒿 *Pedicularis pareruptorum* Bonati

贡山、德钦、大理、丽江。湿生草本，生于海拔 3300 ~ 4200m 的高山灌丛草甸、岩壁碎石中。

（958）高超马先蒿 *Pedicularis princeps* Bur. et Franch.

云南西北部。湿生草本，生于海拔 2800 ~ 3500m 的高山草甸、林下。

（959）南方普氏马先蒿 *Pedicularis przewalskii* Maxim. ssp. *australis*（Li）Tsoong

德钦。湿生草本，生于海拔 4000 ~ 4700m 的高山草甸、杜鹃林下。

（960）假硕大花马先蒿 *Pedicularis pseudoingens* Bonati

香格里拉（中甸）、德钦。多年生草本，生于海拔 2700 ~ 4200m 的高山草甸、岩石坡、溪边。

（961）假山萝花马先蒿 *Pedicularis pseudomelampyrifora* Bonati

丽江、香格里拉（中甸）、德钦、昆明。湿生草本，生于海拔 2600 ~ 3900m 的高山草甸、灌丛中。

（962）假多色马先蒿 *Pedicularis pseudoversicolor* Hand. -Mazz.

香格里拉（中甸）（模式标本产地）、德钦、维西。湿生草本，生于海拔 4300 ~ 4500m 的高山草甸、流石滩。

（963）大王马先蒿 *Pedicularis rex* C. B. Clarke ex Maxim. srp. rex

昭通、东川、巧家、丽江、维西、香格里拉（中甸）、德钦、福贡、腾冲、大理、洱源、漾濞、宾川、昆明、大姚、峨山、景东、永德、临沧。湿生草本，生于海拔 2500 ~ 4300m 的高山草甸、稀疏针叶林、灌丛下。

（964）大鼻拟鼻花马先蒿 *Pedicularis rhinanthoides* Schrenk ex Fisch. et Meyer ssp. *labellata* (Jacq.) Tsoong

丽江、德钦、贡山、洱源。湿生草本，生于海拔 3000 ~ 4500m 的沟边、高山草甸或高山矮杜鹃灌丛中。

（965）西藏拟鼻花马先蒿 *Pedicularis rhinanthoides* Schrenk ex Fisch. et Meyer ssp. *tibetica* (Bonati) Tsoong

贡山、德钦、中甸、维西。湿生草本，生于海拔 3000 ~ 42000m 的高山草甸、山溪边草地、岩石坡、湿润草地。

（966）罗氏马先蒿 *Pedicularis roylei* Maxim. ssp. Roylei

香格里拉（中甸）。湿生草本，生于海拔 3700 ~ 4500m 的高山草甸。

（967）短盔罗氏马先蒿 *Pedicularis roylei* Maxim. ssp. *brevigaleata* Tsoong

德钦、香格里拉（中甸）、贡山、维西。湿生草本，生于海拔 3800 ~ 4700m 的林间湿地或杜鹃灌丛。

（968）岩居马先蒿 *Pedicularis rupicola* Franch. ex Maxim.

丽江、维西、香格里拉（中甸）、德钦。湿生草本，生于海拔 2700 ~ 4700m 的高山草甸、流石滩、沟谷中。

（969）球状先蒿 *Pedicularis strobilacea* Franch. et Hemsl.

德钦、洱源。湿生草本，生于海拔 2500m 沟边、高山草地。

（970）华丽马先蒿 *Pedicularis superba* Franch. ex Maxim.

丽江、香格里拉（中甸）、德钦、洱源、鹤庆。湿生草本，生于海拔 2800 ~ 3900m 的沟边、高山草地、林缘。

（971）大山马先蒿 *Pedicularis tachanensis* Bur. et Franch.

巧家、会泽、镇雄、临沧。沼生草本，生于海拔 2200 ~ 3900m 的沼泽中。

（972）打箭马先蒿 *Pedicularis tatsienensis* Bur. et Franch.

德钦。湿生草本，生于海拔 4100 ~ 4400m 的高山草甸。

（973）须毛马先蒿 *Pedicularis trichomata* Li.

德钦。湿生草本，生于海拔 3000m 的高山草甸。

（974）毛盔马先蒿 *Pedicularis trichoglossa* Hook. f

贡山、德钦、中甸。湿生草本，生于海拔 3600 ~ 4000m 的阔叶林下草甸、杜鹃灌丛下、山坡路旁。

（975）茨口马先蒿 *Pedicularis tsekouensis* Bonati

丽江、香格里拉（中甸）、德钦、贡山、福贡。湿生草本，生于海拔 3000 ~ 4500m 的高山草甸、开阔地及杜鹃灌丛中。

（976）变色马先蒿 *Pedicularis variegata* Li

云南的西北部。沼生草本，生于海拔 4100 ~ 4200m 的沼泽地中。

（977）马鞭草叶马先蒿 *Pedicularis verbenaefolia* Franch. ex Maxim

香格里拉（中甸）、德钦、维西、贡山、福贡、大理。湿生草本，生于海拔 3100 ~ 4000m 的高山草甸、林缘溪边。

（978）维西马先蒿 *Pedicularis weixiensis* H. P. Yang

维西（模式标本产地）。湿生草本，生于海拔 3600m 的高山草甸。

（979）季川马先蒿 *Pedicularis yui* Li var. *yui*

德钦、贡山（模式标本产地）。湿生草本，

生于海拔 4100m 的高山草甸。

(980) 缘毛季川马先蒿 *Pedicularis yui* Li var. *ciliata* Tsoong

贡山（模式标本产地）。湿生草本，生于海拔 4000m 的高山草甸。

(981) 松蒿 *Phtheirospermum japonicum* (Thunb.) Kanitz

昆明、禄劝、富民、峨山、新平、楚雄、大理、丽江、鹤庆、漾濞、洱源、香格里拉（中甸）、德钦、贡山、福贡、西畴、彝良、镇雄。湿生草本，生于海拔 150～3000m 的江边草地、碎石堆上。

(982) 齿叶翅茎草 *Pterygiella bartschioides* Hand. -Mazz.

贡山（碧落雪山及高黎贡山）。湿生草本，生于海拔 2000～3200m 的沼泽、沟边、草坡、岩坡。

(983) 北水苦荬 *Veronica anagallis-aquatica* L.

会泽、广南、文山、蒙自、勐养、勐腊、嵩明、昆明、富民、漾濞、景东、福贡、丽江、（香格里拉）中甸、德钦。湿生草本，生于海拔 1200～3100m 的水边、沟谷及沼泽地。

(984) 有柄水苦荬 *Veronica beccabunga* L. ssp. *muscosa* (Korshinsky) Elenevsky

巧家、丽江、宁蒗、德钦。湿生草本，生于海拔 830～2500m 的河滩湿地及山坡流水处。

(985) 中甸长果婆婆纳 *Veronica ciliata* Fisch ssp. zhongdianensis Hong

会泽、东川、禄劝、宾川、勐腊、丽江、维西、香格里拉（中甸）、德钦。湿生草本，生于海拔 3100～4400m 的高山草甸及林缘。

(986) 多腺大花婆婆纳 *Veronica himalensis* D. Don. ssp. *yunnanensis* (Tsoong) Hong

福贡（模式标本产地）。湿生草本，生于海拔 3700～4000m 的高山草甸及岩石上。

(987) 多枝婆婆纳 *Veronica javanica* Bl.

昭通、师宗、广南、昆明、景东、绿春、贡山。湿生草本，生于海拔 600～2550m 的水边草地、河谷及灌丛中。

(988) 阿拉伯婆婆纳 *Veronica persica* Poir.

彝良、镇雄、贡山、德钦。湿生草本，生于海拔 1650～3350m 的溪边、路旁。

(989) 婆婆纳 *Veronica polita* Fries

东川、昆明、丽江。湿生草本，生于海拔 2500m 的水边潮湿处。

(990) 小婆婆纳 *Veronica serpyllifolia* L.

彝良、巧家、会泽、东川、文山、勐海、禄劝、大理、丽江、宁蒗、维西、鹤庆、香格里拉（中甸）、贡山、德钦。湿生草本，生于海拔 1500～3500m 的高山草甸及山坡湿草地上。

(991) 水苦荬 *Veronica undulata* Wall.

大关、会泽、昆明、安宁、澄江、江川、石屏、元江、双柏、景东、大理、漾濞、鹤庆、永胜、丽江、香格里拉（中甸）。湿生草本，生于海拔 480～2900m 的河滩、路旁、田边及高山松栎林下。

254. 狸藻科 Lentibulariaceae

(992) 黄花狸藻 *Utricularia aurea* Lour.

云南的南部、西部、中部。沉水草本，生于海拔 2000m 以下的湖泊、池塘、水田、水沟中。

(993) 挖耳草 *Utricularia bifida* L.

滇西、西北部、南部及东南部。湿生草本，生于海拔 600～2100m 的沼泽地、水田、沟边、湿草地。

(994) 折苞挖耳草 *Utricularia caerulea* L.

景洪、思茅、镇康。湿生草本，生于海拔 760～1450m 的沼泽或湿地、草坡。

(995) 大黄花狸藻 *Utricularia exoleta* R. Br.

维西。沉水草本，生于海拔 3450m 的高山浅水湖泊和沼泽中。

(996) 禾叶挖耳草 *Utricularia graminifolia* Vuhl.

腾冲、临沧。沼生草本，生于海拔 2100m 的沼泽地、山坡田坝积水处或潮湿石壁上。

(997) 缠绕黄挖耳草 *Utricularia scandens* Benj.

景洪。沼生草本，生于海拔 760m 的沼泽内。

(998) 圆叶挖耳草 *Utricularia striatula* J. Smith

贡山、泸水、凤庆、丽江、邓川、漾濞。沼生草本，生于海拔 1600～3200m 的沼泽地、阴湿石上、冷杉林下苔藓丛中、湿草地。

(999) 湿生挖耳草 *Utricularia uligincsa* Vahl

昆明（黑龙潭）、滇西北。沼生草本，生于水沟边。

256. 苦苣苔科 Gesneriaceae

(1000) 孔药直蒴苣苔 *Boeica porosa* C. B. Clarke

屏边、河口。湿生灌木，生于海拔 120～

1200m 的溪边或山坡疏林中阴湿处。

(1001) 薄叶唇柱苣苔 *Chirita anachoreta* Hance

临沧、思茅、景洪、绿春、屏边、金平、西畴、文山、砚山。湿生草本，生于海拔 700 ~ 1500 ~ 2880m 的水边的岩石上或林下潮湿地。

(1002) 滇川唇柱苣苔 *Chirita forrestii* Anthony

永宁、永胜、丽江、中甸。湿生草本，生于林下沟边阴处或被有苔藓的岩石或悬崖上。

(1003) 灌丛唇柱苣苔 *Chirita fruticola* H. W. Li

金平。湿生草本，生于海拔 1300m，水旁阴处、潮湿地、灌木丛下。

(1004) 大叶唇柱苣苔 *Chirita macrophylla* (Spreng.) Wall.

腾冲、耿马、孟连、凤庆、双江、临沧、镇康、景东、文山、麻栗坡。湿生草本，生于海拔 1700 ~ 2850m 的林下溪边岩石上或树上。

(1005) 斑叶唇柱苣苔 *Chirita pumil* D. Don.

屏边、砚山、文山、思茅、凤庆、景东、临沧、沧源、龙陵、腾冲、福贡、贡山。湿生草本，生于海拔 1000 ~ 2500m 的林下、沟边或岩石上。

(1006) 喜阴唇柱苣苔 *Chirita umbrophila* C. Y. Wu ex H. W. Li

镇雄。湿生草本，生于海拔 1650m 的湿地上、山坡林下。

(1007) 对蕊苣苔 *Didissandra begoniifolia* Lévl.

蒙自、绿春、屏边、西畴、麻栗坡。湿生草本，生于海拔 1100 ~ 2100m 的溪边或山地林下石上、树干上。

(1008) 长梗对蕊苣苔 *Didissandra longipedunculata* C. Y. Wu ex H. W. Li

屏边。湿生半灌木，生于海拔 1400 ~ 1700m 的溪边或林下潮湿处。

(1009) 腺毛长蒴苣苔 *Didymocarpus glandulosus* (W. W. Smith) W. T. Wang

屏边、砚山、文山、麻栗坡、广南。湿生草本，生于海拔 1100 ~ 2200m 的沟边或山地或沟谷林中岩石上。

(1010) 柔毛长蒴苣苔 *Didymocarpus mollifolius* W. T. Wang

镇康。湿生草本，生于海拔 950m 的河边悬崖上阴湿处。

(1011) 盾座苣苔 *Epithema carnosum* Benth.

临沧、景东、思茅、易武、勐腊、文山。湿生草本，生于海拔 700 ~ 1500m 的沟边或山坡湿草地或林下岩石上。

(1012) 全叶半蒴苣苔 *Hemiboea integra* C. Y. Wu ex H. W. Li

金平、麻栗坡、河口。湿生草本，生于海拔 120 ~ 400m 的林中沟边或岩石上。

(1013) 密序苣苔 *Hemiboeopsis longisepala* (H. W. Li) W. T. Wang

金平、河口。湿生半灌木，生于海拔 250 ~ 800m 的沟边阴处或山谷灌丛中、芭蕉林下。

(1014) 齿叶吊石苣苔 *Lysionotus serratus* D. Don.

云南省各地。湿生半灌木，生于海拔 770 ~ 900 (1700 ~ 2500) m 的溪边、山地林中树上或石上或高山草地。

(1015) 小叶吊石苣苔 *Lysionotus sulphureus* Hand. -Mazz.

维西、福贡、贡山。湿生半灌木，生于海拔 2300 ~ 2850m 的山谷溪边石上或林中树上。

(1016) 卵心叶马邻苣苔 *Oreocharis cordato-ovata* C. Y. Wu ex H. W. Li

西畴。湿生草本，生于海拔 1400 ~ 1500m 的沟边岩石上。

(1017) 蛛毛喜鹊苣苔 *Ornithoboea arachnoidea* (Diels) Craib

碧江、景东、瑞丽、腾冲。湿生草本，生于海拔 1800 ~ 2700m 的沟边岩石上。

(1018) 尖舌苣苔 *Rhynchoglossum obliquum* Bl. var. *obliquum*

贡山及屏边。湿生草本，生于海拔 1500 ~ 2200m 的溪边、林下或林缘的石上。

(1019) 全唇尖舌苣苔 *Rhynchoglossum obliquum* Bl. var. *hologlossum* (Hayata) W. T. Wang

贡山、镇康、巍山、景洪、蒙自、屏边、麻栗坡、西畴。湿生草本，生于海拔 1300 ~ 2300m 的溪边、林下或林缘的石上。

(1020) 台湾线柱苣苔 *Rhynchotechum formosanum* Hatusima

西畴。湿生灌木，生于溪畔或山谷阴处、潮湿的岩石上。

(1021) 线柱苣苔 *Rhynchotechum obovatum* (Griff.) B. L. Burtt

滇南各地。湿生半灌木，生于海拔 1200 ~

1700m 的沟边或密林内。

(1022) 十字苣苔 *Stauranthera umbrosa* (Griff.) C. B. Clarke

金平、沧源。湿生草本，生于海拔 1100 ~ 1200m 的水边湿地、山坡灌丛下或沟谷疏林上。

259. 爵床科 Acanthaceae

(1023) 白接骨 *Asystasiella neesiana*(Wall.)Lindau

西畴、麻栗坡、金平、屏边、西双版纳、文山、砚山、龙陵、双江、景东、峨山。湿生草本，生于溪边或林下。

(1024) 叉序草 *Isoglossa collina* (T. Anders.) B. Hansen

景东、勐腊、腾冲。湿生草本，生于海拔 2200m 的溪边阴湿处、山坡阔叶林下。

(1025) 鳞花草 *Lepidagathis incurva* Buch. - Ham. ex D. Don

盈江、元阳、绿春、勐腊。湿生草本，生于海拔 200 ~ 1500(2200)m 的河边沙地、草地或旷野。

(1026) 节翘地皮消 *Pararuellia alata* H. P. Tsui

双江（模式标本产地）。湿生草本，生于海拔 750m 的江边疏林下沙地。

(1027) 铜毛马蓝 *Pteracanthus aenobarbus* (W. W. Smith) C. Y. Wu et C. C. Hu

维西、贡山。湿生草本，生于溪边阴湿处或丛林边。

263. 马鞭草科 Verbenaceae

(1028) 长管假茉莉 *Clerodendrum indicum* O. Ktze.

盈江、泸西、耿马、西双版纳。湿生灌木或草本，生于海拔 450 ~ 1000m 的江边沙滩上或山坡林中。

(1029) 长毛臭牡丹 *Clerodendrum villosum* Bl.

景洪、勐腊。湿生灌木，生于海拔 540 ~ 900m 的溪旁密林中或路边疏林、灌丛中，通常生于湿润的地方。

(1030) 过江藤 *Phyla nodiflora* Greene

全省除西北部外大部分地区。湿生匍匐草本，生于海拔 300 ~ 1880 (2300) m 的河滩、路旁、田边、荒地。

(1031) 腾冲豆腐柴 *Premna scoriarum* W. W. Smith

腾冲、瑞丽。湿生乔木，生于海拔 1300 ~ 1660m 的沼泽密林中。

(1032) 草黄枝豆腐柴 *Premna straminicaulis* C. Y. Wu

瑞丽。湿生灌木，生于海拔 1100m 的沼泽边。

264. 唇形科 Labiatae

(1033) 痢止蒿 *Ajuga forrestii* Diels

滇西北至中部、东至嵩明等地。湿生草本，生于海拔 1700 ~ 3200m，有时达 4000m 的溪旁等潮湿草地，有时成片生长。

(1034) 大籽筋骨草 *Ajuga macrosperma* Wall. ex Benth.

瑞丽、景东以南等地。湿生草本，生于海拔 350 ~ 1750m 的水沟边及林下湿润处、路边草丛中。

(1035) 水棘针 *Amethystea caerulea* Linn.

滇西北为主，滇东北亦有少数。湿生草本，田边、旷野、路边及河岸沙地等开阔和略湿润的地方。

(1036) 丽江铃子香 *Chelonopsis lichiangensis* W. W. Smith

丽江。湿生灌木，生于海拔 1900m 左右的江边河旁。

(1037) 风轮菜 *Clinopodium chinense* O. Kuntze

云南的东北部。湿生草本，生于海拔 1000m 以下的沟边、山坡、草丛、路边、灌丛、林下。

(1038) 长毛火把果 *Colquhounia seguinii* var. *pilosa* Rehd.

云南的东南部（蒙自、路南、丘北）。湿生灌木，海拔 1200 ~ 1740m 的溪边、灌丛。

(1039) 松叶青兰 *Dracocephalum forrestii* W. W. Smith

云南西北部（丽江、中甸）。湿生灌木，生于海拔 2300 ~ 3500m 的亚高山多石的灌木草甸中。

(1040) 毛茎水蜡烛 *Dysophylla cruciata* Benth.

云南的西南部、南部及东南部。湿生草本，生于海拔 1100 ~ 1500m 的沼泽地或放荒地。

(1041) 五棱水蜡烛 *Dysophylla pentagona* C. B. Clarke

云南的南部（思茅及西双版纳的勐海、勐腊）湿生草本，生于海拔 900 ~ 1540m 的池内、溪边及沼泽地。

（1042）水虎尾 *Dysophylla stellata* Benth.

云南的中部。湿生草本，生于海拔1550m的水边或稻田中。

（1043）思茅水蜡烛 *Dysophylla szemaoensis* C. Y. Wu et Hsuan

云南的南部（思茅）。湿生草本，生于海拔1220m的水中。

（1044）密花香薷 *Elsholtzia densa* Benth.

云南的西北部。湿生草本，生于海拔1800～2100m的高山草甸及山坡荒地、林缘。

（1045）鸡骨柴 *Elsholtzia fruticosa* Rehd.

云南省各地。湿生灌木，生于海拔1450～3200m的沟边、箐底潮湿地及路边或开旷的山坡草地中。

（1046）异叶香薷 *Elsholtzia heterophylla* Diels

云南的中部地区及澜沧红河中游地带。湿生草本，生于海拔1200～2400m的田边沼泽及溪、河、村边附近。

（1047）水香薷 *Elsholtzia kachinensis* Prain

除滇东北至东南部尚未发现外，见于云南省各地。湿生平铺草本，生于海拔1200～2800m的河边、林下、路边阴湿地、沟谷中或水中。

（1048）淡黄香薷 *Elsholtzia luteola* Diels

云南的西北部经中部而至东北部。湿生草本，生于海拔2200～3600m的溪边潮湿地或林缘、草坡。

（1049）小叶黄白香薷 *Elsholtzia ochroleuca* var. *parvifolia* C. Y. Wu et S. C. Huang

云南的西北部。湿生灌木，生于海拔1490～2600m的水沟边及山坡向阳处。

（1050）长毛香薷 *Elsholtzia pilosa* Benth.

除滇南外，见于云南省大部分地区。湿生草本，生于海拔1100～3200m的河边、沼泽边缘或路旁、岩石上。

（1051）木锥花 *Gomphostemma arbusculum* C. Y. Wu

云南的东南部（金平）、南部（景东、西双版纳、澜沧）及西南部（临沧、瑞丽）。湿生灌木或粗壮草本，生于海拔700～2100m的溪边杂木林下或沟谷灌丛中。

（1052）被粉小花锥花 *Gomphostemma parviflorum* var. *farinosum* Prain

景东、西双版纳。湿生草本，生于海拔600～1500m的水边湿润处、沟谷杂木林下或林缘。

（1053）宝盖草 *Lamium amplexiacaule* Linn.

云南省各地。湿生草本，生于海拔4000m以下的沼泽草地、路边、林缘、宅旁及园圃中。

（1054）线叶白绒草 *Leucas lavandulifolia* Smith

云南的西南部和西部。湿生草本，生于海拔950～1400m的河滩、林缘、灌丛、路旁等向阳干燥处。

（1055）西南小叶地笋 *Lycopus coreanus* C. Y. Wu et H. W. Li

云南的东南部（砚山）。沼生草本，生于海拔850～1600m的水塘、沟渠及水田边。

（1056）地笋 *Lycopus lucidus* Turcz.

云南的中部、西北部、东北部及东南部。沼生草本，生于海拔1000～2100m的沼泽地、水边、沟边等潮湿处。

（1057）地瓜儿苗 *Lycopus lucidus* var. *hirtus* Regel

云南的中部、东南部、西北部。沼生草本，生于海拔2100m的沼泽地、水边等潮湿处。

（1058）薄荷 *Mentha haplocalyx* Briq

分布于云南的大部分地区。湿生草本，生于海拔可达3500m的水旁潮湿处。

（1059）大萼冠唇花 *Microtoena megacalyx* C. Y. Wu

云南的东南部（文山）。湿生草本，生于海拔1500～2000（2200）m的水边或水边草坡上、混交林林下。

（1060）小鱼仙草 *Mosla dianthera* Maxim.

云南的西北部（福贡、维西）及东南部（西畴）。湿生草本，生于海拔1500～2300m的水边及山坡路旁。

（1061）长刺钩萼 *Notochaete longiaristata* C. Y. Wu et H. W. Li

贡山。湿生草本，生于海拔2000～2400m的水沟边，密林下。

（1062）假野芝麻 *Paralamium gracile* Dunn

云南的东南部至西南部。湿生草本，生于海拔1150～1800m的水沟旁或林中湿润处。

（1063）薄萼假糙苏 *Paraphlomis membranacea* C. Y. Wu et H. W. Li

河口、金平。湿生草本，生于海拔80～250m的热带雨林下的溪边沙地。

（1064）深紫糙苏 *Phlomis atropurpurea* Dunn

云南的西北部（洱源、丽江、大理）。湿生

草本，生于海拔2800～3900m的沼泽草甸上。

（1065）水珍珠菜 *Pogostemon auricularia* Hassk.

分布于云南的南部热带及亚热带地区。湿生草本，生于海拔300～1700m的溪边或林下湿润处、涧侧。

（1066）镰叶水珍珠菜 *Pogostemon falcatus* C. Y. Wu et H. W. Li

西双版纳、景洪。湿生草本，生于海拔800m的河边石上。

（1067）宽叶长柱刺蕊草 *Pogostemon griffithii* var. *latifolius* C. Y. Wu et S. C. Huang

西南部（西盟）。湿生草本，生于海拔700m的半山河旁的密林中。

（1068）小刺蕊草 *Pogostemon menthoides* Bl.

南部（西双版纳）。湿生匍匐草本，生于海拔1050～1200m的水沟边或密林、涧底阴湿地。

（1069）夏枯草 *Prunella vulgaris* Linn.

云南除南部外的大部分地区。湿生草本，生于海拔1400～1800（3000）m的溪旁及路边、荒坡、草地、田埂等潮湿地上。

（1070）间断香茶菜 *Rabdosia interrupta* C. Y. Wu et H. W. Li

云南的滇中（寻甸）。湿生灌木，生于海拔2200m的沟边桤木林下。

（1071）线纹香茶菜 *Rabdosia lophanthoides* Hara

除滇西北外的云南大部分地区。湿生草本，生于海拔500～2700m的沼泽地上或林下潮湿处。

（1072）狭基香茶菜 *Rabdosia lophanthoides*（Buch. -Ham. ex D. Don）Hara var. *gesardiana*（Benth.）Hara

腾冲、丽江、宁蒗、大理、绿春、元阳、峨山、禄劝、昆明。湿生草本，生于海拔900～2700m的沼泽地或林下潮湿处。

（1073）小花线纹香茶 *Rabdosia lophanthoides* var. *micrantha* C. Y. Wu

云南的东南部、南部、西南部。湿生草本，生于海拔1000～2000m的沟边、林下。

（1074）弯锥香茶菜 *Rabdosia loxothyrsa* Hara

云南的西北部（宾川、鹤庆、丽江、维西、贡山、德钦）。湿生灌木，生于海拔（1450～）1600～3300m的沟边、草坡、林下或灌木丛中。

（1075）多花香茶菜 *Rabdosia pluriflora* C. Y. Wu et H. W. Li

滇西北（丽江）。湿生草本，生于水沟边、杂木林中。

（1076）长叶香茶菜 *Rabdosia stracheyi* Hara

滇南（西双版纳、普文）。多年生草本，生于海拔1060m的水边林下潮湿处。

（1077）心叶石蚕 *Rubiteucris palmata* Kudo

鹤庆、宾川、镇康、禄劝及文山。湿生草本，生于海拔2000～2700m的沟边、溪边、林下或草坡湿润处。

（1078）截萼鼠尾 *Salvia campanulata* var. *codonantha* Stibal

福贡、德钦。湿生草本，生于海拔2700～3800m的沟边、山坡路边草丛或杂木林中。

（1079）朱唇 *Salvia coccinea* L.

蒙自、腾冲。湿生草本，生于海拔1250～1500m的湖边疏林潮湿处或路边阳处。

（1080）黄花鼠尾 *Salvia flava* Forrest ex Diels

德钦、中甸、维西、丽江、鹤庆、洱源、大理。湿生草本，生于海拔2700～4000m的箐沟边或高山针叶林下，山坡灌丛草地。

（1081）半枝莲 *Scutellaria barbata* D. Don

云南省大部分地区。湿生草本，生于海拔1500～1800m的水田边、溪边或湿阔草地上。

（1082）退色黄芩 *Scutellaria discolor* Wall. ex Benth.

云南的西部、西南部、南部至东南部。湿生草本，生于海拔200～610（1800）m的溪边或山地林下、草坡、路边。

（1083）长叶并头草 *Scutellaria linarioides* C. Y. Wu

云南西北部的金沙江河谷地区（宾川、鹤庆、元谋）。湿生草本，生于海拔1200m左右的沟边湿处、山坡。

（1084）韧黄芩 *Scutellaria tenax* W. W. Smith

云南的西北部（丽江、永胜）至东北部（巧家）。湿生草本，生于海拔1500～2600m的溪边、金沙江河谷山间潮湿处、草地、灌丛或林中。

（1085）假活血丹 *Scutellaria tuberifera* C. Y. Wu et C. Chen

广南。湿生草本，生于海拔1550m的溪边、草丛中、草坡阴处、竹林或密林下。

（1086）红茎黄芩 *Scutellaria yunnanensis* Lévl.

滇东北。湿生草本，生于海拔900～1200m的沟边、山地林下或山谷。

（1087）破布草 *Stachys kouyangensis* Dunn

云南的西部、西北部、中部、东南部。湿生草本，生于海拔 900～2100（2800）m 的潮湿沟边及山坡草地、荒地。

（1088）细齿破布草 *Stachys kouyangensis* var. *letodon* C. Y. Wu

云南的西部、中部、东北部至东南部。湿生草本，生于海拔 1200～2600m 的沟边、草坡。

（1089）粗齿破布草 *Stachys kouyangensis* var. *franchetiana* C. Y. Wu

云南的西北部。湿生草本，生于海拔 2360～3800m 的沟边及水田边、草坡。

（1090）甘露子 *Stachys sieboldi* Miq.

昆明、丽江栽培，东川野生。湿生草本，生于海拔可达 3200m 的湿润地及积水处。

（1091）血见愁 *Teucrium viscidum* Bl.

云南的东南部、南部、西南部。湿生草本，生于海拔 120～1530m 的沟边、溪边、灌丛、草坡，林下。

265. 花蔺科 Butomaceae

（1092）黄花蔺 *Limnocharis flava* Buchenau

西双版纳。沼生草本，生于海拔 600～700m 的坝子沼泽地或浅水地，常成片状分布。

（1093）拟花蔺 *Tenagocharis latifolia* Buchenau

梁河及西双版纳（勐腊）。沼生草本，生于海拔 560～860m 的水田中。

266. 水鳖科 Hydrocharitaceae

（1094）无尾水筛 *Blyxa auberti* Rich.

孟连、澜沧、勐海和广南。沉水草本，生于海拔 1700m 以下的水田、浅水塘中。

（1095）岛田水筛 *Blyxa echinosperma* Hook. f.

澜沧（勐朗坝）。沉水草本，生于海拔 1700m 以下的水井内（井水深约 2m），水塘、水田、沟渠。

（1096）水筛 *Blyxa japonica* Maxim. ex Aschers. et Gurke

勐海、洱源、剑川、下关。沉水草本，生于海拔 1200～2200m 的低洼沼泽地、水田、池塘和缓流沟渠中。

（1097）八药水筛 *Blyxa octandra* Planch. ex Thw.

云南（地点不详）。沉水草本，生于浅水塘、沟渠中。

（1098）黑藻 *Hydrilla verticillata* L. C. Rich.

云南各地。沉水草本，生于海拔 3000m 以下的淡水湖泊中，沟渠、积水田、水池和龙潭中，水深 7m 以内的水域。

（1099）水鳖 *Hydrocharis dubia* Bsck.

洱源、大理、昆明、江川、通海、西双版纳。浮叶草本，生于海拔 500～2100m 的沼泽、湖滨、池塘、水沟边。

（1100）海菜花 *Ottelia acuminata* Dandy

腾冲、洱海、洱源、剑川、江川、石屏、砚山。沉水草本，生于海拔 2700m 以下的湖泊、沟渠、水田。在洱海，洱源的茈碧湖、西湖，剑川的剑湖，丽江的玉湖、黑龙潭，江川的星云湖，石屏的异龙湖，砚山各地湖泊中，都生于水深 4m 以内的广阔水域，形成较为稳定的沉水植物群落。

（1101）通海海菜花 *Ottelia acuminate* var. *tonhaiensis* H. Li

通海杞麓湖、宜良阳宗海、嵩明黑龙潭、寻甸清水海。沉水草本，生于海拔 1730～1850m 的生于水深 1～5m 的湖区。

（1102）波叶海菜花 *Ottelia acuminata* var. *crispa*（Hand. -Mazz.）H. Li

特产于云南宁蒗泸沽湖。沉水草本，生于海拔 2680m 的湖泊边缘和湖中各小岛周围，在水深 5m 以内的水域作环状分布，形成大面积的单优沉水植物群落。

（1103）路南海菜花 *Ottelia acuminate* var. *lunangensis* H. Li

特产云南路南长湖。沉水草本，生于水深 70～80cm 的浅水地带，底质为深厚的灰白色浮泥。

（1104）龙舌草 *Ottelia alismoides* Pers.

孟连、澜沧、西双版纳、普文、洱源、大理（下关）。沉水草本，生于海拔 500～1980m 的水田、田间沟渠和水塘中。

（1105）苦草 *Vallisneria natans* Hara

云南的大部分湖区，如剑湖、程海、茈碧湖、洱海、滇池、抚仙湖、星云湖、杞麓湖、异龙湖、阳宗海、长桥海、大屯湖。沉水草本，海拔 2400m 以下湖泊、水池、水库以及河渠内。

267. 泽泻科 Alismataceae

（1106）泽泻 *Alisma plantago-aqutica* L. ssp. *orientale*（Sam.）Sam.

云南省大部分地区（除西双版纳等热带地区外）。沼生草本，生于海拔 580～2500m 的沼泽地，常见于水田、水沟、湖滨。

（1107）泽苔草 *Caldesia parnassifolia*（Bassi ex L.）Parl.

思茅至勐海一带。沼生草本，生于海拔1300～1530m的水田、沟渠中。

（1108）高原慈姑 *Sagittaria altigena* Hand. -Mazz.

东川（者海）。沼生草本，生于海拔3000m沼泽地、水中。

（1109）冠果草 *Sagittaria guayanensis* H. B. K. ssp. *lappula*（D. Don）Bogin

梁河和西双版纳热带地区。浮叶草本，生于海拔650～910m的水田、水沟和水塘中。

（1110）矮慈姑 *Sagittaria pygmaea* Mig.

腾冲。沼生草本，生于海拔1730m的水田中。

（1111）腾冲慈姑 *Sagittaria tengtsungensis* H. Li

腾冲。沼生草本，生于海拔2100m的沼泽地。

（1112）剪刀草 *Sagittaria trifolia* L. var. *angustifolia*（Sieb.）Kitangawa

云南的滇西、滇南、滇中至东南部。沼生草本，生于海拔530～2100m的水田、河沟、水塘、湖滨、沼泽地。

（1113）慈姑 *Sagittaria trifolia* L. var. *edulis*（Sieb. ex Miq.）Ohwi

云南省大部分地区栽培。沼生草本，生于海拔530～2100m的水田、河沟、水塘、湖滨、沼泽地。

271. 水麦冬科 Juncaginaceae

（1114）海韭菜 *Triglochin maritimum* L.

贡山、中甸。湿生草本，生于海拔2900～4000m的高山草甸、沟边沼泽地。

（1115）水麦冬 *Triglochin palustre* L.

贡山、中甸、丽江、鹤庆。沼生草本，生于海拔2900～3500m的沼泽、高山草甸、流水碎石坡。

276. 眼子菜科 Potamogetonaceae

（1116）扁茎眼子菜 *Potamogeton compressus* L.

洱源茈碧湖和宁蒗泸沽湖。沉水草本，分布于海拔1960～2700m的湖泊中。

（1117）菹草 *Potamogeton crispus* L.

云南省大部分地区。沉水草本，生于海拔570～2300m的湖泊、池塘、龙潭、水库和溪流沟渠中，也见于水田，一般能生长在水深2m以内的浅水地带。

（1118）牙齿菜 *Potamogeton distinctus* A. Benn.

中甸、丽江、宁蒗、剑川、洱源、大理、下关、石屏、通海、江川、昆明、安宁、砚山。浮叶草本，生于海拔1200～3300m的水沟、小河、水塘、积水沼泽和湖泊中。

（1119）异叶眼子菜 *Potamogeton heterophyllus* Schreb.

贡山、鹤庆、丽江。沉水草本，生于海拔2000～3000m的池塘、草坝、和水田中。

（1120）光叶眼子菜 *Potamogeton lucens* L.

丽江、宁蒗、剑川、洱源、大理、下关、昆明、江川、通海、石屏。多年生沉水草本，生于海拔1400～2700m的湖泊、清水龙潭内水深0.8～4.5m的地带。

（1121）微齿眼子菜 *Potamogeton maackianus* A. Benn.

维西、中甸、丽江、剑川、洱源、大理、宁蒗、昆明。沉水草本，生于海拔1900～3700m的泸沽湖、剑湖、茈碧湖、西湖、洱海、滇池等湖泊的浅水地带和泉水龙潭。

（1122）马来眼子菜 *Potamogeton malainus* Miq.

丽江、宁蒗、剑川、洱源、大理、昆明、宜良、路南、澄江、江川、通海、石屏等地。沉水草本，生于海拔1400～2700m的淡水湖泊水深4m以内的浅水区或水库、河沟。

（1123）南方眼子菜 *Potamogeton octandrus* Poir.

勐腊、勐海、洱源、昆明。浮叶草本，生于海拔650～2060m的池塘、浅水湖或沟渠中。

（1124）尖叶眼子菜 *Potamogeton oxyphyllus* Miq.

云南（地点不祥）。沉水草本，生于湖泊、沟渠中。

（1125）红线草 *Potamogeton pectinatus* L.

丽江、宁蒗、剑川、洱源、大理、永胜、昆明、澄江、江川、通海、石屏。沉水草本，生于海拔1600～2700m的各地淡水湖泊和咸水湖、池沼和溪流中。

（1126）穿叶眼子菜 *Potamogeton perfoliatus* L.

中甸、丽江、宁蒗、剑川、洱源、大理、下关、澄江、江川、通海、石屏、宜良、昆明、嵩明。沉水草本，生于海拔1400～3300m的湖泊、水库、积水沼泽中。

（1127）丝草 *Potamogeton pusillus* L.

云南省大部分地区。沉水草本，生于海拔

900～1500m 的浅水湖沼、沟渠、河流和水田中。

（1128）牙齿草 *Potamogeton trpperi* A. Benn.

贡山、福贡、泸水、腾冲、保山。浮叶草本，生于海拔 1200～3300m 的沼泽、水田、水沟、水塘、湖泊中。

278. 角果藻科 Zannichelliaceae

（1129）角果藻 *Zannichellia palustris* L.

昆明、呈贡、通海。沉水草本，生于海拔 1500～2200m 的小河、湖沟和秧田中。

279. 茨藻科 Najadaceae

（1130）多孔茨藻 *Najas foveolata* A. Br. ex Magnus

石屏（异龙湖）。沉水草本，生于水深 1～1.5m 的湖区。

（1131）草茨藻 *Najas graminea* Delile

滇中及以南各浅水湖。沉水草本，生于浅水湖沼、池塘、缓流溪沟中。

（1132）茨藻 *Najas marina* L.

昆明（滇池）、江川（星云湖）、隔河、通海（杞麓湖）、石屏（异龙湖）、大理（洱海）、洱源（茈碧湖）、剑川（剑湖）。沉水草本，生于海拔 2300m 以下江湖水深 0.5～2m 的水域。

（1133）小茨藻 *Najas minor* All.

剑川、洱源、下关至滇中地区。沉水草本，生于海拔 2500m 以下的湖沼、水田、沟渠中。

280. 鸭跖草科 Commelinaceae

（1134）假紫万年青 *Belosynapsis ciliata*（Bl.）Rolla Rao

勐仑。湿生匍匐草本，生于海拔 500m 的水沟旁或路旁林下。

（1135）饭包草 *Commelina benghalensis* Linn.

勐海、勐仑、蒙自、元阳、鹤庆、丽江、福贡、贡山。湿生草本，生于海拔 350～1500（2300）m 的溪旁或林中阴湿处。

（1136）竹节草 *Commelina diffusa* Burm. f.

勐腊、勐海、景洪、澜沧、普文、景东、凤庆、漾濞、大理、泸水、河口、马关、屏边、绿春、蒙自、建水、元江、楚雄。湿生披散草本，生于海拔 200～2300m 的溪旁、山坡草地阴湿处及林下。

（1137）地地藕 *Commelina maculata* Edgew.

中甸、丽江、鹤庆、大理、漾濞、昆明、会泽。湿生草本，生于海拔 1200～2700m 的溪旁、山坡草地及林下阴湿处。

（1138）大苞鸭跖草 *Commelina paludosa* Bl.

西双版纳、元江、临沧、景东、凤庆、邓川、丽江、贡山、福贡、富宁、西畴、河口、屏边、绿春、楚雄、腾冲、龙陵。湿生草本，生于海拔 1000～2700m 的溪边、山谷及山坡林下阴湿处。

（1139）波缘鸭跖草 *Commelina undulata* R. Br.

东川、会泽。湿生草本，生于海拔 1160m 的溪边、林下湿处、山坡草地。

（1140）网籽草 *Dictyospermum conspicuum*（Bl.）Hassk.

西双版纳。湿生草本，生于海拔 680m 的水边潮湿处或林下。

（1141）大苞水竹叶 *Murdannia bracteata*（C. B. Clarke）O. Kuntze

勐腊、勐仑、金平、绿春。湿生匍匐草本，生于海拔 530～850m 的箐沟水边及密林下。

（1142）竹叶参 *Murdannia japonica*（Thunb.）Foden

勐海、孟连、易武、思茅、蒙自、临沧、沧源等地。湿生草本，生于海拔 680～1600m 的沟边及林下。

（1143）牛轭草 *Murdannia loriformis*（Hassk.）Rolla Rao et Kammathy

建水。湿生草本，生于海拔 1430m 的溪旁。

（1144）裸花水竹叶 *Murdannia nudiflora*（Linn.）Brenan

勐海、易武、景洪、澜沧、镇康、景东、福贡、砚山、绿春、元阳、盐津。湿生草本，生于海拔 510～1600m 的溪旁、水边和林下。

（1145）水竹叶 *Murdannia triquetra*（Wall.）Bruckn.

勐海、凤庆。沼生草本，生于海拔 1540～1600m 的溪边、水中或草地潮湿处。

（1146）云南水竹叶 *Murdannia yunnanensis* Hong

景洪（勐罕）。沼生草本，生于海拔 800m 的林边沼泽地或林下。

（1147）密花杜若 *Pollia thyrsiflora*（Bl.）Endl. ex Hassk.

西双版纳。湿生草本，生于海拔 670m 的水沟边或山谷密林边。

（1148）竹叶吉祥草 *Spatholirion longifolium*

(Gagnep.) Dunn

云南省大部分地区。湿生缠绕草本，生于海拔 1200 ~ 2500m 的溪旁及山坡草地、山谷林下。

283. 黄谷精科 Xyridaceae

(1149) 黄谷精 *Xyris capensis* Thunb. var. *schoenoides* (Mart.) Nilsson

丽江、永胜、鹤庆、大理、腾冲、临沧、西双版纳、大姚、广通、楚雄、昆明。沼生草本，生于海拔 1600 ~ 2600m 的水沟边、池塘、沼泽地。

(1150) 少花黄眼草 *Xyris pauciflora* Willd.

西双版纳。湿生草本，生于海拔 900m 的沟边潮湿地。

285. 谷精草科 Eriocaulaceae

(1151) 双江谷精草 *Eriocaulon acutibracteatum* W. L. Ma

双江（模式标本产地）。沼生草本，生于海拔 1100m 的沼泽地中。

(1152) 高山谷精草 *Eriocaulon alpestre* Hook. f. et Thoms. ex Koern.

中甸、维西、大理、江川、镇雄。沼生草本，生于海拔 1700 ~ 2800m 的沼泽、湿草地或水田中。

(1153) 裂瓣谷精草 *Eriocaulon bilobatum* W. L. Ma

维西、大理、宾川、昆明。沼生草本，生于海拔 1000 ~ 3000m 的湿地沟边。

(1154) 云南谷精草 *Eriocaulon brownianum* Mart. var. *brownianum*

思茅。沼生草本，生于海拔 1000 ~ 1500m 的沼泽地。

(1155) 印度谷精草 *Eriocaulon brownianum* Mart. var. *nilagirense* (Steud.) P. F. Fyson

腾冲、瑞丽。沼生草本，生于海拔 1700m 以下的沼泽地及向阳湿地。

(1156) 谷精草 *Eriocaulon buergerianum* Koern.

江川。沼生草本，生于海拔 1900m 的水田中。

(1157) 蒙自谷精草 *Eriocaulon henryanum* Ruhl.

宾川、大理、丽江、蒙自。沼生草本，生于海拔 1200 ~ 3000m 的沼泽或沟边湿处。

(1158) 光萼谷精草 *Eriocaulon leianthum* W. L. Ma

贡山（模式标本产地）。沼生草本，生于海拔 1330 ~ 3100m 的沼泽地。

(1159) 南投谷精草 *Eriocaulon mantoense* Hayata var. *nantoense*

文山、西畴、勐腊、孟连。沼生草本，生于海拔 1200 ~ 1400m 的沼泽草地或水中。

(1160) 小瓣谷精草 *Eriocaulon mantoense* Hayata var. *micropetalum* W. L. Ma

云南的嵩明（模式标本产地）。沼生草本，生于沼泽地。

(1161) 疏毛谷精草 *Eriocaulon mantoense* Hayata var. *parviceps* (Hand. -Mazz.) W. L. Ma

大理、腾冲、蒙自、屏边。沼生草本，生于海拔 2500m 的山地沼泽、池塘边。

(1162) 褐色谷精草 *Eriocaulon pullum* T. Koyama

贡山、福贡、泸水、景东、昆明、麻栗坡。沼生草本，生于海拔 1200 ~ 1400m 的沼泽及路旁湿处。

(1163) 云贵谷精草 *Eriocaulon schochianum* Hand. -Mazz.

大理、洱源、宾川、剑川、芒市、大姚、昆明（昆阳）、东川。沼生草本，生于海拔 1900 ~ 2300m 的水边、池塘。

(1164) 老谷精草 *Eriocaulon senile* Honda

福贡、维西、景东、景洪、勐海、思茅。沼生草本，生于海拔 1700m 的沼泽湿地。

(1165) 丝谷精草 *Eriocaulon setaceum* Linn.

宁蒗。沼生草本，生于海拔 2600m 的沼泽。

(1166) 大药谷精草 *Eriocaulon sollyanum* Royle.

维西。沼生草本，生于海拔 2300 ~ 2800m 的池塘或沼泽。

287. 芭蕉科 Musaceae

(1167) 阿加蕉 *Musa acuminata* Colla

云南的西部。湿生草本，生于海拔 1200m 的阴湿的沟谷沼泽、半沼泽及坡地上。

(1168) 阿西蕉 *Musa rubra* Wall. ex Kurz

瑞丽、沧源。湿生草本，生于海拔 1050 ~ 1270m 的阴湿沟谷底部及半沼泽地。

290. 姜科 Zingiberaceae

(1169) 红花砂仁 *Amomum scarlatinum* H. T. Tsai & P. S. Chen

景洪、勐海。湿生草本，生于海拔 800 ~ 900m 的沟边或林下阴湿处。

(1170) 疣子砂仁 *Amomum verrucosum* S. Q.

Tong

河口、屏边、蒙自。湿生草本，生于海拔700～850m的沟边林下阴湿处。

（1171）盈江砂仁 *Amomum yingjiangense* S. Q. Tong

盈江（模式标本产地）。湿生草本，生于海拔1740m的林下小河边。

（1172）长圆闭鞘姜 *Costus oblongus* S. Q. Tong

盈江、瑞丽、腾冲、临沧等地。湿生草本，生于海拔1200～1500m的水沟边或林下。

（1173）闭鞘姜 *Costus speciosus*（Koen.）Smith

云南的东南部至西南部。湿生草本，生于海拔700～1300m的沟边、山坡林下与荒坡等地。

（1174）绿苞闭鞘姜 *Costus viridis* S. Q. Tong

畹町（模式标本产地）。湿生草本，生于海拔1050m的沟边林下阴湿处。

（1175）极苦姜黄 *Curcuma amarissima* Roxb.

勐腊。湿生草本，生于海拔800m的沟边或林下。

（1176）大莪术 *Curcuma elata* Roxb.

勐腊。湿生草本，生于海拔800m，沟边或林下。

（1177）黑褐姜黄 *Curcuma phaeocaulis* Valet

勐腊。湿生草本，生于海拔800m的河边沙地向阳处。

（1178）黄红姜黄 *Curcuma xanthorrhiza* Roxb.

勐腊。湿生草本，生于海拔800m的河边沙地。

（1179）莪术 *Curcuma zedoaria*（Christm）Rosc.

云南的东南部至南部。湿生草本，生于海拔800～1200m的河边或林下。

（1180）毛舞姜花 *Globba barthei* Gagnep.

西双版纳、河口、富宁、西畴、盈江。湿生草本，生于海拔210～1000m的河边或密林阴湿处。

（1181）拟豆蔻 *Paramomum petaloideum* S. Q. Tong

勐腊、勐海。湿生草本，生于海拔580～650m的沟边潮湿地方、林内。

（1182）全舌姜 *Zingiber integrum* S. Q. Tong

景洪（模式标本产地）。湿生草本，生于海拔900m的河边。

293. 百合科 Liliaceae

（1183）高山粉条儿菜 *Aletris alpestris* Diels

贡山、丽江、彝良。湿生草本，生于海拔1850～3880m水沟边、高山草甸或岩石上。

（1184）穗花粉条儿菜 *Aletris pauciflora*（Klotz.）Franch. var. *khasiana*（Hook. f.）Wang et Tang

贡山、福贡、泸水、德钦、中甸、维西、丽江、华坪、兰坪、鹤庆、洱源、漾濞、大理、禄劝。湿生草本，生于海拔2800～4000m的高山草甸、林下或山坡草地上。

（1185）星花粉条儿菜 *Aletris stelliflora* Hand.-Mazz.

贡山、福贡、德钦、中甸、维西。湿生草本，生于海拔2500～3880m的高山草甸或竹林下。

（1186）狭瓣粉条儿菜 *Aletris stenoloba* Franch.

德钦、贡山、中甸、维西、丽江、兰坪、凤庆、昆明、西畴、富宁。湿生草本，生于海拔700～2950m的溪边、路旁的林下。

（1187）散斑竹根七 *Disporopsis aspersa*（Hua）Engl.

漾濞、丽江。湿生草本，生于海拔1100～2900m的溪旁、林下、山谷。

（1188）单花宝铎草 *Disporum uniflorum* Baker

贡山、福贡、景东、楚雄、嵩明、文山。湿生草本，生于海拔1500～2500m沟边、杂木林中。

（1189）川贝母 *Fritillaria cirrhosa* D. Don

德钦、中甸、丽江、维西、贡山、洱源、宁蒗、保山、景东、腾冲、漾濞、大理、禄劝、东川、巧家。湿生草本，生于海拔3000～4400m的草甸中或林下、灌丛。

（1190）西南萱草 *Hemerocallis forrestii* Diels

中甸、丽江、维西、宁蒗、鹤庆、大理。湿生草本，生于海拔1500～2800（3300）m的草甸或云南松林。

（1191）卷丹 Lilium lancifolium Thunb.

云南的东北部、中部、北部常栽培。湿生草本，生于海拔400～2500m的水旁、草地、路旁。

（1192）紫花百合 *Lilium souliei*(Franch.)Sealy

贡山、福贡、德钦、中甸、丽江、维西、洱源。湿生草本，生于海拔2800～4000m的高山草甸、杜鹃灌丛中。

（1193）黄洼瓣花 *Lloydia delavayi* Franch.

福贡、中甸、丽江、洱源、大理、漾濞。湿生草本，生于海拔3000～3200（3850）m的高山草甸、苔藓杜鹃林、石灰岩山石缝中。

（1194）洼瓣花 *Lloydia serotina*（L.）Reichenb.

中甸哈巴雪山和德钦白马雪山。湿生草本，生于海拔3500～4500m的高山草甸、流石滩、陡岩上。

（1195）西南鹿药 *Maianthemum fuscum*（Wall.）LaFrankie

贡山、福贡、腾冲、景东。湿生草本，生于海拔1300～1900（3100）m沟边的林下或树干上。

（1196）管花鹿药 *Maianthemum henryi*（Baker）LaFrankie var. *henryi*

贡山、德钦、中甸、丽江、维西、大理、漾濞、禄劝。湿生草本，生于海拔2580～3900m的高山草甸、流石滩上及沟边湿地长成片生长。

（1197）四川鹿药 *Maianthemum henryi*（Baker）LaFrankie var. *szechuanica*（Wang et Tang）H. Li

滇东北（永善一带）。湿生草本，生于海拔2000～2600m的河边、林下或路旁。

（1198）窄瓣鹿药 *Maianthemum tatsienense*（Franch.）LaFrankie

贡山、福贡、景东、镇康、中甸、维西、丽江、大理、洱源、大姚、禄劝、昭通、彝良、镇雄。多年生草本，生于海拔1200～3880m的高山草甸、灌丛、冷杉林。

（1199）美丽豹子花 *Nomocharis basilissa* Farrer ex W. E. Evans

云南西北部。湿生草本，生于海拔3900～4300m，高山草甸或竹林下。

（1200）滇西豹子花 *Nomocharis farreri*（W. E. Evans）Harrow

泸水片马地区、贡山独龙江流域。湿生草本，生于海拔2800～3600m的高山草甸和山坡草丛、灌丛草地、竹林边缘。

（1201）怒江豹子花 *Nomocharis saluenensis* Balf. f.

贡山、福贡、腾冲、德钦、中甸、维西。湿生草本，生于海拔2500～3800（3900）m的高山草甸、原始云杉林、冷杉林。有时附生在大树上。

（1202）假百合 *Notholirion bulbuliferum*（Lingelsh.）Stearn

德钦、中甸、维西、丽江、鹤庆、宁蒗、福贡、禄劝。湿生草本，生于海拔3200～4350m的草甸、河滩以及高山栎林、冷杉林和杜鹃林缘。

（1203）连药沿阶草 *Ophiopogon bockianus* Diels

昭通、彝良。湿生草本，生于海拔1000～1900m的溪边、林下阴湿处、沟谷。

（1204）沿阶草 *Ophiopogon bodinieri* Lévl.

贡山、福贡、德钦、中甸、维西、丽江、鹤庆、漾濞、洱源、大理、景东、镇康、凤庆、姚安、禄劝、大关、巧家、镇雄、东川、宜良、剑川、石屏等地。湿生草本，生于海拔1000～4000m的沟边、山谷潮湿处。

（1205）间型沿阶草 *Ophiopogon intermedius* D. Don

贡山、福贡、泸水、中甸、维西、永胜、丽江、鹤庆、大理、漾濞、景东、大姚、昆明、安宁、嵩明、禄劝、寻甸、东川、昭通、巧家。湿生草本，生于海拔800～3000m的溪边阴湿处、山坡、沟谷。

（1206）大花沿阶草 *Ophiopogon megalanthus* Wang et Dai

镇康、漾濞、砚山、文山、西畴。湿生草本，生于海拔1100～2800m的溪边林下、沟谷或灌丛下。

（1207）匍茎沿阶草 *Ophiopogon sarmentosus* Wang et Dai

耿马、凤庆、临沧、景东。湿生草本，生于海拔1350～2700m的河边、山坡常绿阔叶林下。

（1208）滇西沿阶草 *Ophiopogon yunnanensis* S. C. Chen

泸水。湿生草本，生于海拔1700～2200m的河边林下或岩石上。

（1209）卷叶黄精 *Polygonatum cirrhifolium*（Wall.）Royle

耿马、腾冲、保山、安宁、昆明、禄劝、大理、泸水、大姚、洱源、福贡、兰坪、剑川、鹤庆、丽江、维西、宁蒗、中甸、贡山、德钦。湿生草本，生于海拔1750～4100m的溪边或岩石上、山坡、草地、河谷。

（1210）滇黄精 *Polygonatum kingianum* Coll. et Hemsl.

勐腊、景洪、思茅、绿春、金平、麻栗坡、蒙自、文山、西畴、双江、临沧、凤庆、景东、双柏、楚雄、师宗、大理、漾濞、云龙、福贡、中甸、盐津。湿生草本，生于海拔620～3650m的水沟边或岩石上、山坡阴湿处。

（1211）叉柱岩菖蒲 *Tofieldia divergens* Bur. et Franch.

砚山、蒙自以西和以北的广大地区。湿生草本，生于海拔1000～4300m的溪边、草坡、林下岩缝中。

（1212）岩菖蒲 *Tofieldia thibetica* Franch.

滇东北（大关）。湿生草本，生于海拔700～2300m的沟旁的石壁、草坡或石缝中。

（1213）弯蕊开口箭 *Tupistra wattii*（C. B. Clarke）Hook. f.

贡山、沧源、西盟、景东、蒙自、绿春、屏边、金平、文山、西畴、麻栗坡、广南、富宁。湿生草本，生于海拔800～2800m的溪边山谷、林下。

（1214）丫蕊花 *Yspilandra thibetica* Franch.

昭通、彝良。云南新记录。湿生草本，生于海拔1800m的沟边或路旁湿地、林下。

296. 雨久花科 Pontederiaceae

（1215）水葫芦 *Eichhornia crassipes*（Mart.）Solms

云南大部分地区栽培或逸生。漂浮植物，生于池塘、沟渠、沼泽内。

（1216）箭叶雨久花 *Monochoria hastata*（L.）Solms

西双版纳、河口。沼生草本，生于海拔700m的水沟、水池、水塘、水田和沼泽中。

（1217）鸭舌草 *Monochoria vaginalis*（Burm. f.）var. *vaginalis*

云南全省各地。沼生草本，生于海拔500～2300m的沼泽、水田、溪沟。

（1218）雨久花 *Monochoria vaginalis*（Burm. f.）var. *korsakowii*（Regel et Maack.）C. B. Calrke

云南省各地。沼生草本，生于海拔500～2300m的池沼、湖湾和藕塘中。

302. 天南星科 Araceae

（1219）菖蒲 *Acorus calamus* L. var. *calamus*

云南的西北部、中部、东南部。沼生草本，常见于海拔600～2650m的水边或沼泽湿地，也有栽培的。

（1220）细根菖蒲 *Acorus calamus* L. var. *verus* L.

西双版纳。沼生草本，生于海拔1540～1750m的池边。

（1221）金钱蒲 *Acorus gramineus* Soland.

云南的西北部至东南部。湿生草本，生于海拔1800m的水旁湿地及石上。

（1222）长苞菖蒲 *Acorus rumphianus* S. Y. Hu

麻栗坡老君山。湿生草本，生于海拔1100～1300m的溪旁阴湿处。

（1223）石菖蒲 *Acorus tatarinowii* Schott

云南全省各地。湿生草本，生于海拔850～2600m的水边石上或密林中湿地。

（1224）八仙过海 *Cryptocoryne yunnanensis* H. Li

西双版纳。沉水草本，生于海拔600m的河滩沙地。

（1225）千年健 *Homalomena occulta*（Lour.）Schott

西双版纳、红河、屏边、河口。湿生草本，生于海拔80～1070m的溪旁、密林下湿润处。

（1226）刺芋 *Lasia spinosa*（L.）Thwait

元江、新平、普文、西双版纳、华宁、永德、梁河。沼生草本，生于海拔650～1530m的沟边、田边、箐沟阴湿草丛，竹丛中。

（1227）大漂 *Pistia stratiotes* Linn.

滇中及以南各热带、亚热带地区。飘浮草本，生于海拔200～1900m的淡水水域、水塘、水田、沟渠。

（1228）水半夏 *Typhonium flagelliforme*（Lodd.）Blume

金屏。沼生草本，生于海拔100～350m的水田边或其他湿地。

303. 浮萍科 Lemnaceae

（1229）浮萍 *Lemna minor* L.

云南省各地。漂浮草本，生于水田、池沼或其他静水水域。

（1230）稀脉浮萍 *Lemna perpusilla* Torr.

云南省各地。漂浮草本，生于水田、池沼或其他静水水域。

（1231）品藻 *Lemna trisulca* L.

宁蒗、丽江、大理。悬浮草本，生于海拔2700m的静水池沼、水塘、龙潭或湖泊中。

（1232）紫萍 *Spirodela polyrrhiza*（L.）Schleid.

云南省大部分地区。漂浮草本，生于海拔3000m的水田、水塘、湖湾、水沟。

（1233）芜萍 *Wolffia arrhiza*（L.）Hockel ex Wimmer

云南省大部分地区。悬浮草本，生于水塘、水池或积水沼泽中。

304. 黑三棱科 Sparganiuaceae

（1234）密集黑三棱 *Sparganium confertum* Y. D. Chen

贡山。沼生草本，生于海拔3100m的水塘中。

（1235）短序黑三棱 *Sparganium glomeratum* Least. ex Beurl.

中甸。沼生草本，生于海拔3200～3600m的水塘中。

（1236）沼生黑三棱 *Sparganium limosum* Y. D. Chen

贡山怒江河谷。沼生草本，生于海拔1750m的沼泽地。

（1237）小黑三棱 *Sparganium simplex* Hudson

腾冲、丽江、宁蒗、中甸。沼生草本，生于海拔2400～3400m的湖泊、河滩、沟渠和池塘。

（1238）云南黑三棱 *Sparganium yunnanense* Y. D. Chen

勐海。沼生草本，生于海拔1530m的水塘中。

305. 香蒲科 Typhaceae

（1239）狭叶香蒲 *Typha angustifolia* L.

洱源、丽江。沼生草本，生于海拔1900～2300m的河边、池塘边、湖滨或浅水沼泽地。

（1240）香蒲 *Typha orientalis* Presl

砚山、蒙自、建水、石屏。沼生草本，生于海拔1200～2000m的湖滨、沼泽地。

306. 石蒜科 Amaryllidaceae

（1241）蓝花韭 *Allium beesianum* W. W. Smith

中甸、丽江、鹤庆、大理（模式标本产地）。湿生草本，生于海拔3000～4350m的高山草甸、流石滩、荒草地。

（1242）梭沙韭 *Allium forrestii* Diels

贡山、德钦、中甸、丽江。湿生草本，生于海拔2700～4120m的高山草甸、流石滩、岩缝、草坡。

（1243）宽叶韭 *Allium hookeri* Thwaites

贡山、中甸、丽江、鹤庆、洱源、宾川、镇雄、昆明、大理、保山。湿生草本，生于海拔1500～4000m的水沟边、草甸、林下。

（1244）三株韭 *Allium humile* Kunth

中甸、丽江。湿生草本，生于海拔3000～4000m的水沟旁、阴湿山坡或云南松林下。

（1245）小根蒜 *Allium macrostemon* Bunge

德钦、丽江、维西、宁蒗、永胜、云龙、昆明、澄江、师宗、东川。湿生草本，生于海拔1500～3200m的水沟边、草地、山坡灌丛。

（1246）高山韭 *Allium sikkimemse* Baker

贡山、德钦、中甸。湿生草本，生于海拔2100～5200m的水边、高山灌丛和草甸、林缘、冷杉林。

（1247）忽地笑 *Lycoris aurea*（L' Her.）Herb.

贡山、福贡、耿马、龙陵、勐海、勐腊、漾濞、洱源、剑川、昆明、彝良、宜良、路南、丘北、广南。湿生草本，生于海拔400～2000m的箐沟杂木林、河边灌丛、草坡石缝中。

307. 鸢尾科 Iridaceae

（1248）西南鸢尾 *Iris bulleyana* Dykes f. *bulleyana*

中甸、维西、丽江、鹤庆、兰坪、贡山、德钦、大理、昆明、会泽。湿生草本，生于海拔2300～3500m的溪流旁或山坡湿草地上。

（1249）白花西南鸢尾 *Iris bulleyana* Dykes f. *alba* Zhao

德钦。湿生草本，生于海拔2300～3500m的溪流旁或山坡草地的湿草地上。

（1250）西藏鸢尾 *Iris clarkei* Baker

云南的西北部及西部。湿生草本，生于溪流旁或湖边的湿地。

（1251）长葶鸢尾 *Iris delavayi* Micheli ex Franch

维西、丽江、中甸、大理。湿生草本，生于海拔2700～3100m的水沟旁或林缘草地。

（1252）花菖蒲 *Iris ensata* Thunb. var. *hortensis*（Maxim.）Makino et Nemoto

云南有栽培。湿生草本，多栽于河、湖、池塘边或盆栽。

（1253）云南鸢尾 *Iris forrestii* Dykes

丽江、中甸、华坪、鹤庆。湿生草本，生于海拔2750～3600m的水沟、溪流旁的湿地或山坡草丛中。

（1254）库门鸢尾 *Iris kemaonensis* D. Don ex Royle

贡山、中甸、丽江。湿生草本，生于海拔3500～4200m的高山草甸、流石滩上、山坡草地、沟谷草丛中。

（1255）燕子花 *Iris laevigata* Fisch. ex Turcz.

昆明、勐海、大理、维西。沼生草本，生于海拔1890～3200m的沼泽地、河岸边的水湿地。

（1256）红花鸢尾 *Iris milesii* Baker ex Foster

腾冲、贡山、西畴、双柏、景东、金平、泸水。湿生草本，生于河滩地、山坡林缘或疏林下及较湿润处。

（1257）多斑鸢尾 *Iris polysticta* Diels

云南的北部地区。湿生草本，生于河边湿地、沼泽地及向阳山坡上。

（1258）黄菖蒲 *Iris pseudacorus* L.

云南有些园圃中引种。湿生草本，生于河湖沿岸的湿地或沼泽地上。

（1259）鸢尾 *Iris tectorum* Maxim

丽江、德钦、维西、漾濞、景东、麻栗坡。湿生草本，生于海拔1000～3000m的水边湿地、林缘。

（1260）扇形鸢尾 *Iris wattii* Baker

西畴、文山、麻栗坡、屏边、景东、凤庆、龙陵、金平、贡山、福贡、维西、兰坪。湿生草本，生于海拔1200～2300m的河边湿地或林缘草地。

（1261）黄花鸢尾 *Iris wilsonii* C. H. Wright

云南的东北部。湿生草本，生于山坡草丛、林缘草地及河旁沟边的湿地。

321. 箭根薯科 Taccaceae

（1262）箭根薯 *Tacca chantrieri* Andre

腾冲、西双版纳、河口、金平。湿生草本，生于海拔1336m的水边、山谷林下阴湿处。

323. 水玉簪科 Burmanniaceae

（1263）三品一枝花 *Burmannia coelestis* D. Don

临沧、景东、景洪、勐腊。沼生草本，生于海拔580～1200m的近水湿草地、沼泽地。

（1264）水玉簪 *Burmannia disticha* L.

腾冲、瑞丽、大理、西双版纳、绿春、屏边、蒙自、河口、西畴、马关、麻栗坡、广南。湿生草本，生于海拔1200～2400m的潮湿林中或湿地上。

326. 兰科 Orchidaceae

（1265）锥囊坛花兰 *Acanthephippium striatum* Lindl.

勐腊、屏边。湿生草本，生于海拔900～1350m的溪边、沟谷或密林下阴湿处。

（1266）一花无柱兰 *Amitostigma monanthum* (Finet) Schltr.

贡山、维西、中甸、德钦、丽江。湿生草本，生于海拔2800～4000m的溪边或高山草甸中。

（1267）长叶苞叶兰 *Brachycorythis henryi* (Schlz) Summerh.

腾冲、勐腊、景洪、漾濞、大理、蒙自。湿生草本，生于海拔1800m的沼泽、河边、林缘、潮湿牧场。

（1268）剑叶虾脊兰 *Calanthe davidii* Franch.

贡山、泸水、龙陵、维西、漾濞、昆明、富源、罗平、屏边、西畴、麻栗坡。湿生草本，生于海拔1300～3000m的溪边、山谷或山坡林下。

（1269）碧江头蕊兰 *Cephalanthera bijiangensis* S. C. Chen

福贡。湿生草本，生于海拔2000m的水沟边。

（1270）头蕊兰 *Cephalanthera longifolia* (L.) Fritsch.

贡山、福贡、维西、德钦、中甸、丽江、永胜、洱源、大理。湿生草本，生于海拔2000～3600m的河滩路旁草地上。

（1271）杜鹃兰 *Cremastra appendiculata* (D. Don) Makino

贡山、腾冲、鹤庆、凤庆、玉溪、永善、昭通、西畴。湿生草本，生于海拔2900m的湿地或沟边湿地上。

（1272）墨兰 *Cymbidium sinense* (Jackson ex Andr.) Willd.

丽江、宾川、大理、勐养、麻栗坡、西畴、富宁。湿生草本，生于海拔800～2300m的溪边、林下阴湿处。

（1273）西藏杓兰 *Cypripediun tibeticum* King ex Rolfe

贡山、维西、中甸、德钦、丽江、镇康。湿生草本，生于海拔3600m的高山草甸。

（1274）宽口杓兰 *Cypripediun wardii* Rolfe

德钦（模式标本产地）。湿生草本，生于海拔3200～3400m的溪边、林下或岩石上。

（1275）紫花美冠兰 *Eulophia spectabilis* (Dennst.) Suresh

澜沧、勐海、建水、蒙自、金屏、屏边。湿生草本，生于海拔200～1550m的溪边、山谷或草坡上。

（1276）多叶斑叶兰 *Goodyera foliosa* (Lindl.) Benth ex Clarke

贡山、勐腊、景洪。湿生草本，生于海拔

1300～1500m 的江边或山坡常绿阔叶林下。

（1277）短距手参 *Gymnadenia crassinervis* Finet

贡山、福贡、维西、丽江、中甸。湿生草本，生于海拔 3100～4800m 的林间沼泽地中、草坡、山坡灌丛。

（1278）西南手参 *Gymnadenia orchidis* Lindl.

贡山、福贡、兰坪、维西、德钦、中甸、丽江、宁蒗、鹤庆。湿生草本，生于海拔 2170～4100m 的高山草甸或沼泽中。

（1279）长距玉凤花 *Habenaria davidii* Franch.

贡山、兰坪、维西、中甸、凤庆、丽江、洱源、昆明、剑川、罗平。湿生草本，生于海拔 2100～3200m 的溪旁草地、山坡林下、草坡。

（1280）鹅毛玉凤花 *Habenaria dentata*（SW.）Schltr.

贡山、福贡、腾冲、沧源、陇川、中甸、景东、勐腊、勐海、丽江、鹤庆、洱源、元江、双柏、峨山、昆明、蒙自、屏边、砚山、富宁。湿生草本，生于海拔 750～2300m 的沼泽地或沟边密林、草坡。

（1281）粉叶玉凤花 *Habenaria glaucifolia* Bur. et Franch.

维西、中甸、德钦、丽江、洱源、大理、蒙自。湿生草本，生于海拔 2800～3300m 的草甸或草坝上、林缘、杜鹃灌丛。

（1282）宽药隔玉凤花 *Habenaria limprichtii* Schltr.

兰坪、中甸、丽江、鹤庆、大理（模式标本产地）、漾濞、勐腊、广通、楚雄、玉溪、昆明、嵩明、昭通。湿生草本，生于海拔 1900～3200m 的溪旁草地上或草坡、荒地、草坝。

（1283）棒距玉凤花 *Habenaria mairei* Schltr.

中甸、会泽（大海，模式标本产地）。湿生草本，生于海拔 2400～3500m 的草甸和草坝、草坡。

（1284）矮角盘兰 *Herminium chloranthum* T. Tang et F. T. Wang

维西、德钦、中甸（模式标本产地）。湿生草本，生于海拔 2500～3800m 的高山草甸或山坡草地。

（1285）侧花兜被兰 *Neottianthe secundiflora*（Hook. f.）Schlechi.

贡山、鹤庆。湿生草本，生于海拔 3000m 的水边。

（1286）黄花红门兰 *Orchis chrysea*（W. W. Smith）Schlechi

贡山、中甸、德钦。沼生草本，生于海拔 3000～3300m 的沼泽或岩石上苔藓层中、沟谷林下苔藓。

（1287）囊唇山兰 *Oreorchis indica*（Lindl.）Hook. f.

云南的西北部。湿生草本，生于海拔 2500～3400m 的高山草甸上或林下。

（1288）鹤顶兰 *Phaius tankervillaea*（Banks es L' Herit.）

福贡、泸水、腾冲、镇康、景东、双江、思茅、勐腊、景洪、金平、西畴、麻栗坡、富宁。湿生草本，生于海拔 700～1800m 的溪旁或林缘、沟谷。

（1289）碟兰 *Phalaenopsis wilsonii* Rolfs.

贡山、维西、丽江、大理。湿生附生草本，生于海拔 1400m 的河边石上。

（1290）滇藏舌唇兰 *Platanthera bakeriana*（Lking et Pantl.）Kraenal.

贡山、福贡、兰坪、腾冲、保山、维西、德钦、中甸、丽江、鹤庆、大理、禄劝。湿生草本，生于海拔 2700～3800m 的溪旁草地或灌丛草甸、中竹箐、草坡。

（1291）高原舌唇兰 *Platanthera exelliana* Soo'

贡山、中甸、德钦。湿生草本，生于海拔 3700～4300m 的山坡亚高山至高山灌丛草甸中。

（1292）小舌唇兰 *Platanthera minor*（Miq.）Rchb. f.

腾冲、大理。湿生草本，生于海拔 1800～2100m 的多石草甸，草坡。

（1293）条瓣舌唇兰 *Platanthera stenantha*（Hook. f.）Soo'

贡山、福贡、大理。湿生草本，生于海拔 2500～3500m 的灌丛草甸或山坡林下。

（1294）绶草 *Spirantes siniensis*（Per.）Ames

云南的大部分地区。湿生草本，生于海拔 3400m 的沼泽、山坡、田边、草地、灌丛。

（1295）长喙兰 *Tsaiorchis neottianthoides* T. Tang et F. T. Wang

屏边（模式标本产地）。湿生草本，生于海拔 1500m 的溪边。

327. 灯心草科 Juncaceae

（1296）翅茎灯心草 *Juncus alatus* Franch. et

Savat.

绥江。湿生草本，生于海拔1400m的溪边。

（1297）葱状灯心草 *Juncus allioides* Franch.

昆明、东川、大理、漾濞、镇康、丽江、凤庆、中甸、福贡、德钦、贡山。湿生草本，生于海拔2000～4000m的高山沼泽地或草坡、石坡上。

（1298）二颖灯心草 *Juncus biglumis* Linn.

中甸、贡山。湿生草本，生于海拔3400～4000m的高山草甸。

（1299）显苞灯心草 *Juncus bracteatus* Buchen.

镇康、福贡、贡山、中甸。湿生草本，生于海拔2700～4100m的水边、草地。

（1300）小灯心草 *Juncus bufonius* Linn.

昆明、嵩明、富民、大理、永胜、德钦等地。湿生草本，生于海拔2000～3700m的河边、田中。

（1301）印度灯心草 *Juncus clarkei* Buchen. var. *clarkei*

泸水、中甸、福贡、德钦、贡山。湿生草本，生于海拔3500～4100m的草甸、水沟边。

（1302）膜边灯心草 *Juncus clarkei* Buchen. var. *marginatus* A. Camus

大理、兰坪、文山、中甸、福贡、贡山。湿生草本，生于海拔3500～4100m的高山草甸、沟边。

（1303）灯心草 *Juncus effusus* Linn.

昆明、景东、元江、屏边、广南、西畴、麻栗坡、临沧、盈江、剑川、维西、中甸。沼生草本，生于海拔1200～3400m的沼泽地。

（1304）福贡灯心草 *Juncus fugongensis* S. Y. Bao

福贡碧落雪山（模式标本产地）。沼生草本，生于海拔3500～3700m的水边草丛中。

（1305）密花灯心草 *Juncus glomeratus* K. F. Wu

兰坪、中甸、宁蒗。湿生草本，生于海拔3000～3600m的水沟边和草坡。

（1306）片髓灯心草 *Juncus inflexus* Linn.

昆明、嵩明、寻甸、大姚、大理、西畴、屏边、镇康、剑川、丽江、福贡、贡山、德钦。湿生草本，生于海拔1300～3000m的沼泽地或干燥草坡。

（1307）长苞灯心草 *Juncus leucomelas* Royle ex D. Don

丽江、德钦。湿生草本，生于海拔3000～4500m的高山草甸、河滩、草地。

（1308）笄石菖 *Juncus prismatocarpus* R. Br. ssp. *prismatocarpus*

昆明、寻甸、建水、江川、绿春、大理、文山、广南、岩上、屏边、河口、澜沧、勐海、澜沧、剑川、丽江、中甸、德钦。湿生草本，生于海拔1200～2800m的沼泽地、山坡林下。

（1309）长柱灯心草 *Juncus przewalskii* Buchen.

巧家、中甸、德钦。湿生草本，生于海拔3000～4200m的高山草甸及路边草坡。

（1310）野灯心草 *Juncus setchuensis* Buchen.

全省各地。湿生草本，生于海拔1100～3500m的溪边、林中湿处以及田边、水塘边。

（1311）锡金灯心草 *Juncus sikkimensis* Hook. f. var. *sikkimensis*

大理、福贡、中甸、德钦、贡山。湿生草本，生于海拔3400～4700m的高山草甸、水边草丛中。

（1312）枯灯心草 *Juncus sphacelatus* Laharpe.

贡山、宁蒗。湿生草本，生于海拔3300～4800m的沼泽地、山坡、沟旁或河边湿地。

（1313）展苞灯心草 *Juncus thomsonii* Buchen.

维西、丽江、中甸、德钦。沼生草本，生于海拔3200～4000m的高山沼泽地。

（1314）针灯心草 *Juncus wallichianus* Laharpe.

贡山、泸水、中甸、丽江、维西。湿生草本，生于海拔1130～1680m的河边、沼泽草甸。

（1315）中国地杨梅 *Luzula effusa* Buchen. var. *chinensis*（N. E. Brown）K. F. Wu

禄劝、维西、中甸。湿生草本，生于海拔2900～3400m的溪边、云杉林下、草坡。

（1316）羽毛地杨梅 *Luzula plumosa* E. Mey

昆明、师宗、大理、漾濞、广南、中甸、贡山。湿生草本，生于海拔1500～3800m的水边潮湿地或杂木林中。

（1317）穗花地杨梅 *Luzula spicata*（Linn.）DC.

中甸、德钦。湿生草本，生于海拔3400～4200m的高山沼泽草地、山坡林下。

331. 莎草科 Cyperaceae

（1318）华扁穗草 *Blysmus sinocompressus* Tang et Wang

中甸、维西、丽江、兰坪、宁蒗。湿生草

本，生于海拔 2300～3700m 的沼泽草地和溪边、山坡草地。

（1319）扁秆荆三棱 *Bolboschoenus planicalmis*（F. Schmidt）Egorova

丽江、蒙自。沼生草本，生于海拔 1400～2500m 的沼泽地或水田中。

（1320）球柱草 *Bulbostylis barbata*（Rottb.）Kunth

云南西北部和南西南部。湿生草本，生于河滩沙地上或田边湿地。

（1321）丝叶珠序草 *Bulbostylis densa*（Wall.）Hand. -Mazz.

贡山、兰坪、鹤庆、丽江、宁蒗。湿生草本，生于海拔 1420～3000m 的江边湿地、林下。

（1322）禾状苔草 *Carex alpecuroides* D. Don

大姚、昆明、镇雄、永善。湿生草本，生于海拔 2000～2700m 的沟边湿处或林下潮湿处。

（1323）高秆苔草 *Carex alta* Boott

昆明、安宁、屏边。湿生草本，生于海拔 1500～1850m 的水沟边、溪边或路旁潮湿处。

（1324）尖鳞苔草 *Carex atrata* L. ssp. *pullata*（Boott）Küenth.

德钦、贡山、中甸、维西、宁蒗、福贡、洱源。湿生草本，生于海拔 2700～4500m 的高山灌丛草甸、高山草甸及林间空地。

（1325）丛生苔草 *Carex caespititia* Nees

宾川。湿生草本，生于海拔 2000～2800m 的河边草地。

（1326）发秆苔草 *Carex capillacea* Boott

中甸、丽江、泸水、大理、禄劝。湿生草本，生于海拔 2100～3400m 的河边潮湿处、疏林下。

（1327）藏东苔草 *Carex cardiolepis* Nees

洱源、丽江、中甸。湿生草本，生于海拔 3000～4300m 的高山草甸或林下。

（1328）桂龄苔草 *Carex chuiana* Wang et Tang ex P. C. Li

云南的西北部。湿生草本，生于高山灌丛或草甸。

（1329）十字苔草 *Carex cruciata* Wahlenb.

师宗、罗平、维西、贡山、福贡、大理、漾濞、巍山、昆明、禄劝、易门、西畴、屏边、金平、河口、景洪、景东、勐腊、凤庆、临沧、保山。湿生草本，生于海拔 330～2500m 的沟边、林边或路旁、火烧地。

（1330）柱穗苔草 *Carex cylindriostachya* Franch.

洱源、大理、丽江、宁蒗、中甸等西北部地区。湿生草本，生于海拔 1900～3400m 的河边草地、林边湿草地。

（1331）年佳苔草 *Carex delavayi* Franch.

洱源（模式标本产地）。湿生草本，生于海拔 1800～3700m 的草甸、高山灌丛、沟边草地。

（1332）丽江苔草 *Carex dielsiana* Küenth.

贡山、丽江。湿生草本，生于海拔 1900～3800m 的溪边潮湿处和林边。

（1333）签草 *Carex doniana* Spreng.

富宁、文山、福贡。湿生草本，生于海拔 1900～2700m 的沟边潮湿处、林下、灌木丛中。

（1334）镰穗苔草 *Carex drepanorhyncha* Franch.

贡山、丽江。湿生草本，生于海拔 3300～4200m 的高山草甸和流石滩、亚高山灌丛草甸。

（1335）丝秆苔草 *Carex filamentosa* K. T. Fu

维西、中甸等西北地区。湿生草本，生于海拔 2700～4000m 的高山草甸、针叶林下。

（1336）亮绿苔草 *Carex finitima* Boott var. *finitima*

兰坪、福贡、维西、贡山。湿生草本，生于海拔 2100～3400m 的溪边、林下、灌丛草甸。

（1337）短叶亮绿苔草 *Carex finitima* Boott var. *attenuata* C. B. Clarke

中甸、高黎贡山。草本，生于海拔 2000～3000m 的水边草地或路边阴湿处。

（1338）溪生苔草 *Carex fluviatilis* Boott

丽江、维西、大理、昆明、嵩明、金平、屏边、镇康、景洪、勐海。湿生草本，生于海拔 1300～3200m，溪旁和林下湿地。

（1339）刺喙苔草 *Carex forrestii* Kükenth.

中甸、维西、丽江、昆明。湿生草本，生于海拔 2600～3200m 的沼泽草甸和田边。

（1340）贡山苔草 *Carex gongshanensis* Tang et Wang ex Y. C. Tang

贡山。湿生草本，生于海拔 1400～1470m 的江边、河谷灌丛中。

（1341）亲族苔草 *Carex gentilis* Franch. var. *gentiles*

盐津（成凤山）（模式标本产地）。湿生草本，生于海拔 1500～2000m 的沟边林下。

（1342）宽叶亲族苔草 *Carex gentilis* Franch.

var. *intermedia* Tang et Wang ex L. K. Dai

安宁、镇雄等地。湿生草本，生于海拔1300～2000m的沟边和岩石上。

（1343）双脉囊苔草 *Carex handelii* Kükenth.

丽江、维西、贡山、中甸等地。湿生草本，生于海拔2800～4100m的沟边林下或山坡。

（1344）亨氏苔草 *Carex henryi* C. B. Clarke ex Franch.

维西、贡山、麻栗坡、西畴等地。湿生草本，生于海拔2400～3000m的沟边、山坡林下或路边。

（1345）流石苔草 *Carex hirtelloides*（Kükenth.）Wang et Tang

云南西北部（中甸、丽江）。湿生草本，生于海拔3700～4500m的高山草甸岩石和流石滩上。

（1346）毛囊苔草 *Carex inanis* Kunth

维西、贡山。湿生草本，生于海拔2000～3500m的河边或山坡湿地。

（1347）高山苔草 *Carex infuscata* Nees var. *gracilenta*（Boott ex Strachey.）P. C. Li

中甸、维西、剑川。湿生草本，生于海拔2700～3600m的亚高山草甸或针叶林缘、采伐迹地。

（1348）秆叶苔草 *Carex insignis* Boott

云南西北部（贡山）和西部（腾冲）。湿生草本，生于海拔1500～2200m的沟边及林下。

（1349）甘肃苔草 *Carex kansuensis* Nelmes

德钦。湿生草本，生于海拔3400～4600m的高山灌丛草甸、湖泊岸边、湿润草地。

（1350）明亮苔草 *Carex laeta* Boott

丽江、维西、中甸、贡山、德钦等地。湿生草本，生于海拔3400～3800m的高山灌丛、草甸、林边或河边草地。

（1351）澜沧苔草 *Carex lancangensis* S. Y. Liang

澜沧（模式标本产地）。湿生草本，生于海拔2000m的水池边。

（1352）批针鳞苔草 *Carex lancisquamata* L. K. Dai

大理（模式标本产地）。湿生草本，生于海拔1800m的河边。

（1353）膨囊苔草 *Carex lehmanii* Drejer

德钦、贡山、中甸、丽江、宁蒗。湿生草本，生于海拔2900～4100m的湿润草地和沼泽中。

（1354）坚喙苔草 *Carex litorhyncha* Franch.

盐津（模式标本产地）、洱源。湿生草本，生于沼泽草甸和水旁。

（1355）马库苔草 *Carex makuensis* P. C. Li

贡山独龙江。湿生草本，生于海拔1400m的河边沙地。

（1356）昌宁苔草 *Carex melinacra* Franch. var. *changning* S. Y. Liang

保山昌宁（模式标本产地）。湿生草本，生于海拔2300～3450m的溪边。

（1357）木里苔草 *Carex muliensis* Hand. -Mazz.

中甸、丽江、宁蒗。湿生草本，生于海拔3400～4600m的高山草甸和沼泽草甸。

（1358）条穗苔草 *Carex nemostachys* Steud.

云南的东南部。湿生草本，生于海拔1600m的溪边、沼泽地或林下湿处。

（1359）亮果苔草 *Carex nitidiutriculata* L. K. Dai

师宗（模式标本产地）。湿生草本，生于海拔2000～2300m的水沟边和田边潮湿处、山坡林下。

（1360）云雾苔草 *Carex nubigena* D. Don

德钦、贡山、中甸、维西、福贡、丽江、鹤庆、洱源、大理、兰坪、云龙、永平、宁蒗、永胜、景东、勐海。湿生草本，生于海拔2400～3000m的河边湿草地或高山灌丛草甸。

（1361）倒卵鳞苔草 *Carex obovatosquamata* Wang et Y. L. Chang ex P. C. Li

德钦白马雪山（模式标本产地）。湿生草本，生于海拔3000～4250m的高山草甸、高山灌丛、冷杉林边草地。

（1362）刺囊苔草 *Carex obscura* Nees var. *brachycarpa* C. B. Clarke

德钦、贡山、中甸、维西、丽江、福贡、宁蒗。湿生草本，生于海拔2700～3950m的浅水中和高山针叶林下阴湿处。

（1363）褐紫鳞苔草 *Carex obscuriceps* Kükenth.

兰坪、维西、中甸等西北部。湿生草本，生于海拔3100～3800m的高山草甸或沼泽地。

（1364）肿喙苔草 *Carex oedorrhampha* Nelmes

金平、富宁、勐腊（勐仑）、景洪（勐养）。湿生草本，生于海拔700～1900m的水沟边、山坡疏林下、路旁阴湿地。

（1365）榄绿果苔草 *Carex olivacea* Boott

凤庆、福贡、贡山。沼生草本，生于海拔2500～3000m的沼泽地或潮湿处。

（1366）卵穗苔草 *Carex ovatispiculata* Y. L. Chang ex S. Y. Liang

大关、德钦、中甸、丽江、维西、昆明。湿生草本，生于海拔2300～3500m的溪边和湿地。

（1367）小苔草 *Carex parva Nees in* Wight

贡山、中甸、维西、丽江、兰坪、洱源、宁蒗。湿生草本，生于海拔2300～4000m的沼泽草甸或河边草地、林缘。

（1368）镜子苔草 *Carex phacota* Spreng.

思茅。湿生草本，生于海拔1500m的水边和路旁潮湿处、沟边草丛中。

（1369）红棕苔草 *Carex przewalskii* Egorova

云南省西北部。湿生草本，生于海拔3400～4100m的高山草甸或亚高山灌丛中。

（1370）松叶苔草 *Carex rara* Boott

高黎贡山、丽江、大理、嵩明。沼生草本，生于海拔2600～3250m的沼泽、溪边。

（1371）垂果苔草 *Carex recurvisaccus* T. Koyama

勐海。湿生草本，生于海拔1300m的沟边阴湿处或疏林下。

（1372）丝引苔草 *Carex remotiuscula* Wahlenb.

德钦、贡山、中甸、福贡、维西、丽江、漾濞。湿生草本，生于海拔2300～3700m的沼泽草地、湿草地、林下或林缘。

（1373）川滇苔草 *Carex schneideri* Nelmes

德钦、中甸、丽江、漾濞、洱源。湿生草本，生于海拔2900～4300m的高山灌丛草甸、草坡和砾石山坡。

（1374）长茎苔草 *Carex setigera* D. Don var. *setigera*

大理。湿生草本，生于海拔2700～4100m的溪边湿地或山坡林缘草地。

（1375）柄囊苔草 *Carex stipitiutriculata* P. C. Li

维西（模式标本产地）。沼生草本，生于海拔3600m的高山沼泽中。

（1376）近蕨苔草 *Carex subfilicinoides* Kükenth.

大关、维西。湿生草本，生于海拔1200～2300m的溪边、林下。

（1377）长柱头苔草 *Carex teinogyna* Boott

昆明、景东、贡山。湿生草本，生于海拔1300～2000m的沟边、山谷疏林下。

（1378）玉龙苔草 *Carex yulongshanensis* P. C. Li

丽江（模式标本产地）。湿生草本，生于海拔3900～4300m的高山草甸及流石滩。

（1379）云岭苔草 *Carex yunlingensis* P. C. Li

德钦（模式标本产地）。湿生草本，生于海拔3400m的水沟边和林下。

（1380）云南苔草 *Carex yunnanensis* Franch.

大理、洱源、丽江、贡山等地。湿生草本，生于海拔3000～3500m的溪边或林下、路边。

（1381）刺鳞莎 *Courtoisia cyperoides* Nees

云南中部和南部。湿生草本，生于沟边或山坡草地上。

（1382）长尖莎草 *Cyperus cuspidatus* H. B. K

勐海、景洪、思茅、屏边、河口、蒙自、晋宁、大理、福贡。湿生草本，生于海拔960～2000m的河边沙地。

（1383）异型莎草 *Cyperus difformis* Linn.

蒙自、勐海、勐腊、临沧、凤庆、大理、鹤庆、安宁、昆明、寻甸。湿生草本，生于海拔850～2000m的水边潮湿处或稻田。

（1384）多脉莎草 *Cyperus diffusus* Vahl.

富宁、屏边、景洪等南部地区。湿生草本，生于河边湿处或山坡草丛中。

（1385）云南莎草 *Cyperus duclouxii* E. G. Camus

金平、屏边、蒙自、麻栗坡、镇康、景东、巍山、鹤庆、维西、安宁、昆明、嵩明、寻甸、东川。湿生草本，生于海拔2500m的水边或山底湿草地上。

（1386）畦畔莎草 *Cyperus haspan* Linn.

勐海、景洪、屏边、河口、澜沧等南部地区。湿生草本，生于海拔1000～1500m的水田或浅水塘等浅水中。

（1387）线状穗莎草 *Cyperus linearispiculatus* L. K. Dai

西双版纳（模式标本产地）。湿生草本，生于江边潮湿的沙地上。

（1388）毛轴莎草 *Cyperus pilosus* Vahl. var. *pilosus*

腾冲、思茅等地。湿生草本，生于海拔1300～2100m的水田边、河边湿处。

（1389）少花毛轴莎草 *Cyperus pilosus* Vahl. var. *pauciflorus* L. K. Dai

凤庆、金平、屏边。湿生草本，生于水边。

（1390）香附子 *Cyperus rotundus* Linn.

勐海（勐遮）、勐腊、河口、蒙自、昆明、大理、凤庆、鹤庆。湿生草本，生于海拔 200～2600m 的水边潮湿处或山坡荒草地草丛中。

（1391）疏鳞莎草 *Cyperus tenuifolius* L. K. Dai

镇雄（模式标本产地）、景洪。湿生草本，生于海拔 780m 的沟边潮湿处。

（1392）紫果蔺 *Eleocharis atropurpurea*（Retz.）Presl.

云南东北部、东部、东南部和中部。湿生草本，生于海拔 1400m 的水田中或田边湿地。

（1393）密花荸荠 *Eleocharis congesta* D. Don

屏边、勐海。湿生草本，生于海拔 1300～1400m 的池塘边、溪边或森林边缘。

（1394）透明鳞荸荠 *Eleocharis pellucida* Presl. var. *pellucida*

双江、勐海、勐腊、河口、昭通、盐津。沼生草本，生于水稻田、水塘和湖边湿地。

（1395）稻田荸荠 *Eleocharis pellucida* Presl. var. *japonica*（Miq.）Tang et Wang

勐海、昆明等地。沼生草本，生于水稻田中和水边。

（1396）卵穗荸荠 *Eleocharis soloniensis*（Dubois）Hara

云南的东北部。沼生草本，生于海拔 2500m 的沼泽中。

（1397）三面秆荸荠 *Eleocharis trilateralis* Tang et Wang

勐海（模式标本产地）。沼生草本，生于海拔 1800m 的沼泽中。

（1398）具刚毛槽秆荸荠 *Eleocharis valleculosa* Ohwi var. *setosa* Ohwi

鹤庆、丽江。草本，生于海拔 1350～3000m 的浅水中。

（1399）牛毛毡 *Eleocharis yokoscensis*（Franch. et Savat.）Tang et Wang

昆明、呈贡、丽江。沼生草本，生于海拔 1800～3000m 的水田中、池塘边或潮湿草地。

（1400）云南荸荠 *Eleocharis yunnanensis* Svens.

丽江、维西、昆明、大理、贡山、怒江和澜沧江流域、勐海。沼生草本，生于海拔 1800～3270m 的溪边、山谷中。

（1401）无叶飘拂草 *Fimbristylis aphylla* Steud. var. *aphylla*

嵩明。沼生草本，生于海拔 2400m 的沼泽地。

（1402）小飘拂草 *Fimbristylis aphylla* Steud. var. *gracilis* Tang et Wang

昆明（模式标本产地）。湿生草本，生于海拔 1900m 的溪旁潮湿处、山谷。

（1403）复序飘拂草 *Fimbristylis bisumbellata*（Forsk.）Buban

蒙自、金平、西双版纳（勐海、景洪）。湿生草本，生于海拔 450～1530m 的江边、潮湿沙地及山坡。

（1404）扁鞘飘拂草 *Fimbristylis complanata*（Retz.）Link

贡山、镇雄、中甸、丽江、洱源、大理、巍山、昆明、屏边、镇康。湿生草本，生于海拔 1000～3000m 的溪边、草地、山谷潮湿处。

（1405）两歧飘拂草 *Fimbristylis dichotoma*（L.）Vahl f. *dichotoma*

福贡、丽江、宁蒗、永胜、漾濞、大理、昆明、蒙自、屏边、河口、思茅地区、西双版纳（勐海、易武）、昌宁。湿生草本，生于海拔 1420～2600m 的溪边、山谷疏林缘湿润处及草坡。

（1406）线叶两岐飘拂草 *Fimbristylis dichotoma*（L.）Vahl f. *annua*（All.）Ohwi

云南的中部、东南部和南部（景洪、勐海）。沼生草本，生于海拔 800～1250m 的浅水和田中。

（1407）暗褐飘拂草 *Fimbristylis fusca*（Nees.）Benth.

贡山、昌宁。湿生草本，生于海拔 1280～2000m 的溪边或草坡。

（1408）球穗飘拂草 *Fimbristylis globulosa*（Retz.）Kunth

景洪。沼生草本，生于海拔 800m 的沼泽地或浅水处。

（1409）宜昌飘拂草 *Fimbristylis henryi* C. B. Clarke

砚山。湿生草本，生于海拔 2000m 的溪边、沼泽地或岩石上。

（1410）长穗飘拂草 *Fimbristylis longispica* Steud.

鹤庆大坪子。湿生草本，生于河边或山脚湿地。

（1411）水虱草 *Fimbristylis miliaceae*（Linn.）Vah

大关至盐津、贡山、福贡、勐海、临沧。湿生草本，生于海拔1090～2000m的水边和田野。

（1412）褐鳞飘拂草 *Fimbristylis nigrobrunnea* Thw.

屏边、保山、大理、维西。湿生草本，生于海拔1200～2500m的溪边、沼地或山涧岩石上。

（1413）沙生飘拂草 *Fimbristylis psammocola* Tang et Wang

景洪（勐罕，模式标本产地）。湿生草本，生于海拔540m的江边空旷沙地上。

（1414）少穗飘拂草 *Fimbristylis schoenoides* (Retz.) Vahl.

景洪。湿生草本，生于海拔800～1000m的溪边和水田边潮湿处。

（1415）匍匐茎飘拂草 *Fimbristylis stolonifera* C. B. Clarke

鹤庆、大理、昆明。湿生草本，生于海拔2600m的水沟边山坡。

（1416）毛芙兰草 *Fuirena ciliaris*(Linn.)Roxb.

云南省南部。湿生草本，生于田边草地、水稻田等潮湿处。

（1417）尖颖毛瓣莎 *Fuirena cuspidata* (Roth) Kunth

云南的东南部（蒙自）。沼生草本，生于海拔800～1800m的沼泽草地。

（1418）芙兰草 *Fuirena umbellata* Rottb.

云南省南部（勐腊易武）。沼生草本，生于海拔780m的沼泽地、溪边。

（1419）细莞 *Isolepis setacea* (Linn.) R. Br.

德钦、中甸、丽江、宁蒗。湿生草本，生于海拔2600～3500m的河边、山坡草地或石头表面。

（1420）水莎草 *Juncellus serotinus* Rottb.

思茅、砚山。湿生草本，生于浅水中、水边沙土上。

（1421）尾穗嵩草 *Kobresia cercostachys* (Franch.) C. B. Clarke

洱源、丽江、中甸、德钦。湿生草本，生于海拔3800～4400m的高山灌丛草甸带、高山草甸、流石滩边缘斑状草甸。

（1422）截形嵩草 *Kobresia cuneata* Kükenth.

中甸、德钦、禄劝。湿生草本，生于海拔3000～4650m的高山草甸带、高山灌丛草甸。

（1423）线形嵩草 *Kobresia duthiei* C. B. Clarke

中甸、德钦。湿生草本，生于海拔4100～4700m的高山草甸、大石上。

（1424）蕨状嵩草 *Kobresia filicina* (C. B. Clarke) C. B. Clarke var. *filicina*

丽江、中甸、德钦、维西。湿生草本，生于海拔2900～3500m的河滩、林缘、沟谷或岩石上。

（1425）柄果嵩草 *Kobresia fissiglumis* C. B. Clarke

中甸、德钦、贡山。湿生草本，生于海拔3200～4500m的高山灌丛草甸带的岩石上。

（1426）禾叶嵩草 *Kobresia graminifolia* C. B. Clarke

丽江、中甸、德钦。湿生草本，生于海拔3000～4700m的高山草甸、石坡、沟谷。

（1427）密穗嵩草 *Kobresia handel-mazzettii* Ivan.

丽江、中甸。湿生草本，生于海拔3300～4000m的高山灌丛草甸、水边湿地。

（1428）黑麦嵩草 *Kobresia loliacea* Wang et Tang ex P. C. Li

中甸、维西、兰坪。湿生草本，生于海拔3100～3300m的林缘草甸和水湿地。

（1429）二蕊嵩草 *Kobresia myosuroides* (Vill.) Fiori et Poal. ssp. *bistaminata* (W. Z. Di et M. J. Zhong) S. R. Zhang

德钦。湿生草本，生于海拔4300～4400m的高山灌丛草甸。

（1430）尼泊尔嵩草 *Kobresia nepalensis* (Nees.) Kükenth.

巧家、丽江、中甸、德钦、维西。湿生草本，生于海拔3400～4400m的高山草甸、高山灌丛草甸、流石滩、岩壁上。

（1431）高山嵩草 *Kobresia pygmaea* C. B. Clarke

丽江、中甸、德钦。湿生草本，生于海拔3200～5400m的高山草甸。

（1432）喜马拉雅嵩草 *Kobresia royleana* (Nees) Boeck.

中甸、德钦。湿生草本，生于海拔3400～4340m的高山灌丛草甸。

（1433）西藏嵩草 *Kobresia tibetica* Maxim.

云南的西北部。湿生草本，生于海拔3000～4600m的河滩地、湿润草地、高山灌丛草甸。

（1434）玉龙嵩草 *Kobresia tunicata* Hand.-Mazz.

丽江玉龙雪山（模式标本产地）。湿生草本，生于海拔3300～4800m的高山草甸、草地。

（1435）钩状嵩草 *Kobresia uncinoides*（Boott）C. B. Clarke

丽江、中甸、德钦、维西、贡山、兰坪、大理、禄劝、镇康。湿生草本，生于海拔2900～4400m的高山草甸、河滩草地、高山灌丛。

（1436）发秆嵩草 *Kobresia vaginosa* C. B. Clarke in Hook. f.

德钦。湿生草本，生于海拔4000～4800m的高山草甸、石上。

（1437）短轴嵩草 *Kobresia vidua*（Boott ex C. B. Clarke）Köenth

丽江、中甸、德钦。湿生草本，生于海拔2900～4300m的高山草甸、高山灌丛草甸或林中。

（1438）短叶水蜈蚣 *Kyllinga brevifolia* Rottb.

勐海、勐腊、景洪、金屏、屏边、蒙自、西畴、河口、镇康、凤庆、景东、洱源、丽江、福贡、宾川、昆明、镇雄、盐津。湿生草本，生于海拔1500～3000m的溪边、路旁草丛中。

（1439）圆筒穗水蜈蚣 *Kyllinga cylindrica* Nees

勐海、金平、马关、蒙自等南部地区。湿生草本，生于海拔1300～2000m的河边沙土上或路旁湿地。

（1440）单穗水蜈蚣 *Kyllinga nemoralis*（J. R. et G. Forst.）Dandy ex Hutch.

勐海（勐遮）、金平、河口、马关。湿生草本，生于海拔380～570m的沟边、田边潮湿地。

（1441）华湖瓜草 *Lipocarpha chinensis*（Osbeck）Kern

除镇雄、大关、中甸、德钦等西北部和东北部地区未见有标本外，其他各地均产。沼生草本，生于海拔1100～2100m的水边或沼泽中。

（1442）湖瓜草 *Lipocarpha microcephala*（R. Brown）Kunth

勐海（勐遮）、屏边等南部和东南部地区。沼生草本，生于海拔1100～2100m的沼泽中或水边、潮湿地。

（1443）细秆湖瓜草 *Lipocarpha tenera* Böklr.

昆明、宾川等地。湿生草本，生于海拔1850m的水边潮湿处。

（1444）密穗砖子苗 *Mariscus compactus*（Retz.）Druce

勐腊、景洪、河口、文山等南部和东南部地区。沼生草本，生于沼泽地或水田中。

（1445）砖子苗 *Mariscus sumatrensis*（Retz.）J. Raynal

勐海、屏边、马关、蒙自、临沧、楚雄、昆明、漾濞、鹤庆、华坪、丽江、永胜、维西、宁蒗、贡山、保山。湿生草本，生于海拔200～3200m的溪边或山坡阳处、路旁草地、松林下。

（1446）黑鳞扁莎 *Pycreus delavayi* C. B. Clarke

大理（模式标本产地）、昆明。沼生草本，生于沼泽或浅水中。

（1447）球穗扁莎 *Pycreus flavidus*（Retz.）T. Koyama var. *flavidus*

勐海、勐腊、景洪、思茅、镇康、景东、峨山、屏边、西畴、金平、昆明、寻甸、嵩明、楚雄、兰坪、鹤庆、大理、福贡、丽江、维西、宁蒗、中甸、德钦。湿生草本，生于海拔600～3400m的沟边潮湿处、溪边湿的沙土上或田边。

（1448）小球穗扁莎 *Pycreus flavidus*（Retz.）T. Koyama，var. *nilagiricus*（Hochst.）C. Y. Wu

蒙自、嵩明、昆明、东川、丽江等部。湿生草本，生于海拔1400～2950m的浅水中、溪边或阴湿的地方。

（1449）丽江扁莎 *Pycreus lijiangensis* L. K. Dai

丽江（模式标本产地）。湿生草本，生于海拔2000m的溪边潮湿处。

（1450）禾状扁莎 *Pycreus uniolodes*（R. Brown）Urban

昆明、鹤庆。湿生草本，生于山谷溪边潮湿处。

（1451）白喙刺子莞 *Rhynchospora brownii* Roem. et Schult.

东川、大理。湿生草本，生于海拔1000～2400m的沼泽及河边、潮湿处山坡。

（1452）三俭草 *Rhynchospora corymbosa*（Linn.）Britt.

云南省中部及河口。沼生草本，生于海拔120～1200m的沼泽地及溪边。

（1453）刺子莞 *Rhynchospora rubra*（Lour.）Makino

云南省东南部和南部（景洪）。沼生草本，生于海拔780～1500m的沼泽地。

（1454）勐海水葱 *Schoenoplectus fohaiensis*（Tang et Wang）C. Y. Wu

勐海（模式标本产地）。沼生草本，生于海

拔1550m的池塘中。

（1455）萤蔺 *Schoenoplectus juncoides*（Roxb.）Palla

贡山、鹤庆、洱源、宾川、昆明、金平、景洪、勐海、景东、双江。沼生草本，生于海拔2000～2600m的池塘及溪边。

（1456）水毛花 *Schoenoplectus mucronatus*（Linn.）Palla var. *mucronatus*

丽江、大理、昆明。沼生草本，生于海拔1890～2820m的塘边及沼泽。

（1457）三翅水毛花 *Schoenoplectus mucronatus*（Linn.）Palla var. *trialatus*（Tang et Wang）S. Y. Liang

勐海（模式标本产地）。沼生草本，生于海拔1400～1750m的池塘边或沼泽地里、草地上。

（1458）红鳞水毛花 *Schoenoplectus mucronatus*（Linn.）Palla var. *sanguineus*（Tang et Wang）S. Y. Liang

贡山（模式标本产地）。沼生草本，生于海拔3100m的高山沼泽中。

（1459）滇水葱 *Schoenoplectus schoofii*（Beetle）C. Y. Wu

东川（模式标本产地）。草本，生于海拔2300m的湖边以及湿地。

（1460）水葱 *Schoenoplectus tabernaemontani*（Gmel.）Palla var. *tabernaemontani*

中甸、维西、剑川、昆明、蒙自、思茅。沼生草本，生于海拔3300m以下的湖边或浅水塘中。

（1461）三棱水葱 *Schoenoplectus triqueter*（Linn.）

昆明。沼生草本，生于水沟、山溪边。

（1462）猪毛草 *Schoenoplectus wallichii*（Nees.）T. Koyama

砚山、景洪。沼生草本，生于海拔800～1000m的溪边和稻田中。

（1463）庐山藨草 *Scirpus lushanensis* Ohwi

维西。湿生草本，生于海拔3300m的沼泽地溪旁、阴湿草丛中和山坡路旁。

（1464）百球藨草 *Scirpus rosthornii* Diels

盐津、贡山、福贡、维西、鹤庆、泸水、漾濞、大理、双柏、昆明、蒙自、富宁、广南、双江、澜沧。湿生草本，生于海拔1000～2600m的溪边、林缘和路旁。

（1465）光果珍珠茅 *Scleria hookeriana* Boeck.

马关、河口、金平、蒙自、西双版纳（勐罕、小街）。湿生草本，生于海拔140～650m的溪边、山谷、路边、林中。

（1466）小型珍珠茅 *Scleria parvula* Steud.

盐津、贡山、安宁、砚山、屏边、景洪。湿生草本，生于海拔770～2000m的溪边、山谷湿地、稻田、林中。

332. 禾本科 Poaceae

（1467）光颖芨芨草 *Achnatherum sibiricum*（Linn.）B. S. Sun et J. Qian

维西。湿生草本，生于海拔1800m的河漫滩。

（1468）普通剪股颖 *Agrostis canina* Linn.

德钦。湿生草本,生于海拔3700m的高山草甸。

（1469）紧序剪股颖 *Agrostis contracta* Y. C. Tang ex Y. C. Yang

贡山、福贡、剑川。湿生草本，生于海拔2500～4000m的高山草甸或沟谷。

（1470）川滇剪股颖 *Agrostis limprichtii* Pilger

贡山、丽江、宁蒗、中甸、大理。湿生草本，生于海拔2700～3500m的亚高山草甸、高山松林林缘。

（1471）多花剪股颖 *Agrostis myriantha* Hook. f.

云南省各地。湿生草本，生于海拔900～3700m的沼泽、湿地、河边、林下。

（1472）疏花剪股颖 *Agrostis perlaxa* Pilger

德钦、中甸、维西、兰坪、丽江。湿生草本，生于海拔3200～4000m的草甸、林缘。

（1473）毛稃剪股颖 *Agrostis pilosula* Trin.

中甸、贡山、维西。多年生草本，生于海拔3800～4000m的高山草甸。

（1474）长花剪股颖 *Agrostis poluninii* Bor var. *longiflora*（Y. C. Tang ex Y. C. Yang）B. S. Sun

丽江、昆明。湿生草本，生于海拔2300m的河边或湿地。

（1475）湖岸剪股颖 *Agrostis pubicallis* Keng ex Y. C. Yang

中甸。湿生草本，生于海拔3500m的沼泽湿地、湖边草丛。

（1476）锡金剪股颖 *Agrostis sikkimensis* Bor

德钦、中甸、剑川。湿生草本，生于海拔3000～4000m的高山草甸及疏林下。

（1477）匍茎剪股颖 *Agrostis stolonifera* Linn.

德钦、中甸、维西。湿生草本，生于海拔3000～3600m的溪边草丛或路旁。

（1478）大理剪股颖 *Agrostis taliensis* Pilger

德钦、中甸、贡山、福贡、泸水、大理。湿生草本，生于海拔 3000～4200m 的溪边、路边、山坡草地。

（1479）甘托克剪股颖 *Agrostis wallichiana* Steud.

德钦、维西、丽江。湿生草本，生于海拔 3500～4000m 的苔藓沼泽、疏林下。

（1480）看麦娘 *Alopecurus aequalis* Sobol.

云南省各地。湿生草本，生于海拔 1200～3500m 的沼泽、湿地、林缘及亚高山草甸。

（1481）洱源荩草 *Arthraxon breviaristatus* Hack.

洱源、永胜、昆明。湿生草本，生于海拔 1300～2000m 沼泽边缘或湿地上，也见于耕地上。

（1482）微穗荩草 *Arthraxon junnarensis* Jain et Hemadri

镇康（南伞）。湿生草本，生于海拔 1100m 的水库边。

（1483）无芒荩草 *Arthraxon submuticus*（Nees ex Steud.）Hochst

临沧。湿生草本，生于海拔 1600～2100m 的沼泽及河岸边。

（1484）芦竹 *Arundo donax* Linn.

云南全省各地区。湿生草本，生于海拔 2300m 以下的沼泽边缘、河岸、沟边。

（1485）燕麦 *Avena sativa* Linn.

云南省北纬 25°以北地区。湿生草本，常栽培于海拔 2100m 的山区。

（1486）草地短柄草 *Brachypodium pratense* Keng ex L. Liou

贡山、丽江、宁蒗、德钦。湿生草本，生于海拔 1700～3900m 的草甸、高山、林缘。

（1487）短柄草 *Brachypodium sylvaticum*（Huds.）Beauv

贡山。湿生草本，生于海拔 1550m 的江边草地。

（1488）凌风草 *Briza media* Linn.

维西、贡山。湿生草本，生于海拔 3000～4000m 的草甸及水沟边。

（1489）喜马拉雅雀麦 *Bromus himalaicus* Stapf ex Hook. f.

泸水。湿生草本，生于海拔 3800～4500m 的灌木草甸、山坡林缘中。

（1490）单蕊拂子茅 *Calamagrostis emodensis* Griseb.

德钦、中甸、维西、贡山、兰坪、泸水、剑川、大理、腾冲。湿生草本，生于海拔 1900～4000m 的高山草甸及灌丛、山坡。

（1491）拂子茅 *Calamagrostis epijeios*（Linn.）Roth

昆明、富宁等地。湿生草本，生于海拔500～3000m 的河岸溪边及山坡潮湿处。

（1492）沿沟草 *Catabrosa aquatica*（Linn.）Beauv.

中甸、德钦、永平。湿生草本，生于海拔 3400～4500m 的高山灌丛草甸及河滩草地。

（1493）薏苡 *Coix lachryma-jobi* Linn.

云南全省温暖地带有野生或栽培。湿生草本，生于河岸、沟边、湖边或阴湿山谷中。

（1494）鸭茅 *Dactylis glomerta* Linn.

云南省各地。湿生草本，生于海拔 1500～4000m 的亚高山草甸、平地、丘陵、林缘等。

（1495）喜马拉雅鸭茅 *Dactylis glomerta* Linn. var. *himalayensis* Domin

贡山、福贡、中甸。湿生草本，生于海拔 1400～1800m 的草甸、山坡林缘。

（1496）发草 *Deschampsia caespitosa*（Linn.）Beauv.

丽江、中甸、德钦、维西、大丽、洱源、剑川。湿生草本，生于海拔 2200～4200m 的灌丛草甸及河岸沙滩。

（1497）滨发草 *Deschampsia littoralis*（Gaud.）Reuter var. *littoralis*

丽江、中甸。湿生草本，生于海拔 3500～4100m 的高山草甸、河泽湖沼泽草地。

（1498）短枝发草 *Deschampsia littoralis*（Gaud.）Reuter var. *ivanovae*（Tsvelev.）P. C. Kuo et Z. L. Wu

丽江。湿生草本，生于海拔 4000m 河滩草地。

（1499）东方发草 *Deschampsia orientalis*（Hult.）B. S. Sun

德钦、中甸、剑川。沼生草本，生于海拔 3200～3800m 的疏林沼泽、苔藓沼泽中。

（1500）疏穗野青茅 *Deyeuxia effusiflora* Rendle

永善、镇雄、昭通、东川、昆明。湿生草本，生于海拔 1800～2900m 的河边阴湿处。

（1501）光柄野青茅 *Deyeuxia levipes* Keng

云南。湿生草本，生于海拔 3000～4500m 的高山草甸、山坡草地。

（1502）微药野青茅 *Deyeuxia nivicola* Hook. f.

德钦、维西、剑川、永胜等地。湿生草本，生于海拔3500～4300m的高山草甸。

（1503）小丽茅 *Deyeuxia pulchella* Hook. f.

德钦、中甸、丽江、剑川。湿生草本，生于海拔3200～4800m的高山草甸。

（1504）玫红野青茅 *Deyeuxia rosea* Bor

中甸。湿生草本，生于海拔3000～5000m的高山草甸。

（1505）双稃草 *Diplachne fusca*（Linn.）Beauv. ex Roem. et Schult

永胜、宾川等地。湿生草本，生于海拔1500～1800m的湖边沙滩或溪沟流水边。

（1506）稗 *Echinochloa crusgalli*（Linn.）Beauv. var. *crusgalli*

云南全省大部分地区。湿生草本，生于海拔2500m的沼泽地上、沟边湿地及稻田中。常见杂草。

（1507）硬稃稗 *Echinochloa glabrescens* Munro ex Hook. f.

东川、中甸、永胜、大理、剑川、罗平、师宗、陆良、寻甸、昆明、禄丰、元谋、文山、富宁、马关、广南、石屏、澜沧。湿生草本，生于海拔2000m的河岸沙滩、水边湿地及田间杂草。

（1508）总苞草 *Elytrophorus spicatus*（Willd.）A. Camus

瑞丽、龙陵。湿生草本，生于海拔700～900m的沟渠或池塘边。

（1509）鼠妇草 *Eragrostis nutans*（Retz.）Nees ex Steud.

除滇东北及西北部迪庆藏族自治州外云南省各地。湿生草本，生于海拔300～2000m的江边湿地、田边、沙滩及水沟边。

（1510）红穗画眉草 *Eragrostis rubida* B. S. Sun et S. Wang

剑川、临沧（模式标本产地）、龙陵等地。湿生草本，生于海拔1700～2200m的水沟边及沼泽地。

（1511）大理羊茅 *Festuca forrestii* St. -Yves

丽江、剑川、大理。湿生草本，生于海拔3300～4400m的高山草甸。

（1512）弱须羊茅 *Festuca leptopogon* Stapf

泸水。湿生草本，生于海拔2700m的沼泽、采伐迹地。

（1513）昆明羊茅 *Festuca kunmingensis* B. S. Sun

昭通、东川、兰坪、永胜、中甸、鹤庆、洱源、宾川。湿生草本，生于海拔1800～3300m的水沟边湿地、山坡草地。

（1514）微药羊茅 *Festuca nitidula* Stapf

德钦、中甸。湿生草本，生于海拔4000～4500m的沼泽草甸。

（1515）羊茅 *Festuca pamirica* Tsvelev

巧家、昭通、中甸、丽江。湿生草本，生于海拔2700～4000m的山坡灌丛草甸。

（1516）岩生羊茅 *Festuca rupicola* Hueff.

中甸，云南分布新记录。湿生草本，生于海拔2500～3500m的高山灌丛草甸。

（1517）柔毛羊茅 *Fustuca yunnanensis* St. -Yves var. *villosa* St. -Yves

丽江。湿生草本，生于海拔3700m的高山草甸。

（1518）甜茅 *Glyceria acutiflora* Torr.

盐津。湿生草本，生于海拔700m的水边和湿地。

（1519）卵花甜茅 *Glyceria tonglensis* C. B. Clarke

德钦、中甸、丽江、永胜、剑川、洱源、安宁、昆明、大姚、临沧、双江。湿生草本，生于海拔2000～3500m的水边湿地。

（1520）水甜茅 *Glyceria triflora*（Korsh.）Kom

中甸、丽江、剑川、昆明。湿生草本，生于海拔2000～3300m的浅水或湿地。

（1521）牛鞭草 *Hemarthria altissima*（Poir.）Stapf et Hubb.

华坪、易门、临沧、瑞丽。湿生草本，生于海拔700～1900m的沼泽地、田边、水沟边、路旁草丛。

（1522）扁穗牛鞭草 *Hemarthria compressa*（Linn. f.）R. Br.

师宗、陆良、永胜、华坪、中甸、宾川、昆明、禄丰、文山、砚山、马关、富宁、麻栗坡、石屏、建水、临沧、双江、永德、耿马、腾冲、潞西、盈江、瑞丽。湿生草本，生于海拔2000m的沼泽地上或湿润草地。

（1523）长花牛鞭草 *Hemarthria longiflora*（Hook. f.）A. Camus

金平、河口。湿生草本，生于海拔较低的水

田中及浅水池塘边。

（1524）水禾 *Hygroryza aristata*（Retz.）Nees ex Wight et Arn.

耿马、盈江。沼生草本，生于海拔 400～800m 的水田及池沼中。

（1525）膜稃草 *Hymenachne acutigluma*（Steud.）Gilli

景洪、耿马、双江、瑞丽。湿生草本，生于海拔 400～800m 的水塘边、河湖岸边。

（1526）二型柳叶箬 *Isachne dispar* Trin.

绿春、临沧、耿马、沧源、梁河、盈江。湿生草本，生于海拔 1500m 的沼泽、沟边、谷底及林间湿地。

（1527）假稻 *Leersia hexandra* Sw.

云南省大部分地区。湿生草本，生于田边及水沟边。

（1528）千金子 *Leptochloa chinensis*（Linn.）Nees

富宁、河口、景洪。湿生草本，生于海拔 100～1200m 的溪边山谷、田野湿地。

（1529）扇穗茅 *Littledalea racemosa* Keng

宁蒗。湿生草本，生于海拔 3000～4000m 的山坡草甸。

（1530）粟草 *Milium effusum* Linn.

剑川老君山。湿生草本，生于海拔 3000m，山沟边。

（1531）类芦 *Neyraudia reynaudiana*（Kunth）Keng ex Hitchc.

云南省各地。湿生草本，生于海拔 2300m 以下的河湖岸边、山坡灌丛。

（1532）稻 *Oryza sativa* Linn.

云南全省广泛栽培，湿生草本，生于水田或旱田中。

（1533）野生稻 *Oryza rufipogon* Griff.

元江、景洪。沼生草本，生于沼泽、湿地、水塘中。

（1534）糠稷 *Panicum bisulcatum* Thunb.

贡山、耿马、镇康、澜沧。沼生草本，生于海拔 500m 的沼泽、湿地或水田中。

（1535）水生黍 *Panicum paludosum* Roxb.

昆明、禄丰、富宁、砚山、景洪、镇康、双江、潞西、瑞丽。沼生草本，生于海拔 2000m 以下的静水或池边淤泥、沙滩湿地。

（1536）类雀稗 *Paspalidium flavidium*（Retz.）A. Camus

六库、新平、元江、元谋、红河、元阳、河口、景洪、镇康、永德、双江、临沧、耿马、沧源、潞西、畹町。湿生草本，生于海拔 80～2100m 的沼泽附近、河岸沙滩、田野湿地。

（1537）云南雀稗 *Paspalum delavayi* Henr.

师宗、永胜、屏边、绿春、永德、腾冲。湿生草本，生于海拔 700～1900m 的水沟边、山坡草地。

（1538）毛花雀稗 *Paspalum dilatatum* Poir.

嵩明、昆明、保山、潞西。湿生草本，生于海拔 800～2000m 的河岸边、溪沟边、田野湿地。

（1539）双穗雀稗 *Paspalum paspalodes*（Michx.）Scribener

昭通、陆良、师宗、宜良、东川、永胜、华坪、贡山、大理、剑川、昆明、呈贡、禄丰、峨山、马关、个旧、建水、保山、潞西。湿生草本，生于海拔 1000～2000m 的河岸、沟边、田野潮湿地区。

（1540）海雀稗 *Paspalum vaginatum* Sw.

陆良、宾川、腾冲、永德、双江。湿生草本，生于海拔 1000～1800m 的沟边、湖边、旷野湿地。

（1541）狼尾草 *Pennisetum alopecuroides*（Linn.）Spreng

罗平、陆良、剑川、大理、昆明、禄丰、易门、广南、丘北、文山、建水、景洪、澜沧、耿马、镇康、昌宁、潞西。湿生草本，生于海拔 1400～2100m 的河湖岸边及沼泽边缘。

（1542）高山梯牧草 *Phleum alpinum* Linn.

巧家、德钦、贡山。湿生草本，生于海拔 3800～4000m 的灌丛草甸或林缘。

（1543）围裙芦苇 *Phragmites cincta*（Hook. f.）B. S. Sun

永胜、剑川、陆良、昆明。湿生草本，生于海拔 1600～2700m 的水边或湿地。

（1544）大芦苇 *Phragmites karka*（Retz.）Trin. ex Steud.

云南省各地。湿生草本，生于海拔 2000m 的江河岸边、湖泊及沼泽边缘。

（1545）胎生早熟禾 *Poa alpina* L. var. *vivipara* Linn.

中甸。湿生草本，生于海拔 4200m 的冰迹湖边草地上。

（1546）疏花早熟禾 *Poa chalarantha* Keng

德钦、中甸、丽江、剑川。湿生草本，生于

海拔3500～4000m的灌丛草甸或林缘、河滩和潮湿地上。

（1547）大早熟禾 *Poa grandis* Hand. -Mazz.

德钦（模式标本产地）。湿生草本，生于海拔4000～4250m的高山灌丛草甸。

（1548）青海早熟禾 *Poa indattenuata* Keng

中甸。湿生草本，生于海拔2800～3200m的草甸或山坡灌丛。

（1549）尼泊尔早熟禾 *Poa nepalensis* Wall. ex Duthie

泸水。湿生草本，生于海拔2650m的水沟边道旁。

（1550）日本早熟禾 *Poa nipponica* Koidz.

昭通、中甸、永胜、丽江。多年生草本，生于海拔1900～3200m的沼泽湿地或山坡灌丛。

（1551）云生早熟禾 *Poa nubigena* Keng

德钦、中甸、维西、丽江、永胜、剑川、鹤庆。多年生草本，生于海拔3200～4200m的山坡草甸。

（1552）华灰早熟禾 *Poa sinoglauca* Ohwi

德钦。多年生草本，生于海拔4500m的高山草甸或湿地。

（1553）四川早熟禾 *Poa szechuensis* Rendle

中甸、维西。湿生草本，生于海拔3500～3800m的高山沼泽草甸或流石滩上。

（1554）开展早熟禾 *Poa patens* Keng et L. Liou

泸水、洱源、兰坪、鹤庆、丽江、维西、中甸。湿生草本，生于海拔2700～4100m的灌丛、蒿草草甸及山间亚高山草甸中。

（1555）套鞘早熟禾 *Poa tunicata* Keng

贡山。沼生草本，生于海拔1300～1400m的沼泽地上。

（1556）棒头草 *Polypogon fugax* Nees ex Steud.

泸水、永平、洱源、兰坪、中甸。湿生草本，生于海拔1300～3900m的河岸沙滩及湿地沼泽。

（1557）长芒棒子草 *Polypogon monspeliensis* (Linn.) Desf.

德钦、鹤庆。湿生草本，生于海拔1600～3300m的水田或湿润草地。

（1558）瘦瘠伪针茅 *Pseudoraphis depauperata* (Nees.) Keng

武定、禄丰。湿生草本，生于海拔1600m的水边。

（1559）耐久鹅观草 *Roegneria dura* (Keng) Keng et S. L. Chen

丽江、德钦、鹤庆、宾川。湿生草本，生于海拔4500m的高山草甸及水沟边。

（1560）光花鹅观草 *Roegneria leiantha* Keng et S. L. Chen

丽江。湿生草本，生于海拔2230m的沟边田旁。

（1561）囊颖草 *Sacciolepis indica* (Linn.) A. Chase

罗平、永胜、泸水、剑川、大理、昆明、禄丰、易门、文山、广南、丘北、石屏、绿春、建水、元阳、河口、金平、澜沧、双江、永德、镇康。湿生草本，生于海拔100～2400m的溪沟边、水池边、灌丛中、疏林下。

（1562）间序囊颖草 *Sacciolepis interrupta* (Willd.) Stapf

孟连、瑞丽。湿生草本，生于水池边、沼泽地、稻田中、甘蔗田。

（1563）矮小囊颖草 *Sacciolepis myosuroides* (R. Br.) A. Chase ex A. Camus var. *nana* S. L. Chen et T. D. Zhuang

元谋、景洪、临沧。湿生草本，生于海拔500～1780m的水边或田野。

（1564）狭穗针茅 *Stipa regeliana* Hack.

宁蒗、中甸。湿生草本，生于海拔3500～3700m的高山草甸。

（1565）菰茭白 *Zizania latifolia* (Griseb.) Stapf

云南各地栽培。湿生草本，生于沼泽或浅水池塘。

332a. 竹亚科 Bambusoideae

（1566）海竹 *Yushania qiaojiaensis* Hsueh et Yi f. *qiaojiaensis*

巧家药山（模式标本产地）。湿生灌木状竹类，生于海拔3100m的次生性高山草甸上。

（1567）裸箨海竹 *Yushania qiaojiaensis* Hsueh et Yi f. *nuda* Yi

永善高枝坝（模式标本产地）。湿生灌木状竹类，生于海拔2050m的沼泽地之草甸上。

第十一章 云南的湿地无脊椎动物

第一节 概 述

无脊椎动物包含动物界中除脊索动物门中的脊椎动物亚门以外的全部后生动物（Metazoa）门类。根据新的分类系统，计有34门（宋大祥，2004）。无脊椎动物是动物界中物种多样性最为丰富的类群，据统计，无脊椎动物已被描述的种类约132.5万种，占已知全部动物种类数137万种的96.71%。无脊椎动物的形态、结构、行为、适应性、生活史及其生物学特性也是多种多样的。分布范围十分广泛，不论海洋或陆地、不论山地或平原、不论淡水或咸水、不论湿地或旱地，几乎所有生物能够生存的环境中都能找到无脊椎动物。无脊椎动物在自然界的生态系统中有着重要的地位，对维护自然生态系统的平衡起着重要的作用。例如沙蚕、蚯蚓、虾、蟹、蚌、螺和多种昆虫是鱼类、两栖类、爬行类及鸟类等一些脊椎动物种类不可缺少的食物，如果某个地方由于农药等化学物质的污染而导致无脊椎动物的散失，在此同时也将会导致相应的脊椎动物种类的散失。湿地是无脊椎动物的主要栖息环境，有着生物物种多样性最为丰富的成分。所以在调查研究湿地生物物种多样性的过程中，调查研究无脊椎动物的物种多样性是很重要的，也是很必要的。众所周知，无脊椎动物与人类的生产、生活有着密切关系，许多有经济价值的无脊椎动物，如鱿鱼、海参、虾、蟹、螺、蚌、蜜蜂、蚕等，给人类带来直接的经济效益，可以合理开发利用；有害的无脊椎动物如绦虫、蛔虫、血吸虫、姜片虫、蚊子、苍蝇等，对人和家畜的健康有很大的危害，必须加以防治。

云南省地处内陆高原地区，江河纵横，湖泊星逻棋布，高原淡水湿地资源十分丰富，所以淡水无脊椎动物 Freshwater invertebrate 的门类也较多，据统计有6门（Phylum）11纲（Class）26目（Order）82科（Family）217属（Genus）703种（Species）（表11－1）。

由于云南省各地的海拔、纬度、气温、水域、植被等因素的不同，而栖息着不同种类的无脊椎动物，也形成了一些特有属种。以下对各门无脊椎动物概述其主要特征、进化位置、分类情况、区系特点、生态类群、分布范围、生活习性等。在各门类的分述中，对国民经济有益和有害方面的物种，提供了有关防治和合理开发利用的资料。

表11－1 云南省境内淡水无脊椎动物的分类统计

门	纲	目	科	种
海绵动物门 SPONGIA（旧称多孔动物门 PORIFERA）	1	1	1	10
刺胞动物门 CNIDARIA（旧称腔肠动物门 COELENTERATA）	1	2	2	5
扁形动物门 PLATYHELMINTHES	2	5	13	64
环节动物门 ANNELIDA	2	3	6	22
软体动物门 MOLLUSCA	2	4	14	159
节肢动物门 ARTHROPODA	3	11	46	443
合 计	11	26	82	703

第二节 海绵动物门和刺胞动物门

1 海绵动物门 SPONGIA

海绵动物门又称多孔动物门 PORIFERA，全球约有10 000种，中国约有 115 种。大多数种类生活在海洋的咸水中，只有少数种类营淡水生活。海绵动物是多细胞动物中最原始的类群，细胞分化程度最低，结构与机能的原始性很多与原生动物相似，常作为发育生物学的研究材料。有些淡水海绵对水质要求有一定的物理化学生活条件，因此可以作为水体环境质量好坏的灵敏指示鉴别物。

淡水海绵栖息在溪流、池塘、湖泊等水域中，附着在水中的石块、木桩、树干、水草或其他有壳的动物（如螺类）上，成团状或分枝状，形似藻类，表面粗糙，营固着生活，构成主要的底栖大型无脊椎动物类群。有时附着在水道工程建筑物中，妨碍沟水畅流；生活在池塘中的淡水海绵，常有一种特殊的腥味，根据这种腥味就可以察觉它们存在与否。

全世界淡水海绵只有 1 科 15 属 150 种左右，中国发现 4 属 24 种（吴宝铃，1954），云南发现 1 科 3 属 10 种。

云南海绵动物门的分类与分布名录：

寻常海绵纲 DEMOSPONGIAE

单轴目 MONAXONIDA

针海绵科 Spongillidae

（1）湖针海绵 *Spongilla lacustris*

滇池草海。附着在水生植物茎上。

（2）脆针海绵 *Spongilla fragilis*

滇池。附着在水生植物茎、叶上。

（3）针海绵 *Spongilla carteri* var. *melli*

滇池大观楼段。水生植物茎上，树木根部固着成群。

（4）云南针海绵 *Spongilla yunnanensis*

洱海。附着在螺蛳壳上和石块上，形成大的团块，为大型底栖动物类群。

（5）柯氏针海绵 *Spongilla coggini*

洱海。附着在螺蛳壳表面群聚集成块状和分枝状，为底栖动物一大类群。

（6）淡水针海绵 *Spongilla semispongilla*

滇池大观楼段。附着在水生植物茎上和树桩上。

（7）和平针海绵 *Spongilla clementis*

滇池大观楼段。固着在水生植物茎上。

（8）河轮海绵 *Ephydatia fluyiatilis*

滇池草海。固着在水生植物茎上。

（9）轮海绵 *Ephydatia robusta*

滇池外海底部。固着于甲壳类的介壳上。

（10）盘海绵 *Trochospongilla* sp.

滇池草海。附着于水生植物茎上。

2 刺胞动物门 CNIDARIA

刺胞动物门原称腔肠动物门 COELENTERATA，具有两个胚层，身体一般为辐射对称（也有两侧对称的），具有原始的消化腔（消化循环腔），有口，无肛门，行细胞外及细胞内消化。有组织分化，具有原始的肌肉结构和原始的神经系统，是原始的多细胞动物。刺胞动物的体型一般为水螅型和水母型，水螅型适应于固着生活，体呈圆筒形；水母型适应于漂浮生活，体一般呈盘形。绝大多数种类生活在海水之中，少数种类生活于淡水（如水螅纲中的水螅和水母）。水螅有很强的再生能力，如受了损伤，可以再生损伤部分；如切成块时，每块都可再生为一个新的个体。由于水螅是处于细胞分化低级阶段的动物，因此常被用于细胞分化规律和动物极性产生规律的研究。

水螅一般生活于水质较清洁而稍微流动的水中，如湖边、沟渠、溪涧，它们附着于水中的石块或水生植物的茎上，营固着生活，以蚤类、剑水蚤、昆虫和小型环节动物为食。

淡水水母为世界稀有的珍贵动物，尤其是桃花水母被人们称为水中大熊猫。它们是刺胞动物中水母类生活在淡水的仅有种类，多生活在与河流隔绝的水潭、小沟渠和湖泊等水域，在水中营漂浮生活。

刺胞动物门全球约有10 000种，在云南省境内到目前为止仅发现水螅纲 HYDROZOA 的水螅科 Hydridae 和花笠水母科 Olindiadidae。全世界的淡水水母只发现 1 科 2 属 7 种 2 变种 2 亚种；中国的淡水水母发现 1 科 1 属 2 变种 2 亚种；云南的淡水水母发现 1 种。淡水水螅类在云南发现 1 科 2 属 4 种。

云南刺胞动物门的分类与分布名录：

水螅纲 HYDROZOA

Ⅰ 水螅目 HYDROIDEA

一、水螅科 Hydridae

（1）有柄水螅 *Pelmatohydra oligactis*

昆明黑龙潭。小溪中的水草上。

（2）灰水螅 *Hydra vulgaris*

滇池、大观楼水域。固着于水生植物上。

（3）绿水螅 *Hydra viridis*

昆明的黑龙潭、滇池。固着于水草上。

（4）褐水螅 *Hydra fusca*

滇池、大观楼。附着于水生植物上。

Ⅱ 淡水水母目 LIMNOMEDUSAE

二、花笠水母科 Olindiadidae

（5）中华桃花水母 *Craspedacusta sinensis*

云南原记录于滇池大观楼段水域。2003 年 6 月、2004 年 7 月在澄江的抚仙湖有发现。2003 年在石林县黑龙潭，2004 年在楚雄一水库亦有发现。

第三节　扁形动物门和环节动物门

1　扁形动物门 PLATYHELMINTHES

扁形动物是三胚层、无体腔、最原始的两侧对称、背腹扁平的动物。它的口和生殖孔通常在腹面，消化系统不完全，无肛门，排泄系统是末端具有焰细胞的原肾管，并且具有梯形的神经系统和发达的生殖系统。营自由生活或寄生生活，是其动物系统发育中的一个重要阶段。

1.1　涡虫纲 TURBELLARIA

涡虫纲的扁形动物营自由生活，淡水涡虫有的栖息于山溪流水，也有的栖息于水洼、池塘和湖泊等水域中的石头、枝叶等物体的底面。涡虫的身体柔软，背腹扁平，呈柳叶状，通常身体较小，有的种类体长可达 15mm。它们对水质变化十分敏感，是水体污染的指示性动物。涡虫是动物界再生能力很强的类群，若将它分割为许多段时，每一段都能再生成一个完整的涡虫。

世界上已发现的淡水涡虫有 16 科 35 属 387 种；我国发现的有 7 科 8 属 20 种；云南发现的有 3 科 3 属 4 种。

云南淡水涡虫纲的分类与分布名录：

涡虫纲 TURBELLARIA

Ⅰ单肠目（棒肠目）PHABDOCOELIAA

淡水亚目 PALUDLCOLA

（=PROBURSALIA）

一、微口科 Microstomumidae

（1）微口涡虫 *Microstomum lineare*

昆明滇池西山段，小溪流的石块下或枯枝落叶下。

Ⅱ 三肠目 TRICLADIDA

二、三角涡虫科 Dugesiidae

（2）日本三角涡虫 *Dugesia japonica*

（本种学名曾为三角涡虫 *Euplanaria gono-*

cephala）。

昆明的翠湖、滇池大观楼段、草海、海源寺、黑龙潭、金殿、西山太华寺及呈贡等地。生活在洁净的溪水、池塘、小河和湖泊的砖瓦、石块或树叶的下面，其中以大观楼、黑龙潭、西山等地的溪流中较多见。

（3）炭黑三角涡虫 *Dugesia* sp.

昆明金殿。小溪流中的石块下。

三、扁涡虫科 Planariidae

（4）山地扁涡虫 *Planaria vivida*

昆明滇池、草海、西山。溪流中的石块、树枝和树叶下。

1.2 吸虫纲 TREMATODA

吸虫纲的扁形动物营寄生生活，寄生于人或家禽、家畜和野生的鸟类、兽类、鱼类、两栖类及爬行类等动物的体内，对人和动物的健康有很大的危害。吸虫纲的种类身体扁平柔软，不分节，两侧对称，如叶状；成虫体表不具纤毛，角质层消失。幼虫如毛蚴、尾蚴等体表有纤毛，为运动器官，均生活在各种淡水水域中，如江、河、湖、山溪、水沟、池塘、水坑、稻田或附着在水生植物或其他物体表面。因适应寄生生活，生殖系统和吸着器官发达，其他系统相对退化。

吸虫纲营寄生生活，对人类健康，禽类、兽类的饲养，鱼类的繁殖，经济贝类的养殖都有不同程度的危害。现知约有 3000 种，分为单殖目 MONOGENEA、盾殖目 ASPIDOGASTREA 和复殖目 DIGENEA。所有种类都营寄生生活。

单殖目的不同种类，寄生于不同的鱼类、两栖类、爬行类，特别是水生冷血脊椎动物如鱼类的体表、排泄器官或呼吸器官，无中间宿主，直接发育。如三代虫 *Gyrodactylus*，是侵害淡水鱼类（鲤鱼、鲫鱼和鳟鱼等）的寄生虫；指环虫 *Dactylogyrus* 寄生在各种鱼类的鳃上。

盾殖目的不同种类，寄生在不同的软体动物和鱼类、龟鳖类的体表、消化器官和排泄器官的表面，有一个大的分隔的黏着器几乎占虫体腹面的全部，以黏着在寄主的体表或器官表面。从幼虫发育到成虫没有无性世代，直接发育，只需一个寄主。此目种类不多，有盾腹虫 *Aspidogaster* 等。

复殖目的种类繁多，生活史复杂，包括有性和无性生殖的世代交替，并需要两个以上的宿主。营体内寄生，寄生部位有肝、胆、肺、脑、胆管、消化道、门脉系统、腹腔、皮下等，人体寄生吸虫都属此类。不同种类的幼虫的无性世代（无性生殖 asexual generation）寄生于软体动物螺类和蚌类体中，成虫的有性世代（有性生殖 sexual generation）寄生于多种脊椎动物如鸟类、牛、羊、猪、兔、狗、狼、虎、鼠、狐、豹、猫、大灵猫、果子狸等体内，少数种类寄生于淡水的蟹类体中。本目中除裂体科外均是雌雄同体。

我国吸虫类已知复殖目 76 科，单殖目 16 科，共 92 科，390 多属，1000 余种。寄生于人体的吸虫有 30 多种，寄生于家畜的吸虫有 170 多种。

由于吸虫纲营寄生生活，对人类健康，禽类、兽类的饲养，鱼类的繁殖，经济贝类的养殖都有不同程度的危害。吸虫对鱼类和贝类的危害可致鱼苗死亡，幼贝死亡，常见的如双穴吸虫、日本侧殖吸虫、龙江血居吸虫等。

复殖目的吸虫在云南省已知有 10 科 27 属 60 种。危害较大的吸虫种类简介如下。

裂体科 Schistosomatidae

在我国流行的血吸虫病，是由寄生日本血吸虫（又称日本裂体虫 *Schistosoma japonicum*）而引起的。在人体内寄生的血吸虫主要有 3 种，即埃及血吸虫 *S. haematobium*、曼氏血吸虫 *S. mansoni* 和日本血吸虫。

日本血吸虫为雌雄异体，交配受精后成熟卵随宿主的粪便排出体外。血吸虫卵进入淡水之后，卵内的毛蚴孵出，侵入惟一的中间宿主——钉螺（淡水螺类），再发育繁殖成尾蚴，自螺体逸出，在水表层游动。含有尾蚴的水称为疫水。尾蚴能感染多种哺乳动物，如黄牛、水牛、驴、马、鼠类、家兔、犬、水鹿、人等。人和动物接触疫水时，尾蚴就由毛孔或伤口钻入体内发育为成虫，寄生于肠系膜静脉、门脉系统。这时人或动物就成为终宿主，成为血吸虫病患者。人赤足、赤手在稻田中劳作，在沟渠、水洼中行走，小河中洗澡、洗菜、洗衣、游泳、捕鱼、打捞水草时最容易被尾蚴穿入体内而感染血吸虫病，感染后会引起肝硬化、巨脾、腹胀、腹水、下肢浮肿等，如果治疗不及时将导致死亡。

血吸虫在我国自然感染的哺乳动物计有7目40余种，所以血吸虫病是人畜共患的寄生虫病。

日本血吸虫的幼虫（毛蚴、尾蚴等）分布于云南省丽江地区的丽江、永胜；大理白族自治州的鹤庆、剑川、洱源、云龙、漾濞、大理、下关、宾川、巍山、弥渡、南涧；楚雄彝族自治州的楚雄、禄丰；红河哈尼彝族自治州的个旧大屯等共计16个县（市）；其中以大理州和楚雄州分布最广，患血吸虫病的人数也最多。

日本血吸虫引起的血吸虫病，在我国已有2160余年的流行历史，流行的地区广泛，从长江流域及长江以南（贵州省除外）的12个省（自治区）370个县都有发生。全国有钉螺分布的面积为143亿 m^2，感染血吸虫病患者达1160万人，受此病威胁者达1亿人以上。新中国建立后，经几十年的预防治疗，消灭血吸虫病已取得较为显著的效果。

并殖科 Paragonimidae

并殖吸虫是并殖吸虫病（又称并殖病、肺吸虫病）的病原体。目前世界上报道的并殖吸虫有50多种，中国报道的有28种，见于云南的有2属12种。

云南吸虫纲的分类与分布名录：

一、裂体科 Schistosomatidae

（1）日本血吸虫（裂体虫）*Schistosoma japonicum*

丽江、永胜、鹤庆、剑川、洱源、云龙、漾濞、大理、下关、宾川、巍山、弥渡、南涧、楚雄、禄丰、个旧大屯等县（市）。

二、并殖科 Paragonimidae

（2）卫氏并殖吸虫 *Paragonimus westermani*

云南省各地。第一中间宿主：淡水螺类；第二中间宿主：淡水蟹类、虾类、喇蛄；终宿主：猪、犬、牛、人等。寄生于动物的肺脏。

（3）云南并殖吸虫 *Paragonimus yunnanensis*

河口、西双版纳。第一中间宿主：淡水螺类；第二中间宿主：蟹类、喇蛄。终宿主寄生在动物的肺。

（4）团山并殖吸虫 *Paragonimus tuanshanensis*

西双版纳的景洪县团寨。第一中间宿主：拟钉螺；第二中间宿主：淡水蟹类；终宿主：猫、家犬。寄生于动物的肺。

（5）勐腊并殖吸虫 *Paragonimus menglaensis*

西双版纳的勐腊、勐海、景洪。第一中间宿主：尚不明确；第二中间宿主：淡水蟹类。终宿主寄生于动物的肺。

（6）河口并殖吸虫 *Paragonimus hokouensis*

河口。第一中间宿主：淡水螺类；第二中间宿主：淡水蟹类；终宿主：脊椎动物。寄生于动物的肺。

（7）四川并殖吸虫 *Paragonimus szechuanensis*

马关。第一中间宿主：淡水螺类；第二中间宿主：淡水蟹类；终宿主：猫等哺乳动物。寄生于动物的肺。

（8）异盘并殖吸虫 *Paragonimus heterotremus*

云南各地。寄生于哺乳动物肺内。

（9）白水河并殖吸虫 *Paragonimus paishuihoensis*

勐腊。第一中间宿主：不明；第二中间宿主：淡水蟹类。终宿主寄生于动物的肺。

（10）小睾并殖吸虫 *Paragonimus microrchis*

西双版纳。寄生于哺乳动物的肺、肝、胸、腹腔。

（11）斯氏狸殖吸虫（斯氏并殖吸虫）*Pagumogonimus skrjabini*

云南各地。我国特有种。第一中间宿主：淡水螺类；第二中间宿主：淡水蟹类；终宿主：哺乳类的猫科、犬科、灵猫科的多种动物，也寄生于人类，为人畜共患病，但多见于牲畜，以牲畜为主。寄生于动物的肺、胸腔等处。

（12）陈氏狸殖吸虫 *Pagumogonimus cheni*

云南各地。第一中间宿主：淡水螺类；第二中间宿主：淡水蟹类；终宿主：哺乳动物。寄生于动物肺内。

（13）丰宫狸殖吸虫 *Pagumogonimus proliferus*

景洪。第一中间宿主：淡水螺类；第二中间宿主：淡水蟹类；终宿主：哺乳动物。寄生于动物肺内。

三、后睾科 Opisthorchiidae

（14）中华分支睾吸虫（肝吸虫，华支睾吸虫、华肝蛭）*Clonorchis sinensis*

云南。第一中间宿主：淡水螺类；第二中间宿主：淡水鱼类；终宿主：人和家畜及野生哺乳动物，如猫、猪、犬、狐、水獭、鼠类。为人畜共患的寄生虫。寄生于动物肝胆内，可引起华支睾吸虫病（或称肝吸虫病）。

四、片形科 Fasciolidae

（15）布氏姜片吸虫（姜片虫）*Fasciolopsis buski*

云南。中间宿主：淡水扁卷螺；终宿主：人与猪。寄生于肠道内的大型吸虫，可致姜片虫病。以菱角、荸荠、茭白、水浮莲、浮萍等水生植物为传播媒介。

（16）肝片吸虫（羊肝蛭）*Fasciold hepatica*

云南。中间宿主：淡水椎实螺、萝卜螺等。寄生在人和哺乳动物如牛、羊、马、骡、犬、家兔、野兔、象、猴等的肝、胆管内，属常见寄生虫，可引起片形吸虫病。

五、棘口科 Echinostomatidae

（17）卷棘口吸虫 *Echinostoma revolutum*

昆明。中间宿主：淡水螺类；终宿主：鸟类、爬行类、鱼类、人。寄生于消化道内，引起棘口吸虫病。

（18）接睾棘口吸虫 *Echinostoma paraulum*

大理。第一中间宿主：淡水扁卷螺；第二中间宿主：淡水椎实螺；终宿主：鸟类、人。寄生于消化道内。

（19）伊族真缘吸虫 *Euparyphiunm ilocanum*

云南。第一中间宿主：淡水凸旋螺、椎实螺；第二中间宿主：扁卷螺、田螺；终宿主：人、猴、狗、田鼠等。寄生于消化道内。

（20）似锥低颈吸虫 *Hypoderaeum conoideum*

云南省内几乎遍布各地。中间宿主：淡水螺类；终宿主：多种鸟类。寄生于小肠、盲肠中。

六、双腔科 Dicrocoeliidae

（21）泼氏侧黄吸虫 *Athesmia pricei*

云南。宿主：董鸡。寄生于胆管中。

（22）壮盘短盘吸虫 *Brachydistomum briaracetabulum*

云南。宿主：林八哥。寄生于胆囊中。

（23）黑短脚鹎短盘吸虫 *Brachydistomum hypsipetum*

云南。宿主：黑短脚鹎。寄生于胆道中。

（24）云南短盘吸虫 *Brachydistomum yunnanensis*

云南。宿主：小白腰雨燕。寄生于胆道。

（25）杜鹃短腺吸虫 *Brachylecithum cuculi*

云南。宿主：大杜鹃。寄生于肝脏。

（26）啸鸫短腺吸虫 *Brachylecithum eugenia*

云南。宿主：粟喉蜂虎、星鸦、小嘴乌鸦。寄生于胆道。

（27）扩睾短腺吸虫 *Brachylecithum magnitestium*

云南。宿主：粟喉蜂虎、古铜色卷尾、山麻雀等。寄生于肝脏。

（28）胰阔盘吸虫 *Eurytrema pancreaticum*

云南全省均有记录。第一中间宿主：中华蜗牛、弧形小丽螺等；第二中间宿主：红脊草螽、中华草螽；终宿主：多种哺乳类如山羊、绵羊、黄牛、水牛、骆驼、兔、河鹿。寄生于胰脏、胰管。

（29）腔阔盘吸虫 *Eurytrema coelomaticum*

云南。第一中间宿主：中华蜗牛、同型阔纹蜗牛；第二中间宿主：红脊草螽；终宿主：黄牛、山羊、骆驼。寄生于胰脏、胰管。

（30）越南窄体吸虫 *Lyperosomum indosinensis*

云南。宿主：原鸡、黑喉噪鹛。寄生于肝脏。

（31）澳氏窄体吸虫 *Lyperosomum oswaldoi*

云南。宿主：白颊噪鹛、红嘴相思鸟。寄生于肝脏、胆囊。

（32）毕氏窄体吸虫 *Lyperosomum petrovi*

云南。宿主：黑枕绿啄木、黑枕黄鹂、画眉。寄生于肠内。

（33）蓝鹊窄体吸虫 *Lyperosomum urocissae*

云南。宿主：蓝鹊。寄生于小肠。

（34）山羊扁体吸虫 *Platynosomum capranum*

昆明。宿主：山羊。寄生于肝脏、胆囊。

（35）哈威带睾吸虫 *Zonorchis hartwichi*

云南。宿主：白领八哥、普通八哥。寄生于肝脏、胆管、胆囊。

（36）小睾带睾吸虫 *Zonorchis microchis*

云南。宿主：董鸡、灰头椋鸟。寄生于肝脏、胆管。

（37）蝙蝠莱氏吸虫 *Leipertrema scotomanese*

云南。宿主：蝙蝠。寄生于肝脏、胆管。

（38）中国平形吸虫 *Platynotrema sinica*

云南。宿主：蓝胸秧鸡。寄生于肝脏、胆管。

七、同盘科 Paramphistomatidae

（39）鹿同盘吸虫 *Paramphistomum cervi*

云南。中间宿主：多种淡水贝类；终宿主：黄牛、水牛、山羊、羚羊、绵羊、泽鹿、羚等。寄生于瘤胃中。

（40）小盘同盘吸虫 *Paramphistomum microbothrium*

云南。中间宿主：多种淡水贝类；终宿主：黄牛、水牛、羚羊。寄生于瘤胃中。

（41）深沟巨盘吸虫 *Giantocotyle bathycotyle*

云南。宿主：黄牛、水牛。寄生于瘤胃和真胃中。

（42）泰国巨盘吸虫 *Giantocotyle siamense*

云南。宿主：黄牛、水牛、山羊、马、鹿。寄生于胆管、胆囊。

（43）殖盘殖盘吸虫 *Cotylophoron cotylophorum*

云南。中间宿主：多种淡水贝类；终宿主：黄牛、水牛、山羊、骆驼、绵羊等。寄生于瘤胃中。

（44）印度殖盘吸虫 *Cotylophoron indicum*

云南。中间宿主：多种淡水螺类；终宿主：黄牛、水牛、绵羊、山羊。寄生于瘤胃内。

（45）杯殖吸虫 *Calicophoron calicophorum*

云南。中间宿主：淡水螺类；终宿主：黄牛、水牛、绵羊、斑马等。寄生于瘤胃。

（46）纺锤形杯殖吸虫 *Calicophoron fusum*

云南。宿主：黄牛。寄生于瘤胃。

（47）斯氏杯殖吸虫 *Calicophoron skrjabini*

云南。宿主：黄牛、水牛。寄生于瘤胃。

（48）侧肠锡叶吸虫 *Ceylonocotyle scoliocoelium*

云南。中间宿主：淡水螺类；终宿主：黄牛、水牛、山羊。寄生于瘤胃。

（49）长肠锡叶吸虫 *Ceylonocotyle longicoelium*

云南。宿主：水牛。寄生于瘤胃中。

八、腹袋科 Gastrothylacidae

（50）长菲策吸虫 *Fischoederius elongatus*

云南。中间宿主：淡水螺类如凸旋螺、椎实螺等；终宿主：水牛、黄牛、山羊、犏牛。寄生于瘤胃。

（51）波阳菲策吸虫 *Fischoederius poyangensis*

云南。寄生于黄牛、水牛的瘤胃。

（52）荷包状腹袋吸虫 *Gastrothylax crumenifer*

云南。中间宿主：多种淡水螺类如椎实螺、印度扁沟蜷；终宿主：黄牛、水牛、犁牛、绵羊、山羊。寄生于瘤胃。

九、腹盘科 G. artrodiscidae

（53）野牛平腹吸虫 *Homalogaster paloniae*

云南。宿主：黄牛、水牛、绵羊、山羊。寄生于盲肠、胆管。

十、真杯科 Eucotylidae

（54）骨顶（蝶巢）顿水吸虫 *Tanaisia*（*lepidopteria*）*ctra*

云南。宿主：彩鹮、黄鹡鸰、白骨顶、董鸡。寄生于肾脏。

（55）格子（碟巢）顿水吸虫 *Tanaisia*（*lepidopteria*）*gracioza*

云南。宿主：灰鹡鸰、黄鹡鸰等多种鸟类。寄生于肾脏。

（56）勃氏（副顿水）顿水吸虫 *Tanaisia*（*paratanaisia*）*bragui*

盈江。宿主：原鸡、白鹇、家鸽、灰胸竹鸡、蓝鹇。寄生于肾脏、输尿管。

（57）长腺（顿水）顿水吸虫 *Tanaisia longivitellata*

云南。宿主：多种鸟类如白朗田鸡、红胸田鸡、斑胸田鸡、董鸡等。寄生于肾。

（58）藩氏(顿水)顿水吸虫 *Tanaisia fedtschenkoi*

云南。宿主：鸬鹚、彩鹮、白骨顶、凤头麦鸡、剑鸻、小鸥、黑翅雀鹎、乌鸦等多种鸟类。寄生于肾脏。

（59）云南（邓木）顿水吸虫 *Tanaisia*（*Tamerlani*）*yunnanesis*

云南。宿主：原鸡、红腹锦鸡、白腹锦鸡。寄生于肾脏。

（60）扎氏（邓木）顿水吸虫 *Tanaisia*（*Tamerlania*）*zarudnyi*

云南。中间宿主：淡水螺类与蛞蝓类。终宿主：大白鹭、剑鸻、松鸡、黑琴鸡、石鸡、啄木鸟、黄鹡鸰、金黄鹂、八哥、喜鹊、寒鸦、麻雀等多种鸟类。寄生于肾、输尿管、小肠。

2 环节动物门 ANNELIDA

环节动物全球约有 12 000 种，中国约有 1470 种（宋大祥，2004）。身体多为长筒形，体分成体节（metamere），左右对称，三胚层，具真体腔（coelom），闭管式循环系统（closed vascular system），神经系统集中，前端有脑，每节各有一个神经节形成一个连锁状的神经索（nerve cord），由体腔上皮产生生殖腺。在动物进化系统上是高等无脊椎动物的开始。生活在淡水中的环节动物有蚂蟥和水蚯蚓两类。

蚂蟥是环节动物门蛭纲 HIRUDINEA 动物的俗称，有许多种营暂时性体外寄生生活，大多数种类生活于淡水中，少数种类生活在海水或咸淡水中，还有一些陆生或两栖的种类，多生活在温湿地区。全世界蛭纲动物有 300 多种，我国有 100 多种。

淡水蛭类蛭纲云南发现 3 科 6 属 12 种。多聚集生活在水域的沿岸地带，附着于水生植物上。这些植物为水蛭的运动与产卵茧提供了固着的物体和防御外敌的场所。在不同深度的水体里，水蛭的种类和密度均有所不同。一般沿岸地带的密度最大，亚岸带次之，湖底为最少。蛭类有经济意义，医蛭 *Hirudo medicinalis* 在欧洲各国采用作为病患者吸取脓血，故称医蛭。中医中药中也用蚂蟥入药。嗜吸人畜血的蛭类，对人和家畜的危害及威胁很大，有的吸附在鱼体上的蚂蟥，对渔业生产也有一定的危害。

水蚯蚓是淡水寡毛类的俗称。寡毛纲 OLIGOCHAETA 我国分布有 4 科 19 属 40 种。云南发现有 3 科 8 属 10 种。栖息在池塘、溪流、沟渠和湖泊等水域的底层，是淡水底栖动物较大的类群。水蚯蚓体内含有人和动物体所必需的多种氨基酸，其中含量最高的是亮氨酸，其次是精氨酸和赖氨酸等。所以水蚯蚓可大量繁殖作饲养鱼类及家禽和家畜的饲料，具有较大的经济效益。夹杂带丝蚓 *Lumbriculus variegatum* 为典型中污带指示生物。

云南环节动物门的分类与分布名录：

蛭纲 HIRUDINEA

Ⅰ吻蛭目 RHYNCHOBDELLIDA

一、舌蛭科 Glossiphoniide

（1）扁舌蛭（腹平扁蛭）*Glossiphonia complanata*

昆明的滇池、大理的洱海。

（2）宽身舌蛭 *Glossiphonia lata*

滇池、洱海、长湖。

Ⅱ颚蛭目 GNATHOBDELLIDA

二、医蛭科 Hirudinidae

（3）日本医蛭 *Hirudo nipponica*

昆明、大理、西双版纳。

（4）丽医蛭 *Hirudo pulchra*

昆明、大理、瑞丽。

（5）捧纹牛蛭 *Poecilobdella javanica*

陇川、瑞丽、西双版纳。

（6）远孔牛蛭 *Poecilobdella similis*

西双版纳、思茅、云县、耿马。

（7）鼻蛭 *Dinobdlla ferox*

芒市、瑞丽、陇川、畹町、盈江、梁河。

（8）宽体金线蛭（马蛭）*Whitmania pigra*

滇池、洱海、疪碧湖、剑湖。

三、山蛭科 Haemadipsidae

（9）日本山蛭 *Haemadipsa japonica*

云南西部和西南部的池塘、溪流，大理点苍山的积水。

（10）斑纹山蛭 *Haemadipsa zeylanica*

多栖息于高山森林的池塘，见于屏边大围山、陇川。

（11）森林山蛭 *Haemadipsa sylvestris*

西双版纳的沟渠、稻田。

（12）盐源山蛭 *Haemadipsa yanyuanensis*

栖息森林中的池塘、沟渠、沼泽，记录于陇川。

寡毛纲 OLIGOCHAETA

近孔寡毛目 PLESIOPORA

一、颤体虫科 Aeolosomatidae

（13）红斑颤体虫 *Aeolosoma hemprichii*

滇池、洱海、星云湖、澜沧江漫湾水电站

库区。

二、仙女虫科 Naididae

（14）乔悉仙女虫 *Nais josinae*

滇池、长湖、月湖、洱海、澜沧江漫湾水电站库区。

（15）多突癞皮虫 *Slavina appendiculata*

澜沧江漫湾水电站库区。

（16）尖头杆吻虫 *Stytaria fossularis*

澜沧江漫湾水电站库区。

三、颤蚓科 Tubificidae

（17）苏氏尾鳃蚓 *Branchiura sowerbyri*

滇池、黑龙潭、洱海、剑湖、星云湖。

（18）霍甫水丝蚓 *Limnodrilus hoffmeisteri*

滇池、星云湖、阳宗海、洱海。

（19）群居水丝蚓 *Limnodrilus socialis*

滇池、星云湖、长湖、洱海、剑湖。

（20）肋颤蚓 *Tubifex costatus*

滇池、阳宗海、长湖、洱海

（21）中华颤蚓 *Tubifex sinicus*

澜沧江漫湾水电站库区。

（22）淡水单孔蚓（泥单孔蚓）*Monopylephorus limosus*

澜沧江漫湾水电站库区。

第四节 软体动物门

软体动物门 MOLLUSCA 是动物界中第二大门类，仅次于节肢动物门。软体动物门全球约 108 000 种，中国约有 3500 种。石鳖、田螺、河蚌、贝、乌贼等，是人们熟知的软体动物。因大多数软体动物种类都有贝壳，故又通称为贝类。软体动物包括 5 个纲，其中双神经纲 AMPHINEURA、掘足纲 SCAPHOPODA 和头足纲 CEPHALOPODA 的种类完全生活在海洋中；腹足纲 GASTROPODA 和瓣鳃纲 LAMELLIBRANCHIATA 有的种类生活在陆地上阴湿处或淡水湖泊等沼泽湿地，也有的种类营海洋生活。广泛分布于世界各地的海洋、淡水和陆地。

软体动物的种类很多，有的种类具有较高的经济价值，如螺类、蚌类、贝类、乌贼等种类可供人食用或入药或生产珍珠，做装饰品等，但有一些种类对人类的生产和生活有害，如钉螺 *Oncomelania*、椎实螺 *Lymnaea*、扁卷螺 *Indoplanorbis* 等则是人体、鱼类及禽畜寄生虫病的中间宿主，能传播寄生虫病，也有的种类是鸟类等其他动物的天然食物资源，在维护自然生态系统的平衡中起着重要的作用。

腹足纲是软体动物门中最大的一个纲，其种类之多仅次于节肢动物门的昆虫纲。腹足纲全世界已知约90 000种，其中大多数种类生活于海洋，约有43 000种；其次为陆生种类，约35 000种；营淡水生活的种类较少，仅有12 000种。腹足纲动物的身体腹面有一个发达的足，故称“腹足动物”，身体左右不对称，大多数具有一个贝壳，因此又称单壳类（Univalvia），常见的有螺类、蜗牛类和蛞蝓等。

瓣鳃纲的种类全部营水生生活，全世界已知约15 000种，其中生活于海洋的约13 000种，营淡水生活的种类仅有 2000 余种。瓣鳃纲种类的身体左右扁平，两侧对称，具有两扇合抱身体的贝壳，故称双壳类（Bivalvia）。外套腔内有瓣状的鳃，故名瓣鳃纲；足位于身体腹面，通常呈斧状，故又称斧足纲 PELECYPODA；因头部退化，又称无头类（Acephala）。

云南省境内的淡水贝类，以往国内外学者曾有过一些局部地区的零星报道，张迺光等自 1975 年以来对云南的淡水贝类做了较全面的调查研究，调查研究结果概述如下。

1 调查采集的地理范围

包括云南省境内 81 个县（市）的 15 个湖泊、山地溪流、江河、池塘、水潭、沟渠、水库、水田、沼泽、河滩等湿地，进行贝类资源分布情况的考察和标本采集。

2 调查采集结果

共获 950 号标本，其中腹足类（包括淡水贝类）390 号，陆生贝类 500 号，瓣鳃类 60 号。

3 研究结果

根据对所采集的标本进行分类鉴定整理的结果，并查阅过去的文献记载，云南省共记录有淡水贝类278种，其中隶属于淡水螺类有2亚纲2目10科34属127种；隶属于瓣鳃纲的有2目4科8属32种；另有腹足纲的陆生贝类119种（详见“云南淡水贝类的分类与分布名录”）。发现有7个新种，已分别在《动物分类学报》上发表。调查研究结果，云南淡水贝类的区系组成特征如下。

3.1 华南区和西南区的种类占绝对优势

由于云南省的气候分别受印度洋季风和太平洋季风暖湿气流的控制，受寒潮和台风的影响较少，属亚热带—热带高原型湿润季风气候。又因云南的纬度较低，地形复杂，气候类型多样，热量、光照条件较好，水资源丰富，水热有效程度很高，湿度较大，植被茂盛等良好的自然条件，有利于贝类的生长和繁殖，所以贝类资源较为丰富。所分布的淡水贝类，绝大多数是暖水性种类，其区系成分以东洋界华南区和西南区的种类占绝对优势。

3.2 田螺科的种类较多

中国的田螺科 Viviparidae 有9属，云南分布有圆田螺属 *Cipangopaludina*、螺蛳属 *Margarya*、环棱螺属 *Bellamya*、角螺属 *Angulyagra*、色带田螺属 *Filopaludina*、泰国田螺属 *Siamopaludina* 等6属，仅田螺属 *Viviparus*、河螺属 *Rivularia*、湄公螺属 *Mekongia* 等3属的种类在云南尚未发现。

3.3 特有种类较多

螺蛳属的7个种，为中国所特有，在国内仅分布于云南省的少数几个湖泊中，如阳宗海螺蛳仅在阳宗海有分布。我国仅在云南发现的种类有：刻纹蚬、云南蚬、球圆田螺、绘环棱螺、大拟钉螺、带瓶螺、大仿雕石螺、卵圆仿雕石螺、琵琶萝卜螺、云南萝卜螺、胖萝卜螺、云南秋吉螺、美丽短沟蜷、印度扁卷螺等。

依张荣祖（1999）的中国动物地理区划，云南省境内的动物地理区划主要有华南区的滇南山地亚区及西南区的西南山地亚区。云南省的滇南山地亚区，包括云南南部及西部，横断山脉的南延部分，怒江、澜沧江、元江等江河的中下游地区，尤其在北回归线（北纬23.5°）以南地带，淡水贝类的种类繁多，个体数量亦较多，其区系组成与东南亚国家的许多种类相同，如瓶螺科的所有种类，田螺科的色带田螺属和泰国田螺属，椎实螺科的泰国萝卜螺，扁卷螺科的印度扁卷螺等是典型的热带种类。另外，还有田螺科中的曼洪环棱螺、似瓶圆田螺、白口圆田螺、勐腊圆田螺等，觿（xi）螺科中的云南秋吉螺、耳仿穴螺、澜沧曼宁螺、灰厚觿螺，狭口螺科的湄公狭口螺、景洪狭口螺等，跑螺科的瘤似黑螺，椎实螺科中的椭圆萝卜螺、延伸萝卜螺等，扁蜷螺科的扁旋螺、凸旋螺等也均是热带种类。

云南境内的西南山地亚区，指北纬24°~32°的地区，以金沙江为界，包括横断山西部和东北部地区，所分布的特有种类，有田螺科中的铜锈环棱螺、长螺旋圆田螺、云南圆田螺、螺蛳属的全部种类等。觿螺科中钉螺属的钉螺滇川亚种、滇池德拉维螺、拟钉螺属的德拉维豆螺，跑螺科的美丽黑螺，肋蜷科的欧氏短沟蜷、美丽短沟蜷、粗短沟蜷、仙女短沟蜷等，椎实螺科的云南萝卜螺、卵萝卜螺、尖萝卜螺、微红萝卜螺等；扁卷螺科的尖口圆扁螺、大脐圆扁螺，还有一些印度次大陆延伸的种属，如川蜷属、仿穴螺属等。

云南还有一些古北界和东洋界都有的广布种，如田螺科中的方形环棱螺、铜锈环棱螺、双旋环棱螺、中国圆田螺、中华圆田螺，豆螺科中的纹沼螺、赤豆螺等，跑螺科中的方格短沟蜷、光滑短沟蜷等，椎实螺科中的小土蜗、耳萝卜螺、狭萝卜螺等，扁卷螺科中的旋螺属、多脉扁螺属、圆扁螺属。

3.4 云南各湖泊的优势种类

滇池的优势种有螺蛳、膨肚圆田螺、膨胀圆田螺；洱海的优势种为螺蛳、方形环棱螺、绘环棱螺；

茈碧湖的优势种为螺蛳；剑湖的优势种为螺蛳、膨胀圆田螺、膨肚圆田螺、似瓶圆田螺；阳宗海的优势种为阳宗海螺蛳；星云湖、杞麓湖、异龙湖、长桥海各湖的优势种均为孟氏螺蛳。

滇西、滇南的10多个亚热带、热带市（县）的水沟、水塘、鱼塘、稻田中的优势种均为大瓶螺，近年来已泛滥成灾，致使农业减产，损失很大。

3.5 其他研究成果

研究工作中制作分析了3种螺蛳的染色体核型：①普通螺蛳 $2n=18$，②阳宗海螺蛳 $2n=24$，③孟氏螺蛳 $2n=16$，两性染色体的分裂相均能配对，无异形性染色体，表明螺蛳是较古老的类群，这与形态分类相吻合，为螺蛳的演化研究填补了空白。

对瓶螺科中的大瓶螺、光瓶螺和带瓶螺3个种，螺蛳属的普通螺蛳、牟氏螺蛳、方氏螺蛳、乳顶螺蛳、阳宗海螺蛳、长螺蛳、孟氏螺蛳等7种，分别做了厣（螺类的口盖）的形态结构分析：形状、大小、质地、厣核的位置，围绕核的生长纹是环形或螺旋形，进行了比较研究，为分类提供了新的资料。

研究工作对中国特有的螺蛳属、种，从个体水平、细胞水平和分子水平的3个层次，以形态学为基础，结合染色体核型、带型及同功酶的多态性分析，揭示不同层次、不同水平物种属性的表达，为研究螺蛳属的起源、分类和系统演化提供了可资参考的论据，填补了前人研究的不足。

研究工作中测定分析了普通螺蛳、阳宗海螺蛳、绘环棱螺、大瓶螺、勐仑隐带螺、褐云玛瑙螺、金平坚螺、勐仑环口螺等8种经济螺类的营养成分。这8种螺类的营养成分均为高蛋白、低脂肪、低热量，含多种维生素及微量元素，是优质药用、食用的原料，为前人未做过研究的内容。

研究结果，首次为云南省的贝类动物资源的开发利用和有害种类的防治提供了较全面的新资料。淡水贝类中可供人们食用的约40余种，多数是田螺科中的角螺属、环棱螺属、圆田螺属、螺蛳属和瓶螺科的瓶螺属等种类。市场上最常见的是各种螺蛳，各种圆田螺、绘环棱螺、铜锈环棱螺和大瓶螺（福寿螺）、光瓶螺（这两种螺为热带地区常见种）等。蚌科中主要是各种无齿蚌和珠蚌，它们都含高蛋白、低脂肪、低热量、多种维生素，还含有大量活性钙及微量元素，营养丰富，肉质嫩脆，味道鲜美。螺蚌类的肉体（头、足、外套膜）除鲜食（炒、烧、蒸、煮、烤、炖、爆）外，还可制成螺蚌肉干、螺蚌肉串、螺蚌肉粉、螺蚌肉酱、螺蚌肉罐头，名贵的螺黄（雄螺的生殖腺）罐头、冰冻螺蚌肉等商品投放国内外市场，可取得一定的经济效益。

药用种类，如田螺、螺蛳、环棱螺、无齿蚌、蚬类的贝壳粉或贝壳肌肉混合粉性寒、味咸，入大肠、肺、肝、肾，有祛痰、清热、解毒、明目、利尿、开胃、通乳的功效，主治目痛、尿闭、黄胆、肝炎、麻疹、心痛、中耳炎等。

珍珠：由蚌的外套膜分泌珍珠质包被异物而形成。淡水蚌类能形成优质珍珠的是三角帆蚌和褶纹冠蚌，其次是背角无齿蚌、圆背角无齿蚌等。珍珠有安神镇静、清热明目的功能，主治热病惊痫、烦渴不眠、咽喉肿痛、口舌生疮、溃疡不敛、目赤翳障等。用珍珠还可配制成珍珠丸、六神丸、行军散，是一种良好的表皮细胞滋长药。

饵料、饲料：螺、蚌、蚬的很多种类都可作为鱼类的天然饵料。贝壳磨成粉，是优质的矿质饲料，可代替鱼粉，喂养猪、鸭、鹅、鸡、鱼、鳖等，可使之生长发育快，膘肥肉嫩，乳汁增多，产蛋增多。螺蚌的内脏和不适宜作食品的肉体可加工成富有蛋白质的鲜饲料和干粉饲料。

贝壳：贝壳可作为烧石灰的原料，还可作为纽扣、镶嵌及贝雕等工艺品的原料，或作盛物的器皿。还有消毒杀虫作用，还可作油漆的调合剂和去污剂。

传播疾病的媒介贝类：约40种，淡水贝类的许多种类（多数是单壳类的种类，少数是双壳类的种类）是危害人体、家畜、家禽、鱼类健康的寄生虫中间宿主，最严重的是日本血吸虫病，它的中间宿主是钉螺，该病广泛流行于长江流域及长江以南12省（自治区、直辖市）、370个县，在我国流行已有2160余年。在云南，日本血吸虫的中间宿主是钉螺滇川亚种，血吸虫病的流行区自西北向东南方向分布有16个市（县），疫情最严重的是大理白族自治州的鹤庆、剑川、洱源、云龙、漾濞、大理、下关、宾川、巍山、弥渡、南涧；其次是楚雄彝族自治州的楚雄和禄丰；疫情较轻的有丽江市的丽江、永胜；红河哈尼族彝族自治州仅个旧的大屯镇发现有血吸虫病。田螺科中的绘环棱螺是卷棘口吸虫的中间宿主、铜锈环棱螺是抱茎棘隙吸虫的中间宿主，中国圆田螺是广州血管圆线虫、卷棘口吸虫的中间宿主；瓶螺科中的大瓶螺是卷棘口吸虫的中间宿主，光瓶螺是广州血管圆线虫的中间宿主；觿螺科中的大理洱海螺是并殖吸虫的中间宿主；景洪新拟钉螺是肺吸虫、并殖吸虫的中间宿主，泥泞拟钉螺、大拟钉螺都是团山并殖吸虫的中间宿主；豆螺科的赤豆螺、纹沼螺是华支睾吸虫的中间宿主；跑螺科中的瘤拟黑螺、方格短沟蜷、放逸短沟蜷都是卫氏并殖吸虫的中间宿主；椎实螺科中的多种萝卜螺，扁卷螺科中的多种旋螺和扁螺均是多种吸虫的中间宿主；贻贝科的淡水壳菜（湖沼股蛤）是前睾近似牛首吸虫和尼道弗吸虫的中间宿主；蚬科的河蚬是卷棘口吸虫的中间宿主。

少数种类的个体大量繁殖，如环棱螺和田螺的幼体常堵塞江河、工业用水管道，造成停水，影响生产。

有些种类如椎实螺科、扁卷螺科、瓶螺科的种类危害农作物，尤其是大瓶螺最为严重。在滇西、滇南一带 10 多个市（县）的水潭、鱼塘、沟渠、稻田、水库等水体内大量生长繁殖，危害多种作物；在一些受灾害严重的地区，每平方米密度达 200 多只，泛滥成灾，秧苗被吃光，经济损失很大。若对这些螺类加以开发利用，即可变害为利，作为扶贫致富项目。

云南软体动物门的分类与分布名录：

腹足纲 GASTROPODA
前鳃亚纲 PROSOBRANCHIA

Ⅰ中腹足目 MESOGASTROPODA

一、田螺科 Viviparidae

（1）多棱角螺 *Angulyagra polyzonata*

滇池、泸沽湖。

（2）尖龙骨角螺 *Angulyagra oxytropoides*

滇池、星云湖、大屯海、茈碧湖、勐仑。

（3）绘环棱螺 *Bellamya limnophila*

滇池、星云湖、洱海、茈碧湖、剑湖、勐腊。

（4）方形环棱螺 *Bellamya quadrata*（*Benson*）

滇池、抚仙湖、洱海、茈碧湖、剑湖。

（5）梨形环棱螺 *Bellamya purificata*

洱海、滇池。

（6）铜锈环棱螺 *Bellamya aeruginosa*

滇池、大叠水、石林、阳宗海、洱海、剑湖、曲靖、景洪、金平。

（7）德拉维环棱螺 *Bellamya delavayana*

滇池、洱海、茈碧湖、剑湖。

（8）环棱螺 *Bellamya maegryoides*

茈碧湖、剑湖。

（9）角形环棱螺 *Bellamya angularis*

滇池、抚仙湖。

（10）双旋环棱螺 *Bellamya dispiralis*

洱海、剑湖。

（11）曼洪环棱螺 *Bellamya manhongensis*

景洪、勐腊。

（12）似瓶圆田螺 *Cipangopaludina lecythoides*

滇池、阳宗海、洱海、茈碧湖、剑湖、个旧、金平、景洪、勐海、勐腊、曲靖。

（13）长螺旋圆田螺 *Cipangopaludina longispira*

滇池、石林、异龙湖。

（14）白口圆田螺 *Cipangopaludina leucostoma*

勐腊、勐海。

（15）河圆田螺 *Cipangopaludina fluminalis*

滇池、杞麓湖。

（16）欧化圆田螺 *Cipangopaludina aubryana*

滇池、大叠水。

（17）赫氏圆田螺 *Cipangopaludina haasi*

异龙湖、洱海。

（18）膨胀圆田螺 *Cipangopaludina ampullacea*

滇池、阳宗海、抚仙湖、杞麓湖、剑湖、金平。

（19）胀肚圆田螺 *Cipangopaludina ventricosa*

滇池、抚仙湖、剑湖。

（20）中国圆田螺 *Cipangopaludina chinensis*

滇池、阳宗海、洱海、剑湖、曲靖、呈贡、花红洞。为我国常见的广布种。

（21）中华圆田螺 *Cipangopaludina cathayensis*

滇池、新平、沾益、河口、曲靖、景洪。为

我国常见的广布种。

（22）球圆田螺 *Cipangopaludina ampulliformis*

滇池、呈贡、洱海。仅分布于云南。

（23）勐腊圆田螺 *Cipangopaludina menglaensis*

勐仑、勐腊、潞西。

（24）云南圆田螺 *Cipangopaludina yunnanensis*

大屯海、思茅、麻栗坪、金平、勐拉、勐养、勐仑、勐阿。

（25）罐形圆田螺 *Cipangopaludina latissima*

滇池、洱海。

（26）滇池圆田螺 *Cipangopaludina dianchiensis*

滇池。

（27）孟加拉色带田螺 *Filopaludina bengalensis*

大屯海。

（28）螺蛳 *Margarya melanioides*

滇池、洱海、茈碧湖、抚仙湖、星云湖、大屯海、剑湖。螺蛳属为我国特有属种，仅分布云南省的一些湖泊内。

（29）牟氏螺蛳 *Margarya monodi*

滇池、路南。

（30）方氏螺蛳 *Margarya francheti*

滇池、抚仙湖、洱海。

（31）乳顶螺蛳 *Margarya tropidophora*

滇池、抚仙湖、洱海。

（32）阳宗海螺蛳 *Margarya yangtsunghaiensis*

阳宗海。

（33）长螺蛳 *Margarya elongata*

滇池。

（34）尹氏长螺蛳 *Margarya elongata* var. *yini*

滇池。

（35）孟氏螺蛳（光肋螺蛳）*Margarya mansuyi*

滇池、异龙湖、杞麓湖、大屯海、洱海。

（36）二肋孟氏螺蛳 *Margarya mansuyi* var. *bicostata*

抚仙湖、洱海。

（37）张氏螺蛳 *Margarya tchangsii*

滇池。

（38）无刺螺蛳 *Margarya carinata*

滇池。

（39）门河泰国田螺 *Siamopaludina munensis*

西双版纳的景洪、勐腊、勐海。

二、瓶螺科 Ampullariidae（＝Pilaidae）

（40）大瓶螺（福寿螺）*Ampullaria gigax*

潞西、瑞丽、盈江、陇川、蒙自、景洪、勐仑、勐海、勐腊、江城、绿春、金平、河口。本种原产于南美洲亚马孙河流域，最先由一位巴西华侨将其引进中国台湾省，1981 年引进广东省，随后引入云南省。

（41）光瓶螺 *Ampullaria polita*

西双版纳、河口。

（42）带瓶螺 *Ampullaria tischbeini*

西双版纳、金平、河口。

（43）球瓶螺 *Ampullaria globosa*

西双版纳。

（44）桶瓶螺 *Ampullaria crossean*

西双版纳的勐仑。

三、觿螺科 Hydrobiidae

（45）云南秋吉螺 *Akiyoshia*（*Saganoa*）*yunnanensis*

勐海。

（46）滇池德拉维螺 *Delavaya dianchiensis*

滇池。

（47）大理洱海螺 *Erhaia daliensis*

大理、洱海。

（48）昆明洱海螺 *Erhaia kunmingensis*

昆明。

（49）克氏龙骨螺 *Fenouilia kreitneri*

滇池、洱海。

（50）卵圆仿雕石螺 *Lithoglyphopsis ovatus*

滇池、抚仙湖。

（51）大仿雕石螺 *Lithoglyphopsis grandis*

滇池、抚仙湖、玉溪、河口。

（52）赤仿雕石螺 *Lithoglyphopsis fuchsianus*

昆明、抚仙湖、阳宗海、澄江。

（53）云南仿穴螺 *Lacunopsis yunnanensis*

抚仙湖的绿冲段。

（54）耳仿穴螺 *Lacunopsis auris*

西双版纳、景洪、勐腊。

（55）中国曼宁螺 *Manningiella chinesis*

澄江、抚仙湖。

（56）澜沧曼宁螺 *Manningiella lancangensis*

澜沧江景洪段。

（57）景洪新似钉螺 *Neotricula jinghongensis*

景洪、勐仑、勐腊、凤庆。

（58）钉螺滇川亚种 *Oncomelania hupensis robertsoni*

丽江、永胜、鹤庆、剑川、洱源、云龙、漾

澵、大理、下关、宾川、巍山、弥渡、南涧、楚雄、禄丰、个旧大屯。

(59) 云南脆弱螺 *Paladilhia yunnanensis*
杞麓湖、星云湖。

(60) 灰厚鳙螺 *Pachydrobia pallidula*
西双版纳州的勐罕。

(61) 瘤川蜷 *Paraprososthenia gredleri*
滇池、洱海、芘碧湖。

(62) 肋川蜷 *Paraprososthenia costata*
滇池、阳宗海、抚仙湖、洱海。

(63) 缩川蜷 *Paraprososthenia constricta*
滇池、玉溪。

(64) 丽江川蜷 *Paraprososthenia lijiangensis*
洱源、丽江。

(65) 昆明川蜷 *Paraprososthenia kunmingensis*
昆明、安宁。

(66) 柯氏拟塔螺 *Parapyrgula coggini*
滇池、洱海。

(67) 泥泞拟钉螺 *Tricula humida*
路南、华宁、玉溪、个旧、元阳。

(68) 大拟钉螺 *Tricula gregoriana*
昆明、嵩明、腾冲、勐仑、澜沧江。

(69) 山拟钉螺 *Tricula montana*
昆明、洱海、丽江、勐海、河口。

(70) 竹拟钉螺 *Tricula bambooensis*
昆明的西山。

(71) 波氏拟钉螺 *Tricula bollingi*
西双版纳的景洪。

(72) 蝴蝶泉拟钉螺 *Tricula hudiequanensis*
大理的蝴蝶泉。

(73) 吕氏拟钉螺 *Tricula ludongbini*
昆明。

(74) 先锋拟钉螺 *Tricula xianfengensis*
玉溪、下关。

(75) 小龙门拟钉螺 *Tricula xiaolongmanensis*
昆明海口的小龙门村。

(76) 长螺旋拟钉螺 *Tricula dolichospira*
西双版纳的勐仑。

(77) 橄榄拟钉螺 *Tricula olivacea*
西双版纳的橄榄坝。

四、狭口螺科 *Stenothyridae*

(78) 湄公口螺 *Stenothyra mcmulleni*
西双版纳、澜沧江景洪段。

(79) 景洪狭口螺 *Stenothyra jinghongensis*
西双版纳的景洪。

五、豆螺科 Bithyniidae

(80) 赤豆螺 *Bithynia fuchsiana*
滇池、抚仙湖、清水海、嵩明、曲靖、玉溪、凤庆。

(81) 德拉维豆螺 *Bithynia delavayana*
石屏、个旧、蒙自。

(82) 纹沼螺 *Parafossarulus striatulus*
滇池、杞麓湖。

六、拟沼螺科 Assimineidae

(83) 堇拟沼螺 *Assiminea violacea*
抚仙湖。

七、跑螺科 Thiaridae

(84) 瘤拟黑螺 *Melanoides tuberculata*
个旧、景洪、勐仑、澜沧江。

(85) 美丽黑螺 *Melania dulcis*
滇池。

(86) 壮丽黑螺 *Melania lauta*
滇池。

(87) 粗糙帆蜷 *Plotia scabra*
勐仑、勐腊、河口。

八、助螺科 Pleuroseridae

(88) 欧氏短蜷 *Semisulcospira aubryana*
滇池。

(89) 方格短沟蜷 *Semisulcospira cancellata*
滇池。为我国常见的广布种。

(90) 美丽短沟蜷 *Semisulcospira dulcis*
滇池。

(91) 优雅短沟蜷 *Semisulcospira lauta*
滇池。

(92) 衰弱粗壳短沟蜷 *Semisulcospira debilis*
滇池。

(93) 粗壳短沟蜷 *Semisulcospira scrupea*
滇池。

(94) 粗短沟蜷 *Semisulcospira inflata*
滇池、昆明西山。

(95) 放逸短沟蜷 *Semisulcospira libertina*
河口、元阳、红河。

(96) 光滑短沟蜷 *Semisulcospira vultuosa*
滇池、昆明、武定。

(97) 仙女短沟蜷 *Semisulcospira naiadarum*
玉溪城郊水沟。

(98) 尾鼻短沟蜷 *Semisulcospira telonaria*

昆明、西山水沟。

（99）格氏短沟蜷 *Semisulcospira gredleri*

滇池。呈贡水沟。

肺螺亚纲 PULMONATA

Ⅱ基眼目 BASOMMATOPHORA

九、椎实螺科 Lymnaeidae

（100）小土蜗 *Galba pervia*

巍山、永胜、景洪、勐仑、勐腊、澜沧江漫湾。

（101）截口土蜗 *Galba truncatula*

昆明、大理、祥云。

（102）安氏土蜗 *Galba andersoniana*

昆明、安宁。

（103）椭圆萝卜螺 *Radix swinhoei*

昆明、洱海、勐腊、澜沧江漫湾等地。

（104）延伸萝卜螺 *Radix patuila*

昆明、勐仑。

（105）云南萝卜螺 *Radix yunnanensis*

滇池、杞麓湖、程海、洱海、抚仙湖。仅在我国云南发现。

（106）长萝卜螺 *Radix pereger*

滇池、个旧。

（107）扁桃萝卜螺 *Radix amygdalus*

昆明、陆良。

（108）卵萝卜螺 *Radix ovata*

昆明、抚仙湖、洱海。

（109）橘色萝卜螺 *Radix rufescens*

昆明、抚仙湖、洱海。

（110）耳萝卜螺 *Radix auricularia*

滇池、洱海、星云湖、洱海。

（111）尖萝卜螺 *Radix acuminata*

星云湖、异龙湖、抚仙湖、景洪。

（112）微红萝卜螺 *Radix rubiginosa*

昆明、保山、丽江、江川星云湖。

（113）琥珀萝卜螺 *Radix succinea*

昆明、曲靖、沾益、陆良、东川、禄丰、罗平、富源、滇池、阳宗海、杞麓湖、星云湖、洱海、剑湖。仅在云南发现。

（114）琵琶萝卜螺 *Radix luteola*

异龙湖。仅发现在云南。

（115）胖萝卜螺 *Radix ovali*

昆明、滇池、阳宗海、杞麓湖、星云湖、长湖、月湖、洱海、茈碧湖、丽江。在我国仅在云南发现。

（116）污萝卜螺 *Radix impura*

昆明、嵩明、富民、武定、东川、元谋、曲靖、华宁、楚雄、屏边、河口、西双版纳各地。在我国仅在云南发现。

（117）泰国萝卜螺 *Radix siamensis*

滇池、阳宗海、洱海、元江、河口、屏边、金平、西双版纳各地。在我国仅在云南发现。

（118）斗篷萝卜螺 *Radix chlamys*

抚仙湖、剑湖。在我国仅在云南发现。

（119）折叠萝卜螺 *Radix plicatula*

滇池。

（120）狭萝卜螺 *Radix lagotis*

滇池。

十、扁卷螺科 Planorbidae

（121）白旋螺 *Gyraulus albus*

昆明、阳宗海、长湖、月湖。

（122）凸旋螺 *Gyraulus convexiusculus*

滇池、长湖、抚仙湖、洱海、勐腊、勐仑、景洪、澜沧江漫湾。

（123）扁旋螺 *Gyraulus compressus*

昆明、清水海、抚仙湖、勐仑、勐腊、景洪、勐海。

（124）尖口圆扁螺 *Hippeutis cantori*

阳宗海、抚仙湖、澜沧江漫湾。

（125）大脐圆扁螺 *Hippeutis umbilicalis*

滇池、抚仙湖、星云湖、异龙湖、洱海、茈碧湖、剑湖、澜沧江漫湾。

（126）印度扁卷螺 *Indoplanorbis exustus*

景洪、橄榄坝、勐仑、勐腊、勐海。

（127）半球多脉扁螺 *Polypylis hemisphaerula*

昭通、大关、巧家、镇雄、昆明、嵩明、东川、曲靖、罗平、元谋、大理、洱源、下关、河口、金平、屏边、新平、西双版纳、瑞丽等地。

瓣鳃纲 LAMELLIBRANCHIA

Ⅰ异柱目 ANISOMYARIA

一、贻贝科 Mytilidae

（128）淡水壳菜（湖沼股蛤）*Limnoperna lacustris*

澄江的抚仙湖。

Ⅱ真瓣鳃目 EULAMELLIBRANCHIA

二、蚌科 Unionidae

无齿蚌亚科 Anodontinae

（129）背角无齿蚌 *Anodonta woodiana woodiana*

昆明的花红洞、滇池、路南长湖，大理洱海，宜良阳宗海，通海杞麓湖，洱源茈碧湖，石屏异龙湖，金平等地。

（130）圆背角无齿蚌 *Anodonta woodiana pacifica*

呈贡的白龙潭、曲靖的白浪水库、滇池、茈碧湖、阳宗海、洱海。

（131）椭圆背角无齿蚌 *Anodonta woodiana elliptica*

白龙潭、滇池、洱海、茈碧湖。

（132）滇池无齿蚌（芬氏无齿蚌）*Anodonta fenouilii*

滇池、阳宗海、杞麓湖。

（133）卓氏无齿蚌 *Anodonta joreti*

洱海。

（134）泥泞无齿蚌 *Anodonta limosa*

洱海。

（135）茈碧湖无齿蚌 *Anodonta cibihuensis*

茈碧湖。

（136）伯日无齿蚌 *Anodonta berigiana*

滇池。

（137）鱼型无齿蚌 *Anodonta piscatora*

滇池。

（138）维斯无齿蚌 *Anodonta vescoiana*

滇池。

（139）矮小无齿蚌 *Anodonta pumila*

滇池。

（140）侧扁无齿蚌 *Anodonta latirplana*

滇池。

（141）珠蚌亚科 *Unioninae*

（142）湖南光雕蚌 *Afropareysia hunanensis*

洱海的金梭岛。

（143）圆顶珠蚌 *Unio douglasiae*

滇池、剑川的剑湖。

（144）牛状珠蚌 *Unio tauriformis*

滇池。

（145）瓢拟菱珠蚌 *Rhombuniopsis tauriformis*

滇池。

（146）楔形拟菱珠蚌 *Rhombuniopsis cuneopiformis*

滇池。

（147）舫相珠蚌 *Unionea fagana*

滇池。

（148）圆方相蛛蚌 *Unionea ovatiquadreta*

滇池。

三、蚬科 Corbiculidae

（149）河蚬（黄蚬）*Corbicula fluminea*

昆明西山水沟、滇池、长湖、月湖、星云湖、曲靖的南门河、罗平的黄泥河、阳宗海、抚仙湖、洱海、剑湖等地。

（150）刻纹蚬 *Corbicula largillierti*

滇池、洱海、剑湖、泸沽湖、程海、阳宗海。为我国特有种。

（151）闪蚬 *Corbicula nitens*

滇池、武定狮山水渠。

（152）余蚬 *Corbicula praeterita*

滇池、洱海。

（153）云南蚬 *Corbicula yunnaensis*

蒙自的大屯海、路南的大叠水、阳宗海。

（154）锈色蚬 *Corbicula ferruginea*

滇池。

（155）安氏蚬 *Corbicula andersoniana*

昆明黑龙潭水沟、昆阳的水塘、滇池。

（156）芬氏兰蚬（滇池蚬）*Corbicula fenouilliana*

滇池。

（157）萨氏蚬 *Corbicula soriniana*

滇池。

（158）毗连蚬 *Corbicula menthoria*

洱海。

（159）细蚬 *Corbicula tenuis*

勐腊、勐海等地水沟。

四、球蚬科 Sphaeriidae

（160）湖球蚬 *Sphaerium lacustre*

勐海的水渠，勐腊的水塘。

第五节 节肢动物门

节肢动物门 ARTHROPODA 是动物界中最大的一门，种类繁多，分布极为广泛，有些种类的个体数目十分庞大。经记载，现存种类达 100 多万种，占动物界总种数的 85% 左右。节肢动物身体的共同特征为左右对称，具有几丁质的外骨骼，三胚层，具体节，呈异律分节，一般分头、胸、腹 3 部分；附肢有关节，肌肉全为横纹肌；具有混合体腔和开管式的循环系统。

节肢动物的生活环境极其广泛和多样化，在高山、平原、江河、海洋、湖泊、沟渠、池沼、土壤、森林、草原、地面，甚至寄生于动植物体的内外（有翅类昆虫还能飞翔在空中），几乎地球表面的任何地方都有它们的踪迹。节肢动物在维护自然生态系统的平衡过程中起着重要作用，与人类的关系非常密切而复杂，有益和有害的种类甚多。本节简要记述在云南省境内湿地淡水中生活的甲壳纲 CRUSTACEA 十足目 DECAPODA 的虾类和蟹类，昆虫纲 INSECTA 的水生昆虫 11 个目和蛛形纲 ARACHNOIDA 的水蜘蛛等种类。

1 甲壳纲 CRUSTACEA

1.1 淡水虾类

虾类属节肢动物门、有鳃亚门 BRANCHIATA、甲壳纲 CRUSTACEA、软甲亚纲 MALACOSTRACA、十足目 DECAPODA、长尾亚目 MACRURA（又名游泳亚目 NATATIA）的真虾族（派）Eucyphidea (Caridea)。

我国淡水和海洋虾类共有 400 余种，其中淡水虾类（Eucyphidea）有 140 余种，生活于河流、湖泊、水库、溪流和沟渠中，其分布往往随水系而变化，也由于人为的移植携带而扩展分布区域。

1.1.1 云南淡水虾类的研究

云南省虾类的研究，过去只有零星报道。经多年调查，采集整理记录云南境内分布虾类共有 38 种，隶属于 2 科 6 属。其中米虾属 *Caridina* 14 种，新米虾属 *Neocaridina* 1 种，华米虾属 *Sinodina* 8 种，沼虾属 *Macrobrachium* 12 种，白虾属 *Exopalaemon* 1 种，长臂虾属 *Palaemonetes* 1 种，喇蛄属 *Procambarus* 1 种。其区系组成，以东洋界的华南区和西南区的种类为主。云南省以米虾为优势种，沼虾次之，基本为暖水性种类。其中沼虾游泳能力和取食能力都较弱，喜生活于清浅的溪流水域中，多在水底的水生植物或石砾上攀缘索食，主要在沿岸浅水区域的底层活动，属底栖动物。白虾生活在湖泊或河流中，多在水域中心开阔水域活动觅食，营游动生活。白天潜伏水底，夜晚上升到水体表层，有昼夜垂直移动的生活习性。捕食浮游生物，与沼虾不争食。

沼虾因身体呈青绿色，带有棕色斑纹，故称“青虾”。秀丽白虾又称“白虾”，因甲壳较薄，生活时全体透明，常带棕色小斑点，死后体呈白色故名“白虾”。米虾又称“草虾”，因常攀附于水草上，故名“草虾”。这 3 种虾在云南分布普遍，数量多，产量大，经济价值较高。

1.1.2 淡水虾类的经济价值

虾类肉质细嫩，味道鲜美，营养丰富。沼虾食用部分的各种营养成分较为丰富，是很好的食品（表 11 - 2）。虾类在食物链中有重要作用，虾捕食比自身细小的动物和植物，虾又是鱼类及其他动物的饵料；虾类是杂食性动物，食谱广泛，摄食水域中一切可捕捉到的动、植物及其残体，有机碎屑，加以消化分解，有“清洁工”作用，能净化水体，在保持水体生态平衡方面也具有一定的作用。

表 11－2 沼虾食用部分 100g 中营养成分的含量

成分	含量	成分	含量
水分	81g	磷	205mg
蛋白质	16.4g	铁	1.3mg
脂肪	1.3g	维生素 A	260 国际单位
碳水化合物	0.1g	硫胺素	0.01mg
热量	326kj	核黄素	0.07mg
灰分	1.2g	尼克酸	1.9mg
钙	99mg		

云南淡水虾类的分类与分布名录：

十足目 DECAPODA

一、长臂虾科 Palaemonidae

（1）日本沼虾（青虾）*Macrobrachium nipponense*

滇池，洱海，异龙湖，澜沧江漫湾水电站库区，西双版纳的景洪、勐腊、勐海，澄江，曲靖和江川星云湖等水域。数量较大，最为常见，为西双版纳虾类中的优势类群。

（2）细螯沼虾 *Macrobrachium superbum*

滇池、勐腊、勐海、澜沧江漫湾水电站库区。较为常见。

（3）大勐龙沼虾 *Macrobrachium timudulum*

西双版纳州的大勐龙。

（4）喻氏沼虾 *Macrobrachium yui*

红河，金平，景洪、普洱。

（5）罗氏沼虾 *Macrobrachium rosenbergii*

景洪、勐腊、勐海等地均有养殖。由泰国引进的热带性养殖品种。

（6）奠边府沼虾 *Macrobrachium dienbienphuensis*

景洪、勐腊、勐海。数量较多。

（7）多毛沼虾 *Macrobrachium pilosum*

勐腊。

（8）韩氏沼虾（短腕沼虾）*Macrobrachium hendersoni*

西双版纳。

（9）胖掌沼虾 *Macrobrachium inflatum*

石屏异龙湖、西双版纳。

（10）毛手沼虾 *Macrobrachium pilimanus*

勐腊。

（11）绒螯沼虾 *Macrobrachium eriocheirum*

仅见于西双版纳州的勐仑地区。

（12）扩手沼虾 *Macrobrachium amplimanus*

西双版纳的勐腊。为新发现的种。

（13）中华小长臂虾（花腰虾）*Palaemonetes sinensis*

滇池、石林、澜沧江景洪段和勐海支流。

（14）秀丽白虾（白虾）*Exopalaemon modestus*

滇池、阳宗海、抚仙湖、星云湖、洱海。

二、匙指虾科 Atyidae

（15）中华新虾米 *Neocaridina denticulata sinensis*

寻甸，西双版纳的勐海、勐腊，昆明滇池、阳宗海、抚仙湖。

（16）细足米虾 *Caridina nilotica gracilipes*

滇池、程海。

（17）离齿米虾 *Caridina disjucta*

石林。

（18）石林米虾 *Caridina shilinica*

石林。

（19）滇池米虾 *Caridina dianchiensis*

滇池、松华坝、盘龙江、江川、石林。

（20）云南米虾 *Caridina yunnanensis*

寻甸。

（21）异龙米虾 *Caridina yilong*

异龙湖。

（22）异指米虾 *Caridina heterodactyla*

师宗。

（23）异齿米虾 *Caridina disparidentata*

曲靖石灰窑水库。

（24）长棍米虾 *Caridina longa*

建水黄龙寺泉水。

（25）蒙自米虾 *Caridina mongziensis*

蒙自裴白水库。

(26) 飞霞米虾 *Caridina feixiana*

个旧飞霞洞。

(27) 短棍米虾 *Caridina curta*

建水黄龙寺。

(28) 版纳米虾 *Caridina bannica*

景洪、勐海、勐腊。

(29) 勐海米虾 *Caridina menghaiensis*

勐海。

(30) 葛氏华米虾 *Sinodina grogoriana*

通海、洱海。

(31) 双刺华米虾 *Sinodina bispinosa*

楚雄九龙甸。

(32) 尖肢华米虾 *Sinodina acutipoda*

宁蒗县的泸沽湖。

(33) 丽江华米虾 *Sinodina lijiangensis*

丽江县城郊溪流。

(34) 迪安华米虾 *Sinodina dianica*

文山县、麻栗坡县。

(35) 王台华米虾 *Sinodina wangtai*

丽江县王台。

(36) 狭掌华米虾 *Sinodina leptopropoda*

丽江的水沟。

(37) 喻氏华米虾 *Sinodina yui*

丘北双龙营乡。

三、喇蛄科 Cambaroidae

(38) 克氏原喇蛄 *Procambarus* (*Scapulicambarus*) *clarkii*

本种为由东北地区引来昆明的外来种，1994 年 9 月 15 日采自昆明大观楼花园的池塘和滇池草海。

1.2 淡水蟹类

蟹类属节肢动物门中的甲壳纲、十足目、短尾亚（次）目 BRACHURA，目前全世界约有 5000 余种，我国约有 1000 余种。蟹类主要分布于海洋里，其中有一个特殊的分支，随着地质历史的变迁，适应了淡水的生活，在淡水水域生长繁殖，完成整个生活史的类群，成为独特的淡水蟹类（Freshwater crabs）。目前全世界淡水蟹类有记载的约 1000 余种，共分 3 个总科：伪细腰蟹总科 Pseudothelphusidea、拟地蟹总科 Gecarcinucoidea 和溪蟹总科 Potamoidea。我国仅分布有拟地蟹总科和溪蟹总科，约有 250 种之多。全国除黑龙江、辽宁、吉林、内蒙古、宁夏、青海、新疆、西藏的部分地区不产淡水蟹类之外，其余各地均有淡水蟹类的分布。

1.2.1 淡水蟹类的研究

19 世纪初期的研究非常零散，直至 20 世纪初，Rathbun（1904 ~ 1906，1929）系统整理了包括非洲、欧洲、亚洲、马来半岛、澳大利亚及美洲的淡水蟹类，出版了世界淡水蟹类专著，记述全世界淡水蟹类 324 种，隶属于 1 科 5 亚科 12 属，其中含在我国陕西汉中发现的陕西溪蟹 *Potamon*（*Potamon*）*shensiensis*，在福建发现的溪蟹 *P.*（*P.*）*koatenensis*，在四川宜宾发现的溪蟹 *P.*（*P.*）*grahami* 等我国的淡水蟹类，为淡水蟹类研究奠定了基础。20 世纪 60 年代以来，涉及我国淡水蟹类区系的论著是 Bott（1970）出版的《欧洲、亚洲及澳大利亚的淡水蟹类》一书，记述 216 种及亚种，2 新种、20 余新属、30 余新种及亚种。1967 年报道了在我国发现的 3 个新种：*Parapotamon engelhardi*（福州）、*Sinopotamon tinghsiangense*（山西）、*S. yangtsekiensis*（长江）。

伍献文 1934 年发表了广西的 3 个新种：*Potamon*（*Potamiscus*）*loshingense*、*P.*（*Geothelphusa*）*purpureomanualis*、*P.*（*G.*）*patellifer*。沈嘉瑞 1940 年发表了香港溪蟹 1 个新种 *Potamon*（*Potamon*）*Hongkongense*。70 年代以来，堵南山等对安徽省南部及浙江省的淡水蟹类分类及地理分布进行了研究；戴爱云等近年来对我国 20 余个省（自治区）的淡水蟹类进行调查研究，编著了中国动物志（节肢动物门，甲壳动物亚门，软甲纲，十足目，束腹蟹科，溪蟹科）记述 2 总科 2 科 35 属，228 种及亚种，其中含 2 新属 11 新种及亚种，2 新组合。

Wood-mason（1871）记述在云南发现的 3 个新种：*Thelphusa Edwards*、*T. andersoniana*、*T. tumida*。Kemp（1924）描述了云南溪蟹 *Potamon*（*Potamiscus*）*yunnanensis*；Calman（1905）发表了云南束腹蟹 *Parathelphusa spinescens*；De man（1906）描述了另一种云南溪蟹 *Potamon*（*Parathelphusa*）*endymion*。

伍献文（1933）发表了云南束腹蟹的1个新种 *Parathelphusa*（*parathelphusa*）*chongi*。

淡水蟹类主要生活在北纬37°以南，暖湿区域内的山溪、河流、湖泊、池塘、沟渠、稻田以及间歇性等水域的石下、草丛中或泥洞里。因此，绝大部分的种类属于东洋界暖水性种类。垂直分布海拔一般不超过3000m。由于水系、山脉、纬度和海拔高度等自然地理隔离条件的阻限，相当多的属、种均有其特定的地理分布区域。

在中国境内地处北纬24°以南的热带、亚热带地区的云南、广西、广东、海南、台湾、福建等地，淡水蟹的种类和数量最为丰富；在北纬30°上下的长江流域，种类和数量相对减少；北纬35°以北的地区，种类极为贫乏。

按所分布的生境类型划分，可分为山地型（包括高山型、中山型、低山型），分布的种类较少；丘陵型和平原型，所分布的种类最为丰富。

1.2.2 云南淡水蟹类的区系分析

云南省境内所分布的淡水蟹类，按动物地理区划隶属于东洋界（北纬32°以南地区）的西南区（北纬24°~32°的地区）和华南区（北纬24°以南的地区）。

（1）西南区　大致以金沙江为界，分为两个亚区。

横断山西部亚区：位于金沙江的西南地区。该亚区的蟹类除特有类群外，主要由华南区热带亚热带向北延伸分布而被保存下来的种，以溪蟹属 *Potamon* 为主，如安德森溪蟹 *P. andersonianum*，艾氏溪蟹 *P. edwardsi*、毛足溪蟹保山亚种 *P. hispidum boshanense*、毛足溪蟹剑川亚种 *P. hispidum jianchuanense*、胖溪蟹指名亚种 *P. tumidum tumidum*、胖溪蟹泸水亚种 *P. tumidum lushuiense*、胖溪蟹腾冲亚种 *P. tumidum tengchengense*、云南近溪蟹指名亚种 *Potamiscus yunnanense yunnanense*、云南近溪蟹永胜亚种 *P. yunnanense yongshengense*，这些种的分布高度为海拔1500~2900m，均被高山纵谷隔离在不同的区域内，且分布范围狭窄。而半月拟川蟹 *Pararanguna semilunatum*、扁肢紧腹溪蟹 *Artopotamon compressum* 为该区的特有属种，海拔高度均为1500~1900m。大理毛肢溪蟹 *Trichopotamon daliense* 为高山型洞穴种，栖息于海拔1800m地带的泥洞中。

横断山东北亚区：位于金沙江的东北地区。该区以非拟溪蟹属 *Aparapotamon* 为主，如弓肢非拟溪蟹 *A. arcuatum*、无齿非拟溪蟹 *A. grahami*、肿掌非拟溪蟹 *A. inflomanum*、相似非拟溪蟹 *A. similium*、圆顶非拟溪蟹 *A. tholosum*，它们分布的高度为海拔1500~2900m。

（2）华南区　滇南山地亚区包括西双版纳州及滇西德宏州和怒江、澜沧江、元江及其支流的中下游地区，横断山脉的南延部分，海拔多低于1500m，低山河谷热带和亚热带山地，蟹类区系复杂，具喜暖性特点，与缅甸、越南一带种类的组成十分相近。主要有常氏束腰蟹 *Somanniathelphusa chongi*、短肢束腰蟹 *S. brevipodum*，此两种具咸淡水的海相性质，说明华南区接近沿海或海退较迟，除与缅甸共有的安德森溪蟹、艾氏溪蟹、毛足溪蟹 *Potamon hispidum*、胖溪蟹 *Potamon tumidum* 外，尚有该地区的特有种，如弯肢溪蟹 *Potamon flexum*、大围山溪蟹 *Potamon daweishanense*、长波溪蟹 *Potamon changpoense*、景洪溪蟹 *Potamon chinghungense*、河口溪蟹 *Potamon hokuoense*、耿马溪蟹 *Potamon gengmanense*、云龙溪蟹 *Potamon yunlongense*、山区近溪蟹 *Potamiscus montosus*、白眼眶潭蟹 *Lacunipotamon albusorbitum*、紫小溪蟹 *Tenuipotamon purpura*、华宁小溪蟹 *Tenuipotamon huaningense* 及玉溪小巧溪蟹 *Parvuspotamon yuxiense* 等。

另外还有一些属、种，仅在云南有特定的分布区，如拟溪蟹属 *Parapotamon* 的分布区很狭窄，限于云南中部；仿拟溪蟹属 *Parapotamoniodes* 仅分布于昆明、滇池、河口。有的特化为单型属，分布有明显的局限性，如紧腹溪蟹属 *Artopotamon*、毛肢溪蟹属 *Trichopatamon*、拟川溪蟹属 *Pararanguna* 仅限于云南横断山区。潭蟹属 *Lacunipotamon* 仅分布云南河口。小巧溪蟹属 *Parruspotamon* 仅见于云南玉溪地区。华溪蟹属 *Sinopotamaon* 是中国的特有属，包括的种类最多，分布面最广，数量也最多，范围约以北纬24°为其南限，37°为其北限，东经103°以东至沿海地区，分布于整个长江水系及其支流等广阔地区的中山区及丘陵、平原等不同的生态区内。

1.2.3 蟹类的经济价值

蟹类是一种资源动物，肉质细嫩，滋味鲜美，营养丰富，可做美味的菜肴。除供鲜食外，还可制成各种干品食用。将蟹捣碎制成饵料，饲养家禽、鱼、虾等，可以代替鱼粉。蟹还可作中药材，捣制成粉膏，治疗跌打损伤和湿癣等。

蟹壳较厚，制成甲壳质，在医药上，可作为抗癌物质；可用于手术缝线，隐形眼镜片及人造皮肤，在工业上是纺织染色的上浆剂、固色剂及处理剂，使织物有更好的染色性、耐洗性和抗皱性。又由于不怕水，制成的纸可绘制海图及用作航海记事本；在环境保护上，可净化污染的水质，用来滤除重金属离子，如汞、镉、铈、银和砷等，效果显著；在农业上，将蟹甲壳质与有机肥混合撒在患黄粉病的洋白菜田里，持续4年即可根除这种病害，一般用量为10hm^{2}用0.5～1t甲壳质。

淡水蟹类为并殖吸虫主要的第二中间宿主。并殖吸虫的卵在水中孵化为毛蚴，随水进入第一中间宿主，即一些淡水螺类体中，经雷蚴发育成大量尾蚴，尾蚴进入第二中间宿主——淡水蟹类及喇蛄等体内的鳃肌肉、肝脏和生殖腺体中，发育成囊蚴，一只蟹所含的囊蚴从几个到几十个，甚至高达数千个，人们吃了带有未杀死囊蚴的淡水蟹，便会得并殖吸虫病。这是一种自然疫源地疾病。

云南淡水蟹类的分类与分布名录：

十足目 DECAPODA

一、拟地蟹总科 Gecarcinucoidea

束腹蟹科 Parathelphusidae

（1）常氏束腰蟹 *Somanniathelphusa chongi*

墨江、普洱、思茅、勐海、景洪。穴居于水中泥洞内。为西双版纳的优势种，数量多，出现率高，分布广。

短肢束腰蟹 *Somanniathelphusa erevipodum*

（2）昆明官渡区、河口、个旧、蒙自大屯海、石屏异龙湖、开远、宜良、华宁、马关、文山、勐腊、金平、西畴、屏边大围山。生活于湖泊、稻田、沟渠两岸的泥洞里，岸旁多生杂草、环境潮湿阴暗处。

二、溪蟹总科 Potamoidea

溪蟹科 Potamidae

（3）白眼眶潭蟹 *Lacunipotamon albusorbitum*

河口。多生活于大河支流入口处的泥洞中。

（4）安德森溪蟹 *Potamon andersonianum*

丽江玉龙雪山。栖息于海拔约2000m的高山溪流石下。

（5）疣掌溪蟹 *Potamon edwardsi*

腾冲、畹町。生活于海拔1700m左右的山溪石下，周围多灌木丛 。

（6）河口溪解 *Potamon hokuoense*

河口。生活于山涧溪流或沙石底的小河中石块下，石缝中，水清流急处。水深一般在0.3～0.6m处。为云南并殖吸虫、河口并殖吸虫的第二中间宿主。

（7）云龙溪蟹 *Potamon yunlongense*

云龙。生活于山溪石缝中。

（8）长坡溪解 *Potamon changpoense*

金平。居于溪流内石下。

（9）缅甸溪蟹 *Potamon andersonianum*

陇川。生活于海拔1500m的山区溪流内，四周林木茂盛。

（10）景洪溪蟹 *Potamon jinghungensis*

景洪、勐海、勐腊、双江、墨江、金平。生活于海拔500～1000m的山区溪流中，溪流两岸多属热带、亚热带的丛林区，环境阴湿，是团山并殖吸虫、勐腊并殖吸虫、云南并殖吸虫、肺吸虫的第二中间宿主。

（11）大围山溪蟹 *Potamon daweishanense*

屏边、河口、金平。居于溪流内石下。

（12）新平溪蟹 *Potamon xinpingense*

玉溪。生活于海拔1000 ～1500m地带。

（13）锐刺溪蟹 *Potamon*（*paratelphusula*）*spinescens*

螳螂江、宜良阳宗海、昆明滇池、澄江抚仙湖。为我国云南的特产种。

（14）艾氏溪解 *Potamon edwardsi*

腾冲。生活于海拔2000m的山溪石下。

（15）金平溪蟹 *Potamon jinpingense*

金平。居于溪流石下。

（16）胖溪蟹指名亚种 *Potamon tumidum tumidum*

四排山。栖息于山溪旁石下。

（17）胖溪蟹泸水亚种 *Potamon tumidum lushuiense*

泸水。生活于海拔1500m左右的山溪水下的泥洞中，底质为红壤，水深不足1cm，秋季水温

16℃左右，pH 为 6.0。白天很少活动，不易发现，必须挖掘才能捕到。

（18）胖溪蟹腾冲亚种 *Potamon tumidum tengchongense*

腾冲。生活于海拔 1700m 左右、水少阴暗的山溪石下或石缝中，有时也在沙洞中，溪流常被岸边热带灌木所覆盖。秋季水温 18℃左右，pH 为 6.5～7.0。

（19）毛足溪蟹指名亚种 *Potamon hispidum hispidum*

景洪、双江。生活于海拔 500～1000m 的山溪旁石块下，为斯氏并殖吸虫的第二中间宿主。

（20）毛足溪解剑川亚种 *Potamon hispidum jianchuanense*

剑川、漾濞、丽江。生活于海拔 1600～2400m 的山溪石下或岸边稍浸入水中的大石下，溪流两岸多灌木丛，水深 0.5m 左右，底质为红壤，秋季水温 15～18℃。7～8 月为繁殖季节。

（21）毛足溪蟹保山亚种 *Potamon hispidum boshanense*

保山、景东。生活于海拔 1300～1800m 混交林的山溪石下或石洞中，水深 0.5m 左右，秋季水温 20℃，pH 为 6.5。6～7 月为繁殖期。

（22）云南溪蟹 *Potamon*（*Potamiscus*）*yunnanense*

澜沧江漫湾、通海杞麓湖。

（23）耿马溪蟹 *Potamon gengmaense*

耿马孟定。居于溪流石下。

（24）勐腊溪解 *Potamon menglaensis*

勐腊。溪流石块下。

（25）山区近溪蟹 *Potamiscus montosus*

景洪。生活于山溪两岸山坡的乱石堆里或泥石洞穴中，夜间在附近小溪内捕食。在雨季白天常出洞在山坡河边爬行。

（26）易武溪蟹 *Potamiscus yiwuensis*

易武山溪。

（27）沧源近溪蟹 *Potamiscus cangyuanensis*

沧源。生活于山溪石块下。

（28）云南近溪蟹 *Potamiscus yunnanense*

保山、临沧、洱海。生活于溪流及小水体中，打洞或栖于石缝中。

（29）云南近溪蟹指名亚种 *Potamiscus yunnanense yunnanense*

大理洱海、邓川、临沧。生活于海拔 1600m 的湖泊、溪流及其附近的小水体中。

（30）云南近溪蟹永胜亚种 *Potamiscus yunnanense yongshengense*

永胜。生活于海拔 1700m 左右的山溪大石下，或溪旁少量浸水的巨石下，草丛中或石洞内，水深 0.5 左右，底质为红壤。夏季水温 20℃，pH 为 6.5。爬行迅速，数量较多，适应力强，晚间常在稻田附近出现。7～8 月为繁殖期。

（31）锐刺拟溪蟹 *Parapotamon spinescens*

昆明、宜良、澄江抚仙湖，河口、耿马、个旧市飞霞洞。生活于淡水湖泊，池中，为卫氏并殖吸虫的第二中间宿主。

（32）扁肢紧腹溪蟹 *Artopotamon compressum*

泸水。生活于海拔 1900m 左右的山涧溪流的石洞中，底质多为石灰岩，岩上附有青苔和藻类，水深 0.5～1m，秋季水温 12～16℃，pH 为 5.6～6.0。6～7 月为繁殖期。

（33）无齿非拟溪蟹 *Aparapotamon grahami*

昭通、东川、楚雄、易门、杨林。生活于海拔 1000m 左右的山溪泥石洞中。为斯氏并殖吸虫第二中间宿主。栖息范围较广，居于海拔500～1500m 的山溪石下。

（34）相似非拟溪蟹 *Aparapotamon similium*

永胜。生活于海拔 1800m 左右的窄小的山溪石块下，稻田渠沟内，底质多为红壤，水深约 0.3m。夏季水温 19℃，pH 为 6.0 左右。7～8 月为繁殖期。

（35）弓肢非拟溪蟹 *Aparapotamon arcuatum*

宁蒗。生活于海拔 2400～2700m 山溪岸旁较光裸的石下及沙洞中，通常不在太潮湿的环境中生活，耐旱性强，有时可隐藏在离岸约 30m 远的田地土块下或杂草丛中，亦可在树下石丛里发现它们的踪迹。溪流底质多为黄、红砂壤，水深约 0.5m。夏季水温 16℃，pH 为 6.5。7～8 月为繁殖季节。

（36）突齿非拟溪蟹 *Aparapotamon protinum*

永胜。生活于海拔 1800～2400m 的山涧溪流的石块下及石洞中，有时隐蔽于离水较远的大石块下，耐旱性较强。一般水深 0.5m，底质为红壤。夏季水温 19℃，pH 为 6.4。7～8 月为繁殖季节。

（37）圆顶非拟溪蟹 *Aparapotamon tholosum*

永胜。生活于海拔 1500m 左右的山溪石下，底质多为红壤，水深约 0.5m，夏季水温 20℃，pH 为 6.5 左右。7～8 月为繁殖季节。

（38）盘肢非拟溪蟹 *Aparapotamon molarum*

丽江。生活于海拔 2400～2900m 雪山附近河流及山涧溪流的石下或沙石洞中，溪流底质多为砂砾，水深 0.3～1m，夏季水温 8～10℃，pH 为 5.5 左右。7～8 月为繁殖期，甚至可延长到 9 月底。

（39）肿掌非拟溪蟹 *Aparapotamon infloma-num*

中甸。生活于海拔 2400m 左右的小溪或沟渠的石块下、泥洞中，溪渠底质为黄、红壤，秋季水温 19℃，pH 为 7.0 左右。7～8 月为繁殖期，甚至到 9 月份，仍可发现抱卵母体。

（40）大理毛肢溪蟹 *Trichopotamon daliense*

大理。生活于海拔 1800m 左右的稻田、田埂或深水塘的泥洞中，水深约 0.5m，底质为黑泥沙，秋季水温 16℃，pH 为 6.5 左右。6～8 月为繁殖季节。

（41）半月拟川蟹 *Pararanguna semilunatum*

保山。生活于海拔 1500m 左右的山沟小溪的石下或岸旁的洞穴中，水深 0.5m，为沙石底，秋季水温 19℃，pH 为 6.0 左右。活动不甚迅速，易于捕捉。6～7 月为繁殖期。

（42）紫小溪蟹 *Tenuipotamon purpura*

勐海。栖息于 1500～2000m 溪流旁泥洞中。

（43）华宁小溪蟹 *Tenuipotamon huaningense*

华宁。生活于海拔 2000m 山溪石下。为斯氏肺吸虫的第二中间宿主。

（44）玉溪小巧溪蟹 *Parvuspotamon yuxiense*

新平县。生活于海拔 700m 山溪石下。为斯氏并殖吸虫的第二中间宿主。

（45）美丽仿拟溪蟹 *Parapotamonoides endym-ion*

昆明滇池、河口。栖息于海拔 50～2000m 左右淡水湖泊及溪流中，多为穴居。

2 昆虫纲 INSECTA

2.1 水生昆虫概述

昆虫纲属节肢动物门有气管亚门 TRACHEATA、有翅亚纲 PTERYGOTA，是动物界中种类最多的一个纲，现已描述的种数约 100 万种之多，占节肢动物门种数的 94% 以上，也占整个动物界种数的 80% 以上。

昆虫纲分成 34 个目，大约有 11 个目生活在水中，称为水生昆虫。在水生动物中水生昆虫种类也是最多的。

水生昆虫有的成虫期营陆生生活，而在幼虫期营水生生活；有的幼虫期和成虫期均在水中生活。因种类的不同，在不同水域中的生活方式也有差异。例如：广翅目鱼蛉虫幼虫生活于流水中，成虫白天多栖息于树干上；泥蛉虫的幼虫生活于静水水域，成虫栖息在水边的杂草上。半翅目的水黾在水面上活动；仰泳蝽善于游泳，常仰浮于水面，腹部末端伸出水面呼吸；潜水蝽常在水草丛中快速游泳；红娘华腹部末端有两根呼吸管伸出在空气中呼吸，常隐存在水草中。鞘翅目的豉虫终身营水生活，幼虫在水底游泥中生活，成虫在水面活动；牙虫游泳较慢，常在水草上爬行，头朝水面伸出触角进行呼吸；龙虱虽是水栖昆虫，在它的胸部、腹部都有呼吸孔，浮到水面呼吸仍保留祖先呼吸空气的本能，喜栖于水清沙底多水草处，大型个体多栖于宽阔水域。毛翅目的石蛾幼虫称石蚕，自做巢筒生活在筒内，爬行时将头伸出，受惊时立即缩进筒内，多在水底生活，成虫栖于水边植物上；毛翅目昆虫用气管鳃或通过体壁渗透呼吸水中溶解的氧，对氧的要求很高，水的含氧量常是决定它们分布多少的主要因素。绩翅目石蝇的幼虫喜生活于含氧充足的山溪清流的石下或沙粒间，成虫常在水边植物上栖息。蜉蝣目浮蝣的稚虫适掘泥生活，常栖息水底淤泥或污水中，成虫只能生存几小时到几天后死于地面上。蜻蜓目的蜻蜓、豆娘的稚虫多栖息于水池底的沙粒间，成虫营陆生活。双翅目的按蚊又称疟蚊，斑翅蚊平时浮于水面；伊蚊又称黑斑蚊、花脚蚊，多栖于水塘、树洞、竹筒积水中；库蚊又称家蚊，多栖于污水中；摇蚊底栖于污水中，它们的孳生场所较为广泛，水池、水塘、水坑、水沟、水井、溪流、沼泽、稻田、容器积水、蹄印、蟹洞、有水浮莲或水葫芦的池塘、芭蕉或芋头的叶腋等只要能够积水的地方，都能够孳生繁衍。

2.2 水生昆虫的益害

许多水生昆虫是鱼类的天然饵料，对渔业生产有益，对维护自然生态平衡很有贡献。例如蜉蝣目、毛翅目、双翅目、脉翅目的稚虫等。广翅目的幼虫、蛹和鞘翅目的龙虱等可供人们煎食，是可利用的蛋白质资源。有的水生昆虫对渔业生产有危害，如半翅目的红娘华能食鱼苗和鱼卵，负子虫伤害鱼苗；蜻蜓目如豆娘等的稚虫对鱼苗的危害极大，有“鱼老虎”之称。双翅目的蚊类危害人类健康，例如微小按蚊、中华按蚊是疟疾的主要传播者；狩猎库蚊等是丝虫病的传播者；白纹伊蚊等是流行乙型脑炎等疾病的传播者。

摇蚊的幼虫为底栖动物的主要组成之一，是渔业生产的主要饵料，还是监测水体质量的指示生物。按湖泊和水体类型的不同，分布的种类也有差异。在底层水冷而富于氧气的贫营养型湖泊中，深水带主要为长跗摇蚊、劳氏摇蚊、小突摇蚊等，在水温暖而溶氧贫乏的富营养型湖泊和池塘中，则以羽摇蚊最为常见。因此，可以此指示栖息水体类型及污染程度。如富营养型水体或多污带中，常见的是羽摇蚊、塞氏摇蚊、半折摇蚊等，在中污带常见的是流水中的长跗摇蚊，在寡营养湖或寡污带常见的是劳氏摇蚊等。摇蚊幼虫的数量和种类可以判断鱼池的肥瘦，作为发展渔业规划的根据之一。

双翅目中的虻、蠓、蚋3类昆虫，种类繁多，对人类、家畜、家禽及多种野生动物的危害很大，它们对环境适应能力强，既能在高纬度、高海拔的高寒山区生活，也能在低纬度、低海拔的热带亚热带地区生活。在河谷地区的江、河、湖、山溪、沟渠、水塘、水坑等流水或静水的积水处都能栖息生存。分布极为广泛，应对此类昆虫做好防疫。按科分述如下。

2.2.1 虻科 Tabanidae

虻俗称“牛虻”或“瞎虻”。为世界性广布种类，除南极洲及夏威夷、格陵兰、冰岛之外，甚至海拔达5000m处都有分布。全世界现已知117属3500多种，我国现已记录13属400多种。虻的卵、幼虫多见于池塘、沼泽、山溪、稻田等地的水草上，其次也见于江、河、湖泊的水草上。雄虻以植物汁液为食，雌虻主要刺吸牛、马、骡、驴等大型家畜的血，其次是刺吸山羊、鼠类、禽类的血。虻叮刺人体后可引起荨麻疹样皮炎。虻是人畜、禽的罗阿丝虫病、土拉菌病和锥虫病的传播媒介，是畜牧业的重要害虫。

2.2.2 蠓科 Ceratopogonidae

蠓的成虫呈黑色或深褐色，俗称“小咬”或墨蚊。为世界性广布种类，分布区最北为北纬70°~72°地区，最高可见于海拔达4400m的西藏高原。全世界现已知70多属4000多种。我国现已报告19属320多种。

蠓的幼虫喜生活在水中泥土表层或积水的淤泥中，其次是生活在江、河、湖泊、山溪、沼泽、水坑、稻田和井泉中。雄虫吸食植物汁液，雌虫刺叮吸人、畜类、禽类的血，可传播人、畜、禽多种寄生虫病和病毒性疾病，如链尾曼森线虫病、欧氏曼森线虫属和常见线虫病。

2.2.3 蚋科 Simuliidae

蚋俗称“黑蝇”，为世界性广布种类，最北可见于北冰洋的熊岛（北纬74°30′），南半球到近南极的克鲁曾岛等地，可发生在海拔4700m的高山上。全世界现已知50属1300多种，我国现已报告10属90多种。蚋的卵、幼虫、蛹多见于清净流水中，其次见于江、河、湖泊、山溪和泉水。雄虫不吸血，雌虫交配后吸血，嗜吸人、家畜、家禽（牛、羊、犬、鹿、鸭、鸡）等的血，可传播盘尾丝虫病，欧氏曼森线虫病。人被蚋刺叮之后，可引起皮炎、湿疹、水疱，可有强烈的过敏反应，继发淋巴腺炎淋巴管炎、过敏性休克、蚋热（又称“黑蝇热”Black fly fever）等疾病。

云南省境内记录有水生昆虫8目30科（含亚科）316种（含亚种），分类与分布名录列示如下（名录中有的科和种类尚未查找到相应的中文名称，仅以星号标注）。

云南水生昆虫的分类与分布名录：

Ⅰ 广翅目 MEGALOPTERA

一、鱼蛉科 Corydalidae

（1）原密大蛉 *Protohermes grandis*

澜沧江漫湾水电站库区。

（2）角鱼蛉 *Corydalus cornutus*

澜沧江漫湾水电站库区。

二、泥蛉科 Sialidae

（3）泥岭 *Sialis* sp.

澜沧江漫湾水电站库区。

Ⅱ 半翅目 HEMIPTERA

三、水黾科 Gerridae

（4）姬水黾 *Gerris lacutris linnaeus*

滇池、阳宗海、抚仙湖、星云湖、长湖、洱海、剑湖、程海、螳螂川。

四、田鳖科（负子虫科）Belostomatidae

（5）日本负子虫（背米虫）*Sphaeroderma japonicum*

滇池、阳宗海、抚仙湖、黑龙潭、长湖、月湖、剑湖、程海、螳螂川。

（6）田鳖 *Kirkaldyia deyrollei villefroy*

滇池、阳宗海、抚仙湖、星云湖、洱海、程海、此碧湖。我国西北、东北、华东、华南、西南广泛分布。

五、仰泳蝽科（松藻虫科）Notonectidae

（7）松藻虫 *Notonecta triguttata*

滇池、阳宗海、杞麓湖、星云湖、抚仙湖、长湖、剑湖、茈碧湖、澜沧江漫湾水电站库区、昆明养鱼塘。

六、潜水蝽科 Naucoridae

（8）滑手虫 *Aphelochirus* sp.

澜沧江漫湾水电站库区、杞麓湖。

七、红娘华科（蝎蝽科）Nepidae

（9）红娘华 *Laccotrephes japonensis*

滇池、阳宗海、杞麓湖、星云湖、抚仙湖、长湖、月湖、异龙湖、大屯海、泸沽湖、茈碧湖、洱海、剑湖、澜沧江漫湾水电站库区、螳螂川。

（10）蝎蝽（水镰虫）*Ranatra braehyusa*

滇池、新河口、昆明鱼塘。

Ⅲ 鞘翅目 COLEOPTERA

八、豉虫科（豉甲科）Gyrinidae

（11）大豉甲 *Dineutes indicus*

滇池、洱海、剑湖。

（12）美洲豉甲 *Dineutes americanus*

澜沧江漫湾水电站库区。

九、牙虫科（水龟虫科）Hydrophilidae

（13）小牙虫（水龟虫、水龟）*Hydrophilus affinis sharp*

滇池、洱海、抚仙湖、长湖、星云湖、澜沧江漫湾水电站库区、杞麓湖。

（14）尖音牙虫 *Berosus* sp.

澜沧江漫湾水电站库区。

（15）牙虫（大水龟）*Hydrous acuminatus*

澜沧江漫湾水电站库区。

十、龙虱科 Dytiscidae

（16）龙虱 *Cybister japonicus*

滇池、洱海。

（17）泽劳（三点龙虱）*Cybister tripunclatus*

滇池、阳宗海、抚仙湖、星云湖。

（18）潜水龙虱 *Coelambus* sp.

滇池、长湖、洱海。

（19）大肚龙虱 *Hyphydrus* sp.

滇池、昆明水塘。

（20）胖龙虱（鱼蠡）*Noterus* sp.

滇池、花红洞水塘。

（21）灰龙虱 *Eretes* sp.

澜沧江漫湾水电站库区。

Ⅳ 毛翅目 TRICHOPTERA

十一、网栖石蛾科 Hydropsychidae

（22）榆网栖蛾 *Hydropsyche ulmeri*

澜沧江漫湾水电站库区。

十二、角石蛾科 Stenopsychidae

（23）阴灰角石蛾 *Stenopsyche griseipennis*

澜沧江漫湾水电站库区。

十三、* 亚科 Glossosomatinae

（24）* *Mystrophora inops*

澜沧江漫湾水电站库区。

4 十四、原石蛾科 Rhyacophilidae

（25）日本大流石蚕 *Rhyacophila japonica*
澜沧江漫湾水电站库区、滇池。

十五、管石蛾科 Psychomyiidae

（26）＊ *Ecnomus amiensis*
澜沧江漫湾水电站库区。

Ⅴ 襀翅目 PLECOPTERA

十六、石蝇科 Perlodidae = perlidae

（27）等襀翅虫 *lsoperla.* sp.
澜沧江漫湾水电站库区。
（28）日本等襀翅虫 *Isoperla nipponica*
澜沧江漫湾水电站库区。
（29）短尾石蝇 *Nemoura* sp.
澜沧江漫湾水电站库区。

十七、扁襀科（扁石蝇科）Peltoperlidae

（30）＊ *Nogiperla* sp.
澜沧江漫湾水电站库区。

Ⅵ 蜉蝣目 EPHEMEROPTERA

十八、扁蜉科 Ecdyonuridae

（31）扁蜉 *Ecdyrus* sp.
澜沧江漫湾水电站库区。
（32）＊ *Epeorus uenoi*
澜沧江漫湾水电站库区。
（33）＊ *Rhthtrogena* sp.
澜沧江漫湾水电站库区。
（34）＊ *Cinygam hirasana*
澜沧江漫湾水电站库区。
（35）＊ *Epeorus hiemalis*

十九、花鳃蜉科 Potamanthidae

（36）花鳃蜉 *Potamanthus* sp.
澜沧江漫湾水电站库区。

二十、二尾蜉科（短丝蜉科）Siphlonuridae

（37）二尾蜉 *Siphlonurus* sp.
澜沧江漫湾水电站库区。

二十一、四节蜉科 Baetidae

（38）二翼蜉 *Cloeon dipterum*
澜沧江漫湾水电站库区。
（39）热的蜉 *Baetiella thermicus*
澜沧江漫湾水电站库区。

二十二、细蜉科 Caenidae

（40）细蜉 *Caenis* sp.
澜沧江漫湾水电站库区。

Ⅶ 蜻蜓目 ODONATA

二十三、蜻蜓科 Libellulidae

（41）黄精 *Pantala flavescens*
滇池、月湖、澜沧江漫湾水电站库区。
（42）褐顶赤卒 *Sympetrum infuscotum*
长湖、月湖、澜沧江漫湾水电站库区。

二十四、箭蜓科 Gomphidae

（43）马氏不等尖嘴蜓 *Anisogomphus maacki*
清水海、滇池、洱海、澜沧江漫湾水电站库区。

Ⅷ 双翅目 DIPTERA

二十五、虻科 Tabanidae

（44）牛虻 *Tabanus trigonus*
黑龙潭、滇池、长湖、月湖、程海、此碧湖、澜沧江漫湾水电站库区。

二十六、水虻科 Stratiomyiidae

（45）水虻（幼虫）*Stratiomyia* sp.
滇池、澜沧江漫湾水电站库区。

二十七、蠓科 Ceratopogonidae（Heleidae）

（46）蠓蚊幼虫 *Ceratopogonidae* sp.
滇池、澜沧江漫湾水电站库区。

二十八、摇蚊科 Chironomidae

（47）侧叶雕翅摇蚊幼虫 *Glyptotendipes lobiferus*
澜沧江漫湾水电站库区。
（48）羽摇蚊幼虫 *Tendipes plumosus*
澜沧江漫湾水电站库区。
（49）花纹前突摇蚊幼虫 *Procladius choreus*
澜沧江漫湾水电站库区。
（50）菱跗摇蚊幼虫 *Clinotanypus* sp.
澜沧江漫湾水电站库区。
（51）环足摇蚊幼虫 *Cricotopus* sp.
澜沧江漫湾水电站库区。
（52）隐摇蚊幼虫 *Cryptochironomus* sp.
澜沧江漫湾水电站库区。
（53）梯型多足摇蚊幼虫 *Polypedilum scalaenum*
澜沧江漫湾水电站库区。

（54）昏眼摇蚊幼虫 *Stempellina* sp.

澜沧江漫湾水电站库区。

（55）稻摇蚊（幼虫称“红线虫”）*Chironomus oryzae*

昆明、嵩明、大理。

二十九、蚊科 Culicidae

（56）幽蚊幼虫 *Chaoborus* sp.

澜沧江漫湾水电站库区。

（57）艾氏按蚊（无斑按蚊）*Anopheles aitkenii*

西双版纳、耿马、镇康、思茅、云县、河口、麻栗坡、金平、绿春、保山、龙陵、潞西、元江、蒙自。

（58）嗜人按蚊 *Anopheles anthropophagus*

昭通、思茅、西双版纳、临沧、个旧、蒙自。

（59）银足按蚊 *Anopheles argyropus*

西双版纳、耿马。

（60）须喙按蚊 *Anopheles barbirostris*

西双版纳、思茅、临沧、芒市、瑞丽、畹町、个旧、蒙自、保山、元江、新平、罗平、师宗、富源、永平、大姚、姚安、元谋、双柏、下关、大理、邓川、巧家、彝良、昭通、华坪、文山。

（61）须荫按蚊（类须喙按蚊、巴朋按蚊）*Anopheles barbumbrosus*

昭通、文山、思茅、个旧、蒙自、西双版纳、保山、永平、元谋、元江、新平、大姚、双柏、芒市、瑞丽。

（62）孟加拉按蚊 *Anopheles bengalensis*

西双版纳、思茅、临沧、畹町、保山、元江、永平、新平、大姚、绥江、大关、元谋、双柏、文山、个旧、芒市。

（63）平原按蚊 *Anopheles campestris*

西双版纳、云县。

（64）克氏按蚊 *Anopheles crawfordi*

西双版纳、思茅、耿马、镇康、沧源、双江。

（65）付氏按蚊 *Anopheles freyi*

永善、巧家、昭通、奕良。

（66）巨型按蚊贝氏亚种（巨型按蚊暗缨亚种）*Anopheles gigas baileyi*

云南全省性分布。

（67）西姆拉按蚊亚种（巨型按蚊西姆拉亚种）*Anopheles gigas simlensis*

昆明、潞西、云县、耿马、陇川、景东、金平、元阳、思茅、巧家、勐腊、西盟。

（68）花岛按蚊 *Anopheles insulaeflorum*

西双版纳、麻栗坡、耿马、镇康、澜沧、孟连。

（69）簇足按蚊（安氏按蚊间断亚种）*Anopheles interruptus*

景洪、思茅、潞西、瑞丽、陇川、盈江。

（70）昆明按蚊 *Anopheles kunmingensis*

昆明、丽江、保山、龙陵、德钦、昭通、维西、腾冲、凤庆。

（71）贵阳按蚊 *Anopheles kweiyangensis*

昭通、曲靖、下关、大理、昆明。

（72）环股按蚊（林氏按蚊）*Anopheles lindesayi*

云南全省性分布。

（73）勐朗按蚊 *Anopheles menglangensis*

勐腊、澜沧（勐朗）、瑞丽。

（74）最黑按蚊 *Anopheles nigerimus*

云南全省较为广泛分布。

（75）小洁按蚊 *Anopheles nitidus*

西双版纳、思茅、盐津、绥江。

（76）棕毛按蚊 *Anopheles palmatus*

勐腊、麻栗坡。

（77）带足按蚊 *Anopheles peditaeniatus*

西双版纳、思茅、临沧、个旧、文山、盈江、畹町、保山、永平、元江、新平、无谋、大姚、双柏。

（78）中华按蚊 *Anopheles sinensis*

云南全省性分布。

（79）宽鳞按蚊（类辛东按蚊）*Anopheles sintonoides*

景洪、勐腊。

（80）八代按蚊 *Anopheles yatsushiroensis*

昭通、大关、镇雄、威信、迪庆。

（81）乌头按蚊 *Anopheles aconitus*

西双版纳、思茅、临沧、个旧、文山、芒市、瑞丽、畹町、保山、元江、新平、元谋、大姚、姚安、双柏、巧家、华坪、峨山、易门。

（82）环纹按蚊 *Anopheles annularis*

西双版纳、思茅、临沧、个旧、蒙自、屏边、绿春、文山、马关、砚山、广南、瑞丽、陇川、梁河、畹町、保山、玉溪、江川、师宗、罗平、元谋、大姚、巧家、双柏、大关、姚安。

（83）库态按蚊 *Anopheles culicifacies*

西双版纳、思茅、临沧、保山、德宏、红河、畹町、文山、玉溪、元谋、双柏、大姚、姚安、永平、师宗、罗平、巧家、绥江、维西、昭通、东川、华坪、武定、宾川、南涧。

（84）大劣按蚊 *Anopheles dirus*

西双版纳、思茅、景谷、澜沧、孟连、江城、云县、双江、耿马、镇昌、昌宁、潞南、瑞丽、沧源、红河、河口、麻栗坡、富宁、金平、新平、马关、巧家、镇雄、蒙自、昆明。

（85）溪流按蚊 *Anopheles fluviatilis*

除海拔1950m以上的地区外，云南全省均有分布。

（86）无定按蚊 *Anopheles indefinitus*

西双版纳、耿马。

（87）詹氏按蚊（白跗按蚊）*Anopheles jomesii*

思茅、景谷、景东、澜沧、耿马、潞西、云县、华坪。

（88）吉甫按蚊 *Anopheles jeyporiensis*

西双版纳、思茅、临沧、红河、文山、保山、德宏、玉溪、畹町、曲靖、永平、元谋、大姚、双柏、姚安、泸水。

（89）卡瓦按蚊 *Anopheles karwari*

西双版纳、潞西、瑞丽、龙陵、思茅。

（90）簇腹按蚊（寇氏按蚊）*Anopheles kochi*

西双版纳、思茅、临沧、保山、文山、红河、畹町、龙陵、昌宁、施甸、永平、元谋、双柏、元江、新平、罗平、师宗、德宏州、盐津。

（91）多斑按蚊 *Anopheles maculatus*

云南全省性分布。

（92）微小按蚊 *Anopheles minimus*

除海拔1950m以上地区外，云南全省均有分布。

（93）济南按蚊(帕氏按蚊、潘氏按蚊) *Anopheles pattoni*

迪庆、昭通、昆明、江川、澄江、武定、罗平、会泽、镇康。

（94）菲律宾按蚊 *Anopheles philippinensis*

西双版纳、思茅、临沧、文山、红河、玉溪、保山、德宏、畹町、永平、大姚、双柏、元谋、师宗、罗平、大关、昆明。

（95）润鳞按蚊 *Anopheles ramsayi*

耿马、云县、双江。

（96）美彩按蚊 *Anopheles splendidus*

西双版纳、思茅、临沧、文山、红河、玉溪、保山、德宏、畹町、师宗、永平、双柏、大姚、姚安、元谋、巧家、大关、昭通、晋宁、罗平、华坪、邓川。

（97）斯氏按蚊（斑须按蚊）*Anopheles stephensi*

西双版纳、思茅、景谷、澜沧、孟连、耿马、双江、镇康、金平、河口、麻栗坡、富宁、畹町、潞西、元江、新平、元谋、凤庆、华坪、元阳、景东、镇沅、墨江、江城、蒙自、罗平、巧家。

（98）浅色按蚊 *Anopheles subpictus*

西双版纳、思茅、临沧、红河、文山、德宏、畹町、巧家、永平、双柏、元谋、新平、元江、大理、弥渡。

（99）棋斑按蚊 *Anopheles tessellatus*

西双版纳、思茅、临沧、红河、文山、德宏、畹町、巧家、双柏、永平、元谋、新平、元江、大理、弥渡。

（100）迷走按蚊（迷糊按蚊）*Anopheles vagus*

西双版纳、思茅、临沧、德宏、文山、畹町、红河、保山、新平、元江、元谋、双柏、大姚、罗平、师宗、永平、永胜、昆明、大理。

（101）瓦容按蚊（印神按蚊）*Anopheles varuna*

西双版纳、思茅、临沧、德宏、畹町、红河、保山、元谋、双柏、大姚、元江、师宗、罗平。

（102）白盏伊蚊 *Aedes alboscutellatus*

勐腊、景洪、沧源、耿马、盈江。

（103）刺管伊蚊 *Aedes caecus*

西双版纳、思茅、临沧、德宏、文山、红河、保山、腾冲、施甸、元江、新平、元谋。

（104）中线伊蚊 *Aedes mediolineatus*

蒙自、个旧。

（105）条足伊蚊 *Aedes pallidostriatus*

金平、新平。

（106）刺扰伊蚊 *Aedes vexans*

云南全省性分布。

（107）白点伊蚊 *Aedes vittatus*

西双版纳、思茅、临沧、文山、红河、德宏、保山、元谋、永仁。

（108）佩氏伊蚊 *Aedes peytoni*

瑞丽、陇川、盈江、潞西。

（109）爱氏伊蚊 *Aedes eldridgei*

耿马、双江、临沧。

(110) 白背伊蚊 *Aedes ibis*

勐腊、勐海。

(111) 安汶伊蚊 *Aedes imprimens*

云县、双江、耿马。

(112) 白条伊蚊 *Aedes albocinctus*

西双版纳、思茅、潞西、瑞丽、陇川、大理、耿马、沧源、漾濞。

(113) 侧白伊蚊 *Aedes albolateralis*

德宏、临沧、思茅、西双版纳、文山、红河、新平、元江、保山、昌宁、施甸、元谋、双柏、龙陵。

(114) 白带伊蚊米基尔亚种 *Aedes albotaeniatus mikiranus*

西双版纳、思茅、镇康、耿马、沧源、河口、潞西、龙陵、陇川、盈江、瑞丽。

(115) 阿萨姆伊蚊 *Aedes assamensis*

西双版纳、思茅、临沧、文山、红河、德宏、元谋、双柏、元江、新平、永平、保山。

(116) 金条伊蚊 *Aedes aureostriatus*

勐腊、镇康、耿马、景谷、下关、景洪、漾濞。

(117) 克氏伊蚊 *Aedes christophersi*

漾濞、丽江、大理。

(118) 金线伊蚊 *Aedes chrysolineatus*

西双版纳、思茅、景谷、澜沧、耿马、镇康、瑞丽、陇川、沧源、孟连。

(119) 钟氏伊蚊 (独环伊蚊) *Aedes chungi*

勐腊、龙陵。

(120) 异形伊蚊 *Aedes dissimlis*

广布滇西、滇南及新平、元江等地。

(121) 棘刺伊蚊 *Aedes elsiae*

云南全省性分布。

(122) 台湾伊蚊 *Aedes formosensis*

云南全省性广布。

(123) 金背伊蚊 *Aedes gilli*

勐腊、景谷、思茅、耿马。

(124) 功果伊蚊 *Aedes gonguoensis*

漾濞、中甸、云龙。

(125) 哈维伊蚊 (叶生伊蚊) *Aedes harveyi*

云南全省分布。

(126) 日本伊蚊 *Aedes japonicus*

思茅、耿马、镇康、绥江、盐津、奕良、威信、永平。

(127) 竖鳞伊蚊 *Aedes khazam*

西双版纳、耿马、镇康、沧源、孟连、景谷、思茅、新平、金平、麻栗坡。

(128) 乳点伊蚊 *Aedes macfarlanei*

西双版纳、金平、双江、耿马、潞西。

(129) 类雪伊蚊 *Aedes niveoides*

西双版纳、思茅、景谷、澜沧、孟连、陇川、耿马、瑞丽、镇康、沧源。

(130) 东瀛伊蚊 *Aedes nipponicus*

勐腊、勐海。

(131) 新雪伊蚊 *Aedes novoniveus*

思茅、景谷、澜沧、孟连、耿马、双江、镇康、沧源、保山、潞西、西双版纳、麻栗坡。

(132) 大森伊蚊 (刺皮伊蚊) *Aedes omorii*

勐腊、勐海。

(133) 金叶伊蚊 (山生伊蚊) *Aedes oreophilus*

西双版纳、思茅、耿马、保山、丽江、下关、漾濞、洱源、剑川、大理、永平、云龙。

(134) 斑翅伊蚊 *Aedes poecillus*

沧源。

(135) 显著伊蚊 *Aedes prominens*

西双版纳、思茅、景谷、澜沧、孟连、耿马、镇康、云县。

(136) 美腹伊蚊 *Aedes pulchriventer*

迪庆、耿马、镇康、昆明、宾川、保山、腾冲、思茅、澜沧。

(137) 石穴伊蚊 *Aedes saxicola*

思茅、临沧、勐腊、勐海、腾冲。盐津。

(138) 亚同伊蚊 *Aedes subsimilis*

勐腊、耿马、镇康。

(139) 辛东伊蚊 *Aedes sintoni*

德钦。

(140) 北部伊蚊 *Aedes tonkinensis*

文山、临沧、河口、保山、腾冲、潞西。

(141) 云南伊蚊 *Aedes yunnanensis*

昆明、楚雄、保山、腾冲、潞西。

(142) 窄翅伊蚊 *Aedes lineatopennis*

广布种，云南北纬26°以南地区均有分布。

(143) 白蚊伊蚊 *Aedes albopictus*

云南全省分布。

(144) 园斑伊蚊 *Aedes annandalei*

西双版纳、思茅、临沧、德宏、文山、红河、保山、楚雄、玉溪。

(145) 仁川伊蚊 *Aedes chemulpoensis*

德钦、大理。

（146）尖斑伊蚊 *Aedes craggi*

勐腊、耿马、镇康、盈江。

（147）环胫伊蚊 *Aedes desmotes*

勐腊、耿马、河口、孟连、勐海、景洪、沧源、潞西、陇川、盈江、瑞丽。

（148）类缘纹伊蚊 *Aedes gallosioides*

昆明、洱源、漾濞、大理、永平、丽江。

（149）股点伊蚊模拟亚种 *Aedes gardnerii imitator*

勐腊、镇康、耿马、双江、潞西、瑞丽、孟连、勐海、景洪、沧源、盈江。

（150）马来伊蚊 *Aedes malayensis*

西双版纳。

（151）马立伊蚊（山林伊蚊）*Aedes malikuli*

漾濞、耿马、大理、沧源。

（152）中点伊蚊 *Aedes mediopunctatus*

景洪、孟连、耿马、瑞丽、沧源。

（153）新白纹伊蚊 *Aedes novalbopictus*

西双版纳。

（154）类黄斑伊蚊 *Aedes patriciae*

云南全省广布。

（155）伪白纹伊蚊 *Aedes pseudalbopictus*

西双版纳、思茅、临沧、德宏、保山、文山、红河、元江、新平、元谋、永平、大姚。

（156）亚白纹伊蚊 *Aedes subalbopictus*

西双版纳、思茅、临沧、畹町、盈江、河口、保山。

（157）克里特伊蚊 *Aedes cretatus*

勐腊。

（158）达勒姆阿蚊 *Armigeres durhami*

西双版纳、思茅、文山、临沧、红河、德宏、保山、昌宁、龙陵、元江、新平、元谋。

（159）马来阿蚊 *Armigeres malayi*

麻栗坡、勐腊、勐海。

（160）骚扰阿蚊 *Armigeres subalbatus*

云南全省分布。

（161）黄斑阿蚊 *Armigeres theobaldi*

西双版纳、思茅、临沧、德宏、畹町、文山、红河、保山、元江、新平、元谋。

（162）环须阿蚊 *Armigeres annulipalpis*

西双版纳、思茅、景谷、普洱、澜沧、孟连、耿马、镇康、金平、潞西。

（163）环跗阿蚊 *Armigeres annulitarsis*

河口、勐腊、耿马、瑞丽、盈江、潞西。

（164）五指阿蚊 *Armigeres digitatus*

勐腊、景洪、思茅、耿马、镇康、云县、澜沧、孟连、河口、陇川、瑞丽。

（165）黄色阿蚊 *Armigeres flavus*

西双版纳、思茅、临沧、德宏、红河、文山、保山、新平、元江、元谋、双柏、昆明。

（166）白斑阿蚊 *Armigeres inchoatus*

龙陵、瑞丽、陇川、耿马、盈江、沧源、思茅。

（167）巨型阿蚊 *Armigeres magnus*

西双版纳、思茅、临沧、德宏、文山、红河、保山、昌宁、龙陵、元江、新平、元谋、双柏。

（168）多指阿蚊 *Armigeres omissus*

勐腊、陇川、沧源、河口、瑞丽、盈江、梁河。

（169）毛抱阿蚊 *Armigeres seticoxitus*

西双版纳。

（170）异栉领蚊（郑氏领蚊）*Heizmannia chengi*

勐腊、思茅、瑞丽。

（171）粗毛领蚊 *Heizmannia covelli*

勐腊、景洪、耿马、沧源。

（172）异刺领蚊 *Heizmannia heterospina*

潞西、瑞丽、大理。

（173）李氏领蚊（杭州领蚊）*Heizmannia lii*

西双版纳、思茅、临沧、德宏、红河、文山、元江、双柏、元谋、永平、新平。

（174）线喙领蚊 *Heizmannia macdonaldi*

勐腊。

（175）白小盾领蚊 *Heizmannia mattinglyi*

勐腊、勐海。

（176）孟连领蚊 *Heizmannia menglianensis*

孟连、耿马、沧源。

（177）近栉领蚊（尖刺领蚊）*Heizmannia proxima*

勐腊、勐海。

（178）多栉领蚊 *Heizmannia redi*

西双版纳、思茅、景谷、澜沧、潞西、陇川、孟连、耿马、镇康、瑞丽、盈江、沧源。

（179）无鬃领蚊 *Heizmannia achaetae*

勐腊、思茅、镇康、沧源。

（180）环带库蚊 *Culex annulus*

西双版纳、思茅、临沧、麻栗坡、瑞丽、盈

江、大理、洱源。

(181) 二带喙库蚊(麻刺库蚊) *Culex bitaemorhynchus*

云南全省性分布。

(182) 五指库蚊 *Culex edwardsi*

思茅、潞西、盈江。

(183) 棕头库蚊 *Culex fuscocephalus*

西双版纳、思茅、临沧、德宏、文山、红河、玉溪、保山、楚雄、双柏、姚安、元谋、大姚、永平、大关、盐津、绥江、巧家、昆明、丽江。

(184) 白雪库蚊 *Culex gelidus*

西双版纳、思茅、临沧、德宏、文山、红河、保山、龙陵、元谋、大姚、永平。

(185) 黄氏库蚊(类致倦库蚊) *Culex haungae*

昆明、丽江、保山、大理、楚雄、德钦、潞西。

(186) 角管库蚊 *Culex hutchinsoni*

耿马、景洪、云县、双江。

(187) 棕盾库蚊 *Culex jacksoni*

西双版纳、思茅、临沧、文山、红河、德宏、保山、玉溪、楚雄、昭通、下关、洱源、永平、罗平、师宗、丽江、昆明。

(188) 拟态库蚊 *Culex mimeticus*

云南全省性分布。

(189) 拟拟态库蚊 *Culex mimudoides*

西双版纳。

(190) 小拟态库蚊 *Culex mimulus*

西双版纳、思茅、临沧、文山、红河、德宏、元江、新平、元谋、永平、昆明、保山、腾冲、下关、云龙、楚雄、禄丰。

(191) 类拟态库蚊 *Culex murrelli*

勐腊、景洪、思茅。

(192) 致倦库蚊 *Culex pipiens quinquefascitatus*

云南全省性分布。

(193) 伪杂鳞库蚊 *Culex pseudovishnui*

云南全省性分布。

(194) 贵州库蚊 *Culex quinzhouensis*

西双版纳。

(195) 中华库蚊 *Culex sinensis*

云南全省性分布。

(196) 希氏库蚊(纹腿库蚊) *Culex theileri*

云南全省性分布。

(197) 天坪库蚊 *Culex tianpingensis*

西双版纳。

(198) 三带喙库蚊 *Culex tritaeniorhynchus*

云南全省性分布。

(199) 迷走库蚊 *Culex vagans*

云南全省性分布。

(200) 惠氏库蚊(霜背库蚊) *Culex whitmorei*

云南全省性分布。

(201) 平脊库蚊 *Culex bailyi*

西双版纳、思茅、临沧、德宏、保山、文山、红河、新平、元江、元谋。

(202) 黑点库蚊 *Culex nigrounctatus*

西双版纳、玉溪、永平、大姚、双柏、姚安、元谋、师宗、罗平、思茅、临沧、红河、文山、德宏、保山。

(203) 白胸库蚊 *Culex pallidothorax*

西双版纳、思茅、临沧、红河、文山、德宏、保山、永平、大姚、元谋、双柏、元江、新平、丽江、下关、云龙。

(204) 长管库蚊 *Culex scanloni*

勐腊、耿马、镇康。

(205) 薛氏库蚊(白顶库蚊) *Culex shebbearei*

云南全省分布(海拔3000m以上地区除外)。

(206) 星毛库蚊 *Culex thurmanorum*

勐腊、耿马。

(207) 绿腹库蚊 *Culex viridiventer*

西双版纳。

(208) 京都库蚊 *Culex kyotoensis*

碧江。

(209) 木瓜库蚊 *Culex mengaonychus*

怒江州(六库)。

(210) 短须库蚊 *Culex brevipalpis*

西双版纳、思茅、临沧、德宏、保山、文山、红河、元谋、双柏、永平、新平、元江。

(211) 叶片库蚊 *Culex foliatus*

西双版纳、思茅、临沧、红河、文山、德宏、保山、永平、元谋、双柏、新平、元江、昆明。

(212) 林氏库蚊(暗脂库蚊) *Culex hayashii*

西双版纳、思茅、临沧、文山、红河、保山、楚雄、下关、洱源。

(213) 巨端库蚊 *Culex macrostyle*

耿马、云县。

(214) 马来库蚊 *Culex malayi*

西双版纳、思茅、临沧、红河、文山、保山、玉溪、德宏、元谋、大姚、双柏、永平、昆明。

(215) 里奇库蚊（柬埔寨库蚊）*Culex richei*

西双版纳。

(216) 细须库蚊 *Culex tenuipalpis*

西双版纳、思茅、临沧、文山、红河、德宏、保山、昌宁、龙陵、腾冲。

(217) 孟加拉库蚊 *Culex bengalensis*

勐腊、耿马、思茅。

(218) 须喙库蚊 *Culex bicornutus*

思茅。

(219) 带蚊库蚊 *Culex cinctellus*

西双版纳、思茅、耿马、镇康、沧源。

(220) 幼小库蚊 *Culex infantulus*

西双版纳、思茅、临沧、德宏、文山、红河、保山、龙陵、昌宁、施甸、新平、元江、永平、元谋、双柏、云龙。

(221) 长指库蚊 *Culex macdonaldi*

勐腊、景谷、思茅。

(222) 乳突库蚊 *Culex mammilifer*

勐腊。

(223) 小型库蚊 *Culex minor*

西双版纳、思茅、临沧、文山、红河、德宏、保山、龙陵、昌宁、元谋、双柏、永平、新平、元江。

(224) 佩顿库蚊（泰国库蚊）*Culex peyton*

勐腊、思茅、澜沧。

(225) 毛股库蚊 *Culex pilifemoralis*

思茅。

(226) 红胸库蚊 *Culex rubithoracis*

耿马、双江。

(227) 细刺库蚊 *Culex spiculosus*

西双版纳、思茅、临沧、德宏、文山、红河、新平、元江、龙陵。

(228) 思茅库蚊 *Culex szemaoensis*

西双版纳、思茅、临沧、德宏、文山、红河、保山、昌宁、新平、元江。

(229) 褐尾库蚊 *Culex fuscanus*

云南全省性分布。

(230) 贪食库蚊 *Culex halifaxi*

云南全省性分布。

(231) 无梳库蚊 *Culex dispectus*

勐腊、景谷、镇康。

(232) 黑须脉毛蚊 *Culiseta bergrothi*

德钦。

(233) 银带脉毛蚊 *Culiseta niveitaeniata*

昆明、大关、绥江、德钦、丽江、下关、大理、剑川、宾川、盐津。

(234) 香港费蚊 *Ficalbia jacksoni*

耿马。

(235) 最小费蚊 *Ficalbia minima*

勐腊、景洪、耿马、镇康。

(236) 吕宋小蚊 *Mimomyia luzonensis*

西双版纳、思茅、景谷、孟连、瑞丽、双江、潞西、河口、梁河、澜沧、耿马、镇康。

(237) 棕色小蚊 *Mimomyia fusca*

勐腊、思茅、瑞丽、潞西、河口、陇川、盈江。

(238) 粗腿曼蚊 *Mansonia crassipes*

勐腊、景洪、思茅、耿马、镇康、双江、河口、潞西、瑞丽、孟连。

(239) 黄色曼蚊 *Mansonia ochracea*

耿马、双江。

(240) 多环曼蚊 *Mansonia annulifera*

勐腊、景洪、耿马、思茅、景谷。

(241) 三点蚊（长须曼蚊）*Mansonia dives*

勐腊、景洪、耿马、镇康、双江、金平。

(242) 常型曼蚊 *Mansonia uniformis*

西双版纳、思茅、临沧、文山、红河、玉溪、保山、德宏、元谋、大姚、双柏、姚安、永平、洱源、昆明。

(243) 花白直脚蚊 *Orthopodomyia albipes*

勐腊、耿马、镇雄。

(244) 安达曼直脚蚊 *Orthopodomyia andamanensis*

孟连、景洪、瑞丽。

(245) 类按直脚蚊 *Orthopodomyia anopheloides*

西双版纳、思茅、临沧、德宏、畹町、文山、红河、元江、新平、元谋、大姚、双柏、昌宁、施甸、永平、保山、龙陵。

(246) 肘喙钩蚊 *Malaya genurostris*

西双版纳、思茅、临沧、德宏、畹町、文山、元江、新平、元谋、双柏、下关、漾濞、云龙。

(247) 无纹钩蚊 *Malaya incomptas*

临沧。

(248) 脊突局限蚊 *Topomyia cristata*

盈江、勐腊。

(249) 遮放局限蚊(胡氏局限蚊) *Topomyia houghtoni*

西双版纳、耿马、镇康、双江、云县、沧源、潞西、畹町、盈江、思茅、景谷、澜沧、孟连、江城、金平、陇川、瑞丽、遮放。

(250) 屈端局限蚊 *Topomyia inclinata*

勐腊、孟连、耿马。

(251) 林氏局限蚊 *Topomyia lindsayi*

勐腊、耿马。

(252) 斯瓦局限蚊 *Topomyia svastii*

勐腊。

(253) 森林局限蚊 *Topomyia sylvatica*

勐腊。

(254) 双叉局限蚊 *Topomyia bifurcata*

勐腊、景洪、勐海。

(255) 丛鬃局限蚊 *Topomyia hirticrus*

盈江。

(256) 宝麟局限蚊 *Topomyia baolini*

盈江、瑞丽。

(257) 孟氏局限蚊 *Topomyia mengi*

勐腊、勐海。

(258) 蛛形杵蚊 *Tripteroides aranoides*

西双版纳、思茅、临沧、德宏、贡山、文山、红河、元江、新平、元谋、双柏、福贡。

(259) 竹生杵蚊 *Tripteroides bambusa*

思茅、勐腊、景谷、下关、景洪、盐津。

(260) 兰屿杵蚊 *Tripteroides cheni*

景洪、勐腊。

(261) 印度杵蚊 *Tripteroides indicus*

西双版纳、思茅、镇康、耿马、金平、潞西、澜沧、双江、大理、云县、绥江、麻栗坡。

(262) 似同杵蚊 *Tripteroides simili*

勐腊。

(263) 毛跗杵蚊 *Tripteroides tarsalis*

勐腊、思茅。

(264) 迭名兰带蚊 *Uranotaenia abdita*

勐腊、瑞丽、陇川。

(265) 双色兰带蚊 *Uranotaenia bicolor*

勐腊、景洪、麻栗坡。

(266) 迷洞兰带蚊 *Uranotaenia enigmatica*

西双版纳。

(267) 香港兰带蚊(黄胸兰带蚊) *Uranotaenia jacksoni*

勐腊、勐海。

(268) 科利兰带蚊 *Uranotaenia koli*

西双版纳、陇川、瑞丽。

(269) 贫毛兰带蚊 *Uranotaenia lutescens*

勐腊、镇康、耿马。

(270) 巨型兰带蚊 *Uranotaenia maxima*

西双版纳、思茅、临沧、红河、瑞丽、陇川、盈江、文山。

(271) 白胸兰带蚊 *Uranotaenia nivipleura*

西双版纳、思茅、澜沧、孟连、景谷、镇康、耿马、瑞丽、陇川、沧源、河口。

(272) 新糊兰带蚊 *Uranotaenia novobscura*

西双版纳、思茅、临沧、德宏、红河、文山、保山、元江、新平、元谋、双柏、下关、大理、漾濞。

(273) 暗糊兰带蚊 *Uranotaenia obscura*

潞西。

(274) 细刺兰带蚊 *Uranotaenia spiculosa*

勐腊、景洪。

(275) 八重山兰带蚊 *Uranotaenia yaeyamana*

勐腊。

(276) 白环兰带蚊 *Uranotaenia alboannulata*

河口。

(277) 短铗兰带蚊(安氏兰带蚊) *Uranotaenia annandalei*

西双版纳、思茅、临沧、德宏、畹町、红河、文山、新平、元江、保山、昌宁、龙陵。

(278) 爱德兰带蚊(黑喙兰带蚊) *Uranotaenia edwardsi*

耿马。

(279) 罕培兰带蚊 *Uranotaenia hebes*

勐腊、耿马、镇康、景谷、思茅、孟连、景洪、河口。

(280) 麦氏兰带蚊(花背兰带蚊) *Uranotaenia macfarlanei*

西双版纳、思茅、澜沧、孟连、河口、盈江、潞西、麻栗坡、个旧、景谷、镇康、畹町、云县、双江。

(281) 素蓬兰带蚊 *Uranotaenia somboonI*

勐腊、景洪、景谷、镇康。

(282) 砧色兰带蚊 *Uranotaenia testacea*

西双版纳、思茅、景谷、孟连、澜沧、耿马、镇康、沧源。

（283）黄边巨蚊 *Toxorhynchites edwardsi*

西双版纳、思茅、耿马、镇康、沧源、云县、景谷、陇川。

（284）紫腹巨蚊 *Toxorhynchites gravelyi*

西双版纳、耿马、镇康、沧源、德宏州、文山、红河、保山、畹町、盈江、新平、元江、元谋、下关。

（285）阚氏巨蚊 *Toxorhynchites kempi*

沧源、耿马。

（286）台湾巨蚊 *Toxorhynchites manicatus*

勐腊、景洪、镇康。

（287）华丽巨蚊 *Toxorhynchites splendens*

西双版纳、思茅、临沧、德宏、畹町、红河、文山、保山、昌宁、龙陵、施甸、新平、元江。

三十、蚋科 Simuliidae 中的蚋，又称墨蚊

（288）黄毛直蚋 *Eusimulium aureohirtum*

保山、施甸、昌宁、宾川、勐海、孟连等县海拔1200m以下气候较热的河谷地区。滋生地：多数在清澈的溪流中，少数在灌溉渠中的石头及水生植物茎叶上。

（289）三重直蚋 *Eusimulium mie*

保山、昌宁。滋生地：清澈的小溪流石块下。

（290）清溪真蚋 *Eusimulium kirgisorum*

昆明、漾濞、大理等县海拔1300～2000m之间的地区。滋生地：清澈的小溪流石块下面。

（291）林直蚋 *Eusimulium sivestre*

大理海拔2300m地区。滋生地：清澈溪流石块及杂物下。

（292）窄跗真蚋 *Eusimulium angustitares*

保山、南华、施甸、昌宁等县海拔900～2000m地区。滋生地：清澈小溪流中的岩石上。

（293）占英真蚋 *Eusimulium zakhariese*

大理海拔2500m地区。滋生地：苍山溪流石块下。

（294）下关真蚋 *Eusimulium xiaguanensis*

下关海拔1800m地区。滋生地：西洱河支流的石块下。

（295）维西真蚋 *Eusimulium weisiensis*

维西海拔2300m地区。滋生地：小溪流石块、杂物下。

（296）高原真蚋 *Eusimulium montium*

昆明、维西、丽江、南华、昭通海拔1900～2300m地区。滋生地：小溪流中的砖石及杂物下。

（297）苍山真蚋 *Eusimulium cangshanensis*

大理海拔2500m地区。滋生地：苍山多清碧溪流的石块下。

（298）陈氏真蚋 *Eusimulium cheni*

大理海拔2500m地区。滋生地：苍山清碧溪石块下。

（299）后宽蝇蚋 *Gomphostsid metarsale*

保山、云县、昌宁、勐海等县海拔1200m以下气候热的峡谷地区。滋生地：清澈的小溪中的石块及水生植物茎叶上。

（300）二齿吉蚋 *Gnus bidentaum*

大理、剑川、南华、牟定、保山、昌宁、双江、临沧、耿马、勐海、丽江、维西海拔700～2300m地区。滋生地：小河及山间溪流中的石块及水生植物茎叶上。

（301）青水短蚋 *Odagmia aokii*

昆明、丽江、维西、楚雄、南华、牟定、大理、漾濞、保山、昌宁、双江、云县等县海拔100～2300m地区，为高原坝区的优势种。滋生地：小河及溪流中的石块及水生植物茎叶上。

（302）华丽短蚋 *Odagmia ornate*

弥渡、南涧、保山、漾濞、昌宁等县海拔1200～2000m地区。滋生地：小河、沟渠及溪流石块下及水生植物茎叶上。

（303）高桥维蚋 *Wilhemia takahasii*

昆明、宾川、丽江等县海拔1200～2000m地区。滋生地：溪流及农田灌溉中的石块及水生植物茎叶上。

（304）青迈蚋 *Simulium chiangmaiense*

保山、昌宁、施甸海拔700～900m地区。滋生地：极清澈小溪流石块下。数量极少，为云南稀有种。

（305）五条蚋 *Simulium quinquestriatum*

漾濞海拔1200～1600m地区。滋生地：水流湍急的河流中，水深10～40cm的石头及水生植物茎叶上。

（306）节蚋 *Simulium nodosum*

保山、昌宁、耿马、孟连等县海拔1000m以下的气候较热的河谷地区。滋生地：小河、溪流及灌溉渠中的石块及水生植物茎叶上，为热带地区的优势种。

（307）铃木蚋 *Simulium suzukii*

保山、漾濞、临沧等县海拔 1200 ~ 2000m 地区。滋生地：水流清澈的小河及溪流中的石块及禾本科植物茎叶上。

（308）红足蚋 *Simulium rufibasis*

大理、保山、施甸、昌宁、耿马、丽江、维西等县海拔 1200 ~ 2300m 地区。滋生地：小河、溪流的石块、水生植物茎叶上。

（309）昌隆蚋 *Simulium chamlongi*

保山、龙陵、腾冲、昌宁、施甸、临沧、双江、下关、南华、楚雄、牟定、文山、建水、昆明、丽江、漾濞、永平、巍山、云县等海拔850 ~ 2100m 的地区。滋生地：小河、溪流中的石块下。

（310）粗棘蚋 *Simulium sakishimaense*

昆明、保山、龙陵、腾冲、昌宁、施甸、临沧、云县、双江、下关、南华、楚雄、牟定、文山、建水、漾濞、永平、巍山海拔 850 ~ 2100m 地区。滋生地：清澈的小河、溪流中的石块下。

（311）淡黑蚋 *Simulium melanopus*

龙陵海拔 1700m 的地区。滋生地：小溪的石块上。

（312）峡带蚋 *Simulium gatchaliani*

龙陵海拔 1700m 地区。滋生地：溪流、沟渠的石块及水生植物上。

（313）令志蚋 *Simulium shirakii*

文山海拔 1500m 地区。滋生地：小溪及田间灌溉渠的植物上。

（314）怒江蚋 *Simulium nugiangensis*

保山、施甸、六库、泸水海拔 850 ~ 900m 地区。滋生地：水温 25 ~ 27℃ 的溪流中。

（315）谭氏蚋 *Simulium tani*

下关、保山、龙陵、昌宁、丽江、维西、奕良海拔 850 ~ 2100m 地区。水温 15 ~ 28℃ 的溪流中大量滋生。

（316）双端凸蚋 *Simulium*（*Gomphostilbia*）*bicolense*

保山海拔 1500m 地区。滋生地：水温 20℃ 的小溪流中的石块及植物上。

3 蛛形纲 ARACHNOIDA

3.1 蜘蛛目概述

蜘蛛目 ARANEIDA 属节肢动物门有螯亚门 CHELICERATA 蛛形纲，蜘蛛目分 3 个亚目：①古蛛亚目 LIPHISTIOMORPHAE、②原蛛亚目 MYGALOMORPHAE、③新蛛亚目 ARANEOMORPHAE，近 120 科 2232 余属，全世界约 4 万种，种类繁多，约占蛛形纲的一半。中国现知约 46 科 240 属 3000 余种。云南省在水域和稻田中生活的蜘蛛，已知 12 科 29 属 44 种。根据蜘蛛的结网与否可分为两大类：①结网蜘蛛，结的网形因种而异，如圆蛛科、幽灵蛛科、肖蛸科、球腹蛛科等；②游猎蜘蛛，不结网，如浪游蛛科、狼蛛科、跳蛛科、猫蛛科、蟹蛛科等。

3.2 蜘蛛的栖息地生境

蜘蛛的栖息地生境比较广泛，包括地面、空中、地穴、蚁穴、鸟巢、庭院、户内、户外、菜地、花园、森林、灌木丛、草原、丘陵、平原、砖石下、海滨、沙滩、水中、水面、山溪、沟渠、池塘、沼泽、水草、稻田等。例如水蜘蛛属于水蛛科 Argyronetidae，为小型蛛类，体长8 ~ 10mm，生活于水中，结钟形网于水草上。本科在全球仅水蛛 *Argyroneta aquatica*1 种，有毒。分布于欧亚一带，我国内蒙古有记载。

3.3 蜘蛛的习性和益害

蜘蛛的个体大小差异很大，最大的体长可达9cm，如捕鸟蛛科 Theraphosidae 的捕鸟蜘蛛 *Brach ypelma emilia*。最小的体长仅 1mm。蜘蛛为肉食性，食谱广，食量大，主要食物是昆虫和甲壳类动物，是一大类有益动物。能捕食危害农作物、森林、果树、花卉、蔬菜等多种害虫的重要天敌，捕食的害虫如斜纹夜蛾、稻飞虱、稻叶蝉、稻苞虫、稻纵卷叶螟等。1 只狼蛛每天能捕食 30 ~ 40 只害虫，1 只蛛跳每昼夜能捕食稻叶蝉 60 余只，1 只草间黑小蛛每昼夜能捕食棉铃虫幼虫达 150 余条。有的大型蜘蛛可捕食小鱼、小蛇、小蜥蜴、小鸟、小鼠等。也有危害人畜的毒蜘蛛，螯肢内有毒腺，人畜被螯刺注入毒液而中毒，伤处烧痛、肿胀，使人产生恶心、呕吐、流泪、腹部剧痛、呼吸困难等中毒反应。全球有毒蜘蛛已知12科25属224种，对人类有毒的约130种。毒性最烈的如球腹蛛科 Theridiidae 红斑蛛属（球蛛属）*Latrodectus* 的毒红斑蛛（黑寡妇）*L. mactans*，分布于海南、福建、广东、广西。1只毒红斑蛛毒液的毒性比蛇类中最毒的眼镜蛇毒性还要强15倍。我国古代医药书籍，如陶弘景所著的《名医别录》、陈藏器的《本草拾遗》、李时珍的《本草纲目》等，均有用蜘蛛治疗毒疮、鼻衄、痢疾、疟疾、脱肛、牙痛、喉痹、狐臭、大腹症等。国外用蜘蛛毒素防止心脑溢血、癫痫、早期老年性痴呆引起的脑损伤等。用蛛丝可作望远镜等光学仪器的十字交叉；在军事上蜘蛛可用作生物武器，携带各种传染病菌，传播疾病，值得密切注意。

云南蜘蛛目的分类与分布名录：

蜘蛛目 ARANEIDA

一、微蛛科 Micryphantidae

（1）草间小黑蛛 *Erigonidium graminicola*

昆明、思茅、玉溪、元江、抚仙湖。系稻田蜘蛛的优势种之一。

（2）食虫瘤胸蛛 *Oedothorax insecticeps*

思茅。

二、球腹蛛科 Theridiidae

（3）八斑球腹蛛 *Theridion octomaculatum*

文山、思茅、元江等。为稻田优势种之一。

（4）温室球腹蛛 *Theridion tepidariorum*

昆明、峨山。

（5）叉斑巨齿蛛 *Enoplognatha japonica*

玉溪、景洪、元江。云南稻田常见种之一。

三、肖蛸科 Tetragnathidae

（6）锥腹肖蛸 *Tetragnatha japonica*

思茅、陇川、文山、元谋、姚安。

（7）圆尾肖蛸 *Tetragnatha shikokiana*

思茅、瑞丽、禄丰。

（8）长螯肖蛸 *Tetragnatha mandibulata*

昆明、景洪、瑞丽、文山、姚安、保山、江城、元江。

（9）华丽肖蛸 *Tetragnatha nitens*

昆明、峨山、思茅、文山、姚安、通海、元江、玉溪。

（10）爪哇肖蛸 *Tetragnatha javana*

昆明、思茅、峨山、姚安、文山、瑞丽、景洪、盈江、保山、玉溪、元江、大理、腾冲、禄丰、元谋、陇川等，在云南分布较广。

（11）前齿肖蛸 *Tetragnatha praedonia*

昆明、峨山、双柏、大姚。

（12）鳞纹肖蛸 *Tetragnatha squamata*

昆明、瑞丽、陇川、保山。

（13）纵条银鳞蛛 *Leucauge magnifica*

昆明、呈贡。

（14）艳银鳞蛛 *Leucauge decorata*

文山、峨山、江城、保山、永平。

（15）四斑锯螯蛛 *Dyschiriognatha quadrimaculata*

昆明、思茅、玉溪、江城、峨山、抚仙湖。为云南省稻田内的常见种。

（16）条斑隆背蛛 *Tylorida striata*

江城、思茅、勐仑、勐腊。

四、圆蛛科 Araneidae

（17）四点亮腹蛛 *Singa pygmaea*

江城、富宁、潞西、玉溪、元江、抚仙湖。此蛛是全国各地分布的常见种。

（18）好胜金蛛 *Argiope aemula*

思茅、峨山、文山、富宁、陇川。

（19）横纹金蛛 *Argiope bruennichii*

昆明、姚安、峨山、禄丰、通海、双柏、瑞丽、玉溪、富宁、开远、个旧。系稻田大型蜘蛛之一。

（20）小悦目金蛛 *Argiope minuta*

思茅、瑞丽、景洪、勐措、陇川。

（21）链斑金蛛 *Argiope catenulata*

江城、元江、思茅。

（22）对称曲腹蛛 *Cyrtarachne inaequalis*

峨山、江城。

（23）棒络新妇 *Nephila clavata*

昆明、峨山、姚安、石林。

（24）角圆蛛 *Aranea cornuta*

昆明、玉溪、丽江、大理。

（25）大腹圆珠 *Araneus ventricosa*

昆明、新平、金平、屏边。

(26) 茶色新圆蛛 *Neoscona theisi*

昆明、楚雄、宾川、大理、双柏、姚安。在我国南方为稻田的优势种。

(27) 灰斑新圆蛛 *Neoscona polimaculata*

峨山、瑞丽、思茅。为我国南方稻田优势种。

(28) 嗜水新圆蛛 *Neoscona nautica*

思茅、景洪、双柏、峨山。

(29) 黄金肥蛛 *Larinia argiopiformis*

巧家、会泽。

五、狼蛛科 Lycosidae

(30) 拟环纹狼蛛 *Lycosa pseudoannulata*

昆明、思茅、景洪、峨山、姚安、文山、玉溪、元江。

(31) 丁纹豹蛛 *Pardosa tinsignita*

昆明、姚安、保山、元江。

(32) 浙江豹蛛 *Pardosa tschekiangensis*

文山、陇川、化念。

(33) 奇异獾蛛 *Trochosa ruricola*

峨山、化念。

六、盗蛛科 Pisauridae

(34) 近亲走蛛 *Thalassius affinis*

双柏、峨山。

七、漏斗网蛛科 Agelenidae

(35) 迷宫漏斗蛛 *Agelena labyrinthica*

梁河。

八、管巢蛛科 Clubionidae

(36) 粽管巢蛛 *Clubiona japonicola*

姚安、江城、元谋、盈江、峨山、玉溪。

九、蟹蛛科 Thomisidae

(37) 白条锯足蛛 *Runcinia albostriata*

陇川、瑞丽、思茅。

(38) 三突花蛛 *Misumenops tricuspidatus*

下关、大理、洱源。

十、猫蛛科 Oxyopidae

(39) 斜纹猫蛛 *Oxyopes sertatus*

盈江、瑞丽。

(40) 线纹猫蛛 *Oxyopes lineatipes*

思茅、峨山、瑞丽、双柏。

十一、栅蛛科 Hahniidae

(41) 栅纹器蛛 *Hahnia* sp.

昆明、玉溪、澄江、抚仙湖。

十二、跳蛛科 Salticidae

(42) 菱头蛛 *Bianor hotingchiehi*

元江、思茅。

(43) 黑色蝇虎 *Plexippus paykulli*

峨山、元江、瑞丽、景洪、梁河、陇川。

(44) 吉蚁蛛 *Myrmarachne gisti*

陇川、峨山。

第十二章

云南的湿地脊椎动物

第一节 概 述

狭义概念的湿地野生脊椎动物应该是那些密切依赖于湿地，在湿地中才能生存和繁殖的种类，即其生活史的全部或一部分必须依靠湿地环境才能完成的脊椎动物物种。因此本章中的湿地野生脊椎动物实际上包括鱼类和两栖类的全部种类；爬行类中适应于湿地生活的大多数龟鳖类（陆龟类的凹甲陆龟和缅甸陆龟不计）、巨蜥类、长鬣蜥、水蛇和游蛇科部分物种；鸟类中的游禽如䴙䴘目 PODICIPEDIFORMES、鹈形目 PELECANIFORMES、雁形目 ANSERIFORMES、鸥形目 LARIFORMES，涉禽如鹳形目 CICONIIFORMES、鹤形目 GRUIFORMES（不含三趾鹑科 Turnicidae）、鸻形目 CHARADRIFORMES，以及主要生活在湿地中以鱼类和水生昆虫为食的佛法僧目 CORACIIFORMES 的翠鸟科 Alcedinidae 等鸟类，哺乳类中如水獭 *Lutra lutra* 等依赖于水生动植物为食的种类。因此，云南湿地中的野生脊椎动物包括有 5 纲 36 目（亚目）104 科 1010 种，占云南现有野生脊椎动物种类的 49.5%（表 12－1）。实际上，还有许多种爬行类、鸟类和哺乳类栖息于湿地边缘，常到湿地饮水和取食。因此，广义的湿地动物远远超出本表统计的数据。

表 12－1 云南的湿地野生动物种数

纲	云南目数	湿地目数	%	云南科数	湿地科数	%	云南种数	湿地种数	%
鱼	11	11	100	40	40	100	559	559	100
两栖	3	3	100	11	11	100	127	127	100
爬行	3（含亚目）	3（含亚目）	100	15	13	86.7	152	94	55.3
鸟	20	12	6	70	25	35.7	888	166	18.7
哺乳	11	7	63.6	38	15	39.5	315	64	20.3

湿地野生动物是在湿地环境中生活的野生动物。因此，湿地的生态环境条件决定了湿地动物群落组成的特殊性。与其他生境中的野生动物相比，湿地野生动物具有以下特点。

适应湿地生活：湿地野生动物的最大特点是能适应于湿地的环境条件而生存，在身体的形态结构和生理机能等方面均具有高度的适应性特征，为在湿地环境中生存提供了生态学基础。除完全生活在水中的鱼类之外，两栖类、爬行类和鸟类中的游禽、兽类中的水獭和水鼩等也可以潜入水中活动。鸟类中的涉禽，为了适应湿地环境条件，也具有便于涉水的长腿和利于在水中或水边取食的长嘴，使其能在浅水区活动觅食。

群居性明显：由于湿地范围较为局限，植被对动物的隐蔽条件较差，容易受到敌害的攻击。因此，湿地动物中除爬行类和哺乳类外，其他类群中的很多种类多集群活动，或几种动物群居在一起，以提高群体躲避敌害的能力。尤其是越冬水禽的集群性表现的更加突出。

地理分布不均衡：由于受江河湖泊湿地分布区域的限制，湿地野生动物的地理分布也很不均衡。如云南的湖泊湿地主要为滇西、滇中、滇东和滇南四大湖群，所以，主要分布在湖泊中的种类就集中在这 4 个湖区之中。因此，湿地野生动物呈现一定的地域性。在云南所产的 559 种鱼类中，广布于六

大水系的仅有少数几个种，不同的两个水系通常也仅有十几个共有种，湖泊虽与江河相连通但由于生态环境的差异，种类也完全不同，即使是两湖只有一河之隔，鱼类的组成也并不相同，一些特殊种类的分布地域就更加狭窄。

特有种或土著种丰富：土著鱼类在我国分布于云南的仅有6科66属372种，分别占云南记录的科、属、种数的17.1%、35.9%、67.5%。两栖类中特有种共37种，约占全部种类的1/3，其中30种（亚种）在世界上仅见于云南。

第二节　湿地鱼类

鱼类是终生生活在水中，用鳃呼吸的低等脊椎动物。鱼类的生长、发育、繁殖等生命活动都必须在水中完成，因此鱼类是对水环境最为依赖的动物之一。湿地中鱼类的生存和繁衍，都依赖于湿地的水环境。

1　种类

亚洲淡水鱼类，特别是鲤科鱼类的分类系统长期都有争议（褚新洛、陈银瑞，1989b；王绪桢、何舜平，2003）。我国与印度、欧洲、美国及东南亚国家的分类系统均有差异，主要的争议在于科下阶元亚科及族的划分。我国目前通用的系统（陈湘粦等，1984；褚新洛，见：褚新洛、陈银瑞，1989b；陈宜喻，1998）将鲤科分为雅罗鱼系 Leuciscini 和鲃系 Barbini，并进一步分为12亚科。但近年来，随着分子生物学的发展，鲤科12亚科分类系统正面临着重大的考验。利用基于 mtDNA、核糖体蛋白基因和核基因序列的系统发育研究（何舜平等，2000，2004；王绪桢，何舜平，2003；王伟等，2002；Cunha et al.，2002；Liu and Chen，2003；Wang et al.，2007）表明，我国的雅罗鱼系和鲃系均不是单系群；𬶋亚科 Danioninae 和雅罗鱼亚科 Leuciscinae 均不是单系群；鮈亚科 Gobioninae（包括鳅鮀亚科 Gobiobotinae）构成一个单系群，鳅鮀亚科只是鮈亚科的一个支系，亚科地位不成立；东亚特有鲤科鱼类构成一个单系群，该类群包括鲴亚科 Xenocyprinae、鲌亚科 Cultrinae、部分𬶋亚科东亚特有类群（如马口鱼 *Opsariichthys bidens*、细鲫 *Aphyocypris*）、部分雅罗鱼亚科东亚特有类群（如青鱼 *Mglophargngodon piceus*、草鱼 *Ctenopharyngodon idella*、鳤 *Ochetobins elongates*、鳡 *Elopichthys bambusa*、鯮 *Luciobrama macrocephalus*、赤眼鳟 *Squaliobarbus curriculus* 等）和鲢亚科 Hypophthalmich thyinae，鲴亚科、鲌亚科、鲢亚科的亚科地位均不成立；鱊亚科 Acheilognathinae 构成一个单系群；丁鲅 *Tinca tinca* 属于雅罗鱼系，但系统位置仍然不确定；Howes（1991）定义的鲤亚科（包括我国分类系统中的鲤亚科 Cyprininae、鲃亚科 Barbinae、野鲮亚科 Labeoninae 和裂腹鱼亚科 Schizothoracinae）构成一个单系群，其中野鲮亚科本身是单系群。从目前的结果看，鲤科鱼类主要包括三大类群（亚科）——处于基部的𬶋（亚科）及（广义的）雅罗鱼亚科和（广义的）鲤亚科两大单系群。其中𬶋亚科不是单系群，雅罗鱼亚科包括了多个单系群，如东亚特有鲤科鱼类、雅罗鱼类（包括欧亚的冷水性雅罗鱼类和北美洲的鲤科鱼类）、鱊亚科、鮈亚科（包括鳅鮀亚科）等。鲤亚科包括野鲮亚科和鲤亚科两大支系，后者又包括了鲃亚科、（狭义的）鲤亚科、裂腹鱼亚科。可以肯定的是目前我国采用的鲤科12亚科的分类系统不能正确反映鲤科鱼类的系统发育关系。目前欧美、中国、东南亚等地区采用的分类系统不尽相同，而目前的系统发育研究都不同程度地带有地域局限性的特点和部分阶元缺失的缺点，因此鲤科鱼类的系统关系树还有变化的可能性，各亚科的系统关系也可能还不稳定。基于 DNA 序列的系统发育树与基于形态特征的系统发育树，哪个更接近进化历史，就目前的证据还很难回答。鲤科鱼类分类系统的最终解决要依赖于对全球鲤科鱼类系统发育的广泛合作和研究及多学科的交叉。鉴于目前 Cypriniformes Tree of Life 等国际项目的最终成果还没有完成，目前的系统发育树可能还不稳定，为避免分类系统的不稳定性，本节对鲤科不采用亚科级阶元，各属仅依传统习惯或适当参考相对系统关系排列次序，排列次序也不代表系统发育关系。

对于鲤科以外的类群，本节根据近年鱼类学研究的最新进展，目、科、亚科级的分类系统采用国际公认的 Nelson（1994）系统。

我国目前的分类系统将鳅科 Cobitidae 分为花鳅亚科 Cobitinae、沙鳅亚科 Botiinae 和条鳅亚科 Nemacheilinae；将平鳍鳅科 Homalopteridae 分为腹吸鳅亚科 Gastromyzoninae 和平鳍鳅亚科 Homalopterinae。Sawada（1982）研究发现，条鳅亚科其实与平鳍鳅类的亲缘关系更为接近，并已将其归入爬鳅科 Balitoridae（=平鳍鳅科）。相应的，爬鳅科由科级降为亚科级分类阶元，平鳍鳅亚科与腹吸鳅亚科降为族。Nalbant and Bianco（1998）提出鳅超科（Cobitidea），包括鳅科、沙鳅科 Botiidae 和条鳅科 Nemacheilidae，而爬鳅科不包括在鳅超科内，仍为独立的科。这一新的分类系统得到了分子证据的支持（Tang et al.，2005，2006；Klechtová et al.，2006）。由于爬鳅科与条鳅科的系统关系仍有争议，本节不采用鳅超科，而将鳅类的 4 个类群均作为科级阶元对待，科下不采用亚科级阶元。

我国目前将青鳉科置于鳉形目 CYPRINODONTIFORMES 下，而 Nelson（1994）已将之归于颌针鱼目 BELONIFORMES。青鳉科 Oryziatidae 为怪颌鳉科 Adrianichthyidae 的同物异名。我国目前将刺鳅科置于鲈形目 PERCIFORMES 下，而 Nelson（1994）已将之归于合鳃鱼目 SYNBRANCHIFORMES。

亚洲淡水鱼类属级分类阶元的使用在我国与其他国家也有一定的差异，特别是对于一些主要分布于我国的属及中国特有属的意见不一。从系统发育的角度考虑，一个自然分类系统中的每个类元都应该是一个单系群。目前使用的分类系统中有许多类群都不是单系群，因此这些分类系统应该被看做人为分类系统，难以反映类元之间的自然系统关系。在实践中，可以根据系统发育研究的结果不断修正使用中的分类系统，使之逐渐靠近自然系统。因此，根据国内外近年最新的系统分类研究进展，本节对一些已经了解系统发育关系的类元采用新的分类系统，并基于对属级类群研究工作的深度、广度和可信度，选用拉丁属名，或采用国际上较为公认的拉丁属名；为减少因名称改变产生的问题，拉丁属名对应的中文属名则尽量予以保留。如中国的角鱼属与东南亚的角鱼属根本不同，该属的拉丁学名由 *Epalzeorhychus* 改为 *Akrokolioplax*，但中文名保持不变，相同的情况还包括鳠属由 *Mystus* 改为 *Hemibagrus*；中国的华陵属 *Sinilabeo* 重新做了限定，云南的种类全部归入孟加拉鲮属 *Bangana*，则相应的中文名随之改变。相同的情况还包括鳞头鳅属 *Lepidocephalus* 改为似鳞头鳅属 *Lepidocephalichthys*，刀鲇属 *Platypius* 改为鲱鲇属 *Clupisoma*。亚属作为属下的一个分类阶元被国内外学者所采用，但其中的一些属的亚属划分依据不足，近年被陆续证明各亚属并不构成单系群，而应予以撤消，如鲤属 *Cyprinus* 曾被分为鲤亚属 *Cyprinus*（*Cyprinus*）和中鲤亚属 *Cyprinus*（*Mesocyprinus*）（Chen and Yang，2002），裂腹鱼属 *Schizothorax* 曾被分为裂腹鱼亚属 *Schizothorax*（*Schizothorax*）和弓鱼亚属 *Schizothorax*（*Racoma*）（He and Chen，2006），金线鲃属 *Sinocyclocheilus* 曾被分为金线鲃亚属 *Sinocyclocheilus*（*Sinocyclocheilus*）和驼背鲃亚属 *Sinocyclocheilus*（*Gibbibarbus*）（Xiao et al.，2005）；高原鳅属 *Triplophysa* 曾被分为高原鳅亚属 *Triplophysa*（*Triplophysa*）和赫氏鳅亚属 *Triplophysa*（*Hedinichthys*）（何德奎等，2006）。对于这些已经被否定的亚属，本节不予采用。物种的中文名参照伍汉霖等（1999）。

在云南每年都有鱼类新种被描述，为了便于统计，本节仅收录了至 2007 年的有效种。根据《云南鱼类志·上册》、《云南鱼类志·下册》、《中国动物志·硬骨鱼纲·鲇形目》、《中国动物志·硬骨鱼纲·鲤形目·中卷》、《中国动物志·硬骨鱼纲·鲤形目·下卷》、《横断山区鱼类》、《中国条鳅志》、"Indochinese Nemacheilines"、"Fishes of Laos"、"Freshwater Fishes of Northern Vietnam" 等重要志书及近年发表的新种等文献记载和中国科学院昆明动物研究所标本记录，在云南各种湿地中记录有淡水鱼类 11 目 40 科 189 属 559 种和亚种，其中土著种 527 种，引入种 32 种（见云南湿地鱼类名录）。除去西伯利亚鲟 *Acipenser baeri baeri*、虹鳟 *Oncorhynchus mykiss*、河鳟 *Salmo trutta fario*、鳗鲡 *Anguilla japonica*、短盖肥脂鲤 *Piaractus brachypomus*、露斯塔野鲮 *Labeo rohita*、褐首鲇 *Ameiurus nebulosus*、斑点叉尾鮰 *Ictalarus punctatus* 等 8 种仅见于人工湿地（如池塘）中的引入种类后，在云南主要自然湿地类型（如湖泊、江河、地下洞穴等）中有分布的鱼类为 10 目 37 科 184 属 551 种和亚种，其中土著种 527 种，引入种 24 种。云南土著鱼类种数占全国淡水鱼类总种数 1279 种（数据引自 Fishbase，2004）的 41.2%，种类之多居全国各省之首。其中双孔鱼科 Gyrinocheilidae、粒鲇科 Akysidae、锡伯鲇科 Schilbidae、鲑科 Pangasiidae、囊鳃鲇科 Heteropneustidae、南鲈科 Nandidae 等 6 个科在我国仅见于云南；仅分布于云南的属有裸鲃 *Gymnodanio*、异鲴 *Aspidoparia*、罗碧鱼 *Paralaubuca*、大鳍鱼 *Macrochirichthys*、结鱼 *Tor*、异倒刺鲃 *Paraspinibarbus*、裂峡鲃 *Hampala*、方口鲃 *Cosmochilus*、盲鲃 *Typhlobartus*、盆唇鱼 *Placocheilus*、新条鳅 *Neonoemacheilus*、似鳞头鳅 *Lepidocephalichthys*、𩷶 *Pangasius*、黑𩷰 *Gagata* 等 66 个；仅分布于云南的种有大头鲤 *Cyprinus pellegrini*、大理裂腹鱼 *Schizothorax taliensis*、多鳞白鱼 *Anabarilius polylepis*、侧纹云南鳅 *Yunnanilus pleurotaenia*、个旧盲高原鳅 *Triplophysa gejiuensis*、短须𩷶 *Pangasius micronemus*、中臀拟鲿 *Pseudobagrus medianalis* 等 372 种；云南特有种多达 207 种。在我国仅分布于云南，仅见于云南的科、属、种数分别占云南所录鱼类科、属、种数的 17.1%、35.9% 和 67.5%。区域性类群所占比例之高，在我国其他省也属罕见（陈银瑞、杨君兴，见：季维智，1999）。充分反映出云南鱼类物种资源的丰富性和特殊性。

云南自然湿地鱼类的目、科、属、种的统计见表 12－2。从表中可以看出，云南鱼类区系的主要成分是鲤形目 CYPRINIFORMES 和鲇形目 SILURIFORMES，鲤形目中主要是鲤科鱼类，其次为爬鳅科和鳅科，鲇形目则以𩷰科 Sisoridae 的种类为最多，其次为鲿科 Bagridae 和鲇科 Siluridae，其余各科每科种数更少。

在云南的鱼类中，被列为国家 I 级重点保护动物的有中华鲟 *Acipenser sinensis*、达氏鲟 *Acipenser dabryanus*；列为国家 Ⅱ 级重点保护动物有胭脂鱼 *Myxocyprinus asiaticus*、大头鲤、滇池金线鲃 *Sinocyclocheilus grahami*、大理裂腹鱼等；列入云南省珍稀保护动物名录的有 17 种（详见云南湿地鱼类名录）。

表 12－2 云南自然湿地鱼类目科属种统计表

目	科	属	种	云南特有种
辐鳍鱼纲 ACTINOPTERYGII		184	551	207
Ⅰ. 鲟形目 ACIPENSERIFORMES	1. 鲟科 Acipenseridae	1	2	
Ⅱ. 鲑形目 SALMOIFORMES		3	3	
	2. 胡瓜鱼科 Osmeridae	1	1	
	3. 银鱼科 Salangidae	2	2	
Ⅲ. 鳗鲡目 SALMONIFORMES	4. 鳗鲡科 Anguillidae	1	1	
Ⅳ. 鲤形目 CYPRINIFORMES		135	423	185
	5. 亚口鱼科 Catostomidae	1	1	
	6. 双孔鱼科 Gyrinocheilidae	1	1	
	7. 鲤科 Cyprinidae	100	288	112
	8. 鳅科 Cobitidae	6	7	1
	9. 沙鳅科 Botiidae	5	8	
	10. 条鳅科 Nemacheilidae	12	83	54
	11. 爬鳅科 Balitoridae	10	35	16
Ⅴ. 鲇形目 SILURIFORMES		28	90	22
	12. 鲇科 Siluridae	6	10	2
	13. 胡子鲇科 Clariidae	1	3	
	14. 囊鳃鲇科 Heteropneustidae	1	1	
	15. 长臀鮠科 Cranoglanidae	1	2	
	16. 𩷶科 Pangasiidae	1	3	
	17. 锡伯鲇科 Schilbidae	1	3	1
	18. 粒鲇科 Akysidae	1	2	2
	19. 鲿科 Bagridae	4	17	2
	20. 钝头鮠科 Amblycipitidae	1	4	1
	21. 𩷰科 Sisoridae	10	44	14
	22. 甲鲇科 Loricariidae	1	1	
Ⅵ. 鳉形目 CYPRINODONTIFORMES	23. 胎鳉科 Poeciliidae	1	1	

（续）

目	科	属	种	云南特有种
Ⅶ. 颌针鱼目 BELONIFORMES		3	4	
	24. 颌针鱼科 Belonidae	1	1	
	25. 鱵科 Hemiramphidae	1	1	
	26. 怪颌鳉科 Adrianichthyidae	1	2	
Ⅷ. 合鳃鱼目 SYNBRANCHIFORMES		2	3	
	27. 合鳃鱼科 Synbranchidae	1	2	
	28. 刺鳅科 Mastacebelidae	1	1	
Ⅸ. 鲈形目 PERCIFORMES		10	23	1
	29. 鮨科 Serranidae	2	4	
	30. 南鲈科 Nandidae	1	1	
	31. 丽鱼科 Cichlidae	1	3	
	32. 塘鳢科 Eleotridae	1	1	
	33. 鰕虎鱼科 Gobiidae	1	6	1
	34. 斗鱼科 Belontiidae	2	2	
	35. 攀鲈科 Anabantidae	1	1	
	36. 鳢科 Channidae	1	5	
Ⅹ. 鲀形目 TETRAODONTIFORMES	37. 鲀科 Tetraodontidae	1	1	

2 分布和区系特点

云南的六大水系，由东向西和由北向南排列分别为金沙江—长江、西江、元江—红河、澜沧江—湄公河、怒江—萨尔温江、伊洛瓦底江。鱼类在这些水系中的分布为：金沙江水系134种，西江水系189种，红河水系104种，澜沧江—湄公河水系172种，怒江—萨尔温江水系62种，伊洛瓦底江水系75种（表12－3）。由于陆地的阻隔作用，鱼类的地理分布极大程度上受到水系的限制，因此不同水系间鱼类种类的差异很大，云南约有80种鱼类同时分布在两个或两个以上的水系，其余约460种鱼类仅分布于单个水系中，其中如金线鲃属 *Sinocyclocheilus* 等类群仅分布于极狭窄的区域内。

表12－3 云南六大水系鱼类分类阶元统计表

水系	目	科	属	种
金沙江	8	19	84	134
西江	7	20	85	189
红河	7	18	72	104
澜沧江—湄公河	7	22	93	172
怒江—萨尔温江	5	11	42	62
伊洛瓦底江	4	13	41	75

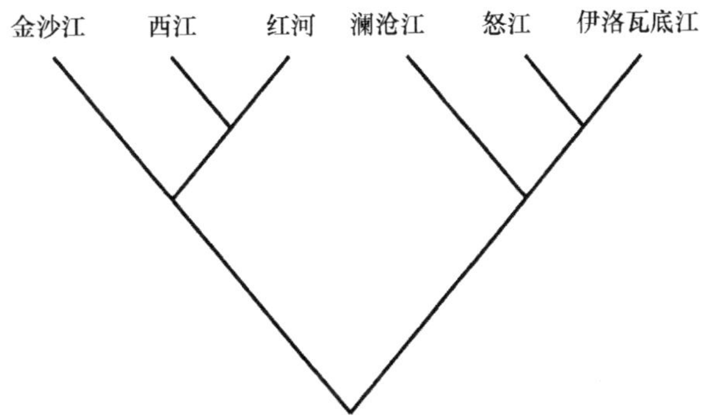

图12－1 根据鱼类物种共同分布构建的水系关系图

除纹胸鮡 *Glyptothorax*、鮡 *Pareuchiloglanis*、鳢 *Channa* 等少数类群为广泛分布之外，许多类群仅在某几个水系有分布。选择共同分布于两个以上水系的鱼类，有分布的赋值为 1，无分布的赋值为 0，产生数据矩阵，输入系统发育分析软件 PAUP4. 01b，用最大简约法分析后，得出一个最简约的系统树（图 12 - 1）；该树与 Chu（1986）根据水系间鱼类相同系数构建的水系关系图相一致。云南的六大水系根据属种相似性可以分为两大分支，其中金沙江、西江、红河为一支，亲缘关系较近，伊洛瓦底江、怒江和澜沧江为另一支（Chu，1986），如白甲鱼 *Onychostoma*、吻孔鲃 *Poropuntius* 等属共同分布于金沙江、西江、红河和澜沧江水系；赤眼鳟 *Squaliobarbus*、鳡 *Elopichthys*、白鱼 *Anabarilius*、䱗 *Hemiculter*、鳅鮀 *Gobiobotia*、倒刺鲃 *Spinibarbus*、光唇鱼 *Acrossocheilus*、黄颡鱼 *Pelteobagrus*、鮠 *Leiocassis*、拟鲿 *Pseudobagrus* 等属仅在金沙江、西江和红河水系有分布；鱲 *Zacco*、金线鲃 *Sinocyclocheilus*、原鲤 *Procypris*、华沙鳅 *Sinibotia*、爬岩鳅 *Beaufortia* 等属仅在金沙江和西江有分布；异鱲 *Parazacco*、华鳊 *Sinibrama*、拟䱗 *Pseudohemiculter*、近红鲌 *Ancherythroculter* 等属仅在西江和红河水系有分布；飘鱼 *Pseudolaubuca*、鲴 *Xenocypris* 等属仅在金沙江和红河水系有分布；鿕 *Danio*、结鱼 *Tor*、方口鲃、穗唇鲃 *Crossocheilus*、鲃鲤 *Puntioplites*、连穗沙鳅 *Syncrossus*、鲃、鲱鲇 *Clupisoma*、粒鲇 *Akysis*、异齿鰋 *Oreoglanis* 等属仅在伊洛瓦底江、怒江和澜沧江水系有分布；巨魾 *Bagarius yarrelli* 等仅在怒江和澜沧江水系有分布；云纹鳗鲡 *Anguilla nebulosa* 是仅见于怒江和伊洛瓦底江水系的降河洄游性鱼类，裸重唇鱼 *Gymnodiptychus*、沙鳅 *Botia*、拟鰋 *Pseudoexostoma* 等属仅在伊洛瓦底江和怒江水系有分布。

云南的六大水系由于各自独特的地质条件、地理环境和气候条件，鱼类区系各有其特点。其中，伊洛瓦底江、怒江、澜沧江和金沙江由于都发源于青藏高原，其鱼类区系均明显带有青藏高原鱼类区系的特征，如这四大水系上游的鱼类区系组成的主体均是裂腹鱼类、高原鳅类及鰋鮡类，它们在生态上的共同点是对高寒、高海拔环境的高度适应；而下游鱼类区系组成则以喜暖性的鲃类、野鲮类、南鳅类、爬鳅类和鲇类为主。

金沙江以虎跳峡为界线，虎跳峡上下鱼类区系组成差异较大，上游种类稀少，以裂腹鱼类、高原鳅类、鰋鮡类等青藏高原类群为主体；中下游种类繁多，呈现由青藏高原类群向东亚江河平原鱼类过渡的趋势，很多江河平原鱼类逐渐出现，且逐渐占据主导地位。上游的代表种类有：中甸叶须鱼 *Ptychobarbus chungtienensis chungtienensis*、格咱叶须鱼 *Ptychobarbus chungtienensis gezaensis*、细尾高原鳅 *Triplophysa stenura*、麻尔柯河高原鳅 *Triplophysa markehenensis*、青石爬鮡 *Euchiloglanis davidi* 等。中下游的青藏高原类群依然存在，但是主要种类替代为短须裂腹鱼 *Schizothorax wangchiachii*、四川裂腹鱼 *Schizothorax kozlovi*、短尾高原鳅 *Triplophysa brevicauda* 等；及鲟属 *Acipenser*、宽鳍鱲 *Zacco platypus*、青鱼、赤眼鳟 *Squaliobarbus curriculus*、鳡 *Elopichthys bambusa*、白鱼属 *Anabarilius*、鲌属 *Culter*、鳊属 *Parabramis*、鲂属 *Megalobrama*、鲴属 *Xenocypris*、鮈类、鳑鲏属 *Rhodeus*、鱊属 *Acheilognathus*、泉水鱼 *Pseudogyrinocheilus prochilus*、墨头鱼属 *Garra*、鲤 *Cyprinus carpio*、薄鳅属 *Leptobotia*、鲿科 *Bagridae*、鱼央属 *Liobagrus* 等江河平原鱼类。金沙江与长江上游其他支流之间的鱼类区系组成十分相似，金沙江干支流的特有种较为缺乏，仅有金沙鲈鲤 *Percocypris pingi*、小裂腹鱼 *Schizothorax parvus*、牛栏江金沙鳅 *Jinshaia nulanjingensis*、德泽华吸鳅 *Sinogastromyzon dezeensis* 等，更多的特有种出现在滇池、程海、泸沽湖等附属湖泊中，如滇池的小鲤 *Cyprinus micristius*、多鳞白鱼、银白鱼 *Anabarilius alburnops*、昆明鲇 *Silurus mento* 等，球鳔鳅属 *Sphaerophysa*；程海的程海鲌 *Culter mongolicus elongates*、程海蛇鮈 *Saurogobio dabryi chenghaiensis*，泸沽湖的厚唇裂腹鱼 *Schizothorax labrosus*、小口裂腹鱼 *Schizothorax microstomus*、宁蒗裂腹鱼 *Schizothorax ninglangensis*。

澜沧江上游鱼类区系组成较为简单，主要由适应高寒环境和急流环境的青藏高原特有的裂腹鱼类、高原鳅类和鮡科鰋鮡鱼类三大类群组成，杂有适应暖温环境和急流生活类群中的个别适应高寒环境的特化种，如长腹华沙鳅 *Sinibotia longiventralis*、张氏间吸鳅 *Hemimyzon zhangi* 和云南平鳅 *Homaloptera yunnanensis* 等。澜沧裂腹鱼 *Schizothorax lantsangensis*、无斑褶鮡 *Pseudecheneis immaculatus*、德钦纹胸鮡 *Glyptothorax deqingensis*、兰坪鮡 *Pareuchiloglanis myzostoma*、细尾鮡 *Pareuchiloglanis gracilicaudata* 等为澜沧江上游特有鱼类。至中游种类开始增加，喜温的鲃类、野鲮类、纹胸鮡类大量出现。至下游西双版纳江段，种类繁多，许多主要分布于下游涓公河的热带泛洪平原鱼类类群出现，如双孔鱼 *Gyrinocheilus aymonieri* 和波鱼属 *Rasbora*、方口鲃属、短吻鱼属 *Sikukia*、盘齿鲃属 *Discherodontus*、高须鱼属 *Hypsibarbus*、裂峡鲃属、圆唇鱼属 *Cyclocheilichthys*、长背鲃属 *Labiobarbus*、单吻鱼属 *Henicorhynchus*、鲃鲤属、马头鳅属 *Acanthopsis*、拟长鳅属 *Acanthopsoides*、缺鳍鲇属 *Kryptopterus*、细丝鲇属 *Micronema*、叉尾鲇属 *Wallago*、半鲇属 *Hemisilurus*、粒鲇属 *Akysis* 等属及线足鲈 *Trichogaster trichopterus*、攀鲈 *Anabas testudineus*、光尾鲀 *Tetraodon leiurus* 等鱼类；有 3 种大型鲇形目鲑属鱼类会洄游至我国境内。条纹裸鲋 *Gymnodanio strigatus*、红鳍方口鲃 *Cosmochilus cardinalis*、南腊方口鲃 *Cosmochilus nanlaensis*、长须短吻鱼 *Sikukia longibarbata*、奇额墨头鱼 *Garra mirofronits*、宽纹南鳅、锥吻南鳅 *Schistura conirostris*、短头南鳅 *Schistura breviceps*、双江条鳅 *Nemacheilus shuangjiangensis*、长体间吸鳅 *Hemimyzon elongata*、普通平鳅 *Homaloptera vulgaris*、长臀鲱鲇 *Clupisoma longianalis*、中华粒鲇 *Akysis sinensis*、短须粒鲇 *Akysis brachybarbatus*、似黄斑褶鮡 *Pseudecheneis sulcatoides* 等为我国澜沧江中下游特有鱼类。特有种虽多，但所占比重不大。澜沧江鱼类区系自上而下具有明显的青藏高原鱼类区系和向热带江河平原鱼类区系过渡的特点，同时受到自东而来的东亚鱼类区系的渗透。澜沧江的附属湖泊拥有众多的特有种，特别是洱海拥有大理裂腹鱼、油吻孔鲃 *Poropuntius exiguus*、颌突吻孔鲃 *Poropuntius cogginii*、洱海鲤 *Cyprinus barbatus*、大理鲤 *Cyprinus daliensis*、春鲤 *Cyprinus longipectoralis*、大眼鲤 *Cyprinus megalophthalmus*、洱海副鳅 *Paracobitis erhaiensis* 等特有鱼类；云南裂腹鱼 *Schizothorax yunnanensis* 为洱海、剑湖等湖泊特有鱼类。

怒江鱼类区系以青藏高原类群、山地溪流鱼类和低地江河鱼类为主，缺乏北方冷水性鱼类和东亚江河平原鱼类。怒江上游水温低，水流湍急，落差较大，鱼类区系组成较为简单，以耐高寒性的种类为主。干流以裂腹鱼类、鳗鮡类、高原鳅类、纹胸鮡类为主；支流溪流以鳗鮡类为主，种类较少；贡山裂腹鱼 *Schizothorax gongshanensis*、贡山鮡 *Pareuchiloglanis gongshanensis* 为怒江上游所特有。缺须盆唇鱼 *Placocheilus cryptonemus* 为怒江中上游特有种。怒江中游在六库一带种类开始增加，鲃类和平鳍鳅类开始出现；半刺结鱼 *Tor hemispinus*、角鱼 *Akrokolioplax bicornis*、保山裂腹鱼 *Schizothorax yunnanensis paoshanensis*、怒江高原鳅 *Triplophysa nujiangense*、怒江间吸鳅 *Hemimyzon nujiangensis* 为怒江中下游特有鱼类。怒江鱼类区系自上而下具有明显的由青藏高原鱼类区系向热带江河平原鱼类区系过渡的特点，但未受到自东而来的东亚鱼类区系的渗透。

伊洛瓦底江的干流在缅甸境内，在云南境内主要有 4 条支流，从北到南依次为独龙江、小江、龙川江—瑞丽江、大盈江。伊洛瓦底江鱼类区系实际上是缅甸北部鱼类区系的一部分，其特点与怒江十分相似，也具有明显的由青藏高原鱼类区系向热带江河平原鱼类区系过渡的特点。独龙江和小江鱼类组成十分相似，仅有独龙裂腹鱼 *Schizothorax dulongensis*、吸口裂腹鱼 *Schizothorax myzostomus*、细尾褶鮡 *Pseudecheneis stenura*、扁头鮡 *Pareuchiloglanis kamengensis*、大鳍异齿鳗 *Oreoglanis macropterus*、藏鳗 *Exostoma labiatum*、凿齿鮡 *Glaridoglanis andersonii* 等几个种，其中独龙裂腹鱼和吸口裂腹鱼为我国特有。龙川江、大盈江种类较多，且分布有多个特有种。如滇西低线鱲 *Barilius barila*、太平吻孔鲃 *Poropuntius margarianus*、越南隐鳍鲇 *Pterocryptis cochinchinensis*、细斑纹胸鮡 *Glyptothorax minimaculatus*、无线棕鲈 *Badis dario* 仅见于龙川江和大盈江、印度囊鳃鲇 *Heteropneustes fossilis*、缅甸连穗沙鳅 *Syncrossus berdmorei* 仅见于大盈江，缅甸爬鳅 *Balitora burmanica*、山黄鳝 *Monopterus cuchia* 仅见于龙川江，缺须鲋 *Danio apogon*，囊鳃鲇属 *Heteropneustes* 为大盈江所特有，缺须鲋、圆鼻墨头鱼 *Garra rotundinasus*、少鳞裂腹鱼 *Schizothorax oligolepis*、细身裂腹鱼 *Schizothorax elongatus*、软刺裂腹鱼 *Schizothorax malacanthus*、圆颌裂腹鱼 *Schizothorax rotundimaxillaris*、盈江条鳅 *Nemacheilus yingjiangensis*、盈江间吸鳅 *Hemimyzon yinjiangensis* 等为大盈江所特有，多纹条鳅 *Nemacheilus polytaenia*、长鳍原条鳅 *Protonemacheilus longipectoralis* 等为龙川江所特有，半线鲋 *Danio interrupta*、桥街结鱼 *Tor qiaojiensis*、桥街墨头鱼 *Garra qiaojiensis*、南方裂腹鱼 *Schizothorax meridionalis* 为龙川江和大盈江所特有。

西江水系的鱼类区系以东亚江河平原鱼类、山地溪流鱼类为主，杂有北方冷水性鱼类，由于受到青藏高原的影响较小，青藏高原类群种类较少。西江水系在云南境内主要包括南盘江、北盘江和西洋江，由于地处云贵高原喀斯特地貌高度发育的地区，地表水和地下水生境多样性极高，为地表生活鱼类和穴居鱼类的强烈分化提供了适宜的环境条件。在地表鱼类中，白鱼属 *Anabarilius*、云南鳅属 *Yunnanilus* 均是云贵高原特有类群，且物种分化强烈。阿庐高原鳅 *Triplophysa aluensis* 等9种高原鳅，长须爬鳅 *Balitora longibarbatus*、大眼间吸鳅 *Hemimyzon megalopseos*、大鳍间吸鳅 *Hemimyzon macroptera*、多鳞爬岩鳅 *Beaufortia polylepis*、云南似原吸鳅 *Paraprotomyzon yunnanensis*、南盘江华吸鳅 *Sinogastromyzon nanpanjiangensis* 等种类为云南西江水系所特有；鱇鲹白鱼 *Anabarilius grahami*、大鳞白鱼 *Anabarilius macrolepis*、长须盘鮈 *Discogobio longibarbatus*、鳞胸裂腹鱼 *Schizothorax lepidothorax*、异龙鲤 *Cyprinus yilongensis*、大头鲤 *Cyprinus pellegrini*、纺锤云南鳅 *Yunnanilus elakatis*、抚仙高原鳅 *Triplophysa fuxianensis*、抚仙鲇 *Silurus grahami* 等为抚仙湖、星云湖、阳宗海、杞麓湖、异龙湖等南盘江附属湖泊所特有。主要生活在地下的洞穴鱼类在西江水系分化出了众多的特有种，如金线鲃属为云贵高原鱼类物种分化最强烈的属，在云南有26种，其中24种都分布在西江水系。

红河水系的鱼类区系特点与西江水系十分相似，与西江水系有一定的共同性，表现为一些属为两水系所共有，如唇鱼 *Semilabeo*、异鱲 *Parazacco*、华鳊 *Sinibrama*、拟䱗 *Pseudohemiculter*、红鲌 *Erythroculter*、鳠 *Hemibagrus* 等属；共有种较多，如异鱲 *Parazacco spilurus*、银鲴 *Xenocypris argentea*、银鮈 *Squalidus argentatus*、刺鲃 *Spinibarbus caldweli*、细身白甲鱼 *Onychostoma elongatum*、广西爬鳅 *Balitora kwangsiensis* 等。红河水系在云南境内主要包括元江、李仙江、藤条江等，它们之间的鱼类区系十分相似，上游种类较少，中下游均以喜温性的鲃类、野鲮类、爬鳅类、南鳅类、鲇类为主，兼有赤眼鳟、鳡、鳊鲌类等东亚江河平原鱼类，青藏高原类群贫乏，仅有光唇裂腹鱼 *Schizothorax lissolabiatus*、平头高原鳅 *Triplophysa laticeps*、大孔鮡 *Pareuchiloglanis macrotrema* 和短腹鮡 *Pareuchiloglanis abbreviatus* 等4种。云南小鳔鮈 *Microphysogobio yunnanensis*、小垫墨头鱼 *Garra micropulvinus*、大斑南鳅 *Schistura macrotaenia* 等为我国红河下游特有种。

3 生活史特点

除极少数种类之外，云南的湿地鱼类基本都是纯淡水鱼。根据鱼类生活水环境的差异和生活史特点，可将云南的土著鱼类分为江河型鱼类、湖泊型鱼类、江河湖泊型鱼类、洞穴型鱼类和咸淡水型鱼类等5种基本类型。

3.1 江河型鱼类

江河型鱼类指整个生活史都在江河中完成的鱼类。云南六大水系的河流沿着断裂带发育，河流环境复杂多样，为鱼类的生存和演化提供了多样的生境。上游源头水流湍急、水温低、水质清澈，为裂腹鱼类和鳅鮡鱼类提供了适宜的生境。裂腹鱼类身体呈纺锤形，体表分泌黏液，以适应激流生活；而鳅鮡鱼类身体扁平，口唇特化为吸盘，与特化的偶鳍、头部和胸腹部腹面共同形成吸着器，使自己吸附在河底的石头上，以抵御激流的冲击。由于江河水下条件极其复杂多样，为不同种类的鱼类提供了丰富多样的小生境，所以江河型鱼类具有物种分化强烈的特点。云南六大水系江河型鱼类共有381种，占云南土著鱼类总数的72.5%。

3.2 湖泊型鱼类

湖泊型鱼类指整个生活史都在湖泊中完成的鱼类。云南是云贵高原湖泊的主要分布区。各湖泊大多处于封闭或半封闭的生态系统中，即使与所属江河相通，也因与江河生态环境差异悬殊，成为鱼类分布的自然屏障。云南湖泊鱼类组成具有以下特点：

种类贫乏：相对于河流而言，湖泊鱼类的种类明显贫乏，云南分布于湖泊中的鱼类有52种，仅占云南土著鱼类总数的9.9%，其中以滇池、抚仙湖的种类为最多，也仅各有25种，而许多小型湖泊只有1~2种，与我国东部平原湖区的湖泊一般都有60~70种相比，种类贫乏是显而易见的。

体型小、生长速度缓慢：在近50种经济鱼类中，能长到2kg以上者将近一半，20世纪70年代前许多湖中都以小型个体为主要渔业对象，一般每尾体重在20g左右，如滇池的白鱼 *Anabarilius* sp.、云

南鲴 *Xenocypris yunnanensis*；抚仙湖的鱇 鲴白鱼 *Anabarilius grahami*；异龙湖的大鳞白鱼 *Anabarilius macrolepis*；程海的圆吻鲴 *Distoechodon tumirostris* 等，均占各自湖泊总产量的 30～80%。在稍大的个体中，生长又特别缓慢，如同为 4 龄的杞麓鲤 *Cyprinus chilia* 与湖北梁子湖生活的鲤鱼 *Cyprinus carpio* 相比，前者体重为354g，而后者为 2968～8406g（陈银瑞、杨君兴，见：季维智，1999）。

物种分化强烈：包括同域与异域物种形成，前一种形式集中表现在滇池的白鱼属 *Anabarilius*、泸沽湖的裂腹鱼属 *Schizothorax* 以及洱海的鲤属 *Cyprinus* 等；后一种形式见于金线鲃属 *Sinocyclocheilus*、白鱼属等，它们在各湖泊中适应辐射，各自演化出独特的形态特征，达到种或亚种的水平，使各个湖泊特有属、种丰富而多样（陈银瑞、杨君兴，见：季维智，1999）。云南各湖泊几乎都有特有种，甚至特有属，如球鳔鳅属 *Sphaerophysa* 全球仅滇池球鳔鳅 *Sphaerophysa dianchiensis* 一种，为滇池所特有。

凶猛鱼类少：在 52 种湖泊型鱼类中，仅有 2 种鲇属 *Silurus* 鱼类为凶猛性鱼类，占总数的 3.8%。这些凶猛鱼类多数为伏击性而不是追逐性的；凶猛鱼类压力小，这是同域物种形成的重要条件之一（陈银瑞、杨君兴，见：季维智，1999）。多数湖泊中没有凶猛鱼类，而有凶猛鱼类的湖泊也仅有 1～2 种，远少于长江下游湖泊，如湖北梁子湖就有 6 种。

根据历史文献和近年的研究进展，总结云南主要湖泊鱼类种数见表 12－4。

表 12－4　云南主要湖泊鱼类种数

湖　泊	所属水系	土著鱼类种数	外来鱼类种数
滇　池	金沙江	29	36
程　海	金沙江	16	5
泸沽湖	金沙江	4	8
碧塔海	金沙江	1	
纳帕海	金沙江	3	1
属都湖	金沙江	2	
清水海	金沙江	9	2
拉市海	金沙江	4	16
文　海	金沙江	1	3
洱　海	澜沧江	17	13
剑　湖	澜沧江	7	6
此碧湖	澜沧江	5	4
西　湖	澜沧江	4	4
海西海	澜沧江	4	2
天　池	澜沧江	2	4
抚仙湖	南盘江	26	22
阳宗海	南盘江	20	6
星云湖	南盘江	15	13
杞麓湖	南盘江	11	15
异龙湖	南盘江	16	8
大屯海	南盘江	7	7
长桥海	南盘江	5	7
月　湖	南盘江	2	1
长　湖	南盘江	3	2
普者黑	南盘江	7	10
北　海	龙川江	5	10
青　海	龙川江	2	

3.3 江河湖泊型鱼类

江河湖泊型鱼类指整个生活史无法在湖泊中完成，必须到江河繁殖的鱼类及既可以生活在江河中也可以生活于湖泊中的鱼类。江河湖泊型鱼类在云南有62种，占云南土著鱼类总数的11.8%。江河湖泊型鱼类对环境有较强的适应性，可以在各种水体中生活，因此这一类型的有些鱼类是广布种并为潜在的入侵种，如草鱼、鳘、麦穗鱼、棒花鱼、鳑鲏、鲫、小黄黝鱼、吻鰕虎鱼、泥鳅、黄鳝等。

3.4 洞穴型鱼类

洞穴型鱼类指主要生活在地下洞穴水体中，具有明显的适应于穴居生活特征的鱼类。一些洞穴型鱼类已经特化为盲鱼，又有无眼鱼或透明鱼之称。洞穴鱼类的祖先是生活在地表水体中的鱼类，在长期适应黑暗的洞穴环境的过程中，逐渐产生了与洞穴环境条件相适应的独特构造。通常体型较小，眼睛缩小或至完全消失，体无色素，呈半透明状，隐约可见体内脏器；鳞片变小，排列稀薄或完全埋于皮下；触觉灵敏，触须发达或具派生保护器官等，而成为鱼类辐射进化中向地下发展的一个特殊分支。

洞穴型鱼类根据特化程度的差异又可分为全穴居鱼类、半穴居鱼类和拟穴居鱼类。全穴居鱼类，指种群的生命周期活动均在封闭或半封闭的洞穴系统内进行，形态上具有一系列穴居适应性的特点，如眼睛退化，体表色素消退等；半穴居鱼类，指种群在生命周期的某一环节营周期性的穴居生活，并为种族延续的需要，形态与习性呈现穴居与地表适应性兼备的特点；拟穴居鱼类，通常是地表种类的部分个体非周期性或偶然进入开放型的洞穴，形态上不呈现穴居环境的适应性特征（陈银瑞，2000）。本书所列的洞穴型鱼类仅指全穴居鱼类和半穴居鱼类。

一般认为世界上最早关于洞穴盲鱼的科学报道为1842年对美国盲鳉 *Amblyopsis spelaeus* 的描述，实际上，早在1839年（清代）郑祖光就对云南、贵州的盲鱼作了记载（钱雪梅、李斌，2002）。我国对盲鱼最早的科学报道（褚新洛、陈银瑞，1978）是对1976年采自云南省建水县的裸腹盲鲃 *Typhlobarbus nudiventris*，而对盲鱼进行科学描述的第一篇论文（褚新洛、陈银瑞，1979）则是采自云南省个旧市的个旧盲条鳅，后改订为个旧盲高原鳅 *Triplophysa gejiuensis*。到2000年，我国仅记载洞穴型鱼类21种，其中广西9种，云南7种，贵州4种，湖南1种（陈银瑞，2000）。迄今，我国已记载全洞穴鱼类和半洞穴鱼类约63种，其中分布于云南31种（表12-5），广西16种，贵州11种，湖南1种，重庆1种。不同洞穴种类各不相同，可谓"一洞一种"。目前洞穴鱼类在云南主要分布于东部西江和金沙江两大水系的石灰岩或玄武岩溶洞地下水体之中。

中国洞穴鱼类以金线鲃属 *Sinocyclocheilus* 和高原鳅属 *Triplophysa* 鱼类为主，而云南洞穴鱼类还包括了云南特有的盲鲃属 *Typhlobarbus*。云南有26种金线鲃，与广西14种、贵州11种相比，物种分化之强居中国之首。高原鳅属是主要分布于青藏高原及其周边地区的鱼类，但分布于云南、广西、湖南、重庆等喀斯特地区的高原鳅类却向着穴居方向进化，云南4种，广西2种，湖南1种，重庆1种，云南穴居性的高原鳅属鱼类仍居全国之冠。

表12-5 云南洞穴鱼类的种类和分布

	中文名	拉丁名	生态型	分布
1	裸腹盲鲃	*Typhlobarbu nudiventris*	全穴居型	建水羊街坝地下洞穴
2	无眼金线鲃	*Sinocyclocheilus anophthalmus*	全穴居型	南盘江支流
3	犀角金线鲃	*Sinocyclocheilus rhinocerous*	全穴居型	南盘江中游支流
4	透明金线鲃	*Sinocyclocheilus hyalinus*	全穴居型	泸西阿庐古洞
5	瓦状角金线鲃	*Sinocyclocheilus tileihornes*	全穴居型	南盘江中游支流
6	滇池金线鲃	*Sinocyclocheilus grahami*	半穴居型	滇池及其附属水体
7	抚仙金线鲃	*Sinocyclocheilus tingi*	半穴居型	抚仙湖
8	阳宗金线鲃	*Sinocyclocheilus yangzongensis*	半穴居型	阳宗海

（续）

	中文名	拉丁名	生态型	分布
9	多斑金线鲃	*Sinocyclocheilus multipunctatus*	半穴居型	金沙江下游支流
10	狭孔金线鲃	*Sinocyclocheilus angustiporus*	半穴居型	南盘江中下游
11	侧条金线鲃	*Sinocyclocheilus lateristritus*	半穴居型	南盘江上游支流
12	麦田河金线鲃	*Sinocyclocheilus maitianheensis*	半穴居型	南盘江支流
13	陆良金线鲃	*Sinocyclocheilus macroscalus*	半穴居型	南盘江上游支流
14	大头金线鲃	*Sinocyclocheilus macrocephalus*	半穴居型	南盘江上游支流
15	软鳍金线鲃	*Sinocyclocheilus malacopterus*	半穴居型	南盘江干支流
16	紫色金线鲃	*Sinocyclocheilus purpureus*	半穴居型	南盘江中游支流
17	尖头金线鲃	*Sinocyclocheilus oxycephalus*	半穴居型	南盘江上游支流
18	邱北金线鲃	*Sinocyclocheilus quibeiensis*	半穴居型	南盘江中游支流
19	旧城金线鲃	*Sinocyclocheilus jiuchengensis*	半穴居型	南盘江中游支流
20	麻花金线鲃	*Sinocyclocheilus maculatus*	半穴居型	南盘江中游支流
21	长鳍金线鲃	*Sinocyclocheilus longifinus*	半穴居型	南盘江上游支流
22	华宁金线鲃	*Sinocyclocheilus huaningensis*	半穴居型	南盘江上游支流
23	罗平金线鲃	*Sinocyclocheilus luopingensis*	半穴居型	南盘江中游支流
24	曲靖金线鲃	*Sinocyclocheilus qujingensis*	半穴居型	南盘江上游支流
25	乌蒙山金线鲃	*Sinocyclocheilus wumengshanensis*	半穴居型	南盘江上游支流
26	圭山金线鲃	*Sinocyclocheilus guishanensis*	半穴居型	南盘江上游支流
27	易门金线鲃	*Sinocyclocheilus yimenensis*	半穴居型	南盘江上游支流
28	个旧盲高原鳅	*Triplophysa gejiuensis*	全穴居型	个旧卡房地下河
29	石林盲高原鳅	*Triplophysa shilinensis*	全穴居型	路南石林地下溶洞
30	云南高原鳅	*Triplophysa yunnanensis*	半穴居型	南盘江上游支流
31	南盘江高原鳅	*Triplophysa nanpanjiangensis*	半穴居型	南盘江上游支流

3.5 咸淡水型鱼类

咸淡水型鱼类指既可以生活在淡水中，也可以生活在咸淡水乃至海水中的鱼类。本类型鱼类根据生殖洄游的特点又可进一步区分为3种亚型：溯河洄游鱼类、降河洄游鱼类和咸淡水定居型鱼类。

溯河洄游鱼类指亲鱼在海洋中育肥，溯河洄游到江河中产卵，产卵后亲鱼降河入海，幼鱼在江河中生长，并逐渐降河入海。在云南仅中华鲟1种。

降河洄游鱼类指为完成生活史，在性成熟过程中亲鱼由淡水下降到海洋中去产卵的鱼类。在云南仅云纹鳗鲡1种。

咸淡水定居型指无明显的洄游习性，既可以生活在淡水中，又可以生活在咸淡水乃至海水中的鱼类。这一类型在各大江河下游较多见，如鲱形目 CLUPEIFORMES 的鲚 *Coilia* 属，在云南目前仅发现光尾鲀1种。

4 资源状况、外来鱼类及其威胁

4.1 资源状况

自20世纪60年代以来，云南土著鱼类的种群数量一直处于下降过程，在527种土著鱼类中，近5

年来一直未采集到标本的鱼类约有130种，约占总种数的24.7%；另外约有150种鱼类在60年代是常见种，现在已成为偶见种，约占总种数的28.5%；余下的247种鱼类，其种群数量均比60年代明显减少。土著鱼类种群数量的减少，在湖泊鱼类中表现得比江河鱼类更加明显。在95种湖泊鱼类中，有2种鱼类（即异龙鲤 *Cyprinus yilongensis* 和大鳞白鱼 *Anabarilius macrolepis*）已灭绝；多鳞白鱼 *Anabarilius polylepis* 也已野外灭绝（汪松、解焱，2004）；另有约60种鱼类已处于濒危状态，近5年来一直未采集到标本。濒危和灭绝的种数已占湖泊鱼类总种数的66%（杨君兴，1996）。目前，九大高原湖泊的土著鱼类资源不同程度地减少，大多数湖泊的特有鱼类均处于濒临灭绝的边缘。如过去著名的“云南四大名鱼”：滇池的滇池金线鲃、抚仙湖的鱇鲸白鱼、杞麓湖和星云湖的大头鲤、洱海的大理裂腹鱼均处于濒危状态。根据中国科学院昆明动物研究（泉池）近年的调查，滇池流域29种土著鱼类目前还存在13种，但绝大多数都残留在滇池流域的溪流、龙潭、水库中，滇池湖体中仅存4种。洱海原有土著鱼类17种，特有鱼类8种，包括4种鲤鱼、2种吻孔鲃、大理裂腹鱼和洱海副鳅。这些洱海特有鱼类在近10余年的调查中已经采集不到标本了，估计其中绝大多数种类已经灭绝。在滇池、洱海和抚仙湖三大湖泊中，抚仙湖鱼类资源现状相对较好。抚仙湖原有土著鱼类25种，特有鱼类12种，目前有约16种土著鱼类还能采集到标本，但是种群数量也已急剧下降，过去的主产鱼类鱇鲸白鱼目前已经不能形成产量。一些江河鱼类也极度濒危，少数种类已经灭绝或野外灭绝，如西昌白鱼 *Anabarilius liui liui* 和小裂腹鱼 *Schizothorax parvus*。如果不遏止生境丧失、环境污染、外来种入侵、酷渔滥捕等威胁，将有更多的鱼类加入灭绝物种的行列。

4.2 外来鱼类及其威胁

湖泊和中上游支流鱼类区系组成简单。云南的江河均属河流的中上游或源头，就某一湖泊或支流而言，其鱼类区系的共同特点是种数较少。例如滇池和抚仙湖分布的鱼类种数最多，但仅各有29和25种；而长江中下游湖泊鱼类区系通常由70～90种组成。较简单的鱼类区系背景使得种间生存竞争压力较低。在低竞争压力背景下演化而来的土著鱼类，其竞争能力和生存能力也较低，物种也较脆弱；在与来自于高竞争压力背景的外来鱼类竞争时，云南土著鱼类的脆弱性尤其明显（杨君兴，1996）。

云南目前至少已经发现外来鱼类47种，其中13种是从国外引进的，其余34种是从珠江、长江中下游地区和东北地区移植到云南的鱼类（表12-6）。其中云南没有自然分布的鱼类18种，例如青鱼、鲢 *Hypophthalmichthys molitrix*、鳙 *Hypophthalmichthys nobilis* 和太湖新银鱼 *Neosalanx taihuensis* 等；余下的16种鱼类虽然在云南某些水系的下游有自然分布，但它们在云南中上游水系中的群体是从省外移植进来的，例如麦穗鱼、小黄蚴鱼、子陵吻鰕虎鱼 *Rhinogobius giurinus* 等。大规模的移植和引进鱼类是在1963～1970年，当时为了提高云南高原湖泊的鱼产量和发展池塘养鱼，从广东、广西、湖南、湖北等地大量购“四大家鱼”（青鱼、草鱼、鲢、鳙）和鲤鱼的鱼苗，投放到云南各主要高原湖泊和全省各地的池塘中。在引进这些经济鱼类的同时，一些非经济性外来鱼类如麦穗鱼、小黄蚴鱼、子陵吻鰕虎鱼等混杂在经济鱼苗中也被带进云南高原湖泊和全省各地。第二次较大规模地引进鱼类是在1982～1983年，把太湖新银鱼和间下鱵鱼等引进滇池、星云湖等湖泊。太湖新银鱼现已遍及云南省各主要湖泊。

以上情况表明，云南外来鱼类基本上可划分为经济性外来鱼类和非经济性外来鱼类。经济性外来鱼类通常是人们出于产业经济目的主动从外地引进的鱼类，非经济性外来鱼类是在引进经济性鱼类的同时无意中从外地带进的鱼类，通常是经济性引进的副产物。

表12-6 云南主要外来鱼类名录

	中文名	俗名	拉丁名	原产地	引入地
1	西伯利亚鲟	鲟鱼	*Acipenser baeri baeri* *	新疆额尔齐斯河流域；俄罗斯、蒙古、拉脱维亚、芬兰等国	池塘
2	河鳟	亚东鲑	*Salmo trutta fario* *	挪威、冰岛、格陵兰	丽江
3	虹鳟	三纹鱼	*Oncorhynchus mykiss* *	美国加利福尼亚洲	池塘

（续）

	中文名	俗名	拉丁名	原产地	引入地
4	池沼公鱼		*Hypomesus olidus* *	黑龙江、乌苏里江、图门江；北冰洋、太平洋、阿拉斯加、日本、朝鲜、西伯利亚	滇池、丽江拉市海、文笔水库、吉子水库及池塘
5	大银鱼		*Protosalanx hyalocranius* *	长江、淮河等我国温带沿海地区；太平洋西北部包括朝鲜、越南	泸沽湖
6	太湖新银鱼	银鱼	*Neosalanx taihuensis* *	太湖、巢湖	云南各高原湖泊
7	鳗鲡	白鳝	*Anguilla japonica* *	日本、朝鲜、中国至菲律宾北部沿海、长江口	池塘
8	短盖肥脂鲤	淡水白鲳	*Piaractus brachypomus* *	南美洲亚马孙流域	池塘
9	青鱼		*Mylopharyngodon piceus* *	珠江、长江、黄河、黑龙江等水系；越南	云南各主要湖泊和水系
10	鯮		*Luciobrama macrocephalus*	西洋江；珠江、长江流域；越南	滇池
11	草鱼		*Ctenopharyngodon idella* *	西洋江；东北至珠江流域；越南	云南各主要湖泊和水系
12	鳤		*Ochetobius elongatus*	西洋江；长江流域及其以南各水体；越南	滇池、星云湖
13	鳡		*Elopichthys bambusa*	西洋江、红河、金沙江；我国南北各江河；俄罗斯、西伯利亚	滇池
14	丁鲅		*Tinca tinca*	新疆额尔齐斯河及乌伦古河；欧洲	抚仙湖
15	䱗	白鱼	*Hemiculter leucisculus*	红河、南盘江、金沙江，广布全国各地；韩国、日本	云南各主要湖泊和水系
16	似鲚		*Toxabramis swinhonis*	长江、黄河	滇池
17	鳊		*Parabramis pekinensis* *	长江干支流及其附属湖泊、黑龙江、黄河、珠江、海南岛；越南	滇池
18	团头鲂	武昌鱼	*Megalobrama amblycephala* *	长江中下游附属湖泊	云南各主要湖泊和水系
19	红鳍原鲌	白鱼	*Cultrichthys erythropterus* *	长江干支流及其附属湖泊、台湾、闽江、钱塘江、淮河、黄河、辽河、黑龙江、海南岛；越南、朝鲜、俄罗斯	滇池
20	鲢	白鲢	*Hypophthalmichthys molitrix* *	南起海南岛，北至黑龙江流域的我国东部各江河、湖泊、水库；西伯利亚东部	云南各主要湖泊和水系
21	鳙	花鲢	*Hypophthalmichthys nobilis* *	南起海南岛，北至黑龙江流域的我国东部各江河、湖泊、水库	云南各主要湖泊和水系
22	麦穗鱼		*Pseudorasbora parva*	南盘江、金沙江、全国各主要水系；日本、朝鲜	云南各主要湖泊和水系
23	棒花鱼		*Abbottina rivularus*	全国各水系	云南各主要湖泊和水系
24	黑鳍鳈		*Sarcocheilichthys nigripinnis*	从黑龙江至珠江水系、台湾、海南岛	滇池
25	高体鳑鲏	糠片鱼	*Rhodeus ocellatus*	金沙江、珠江、海南岛、韩江、长江、黄河等水系	云南各主要湖泊
26	大鳍鱊		*Acheilognathus macropterus* *	海南岛南渡江、万泉河、珠江、长江、黄河、图门江、黑龙江；越南北部	滇池
27	兴凯鱊		*Acheilognathus chankaensis* *	长江、珠江、韩江、黄河、黑龙江等水系	滇池
28	鲮	鲮鱼	*Cirrhinus molitorella*	珠江、闽江、海南岛；越南	抚仙湖
29	露斯塔野鲮		*Labeo rohita* *	恒河流域	红河
30	鲤		*Cyprinus carpio*	中国各地；俄罗斯、朝鲜、日本及欧洲等国	云南各湖泊、各江河
31	鲫		*Carassius auratus auratus*	除青藏高原外全国各水系；欧洲	泸沽湖

（续）

	中文名	俗名	拉丁名	原产地	引入地
32	白鲫		*Carassius auratus cuvieri* *	日本	杞麓湖、异龙湖
33	大鳞副泥鳅		*Paramisgurnus dabryanus*	长江中下游、浙江、福建、台湾	抚仙湖
34	尖齿胡子鲇	革胡子鲇	*Clarias gariepinus* *	非洲埃及一带	抚仙湖、藤条江、红河
35	黄颡鱼	黄蜡丁	*Pelteobagrus fulvidraco*	西洋江；黑龙江、珠江、长江；老挝南马河、越南、俄罗斯、西伯利亚	抚仙湖
36	下口鲇	清道夫	*Hypostomus plecostomus* *	南美洲几内亚	澜沧江下游、抚仙湖
37	斑点叉尾鮰		*Ictalurus punctatus* *	北美洲	池塘
38	褐首鲇	云斑鮰	*Ameiurus nebulosus* *	北美洲	池塘
39	食蚊鱼		*Gambusia affinis* *	中南美洲	云南大部分地区
40	间下鱵鱼	箭鱼	*Hyporhamphus intermedius* *	我国沿海各省；南太平洋地区	滇池、星云湖、抚仙湖
41	鳜	桂花鱼	*Siniperca chuatsi* *	华北、华东、华南等地	滇池
42	莫桑比克罗非鱼		*Tilapia mossambica* *	非洲	云南各地
43	尼罗罗非鱼		*Tilapia nilotica* *	非洲	云南各地
44	奥大利亚罗非鱼		*Tilapia aureus* *	非洲	瑞丽江
45	小黄黝鱼		*Micropercops swinhonis*	南盘江，黑龙江至珠江各水系；日本、朝鲜	云南各主要湖泊和水系
46	子陵吻鰕虎鱼		*Rhinogobius giurinus*	南盘江，鸭绿江、黄河、长江、钱塘江、闽江、珠江各水系、台湾、海南岛；朝鲜、日本、越南	云南各主要湖泊和水系
47	波氏吻鰕虎鱼		*Rhinogobius cliffordpopei*	黄河至珠江各水系	云南各主要湖泊和水系

带“*”者为云南没有自然分布的外来鱼类；无“*”者为在云南某些水系的下游有自然分布，但在云南中上游水系的群体是从省外移植进来的。

导致云南土著鱼类濒危的因素略有不同，但均可归结为以下4个主要方面：外来鱼类、围湖造田、水利工程、酷渔滥捕（杨君兴，1996）。在湖泊中，外来鱼类的影响尤为明显。

对重要外来种麦穗鱼、鰕虎鱼等在入侵生态系统中生活史特征（生长、繁殖、存活率等）和营养与空间生态位的适应性的初步研究表明，麦穗鱼、鰕虎鱼等吞食其他鱼类鱼卵的特性很可能是导致在沿岸带产黏性卵的土著鱼类濒危的重要原因之一；这些野杂鱼主要生活在水草茂盛的浅水区，加上其个体小，游动快速的特性，使其避免了包括土著鱼类在内的大中型鱼类的捕食；它们在营养和空间生态位的特性是其能够成为沿岸带优势种之一的主要因素。

通过近年对云南湿地鱼类现状的调查，发现一些外来鱼类已经几乎遍布全省，如高体鳑鲏、麦穗鱼、棒花鱼、食蚊鱼、鰕虎鱼等，而下口鲇和罗非鱼等在云南南部热带地区相当繁盛，已经成为当地的优势种。随着云南水产业的发展，已经又有一些新的外来种被引入云南，主要包括经济种和观赏种，因此云南湿地鱼类外来种的名录绝不仅止于本文所列。

5 珍稀鱼类及保护

根据标本采集的历史记录和《中国濒危动物红皮书·鱼类》、《中国物种红色名录·第一卷》所列鱼类物种统计，云南省境内分布有各类珍稀濒危鱼类85种（表12-7），其中保护鱼类23种：2种列入国家Ⅰ级重点保护动物名录，4种列入国家Ⅱ级重点保护动物名录，18种列入云南省Ⅱ级保护动物名录；列入红皮书的有43种；列入IUCN红色名录的有18种，列入CITES附录Ⅱ的有3种。

表 12－7 云南省境内的珍稀濒危及保护鱼类名录

	种　　名	保护等级	红皮书濒危等级	红色名录濒危等级	IUCN 濒危等级	CITES 附录 II
1	中华鲟 *Acipenser sinensis* Gray	国家 I 级	EN	EN	EN	√
2	达氏鲟 *Acipenser dabryanus* Duméril	国家 I 级	VU	CR	CR	√
3	云纹鳗鲡 *Anguilla nebulosa* McClelland	省 II 级		EN		
4	胭脂鱼 *Myxocyprinus asiaticus* (Bleeker)	国家 II 级	VU	VU		
5	双孔鱼 *Gyrinocheilus aymoneri* (Tirant)	省 II 级	EN	EN		
6	异鱲 *Parazacco spilurus* (Günther)		VU	VU		
7	鯮 *Luciobrama macrocephalus* (Lácepède)		VU	VU		
8	大鳍鱼 *Macrochirichthys macrochirius* Valencinnes	省 II 级	EN	EN		
9	银白鱼 *Anabarilius alburnops* (Regan)	省 II 级	EN	EN		
10	鱇鲂白鱼 *Anabarilius grahami* (Regan)			VU		
11	西昌白鱼 *Anabarilius liui liui* (Chang)			EX		
12	大鳞白鱼 *Anabarilius macrolepis* Yih et Wu			EX		
13	多鳞白鱼 *Anabarilius polylepis* (Regan)			EW	EN	
14	山白鱼 *Anabarilius transmontana* Nichols			CR		
15	云南鲴 *Xenocypris yunnanensis* Nichols		EN	EN		
16	长身鱊 *Acheilognathus elongatus* (Regan)			EN	EN	
17	云南瓣结鱼 *Folifer yunnanensis* (Wang et al)				EN	
18	叶结鱼 *Parator zonatus* (Lin)			VU		
19	裂峡鲃 *Hampala macrolepidota* (Valenciennes)		VU	VU		
20	异倒刺鲃 *Paraspinibarbus macroacanthus* (Pellegrin et Chevey)		R	VU		
21	红鳍方口鲃 *Cosmochilus cardinalis* Chu et Roberts		R	VU		
22	单纹似鳡 *Luciocyprinus langsoni* Vaillant	省 II 级	VU	VU		
23	细纹似鳡 *Luciocyprinus striolatus* Cui et Chu			VU		
24	金沙鲈鲤 *Percocypris pingi* (Tchang)			VU		
25	滇池金线鲃 *Sinocyclocheilus grahami* (Regan)	国家 II 级	EN	EN		
26	无眼金线鲃 *Sinocyclocheilus anophthalmus* Chen et Chu	省 II 级	R	VU	VU	
27	透明金线鲃 *Sinocyclocheilus hyalinus* Chen et Yang			VU	VU	
28	犀角金线鲃 *Sinocyclocheilus rhinocerous* Li et Tsao			VU		
29	裸腹盲鲃 *Typhlobarbus nudiventris* Chu et Chen	省 II 级	R	VU	VU	
30	角鱼 *Akrokilioplax bicornis* (Wu)		EN	EN		
31	卷口鱼 *Ptychidio jordani* Myers	省 II 级				
32	暗色唇鱼 *Semilabeo obscurus* Lin	省 II 级	R	VU		
33	唇鱼 *Semilabeo notabilis* Peters			VU		
34	缺须盆唇鱼 *Placocheilus cryptonemus* Cui et Li		R	VU		
35	长丝裂腹鱼 *Schizothorax dolichonema* Herzenstein			EN		
36	昆明裂腹鱼 *Schizothorax grahami* (Regan)			VU		
37	大理裂腹鱼 *Schizothorax taliensis* Regan	国家 II 级	EN	EN		
38	灰裂腹鱼 *Schizothorax gresius* Pellegrin			EN		

（续）

	种　　名	保护等级	红皮书濒危等级	红色名录濒危等级	IUCN 濒危等级	CITES 附录 II
39	澜沧裂腹鱼 *Schizothorax lantsangensis* Tsao			EN		
40	厚唇裂腹鱼 *Schizothorax labrosus* Wang，Zhuang et Gao			EN		
41	宁蒗裂腹鱼 *Schizothorax ninglangensis* Wang，Zhang et Zhuang			EN		
42	小口裂腹鱼 *Schizothorax microstomus* Huang			EN		
43	小裂腹鱼 *Schizothorax parvus* Tsao			EW		
44	鳞胸裂腹鱼 *Schizothorax lepidothorax* Yang				EN	
45	中甸叶须鱼 *Ptychobarbus chungtienensis* Tsao			EN		
46	裸腹叶须鱼 *Ptychobarbus kaznakovi* Nikolsky		VU	VU		
47	全裸裸重唇鱼 *Gymnodiptychus integrigymnatus* Huang			CR		
48	镰鲃鲤 *Puntioplites falcifer* Smith		R	VU		
49	乌原鲤 *Procypris mera* Lin		VU	VU		
50	岩原鲤 *Procypris rabaudi*（Tchang）		VU	VU		
51	小鲤 *Cyprinus micristius* Regan		EN	EN	EN	
52	抚仙鲤 *Cyprinus fuxianensis* Yang et al	省Ⅱ级				
53	异龙鲤 *Cyprinus yilongensis* Yang et al		EX	EX	EX	
54	大头鲤 *Cyprinus pellegrini* Tchang	国家Ⅱ级	VU	VU		
55	大眼鲤 *Cyprinus megalophthalmus* Wu et al		EN	EN		
56	春鲤 *Cyprinus longipectoralis* Chen et Hwang	省Ⅱ级	VU	VU		
57	洱海鲤 *Cyprinus barbatus* Chen et Hwang	省Ⅱ级				
58	大理鲤 *Cyprinus daliensis* Chen et Hwang	省Ⅱ级				
59	云南鲤 *Cyprinus yunnanensis* Tchang	省Ⅱ级	EN	EN		
60	翘嘴鲤 *Cyprinus ilishaestomus* Chen et Hwang	省Ⅱ级	EN	EN		
61	长薄鳅 *Leptobotia elongata*（Bleeker）		VU	VU		
62	鼓腹云南鳅 *Yunnanilus macrogaster* Kottelat et Chu				VU	
63	黑体云南鳅 *Yunnanilus niger* Kottelat et Chu				VU	
64	黑斑云南鳅 *Yunnanilus nigromaculatus*（Regan）				EN	
65	云南高原鳅 *Triplophysa yunnanensis* Yang			VU		
66	个旧盲高原鳅 *Triplophysa gejiuensis*（Chu et Chen）	省Ⅱ级	R	VU	VU	
67	石林盲高原鳅 *Triplophysa shilinensis* Chen et Yang			VU		
68	滇池球鳔鳅 *Sphaerophysa dianchiensis* Cao et Zhu				VU	
69	昆明鲇 *Silurus mento* Regan		EN	EN	EN	√
70	湄南缺鳍鲇 *Kryptopterus moorei* Smith		R	VU		
71	长丝鲑 *Pangasius sanitwongsei* Smith	省Ⅱ级	R	VU		
72	长臀鮠 *Cranoglanis bouderius*（Richardson）		VU	VU		
73	短须粒鲇 *Akysis brachybarbatus* Chen		R	VU		
74	长须鮠 *Leiocassis longibarbus* Cui			CR		
75	中臀拟鲿 *Pseudobagrus medianalis*（Regan）		EN	EN	EN	
76	丝尾鳠 *Hemibagrus wychioides*（Chaux et Fang）			VU		
77	白缘鉠 *Liobagrus marginatus*（Günther）			EN		
78	金氏鉠 *Liobagrus kingi* Tchang		EN	EN		

（续）

	种　　名	保护等级	红皮书濒危等级	红色名录濒危等级	IUCN 濒危等级	CITES 附录 II
79	𫚕 *Bagarius bagarius* (Hamilton)		VU	VU		
80	长丝黑𩷶 *Gagata dolichnema* He		R	VU		
81	青石爬𩷶 *Euchiloglanis davidi* (Sauvage)			CR		
82	中华𩷶 *Pareuchiloglanis sinensis* (Hora et Silas)			EN		
83	细尾𩷶 *Pareuchiloglanis gracilicaudata* (Wu et Chen)			EN		
84	兰坪𩷶 *Pareuchiloglanis myzostoma* (Norman)			EN		
85	线足鲈 *Trichogaster trichopterus* (Pallas)		VU			

* 红皮书、红色名录及 IUCN 中的濒危等级：CR 极危，EN 濒危，EW 野外绝灭，EX 绝灭，R 稀有，VU 易危

目前云南土著鱼类资源（包括种类和数量）有明显下降的趋势。以澜沧江为例，鱼类资源与 10 多年前相比，原来广泛分布于中下游的巨𫚕、丝尾鳠、叉尾鲇 *Wallago attu*、结鱼、后背鲈鲤 *Percocypris retrodorslis* 等数量大为减少；一些种类已经变得非常稀有，近 10 年都没有采到标本，如双孔鱼、大鳍鱼、裂峡鲃、细纹似鱤、红鳍方口鲃、鲃鲤、短须粒鲇等；数量的下降表现在种群数量的减少和捕捞对象个体的小型化。根据近年调查的结果，在澜沧江中下游江段采到的种类，还不到该江段记录种类的一半，同样在其下游支流采到的种类，也只有记录总数的一半左右。

目前澜沧江中上游江段干支流的生境现状较好，基底完整，秋冬季江水水质较清；工农业均不发达，人口密度较低，对自然环境的干扰不大。但采矿活动对水质有一定的污染。渔业不发达，与下游相比鱼类资源所受人为干扰较小，目前以外来种的入侵为主要威胁。少数外来鱼类已在澜沧江定居，主要有鰕虎鱼、麦穗鱼、棒花鱼和罗非鱼等。由于澜沧江中上游水流较急，水温较低，因此喜温的罗非鱼等外来种无法适应，在本区段目前仅发现了麦穗鱼、棒花鱼、鲤等。随着水环境的改变，它们对土著鱼类繁衍的不利影响将逐步凸现出来。

渔民一般采用流刺网、鱼钩等捕鱼工具，所能捕获的数量很有限，但近年对鱼类威胁较大的电鱼机数量增加，对幼鱼的危害尤为严重，极大地影响了当地鱼类资源。

6　经济鱼类的利用情况

云南的经济鱼类主要为食用鱼类，其次还包括一些具有一定观赏和药用价值的种类。

6.1　食用鱼类

鱼类因可食部分大，味道鲜美而独特。从滇池附近出土的文物中考证，早在新石器时代先人就能制作渔网，雕木为船，到湖中张网捕鱼，可见云南人民食用鱼类的历史十分久远。目前，云南每年鱼产量 10 万 t 左右。但如前所述，江河中鱼类的种类多，但种群数量少，捕捞困难，因此一般难以形成专一的渔业对象。据《云南鱼类志・下册》记述，全省江河主干流在境内长约 5000km，支流 181 条，年产鱼量只有 200t 左右，且有明显的下降趋势，捕钓的鱼个体也趋于小型化。湖泊中的鱼类与江河相比情况相对较好，1995 年鱼产量为 1.8 万 t，占全省鱼产量的 21.38%，其中养殖产量为 3304t，占湖泊鱼产量的 18.3%。各个湖泊的特有种类，加上传统烹调方法而成为地方风味佳肴，受到人们的喜爱而享有盛誉，如滇池的金线鲃、星云湖的大头鲤、阳宗海的云南倒刺鲃、杞麓湖的乌鳢、泸沽湖的小口裂腹鱼和大理的弓鱼等。但由于资源的破坏，目前这些名贵的土著鱼类已经很少见了。取而代之的为一些引入种，如青、草、鲢、鳙四大家鱼，鲤、鲫、鳜、太湖新银鱼、罗非鱼等。随着近年来鳒鲏白鱼、滇池金钱鲃、叉尾鲇等土著鱼类人工繁育的成功，将有更多的土著鱼类通过人工繁育，被投入市场，以满足人们的需求。

6.2 观赏鱼类

鱼类独特的形态特征和绚丽的色彩使其具有一定的观赏价值，随着人们生活水平的逐步提高，对观赏鱼类的需求也越来越多。在世界观赏鱼市场中，观赏鱼通常由三大品系组成，即温带淡水观赏鱼、热带淡水观赏鱼和热带海水观赏鱼。温带淡水观赏鱼主要包括红鲫鱼、金鱼、锦鲤等，主要来自中国和日本。热带淡水观赏鱼种类繁多，根据产地可分为美洲热带鱼、亚洲热带鱼、非洲热带鱼和大洋洲热带鱼四大类。热带海水观赏鱼主要是生活在热带浅海珊瑚礁里的小型鱼类。目前在云南饲养和出售的热带观赏鱼类中以引进的种类为多，在公共游憩场所筑池饲养供观赏的也多为锦鲤和金鱼。原产于云南西双版纳的叉尾斗鱼 *Macropodus opercularis*、线足鲈 *Trichogaster trichopterus* 早已成为世界性的观赏鱼类。在不少龙潭半饲养的裂腹鱼类和金线鲃类已成为风景区内很吸引游客的景点。事实上，在云南的鲤科、鳅科等鱼类中，还有很多种类具有观赏价值，可以开发利用。

6.3 药用鱼类

以鱼类入药在云南已有悠久历史，至少可追溯到500年前，由兰茂著的《滇南本草》。书中提出鳑鲏有添精补髓，补三焦之火的功能；白鱼治痈疽疮；鲫鱼治胃弱而补中等多种疾病；鲤鱼治妇人怀孕身肿，痢疾水泻，冷气存胸；青鱼（云南倒刺鲃）治脾、肺、胃三径之气，鱼胆为眼科要药；花鱼（云南光唇鱼）补肾添精、养肺、止咳；鳝鱼添精益髓、壮筋骨；乌鱼（乌鳢）大补气血。全书共记载10余种药用鱼类，除了上面提到的药性、治疗病症以外，对用药部位、加工、服法、配伍等也有详尽的叙述。现代文献中记录有79种鱼类具有药用价值（陈振昆等，1999）。

7 云南湿地鱼类名录

辐鳍鱼纲 ACTINOPTERYGII

鲟形目 ACIPENSERIFORMES

鲟科 Acipenseridae

（1）中华鲟 *Acipenser sinensis* Gray

金沙江下游。溯河洄游性，栖息于大江河及近海底层，洄游至江河上游水流湍急、底为砾石的江段繁殖。葛洲坝截流后，在金沙江已经绝迹。列为国家Ⅰ级重点保护种类。

（2）达氏鲟 *Acipenser dabryanus* Duméril

中国特有种。金沙江。淡水定居性，江河湖泊型，栖息于江河中下层、大型湖泊。现为偶见种。列为国家Ⅰ级重点保护种类。

（3）西伯利亚鲟 *Acipenser baeri baeri* Brandt

外来种。原产新疆额尔齐斯河流域，及俄罗斯、蒙古、拉脱维亚、芬兰等国，引入池塘饲养。淡水定居性。

鲑形目 SALMOIFORMES

鲑科 Salmonidae

（4）虹鳟 *Oncorhynchus mykiss*（Walbaum）

同物异名：*Salmo gairdneri* Richardson。外来种。原产美国加利福尼亚州，引入池塘饲养。

（5）河鳟 *Salmo trutta fario* Linnaeus

外来种。原产挪威、冰岛、格陵兰，引入池塘饲养。陆封型。

胡瓜鱼科 Osmeridae

（6）池沼公鱼 *Hypomesus olidus*（Pallas）

外来种。原产东亚地区，引入滇池、丽江拉市海、文笔水库、吉子水库及池塘。湖泊型，栖息于水体中上层。现为优势种。

银鱼科 Salangidae

（7）大银鱼 *Protosalanx hyalocranius*（Abbott）

外来种。原产长江、淮河中下游及其附属湖泊，引入泸沽湖等高原湖泊。江河湖泊型，栖息于江河、湖泊。现为优势种。

（8）太湖新银鱼 *Neosalanx taihuensis* Chen

中国特有种。外来种。原产太湖、巢湖，引入滇池、抚仙湖、洱海等高原湖泊。湖泊型，栖息于水体中上层。现为优势种。

鳗鲡目 SALMONIFORMES

鳗鲡科 Anguillidae

（9）云纹鳗鲡 *Anguilla nebulosa* McClelland

怒江、南汀河、伊洛瓦底江。降河洄游型，成鱼栖息于淡水中，接近性成熟时降河入海繁殖。现为偶见种。列为云南省Ⅱ级重点保护种类。

（10）鳗鲡 *Anguilla japonica* Temminck et Schlegel

外来种。原产日本、朝鲜、中国至菲律宾北部沿海，引入池塘饲养。降河洄游型。

脂鲤目 CHARACIFORMES

脂鲤科 Characidae

（11）短盖肥脂鲤 *Piaractus brachypomus*（Cuvier）

同物异名：短盖巨脂鲤，淡水白鲳。外来种。原产亚马孙流域，引入池塘饲养。江河型。

鲤形目 CYPRINIFORMES

亚口鱼科 Catostomidae

（12）胭脂鱼 *Myxocyprinus asiaticus*（Bleeker）

中国特有种。金沙江下游。江河型，栖息于江河中下层，主要以底栖动物为食。现为偶见种。列为国家Ⅱ级重点保护种类。

双孔鱼科 Gyrinocheilidae

（13）双孔鱼 *Gyrinocheilus aymonieri*（Tirant）

澜沧江下游。江河型，栖息于干流和清水石底支流的急流处。现为偶见种。列为云南省Ⅱ级重点保护种类。

鲤科 Cyprinidae

（14）珍珠鲥 *Danio albolineata*（Blyth）

同物异名：长须鲥 *Danio rerio*（non Hamilton）。瑞丽江。江河型，栖息于干流沿岸带及支流的流水中。现为常见种。

（15）半线鲥 *Danio interrupta*（Day）

云南特有种。龙川江、大盈江。江河型，栖息于干流沙滩、支流、溪流、沟渠。现为常见种。

（16）布朗鲥 *Danio browni* Regan

同物异名：波条鲥 *Danio aequipinnatus*（non McClelland）。怒江。江河型，栖息于溪流、沟渠。现为常见种。

（17）红蚌鲥 *Danio kakhienensis* Anderson

同物异名：波条鲥 *Danio aequipinnatus*（non McClelland）。大盈江。江河型，栖息于溪流、沟渠。现为偶见种。

（18）掸邦鲥 *Danio shanensis* Hora

同物异名：半线鲥 *Danio interrupta*（non Day）。怒江。江河型。现为偶见种。

（19）缺须鲥 *Danio apogon* Chu

云南特有种。大盈江。江河型，栖息于干支流、溪流、沟渠。现为常见种。

（20）金线鲥 *Danio chrysotaeniata* Chu

同物异名：麦氏鲥 *Danio myersi*（non Smith）。澜沧江。江河型，栖息于山间清泉、溪沟。现为常见种。

（21）小鲥 *Danio apopyris* Fang et Kottelat

澜沧江。江河型。现状不详。

（22）条纹裸鲥 *Gymnodanio strigatus* Chen et He

云南特有属及特有种。澜沧江下游。江河型，栖息于山涧溪流的水深回缓处。现为偶见种。

（23）滇西低线鱲 *Barilius barila*（Hamilton）

龙川江、大盈江。江河型，栖息于水体上层。现为常见种。

（24）泰国低线鱲 *Barilius koratensis*（Smith）

同物异名：勐腊鲥 *Danio menglaensis* He et chen。澜沧江。江河型，栖息于静水、水深、混浊的大水体及砾石基底、流速较快、水清的溪流以及快速流动的大河支流。现为偶见种。

（25）丽色低线鱲 *Barilius pulchellus* Smith

澜沧江、藤条江、李仙江。江河型，栖息于干支流水体上层。现为常见种。

（26）斑尾低线鱲 *Barilius caudiocellatus* Chu

云南特有种。怒江、南汀河、澜沧江。江河型，栖息于水体上层。现为常见种。

（27）长嘴鱲 *Raiamas guttatus*（Day）

澜沧江、怒江。江河型。栖息于干流中。现为常见种。

（28）黄尾波鱼 *Rasbora dusonensis*（Bleeker）

同物异名：麦氏波鱼 *Rasbora myersi non* Brittan。澜沧江下游。江河型。现为偶见种。

（29）苏门答腊波鱼 *Rasbora sumatrana*（Bleeker）

同物异名：黑肩波鱼 *Rasbora cromiei non* Fowler。澜沧江下游。江河型。现为偶见种。

（30）黑背波鱼 *Rasbora atridorsalis* Kottelat et Chu

澜沧江下游。江河型。现为偶见种。

（31）北方波鱼 *Rasbora septentrionalis* Kottelat

澜沧江下游。江河型。现为偶见种。

（32）异鱲 *Parazacco spilurus*（Günther）

红河、南盘江。江河型。现为偶见种。

（33）宽鳍鱲 *Zacco platypus*（Temminck et Schlegel）

金沙江、程海、西洋江。江河湖泊型，栖息于江河干支流或湖泊的流水环境。现为优势种。

（34）马口鱼 *Opsariichthys bidens* Günther

同物异名：南方马口鱼。南盘江、澜沧江、红河、异龙湖。江河湖泊型，栖息于江河湖泊及山溪流水中。现为优势种。

（35）异鲴 *Aspidoparia morar*（Hamilton）

怒江下游。江河型，栖息于干支流。现为偶见种。

（36）中华细鲫 *Aphyocypris chinensis* Günther

中国特有种。南盘江。引入滇池流域。静水型，栖息于水田、沟渠、池塘、湖泊。现为偶见种。

（37）丁鲅 *Tinca tinca*（Linnaeus）

外来种。原产于新疆，欧洲，引入饲养，逃逸入抚仙湖。江河湖泊型。现为偶见种。

（38）草鱼 *Ctenopharyngodon idella*（Valenciennes）

西洋江。引入滇池、洱海、泸沽湖、程海等湖泊和水库，几乎遍布云南全省。江河湖泊型，栖息于开阔水域中上层。现为常见种。

（39）青鱼 *Mylopharyngodon piceus*（Richardson）

外来种。原产珠江、长江、黄河、黑龙江等水系。引入滇池、洱海、抚仙湖、星云湖、杞麓湖、异龙湖。江河湖泊型，栖息于清水水体中下层。现为常见种。

（40）赤眼鳟 *Squaliobarbus curriculus*（Richardson）

金沙江、滇池、西洋江、红河。江河湖泊型。现为偶见种。

（41）鳡 *Ochetobius elongatus*（Kner）

西洋江。引入滇池、星云湖等湖泊。江河湖泊型，栖息于江河流速较缓的水域和湖泊中层。现为偶见种。

（42）鯮 *Luciobrama macrocephalus*（Lacépède）

西洋江。引入滇池。江河湖泊型，栖息于水体中下层。现为偶见种。

（43）鳡 *Elopichthys bambusa*（Richardson）

西洋江、红河、金沙江。引入滇池。江河湖泊型，栖息于江河湖泊中上层。现为偶见种。

（44）大鳍鱼 *Macrochirichthys macrochirius* Valencinnes

澜沧江下游。江河型，栖息于干流水体上层。现为偶见种。列为云南省Ⅱ级重点保护物种。

（45）罗碧鱼 *Paralaubuca barroni*（Fowler）

澜沧江下游。江河型，栖息于水体中上层。现为偶见种。

（46）细鳊 *Rasborinus lineatus*（Pellegrin）

同物异名：*Metzia lineata*。南盘江。江河型。现为偶见种。

（47）星云白鱼 *Anabarilius andersoni*（Regan）

云南特有种。星云湖。湖泊型，栖息于水体中上层。现为偶见种。

（48）银白鱼 *Anabarilius alburnops*（Regan）

云南特有种。滇池。湖泊型，栖息于水体中上层。现为偶见种。列为省Ⅱ级重点保护种类。

（49）多鳞白鱼 *Anabarilius polylepis*（Regan）

云南特有种。滇池。湖泊型，栖息于水体中上层。现为灭绝种。

（50）鱇鲌白鱼 *Anabarilius grahami*（Regan）

云南特有种。抚仙湖。湖泊型，栖息于敞水区水体中上层。现为偶见种。

（51）山白鱼 *Anabarilius transmontana* Nichols

红河下游支流及附属湖泊。江河湖泊型，栖息于水体中上层，集群活动。现为偶见种。

（52）大鳞白鱼 *Anabarilius macrolepis* Yih et Wu

云南特有种。异龙湖、罗平龙王庙水库。湖泊型，栖息于敞水区水体中上层。现为偶见种。

（53）西昌白鱼 *Anabarilius liui liui*（Chang）

中国特有种。金沙江下游支流。江河型，栖息于水体中上层。现为偶见种。

（54）程海白鱼 *Anabarilius liui chenghaiensis* He

云南特有种。程海。湖泊型，栖息于流水水体中上层。现为偶见种。

（55）宜良白鱼 *Anabarilius liui yiliangensis* He et Liu

云南特有种。南盘江及其附属水体。江河型，栖息于流水水体中上层。现为偶见种。

（56）寻甸白鱼 *Anabarilius xundianensis* He

云南特有种。寻甸清水海。湖泊型，栖息于水体中上层。现为偶见种。

（57）长尾白鱼 *Anabarilius longicaudatus* Chen

云南特有种。南盘江中游支流。江河型，栖

息于水体中上层。现为偶见种。

(58) 斑白鱼 *Anabarilius maculatus* Chen et Chu

云南特有种。南盘江及其附属水体。江河湖泊型，栖息于江河湖泊的中上层。现为偶见种。

(59) 杞麓白鱼 *Anabarilius qiluensis* Chen et Chu

云南特有种。杞麓湖。湖泊型，栖息于水体中上层。现为偶见种。

(60) 嵩明白鱼 *Anabarilius songmingensis* Chen et Chu

云南特有种。嵩明上游水库。湖泊型，栖息于水体中上层。现为偶见种。

(61) 阳宗白鱼 *Anabarilius yangzongensis* Chen et Chu

云南特有种。阳宗海。湖泊型，栖息于流水水体中上层。现为偶见种。

(62) 多依河白鱼 *Anabarilius duoyiheensis* Li, Mao et Lu

云南特有种。南盘江中游支流。江河型，栖息于激流、缓流。现为偶见种。

(63) 路南金线白鱼 *Anabarilius goldenlineus* Li et Chen

云南特有种。南盘江上游支流。江河湖泊型，栖息于水库静水和江河中。现为偶见种。

(64) 拟华鳊 *Sinibrama affinis* (Vaillant)

同物异名：海南华鳊 *Sinibrama melrosei* (Nichols et Pope)。红河、西洋江。江河型。现为偶见种。

(65) 飘鱼 *Pseudolaubuca sinensis* Bleeker

红河。江河型，栖息于水体上层。现为偶见种。

(66) 寡鳞飘鱼 *Pseudolaubuca engraulis* (Nichols)

中国特有种。金沙江。江河型，栖息于水体上层。现为偶见种。

(67) 似鲚 *Toxabramis swinhonis* Günther

中国特有种。外来种。原产长江、黄河水系，引入滇池等湖泊。湖泊型，栖息于水体中上层。现为偶见种。

(68) 海南似鲚 *Toxabramis houdermeri* Pellegrin

南盘江及其附属水体。江河湖泊型，栖息于水体上层。现为偶见种。

(69) 鳘 *Hemiculter leucisculus* (Basilewsky)

红河、南盘江、金沙江。引入滇池、抚仙湖、星云湖、杞麓湖等湖泊、邱北普者黑。江河湖泊型，栖息于江河湖泊沿岸带水体上层。现为常见种。

(70) 海南拟鳘 *Pseudohemiculter hainanensis* (Boulenger)

同物异名：金华拟鳘 *Pseudohemiculter kinghwaensis* (Wang)。红河、西洋江。江河型，栖息于山溪水体上层。现为偶见种。

(71) 南方拟鳘 *Pseudohemiculter dispar* (Peters)

红河、西洋江。江河型，栖息于山溪中。现为偶见种。

(72) 大鳞半鳘 *Hemiculterella macrolepis* Chen

澜沧江下游支流。江河型，栖息于水体中上层。现为偶见种。

(73) 红鳍原鲌 *Cultrichthys erythropterus* (Basilewsky)

同物异名：红鳍鲌 *Culter erythropterus*。外来种。原产长江、黄河等水系，引入滇池。江河湖泊型，栖息于江河、湖泊、水库、池塘水体中上层。现为常见种。

(74) 大眼红鲌 *Erythroculter hypselonotus* (Lin)

红河、西洋江。江河型。现为偶见种。

(75) 翘嘴鲌 *Culter alburnus* Basilewsky

同物异名：翘嘴红鲌 *Erythroculter ilishaeformis*。红河。江河湖泊型，栖息于流水及大型水体，江河湖泊水体中上层。现为偶见种。

(76) 程海鲌 *Culter mongolicus elongates* (He et Liu)

同物异名：程海红鲌 *Erythroculter mongolicus elongates*。云南特有种。程海。湖泊型，栖息于水面开阔的湖区。现为偶见种。

(77) 鳊 *Parabramis pekinensis* (Basilewsky)

外来种。原产黑龙江至海南岛各水系，引入滇池。江河湖泊型，栖息于水体中下层。现为偶见种。

(78) 团头鲂 *Megalobrama amblycephala* Yih

中国特有种。外来种。原产长江中下游各附属湖泊，引入洱海、滇池、星云湖等湖泊。湖泊型，栖息于底质为淤泥，生长有沉水植物的敞水区的中下层。现为偶见种。

(79) 银鲴 *Xenocypris argentea* Günther

同物异名：大鳞鲴 *Xenocypris macrolepis* Bleeker。红河、西洋江。引入星云湖。江河型，底栖性。现为偶见种。

（80）云南鲴 *Xenocypris yunnanensis* Nichols

中国特有种。滇池。江河湖泊型，栖息于水体中下层。现为偶见种。

（81）圆吻鲴 *Distoechodon tumirostris* Peter

中国特有种。程海。江河湖泊型，底栖性。现为偶见种。

（82）鲢 *Hypophthalmichthys molitrix*（Valenciennes）

外来种。原产长江、黄河、珠江诸水系，引入滇池、洱海、泸沽湖、拉市海、邱北普者黑、藤条江、元江。江河湖泊型，栖息于江河干流及附属水体的上层。现为常见种。

（83）鳙 *Hypophthalmichthys nobilis*（Richardson）

同物异名：*Aristichthys nobilis*。中国特有种。外来种。原产长江、黄河、珠江诸水系，引入滇池、洱海、泸沽湖、异龙湖、拉市海、邱北普者黑等地。江河湖泊型，栖息于江河干流、平缓的河湾、湖泊和水库中上层。现为常见种。

（84）花䱻 *Hemibarbus maculatus* Bleeker

澜沧江、红河、阳宗海、西洋江、金沙江。江河湖泊型，栖息于江河湖泊水体中下层。现为常见种。

（85）麦穗鱼 *Pseudorasbora parva*（Temminck et Schlegel）

南盘江、金沙江。引入洱海、滇池、抚仙湖、泸沽湖、拉市海、邱北普者黑及各大水系。江河湖泊型，栖息于江河湖泊沿岸带水草丛中。现为优势种。

（86）黑鳍鳈 *Sarcocheilichthys nigripinnis*（Günther）

中国特有种。外来种。原产黑龙江至海南岛各水系，引入滇池。江河型。现为偶见种。

（87）银鮈 *Squalidus argentatus*（Sauvage et Dabry de Thiersant）

西洋江、红河。江河型，栖息于在水体中下层。现为常见种。

（88）华坪点纹银鮈 *Squalidus wolterstorffi huapingensis* Wu et Wu

云南特有种。金沙江中游。江河型，栖息于支流中。现为偶见种。

（89）圆口铜鱼 *Coreius guichenoti*（Sauvage et Dabry de Thiersant）

中国特有种。金沙江。江河型，栖息于水流湍急的江河下层。现为偶见种。

（90）长鳍吻鮈 *Rhinogobio ventralis*（Sauvage et Dabry de Thiersant）

中国特有种。金沙江。江河型，栖息于水体底层。现为常见种。

（91）裸腹片唇鮈 *Platysmacheilus nudiventris* Lo, Yao et Chen

中国特有种。金沙江下游。江河型。现为偶见种。

（92）棒花鱼 *Abbotina rivularis*（Basilewsky）

南盘江、金沙江。引入滇池、洱海、抚仙湖、泸沽湖、拉市海、澜沧江、邱北普者黑等地。江河湖泊型，栖息于水体底层。现为优势种。

（93）云南小鳔鮈 *Microphysogobio yunnanensis*（Yao et Yang）

同物异名：云南棒花鱼 *Abbottina yunnanensis*。云南特有种。红河水系。江河型，底栖性。现为偶见种。

（94）蛇鮈 *Saurogobio dabryi dabryi* Bleeker

金沙江。江河湖泊型，栖息于水体底层。现为常见种。

（95）程海蛇鮈 *Saurogobio dabryi chenghaiensis* Dai et Yang

云南特有种。程海。湖泊型。现为偶见种。

（96）无斑蛇鮈 *Saurogobio immaculatus* Koller

红河。江河型。现为偶见种。

（97）胡鮈 *Huigobio chenhsienensis* Fang

中国特有种。西洋江。江河型，栖息于支流中。现为偶见种。

（98）异鳔鳅鮀 *Xenophysogobio boulengeri* Tchang

中国特有种。金沙江。江河型。现为偶见种。

（99）元江鳅鮀 *Gobiobotia yuanjiangensis* Chen et Tsao

同物异名：元江长须鳅鮀 *Gobiobotia longibarba yuanjiangensis*。云南特有种。西洋江、红河、澜沧江。江河型。现为偶见种。

（100）兴凯鱊 *Acheilognathus chankaensis*（Dybowski）

外来种。原产黑龙江至珠江各水系，引入滇池。江河湖泊型。现为偶见种。

（101）长身鱊 *Acheilognathus elongatus*（Regan）

云南特有种。滇池。江河湖泊型，栖息于湖

泊沿岸带。现为偶见种。

（102）短尾鱊 *Acheilognathus brevicaudatus* Chen et Li

同物异名：短尾长身鱊 *Acheilognathus elongatus brevicaudatus*。云南特有种。阳宗海。江河湖泊型，栖息于湖泊沿岸带。现为偶见种。

（103）小鳔鱊 *Acheilognathus microphysa* Yang, Chu et Chen

同物异名：小鳔长身鱊 *Acheilognathus elongatus microphysa*。云南特有种。抚仙湖、星云湖。江河湖泊型，栖息于湖泊沿岸浅水区中下层。现为偶见种。

（104）大鳍鱊 *Acheilognathus macropterus*（Bleeker）

同物异名：斑条鱊 *Acheilognathus taenianalis*。滇池。江河湖泊型，栖息于水草丛中。现为偶见种。

（105）短须鱊 *Acheilognathus barbatulus* Günther

澜沧江下游、西洋江。江河湖泊型。现为偶见种。

（106）越南鱊 *Acheilognathus tonkinensis*（Vaillant）

红河。江河湖泊型。现为偶见种。

（107）高体鳑鲏 *Rhodeus ocellatus*（Kner）

同物异名：中华鳑鲏 *Rhodeus sinensis* Günther。中国特有种。澜沧江、金沙江、南盘江、邱北普者黑、阳宗海、藤条江、元江。引入滇池、洱海、抚仙湖、拉市海、剑川剑湖、阳宗海等，已遍布云南全省。江河湖泊型，栖息于池塘、水库、湖泊、江河。现为优势种。

（108）刺鳍鳑鲏 *Rhodeus spinalis* Oshima

中国特有种。红河。江河湖泊型。现为偶见种。

（109）斑尾小鲃 *Puntius sophore*（Hamilton）

同物异名：蝶小鲃、蝶无须鲃。瑞丽江。江河型，栖息于平原和山下的江河、溪流、池塘中。现为偶见种。

（110）类小鲃 *Puntius orphoides*（Valenciennes）

同物异名：小口猪嘴鲃 *Systomus orphoides*、类无须鲃。红河水系下游。江河型，栖息于洪泛平原的各种河流、溪流、沟渠中。现为常见种。

（111）条纹小鲃 *Puntius semifasciolatus*（Günther）

同物异名：条纹二须鲃 *Capoeta semifasciolata*、条纹刺鲃。中国特有种。南盘江及其支流、红河、澜沧江下游、异龙湖、大屯湖、邱北普者黑。江河湖泊型，栖息于静水小水体，如田间、水沟、龙潭、池塘及湖泊沿岸。现为常见种。

（112）异斑小鲃 *Puntius ticto*（Hamilton）

同物异名：异斑刺鲃 *Puntius punctatus*，真小鲃。瑞丽江。江河型，栖息于江河、池塘沿岸带的静水、浅水、泥底的水域底层。现为偶见种。

（113）似野结鱼 *Tor tambroides*（Bleeker）

澜沧江下游。江河型，栖息于沙石基底、水质清澈的山涧溪流的水潭中。现为偶见种。

（114）黄鳍结鱼 *Tor putitora*（Hamilton）

澜沧江下游。江河型，栖息于溪流、河流水潭、石质基底的急流、湖泊。现为偶见种。

（115）野结鱼 *Tor tambra*（Valenciennes）

同物异名：大鳞结鱼 *Tor*（*Tor*）*douronensis*（Cuvier et Valenciennes）。澜沧江下游、南汀河。江河型，栖息于中到大的河流水流洄缓处。现为偶见种。

（116）桥街结鱼 *Tor qiaojiensis* Wu

云南特有种。大盈江、龙川江。江河型，栖息于支流中。现为常见种。

（117）中国结鱼 *Tor sinensis* Wu

澜沧江中下游及其支流。江河型，栖息于林区水质清澈、沙及砾石基底的河流及水潭中。现为常见种。

（118）半刺结鱼 *Tor hemispinus* Chu et Chen

云南特有种。怒江中游。江河型，栖息于支流中。现为偶见种。

（119）多鳞结鱼 *Tor polylepis* Zhou et Cui

云南特有种。澜沧江下游。江河型，栖息于江河干支流，石质基底，水质清澈、水流较缓处。现为偶见种。

（120）侧带结鱼 *Tor laterivittatus* Zhou et Cui

澜沧江下游。江河型，栖息于江河深潭中。现为偶见种。

（121）盈江结鱼 *Tor yingjiangensis* Chen et Yang

同物异名：黄鳍结鱼 *Tor putitora*（non Hamilton）。云南特有种。大盈江、龙川江。江河型。现为偶见种。

（122）瓣结鱼 *Folifer brevifilis*（Peters）

同物异名：*Tor*（*Folifer*）*brevifilis brevifilis*。南盘江、西洋江、红河、澜沧江下游。江河型，栖息于江河中下层。现为偶见种。

（123）云南瓣结鱼 *Folifer yunnanensis*（Wang et al）

同物异名：*Tor*（*Folifer*）*yunnanensis*。云南特有种。抚仙湖。湖泊型，栖息于多石灰岩的湖湾浅水区。现为偶见种。

（124）叶结鱼 *Parator zonatus*（Lin）

同物异名：*Tor*（*Parator*）*zonatus*。西洋江。江河型，栖息于清水激流、居岩石的深水处。现为常见种。

（125）软鳍新光唇鱼 *Neolissochilus benasi*（Pellegrin et Chevey）

同物异名：软鳍四须鲃 *Barbodes benasi*。红河。江河型，栖息于干支流中。现为偶见种。

（126）保山新光唇鱼 *Neolissochilus baoshanensis*（Chen et Yang）

同物异名：保山四须鲃 *Barbodes wynaadensis* non Day。云南特有种。怒江、龙川江。江河型，栖息于干流和沙石基底的支流水潭中。现为常见种。

（127）异口新光唇鱼 *Neolissochilus heterostomus*（Chen et Yang）

同物异名：墨脱四须鲃 *Barbodes hexagonolepis* non McClelland。中国特有种。龙川江、大盈江。江河型，栖息于水流较缓处。现为偶见种。

（128）小盘齿鲃 *Discherodontus parvus*（Wu et Lin）

同物异名：小四须鲃 *Barbodes parva*。澜沧江下游。江河型。现为偶见种。

（129）大鳞高须鱼 *Hypsibarbus vernayi*（Norman）

同物异名：大鳞四须鲃 *Barbodes vrenayi*、高体四须鲃 *Barbodes pierrei*（non Sauvage）。澜沧江下游。江河型，栖息于江河缓流水域。现为偶见种。

（130）油吻孔鲃 *Poropuntius exiguus*（Wu et Lin）

同物异名：油四须鲃 *Barbodes exigua*。云南特有种。洱海。湖泊型，栖息于湖岸岩洞。现为偶见种。

（131）颌突吻孔鲃 *Poropuntius cogginii*（Chaudhuri）

同物异名：洱海四须鲃 *Barbodes daliensis* Wu et Lin。云南特有种。洱海。湖泊型，栖息于湖岸水草丛生处。现为偶见种。

（132）河口吻孔鲃 *Poropuntius krempfi*（Pellegrin et Chevey）6666

同物异名：河口光唇鱼 *Acrossocheilus krempfi*。红河下游。江河型，栖息于干支流中。现为偶见种。

（133）太平吻孔鲃 *Poropuntius margarianus*（Anderson）

同物异名：太平四须鲃 *Barbodes margarianus*。龙川江、大盈江。江河型。现为偶见种。

（134）云南吻孔鲃 *Poropuntius huangchunchieni*（Tchang）

同物异名：云南四须鲃 *Barbodes huangchunchieni*。澜沧江、红河下游。江河型，栖息于干支流中。现为偶见种。

（135）常氏吻孔鲃 *Poropuntius chonglingchungi*（Tchang）

同物异名：常氏四须鲃 *Barbodes chonglingchungi*。云南特有种。抚仙湖。湖泊型，栖息于湖泊敞水区下层，偶尔出现于中层。现为偶见种。

（136）抚仙吻孔鲃 *Poropuntius fuxianhuensis*（Wang, Zhuang et Gao）

同物异名：抚仙四须鲃 *Barbodes fuxianhuensis*。云南特有种。抚仙湖。湖泊型，栖息于湖泊敞水区中上层，偶尔出现于下层。现为偶见种。

（137）棱吻孔鲃 *Poropuntius carinatus*（Wu et Lin）

同物异名：棱四须鲃 *Barbodes shanensis carinatus*。澜沧江下游。江河型。现为偶见种。

（138）后鳍吻孔鲃 *Poropuntius opisthopterus*（Wu）

同物异名：后鳍四须鲃 *Barbodes opisthoptera*。云南特有种。怒江中下游。江河型。现为偶见种。

（139）鲂形吻孔鲃 *Poropuntius rhomboides*（Wu et Lin）

同物异名：鲂形四须鲃 *Barbodes rhomboides*。红河下游。江河型。现为偶见种。

（140）爪哇无名鲃 *Barbonymus gonionotus*（Bleeker）

同物异名：爪哇四须鲃 *Barbodes gonionotus*。澜沧江下游支流。江河型，栖息于河流、溪流、洪泛平原、水库的底层。现为偶见种。

（141）刺鲃 *Spinibarbus caldweli*（Nichols）

同物异名：光倒刺鲃 *Spinibarbus hollandi* non Oshima。西洋江、红河。江河型，栖息于清水石底河段水域中下层。现为偶见种。

（142）倒刺鲃 *Spinibarbus denticulatus*（Oshima）

中国特有种。红河、西洋江。江河型，栖息于江河上游水域的中下层，喜栖居乱石间隙，到浅湾地带觅食。现为偶见种。

（143）中华倒刺鲃 *Spinibarbus sinensis*（Bleeker）

中国特有种。金沙江、滇池、程海。江河湖泊型，栖息于流水环境底层。现为偶见种。

（144）云南倒刺鲃 *Spinibarbus yunnanensis* Tsü

云南特有种。抚仙湖、星云湖、阳宗海。湖泊型，栖息于水体中上层，常到湖湾觅食。现为常见种。

（145）多鳞倒刺鲃 *Spinibarbus polylepis* Chu

云南特有种。南盘江。江河型。现为偶见种。

（146）裂峡鲃 *Hampala macrolepidota*（Valenciennes）

澜沧江下游。江河型，栖息于沙质和泥质基底的清水河流或溪流中。现为偶见种。

（147）异倒刺鲃 *Paraspinibarbus macroacanthus*（Pellegrin et Chevey）

同物异名：袋唇鱼 *Balantiocheilus hekouensis* Wu。红河。江河型，栖息于流水河段。现为偶见种。

（148）单纹似鳡 *Luciocyprinus langsoni* Vaillant

同物异名：似鳡 *Fustis vivus*。阳宗海、异龙湖、西洋江。江河湖泊型，栖息于水体中上层。现为偶见种。列为省Ⅱ级重点保护种类。

（149）细纹似鳡 *Luciocyprinus striolatus* Cui et Chu

澜沧江下游及其支流。江河型，栖息于江河湾塘的洄缓水域。现为偶见种。

（150）红鳍方口鲃 *Cosmochilus cardinalis* Chu et Roberts

云南特有种。澜沧江下游。江河型，栖息于江河干流湾塘的泥质基底洄缓水域。现为偶见种。

（151）南腊方口鲃 *Cosmochilus nanlaensis* Chen, He et He

云南特有种。澜沧江下游。江河型，栖息于支流。现为偶见种。

（152）短吻鱼 *Sikukia gudgeri*（Smith）

澜沧江下游。江河型，栖息于干流流水急滩。现为偶见种。

（153）黄尾短吻鱼 *Sikukia flavicaudata* Chu et Chen

澜沧江下游干支流。江河型，栖息于沙质或泥质基底干流洄水处。现为偶见种。

（154）长须短吻鱼 *Sikukia longibarbata* Li, Chen, Yang et Chen

云南特有种。澜沧江下游。江河型。现为偶见种。

（155）金沙鲈鲤 *Percocypris pingi*（Tchang）

同物异名：鲈鲤。中国特有种。金沙江。江河型，幼鱼栖息于干支流沿岸，成鱼游弋于大水面。现为常见种。

（156）花鲈鲤 *Percocypris regani*（Tchang）

云南特有种。抚仙湖、南盘江。江河湖泊型，栖息于敞水区，游弋于水域中上层。现为偶见种。

（157）张氏鲈鲤 *Percocypris tchangi*（Pellegrin et Chevey）

红河。江河型，栖息于干流。资源现状不详。

（158）后背鲈鲤 *Percocypris retrodorslis* Cui et Chu

云南特有种。怒江、澜沧江中上游、剑湖。江河型，成鱼栖息于干支流，幼鱼栖息于支流中。现为偶见种。

（159）云南光唇鱼 *Acrossocheilus yunnanensis*（Regan）

中国特有种。金沙江、南盘江、滇池、抚仙湖、星云湖、阳宗海、珠江、长江中上游。江河型，栖息于清水湖泊、龙潭、河流。现为偶见种。

（160）多耙光唇鱼 *Acrossocheilus clivosius*（Lin）

中国特有种。西洋江。江河型。现为偶见种。

（161）虹彩光唇鱼 *Acrossocheilus iridescens*（Nichols et Pope）

同物异名：元江虹彩光唇鱼 *Acrossocheilus iridescens yuanjiangensis* Wu et Lin。红河。江河型，栖息于清水溪河。现为偶见种。

（162）窄条光唇鱼 *Acrossocheilus stenotaeniatus* Chu et Cui

中国特有种。西洋江。江河型，栖息于山溪激流。现为偶见种。

（163）白甲鱼 *Onychostoma simum*（Sauvage et Dabry de Thiersant）

同物异名：*Varicorhinus simus*。红河、金沙江。江河型，栖息于石底河流。现为偶见种。

（164）细身白甲鱼 *Onychostoma elongatum*（Pellegrin et Chevey）

同物异名：细身光唇鱼 *Acrossocheilus elongatus*。西洋江、红河。江河型，栖息于山溪清流。现为偶见种。

（165）南方白甲鱼 *Onychostoma gerlachi*（Peters）

同物异名：*Varicorhinus gerlachi*。南盘江、西洋江、红河、澜沧江。江河型，栖息于干流和清水石底山涧急流。现为优势种。

（166）细尾白甲鱼 *Onychostoma lepturus*（Boulenger）

同物异名：细尾铲颌鱼 *Varicorhinus lepturus*。红河。江河型，栖息于水质清澈、流速较快的溪流中。现为偶见种。

（167）卵形白甲鱼 *Onychostoma ovale ovale* Pellegrin et Chevey

同物异名：*Varicorhinus ovalis*。红河下游。江河型，栖息于多石清水河流。现为偶见种。

（168）菱形白甲鱼 *Onychostoma ovale rhomboides*（Tang）

同物异名：珠江卵形白甲鱼 *Varicorhinus ovalis rhomboides*。中国特有种。南盘江、西洋江。江河型，栖息于激流滩头。现为偶见种。

（169）方氏白甲鱼 *Onychostoma fangi* Kottelat

同物异名：细长白甲鱼 *Varicorhinus elongatus* Fang。澜沧江下游。江河型。现为常见种。

（170）纺锤白甲鱼 *Onychostoma fusiforme* Kottelat

澜沧江。江河型。

（171）少鳞舟齿鱼 *Scaphiodonichthys acanthopterus*（Fowler）

同物异名：少鳞白甲鱼 *Varicorhinus acanthopterus*。澜沧江中下游、怒江、南汀河。江河型，栖息于干流和山涧溪流中。现为偶见种。

（172）长鳍舟齿鱼 *Scanphiodonichthys macracanthus*（Pellegrin et Chevey）

同物异名：长鳍白甲鱼 *Varicorhinus macracanthus*。红河。江河型，栖息于清水激流。现为偶见种。

（173）短须圆唇鱼 *Cyclocheilichthys repasson*（Bleeker）

澜沧江下游。江河型，栖息于大中型河流、小河、沟渠、池塘、水库中下层。现为偶见种。

（174）裸腹盲鲃 *Typhlobarbus nudiventris* Chu et Chen

云南特有种。建水羊街坝地下洞穴。全穴居型，栖息于离地表100m深处的溶洞水域微流水。现为偶见种。列为云南省Ⅱ级重点保护物种。

（175）长臀鲃 *Mystacoleucus marginatus*（Valenciennes）

同物异名：月斑长臀鲃 *Mystacoleucus chilopterus* Fowler。澜沧江下游。江河型，栖息于沙或砾石基底清水流水溪流、大河的底层。现为常见种。

（176）细尾长臀鲃 *Mystacoleucus lepturus* Huang

澜沧江下游。江河型，栖息于干支流。现为偶见种。

（177）滇池金线鲃 *Sinocyclocheilus grahami*（Regan）

云南特有种。滇池及其附属水体。半穴居型，栖息于湖体、入湖溪流及清水龙潭。现为偶见种。列为国家Ⅱ级重点保护种类。

（178）抚仙金线鲃 *Sinocyclocheilus tingi* Fang

同物异名：*Sinocyclocheilus grahami tingi*。云南特有种。抚仙湖。半穴居型，栖息于湖泊沿岸浅水区和敞水区的中下层。现为偶见种。

（179）阳宗金线鲃 *Sinocyclocheilus yangzongensis* Tsü et Chen

同物异名：*Sinocyclocheilus grahami yangzongensis*。云南特有种。阳宗海。半穴居型，栖息于湖泊沿岸浅水区和敞水区的中下层。现为偶见种。

（180）狭孔金线鲃 *Sinocyclocheilus angustiporus* Zheng et Xie

同物异名：小孔金线鲃、阿庐金线鲃 *Sinocyclocheilus aluensis* Li et Xiao。中国特有种。南盘江中下游。半穴居型，栖息于龙潭中。现为偶见种。

（181）无眼金线鲃 *Sinocyclocheilus anophthalmus* Chen et Chu

云南特有种。南盘江支流。全穴居型，栖息于溶洞中。现为偶见种。列为云南省Ⅱ级重点保护物种。

（182）圭山金线鲃 *Sinocyclocheilus guishanensis* Li

云南特有种。南盘江上游支流。半穴居型，栖息于地下河。现为偶见种。

（183）华宁金线鲃 *Sinocyclocheilus huaningensis* Li

云南特有种。南盘江上游支流。半穴居型，栖息于龙潭地下水。现为偶见种。

（184）旧城金线鲃 *Sinocyclocheilus jiuchengensis* Li

云南特有种。南盘江中游支流。半穴居型，栖息于龙潭中。现为偶见种。

（185）侧条金线鲃 *Sinocyclocheilus lateristritus* Li

云南特有种。南盘江上游支流。半穴居型。现为偶见种。

（186）罗平金线鲃 *Sinocyclocheilus luopingensis* Li et Tao

云南特有种。南盘江中游支流。半穴居型，栖息于地下河。现为偶见种。

（187）长鳍金线鲃 *Sinocyclocheilus longifinus* Li

云南特有种。南盘江上游支流。半穴居型，栖息于龙潭地下水。现为偶见种。

（188）大头金线鲃 *Sinocyclocheilus macrocephalus* Li

云南特有种。南盘江上游支流。半穴居型。现为偶见种。

（189）陆良金线鲃 *Sinocyclocheilus macroscalus* Li

云南特有种。南盘江上游支流。半穴居型。现为偶见种。

（190）麻花金线鲃 *Sinocyclocheilus maculatus* Li

云南特有种。南盘江中游支流。半穴居型，栖息于龙潭中。现为偶见种。

（191）麦田河金线鲃 *Sinocyclocheilus maitianheensis* Li

云南特有种。南盘江支流。半穴居型。现为偶见种。

（192）软鳍金线鲃 *Sinocyclocheilus malacopterus* Chu et Cui

云南特有种。南盘江干支流。半穴居型，栖息于水库、龙潭与溶洞相通的水体。现为偶见种。

（193）多斑金线鲃 *Sinocyclocheilus multipunctatus*（Pellegrin）

同物异名：贵州金线鲃。中国特有种。金沙江下游支流。半穴居型。现为偶见种。

（194）尖头金线鲃 *Sinocyclocheilus oxycephalus* Li

同物异名：路南金线鲃 *S. lunanensis* Li。云南特有种。南盘江上游支流。半穴居型。现为偶见种。

（195）紫色金线鲃 *Sinocyclocheilus purpureus* Li

云南特有种。南盘江中游支流。半穴居型。现为偶见种。

（196）邱北金线鲃 *Sinocyclocheilus quibeiensis* Li

云南特有种。南盘江中游支流。半穴居型，栖息于龙潭中。现为偶见种。

（197）曲靖金线鲃 *Sinocyclocheilus qujingensis* Li，Mao et Lu

云南特有种。南盘江上游支流。半穴居型，栖息于龙潭地下水。现为偶见种。

（198）乌蒙山金线鲃 *Sinocyclocheilus wumengshanensis* Li，Mao et Lu

云南特有种。南盘江上游支流。半穴居型，栖息于地下河。现为偶见种。

（199）透明金线鲃 *Sinocyclocheilus hyalinus* Chen et Yang

云南特有种。泸西阿庐古洞。全穴居型，栖息于地下暗河。现为偶见种。

（200）犀角金线鲃 *Sinocyclocheilus rhinocerous* Li et Tsao

云南特有种。南盘江中游支流。全穴居型。现为偶见种。

（201）瓦状角金线鲃 *Sinocyclocheilus tileihornes* Mao，Lu et Li

云南特有种。南盘江中游支流。全穴居型，栖息于地下河。现为偶见种。

（202）易门金线鲃 *Sinocyclocheilus yimenensis* Li et Xiao

云南特有种。南盘江上游支流。全穴居型，栖息于地下河。现为偶见种。

（203）皮氏野鲮 *Labeo pierrei*（Sauvage）

同物异名：花颊野鲮 *Labeo dyocheilus*（non McClelland）、云南野鲮 *Labeo yunnanensis* Chaudhuri。澜沧江、红河、龙川江。江河型，栖息于清水江河干支流水流洄缓处。现为偶见种。

（204）露斯塔野鲮 *Labeo rohita*（Hamilton）

外来种。原产于印度恒河流域，引入池塘养殖。江河型。

（205）戴氏孟加拉鲮 *Bangana devdevi*（Hora）

同物异名：墨脱华鲮 *Sinilabeo dero* (non Hamilton)、似鲮华鲮 *Sinilabeo cirrhinoides* Wu et Lin。红河、龙川江、大盈江。江河型，栖息于清水河流。现为偶见种。

(206) 桂孟加拉鲮 *Bangana decora* (Peters)

同物异名：桂华鲮 *Sinilabeo decorus decorus*。中国特有种。西洋江。江河型。现为偶见种。

(207) 脂孟加拉鲮 *Bangana lippa* (Fowler)

同物异名：宽头华鲮 *Sinilabeo laticeps* Wu et Lin。澜沧江下游。江河型，栖息于清水河流。现为偶见种。

(208) 元江孟加拉鲮 *Bangana lemassoni* (Pellegrin et Chevey)

同物异名：元江华鲮（滇华鲮）*Sinilabeo rendahli lemassoni*。红河下游。江河型，栖息于清水河流。现为偶见种。

(209) 河口孟加拉鲮 *Bangana tonkinensis* (Pellegrin et Chevey)

同物异名：河口华鲮 *Sinilabeo tonkinensis*。红河下游。江河型，栖息于干支流中。现为偶见种。

(210) 黄颊孟加拉鲮 *Bangana xanthogenys* (Pellegrin et Chevey)

同物异名：元江桂华鲮 *Sinilabeo decorus xanthogenys*。红河下游。江河型。现为偶见种。

(211) 云南孟加拉鲮 *Bangana yunnanensis* (Chu et Wang)

同物异名：云南华鲮 *Sinilabeo yunnanensis*。云南特有种。澜沧江。江河型。现为偶见种。

(212) 盘唇孟加拉鲮 *Bangana discognathoides* (Zheng et Chen)

同物异名：伍氏盘唇华鲮 *Sinilabeo discognathoides*。中国特有种。西洋江。江河型，栖息于清水河流。现为偶见种。

(213) 朱氏孟加拉鲮 *Bangana zhui* (Zheng et Chen)

同物异名：朱氏华鲮 *Sinilabeo zhui*。中国特有种。南盘江、澜沧江干支流、龙川江。江河型，栖息于清水河流。现为偶见种。

(214) 长背鲃 *Labiobarbus leptocheila* (Valenciennes)

同物异名：长背鲮 *Labiobarbus lineatus* (Sauvage)。澜沧江下游。江河型。现为偶见种。

(215) 卷口鱼 *Ptychidio jordani* Myers

中国特有种。西洋江。江河型，栖息于深水河段底层。现为偶见种。列为云南省Ⅱ级重点保护物种。

(216) 单吻鱼 *Henicorhynchus lineatus* (Smith)

澜沧江下游。江河型，栖息于江河水势洄缓处。现为偶见种。

(217) 纹唇鱼 *Osteochilus salsburyi* Nichols et Pope

红河。江河型，栖息于小河缓流。现为偶见种。

(218) 网纹穗唇鲃 *Crossocheilus reticulatus* Fowler

同物异名：网纹缨鱼。澜沧江下游。江河型。现为偶见种。

(219) 缅甸穗唇鲃 *Crossocheilus burmanicus* Hora

同物异名：彩花穗唇鲃 *Crossocheilus latius* (non Hamilton)、多耙穗唇鲃 *Crossocheilus multirastellus* Su, Yang et Chen。怒江、龙川江、大盈江。江河型，栖息于江河干流。现为偶见种。

(220) 角鱼 *Akrokolioplax bicornis* (Wu)

同物异名：*Epalzeorhychus bicornis*。云南特有种。怒江中下游。江河型，栖息于江河底层。现为偶见种。

(221) 唇鱼 *Semilabeo notabilis* Peters

同物异名：唇鲮。红河、南盘江。江河型，栖息于山溪流水岩洞、江河中下层。现为偶见种。

(222) 暗色唇鱼 *Semilabeo obscurus* Lin

同物异名：暗色唇鲮。中国特有种。红河、南盘江、西洋江。江河型，栖息于江河干支流岩洞水底。现为偶见种。列为云南省Ⅱ级重点保护物种。

(223) 泉水鱼 *Pseudogyrinocheilus prochilus* (Sauvage et Dabry de Thiersant)

同物异名：泉水唇鱼 *Discognathus prochilus*、*Semilabeo prochilus*。中国特有种。金沙江。江河型，栖息于山溪和具流水的岩洞。现为常见种。

(224) 舌唇鱼 *Lobocheilus melanotaenia* (Fowler)

同物异名：隐须厚颌鲃 *Lobocheilus cryptopogon* (non Fowler)、隐髭单吻鱼。澜沧江下游。江河型，栖息于大河水流回缓的泥底河段。现为偶见种。

(225) 鲮 *Cirrhinus molitorella* (Valenciennes)

红河、西洋江、澜沧江。引入抚仙湖。江河型，栖息于江河底层激流。现为偶见种。

(226) 三齿华缨鱼 *Sinocrossocheilus tridentis*

Cui et Chu

云南特有种。南盘江上游。江河型，栖息于河流激流底层。现为偶见种。

(227) 变形直口鲮 *Rectoris mutabilis* (Lin)

红河。江河型。现为偶见种。

(228) 长鳍直口鲮 *Rectoris longifinus* Li, Mao et Lu

云南特有种。云南东部，产地不详。江河型。现为偶见种。

(229) 五洛河盘鮈 *Discolabeo wuluoheensis* Li, Lu et Mao

云南特有种。南盘江中游支流。江河型。现为偶见种。

(230) 缺须墨头鱼 *Garra imberba imberba* Garman

同物异名：墨头鱼 *Garra pingi pingi* (non Tchang)、无须墨鱼 *Ageneiogarra pingi*、高体墨头鱼 *Garra alticorpora* Chu et Cu。中国特有种。金沙江、红河、澜沧江、怒江。江河型，栖息于干支流水流湍急、水底多石的环境。现为常见种。

(231) 宜良墨头鱼 *Garra imberba yiliangensis* Wu et Chen

同物异名：*Garra pingi yiliangensis*。云南特有种。南盘江。江河型。现为偶见种。

(232) 东方墨头鱼 *Garra orientalis* Nichols

中国特有种。澜沧江、红河水系下游。江河型，栖息于干支流激流底层。现为常见种。

(233) 条纹墨头鱼 *Garra taeniata* Smith

澜沧江下游。江河型。现为偶见种。

(234) 萨尔温墨头鱼 *Garra salweenica* Hora et Mukerji

同物异名：东方墨头鱼 *Garra orientalis* non Nichols。怒江、伊洛瓦底江。江河型，栖息于江河激流底层。现为常见种。

(235) 桥街墨头鱼 *Garra qiaojiensis* Wu et Yao

云南特有种。龙川江、大盈江。江河型。现为常见种。

(236) 奇额墨头鱼 *Garra mirofronits* Chu et Cui

云南特有种。澜沧江下游。江河型。现为常见种。

(237) 腾冲墨头鱼 *Garra tengchongensis* Zhang et Chen

同物异名：西藏墨头鱼 *Garra kempi* non Hora。云南特有种。伊洛瓦底江。江河型。现为偶见种。

(238) 双角墨头鱼 *Garra bispinosa* Zhang

同物异名：东方墨头鱼 *Garra orientalis* non Nichols。云南特有种。大盈江。江河型。现为偶见种。

(239) 小垫墨头鱼 *Garra micropulvinus* Zhou, Pan et Kottelat

云南特有种。红河支流。江河型，栖息于石底急流。现为常见种。

(240) 圆鼻墨头鱼 *Garra rotundinasus* Zhang

同物异名：沟额墨头鱼 *Garra gravelyi* (non Annandale)。云南特有种。大盈江。江河型。现为偶见种。

(241) 纹尾盆唇鱼 *Placocheilus caudofasciatus* (Pellegrin et Chevey)

藤条江。江河型，栖息于支流中。现为偶见种。

(242) 缺须盆唇鱼 *Placocheilus cryptonemus* Cui et Li

云南特有种。怒江中游干支流。江河型，栖息于干流浅滩及支流底层岩石间隙。现为偶见种。

(243) 四须盘鮈 *Discogobio tetrabarbatus* Lin

中国特有种。西洋江。江河型。现为偶见种。

(244) 云南盘鮈 *Discogobio yunnanensis* (Regan)

中国特有种。滇池、金沙江、南盘江、红河。江河湖泊型。现为偶见种。

(245) 长须盘鮈 *Discogobio longibarbatus* Wu

云南特有种。抚仙湖。湖泊型，栖息于湖泊沿岸浅水区中下层。现为偶见种。

(246) 双珠盘鮈 *Discogobio bismargaritus* Chu, Cui et Zhou

云南特有种。西洋江。江河型。现为偶见种。

(247) 短鳔盘鮈 *Discogobio brachyphysallidos* Huang

云南特有种。南盘江中游、红河、金沙江下游。江河型。现为偶见种。

(248) 长体盘鮈 *Discogobio elongatus* Huang

云南特有种。北盘江上游支流。江河型。现为偶见种。

(249) 长鳔盘鮈 *Discogobio macrophysallidos* Huang

同物异名：多鳞盘鮈 *Discogobio polylepis* Huang。

中国特有种。南盘江、抚仙湖。江河湖泊型，栖息于湖泊、入湖溪流、龙潭。现为偶见种。

（250）宽头盘𬶋 *Discogobio laticeps* Chu, Cui et Zhou

中国特有种。西洋江。江河型。现为偶见种。

（251）四川裂腹鱼 *Schizothorax kozlovi* Nikolsky

中国特有种。金沙江干支流。江河型，栖息于峡谷河段，偶见于高原的宽谷河段。现为常见种。

（252）大理裂腹鱼 *Schizothorax taliensis* Regan

云南特有种。洱海。湖泊型，栖息于静水环境。现为偶见种。列为国家Ⅱ级重点保护种类。

（253）灰裂腹鱼 *Schizothorax gresius* Pellegrin

中国特有种。澜沧江中上游、洱海、剑湖、大盈江、龙川江、南盘江、阳宗海、此碧湖。江河型，栖息于江河流水、湖泊。现为偶见种。

（254）云南裂腹鱼 *Schizothorax yunnanensis yunnanensis* Norman

云南特有种。洱海、剑湖、丽江、白汉场莫汉沼。湖泊型，栖息于湖泊、水库等缓流水体。现为偶见种。

（255）保山裂腹鱼 *Schizothorax yunnanensis paoshanensis* Tsao

云南特有种。怒江中游支流。江河型，栖息于支流及龙潭。现为偶见种。

（256）贡山裂腹鱼 *Schizothorax gongshanensis* Tsao

云南特有种。怒江上游。江河型，栖息于干流中。现为偶见种。

（257）澜沧裂腹鱼 *Schizothorax lantsangensis* Tsao

中国特有种。澜沧江中上游。江河型，栖息于干流中。现为偶见种。

（258）小裂腹鱼 *Schizothorax parvus* Tsao

云南特有种。金沙江中游支流。江河型，栖息于河流流水、龙潭、湖泊。现为偶见种。

（259）厚唇裂腹鱼 *Schizothorax labrosus* Wang, Zhuang et Gao

同物异名：泸沽裂腹鱼 *Schizothorax luguhuensis*。中国特有种。泸沽湖。湖泊型，栖息于湖泊中下层。现为偶见种。

（260）宁蒗裂腹鱼 *Schizothorax ninglangensis* Wang, Zhang et Zhuang

中国特有种。泸沽湖。湖泊型，栖息于湖泊各水层。现为偶见种。

（261）小口裂腹鱼 *Schizothorax microstomus* Huang

同物异名：泸沽裂腹鱼 *Schizothorax luguhuensis*。中国特有种。泸沽湖。湖泊型，栖息于湖泊中上层。现为偶见种。

（262）鳞胸裂腹鱼 *Schizothorax lepidothorax* Yang

云南特有种。抚仙湖。湖泊型，栖息于湖泊沿岸浅水区中下层及入湖溪流。现为偶见种。

（263）长丝裂腹鱼 *Schizothorax dolichonema* Herzenstein

中国特有种。澜沧江、金沙江。江河型，栖息于山区水流较缓的宽谷河流，河底多砾石，水清澈。现为常见种。

（264）昆明裂腹鱼 *Schizothorax grahami*（Regan）

中国特有种。金沙江、滇池。江河型，栖息于江河及湖泊入湖溪流、龙潭。现为偶见种。

（265）细鳞裂腹鱼 *Schizothorax chongi*（Fang）

中国特有种。金沙江。江河型，栖息于干流中。现为常见种。

（266）短须裂腹鱼 *Schizothorax wangchiachii*（Fang）

中国特有种。金沙江。江河型，栖息于干支流中。现为优势种。

（267）齐口裂腹鱼 *Schizothorax prenanti*（Tchang）

中国特有种。金沙江。江河型，栖息于冷水急流。现为常见种。

（268）墨脱裂腹鱼 *Schizothorax molesworthi*（Chaudhuri）

伊洛瓦底江水系。江河型。现为偶见种。

（269）光唇裂腹鱼 *Schizothorax lissolabiatus* Tsao

中国特有种。怒江中下游、澜沧江中上游、洱海、剑湖、抚仙湖、南盘江上游、北盘江上游、红河上游。江河型，栖息于江河干支流中下层流水中。现为优势种。

（270）南方裂腹鱼 *Schizothorax meridionalis* Tsao

云南特有种。龙川江、大盈江。江河型，栖息于干流激流。现为优势种。

（271）吸口裂腹鱼 *Schizothorax myzostomus* Tsao

云南特有种。伊洛瓦底江支流。江河型，多栖息于干流中。现为偶见种。

（272）怒江裂腹鱼 *Schizothorax nukiangensis* Tsao

中国特有种。怒江干支流。江河型，栖息于干流中。现为常见种。

（273）独龙裂腹鱼 *Schizothorax dulongensis* Huang

云南特有种。伊洛瓦底江支流。江河型，栖息于江河激流，多见于支流中。现为常见种。

（274）细身裂腹鱼 *Schizothorax elongatus* Huang

云南特有种。大盈江。江河型，栖息于小河激流。现为偶见种。

（275）软刺裂腹鱼 *Schizothorax malacanthus* Huang

云南特有种。大盈江。江河型。现为偶见种。

（276）少鳞裂腹鱼 *Schizothorax oligolepis* Huang

云南特有种。大盈江。江河型，栖息于山溪激流。现为偶见种。

（277）圆颌裂腹鱼 *Schizothorax rotundimaxillaris* Wu et Wu

云南特有种。大盈江上游支流。江河型，栖息于小河流激流中，常见于卵石底、深1m左右的浅水域中。现为偶见种。

（278）中甸叶须鱼 *Ptychobarbus chungtienensis chungtienensis* Tsao

同物异名：中甸重唇鱼 *Diptychus* (*Ptychobarbus*) *chungtienensis*。云南特有种。香格里拉小中甸河、那亚河、碧塔海、纳帕海、属都海。江河湖泊型，栖息于高原湖泊湖体，入湖溪流及下游河流。现为常见种。

（279）格咱叶须鱼 *Ptychobarbus chungtienensis gezaensis* Huang et Chen

同物异名：中甸重唇鱼格咱亚种 *Diptychus* (*Ptychobarbus*) *chungtienensis gezaensis*。云南特有种。香格里拉格咱河。江河型，栖息于山溪流水。现为偶见种。

（280）裸腹叶须鱼 *Ptychobarbus kaznakovi* Nikolsky

同物异名：裸腹重唇鱼 *Diptychus* (*Ptychobarbus*) *kaznakovi*。中国特有种。金沙江上游水系。江河型，栖息于山溪流水。现为偶见种。

（281）硬刺裸鲤 *Gymnocypris firmispinatus* Wu et Wu

同物异名：硬刺松潘裸鲤 *Gymnocypris potanini firmispinatus*。中国特有种。金沙江、维西永春河。江河型，栖息于河流浅水缓流处。现为偶见种。

（282）软刺裸裂尻鱼 *Schizopygopsis malacanthus malacanthus* Herzenstein

中国特有种。金沙江。江河型，栖息于急流江段。现为偶见种。

（283）全裸裸重唇鱼 *Gymnodiptychus integrigymnatus* Huang

云南特有种。龙川江上游、怒江中游支流。江河型，栖息于江河海拔约2100m以上的山涧清水溪流。现为常见种。

（284）镰鲃鲤 *Puntioplites falcifer* Smith

同物异名：鲃鲤 *Puntioplites proctozysron* (non Bleeker)。澜沧江下游。江河型，栖息于干流和大支流水深、水流较缓处。现为偶见种。

（285）爪哇鲃鲤 *Puntioplites waandersi* (Bleeker)

澜沧江下游。江河型。现为偶见种。

（286）乌原鲤 *Procypris mera* Lin

西洋江。江河型，栖息于江河流水石底河段中下层。现为偶见种。

（287）岩原鲤 *Procypris rabaudi* (Tchang)

中国特有种。金沙江中游。江河型，栖息于江河中底质多岩石、水流较快的河段水体底层。现为偶见种。

（288）鲤 *Cyprinus carpio* Linnaeus

各大水系。江河湖泊型，底栖性，能在各种水域生活。现为常见种。

（289）小鲤 *Cyprinus micristius* Regan

同物异名：中鲤 *Cyprinus* (*Mesocyprinus*) *micristius micristius*。云南特有种。滇池。湖泊型，栖息于静水水体多水草的沿岸浅水区中下层。现为偶见种。

（290）抚仙鲤 *Cyprinus fuxianensis* Yang et al

同物异名：抚仙小鲤、抚仙中鲤 *Cyprinus* (*Mesocyprinus*) *micristius fuxianensis*。云南特有种。抚仙湖、星云湖。湖泊型，栖息于多水草的沿岸浅水区中下层及敞水区中下层。现为偶见种。列为云南省Ⅱ级重点保护种类。

（291）异龙鲤 *Cyprinus yilongensis* Yang et al

同物异名：异龙中鲤 *Cyprinus* (*Mesocyprinus*) *yilongensis*。云南特有种。异龙湖。湖泊型。现为灭绝种。

（292）华南鲤 *Cyprinus rubrofuscus* Lacépède

红河水系。江河型，栖息于干流中。现为偶见种。

（293）云南鲤 *Cyprinus yunnanensis* Tchang

云南特有种。杞麓湖。湖泊型，栖息于水草丛生的浅水区中下层。现为偶见种。列为云南省Ⅱ级重点保护种类。

（294）大头鲤 *Cyprinus pellegrini* Tchang

云南特有种。杞麓湖、星云湖。湖泊型，栖息于湖泊中水深而清的水域中上层。现为偶见种。列为云南国家Ⅱ级重点保护种类。

（295）大眼鲤 *Cyprinus megalophthalmus* Wu et al

云南特有种。洱海。湖泊型，栖息于冬季多栖息在湖泊东岸水较深的地带。现为偶见种。

（296）杞麓鲤 *Cyprinus chilia* Wu et al

同物异名：*Cyprinus carpio chilia*。云南特有种。滇池、抚仙湖、洱海、星云湖、杞麓湖、阳宗海、异龙湖、剑湖、茈碧湖、程海、文笔水库。湖泊型，栖息于沿岸带和敞水区中下层，多见于水草丛中或其附近。现为偶见种。

（297）翘嘴鲤 *Cyprinus ilishaestomus* Chen et Hwang

云南特有种。杞麓湖。湖泊型。现为偶见种。列为云南省Ⅱ级重点保护种类。

（298）洱海鲤 *Cyprinus barbatus* Chen et Hwang

云南特有种。洱海。湖泊型。现为偶见种。列为云南省Ⅱ级重点保护种类。

（299）大理鲤 *Cyprinus daliensis* Chen et Hwang

云南特有种。洱海。湖泊型。现为偶见种。列为云南省Ⅱ级重点保护种类。

（300）春鲤 *Cyprinus longipectoralis* Chen et Hwang

云南特有种。洱海。湖泊型。现为偶见种。列为云南省Ⅱ级重点保护种类。

（301）鲫 *Carassius auratus auratus*（Linnaeus）

六大水系、各个湖泊中。江河湖泊型，能栖息于各种水体中。现为优势种。

（302）白鲫 *Carassius auratus cuvieri* Temminck et Schlegal

外来种。原产日本，引入杞麓湖、异龙湖。江河湖泊型。

鳅科 Cobitidae

（303）马头鳅 *Acanthopsis choirorhyrchos*（Bleeker）

澜沧江下游。江河型，栖息于江边沙底浅滩流水洄缓处及清水、沙石底的激流溪流。现为偶见种。

（304）伯氏似鳞头鳅 *Lepidocephalichthys berdmorei*（Blyth）

同物异名：鳞头鳅 *Lepidocephalus birmanicus* non Rendhal、*Lepidocephalus octocirrhus* Kuhl et van Hasselt。大盈江、龙川江、瑞丽江、怒江下游支流、澜沧江下游支流。江河型，栖息于沼泽、沟渠等静水，沙石基底、清水激流溪流中及岸边的草根下。

（305）赫氏似鳞头鳅 *Lepidocephalichthys hasselti*（Valenciennes）

同物异名：鳞头鳅 *Lepidocephalus birmanicus* non Rendhal、*Lepidocephalus octocirrhus* Kuhl et van Hasselt。龙川江、怒江、澜沧江。江河型，栖息于泥底缓流水中。

（306）拟长鳅 *Acanthopsoides gracilis* Fowler

澜沧江下游。江河型，栖息于江边沙底浅滩水流洄缓处。现为偶见种。

（307）细头鳅 *Paralepidocephalus yui* Tchang

云南特有种。阳宗海、异龙湖、南盘江上游。江河型，栖息于泥底溪河底层。现为偶见种。

（308）泥鳅 *Misgurnus anguillicaudatus*（Cantor）

各江河、湖泊。江河湖泊型，栖息于稻田、水沟、池塘、小溪等浅水缓流或静水底层。现为优势种。

（309）大鳞副泥鳅 *Paramisgurnus dabryanus* Sauvage

外来种。原产长江中下游、浙江、福建、台湾，引入滇池、抚仙湖、保山瓦窑河。江河湖泊型，栖息于稻田、水沟、池塘、小溪等浅水缓流或静水底层。现为偶见种。

沙鳅科 Botiidae

（310）伊洛瓦底沙鳅 *Botia histrionica* Blyth

同物异名：突吻沙鳅 *Botia rostrata* non Günther。龙川江、怒江支流。江河型，栖息于干支流。现为偶见种。

（311）中华华沙鳅 *Sinibotia superciliaris*（Günther）

同物异名：中华沙鳅 *Botia*（*Sinibotia*）*superciliaris*。中国特有种。金沙江。江河型，栖息于底层。现为常见种。

（312）壮体华沙鳅 *Sinibotia robusta*（Wu）

同物异名：壮体沙鳅 *Botia*（*Hymenophysa*）*robusta*。西洋江。江河型。现为偶见种。

（313）长腹华沙鳅 *Sinibotia longiventralis*（Yang et Chen）

同物异名：中华沙鳅 *Botia*（*Sinibotia*）*superciliaris* non Günther。澜沧江。江河型，栖息于干支流石底激流中。现为偶见种。

（314）斑鳍连穗沙鳅 *Syncrossus beauforti* Smith

同物异名：*Botia*（*Hymenophysa*）*beauforti*、云南沙鳅 *Botia*（*Hymenophysa*）*yunnanensis* Chen。澜沧江下游。江河型，栖息于江边沙底浅滩。现为偶见种。

（315）缅甸连穗沙鳅 *Syncrossus berdmorei*（Blyth）

同物异名：*Botia*（*Hymenophysa*）*berdmorei*。大盈江。江河型。现为偶见种。

（316）黑线雅沙鳅 *Yasuhikotakia nigrolineata*（Kottelat et Chu）

同物异名：黑线沙鳅 *Botia*（*Hymenophysa*）*nigrolineata*。澜沧江下游。江河型，栖息于清水激流、沙底缓流小溪。现为偶见种。

（317）长薄鳅 *Leptobotia elongata*（Bleeker）

中国特有种。金沙江中下游。江河型，栖息于江河水流较急的河滩底层。现为常见种。

条鳅科 Nemacheilidae

（318）侧纹云南鳅 *Yunnanilus pleurotaenia*（Regan）

同物异名：侧纹条鳅 *Nemachilus pleurotaenia*。云南特有种。滇池、抚仙湖、洱海。江河湖泊型，栖息于入湖溪流或海口附近水体中下层。现为偶见种。

（319）黑斑云南鳅 *Yunnanilus nigromaculatus*（Regan）

云南特有种。滇池、杨林湖。江河湖泊型，栖息于入湖溪流及湖泊中。现为偶见种。

（320）黑体云南鳅 *Yunnanilus niger* Kottelat et Chu

云南特有种。南盘江中游支流。江河湖泊型，栖息于水草丰茂的水塘。现为偶见种。

（321）宽头云南鳅 *Yunnanilus pachycephalus* Kottelat et Chu

云南特有种。北盘江支流。江河型，栖息于山溪溪流。现为偶见种。

（322）高体云南鳅 *Yunnanilus altus* Kottelat et Chu

同物异名：黑斑云南鳅 *Yunnanilus nigromaculatus*（non Regan）。云南特有种。南盘江水系。江河型。现为偶见种。

（323）沼泽云南鳅 *Yunnanilus paludosus* Kottelat et Chu

云南特有种。南盘江中游支流。江河湖泊型，栖息于水塘。现为偶见种。

（324）小云南鳅 *Yunnanilus parvus* Kottelat et Chu

云南特有种。南盘江上游。江河型。现为偶见种。

（325）鼓腹云南鳅 *Yunnanilus macrogaster* Kottelat et Chu

云南特有种。南盘江中游支流。江河湖泊型，栖息于水塘。现为偶见种。

（326）长臀云南鳅 *Yunnanilus analis* Yang

同物异名：侧纹云南鳅 *Yunnanilus pleurotaenia*（non Regan）。云南特有种。星云湖。湖泊型。现为偶见种。

（327）长鳔云南鳅 *Yunnanilus longibulla* Yang

同物异名：侧纹云南鳅 *Yunnanilus pleurotaenia*（non Regan）。云南特有种。程海。湖泊型。现为偶见种。

（328）褚氏云南鳅 *Yunanilus chui* Yang

云南特有种。抚仙湖。湖泊型，栖息于沿岸带浅水区中下层。现为偶见种。

（329）钝吻云南鳅 *Yunnanilus obtusirostris* Yang

云南特有种。抚仙湖。湖泊型，栖息于湖溪流或河口附近。现为偶见种。

（330）纺锤云南鳅 *Yunanilus elakatis* Cao et Zhu

云南特有种。阳宗海。湖泊型。现为偶见种。

（331）阳宗海云南鳅 *Yunanilus yangzonghaiensis* Cao et Zhu

云南特有种。阳宗海。湖泊型。现为偶见种。

（332）异色云南鳅 *Yunnanilus discoloris* Zhou et He

云南特有种。滇池流域。湖泊型，栖息于龙潭。现为常见种。

（333）大鳞云南鳅 *Yunnanilus macrolepis* Li，Tao et Mao

云南特有种。南盘江中游支流。江河湖泊型，栖息于龙潭。现为偶见种。

（334）长背云南鳅 *Yunnanilus longidorsalis* Li，Tao et Lu

云南特有种。南盘江中游支流。江河湖泊型，栖息于龙潭。现为偶见种。

(335) 大斑云南鳅 *Yunnanilus macroistaius* Li

云南特有种。南盘江上游支流。江河湖泊型，栖息于龙潭。现为偶见种。

(336) 叉尾云南鳅 *Yunnanilus forkicaudalis* Li

云南特有种。南盘江上游支流。江河湖泊型，栖息于龙潭。现为偶见种。

(337) 北盘江云南鳅 *Yunnanilus beipanjiangensis* Li

云南特有种。北盘江支流。江河湖泊型，栖息于龙潭。现为偶见种。

(338) 南盘江云南鳅 *Yunnanilus nanpanjiangensis* Li

云南特有种。南盘江中游支流。江河湖泊型，栖息于地下水。现为偶见种。

(339) 巴江云南鳅 *Yunnanilus bajingensis* Li

云南特有种。南盘江。江河型。

(340) 红尾副鳅 *Paracobitis variegatus varigatus* (Dabry de Thiersant)

中国特有种。金沙江。江河型，多见于支流中。现为常见种。

(341) 长背副鳅 *Paracobitis variegatus longidorsalis* Yang, Chen et Kottelat

云南特有种。南盘江上游。江河型。现为偶见种。

(342) 寡鳞副鳅 *Paracobitis variegatus obligolepis* Cao et Zhu

云南特有种。南盘江上游、阳宗海。江河湖泊型。现为偶见种。

(343) 拟鳗副鳅 *Paracobitis anguillioides* Zhu et Wang

云南特有种。澜沧江中游。江河型，栖息于干支流沙石底质的流水。现为常见种。

(344) 洱海副鳅 *Paracobitis erhaiensis* Zhu et Cao

云南特有种。洱海。湖泊型，栖息于东岸深水区静水中。现为偶见种。

(345) 尖头副鳅 *Paracobitis acuticephalus* Zhou et He

云南特有种。洱源海西海。湖泊型，栖息于深水水域。现为偶见种。

(346) 孟定新条鳅 *Neonoemacheilus mengdingensis* Zhu et Guo

云南特有种。南汀河。江河型。现为偶见种。

(347) 厚唇新条鳅 *Neonoemacheilus labeosus* (Kottelat)

耿马南汀河。江河型。现为偶见种。

(348) 长鳍原条鳅 *Protonemacheilus longipectoralis* Yang et Chu

云南特有种。龙川江支流。江河型，栖息于溪流缓流处。现为偶见种。

(349) 南方游鳔条鳅 *Physoshistura meridionalis* (Zhu)

同物异名：南方南鳅 *Schistura meridionalis*、南定南鳅 *Schisura nandingensis* (Zhu et Wang)。澜沧江中下游支流。江河型，栖息于多水草和沙砾底的缓流河段。现为常见种。

(350) 拉奥游鳔条鳅 *Physoshistura raoi* (Hora)

同物异名：*Physoshistura raoe*。澜沧江下游。江河型。现为偶见种。

(351) 异颌棱唇条鳅 *Sectoria heterognathos* (Chen)

同物异名：*Schistura heterognathos*。澜沧江下游。江河型。现为偶见种。

(352) 戴氏山鳅 *Oreias dabryi* Sauvage

同物异名：戴氏南鳅 *Schistura dabryi*。中国特有种。金沙江水系。江河型。现为偶见种。

(353) 横纹南鳅 *Schistura fasciolata* (Nichols et Pope)

金沙江、南盘江、红河。江河型，栖息于江河水流较急、水清、沙石底质支流的底层。现为常见种。

(354) 涓南南鳅 *Schistura kengtungensis* (Fowler)

同物异名：泰国条鳅 *Nemacheilus thai* non Fowler。澜沧江下游支流。江河型，栖息于石底、急降的山涧溪流。现为常见种。

(355) 密带南鳅 *Schistura poculi* (Smith)

同物异名：密纹南鳅 *Schistura vinciguerrae* (non Hora)。怒江、澜沧江中游。江河型，栖息于沙石底质的支流溪流。现为优势种。

(356) 多鳞南鳅 *Schistura schultzi* (Smith)

澜沧江下游。江河型，栖息于江河支流。

(357) 鼓颊南鳅 *Schistura bucculenta* (Smith)

澜沧江下游支流。江河型。现为偶见种。

(358) 短头南鳅 *Schistura breviceps* (Smith)

云南特有种。澜沧江下游。江河型。现为偶

见种。

（359）锡克曼南鳅 *Schistura sikmaiensis*（Hora）

同物异名：葡萄条鳅 *Nemacheilus putaoensis* Rendahl。大盈江支流。江河型。现为偶见种。

（360）密纹南鳅 *Schistura vinciguerrae*（Hora）

龙川江、大盈江。江河型，栖息于支流溪流。现为优势种。

（361）长南鳅 *Schistura longa*（Zhu）

云南特有种。怒江中游干支流。江河型，栖息于沙石底质的干支流中。现为常见种。

（362）锥吻南鳅 *Schistura conirostris*（Zhu）

云南特有种。澜沧江下游支流。江河型。现为偶见种。

（363）宽纹南鳅 *Schistura latifasciata*（Zhu et Wang）

云南特有种。澜沧江中游支流。江河型。现为偶见种。

（364）美斑南鳅 *Schistura callichroma*（Zhu et Wang）

把边江、元江。江河型，栖息于干支流中。现为常见种。

（365）叉尾南鳅 *Schistura caudofurca*（Mai）

同物异名：侧带南鳅 *Schistura laterivittata*（Zhu et Wang）。红河水系支流。江河型，栖息于干支流中。现为偶见种。

（366）大斑南鳅 *Schlstura macrotaenia*（Yang）

云南特有种。红河下游支流。江河型，栖息于支流中。现为偶见种。

（367）云纹南鳅 *Schistura malaisei* Kottelat

伊洛瓦底江。江河型。现为偶见种。

（368）大头南鳅 *Schistura macrocephalus* Kottelat

澜沧江下游。江河型。现状不详。

（369）大嘴南鳅 *Schistura mgastoma* Kottelat

澜沧江下游。江河型。现状不详。

（370）克氏南鳅 *Schistura kloetzliae* Kottelat

澜沧江下游。江河型。现状不详。

（371）棒状南鳅 *Schistura pertica* Kottelat

澜沧江下游。江河型。现状不详。

（372）版纳南鳅 *Schistura bannaensis* Chen, Yang et Qi

云南特有种。澜沧江下游。江河型，栖息于支流溪流中。现为偶见种。

（373）隐斑南鳅 *Schistura cryptofasciata* Chen, Kong et Yang

云南特有种。南汀河。江河型，栖息于石底清水溪流中。现为常见种。

（374）异斑南鳅 *Schistura disparizona* Zhou et Kottelat

南滚河、怒江下游。江河型，栖息于支流溪流中。现为偶见种。

（375）暗纹条鳅 *Nemacheilus obscurus obscurus*（Smith）

澜沧江下游支流。江河型，栖息于河流岸边浅水处。现为偶见种。

（376）华坪暗纹条鳅 *Nemacheilus obscurus huapingensis* Wu et Wu

云南特有种。金沙江中游。江河型，栖息于河流岸边浅水处。现为偶见种。

（377）盈江条鳅 *Nemacheilus yingjiangensis*（Zhu）

云南特有种。大盈江。江河型，栖息于石底清水溪流中。现为偶见种。

（378）多纹条鳅 *Nemacheilus polytaenia*（Zhu）

云南特有种。龙川江。江河型，栖息于石底清水溪流中。现为偶见种。

（379）双江条鳅 *Nemacheilus shuangjiangensis*（Zhu et Wang）

云南特有种。澜沧江中游支流。江河型，栖息于山区石底清水溪流中。现为偶见种。

（380）细尾高原鳅 *Triplophysa stenura*（Herzenstein）

中国特有种。怒江上游、澜沧江中上游、金沙江上游。江河型，栖息于江河流水或激流河段。现为偶见种。

（381）短尾高原鳅 *Triplophysa brevicauda*（Herzenstein）

中国特有种。金沙江、澜沧江、怒江上游干支流。江河型，栖息于干支流中。现为常见种。

（382）昆明高原鳅 *Triplophysa grahami*（Regan）

云南特有种。滇池流域、金沙江支流。江河型，栖息于缓流河段的砾石缝隙或水草丛中。现为常见种。

（383）安氏高原鳅 *Triplophysa angeli*（Fang）

中国特有种。金沙江中游。江河型。现为偶见种。

（384）个旧盲高原鳅 *Triplophysa gejiuensis*

(Chu et Chen)

同物异名：个旧盲条鳅 *Nemacheilus gejiuensis*。云南特有种。个旧卡房地下河。全穴居型，栖息于离地表400m的地下河。现为偶见种。列为云南省Ⅱ级重点保护种类。

（385）麻尔柯河高原鳅 *Triplophysa markehenensis* (Zhu et Wu)

中国特有种。金沙江上游干支流。江河型，栖息于河流岸边浅滩。现为偶见种。

（386）南盘江高原鳅 *Triplophysa nanpanjiangensis* (Zhu et Cao)

同物异名：南盘江戴氏南鳅 *Oreias dabryi nanpanjiangensis* 。云南特有种。南盘江上游支流。半穴居型，栖息于地下河中。现为偶见种。

（387）秀丽高原鳅 *Triplophysa venusta* Zhu et Cao

云南特有种。丽江玉湖、拉市海、黑龙潭。江河湖泊型，栖息于静水和缓流水体。现为偶见种。

（388）大眼高原鳅 *Triplophysa macrophthalma* Zhu et Guo

云南特有种。南盘江上游。江河型，栖息于河道中。现为偶见种。

（389）云南高原鳅 *Triplophysa yunnanensis* Yang

云南特有种。南盘江上游支流。半穴居型。现为偶见种。

（390）大斑高原鳅 *Triplophysa macromaculatus* Yang

云南特有种。南盘江上游。江河型。现为偶见种。

（391）抚仙高原鳅 *Triplophysa fuxianensis* Yang et Chu

云南特有种。抚仙湖。湖泊型，栖息于沿岸带浅水区中下层，常居既无水草又无丝状藻类的多岩石之处。现为偶见种。

（392）湖高原鳅 *Triplophysa lacustris* Yang et Chu

云南特有种。星云湖。湖泊型，栖息于水草茂密之处。现为偶见种。

（393）石林盲高原鳅 *Triplophysa shilinensis* Chen et Yang

云南特有种。路南石林地下溶洞。全穴居型，栖息于地下河中流速较缓，底质为石灰岩的浅水滩。现为偶见种。

（394）宁蒗高原鳅 *Triplophysa ninglangensis* Wu et Wu

云南特有种。宁蒗宁蒗河。江河型，栖息于河流以砾石为底、水流清澈的河道。现为偶见种。

（395）响水箐高原鳅 *Triplophysa xiangshuingensis* Li

云南特有种。南盘江。江河型。

（396）阿庐高原鳅 *Triplophysa aluensis* Li

云南特有种。泸西阿庐古洞。全穴居型，栖息于地下河中。现为偶见种。

（397）怒江高原鳅 *Triplophysa nujiangense* Chen, Cui et Yang

云南特有种。怒江中游干流。江河型，栖息于干流沿岸带有水草处。现为常见种。

（398）平头高原鳅 *Triplophysa laticeps* Zhou et Cui

云南特有种。红河上游支流。江河型。现为偶见种。

（399）滇池球鳔鳅 *Sphaerophysa dianchiensis* Cao et Zhu

云南特有属及特有种。滇池。湖泊型。现为偶见种。

（400）沙棘鳅 *Acanthocobitis botia* (Hamilton)

大盈江水系。江河型。现为偶见种。

爬鳅科 Balitoridae（平鳍鳅科 Homalopteridae）

（401）横斑原缨口鳅 *Vanmanenia tetraloba* (Mai)

红河、金沙江下游支流。江河型，栖息于干支流底层。现为常见种。

（402）斑原缨口鳅 *Vanmanenia striata* Chen

中国特有种。澜沧江中下游、红河上游。江河型，栖息于江河底层。现为常见种。

（403）爬岩鳅 *Beaufortia leveretti* (Nichols et Pope)

红河水系。江河型，栖息于江河底层。现为优势种。

（404）条斑爬岩鳅 *Beaufortia pingi* (Fang)

中国特有种。西洋江。江河型，栖息于流水溪河底层。现为偶见种。

（405）多鳞爬岩鳅 *Beaufortia polylepis* Chen

云南特有种。南盘江上游。江河型，栖息于清水河溪底层。现为偶见种。

（406）圆体爬岩鳅 *Beaufortia cyclica* Chen

中国特有种。西洋江。江河型，栖息于山涧

溪流底层。现为偶见种。

(407) 缅甸爬鳅 *Balitora burmanica* Hora

龙川江。江河型,栖息于江河激流底层。现为偶见种。

(408) 澜沧江爬鳅 *Balitora lancangjiangensis* (Zheng)

澜沧江下游。江河型,栖息于干支流流水底层。现为偶见种。

(409) 广西爬鳅 *Balitora kwangsiensis* (Fang)

同物异名:广西华平鳅 *Sinohomaloptera kwangsiensis*。西洋江、红河。江河型,栖息于干支流底层。现为常见种。

(410) 长须爬鳅 *Balitroa longibarbatus* (Chen)

同物异名:长须华平鳅 *Sinohomaloptera longibarbatus*。云南特有种。南盘江上游。江河型,栖息于清水河溪底层。现为偶见种。

(411) 南汀爬鳅 *Balitora nantingensis* Chen, Cui et Yang

云南特有种。南汀河。江河型,栖息于溪流底层。现为偶见种。

(412) 长体间吸鳅 *Hemimyzon elongata* (Chen et Li)

同物异名:长体爬鳅 *Balitora elongata*。云南特有种。澜沧江中下游。江河型,栖息于底层。现为偶见种。

(413) 彭氏间吸鳅 *Hemimyzon pengi* (Huang)

同物异名:彭氏爬鳅 *Balitora pengi*。澜沧江下游。江河型,栖息于底层。现为偶见种。

(414) 张氏间吸鳅 *Hemimyzon tchangi* (Zheng)

同物异名:张氏爬鳅 *Balitora tchangi*。云南特有种。澜沧江水系。江河型,栖息于干流底层。现为偶见种。

(415) 大鳍间吸鳅 *Hemimyzon macroptera* Zheng

云南特有种。南盘江。江河型,栖息于多石块的清水溪流底层。现为偶见种。

(416) 怒江间吸鳅 *Hemimyzon nujiangensis* (Zhang et Zheng)

同物异名:怒江爬鳅 *Balitora nujiangensis*。云南特有种。怒江中游。江河型,栖息于干流多石块的浅滩底层。现为偶见种。

(417) 大眼间吸鳅 *Hemimyzon megalopseos* Li et Chen

云南特有种。南盘江上游。江河型,栖息于山涧溪流底层。现为偶见种。

(418) 盈江间吸鳅 *Hemimyzon yinjiangensis* Chen

云南特有种。大盈江支流。江河型,栖息于山涧溪流底层。现为偶见种。

(419) 矮身间吸鳅 *Hemimyzon pumilicorporora* Zheng et Zhang

中国特有种。西洋江。江河型,栖息于山涧溪流底层。现为偶见种。

(420) 云南平鳅 *Homaloptera yunnanensis* (Chen)

同物异名:云南原爬鳅 *Balitoropsis yunnanensis*。云南特有种。澜沧江中游。江河型,栖息于干流底层。现为偶见种。

(421) 普通平鳅 *Homaloptera vulgaris* Kottelat et Chu

同物异名:原爬鳅 *Balitoropsis vulgaris*。云南特有种。澜沧江中下游。江河型,栖息于清水水流稍缓处底层。现为偶见种。

(422) 犁头鳅 *Lepturichthys fimbriata* (Günther)

中国特有种。金沙江中下游。江河型,栖息于干支流急流石滩。现为常见种。

(423) 短身金沙鳅 *Jinshaia abbreviata* (Günther)

中国特有种。金沙江下游。江河型,栖息于支流急流中。现为偶见种。

(424) 中华金沙鳅 *Jinshaia sinensis* (Sauvage et Dabry de Thiersant)

中国特有种。金沙江中下游。江河型,栖息于干流急流中。现为常见种。

(425) 牛栏江金沙鳅 *Jinshaia nulanjingensis* Li, Mao et Lu

云南特有种。金沙江下游支流。江河型,栖息于底层。现为偶见种。

(426) 峨眉后平鳅 *Metahomaloptera omeiensis* Chang

中国特有种。金沙江下游。江河型,栖息于底层。现为偶见种。

(427) 长尾后平鳅 *Metahomaloptera longicauda* Yang, Chen et Yang

中国特有种。金沙江下游。江河型,栖息于底层。现为偶见种。

(428) 云南似原吸鳅 *Paraprotomyzon yunnanensis* Li, Lu et Mao

云南特有种。南盘江中游支流。江河型,栖息于底层。现为偶见种。

(429) 牛栏江似原吸鳅 *Paraprotomyzon niulanjiangensis* Li, Lu et Mao

云南特有种。牛栏江。江河型，栖息于底层。现为偶见种。

（430）刺臀华吸鳅 *Sinogastromyzon wui* Fang

中国特有种。西洋江。江河型，栖息于清水溪流底层。现为偶见种。

（431）越南华吸鳅 *Sinogastromyzon tonkiensis* Pellegrin et Chevey

红河水系下游。江河型，栖息于干支流底层。现为偶见种。

（432）西昌华吸鳅 *Sinogastromyzon sichangensis* Chang

中国特有种。金沙江中下游。江河型，栖息于流水环境底层。现为偶见种。

（433）红河华吸鳅 *Sinogastromyzon chapaensis* Mai

红河下游支流。江河型，栖息于底层。现为偶见种。

（434）南盘江华吸鳅 *Sinogastromyzon nanpanjiangensis* Li

云南特有种。南盘江上游水系。江河型，栖息于底层。现为偶见种。

（435）德泽华吸鳅 *Sinogastromyzon dezeensis* Li，Mao et Lu

云南特有种。金沙江下游支流。江河型，栖息于底层。现为偶见种。

鲇形目 SILURIFORMES

鲇科 Siluridae

（436）湄南缺鳍鲇 *Kryptopterus moorei* Smith

澜沧江下游。江河型，栖息于干流。现为偶见种。

（437）缺须细丝鲇 *Micronema apogon*（Bleeker）

同物异名：天竺细丝鲇。澜沧江下游。江河型，栖息于大河浑水中。现为偶见种。

（438）滨河细丝鲇 *Micronema bleekeri*（Günther）

同物异名：滨河缺鳍鲇 *Kryptopterus bleekeri*、*Kryptopterus deignani* non Fowler。澜沧江下游。江河型，栖息于干支流。现为偶见种。

（439）叉尾鲇 *Wallago attu*（Bloch et Schneider）

澜沧江下游。江河型，栖息于主流河道，群集滩头浅水处。现为偶见种。

（440）湄公半鲇 *Hemisilurus mekongensis* Bornbusch et Lundberg

同物异名：半鲇 *Hemisilurus heterorhynchus*（non Bleeker）。澜沧江下游。江河型，栖息于主河道流水洄缓处。现为偶见种。

（441）鲇 *Silurus asotus* Linnaeus

南盘江、红河、西洋江、金沙江。江河型，潜伏在水体底层。现为常见种。

（442）昆明鲇 *Silurus mento* Regan

云南特有种。滇池。湖泊型，栖息于湖岸多水草处。现为偶见种。

（443）抚仙鲇 *Silurus grahami* Regan

云南特有种。抚仙湖、星云湖、杞麓湖、阳宗海、异龙湖。湖泊型，栖息于湖岸多水草处。现为常见种。

（444）大口鲇 *Silurus meridionalis* Chen

同物异名：南方大口鲇。中国特有种。金沙江中下游、程海。江河型。现为偶见种。

（445）越南隐鳍鲇 *Pterocryptis cochinchinensis* Valenciennes

同物异名：越南鲇 *Silurus cochinchinensis*。大盈江、龙川江。江河型，栖息于山涧溪流。现为偶见种。

胡子鲇科 Clariidae

（446）胡子鲇 *Clarias fuscus*（Lacépède）

同物异名：两栖胡子鲇。西洋江、元江、藤条江、澜沧江、大盈江、龙川江、怒江、异龙湖、邱北普者黑。江河湖泊型，栖息于河川、池塘、水草茂盛的沟渠、稻田和沼泽。现为常见种。

（447）蟾胡子鲇 *Clarias batrachus*（Linnaeus）

同物异名：胡鲶。澜沧江。江河型，栖息于低地静水或缓流浑水。现为偶见种。

（448）尖齿胡子鲇 *Clarias gariepinus*（Burchell）

同物异名：革胡子鲇 *Clarias lazera*，埃及胡子鲇。外来种。原产非洲埃及，引入池塘养殖，逃逸入抚仙湖、藤条江、元江。江河湖泊型，栖息于湖泊、池塘等静水及江河。现为偶见种。

囊鳃鲇科 Heteropneustidae

（449）印度囊鳃鲇 *Heteropneustes fossilis*（Bloch）

大盈江支流。江河型，栖息于池塘、沟渠、沼泽及多泥的河流。现为常见种。

长臀鮠科 Cranoglanidae

（450）长臀鮠 *Cranoglanis bouderius*（Richardson）

中国特有种。西洋江。江河型，栖息于江河底层。现为偶见种。

（451）亨氏长臀鮠 *Cranoglanis henrici*（Valliant）

同物异名：海南长臀鮠 *Cranoglanis bouderius multiradiatus*（non Koller）。红河下游。江河型。现为偶见种。

𩷶科 Pangasidae

（452）长丝𩷶 *Pangasius sanitwongsei* Smith

澜沧江下游。江河型，栖息于较大的主河道，汛期前洄游至大支流产卵。现为偶见种。列为云南省Ⅱ级重点保护种类。

（453）短须𩷶 *Pangasius micronemus* Bleeker

同物异名：*Pangasius macronema* Bleeker。澜沧江下游。江河型，栖息于较大的主河道，汛期前洄游至大支流产卵。现为偶见种。

（454）贾巴𩷶 *Pangasius djambal* Bleeker

同物异名：细尾𩷶 *Pangasius nasutus*（non Bleeker）、粗尾𩷶 *Pangasius beani* non Smith。澜沧江下游。江河型，栖息于较大的主河道，汛期前洄游至大支流产卵。现为偶见种。

锡伯鲇科 Schilbidae（Schilbeidae）

（455）中华鲱鲇 *Clupisoma sinensis*（Huang）

同物异名：中华刀鲇 *Platypius sinensis*。澜沧江中下游。江河型，栖息于干支流水中上层。现为常见种。

（456）长臀鲱鲇 *Clupisoma longianalis*（Huang）

同物异名：长臀刀鲇 *Platypius longianalis*。云南特有种。澜沧江中下游。江河型，栖息于干支流水中上层。现为偶见种。

（457）怒江鲱鲇 *Clupisoma nujiangense* Chen，Ferraris et Yang

怒江下游。江河型，栖息于干流和大支流中。现为偶见种。

粒鲇科 Akysidae

（458）中华粒鲇 *Akysis sinensis* He

云南特有种。澜沧江下游。江河型，栖息于干流。现为偶见种。

（459）短须粒鲇 *Akysis brachybarbatus* Chen

云南特有种。澜沧江下游。江河型，栖息于支流。现为偶见种。

鲿科 Bagridae

（460）黄颡鱼 *Pelteobagrus fulvidraco*（Richardson）

西洋江。逃逸入抚仙湖。江河型，栖息于江河缓流、岸边或静水底层。现为常见种。

（461）瓦氏黄颡鱼 *Pelteobagrus vachelli*（Richardson）

金沙江中下游、泸沽湖、红河、西洋江。江河型，栖息于河流水势较缓处。现为常见种。

（462）长吻鮠 *Leiocassis longirostris* Günther

中国特有种。金沙江下游。江河型，栖息于江河底层。现为偶见种。

（463）粗唇鮠 *Leiocassis crassilabris* Günther

同物异名：钝吻鮠 *Leiocassis crassirostirs*。中国特有种。西洋江、金沙江、程海。江河型，栖息于河流水势较缓处底层。现为常见种。

（464）乌苏鮠 *Leiocassis ussuriensis*（Dybowski）

同物异名：乌苏拟鲿 *Pseudobagrus ussuriensis*。金沙江下游。江河型。现为偶见种。

（465）条纹鮠 *Leiocassis virgatus*（Oshima）

红河下游。江河型，栖息于底层。现为偶见种。

（466）叉尾鮠 *Leiocassis tenuifurcatus* Nichols

中国特有种。南盘江上游、西洋江。江河型，栖息于溪流底层。现为偶见种。

（467）短尾鮠 *Leiocassis brevicaudatus* Wu

同物异名：短尾拟鲿 *Pseudobagrus brevicaudatus*。中国特有种。金沙江下游支流。江河型。现为偶见种。

（468）长须鮠 *Leiocassis longibarbus* Cui

云南特有种。金沙江中游。江河型，栖息于支流。现为偶见种。

（469）切尾拟鲿 *Pseudobagrus truncatus*（Regan）

中国特有种。金沙江下游。江河型。现为偶见种。

（470）凹尾拟鲿 *Pseudobagrus emarginatus*（Regan）

中国特有种。金沙江下游。江河型。现为常见种。

（471）中臀拟鲿 *Pseudobagrus medianalis*（Regan）

云南特有种。滇池、金沙江下游支流。江河型，栖息于湖泊附属溪流和江河。现为偶见种。

(472) 斑鳠 *Hemibagrus guttatus*（Lacepède）

同物异名：*Mystus guttatus*。西洋江。江河型，栖息于大河流水和支流中。现为偶见种。

(473) 越鳠 *Hemibagrus pluriradiatus*（Vaillant）

同物异名：*Mystus pluriradiatus*。元江、李仙江。江河型，栖息于干支流水势较缓处。现为常见种。

(474) 大鳍鳠 *Hemibagrus macropterus*（Bleeker）

同物异名：*Mystus macropterus*。中国特有种。西洋江。江河型，栖息于江河激流、多砾石的水体底层。现为偶见种。

(475) 丝尾鳠 *Hemibagrus wychioides*（Chaux et Fang）

同物异名：*Mystus wychioides*。澜沧江下游。江河型，栖息于石底、深浅不等的大河水势较缓处。现为偶见种。

(476) 红河鳠 *Hemibagrus hongus* Mai

同物异名：斑鳠 *Mystus guttatus*（non Lacepède）。红河。江河型，栖息于大河流水。现为常见种。

钝头鮠科 Amblycipitidae

(477) 白缘鉠 *Liobagrus marginatus*（Günther）

中国特有种。金沙江、程海。江河型，栖息于多石流水溪流及江边缓流处底层。现为常见种。

(478) 黑尾鉠 *Liobagrus nigricauda* Regan

中国特有种。滇池。江河湖泊型，栖息于流水，偏好支流。现为偶见种。

(479) 金氏鉠 *Liobagrus kingi* Tchang

云南特有种。金沙江下游、滇池。江河湖泊型，栖息于多石的流水。现为偶见种。

(480) 拟缘鉠 *Liobagrus marginatoides*（Wu）

中国特有种。金沙江。江河型。白天隐匿在石缝中，夜间活动。现为偶见种。

鮡科 Sisoridae

(481) 魾 *Bagarius bagarius*（Hamilton）

澜沧江下游。江河型，栖息于大中型河流的激流和石底水潭。现为偶见种。

(482) 巨魾 *Bagarius yarrelli*（Sykes）

怒江中下游、澜沧江中下游。江河型，栖息于大河底层。现为常见种。

(483) 红魾 *Bagarius rutilus* Ng et Kottelat

同物异名：巨魾 *Bagarius yarrelli*（non Sykes）。红河水系。江河型，栖息于大河底层。现为常见种。

(484) 长丝黑鮡 *Gagata dolichnema* He

同物异名：黑鮡 *Gagata cenia*（non Hamilton）、象惧黑鮡 *Gagata gasawyuh* Roberts et Ferraris。怒江中下游。江河型，栖息于江河干支流。现为偶见种。

(485) 三线纹胸鮡 *Glyptothorax trilineatus* Blyth

大盈江、龙川江、南汀河。江河型，栖息于支流或小河底层。现为偶见种。

(486) 穴形纹胸鮡 *Glyptothorax cavia*（Hamilton）

龙川江、大盈江、怒江、南汀河。江河型，栖息于大河流水石底环境。现为偶见种。

(487) 亮背纹胸鮡 *Glyptothorax dorsalis* Vinciguerra

怒江中下游、南汀河。江河型，栖息于干流底层。现为优势种。

(488) 中华纹胸鮡 *Glyptothorax sinensis*（Regan）

同物异名：福建纹胸鮡 *Glyptothorax fukiensis*（Rendahl）。中国特有种。金沙江中下游、西洋江、南盘江上游。江河型，栖息于干支流。现为常见种。

(489) 老挝纹胸鮡 *Glyptothorax laosensis* Fowler

澜沧江中下游。江河型，栖息于主河道及其支流沿岸浅水区及激流。现为偶见种。

(490) 纺锤纹胸鮡 *Glyptothorax fuscus* Fowler

同物异名：丽纹胸鮡 *Glyptothorax lampris* Fowler。澜沧江下游。江河型。现为偶见种。

(491) 大斑纹胸鮡 *Glyptothorax macromaculatus* Li

澜沧江中下游。江河型，栖息于砾石底质的支流小河激流和源头。现为偶见种。

(492) 红河纹胸鮡 *Glyptothorax honghensis* Li

同物异名：*Glyptothorax fukiensis honghensis*。红河。江河型，栖息于底质为沙砾的支流或小河。现为偶见种。

(493) 长尾纹胸鮡 *Glyptothorax longicauda* Li

云南特有种。大盈江。江河型，栖息于干支流。现为偶见种。

(494) 细斑纹胸鮡 *Glyptothorax minimaculatus* Li

云南特有种。大盈江、龙川江。江河型，栖息于流水环境。现为偶见种。

(495) 扎那纹胸鮡 *Glyptothorax zainaensis*

Wu, He et Chu

中国特有种。怒江中下游、南汀河、澜沧江中游。江河型，栖息于干流和支流下游底层。现为常见种。

(496) 德钦纹胸鮡 *Glyptothorax deqingensis* Mo et Chu

云南特有种。澜沧江上游。江河型。现为偶见种。

(497) 龙江纹胸鮡 *Glyptothorax longjiangensis* Mo et Chu

云南特有种。龙川江。江河型，栖息于大河流水环境。现为偶见种。

(498) 四斑纹胸鮡 *Glyptothorax quadriocellatus* Mai

红河。江河型，栖息于支流小河流水环境。现为偶见种。

(499) 间棘纹胸鮡 *Glyptothorax interspinalum* Mai

同物异名：纯色纹胸鮡 *Glyptothorax merus* Li。红河。江河型，栖息于干支流中。现为偶见种。

(500) 细尾褶鮡 *Pseudecheneis stenura* Ng

同物异名：黄斑褶鮡 *Pseudecheneis sulcatus* (non McClelland)。伊洛瓦底江。江河型，栖息于大河干流、支流或山溪。现为常见种。

(501) 长鳍褶鮡 *Pseudecheneis longipectoralis* Zhou et al.

同物异名：黄斑褶鮡 *Pseudecheneis sulcatus* (non McClelland)。怒江及萨尔温江支流。江河型，栖息于大河干流、支流或山溪。现为常见种。

(502) 平吻褶鮡 *Pseudecheneis paviei* Vaillant

同物异名：间褶鮡 *Pseudecheneis intermedius* Chu。红河水系。江河型，栖息于激流多石处，常聚居急滩或水坝下方。现为常见种。

(503) 无斑褶鮡 *Pseudecheneis immaculatus* Chu

云南特有种。澜沧江上游。江河型。现为偶见种。

(504) 似黄斑褶鮡 *Pseudecheneis sulcatoides* Zhou et Chu

同物异名：黄斑褶鮡 *Pseudecheneis sulcatus* (non McClelland)。云南特有种。澜沧江中下游。江河型，栖息于干流和大支流中。现为偶见种。

(505) 青石爬鮡 *Euchiloglanis davidi* (Sauvage)

同物异名：黄石爬鮡 *Euchiloglanis kishinouyei* Kimura。中国特有种。金沙江上游。江河型，栖息于激流多石的水底。现为偶见种。

(506) 中华鮡 *Pareuchiloglanis sinensis* (Hora et Silas)

同物异名：前臀鮡 *Pareuchiloglanis anteanalis* Fang, Xu et Cui。中国特有种。金沙江。江河型。现为常见种。

(507) 兰坪鮡 *Pareuchiloglanis myzostoma* (Norman)

云南特有种。澜沧江上游。江河型，栖息于多石的溪流及干流岸边。现为偶见种。

(508) 大孔鮡 *Pareuchiloglanis macrotrema* (Norman)

红河。江河型，栖息于水流湍急的山区溪流。现为偶见种。

(509) 扁头鮡 *Pareuchiloglanis kamengensis* (Jayaram)

同物异名：大鳍鮡 *Pareuchiloglanis macropterus* Ng。怒江水系、伊洛瓦底江、澜沧江上游。江河型，栖息于多石的主河道及溪流。现为常见种。

(510) 短鳍鮡 *Pareuchiloglanis feae* (Vinciguerra)

怒江中下游、龙川江。江河型，栖息于多石的溪流。现为偶见种。

(511) 细尾鮡 *Pareuchiloglanis gracilicaudata* (Wu et Chen)

中国特有种。澜沧江上游。江河型，栖息于干流水流较急的岸边多石场所。现为偶见种。

(512) 长尾鮡 *Pareuchiloglanis longicauda* (Yue)

中国特有种。南盘江中游。江河型。现为偶见种。

(513) 贡山鮡 *Pareuchiloglanis gongshanensis* Chu

云南特有种。怒江上游。江河型，栖息于多石、水流湍急的主河道及溪流。现为偶见种。

(514) 短腹鮡 *Pareuchiloglanis abbreviatus* Li et al.

云南特有种。澜沧江支流上游、李仙江支流上游。江河型。现为偶见种。

(515) 长背鮡 *Pareuchiloglanis prolixdorsalis* Li et al.

云南特有种。澜沧江下游干支流。江河型。现为偶见种。

(516) 凿齿鮡 *Glaridoglanis andersonii* (Day)

中国特有种。伊洛瓦底江水系。江河型，栖息于干流急流中。现为偶见种。

(517) 拟鰋 *Pseudoexostoma yunnanensis yunnanensis* (Tchang)

云南特有种。龙川江。江河型，栖息于石缝中。现为偶见种。

(518) 短体拟鰋 *Pseudoexostoma yunnanensis brachysoma* Chu

云南特有种。怒江中游。江河型，栖息于干支流石缝中。现为常见种。

(519) 大鳍异齿鰋 *Oreoglanis macropterus* (Vinciguerra)

伊洛瓦底江水系。江河型，栖息于激流多石的浅水溪流和干流沿岸带。现为常见种。

(520) 显斑异齿鰋 *Oreoglanis insignis* Ng et Rainboth

同物异名：细尾异齿鰋 *Oreoglanis delacouri* (non Pellegrin)。龙川江、怒江中游。江河型，栖息于溪流多石的上游激流。现为偶见种。

(521) 穗缘异齿鰋 *Oreoglanis setiger* Ng et Rainboth

同物异名：细尾异齿鰋 *Oreoglanis delacouri* (non Pellegrin)。澜沧江下游支流。江河型，栖息于山区溪流多石的上游激流。现为偶见种。

(522) 景东异齿鰋 *Oreoglanis jingdongensis* Kong, Chen et Yang

云南特有种。澜沧江中下游支流。江河型，栖息于山区溪流多石的激流。现为偶见种。

(523) 无斑异齿鰋 *Oreoglanis immaculatus* Kong, Chen et Yang

云南特有种。南汀河。江河型，栖息于山区溪流多石的激流。现为常见种。

(524) 藏鰋 *Exostoma labiatum* (McClelland)

同物异名：长须鰋 *Exostoma vinciguerrae* Regan。伊洛瓦底江水系。江河型，栖息于山区浅水、多石的溪流。现为偶见种。

甲鲇科 Loricariidae

(525) 下口鲇 *Hypostomus plecostomus* (Linnaeus)

外来种。原产南美洲几内亚，引入作为观赏鱼饲养，放生进入澜沧江下游、抚仙湖。江河型，栖息于20～28℃的水体。现为常见种。

鮰科 Ictaluridae

(526) 褐首鲇 *Ameiurus nebulosus* (Lesueur)

同物异名：云斑鮰。外来种。原产北美洲，引入池塘饲养。

(527) 斑点叉尾鮰 *Ictalurus punctatus* (Rafinesque)

外来种。原产北美洲，引入池塘饲养。

鳉形目 CYPRINODONTIFORMES

胎鳉科 Poeciliidae

(528) 食蚊鱼 *Gambusia affinis* (Barird et Girard)

外来种。原产中南美洲，广布于云南大部分地区。江河湖泊型，栖息于水库、湖泊、坝塘、稻田、水渠等各类水体表层。现为常见种。

颌针鱼目 BELONIFORMES

颌针鱼科 Belonidae

(529) 圆颌针鱼 *Tylosurus strongylurus* (Hasselt)

红河下游。海洋型，近海暖水性鱼类，一般栖息于海洋中。现为偶见种。

鱵科 Hemiramphidae

(530) 间下鱵鱼 *Hyporhamphus intermedius* (Cantor)

外来种。原产我国沿海各省，引入滇池、星云湖、抚仙湖。湖泊型，栖息于水体上层，集群活动。现为常见种。

怪颌鳉科 Adrianichthyidae (青鳉科 Oryziatidae)

(531) 中华青鳉 *Oryzias sinensis* (Chen, Uwa et Chu)

同物异名：*Oryzias latipes sinensis*。云南各水系、滇池、洱海、杞麓湖、异龙湖。江河湖泊型，栖息于湖泊、水库、坝塘的近岸浅水处、稻田、水沟、河滩积水潭的清洁微流水水域。现为常见种。

(532) 小青鳉 *Oryzias minutillus* (Smith)

澜沧江下游。江河湖泊型，栖息于坝塘或河滩积水潭的清洁缓流水域。现为偶见种。

合鳃鱼目 SYNBRANCHIFORMES

合鳃鱼科 Synbranchidae

(533) 黄鳝 *Monopterus albus* (Zuiew)

云南各地。江河湖泊型，栖息于沟、塘、稻田等多腐殖质的水体中，在田埂、堤岸边钻洞穴居。现为优势种。

（534）山黄鳝 *Monopterus cuchia*（Hamilton）

伊洛瓦底江水系。江河湖泊型，栖息于山溪源地的沼泽或泥塘，穴居。现为偶见种。

刺鳅科 Mastacebelidae

（535）大刺鳅 *Mastacembelus armatus*（Lacépède）

西洋江、红河、龙川江、南汀河、澜沧江下游。江河型，栖息于干支流基底为砾石的河段或沿岸水草处。现为偶见种。

鲈形目 PERCIFORMES

鮨科 Serranidae

（536）鳜 *Siniperca chuatsi*（Basilewsky）

中国特有种。外来种。原产我国华北、华东、华南等地，引入滇池。江河湖泊型，栖息于江河或湖泊。

（537）大眼鳜 *Siniperca kneri*（Garmam）

中国特有种。西洋江。江河型，栖息于缓流水环境。现为偶见种。

（538）斑鳜 *Siniperca scherzeri*（Steindachner）

西洋江。江河型，栖息于多砾石的清水环境，活动于水体的中下层。现为偶见种。

（539）中国少鳞鳜 *Coreoperca whiteheadi*（Boulenger）

红河下游。江河型，栖息于山地溪流、底质为砾石的清水环境。现为偶见种。

南鲈科 Nandidae

（540）无线棕鲈 *Badis dario*（Hamilton）

龙川江、大盈江。江河型，栖息于山涧小溪。现为偶见种。

丽鱼科 Cichlidae

（541）莫桑比克罗非鱼 *Tilapia mossambica*（Peters）

外来种。原产非洲，引入各地养殖，逃逸入江河。江河湖泊型，栖息于静水。

（542）尼罗罗非鱼 *Tilapia nilotica*（Linnaeus）

外来种。原产非洲，引入各地养殖，逃逸入江河。江河湖泊型，栖息于静水。

（543）奥利亚罗非鱼 *Tilapia aureus*（Steindachner）

外来种。原产非洲，引入各地养殖，逃逸入瑞丽江等水系。江河湖泊型，栖息于静水及流水。

塘鳢科 Eleotridae

（544）小黄黝鱼 *Micropercops swinhonis*（Günther）

同物异名：黄黝鱼 *Hypseleotris swinhonis*。南盘江中游。随家鱼苗带入云南等地。江河湖泊型，栖息于河滩、湖岸浅水区。现为优势种。

鰕虎鱼科 Gobiidae

（545）子陵吻鰕虎鱼 *Rhinogobius giurinus*（Rutter）

同物异名：普栉鰕虎鱼 *Ctenogobius giurninus*。南盘江水系。随家鱼带入云南各地。江河湖泊型，栖息于浅水区。现为优势种。

（546）褐吻鰕虎鱼 *Rhinogobius brunneus*（Temminck et Schlegel）

同物异名：褐栉鰕虎鱼 *Ctenogobius brunneus*。南盘江、邱北普者黑、红河。江河型，栖息于底质多沙砾的溪流。现为常见种。

（547）波氏吻鰕虎鱼 *Rhinogobius cliffordpopei*（Nichols）

同物异名：波氏栉鰕虎鱼 *Ctenogobius cliffordpopei*。中国特有种。外来种。原产黄河至珠江各水系，随家鱼苗带入云南各地。江河湖泊型，栖息于湖岸、河流的沙砾浅滩。现为优势种。

（548）李氏吻鰕虎鱼 *Rhinogobius leavelii*（Herre）

红河；中国东南部。江河型。现为偶见种。

（549）颈斑吻鰕虎鱼 *Rhinogobius maculicervix* Chen et Kottelat

澜沧江下游。江河型。现为偶见种。

（550）红河吻鰕虎鱼 *Rhinogobius honghensis*（Chen，Yang et Chen）

红河下游。江河型。现为偶见种。

斗鱼科 Belontiidae

（551）叉尾斗鱼 *Macropodus opercularis*（Linnaeus）

澜沧江下游。江河型，栖息于小溪、池塘、农田、河沟等缓流或静水环境。现为常见种。

（552）线足鲈 *Trichogaster trichopterus*（Pallas）

澜沧江下游。江河型，栖息于池塘、沟渠等静水环境。现为偶见种。

攀鲈科 Anabantidae

（553）攀鲈 *Anabas testudineus*（Bloch）

澜沧江下游。江河型，栖息于河沟、池塘等平静水体。现为偶见种。

鳢科 Channidae

（554）乌鳢 *Channa argus argus*（Cantor）

同物异名：*Ophiocephalus argus*。金沙江下游、红河、滇池、阳宗海、抚仙湖、星云湖、杞麓湖、异龙湖、程海、大屯海。江河湖泊型，栖息于湖泊、河流、沟渠中，常潜伏在水草茂盛处。现为常见种。

（555）宽额鳢 *Channa gachua*（Hamiltion）

龙川江、大盈江、怒江、澜沧江中下游。江河型，栖息于水流缓慢的支流溪流及池塘等静水。现为常见种。

（556）月鳢 *Channa asiatica*（Linnaeus）

南盘江中游、邱北普者黑。江河型，栖息于山涧小溪流，或在河流、池塘、田埂中穴居。现为偶见种。

（557）线鳢 *Channa striatta*（Bloch）

澜沧江下游、怒江下游支流。江河型，栖息于水草丛生、多淤泥的河流或渠、塘。现为偶见种。

（558）带鳢 *Channa lucius*（Cuvier）

同物异名：长身鳢 *Channa siamensis*（Günther）。澜沧江下游。江河型。现为偶见种。

鲀形目 TETRAODONTIFORMES

鲀科 Tetraodontidae

（559）光尾鲀 *Tetraodon leiurus*（Bleeker）

同物异名：斑腰单孔鲀 *Monotreta leiurus*。澜沧江下游。江河型，栖息于河流清水处中下层。现为偶见种。

第三节　湿地两栖动物

所有两栖类动物在其全部或部分生活史中都离不开水域和潮湿的环境，故它们均属湿地动物类群。

1　种类和主要分布

两栖类动物由于特殊的生理结构、生活习性、繁殖习性和个体发育过程决定了其生活离不开水域和潮湿的环境，均属湿地动物类群。云南目前已知两栖动物 3 目 11 科 127 种，约占全国两栖类种数 302 种（费梁等，1999）的 42.1%，其中，国内目前仅见于云南的种类有 55 种以上，约占全国两栖类种数的 18%。云南的特有种约计 30 余种，如红瘰疣螈 *Tylototriton shanjing*、滇蝾螈 *Cynops wolterstorffi*、哀牢髭蟾 *Vibrissaphora ailaonica*、景东齿蟾 *Oreolalax jingdongensis*、贡山齿突蟾 *Scutiger gongshanensis*、大围角蟾 *Megophrys daweiensis*、大花角蟾 *Megophrys giganticus*、无量山角蟾 *Megophrys wuliangshanensis*、哀牢蟾蜍 *Bufo ailaonus*、无棘溪蟾 *Torrentophryne aspinia*、棘肛蛙 *Paa unculuanus*、花棘蛙 *Paa maculosa*、长吻湍蛙 *Amolops nasica*、绿点湍蛙 *Amolops viridimaculatus*、棕褶泛树蛙 *Polypedates feae*、陇川小树蛙 *Philautus longchuanensis*、孟连细狭口蛙 *Kalophrynus menglienicus* 等。

在云南湿地两栖类中，列入国家Ⅱ级重点保护野生动物名录的有大鲵 *Andrias davidianus*、红瘰疣螈和虎纹蛙 *Rana rugulosa* 3 种，列入《中国物种红色名录》（汪松、解炎主编，2004）的珍稀物种有 10 多种，如版纳鱼螈 *Ichthyophis bannanicus*、大鲵、山溪鲵 *Batrachuperus pinchonii*、滇蝾螈、红瘰疣螈、大花角蟾、哀牢髭蟾、无棘溪蟾、粗皮角蟾 *Megophrys palpebralespinosa*、小口拟角蟾 *Ophryophryne microstoma*、虎纹蛙、滇南臭蛙、白颌大树蛙 *Rhacophorus maximus*、黑蹼树蛙 *Rhacophorus reinwardtii*、红蹼树蛙 *Rhacophorus rhodopus*、花狭口蛙 *Kaloula pulchra*、花细狭口蛙 *Kalophrynus pleurostigma* 等。

两栖类动物在云南省境内分别分布于各种溪流、江河、湖泊、坝塘、沼泽和沼泽化草甸等湿地中。按生境类型分析，以分布于河流湿地的种类为最多，其次为湖泊、池塘等静水水域湿地的种类。按气候带分析，在云南省境内则以热带和南亚热带的物种占绝大多数。而高山和冻原地带的物种较少，主要有山溪鲵、齿突蟾属 *Oreolalax* 的种类、西藏蟾蜍 *Bufo tibetanus*、胫腺蛙 *Rana shuchinae* 和倭蛙 *Nanorana pleskei* 等少数种类。云南湿地两栖类动物的分类概况见表12－8。

表 12-8 云南湿地两栖类的目、科、种数

目名	科名	种数
蚓螈目 GYMNOPHIONA	鱼螈科 Ichthyophidae	1
有尾目 CAUDATA	小鲵科 Hynobiidae	1
	隐鳃鲵科 Cryptobranchidae	1
	蝾螈科 Salamandridae	6
无尾目 ANURA	盘舌蟾科 Discoglossidae	2
	锄足蟾科 Pelobatidae	27
	蟾蜍科 Bufonidae	10
	雨蛙科 Hylidae	2
	蛙科 Ranidae	45
	树蛙科 Rhacophoridae	21
	姬蛙科 Microhylidae	11

2 两栖动物生活的湿地类型

一般说来，大部分两栖类动物在春夏季繁殖，但髭蟾、拟髭蟾、溪蟾类、昭觉林蛙等物种却在秋冬季节繁殖。湿地是两栖类动物进行产卵、孵化和早期个体发育的场所，两栖动物的卵、蝌蚪、幼体和成体的生存都离不开湿地环境。在繁殖季节，不同类群都相对地群集在各自产卵的湿地水域及其附近。两栖类动物的产卵场所，一般是湿地自然环境保存相对较好的水域。不同类群的两栖类动物，要求的湿地类型各不相同。

湿地水域一般可分为静水和流水两个类型。静水水域系指湖泊、水池、水坑、稻田和沼泽地带的水荡，以及大雨后形成的临时性水坑或水塘等；流水水域包括大小河流，山涧流溪，平原或高原上的泉水、水沟及中、小型溪流。同一水流内在坡度大的地方形成湍流，坡度平缓处形成缓流。依据在野外最常见的两栖类的繁殖产卵场所及其蝌蚪、幼体或成体栖息地的情况，将云南两栖类动物的主要生活类型简述如下。

2.1 静水型

有尾两栖类的蝾螈属 *Cynops*、疣螈属 *Tylototriton*，无尾两栖类的铃蟾属 *Bombina*、蟾蜍属 *Bufo*、浮蛙属 *Occidozyga*、倭蛙属 *Nanorana* 以及姬蛙科 Microhylidae 的种类，主要生活在静水水域的湿地之中。尤其在产卵繁殖季节，成体经常成群栖居在静水水域及其附近湿地，将卵产于水中，孵化成的蝌蚪也在静水水域中生长发育。产卵完毕，成体大多上岸分散活动，栖息于水域附近的湿润处，如石块或草皮下、枯枝落叶层中、草丛或灌丛之间及洞穴内。

2.2 流水型

有尾两栖类的大鲵属 *Andrias*、山溪鲵属 *Batrachuperus* 和瘰螈属 *Paramesotriton*，无尾两栖类的锄足蟾科 Pelobatidae 各属，蛙科 Ranidae 中的湍蛙属 *Amolops*、棘蛙属 *Paa* 和臭蛙类等种类属于流水型生活的类群。这些种类常年栖息于山涧溪流和江河之中或附近。大鲵常见栖居于小河或大、中型山溪湍流地段的清澈深潭内。有尾两栖类其余几个属的种类一般都栖息于中、小型流溪内，水流平缓且多石块的地段。一些锄足蟾科的种类属于高山高原类群，以流溪上段及尽源地带为主要栖息地，湍蛙属主要生活在中、小型流溪的湍流溪段，棘蛙属则多栖息于缓流溪段及其回水荡内。

2.3 树栖型

云南省所分布的树栖型两栖类动物有雨蛙科 Hylidae 和树蛙科 Rhacophoridae 两大类群。它们的成

体经常营树栖生活，少数种类活动于低矮的灌丛或草丛上，以脚趾的吸盘及胸腹部的腺体作用，使其身体牢固地贴附于树干、枝叶或其他附着物上。雨蛙科种类在静水水域如水塘或水稻田内产卵，卵块不成泡状。大多数树蛙科的种类主要在静水水域岸边繁茂的植物枝叶上产卵，泛树蛙属 *Polypedates* 的一些物种产卵于地面水域或潮湿的地表，多呈泡状卵团。树蛙科和雨娃科物种的蝌蚪，均生活在静水水域内，是静水型种类中成体营树栖生活的特殊类群。

在树栖型两栖类物种中的一些物种，主要或一生都在森林中的树上生活，并在集水的大树洞中完成产卵繁殖和早期个体发育，如微蹼铃蟾 *Bombina microdeladigitora* 在一定时期生活在树洞中，而小树蛙 *Philautus* sp. 、棱皮树蛙 *Theloderma* sp. 的一些物种甚至终生都只在树上生活，从不涉入地表。

2.4 穴居型

蚓螈目 GYMNOPHIONA 的鱼螈属 *Ichthyophis* 和无尾目 ANURA 的狭口蛙属 *Kaloula* 的种类，可归入穴居型。鱼螈属种类多居于热带陆地上湿润处的石头下或土穴内；狭口蛙属种类的成体，除在繁殖季节群集到临时性的水坑及其附近活动觅食之外，一般都栖息于土穴或离地面不高的树洞内。另外，小岩蛙属 *Micrixalus* 的种类也会在水域附近的洞穴中栖息，产卵于地表的潮湿环境中。

在穴居型两栖类中，还有个别物种生活在溶洞中，并发生了一些与溶洞环境相适应的变化（如红点齿蟾 *Oreolalax rhodostigmatus*）。所以，溶洞积水或潮湿所形成的特殊的湿地生境，为穴居物种的产卵繁殖和发育提供了条件。鱼螈也常在溪流边小洞穴内生活。

3 经济种类的利用情况

众所周知，两栖动物在维护自然生态系统的平衡中，具有其特殊的生态功能。尤其生活在农田耕作地中的两栖类，对消灭农田害虫起到重要作用，应该加以保护。两栖类动物中的许多种类具有一定的经济价值，可在保护的前提下合理开发利用。主要的经济价值是食用、药用、观赏和作为实验动物。

3.1 食用

著名的食用两栖类动物是牛蛙 *Rana catesbeiana*，亦称“喧蛙”。雌蛙体型较大，体长约 20cm，雄蛙体型稍小，约 18cm。鸣叫声响亮，似牛叫，故称“牛蛙”。原产北美洲，早年引进云南作为人工饲养，现已有一定的商品量提供市场。

云南各地农村居民都有捕食蛙类的习惯，不同的地方捕食的种类和程度各不相同。据多年的调查了解，受捕食威胁最大的蛙类，主要是虎纹蛙、棘蛙属（俗称石蹦）、臭蛙类、沼蛙类、短腿蟾类 *Brachytarsophrys* sp. 、大头蛙 *Rana kuhlii* 和部分个体较大的树蛙类 *Polypedates* sp. 、湍蛙类 *Amolops* sp. 和水蛙类等。在经济利益的驱动下，外地商贩的收购引起大量捕猎现象的发生，对资源的破坏性很大。

3.2 药用

陈振昆等（1999）编著的《药用动物与动物药》一书中记录有 19 种两栖类动物具有一定的药用价值。蛙类的肉有滋补作用。蟾蜍可以提供“蟾酥”。山溪鲵（俗名“雪鱼”）是名贵藏药和中药的药用动物。两栖类动物的药用价值，尚有待于进一步研究。

3.3 观赏

两栖类作为观赏动物饲养的种类不多，有的动物园内饲养大鲵 *Andrias davidianus*（俗称“娃娃鱼”），有的在鱼缸内饲养蓝尾蝾螈 *Cynops cyanurus yunnanensis* 和红瘰疣螈，作为观赏动物。

3.4 有开发利用前景的物种

在云南省境内有开发利用前景的两栖类物种较少，如有尾类中的山溪鲵和无尾类中的蟾蜍。蟾酥是名贵的中药材。大型蛙类有作为食用的商品价值，可通过人工驯养繁殖的渠道为社区发展经济。但必须在严格的规划管理和对野生物种资源进行充分调查研究的情况下，合理开发利用野生资源。另外，有一些物种的野生种群数量较大，但其利用价值尚不明确，如许多种蛙类的皮肤肽的利用价值，尚有待研究。

4 保护状况

两栖类动物的生存和繁衍，经受着日益严重的生态环境恶化的威胁。森林减少和植被破坏造成越来越多的水土流失和泥石流冲刷，湿地环境污染或破坏等灾害，使越来越多的湿地物种丧失生存场所。由于水土流失，加上人为影响，湖泊湿地尤其是城郊湖泊的水质日益遭受污染，使这些湖泊湿地的物种逐渐减少甚或绝灭。最为典型的例子是滇池的特有种——滇蝾螈的绝迹。在20世纪50~60年代，滇池周边的沼泽和农田中还比较容易见到滇蝾螈。在最近的40~50年中，由于滇池周边农田区和沼泽湿地受到农药和其他化学物品的严重污染危害，致使滇蝾螈和其他两栖类动物的种群数量大为减少甚至绝迹。大鲵、虎纹蛙、红瘰疣螈、蓝尾蝾螈、山溪鲵等种类，受人为的猎捕和贩卖的情况尤为突出。体型较大的棘蛙等种类不仅被当地居民猎捕为食，而且也逐渐受到外地商贩收购的威胁。尤其应引起注意的是，一些打着养殖等经营为名的野生动物走私商贩，收集各种珍稀和有经济价值物种的资料，与不法商贩合谋，有组织地大肆猎捕、收购和贩卖，严重地威胁着有经济价值物种的生存。另外，牛蛙等外来种的引入和大量繁殖，在一定程度上侵占了土著物种的生态位，甚至吞食土著物种，对土著物种的繁衍生存造成了严重的威胁。湿地两栖动物的生存状况还正受着全球气候变化的影响，这种影响一方面反映在局部地区内部分物种的持续生存，另一方面可能正逐渐改变着一些物种的分布格局。人为的贩卖运输，也在一定程度上导致一些物种分布格局的变化。

综观云南省湿地两栖动物的生存状况，当前受威胁程度最大的是亚热带湿地物种，那里人口密度较大，耕作地多，森林被破坏程度最大，泥石流侵袭严重，湿地散失快而广泛；其次为热带湿地，因过度的砍伐原始森林，经济林木和作物的种植以及随边境开放而带来的各种建设和开发、利用，大量人员流入，木材和野生动物的采伐和贩卖，严重地破坏了湿地动物的生境和物种的生存；而高海拔地区寒带湿地及物种相对来说保存较好，但也越来越受到猎食和以药材为名的收购的威胁。

湿地保护及与其相关的研究对两栖动物非常重要，而且已很迫切，滇蝾螈的消失，大鲵、虎纹蛙、棘蛙类数量的急剧减少，及一些农田、湖泊、河流湿地两栖类生存环境的恶化，已急需人类对这些环境及其物种的保护，并制定严格合理的管理规划。

5 云南湿地两栖动物名录

两栖纲 AMPHIBIA

Ⅰ 蚓螈目 GYMNOPHIONA

鱼螈科 Ichthyophidae

（1）版纳鱼螈 *Ichthyophis bannanicus* Yang

可见种。思茅、临沧、西双版纳、德宏。

Ⅱ 有尾目 CAUDATA

小鲵科 Hynobidae

（2）山溪鲵 *Batrachuperus pinchonii* David

可见种。丽江、怒江、迪庆。

隐鳃鲵科 Cryptobranchidae

（3）大鲵 *Andrias davidianus* Blanchard

罕见种。昭通。

蝾螈科 Salamandridae

（4）贵州疣螈 *Tylototriton kweichowensis* Fang and Chang

可见种。昭通。

（5）红瘰疣螈 *Tylototriton shanjing* Anderson

常见种。昆明、东川、昭通、曲靖、玉溪、思茅、临沧、保山、丽江、文山、红河、西双版纳、楚雄、大理、德宏。

（6）山涧疣螈 *Tylototriton verrucosus* Brodie, and Yang

可见种。临沧、保山、怒江。

（7）蓝尾蝾螈 *Cynops cyanurus yunnanensis* Liu, Hu, and Yang

可见种。昆明、红河、楚雄。

(8) 滇蝾螈 *Cynops wolterstorffi* Boulenger

罕见种。昆明。

(9) 呈贡蝾螈 *Cynops chenggongensis* Kou and Xing

罕见种。昆明。

Ⅲ 无尾目 ANURA

盘舌蟾科 Discoglossidae

(10) 大蹼铃蟾 *Bombina maxima* Boulenger

常见种。昆明、昭通、曲靖、玉溪、丽江、文山、楚雄、大理。

(11) 微蹼铃蟾 *Bombina microdeladigitora* Liu, Hu, and Yang

常见种。思茅、临沧、保山、红河、西双版纳、楚雄。

角蟾科 Megophryidae

角蟾亚科 Megophryinae

(12) 菲氏短腿蟾 *Brachytarsophrys feae* Boulenger

可见种。玉溪、思茅、临沧、保山、西双版纳、楚雄、大理、德宏、怒江。

(13) 宽头短腿蟾 *Brachytarsophrys carinensis* Boulenger

可见种。昆明、东川、丽江、楚雄、大理。

(14) 大围角蟾 *Megophrys daweimontis* Rao and Yang

可见种。红河。

(15) 大花角蟾 *Megophrys giganticus* Liu, Hu, and Yang

罕见种。思茅。

(16) 景东角蟾 *Megophrys jingdongensis* Fei and Ye

可见种。思茅、临沧、红河。

(17) 腺角蟾 *Megophrys glandulosa* Fei, Ye, and Huang

可见种。思茅、大理。

(18) 白颌大角蟾 *Megophrys lateralis* Anderson

可见种。玉溪、思茅、临沧、保山、文山、红河、西双版纳、楚雄、大理、德宏、怒江。

(19) 小角蟾 *Megophrys minor* Stejneger

可见种。昭通、玉溪、思茅、临沧、保山、文山、红河、西双版纳、楚雄、大理、德宏、怒江、迪庆。

(20) 粗皮角蟾 *Megophrys palpebralespinosa* Bourret

罕见种。红河。

(21) 凹顶角蟾 *Megophrys parva* Boulenger

可见种。西双版纳。

(22) 棘指角蟾 *Megophrys spinatus* Liu and Hu

可见种。昭通。

(23) 无量山角蟾 *Megophrys wuliangshanensis* Ye and Fei

可见种。思茅、临沧、大理。

(24) 小口拟角蟾 *Ophryophryne microstoma* Boulenger

可见种。红河。

(25) 突肛拟角蟾 *Ophryophryne pachyproctus* Kou

可见种。西双版纳。

拟髭蟾亚科 Leptobrachinae

(26) 沙巴拟髭蟾 *Leptobrachium chapaensis* Bourret

可见种。思茅、临沧、保山、红河、西双版纳。

(27) 掌突蟾 *Leptolalax pelodytoides* Boulenger

常见种。玉溪、思茅、临沧、保山、文山、红河、西双版纳、楚雄、德宏。

(28) 高山掌突蟾 *Leptolalax alpinus* Fei, Ye, and Li

可见种。临沧、大理。

(29) 腹斑掌突蟾 *Leptolalax ventripunctatus* Fei, Ye, and Li

可见种。临沧、西双版纳。

(30) 棘疣齿蟾 *Oreolalax granulosus* Fei, Ye, and Chen

可见种。玉溪、思茅。

(31) 景东齿蟾 *Oreolalax jingdongensis* Ma, Yang, and Li

可见种。玉溪、思茅。

(32) 红点齿蟾 *Oreolalax rhodostigmatus* Hu and Fei

罕见种。昭通。

(33) 疣刺齿蟾 *Oreolalax rugosus* Liu

可见种。丽江、楚雄、大理。

(34) 乡城齿蟾 *Oreolalax xiangchengensis* Fei and Huang

可见种。迪庆。

（35）胸腺齿突蟾 *Scutiger glandulatus* Liu

可见种。怒江。

（36）贡山齿突蟾 *Scutiger gongshanensis* Yang and Su

可见种。怒江。

（37）刺胸齿突蟾 *Scutiger mammatus* Günther

可见种。迪庆。

（38）哀牢髭蟾 *Vibrissaphora ailaonica* Yang, Chen, and Ma

可见种。临沧、文山、红河、大理。

蟾蜍科 Bufonidae

（39）哀牢蟾蜍 *Bufo ailaonus* Kou

可见种。思茅、楚雄。

（40）华西蟾蜍 *Bufo andrewsi* Schmidt

常见种。昆明、东川、昭通、曲靖、玉溪、思茅、临沧、保山、丽江、文山、红河、西双版纳、楚雄、大理、德宏、怒江、迪庆。

（41）缅甸蟾蜍 *Bufo burmanus* Anderson

可见种。怒江。

（42）隐耳蟾蜍 *Bufo cryptotympanicus* Liu and Hu

可见种。红河。

（43）中华蟾蜍 *Bufo gargarizans* Cantor

常见种。昆明、东川、昭通、曲靖。

（44）喜山蟾蜍 *Bufo himalayanus* Günther

可见种。怒江。

（45）黑眶蟾蜍 *Bufo melanostictus* Schneider

常见种。昆明、东川、昭通、曲靖、玉溪、思茅、临沧、保山、文山、红河、西双版纳、楚雄、大理、德宏、怒江、迪庆。

（46）西藏蟾蜍 *Bufo tibetanus* Zarevsky

可见种。怒江。

（47）无棘溪蟾 *Torrentophryne aspinia* Yang and Rao

可见种。大理。

（48）疣棘溪蟾 *Torrentophryne tuberospinia* Yang and Liu

可见种。德宏、怒江。

雨蛙科 Hylidae

（49）华西雨蛙 *Hyla annenctans* Jerdon

常见种。昆明、东川、昭通、曲靖、玉溪、思茅、临沧、保山、丽江、文山、红河、西双版纳、楚雄、大理、德宏。

（50）贡山雨蛙 *Hyla gongshanensis* Li and Yang

可见种。怒江、迪庆。

蛙科 Ranidae

（51）圆舌浮蛙 *Occidozyga martensii* Peters

常见种。思茅、临沧、保山、西双版纳、德宏。

（52）尖舌浮蛙 *Occidozyga lima* Gravenhorst

常见种。思茅、临沧、保山、西双版纳、德宏。

（53）缅北棘蛙 *Paa arnoldi* Dubois

可见种。怒江。

（54）棘腹蛙 *Paa boulengeri* Günther

可见种。昭通、曲靖、红河。

（55）眼斑棘蛙 *Paa feae* Boulenger

罕见种。保山、德宏。

（56）无声囊棘蛙 *Paa liui* Dubois

可见种。丽江。

（57）花棘蛙 *Paa maculosa* Liu, Hu, and Yang

可见种。玉溪、思茅、红河。

（58）棘胸蛙 *Paa spinosa* David

可见种。玉溪、思茅、红河。

（59）棘肛蛙 *Paa unculuanus* Liu, Hu, and Yang

可见种。思茅、红河。

（60）多疣棘蛙 *Paa verrucospinosa* Kou

罕见种。西双版纳。

（61）双团棘胸蛙 *Paa yunnanensis* Anderson

常见种。昆明、东川、昭通、曲靖、玉溪、思茅、临沧、保山、丽江、文山、红河、西双版纳、楚雄、大理、德宏、怒江。

（62）弹琴蛙 *Rana adenopleura* Boulenger

可见种。昭通。

（63）云南臭蛙 *Rana andersonii* Boulenger

可见种。玉溪、思茅、临沧、保山、西双版纳、楚雄、大理、德宏、怒江。

（64）版纳蛙 *Rana bannanica* Rao and Yang

罕见种。西双版纳。

（65）昭觉林蛙 *Rana chaochiaoensis* Liu

常见种。昆明、东川、昭通、曲靖、玉溪、思茅、临沧、保山、丽江、文山、红河、西双版纳、楚雄、大理、德宏、怒江。

（66）无指盘臭蛙 *Rana grahami* Boulenger

可见种。昆明、东川、昭通、曲靖、玉溪、思茅、临沧、保山、丽江、文山、红河、西双版纳、楚雄、大理、德宏。

(67) 沼蛙 *Rana guentheri* Boulenger

可见种。昭通、红河。

(68) 大头蛙 *Rana kuhlii* Tschudi

可见种。思茅、临沧、保山、文山、红河、西双版纳。

(69) 泽蛙 *Rana limnocharis* Boie

常见种。昭通、曲靖、玉溪、思茅、临沧、保山、文山、红河、西双版纳、楚雄、德宏、怒江。

(70) 江城蛙 *Rana lini* Chou

常见种。临沧、红河。

(71) 大绿蛙 *Rana livida* Blyth

可见种。临沧、文山、红河、西双版纳、德宏。

(72) 黑斜线蛙 *Rana nigrolineata* Liu and Hu

可见种。思茅、临沧、西双版纳。

(73) 黑斑蛙 *Rana nigromaculata* Hallowell

常见种。昭通、楚雄。

(74) 黑带蛙 *Rana nigrovittata* Blyth

常见种。思茅、临沧、红河、西双版纳。

(75) 滇蛙 *Rana pleuraden* Bloulenger

常见种。昆明、东川、昭通、玉溪、思茅、临沧、保山、丽江、西双版纳、楚雄、大理。

(76) 虎纹蛙 *Rana rugulosa* Wiegmann

可见种。思茅、临沧、保山、文山、红河、西双版纳、德宏。列为国家Ⅱ级重点保护动物。

(77) 胫腺蛙 *Rana shuchinae* Liu

可见种。怒江、迪庆。

(78) 台北蛙 *Rana taipehensis* VanDenburgh

可见种。红河。

(79) 滇南臭蛙 *Rana tiannanensis* Yang and Li

可见种。文山、红河、西双版纳、德宏。

(80) 黑耳蛙 *Rana varians* Dubois

罕见种。红河、西双版纳。

(81) 威宁蛙 *Rana weiningensis* Liu, Hu, and Yang

常见种。昆明、东川、昭通、曲靖。

(82) 刘氏小岩蛙 *Micrixalus liui* Yang

可见种。西双版纳、临沧。

(83) 倭蛙 *Nanorana pleskei* Günther

常见种。丽江、迪庆。

(84) 腹斑倭蛙 *N. ventripunctata* Fei and Huang

可见种。迪庆。

(85) 西域湍蛙 *Amolops afghanus* Günther

罕见种。德宏。

(86) 崇安湍蛙 *Amolops chunganensis* Pope

可见种。思茅、临沧。

(87) 金江湍蛙 *Amolops jinjiangensis* Su et al

可见种。迪庆。

(88) 平疣湍蛙 *Amolops tubrodepressus* Liu et al

可见种。思茅。

(89) 棕点湍蛙 *Amolops loloensis* Liu

可见种。昭通。

(90) 勐养湍蛙 *Amolops mengyangensis* Wu and Tian

罕见种。西双版纳。

(91) 山湍蛙 *Amolops monticola* Anderson

罕见种。怒江。

(92) 片马湍蛙 *Amolops bellulus* Liu et al

可见种。怒江。

(93) 长吻湍蛙 *Amolops nasica* Boulenger

罕见种。临沧、红河、西双版纳。

(94) 绿点湍蛙 *Amolops viridimaculatus* Jiang

可见种。思茅、临沧、保山、大理、怒江。

(95) 胡氏湍蛙 *Huia* sp.

罕见种。西双版纳。

树蛙科 Rhacophoridae

小树蛙亚科 Philautinae

(96) 锯腿小树蛙 *Philautus cavirostris* Günther

常见种。思茅、临沧、保山、文山、红河、西双版纳。

(97) 黑眼睑小树蛙 *Philautus gracilipes* Bourret

可见种。红河。

(98) 陇川小树蛙 *Philautus longchuanensis* Yang and Li

常见种。思茅、临沧、保山、文山、红河、西双版纳、德宏。

(99) 白颊小树蛙 *Philautus palpebralis* Smith

常见种。红河。

(100) 红吸盘小树蛙 *Philautus rhododiscus* Liu and Hu

罕见种。红河。

(101) 金秀小树蛙 *Philautus jinxiuensis* Hu

常见种。文山、红河。

（102）勐腊小树蛙 *Philautus menglaensis* Kou

可见种。西双版纳。

（103）白斑小树蛙 *Philautus albopunctatus* Liu and Hu

可见种。红河。

树蛙亚科 Rhacophorinae

（104）背条跳树蛙 *Chirixalus doriae* Boulenger

常见种。思茅、临沧、保山、红河、西双版纳。

（105）侧条跳树蛙 *Chirixalus vittatus*（Boulenger）

可见种。玉溪、思茅、临沧、西双版纳。

（106）杜氏泛树蛙 *Polypedates dugritei* David

常见种。玉溪、思茅、临沧、红河、西双版纳。

（107）棕褶泛树蛙 *Polypedates feae* Boulenger

常见种。红河。

（108）斑腿泛树蛙 *Polypedates megacephalus*（Hallowell）

常见种。曲靖、玉溪、思茅、临沧、保山、文山、红河、西双版纳、楚雄、大理、德宏、怒江。

（109）无声囊泛树蛙 *Polypedates mutus* Smith

可见种。思茅、文山、红河、西双版纳、怒江。

（110）黑点泛树蛙 *Polypedates nigropunctatus* Liu，Hu and Yang

可见种。保山。

（111）屏边泛树蛙 *Polypedates pingbianensis* Kou，Hu and Gao

常见种。红河。

（112）普洱泛树蛙 *Polypedates puerensis* He

可见种。思茅。

（113）贡山树蛙 *Rhacophorus gongshanensis*

可见种。怒江、保山。

（114）红蹼树蛙 *Rhacophorus rhodopus* Liu and Hu

常见种。玉溪、思茅、临沧、保山、红河、西双版纳、大理、德宏。

（115）白颌大树蛙 *Rhacophorus maximus* Günther

可见种。思茅、临沧、西双版纳。

（116）黑蹼树蛙 *Rhacophorus reinwardtii* Schlegel

可见种。西双版纳。

姬蛙科 Microhylidae

（117）云南小狭口蛙 *Calluella yunnanensis* Boulenger

常见种。昆明、曲靖、玉溪、思茅、临沧、保山、楚雄。

（118）孟连细狭口蛙 *Kalophrynus menglienicus* Yang and Su

可见种。思茅。

（119）花细狭口蛙 *Kalophrynus pleurostigma* Blyth

罕见种。西双版纳。

（120）花狭口蛙 *Kaloula pulchra* Gray

可见种。思茅、临沧、西双版纳。

（121）多疣狭口蛙 *Kaloula verrucosa* Boulenger

常见种。昆明、曲靖、玉溪、思茅、临沧、保山、丽江、文山、红河、楚雄、大理。

（122）粗皮姬蛙 *Microhyla butleri* Boulenger

可见种。思茅、临沧、红河、西双版纳。

（123）大姬蛙 *Microhyla fowleri* Blyth

罕见种。西双版纳。

（124）小弧斑姬蛙 *Microhyla heymonsi* Vogt

常见种。曲靖、玉溪、思茅、临沧、保山、文山、红河、西双版纳、楚雄。

（125）德力姬蛙 *Microhyla inornata* Boulenger

罕见种。西双版纳。

（126）饰纹姬蛙 *Microhyla ornate* Duméril and Bibron

常见种。昭通、曲靖、玉溪、思茅、临沧、保山、文山、红河、西双版纳。

（127）花姬蛙 *Microhyla pulchra* Hallowell

可见种。红河、西双版纳。

第四节 湿地爬行动物

湿地爬行动物是指比较适应于湿地生活、栖息于湿地水域中或水域边缘的物种。包括大多数龟鳖类（陆龟类的凹甲陆龟和缅甸陆龟不计）、巨蜥类、长鬣蜥、水蛇和游蛇科部分物种；另外，还有许多种爬行类动物虽不栖息于湿地的水域中，但经常到湿地边缘活动、饮水和觅食，所以，广义的湿地爬行动物也包括这些种类。

1 云南湿地爬行动物主要种类及分布

据初步统计，云南有湿地爬行动物94种，隶属3目（亚目）13科。所含目、科及种数统计列于表12－9。

表12－9 云南湿地爬行类目、科、种数

目名	科名	种数
龟鳖目 TESTUDINATA	平胸龟科 Platysternidae	1
	龟科 Emydidae	8
	鳖科 Trionychidae	3
有鳞目 SQUAMATA		
蜥蜴亚目 LACERTILIA	鬣蜥科 Agamidae	1
	蜥蜴科 Lacertidae	2
	蛇蜥科 Anguidae	2
	巨蜥科 Varanidae	2
	石龙子科 Scincidae	11
蛇亚目 SERPENTES	闪鳞蛇科 Xenopeltidae	1
	蟒科 Boidae	1
	游蛇科 Colubridae	52
	眼镜蛇科 Elapidae	5
	蝰科 Viperidae	5

国内目前仅见于云南的爬行动物种类约有20种，云南闭壳龟 *Cuora yunnanensis*、伊江巨蜥 *Varanus irrawadicus*、闪鳞蛇 *Xenopeltis unicolor*、滇西蛇 *Atretium yunnanensis*、云南华游蛇 *Sinonatrix yunnanensis*、雪山蝮 *Agkidtrodon monticla* 等。

云南特有种约计15种，如云南闭壳龟、云南华游蛇和雪山蝮等。

列入国家Ⅰ级重点保护野生动物名录的有：鼋 *Pelochelys bibroni*，分布于思茅地区、红河州和西双版纳州；伊江巨蜥仅分布于德宏州；圆鼻巨蜥 *Varanus salvator* 可见于思茅、临沧、文山、红河、西双版纳和德宏等地；蟒蛇 *Python molurus* 分布于思茅、临沧、保山、文山、红河、西双版纳、楚雄、大理和德宏等地，均产于云南的热带和南亚热带地区，种群数量稀少。

列为国家Ⅱ级重点保护野生动物的有：云南闭壳龟，罕见于昆明、东川等地；山瑞鳖 *Trionyx steindachneri*，罕见于文山、红河和西双版纳。

列入《濒危野生动植物种国际贸易公约》（CITES）附录Ⅰ的种类有蟒蛇一种，附录Ⅱ的物种有巨蜥属 *Varanus*、滑鼠蛇 *Ptyas mucosus*、孟加拉眼镜蛇 *Naja kaouthia*、眼镜王蛇 *Ophiophagus hannah*。

列入《中国物种红色名录》（汪松、解焱主编，2004）的珍稀物种计20余种，包括平胸龟 *Platysternon megacephalum*、云南闭壳龟、齿缘龟 *Cyclemys dentata*、黄喉拟水龟 *Mauremys mutica*、锯缘摄龟 *Pyxidea mouhotii*、鼋、鳖 *Pelodiscus sinensis*、山瑞鳖、长鬣蜥 *Physignaths cocincinus*、细脆蛇蜥 *Ophisaurus gracilis*、伊江巨蜥、圆鼻巨蜥、北草蜥 *Takydromus septentrionalis*、南草蜥 *Takydromus sexlineatus ocellatus*、昆明滑蜥 *Scincella barbouri*、山滑蜥 *Scincella monticola*、闪鳞蛇、蟒蛇、无颞鳞腹链蛇 *Amphisma atemporalis*、黑带腹链蛇 *Amphisma bitaeniata*、雪山蝮。湿地爬行动物主要分布于热带湿地，以河流湿地、湖泊湿地为主，而沼泽和沼泽化草甸湿地的物种很少；雪山蝮生活于高山湿草甸和冻原湿地附近。

2 经济种类的利用

2.1 食用

湿地爬行类物种中，传统被食用的种类有平胸龟、山瑞鳖、巨蜥、蟒蛇、三索锦蛇、黑眉锦蛇、滑鼠蛇、黑线乌梢蛇、孟加拉眼镜蛇和眼镜王蛇等。但产地社区居民对蛇类普遍具有畏惧感或厌恶感，故主动捕蛇食用的现象很少。近几年由于外地商贩的介入收购，在经济利益的驱动下而引起的滥捕乱猎现象时有发生，对资源的破坏性很大。

湿地爬行类动物中的龟鳖类和蛇类，肉质鲜美、细嫩，中医药认为有滋补作用，并视为山珍美味，因此被取食的种类和数量较多。

2.2 药用

湿地爬行类中，龟鳖类、大壁虎、脆蛇蜥类、三索锦蛇、滑鼠蛇、银环蛇 *Bungarus multicinctus*、金环蛇 *Bungarus fasciatus* 和眼镜蛇等是传统的药用动物。但产地社区居民所能利用的很少，而且用法单调，多浸泡为药酒，如蛤蚧、三索锦蛇、黑眉锦蛇、绿锦蛇、翠青蛇、绿瘦蛇、银环蛇、孟加拉眼镜蛇、莱花烙铁头、竹叶青、缅甸颈斑蛇以及巨蜥头和蟒蛇头等，而且很多都不知道具体的药效和用途。

陈振昆等（1999）记录药用爬行类有 63 种，其中属云南湿地爬行类的有 26 种。

药用价值最大的是蛇毒，有养蛇场专门饲养毒蛇，如眼镜蛇类、眼镜王蛇、金环蛇、银环蛇等，定时收取蛇毒，从蛇毒中可提取具有很高药效的生物化学成分，作为制造多种药物的原料。

2.3 宠物

在爬行类动物中作为宠物饲养的种类较少，仅有龟类、长鬣蜥和龙蜥类中的少数物种。最常见的有绿毛龟，绿毛龟是乌龟或黄喉拟水龟的背甲上着生有基枝藻 *Basicladia crassa* 或刚毛藻 *Cladophora glomerata* 等绿藻的龟。有人饲养在鱼缸等容器中，作为观赏动物。

3 保护状况

通过多年来对我国《野生动物保护法》的贯彻实施，保护力度的加强，人为的滥捕乱猎情况已经有所遏制。但是因为水土流失和水域环境的污染，正威胁着湿地爬行动物的生存。如云南闭壳龟、白头闭壳龟 *Cuora pallidicephala*、大峰闭壳龟 *Cuora chriskarannarum* 及分布于云南南部的鼋等种类现已很难发现。曾广布于云南南部和西南部热带和南亚热带地区的圆鼻巨蜥、蟒蛇和长鬣蜥等种类的种群数量也已大为减少。

另外，人为的贩卖也在一定程度上造成一些物种分布范围的混乱，龟鳖类和巨蜥都曾发生过类似的事例。如现在花鸟市场上常见的巴西红耳龟等外来种类的流入和繁殖，在一定程度上挤占了土著物种的生态位，可能正日益严重地影响着土著物种的生存。湿地爬行动物的生存状况还在受着全球气候变化的影响，这种影响反映在一些物种的生存空间、分布地和分布范围的改变。

云南当前受威胁程度最大的是南亚热带湿地物种，那里人口密度较大，耕作地多，森林被破坏程度最大，泥石流侵袭严重，湿地散失快而广泛；其次为热带湿地，因过度的砍伐原始森林和种植经济林木及作物，以及随边境开放而带来的各种建设和开发、利用，大量人员的流动，木材和野生动物的采伐及贩卖，严重地破坏了湿地动物的生境，影响物种的生存；高海拔地区寒带湿地的物种相对保存较好，但也越来越多地受到猎食和以收购药材为名的贩卖威胁。

4 云南湿地爬行动物名录

龟鳖目 TESTUDOFORMES

平胸龟科 Platysternidae

（1）平胸龟 *Platysternon megacephalum* Gray

可见种。玉溪、思茅、临沧、文山、红河、西双版纳。

龟科 Emydidae

（2）乌龟 *Chinemys reevesii* Gray

罕见种。楚雄。

(3) 黄喉拟水龟 *Mauremys mutica* Cantor

罕见种。红河。

(4) 锯缘摄龟 *Pyxidea mouhotii* Gray

罕见种。玉溪、文山、红河、西双版纳。

(5) 齿缘龟 *Cyclemys dentatus* (Gray)

罕见种。西双版纳。

(6) 地龟 *Geoemyda spengleri* (Gmelin)

罕见种。红河。

(7) 大峰闭壳龟 *Cuora chriskarannarum* Ernst & Mccord

罕见种。红河金平。

(8) 白头闭壳龟 *Cuora pallidicephala* McCord and Iverson

罕见种。楚雄武定、元谋。

(9) 云南闭壳龟 *Cuora yunnanensis* Boulenger

罕见种。昆明、东川。

鳖科 Trionychidae

(10) 鼋 *Pelochelys bibronii* Gray

罕见种。思茅、红河、西双版纳。

(11) 鳖 *Pelodisus sinensis* Wiegmann

可见种。玉溪、思茅、临沧、文山、红河、西双版纳、楚雄、大理。

(12) 山瑞鳖 *Palea steindachneri* Siebenrock

罕见种。文山、红河、西双版纳。

有鳞目 SQUAMATA

蜥蜴亚目 LACERTILIA

鬣蜥科 Agamidae

(13) 长鬣蜥 *Physignaths cocincinus* Cuvier

罕见种。思茅、临沧、文山、红河、西双版纳、德宏。

蜥蜴科 Lacertidae

(14) 北草蜥 *Takydromus septentrionalis* Günther

可见种。昭通、金平。

(15) 南草蜥 *Takydromus sexlineatus ocellatus* Daudin

可见种。临沧、文山、红河、西双版纳。

蛇蜥科 Anguidae

(16) 细脆蛇蜥 *Ophisaurus gracilis* Gray

可见种。东川、昭通、思茅、临沧、保山、文山、红河、西双版纳、楚雄、大理、德宏。

(17) 脆蛇蜥 *Ophisaurus harti* Boulenger

可见种。思茅、临沧、保山、文山、红河、西双版纳、楚雄、大理、德宏。

巨蜥科 Varanidae

(18) 伊江巨蜥 *Varanus irrawadicus* Yang et Li

罕见种。德宏。

(19) 圆鼻巨蜥 *Varanus salvator* (Laurenti)

可见种。思茅、临沧、文山、红河、西双版纳、德宏。

石龙子科 Scincidae

(20) 中国石龙子 *Eumeces chinensis* Gray

昭通。

(21) 蓝尾石龙子 *Eumeces elegans* Boulenger

昭通。

(22) 长尾南蜥 *Mabuya longicaudata* Hallowell

可见种。文山。

(23) 多线南蜥 *Mabuya multifasciata* Kuhl

常见种。西双版纳、红河。

(24) 股鳞蜓蜥 *Sphenomorphus incognitos* Thompson

罕见种。保山。

(25) 铜蜓蜥 *Sphenomorphus indicus* Gray

常见种。昆明、东川、昭通、曲靖、玉溪、思茅、临沧、保山、丽江、文山、红河、西双版纳、楚雄、大理、德宏、怒江、迪庆。

(26) 蜓蜥 *Sphenomorphus maculatus* Blyth

常见种。思茅、临沧、保山、德宏。

(27) 缅甸棱蜥 *Tropidophorus berdmorei* Blyth

可见种。保山、红河。

(28) 昆明滑蜥 *Scincella barbouri* Stejneger

常见种。昆明。

(29) 长肢滑蜥 *Scincella doriae* Boulenger

常见种。昆明。

(30) 山滑蜥 *Scincella monticola* Schmidt

常见种。丽江、大理、迪庆。

蛇亚目 SERPENTES

闪鳞蛇科 Xenopeltidae

(31) 闪鳞蛇 *Xenopeltis unicolor* Hu and Zhao

罕见种。红河、西双版纳。

蟒科 Pythonidae

(32) 蟒蛇 *Python molurus* Linnaeus

稀有种。思茅、临沧、保山、文山、红河、西双版纳、楚雄、大理、德宏。

游蛇科 Colubridae

游蛇亚科 Colubrinae

(33) 无颞鳞腹链蛇 *Amphiesma atemporalis* Bourret

可见种。昆明、思茅、文山、红河。

(34) 黑带腹链蛇 *Amphiesma bitaeniata* Wall

可见种。保山、德宏、怒江、迪庆。

(35) 白眉腹链蛇 *Amphiesma boulengeri* Gressitt

可见种。思茅、红河、西双版纳。

(36) 锈链腹链蛇 *Amphiesma craspedogaster* Boulenger

可见种。昭通、曲靖。

(37) 棕网腹链蛇 *Amphiesma johannis* Boulenger

可见种。丽江。

(38) 卡西腹链蛇 *Amphiesma khasiensis* Boulenger

可见种。思茅、临沧、德宏。

(39) 腹斑腹链蛇 *Amphisma modesta* Günther

可见种。玉溪、思茅、临沧、保山、德宏。

(40) 八线腹链蛇 *Amphiesma octolineata* Boulenger

可见种。昆明、东川、昭通、曲靖、玉溪、思茅、临沧、保山、丽江、红河、西双版纳、楚雄、大理、德宏、怒江。

(41) 丽纹腹链蛇 *Amphiesma optata* Hu and Zhao

可见种。昭通。

(42) 双带腹链蛇 *Amphiesma parallela* Boulenger

可见种。西双版纳。

(43) 坡普腹链蛇 *Amphiesma popei* Schmidt

罕见种。西双版纳。

(44) 草腹链蛇 *Amphiesma stolata* Linnaeus

可见种。玉溪、思茅、临沧、保山。

(45) 缅北腹链蛇 *Amphiesma venningi* Wall

可见种。怒江。

(46) 滇西蛇 *Atretium yunnanensis* Anderson

可见种。思茅、临沧、保山、西双版纳、德宏。

(47) 喜山颈槽蛇 *Rhabdophis himalayanus* Günther

常见种。迪庆。

(48) 缅甸颈槽蛇 *Rhabdophis leonardi* Wall

可见种。思茅、临沧、保山、丽江、文山、红河、西双版纳、楚雄、大理、德宏、怒江、迪庆。

(49) 黑纹颈槽蛇 *Rhabdophis nigrocinctus* Blyth

可见种。临沧、保山、丽江、文山、红河、西双版纳、楚雄、大理、德宏。

(50) 颈槽游蛇 *Rhabdophis nuchalis* Boulenger

可见种。昭通、楚雄。

(51) 红脖颈槽蛇 *Rhabdophis subminiatus* Schlegel

常见种。昆明、玉溪、思茅、临沧、保山、丽江、文山、红河、西双版纳、楚雄、大理、德宏。

(52) 虎斑颈槽蛇 *Rhabdophis tigrinus* Boie

可见种。昭通、西双版纳。

(53) 黄链蛇 *Dinodon flavozonatum* Pope

罕见种。文山。

(54) 赤练蛇 *Dinodon rufozonatum* Cantor

可见种。昭通。

(55) 白链蛇 *Dinodon septentrionalis* Günther

常见种。昆明、玉溪、思茅、临沧、保山、丽江、文山、红河、西双版纳、楚雄、大理、德宏、怒江。

(56) 云南华游蛇 *Sinonatrix yunnanensis* Rao and Yang

可见种。思茅、红河、西双版纳。

(57) 环纹华游蛇 *Sinonatrix aequifasciata* Barbour

可见种。昭通、曲靖。

(58) 华游蛇 *Sinonatrix percarinata* Boulenger

可见种。红河、西双版纳。

(59) 渔游蛇 *Xenochrophis piscator* Schneider

常见种。思茅、临沧、红河、西双版纳。

(60) 喜山小头蛇 *Oligodon albocinctus* Cantor

罕见种。德宏、迪庆。

(61) 方花小头蛇 *Oligodon bellus* Stanley

罕见种。思茅、楚雄、大理、德宏、怒江。

(62) 中国小头蛇 *Oligodon chinensis* Günther

罕见种。昭通。

(63) 紫棕小头蛇 *Oligodon cinereus* Günther

罕见种。文山、红河。

(64) 管状小头蛇 *Oligodon cyclurus* Cantor

可见种。红河。

(65) 台湾小头蛇 *Oligodon formosanus* Günther

可见种。曲靖、思茅、文山。

(66) 昆明小头蛇 *Oligodon kunmingensis* Kou and Wu

可见种。昆明。

(67) 圆斑小头蛇 *Oligodon lacroixi* Angel and Bourret

罕见种。思茅、红河。

(68) 山斑小头蛇 *Oligodon taeniatus* Günther

可见种。文山。

(69) 沙巴后棱蛇 *Opisthotropis jacobi* Angel and Bourret

可见种。红河。

(70) 老挝后棱蛇 *Opisthotropis praemaxillaris* Angel

少见种。思茅。

(71) 颈斑蛇 *Plagiopholis blakewayi* Boulenger

可见种。昆明、玉溪、思茅、临沧、保山、红河、西双版纳、楚雄、大理、德宏。

(72) 云南颈斑蛇 *Plagiopholis unipostocularis* Zhao, Jiang, and Huang

可见种。德宏、怒江。

(73) 缅甸颈斑蛇 *Plagiopholis nuchalis* Boulenger

可见种。思茅、临沧、西双版纳。

(74) 滑鳞蛇 *Liopeltis frenatus* Günther

罕见种。大理。

(75) 白环蛇 *Lycodon aulicus* Linnaeus

可见种。思茅、临沧、保山、文山、红河、西双版纳、德宏、怒江。

(76) 双全白环蛇 *Lycodon fasciatus* Anderson

可见种。昆明、思茅、临沧、保山、文山、红河、西双版纳、德宏、怒江、迪庆。

(77) 老挝白环蛇 *Lycodon laoensis* Günther

可见种。红河、西双版纳。

(78) 紫沙蛇 *Psammodynastes pulverulentus* Boie

可见种。曲靖、楚雄。

(79) 灰鼠蛇 *Ptyas korros* Schlegel

可见种。文山。

(80) 滑鼠蛇 *Ptyas mucosus* Linnaeus

常见种。思茅、临沧、红河、西双版纳。

(81) 黑网乌梢蛇 *Zaocys carinatus* Günther

罕见种。临沧、红河。

(82) 黑线乌梢蛇 *Zaocys nigromarinatus* Blyth

常见种。昆明、东川、昭通、曲靖、玉溪、思茅、临沧、保山、丽江、文山、红河、西双版纳、楚雄、大理、德宏、怒江、迪庆。

(83) 黄腹杆蛇 *Rhabdops bicolor* Blyth

可见种。德宏。

水游蛇亚科 Homalopsinae

(84) 铅色水蛇 *Enhydris plumbea* Boie

可见种。文山、红河、西双版纳。

眼镜蛇科 Elapidae

(85) 金环蛇 *Bungarus fasciatus* Schneider

可见种。思茅、临沧、保山、文山、红河、西双版纳、德宏。

(86) 银环蛇 *Bungarus multicinctus* Blyth

可见种。思茅、临沧、保山、文山、红河、西双版纳、德宏。

(87) 丽纹蛇 *Calliophis macclellandi* Reinhardt

稀有种。思茅、临沧、保山、文山、红河、西双版纳、德宏。

(88) 孟加拉眼镜蛇 *Naja kaouthia* Lesson

可见种。昆明、曲靖、玉溪、思茅、临沧、保山、文山、红河、西双版纳、楚雄、德宏、怒江。

(89) 眼镜王蛇 *Ophiophagus hannah* Cantor

可见种。昆明、曲靖、玉溪、思茅、临沧、保山、文山、红河、西双版纳、楚雄、德宏。

蝰科 Viperidae

(90) 雪山蝮 *Gloysdius monticla* Bedriaga

可见种。怒江、迪庆。

(91) 白唇竹叶青 *Trimeresurus albolabris* Gray

常见种。思茅、临沧、保山、西双版纳、德宏。

(92) 竹叶青 *Trimeresurus stejnegeri* Schmidt

可见种。昆明、昭通、楚雄、大理。

(93) 乡城竹叶青 *Trimeresurus xiangchengensis* Zhao, Jiang and Huang

可见种。迪庆。

(94) 云南竹叶青 *Trimeresurus yunnanensis* Schmidt

可见种。昆明、玉溪、思茅、保山、楚雄、大理、德宏、怒江。

第五节　湿地鸟类

通常人们在湿地中能够见到的鸟类大致可以划分为4种类型：①栖息和觅食完全依赖于湿地，其活动范围仅限在湿地及其周边邻近地区的种类；②栖息和觅食主要依赖于湿地，但也到非湿地生境中活动的种类；③栖息和觅食主要不依赖于湿地，而在非湿地生境中生活，但湿地存在时也可以利用湿地的种类；④偶尔到湿地生境中活动的种类。由于在湿地观察到的鸟类中往往包括了偶尔到湿地生境中活动的种类，所以不能认为在湿地中见到的鸟类都是湿地鸟类。湿地鸟类的范畴，很难从生态学和分类学上简单明了地界定，因此，《湿地公约》采用了"水鸟"的定义。其定义为："水鸟系指从生态学角度看以湿地为生存条件的鸟类"。包括传统上习称的鸻鹬类、雁鸭类、鹭类、鹤类、鹳类等。除了以上这些类群，还有一些依赖湿地生存的种类，如翠鸟类、猛禽类以及一些雀形目鸟类，由于这些鸟类可以因保护水鸟而受益，因此没有列入水鸟的范围。中国鸟类学会水鸟组（1994）提供的中国水鸟名录基本按这一思路列入了传统的水禽，但未列入鹱形目 PROCELLARIIFORMES、鹈形目 PELECANIFORMES 中的鹲科 Phaethontidae、鲣鸟科 Sulidae、军舰鸟科 Fregatidae 等主要栖息于海洋的鸟类。国家林业局等（2000）的《中国主要水鸟名录》则将所有传统的水禽均列入了水鸟名录中，包括鹱形目、鹈形目的鹲科、鲣鸟科、军舰鸟科等主要栖息于海洋的鸟类，同时还包括了隼形目 FALCONIFORMES 的鹗 *Pandion haliaetus*、鸮形目 STRIGIFORMES 的渔鸮 *Ketupa* sp.、佛法僧目 CORACIIFORMES 翠鸟科 Alcedinidae 中的冠鱼狗 *Ceryle lugubris*、斑鱼狗 *Ceryle rudis*、普通翠鸟 *Alcedo atthis*、赤翡翠 *Halcyon coromanda*、白胸翡翠 *Halcyon smyrnensis* 和蓝翡翠 *Halcyon pileata* 等，但没有雀形目 PASSERIFORMES 的鸟类。王子清等（1995）在其《中国湿地陆栖动物初录》中，除不完整的水禽名录之外，还列有鸡形目 GALLIFORMES 的雉鸡 *Phasianus colchicus*；隼形目的鹰 *Accipiter* sp.、鹞 *Circus* sp.、隼 *Falco* sp.；鸮形目的小鸮 *Athene* sp.、林鸮 *Strix* sp.、雕鸮 *Bubo* sp.、耳鸮 *Aegolius* sp. 等属的鸟类以及大量的雀形目鸟类，却缺少了渔鸮、冠鱼狗、斑鱼狗、普通翠鸟、赤翡翠等以水生昆虫、鱼类等水生动物为主要食物的种类。可见，不同研究人员对湿地鸟类有不完全一致的定义。

杨晓君、杨岚（2006）认为："湿地鸟类应该是那些密切依赖于湿地，其生活史的全部或大部分必须依靠湿地环境才能生存和繁衍后代的鸟类，也即是那些在湿地中繁殖或主要在湿地中觅食，以湿地中的水生生物为主要食物的鸟类。"因此，湿地鸟类不仅包含传统的水禽（游禽和涉禽），也包括那些如海雕 *Haliaeetus* sp.、鹗、渔鸮、翠鸟 *Alcedo* sp.、河乌 *Cinclus* sp.、燕尾 *Enicurus* sp. 等主要在湿地环境中栖息或觅食的种类。

1　湿地鸟类的组成和特点

1.1　物种多样性

根据湿地鸟类的定义整理云南湿地鸟类名录，计列为12目25科166种（参见《云南湿地鸟类名录》）。包括郑作新等（1963）1956年4月中在云南勐喇（腊）采集到的大沙锥 *Gallinago megala*；郑作新（1987）记录在云南昆明分布有鸥嘴噪鸥 *Gelochelidon nilotica*；张孚允、杨若莉（1997）在云南易门回收到1只在苏联哈萨克斯坦阿克尔湖环志的遗鸥 *Larus relictus*；约翰·马敬能等（2000）记述在云南南部龙田（?）附近有1次观察记录的黑腹蛇鹈 *Anhinga melanogaster*；王紫江（2001）在云南巍山县南涧记录到小苇鳽 *Ixobrychus minutus*；刘宁（2004）报道在云南丽江拉市海观察到的小白额雁 *Anser erythropus*；杨荣等（2004）报道在云南巍山采集到花田鸡 *Porzana exquisita*；杨岚（2005）报道曾在云南昆明滇池采集红嘴巨燕鸥 *Sterna caspia*；杨晓君、杨岚（2006）记录了采自金平县的纯褐鹱 *Bulweria bulwerii*；赵雪冰等（2006）记录在新平哀牢山金山垭口发现的海南夜鳽 *Gorsachius magnificus*；黄石林等（2006）在南涧县凤凰山环志过程中记录了白喉斑秧鸡 *Rallus eurizonoides*；王亦天（2006）在洱源西湖观察到的钳嘴鹳 *Anastomus oscitans*；舒树森2007年6月27日在昆明滇池拍摄到了白翅浮鸥 *Chlidonias leucopterus*；林植、林剑生、何芬奇、杨晓君2007年5月4日在广南县记录了红脚苦恶鸟 *Amau-*

rornis akool 等 14 个种，在《云南鸟类志》（上卷）（杨岚等，1995）、（下卷）（杨岚、杨晓君等，2004）中未收录。杨岚、杨晓君等（2004）在"云南鸟类分布名录总表"中记录云南有 19 目、69 科、848 种鸟类，再加上 2003 年《云南鸟类志》（下卷）成稿以后国内外鸟类学研究工作者和观鸟爱好者先后在云南省境内新发现中国或云南省鸟类的新记录：栗颏噪鹛 *Garrulax rufogularis*（Dymond and Thompson，2000）、红腹灰雀 *Pyrrhula pyrrhula*（王紫江，2001）、棕头歌鸲 *Luscinia ruficeps*（王紫江，2002）、黑斑蝗莺 *Locustella naevia*（王紫江，2002）、鸲蝗莺 *Locustella naevia*（王紫江，2002）、林柳莺 *Phylloscopus sibilatris*（王紫江，2002）、白喉林鹟 *Rhinomyias brunneata*（王紫江，2002）、短尾绿鹊 *Cissa thalassina*（韩联宪，2003）、亚历山大鹦鹉 *Psittacula eupatria*（Paul Holt，2005）、蓝腰短尾鹦鹉 *Psittinus cyanurus*（林剑声、何芬奇，2005）、线尾燕 *Hirundo smithii*（Paul Holt，2005）、鹊鹂 *Oriolus mellianus*（郑光美，2006）、峨眉柳莺 *Phylloscopus emeiensis*（郑光美，2006）、烟柳莺 *Phylloscopus fuligiventes*（王紫江等，2006）、松雀 *Pinicola enucleator*（王紫江等，2006）、卢鹀 *Emberize schoeniclus*（王紫江等，2006）、歌百灵 *Mirafra javanica*（黄石林等，2006）、稻田苇莺 *Acrocephalus agricola*（黄石林等，2006）、斑鹟 *Muscicapa striata*（黄石林等，2006）等 19 种非湿地鸟类。所以，到 2007 年 5 月，云南省境内共记录鸟类 20 目 70 科 888 种。云南省所记录的湿地鸟类 166 种，占云南省记录鸟类总种数的 18.69%，目数的 60%，科数的 34.3%。

云南所记录的湿地鸟类按生态特征分类统计结果见表 12－10：涉禽隶属于 3 目 13 科 83 种，占所

表 12－10　云南湿地鸟类目、科、种数及生态类型

生态类型	目　名	科　名	云南记录种数
涉禽类	Ⅰ 鹳形目 CICONIIFORMES	1 鹭科 Ardeidae	18
		2 鹳科 Ciconiidae	5
		3 鹮科 Threskiornithidae	3
	Ⅱ 鹤形目 GRUIFORMES	4 鹤科 Cruidae	6
		5 秧鸡科 Rallidae	13
	Ⅲ 鸻形目 CHARADRIFORMES	6 雉鸻科 Jacanidae	2
		7 彩鹬科 Rostratulidae	1
		8 鸻科 Charadriidae	9
		9 鹬科 Scolopacidae	20
		10 反嘴鹬科 Recurvirostridae	2
		11 瓣蹼鹬科 Phalaropodidae	1
		12 石鸻科 Burhinidae	1
		13 燕鸻科 Glareolidae	2
游禽类	Ⅳ 䴙䴘目 PODICIPEDIFORMES	14 䴙䴘科 Podicipedidae	3
	Ⅴ 鹱形目 PROCELLARIIFORMES	15 鹱科 Procellariidae	1
	Ⅵ 鹈形目 PELECANIFORMES	16 鹈鹕科 Pelecanidae	1
		17 鸬鹚科 Phalacrocoracidae	3
		18 蛇鹈科 Anhingidae	1
	Ⅶ 雁形目 ANSERIFORMES	19 鸭科 Anatidae	32
	Ⅷ 鸥形目 LARIFORMES	20 鸥科 Laridae	17
猛禽类	Ⅸ 隼形目 FALCONIFORMES	21 鹰科 accipitridae	2
	Ⅹ 鸮形目 STRIGIFORMES	22 鸱鸮科 Strigidae	3
攀禽类	Ⅺ 佛法僧目 CORACIIFORMES	23 翠鸟科 Alcedinidae	10
鸣禽类	Ⅻ 雀形目 PASSERIFORMES	24 河乌科 Cinclidae	2
		25 鹟科 Muscicapidae	8
总　计	12 目	25 科	166 种

录湿地鸟类种数的50%；游禽隶属于5目7科58种，占所录湿地鸟类种数的34.93%；猛禽类隶属于2目2科5种，占所录湿地鸟类种数的3.01%；攀禽类隶属于1目1科10种，占所录湿地鸟类种数的6.02%；鸣禽类（或称燕雀类）隶属于1目2科10种，也占所录湿地鸟类种数的6.02%。由此可见，湿地鸟类仍以涉禽和游禽两大类的物种为主要成分。

1.2 湿地鸟类的生态特征

1.2.1 游禽

游禽（Natatores）是指善于在水中游泳，不善于在陆地上活动的水鸟。生活在各种不同的水域中，有时也活动于水域附近的田野、草地、岩石、峭壁上或森林中。虽然都善于游泳和潜水，但不同种类停留在水面上的姿势和潜水的深度却大不相同。很多种类群居性较强，常结群活动。以水生生物为食，但食性各有不同，有的物种专以水生动物为食，有的是植食性种类，还有杂食性的种类。大多数种类在水域附近的沼泽草地、芦苇或滩涂等的地面上营巢；巢形很简陋，多数种类仅在地面的凹陷处以绒羽、草或树枝堆砌成巢，也有的种类将卵直接产在地面上。有少数种类，如栗树鸭 *Dendrocygna javanica*、鸳鸯 *Aix galericulata* 等在树洞中营巢；还有的如小䴙䴘 *Tachybaptus ruficollis* 等种类在水边草丛或浮叶上编织浮巢。每窝的产卵数不一，多数种类可产8～10枚。雏鸟为早成性或晚成性。

游禽共有的形态特征是脚较短，脚趾具蹼，便于在水中游泳或潜水。如䴙䴘目的种类脚趾上具有瓣蹼；雁形目和鸥形目有的种类脚的前3趾之间具满蹼；鹈形目的种类，脚的前3趾和后趾之间具全蹼。嘴的形态一般直而尖或宽而平扁，有的嘴端具钩或嘴甲，利于捕食鱼类并防止鱼类滑脱；翅膀尖长或短圆；具有紧密而富有弹性的羽毛和稠密的绒羽；尾脂腺发达，可分泌大量的油脂供涂抹于体羽表面，防止水分浸湿身体。游禽通常在水中行动自如，但在陆地上行走时一般都显得十分笨拙。

游禽通常指䴙䴘目、鹱形目、鹈形目、雁形目、鸥形目，这5个目的鸟类在云南省记录有58种。云南省境内的游禽大多数种类为冬候鸟（春、夏季节在北方繁殖育雏，秋季集群迁往南方较温暖的水域越冬，翌年春季再返回北方繁殖）或旅鸟，少数种类为留鸟或夏候鸟。

1.2.2 涉禽

涉禽（Grallatores）是在湿地浅水地带涉水活动觅食的种类，在形态上适应涉水捕食，大多数种类具有嘴长、颈长和脚长的“三长”特征。嘴形一般长而尖，随取食方式的不同，形状也有明显的差异。腿脚长，多数种类的胫下部和跗蹠为角质鳞片所包被，不被羽毛，前三趾间具微蹼或半蹼，适应在水中行走。涉禽的尾羽大多为12枚，呈平尾型，较短小；大型种类的翅长而宽；小型种类的翅多短而尖。除鹭类外，飞行时，颈和脚常伸直，脚常显露在尾羽之外，易于识别；鹭类在栖息和飞翔时常将颈部收缩成“S”状。

生活在各种水域的边缘浅滩地带，有时也活动于耕地、水田和山边溪流附近的森林中。大多数种类喜群居，常结大群或不同的物种混群活动。食物以鱼、虾和昆虫等动物性食物为主，也吃植物的芽、根和果实等植物性食物。涉禽常聚群繁殖，多数种类在湿地内或周围的地面、草丛中营巢，巢很简陋。鹳形目鸟类则可在建筑物和高大的乔木上营巢，巢简陋。涉禽每窝产卵2～12枚，多数种类为2～5枚，雏鸟早成性或晚成性均有。

涉禽的大部分种类与游禽相似，春季在北方繁殖，秋季集群前往南方较温暖的水域越冬，第二年春季再返回北方繁殖。

涉禽通常指鹳形目、鹤形目和鸻形目的鸟类。这3个目的鸟类在云南记录有13科83种。云南省境内的涉禽多为旅鸟和冬候鸟，少数种类为留鸟或夏候鸟。

1.2.3 其他湿地鸟类

游禽和涉禽是最主要的湿地鸟类，被称为水禽或水鸟。除水禽以外，还有一些种类主要在湿地环境中活动、主要觅食鱼类及其他水生动物，与湿地密切相关，因此被列入湿地鸟类中，但与所属目、科分类阶元的其他种类的生活习性不同。这些种类分属于猛禽、攀禽和鸣禽等生态类型。

（1）猛禽（Raptatores）是指性凶猛，以捕食动物或取食腐肉为主的鸟类，这些种类嘴和脚爪强健有力，尖端弯曲而锋利，有利于抓捕猎物和撕扯猎物。包括有隼形目和鸮形目鸟类，其中隼形目鸟类视力甚敏锐，常在高空中翱翔；鸮形目鸟类廓羽松软，飞行无声。眼睛大而感光能力很强，适应于夜视，在微弱的光线下，靠视觉活动；听觉发达，在完全漆黑的环境中则凭听觉活动捕食。

湿地猛禽通常指隼形目的海雕、鹗和鸮形目的渔鸮等种类。这些种类虽然不在湿地中营巢繁殖，但是主要在湿地环境中捕食。其中以捕捉鱼类等为主的种类，脚趾上常有倒钩，可防止鱼类滑脱。湿地猛禽常在湿地上空翱翔或停留在湿地边缘的树枝及其他突出物上，当发现猎物后，立即俯冲前往捕食，可以捕食湿地中的小型哺乳类及鱼、蛙、蛇和大型昆虫等。这 2 个目的鸟类在云南记录有 69 种。其中属湿地鸟类的有 2 目 2 科 5 种。

（2）攀禽（Scansores）攀禽通常指鹦形目 PSITACIFORMES、鹃形目 CUCULIFORMES、雨燕目 APODIFORMES、咬鹃目 TROGONIFORMES、夜鹰目 CAPRIMULGIFORMES、佛法僧目和䴕形目 PICIFORMES 鸟类。攀禽的共同特征是脚短而强健，为对趾足、异趾足或并趾足，适应于在树上攀爬，因此而得名。绝大多数种类均栖息于有树林的生境中，属湿地鸟类的仅有佛法僧目翠鸟科的种类。

翠鸟科的鸟类生活在水边，常在水边的突出位置上站立停留，发现食物即前往捕捉，常从空中钻入水中抓捕水生动物。食物主要是鱼、虾和水生昆虫。多在河岸或山坡的土洞、岩隙等处营巢，巢简陋，无衬垫物；卵多为白色，窝卵数 1 ~ 12 枚不等。雏鸟晚成性，常两性共同孵卵育雏。翠鸟科鸟类在云南共记录有 10 种，均为留鸟。

（3）鸣禽（Passeres）鸣禽为雀形目鸟类，是鸟类中进化程度最高的类群。种类繁多，因具有鸣管，善于鸣叫而得名。鸣禽大多数属小型鸟类，分布广，能够适应多种多样的生态环境，因此外部形态变化复杂，种间的差异十分明显。湿地鸣禽主要为栖息于水域边缘，以水生昆虫等为食的河乌科 Cinclidae 和鹟科 Muscicapidae 中的少数种类。鸣禽中的鹡鸰科 Motacillidae、燕科 Hirundinidae 和莺亚科 Sylriinae 中的苇莺 *Acrocephalus* sp. 等种类，也常见在近水的环境中活动觅食，与湿地有一定的关系，但由于这些种类对湿地的依赖性较小，离开湿地环境也能生存，因此未列入湿地鸟类名录。

湿地鸣禽多在河流或山间溪流附近活动，河乌还与游禽的行为相似，常在水中游动。多为雌雄单配，常单独营巢，巢的形状有碗状、球状、袋状、洞状等。窝卵数一般为 4 ~ 6 枚。孵化期通常为 12 ~ 18 天。雏鸟晚成性，一年以后性成熟。云南湿地鸣禽共有 2 科 10 种，多为留鸟。

1.3　云南湿地鸟类的特点

1.3.1　鸟类物种多样性高

所录湿地中雉鸻科 Jacanidae、彩鹬科 Rostratulidae、河乌科鸟类种数占全国该科鸟类种数 100%，翠鸟科记录的种类占全国该科鸟类种数的 90% 以上。鹱科 Procellariidae、鹈鹕科 Pelecanidae、鸥科 Laridae 和鹬科 Scolopacidae 的种类较少，占该科全国种类的 50% 以下。其余湿地鸟类均占所属科种类的 50% 以上，其中黑颈鸬鹚 *Phalacrocorax niger*、黑腹蛇鹈、黑鹮 *Pseudibis davisoni*、钳嘴鹳、肉垂麦鸡 *Vanellus indicus*、黄嘴河燕鸥 *Sterna aurantia*、黑腹燕鸥 *Sterna acuticauda*、蓝耳翠鸟 *Alcedo meninting* 和鹳嘴翡翠 *Pelargopsis capensis* 目前在中国仅见于云南省，显示了云南湿地鸟类物种的多样性和丰富性。

1.3.2　生态类型完全

在所记录的湿地鸟类中，游禽、涉禽、猛禽、攀禽和鸣禽均有记录。云南游禽类计有 5 目 6 科 58 种；全国的游禽类计有 6 目 14 科 125 种，云南记录游禽类种数，占全国所录种数的 46.4%。云南涉禽类计有 3 目 13 科 83 种；全国涉禽类计有 3 目 16 科 137 种，云南记录涉禽种数占全国所录涉禽类种数的 60.6%。攀禽类中的翠鸟科鸟类，云南记录有 10 种，全国录有 11 种，云南所录种数为全国所录种数的 91%；猛禽和鸣禽的种类虽然较少，但也有记录。

从生态类型上看，云南省由于地处祖国的西南边陲，属内陆高原多山地貌，距离海岸线较远，游禽类中潜鸟目的潜鸟科 Gavidae，鹱形目的信天翁科 Diomedeidae、海燕科 Hydrobatidae，鹈形目的鹲科、鲣鸟科、军舰鸟科等主要栖息于沿海或海岛，以海洋中的动植物为食的海洋性鸟类，不分布到云南。所记录的纯褐鹱主要栖息于海洋中的岛屿或沿海一带的鸟类，在云南属偶见。所以，云南所录游禽类和涉禽类种数较全国所记录的种数要少。但是主要以江河、湖泊和坝塘等水域中的小型鱼类和水生无脊椎动物为食的鸟类，如河乌科和翠鸟科的种类，在全国范围内以云南省分布的种类为最多。

1.3.3 居留情况复杂

在166种另8亚种湿地鸟类中，留鸟计有52种和亚种，占所录湿地鸟类种数的29.9%；夏候鸟11种和亚种，占6.3%；冬候鸟74种和亚种，占42.5%；旅鸟14种和亚种，占8.0%；居留情况不明的偶见鸟类有23种和亚种，占13.2%。从统计结果可见，在云南的湿地鸟类中，各种居留情况均有，但以冬候鸟的种类为最多。

在所录141种另4亚种水禽中，留鸟28种，占所录湿地水鸟种数的10.3%；夏候鸟10种，占6.9%；冬候鸟72种，占49.7%；旅鸟14种，占9.7%；居留情况不明的偶见鸟类有21种，占14.5%。以冬候鸟的种类为最多。在25种另4亚种非水禽湿地鸟类中，留鸟24种，占82.8%；夏候鸟1种，占3.4%；冬候鸟2种，占6.9%；居留情况不明的偶见鸟类有2种，占6.9%。说明在非水禽湿地鸟类（攀禽、猛禽和鸣禽）中，以留鸟的种类为最多。

云南湿地鸟类的居留型分析

留鸟：主要为繁殖区域广布于古北界和东洋界的种类，常见种类有小䴙䴘、绿鹭 *Butorides striatus*、池鹭 *Ardeola bacchus*、黑冠夜鹭 *Nycticorax intermedia* 等；繁殖区域在东洋界的种类，常见种类有黑颈鸬鹚、牛背鹭 *Bubulcus ibis*、白鹭 *Egretta garzetta*、中白鹭 *Egretta intermedia*、白胸苦恶鸟 *Amaurornis phoenicurus*、紫水鸡 *Porphyrio porphyrio*、肉垂麦鸡、距翅麦鸡 *Vanellus duvaucelii*、黄嘴河燕鸥等。

夏候鸟：主要繁殖区域也在东洋界的热带和亚热带地区，但其越冬区域在北回归线以南地区。常见种类有黄斑苇鳽 *Ixobrychus eurhythmus*、栗苇鳽 *Ixobrychus cinnamomeus*、董鸡 *Gallicrex cinerea*、灰燕鸻 *Glareola lactea*、白额燕鸥 *Sterna albifrons* 等。在云南省境内大部分地区的居留期间恰与冬候鸟相反，春末夏初迁来，秋末冬初迁离。但是，云南省的南部和西南部北回归线以南地区的低海拔河谷地带，也是许多夏候鸟的越冬地。

冬候鸟：主要的繁殖区域在古北界或全北界和青藏高原的高山、高原地带，秋末冬初南迁越冬，冬季在云南越冬的种类；在春末夏初离开云南返回北方繁殖，常见的种类有斑头雁 *Anser indicus*、灰雁 *Anser anser*、绿头鸭 *Anas falcata*、红嘴鸥 *Larus ridibundus* 等。

旅鸟：主要的繁殖区域在古北界或全北界，秋末冬初南迁越冬，途经云南，而很少在云南停留越冬，常见种类有白腰草鹬 *Tringa ochropus*、林鹬 *tringa glareola*、矶鹬 *Tringa hypoleucos*、针尾沙锥 *Capella stenura* 等。在云南省境内北回归线以北广大地区，多见于秋末冬初时节，隆冬时节在北回归线以北广大地区的高原地带就很少见到。但在滇南地区的低海拔河谷地带也有越冬的群体。

居留情况不明的偶见鸟类记录有纯褐鹱、斑嘴鹈鹕 *Pelecanus philippensis*、黑腹蛇鹈、小苇鳽、黑鳽 *Dupetor flavicollis*、海南夜鳽、白头鹮鹳 *Ibis leucocephalus*、秃鹳 *Leptoptilos javanicus*、圣鹮、黑鹮、瘤鸭 *Sarkidiornis melanotos*、花田鸡、林沙锥 *Capella nemoricola*、红胸滨鹬 *Calidris ruficollis*、细嘴鸥 *Larus genei*、白翅浮鸥、马来渔鸮 *Ketupa ketupu aagaardi*、黑背燕尾 *Enicurus immaculatus* 等。其中斑嘴鹈鹕、白头鹮鹳（又名彩鹳）、黑鹮、圣鹮、林沙锥、红胸滨鹬、细嘴鸥自 Rothschild（1926）记录之后，迄今在云南省境内没有再次发现的记录；马来渔鸮、黑腹蛇鹈、瘤鸭也仅引自文献记载。

赤颈鹤20世纪50～60年代在西双版纳地区尚见有一定数量的种群，后因环境条件的改变而绝迹。但1986年又偶见于云南西北部的香格里拉（原中甸），被当地农民捕获，后收养在昆明动物园。秃鹳自 Rothschild（1926）记录之后，直到1998年在耿马县再次发现1只，最近在保山地区也有观察记录的报道。纯褐鹱、小苇鳽、红嘴巨燕鸥则为新近发现的云南鸟类的新记录。

2 湿地水禽的分布

云南地处热带和南亚热带气候区，气候温暖，食物丰富，众多的河流滩地和湖泊、沼泽湿地，为湿地鸟类提供了良好的栖息条件。尤其是冬季在北方地区大雪纷飞，湿地均为冰雪覆盖的情况下，云南绝大多数地区仍保持温暖的气候条件，湿地几乎不被冰雪所覆盖，因此吸引了大量的水禽前来越冬。由于受季节气候和湿地分布的双重影响，湿地鸟类的分布格局也有明显的季节和地理分布的变化。

2.1 地理分布

根据标本采集地、文献记录和实际观察地点的经纬度，以1经度和1纬度作为1个样方单位进行统计，并用泊松分布对各经纬度中记录的水禽种类进行检验，结果显示 $X^2 = 5168 > X^2_{0.05}(53) = 70.993$，说明水禽在各经纬度中的分布不是随机分布的，而是呈聚集分布，其中在东经102°，北纬24°~25°之间记录的种类最多；东经100°、北纬26°和东经103°、北纬23°次之，这3个区域分别为滇中、滇西和滇南湖群的分布区，说明在云南湖泊对水禽的分布起非常重要的作用。而东经104°~105°之间所记录的种类明显低于其他地区，该经度之间主要为喀斯特地貌，不但缺少天然湖泊，而且地表水也很少，尤其是在冬季。因此，湖泊、地表水等的分布对水禽有明显的限制性，从而决定了水禽的地理分布。

2.2 生境分布

根据云南省的湿地状况，将适应于水禽生活的生境划分为湖泊、水库、河流、沼泽、水田和非湿地生境（如居民区、旱作地、草地和森林等）6种类型。调查结果显示，具有开阔水域而平静水面的湖泊中记录的水禽种类和数量为最多。环境条件与之相似的水库次之。这一方面与水禽离不开水的生活环境有关，因此非湿地类型和水条件相对较差的农田和沼泽中栖息的种类较少。另一方面还与云南省的湿地资源状况有关，云南的河流大多为上游源头，不但海拔高、水温低，造成饵料贫乏，而且大多数河流水流湍急、江岸陡峭，不适宜水禽的生存，这是河流中记录的水禽种类和数量较少的原因。同时云南省境内除湖泊或水库周边浅滩地带所形成的沼泽湿地之外，很少有单独的大面积的沼泽湿地，而水库与湖泊相比虽然同样具有宽阔的水面，但水库的面积通常比湖泊小，受建成时间的限制，周围形成的沼泽和水生植物也比湖泊少，因此选择在水库中栖息的种类比在湖泊中的种类相对较少。

2.3 空间（垂直）分布

在云南省面积超过1km² 的37个湖泊中，海拔在1000~2000m范围内的有22个，海拔2000~3000m的有10个，而海拔3000m以上的仅有5个，海拔1000m以下没有大型湖泊。对水禽分布的海拔高度的分析说明，云南的水禽主要分布在海拔1000~3000m的垂直高度范围内，这与云南省的主要大型湖泊所分布的海拔高度相符。但值得注意的是，根据以往的标本采集和文献记录统计表明，水禽种类分布最多的海拔高度范围为1000~2000m。近期调查结果，在海拔2000~3000m的范围内所记录的水禽种类为最多。产生这种变化的可能原因，不但与海拔1000~2000m范围内的湖泊主要处于经济富裕、人为活动较多，尤其是环湖的开发比较明显，破坏了该范围内水禽的栖息条件有关，也可能与海拔2392m的拉市海越冬水禽种类和数量在近年来不断增长有关（李纯等，2000）。

2.4 时间分布

分析中国科学院昆明动物研究所馆藏的800号水禽标本采集时间，看到在不同月份和季节，采集的种数均有明显的差异，其中11月和12月至第二年1月和5月所采集的种数明显多于6~9月，即秋末冬初至冬末夏初所采集的种数明显多于春末夏初至秋末季节，其中以12月的种数为最多，7、8月为最少（表12-11）。

表 12－11 不同月份采集的水禽种数

月份	1	2	3	4	5	6	7	8	9	10	11	12
记录种数	38	23	32	38	30	13	6	6	16	26	39	44

虽然水禽标本采集的种类和数量有一定的随机性，但也可以看出云南水禽种类和数量变化的趋势：在 10 月明显增加，而翌年 5 月以后则明显减少。这与多年的调查记录——雁鸭类、鹤类和鸥类等冬候鸟迁至云南越冬的时间一般为每年 10 月中旬，迁离的时间一般为翌年的 3 月下旬的情况相符。还与当地群众以农历候鸟“来时最早九月九，去时最晚三月三”的说法相符。也与韩联宪等（2000）在昆明滇池的观察结果相似。冬候鸟的种类多，与以夏候鸟为主的黑龙江（李枫、鲁长虎，1998）、辽宁（邱英杰，1998）、吉林（傅桐生等，1981）不同，这与云南的地理区位有密切关系。云南地处热带和南亚热带气候区，冬季气候温暖，食物丰富，众多的河流滩地和湖泊、沼泽湿地是水禽越冬的良好场所。所以很多水禽在北方完成繁殖后便来到云南越冬，或途径云南到更南的地方越冬，所以冬季水禽的种类明显多于夏季。

3 湿地鸟类的资源状况

依据实地调查结果和有关文献资料对云南湿地鸟类的资源状况进行分析，并通过各种水禽遇见百分率与平均每天遇见鸟数的乘积，作为划分种群数量等级的指数。

在所记录 166 种湿地鸟类中，遇见率指数在 100 以下的为稀有种，在 100～999 的为常见种，在 1000 以上的为优势种，仅有 1 次记录的为罕见种。统计结果如下。

3.1 优势种

优势种共记录 9 种，占所录种类的 5.4%，包括有小䴙䴘、赤麻鸭 *Tadorna ferruginea*、绿翅鸭 *Anas crecca*、绿头鸭、斑嘴鸭 *Anas poecilorhyncha*、赤颈鸭 *Anas penelope*、赤嘴潜鸭 *Netta rufina*、骨顶鸡（白骨顶）*Fulica atra*、红嘴鸥。

3.2 常见种

常见种记录 55 种，占所录种类的 33.1%，有凤头䴙䴘 *Podiceps cristatus*、［普通］鸬鹚 *Phalacrocorax carbo*、黑颈鸬鹚、苍鹭 *Ardea cinerea*、绿鹭、池鹭、牛背鹭、白鹭、中白鹭、黄斑苇鳽、栗苇鳽、大麻鳽 *Botaurus stellaris*、灰雁、斑头雁、赤膀鸭 *Anas strepera*、琵嘴鸭 *Anas clypeata*、红头潜鸭 *Aythya ferina*、白眼潜鸭 *Aythya nyroca*、凤头潜鸭 *Aythya fuligula*、普通秋沙鸭 *Mergus merganser*、灰鹤 *Grus grus*、黑颈鹤 *Grus nigricollis*、红胸田鸡 *Porzana fusca*、白胸苦恶鸟、董鸡、红骨顶（黑水鸡）*Gallinula chloropus*、紫水鸡、凤头麦鸡 *Vanellus vanellus*、灰头麦鸡 *Vanellus cinereus*、肉垂麦鸡、距翅麦鸡、金眶鸻 *Charadrius dubius*、长嘴剑鸻 *Charadrius placidus*、青脚鹬 *Tringa nebularia*、白腰草鹬、林鹬、矶鹬、针尾沙锥、扇尾沙锥 *Capella gallinago*、丘鹬 *Scolopax rusticola*、乌脚滨鹬 *Calidris temminckii*、黑翅长脚鹬 *Himantopus himantopus*、棕头鸥 *Larus brunnicephalus*、黄嘴河燕鸥、白胸翡翠、斑鱼狗、普通翠鸟、褐河乌 *Cinclus pallasii*、红尾水鸲 *Rhyacornis fuliginosus*、小燕尾 *Enicurus scouler*、灰背燕尾 *Enicurus schistaceus*、白冠燕尾 *Enicurus leschenaultia*、斑背燕尾 *Enicurus maculatus*、白顶溪鸲 *Chaimarrornis leucocephalus*、紫啸鸫 *Myiophoneus caeruleus*。

3.3 稀有种

稀有种记录 52 种，占所录种类的 31.3%，有黑颈䴙䴘 *Podiceps nigricollis*、草鹭 *Ardea purpurea*、大白鹭 *Egretta alba*、黑冠夜鹭、紫背苇鳽 *Ixobrychus eurhythmus*、黑鳽、黑鹳 *Ciconia nigra*、东方白鹳 *Ciconia boyciana*、白琵鹭 *Platalea leucorodia*、大天鹅 *Cygnus cygnu*、栗树鸭、翘鼻麻鸭 *Tadorna tadorna*、针尾鸭 *Anas acuta*、罗纹鸭 *Anas falcata*、花脸鸭 *Anas formosa*、白眉鸭 *Anas querquedula*、青头潜鸭 *Ay-*

thya baeri、斑背潜鸭 *Aythya marila*、鸳鸯、棉凫 *Nettapus coromandelianus*、鹊鸭 *Bucephala clangula*、斑头秋沙鸭 *Mergus albellus*、中华秋沙鸭 *Mergus squamatus*、白尾海雕 *Haliaeetus albicilla*、鹗、普通秧鸡 *Rallus aquaticus*、蓝胸秧鸡 *Rallus striatus*、小田鸡 *Porzana pusilla*、棕背田鸡 *Porzana bicolor*、水雉 *Hydrophasianus chirurgus*、彩鹬 *Rostratula benghalensis*、金斑鸻 *Pluvialis dominica*、环颈鸻 *Charadrius alexandrinus*、孤沙锥 *Capella solitaria*、尖尾滨鹬 *Calidris acuminata*、渔鸥 *Larus ichthyaetus*、银鸥 *Larus argentatus*、海鸥 *Larus canus*、黑嘴鸥 *Larus saundersi*、红嘴巨燕鸥、黑腹燕鸥、褐渔鸮 *Ketupa zeylonensis*、黄脚渔鸮 *Ketupa flavipes*、马来渔鸮、冠鱼狗、斑头大翠鸟 *Alcedo hercules*、蓝耳翠鸟、三趾翠鸟、赤翡翠、灰燕鸻、蓝翡翠、河乌 *Cinclus cinclus*、黑背燕尾等。

3.4 罕见种

罕见种记录有50种，占所录种类的30.1%，有纯褐鹱、黑腹蛇鹈、斑嘴鹈鹕、斑头鸬鹚 *Phalacrocorax capillatus*、黄嘴白鹭 *Egretta eulophotes*、小苇鳽、黑冠夜鳽 *Gorsachius melanolophus*、海南夜鳽、白头鹮鹳、钳嘴鹳、圣鹮、秃鹳、黑鹮、小白额雁、豆雁 *Anser fabalis*、鸿雁 *Anser cygnoides*、瘤鸭、丹顶鹤 *Grus japonensis*、赤颈鹤 *Grus antigone*、白头鹤 *Grus monacha*、蓑羽鹤 *Anthropoides virgo*、白喉斑秧鸡、花田鸡、红脚苦恶鸟、铜翅水雉 *Metopidius indicus*、灰斑鸻 *Pluvialis squatarola*、长嘴鹬 *Limnodromus scolopaceus*、白腰杓鹬 *Numenius arquata*、黑尾塍鹬 *Limosa limosa*、鹤鹬 *Tringa erythropus*、红脚鹬 *Tringa totanus*、翘嘴鹬 *Xenus cinereus*、大沙锥、林沙锥、红胸滨鹬、长趾滨鹬 *Calidris subminuta*、鹮嘴鹬 *Ibidorhyncha struthersii*、红颈瓣蹼鹬 *Phalaropus lobatus*、大石鸻 *Esacus magnirostris*、普通燕鸻 *Glareola maldivarum*、黑尾鸥 *Larus crassirostris*、灰背鸥 *Larus schistisagus*、遗鸥、细嘴鸥、白翅浮鸥、须浮鸥 *Chlidonias hybrida*、鸥嘴噪鸥、白额燕鸥、鹳嘴翡翠等。

依上述统计结果，在云南所记录的湿地鸟类中，以常见种类为最多，稀有种和罕见种类为次，优势种类为最少。这说明云南省境内的湿地面积较小而且分散，类型多样，适应于每种鸟类栖息的环境条件有限，负载能力较低导致种类多而每个种的种群数量较少的分布格局。在优势种类中，结群数量最大的越冬种群有绿翅鸭、赤嘴潜鸭、骨顶鸡、红嘴鸥等种类，如在宁蒗泸沽湖、大理洱海、昆明滇池、石屏异龙湖等湖泊中，隆冬时节可观察到一个物种的数量达数千只乃至上万只。

4 珍稀保护种类

4.1 国家Ⅰ级重点保护种

东方白鹳 、黑鹳、中华秋沙鸭、白尾海雕、黑颈鹤、白头鹤、丹顶鹤、赤颈鹤、遗鸥等9种。

4.2 国家Ⅱ级重点保护种

斑嘴鹈鹕、黑颈鸬鹚、黄嘴白鹭、海南夜鳽、小苇鳽、白头鹮鹳、圣鹮、黑鹮、白琵鹭、大天鹅、鸳鸯、鹗、灰鹤、蓑羽鹤、棕背田鸡、铜翅水雉、灰燕鸻、黄嘴河燕鸥、褐鱼鸮、黄脚渔鸮、马来渔鸮、蓝耳翠鸟、鹳嘴翡翠等。

4.3 被列入 CITES 附录的物种

附录Ⅰ物种：东方白鹳 、白尾海雕、黑颈鹤、白头鹤、丹顶鹤、遗鸥。

附录Ⅱ物种：黑鹳 、白琵鹭、花脸鸭、瘤鸭、赤颈鹤、灰鹤、蓑羽鹤、褐鱼鸮、黄脚渔鸮、马来渔鸮。

4.4 省级重点保护种

列入云南省省级重点保护种的只有灰雁 、斑头雁2种。

4.5 列入《中国濒危动物红皮书·鸟类》的种

斑头鸬鹚、黑颈鸬鹚、黄嘴白鹭、海南夜鳽、黑冠夜鳽、白头鹮鹳、东方白鹳、黑鹳、圣鹮、黑鹮、白琵鹭、大天鹅、栗树鸭、鸳鸯、棉凫、中华秋沙鸭、白尾海雕、鹗、黑颈鹤、白头鹤、丹顶鹤、赤颈鹤、蓑羽鹤、蓝胸秧鸡、白喉斑秧鸡、棕背田鸡、铜翅水雉、黑尾塍鹬、林沙锥、遗鸥、黑嘴鸥、黄脚渔鸮等。

4.6 列入《中国物种红色名录》的种

地区灭绝：黑鹮、白头鹮鹳。

濒危：海南夜鳽、东方白鹳、棉凫、丹顶鹤。

易危种：斑嘴鹈鹕、栗树鸭、鸿雁、小白额雁、花脸鸭、青头潜鸭、中华秋沙鸭、赤颈鹤、白头鹤、黑颈鹤、花田鸡、林沙锥、黑嘴鸥、遗鸥、黑腹燕鸥。

近危种：黄嘴白鹭、大天鹅、鸳鸯、罗纹鸭、白眼潜鸭、白尾海雕、斑头大翠鸟。

4.7 列入《国家保护的有益的或者有重要经济、科学研究价值的陆生野生动物名录》的种

小䴙䴘、黑颈䴙䴘、凤头䴙䴘、纯褐鹱、普通鸬鹚、斑头鸬鹚、苍鹭、草鹭、绿鹭、池鹭、牛背鹭、大白鹭、白鹭、中白鹭、黑冠夜鹭、黑冠夜鳽、黄斑苇鳽、紫背苇鳽、栗苇鳽、黑鳽、大麻鳽、白鹳、秃鹳、鸿雁、豆雁、小白额雁、灰雁、斑头雁、栗树鸭、赤麻鸭、翘鼻麻鸭、针尾鸭、绿翅鸭、花脸鸭、罗纹鸭、绿头鸭、斑嘴鸭、赤膀鸭、赤颈鸭、白眉鸭、琵嘴鸭、赤嘴潜鸭、红头潜鸭、白眼潜鸭、青头潜鸭、凤头潜鸭、斑背潜鸭、棉凫、瘤鸭、鹊鸭、斑头秋沙鸭、普通秋沙鸭、普通秧鸡、蓝胸秧鸡、白喉斑秧鸡、小田鸡、红胸田鸡、红脚苦恶鸟、白胸苦恶鸟、董鸡、红骨顶（黑水鸡）、紫水鸡、骨顶鸡（白骨顶）、水雉、彩鹬、凤头麦鸡、灰头麦鸡、肉垂麦鸡、距翅麦鸡、灰斑鸻、金斑鸻、长嘴剑鸻、金眶鸻、环颈鸻、白腰杓鹬、黑尾塍鹬、鹤鹬、红脚鹬、青脚鹬、白腰草鹬、林鹬、矶鹬、翘嘴鹬、长嘴鹬、孤沙锥、林沙锥、针尾沙锥、大沙锥、扇尾沙锥、丘鹬、红胸滨鹬、长趾滨鹬、青脚滨鹬、尖尾滨鹬、鹮嘴鹬、黑翅长脚鹬、红颈瓣蹼鹬、大石鸻、普通燕鸻、黑尾鸥、海鸥、银鸥、灰背鸥、渔鸥、红嘴鸥、棕头鸥、细嘴鸥、黑嘴鸥、须浮鸥、白翅浮鸥、鸥嘴噪鸥、红嘴巨燕鸥、黑腹燕鸥、白额燕鸥、斑头大翠鸟、普通翠鸟、蓝翡翠。

5 云南水禽的迁徙路线和重要栖息地点

云南特殊的地理位置和地形、地貌特征，使很多在北方繁殖的种类在向南迁飞的过程中，由于受地形、地貌的限制，在东西走向的喜马拉雅山脉和南北走向的横断山脉高大山体的阻隔和引导下，致使其沿横断山脉之间的峡谷由北向南迁飞。所以，云南西部的横断山地区是我国西部地区候鸟南北迁徙的通道，同时云南也是鸟类的重要越冬地，如在云南记录的32种雁形目鸟类中，就有28种为冬候鸟，占记录种数的87.5%。这些旅鸟和冬候鸟，夏季在青藏高原、中亚以及我国东北或更北的地点繁殖，冬季在云南或更南的地点越冬。

5.1 迁徙路线

据张孚允、杨若莉（1997）记载，中国候鸟的迁徙主要有西部、中部和东部三大迁徙区。西部迁徙区包括在内蒙古西部、甘肃、宁夏、青海等地繁殖的夏候鸟，如斑头雁、渔鸥等，迁飞时沿阿尼玛卿、巴颜喀拉、邛崃等山脉向南沿横断山脉至四川盆地西部、云贵高原甚至到印度支那半岛或更南地区越冬。在西藏地区繁殖的候鸟，除东部可沿唐古拉山和喜马拉雅山向东南方向迁徙外，估计部分大中型候鸟可能飞越喜马拉雅山脉至印度、尼泊尔等地区越冬。中部迁徙区包括在内蒙古东部、中部，华北西部及陕西地区繁殖的候鸟，冬季沿太行山、吕梁山越过秦岭和大巴山区进入四川盆地以及经大巴山东部向华中、华南或更南地区越冬。东部迁徙区包括在东北地区和华北东部地区繁殖的候鸟，它

们沿海岸线向南迁飞至华东或华南，甚至迁徙到东南亚各国，或由海岸直接到日本、马来西亚、菲律宾及澳大利亚等地区越冬。

据张孚允、杨若莉（1997）的记载，云贵高原属于西部迁徙区。但是根据湿地鸟类的分布型分析，以及在云南越冬的红嘴鸥种群中有从西伯利亚环志放飞迁来昆明越冬的个体等分析。说明在云南越冬的候鸟，不但有从西部迁徙区前来越冬的种群，如黑颈鹤、斑头雁等，也有从中部或东部迁飞而来的种群，如红嘴鸥等，因此云南水禽迁徙的实际情况可能十分复杂。就云南省内的情况而言，候鸟在云南的迁徙至少有东西两条路线，西线从青藏高原沿云岭余脉—罗坪山、点苍山和哀牢山一线至元江、红河，一直往南；东线是由四川盆地沿乌蒙山的西侧向南与西线汇合，再沿红河一直向南，到达东南亚和印度尼西亚等地。

5.2 重要越冬地

越冬水禽的分布与湿地的分布有密切的关系，根据调查，目前在云南越冬的水禽主要分布在香格里拉纳帕海、丽江拉市海、剑川剑湖、大理洱海、昆明滇池、宜良阳宗海、江川星云湖、通海杞麓湖、会泽大桥水库、石屏异龙湖、个旧大屯海、蒙自长桥海等地，这些越冬地每年均有数万只水禽越冬。以丽江拉市海的调查结果为例，在拉市海栖息的水禽计有 76 种，其中冬候鸟为 72 种，占记录水禽种数的 95%，估计平均每年越冬水禽的数量在 3 万只左右。

6 栖息地及其保护状况

根据观察，湿地鸟类的栖息地主要有以下几种类型。

6.1 河流

河流是湿地鸟类的重要栖息地之一。云南 6 大水系的河流，北部多为上游或源头，具有海拔高差悬殊较大、水温低、水流湍急、江岸陡峭、饵料贫乏等特点。所以大多数河流的上游，高山峡谷区分布的湿地鸟类较少。在南部的开阔河谷或平原地区，水流较为平缓，江岸较为开阔的河流中栖息的湿地鸟类较多，常见种类有鸬鹚、黑颈鸬鹚、灰燕鸻、黄嘴河燕鸥及鸻、鹬类等。这些地区的河谷大多比较平坦开阔，沿岸多为农业耕作区，人口稠密，人类活动的影响比较大。所以水禽的种类和数量相对较少，又因河岸线较长且分散而难以进行有效的调查统计和保护管理。

6.2 湖泊

湖泊是云南湿地鸟类的主要栖息地，宽阔的水面和丰富的水生生物和植被为游禽提供了良好的栖息环境和食物资源。因此，分布在湖泊中的种类较多，尤以雁鸭类等游禽为主。云南的湖泊大多分布在海拔 1280～3270m 的高原面上，属淡水湖，冬季不封冻，水面平静，是大量水禽集中分布的越冬地。但由于各个湖泊的历史和现状不同，湖泊周围的村庄和耕地的多少及人为干扰程度也不相同。所以在各湖泊中分布的水禽种类和数量也有一定的差异。其中深水湖和人为活动干扰比较强的湖泊分布的水禽种类相对较少，如抚仙湖。人为干扰较小的湖泊中分布的种类相对较多，如纳帕海和泸沽湖。有一些湖泊已经建立为国家级或省级自然保护区，保护湿地环境和越冬的水禽。没有建立保护区的湖泊大多数也制定了《湖泊保护管理条例》，对湿地及其环境加以保护，是湿地鸟类栖息地中保护状况最好的栖息地。

6.3 水库

水库是人工修建的湖泊形湿地，与自然湖泊湿地一样，为水禽提供了开阔的水面等栖息条件。但是水库面积的大小和深浅、人为干扰、水库建成时间的长短、水生生物的丰富程度以及周围的环境条件等因素，直接影响着分布水禽的种类和数量。面积大、建成时间长、水生动植物丰富和周围环境条件好的水库，招引栖息的水禽种类和数量均较多，反之则较少。在水库中栖息的湿地鸟类与湖泊中的种类基本相同。目前还未专门将水库作为水禽的栖息地加以保护，仅有少数水库制定了一些保护水资源的条例。

6.4 沼泽和沼泽化草甸

沼泽和沼泽化草甸也是湿地鸟类的主要栖息地，云南省境内一般在海拔3000m左右的亚高山地带有较大面积的沼泽化草甸，此外很少有单独的大片沼泽或沼泽化草甸，沼泽大多是水库和自然湖泊边缘浅水地带所形成的沼泽湿地。几乎所有水禽均可出现在沼泽中觅食活动，常见的种类有斑头雁、灰雁、苍鹭、白鹭、紫水鸡等。沼泽地的面积大小、积水深度、植物的丰富度和人为干扰程度等对湿地鸟类的种类和数量的多寡起决定性作用。目前除已建的湿地保护区外，对沼泽并没有专门的保护措施，排干沼泽湿地，开垦为农田耕作地或兴建为养殖塘等，尤其是修建旅游设施的情况比较严重。滇西北和滇东北的亚高山沼泽化草甸，常与高原湖泊、水塘、沼泽、山坡耕作地等相间分布，是灰鹤、黑颈鹤、赤麻鸭等湿地鸟类越冬的栖息地。在滇西北香格里拉县的碧塔海、纳帕海和滇东北会泽、昭通等地的黑颈鹤越冬栖息地已经建立为自然保护区，保护该地区黑颈鹤等越冬水禽。

6.5 农田耕作地

该栖息地类型主要是在山间盆地和开阔的河谷平原田坝区，地势通常比较开阔而平坦，以种植水稻为主，兼种其他水生作物。是人口密度较高，农业较为发达的地区。在这些田坝区的大片水田中觅食的种类常见有牛背鹭、白鹭、中白鹭、池鹭、白胸苦恶鸟及灰头麦鸡、肉垂麦鸡等鸻、鹬类涉禽，在滇南和滇西南的热带和南亚热带地区栗树鸭也较为常见。这些种类大多夜间栖息在农田耕作地周围的树林或水域附近的灌木丛和草丛中，白天在农田耕作地中取食活动。这些地区虽然人类活动频繁，也没有制定有关的保护措施，但由于人们受传统观念和多年来爱鸟护鸟宣传教育的影响，对鸟类的猎杀和捕捉的情况相对较少。但在农田中施用农药化肥等活动，对湿地鸟类的健康仍造成了一定的威胁。

7 云南湿地鸟类名录

䴙䴘目 PODICIPEDIFORME

䴙䴘科 Podicipedidae

（1）小䴙䴘 *Tachybaptus ruficollis*（Pallas）

云南全省湖泊、水库、沼泽湿地和坝塘等平缓水域中均有分布，留鸟。栖息于湖泊、池沼和水库坝塘之中。在云南省内垂直分布海拔400～2600m。现为常见种。

（2）黑颈䴙䴘 *Podiceps nigricollis*（Brehm）

昆明滇池、永善县的井底、宁蒗泸沽湖，冬候鸟。越冬期间多栖息在大型湖泊和水库之中。在云南省内垂直分布海拔800～2700m。现为稀有种。

（3）凤头䴙䴘 *Podiceps cristatus*（Linnaeus）

昆明、嵩明、宜良、昭通、寻甸、通海、江川、澄江、蒙自、个旧、石屏、大理、洱源、剑川、永胜、宁蒗、丽江。冬候鸟。栖息于湖泊和较大的水库坝塘之中，多见单个在水中分散活动。在云南省内垂直分布海拔1140～2600m。现为常见种。

鹱形目 PROCELLARIIFORMES

鹱科 Procellariidae

（4）纯褐鹱 *Bulweria bulwerii*（Jardine et Selby）

金平县，偶见鸟类。

鹈形目 PELECANIFORMES

鹈鹕科 Pelecanidae

（5）斑嘴鹈鹕 *Pelecanus philippensis*（Gmelin）

蒙自，偶见。自1920年10月La Touche在蒙自的Lake Tahung（可能是现今的长桥海）采获1只雌性幼鸟标本之后，迄今70多年无再次发现的记录。列为国家Ⅱ级重点保护种。

鸬鹚科 Phalacrocoracidae

（6）普通鸬鹚 *Phalacrocorax carbo*（Linnaeus）

云南全省，冬候鸟。在高原湖泊和江、河等水域越冬。在云南省内垂直分布海拔800～

2600m。现为常见种。

（7）斑头鸬鹚 *Phalacrocorax capillatus*（Temminck et Schlegel）

蒙自。自 Rothschild（1926）记录之后，云南省境内没有再发现过。

（8）黑颈鸬鹚 *Phalacrocorax niger*（Vieillot）

耿马、腾冲、潞西、盈江、陇川、瑞丽，留鸟；蒙自为夏候鸟。栖息于大盈江、陇川江、怒江等河流中。在云南省内垂直分布海拔 500～850m。现为常见种。列为国家Ⅱ级重点保护种。

蛇鹈科 Anhingidae

（9）黑腹蛇鹈 *Anhinga melanogaster*（Darter）

云南南部龙田（?）附近。偶见种类。

鹳形目 CICONIFORMES

鹭科 Ardeidae

（10）苍鹭 *Ardea cinerea*（Linnaeus）

全省各地，旅鸟或冬候鸟。活动于湖泊、河流和水塘边缘的浅滩、沼泽地。在云南省内垂直分布的海拔高度为600～2500m。现为常见种。

（11）草鹭 *Ardea purpurea*（Linnaeus）

滇西南，留鸟。栖息于河流、湖泊等水域附近的芦苇丛中。在云南省内垂直分布海拔 490～880m。现为稀有种。

（12）绿鹭 *Butorides striatus*（Linnaeus）

几乎遍布全省各地，留鸟。栖息于河流、湖泊、水库、坝塘边缘的灌木草丛之中。在云南省内垂直分布海拔 600～2200m。现为常见种。

（13）池鹭 *Ardeola bacchus*（Bonaparte）

昆明、玉溪、红河、昭通、思茅、临沧、大理、丽江、保山、德宏、西双版纳，留鸟或冬候鸟。栖息于开阔河谷地带的水稻田、湖泊、河流边缘的树林，灌木和苇塘等草丛中。在云南省内垂直分布的海拔高度为 500～2400m。现为常见种。

（14）牛背鹭 *Bubulcus ibis*（Linnaeus）

思茅、保山、红河、西双版纳、临沧、德宏，留鸟。栖息于滇西和滇西南地区的田坝区和开阔河谷的沼泽滩地。在云南省内垂直分布的海拔高度为 500～1400m。现为常见种。

（15）大白鹭 *Egretta alba*（Linnaeus）

昆明、玉溪地区江川，旅鸟或冬候鸟；西双版纳州景洪县，繁殖鸟。在云南省内垂直分布的海拔高度为 600～1800m。现为稀有种。

（16）白鹭 *Egretta garzetta*（Linnaeus）

昆明、玉溪、曲靖、楚雄、大理、丽江、保山、德宏、西双版纳、红河，留鸟。栖息于开阔河谷，盆地的田坝区和山坡农田耕作地带。在云南省内垂直分布的海拔高度为 624～2400m。现为常见种。

（17）黄嘴白鹭 *Egretta eulophotes*（Swinhoe）

仅记录于宁蒗泸沽湖，冬候鸟。在宁蒗泸沽湖越冬期间，主要活动于湖边的沼泽、河口、水田。在云南省内垂直分布的海拔高度为 2690m。现为罕见种，列为国家Ⅱ级重点保护种。

（18）中白鹭 *Egretta intermedia*（Wagler）

玉溪、红河、德宏、思茅和西双版纳，留鸟。栖息于开阔河谷、盆地的坝区地带，在云南省内垂直分布的海拔高度为 600～1400m。现为常见种。

（19）黑冠夜鹭 *Nycticorax nycticorax*（Linnaeus）

昆明、红河、丽江、保山、德宏、西双版纳，夏候鸟。栖息于开阔田坝区，多停歇在田坝中或居民点附近的大树上和竹丛上。在云南省内垂直分布的海拔高度为 620～2400m。现为稀有种。

（20）海南夜鳽 *Gorsachius magnificus*（Ogilvie-Grant）

新平哀牢山金山垭口，南涧凤凰山，偶见种。在云南省内垂直分布的海拔高度为 2200～2400m。

（21）黑冠夜鳽 *Gorsachius melanolophus*（Raffles）

西双版纳，夏候鸟。栖息于热带地区的河流边缘和田坝区的芦苇草丛之中，或茂密的热带雨林中高大乔木的树冠中层。在云南省内垂直分布的海拔高度为 500～640m。现为罕见种。

（22）小苇鳽 *Ixobrychus minutus*（Linnaeus）

巍山、南涧（王紫江等，2002），罕见旅鸟。1989 年 9 月夜间环志时捕到。

（23）黄斑苇鳽 *Ixobrychus sinensis*（Gmelin）

临沧、思茅、西双版纳、红河、昭通，留鸟或夏候鸟。栖息于水塘、湖泊、河流等水域的沼泽滩地和水稻田边缘的灌木、草丛之中。在云南省内垂直分布的海拔高度为 600～1400m。现为常见种。

（24）紫背苇鳽 *Ixobrychus eurhythmus*（Swinhoe)

滇西北高黎贡山西坡河谷地带，夏候鸟；滇南新平一带，旅鸟。在云南省内垂直分布的海拔高度为1500～1800m。现为稀有种。

（25）栗苇鳽 *Ixobrychus cinnamomeus*（Gmelin）

几遍及全省，夏候鸟或旅鸟。栖息于水稻田和河流、水库、湖泊等水域边缘的芦苇、草丛之中。在云南省内垂直分布的海拔高度为160～2100m。现为常见种。

（26）黑鳽 *Dupetor flavicollis*（Latham）

昆明、西双版纳，居留情况不详。栖息于河流及坝塘边的草丛之中。在云南省内垂直分布的海拔高度为600～1900m。现为罕见种。

（27）大麻鳽 *Botaurus stellaris*（Linnaeus）

昆明、曲靖、玉溪、思茅、红河，冬候鸟。栖息于湖泊、河流、坝塘边浅滩地带的芦苇、草丛和水田中。在云南省内垂直分布的海拔高度为1300～1800m。现为常见种。

鹳科 Ciconiidae

（28）白头鹮鹳 *Mycteria leucocephala*（Pennant）

东南部蒙自，居留时间8～11月（Rothschild，1926；La Touche，1934；郑作新，1987）。在云南省属罕见鸟类。

（29）钳嘴鹳 *Anastomus oscitans*（Boddaert）

洱源，偶见种。为中国鸟类新记录。

（30）东方白鹳 *Ciconia boyciana*（Swinboe）

仅记录于宁蒗泸沽湖，冬候鸟。栖息在湿地环境中，有时也飞到树上栖息。在云南省内垂直分布的海拔高度为2690m。现为罕见种，列为国家Ⅰ级重点保护种。

（31）黑鹳 *Ciconia nigra*（Linnaeus）

昆明、寻甸、蒙自、腾冲、剑川、丽江、香格里拉（原中甸）、景东，冬候鸟。栖息于湖泊边缘沼泽地及田坝区。在云南省内垂直分布的海拔高度为1146～3600m。现为稀有种。列为国家Ⅰ级重点保护种类。

（32）秃鹳 *Leptoptilos javanicus*（Horsfield）

临沧、保山，偶见鸟类。栖息于河流边的浅岸。

鹮科 Threskiornithidae

（33）黑头白鹮（圣鹮）*Threskiornis aethiopicus*（Latham）

蒙自，罕见旅鸟。

（34）黑鹮 *Pseudibis papillosa*（Hume）

云南西南部，罕见旅鸟。

（35）白琵鹭 *Platalea leucorodia*（Linnaeus）

昆明、嵩明、寻甸，冬候鸟。栖息于高原湖泊边缘的沼泽滩地。在云南省内垂直分布的海拔高度为1500～2500m。现为稀有种。

雁形目 ANSERIFORMES

鸭科 Anatidae

（36）鸿雁 *Anser cygnoides*（Linnaeus）

会泽，偶见旅鸟。在云南省内垂直分布的海拔高度为2200m。现为罕见种。

（37）豆雁 *Anser fabalis*（Latham）

丽江，旅鸟。栖息在湿地环境中。在云南省内垂直分布海拔2400m。现为罕见种。

（38）小白额雁 *Anser erythropus*（Linnaeus）

丽江，旅鸟。栖息在湿地环境中。在云南省内垂直分布的海拔高度为2400m。现为罕见种。

（39）灰雁 *Anser anser*（Linnaeus）

嵩明、会泽、大理、剑川、洱源、香格里拉（原中甸），冬候鸟和旅鸟。生活于湖泊浅滩地带。在云南省内垂直分布的海拔高度为1970～4000m。现为稀有种。

（40）斑头雁 *Anser indicus*（Latham）

寻甸、宣威、会泽、丽江、大理、剑川、洱源、香格里拉（原中甸），冬候鸟；少量个体在香格里拉为繁殖鸟。白天栖息于水田、湖泊、沼泽草地活动，夜间在麦地等旱作地和草地上过夜。在云南省内垂直分布的海拔高度为2000～3510m。现为常见种。

（41）大天鹅 *Cygnus cygnus*（Linnaeus）

香格里拉、丽江、南涧，为旅鸟或冬候鸟。在云南省内垂直分布的海拔高度为3600m。现为罕见种。

（42）栗树鸭 *Dendrocygna javanica*（Horsfield）

思茅、耿马、勐腊、盈江、潞西，留鸟。活动于热带和亚热带的池塘、湖泊、水库和沼泽地中。在云南省内垂直分布的海拔高度为200～1400m。现为稀有种。

（43）赤麻鸭 *Tadorna ferruginea*（Pallas）

在云南省境内广泛分布于高原湖泊及沼泽滩地，冬候鸟。在云南省内垂直分布的海拔高度为

800～3600m。现为优势种。

（44）翘鼻麻鸭 *Tadorna tadorna*（Linnaeus）

昆明、宁蒗、大理、剑川、洱源、石屏，罕见冬候鸟。栖息于浅水海湾或广阔的海水浸渍处。在云南省内垂直分布的海拔高度为1200～2650m。现为稀有种。

（45）针尾鸭 *Anas acuta*（Linnaeus）

昆明、宁蒗、蒙自、大理，冬候鸟。白天大多在宽阔的湖面上漂浮和休息，清晨和傍晚在浅水处或沼泽地带觅食。在云南省内垂直分布的海拔高度为1200～2500m。现为稀有种。

（46）绿翅鸭 *Anas crecca*（Linnaeus）

冬季省内各高原湖泊、水库、江河和坝塘等水域中均有分布，冬候鸟。栖息于湖泊、水库、江河、坝塘等水域或水边草丛及田地中。在云南省内垂直分布的海拔高度为400～2700m。现为优势种。

（47）花脸鸭 *Anas formosa*（Georgi）

昆明滇池（王紫江，1984），蒙自（Rothschild，1926），罕见冬候鸟。栖息于高原湖泊。在云南省内垂直分布的海拔高度为1800～2000m。现为罕见种。

（48）罗纹鸭 *Anas falcata*（Georgi）

昆明滇池、大理洱海，冬候鸟。结小群活动于湖泊中，在云南省内垂直分布的海拔高度为1800～1980m。现为稀有种。

（49）绿头鸭 *Anas platyrhynchos*（Linnaeus）

昆明、嵩明、寻甸、会泽、石屏、大理、剑川、洱源、贡山、丽江、永胜、宁蒗，冬候鸟。白天结群活动于江河、池沼、水库、湖泊等水面上，亦常见在岸边和浅水处活动。在云南省内垂直分布的海拔高度为1200～4000m。现为常见种。

（50）斑嘴鸭 *Anas poecilorhyncha*（Forster）

云南大部分地区，冬候鸟；少数为地方性留鸟。常成对或结成小群在各高原湖泊、水库、坝塘和河流浅滩地带活动或休息，亦见于河畔、河沟、沼泽和田间。在云南省内垂直分布的海拔高度为200～3300m。现为常见种。

（51）赤膀鸭 *Anas strepera*（Linnaeus）

昆明、大理、剑川、永胜，冬候鸟。常结成小群在湖泊的水面上活动，有时也在湖边的沼泽地或农田中觅食。在云南省内垂直分布的海拔高度为1400～2050m。现为常见种。

（52）赤颈鸭 *Anas penelope*（Linnaeus）

昆明、宜良、嵩明、永善、江川、通海、丽江、宁蒗、石屏、蒙自、个旧、大理、洱源、剑川，冬候鸟。常结群活动于湖泊、水库或池塘中，在湖边浅水处、沼泽地、河滩和水草丛生的岸边觅食，有时也见于水田中。在云南省内垂直分布的海拔高度为1200～2650m。现为优势种。

（53）白眉鸭 *Anas querquedula*（Linnaeus）

昆明滇池、腾冲、云南南部（郑作新，1987），冬候鸟。越冬期间，白天栖于湖泊、池塘的水面上或河畔、湖泊的浅水处，夜间觅食。在云南省内垂直分布的海拔高度为1400～1870m。现为罕见种。

（54）琵嘴鸭 *Anas clypeata*（Linnaeus）

昆明、寻甸、师宗、新平、丽江、宁蒗、石屏、楚雄、大理、剑川，冬候鸟。主要栖息于较开阔的湖泊、河流、水库、池塘等处，也见于水田和沼泽地中，但不喜在植物丛生的水域中觅食。在云南省内垂直分布的海拔高度为400～2700m。现为常见种。

（55）赤嘴潜鸭 *Netta rufina*（Pallas）

昆明、宜良、嵩明、潞南、江川、宁蒗、永胜、石屏、个旧、大理、洱源、剑川，冬候鸟。活动于较宽阔而平缓的湖泊、水库、坝塘或湖畔及近水的沙滩。在云南省内垂直分布的海拔高度为1300～2600m。现为优势种。

（56）红头潜鸭 *Aythya ferina*（Linnaeus）

昆明滇池、宜良阳宗海，冬候鸟。活动于开阔的湖泊、水库中。在云南省内垂直分布的海拔高度1720～2100m。现为稀有种。

（57）白眼潜鸭 *Aythya nyroca*（Guldenstadt）

昆明、嵩明、路南、江川、丽江、个旧、石屏、蒙自、大理、剑川、洱源，冬候鸟。成群活动于开阔的湖泊、水库和坝塘中，也见于湖畔浅水处和沼泽地带。在云南省内垂直分布的海拔高度为1900～2370m。现为常见种。

（58）青头潜鸭 *Aythya baeri*（Radde）

云南西北部（郑作新，1987）、大理、洱源，冬候鸟。栖息于开阔的湖泊、水库中。在云南省内垂直分布的海拔高度为1900～2100m。现为稀有种。

（59）凤头潜鸭 *Aythya fuligula*（Linnaeus）

昆明、嵩明、昭通、永善、寻甸、江川、丽江、宁蒗、蒙自、个旧、大理、剑川、洱源、瑞丽，冬候鸟。活动于湖泊、水库、池塘等宽阔的水面上。在云南省内垂直分布的海拔高度 600 ~ 2650m。现为常见种。

（60）斑背潜鸭 *Aythya marila*（Linnaeus）

目前仅记录于宁蒗泸沽湖，冬候鸟。多结群活动于开阔的湖面上。在云南省内垂直分布的海拔高度为 2690m。现为稀有种。

（61）鸳鸯 *Aix galericulata*（Linnaeus）

昆明、昭通、双江、楚雄、禄丰，冬候鸟；师宗，繁殖鸟。栖息于山间河谷、溪流、池塘、湖泊、水库和沼泽地中，也常到农田和岸边附近的树林中觅食和活动。在云南省内垂直分布的海拔高度为 900 ~ 2000m。现为稀有种。列为国家Ⅱ级重点保护鸟类。

（62）棉凫 *Nettapus coromandelianus*（Gmelin）

耿马、双江、蒙自，偶见夏候鸟。栖息在江河、湖泊、池塘、沼泽内，夜间宿在河湖中或树枝上。在云南省内垂直分布的海拔高度为 500 ~ 1180m。现为稀有种。

（63）瘤鸭 *Sarkidiornis melanotos*（Pennant）

云南极南部（约翰·马敬能等，2000），留鸟。栖息于森林附近的湖沼中，也见于河流，不到密林及开阔的平原。现为罕见种。

（64）鹊鸭 *Bucephala clangula*（Linnaeus）

昆明、嵩明、永胜、蒙自、大理、剑川，冬候鸟。在云南省内垂直分布的海拔高度 1200 ~ 3000m。现为稀有种。

（65）斑头秋沙鸭 *Mergus albellus*（Linnaeus）

目前仅记录于昆明（王紫江，1984）、香格里拉（原中甸）碧塔海（1992 年 3 月奚志农观察），罕见冬候鸟。栖息于湖泊等水域。在云南省内垂直分布的海拔高度为 1800 ~ 3600m。现为罕见种。

（66）中华秋沙鸭 *Mergus squamatus* Gould

云南西北部（King，1989），丽江为冬候鸟。成对在湖泊中活动和觅食。在云南省内垂直分布的海拔高度为 2400m。现为罕见种。列为国家Ⅰ级重点保护种。

（67）普通秋沙鸭 *Mergus merganser* Linnaeus

昆明、嵩明、寻甸、丽江、宁蒗、永胜、大理、洱源、剑川、呈贡、师宗、江川、通海、景东、蒙自、云南西北部，冬候鸟。在湖泊、水库、池塘或沼泽地中活动和觅食。在云南省内垂直分布的海拔高度 1000 ~ 2650m。现为常见种。

隼形目 FALCONIFORMES

鹰科 Accipitridae

（68）白尾海雕 *Haliaeetus albicilla*（Linnaeus）

丽江、宁蒗、香格里拉（原中甸）、泸水为冬候鸟。栖息于近水的开阔空旷高原草甸、沼泽、湖泊等生境，也见于河流边缘。在云南省内垂直分布的海拔高度 800 ~ 3300m。现为稀有种。在云南的越冬数量呈上升趋势。列为国家Ⅰ级重点保护鸟类。

（69）鹗 *Pandion haliaetus*（Linnaeus）

蒙自、个旧大屯海（Tunhai - 郑作新，1987）、丽江，罕见冬候鸟。鹗在云南为罕见鸟类。见于江河和湖泊边缘的沼泽地带。在云南省内垂直分布的海拔高度为 600 ~ 800m。现为罕见种，列为国家Ⅱ级重点保护鸟类。

鹤形目 GRUIFORMES

鹤科 Gruidae

（70）灰鹤 *Grus grus*（Linnaeus）

昆明、巧家、嵩明、寻甸、会泽、香格里拉（原中甸）、丽江、蒙自、个旧、勐海，冬候鸟。栖息于湖边、沼泽及农田中，多集群活动。在云南省内垂直分布的海拔高度为 300 ~ 3200m。现为稀有种，列为国家Ⅱ级重点保护鸟类。

（71）黑颈鹤 *Grus nigricollis*（Przevalski）

香格里拉（原中甸）、丽江、宁蒗、昭通、永善、会泽，冬候鸟。活动于沼泽、湖畔、农田。在云南省内垂直分布的海拔高度为 2600 ~ 3600m。现为常见种，列为国家Ⅰ级重点保护种。

（72）白头鹤 *Grus monacha* Temminch

丽江，旅鸟。栖息于湖泊沼泽等湿地环境中，在云南省内垂直分布的海拔高度为 2390m。现为罕见种。列为国家Ⅰ级重点保护鸟类。

（73）丹顶鹤 *Grus japonensis*（P. L. S. Muller）

昭通、香格里拉（原中甸），罕见冬候鸟。列为国家Ⅰ级重点保护鸟类。

（74）赤颈鹤 *Grus antigone*（Linnaeus）

国内仅见于云南省勐腊、勐海、贡山、香格里拉（原中甸）、滇西中缅交界处的 Tsitkaw、盈江蚌西（Poonsee），留鸟。具垂直地带性迁移的习性。在云南省内垂直分布的海拔高度为600 ~ 3250m。现为罕见种。列为国家Ⅰ级重点保护鸟类。

（75）蓑羽鹤 *Anthropoides virgo*（Linnaeus）

会泽，偶见冬候鸟。栖息于水库周围的沼泽地中，在云南省内垂直分布的海拔高度为2390m。现为罕见种。列为国家Ⅱ级重点保护种。

秧鸡科 Rallidae

（76）普通秧鸡 *Rallus aquaticus*（Linnaeus）

永善、耿马，旅鸟或夏候鸟。栖于水田或水域附近的灌木丛、草丛中。在云南省内垂直分布的海拔高度为480～760m。现为稀有种。

（77）蓝胸秧鸡 *Rallus striatus*（Linnaeus）

昆明、永善、新平、景东、腾冲、丽江、文山、蒙自，夏候鸟、旅鸟；勐腊，留鸟。栖于溪流、水沟边的草丛间。在云南省内垂直分布的海拔高度为400～2750m。现为稀有种。区系从属东洋种。

（78）白喉斑秧鸡 *Rallina eurizonoides*（Lafresnaye）

南涧（黄石林等，2006），罕见旅鸟。

（79）小田鸡 *Porzana pusilla*（Pallas）

昆明、新平、耿马、蒙自，旅鸟。栖息于稻田及其附近杂草丛生处。在云南省内垂直分布的海拔高度为300～1890m。现为稀有种。

（80）红胸田鸡 *Porzana fusca*（Linnaeus）

昆明、新平、景东、江城、耿马、腾冲、蒙自、金平、河口、剑川、巍山、潞西，留鸟。栖于水田、河滩、溪流、沼泽及其边缘的芦苇丛和草丛中，尤以稻田和沼泽最常见。在云南省内垂直分布的海拔高度为160～2100m。现为常见种。

（81）棕背田鸡 *Porzana bicolor*（Walden）

新平、耿马、腾冲、丽江，留鸟。栖息于水沟和稻田及其附近草丛中，也见于林间小溪及附近的灌丛和湿草地上。在云南省内垂直分布的海拔高度为400～2500m。现为稀有种。

（82）花田鸡 *Porzana exquisita*（Swinhoe）

巍山（杨荣等，2005），罕见旅鸟。2004年9月夜间环志时捕到。

（83）红脚苦恶鸟 *Amaurornis akool*（Sykes）

广南，留鸟。稀有种。云南鸟类新记录。

（84）白胸苦恶鸟 *Amaurornis phoenicurus*（Pennant）

昆明、思茅、孟连、双江、耿马、保山、西畴、个旧、蒙自、金平、河口、景洪、勐腊、勐海、潞西，留鸟。栖息于湖泊边缘、沼泽地、池塘、稻田附近的灌丛和草丛中。在云南省内垂直分布的海拔高度为300～2700m。现为常见种。

（85）董鸡 *Gallicrex cinerea*（Gmelin）

昆明、永善、新平、元江、耿马、勐腊、盈江，夏候鸟。栖息于沼泽、湖泊及其周围密集的芦苇和其他水生植物丛，以及稻田等处。在云南省内垂直分布的海拔高度为200～2100m。现为常见种。

（86）红骨顶（黑水鸡）*Gallinula chloropus*（Linnaeus）

昆明、师宗、新平、元江、通海、思茅、耿马、腾冲、石屏、蒙自、景洪、勐海、潞西、盈江、贡山，留鸟。栖息于水域附近的灌木丛、草丛、芦苇丛及沼泽和稻田中。在云南省内垂直分布的海拔高度为400～1740m。现为常见种。

（87）紫水鸡 *Porphyrio porphyrio*（Linnaeus）

景东、耿马、腾冲、石屏、西双版纳、潞西、大理，留鸟。栖息于江河、湖泊周围的沼泽地和芦苇丛中。在云南省内垂直分布的海拔高度为500～1400m。现为常见种。区系从属东洋种。

（88）骨顶鸡（白骨顶）*Fulica atra*（Linnaeus）

昆明、江川、通海、景东、丽江、个旧、蒙自、景洪、剑川、大理，冬候鸟，石屏为留鸟。栖息于水库、湖泊、河流及其周围的芦苇丛、灌木丛、草丛和沼泽地中，以水库、湖泊等开阔的水域中更为常见，且大部分时间在水面游泳，与一般秧鸡类有别。在云南省内垂直分布的海拔高度为800～2100m。

鸻形目 CHARDRIFORME

雉鸻科 Jacanidae

（89）铜翅水雉 *Metopidius indicus*（Latham）

标本仅记录于云南西双版纳，留鸟。活动于浅水和水草繁茂的水塘或沼泽。

在云南省内垂直分布的海拔高度为620m。现为罕见种。迄今仅在1964年4月24日采获1号标本。列为国家Ⅱ级重点保护种。

（90）水雉 *Hydrophasianus chirurgus*（Scopoli）

思茅、耿马、景洪、大理，留鸟。栖息于水草茂密的沼泽地或池塘中。

在云南省内垂直分布的海拔高度为500～1200m。现为稀有种。

彩鹬科 Rostratulidae

(91) 彩鹬 *Rostratula benghalensis* (Linnaeus)

昆明、永善、滕冲、蒙自、金平、勐腊，冬候鸟。多结小群活动于水田、沼泽地、河滩灌丛。在云南省内垂直分布的海拔高度为 500 ~ 1000m。现为稀有种。

鸻科 Charadriidae

(92) 凤头麦鸡 *Vanellus vanellus* (Linnaeus)

巧家、永善、寻甸、丽江、新平，冬候鸟。栖息于水域附近的沼泽、草地、农田。在云南省内垂直分布的海拔高度为 600 ~ 2300m。现为常见种。

(93) 灰头麦鸡 *Vanellus cinereus* (Blyth)

昆明、新平、江川、景东、思茅、双江、耿马、腾冲、昌宁、石屏、蒙自、大理、瑞丽，冬候鸟。活动于水田、耕地、河畔或山中池塘畔。在云南省内垂直分布的海拔高度为 400 ~ 1600m。现为常见种。

(94) 肉垂麦鸡 *Vanellus indicus* (Boddaert)

思茅、永德、双江、耿马、龙陵、腾冲、丽江、大理、景洪、勐腊、勐海、潞西、陇川、盈江，留鸟。活动于河漫滩、耕地、草地。在云南省内垂直分布的海拔高度为 200 ~ 1400m。现为常见种。

(95) 距翅麦鸡 *Vanellus duvaucelii* (Lesson)

景东、耿马、永德、景洪、勐腊、潞西、盈江、瑞丽、怒江河谷、金平、河口，留鸟。主要活动于河漫滩及靠近河边的稻田。在云南省内垂直分布的海拔高度为 260 ~ 1200m。现为常见种。

(96) 灰斑鸻 *Pluvialis squatarola* Linnaeus

永善、石屏，冬候鸟。活动于水田边及湖畔。在云南省内垂直分布的海拔高度为 760 ~ 1400m。现为罕见种。

(97) 金斑鸻 *Pluvialis dominica* (Muller)

昆明、永善、耿马、腾冲、蒙自、西双版纳州，旅鸟或冬候鸟。活动于河流或水域附近的稻田、耕地、草地、湖滨、河滩等处。在云南省内垂直分布的海拔高度为 300 ~ 2100m。现为常见种。

(98) 长嘴剑鸻 *Charadrius placidus* (Gray et Gray)

昆明、路南、景东、澜沧、腾冲、宁蒗、富宁、瑞丽，旅鸟或冬候鸟。喜活动于水域附近的沼泽、河滩、田埂上。在云南省内垂直分布的海拔高度为 600 ~ 2600m。现为常见种。

(99) 金眶鸻 *Charadrius dubius* (Scopoli)

昆明、江川、耿马、澜沧、蒙自、金平、景洪、勐腊、勐海、潞西、盈江，留鸟。活动于河滩、水田等处。在云南省内垂直分布的海拔高度为 200 ~ 1720m。现为常见种。

(100) 环颈鸻 *Charadrius alexandrinus* (Linnaeus)

江川、通海、丽江，冬候鸟或旅鸟。活动于河岸沙滩、沼泽草地、湖滨附近。在云南省内垂直分布的海拔高度为 1400 ~ 1720m。现为稀有种。

鹬科 Scolopacidae

(101) 白腰杓鹬 *Numenius arquata* (Linnaeus)

丽江，旅鸟。栖息于湖泊周围的沼泽浅滩地带，在云南省内垂直分布的海拔高度为 2390m。现为罕见种。

(102) 黑尾塍鹬 *Limosa limosa* (Linnaeus)

腾冲、蒙自，旅鸟。活动于水域附近的沼泽、浅滩、草地。在云南仅于 1910 年 9 月在蒙自采获 1 只雄鸟标本，另在腾冲采获 1 只雌鸟标本，迄今再未采到标本。在云南省内垂直分布的海拔高度为 300 ~ 1400m。现为罕见种。

(103) 鹤鹬 *Tringa erythropus* (Pallas)

昆明、蒙自，罕见冬候鸟或旅鸟。喜在沼泽或水域浅水处活动。在云南省内垂直分布的海拔高度为 600 ~ 1890m。现为罕见种。

(104) 红脚鹬 *Tringa totanus* (Linnaeus)

蒙自、元阳，旅鸟。栖于小溪、湖泊、水塘的岸边或沼泽地。在云南省内垂直分布的海拔高度为 300 ~ 1800m。现为罕见种。

(105) 青脚鹬 *Tringa nebularia* (Gunnerus)

昆明、寻甸、师宗、通海、耿马、石屏、蒙自、景洪、剑川、洱源、盈江，冬候鸟。活动于湖泊和水库边的浅水地带或河滩、沼泽地带。在云南省内垂直分布的海拔高度为 760 ~ 2050m。现为常见种。

(106) 白腰草鹬 *Tringa ochropus* (Linnaeus)

昆明、嵩明、巧家、昭通、景东、澜沧、思茅、保山、腾冲、景洪、勐腊、勐海、泸水、贡山、维西，旅鸟或冬候鸟。活动于河滩、水田、水库、坝塘。在云南省内垂直分布的海拔高度为 500 ~ 2670m。现为常见种。

(107) 林鹬 *Tringa glareola* (Linnaeus)

昆明、江川、通海、景东、思茅、丽江、个旧、石屏、蒙自、勐海，冬候鸟。活动于河滩、沼泽、水库、坝塘边缘，有时也见于稻田。在云南省内垂直分布的海拔高度为800～1740m。现为常见种，在云南海拔较低的地区较常见。

(108) 矶鹬 *Tringa hypoleucos* (Linnaeus)

昆明、宜良、昭通、永善、师宗、江川、通海、元江、景东、澜沧、永德、腾冲、宁蒗、丽江、个旧、金平、河口、景洪、勐腊、勐海、大理，冬候鸟或旅鸟。栖息于湖泊、水库、坝塘近岸浅滩、水田和沼泽地。在云南省内垂直分布的海拔高度为500～2600m。现为常见种。

(109) 翘嘴鹬 *Xenus cinereus* (Guldenstadt)

蒙自，旅鸟。活动于水域附近，仅在蒙自采获1只雄鸟（Rothschild，1926），迄今无再次采获标本的记录。在云南省内垂直分布的海拔高度为600m。现为罕见种。

(110) 长嘴鹬 *Limnodromus scolopaeus* (Say)

丽江，偶见种。

(111) 孤沙锥 *Capella solitaria* (Hodgson)

镇雄、腾冲、丽江，冬候鸟。栖息于山区稻田、沼泽、溪流两岸或苇荡中。在云南省内垂直分布的海拔高度为600～1800m。现为稀有种。

(112) 林沙锥 *Capella nemoricola* (Hodgson)

Rothschild（1926）记载："从云南采集的2号林沙锥标本，保存在大英博物馆，其中1号为亚成体，嘴很短。"自此之后，再没有发现过。

林沙锥在我国为迷鸟，仅记录于云南和西藏（郑作新，1987）。

(113) 针尾沙锥 *Capella stenura* (Bonaparte)

昆明、永善、师宗、新平、澜沧、思茅、耿马、景洪、金平、河口、石屏、蒙自、勐海、盈江、维西、香格里拉（原中甸），冬候鸟或旅鸟。栖息于收获后的稻田、河流、浅滩地带的草丛及沼泽中。在云南省内垂直分布的海拔高度为600～3000m。现为常见种。

(114) 大沙锥 *Capella megala* (Swinhoe)

勐腊，偶见种。

(115) 扇尾沙锥 *Capella gallinago* (Linnaeus)

昆明、永善、江川、通海、景东、丽江、石屏、蒙自、景洪、勐海，冬候鸟。栖息于水域附近的沼泽、草地、芦苇丛和稻田里。在云南省内垂直分布的海拔高度为760～1300m。现为常见种。

(116) 丘鹬 *Scolopax rusticola* Linnaeus

昆明、镇雄、永善、寻甸、新平、景东、耿马、腾冲、丽江、蒙自、勐腊、潞西、盈江、泸水、贡山，冬候鸟。主要栖息于丘陵、山区潮湿的混交林和阔叶林中，迁徙时在平原地区树林中亦见其踪迹。在云南省内垂直分布的海拔高度为400～2800mm。现为常见种。

(117) 红胸滨鹬 *Calidris ruficollis* (Pallas)

仅记录于蒙自，旅鸟。据Rothschild（1926），由Bangs和Phillips 1911年4月采自蒙自的1只雄鸟可能为长趾滨鹬*C. subminuta*。

(118) 长趾滨鹬 *Calidris subminuta* (Middendorff)

云南东南部蒙自，旅鸟。

(119) 青脚滨鹬 *Calidris temminckii* (Leisler)

昆明、永善、师宗、耿马、景洪、盈江，冬候鸟。栖息于湖泊、河流附近的沼泽地或水田。在云南省内垂直分布的海拔高度为270～1870m。现为常见种。

(120) 尖尾滨鹬 *Calidris acuminata* (Horsfield)

昆明，旅鸟。栖息于湖泊、河流、稻田、水渠附近的沼泽泥地中。在云南省内垂直分布的海拔高度为1870m。现为稀有种。

反嘴鹬科 Recurvirostridae

(121) 鹮嘴鹬 *Ibidorhyncha struthersii* (Vigors)

丽江、贡山、香格里拉（原中甸），留鸟。栖息于山区湍急的溪流附近。在云南省内垂直分布的海拔高度为1400～1800m。现为稀有种。

(122) 黑翅长脚鹬 *Himantopus himantopus* (Linnaeus)

昆明、永善、耿马、腾冲、双柏、漾濞，旅鸟或冬候鸟。多在河畔及稻田以及湖沼中活动。在云南省内垂直分布的海拔高度为480～1800m。现为常见种。

瓣蹼鹬科 Phalaropodidae

(123) 红颈瓣蹼鹬 *Phalaropus lobatus* (Linnaeus)

仅偶见于昆明，旅鸟。栖息地海拔高度2100m。现为罕见种。

石鸻科 Burhinidae

（124）大石鸻 *Esacus magnirostris*（Vieillot）

腾冲、景洪、潞西，罕见冬候鸟。黄昏或夜间活动的鸟类，多在江河边的沙滩上活动，奔跑迅速，偶尔能游泳。在云南省内垂直分布的海拔高度为620～1400m。现为罕见种。

燕鸻科 Glareolidae

（125）普通燕鸻 *Glareola maldivarum* Forster

蒙自、昆明，旅鸟。在云南省内垂直分布的海拔高度为300～1820m。现为罕见种。

（126）灰燕鸻 *Glareola lactea* Temminck

金平、河口、景洪、潞西，夏候鸟。在云南省内垂直分布的海拔高度为600～1500m。现为常见种。列为国家Ⅱ级重点保护种。

鸥形目 LARIFORMES

鸥科 Laridae

（127）黑尾鸥 *Larus crassirostris*（Vieillot）

昆明滇池、西双版纳橄榄坝，罕见冬候鸟或旅鸟，偶见于云南高原湖泊及水库坝塘等水域。在云南省内垂直分布的海拔高度为500～1800m。现为罕见种。

（128）海鸥 *Larus canus*（Linnaeus）

昭通、昆明，旅鸟或冬候鸟。栖息于面积较大的水域，多在空中飞翔或水中浮游。在云南省内垂直分布的海拔高度为1000～1890m。现为稀有种。

（129）银鸥 *Larus argentatus*（Pontoppidan）

昆明滇池、剑川剑湖、大理洱海，冬候鸟。亦见于内陆有大面积水域的地方。在云南省内垂直分布的海拔高度为870～2050m。现为稀有种。

（130）灰背鸥 *Larus schistisagus*（Stejneger）

仅见于红河州石屏县，旅鸟。在云南省内垂直分布的海拔高度为1200m。现为罕见种。

（131）渔鸥 *Larus ichthyaetus*（Pallas）

昆明（王紫江，2002）、宁蒗、丽江、大理，冬候鸟。主要栖息于天然湖泊中。在云南省内垂直分布的海拔高度为1800～2700 m。现为稀有种。

（132）遗鸥 *Larus relictus*（Lonnherg）

仅在易门回收到1只，偶见种。

（133）红嘴鸥 *Larus ridibundus*（Linnaeus）

广泛分布于滇西、滇南和滇东各地的湖泊、水库及江河流域，冬候鸟。平时常结群在海岸、内陆河流、湖泊等水域附近觅食，或在水中浮游。在云南省内垂直分布的海拔高度为1000～2620m。现为优势种。

（134）棕头鸥 *Larus brunnicephalus*（Jerdon）

昆明、昭通、耿马、宁蒗、贡山，冬候鸟。多单只活动于水库、湖泊、河流中。在云南省内垂直分布的海拔高度为480～2640m。现为常见种。

（135）细嘴鸥 *Larus genei*（Breme）

据Rothschild（1926），1902年3月在洱海采获1只标本，1906年2月又在大理地区的谷地采获1只标本。除此之外，我国再无记录。郑作新（1976，1987）均未收录。鉴于细嘴鸥与红嘴鸥十分相似，Rothschild（1926）所录是否准确尚属疑问。因此，细嘴鸥是否在云南省有分布，尚待进一步证实。

（136）黑嘴鸥 *Larus saundersi*（Swinhoe）

宁蒗，冬候鸟。越冬期间栖息在宁蒗泸沽湖中，发现时正与红嘴鸥混群活动。在云南省内垂直分布的海拔高度为2690m。现为罕见种。

（137）须浮鸥 *Chlidonias hybrida*（Pallas）

自Rothschild（1926）记录1911年6月在蒙自采获4只幼鸟之后，再无记载。栖息于水域附近的沼泽草丛、芦苇丛。在云南省内垂直分布的海拔高度为200～800m。现为罕见种。

（138）白翅浮鸥 *Chlidonias leucopterus*（Temminck）

昆明滇池，偶见种。在云南省内垂直分布的海拔高度为1900m。

（139）鸥嘴噪鸥 *Gelochelidon nilotica*（Gmelin）

昆明滇池，冬候鸟。在云南省内垂直分布的海拔高度为1900m。现为罕见种。

（140）红嘴巨燕鸥 *Sterna caspia*（Pallas）

昆明滇池，冬候鸟。在云南省内垂直分布的海拔高度为1900m。现为稀有种。

（141）黄嘴河燕鸥 *Sterna aurantia*（J. E. Gray）

西双版纳州、盈江、潞西、瑞丽，留鸟。在云南省内垂直分布的海拔高度为200～1870m。现为常见种。列为国家Ⅱ级重点保护种。

（142）黑腹燕鸥 *Sterna acuticauda*（J. E. Gray）

国内仅见于盈江和景洪，留鸟。在云南省内垂直分布的海拔高度为200～620m。现为稀有种。

（143）白额燕鸥 *Sterna albifrons* Pallas

耿马孟定，夏候鸟。栖息于较大水域附近的沼泽、杂草丛、芦苇荡和灌丛中。在云南省内垂直分布的海拔高度为480m。现为罕见种。

鸮形目 STRIGIFORMES

鸱鸮科 Strigidae

（144）褐渔鸮 *Ketupa zeylonensis*（Gmelin）

昆明、景洪、勐腊、蒙自、腾冲，留鸟。主要栖息于近水地区的树林中，有时成对栖息在枝叶稠密处。在云南省内垂直分布的海拔高度为600～1900m。现为稀有种。列为国家Ⅱ级重点保护种。

（145）黄脚渔鸮 *Ketupa flavipes*（Hodgson）

景洪、永善，繁殖鸟。主要栖息于靠近溪流的林中。在云南省内垂直分布的海拔高度为620～760m。现为稀有种。列为国家Ⅱ级重点保护种。

（146）马来渔鸮 *Ketupa ketupu*（Horsfield）

据Smythsis（1953，1986），在云南曾有一次记录（地点不详），但国内外的其他文献均未收录过此种在云南的分布，也一直未在云南采集到该种标本。是否分布于云南有待于进一步调查证实。

佛法僧目 CORACIIFORMES

翠鸟科 Alcedinidae

（147）冠鱼狗 *Ceryle lugubris*（Temminck）

昆明、蒙自、思茅、景东、勐腊、永善、泸水、腾冲、盈江、永德，留鸟。见于江河、溪流及湖泊，常停息于岸边树上或岩石上。在云南省内垂直分布的海拔高度为620～1500m。现为稀有种。

（148）斑鱼狗 *Ceryle rudis*（Linnaeus）

思茅、景东、景洪、勐腊、勐海、河口、耿马、腾冲、潞西、盈江、师宗，留鸟。常见于江河、溪流、湖泊的岸边，停息在岸边的树上。在云南省内垂直分布的海拔高度为160～1800m。现为常见种。

（149）斑头大翠鸟 *Alcedo hercules* Laubmann

仅见于景洪小勐养及思茅，留鸟。在云南省内垂直分布的海拔高度为800～1100m。现为稀有种。区系从属东洋种。

（150）普通翠鸟 *Alcedo atthis*（Linnaeus）

遍布云南各地，留鸟。常见单个停息在江河、溪流、湖泊及池塘岸边的树枝及岩石上，也见于稻田边。在云南省内垂直分布的海拔高度为300～2750m。现为常见种。

（151）蓝耳翠鸟 *Alcedo meninting*（Horsfield）

国内仅见于云南勐腊，留鸟。生态生物学资料国内记载甚少。1960年5月8日在勐腊的一条河沟边见到1对，采获1只。据郑作新等（1960），1958年11月9日曾在勐腊平坝季雨林中的溪旁采获1只。在云南省内采集地的海拔高度约为620m。现为稀有种。列为国家Ⅱ级重点保护鸟类。

（152）三趾翠鸟 *Ceyx erithacus*（Linnaeus）

腾冲、河口、景洪、勐腊，留鸟。活动于水边的林中，也见于林中溪沟边。在云南省内垂直分布的海拔高度为160～1800m。现为稀有种。

（153）鹳嘴翡翠 *Pelargopsis capensis*（Linnaeus）

国内仅见于云南勐腊县，留鸟。1959年2月29日于勐腊见单个停息于江边的乔木树上，并采获。在云南省内垂直分布的海拔高度为620m。现为罕见种。列为国家Ⅱ级重点保护鸟类。

（154）赤翡翠 *Halcyon coromanda*（Latham）

国内仅见于云南勐腊及河口，留鸟。多见于森林中的溪流旁，栖息于水沟或溪流边的树枝上，在云南省内垂直分布的海拔高度为120～620m。现为稀有种。

（155）白胸翡翠 *Halcyon smyrnensis*（Linnaeus）

除怒江州及迪庆州外，遍布于云南各地，留鸟。活动于田坝、河流、湖泊、池塘附近，有时也远离水源，常停息于电线、树枝上。在云南省内垂直分布的海拔高度为160～2100m。现为常见种。

（156）蓝翡翠 *Halcyon pileata*（Boddaert）

昆明、新平、蒙自、屏边、河口、金平、勐腊、景洪、双江、腾冲、贡山，留鸟。活动于江河、溪流、湖泊、水塘及稻田边，常停息于电线上。在云南省内垂直分布的海拔高度为160～1750m。现为常见种。

雀形目 PASSERIFORMES

河乌科 Cinclidae

（157）河乌 *Cinclus cinclus*（Linnaeus）

贡山、丽江、德钦为留鸟。栖息于高山溪流边，喜在水流湍急的山溪中捕食或在溪旁停栖。在云南省内垂直分布的海拔高度为 2700 ~ 3280m。现为稀有种。

(158) 褐河乌 *Cinclus pallasii* (Temminck)

昆明、大理、绥江、永善、镇雄、师宗、景东、澜沧、沧源、贡山、泸水，留鸟。栖息于山谷溪流、河滩和沼泽地间。在云南省内垂直分布的海拔高度为 750 ~ 2600m。现为常见种。

鹟科 Muscicapidae

(159) 红尾水鸲 *Rhyacornis fuliginosus* (Vigors)

几遍布全省，留鸟。栖息于山区溪流及江河、湖泊、水库等水域边缘地带的岩石、灌丛，亦见于城市园林溪流旁。在云南省内垂直分布的海拔高度为 300 ~ 3000m。现为常见种。

(160) 小燕尾 *Enicurus scouleri* (Vigors)

贡山、泸水、德钦、维西、香格里拉（原中甸）、红河、绿春、昭通、永善、巧家，留鸟。常见于山溪水流的石头上，单个或成对活动。在云南省内垂直分布的海拔高度为 760 ~ 2700m。现为常见种。

(161) 灰背燕尾 *Enicurus schistaceus* (Hodgson)

贡山、盈江、保山、腾冲、耿马、沧源、凤庆、永德、景东、景洪、勐腊、绿春、蒙自、河口、马关，留鸟。栖息于山间溪流和河流边缘的灌木、石头上。在云南省内垂直分布的海拔高度为 160 ~ 1750m。现为常见种。

(162) 白冠燕尾 *Enicurus leschenaultia* (Vicillot)

贡山、维西、宾川、景东、昆明、思茅、西盟、景谷、景洪、勐腊、江城，留鸟。栖息于山林中的溪流处。在云南省内垂直分布的海拔高度为 600 ~ 2160m。现为常见种。

(163) 黑背燕尾 *Enicurus immaculatus* (Hodgson)

云南西部腾冲（约翰·马敬能等，2000），留鸟。栖息于热带和南亚热带山间溪流。在云南省内垂直分布的海拔高度为 1900 ~ 2200m。现为稀有种。

(164) 斑背燕尾 *Enicurus maculatus* Vigors

盈江、潞西、贡山、泸水、腾冲、龙陵、景东、镇沅和云南东南部，留鸟。栖于山林间近河流及溪流边缘处。在云南省内垂直分布的海拔高度为 600 ~ 2100m。现为常见种。

(165) 白顶溪鸲 *Chaimarrornis leucocephalus* (Vigors)

贡山、泸水、腾冲、盈江、保山、永平、大理、宾川、丽江、德钦、永德、耿马、澜沧、勐海、景东、昆明、楚雄、双柏、永仁、永善、巧家、寻甸、师宗、蒙自、绿春，西北部为繁殖鸟，东南部及南部为冬候鸟。活动于山间溪流、河流中或岸边的岩石上。在云南省内垂直分布的海拔高度为 300 ~ 3650m。现为常见种。

(166) 紫啸鸫 *Myiophoneus caeruleus* (Scopoli)

德钦、香格里拉（原中甸）、维西、丽江、贡山、福贡、泸水、六库、腾冲、潞西、景东、孟连、勐海、勐腊、耿马、永德、漾濞、大理、寻甸、师宗、永善、盐津、巧家、昆明、新平、文山、蒙自、屏边、绿春、个旧，留鸟和繁殖鸟。栖息于多石的山溪或岩谷。在云南省内垂直分布的海拔高度为 270 ~ 3200m。现为常见种。

第六节 湿地哺乳动物

1 概述

虽然大多数哺乳动物主要栖于陆地和在陆地环境中活动、觅食，但也有一些哺乳动物栖于海洋和陆地湿地及其附近，海洋生态系统中的鲸类和鳍脚类是哺乳动物在海洋生态系统中的著名类群，它们在海洋生态系统中的功能和地位是人所共知的。但在陆地哺乳动物中，由于主要栖息或活动于湿地及其周围地带的哺乳动物不多，它们在陆性湿地生态系统中的作用和功能往往被忽略。本书把主要栖息于湿地、在湿地水体中繁殖和主要在湿地及其周边地带（包括湿地上空）觅食、活动的哺乳类都列为湿地哺乳动物。

湿地哺乳类是湿地生态系统重要的组成部分之一，是湿地生态系统食物链的高级消耗者。在湿地生态系统中吃植物、无脊椎动物、昆虫、鱼类、两栖类、爬行类和湿地鸟类（鸟卵或小型鸟类），在湿地生态系统的食物链中处于顶级地位，对食物链能量的循环起着平衡和调节作用。由于大量吃食有害水生昆虫及其幼虫，对某些动物和人类共患传染病的传播和控制起着一定的作用，一些种类在水库坝塘埂上打洞危及坝塘堤埂的安全。在云南约有湿地哺乳类 64 种，约占云南哺乳动物种数（315 种）的 20.3%，按其分布习性和食性可分为下列类群。

1.1 主要水栖，觅食低等无脊椎动物和昆虫及其幼虫的类群

有食虫目 EULIPOTYPHLA 鼩鼱科 Soricidae 的喜马拉雅水鼩 *Chimarrogale himalayicus*、灰腹水鼩 *Chimarrogale styani* 和蹼足鼩 *Nectogale elegans* 3 种，为适应于山区湍急流水生活的小型哺乳类，栖息于滇西北山区流水性支流小河沟中，其栖息、觅食、交配和活动都在湍急流水中进行，主要以水生无脊椎动物、昆虫及其幼虫为食。多数在山区小河和溪沟中生活，但也进入怒江、澜沧江和金沙江的干流中。喜马拉雅水鼩甚至在静水水域湖泊（如滇池、洱海等）中也有发现。蹼足鼩和灰腹水鼩在云南仅分布于滇西北三江并流区。蹼足鼩为喜马拉雅—横断山区特有种；灰腹水鼩为中国特有种，除滇西北外，还分布在川西、秦岭山区直到河北；喜马拉雅水鼩广布于喜马拉雅、西南山地、华北、华中、华南和中南半岛北部，云南全省大部江河干流、支流和湖泊中均有。

1.2 主要水栖，主食鱼类、间或觅食两栖类的类群

有食肉目 CARNIVORA 鼬科 Mustelidae 的水獭 *Lutra lutra*、小爪水獭 *Aonyx cinerea* 和江獭 *Lutrogale perspicillata* 3 种，这些是典型的淡水水生哺乳动物，主要在江、河干流及支流的流水中栖息和活动。其觅食、活动和交配都在水中进行。主要吃中小型鱼类，间或也吃两栖类。水獭和小爪水獭分布比较广，云南大部江、河都有分布，江獭主要分布于滇西怒江流域和德宏州大盈江、陇川江—瑞丽江流域，有些个体可到与江水相通的湖泊和浅水滩地活动和觅食。

1.3 栖息于陆地而在湿地及其附近觅食的食肉动物

有食肉目灵猫科 Viverridae 的大灵猫 *Viverra zibetha*、大斑灵猫 *Viverra megaspila*、小灵猫 *Viverricula indica*、小齿狸 *Arctogalida trivirgata* 4 种；灵狸科 Prionodonidae 的斑灵狸 *Prionodon paricolor*；獴科 Herpestidae 的小印度獴 *Herpestes auropunctatus*、爪哇獴 *Herpestes javanicus*、食蟹獴 *Herpestes urva* 以及猫科 Felidae 的豹猫 *Prionailurus bengalensis* 等 9 种。它们主要栖息在陆地上，交配、繁殖和觅食也多在陆地生境中进行，但也经常到溪流、河边、湖泊、水田、坝塘等湿地及其周边地带觅食鱼虾、两栖类、爬行类（水蛇等）、龟鳖类、水鸟、鸟卵、蛇卵等，水生动物的食物成分有时可占到食物总量的 30% ~ 60% 或更多。特别在云南南部、西南部的热带和南亚热带地区，沟谷湿地、水田、坝塘是它们的主要觅食场所，尤以大灵猫、大斑灵猫、小齿狸、小印度獴、爪哇獴等为甚，小灵猫、食蟹獴、斑灵狸分布较广，云南各地湿地周边地带均有分布。

1.4 主要栖息于湿地及其周围而以水生植物为主食的有蹄类动物

有偶蹄目 ARTIODACTYLA 鼷鹿科 Tragulidae 的威氏小鼷鹿 *Tragulus williamson*，鹿科 Cervidae 的豚鹿 *Axis porcinus*、水鹿 *Rusa unicolor*，啮齿目 RODENTIA 鼹形鼠科 Spalacidae 的银星竹鼠 *Rhizomys pruinosus*，仓鼠科 Criceidae 的麝鼠 *Ondatra zibethicus* 等 5 种。它们的栖息地紧靠江、河岸甚至位于水体中，以水生植物（芦苇、马鹿草、水草和挺水植物等）为主食。威氏小鼷鹿仅分布在西双版纳勐腊的勐腊河、罗梭江和尚勇溪沟边缘水草繁茂的近水湿地，栖息于水边的灌、草丛，主要以芦苇、水草、嫩枝叶等为食，近水湿地是其最适生境，喜在草丛中活动和觅食；豚鹿仅分布于滇西南，彭鸿绶（1962）首次记载于耿马（孟定）南丁河，后因南丁河流域被开发种植经济作物，岸边芦苇、水草被破坏殆尽，

豚鹿失去基本生活条件而绝迹，目前仅有少数种群在沧源县南滚河国家级自然保护区的一些溪沟湿地生存；水鹿主要分布于滇南和滇西，喜在小溪河岸边和沼泽周围活动，以水草、青草、嫩芽和藤本等为食。银星竹鼠喜在江、河岸边，湖、沼附近营穴居生活，以茅草、苇草、嫩竹等的根、茎等为食；麝鼠原产于北美，多栖于水草丰富的江河、湖泊和沼泽湿地，在有挺水植物的水面上的滩地筑洞或在水面下用芦苇等营巢，以水生植物为食。1927 年被引入苏联，20 世纪 50 年代初自然扩散到黑龙江，云南的麝鼠系 60 年代初作为经济毛皮兽和动物香料源动物从东北地区引进到滇池养殖，部分个体逃逸扩散到四周小河和坝塘水域而残留下来。

1.5 主要栖息于森林、大部在森林中觅食，但活动离不开水体的大型草食有蹄类类群

有长鼻目 PROBOSCIDEA 象科 Elephantidae 的亚洲象 *Elephas maximus*，偶蹄目 ARTIODACTYLA 牛科 Bovidae 的印度野牛 *Bos gaurus*、爪哇野牛 *Bos javanicus* 等种类。滇西南地区的江河支流沿岸、叉河沟谷水体和沼泽湿地是这些种类主要的、必不可少的觅食活动、避暑和戏耍的栖息场所。亚洲象和印度野牛主要分布在西双版纳的勐腊、勐海；思茅地区思茅市和澜沧县的澜沧江流域以及临沧地区沧源县的南滚河流域；爪哇野牛仅分布在思茅市的澜沧江东岸糯扎渡自然保护区的叉河沟谷地带。

1.6 主要在湿地上空飞翔觅食的蝙蝠类群

湿地上空飞翔觅食的蝙蝠归为湿地动物，是因为在湿地生态系统中，许多有翅昆虫如膜翅目、双翅目、鳞翅目等昆虫的卵和幼虫（孑孓、蚊蛹、蚴和蝇蛆等）是在湿地的水域中生活的，每当夜幕降临，它们的羽化成虫（如蚊、白蛉、虻、蠓、蚋、蝇等）大多在这些湿地上空群舞纷飞，许多食虫蝙蝠就飞翔于夜空觅食。溪流、湖泊、沼泽、湖滩、池塘、稻田等湿地上空是蝙蝠最主要的觅食场所。在这些湿地上空的蚊、虻、蠓、蚋、蝇的数量很大，而以这些昆虫为食的蝙蝠的食量和数量也很大。有人统计一只蝙蝠一个夜晚能捕食蚊虫 1000 ~ 2000 只，蝙蝠是这些有害昆虫的天敌，甚至是主要天敌。蚊、白蛉、虻、蠓（墨墨蚊）、蚋、蝇等是许多人类急性传染病如流行性乙型脑炎、疟疾、丝虫病、登革热、黄热病、黑热病、皮炎、盘尾丝虫病、过敏性哮喘、霍乱等的中间宿主，在防控这些与湿地有关的有害昆虫数量和传染病的发生与流行方面，食虫蝙蝠起着非常重要的作用。

在全国 125 种翼手类（蝙蝠）中，有 60% 的种类（75 种）分布于云南，其中除 13 种是主要吃植物果实、花、叶的果蝠外，大多数都是吃昆虫的蝙蝠。以湿地上空为主要觅食场的蝙蝠约有 40 余种，其中菊头蝠科 8 种，蹄蝠科 7 种，蝙蝠科 25 种。大足鼠耳蝠 *Myotis ricketti* 能插入浅水捕食昆虫、小鱼等食物，其他蝙蝠均是在湿地上空捕食飞翔的有翅昆虫。

2 云南湿地哺乳动物名录

食虫目 EULIPOTYPHLA

鼩鼱科 Soricidae

（1）喜马拉雅水鼩 *Chimarrogale himalayicus* (Gray, 1877)

栖于江、河支流和干流水域（滇西北除外），觅食水生无脊椎动物和水生昆虫及其幼虫。

（2）灰腹水鼩 *Chimarrogale styani*（Winton, 1899)

栖于滇西北独龙江、怒江、澜沧江、金沙江支流和干流水域，觅食水生无脊椎动物和水生昆虫及其幼虫。

（3）蹼足鼩 *Nectogale elegans*（Milne-Edwards, 1870）

栖于滇西北独龙江、怒江、澜沧江、金沙江支流和干流水域，觅食水生无脊椎动物和水生昆虫及其幼虫。

食肉目 CARNIVORA

鼬科 Mustelidae

（4）青鼬 *Martes flavigula*（Boddaert, 1785）

活动于云南江、河支流，林缘稻田，坝塘的湿地边缘，觅食小鱼、两栖类和小型水鸟、鸟卵等。

（5）黄鼬 *Mustela sibirica*（Pallas, 1773）

活动于云南江、河支流，林缘稻田，坝塘的

湿地边缘，觅食小鱼、两栖类和小型水鸟、鸟卵等。

（6）水獭 *Lutra lutra*（Linnaeus，1758）

栖于云南河、湖水域中，特别喜生活在两岸林木繁茂的溪河地带、大面积的沼泽地、低洼水地及池塘等处，觅食鱼类。

（7）江獭 *Lutrogale perspicillata*（Geoffroy，1862）

栖于滇西大盈江、陇川江和怒江的干流或支流水域，觅食鱼类。

（8）小爪水獭 *Aonyx cinerea*（Illiger，1815）

栖于滇西和滇南的河、湖水域，大面积的沼泽地、低洼水地及池塘等处，觅食鱼类。

灵猫科 Viverridae

（9）大灵猫 *Viverra zibetha*（Linnaeus，1758）

活动于热带、南亚热带森林的林缘灌丛、山溪小河旁、沼泽地四周、低洼水地边，以鼠类、两栖类、鱼虾、鸟卵和小型鸟类为食。

（10）大斑灵猫 *Viverra megaspila*（Blyth，1862）

活动于云南南部，栖息地和食性与大灵猫相似。

（11）小灵猫 *Viverricula indica*（Desmartest，1838）

活动于云南林缘灌丛、山溪小河旁、沼泽地四周、低洼水地边，以鼠类、两栖类、鱼虾、鸟卵和小型鸟类等为食。

（12）小齿狸 *Arctogalida trivirgata*（Gray，1832）

活动于西双版纳勐腊河边水草丛生的地方，以鼠类、两栖类和小鱼等为食。

灵狸科 Prionodonidae

（13）斑灵狸 *Prionodon paricolor*（Hodgson，1842）

活动于山区林缘、山溪小河旁和低洼水地边，以鼠类、两栖类等为食。

獴科 Herpestidae

（14）小印度獴 *Herpestes auropunctatus*（Hodgson，1836）

活动于滇西（盈江）江、河小支流湿地，以鼠类、蛙类和蛇类（水蛇）等为食。

（15）爪哇獴 *Herpestes javanicus*（E. Geoffory，1818）

活动于西双版纳江、河小支流湿地，以鼠类、蛙类和蛇类（水蛇等）等为食。

（16）食蟹獴 *Herpestes urva*（Hodgson，1836）

活动于滇西、滇南、滇中和滇东南江、河小支流湿地，以鼠类、蛙类和蛇类（水蛇等）等为食。

猫科 Felidae

（17）豹猫 *Prionailurus bengalensis*（Kerr，1792）

活动于云南江、河小支流湿地，以鼠类、两栖类和鱼虾等为食。

长鼻目 PROBOSCIDEA

象科 Elephantidae

（18）亚洲象 *Elephas maximus*（Linnaeus，1758）

活动于西双版纳勐腊、勐海和思茅地区的思茅市的澜沧江支流、溪河，临沧市沧源县南滚河河谷湿地。

偶蹄目 ARTIODACTYLA

鼷鹿科 Tragulidae

（19）威氏小鼷鹿 *Tragulus williamson*（Kloss，1916）

栖于西双版纳勐腊河、罗梭江和尚勇的河沟湿地。

鹿 科 Cervidae

（20）豚鹿 *Axis porcinus*（Zimmermamm，1780）

栖于滇西南临沧地区南定河和南滚河流江河两岸及其附近有芦苇、水草的沼泽湿地。以芦苇的茎、叶和水草等为食。

（21）水鹿 *Rusa unicolor*（Kerr，1792）

活动于滇南和滇西小溪河岸边和沼泽周围，以水草、青草、嫩芽和藤本等为食。

牛 科 Bovidae

（22）印度野牛 *Bos gaurus*（H. Smith，1872）

活动于西双版纳、思茅澜沧江支流和沧源南滚河溪河湿地，以青草、嫩芽和藤本等为食。

（23）爪哇野牛 *Bos javanicus*（D' Alton，1823）

活动于西双版纳勐腊和思茅糯扎渡澜沧江支流湿地，以青草、嫩芽和藤本等为食。

啮齿目 RODENTIA

鼹形鼠科 Spalacidae

（24）银星竹鼠 *Rhizomys pruinosus*（Blyth，1851）

栖于滇西北、滇西和滇南江、河的芦苇、马鹿草丛生地及附近竹丛，以苇草根、竹根、竹茎等为食。

仓鼠科 Criceidae

（25）麝鼠 *Ondatra zibethicus*（Linnaeus，1776）

栖于滇池及其周边叉河、坝塘，以水草等为食。

翼手目 CHIROPTERA

菊头蝠科 Rhinolophidae

（26）暗褐菊头蝠 *Rhinolophus ferrumequinum*（Schreber，1774）

分布于滇北、滇中和滇东南，捕食昆虫。

（27）间型菊头蝠 *Rhinolophus affinis*（Horsfield，1823）

分布于滇西北、滇中、滇东南和西双版纳，捕食昆虫。

（28）中华菊头蝠 *Rhinolophus sinensis*（Andersen，1905）

分布于滇东南、滇中、滇西和滇西北，捕食昆虫。

（29）小菊头蝠 *Rhinolophus pusillus*（Temminck，1834）

分布于西双版纳，捕食昆虫。

（30）丽江菊头蝠 *Rhinolophus osgoodi*（Samborn，1939）

分布于滇西南、滇西和滇西北，捕食昆虫。

（31）皮氏菊头蝠 *Rhinolophus pearsoni*（Horsfield 1851）

分布于云南各地，捕食昆虫。

（32）云南菊头蝠 *Rhinolophus yunanensis*（Dobson，1872）

分布于滇西和滇西北，捕食昆虫。

（33）大耳菊头蝠 *Rhinolophus macrotis*

分布于滇东南、滇中和西双版纳，喜食昆虫。

蹄蝠科 Hipposideridae

（34）双色蹄蝠 *Hipposideros bicolor*（Temminck，1834）

分布于滇东南、滇南和滇西北，捕食昆虫。

（35）小蹄蝠 *Hipposideros pomona*（Andersen，1918）

分布于滇中和滇西北，捕食昆虫。

（36）大马蹄蝠 *Hipposideros armiger*（Hodgson，1835）

分布于云南各地，捕食昆虫。

（37）中蹄蝠 *Hipposideros larvatus*（Horsfield，1823）

分布于滇南、西双版纳、滇西南和滇西，捕食昆虫。

（38）莱氏蹄蝠 *Hipposideros lylei*（Thomas，1913）

分布于西双版纳和滇西南，捕食昆虫。

（39）三叶小蹄蝠 *Aselliscus stoliczkanus*（Dobson，1871）

分布于滇中和西双版纳，捕食昆虫。

（40）无尾蹄蝠 *Coelops frithi*（Blyth，1848）

分布于思茅和漫湾，捕食昆虫。

蝙蝠科 Vespertilionidae

（41）大足鼠耳蝠 *Myotis ricketti*（Thomas，1894）

分布于云南各地，活动于缓流水域、池塘上空，喜食小鱼和昆虫。

（42）喜山鼠耳蝠 *Myotis muricola*（Gray，1846）

分布于滇中和滇西北，捕食昆虫。

（43）山地鼠耳蝠 *Myotis montivagus*（Dobson，1874）

分布于滇西北、滇西和滇中，捕食昆虫。

（44）西南鼠耳蝠 *Myotis altarium*（Thomas，1911）

分布于滇中和滇西，捕食昆虫。

（45）高颅鼠耳蝠 *Myotis siligorensis*（Horsfield，1855）

分布于昆明和滇中，捕食昆虫。

（46）中华鼠耳蝠 *Myotis chinensis*（Tomes，1857）

分布于保山，捕食昆虫。

（47）华南水鼠耳蝠 *Myotis laniger*（Peters，1871）

分布于昆明，喜食小鱼和昆虫。

（48）毛腿鼠耳蝠 *Myotis fimbriatus*（Peters，1871）

分布于昆明和滇西北，捕食昆虫。

(49) 毛须鼠耳蝠 *Myotis hirsutus* (Howell, 1926)

分布于昆明，捕食昆虫。

(50) 缺齿鼠耳蝠 *Myotis annectans* (Dobson, 1871)

分布于盈江，捕食昆虫。

(51) 大棕蝠 *Eptesicus serotinus* (Schreber, 1774)

分布于滇西和滇中，捕食昆虫。

(52) 绒山蝠 *Nyctalus velutinus* (G. Allen, 1923)

分布于滇西北，捕食昆虫。

(53) 东亚伏翼 *Pipistrellus abramus* (Temminck, 1840)

分布于云南各地，捕食昆虫。

(54) 棒茎伏翼 *Pipistrellus paterculus* (Thomas, 1915)

分布于滇西北和滇中。

(55) 爪哇伏翼 *Pipistrellus javanicus* (Gray, 1838)

分布于昆明。

(56) 侏伏翼 *Pipistrellus tenuis* (Temmiinck, 1840)

分布于西双版纳。

(57) 茶褐伏翼 *Falsistrellus affinis* (Dobson, 1871)

分布于滇西北、滇南和滇中。

(58) 大灰伏翼 *Falsistrellus mordax* (Dobson, 1975)

分布于滇西。

(59) 灰伏翼 *Hypsugo pulveratus* (Peters, 1871)

分布于滇东北。

(60) 大黑伏翼 *Arielulus circumdatus* (Temminck, 1840)

分布于滇南和滇西北。

(61) 南蝠 *Ia io* (Thomas, 1902)

分布于云南各地。

(62) 亚洲长翼蝠 *Miniopterus fuliginosus* (Hodgson, 1835)

分布于云南各地。

(63) 大黄蝠 *Scotophilus heathii* (Horsfield, 1834)

分布于滇西、滇西南和西双版纳。

(64) 小黄蝠 *Scotophilus kuhlii* (Leach, 1821)

分布于滇东南、滇南和西双版纳。

第五篇

云南湿地资源管理与保护利用

第十三章

云南的湿地资源管理

第一节　湿地管理理念

1　湿地管理的概念与内容

1.1　对湿地管理的认识

湿地广泛分布于世界各地，是地球上生物多样性最富集的地域，也是关系到人类生存环境的重要地域。

湿地管理的概念因管理的目的不一而有不同的解释，基于人们的认识，往往在不同时期、不同地区以及不同领域有着不同的含义。大体上说，我国的湿地管理经历了一个由以资源利用为目的的管理，逐渐进展到以维护生态环境和生态系统为目的的多目标管理。

1.1.1　以资源利用为目标的湿地管理

这一时期的湿地管理理念，主要表现为向湿地的索取，多是出于追求直接的经济效益。传统湿地管理大多以农业生产为目标，创造有利于农业耕种的生产条件。管理体现于开发，开展的往往是疏浚、填埋或抽水等方面的管理，很少有自然保护的观念。在管理机构的设置、政策法规的制定上，也都为了这一目标。如大力修建排水渠网、疏干湿地用于垦殖；不同规模地以填埋的方式“造田”扩充耕地；大力建设灌溉系统，抽取湖水或地下水用于农业浇灌。此时，人们关心的不是湿地所应有的生态价值、生物多样性价值。在利用湿地资源的同时，忽视保护而造成不良后果，未能达到湿地可持续利用和发展的目的。

据有关资料，“美国湿地在 1950 ~ 1970 年间，有 26% 的湿地被改变为农业用地。密西西比河洪泛平原在 1965 ~ 1975 年间每年减少速率超过了 1%，主要用于在农业开垦用地上。”（吕宪国，2004）

我国是世界上人均耕地占有水平较低的国家，随着人口数量的增长，对粮食的需求在生产力水平相对较低的情况下，扩充耕地成为必然的手段。内陆湿地的地势较平，土地肥沃，被视为最适宜开垦的“荒地”、“荒滩”，往往成为垦殖的首选对象。我国黑龙江省的三江平原，20 世纪 50 年代开始，在把昔日“北大荒”变成今日“北大仓”的战略口号下，40 年间开垦湿地达30 000km^2；湖南洞庭湖与江西鄱阳湖，50 年代以来因湖泊围垦共扩大耕地13 000km^2，就是最明显的例子。云南省的湿地管理也离不开这一传统的认识，以云南最大的高原湖泊滇池为例，据《滇池流域环境遥感研究》记述，围湖和涸湖造田有史可考的是始于 1273 年（至元十年）。特别是 1959 ~ 1971 年间，共使滇池水面减少 30.6km^2，其中仅 1969 ~ 1970 年的大规模“围海造田”活动，就围湖 14km^2，建海埂“五七”农场。其他如 1971 年石屏异龙湖打通青鱼湾隧洞后，放水涸湖，出田造地，并且把原属南盘江水系的湖水改属为红河水系。

1.1.2　以生态环境和生态系统为目标的湿地管理

随着人们生态意识的提高，和“人定胜天”观念的反思，湿地管理从资源利用逐步转向以生态环境和生态系统为目标。在利用的同时，保护也逐渐地提到了议事日程。人们认识到，要维护湿地在生态、经济及社会等方面的多种功能，将因人类活动导致的对湿地功能产生的负面影响减到最低程度，要维护水量、水质等湿地水文条件，为湿地生物多样性生存繁衍提供最佳环境。对自然规律的认识，在管理上起到了应有的作用。

湿地生态环境与生态系统管理，主要着眼于生态系统功能的发挥。一方面针对生态系统本身的平衡机制，一方面关注引起生态系统变化的自然与人为因素。生态平衡是相对的，当生态系统各组成部分之间相互作用的关系，与能量物质的输出或输入处于相对稳定状态时，受到的一切外来干扰，能通过自我调节恢复到平衡所需的稳定状态。这种动态平衡是生态系统维护其功能的基本特征，也是我们实施管理所预期达到的理想目标。湿地管理的作用，就是使湿地生态系统的各组成部分中，能量流动与物质循环得到合理的运转，使其自我调节的能力加强，以免造成平衡的失调，最终遭受破坏，而一旦遭到破坏，就很难恢复。

湿地是以水为主，水陆相互作用下形成的特殊的生态系统，具有多种功能和效益。湿地生态系统的管理，主要是通过调整生态系统物理、化学和生物过程，保证生态系统的完整性和功能的可持续性。根据湿地的“生态位”，发挥湿地在其区域内物质循环中的作用，最大限度地发挥所有的功能和效益。因而，湿地管理应在科学的调查研究基础上，通过总体规划的编制和实施，运用技术、经济、法律、教育等手段，制止或限制损害湿地自然生态系统的干扰活动，做到既保护好湿地环境，维护湿地生态，又有条件地满足人类生产、生活和经济发展对湿地资源的需求，处理好湿地保护与利用的关系。

在遵循自然规律的同时，管理部门必须兼顾有关部门和相关利益群体在湿地资源利用方面的社会性问题。湿地管理涉及自然地理、生物、环境、社会、经济和工程技术等各学科领域，又与林业、农业、牧业、渔业、环境、水利、航运、公安、法律、经济等部门的管理有关。因此，湿地管理应在多学科、多部门共同参与下，在科学发展观的指导下进行。

1.2 内陆湿地生态系统的干扰因素

湿地管理工作首先应分析对湿地生态系统稳定性和功能发挥产生干扰的诸多因素，采取有针对性的措施，把这些干扰降低到生态系统自身调控能力之内，维护其动态的相对平衡。云南地处中国西部，属内陆山区省份，其自然与人为干扰因素主要有以下几个方面。

1.2.1 气候因素

气候是控制湿地自然消长的最根本的动力因素。气候变化对湿地生态系统内的物质循环、生物多样性及生产力等会产生很大的影响。主要表现在气温、降水、蒸发、径流和地下水补充等各个方面。水循环的变化，直接影响着湖泊、江河、沼泽以及水库、坝塘、泉水等地表水或地下水的水量增长与减少，导致湿地面积和环境的变化；间接影响自然界生物多样性的变化，特别是一些依赖湿地生存的鸟类，有些种群可能会消失，也会有新的种群出现，引起区系的变化。所以说，气候是湿地生态系统中最为重要的环境因子，对湿地生物的生理机能、物质能量转化，以及生态系统的发育演化都有非常重要的影响。我们应用科学的方法，揭示和研究气候因素与湿地生态系统之间的关系，从而促进湿地保护，提高管理水平。

1.2.2 水文因素

水文是湿地形成、发育和演化的先决条件。虽然气候决定了湿地的主要水源补给，地貌决定了湿地的不同类型。但是，区域水文因素也是影响湿地水量、水质和其他水文情势的主要因素。从水量上来看，水位季节性的变化，影响着湿地的稳定性，不同类型的水源补给方式，结合地貌条件，可引起侵蚀和沉积格局的变化。水动力状况直接造成河流、湖泊等天然湿地的岸边崩塌、泥沙沉积后果，使湿地地表微地貌产生变化。水位的不正常变化，也将引起湿地植被和生物多样性的变化，影响湿地生态系统的稳定。湿地水文特性，决定和维护着湿地的物理、化学与生物学功能和价值。

1.2.3 农牧业活动

人们的传统观念，将一些湿地简单的视为“荒地”或“荒滩”，因之成为农业开垦的对象。这种对湿地功能和价值的模糊认识，形成对湿地最大的干扰和威胁。据《中国湿地立法研究》一书的资料，“近期重点调查表明，调查对象中有30.3%的天然湿地已经遭到或正面临盲目开垦和改造的威胁”。由于开垦时排水或填埋，直接改变了湿地性质，导致大面积的湿地生境丧失，另外。农业灌溉的大量取水，使原本有规律的天然水位变化并受到极大干扰，造成湿地水文情势的改变，也会形成不利于湿地生态系统稳定的因素。

云南高海拔地区的湿草地放牧，从某种程度上说，在控制有害生物和调控生境上有着有益的一面。但是过度放牧却对湿地生态系统稳定产生干扰。牲畜的践踏使土壤结构压实，造成土壤空隙减少，土壤容重增加，使土壤的渗透性、通气性、蓄水能力降低，也破坏了植物生长环境，从而对生态系统产生严重干扰。过度放牧还使优质牧草减少，牲畜不食的杂草盖度增加，植物区系产生变化，有效生物量降低，也将产生不良后果。

1.2.4 水利水电建设

大规模的水利水电建设，在防洪、发电、灌溉等方面取得良好的社会与经济效益，但对河流湿地、湖泊湿地却造成不同程度的影响。有些单纯地追求经济效益而忽略了生态效益的水利水电工程，对湿地生态系统产生了严重的干扰。特别是对大江河施以密集的梯级水电开发，使河流水库化，原来动态的奔腾的河流，变成了一个接一个静态的串珠般的“水库链”。宽阔的水面，改变了自然河流的水动力学的性状，从根本上减弱了河流原有的自我净化能力和水生动植物区系。加之随建设电站而产生的人口聚集，及水产养殖业、旅游业、加工业等的兴起，继而各种污染相伴而生，日益恶化的水环境质量，使湿地生态系统及功能不断恶化。有些水利工程对湖泊资源无节制的利用，也是湿地退化的重要原因。

1.2.5 其他因素

火对湿地的影响，表现在对湿地生境条件的破坏。火的强度和频率决定其对湿地生态系统的干扰程度。湿地火灾首先遭难的是湿地植被，火灾后湿地植被的群落盖度、分布、丰度都发生巨大变化，植物的毁灭或覆盖程度的降低，严重改变了湿地的生态环境。与植物同时遭害的将是两栖爬行动物和鸟类繁殖的营巢。虽然有些鸟类可在火灾前逃逸，但环境的改变，使鸟类种群和数量也将受到极大影响。此外，较强度的火灾，对湿地的小区气候、区域水文等也都有所影响。

外来物种入侵对湿地土著物种生存的干扰也是不可忽视的因素。外来物种（alien species）简单地说是指那些在自然分布范围及扩散潜力以外的物种。人们对引进外来物种，往往是从经济的、生活的诸多有益的因素考虑，的确也曾产生过很好的效益和效果。但是，当外来物种在自然或半自然生态系统或生境中建立了种群，从而改变或威胁本地生物多样性时，就成了外来入侵种（alieinvasive species）。外来入侵种无论其本身价值如何，都会对当地土著种带来威胁，甚至造成土著种消亡。对原有的生态系统造成严重影响，甚至打破生态平衡，改变当地生态环境。

1.3 湿地管理的内容

湿地管理是一门新兴的边缘学科。根据这一水陆相互作用形成的，具有多功能多效益的特殊生态系统特点，按其固有的生态条件与外部干扰因素，利用各种手段进行调控，从而达到系统总体最佳效果，是湿地管理的主要职能。管理手段（内容）有行政的、技术的、法制的、经济的、教育的等诸多方面，皆用以限制损害湿地原生态的活动，达到既能基本满足人类经济发展对湿地资源的需要，又能维护自然生态系统的平衡发展，使湿地生态环境和生物多样性得到有效保护和可持续发展，同时发挥最佳的生态功能和经济效益。

1.3.1 行政管理

湿地管理应是国家的政府行为。强有力的行政管理系统切实履行管理职能，是实施湿地管理的先决条件。行政管理内容包括机构设置、政策发布、人员组织、计划制定、宣传教育、基础设施建设、经费筹集以及与有关部门的协调沟通等。

目前，我国的湿地管理涉及林业、环保、农业、土地、海洋、渔业、水利、城建、航运等多个行政管理部门。尽管1992年国务院在决定加入《湿地公约》的批复中，明确"执行该公约的具体事宜，由林业部负责组织、协调"，1998年国务院明确授权国家林业局负责"组织、协调全国湿地保护和有关国际公约的履约"，但是由于涉及湿地管理的各部门、各领域在"湿地"概念、管理和利用上尚未能形成统一认识，多系统、多部门交叉管理的状况仍有待协调。

1.3.2 技术管理

湿地管理是一项科学性很强的工作，涉及的学科领域很广，因此，技术管理是湿地管理中极为重要的基础工作。湿地的技术管理一方面是常规的科技工作，如资源调查、环境观测及生物多样性动态监测等；一方面是专题性研究和建立资源档案、信息库，以及国内国际合作与交流等。

2004年，中国科学院昆明分院和云南省林业厅牵头组建了"云南高原湿地保护研究中心"，组成具有学术性、联合性、专业性的"省院共建"的学术研究与咨询机构；2007年国家林业局批准在西南林学院设立"国家高原湿地研究中心"。这些科技平台的建立，为云南湿地技术管理提供了有力支撑。所以，引进先进的管理技术和得到有关科研教学单位的支持，是提高湿地管理水平的最好途径。

1.3.3 法制管理

依法行政是管理工作应遵循的重要原则和手段。法制管理，一方面应法制建设和严格执行国家和地方制定颁布的法律法规，做到有法必依；一方面应在主要湿地设立专门的执法机构，做到执法必严，以维护湿地生态安全。

建立湿地生态系统类型的自然保护区，是依法对重要湿地实施法制管理的特殊区域，并享有法律保护的地位。云南省已陆续建立起大山包、拉市海、碧塔海、泸沽湖、纳帕海等多个自然保护区，为全省湿地保护与管理提供了借鉴。

1.3.4 经济管理（或开发经营管理）

湿地与人类生活息息相关，在国民经济建设中具有重要地位。因此，在保护湿地生态系统完整和稳定的同时，不可忽视湿地功能在经济方面的利用。合理地、适度地开发利用湿地资源是社会经济可持续发展的重要方面。例如在农业灌溉、水利水电建设、工业农业污染防治、种植养殖等诸多方面的协调管理，应该成为湿地管理的内容。

湿地生态旅游是一项特殊的经济活动，对湿地旅游资源和旅游业的管理属于湿地经济管理的内容。开展湿地生态旅游，要从规划做起，并与有关部门协调进行管理。

2 湿地管理的指导思想与原则

2.1 湿地管理的目标

管理目标是指通过对湿地的各项管理措施，使湿地达到一定目的的状态。现今对湿地的管理，已经从开垦、排水或取水灌溉等为目标的经济管理，发展到维护湿地生态系统安全与合理开发利用为目标的生态系统综合管理。具体地说，湿地生态系统综合管理的目标，首先是维护湿地水文条件，以便为湿地生物多样性提供最佳生存与繁衍的环境，充分发挥湿地的水文功能和生态功能。在此基础上，合理地提高湿地为人类提供产品和服务的能力，以体现湿地的经济和社会价值，实现湿地资源的可持续发展。

《中国湿地保护行动计划》（国家林业局等编制，2000年）中，对我国湿地保护行动的总目标是："全面加强中国湿地及其生物多样性保护，维护湿地生态系统的生态特性和基本功能，重点保护好在国际与国家领域内具有重要意义的湿地，保持和最大限度地发挥湿地生态系统的各种功能和效益，保证湿地资源的可持续利用，使其造福当代，惠及子孙。"

2.2 湿地管理的指导思想

湿地管理的指导思想，总的说是为了实现湿地的环境、资源、社会、经济功能和效益的可持续发展，具体地说，就是湿地生态保护、建设与合理利用，必须以维护湿地生态系统的动态平衡，保护湿地水文情势和生物多样性，实现其生态功能与自然资源的可持续发展利用为基本出发点，坚持国家提出的“全面保护，生态优先，突出重点，合理利用，持续发展”的方针，充分发挥湿地在国民经济发展中的生态、经济和社会效益。

2.3 湿地管理的原则

2.3.1 坚持实施以水资源和生物多样性为核心的管理原则

湿地的性质，介于陆地与水体之间。湿地生态系统是陆地系统与水体系统相互作用的结果。相互作用的方式与强度不同，形成了不同类型的湿地。虽然陆地系统与水体系统有着本质的差异，但对水文状况都非常敏感。绝大多数湿地的水文情势是动态变化的（如水流、水位、降水等），因此，湿地水文控制着湿地中生物与非生物的特征。湿地环境从水淹到干旱的变化，经常会处在生态时空的交错带上，为野生动植物创造了多样的或独特的生境，且有丰富的遗传物质，被称为“生物超市”。所以说，水资源是湿地生境的根本，生物多样性是生境的产物，水、生境和生物多样性共同体现着湿地的功能和价值。湿地管理应抓住这一根本，以水资源与生物多样性保护为核心，以此为出发点，一切措施着眼于此。

2.3.2 坚持实施依法管理、依法行政的原则

依据我国《宪法》、《森林法》、《草原法》、《土地管理法》、《水法》、《野生动物保护法》等相关法律，对于湿地范畴的土地，包括水地、林地、沼泽、草地、滩涂等，除法律规定属集体所有的以外，均属国家所有。同时，依据法律的规定，野生动物资源、水资源均属国有。至于农村集体经济组织兴建的水库、水塘等中的水资源，也只有使用权。因此，将湿地及其资源提高到国有资产的高度实施管理是符合法律规定的，对于违法行为必须予以制止，造成不良后果的应予追究行政或刑事责任。

在强调自然资源属于国家或集体所有，以及强调保护与合理利用的同时，也要注意依法保护自然资源所有权人及使用权人的合法权益。如我国《土地管理法》中规定依法保护土地开发的合法权益，《水法》中规定依法保护开发利用水资源的单位和个人的合法权益，《草原法》、《森林法》、《野生动物保护法》以及《野生植物保护条例》中，分别规定了所有者（或单位）和使用者（或单位）依法经营的权益。《环境保护法》、《水污染防治法》等规定，造成环境危害，应“对直接受到损害的单位或者个人赔偿损失”。因上述违法行为而遭受损失的，皆有权控告要求赔偿。

法律法规及相关政策赋予湿地管理依法行政的职权，遵循一定的法律制度，履行管理的权力与义务。

2.3.3 坚持实施全面、协调、可持续发展的原则

《中国21世纪议程》指出：“现在越来越多的人认识到，只有将经济社会发展与资源、环境相协调，走可持续发展之路，才是中国发展的前途所在。”1987年，联合国环境与发展委员会在《我们共同的未来》报告中，对可持续发展做的定义是：“既满足当代人的需求，又不对后代人满足需求的能力构成危害的发展。”由此，我国的学者们延伸概括为“不断提高人群生活质量和环境承载力的，满足当代人需求，又不损害子孙后代满足其需求能力；满足一个地区或一个国家的人群需求，又不损害别的地区或国家人群满足其需求能力的发展”。这些阐述，强调了发展的科学性、连续性、持久性，也体现了以人为本的科学发展观的本质和核心。以人为本，要求发展的目的不仅是为少数人、当代人，也不是为了发展而发展，而是不断满足大多数人日益增长的物质文化生活以及健康和安全发展的长期需要。

当前，我国国民经济正处在一个快速发展阶段，环境和自然资源保护与国民经济协调发展显得尤为重要。为此，按照全面、协调、可持续发展的原则，把自然、社会、经济、文化等有关学科的知识与实践融为一体，制定湿地保护与管理规划，并付诸实施是一条双赢之路。

3 湿地管理的策略

策略是在一定原则的指导下，根据管理的需要而制定的行动方针和采取的管理方式。不同类型、不同区域的湿地管理，要因地制宜地制定相应策略，但主要的应有以下几点：

3.1 建立保护区，确定优先保护湿地及特殊保护物种

湿地国际在“关于国际重要湿地”的决议中，提出确定优先领域的做法，给予我们在管理策略上以启示。我国及云南湿地类型多、范围广，在管理上应该分门别类，视轻重缓急，选择那些在本省乃至全国具有独特类型或物种，以及极具科学意义的湿地，列为重要湿地或优先保护对象。特殊物种包括国家公布的重点保护物种、本湿地特有物种、指示性物种（即可鉴定湿地质量的物种）、关键物种（即对湿地起着至关重要生态作用的物种）、旗舰物种（即对湿地保护与合理利用具有象征价值的物种）。确定优先保护的策略，最有效的方法就是建立湿地类型的自然保护区，这是国家自然保护事业最基本的策略与措施。2004 年 6 月，国务院发出《加强湿地保护管理的通知》，通知指出：“我国湿地处于需要抢救性保护阶段，努力扩大湿地保护面积是当前湿地保护管理工作的首要任务。建立湿地自然保护区是保护湿地有效的措施……特别是对那些生态地位重要或受到严重破坏的自然湿地，更要果断地划定保护区域，实行严格有效的保护。”

3.2 建立协调好综合部门与主管部门相结合的管理机制

湿地生态系统是一个自然科学的概念，而管理则是具有社会和经济含义的学科，因此湿地管理应是政府行为。由于各类湿地资源的特点与功能不同，各相关管理部门有着职能上的分工。目前在我国，国务院授权国家林业局组织与协调全国湿地保护和有关国际公约的履约工作，因此，国家林业局会同国土资源部、国家海洋局、国家环保总局、农业部、水利部、建设部等 16 个部委局共同编制了《中国湿地保护行动计划》。但在现实管理中，土地部门管土地利用，水利部门管水资源利用和保护，交通部门管水上运输，环境保护部门管湿地环境，农业部门管稻田与水产，旅游部门管旅游开发与经营等等。虽然湿地的多元生态因素、丰富的生物多样性资源及多维功能，决定了多部门管理的必然性。但是，在管理过程中往往受职能分工与部门利益的影响，难于实施综合有效的全面协调管理。其关键在于多部门行政职能和权力的整合与配合，需在保护一体化的管理思想指导下，形成综合管理机制。因此，一是完善法制，制定跨部门管理的程序性、规范性和实质性的法律法规；二是在机构上成立国家和地方各级湿地管理委员会，承担湿地资源统一管理与保护以及负责各主管部门之间的协调职能。

3.3 组织社区群众参与管理，实施“社区共管”模式

由于多数湿地（特别是湖泊湿地与沼泽湿地）与当地社区生产用地交织，有些湿地属于当地社区集体所有或长期使用，在湿地管理中，常常因土地管理权、使用权、使用方式等诸多问题与社区产生利益冲突，使湿地管理仅仅依靠管理机构自身力量难以开展。而近年来我国自然保护区采取“社区共管”策略，摸索出的自然保护区与当地社区共同管理的路子是值得借鉴的。

“社区共管”是指管理机构让社区居民参与保护方案的决策、实施、评估，并与保护区共同管理自然资源，同时也使居民从中受益的管理模式。湿地管理与保护的目的，是维护水资源和生物多样性生存环境以及湿地生态功能。着眼于整体和长远的利益，湿地保护是为了人类的生存与发展，但是在短时间内，所采取的保护措施往往会改变当地生产习惯，影响居民经济收益。为此，“社区共管”机制是既能保护群众当前利益，又能保护自然环境与资源的有效途径。通过宣传教育和具体帮扶措施，使社区群众提高生态意识，开拓生产门路，在保护与发展中受益，自觉地参与管理工作。

3.4 树立科学发展观，重视科技对湿地管理的支撑作用

我国湿地长期以来以开发利用为主，导致了湿地资源与环境的破坏，其造成的生态性经济损失，

已远远超过了开发性经济利益。究其原因，就是没有树立科学发展观。湿地生态系统是以水为基本要素，将植物、动物、微生物等自然要素进行有机组合的，具有特殊的生态、社会、经济价值的自然资源。其类型多样，面积广阔，结构复杂，是地球上具有多种功能的生态系统。它可以沉淀、排除、降解和吸附水中的污染物、悬浮物及其他有毒物质，被誉为“地球之肾”。因此，湿地管理的科学性尤为重要。

云南省独特的地质、地貌孕育了长江、珠江、红河（元江）、澜沧江（湄公河）、怒江（萨尔温江）、伊洛瓦底江（独龙江）六大水系和滇池、洱海、抚仙湖、泸沽湖、星云湖等30多个高原湖泊以及高山沼泽等。从生态系统的角度对高原湿地与周围环境、高原湿地与生物多样性的关系等方面开展研究，区别湿地类型与功能特点的不同，分别编制湿地保护规划，对指导湿地管理更具有重要意义。

为落实国家对湿地管理和保护的要求，以及开展湿地保护管理工作科学化和信息化的需要，将云南省科研、教学、规划和管理单位的技术力量形成合力，以促进云南湿地建设。2004年底，中国科学院昆明分院与云南省林业厅牵头协调，由中国科学院所属的昆明动物研究所、昆明植物研究所、南京湖泊研究所、武汉水生生物研究所以及西南林学院、云南省林业调查规划院等单位发起组建了“云南高原湿地保护研究中心”，得到各方面的支持，为湿地管理的科学化迈出可喜的一步。

第二节　云南湿地资源评价

云南省的湿地可分为内陆淡水天然湿地和内陆淡水人工湿地两大类。天然湿地主要包括河流、湖泊、沼泽和沼泽化草甸、冰川等。人工湿地主要包括水库、池塘、水田等。以下对天然湿地中的主要类型从自然属性的角度进行评价。

1　河流湿地

1.1　数量众多，密如蛛网，具明显的山地河流特征

云南河流众多，水系发育，流域面积在100km^{2}以上的河流有908条，分属长江、珠江、红河（元江）、澜沧江（湄公河）、怒江（萨尔温江）和伊洛瓦底江（独龙江）六大水系。受云南山地地貌的控制，6条大江及其多级支流如叶脉般铺展，形成密如蛛网的水系格局。

由于绝大多数河流穿行于崇山峻岭之中，河谷深切、河岸陡峭、河床落差大、水流湍急、多瀑布险滩是其主要特点，具有明显的山地河流特征。河流两侧很少有沼泽等湿地发育，只有在流经坝区时，由于地势开阔，地形平坦，水流趋缓，才会出现面积不大的河滩沼泽。

云南西北部的怒江峡谷、澜沧江峡谷和金沙江峡谷，气势磅礴，山脊和谷底的相对高差往往超过1000m。怒江峡谷则是世界上两个最大的峡谷之一。

云南山地型河流的径流量、泥沙含量在雨季和旱季有很大的差别，这主要受降水的影响。但流域内森林植被的多寡也对径流量及泥沙含量有着相当的调节作用。一些河流由于流域内森林植被少，常常呈现出水量半年丰、半年枯，水质半年清、半年浊的景象。

1.2　水能、水利资源丰富，但难收舟楫和灌溉之利

由于河谷深切，河岸陡峭，河床落差大，水流湍急，大多数河流蕴藏着丰富的水能资源，且以金沙江、澜沧江、怒江三大水系最为丰富，云南水能资源的82.5%蕴藏在这三大水系中，尤以金沙江蕴藏的水能资源最丰，占全省水能资源总量的38.9%。云南水能资源理论蕴藏量为10 364 × 10^{4}kW，占全国总蕴藏量的15.3%，仅次于西藏、四川，居全国第3位。可开发装机容量超过9000 × 10^{4}kW，占全国可开发装机容量的20.5%，居全国第2位。

云南水资源在全国属丰富的省份。全省正常年水资源总量2210 × 10^{8}m^3，占全国水资源总量的

8.0%，仅次于西藏、四川，居全国第3位。云南水资源的总体分配在时空上是很不均匀的。雨季水量有余，干季水量不足；西部水多，东部水少，南部水多，北部水少；坝区土多水少，山区土少水多；西部地区水资源集中分布在山上，东部岩溶地区则集中分布于地下。因此，全省水资源虽然丰富，但一些主要农业区，如宾川、元谋、祥云、蒙自等地，水资源却是十分缺乏的，难收农业灌溉之利。

云南河流的水量变化主要受大气降水所制约，5～10月为雨季，各条江河洪水猛涨，11月至翌年4月为旱季，流量大减。因此，云南江河虽然多而流长，但除了某些江河在平缓地区可通航（如金沙江水富港以下可以通航至上海港，从思茅港可沿澜沧江—湄公河航行到东南亚各国）外，大多没有舟楫之便。

1.3 国际河流多且皆为上游或源头

国际河流多是云南河流的另一显著特点。流经或发源于云南的六大河流，除长江和珠江外，其余4条皆为国际性河流。

红河发源于云南，有东西两大并列源流，一为元江，二为李仙江，在国境处流入越南。澜沧江源于青海省，流出云南后称湄公河，流经缅甸、老挝、泰国、柬埔寨、越南5国，是东南亚一条重要的国际性河流。怒江是一条中缅国际河流，从潞西市出境进入缅甸后称萨尔温江。伊洛瓦底江也是一条中缅国际河流——在云南境内有独龙江、大盈江、龙江等流入缅甸，在南塔汇合后称梅开恩江，再南流与迈立开江汇合后称伊洛瓦底江。上述4条国际性河流在云南境内的流域面积达到56.3%。

此外，因为云南处于六大水系的上游或源头，自然地理条件和所处区位特殊，所以，云南对于河流湿地的利用、保护不仅仅是云南自身的事，也与国内长江流域、珠江流域息息相关，同时，国际社会尤其是东南亚国家也密切关注对于六大江河的保护和利用，所以必须统筹好上游与下游、局部与全局、国内与国外的关系。

1.4 奇险雄壮的多条峡谷名扬海内外

金沙江、澜沧江、怒江、独龙江在云南横断山区的云岭、怒山（碧罗雪山）、高黎贡山、担当力卡山的夹峙下奔腾南流，形成了举世闻名的峡谷景观，成为“三江并流”世界自然遗产地的重要组成部分。4条江之间的直线距离仅100～120km，怒江和金沙江的最短直线距离仅66.3km，怒江和澜沧江的最短直线距离仅18.6km，而峰谷之间的相对高差均在3000m左右。

金沙江沿着东北走向的断裂，在玉龙雪山与哈巴雪山之间冲决而出，形成著名的金沙江大峡谷，其中虎跳峡江段是峡谷中最璀璨的一颗明珠。虎跳峡是世界上落差最大的峡谷之一，以奇、险、雄、壮闻名于世，呈现出一种夺人心魄、令人敬畏的威严之美。位于丽江石鼓的长江第一湾，因长江在此改变了由北向南的流向折而掉头北去，从此与澜沧江、怒江分道扬镳，成为有趣的自然地理景观，吸引着大量游人。

澜沧江大峡谷位于云南德钦县境内，北起佛山乡，南至燕门乡，长100km余。深邃的谷地，高耸的雪山，汹涌澎湃的江水和郁郁葱葱的茂密森林是本段澜沧江大峡谷的特色。大跳度的高差起伏，令江流汹涌咆哮，翻起巨澜，峡谷区内有雪山映照，更显圣洁与神圣，具有神奇、葱郁、波澜之美。

怒江大峡谷北起西藏察隅县的察瓦龙，南至云南怒江傈僳族自治州的首府六库，长约300km多。由于碧罗雪山和高黎贡山两条巨大山脉的夹峙，这一河段成了怒江最为险峻的峡谷段，平均谷深达3200m。峡谷长度和深度都远超美国的科罗拉多大峡谷，被称为世界上最神秘和最原始古朴的“东方大峡谷”，位于丙中洛的“怒江第一湾”更是峡谷中的奇景。怒江大峡谷地区更以民族文化的多样性而著称，它是傈僳族的最大聚居地和怒族、独龙族的惟一聚居地。沿峡谷延伸的茶马古道已有近千年的历史。这里尽管诸多民族、诸多宗教共存，但基督教和天主教却在不同的民族中都占有主要地位，这是值得关注的文化地理现象。

在三大峡谷中，谷底是亚热带干热或干暖气候，山腰清爽宜人，山顶却终年冰雪覆盖。因此，在垂直几千米的距离内，其气候与自然景观竟相当于从广东至黑龙江跨过的纬度，有着“一山分四季，十里不同天”的形容，为全国所仅有。

2 湖泊湿地

2.1 湖泊众多，且多为断层陷落湖

云南省湖泊众多，是中国西南（云南、贵州、四川、广西）湖泊最多的省份。全省有面积大于 $1km^2$ 的湖泊37个，总面积 $1164km^2$，汇水面积 $9000km^2$ 多，占全省国土总面积的2.31%。总蓄水量逾 $290\times10^8m^3$。云南湖泊虽多，但大型湖泊不多。面积在 $100km^2$ 以上的仅有昆明的滇池、大理的洱海和澄江的抚仙湖3个湖泊；$50\sim100km^2$ 的仅有永胜的程海和宁蒗的泸沽湖；$10\sim50km^2$ 的有石屏的异龙湖、江川的星云湖、通海的杞麓湖、宜良的阳宗海、个旧的大屯海和蒙自的长桥海等。其余湖泊的面积均在 $10km^2$ 以下。绝大多数湖泊的平均水深都在20m以内，超过20m的仅有抚仙湖、阳宗海、泸沽湖和清水海4个湖泊，其中最深的是抚仙湖，最深处达151.5m，是中国第二深水湖。

云南湖泊大多为断层陷落湖，是在地层断裂陷落的基础上经溶蚀、流水侵蚀或冰川侵蚀等外力作用影响下形成的。大多为永久性淡水湖泊，水量主要由降水、周围河流和地下水补给。由于湖泊多位于盆地或高原之中，距河流源头较近，汇水面积小，入湖径流少，多数湖泊仅有一条天然出水河流与大的水系相通。由于其为断层陷落湖，其湖岸一般较陡，湖周少浅滩沼泽。一些溶蚀型湖泊则湖水较浅，湖周多沼泽，生物多样性丰富。

2.2 湖泊湿地景观丰富多样，是云南重要的旅游资源

云南高原湖泊和其周围的山川、森林植被以及丰富的野生动植物共同构成了独特的湿地景观，再加上多彩的民族风情，成为云南重要而特殊的旅游资源。因此，不少湖泊已经成为蜚声国内外的旅游胜地，如大理的洱海、澄江的抚仙湖、宁蒗的泸沽湖、香格里拉的碧塔海和属都湖等等。

洱海是一个风光明媚的高原湖泊，素以“高原明珠”著称。呈狭长形，从空中往下看，洱海宛如一轮新月，静静的依卧在苍山东侧。风平浪静时泛舟洱海，那清澈透明、波光粼粼的湖水将蓝天白云映入水底，让人领略那船行碧波间、人在画中游的诗画一般的意境。“洱海月”是大理四大名景之一。洱海月之著名，除了倒映在洱海中的月亮“比别处倍大而更明”外，还在于洁白无暇的苍山雪倒映在洱海中，与冰清玉洁的洱海月交相辉映，构成“银苍玉洱”的奇观。

抚仙湖面积 $212km^2$，仅次于滇池和洱海，是云南第三大湖。最深处为151.5m，是云南省第一深水湖泊，在国内仅次于长白山火山口湖——天池。抚仙湖的水温，冬夏变化不大，水质又好，极适宜游泳。特别是北部沿澄江坝子一带，近岸200m左右，水深仅在1~3m，湖水亮晶晶，清盈盈，湖底全铺细沙伸延至湖岸数米。自昆明滇池出现污染后，这里每年吸引着成千上万的人来游泳、度假，甚至专业游泳队伍也常到抚仙湖来训练。

泸沽湖是一声名远播的高原湖泊，由于湖水几乎未受任何污染，最大能见度达12m。泸沽湖四周森林茂密，空气清新，是国内遭受人为破坏最轻、自然生态保护最好的地方之一。湖水清澈透明，四周风景如诗如画，秀丽迷人。泸沽湖畔居住的摩梭人至今还保留着母系社会的遗风，秀丽的湖泊和独特的民族风情具有极为诱人的魅力。

碧塔海四周群山环抱，林木苍翠，雪峰连绵，由雪山溪流汇聚而成的湖水晶莹剔透，雪山树影倒映湖中，景色醉人。碧塔海以它美丽恬静的天姿丽质吸引着游客。湖心镶嵌着一个塔状的小山，满是树林。看到这“塔”，所谓“碧塔海”的形象就很鲜明了。每逢五月杜鹃花盛开的季节，碧塔海湖畔的杜鹃花瓣纷纷飘落于水中，鱼儿吞食后，竟醉倒而飘浮于水面，醉鱼和杜鹃就这样形成了湖面的奇特景观。而碧塔海“杜鹃醉鱼”的景观也声名远播。

碧塔海西北面的属都湖，四周原始森林密布，湖东面是成片的白桦林，秋天一片金黄。山中云杉、冷杉高大通直，直指云宵。林中栖息着麝、熊、藏马鸡等多种珍禽异兽。属都湖畔是香格里拉有名的牧场，这里草场广阔，水草丰茂，每年春夏之际，湖畔散布着成群的牛羊和星星点点的牧棚，置身其

中，能让人深切地领略到高原湿地的迷人风光。

此外，腾冲的北海、江川的星云湖、石屏的异龙湖、丽江的拉市海、云龙的天池、丘北的普者黑等也都是著名的旅游景区。

值得一提的是，云南横断山区的雪山深处还有许多高山冰碛湖，目前还人迹罕至。具有开展生态、科考、旅游的特殊价值。冰碛湖大都分布在海拔3500 m左右，最高的接近4000 m。春夏之交，冰消雪融，雪退到哪里，花就开到哪里，从山上到湖边，到处是一片花的海洋，清澈透亮的湖水，映照着无边的原始森林和空阔的蓝天，白雪把高山杜鹃衬托得更加绚丽多彩。

但是，不可否认的是，由于一些湖泊过度的旅游开发，已造成湖泊水体污染、周围环境破坏等不良后果。

2.3 湖泊周围是主要的农耕区和城镇，在云南经济社会的发展中有着重要地位

云南主要湖泊周围大多是主要的农业耕作区，也是周围城镇用水的主要来源。一些湖泊还是水产养殖的场所，如滇池、洱海、抚仙湖、星云湖、杞麓湖等主要湖泊周围是云南农业相对发达、人民生活比较富裕的传统农业耕作区。不少重要的城镇也分布在这些湖泊附近，人口众多，企业聚集，经济发达，是云南最重要的经济区。因此，在云南经济社会发展的全局中有极其重要的作用。

正是因为这一特点，一方面，这些湖泊均衡、充足地为当地农业生产、城镇居民和工业生产提供符合水质要求的生产生活用水，保障着经济发展和人民群众正常的生活；另一方面，人类活动也反过来对湖泊产生负面影响，如湖泊湖面退缩、水位降低、泥沙淤积、水质污染、生物多样性丧失、外来物种入侵等问题已很突出，处理好湖泊利用与保护之间的关系是云南当前及今后很长一段时期面临的重要任务。

3 沼泽和沼泽化草甸

3.1 亚高山沼泽草甸面积小而分散

云南的亚高山沼泽化草甸主要分布于海拔3000～4000m的亚高山中、上部，有的地方下降至2800m或上升至4200m，面积都较小，位于亚高山台地的局部低洼之处，如高山冰碛湖周围和箐沟附近。由于冰雪溶蚀、地表积水或过于潮湿，形成零星分散的小面积沼泽湿地。在滇西北和滇东北亚高山地区都有分布，其中以滇东北大海地区的面积最大。土壤为沼泽化的草甸土，表土富含有机质，黑色，微有弹性，生草化明显，底土常有一潜育层，通气性差。欧普定（1987）记述植被类型具有以下特点：群落具有华丽外貌和明显的季节性变化；种类组成比较多样，但均为湿生性草类，单位面积内的种类数量比其他类型的草甸少；从植物种类组成的生态类型看，以湿中生植物为主，湿生植物为次，无旱生植物；由于地下水位高，土壤通气性差，故群落中植物的根系比较短而向地表伸展，有些植物有匍匐枝；在小湖泊或水塘附近，因地下水位的梯度顺序，植物常常形成以湖心为圆心的同心圆环带；这一区域常常成为亚高山牧场，但由于产草量低，草的品质不好，一般仅作为牲畜饮水地附近的调节性草场。

亚高山沼泽化草甸由于地处高海拔地区，冰雪覆盖时间长，沼泽中的积水主要是冰雪溶水，水温和气温较低，动物种类十分贫乏，水禽种类也十分少。仅在每年的10月至翌年3月，由北向南迁飞的雁鸭类、鹤类等迁徙鸟类在这些沼泽湿地中越冬。1～2月隆冬时节，这些沼泽湿地被冰雪覆盖，直至4～5月份冰雪才会消融。

3.2 高原湖泊边缘及河流浅滩处的沼泽湿地也呈零星分布

云南没有大面积的沼泽湿地，但在一些湖泊的边缘浅水地带，常形成少量湖滨沼泽湿地。如昆明滇池，植物最大生长深度约2m。湖滨浅水地带俗语称“草海”，面积约8.3km^2，占湖面总面积的2.37%；大理洱海湖植物最大生长深度为6m，湖滨浅水沼泽化地带约12.6km^2，占湖面总面积的

5.04%；洱源此碧湖植物最大生长深度为7m，湖滨浅水沼泽化地带面积约4km^2，占湖面总面积的38.09%；洱源西湖湖滨浅水沼泽化地带面积约0.33km^2，占湖面总面积的55%；剑川剑湖植物最大生长深度为4m，湖滨浅水沼泽化地带面积约0.12km^2，占湖面总面积的10%；腾冲北海湖滨浅水沼泽化地带面积0.6km^2，占湖面总面积的60%；香格里拉纳帕海冬季湖水消退，全湖范围几乎呈沼泽湿地。另外，江川星云湖、石屏异龙湖、澄江抚仙湖、通海杞麓湖、宜良阳宗海、宁蒗泸沽湖、永胜程海、个旧大屯海、蒙自长桥海等湖泊周围也有一定面积的湖滨浅水沼泽化地带。

而云南的江河两侧少有沼泽湿地，仅德宏州的大盈江、龙川江、瑞丽江和西双版纳的流沙河、南腊河等河流，在流经坝区时，形成少量浅滩沼泽湿地，但面积都较小，零星而分散。

第三节 云南湿地资源管理现状及对策

1 湿地资源管理体制

湿地管理涉及土地资源、水资源、生物资源等多种资源的管理，因而是一项跨部门、跨行业、跨地区的需由多部门合作才能做好的工作。1998年国务院决定由国家林业局负责组织、协调全国湿地保护和《湿地公约》的履约工作。但根据我国相关法律的规定和各部门的职能，在国家层面，除国家林业局外，与湿地管理相关的主要有国土资源部、水利部、农业部、建设部、环境保护部和国家海洋局等部门。

在云南省，与湿地管理有关的部门的职责与国家层面相一致。省林业厅负责全省湿地保护管理的组织协调工作，统一对全省陆生野生动、植物进行管理；省农业厅负责全省水生野生动物和水生野生植物管理；省水利厅负责全省的水资源管理；省国土资源厅负责土地利用的管理；省环境保护局负责湿地环境保护。此外，湿地管理还与交通、建设、旅游、科技、教育等部门有着密切的联系。

湿地作为水陆相互作用而形成的特殊生态系统，其功能和效益也是多种多样的，在传统的管理中，往往片面强调湿地的某一功能和效益，没有对湿地的生态地位、经济效益、伦理价值做过综合的评估，因此，传统的湿地资源利用、湿地管理目标就与湿地保护和合理利用的要求存在很大差距。一些湿地被视为“荒滩”，往往被排干后开垦为农田，或者作为建设用地，或者将湿地作为污水和废弃物的处理场所，使云南的高原湿地遍体鳞伤。人们在付出了沉重代价后，才逐渐意识到湿地保护的重要性、紧迫性，湿地保护这个词才逐渐被人们所接受。

20世纪80年代初期，云南省林业厅率先在全省范围内建立了碧塔海、纳帕海、泸沽湖等一批湿地保护区，逐一进行综合科学考察，编制了总体规划，加大了管理机构能力和保户基础设施的建设力度，并对一些高原湿地开展保护。90年代后，以减少流域水土流失、改善流域水质为目标，持续开展了长江流域、珠江流域和澜沧江流域防护林体系建设工程。此外，还在高原湖泊周边社区加大生态恢复力度，实施了退耕还林还草和以沼气为主的农村能源建设。

从20世纪90年代初开始，云南加大力度开展以滇池为重点的九大高原湖泊水污染综合防治，将九大高原湖泊作为生态保护与建设重点，制定规划，加大投入，加强管理，采取有力措施，持续开展了大规模的保护与治理工作。并为此成立了省长、副省长为正副组长，省级各有关委、办、厅、局负责人为成员的九大高原湖泊水污染防治领导小组，分别制定了各高原湖泊的保护管理条例，在云南省环境保护局设立了专门的“九湖”办公室。云南省九湖办公室成立后，不断加大了高原湖泊治理资金投入力度。

与此同时，云南省水利部门也加大了对水资源的保护和监测力度，在小流域工程治理方面取得了较好的成效。并建立了水资源监测网络体系，建立了185个直属水文水质监测站，每年收集3万余组水文、水质原始数据，基本掌握了全省主要江、河、湖、库和各类供水水源地的水环境变化，如江、河、湖、库等水体的水位、水温、流速、流量、含沙量等有关水文、水质的变化数据，为政府在水资源的开发利用、防旱、防汛、抗洪等方面提供了科学的依据。水利部门还在20纪80年代初期建立了洱海管理局，专门对洱海实施保护。

其他相关部门也结合自己的职能，积极推动云南的湿地保护和资源合理利用，湿地遭受严重破坏的现象逐步得到控制。

湿地管理是一门新兴的综合学科，湿地因具有多种功能和效益，以及湿地管理技术的多学科交叉，决定了湿地管理具有多部门、多学科、多层面、多角度的特点，因而理顺管理体制成为当前行政管理中急需解决的问题。我国政府已经做出了对湿地实施综合管理的决策，并且由国家林业局牵头，完成了《中国湿地保护行动计划》、《全国湿地保护工程规划（2002~2030年）》、《全国湿地保护工程实施规划（2004~2010年）》，对全国的湿地保护与合理利用提出了有关部门与社会各界应共同遵循的战略规划和行动指南。国家林业局也成立了《湿地公约》履约办公室，负责全国湿地保护工作的组织和协调。尽管在国家层面还需要进一步明确各有关部门的职责和权利，但目前的工作显示，我国已开始关注并在逐步理顺湿地管理体制。

在云南，湿地管理还未建立有效的综合协调机制，在湿地保护和合理利用方面没有统一的规划、计划，缺乏有效的组织、领导，没有科学的管理控制和监测。例如：在云南省的16个内陆湿地类型的自然保护区中，有10个属于林业部门管理，5个属于环保部门管理，属其他部门管理的有1个。在各具体湿地的管理中，各部门的工作职能也有交叉，最为典型的是洱海高原湿地的管理。2004年2月，中共云南省委、云南省人民政府《关于加速云南林业发展的决定》中已明确了建立湿地保护网络的基本思路，省林业厅牵头编制《云南省湿地保护工程规划》，并于2008年初省人民政府批准，为云南省今后的湿地保护与管理工作提供了政策保障。

根据一些发达国家和发展中国家的湿地管理经验，以及国家对湿地管理的要求，建立和健全有效的湿地保护和管理机制，是关系到湿地保护与合理开发利用能否顺利实现的关键因素，也是湿地保护事业发展的重要保障条件之一。云南省湿地资源的管理涉及政府多个职能部门，关系多方面的利益，非常有必要在全省范围内建立综合部门统一组织协调，相关部门各司其职、各负其责的湿地管理机制，就能更好地开展湿地保护规划，建立湿地保护和合理利用科技支撑体系，促进各部门、各行业、各单位在湿地保护与利用方面的合作，切实保护好湿地，充分发挥湿地多种功能和价值。

2 湿地立法

2.1 国外湿地立法一瞥

随着世界各国对湿地保护重要性的认识，1971年，在伊朗的Ramsar，由加拿大、澳大利亚等36个国家发起签署了《关于特别是作为水禽栖息地的国际重要湿地公约》（简称《湿地公约》），并于1975年12月21日正式生效。截至2008年底，《湿地公约》已拥有158个成员，1828块湿地被列入国际重要湿地名录。我国于1992年成为《湿地公约》缔约国。到2008年底，全国有36块湿地成为国际重要湿地。2004年12月，云南省的大山包、碧塔海、纳帕海、拉市海等4块高原湿地被列为国际重要湿地，云南省成为中国目前国际重要湿地最多的省份。《湿地公约》中明确“每个缔约国应在湿地（不论是否已列入《目录》）建立自然保护区，以促进对湿地和水禽的保护，并采取充分措施予以看管”和“各缔约国应努力协调和支持目前和将来就保护湿地及其动植物所制订的政策和条例。”

世界大部分国家的湿地保护经历了破坏、保护、恢复3个阶段，由于国情不同，社会经济发展水平有差异，其湿地保护政策也有所区别。相对而言，欧美等发达国家在湿地保护政策方面与发展中国家相比，起步较早，湿地保护的法律体系比较完善。如1962年，美国国会就批准了湿地保护的经费，由鱼和野生动物管理局承担水禽及其栖息地的保护任务，但明确提出湿地保护相关策略还是在20世纪70年代以后。在此之前，欧、美等发达国家很少有专门针对湿地管理问题的立法，湿地管理方面的法律条款多见于水法、环境保护法、野生动物保护法和自然保护区法等相关法规中。但近年来许多国家特别是欧、美等国家已经就湿地管理制定了专门的国家规章，如美国的《保护美国湿地：公正、灵活、有效的方法》、加拿大的《湿地管理手册》、澳大利亚的《澳大利亚联邦政府湿地政策》等。目前，许多国家在致力于通过立法明确湿地保护的社会责任，以及通过法律规范社会对湿地利用的行为。许多国家在湿地管理方面越来越重视通过市场、税收、补偿等经济手段处理湿地保护和利用中的各种利益关系，建立湿地保护管理协商机制，在明确不同湿地保护管理部门的责权范围基础上，建立协调机构。如德国的国家湿地委员会，就是一种有关各方共同参与的协商机构，提高了湿地保护管理效率。美国、加拿大等国则通过管理制度的建立，确保湿地保护政策的稳定性和可持续性，通过政府行为，有计划、有重点地恢复和重建受破坏的重要湿地。一些发展中国家如泰国、乌干达等也在开展湿地保护立法工作。

2.2 中国湿地立法与政策

在我国，《中华人民共和国宪法》明确规定“国家保障自然资源的合理利用，保护珍贵的动物和植物，禁止任何组织和个人用任何手段侵占和破坏自然资源。”但目前我国还没有一部针对湿地保护的法律法规，“湿地”法律概念也不明确。在我国现有的有关法律、法规中，只有《中华人民共和国自然保护区条例》、《中华人民共和国海洋环境保护法》中使用了“湿地”这一名词，但没有对湿地法律概念进行界定。湿地是由土地、水、植物、动物以及微生物等要素构成的综合体，是一个完整的生态系统。现行的相关法律法规大多只从单一角度考虑湿地资源保护和利用的管理问题，没有综合考虑湿地资源及其生态系统的保护和合理利用。有些规定对湿地保护还产生一定的负面影响，如《中华人民共和国土地管理法》中将湿地界定为农用地和建设用地以外的未利用地。按照该法中关于耕地占用复垦、鼓励耕地开垦的法律规定，湿地被视为未利用的荒滩、荒地，成为土地开垦的主要对象。现行相关法律法规中虽然有些条款涉及湿地保护与管理，但只是一些原则性规定，由于初衷不是针对湿地生态系统，在具体保护管理上，缺乏整体配套的制度和措施。例如，国外普遍采用的湿地开发利用审批制度、湿地生态风险评估制度、湿地资源有偿使用和占用补偿制度等，在我国现行法律法规中均未设定，以致无法有效地规范、限制对湿地的开发和利用活动。2004 年 6 月，为扭转我国自然湿地面积减少、生态功能退化的局面，国务院办公厅下发了《关于加强湿地保护管理的通知》，这是我国第一次为湿地保护出台的规范性文件。该通知在强化湿地保护意识，坚决制止随意侵占和破坏湿地的行为，抓好规划编制，加快推进自然湿地的抢救性保护，加强对湿地保护管理工作的组织领导，解决湿地保护工作面临的问题等方面提出了明确要求。

2.3 云南湿地立法与执法

在云南省所制定的地方性法规中，1998 年 3 月 1 日起施行的《云南省自然保护区管理条例》是第一次提到湿地这个名词，但该条例并没有对湿地作进一步的解释。2003 年 9 月 28 日，云南省第十届人民代表大会常务委员会第五次会议批准《云南省玉龙纳西族自治县拉市海高原湿地保护管理条例》，首次明确高原湿地的保护，围绕高原湿地拉市海的生态特征，对湿地保护、合理利用以及相关管理措施作出了规定。拉市海高原湿地保护条例的出台，标志着云南省各级人大、政府，以及相关部门对于“湿地”概念有了新的认识。在此期间，昭通市人民政府也批准了《昭通大山包保护区管理办法》，在该办法中明确了对高原湿地的保护，2008 年 9 月 25 日，云南省第十一届人民代表大会常务委员会审议通过《云南省昭通大山包黑颈鹤国家级自然保护区条例》。

20 世纪 80 年代末期和 90 年代，为保护云南省的高原湿地，云南省人大先后批准了滇池、洱海、抚仙湖、星云湖、杞麓湖、泸沽湖、程海、阳宗海、异龙湖九大高原湖泊的《管理条例》或《保护条例》，这些条例从集水区范围、水资源的利用、水污染防治、滩地利用的角度提出了对高原湖泊的保护。管理条例的出台，为九大高原湖泊的保护与管理提供了法律依据，缓解了污染的加剧。目前，昆明滇池、大理洱海等湖泊的治理已初见成效，反映在水生动植物方面的一个明显的变化是随着滇池水质的好转，多年来已很少看到的土著鱼类——滇池金线鲃，2000 年再次在滇池及其附近地区出现。但由于九大高原湖泊的管理条例没有明确提出湿地的概念，所采取的保护、利用和治理措施中，没有从湿地生态系统的角度来考虑湿地的保护和合理利用，因此，在实际管理中仍存在现行条例不能满足当前管理需要的矛盾。由于湿地的法律地位不明确，一些法规的条款甚至前后矛盾，混淆了荒滩和湿地的概念，湿地生态的保护仍处于被动状态。

由于云南省境内特殊的自然地理，江河湿地多处于高山深谷之中，湖泊沼泽湿地多位于高原盆地或开阔河谷地带、湿地水源及其水质的保护与其周边的森林植被的保护有着密切的关系。因此，云南省很重视森林植被的保护和管理，在全省建立森林、湿地、野生动植物类型的自然保护区，1989～2000年，先后营造长江流域防护林4578.66km^2、澜沧江流域防护林39.33km^2、珠江流域防护林238.66km^2。采取退耕还林、还草、还湿，覆盖沙化土地，修建梯田、谷坊、拦沙坝和小型水利等措施，共防治水土流失面积达2.84万km^2。

1997年1月1日起施行的《云南省陆生野生动物保护条例》，为保护湿地野生动物提供了法律依据。全省各地林业、农业、公安等部门，加大了保护野生动物的宣传和执法力度，有力地打击了乱捕滥猎和贩卖野生动物的违法犯罪行为。“爱鸟周”活动在全省范围内开展以来，爱鸟护鸟的良好风尚在全省人民，尤其是青少年中已经形成，有利于湿地水禽的保护。每年到昭通大山包湿地保护区越冬的黑颈鹤种群数量逐年增加。据统计，1990年为350只，1991年为530只，1995年为720只，2000年为808只，2005年已达1230余只。每年来昆明滇池及其邻近水域越冬的红嘴鸥种群数量也逐年增加，自愿向红嘴鸥投食的人越来越多，形成昆明市独特的人鸟和谐景观。

2004年2月，中共云南省委、省人民政府做出了《关于加速云南林业发展的决定》，进一步明确了建立湿地保护网络的基本思路，为云南今后的湿地保护与管理工作提供了政策保障。

3 科研监测

3.1 湿地资源调查和科学研究

20世纪60～90年代，中国科学院在云南的各研究所、云南大学等科研教学单位对云南九大高原湖泊水生植物进行了大量的调查，发表了大量的文章。70～80年代，云南大学对部分滇东北高山沼泽化草甸做过零星资源调查。昆明动物研究所在大部分高原湿地对湿地鱼类、水禽做了大量调查，基本掌握了云南省高原湖泊湿地及重要江河的鱼类种类和分布情况，以及水禽种类及栖息地情况。当时调查中发现的滇池金丝鲃、大理裂腹鱼、宁蒗裂腹鱼等土著鱼类，如今已极度濒危。此外，昆明医学院对湿地底栖动物以及云南大学对浮游生物都做过一些研究。但以上湿地植物、鱼类、底栖动物、浮游生物的调查都没有在全省范围开展。摸清资源本底是湿地保护一项重要的基础性工作。直到1995年，云南省林业厅根据林业部的统一部署，委托中国科学院昆明动物研究所牵头，在全省范围内开展了历时5年的湿地资源调查工作。在实际调查和借鉴前人调查成果的基础上，完成了《云南省湿地资源调查报告》。本次调查，基本掌握了云南湿地状况，但对云南亚高山和高山沼泽缺乏深入的调查和研究，对它们各自的生物多样性和生态功能还缺乏了解。

2000～2005年，根据各湿地保护区的管理需求，云南省林业厅委托云南大学牵头，完成了大山包国家级湿地自然保护区的综合科学考察；委托西南林学院牵头，完成碧塔海、纳帕海、剑湖3个省级湿地自然保护区科学考察；云南省林业调查规划院牵头，完成了沾益海峰、泸沽湖、拉市海、苍山洱海等自然保护区的湿地资源调查工作。与此同时，云南省林业厅委托昆明动物研究所指导完成全省连续5年的大型水禽调查工作，委托昆明植物研究所完成北海湿地、纳帕海、大山包等沼泽湿地植物补充调查工作。这一时期，云南省环境保护局也委托云南省环境科学研究院完成会泽黑颈鹤和北海湿地2个保护区科学考察。

云南省对于湿地生态和湿地资源的研究起步较晚。20世纪80年代末期，云南省林业厅与国际鹤类基金会合作，开展黑颈鹤及其栖息地研究，但此项研究于90年代初停止，直到2002年才重新开始，由中国科学院昆明动物研究所、国际鹤类基金会和大山包保护区管理局共同实施了生物种群、黑颈鹤越冬规律以及卫星跟踪迁徙地研究等长期的监测和研究。中国科学院昆明动物研究所在抚仙湖研究人工繁殖当地特有鱼种抗浪鱼获得成功。目前，云南省林业厅与中国科学院昆明动物研究所合作，在碧塔海保护区开展中甸重唇鱼生境及繁殖研究，在拉市海保护区开展水禽种群数量与栖息地变化研究，在纳帕海开展越冬水禽栖息地变化与当地生态环境关系研究。林业厅还与西南林学院合作，在纳帕海等地开展湿地功能区划研究。

围绕九大高原湖泊的治理，云南省环境保护局、省水利厅等结合本部门的管理职能开展了相关研究。云南环境科学研究院最近已成功地完成在滇池晖湾开展水生植物恢复实验工作（面积 6.7hm^2），并开展了一些水污染治理的示范研究。中国科学院南京湖泊研究所、武汉水生生物研究所在抚仙湖开展了人工湿地恢复减轻污染研究，与玉溪市在抚仙湖入湖河流的汇入处分别建设了 11 块人工湿地，开展人工湿地减污示范工程和湖滨带修复试验，均取得较好效果。近年来，中国科学院昆明动物研究所在全球环境基金（GEF）的资助下，在滇池白渔口湖湾开展了湿地恢复研究。

到目前为止，所开展的研究项目远远不能满足湿地的保护和资源合理利用需求，特别是由于湿地生物资源考察的目标、手段、统计方法和时间不同，考察结果常常互相矛盾。流域的生物多样性，生态本底资料也较为缺乏，政府及相关部门在开展湿地保护管理和合理利用的决策时科学依据不足。

多年来，一方面是高原湿地亟待开展研究，以便为湿地生物多样性的保护、污染治理、湿地资源的合理利用提供科学依据，另一方面，云南省内却没有形成一个有力的科技支撑体系。近年来，这一情况有所变化。2002 年，云南省环境科学研究院成立了高原湖泊研究中心，加强了对高原湖泊特别是对九大湖泊的研究。湿地研究涉及多门学科，包括湿地生态、动物学、植物学、微生物学、水资源、土壤等内容，为切实加强云南湿地研究支撑体系建设，2004 年，在中国科学院昆明分院、云南省林业厅的倡导下，昆明动物研究所、昆明植物研究所、武汉水生生物研究所、南京湖泊研究所及西南林学院、云南省林业调查规划院等单位联合建立了高原湿地研究中心，建立了一个开放的平台，为高原湿地的保护、合理利用和管理联合开展科学研究，提供科技支撑和决策咨询。2007 年，根据《全国湿地保护工程规划》，经国家林业局批准，在西南林学院建立国家高原湿地研究中心。

3.2 湿地资源监测

早在 1941 年 7 月，云南就成立了水文总站，负责全省水资源的监测。1997 年 9 月，云南水文总站更名为云南省水文水资源局，并基本在全省建成水资源监测网络。水文水资源局在全省主要江河湖库设有 154 个基本水文站，185 个水质监测站，1025 个降水观测站，46 个泥沙观测站，123 个蒸发观测站和 120 个水情报汛站，开展地表水、地下水、降水、生活饮用水、矿泉水、工业废水、生活污水、水生生物、水文要素等类别的 93 项参数的监测。近年来，云南在水资源监测方面围绕地表水、地下水的水量水质监测评价、水文情报预报、水文分析计算及水资源调查评价、研究等方面开展了大量卓有成效的工作，为云南的水资源管理、保护提供了保障。

20 世纪 90 年代以后，环境监测受到各级政府的重视，湿地污染监测也随之发展。截至 2005 年底，云南全省已建立国家环境质量监测网地表水监测断面 45 个，建成地表水环境监测自动站 5 套。环境监测站对湿地地表水环境、底泥、水生生物等内容进行例行监测。2005 年，对云南境内六大水系的 84 条河流及 22 个湖泊进行了例行监测，共设监测点 331 个，获得水质监测数据 60304 个。这些数据的获得，为云南湿地的污染控制和湿地保护提供了依据。

在湿地生物资源的监测方面，云南省林业部门在加强对湿地自然保护区管理的基础上，根据各个湿地保护区的保护对象，开展湿地生态、主要湿地植物和湿地动物的监测工作。并已建立湿地水禽疫病监测站 3 个。湿地保护区生物多样性监测也已经起步。

据 2005 年 1 月全省同步调查，当年在云南省越冬的黑颈鹤已达 3600 只、斑头雁 4400 只、灰鹤 1500 只、赤麻鸭 14800 只。遍布全省的湖泊湿地是我国水禽迁徙的重要停歇地和越冬地，在保护水禽方面起着重要作用，到滇西和滇西北越冬的黑鹳及大量雁鸭类数量近年来有大幅度增加。拉市海等一些重要湿地，每年均有近 3 万只水禽越冬。中甸重唇鱼得到有效保护，是惟一没有受到外来物种威胁的土著鱼种。大山包湿地生态已经比 20 世纪 90 年代末期有所好转。而纳帕海湿地的狼毒比例增加，湿地生态正在受到威胁。一些高原沼泽、沼泽化草甸也受到不同程度过牧的影响。

湿地监测是湿地管理的基本内容，也是开展湿地资源合理利用的基础，并且要由湿地管理者和湿地科技人员共同合作。当前云南的湿地监测还局限在某一资源的监测，还没有将湿地作为一个完整的生态系统来开展湿地生态、水资源、湿地生物多样性、湿地资源利用等方面的综合监测。因此，除了湿地自然保护区外，其他湿地的保护管理、湿地恢复以及湿地资源的利用都存在很大的盲目性。为此，有必要利用各部门的资金、技术和管理优势，在原有监测构架的基础上，继续健全和完善监测体系，建立监测数据共享机制，有效使用湿地资源监测数据，促进云南高原湿地的有效保护和湿地资源的科学合理利用，同时，为湿地生态恢复提供保障。

3.3 湿地保护与国际合作

云南是我国国际河流最多的省份，六大河流中就有伊洛瓦底江（独龙江）、澜沧江（湄公河）、怒江（萨尔温江）、红河（元江）为国际河流。各流域内生物多样性丰富，湿地景观独特，水资源丰富，湿地生态建设不仅对中国，而且对邻国的生态安全均有重要的意义，是国际社会普遍关注的区域。随着与国际社会沟通的增多，近年来，云南省相关部门开展了一些湿地保护方面的国际合作。

改善滇池及其流域生态环境是国内湿地生态保护和恢复的重点，也是世界关注的焦点之一。为此，世界银行（WB）对云南省在水污染处理方面给予云南环境项目 3 亿美元的贷款资助。项目于 1996 年 6 月开始，2002 年 11 月结束。该项目属云南省改善环境条件、支持市政服务管理的阶段性发展项目，宗旨是为本省经济和社会的长远发展提供一个可持续利用的环境框架。项目目标是：①控制污染，加强城市水源管理；②支持个旧市和昆明市所施行的湖周环境改造；③为控制污染，支持城市环保设施建设；④引进综合措施进行规划、管理，开展滇池流域水质恢复，开展水质监测；⑤开展相关培训和政策研究。在世界银行的支持下，围绕滇池流域进行的有关生态条件的调研，以及根据调查结果得出的一些改善湖周生态环境的生物措施提议，得到了云南省人民政府的认可。

2003 年，中国科学院昆明动物研究所得到世行全球环境基金（GEF）的援助，实施“滇池淡水生物多样性恢复项目”。项目期为 4 年，目标是增加滇池及其流域特有种的存活几率，通过持续繁殖当地动植物种，不断改善水质；综合考察滇池及流域的生态环境，建立湖区水质监测项目；提高公众对湖区特殊生态环境的保护意识等。旨在通过项目的实施达到以下目的：①使滇池这一具有国际意义的、物种受到威胁且物种分布范围狭小的生物群落得到保护；②使在滇池开展的项目区成为一个淡水水生物多样性保护恢复的示范性宣传点；③将生物指示种作为污染和监测的革新性指标；④通过滇池项目，使当地、国内更多人意识到滇池及淡水生物多样性面临的威胁、挑战和机遇。

澜沧江（湄公河）流域内不仅生物物种丰富，而且作为东南亚著名的国际河流，已越来越引起国际社会的关注。为进一步加大对澜沧江流域生物多样性的保护力度，提高云南省在保护澜沧江流域的生态系统、土壤和水资源方面的综合管理能力，云南省林业厅与荷兰水资源学院（UNESCO－IHE）合作，在澜沧江流域实施了“生态系统、水资源保护和综合管理示范”项目。项目涉及生态系统、水土流失、滑坡、水资源、水资源综合管理 5 个方面的研究。这是云南首次由各相关部门、科研院所的领导和专家组成的项目组对湄公河上游地区水土保持和生态系统状况开展的综合研究项目。项目的实施有助于加强林业部门与各相关部门之间的协作，为云南省制定流域管理策略提供借鉴。

云南省林业厅与国际鹤类基金会（ICF）合作，于 2002～2004 年在全省范围内开展了“云贵高原黑颈鹤及其他大型水禽调查”，较准确地查清了在云贵高原越冬的黑颈鹤和一些大型水禽的种群数量以及栖息地现状；2005～2006 年，开展了卫星跟踪黑颈鹤迁徙、黑颈鹤栖息地生态变化对黑颈鹤种群数量变化的研究，结合研究，开展了环境保护教育活动。

香格里拉县林业局、玉龙县林业局与世界自然基金会（WWF）合作，在纳帕海、拉市海等高原湿地开展了高原湿地环境保护教育和社区参与保护等活动，提高当地群众参与保护的意识。同时，合作完成纳帕海高原湿地生态恢复研究、纳帕海省级自然保护区总体规划和碧塔海省级自然保护区管理计划的编制。

丽江市林业局与美国大自然保护协会（TNC）合作，开展拉市海高原湿地生态本底调查及湿地生物多样性监测数据库建设，拉市海高原湿地宣教基地的建设。

4 宣传教育

湿地保护宣传教育工作在云南起步较晚。近年来，由于人们逐步感受到高原湿地生态退化给经济发展带来的负面影响，开始关注湿地。相应地，保护湿地的宣传教育得到加强。湿地保护宣传教育一方面来自官方，另一方面来自民间，宣传方式多为一些传统的方式，如媒体宣传、举办宣传活动、发放宣传品等。近年来，开始着手建立一些固定的宣传点，以青少年为对象的学校宣传教育活动也取得了成效。

为了提高全民湿地保护意识，近年来，政府相关部门和一些保护机构，利用"世界湿地日"、"世界环境日"、"爱鸟周"和"野生动物保护月"等时机，积极组织开展宣传活动。开展这方面活动较多的是林业和环保部门。在中国经济、社会发展不断取得新成就的同时，在世界生态保护方面也扮演着越来越重要的角色，作为《湿地公约》的重要履约国，国家林业局围绕每年的"世界湿地日"确定的保护主题，从国家层面开展湿地保护宣传，编辑出版了有关保护湿地和珍贵野生动植物的影视资料，发放到基层，促进了全民湿地保护意识的提高。云南省林业部门根据国家林业局的部署，开展相应的湿地保护宣传活动，并且结合国家已经开始实施的湿地保护工程，以发展生态旅游为契机，着手建设拉市海、纳帕海、碧塔海等湿地保护和科普宣教基地，借鉴国外先进管理和科普宣传理念，推动湿地科普宣传教育。

湿地自然保护区管理机构开展的对外宣传活动较多。大山包国家级自然保护区与云南师范大学合作，在大山包保护区内及周边社区开展湿地生态保护意识教育。一是共同建立"与鹤同行"的网站，借助网络媒介吸引更多的人来关注和参与湿地保护，同时他们还与昆明、北京、昭通以及美国的一些中小学校进行互动和信息交流；二是开展冬令营活动和教师培训，通过一些"参与式"的户外或室内活动，寓教于乐，不仅教育了学生，更重要的是培训当地的教师，以便教师们回到各自的学校后能把这些环境教育活动、理念推广开来，让更多的学生参与到保护当地生态环境、保护黑颈鹤的行列中来；三是举办有中国和美国的中小学生参与的绘画比赛和作品交流；四是举办以"人鹤和谐"为主题的摄影展，扩大湿地保护宣传面。通过这几种形式，提高当地中小学生、教师、居民爱鹤、护鹤、保护当地环境的意识。

碧塔海、纳帕海省级自然保护区结合当地群众喜贴年画的习俗，编印印刷品，向保护区周边藏、彝等民族开展湿地保护宣传。"十五"期间，已发放宣传材料60 000余份，并依托中央电视台和云南电视台等媒体，重点宣传保护区的重要性，宣传云南湿地自然保护区的建设和管理情况，在社会上树立了良好的形象。

拉市海自然保护区开展社区参与保护活动，结合"世界湿地日"、"爱鸟周"，开展湿地保护宣传活动，调动了当地居民保护湿地的积极性，从前的打鸟人已成为积极参与保护的护鸟人。

高原湖泊的保护一直受到省内各界人土的关注，近年来，云南省环保局、云南省教育厅等部门在9大高原湖泊流域内的农村和中小学开展形式多样的生态保护教育活动，以学校、社区、街道、家庭为重点，开展天天环保活动，普及环保知识。积极开展"1助1"活动，即一名中小学生积极向亲属宣传环保知识，监督并带动一个家庭改变不良生产生活习惯；开展"1帮5"活动，让青年志愿者通过宣传教育，帮助5户村民改变不良生产生活习惯。目前，九湖流域共创建了17个生态监护站、80多个生态监护队、200多个生态监护小分队、100多部生态监护热线电话，招募青年志愿者2000多名，沿湖流域100多所学校的60 000多名青少年参与了生态环保教育和环保小卫士活动，直接或间接影响和带动了100多万社会公众逐步改变不良的生产生活习惯，改善农村生活环境，减轻农村面源污染。

云南在"世界环境日"，开展保护母亲河活动，5年来参加人数已近3亿人。

2004年11月，迪庆藏族自治州林业局、教育局开展高原湿地生物多样性保护宣传活动，受教育群众达30 000余人。

除了官方有组织的宣传外，一些科研院所、民间组织也通过不同的方式开展湿地保护宣传。

2005年4月，昆明动物研究所与云南民族村合作，在民族村建立"滇池保护教育中心"，这是在云南建立的第一个湿地保护展览点。展览点建立以来，已有5000多人自愿到展览点参观，有力地推动了昆明市的湿地生态保护教育。

昭通市黑颈鹤业余爱好者自发组织了中国昭通市黑颈鹤保护志愿者协会，定期出版以保护黑颈鹤为主要内容的报刊，在巧家县马树村设立黑颈鹤保护碑，开展了大量的保护黑颈鹤及其栖息地的宣传活动，2005年，这个协会获得环境保护福特奖。

世界自然基金会（WWF）长江项目，在云南开展了湿地保护宣传活动，直接参与人数达3000余名。

云南的“绿色流域”等民间组织也为湿地保护开展了多方面的宣传活动，使湿地保护让更多的普通百姓了解，并自觉参与到保护湿地的行动中来。

第四节　民族文化与湿地

云南省是中国民族最多的省份。全省人口在5000人以上的民族有26个，除汉族外，在25个少数民族中，为云南特有的民族有15个，跨国境而居的民族有16个。全省有8个民族自治州和29个民族自治县，面积占全省总面积的70.2%。由于历史进程和所处地理环境的差异，形成多元的民族文化、习俗，构成云南独具特色的人文与自然相融合的景观。与民族文化相融合，构成了独特的湿地文化。

1　哈尼族的农耕文化与湿地

哈尼族是云南特有的少数民族，主要分布于红河哈尼族彝族自治州及思茅、西双版纳、玉溪等地，源于古代羌族，历史书籍上被称为“乌蛮”。哈尼族的梯田文化闻名遐迩，是2004年被联合国世界遗产委员会正式受理的、中国政府提交的5个申遗项目之一。

“红河哈尼梯田是在没有湿地的地方，创造了湿地”。云南省社会科学院史军超研究员著文做了这样的概括，他还写道：“红河哈尼梯田是人类农耕文明的一大奇迹，在这里数千亩、上万亩连片的梯田比比皆是。论层数，多者达3000层；论坡度，从15°、45°到75°的都有，这是中外任何梯田无法媲美的。”

哈尼族聚居在滇南山地，山高谷深，海拔高差悬殊，气候呈立体分布。村寨一般建在海拔1400～2200之间的山腰，村寨上方是茂密的常绿阔叶林，郁郁葱葱；村寨下方是层层的大小梯田，蔚为奇观。这里气候温和，雨量充沛，年均气温在15℃左右，极适宜水稻生长。哈尼族人民充分利用森林涵养水源之利，依山势开辟无数条水渠，缠绕在山间，通向块块梯田。哈尼族人民世世代代开垦的梯田，随山势和地形的变化形状万千，每块大者10多亩，小则只有转身的余地。一个坡面往往就有成百上千块水田，块块相连的层层梯田构成了令人惊绝的图案。哈尼族梯田的价值已不仅限于农业，现已成为当地著名的旅游资源和文化产业。耕作稻田是哈尼族主要农事活动和生活经济来源，人工湿地就是梯田文化的底蕴。

哈尼梯田形成的大面积人工湿地，除了经济效益外，还发挥着重要的生态功能。梯田的开垦所形成的大面积人工湿地，与森林、村寨构成了人与自然和谐共处的可持续发展的生态系统。山坡上层层梯田的田埂，有效地阻截了山地水土流失，缓解了雨季因山洪暴发造成的自然灾害；每块梯田都是一个小水塘，起着调节山区湿润气候的作用；山顶森林植被，不仅涵养水源，保证稻田用水，而且是野生动植物的天堂，与水田中的水生动植物相得益彰，使当地生物多样性更为丰富。此外，哈尼族民间流传的调子“海菜腔”等，在全国青年歌手大奖赛中荣获殊荣，在云南原生态歌舞《云南印象》中得到充分展示，誉满全国，已走向世界。

2　白族的民俗文化与湿地

白族是云南特有的少数民族，主要分布在大理白族自治州及丽江、保山、昆明、兰坪等地，在湖南省的湘西、四川省的凉山、贵州省的安顺等地有少量分布，在历史书籍上曾被称为白蛮、民家等。

白族同胞聚居的区域里高原湖泊很多，知名的有大理的洱海、洱源的茈碧湖、剑川的剑湖、云龙的天池等等。所以说，白族是一个古老的与湿地亲近的民族，白族民间风俗、传说、口头文学等很多与湖泊、溪流、泉水等湿地有关，形成了多彩的湿地民俗文化。

剑川县的剑湖一带是白族村寨集中分布区，很多村寨都有惜水的乡规民约碑和节庆，如每年农历六月十五要举行"绕海会"，各村群众都盛装汇集到剑湖边，以某一村庄为起点，环绕剑湖举行一系列丰富多彩的娱乐与敬香活动，唱白族调、舞霸王鞭，到本主庙烧香，热闹非凡。农历腊月廿六为"净水节"，要把剑湖周围的各坝塘补修加固，村内村外的水潭、池塘疏挖清理。每年大年初一，各村的人都要到湖边或潭边焚香祭水，祈愿丰收。1957 年在拓宽海尾河道工程中，发现了大约是殷商时代的村落遗址。在出土的大量文物中，容器内有残存的粳稻，说明在 3000 多年前的青铜器时代，先民们已在剑湖湿地开创了农耕文化的先河。

大理市在洱海之滨，是大理白族自治州的首府。环洱海的白族村寨密集，群众中的传说故事与活动很多，如"三月街"、"渔潭会"、"绕三灵"等盛会，"望夫云"、"蛇骨塔"等传说，蝴蝶泉、海门口、小普陀等名胜地，这些都与水地有关，成为当地民族文化的重要组成。洱海是白族地区最大的湖泊，也是云南省的第二大高原湖泊。在距原大理县城 3000 米海边上的才村，建有"洱海神祠"，背倚龙凤村，东向洱海。往昔海水可抵祠前，如今洱海水位下降，海岸距神祠已有百米之遥。洱海神祠建于唐代，为表达对为民除害有功的义士段赤城的敬仰而建。据县志载：唐宪宗元和十五年，龙尾关有巨蟒为患，吞食人畜，且将洱海出水口阻断，使海水泛滥成灾。为了除蟒害，段赤城全身缚刀与蟒搏斗，力不胜被蟒吞入腹中，但其在蟒腹中转侧不已，终将蟒杀死。群众剖蟒腹取出段尸，建祠纪念，奉为本主和"段龙王"。神祠大殿正中，塑有段赤城身披铠甲的丈二全身立像，神态严肃中透有凛然正气，令人肃然起敬（今昆明市的旅游胜地——云南民族村内的白族村，将这一文化遗产复制建于村内）。每年农历七月廿三为"段龙王"诞辰，八月初八为"耍海会"。是日，乡民成群结队前来进香朝拜，演奏白族洞经音乐，祈晴祷雨，求福消灾，将鲜鱼活虾等放生于洱海，鼓乐喧天，欢声震野。

电影《五朵金花》所表现的大理蝴蝶泉盛景，更是远近闻名。洱海西岸，苍山云弄峰下的蝴蝶泉，山泉涌出汇成池潭，潭畔有合欢古树，主干横卧泉上，虬枝盘绕，绿荫翠盖，每逢春夏之交，千百新蝶上下翻飞，蔚为壮观。1962 年，全国人大常委会副委员长郭沫若曾游此泉，为蝴蝶泉题写了泉碑。当听取了当地同志介绍了关于阿雯、阿霞的爱情传说后，即兴写下了长达 76 行的长诗《蝴蝶泉》，其中有："蝴蝶泉边蝴蝶树，蝴蝶飞来千万数。首尾连接数公尺，自树下垂疑花序。五彩缤纷胜似花，随风飘挂朝复暮。……奇哉此景天下孤，奇哉此事堪作赋。低首自息来太迟，期以明春不再误。"如今，在蝴蝶泉的进口处，迎面有一块高约 3m 的棱形大理石碑挺立，正面右侧为郭老手书"蝴蝶泉"三字，左侧刻有郭老咏蝴蝶泉诗的手迹。碑的背面，刻有《徐霞客游记》中关于游此泉的一段日记。此外，明代状元杨慎写有《蝴蝶戏珍珠花》、清代诗人沙琛在《点苍山人诗抄》中亦有《上关蝴蝶泉》的诗作。古今文人的题咏，远近游客的喜爱，泉水、古树、蝴蝶动静相宜，充分体现着人与自然和谐的诗情画意。1988 年，大理白族自治州已将蝴蝶泉划为州级自然保护区。

3 傣族的节庆文化与湿地

傣族是云南特有的少数民族。主要分布于西双版纳傣族自治州、德宏傣族景颇族自治州及思茅、保山、临沧、玉溪等地，源于古代百越族系，历史书籍上被称为金齿、白夷、摆夷等。因聚居的地域不同，又有旱傣（汉傣）、水傣、花腰傣等支系或他称。傣族同胞聚居地多为地处北热带或南亚热带的群山环抱的河谷平原，冬无严寒，热量充足，雨量充沛，是适宜于农作物生长的水乡，也是我国主要的热带森林和生物多样性的宝库。

傣族同胞傍水而居，认为江河等自然水流是最洁净的，能除去一些污浊。夕阳西下时，傣族姑娘成群地在河中沐浴梳洗，常被视为是一道浓郁的民族人文景观。傣族是个崇尚水的民族，"泼水节"是傣族最隆重的节日。傣历以六月为岁首，"泼水节"是傣历新年，约在每年的 4 月中旬。这一节日源于印度，曾是婆罗门教的一种仪式，后为小乘佛教所吸收，用意以水为佛洗尘，所以又称"浴佛节"。

传入云南后，又与傣族民间传说相结合，流传日益广泛，成为具有民族特色的节庆活动，人们在欢乐的水花中尽兴地享乐3天。泼水节的第一天称为“麦日”（送旧），相当于汉族春节的除夕。第二天称“恼日”（空日），是节日的高潮，人们身穿盛装，采摘鲜花，先到缅寺供奉，挑来清清河水或井水浴佛，然后拥上街头互相泼水祝福。平时彬彬有礼的傣家儿女和远道而来的游客顿时活跃万分，互相泼水，追逐嬉戏，朵朵水花在欢笑的人群间飞腾，象征吉祥、幸福、健康。第三天称“麦帕雅婉玛”（迎新），节日气氛又掀高潮，人们齐聚澜沧江、瑞丽江边，举行划龙舟比赛，还在江边支起高架燃放高升（土火箭），群众自发开展歌舞活动和丢包等游戏。泼水节也是分布在滇南、滇西南的德昂族、布朗族、阿昌族、佤族等的传统节日。

傣族亲近江河水流也反映在饮食文化上。水蕨菜、酸笋鱼等都颇具傣味特色。尤其是西双版纳的傣族喜食河中的青苔，清香鲜美异常。傣族民谣有“三月青苔刚露头，四月青苔绿满江”。这一时期，人们纷纷到江河中捞取青苔，自食或到市场上出售。

4 傈僳族、彝族的温泉文化与湿地

云南省的温泉数量多、分布广、流量大。据不完全统计，全省有各类温泉出露点650余处，以腾冲地热最为著名，其中清水乡良盈村的温泉为直径3米、深1.5米的锅形沸塘，水呈沸腾状，势如一锅沸腾的开水，温度达100～102℃，俗称“大滚锅”。全省的温泉多处于少数民族地区，形成了当地特有文化，很多地方已成了旅游胜地。地热湿地与民族文化关系密切。

4.1 傈僳族的“澡塘会”

傈僳族是云南特有的少数民族，主要分布在怒江傈僳族自治州及丽江、迪庆等地。

在高黎贡山下，六库一带的怒江峡谷中，有18处温泉，被誉为“名峡十八汤”。每逢农历正月初一，傈僳族同胞扶老携幼，带着锅碗瓢盆和佳肴美酒，有的还背着帐篷，翻山越岭，相继赶到泸水县的登梗乡温泉，参加一年一度的“澡塘会”，也称做“汤泉歌会”。因温泉在峡谷中的怒江边，夏季时江水水位淹过温泉，且峡谷内气温较高，而在冬季枯水期，温泉出露，峡谷气温适当，这时正逢傈僳族历法的新年“阔什节”前后，人们纷纷赶来泡温泉，于是“澡塘会”成为傈僳族在过年时以澡会友的大型传统交谊活动。届时可汇集一两千人。除洗澡外，自由地组成歌场，青年男女歌手云集，且歌且舞，期望在和唱与对唱中寻找爱情，口弦、笛子、土琵琶声此起彼伏，常常通宵达旦。老年人汇在温泉附近，把酒畅叙。玉米酒是人人所好，烤乳猪也是这喜庆时才能吃到的佳肴。同时，还常举行射弩比赛活动，附近的客商亦赶来贸易，形成了热闹一时的文化商旅活动。

4.2 彝族的“蒙沼汤池”

彝族是云南省内少数民族中人口最多，分布最广的民族。以楚雄彝族自治州、红河哈尼族彝族自治州分布最多，此外还有7个彝族自治县和7个彝族和哈尼、傣族等的自治县。彝族是一个崇尚火的民族，以虎为图腾。

巍山彝族回族自治县是唐代南诏国的发祥地，为中国历史文化名城，文化历史悠久，文物古迹众多。在县内巍宝山麓，有一处历史上著名的“蒙诏汤池”，属碳酸与硫磺混合类温泉。据县志载，南诏国时代，曾把此泉群定为王族汤池，列入了“蒙化十六景”之一。现每到冬春季节，人们争相前来沐浴，传说浴后疮除无疾，皮肤洁白如玉，也吸引了历代文人墨客前来。清代著名诗人杨友楠在此留有《温泉漱玉》诗曰“寻过梅花饶逸兴，城南十里觅温泉；膏融石髓常欺雪，气拥龙池来断烟。镜里容颜嗟俗子，波中日月犹神仙；尘襟涤尽无他事，歌咏同归夕照前”。形象地描绘了汤池与大自然相融的情景。“蒙诏汤池”被认为是南诏根源文化的重要组成，具有历史文化价值。学者们考证发现，汤池的女池出水口系一尊高60cm，宽20cm，极为罕见的写实性女性生殖器石雕，这与剑川县石钟山的“阿央白”（女性生殖器）石雕，同是原始母性崇拜和生殖文化的历史遗存，也与当地习俗到“蒙诏汤池”、“沐浴”、“求子”的传说相吻合。

第十四章 云南的湿地资源保护与合理利用

第一节 对湿地保护与合理利用的认识

1 湿地保护与合理利用的概念

湿地与森林、海洋并称为全球三大生态系统。湿地生态系统功能独特，不仅具有调节气候、保持水源、净化水质、为湿地生物提供生长栖息场所、保存生物遗传多样性、维护生态平衡等生态功能，而且具有蓄洪防旱、灌溉发电、生产丰富多样的动植物产品和工农业生产原料、提供游憩和科学研究场所等重要的经济和社会功能。可见湿地对于人类社会、经济发展与自然界的生态平衡都有着特殊重要的意义。因此，它的保护和合理利用问题越来越受到各国人民的广泛关注。

1.1 湿地保护

湿地保护概念的提出是近十几年来的事情，是随着人们对其功能及重要性的认识而逐渐产生的。以往，由于受科技水平和社会发展的局限，人们没有全面认识湿地生态系统的重要功能，因此，湿地的保护长期以来没有受到应有的重视。由于人口持续增长和经济快速发展，人口与经济发展与资源、环境之间的矛盾日益加剧，大量改变湿地功能、用途和盲目不合理的开发利用，致使湿地大面积持续减少，功能萎缩，水资源枯竭，调节气候功能下降，不仅直接影响到我国水资源供给安全，降低江河沿岸蓄洪防涝能力，水涝灾害发生的风险增加，而且破坏了野生动植物的生长栖息地，使许多物种陷于濒危境地。尤其是一些地方湿地退化后，水土流失和荒漠化加剧，有的江河断流，导致下游生态与环境恶化，对中华民族的生存与发展构成现实的威胁和未来难以估量的损失。在这一严峻的现实面前，湿地保护的重要性才逐渐被人们所认识。

湿地保护是指为了实现湿地面积不致减少、湿地功能不致退化、湿地生物多样性不致丧失的总体目标，综合运用法律、行政、经济、科技、教育等多种手段控制和调节人类对湿地环境以及湿地生态过程的干扰，减轻对湿地生物多样性的破坏以及对湿地资源的过度和不适当利用，实现湿地的可持续发展和利用。

1.2 湿地合理利用

湿地合理利用一词最早见于《湿地公约》第 3 条第 1 款：“缔约国应制定并实施其计划以促进已列入名册的湿地的养护并尽可能地促进其境内湿地的合理利用。”但是这里并没有给出合理利用的具体定义，只是对缔约国提出的指导原则。在 1980 年的卡利亚里缔约国大会决议中，该原则被解释为：“湿地的合理利用包括对生态特性的维持，不仅要以此作为自然保护的基础，而且还要作为发展的基础。”由于这一解释只强调将生态维持作为保护和发展的基础，实际上没有解释合理利用的概念。1987 年的雷吉纳会议决议将湿地的合理利用定义为“为了人类的利益对于湿地的可持续利用，这种利用应以与生态系统自然财富的保持不相冲突的方式进行。”“可持续利用”被定义为“对于当代人实现最大的持续性利益，同时保持其潜力以符合后代人的需要和期望的湿地的人类利用。”“自然财富”则是指“湿地的物理、生物和化学组成部分，例如土壤、水体、动植物物种、营养及所有部分间的相互作用。”但该次会议并未正式通过上述定义，只是建议各国加以采纳（Cyril Klemm）（《中国湿地保护立法研究》，朱建国、王曦等编著）。

1.3 合理利用的实质

湿地合理利用概念的提出，根本原因在于湿地具有生态、社会、经济多重功能与价值。正因为如此，在发挥湿地的多种功能之间就会有矛盾。合理利用就是要协调湿地生态保护与经济利用之间以及各种类型经济利用之间的矛盾，实现生态保护与经济利用之间以及各种利用之间的动态平衡与协调，保证湿地可持续利用。

分析《湿地公约》关于合理利用湿地的定义和解释，“湿地合理利用”应该有如下一些含义：一是湿地利用要兼顾湿地多种功能的平衡协调发挥，即并不反对湿地利用和开发，而是支持开发以增加社会财富，促进经济发展，即使有一定程度的破坏也是在所难免的，那种将湿地完全保护起来不准利用的想法，是不必要的，也是不现实的；二是对湿地的利用必须适度，即因利用而使湿地遭受破坏的程度必须控制在湿地生态系统能够自我修复或在人的促进下可以修复的范围之内，不致引起湿地生态系统的退行性变化；三是湿地利用要兼顾全局与局部的关系，做到社会公平，不能因为一些成员的利用导致损害其他多数社会成员的利益，且要坚持公共利益高于个人利益，全局利益高于局部利益的原则；四是湿地利用要做到代际公平，要求当代人在利用湿地的同时，必须保持后代人平等地取得和利用湿地资源的权利；五是要科学地利用湿地。要求对不可再生的湿地资源不以使其耗尽的方式利用，对可再生的资源在保护和维持其最佳再生能力的前提下加以利用。这就是合理利用的应有之意。

虽然合理利用的概念不难理解，但要真正做到，却是非常困难的，这将是一个长期和渐进的过程，并需要各有关方面和社会公众的共同努力。

2 湿地保护与合理利用的指导思想与原则

2.1 湿地保护与合理利用的指导思想

根据云南湿地的特点与保护利用现状，湿地保护和合理利用的指导思想应该是：以维护湿地生态系统的生态平衡、充分发挥湿地功能、保护湿地生物多样性、实现湿地资源可持续利用为总目标和基本出发点，坚持“全面保护、生态优先、突出重点、合理利用、持续发展”的方针，认真落实科学发展观，紧紧依靠各级政府和全社会力量，认真落实国务院办公厅《关于加强湿地保护管理的通知》和《云南省人民政府办公厅转发国务院办公厅关于加强湿地保护管理文件的通知》精神，综合运用多种手段，强化对湿地保护和利用的管理，充分发挥湿地的生态、经济、社会效益，努力实现湿地保护事业快速健康发展。

2.2 湿地保护与合理利用应遵循的原则

2.2.1 坚持依法开展保护和合理利用

当前，国家和云南省都还没有湿地资源管理的专门法规，现行的一些资源环境法规对湿地资源保护和利用的调整力度不够，在实际工作中，湿地保护和开发利用、执法监督等都没有明确的法律依据，这是长期来湿地资源遭受破坏和湿地保护工作难以有效开展的重要因素。不过，值得高兴的是，湿地保护的立法工作已经得到国家和云南省的高度重视，相关部门正在开展湿地立法的前期工作。当前，湿地的保护与利用必须遵循现行的资源环境法规中与湿地有关的规定以及国家现行的湿地保护与利用政策，使湿地保护与利用逐步步入法制化的轨道。

2.2.2 坚持保护优先、保护与合理利用相结合

由于长期以来全社会对湿地缺乏全面科学的认识，人们往往只注重对湿地的开发利用，忽视湿地生态保护。即使有关部门从不同的角度、以不同的方式在湿地保护方面做了一些工作，但终因未能站在保护湿地生态系统整体的角度采取措施，成效并不明显。保护是合理利用的基础与前提，针对当前

湿地资源开发过度、保护不力、资源破坏严重的情况，必须十分强调将湿地保护放在突出的位置，坚持保护优先，并在此前提下开展湿地的合理利用，以合理利用促进保护，坚持湿地保护与合理利用相结合。

2.2.3 坚持统筹规划、统一协调、各司其职、各负其责

湿地保护和合理利用是一个涉及社会方方面面的系统工程，仅从湿地管理的角度说，就涉及林业、水利、农业、环保、交通等多个部门。因此，必须坚持统筹规划、统一协调、各司其职、各负其责的原则。在具体的湿地保护上，要突出重点、先急后缓、分类施策、分步实施。要在调查研究的基础上，弄清全省湿地的现状，找准存在的主要问题，剖析主要原因，通过编制规划，明确奋斗目标、总体布局、重点任务、政策措施，并将其纳入全省经济社会发展计划。通过规划的编制与组织实施，将湿地保护的目标、任务层层分解、落实到各地各有关部门和单位，落实到具体湿地。

2.2.4 坚持加强科技支撑体系建设

长期以来，湿地保护与合理利用的科技支撑体系一直不健全，湿地科学研究与资源监测能力薄弱，因此，很难对湿地实施科学的管理。保护湿地，光凭热情不够，在落实科学发展观的新的历史时期，对湿地有效保护与合理利用必须依靠科学技术，要尽快建立健全湿地保护和合理利用的科技支撑体系。要研究解决建立支撑体系的体制和机制性问题；要开展湿地教育的培训，培养和引进人才；开展湿地科学研究；加强对湿地环境、湿地资源的监测。

2.2.5 坚持提高全社会的湿地保护意识

湿地保护和合理利用是社会性很强的工作，要依靠全社会的广泛参与和齐抓共管，必须建立在增强全社会湿地保护意识的基础上。因此，应坚持加强宣传教育，把提高全社会的湿地保护意识作为湿地保护管理的基础性、前提性工作来抓。

第二节 云南湿地资源利用中存在的主要问题及其原因

1 云南湿地保护与利用中存在的主要问题

综观云南过去及当前对湿地资源的利用情况，大体上可归纳为以下几类：①围湖造田、排水改田以扩大耕地面积，种植粮食和经济作物；②采集、捕捞湿地野生生物资源；③利用天然或人工湿地水面，养殖水产和种植水生植物；④利用湿地景观资源发展旅游业；⑤利用江河湿地蕴藏的丰富水能资源发展电力产业；⑥在部分江河段及大型湖泊开展航运；⑦工农业生产和城镇居民生活等对水资源的利用；⑧建立湿地自然保护区，为开展湿地生态系统和湿地野生动植物保护与利用的科学研究以及教学、宣传教育提供基地等等。

然而，由于长期来人们对湿地生态系统的重要功能及其在保持自然生态系统平衡中的重要作用缺乏应有的认识，在对湿地资源进行利用时未能对湿地保护引起足够的重视，对湿地或者采取“竭泽而渔”式的开发利用，或者将湿地作为排放污染物的场所，盲目向湿地排放污水、垃圾，致使湿地生态功能遭到严重破坏，生态质量不断恶化，生物生产能力逐年下降，生物多样性保护受到严重威胁（《中国湿地保护立法研究》，朱建国、王曦等编著）。

1.1 盲目围垦、改造和占用湿地

围湖造田、排水改田、盲目开垦、改造占用等不合理利用曾是云南湿地利用的主要问题之一。农业、渔业、牧业、旅游业的发展以及城市建设都曾占用湿地或改变天然湿地的用途，直接造成了云南天然湿地面积减少，功能下降。云南是人均耕地占有水平及农业生产力水平较低的省份，为满足不断

增长的人口对粮食的需求，必然要求增加耕地面积。由于地形平坦、便于开垦、土壤肥沃等原因，人们往往将湖泊四周的浅滩以及沼泽等湿地视为未利用的荒地资源围垦为耕地，成为发展粮食生产的一种手段。尤其是20世纪60~70年代，在“以粮为纲”政策的引导下，云南曾一度出现围湖造田运动，使很多湖泊的面积缩小。如滇池草海原有面积32km²，现在只有8.15km²。而有些湖泊甚至被完全排干后开垦，如嵩明的嘉丽泽、石屏的赤瑞湖等。虽然目前大面积的围湖开垦现象已被禁止，但零星的围湖造田，在湖滨开挖养鱼塘，修建旅游设施、工程建设占用湿地等现象仍然存在。一些地方为发展畜牧业，把沼泽湿地作为牧场，过度放牧的现象很突出，对湿地的破坏也很大，如纳帕海在旱季时几乎已成为一个牧场。

1.2 湿地生物资源被过度利用

云南的不少重要湿地特别是湖泊湿地，酷渔滥捕、乱采滥挖的现象一度十分严重，这不仅使重要的天然资源受到很大的破坏，而且严重影响湿地的生态平衡，进而威胁其他湿地物种的安全。由于鱼类、虾类、芦苇、海菜花等许多湿地动植物具有食用或其他利用价值，因此，很早就被人们作为利用的对象。再加上经济的发展和人民生活水平的提高，尤其是旅游业的发展，人们对产自湿地的天然动植物尤其是一些特有物种的需求骤然增加，湿地附近的居民对湿地动植物的利用已不再仅仅是满足自己的需求，而是将其作为商品在市场上出售，这对湿地资源造成的威胁是非常大的，如洱海的海菜花不但在当地的市场上销售，就连昆明的一些餐馆也有了它的踪影。这就大大加剧了对这些物种的利用，使其数量不断减少，甚至使一些特有种濒临绝迹，如滇池的金线鲃、洱海的海菜花等。云南还是重要的鸟类迁徙通道，在鸟类迁徙季节，一些地方对湿地水禽的猎捕也很难杜绝，对湿地鸟类的威胁也不小。

1.3 外来物种入侵

一个物种从其自然分布区（可以是一个国家或一个国家的不同地区）通过有意无意的人类活动，而被引入到一个新的地区，并在当地的自然或人造生态系统中形成了自我再生能力，给当地的生态系统或景观造成了明显的损害或影响，这就是外来物种入侵。一个地区的生态系统是经过长期进化形成的，系统中的物种经过数百上千年的竞争、排斥、适应和互利互助，才形成相互依赖又相互制约的密切关系。一个外来物种引入后，可能因不适应新的环境而被排斥在系统之外，必须要由人的帮助才能勉强生存。也可能因新的环境中没有与其相抗衡或制约它的生物，这个引入种就可能成为真正的入侵者，打破平衡，改变或破坏当地的生态环境。

外来种入侵已成为自然生态系统面临的最严重的问题之一。在云南的湿地中，外来物种入侵问题也是相当令人担忧的。外来的动植物种在很大程度上改变了湿地生态平衡，使原有的湿地野生动植物群落遭到破坏，甚至造成一些珍贵的、具有较高经济价值的土著物种的消亡。云南生物多样性虽然较为丰富，但每个物种的生态空间都比较小，外来物种入侵极易破坏当地生态平衡，甚至会对物种丰富地区的生物多样性造成毁灭性打击。如外来种水葫芦的大量繁殖就可能使很多的水生植物死亡。20世纪60年代以来，云南出于发展渔业的目的，先后从广东、广西、湖南、湖北等地引进或带入外来鱼类30多种。鲤鱼、鲢鱼、鳙鱼和太湖新银鱼等外来鱼类在进入云南的湖泊和水库之后，迅速扩散，不仅争夺土著鱼类的生存空间，而且破坏了原有的生态食物链，外来种大量取食土著鱼种的卵和鱼苗，导致土著鱼类种群数量迅速下降甚至濒临灭绝。例如，银鱼由于生长期短，繁殖力极强，短短几年就变成了云南高原湖泊里的大种群，银鱼的放养已导致抚仙湖的珍稀鱼种抗浪鱼在短短的七八年间，从繁盛走向濒临灭绝。据资料介绍，大理洱海原产鱼类17种，它们大多为洱海特产，并具有重要的经济价值，但由于有意无意引入的13个外来种与土著种争食、争产卵场所及吞食土著种的鱼卵等，破坏了原有生态系统的平衡。目前，当地原有土著鱼类中已有5种陷入濒危状态。

调查显示，云南水域430多种本地鱼类中，近5年来一直未采集到标本的约有130种，占总种数的30%左右。约有150种在20世纪60年代是常见种，现在已是偶见种，占总种数的34%左右；另有

150多种鱼类，其种群数量均比20世纪60年代明显减少。洱海的弓鱼、滇池的白鱼和星云湖的大头鱼等已濒临灭绝。植物入侵的情况同样不容乐观。如水葫芦是作为观赏花卉植物从南美引入中国的，以后又发现它可作为猪的饲料，并可净化水域重金属元素污染而广为繁殖。因为它的繁殖力强而且生长迅速，很快遍布一些河道和湖泊，如今已造成严重危害。盛夏时节，昆明滇池湖滨一带层层叠叠的水葫芦覆盖面积约达10km^2，不但破坏当地的水生植被，堵塞水上交通，给当地的渔业和旅游业造成了很大损失，严重干扰和损害了当地水生生态系统。滇池草海过去曾有10多种本地水生植物，随着水葫芦的肆虐，大多数本地水生植物失去生存空间，如今只剩下2~3种了。

1.4 湿地污染加剧

污染是云南湿地面临的严重威胁之一。湿地污染不仅使水质恶化，也对湿地的生物多样性造成严重危害。工业废水、生活污水、化肥农药残留物、垃圾等是污染湿地的元凶。大量未经处理的生活污水，工业污水等直接排入河流和湖泊之中，农业生产中应用的农药、化肥等污染也直接或间接排入湿地中，使湿地中的氮、氨和总磷等营养物质及耗氧有机物的浓度逐年升高，除少数高山湖泊和河流的上游地区外，全省大部分湖泊和河流下游均已不同程度受到污染。云南省水利厅编制的《云南省水资源公报》（简称“公报”）（2005）显示，云南省九大高原湖泊的水质分别是：泸沽湖为Ⅰ类；抚仙湖及洱海为Ⅱ类；阳宗海为Ⅲ类；星云湖、杞麓湖为Ⅴ类；滇池、程海、异龙湖劣于Ⅴ类。

湖泊中受污染最严重的是滇池，主要影响指标为总磷、总氮、氨氮、五日生化需氧量、高锰酸盐指数、pH值；杞麓湖、星云湖为总磷、总氮、高锰酸盐指数；程海为pH值、氟化物；异龙湖为总氮、高锰酸盐指数、pH值。

严重的污染已使滇池这颗高原明珠黯然失色。20世纪50年代滇池的水质还是Ⅰ类，60年代降为Ⅱ类，80年代中期以后开始恶化，90年代以后急剧恶化，已到了Ⅴ类和劣于Ⅴ类。

由于污染物进多出少，大部分滞留在湖区内，使富营养化问题日趋严重，几个大湖“水华”频繁发生，富营养化状况是：泸沽湖贫营养，程海、阳宗海、抚仙湖、洱海、杞麓湖、异龙湖中营养，滇池、星云湖富营养。

云南九大湖泊污染问题引起了人们的普遍关注。但金沙江、珠江、红河、怒江等主要江河污染，却没有引起人们足够的重视。“公报”显示：2005年云南全省监测评价河流67条，河段总长9707.3 km。水质评价标准采用《地表水环境质量标准》（GB3838－2002），并按水资源公报分区进行评价。

全年水质状况为：Ⅰ~Ⅲ类水河长7869km，占评价河总长的81.1%；Ⅳ类水河长315km，占3.2%；Ⅴ类水河长185km，占1.9%；劣Ⅴ类水河长1338.3km，占13.8%。

长江流域评价河长2460km。其中：金沙江石鼓以上分区评价河长20km，均为Ⅰ类水；金沙江石鼓以下分区评价河长2440km，Ⅰ~Ⅲ类水河长占评价河长的80.8%，劣于Ⅲ类水河长占19.2%（其中劣于Ⅴ类的占13.7%）。

珠江流域评价河长1307km，其中：南盘江分区1017km，Ⅰ~Ⅲ类水河长占评价河长的4.0%，劣于Ⅲ类水河长占73.8%（其中劣于Ⅴ类的占56.6%）；北盘江分区80km，均劣于Ⅴ类；右江分区210km，均为Ⅱ类水。

红河流域评价河长1543km。其中：Ⅰ~Ⅲ类水河长占评价河长的91.3%，劣于Ⅲ类水河长占8.7%（其中劣于Ⅴ类的占7.8%）。

澜沧江流域评价河长2879km。其中：Ⅰ~Ⅲ类水河长占评价河长的94.3%，劣于Ⅲ类水河长占5.7%（其中劣于Ⅴ类的占2.1%）。

怒江流域评价河长973km。其中：Ⅰ~Ⅲ类水河长占评价河长的97.9%，符合Ⅴ类标准的河长占2.1%。

伊洛瓦底江流域评价河长545km，均为Ⅰ~Ⅲ类水河。

评价结果显示，全省水质污染仍以有机污染为主，五日生化需氧量、高锰酸盐指数、氨氮和总磷为大部分河段的污染物。各水资源分区中，水质状况较差、污染最严重的是南盘江，劣于Ⅴ类水河长已占南盘江评价河长的74.7%。

“公报”还显示，2001~2005年，按照水质站点和主要分析项目统计，全省有77.2%的站项无显著趋势，15.7%有显著上升趋势，仅7.1%有显著下降趋势，有上升趋势的站项较下降趋势的站项多一倍左右，水质污染呈恶化趋势。

云南省河流污染长期以来之所以没能引起重视，是因为河流是流动的，很多污染物进了河流，就被冲刷带走，易被人们忽视。其次，河流有汛期，枯水季节看着很脏的河水遇到洪水时，污染物就被冲刷掩盖了。还有，许多河流远离公众场所，较少被公众关注。河流与湖泊（水库）息息相关，河流受到污染，湖泊（水库）也要遭殃，盘龙江、大观河、明通河等之于滇池，就是活生生的例子。

1.5 水电资源过度开发

1.5.1 水电开发规划和建设情况

为开发云南水电资源，国家有关方面对几个主要流域的水电开发做出了中长期规划。澜沧江流域共规划15个梯级电站，总装机容量为2550×10^4kW。其中，上游初步规划为7个梯级，依次为古水、果念、乌弄龙、里底、托巴、黄登、苗尾，装机容量960×10^4kW。中下游规划8个梯级，依次为功果桥、小湾、漫湾、大朝山、糯扎渡、景洪、橄榄坝、勐松，装机容量1590×10^4kW。小湾水电站是澜沧江中下游开发的关键工程，具有$149\times10^8m^3$库容的龙头水库，电站装机420×10^4kW。糯扎渡电站是澜沧江中下游规划的第五个梯级，为澜沧江梯级中工程规模和调节库容最大的电站，也是澜沧江中下游开发的核心工程和电力外送的主力电源点，电站装机容量585×10^4kW。

金沙江中游河段规划按“一库八级”开发，总装机容量2058×10^4kW，下游河段规划采用4级开发，总装机容量3850×10^4kW。虎跳峡水电站（龙盘电站）是金沙江中下游梯级开发的关键工程。电站规划总装机420×10^4kW，有效库容$215.15\times10^8m^3$。

怒江中下游河段规划按“两库十三级”开发，包括松塔、丙中洛、马吉、鹿马登、福贡、碧江、亚碧罗、泸水、六库、石头寨、赛格、岩桑树和光坡电站，总装机容量2132×10^4kW。

新中国成立后，云南省先后建成了以礼河梯级电站（装机32.15×10^4kW）、绿水河梯级电站（装机6.55×10^4kW）、西洱河梯级电站（装机25.5×10^4kW）等。此后，又先后建成鲁布革、漫湾、大朝山等电站。

当前，“三江”流域水电开发初步形成“齐头并进”之态势。

1.5.2 关于水电开发的争议

云南横断山区的水能资源究竟该不该开发？该如何开发？一段时间以来，学术界对怒江、澜沧江、金沙江的水电开发（尤其是怒江的水电开发）展开了激烈的争论。赞成开发者认为：“开发是实现我国新世纪能源平衡的需要”、“是把云南建成国家西电东送的重要能源基地的需要”、“是优化及改善我国东、中部地区能源结构，减少环境污染，发展滇、川经济的重大发展战略举措。”持不同意见者认为：“三江并流是世界自然遗产地，在该地区进行水电开发不符合保护世界遗产的宗旨”、“横断山脉具有独特的地形、地貌和丰富的生物多样性资源。其中怒江流域可以为多学科研究提供原生环境的宝贵数据，尤其是其丰富的遗传基因库，可以为经济快速发展提供生物学支持”、“建坝截流发电，改变库区和下游的水文、水流、水温、气候、地质、植被等方面生态系统状况，会导致流域生态恶化，将使这一地区乃至世界仅存的原始生物物种基因库遭受无可挽回的损失”、“在目前的管理体制和成本核算的办法下，水电开发富了开发商，穷了当地老百姓，损了生态环境和后代，苦了政府。”还有一种介于两者之间的意见则认为，科学发展观是解决发展和保护问题的理论武器，上述两种截然不同的主张，可以用科学发展观来实现统一。以争议最大的怒江水电开发为例，认为开发怒江水电是我国生产力发展的必然选择。坚持以人为本的开发，促进经济、社会全面、协调、可持续发展，坚持人与自然和谐的开发，电站建设与生态环境建设并重。

在江河上筑坝建设电站，必然会对河流湿地的自然生态系统产生干扰，特别是在这些江河上进行密集的梯级水电开发，将使河流水库化，极大地改变自然河流的水文状况，减弱河流的自我净化能力，对生物多样性造成威胁，改变当地的气候环境，使湿地生态系统退化及功能下降，等等。但是，如果过多地强调这些负面影响，视当地经济发展的需要于不顾，采取绝对的保护政策，似乎并不妥当。然而，一味考虑经济的因素，在这些江河上进行大规模的水电开发更是不可取的。因此，科学规划、适度开发、兼顾生态与经济的协调发展才是可取的。同时要很好地处理以下几个问题：一是经济开发与生态保护的平衡；二是富财政、富企业与富民的平衡；三是当前发展与保持长远发展潜力的平衡。值得高兴的是，关于水电开发的持续几年的争论，政府及相关部门、企业、环保组织、当地社区居民都曾参与其中，并且，这种争论自然还将继续下去。这对于促进水能资源科学合理的开发利用是件好事。在电力开发“降温”呼声渐高中，云南省理性对待全国及本省电力缺口形势和云南“西电东送”、“云电外送”优势，既坚定培养水电支柱产业战略，又热中求稳，除已开工或进入前期工程建设的金沙江溪洛渡和向家坝电站、澜沧江小湾、景洪和糯扎渡电站等大型工程以外，严格审批中小流域中小型水电站建设项目，以科学发展观统揽全局，加强了可行性研究，以避免盲目投资，保持了开发投资的稳步发展。

1.6 旅游对湿地的负面影响

较大规模的围湖兴建旅游设施，正在成为危害湿地资源的一个新的因素。一些湖泊沿湖大量兴建旅游设施，宾馆、饭店、度假区、游乐场等如雨后春笋般出现在湖周，极大地破坏了湿地景观。游客大量涌入，大量生活污水排入湖中。此外，旅客对生长栖息于湿地的动植物也产生了相当大的干扰，有些地方甚至将当地的特有动植物作为食品招待游客，加剧了一些特有物种的消亡。由于云南湖泊一般面积小，换水周期长，湿地生态相当脆弱，污染容易治理难，湖泊一旦被严重污染，要想治理好，其难度不亚于上九天揽月。

2 湿地保护与利用存在问题的原因浅析

2.1 对湿地功能缺乏科学的认识，湿地保护的宣传教育滞后

湿地遭受破坏之所以一直得不到有效控制，最根本的问题是全社会对湿地具有的重要功能没有全面科学的认识，因此，全社会保护湿地的意识不强，尤其是领导决策层没有认识，湿地保护未得到应有重视。长期来，人们对湿地功能、价值及其对经济、社会可持续发展的重要性认识极为肤浅，没有从整体上认识湿地的功能，仅仅把湿地作为水资源和生物资源的提供者，甚至将湿地当作未利用的荒地。全社会还普遍缺乏湿地保护意识。湿地保护和合理利用的宣传、教育工作滞后于经济发展和湿地保护形势的要求，宣传教育工作的广度、深度都不够。

2.2 法律法规不健全，湿地的法律地位不明确

目前我国还没有一部关于湿地保护与合理利用的专门法律，已有的相关法律、法规中有关湿地保护的条款也很少，且不成系统。即使有些相关法律法规中有关于湿地的条款，但往往十分原则，缺乏可操作性。正因为如此，湿地的保护与利用长期以来无法纳入法制化管理的轨道。此外，在国家的土地分类中，也没有把湿地作为一个专门的土地类型，而是把湿地中的河流、湖泊归为不同的土地类型，至于自然湿地中很重要的沼泽湿地则归为未利用地。由于没有设立湿地这个专门的土地类型，湿地就没有明确的法律地位。因此，在国家许多宏观规划中，特别是土地保护和利用规划，就无法将湿地作为重点保护对象纳入保护。此外，由于湿地的产权及边界往往很模糊，这也导致向湿地索取的多，主动保护的少。

2.3 湿地管理体制不顺

湿地的保护和开发利用涉及社会的方方面面，仅从管理角度而言，就与林业、农业（渔业）、水利、环保、土地、交通、旅游、建设等多个部门有关。不同地区、不同部门因在湿地保护、利用方面

的目标不同、利益不同，往往各自为政，各行其是，矛盾较为突出，影响了湿地的有效保护与合理利用。由于管理体制的原因，尽管与湿地管理有关的一些部门各自都采取了一些保护措施，但也往往是铁路警察，各管一段，难以形成合力。长期以来，对湿地的管理形成了水利部门管水，渔业部门管渔业，林业和农业部门管野生动植物，环保部门管污染防治，土地部门管土地，交通部门管航运，旅游部门管旅游开发的分治状况，谁都无力将湿地作为综合的生态系统加以科学保护与合理利用。尽管1998年国务院批准的国家林业局机构改革方案中明确规定了国家林业局具有“组织协调全国湿地保护和有关国际公约的履约工作”的职责，但终因相关法律法规不完善，至今尚未形成良好的协调机制，仍然无法对湿地开展有效的管理。

2.4 湿地保护与利用的科技支撑体系很不完备

无论是国家还是云南省，有关湿地保护的基础研究还非常薄弱，特别是对湿地的类型、结构、功能、演替规律、价值和作用等缺乏系统、深入研究，制约了湿地的科学保护与合理利用。云南省基本没有专门从事湿地研究的机构与人员，人才严重缺乏。同时湿地保护、管理的技术手段也比较落后，缺乏现代管理技术和手段。在很长一段时期，湿地资源的家底不清，缺乏对湿地资源、生态变化、生物多样性变化的监测。对污染监测，不同部门在使用的监测方法、设备上也存在差异，监测标准尚不统一。此外，在信息利用方面也因部门、单位之间没有建立信息共享机制以及已有的湿地基础信息标准不统一等原因而难以实现信息共享。湿地环境影响的评价制度不健全，长期以来，对湿地研究、监测、保护、利用工作缺乏统一的评价指标，所采取的观测和研究方法也不一致，因此，对获得的数据资料进行系统分析比较困难。对湿地生态、经济和社会效益价值评估的研究开展得也比较少，所有这些，都极大地制约了对湿地的科学保护和合理利用。

第三节 云南的湿地自然保护区

1 概述

1.1 湿地自然保护区建立

云南省自然保护区事业始于1958年。

1956年，在全国第一届人民代表大会第三次会议上，由秉志等5位科学家提出了《请政府在各省（区）划定天然林禁伐区（自然保护区），保存自然植被以供科学研究的需要》的第92号提案后，林业部提出了《天然森林禁伐区（自然保护区）划定草案》。为此，云南省林业厅编制了划留8个禁伐区的方案，报请省人民政府批准发布。1958年9月，中国科学院云南分院的植物学家吴征镒和动物学家寿振黄两位先生联名向省人民政府（当时称省人民委员会）上报了《关于筹建我省自然保护区的报告》，提出筹建24处自然保护区的意见，得到省人民政府（1958）会科字2号文的批复。从而拉开了云南自然保护区建设的序幕。经过20余年的曲折路程，云南自然保护区事业于20世纪80年代后得到了蓬勃的发展，湿地类型的自然保护区也提到了建设的日程。截至2006年，全省自然保护区在数量上已有183处之多，面积逾$300\times10^4hm^2$，占云南省国土面积的7.8%。其中：国家级自然保护区16处，省级自然保护区45处，州（市）级自然保护区122处。

随着全省自然保护区建设事业的进展，湿地类型的自然保护区得到了相应的重视。目前已建立的湿地保护区共有18处，其中，国家级湿地自然保护区3处，省级湿地自然保护区8处，州（市）、县级湿地自然保护区7处，详见表14-1。

表 14－1 云南省湿地类型自然保护区一览表

保护区名称	面积（hm^2）	主要保护对象	所在州（市）、县	主管部门	始建时间
一、国家级					
大山包	19200	黑颈鹤及其越冬生境	昭通市昭阳区	林业	1990
会泽黑颈鹤	12910	黑颈鹤及其越冬的水库生境	会泽县	林业	1990
苍山洱海	79700	高原湖泊、冰川遗迹和名胜古迹，珍稀野生动植物	大理市、漾濞、洱源县	环保	1994
二、省级					
碧塔海	14133	高原湖泊、水禽及湖周森林	香格里拉县	林业	1984
纳帕海	2400	高原季节性湖泊、沼泽草甸生境	香格里拉县	林业	1984
泸沽湖	8133	高原季节性湖泊、裂腹鱼、海菜花等特有水生动植物及湖周森林	宁蒗县	林业	1986
拉市海	6523	高原湖泊和水库、水禽	玉龙县	林业	1998
海　峰	27846	岩溶湿地、天坑森林	沾益县	林业	2002
普者黑	20732	岩溶湖群	丘北县	环保	2002
北　海	1629	高原沼泽湿地	腾冲县	林业	2005
剑　湖	4630	高原湖泊湿地	剑川县	林业	2006
三、州（市）级					
茈碧湖	800	高原湖泊及湖周森林	洱源县	林业	1988
大龙潭	1073	高原湖泊及源周森林	南涧县	林业	2001
芒究水库	3170	水库及库区周边森林	潞西县	环保	1991
西 湖	700	高原湖泊	洱源县	环保	2001
母屯海	400	高原湖泊及水禽	鹤庆县	环保	2001
四、县级					
新村水库	1786	水库及库区周边森林	峨山县	水利	1997
勐梭龙潭	4200	天然湖泊及湖周森林	西盟县	林业	1982

1.2 云南湿地自然保护区的分布

云南省已建的湿地自然保护区以高原湖泊湿地为主，主要分布在西北部和东北部，且各具特色。

1.2.1 滇西北、滇西地区内陆高原湿地自然保护区

滇西北、滇西地区已建的湿地自然保护区主要有苍山洱海、拉市海、碧塔海、纳帕海、泸沽湖、茈碧湖、北海、剑湖、西湖、母屯海等高原湖泊和沼泽。这些分布在迪庆藏族自治州、大理白族自治州、丽江市、保山市辖区内的自然保护区，其主要的特点是地处青藏高原向云南高原的过渡地带，生物多样性丰富，特别是越冬水禽迁徙的重要通道和栖息地。这里不仅是鸟类的乐园，也是高原湖泊特有土著鱼类和水生植物的荟萃之地。

此外，还有一些自然保护区内虽然有较大的湿地面积，但因主要保护对象不同而划入了其他类型保护区，如以保护云南松原始种质资源为目的的天池省级自然保护区等。

1.2.2 滇东北、滇东地区内陆高原湿地自然保护区

滇东北、滇东地区的湿地自然保护区主要有大山包黑颈鹤、会泽黑颈鹤、海峰等高山沼泽草甸和人工水库湿地。这些分布在昭通市和曲靖市辖区内的湿地类型的自然保护区，前者的主要保护对象是黑颈鹤及其越冬栖息地，后者则是保护喀斯特地貌湿地。这一带毗邻贵州省的草海，据近 3 年的调查，这一带（昭通市的昭阳区、鲁甸县、巧家县、永善县，曲靖市的会泽县、寻甸县及贵州咸宁）黑颈鹤

数量不断增加，已成为世界上黑颈鹤的主要越冬地。据2004年调查，前来云南北部和贵州草海越冬的黑颈鹤达3562只，而滇东北地区则为2529只，占71%（其他为滇西北279只、贵州草海754只）。而大山包保护区为1176只，会泽保护区573只，分别占33%和16%，显示了滇东北湿地自然保护区对保护世界珍禽黑颈鹤的重要性。滇东高原的特点是喀斯特地貌十分发育。珠江源保护区是我国第三大河珠江的源头。海峰保护区有多处湖泊、落水洞、天坑、地下河及湿地周边的峰林、峰丛、石笋等，在天坑中尚保存着特殊的地下森林群落，极具保护价值。

1.2.3 滇中、滇南地区的湿地自然保护区

滇中地区是全省高原湖泊较为集中的地区，如滇池、阳宗海、抚仙湖、星云湖、异龙湖、杞麓湖、普者黑等，以及众多的大型水库如松华坝水库和澜沧江梯级开发形成的漫湾、大朝山、糯札渡、小湾等电站水库等。此区的特点是人口密集，经济较发达，水质污染是面临的主要问题。这一地区目前只有普者黑岩溶湖群及其水源区已划为省级自然保护区。

1.3 云南湿地自然保护区的特点

1.3.1 地貌多样性形成湿地类型的多样性

云南地处横断山区和云贵高原，境内山地与高原面积占全省总面积的94%，高山、中山、低山、丘陵、山原、河谷、盆地相间分布。地貌类型的多样性，必然形成湿地类型的多样性。在已建立的各级湿地类型的自然保护区中，虽然以高海拔天然淡水湖泊类型的自然保护区居多，但仍然有河流湿地、高山沼泽草甸湿地、岩溶（喀斯特）湿地、人工湿地（水库），以及大江河源头湿地等类型。

1.3.2 湿地与湿地集水区山地森林共同组成自然生态系统

云南各类湿地的分布，河流湿地多在山谷中，湖泊湿地多位于山原中较开阔的盆地，沼泽化草甸则分散于亚高山台地低洼处或湖泊边缘地带。这些湿地大都被森林环绕，湿地的水源补给与周边森林关系密切。为此，在勘察和确立湿地自然保护区时，均将湿地水域与周边山地森林视为一体。湿地生态系统与森林生态系统相结合，是云南湿地类型自然保护区的一个特色。

1.3.3 湿地生物多样性丰富

云南生物物种的水平地带性分布与垂直地带性分布都十分明显。在水热条件上，水平地带跨越北热带、南亚热带、中亚热带气候，在垂直分布上有着热性，暖热性、暖温性、温性、寒温性等气候特点，且因地形条件不同而形成的小生境类型多样，形成湿地保护区的生物多样性。

1.3.4 湿地保护区多为少数民族聚居的地域

云南省境内民族众多，在26个世居民族中，属国内特有的少数民族多达15个，在中缅、中老、中越国境线两侧世居的边民中又有15个同属一族。由于历史的原因，各民族的社会经济发展极不平衡，又因多地处边远山区，其生活环境基本保持着原生态状况，为自然保护事业提供了良好的基础，人与自然基本上处于和谐状态。但是由于近年来的社会经济发展和旅游业的兴起，使自然保护成了民族地区的新问题。云南湿地类型的自然保护区大都地处少数民族聚居的地域，如滇西北地区的碧塔海、纳帕海保护区地处藏民聚居的迪庆藏族自治州的香格里拉县境内；泸沽湖保护区是全国惟一的摩梭人（纳西族的分支）世居地；拉市海保护区在玉龙纳西族自治县；大山包、会泽黑颈鹤、普者黑等保护区，都是彝族同胞的聚居地域；剑湖、茈碧湖、西湖和苍山洱海自然保护区，地处大理白族自治州境内。

1.4 湿地自然保护区的管理

1.4.1 保护措施

加强湿地保护是统筹人与自然和谐相处与发展的重要举措，湿地类型自然保护区的首要任务就是实施对湿地的科学管理与保护。云南省湿地自然保护区的保护措施，可以大山包国家级自然保护为例：

为使保护管理工作有法可依，昭通市人大常委会制定了《昭通市大山包黑颈鹤自然保护区管理办法》，明确了管理部门的执法权限，有力地促进了保护工作的开展。积极采取生态环境的恢复措施，采取耕地固定、退耕还草、杜绝挖泥炭作燃料、打坝蓄水还沼泽等措施，扩大草地 300hm^2 余，恢复沼泽 200hm^2 多，给越冬黑颈鹤提供了更广阔的栖息觅食地。建立巡护制度，加大巡护力度，认真观察水禽的活动，切实维护保护区的生态安全。在黑颈鹤初冬飞临时和春末返飞前，设置投食点，为其迁飞活动补充体力，减少了鹤类及其他大型候鸟的伤病情况，并对参与救护鸟类的村民给予奖励，使保护区成为动物的乐园。结合山区扶贫工作，在省、市扶贫办的统筹安排下，将核心区内部分村寨实施异地扶贫搬迁，解决了人鹤争地的矛盾。

1.4.2 科研与监测

2000 年以来，云南省林业厅和省环境保护局分别对大山包，碧塔海、拉市海、纳帕海、海峰、会泽黑颈鹤、北海、普者黑等自然保护区组织开展了综合科学考察，各自然保护区编制了《综合科学考察报告》，这些报告均通过了省级自然保护区评审委员会组织的专家评审。这些科考工作，得到了中国科学院的昆明动物研究所、昆明植物研究所、西双版纳热带植物园，以及云南林业科学院，西南林学院，云南林业职业技术学院，云南省林业调查规划院等科研、教学、调查、规划单位的支持与参与，保证了科考成果的质量。

在开展综合科学考察和资源本底调查的同时，有条件的自然保护区与有关单位协作，开展专题研究，如在大山包自然保护区开展黑颈鹤栖息越冬规律及食源等长期观察、卫星跟踪迁徙路线等监测研究，在碧塔海自然保护区开展中甸重唇裂腹鱼的研究，在拉市海自然保护区开展社区共管模式的研究等，都获得了可喜的成绩。

1.4.3 宣传教育与社区共管

近年来，各级主管部门和保护区管理机构利用“爱鸟周”、“世界湿地日”、“野生动物保护月”等时机，积极开展群众性的宣传活动，采取组织群众文艺演出活动、印制湿地保护和珍贵野生动植物宣传画或图片、小册子等措施，促进全民保护湿地意识的提高。在宣传教育上还充分发挥了媒体的作用，大山包、碧塔海、会泽黑颈鹤、纳帕海、拉市海等自然保护区的生物多样性景观和管理活动纷纷在中央电视台、云南电视台亮相，也经常在《云南日报》、《春城晚报》、《云南信息报》等平面媒体上被报道，展示湿地自然保护区的建设与管理成就，树立了良好形象，宣传了政策法规，传播了科普知识，取得很好的效果。

湿地自然保护区开展社区共管工作已初见成效。大山包、会泽黑颈鹤、拉市海等自然保护区是众多国家重点保护候鸟的越冬地。通过社区共管活动，协助社区开拓生产门路，调整农业种植结构，发展了经济，使当地村民由原来的捕鸟人变为如今的护鸟人。拉市海自然保护区还与社区共同研究确定了合理的捕鱼时间和捕鱼方式，维护了水生动植物的生态安全。

1.4.4 广泛开展国际合作

云南省湿地自然保护区与国际鹤类基金会（ICF）、世界自然基金会（WWF）、美国大自然保护协会（TNC）以及湿地国际等组织有着良好的合作关系。如 2000～2004 年与 ICF 共同实施的“云贵高原越冬的黑颈鹤及其他大型水禽调查项目”，历时 3 年，基本查清了在云贵高原越冬的黑颈鹤及灰鹤、斑头雁、赤麻鸭等的种群数量及分布情况，用准确的数据说明了云贵高原是我国黑颈鹤的主要越冬地，其重点在云南的大山包黑颈鹤自然保护区、会泽黑颈鹤自然保护区和贵州的草海黑颈鹤自然保护区。

2 重要的湿地自然保护区

2.1 大山包黑颈鹤国家级自然保护区（国际重要湿地）

大山包自然保护区位于云南省东北部昭通市昭阳区的大山包乡境内。地处乌蒙山系五莲峰山脉的主峰地段，海拔 2200～3364m，是集沼泽、水库、草甸、森林于一体的高原湿地，地势起伏开阔。

1990 年，昭通市建立了大山包自然保护区。1994 年，云南省人民政府批准建立为以黑颈鹤及其栖息环境为主要保护对象的省级自然保护区。2000 年在国家林业局牵头编制的《中国湿地保护行动计划》中，被列入中国重要湿地名录。2003 年，被国务院批准为国家级自然保护区。2004 年 12 月，被湿地国际列为国际重要湿地。

自然保护区总面积 19200hm^2，是国家 I 级重点保护的世界珍稀涉禽黑颈鹤的越冬地。区内近 600hm^2 的亚高山湿地、逾 8000hm^2 的自然草场，远离城镇的自然环境和爱鹤护鹤的淳朴村民，为黑颈鹤提供了理想的栖息环境。除气候条件外，区内湿地水生生物、当地居民耕地收获后残留农作物的根茎与蛰藏在耕地土壤内的昆虫幼虫等为黑颈鹤提供了充足食源。10 月下旬到翌年的 4 月下旬，有大批黑颈鹤从青藏高原来此越冬。从 1990 年以来，由当初的 300 余只逐年增多。云南省林业厅与国际鹤类基金会合作，连续 3 年（2002 ~ 2004 年）在云贵高原 10 个县 51 个调查点采用同步统计方法，准确监测记录了越冬黑颈鹤和其他大型水禽的数量。统计结果大山包保护区的黑颈鹤越冬数量为各地之最，2002 年为 916 只，2003 年为 1043 只，2004 年为 1176 只。停留时间也由 170 余天延长到目前的近 200 天。为了保护黑颈鹤，保护区管理局邀请云南大学和云南省林业调查规划院开展了综合科学考察，编制了总体规划和建设项目可行性研究。引进国际先进保护经验，促进社区经济发展，帮助当地村民摆脱贫困，在省扶贫办公室帮助下，统筹安排异地搬迁，从自然保护区核心区预计迁出 759 户、3245 人到云南南部热区安家落户，既解决山区群众的脱贫问题，又为黑颈鹤让出更多的栖息环境。

保护区积极地开展了国内外的技术合作，从 2005 年 2 月始，在云南省林业厅主持下，与国际鹤类基金会、中国鸟类环志中心，中国科学院昆明动物研究所、云南师范大学等协作，开展“卫星跟踪在中国云南越冬黑颈鹤合作项目”，在保护区内先后为 6 只黑颈鹤安装卫星信号发生器，用卫星跟踪技术记录黑颈鹤的迁徙路线、活动范围、各季节的停歇点、栖息地和繁殖地等，为更有效地保护好黑颈鹤及其生存环境创造了条件。

2.2 泸沽湖省级自然保护区

泸沽湖自然保护区位于云南省西北部与四川省西南部的两省交界处，泸沽湖水面分别为两省所辖。湖面东部为四川省盐源彝族自治县所辖，西部则在云南省丽江市的宁蒗彝族自治县境内。泸沽湖是一个风景旖旎的高原淡水湖，湖面海拔 2685m，水域面积 5040hm^2（其中四川境内 2430hm^2，云南境内 2610hm^2），平均水深大于 60m，最深达 93.5m，是仅次于吉林长白山天池（水深 317m）和云南抚仙湖（水深 151.5m）的我国第三深水湖泊。湖水从东南部的草海出口，经祖盖河流入雅砻江汇入金沙江。保护区总面积 8133hm^2（其中水域面积仅限于云南省管辖部分）。1981 年全省自然保护区区划时确定为省级自然保护区，1986 年调查规划后报经省人民政府批准建立，是以高原湖泊、湖周植被及珍稀水生动植物为主要保护对象的湿地类型的自然保护区。在 2000 年国家林业局牵头编制的《中国湿地保护行动计划》中，被列入中国重要湿地名录。

泸沽湖属高原温性深水湖泊，水生生物种类丰富且有特色。湖内有水生维管束植物 23 科 30 属 44 种，其中挺水植物 16 种、浮水植物 10 种、沉水植物 18 种。从浅水区向湖中依次分布的主要有芦苇群落、水葱群落、茭草群落、香蒲群落、蓖齿眼子菜群落、波叶海菜花群落、丝状绿藻群落等 10 个类型。其中波叶海菜花的花朵大，晶莹洁白，花期长，沿湖周水深 5m 以内范围生长，构成高原湖泊特有景观。泸沽湖水生动物中受保护的主要种类有小口裂腹鱼，宁蒗裂腹鱼、厚唇裂腹鱼 3 种特有的高原湖泊鱼类。水禽类以赤麻鸭、赤嘴潜鸭等为多。

湖周山地植被垂直分布明显，海拔 3200m 以下云南松林占优势，海拔 3200 以上则为黄背栎林、丽江云杉林、川滇冷杉林，间或有滇山杨林和白桦林，山顶部多为低矮密集的豆叶杜鹃灌丛。值得一提的是，在保护区内狮子山海拔 3400 ~ 3700m 之间，分布有圆柏属的小果垂枝柏林，这是云南乃至全国都稀有的森林类型。

泸沽湖自然保护区原始面貌因旅游业的兴起，正在发生着变化，水质开始污染。为此，应在实施规划的基础上认真做好保护与管理工作。

2.3 碧塔海省级自然保护区（国际重要湿地）

碧塔海自然保护区位于云南省西北部迪庆藏族自治州香格里拉县境内，距县城仅 25km。碧塔海是云南高原湖泊中海拔最高的湖泊，湖面高程为海拔 3568m，平均水深约 20m，最深处约 40m，水域面积约 $159hm^2$，湖滨还有多处沼泽化草甸，共同构成了湿地环境。湖水从东部流出约 500m 后，消失于地下溶洞，经暗河流入尼汝河，最后汇入金沙江。湖周山地分布着茂密的亚高山寒温性针叶林，为重要水源林。保护区总面积14 $181hm^2$。1981 年全省自然保护区区划时确定为省级自然保护区。1984 年调查规划后报经省人民政府批准建立为以高原湖泊生境和生物多样性为主要保护对象的湿地类型的自然保护区。2000 年国家林业局牵头编制的《中国湿地保护行动计划》中被列入中国重要湿地名录。2004 年 12 月被湿地国际批准为国际重要湿地。

碧塔海自然保护区是集湖泊、沼泽化草甸与湖周集水区山地森林植被为一体的高原湿地生态系统保护区。草甸植物主要以嵩草属占绝对优势，还有苔草属、蓼属、马先蒿属、灯心草属等；挺水植被主要为杉叶藻群落，辣蓼群落；浮叶植被主要为荇菜群落；沉水植被主要有穗状狐尾藻群落，亮叶眼子菜群落，水毛茛群落等。水生动物中因有本湖特有的中甸叶须鱼而为科学工作者所瞩目。湖泊集水区山地海拔 3000～4100m 范围内以寒温性针叶林的长苞冷杉林、油麦吊云杉林为优势，还分布有温凉性针叶林、暖温性针叶林、硬叶常绿阔叶林、落叶阔叶林和亚高山灌丛等植被。

2.4 纳帕海省级自然保护区（国际重要湿地）

纳帕海自然保护区位于云南省西北部迪庆藏族自治州香格里拉县境内，距县城仅 8km。纳帕海在藏语中称“纳帕错”，意为森林旁边的湖。纳帕海地处迪庆高原上的大中甸盆地，周围被海拔 3800～4500m 的山地环抱。湖面海拔 3260m，湖体南北长 10km，东西宽约 2.3km，最宽处达 4.2km。纳帕海为一季节性高原湖泊，汇集盆地四周 10 多条来自雪山的河流，在湖的西北处有落水洞，湖水从此洞流入暗河，潜流约 10km 后，在尼西乡的汤姆堆出露，流入金沙江干流。雨季时水面可达千余公顷，水深 4～5m，旱季时部分湖底暴露为浅水沼泽和沼泽化草甸，明水面积仅余 $500hm^2$ 左右。

保护区面积 $2400hm^2$。1981 年全省自然保护区区划时确定为省级自然保护区。1984 年调查规划后，报经省人民政府批准，建立为以高原季节性湖泊、沼泽草甸，黑颈鹤等珍稀越冬水禽及栖息环境为主要保护对象的湿地类型的自然保护区。2000 年国家林业局牵头编制的《中国湿地保护行动计划》中被列入中国重要湿地名录。2004 年 12 月被湿地国际批准为国际重要湿地。

纳帕海自然保护区的植被，由草甸植被、沼泽植被和水生植被所组成。草甸植被类型有蒿草鹅绒委陵菜草甸和蒿草、灯心草、针蔺草甸。沼泽植被主要是以杉叶藻、针蔺为主。水生植被主要分布在夏季积水区域，挺水植物主要有水葱、茭草、狭叶香蒲 3 个群落，浮水植物仅有鸭子草群落，沉水植物有穗状狐尾藻，水毛茛、蓖齿眼子菜、角果藻等群落。纳帕海水面宽广，食物充足，是黑颈鹤在滇西北的主要越冬地。据云南省林业厅最近组织的调查，来此越冬的黑颈鹤 2002 年为 281 只，2003 年为 244 只，2004 年为 229 只。此外，2004 年调查时，班头雁已达 1509 只，赤麻鸭为 1516 只，都是越冬水禽中的优势种群。

2.5 拉市海省级自然保护区（国际重要湿地）

拉市海自然保护区位于云南省西北部丽江市的玉龙纳西族自治县境内，距世界自然遗产地丽江古城仅 8km。保护区是以高原湖泊拉市海为主，并与文海及文笔水库、吉子水库和湖（库）周边森林共同组成，总面积 $6523hm^2$。拉市海地处海拔 2400m 的高原面上，水域面积 $1002hm^2$。20 世纪 90 年代初，在湖的东北部修建了水坝和输水隧道，作为丽江古城水源区，从而成为可人工调节水位的湖泊。保护区始建于 1997 年，1998 年晋升为以高原湖泊、人工水库及湖边森林组成的湿地生态系统和珍稀水禽为主要保护对象的内陆湿地类型的省级自然保护区。2002 年被国家林业局确定为高原湿地科教基地。2004 年 12 月被湿地国际列为国际重要湿地。

保护区内湿地植物种类以金鱼藻、穗状狐尾藻、海菜花、竹叶眼子菜等为优势，分别为沼泽植物21种、挺水植物7种、浮水植物5种、沉水植物11种。陆生植物有丽江铁杉、长苞冷杉、云南松等高等植物81科169属的256种。最为突出的是这里的鸟类多样性。已记录到的鸟类有185种，每年到这里越冬的各类水禽种群约10万只以上，是云南省越冬水禽的一个重要栖息地，也是候鸟迁徙的一个重要"驿站"。到保护区越冬的鸟类，一般于9月底开始到达，翌年3月陆续迁离。通过多年的观察，记录到的水禽中有留鸟6种，过境鸟17种，越冬的候鸟41种。其中小䴙䴘、棕背田鸡、普通翠鸟、白胸翡翠等为留鸟；黄斑苇鳽、栗苇鳽为夏候鸟；冬候鸟中黑翅长脚鹬和白骨顶于9月中下旬最先到达，斑头雁、赤麻鸭、针尾鸭、赤颈鸭等是越冬数量最多的种群。拉市海处于水禽从青藏高原南迁后所经过的第一个高海拔"台阶"，自然成为过境鸟类的"驿站"，在此停歇补充一定食物和能量后继续飞迁。在17种过境鸟中，秋季南迁时有花脸鸭、中华秋沙鸭、白胸苦恶鸟等停歇此地；春季北迁时有白琵鹭、灰头麦鸡、牛背鹭等来此停留，而白鹭、金眶鸻、扇尾沙锥等鸟类则南迁北飞时均出现于拉市海。

保护区建立后，采取了有效的保护管理措施，使湿地环境正朝着更为有利于水鸟栖息的方向发展，在当地已杜绝了捕杀鸟类的现象，人鸟和谐相处已成为一道亮丽的风景。

2.6 会泽黑颈鹤国家级自然保护区

会泽黑颈鹤自然保护区位于云南省东部曲靖市会泽县境内，由长海子水库和大桥跃进水库两部分组成，总面积12 910hm^2。是以黑颈鹤及其越冬生境为主要保护对象的内陆湿地类型的省级自然保护区。1984年，会泽县城乡建设和环境保护局发现长海子与大桥两水库有黑颈鹤越冬，当即成立了两个保护点。1990年，会泽县人民政府批准建立自然保护区。1994年3月经云南省人民政府批准，升格为省级自然保护区。2006年2月，经国务院批准晋升为国家级自然保护区。

保护区已记录到鸟类102种、分属13目32科。其中有45种为水禽，以黑颈鹤、灰鹤、斑头雁、赤麻鸭为主。据2002～2004年省林业厅和国际鹤类基金会的联合调查，本保护区2002年记录越冬黑颈鹤671只、灰鹤644只、斑头雁1014只、赤麻鸭2182只；2003年记录越冬黑颈鹤540只、灰鹤722只、斑头雁1500只、赤麻鸭2603只；2004年记录越冬黑颈鹤514只，灰鹤618只、斑头雁1034只、赤麻鸭1447只。据观察，水禽数量往往受水域面积的影响，而水域面积又与当年降水量有关，这是人工水库环境的一个特点。如2003年，年降水量845.3mm，保护区水域面积414hm^2，上述4种越冬水禽数量5365只；2004年年降水量569.4mm，保护区水域面积258hm^2、上述4种越冬水禽数量共3613只。但保护区全年的各种水禽总数可达15 000～20 000只，仍是全省大型水禽数量较多的湿地。为国内外专家所瞩目，享有一定的知名度。

保护区自建立管理机构以来，有效地保护了水禽与环境。在冬季大雪覆盖时，管护人员实施投食措施，保证鹤类的安全越冬。管护人员和当地群众多次发现病伤鹤后，及时抢救，待其康复后放回大自然或送到昆明动物园进行救护。保护区对水环境极为重视，已具备了基本监测手段。保护区的宣传教育力度较大，1999年县人民政府在大桥乡举办了"黑颈鹤及湿地水禽保护研讨会"，有的小学校还建立了"湿地水禽保护与教育工作室"，都取得了极好效果。

2.7 苍山洱海国家级自然保护区

苍山洱海自然保护区位于云南省中西部大理白族自治州大理市、洱源县。保护区由苍山和洱海两部分组成，总面积79700hm^2。其中苍山部分54600hm^2，占总面积的68%；洱海部分25100hm^2，占总面积的32%。保护区始建于1981年，1994年经国务院批准，晋升为国家级自然保护区，现由环境保护部门主管，在大理白族自治州环境保护局内设有苍山洱海自然保护区管理处。大理白族自治州人民政府也设立了苍山管理局和洱海管理局。

洱海是云南第二大高原湖泊，水生植物丰富，计有维生管束植物26科44属61种。其中沉水植物19种，浮叶植物7种，漂浮植物6种，挺水植物11种，其他18种。洱海有藻类42科192种。水生植被以沉水植被为主，黑藻与苦草群落分布最广，眼子菜科眼子菜属的种类最多，计有 8 种，地位突出。在水生动物中，鱼类有 33 种，以鲤科鱼类最多，计 13 种，土著特有鱼类 9 种，其中大理裂腹鱼为国家Ⅱ级重点保护野生动物。此外有浮游动物 99 种，底栖动物 23 种，湿地鸟类 59 种。洱海湖泊湿地的生物多样性，其相互之间形成了复杂的生物链，并与水域、沼泽、浅滩等环境构成了独具特色的湿地生态系统。

洱海地区，历史上 7 ~ 13 世纪时是云南的政治文化中心，具有悠久的文化积淀。大理市有“文献名邦”之誉，是大理白族自治州的首府。苍山洱海天设地造的自然风光，浓厚的文化底蕴和白族风情，加之“望夫云”、“蝴蝶泉”、“蛇骨塔”……等众多传说故事，被确认为国家级风景名胜区和历史文化名城。

主要参考文献

安琪，李发荣. 2002. 滇池草海底泥疏挖对水体水质及底泥影响分析研究. 云南地理环境研究，14（2）：65－69.
白建坤，尚榆民，奎立新等. 2003. 大理洱海科学研究. 北京：民族出版社，86－96.
坂本充，杉山雅人. 2002. 中国云南高原抚仙湖和星云湖水系氮和磷的分布状况和动态变化. 云南地理环境研究，14（2）：1－9.
贝荣塔，陈慧泉. 2003. 碧塔海自然保护区土壤养分研究. 西南林学院学报，23（2）：61－64.
毕列爵，胡征宇主编. 2004. 中国淡水藻志，第八卷，绿藻门，绿球藻目（上）. 北京：科学出版社，1－198.
毕明辉，朱继红，杨兴茂. 2005. 会泽黑颈鹤省级自然保护区栖息地环境变化对越冬水禽的影响（见：李凤山，杨晓君，杨芳主编 云贵高原黑颈鹤的现状及保护）. 昆明：云南民族出版社，114－119.
曹秀玲. 2003. "三湖"农业面源污染现状、问题及防治对策. 中国沼气，21（2）：48－50.
茶枝义. 2004. 玉龙县拉市海流域生态保护与治理. 林业调查规划，29（B05）：73－75.
颤京松. 1989. 云南洱海的摇蚊幼虫及水蚯蚓（见：大理白族自治州科学技术委员会，大理白族自治州洱海管理局. 云南洱海科学文集）. 昆明：云南民族出版社，244－250.
常凤来，田昆. 2005. 利用不同方式对纳帕海高原湿地土壤质量的影响. 湿地科学，3（2）：132－135.
常凤来，田昆. 2005. 利用不同方式对纳帕海湿地土壤质量的影响. 西部林业科学，34（4）：81－84.
陈飙，杨桂华. 2004. 旅游者践踏对生态旅游景区土壤影响定量研究——以香格里拉碧塔海生态旅游景区为例. 地理科学，24（3）：371－375.
陈嘉佑，朱蕙忠. 1985. 云南及川西中心纲硅藻的研究，云南大学学报（自然科学版），（1）：77－86.
陈景星，陈银瑞，张春光，等. 1994. 云南高原"三大湖"资源不合理开发利用对渔业的影响（见：宋大祥主编. 西南武陵山地区动物资源和评价）. 北京：科学出版社，399－415.
陈娟，胡玉洪. 1998. 杞麓湖流域环境综合治理规划设计. 云南环境科学，17（4）：27－29.
陈娟，李玉兰. 1999. 星云湖流域工业污染及控制. 云南环境科学，18（2）：37－38，53.
陈培康，何家荣. 1989. 云南星云湖移植太湖新银鱼试验. 淡水渔业，（1）：31－32.
陈培康，佘文荣. 1984. 滇池移植太湖短吻银鱼试验及其生物学观察. 淡水渔业，（3）：1－3.
陈湘粦，乐佩琦，林人端. 1984. 鲤科的科下类群及其宗系发生关系. 动物分类学报，9（4）：424－438.
陈小勇，杨君兴，陈自明，等. 2003. 丽江拉市海保护区的鱼类区系和现存状态. 动物学研究，24（2）：144－147.
陈宜瑜. 1998. 横断山区鱼类. 北京：科学出版社，1－364.
陈宜瑜等. 1998. 中国动物志·鲤形目（中卷）. 北京：科学出版社，1－531.
陈宜瑜，张卫，黄顺友. 1982. 泸沽湖裂腹鱼的物种形成. 动物学报，28（3）：217－225.
陈银瑞. 2000. 生命在黑暗中延伸——奇异的洞穴鱼. 人与生物圈，（2）：38－41.
陈银瑞，李再云，陈宜瑜. 1983. 程海鱼类区系的来源及其物种分化. 动物学研究，4（3）：227－233.
陈银瑞，杨君兴，李再云. 1998. 云南鱼类多样性和面临的危机. 生物多样性，6（4）：272－277.
陈振昆，黄传贵，丁光. 1999. 药用动物与动物药. 昆明：云南科学技术出版社，1－826.
陈自明，杨君兴，苏瑞凤，等. 2001. 滇池土著鱼类现状. 生物多样性，9（4）：407－413.
成庆泰. 1958. 云南鱼类研究. 动物学杂志，2（3）：153－165.
程量. 1983. 云南滇池水系的原生动物及其与水污染的关系（见《滇池污染与水生生物》研究课题协作组. 滇池污染与水生生物）. 昆明：云南人民出版社，16－30.
程致远，梁卓成，林瑞芬，等. 1990. 云南滇池现代沉积物210Pb法的CF模式年龄研究. 地球化学，4：327－332.
仇国新. 1997. 石屏异龙湖区域环境与经济开发规划研究. 云南环境科学，16（1）：9－14.
仇国新，夏峰. 1998. 强化环境管理与异龙湖水质好转. 云南环境科学，17（3）：22－24.
褚新洛. 2000. 中国动物志，硬骨鱼纲，鲇形目. 北京：科学出版社，1－230.
褚新洛，陈银瑞. 1978. 我国首次发现盲鱼. 自然杂志，1（6）：343.
褚新洛，陈银瑞. 1979. 地下河中盲鱼一新种——个旧盲条鳅. 动物学报，25（3）：285－287.
褚新洛，陈银瑞. 1989a. 云南高原湖泊鱼类区系的生物学特点及渔业利用途径. 资源开发与保护，5（1）：3－8.
褚新洛，陈银瑞. 1989b. 云南鱼类志（上册）. 北京：科学出版社，1－377.
褚新洛，陈银瑞. 1990. 云南鱼类志（下册）. 北京：科学出版社，1－313.
褚新洛，周伟. 1989. 洱海的鱼类（见：大理白族自治州科学技术委员会，大理白族自治州洱海管理局. 云南洱海科学论文集）. 昆明：云南民族出版社，1－30.
崔桂华，褚新洛 . 1990. 鲤科鱼类鲈鲤的亚种分化和分布 . 动物分类学报，（1）：118－123.
大久保贤治 熊谷道夫 . 2002. 两个相连湖泊的微生态系统——云南高原湖泊中浅水的星云湖和深水的抚仙湖研究 . 云南地理环境研究，14（2）：10－19.
戴丽，郭慧光，汤承彬 . 2002. 滇池农村固体废物和化肥流失治理试验研究 . 云南地理环境研究，14（2）：70－79.
戴全裕 . 1984. 洱海水生植被的初步研究 . 海洋湖沼通报，（4）：33－36.
戴全裕 . 1985. 云南抚仙湖、洱海、滇池水生植被生态特征 . 生态学报，5（4）：324－335.
戴雨芡，白仙富 . 2006. 拉市海湿地扰动因子及其影响 . 林业调查规划，31（6）：62－65.
戴正德，王蕾 . 2000. 杞麓湖水污染总量控制和工程治理的效益分析 . 云南大学学报：（自然科学版），22（1）：18－19，22.
道美标 . 1999. 昭通大山包黑颈鹤自然保护区保护与社区发展的实践 . 云南农村经济，（3）：70－71.
邓新晏，王若南，许继宏 . 1987. 澜沧江中游藻类植物调查研究 . 云南大学学报（自然科学版），9（1）：73－78.
邓新晏，许继宏，王若南 . 1988. 大理洱海藻类植物研究 . 云南大学学报（自然科学版），10（1）：55－59.
邓新晏，赵宏 . 1985. 昆明滇池轮藻植物的变化 . 云南大学学报（自然科学版），7（增刊）：143－146.
刁正俗 . 1990. 中国水生杂草 . 重庆：重庆出版社，1－501.
丁国安，晓斌，房玉梅 . 1997. 中国酸雨现状及其发展趋势 . 科学通报，42（2）：169－173.
董云仙 . 1989. 洱海藻类的初步研究（见：大理白族自治州科学技术委员会，大理白族自治州洱海管理局，云南洱海科学论文集）. 昆明：云南民族出版社，68－79.
董云仙 . 1999. 洱海蓝藻水华研究 . 云南环境科学，18（4）：28－31.
董云仙 . 2003. 洱海轮虫及其与生态环境的关系 . 云南环境科学，22（B03）：106－108.
董云仙，李杰君，左永福，等 . 2004. 洱海水环境现状与治理对策 . 云南环境科学，23（B04）：101－103.
杜宝汉 . 1997. 洱海富营养化研究 . 云南环境科学，16（2）：30－34.
杜宝汉，李永安 . 2001. 洱海鱼类多样性危机及解危对策 . 环境科学研究，14（3）：42－44.
段泽华，龚涛 . 2002. 滇池流域水资源与水污染问题 . 云南环境科学，21（3）：24－26.
冯均必 . 1991. 滇池流域环境遥感研究 . 昆明：云南科学技术出版社，1－98.
冯梅 . 2005. 星云湖水质评价及富营养化成因分析 . 云南环境科学，24（A01）：96－99.
高礼存，庄大栋 . 1989. 云南洱海的形成，演变与鱼类区系的演替及其分化的初步研究（见：大理白族自治州科学技术委员会，大理白族自治州洱海管理局 . 云南洱海科学论文集）. 昆明：云南民族出版社，277－283.
高礼存，庄大栋，郭起治，等 . 1990. 云南湖泊鱼类资源 . 南京：江苏科学技术出版社，1－78.
国家林业局等 . 2000. 中国湿地保护行动计划 . 北京：中国林业出版社，1－118.
国家林业局野生动植物保护司 . 2001. 湿地管理与研究方法 . 北京：中国林业出版社，1－286.
韩福山，李尧英主编 . 1994. 中国淡水藻类 . 第三卷，轮藻门 . 北京：科学出版社，1－267.
韩亚平 . 2002. 滇池湿地问题探讨 . 云南环境科学，21（3）：34－36.
郝晓蕾，杨常亮，魏勤，等 . 1998. 滇池污染现状的综合评价及分析 . 云南大学学报（自然科学版），20：589－592.
何德奎，陈咏霞，陈毅峰 . 2006. 高原鳅属 *Triplophysa* 鱼类的分子系统发育和生物地理学研究 . 自然科学进展，16（011）：1395－1404.
何纪昌 . 1988. 杞麓湖鱼类及鱼类资源开发的生态经济效益 . 云南大学学报（自然科学版），10（增刊）：90－95.
何纪昌，刘振华 . 1980. 红鲌属的一新亚种 . 动物学研究，1（4）：483－485.
何纪昌，刘振华 . 1985. 从滇池鱼类区系变化论滇池鱼类数量变动及其原因 . 云南大学学报（自然科学版），7（增刊）：29－36.
何舜平，刘焕章，陈宜瑜等 . 2004. 基于细胞色素 b 基因序列的鲤科鱼类系统发育研究（鱼纲：鲤形目）. 中国科学，C 辑（1）：96－104.
何舜平，Naka，T. 2000. 东亚低等鲤科鱼类细胞色素 b 基因序列测定及系统发育 . 科学画报，（21）：2297－2302.
和淑春，谢志荣 . 2006. 拉市海湿地保护区鸟类多样性及其保护管理对策 . 林业调查规划，31（A01）：82－86.
侯长定，李文朝 . 2002. 星云湖湖滨带生态建设与水生植被恢复研究 . 生态经济（11）：60－62.
侯长定，李文朝 . 2003. 星云湖湖滨带生态建设与水生植被恢复 . 云南环境科学，22（B03）：92－96.
侯长定，吴献花 . 2002. 抚仙湖－星云湖出流改道工程环境影响分析 . 云南地理环境研究，14（2）：80－88.
胡鸿钧，魏印心 . 2006. 中国淡水藻类——系统、分类及生态 . 北京：科学出版社，1－1023.
胡健生，钟兴耀 . 2002. 云南昭通大山包自然保护区越冬黑颈鹤的动物性食物研究 . 云南大学学报（自然科学版），24（6）：459－461.

胡健生，钟兴耀 . 2002. 云南昭通大山包自然保护区越冬黑颈鹤种群生态研究 . 云南大学学报（自然科学版），24（2）：140－143，146.
胡文英，季江 . 1992. 程海的水质状况及碱化趋势 . 湖泊科学，4（2）：60－66.
胡玉洪 . 1998. 杞麓湖小流域综合治理研究 . 云南环境科学，17（3）：7－8.
胡玉洪，董慧 . 1999. 杞麓湖流域环境规划工程效益分析 . 云南环境科学，18（3）：22－24.
季维智 . 1999. 中国云南野生动物 . 北京：中国林业出版社，1－227.
蒋燮治，沈韫芬，龚循矩 . 1983. 西藏水生无脊椎动物 . 北京：科学出版社，1－492.
蒋燮治，诸南山 . 1979. 中国动物志·淡水枝角类 . 北京：科学出版社，1－297.
荆春燕，曾广权 . 2003. 异龙湖流域生态功能区划分析 . 云南环境科学，22（4）：49－51.
蓝红林 . 2001. 云南高原湖泊的治理与保护初探 . 云南环境科学，20（4）：26－28.
蓝红林 . 2002. 云南高原湖泊的治理与保护 . 水电站设计，18（4）：58－60.
黎尚豪，毕列爵主编 . 1998. 中国淡水藻志 （第五卷）· 绿藻门 . 北京：科学出版社，1－116.
黎尚豪，俞敏娟，李光正，等 . 1963. 云南高原湖泊调查 . 海洋与湖沼，5（2）：87－114.
李长江，张乃光 . 1983 年，云南中部地区轮虫初探，云南水产，（4）：1－5.
李纯，宁志光，陈亚琼，等 . 2000. 云南拉市海高原湿地冬季水禽聚集情况变化 . 国土与资源研究，（3）：58－61.
李凤山，杨晓君，杨芳 . 2005. 云贵高原黑颈鹤的现状及保护 . 昆明：云南民族出版社，1－176.
李恒 . 1980. 云南高原湖泊水生植被的研究 . 云南植物研究，2（2）：113－141.
李恒 . 1985a. 滇池植被变迁和生态条件的关系 . 云南大学学报（自然科学版），7（7）增刊：37－44.
李恒 . 1985b. 滇池海菜花的盛衰 . 云南大学学报（自然科学版），7（7）增刊：138－142.
李恒 . 1987a. 高原湖泊水生植被（见：吴征镒，朱彦丞主编 . 云南植被）. 北京：科学出版社，657－707.
李恒 . 1987b. 横断山区的湖泊植被 . 云南植物研究，9（3）：257－270.
李恒 . 1988a. 杞麓湖水生植被 . 云南大学学报（自然科学版），10（增刊）：81－89.
李恒 . 1988b. 阳宗海水生植物 . 云南大学学报（自然科学版），10（增刊）：148－153.
李恒 . 1988c. 长湖水生植被和水生植物区系 . 云南大学学报（自然科学版），10（增刊）：119－123.
李恒，尚榆民 . 1989. 云南洱海水生植被 . 山地研究，7（3）：166－174.
李恒，徐廷志 . 1979. 泸沽湖植被考察 . 云南植物研究，1（1）：125－137.
李杰君 . 2001. 洱海富营养化探析及防治建议 . 湖泊科学，13（2）：187－192.
李石华，王金亮 . 2005. 碧塔海自然保护区景观空间格局研究 . 云南环境科学，24（4）：10－13.
李树深 . 1982. 云南高原湖泊鱼类的区系及其类型的分化 . 动物学研究，28（2）：169－176.
李维贤 . 2001. 滇池流域滇池金线鲃及部分土著鱼种的残存分布 . 吉首大学学报（自然科学版），22（4）：72－74.
李益敏，彭永岸，王玉朝，徐旌 . 2003. 滇池污染特征及治理对策 . 云南地理环境研究，15（4）：32－38.
李英南，赵晟，王忠泽 . 2000. 泸沽湖特有水生生物的保护初探 . 云南环境科学，19（2）：39－41.
林德辉，李存信，李恒 . 1983. 洗衣粉水溶液对水生植物生长和叶绿素含量的影响（见：《滇池污染与水生生物》研究课题协作组 . 滇池污染与水生生物）. 昆明：云南人民出版社，110－114.
刘俊，陈红 . 2000. 星云湖水生生态系统变迁及富营养化的变化分析 . 云南环境科学，19（2）：42－44.
刘凌云，郑光美主编 . 1997. 普通动物学（第 3 版）. 北京：高等教育出版社，1－324.
刘宁，邝粉良 . 2006. 大山包自然保护区越冬黑颈鹤对觅食地选择的初步研究 . 西部林业科学，35（4）：25－32.
刘宁，李德品 . 2004. 拉市海越冬末期斑头雁行为的初步研究 . 西部林业科学，33（4）：69－74.
刘宁，彭贵鸿 . 2005. 拉市海自然保护区越冬水鸟面临的威胁及保护策略 . 西南林学院学报，25（2）：60－63，70.
刘强，朱建国，杨晓君，等 . 2006. 一个黑颈鹤家庭的越冬领域行为观察（见：王月冲等主编 . 人鸟和谐国际论坛——保护鸟类和谐发展）. 昆明：云南科学技术出版社，73－81.
刘占红，谢曼平 . 2004. 云南中甸纳帕海 16000 年以来硅藻植物群的演化及其古环境意义 . 地质科技情报，（3）：35－39.
陆梅，田昆等 . 2004. 高原湿地纳帕海退化土壤养分与酶活性研究 . 西南林学院学报，24（1）：34－37.
吕宪国 . 2004. 湿地生态系统保护与管理 . 北京：化学工业出版社，1－259.
罗莎莎，万国江，黄荣贵 . 2003. 云南阳宗海沉积物——水界面铁，锰，硫的循环特征 . 城市环境与城市生态，16（5）：75－77.
马生伟，戴正德 . 2000. 杞麓湖水污染成因及控制途径的定量研究 . 云南环境科学，19（3）：27－28，40.
马生伟，方建华 . 1999. 杞麓湖主要污染物的动态变化特征研究 . 云南环境科学，18（1）：20－22.
孟裕芳 . 1999. 滇池外海氨、磷含量的发展趋势分析 . 云南环境科学，18（4）：32－33.

莫剑锋，田昆，等．2004. 纳帕海退化湿地土壤有机质空间变异研究．西南林学院学报，24（3）：25－28.
南京师范学院生物系．1961. 无脊椎动物学（修订本第2版）．北京：人民教育出版社，35－68.
南开大学，中山大学，北京大学，四川大学，复旦大学合编．1980. 昆虫学·上册．北京：高等教育出版社，73－275.
区普定．1987. 草甸（见：吴征镒，朱彦丞主编．云南植被）．北京：科学出版社，630－640.
潘虹燕，王云飞，董云生．1999. 洱海富营养化影响因素分析．湖泊科学，11（2）：184－188.
潘学礼，李芸．2000. 滇池生态恢复研究．水文水资源，21（3）：34－36.
彭贵鸿．2005. 拉市海湿地冬季水禽种群数量变化分析．林业调查规划，30（3）：22－27.
彭贵鸿，黄庭发．2004. 拉市海湿地水鸟区系组成及迁徙分析．林业调查规划，29（3）：30－33.
彭贵鸿，黄庭发．2005. 拉市海湿地鸟类组成和区系特征的研究．林业调查规划，30（3）：46－51.
彭琼英．1995 滇池浮游动物调查报告．云南水产，（1）：29－31.
彭琼英．1995. 滇池浮游动物的调查分析．水利渔业，15（6）：22－26.
彭永岸，朱彤．2003. 滇池污染的成因及其治理新方案．地理信息科学，1：16－21.
齐雨藻，李家英主编．2004. 中国淡水藻志(第十卷)·硅藻门羽纹纲．北京：科学出版社，1－161.
齐雨藻主编．1995. 中国淡水藻志(第四卷)·硅藻门中心藻纲．北京：科学出版社，1－104.
钱澄宇，邓新晏，王若南，等．1985. 滇池藻类植物调查研究．云南大学学报，7（7）增刊：9－28.
钱澄宇，邓新晏，王若南，等．1985. 螳螂川藻类植物调查．云南学学报（自然科学版），7（增刊）：123－137.
钱澄宇，胡显源．1981. 云南鸡足山祝圣寺的近窝孔溪菜．云南大学学报，（1）：131－133.
钱澄宇，许继宏．1984. 辐球藻 *Radiococcus nimbatus*（Wild）Schmidle 在云南省的新发现．云南大学学报，（1）：95－98.
钱得仁．1989. 洱海水生植被考察（见：大理白族自治州科学技术委员会，大理白族自治州洱海管理局．云南洱海科学论文集）．昆明：云南民族出版社，45－67.
钱雪梅，李斌．2002.《一斑录》中有关盲鱼的记录．中国科技史料，（1）：81－82.
强继红．2002. 滇池水环境污染的工程治理综述．云南地理环境研究，14（1）：61－66.
曲仲湘，李恒．1983. 滇池植物群落和污染（见：《滇池污染与水生生物》研究课题协作组．滇池污染与水生生物）．昆明：云南人民出版社，7－13.
饶钦止．1979. 中国鞘藻目专志．北京：科学出版社，61－313.
饶钦止．1988. 中国鞘藻目专志(第一卷)·双星藻科．北京：科学出版社，1－124.
饶钦止等．1956. 湖泊调查基本知识．北京：科学出版社，41－172.
杉山雅人，坂本充．2002. 从悬浮质和沉降质的观点描述中国云南湖泊的化学动态变化．云南地理环境研究（2）：20－33.
单振光，程海．1996. 1992年水化学研究．云南师范大学学报（自然科学版），16（2）：21－28.
单振光，李加联．1994. 程海水生植被研究．云南师范大学学报（自然科学版），14（1）：666－671.
单振光，王焕校．1989. 程海的环境及保护．云南师范大学学报（自然科学版），9（2）：79－87.
沈嘉瑞．1949. 云南陆居与水栖等足类之六新种．北平研究院动物研究所集刊，5（2）：49－66.
沈嘉瑞，戴爱云，1964. 云南西双版纳傣族自治州极其附近桡足类的研究．动物学报，16（3）：440－464.
沈嘉瑞，戴爱云．1964. 云南省的桡足类．动物学报，16（4）：611－642.
沈嘉瑞，戴爱云．1979. 中国动物志·淡水桡足类．北京：科学出版社，1－450.
沈韫芬，章宗涉，龚循矩，等．1990. 微型生物监测新技术．北京：中国建筑工业出版社，127.
施之新，魏印心，陈嘉佑，等．1994. 西南地区藻类资源考察专集．北京：科学出版社，228－405.
施之新主编．1999. 中国淡水藻志(第六卷)·裸藻门．北京：科学出版社，1－414.
施之新主编．2004. 中国淡水藻志(第十二卷)·硅藻门异极藻科．北京：科学出版社，1－147.
施之新主编．2006. 中国淡水藻志(第十三卷)·红藻门褐藻门．北京：科学出版社，1－208.
孙赛初，王焕校，李启任．1985. 水生维管植物受 Cd 污染后的生理变化及受害机制初探．植物生理学报，11（2）：113－121.
唐春梅．2005. 纳帕海自然保护区现状与管理初探．林业调查规划，30（B05）：59－61.
陶文东．1999. 云南高原湖泊环境的独特性及其研究方向初探．云南环境科学，18（3）：1－3.
田军．2000. 滇池湿地生态恢复研究．云南环境科学，19（4）：27－29.
田昆，常凤来，等．2004. 人为活动对云南纳帕海湿地土壤碳氮变化的影响．土壤学报，41（5）：681－686.
田昆，陆梅，等．2004. 云南纳帕海岩溶湿地生态环境变化及驱动机制．湖泊科学，16（1）：35－42.
田昆，莫剑锋．2004. 人为活动干扰对纳帕海湿地环境影响的研究．长江流域资源与环境，13（3）：292－295.

汪松，解焱 . 2004. 中国物种红色名录（第一卷）. 北京：高等教育出版社，1 – 224.
王家楫 . 1961. 中国淡水轮虫志 . 北京：科学出版社，1 – 288.
王金亮，王平 . 2004. 碧塔海景区旅游活动对湿地生态环境影响研究 . 地理科学进展 23（5）：101 – 108.
王丽珍 . 1985. 滇池大型无脊椎动物 . 云南大学学报（自然科学版），7（7）增刊：73 – 84.
王丽珍，刘永定，陈旭东，等 . 2003. 滇池马村湾，海东湾底栖无脊椎动物群落结构及其水质评价 . 水利渔业，23（2）：47 – 50.
王丽珍，刘永定，肖帮定 . 2004. 滇池非封闭围隔水体底栖动物的监测调查 . 水利渔业，24（1）：49 – 51.
王丽珍，徐小清，周文博，等 . 2002. 云南滇池马村湾，海东湾底栖动物本底调查研究 . 云南大学学报（自然科学版），24（2）：134 – 139.
王平，王金亮 . 2001. 碧塔海流域生态旅游景观类型及其空间组合特点 . 云南地理环境研究，13（1）：60 – 67.
王全喜主编 . 2007. 中国淡水藻志(第十一卷)・黄藻门 . 北京：科学出版社，1 – 29.
王若南，钱澄宇 . 1987. 程海的蓝藻 . 云南大学学报（自然科学版），9（1）：91
王若南，钱澄宇 . 1988. 程海浮游植物调查研究 . 云南大学学报（自然科学版），10（3）：250 – 258.
王苏民，窦鸿身 . 1998. 中国湖泊志 . 北京：科学出版社，1 – 580.
王伟，何舜平，陈宜瑜 . 2002. 线粒体 DNA d – loop 序列变异与鳅鮀亚科鱼类系统发育 . 自然科学进展，(1)：33 – 36.
王绪桢，何舜平 . 2003. ST 核糖体蛋白基因序列变异与鲃亚科鱼类的单系性研究 . 水生生物学报（2）：122 – 126.
王有辉，唐国俊 . 1990. 云南大山包越冬黑颈鹤的初步调查 . 贵州科学，8（4）：22 – 24.
王幼槐，庄大栋，张开翔，等 . 1981. 云南高原湖泊裂腹鱼三新种 . 动物分类学报，6（3）：328 – 331.
王跃华，杨桂华 . 2000. 碧塔海自然保护区生态旅游开发研究 . 生态经济，(6)：33 – 35.
王跃华，钟林生，杨桂华 . 2000. 碧塔海自然保护区科考旅游开发探讨 . 生态学杂志，19（2）：64 – 67.
王云华 . 2002. 杞麓湖水体藻量和透明度变化分析 . 云南环境科学，21（2）：49 – 50.
王忠泽 . 1985. 滇池浮游动物的初步调查 . 云南大学学报，7（7）增刊：53 – 72.
王忠泽 . 1988. 杞麓湖浮游动物的研究 . 云南大学学报（自然科学版），10 增刊：96 – 106.
王忠泽 . 1993，滇池浮游动物的调查研究，云南水产，(2)：20 – 25.
王忠泽 . 1997. 云南省异龙湖藻类植物及鱼产力研究 . 水产水报，21（1）：93 – 96.
王忠泽，张向明，等 . 2000. 云南澜沧江漫湾水电站库区生态环境与生物资源 . 昆明：云南科学技术出版社，1 – 670.
魏印心 . 2003. 中国淡水藻志(第七卷)・绿藻门 双星藻 中带鼓藻科、鼓藻目 鼓藻科 . 北京：科学出版社，1 – 252.
文贤继，杨岚，杨晓君 . 1995. 云南高原湿地水禽的分布现状（见：陈宜瑜主编 . 中国湿地研究）. 长春：吉林科学技术出版社，248 – 255.
吴德玲，钱彪，何琳晖 . 1992. 滇池富营养化成因分析 . 云南环境科学，5（5）：26 – 28.
吴敬禄，蒋雪中 . 2002. 云南程海近 500 年来湖泊初始生产力的演化 . 海洋地质与第四纪地质，22（2）：95 – 98.
吴庆龙，王云飞 . 1999. 洱海生物群落的历史演变分析 . 湖泊科学，11（3）：267 – 273.
吴艳宏，吴瑞金，薛滨，等 . 1998. 13KaBP 以来滇池地区古环境演化 . 湖泊科学，10（2）：5 – 9.
吴玉书，陈因硕，肖家仪 . 1991. 滇池地区四万年以来的植被和气候演变初步研究 . 植物学报，33（6）：450 – 458.
吴泽宇，邱云生 . 2001. 实施西部开发战略滇池流域水利应研究解决的问题 . 中国农村水利水电，5：28 – 30.
伍汉霖，邵广昭，赖春福 . 1999. 拉汉世界鱼类名典 . 台湾基隆：水产出版社 .
伍立群，顾世祥 . 2006. 滇中水资源研究 . 昆明：云南科学技术出版社，1 – 322.
伍立群，等 . 2004. 云南冰川资源价值及合理开发研究 . 人民长江，35（10）：35 – 37.
项亮 . 1997. 用 γ 分析方法研究滇池现代沉积年代核技术，20（2）：100 – 104.
肖德荣，田昆 . 2006. 高原湿地纳帕海水生植物群落分布格局及变化 . 生态学报，26（11）：3624 – 3630.
谢卓艺 . 2005. 云南拉市海渔业退化现状及成因分析 . 甘肃农业，(5)：51 – 52.
新编昆明市情编委会 . 2000. 新编昆明市情 . 昆明：云南科学技术出版社，1 – 1298.
新编云南省情编委会 . 1996. 新编云南省情 . 昆明：云南人民出版社，1 – 1056.
熊飞，李文朝，潘继征，等 . 2006. 云南抚仙湖鱼类资源现状与变化 . 湖泊科学，(3)：305 – 311.
许继宏，邓新晏，王若南 . 1988. 滇中高原杞麓湖、长湖、月湖藻类种群及其分布研究 . 云南大学学报（自然科学版），10 增刊：51 – 56.
薛琳 . 1999. 新编大理风物志 . 昆明：云南人民出版社，18 – 19.
颜京松 . 1989. 云南洱海的摇蚊幼虫及水蚯蚓（见：大理白族自治州科学技术委员会，大理白族自治州洱海管理局，云南洱海科学论文集）. 昆明：云南民族出版社，244 – 250.

阳小成．1993. 泸沽湖的水生植被．重庆师范学院学报（自然科学版），10（2）：84－88.
杨彪. 2003. 拉市海湿地的生物多样性．广东林勘设计，（2）：11－17.
杨德浦．1985. 从杞麓湖的地理环境看杞麓湖的形成和演化．玉溪师范学院学报，60－66.
杨桂华，文传浩. 2002. 生态旅游的大气及水环境效应——以滇西北碧塔海自然保护区为例．山地学报，20（6）：752－756.
杨桂华，钟林生. 2000. 云南碧塔海自然保护区生态旅游开发模式研究．应用生态学报，11（6）：954－956.
杨红玉，王焕校．1985. 绿藻的镉结合蛋白及其耐镉性初探．植物生理学报，11（4）：357－365.
杨健强．2001. 滇池污染的治理和生态保护．水利学报，5：17－21.
杨君兴．1996. 云南的外来鱼类和土著鱼类：影响的方式和程度及相关问题研究（见：汪松，谢彼德，解焱．保护中国的生物多样性·二）. 北京：中国环境科学出版社，129－138.
杨君兴，陈银瑞．1994. 滇中高原湖泊鱼类多样性的研究．生物多样性，2（4）：204－209.
杨君兴，陈银瑞．1995. 抚仙湖鱼类生物学和资源利用．昆明：云南科技出版社，131－134.
杨岚，韩联宪，王淑珍，等．1988. 云南水禽资源的调查研究．动物学研究，9（增刊）：23－31.
杨岚，杨晓君，等．2004. 云南鸟类志(下卷)·雀形目．昆明：云南科学技术出版社，1－1056.
杨青，杨干荣，乐佩琦．1966. 云南星云湖，杞麓湖大头鲤的生物学．水产学报，（2）：150－155.
杨绍聪，吕艳玲．2006. 玉溪市三湖径流区耕作土壤养分状况．云南农业科技，（B10）：15－20.
杨文龙．1994. 云南高原湖泊的开发与保护．湖泊科学，6（2）：161－165.
杨文龙，杜鹃，黄永泰．1993. 滇池富营养化控制途径．云南环境科学，12（3）：56－59.
杨晓君，杨岚．2006. 云南鸟类目的新记录（鹱形目：鹱科：纯褐鹱). 动物学研究，27（1）：98－99.
杨晓君，杨岚．2006. 云南湿地鸟类（见：王月冲等主编．人鸟和谐国际论坛——保护鸟类和谐发展). 昆明：云南科学技术出版社，131－135.
杨一光，杨桂华．1985a. 滇池自然地理概要．云南大学学报（自然科学版），7（7）增刊：1－8.
杨一光，杨桂华．1985b. 滇池生态环境的变迁及其演化趋势．云南大学学报（自然科学版），7（7）增刊：45－52.
杨中宝，李朝峰，吕伟．2006. 星云湖污染源的主成分分析（PCA）研究．云南农业科技，（B10）：21－24.
杨钟鹤．1997. 滇西高原湖泊洱海的 pH 研究．云南环境科学，16（2）：22－25.
殷勇，方念乔．2002. 云南中甸纳帕海 57000 年来湖泊气候记录与海洋记录的对比．地学前缘，9（1）：10－11.
殷勇，方念乔，胡超涌，等. 2001. 云南中甸纳帕海 57000 年来的有机质碳同位素特征及其古气候意义．第四纪研究，21（3）：277.
尹五元．2002. 碧塔海湿地生态系统及其保护．生态经济，（10）：70－73.
尹五元．2002. 碧塔海自然保护区湿地植被研究．西南林学院学报，22（3）：16－19.
尹五元，杜凡，张大才．2004. 碧塔海自然保护区珍稀保护植物研究．西南林学院学报，24（1）：20－30.
于希贤．1999. 滇池历史地理初步研究．云南地理环境研究，11（1）：7－15.
于银亭，李培泉，吴润，等．1996. 昆明滇池沉积速率的测定．海洋与湖沼，27（1）：41－45.
余国营，刘永定，丘昌强，等．2000. 滇池水生植被演替及其与水环境变化关系．湖泊科学，12（1）：73－80.
元正东．2005. 浅谈碧塔海自然保护区管理存在的问题与对策．林业调查规划，30（4）：33－35.
袁静秀等．1985. 洱海的水位．海洋湖沼通报，（3）：7－12.
乐佩琦，陈宜喻．1998. 中国濒危动物红皮书·鱼类．北京：科学出版社，1－247.
云南百科全书编纂委员会．1999. 云南百科全书．北京：中国大百科全书出版社，1－1135.
云南高原湖泊不合理开发利用的生态后果调研课题组．1987. 云南高原“四湖”的生态问题和生态后果．昆明：云南科学技术出版社，1－148.
云南省林业规划院．1989. 云南自然保护区．北京：中国林业出版社，1－353.
云南省中甸县地方志编纂委员会．1997. 中甸县志．昆明：云南民族出版社，1－988.
云南土地管理局．云南土地资源．昆明：云南科学技术出版社，1－461.
曾明涛，胡鸿钧．1992. 利用云南永胜程海湖碱水驯化培养钝顶螺旋藻的研究．武汉植物学研究，10（1）：73－82.
张静芳，杨泉，高青云，等．1987. 滇池资源不合理开发利用的综合生态后果（见：云南高原湖泊不合理开发利用的生态后果课题组．云南高原“四湖”的生态问题与生态后果). 昆明：云南科学技术出版社，21－71.
张立原，张宏亮．2006. 滇中星云湖地区 200 年来的环境演化．地质科技情报，25（3）：8－12.
张廼光，李长江．1983. 云南淡水贝类的调查．云南水产，3：1－7.
张廼光，吴天生．1983. 滇池污染与水生无脊椎动物的调查（见：《滇池污染与水生生物》研究课题协作组．滇池污染与水生生物). 昆明：云南人民出版社，31－37.

张体伟 . 2001. 2000 年滇池流域水污染的综合治理 . 中国农村观察，2：31 – 38.
张玺 . 1943. 云南的水生经济动物及其应用 . 云南建设，2：88 – 92.
张玺 . 1948. 云南昆明湖湖泊及其动物研究 . 北平研究院动物研究所集刊，1（1）：1 – 24.
张玺，齐钟彦 . 1949. 云南淡水软体动物及其新种 . 北平研究院动物研究所集刊，5（5）：219 – 220.
张玺，易伯鲁 . 1945. 滇池枝角类及桡足类的研究 . 北平研究院动物研究所汇刊，22：1 – 11.
张秀敏 . 2003. 异龙湖退田还湖及其对策 . 云南环境科学，22 增刊：51 – 54.
张秀敏，陈娟，杨树华 . 1998. 滇池水生植被恢复规划研究 . 云南环境科学，17（3）：38 – 40.
张秀敏，刘丽萍 . 2001. 星云湖流域综合治理的规划方案研究 . 湖泊科学，13（2）：175 – 179.
张秀敏，许海平 . 2000. 星云湖流域生态环境保护及污染防治方案 . 云南环境科学，19（3）：29 – 31.
张忠华 . 2005. 浅谈云南丽江拉市海高原湿地生态旅游开发 . 林业调查规划，30（1）：54 – 57.
赵力生 . 2003. 越冬候鸟的乐园 野外观鸟的胜地——丽江拉市海 . 野生动物，24（4）：37 – 38.
赵晟，吴学灿，夏峰 . 1999. 滇池水生植物研究概述 . 云南环境科学，18（3）：4 – 8.
赵学敏主编 . 2005. 湿地：人与自然和谐共存的家园 . 北京：中国林业出版社 . 1 – 255.
赵玉堂 . 2003. 拉市海高原湿地生态系统及其保护措施 . 林业调查规划，28（2）：65 – 69.
柘元蒙 . 2002. 滇池富营养化现状，趋势及其综合防治对策 . 云南环境科学，21（1）：35 – 38.
中国科学院南京地理与湖泊研究所 . 1989. 云南断陷湖泊环境与沉积 . 北京：科学出版社，1 – 513.
周建民，田升平，夏学蕙，等 . 2002. 滇池晚更新世末期以来湖积环境分析 . 化工矿产地质，24（3）：129 – 135.
周钦 . 1997. 螺旋藻开发对程海水质的影响及对策 . 云南环境科学，16（2）：35 – 37.
周伟，何纪昌 . 1993. 洱海地区的副鳅属鱼类 . 动物学研究（1）：5 – 9.
朱浩然主编 . 1991. 中国淡水藻类(第二卷) · 色球藻纲 . 北京：科学出版社，1 – 104.
朱浩然主编 . 2007. 中国淡水藻类(第九卷) · 藻殖段纲 . 北京：科学出版社，1 – 179.
朱建国，王曦等 . 2004. 中国湿地保护主法研究 . 北京：法律出版社，1 – 324.
朱松泉 . 1989. 中国条鳅志 . 南京：江苏科学技术出版社 .
朱育新，胡守云 . 2002. 酸沉降影响的湖泊沉积学证据 . 海洋与湖沼，33（4）：379 – 385.
Brehm. V. 1921. Ergebnisse der Expedition Handle – Mazzetti's nach China 1914 – 1918 diagnosen neuer Entomostraken Ⅰ. Teil, Setzber, Ak. Wis. 20：190 – 196.
Brehm. V. 1923. Ergebnisse der Expedition Handle – Mazzetti ´s nach China 1914 – 1918 unternommen auf Kosten der Akad. Wiss. Wien. Diagnosen neuer Entomostraken. Ⅱ. Teil, Setzber, Akad. Wiss. Wien. 161C164.
Brehm. V. 1924. Diagnosen neuer Entomostraken. Ⅳ. Teil, Anz. Akad. Wiss. Wien. 24（13）; 99 – 100.
Brehm. V. 1930. über südasiatische Diaputomiden Arch. für Hydrob. 22; 140 – 161. text figs. 1 – 15.
Brehm. V. 1931. Erganzende Notizen zu Harpacticella paradoxa（Brehm）. Arch. für Hydrob. 22; 460 – 467. text figs. 1 – 7.
Chappuis. P. A. 1936. Harpacticiden der expedition Handl – Mazzetti nach Süd – China（1914 – 1918）. But. Soc. Stiinte Cluj. 8; 405 – 408. text figs. 1 – 5.
Chen XY, Yang JX. 2002. Cladistic analyis of the cyprinind subgenus Cyprinus（Mesocyprinus）Fang（Teleostei：Cyprinidae）. Zool. Res. 23（3）：185 – 194.
Chen XY, Yang JX. 2003. A Systematic Revision of "Barbodes" Fishes in China. Zool. Res. 24（5）：377 – 386.
Chu XL. 1986. Ichthyofauna and its Geographical Subdivision in Yunnan, China. Indo – Pacific Fish Biology：Proceedings of the Second International Conference on Indo – Pacific Fishes, edited by T Uyeno, R Arai, T Taniuchi and K Matsuura, Ichthyological Society of Japan, Tokyo：471 – 476.
Cunha C, Mesquita N, Dowling TE, Gilles A, Coelho MM. 2002. Phylogenetic relationships of Eurasian and American cyprinids using cytochrome b sequences. J Fish Biol 61：929 – 944.
Froese R, Pauly D. 2004. FishBase. World Wide Web electronic publication. www. fishbase. org.
He D, Chen Y. 2006. Biogeography and molecular phylogeny of the genus Schizothorax（Teleostei：Cyprinidae）in China inferred from cytochrome b sequences. Journal of Biogeography 33：1448 – 1460.
Hsiao. S. C. 1950. Copepods from Like Erh Hai. China. Proc. Unit. Nat. Mus. 100（3261）; 161 – 200, test, figs. 20 – 30.
Klechtovú V, Bohlen J, Freyhof J, Rúb P. 2006. Molecular phylogeny of the Southeast Asian freshwater fish family Botiidae（Teleostei：Cobitoidea）and the origin of polyploidy in their evolution. Molecular Phylogenetics and Evolution 39（2）：529 – 541.
Kong D – p, Chen X – y, Yang J – x. 2006. Fish Fauna Status in the Lugu Lake with Preliminary Analysis on Cause and Effect of Human Impacts. Zool. Res. 27（1）：94 – 97.

Kottelat M. 1990. Indochinese Nemacheilines: A Revision of Nemacheiline Loaches (Pisces: Cypriniformes) of Thailand, Burma, Laos, Cambodia, and Southern Viet Nam. Pfeil, Muchen, FRG 262 pp. , 180 figs. , 233 tabs.

Kottelat M. 2001a. Fishes of Laos. Colombo: Wildlife Heritage Trust Publications, 1 – 198.

Kottelat M. 2001b. Freshwater fishes of northern Vietnam. World Bank, Washington, DC, 1 – 123.

Liu H, Chen YF. 2003. Phylogeny of the East Asian cyprinids inferred from sequences of the mitochondrial DNA control region. Can J Zool 81: 1938 – 1946.

Nalbant, T. T. , Bianco, P. G. , 1998. The loaches of Iran and adjacent region with description of six new species (Cobitoidea) . Ital. J. Zool. 65, 109 – 123.

Nelson J. 1994. Fishes of the world, Third edition. John Wiley & Sons, Inc, New York, 1 – 600.

Phillipes G L. 1978. A mechanism to account for macrophyte decline in propressively eutrophicated freshwaters. Aquat Bot, 4: 103 – 126.

Rui – Chang Quan, Xanji Wen and Xiaojun Yang. 2002. Effects of human activities on migratory waterbirds at Lake Lashihai, China. Biological Conservation 108: 273 – 279.

Rui – Chang Quan, Xanji Wen and Xiaojun Yang. 2002. Numbers of Migratory Waterbirds at Lake Lashihai, China. Waterbirds 25 (2): 239 – 244.

Rui – Chang Quan, Xanji Wen, Xiaojun Yang, Gui – hong Peng and Ting – fa Huang. 2001. Habitat Use by Wintering Ruddy Shelduck at Lake Lashihai, China. Waterbirds 24 (3): 402 – 406.

Sand – Jensen K, Borum B, 1984. Epiphyte shading and its effection photosynthesis and diel metabolis of Lobelia dortmua L. during the spring bloom in a danish Lake. Aquat Bot, 20: 109 – 119.

Sawada Y. 1982. Phylogeny and zoogeography of the superfamily Cobitoidea (Cyprinoidei: Cypriniformes) . Mem Fact Fish Hokkaido Univ 28: 65 – 223.

Tang Q, Xiong B, Yang X, Liu H. 2005. Phylogeny of the East Asian botiine loaches (Cypriniformes, Botiidae) inferred from mitochondrial cytochrome b gene sequences. Hydrobiologia 544 (1): 249 – 258.

Tang, Q. , Liu, H. , Mayden, R. , Xiong, B. , 2006. Comparison of evolutionary rates in the mitochondrial DNA cytochrome b gene and control region and their implications for phylogeny of the Cobitoidea (Teleostei: Cypriniformes) . Mol. Phylogenet. Evol. 39, 347 – 357.

Wang X, Li J, He S. 2007. Molecular evidence for the monophyly of East Asian groups of Cyprinidae (Teleostei: Cypriniformes) derived from the nuclear recombination activating gene 2 sequences. Molecular Phylogenetics and Evolution 42: 157 – 170.

Xiao H, Chen SY, Liu ZM, Zhang RD, Li WX, Zan RG, Zhang YP. 2005. Molecular phylogeny of Sinocyclocheilus (Cypriniformes : Cyprinidae) inferred from mitochondrial DNA sequences. Molecular Phylogenetics and Evolution 36 (1): 67 – 77.

非正式出版物

丁品 . 江原始生态环境应予保留 . 中国环境报，2003 年 9 月 5 日，1 版 .

何剑英等 . 2003 年云南省水利水电统计年鉴 . 云南省水利厅. 2004 – 05.

红河州环境保护办公室 . 1983. 异龙湖，赤瑞湖开发利用生态后果调查及初步研究 . 油印本，3 – 5，61 – 62.

李英南 . 1993. 石屏异龙湖水环境调查与研究 . 云南省环境科学研究所，红河州环境科学研究所，石屏县城乡建设环境保护局 .

马洪琪 . 云南水电开发现状，前景及建议 .

钱澄宇 . 滇池地区藻类植物调查报告 . 云南大学学术论文集，1964 年第 3 集 .

伍立群等 . 1997 – 2003 年云南省水资源公报 . 云南省水利厅. 2004.

伍立群等 . 云南省河流状况调查 . 云南省水利厅. 2002 – 07.

伍立群等 . 云南省九大高原湖泊水资源调查评价专题报告 . 云南省水利厅. 2005 – 10.

伍立群等 . 云南省水资源综合规划水资源调查评价专题报告 . 云南省水利厅. 2004 – 06.

伍立群等 . 云南省现代冰川水资源调查评价报告 . 云南省水利厅. 2004 – 04.

玉溪地区环境保护监测站 . 1983. 云南高原湖泊资源不合理开发利用的生态后果（杞麓湖分册）. 油印本，6 – 8.

玉溪市环境保护局 . 2004. 杞麓湖自然概况 . http: //www. xepb. ov. n/html/shyh – 3.

云南省地图集 . 2002. 云南省测绘局 .

云南省环境保护局九湖办 . 2004. 九大高原湖泊简介（异龙湖）.

云南省林业调查规划院大理分院 . 1998. 云南丽江拉市海高原湿地省级自然保护区综合考察报告 .

云南湿地资源调查课题组 . 2001. 云南湿地资源调查报告 . 云南省林业厅，中国科学院昆明动物研究所 .

中国科学院东北地理与农业生态研究所 . 中国沼泽湿地数据库 . http//www. arsh. sdb. cn/，2004 – 10 – 28.

纳帕海国际重要湿地（马晓锋　摄）

拉市海国际重要湿地（陈鲁　摄）

碧塔海国际重要湿地（陈小勇　摄）

大山包国际重要湿地（宋嘉碧　摄）

大理洱海（马晓锋　摄）

昆明滇池（马晓峰　摄）

沾益海峰（崔瑰芬　摄）

澄江抚仙湖（李学辉　摄）

腾冲北海（马晓锋　摄）

宁蒗泸沽湖（马晓锋　摄）

剑川剑湖（马晓锋　摄）

长江第一弯（马晓锋　摄）

金沙江虎跳峡江段（马晓锋　摄）

南盘江支流泸江（马晓锋　摄）

伊洛瓦底江支流小江（陈小勇　摄）

怒江大峡谷（马晓锋　摄）

萨尔温江支流勐底河（马晓锋 摄）

红河流域（莫明忠 摄）

高山沼泽草甸（艾怀森 摄）

澜沧江支流椤梭江（马晓锋 摄）

澜沧江一角（邹国娟 摄）

南盘江九龙河瀑布群（马晓锋　摄）

梅里雪山明永冰川（马晓锋　摄）

腾冲热海（马晓锋　摄）

丽江黑龙潭（李学辉　摄）

云龙天池（赵渝　摄）

红河哈尼国家湿地公园（许红星　摄）

睡莲 *Nymphaea caerulea*（马晓锋　摄）

菱 *Trapa bicornis* var. *cochinchiuensis*（马晓锋　摄）

芦苇 *Phragmites australis*（马晓锋　摄）

凤眼莲（水葫芦）*Eichhornia crassipes*（马晓锋　摄）

海菜花 *Ottelia acuminate*（陈小勇　摄）

水鳖 *Hydrocharis dubia*、荇菜 *Nymphoides peltata*群落（马晓锋　摄）

荇菜 *Ngmphoides pelfata*（马晓锋　摄）

空心莲子草（水花生）*Alternanthera philoxeroides*（马晓锋　摄）

金鱼藻 *Ceratophyllum demersum*（陈小勇　摄）

凤仙花 *Impatiens* sp.（马晓锋　摄）

云南盘鮈 *Discogobio yunnanensis*（陈小勇　摄）

黑斑云南鳅 *Yunnanilus nigromaculatus*（陈小勇　摄）

全裸裸重唇鱼 *Gymnodiptychus integrigymnatus*（陈小勇　摄）

缺须盆唇鱼 *Placocheilus cyptonemus*（陈小勇　摄）

滇池金线鲃 *Sinocyclocheilus grahami*（陈小勇　摄）

显斑异齿鰋 *Oreoglanis insignis*（陈小勇　摄）

昆明高原鳅 *Triplophysa grahami*（陈小勇　摄）

保山裂腹鱼 *Schizothorax yunnanensis paoshanensis*（陈小勇　摄）

华西蟾蜍 *Bufo andrewsi*（马晓锋　摄）

华西雨蛙 *Hyla annenctans*（马晓锋　摄）

山溪鲵 *Batrachuperus pinchonii*（马晓锋　摄）

贵州疣螈 *Tylototriton kweichowensis*（马晓锋　摄）

红瘰疣螈 *Tylototriton verrucosus*（马晓锋　摄）

黑带蛙 *Rana nigrovittata*（马晓锋　摄）

胸腺齿突蟾 *Scutiger glandulatus*（马晓锋　摄）

红蹼树蛙 *Rhacophorus rhodopus*（马晓锋　摄）

白颊小树蛙 *Philautus palpebralis*（马晓锋　摄）

圆鼻巨蜥 *Varanus salvator*（马晓锋　摄）

伊江巨蜥 *Varanus irrawadicus*（马晓锋　摄）

山瑞鳖 *Trionyx steindachneri*（马晓锋　摄）

铜蜓蜥 *Sphenomorphus indicus*（马晓锋　摄）

长鬣蜥 *Physignaths cocincinus*（马晓锋　摄）

云南竹叶青 *Trimeresurus yunnanensis*（马晓锋　摄）

普通鸬鹚 *Phalacrocorax carbo*（马晓锋 摄）

黑鹳 *Ciconia nigra*（马晓锋 摄）

白琵鹭 *Platalea leucorodia*（马晓锋 摄）

白鹭 *Egretta garzetta*（辉宏 摄）

池鹭 *Ardeola bacchus*（马晓锋 摄）

赤颈鹤 *Grus antigone*（马晓锋 摄）

蓑羽鹤 *Anthropoides virgo*（马晓锋　摄）

灰　鹤 *Grus grus*（马晓锋　摄）

紫水鸡 *Porphyrio porphyrio*（杨志祥　摄）

凤头麦鸡 *Vanellus vanellus*（杨学光　摄）

黑颈鹤 *Grus nigricollis*（马晓锋　摄）

斑头雁 *Anser indicus*（陈鲁　摄）

鹊　鸭 *Bucephala clangula*（马晓锋　摄）

赤膀鸭 *Anas strepera*（马晓锋　摄）

凤头潜鸭 *Aythya fuligula*
（马晓锋　摄）

棕头鸥 *Larus brunnicephalus*（马晓锋　摄）

白尾海雕 *Haliaeetus albicilla*（彭建生　摄）

白鹡鸰 *Motacilla alba*（辉宏　摄）

普通翠鸟 *Alcedo atthis*（马晓锋　摄）

红尾水鸲 *Rhyacornis fuliginosus*（辉宏　摄）

小爪水獭*Amblonys cinerea*（张荣祖　摄）

水獭 *Lutra lutra*（王应祥　摄）

蹼足鼩 *Nectogale elegans*（辉宏　摄）

云南省山脉水系图

图　例

坝　区

河　流

云　岭　山脉名称

山　峰

比例尺　1：4 000 000

审图号：云S(2008)066号

云南水系基本情况简介

云南南北走向的山脉地形孕育了六大江河水系，即长江、珠江、红河、澜沧江、怒江、伊洛瓦底江。六大水系中，按入海的位置可分为太平洋和印度洋两大水系。即长江、珠江、红河、澜沧江注入太平洋，属太平洋水系；怒江、伊洛瓦底江注入印度洋，属印度洋水系。除长江和珠江外，其余四条均属国际河流，是我国国际河流最多最集中的省份。

云南大小河流众多，省境内流域面积在100平方公里以上的河流有908多条，流域面积大于1000平方公里以上的河流有108条。云南的河流大多为六大水系的源头或上游，在高山峡谷间奔流，水流湍急，蕴藏着丰富的水能资源。同时,云南受断层作用，多断层陷落湖，是西南4省区中淡水湖泊最多的省份。全省大小湖泊共计30余个，较大的湖泊有滇池、洱海、抚仙湖、阳宗海、星云湖、杞麓湖、异龙湖、程海、泸沽湖。其中抚仙湖容水量最多，平均水深87米，是我国第二深淡水湖，而滇池湖面与集水面积为各湖之冠，浩浩然有海的风貌。

六大水系干流概况

1、金沙江

金沙江为长江上游，发源于青藏高原唐古拉山脉中段，自古以盛产金沙而得名。金沙江自川、藏交界处入云南，在省内河长1560公里（横江汇入后流入四川）。金沙江南流至丽江石鼓突然折向北去,形成了著名的“长江第一湾”。金沙江劈开了玉龙雪山和哈巴雪山,河谷下切3000多米,形成了山陡谷深的大峡谷-“虎跳峡”峡谷。

2、南盘江

南盘江是珠江的上游，发源于云南曲靖市沾益县马雄山,为珠江正源。云南境内长677公里，清水江汇入后流出省境。

3、红河

红河发源于云南巍山县与大理市交界的山岭，元江为红河上游，在红河县境内小河底河汇入后称红河，从河口县流入邻国越南，红河在云南境内全长680公里。

4、澜沧江

澜沧江发源于青藏高原的唐古拉山北麓，自西藏进入云南,纵贯云南西部。由勐腊县出境入老挝后称湄公河。澜沧江在云南境内的干流长1170公里。澜沧江因其流经六个国家,故有“东方多瑙河”之称。

5、怒江

怒江发源于青藏高原的唐古拉山南麓,自西藏进入云南，从潞西市入缅甸后称萨尔温江，在云南境内干流长618公里。怒江进入云南后,奔流于怒山和高黎贡山之间，山高谷深，声如怒吼,故称“怒江"。

6、伊洛瓦底江

该江发源于西藏，在云南境内称独龙江（在省内长86.8余公里）。伊洛瓦底江在云南境内还有二条较大的一级支流，即大盈江、瑞丽江。

妈妈是 Mom is a guide for her daughter to grow

女儿成长的引路人

送给母亲的养女宝典

女儿不懂 妈妈要说

冯美华 唐菁◎编著

妈妈是

女儿成长的引路人

《女儿不懂，妈妈要说》

希望能成为所有妈妈送给青春期女儿们的一份贴心“礼物”，希望女孩们在母亲的精心呵护下能够健康、快乐地度过青春期的每一天，走向美好的未来。